R. B. A. Sanderink, H. Bernhardt, M. Knoke,
J. Meyer, C. Weber, R. Weiger

Curriculum
Orale Mikrobiologie und Immunologie

Curriculum Orale Mikrobiologie und Immunologie

R. B. A. Sanderink
H. Bernhardt
M. Knoke
J. Meyer
C. Weber
R. Weiger

Quintessenz Verlags-GmbH

Berlin, Chicago, London, Kopenhagen, Paris, Mailand, Barcelona, Istanbul, São Paulo, Tokio, Neu-Delhi, Moskau, Prag und Warschau

Bibliografische Information Der Deutschen Bibliothek

Die Deutsche Bibliothek verzeichnet diese Publikation in der Deutschen Nationalbibliografie; detaillierte bibliografische Daten sind im Internet über <http://dnb.ddb.de> abrufbar.

Illustrationen: Angelika Kramer, Stuttgart
Herstellung: Bernd Burkart, Berlin
Druck- und Bindearbeiten: druckhaus köthen GmbH, Köthen

Printed in Germany

ISBN 3-87652-443-1

Vorwort

Mit diesem Buch soll zum einen Studierenden der Zahnmedizin ein deutschsprachiges Lehrbuch der oralen Mikrobiologie und Immunologie zur Verfügung gestellt werden. Zum andern soll Zahnärztinnen und Zahnärzten in der Praxis sowie Allgemeinmedizinern, Biologen, Immunologen und Mikrobiologen ein Nachschlagewerk angeboten werden.

Das Buch bietet zunächst eine allgemeine Einführung in die Mikrobiologie und die Immunologie. Der Benützer wird bekannt gemacht mit im Mund- und Rachenraum von Gesunden und Kranken vorkommenden Mikroorganismen. Das Wissen über ihre Genome, Baupläne, Stoffwechselfunktionen und immunogenen Potenzen bildet eine Basis für unser Verständnis für das Zusammenleben im Biotop Mundhöhle und für die Entstehung von Krankheitsprozessen. Dieses Wissen unterstützt auch Diagnostik, Therapie und Prophylaxe der von diesen Mikroorganismen ausgelösten Erkrankungen. Eine weitere Basis für das Verständnis dieser Erkrankungen bilden die Erkenntnisse der unspezifischen und spezifischen Körperabwehr. Aus diesem Grunde wurde der Immunologie breiter Raum gegeben.

Innerhalb der oralen Mikrobiologie und Immunologie ergeben sich besondere Schwerpunkte, nämlich die beiden häufigsten oralen Erkrankungen mikrobieller Genese, Karies und Parodontitis. Die meisten oralen Mikroorganismen siedeln sich auf den mit Speichel benetzten Schleimhäuten und supragingivalen Zahnflächen an. Auf den Zähnen bilden sich Biofilme, die eine für das Zusammenleben von Mensch und Mikroorganismen besondere Situation darstellen und eine ätiologische Voraussetzung für Karies und Parodontitis bilden. In Biofilmen sind Mikroorganismen besonders geschützt gegen Umweltfaktoren wie Chemotherpeutika und Komponenten der Immunabwehr. Es kommt auch nicht das im Blut und Gewebe vorhandene Abwehrarsenal zum tragen, sondern spezielle antimikrobielle Faktoren der Mundflüssigkeit.

Praktizierende Zahnärzte beobachten täglich individuelle Unterschiede in Bezug auf die Anfälligkeit für diese Erkrankungen, auch unabhängig von der Mundhygiene. Für beide Erkrankungen liegen prophylaktische Konzepte vor, aber Karies und Parodontitis sind nicht in jeden Fall vermeidbar (nur ihr Verlauf ist beeinflussbar). Die Gründe und Faktoren werden in diesem Buch detailliert dargestellt.

Die Immunologie und die Mikrobiologie erfahren derzeit eine stürmische Entwicklung, verursacht durch die immensen Fortschritte auf dem Gebiet der molekularen Biologie. Das Buch versucht, die relevanten Aspekte darzustellen. Der Text enthält Verweise auf Internetadressen, wo Erkenntnisse der Mikrobiologie und Immunologie in aktualisierter Form abgerufen werden können. Begriffe im Text, welche mit einem Asterix (*) gekennzeichnet sind, gehören in engerem Sinne nicht zur oralen Mikrobiologie oder Immunologie, werden aber bei den Hintergrundinforma–

tionen (auf der mitgelieferten CD-ROM) ausführlicher erläutert. Hierdurch soll dem Leser die „Abhängigkeit“ von weiteren Lehrbüchern so weit wie möglich erspart bleiben.

Wir danken allen Kolleginnen und Kollegen welche uns mit ihrer konstruktiven Kritik oder mit Bildmaterial unterstützt haben. Insbesondere bedanken wir uns bei Prof. Dr. Thomas Bächi, Dr. Eva-Maria Decker, Prof. Dr. Peter Erb, Prof. Dr. Rudolf Gmür, Prof. Dr. Thomas Imfeld, Dr. Eva Kulik, Dr. Anton J. M. Ligtenberg, Prof. Dr. Claus Löst, Dr. Ulrike A. Mau und Prof. Dr. Ulrich Schlagenhauf.

Für die freundliche Bereitstellung der elektronenmikrospischen Abbildungen danken wir Herrn Dr. Michael Wurtz und der EM-Gruppe der Abteilung Mikrobiologie am Biozentrum der Universität Basel.

Die Firmen Alpharma GmbH, CH-6304 Zug und GABA International, CH-4142 Münchenstein werden für ihre grosszügige Unterstützung bei der Finanzierung der Abbildungen herzlich verdankt.

Das Buch wäre nicht entstanden ohne die geduldige und unermüdliche Betreuung durch den Quintessenz-Verlags-GmbH, insbesondere die Herren J. W. Wolters und B. Burkart, sowie der Zeichnerin Frau A. Kramer.

Die Autoren

Autoren

Dr. René B. A. Sanderink
Lehrbeauftragter für orale Immunologie
an der Bayerischen Julius-Maximilians-Universität Würzburg
Föhneneichstrasse 8
CH-6440 Brunnen

Prof. Dr. Hannelore Bernhardt
Vormals Klinik und Poliklinik für Innere Medizin A
Zentrum für Innere Medizin der Ernst-Moritz-Arndt-Universität
Friedrich-Loeffler-Strasse 23a
D-17487 Greifswald

Prof. Dr. Manfred Knoke
Vormals Klinik und Poliklinik für Innere Medizin A
Zentrum für Innere Medizin der Ernst-Moritz-Arndt-Universität
Friedrich-Loeffler-Strasse 23a
D-17487 Greifswald

Prof. Dr. Jürg Meyer
Institut für Präventivzahnmedizin und orale Mikrobiologie
Zentrum für Zahnmedizin der Universität Basel
Hebelstrasse 3
CH-4056 Basel

Dr. Dr. Catherine Weber
Röschenzstrasse 6-8
CH-4242 Laufen

Prof. Dr. Roland Weiger
Klinik für Parodontologie, Endodontologie und Kariologie
Zentrum für Zahnmedizin der Universität Basel
Hebelstrasse 3
CH-4056 Basel

Abkürzungsverzeichnis

(die Liste enthält die Abkürzungen sowohl aus dem Buchtext als aus dem Inhalt des CD-ROM)

A

ABS .... Antigenbindungsstelle
ACE .... angiotensin-converting enzyme (Dipeptidylcarboxy-Peptidase I)
α1-ACT Alpha-1-Antichymotrypsin
α-CGRP .... Alpha-calcitonin-gene-related peptide
Acyl-HSL ... *N*-acyl-homoserinlactone
ADCC ...... antibody-dependent cell-mediated cytotoxicity
AIDS .... aquired immunodeficiency syndrome
AHA .... American Heart Association
AIs .... autoinducers
AP .... aggressive periodontitis
APC .... antigen-presenting cell
APP .... acute phase proteins (Akute-Phase-Proteine*)
aPRP .... acid proline-rich glycoproteins
AS .... Arachidonsäure
ASD .... atrioseptal defect, Vorhofseptumdefekt
ATP .... Adenosine-tri-Phosphat

B

BAL .... bronchoalveoläre Lavage
BALT .... bronchus-associated lymphoid tissue
BCR .... B-cell-receptor
BGW .... Berufsgenossenschaft für Gesundheitsdienst und Wohlfahrtspflege
BioStoffV ... Biostoffverordnung
BMP .... Bone morphogenic proteins
bp .... Basenpaare
BPI .... bakterizides/Permeabilität-induzierendes Protein
BSE .... bovine spongioforme Enzephalopathie
BZÄK ...... Bundeszahnärztekammer

C

C .... Celsius
cAMP ...... cyclisches Adenosin-3´,5´-mono-phosphat
CD .... cluster of differentiation
CDC .... Center for Disease Control and Prophylaxis
CFU .... colony forming unit
cGMP ...... cyclisches Guanosin-3´,5´-mono-phosphat
CIF .... calcium influx protein
CMIS .... common mucosal immune system*
CMV .... Cytomegalovirus (Zytomegalievirus)
COPD ...... chronic obstructive pulmonary disease
CP .... chronic periodontitis
CPE .... cytopathogenic effect
CR .... complement-receptor
CRP .... C-reaktives Protein
CSF .... colony-stimulating factor
CT .... Computertomografie
CTL .... cytotoxic T-Lymphocyte
CTLA-4 ..... cytotoxic-T-lymphocyte-associated serin esterase-4

D

DAF ....decay-accelerating factor
DAG 1,2-Diacylglycerin
DGHM .....Deutsche Gesellschaft für Hygiene und Mikrobiologie
DMF(S) .....decayed missing filled (surfaces)
DMBT-1 ....deleted in malignant brain tumors-1
DNA ....desoxyribonucleic acid (Desoxyribonucleinsäure)
DNS ....Desoxyribonucleinsäure
DPP ....Dipeptidylpeptidasen
DVV ....Deutsche Vereinigung zur Bekämpfung der Viruskrankheiten

E

E ....Einheit (von Medikamenten)
EAP ....endogene antimikrobielle Peptide*
EBV ....Epstein-Barr-Virus
ECHO-Viren .enteric cytopathogenic human orphan virusses
ECM ....extracellular matrix*
EGF ....epidermal growth factor
EIA ....enzyme immuno assay
EKG ....Elektrokardiografie
ELAM ......endothelial leukocyte adhesion molecule
ELISA ......enzyme-linked immunosorbent assay (Enzym-Immunoassay)
EN ....Europäische Norm
EPS ....extrazelluläre Polysaccharide
ER ....Endoplasmatisches Retikulum
ET-1 ....Endothelin-1
ETs ....electrophoretic types

F

Fab ....antigen-binding fragment
FACS ....fluorescence activated cell sorter
FcR ....Fc receptor
FGF ....fibroblast growth factor
FITC ....Fluoresceinisothiocyanat
FMLP ......N-Formyl-Methionyl-Leucyl-Phenylanalin
FSME ......Frühsommer-Meningoenzephalitis
FTAF ....fibroblast-derived thymocyte activating factor

G

GalNAcβ ....β1-3-Galactose oder Galactosaminstrukturen
GALT ......gut-associated lymphoid tissue
GBP ....glucan-binding proteins
GCF ....gingival crevicular fluid
G-CSF ......granulocyte colony-stimulating factor
GlyCAM ....glycolysation-dependent cell adhesion molecule
GM-CSF ....granulocyte-macrophage colony-stimulating factor
GTF ....Glucosyltransferase
GVHD ......graft versus host disease

H

h ....hora, Stunde
hBD ....human β-Defensine
HBA ....Hepatitis-A-Virus
HbsAG ......Hepatitis-B surface antigen
HBV ....Hepatitis-B-Virus
HCV ....Hepatitis-C-Virus
HDV ....Hepatitis-D-Virus
HEV ....Hepatitis-E-Virus
Hev ....high endothelial venules
HGF ....human gingival fibroblasts
HGPRT .....Hypoxantin-Guaninphosphoribosyl-Transferase
HGT ....horizontaler Gentransfer
HGV ....Hepatitis-G-Virus

HHV ....humanes Herpes-Virus
HIV ....human immunodeficiency virus
HLA ....human Leukocyte Antigen
HNP1-4 .....human neutrophil peptides1-4
HPV ....humanes Papillomavirus
HR/CKR ....haematopoietin-receptor/cytokine-receptorfamily
HRP ....histidinreiche Polypeptide
Hsp ....heat shock proteins (Hitzeschockproteine)*
HSV ....Herpes-simplex-Virus
HTLV ......humane T-Zell-Leukämie-Viren

I

ICAM ......intercellular adhesion molecule
IFN ....Interferon
IfSG ....Infektionsschutzgesetz
Ig ....Immunglobulin
Ig-SF ....Immunglobulin-Superfamilie*
IK ....Immunkomplex*
IL ....Interleukine
IL-1ra ......interleukin-1 receptor antagonist
IP_3 ....Inosit-1,4,5-triphosphat
IPS ....intrazelluläre Polysaccharide
ITAMs ......immunoreceptor tyrosine-based activation motifs

J

JAK ....JANUS-kinasen

K

KBE ....Koloniebildende Einheit
kbp ....kilobasenpaare
kDa ....kilo-Dalton

L

LAD ....Leukocyte adhesion deficiency
LAM ....Lipoarabinomannan
LBP ....lipopolysaccharide-binding protein
LDH ....Lactatdehydrogenase
LFA ....lymphocyte functional antigen
LIP ....Lipase (sekretorisch)
LOS ....Lipooligosaccharide
LPS ....Lipopolysaccharide*
Lra ....lipoprotein receptor antigen (Lra-Polypeptidfamilie*)
LT ....Leukotriene
LTA ....lipoteichoid acid (Lipoteichonsäure*)

M

MAC ....membrane attacking complex
MACS ......magnetic activated cell sorter
MAK ....monoklonale Antikörper*
MALT ......mucosa-associated lymphoid tissue
MASP-1,2 ...MBL-assoziierte Serinproteasen -1 und -2
MBL/MBP ..mannan bindendes Lektin (Lektin*)/mannosebindendes Protein
MCP ....membrane cofactor protein
MCP-1 ......monocyte chemoattractant protein-1
M-CSF ......monocyte-macrophage colony-stimulating factor
MHC ....major histocompatibility complex
MIC ....minimum inhibitory concentration
Min ....Minute
MIP ....macrophage inflammatory protein
MMPs ......Matrix-metalloproteinasen
M ....Zellen der Monozyten/Makrophagenreihe
MOTT ......Mycobacteria other than tubercle bacilli
MRP ....macrophage migration inhibitory factor – related protein

Msm ....multiple sugar metabolism
mV ....Millivolt
Mw ....molecular weight, relative Molekülmasse

N

NADP ......Nicotinamid-adenin-dinucleotid-phosphat
NALT ......nasal associated lymphoid tissue
NF-κB ......nuclear factor of kappa light chain gene enhancer in B-cells 1
NGF ....nerve growth factor
NK ....natural killer cell
NKA ....Neurokinin A
NP ....nekrotisierende Parodontitis
NUG ....nekrotisierende Gingivitis

O

ÖGHMP ....Österreichische Gesellschaft für Hygiene, Mikrobiologie und Präventivmedizin
OMIM ......online mendelian inheritance in man
OMPs ......outer membrane proteins
ORF ....open reading frame

P

PAAP ....platelet aggregation-associated protein
PAF ....platelet Activating Factor
PAI-1,2 .....plasminogen-activator-inhibitor-1, -2
PAMPs ......pathogene-associated molecular patterns
PBP ....Penicillinbindungsproteine
PCR ....polymerase chain reaction, Polymerase-Kettenreaktion
PDGF ......platelet-derived growth factor
PECAM .....platelet endothelial cell adhesion molecule
pfu ....plaque forming units
PF-4 ....platelet factor-4
pH ....Wasserstoffionenkonzentration
PG-E ....Prostaglandin-E
PGHS-2 .....Prostaglandin Endoperoxid H Synthase Typ 2
PMN ....polymorphkernige neutrophile Granulozyten
PMP ....platelet microbicidal protein
pO_2 ....Sauerstoffpartialdruck
PR(G)P .....prolin-rich (glyco-) proteins
PrP^c ....zelluläres lösliches Prionenprotein
PrP^{Sc} ....zelluläres unlösliches Prionenprotein
PRRs ....pattern recognition receptors
PS ....Parodontitis als Manifestation einer Systemerkrankung
PVP ....Povidon-Iod

R

RANTES ....regulated on activation, normal T expressed and secreted
RER ....rough endoplasmatic reticulum
rH ....aus dem Redoxpotenzial errechenbarer Wasserstoffdruck einer Lösung
RKI ....Robert-Koch-Institut Berlin
RNA ....ribonuclein acid
RNS ....Ribonucleinsäure
ROS ....reactive oxygen species
RSV ....respiratory syncytial virus
RT-PCR .....reverse transcription-polymerase chain reaction
RTX ....repeats in toxin

S

S ....Sedimentationskoeffizient nach SVEDBERG*
SAA ....Serumamyloid A
SAP ....saure Aspartylproteinase
SF ....Sulkusflüssigkeit
SHA ....saliva coated hydroxylapatite
sIgA ....sekretorisches IgA

SIRS ....systemic inflammatory response syndrome
SP ....substance P
SPRE ....surface protein-releasing enzyme
SSO ....Société Suisse d'Odonto-stomatologie (Schweizerische Zahnärzte-Gesellschaft)
STATs ......signal transducers and activators of transcription

T

TAPA-1 .....target of antiproliferative antibody-1
T-BAM .....T-B-cell adhesion molecule
TCR ....T-cell-receptor
TGF ....transforming growth factor
Th ....T-Helferzelle
TIMP ....tissue inhibitor of matrix-metalloproteinases
TLRF ....Toll-like-receptorfamily*
TM ....transmembrane (multispan-receptors)
TNF(R) .....tumor necrosis factor (receptor)
t-PA ....tissue-plasminogenactivator
TSS ....Toxin-Schock-Syndrom*

U

u-PA ....urokinase-plasminogen activator
UVV ....Unfallverhütungsvorschrift

V

VSC ....volatile sulphur compunds
VEGF ......vascular endothelial growth factor
V_H; V_L ......variabler Bereich der schweren bzw. leichte Immunoglobulinkette
VLA ....very late antigens
VSV ....Vesikuläres Stomatitis-Virus
VZV ....Varizella-Zoster-Virus

W

WHO ....world health organisation

Z

ZNS ....Zentralnervensystem

Inhaltsverzeichnis

1.1–1.4
2.1–2.6
3.1–3.5
4.1–4.12
5.1–5.14
6
7.1–7.2
8.1–8.2
9.1–9.5
10.1–10.6
11.1–11.4
12.1–12.2
13.1–13.10
14.1–14.7
15.1–15.10
16.1–16.4
17.1–17.3
18.1–18.4

Sektion I: Grundlagen der oralen Mikrobiologie und Immunologie

Sektion II: Mikroorganismen in der Mundhöhle

Sektion III: Die gesunde und die kranke Mundhöhle

Sektion IV: Angewandte Mikrobiologie und Immunologie

Die mit dem Buch mitgelieferte **CD-ROM** enthält Glossar, Hintergrundinformationen, Anhänge, relevante Internetadressen und klinische sowie REM-Bilder.

1.1 – 1.4
2.1 – 2.6
3.1 – 3.5
4.1 – 4.12
5.1 – 5.14
6
7.1 – 7.2
8.1 – 8.2
9.1 – 9.5
10.1 – 10.6
11.1 – 11.4
12.1 – 12.2
13.1 – 13.10
14.1 – 14.7
15.1 – 15.10
16.1 – 16.4
17.1 – 17.3
18.1 – 18.4

Sektion I:
Grundlagen der oralen Mikrobiologie und Immunologie

Kapitel 1
Allgemeine Mikrobiologie

1.1 – 1.4

Zusammenfassung

Das Reich der Mikroorganismen besteht aus sehr differenziert zu betrachtenden Organismen bzw. aus subzellulären biologischen Objekten. Zu den letzteren sind vor allem Prionen, Viroide und Viren zu zählen. Zu den Prokaryoten gehören die Bakterien im weitesten Sinne mit zahlreichen Sonderformen. Ihnen gegenüber stehen die Eukaryoten, zu denen Pilze, Protozoen, Würmer und Arthropoden gehören. Folgt man dem Vorschlag von WOESE, so setzt sich die Welt des Lebendigen aus den Domänen der *Bacteria*, *Archaea* und *Eucarya* zusammen. Die Domäne der *Bacteria* enthält das Reich der chemotrophen Eubakterien, zu denen auch die humanpathogenen Bakterien gerechnet werden. Außerdem gehören dazu die photosynthetischen Zyanobakterien. Die *Archaea* sind Lebewesen, die unter extremen Umweltbedingungen leben, vor allem Thermophile und Halophile sowie methanbildende Mikroorganismen, die einen besonderen Aufbau zeigen. Die Domäne der *Eucarya* umfasst alle weiteren Lebewesen, die einen echten Zellkern haben, so dass zu ihr außer den hier anzuführenden Mikroorganismen die Pflanzen und Tiere und letztendlich auch der Mensch gehören.

Bakterien *(Bacteria)* sind in der Regel prokaryotische Zellen von meist etwa einem oder einigen wenigen Mikrometern Größe. Das Erbmaterial, in der Regel ein ringförmiges Chromosom aus doppelsträngiger DNA, ist nicht von einer Kernmembran umgeben, sondern liegt in einer als Nucleoid bezeichneten Region des Zytoplasmas. Bakterien besitzen eine charakteristische Zellwand aus einem Peptidoglycan (Murein), von dem zwei verschiedene Baupläne die Unterscheidung von grampositiven und gramnegativen Zellen erlauben. Gewisse Bakterien bilden Endosporen als hitzeresistente Dauerformen, Geißeln zur Fortbewegung und/oder Kapseln als zusätzliche Schutzschicht.

Bakterien vermehren sich durch Zweiteilung. Unter optimalen Bedingungen erfolgt sie bei vielen Bakterien in kurzen Intervallen (30 Min), so dass innerhalb eines Tages Milliarden von Nachkommen und hohe Zelldichten (10^8–10^{10} Z/ml) entstehen. Bakterien unterscheiden sich bezüglich ihrer Nährstoffansprüche, der optimalen Bebrütungstemperatur, des Verhaltens gegenüber Sauerstoff u. a. Parametern. Viele aber lange nicht alle Bakterien lassen sich in einfachen flüssigen Medien (Bouillon) vermehren. Auf durch Agar verfestigten Nährböden bilden die Nachkommen einer Zelle sichtbare Kolonien, die die Basis von Reinkulturen bilden. Viele Bakterien beherbergen neben dem Genom weitere ringförmige DNA-Moleküle, sog. Plasmide, von denen einige auf andere Bakterienzellen durch Konjugation übertragen werden können. Bakterien sind auch Wirte von Viren, den Bakteriophagen, von denen einige eine Art latente Infektion (Lysogenie) verursachen. Bakteriophagen sind ebenfalls wirksame Vektoren des horizontalen Gentransfers. Bakteriengenome enthalten auch mobile genetische Elemente (Transposons, „hüpfende Gene“), die eine wesentliche Ursache der genetischen Variabilität darstellen und eine wichtige Rolle bei der Ausbreitung der Antibiotikaresistenz spielen.

Die Klassifikation der Bakterien geschah früher überwiegend auf Grund von physiologischen Merkmalen, heute werden zunehmend Genomsequenzen verwendet.

Eine im Verhältnis zur Gesamtheit der Bakterien kleine Zahl von Bakterienarten verursacht Infektionskrankheiten beim Menschen. Die bakteriellen Eigenschaften, die dafür verantwortlich sind, werden als Virulenzfaktoren bezeichnet. Wegen der Unterschiede im Feinbau der prokaryoten Zelle ist eine spezifische antibakterielle Therapie mit einer breiten Palette von Antiinfektiva möglich. Allerdings haben viele medizinisch wichtige Bakterienarten durch horizontalen Gentransfer Resistenzgene erworben, die die Zellen gegen oft mehrere Antiinfektiva unempfindlich machen. Eine Impfprophylaxe ist bei manchen bakteriellen Infekten möglich.

Viren (Einzahl: das Virus) sind infektiöse Einheiten mit einem Nucleinsäure-Genom (RNA oder DNA), die sich unter Ausnützung der Biosynthese-Maschinerie von lebenden Zellen in einem Wirt vermehren. Dabei entstehen (zum Teil symmetrische) Viruspartikel (Virionen), die das Virusgenom auf neue Wirtszellen übertragen. Virionen bestehen aus dem Kapsid (viruscodiertem Protein), das die Nucleinsäure (je einzel- oder doppelsträngige RNA oder DNA) umschließt. Bei gewissen Virusfamilien wird das Kapsid von einer aus zellulären Membranen hervorgegangenen Hülle umgeben. Virionen sind metabolisch inaktiv, können aber ein oder mehrere Enzyme enthalten. Virusnucleinsäuren enthalten einige wenige bis einige Hundert Gene und steuern in der Wirtszelle die Replikation des viralen Genoms und die Synthese viraler Proteine, aus denen die Nachkommenvirionen zusammengebaut werden. Bei einigen Virusarten verläuft die Infektion latent, wobei nur wenige Virusgene abgelesen werden. Dabei können die Eigenschaften von Wirtszellen verändert sein. Die Virusreplikation ist unempfindlich auf Antibiotika, gewisse Schritte können aber durch Interferon und Virostatika gehemmt werden. Die Taxonomie von Viren basiert auf morphologischen und biochemischen Merkmalen der Virionen.

Pilze sind eukaryotische Lebewesen mit wenig differenziertem Gewebe. Sie wachsen als Hyphen (Pilzfäden) oder Sprosszellen (Hefen). In gewissen Lebensabschnitten bilden sie Sporen als Dauer- oder Verbreitungsorgane. Nach der Lebensweise lassen sich zwei Gruppen von Pilzen unterscheiden. Es gibt sowohl Pilze, die ihre notwendigen Kohlenstoffverbindungen aus organischen Rückständen beziehen, als auch Pilze, die als Symbionten oder Parasiten leben. Diese brauchen Wirte wie Pflanzen, Tiere, Algen, Protozoen, Bakterien oder auch andere Pilze. Eine Spezialisierung zeigt sich bei den humanpathogenen Arten. Pilze unterscheiden sich von den Pflanzen und Algen durch ihre Heterotrophie, d. h. sie können nicht aus Kohlendioxid und Sonnenlicht Energie aufbauen. In ihrer Struktur sind sie eindeutig eukaryotisch mit allen charakteristischen Zellorganellen. Sie sind damit grundlegend anders aufgebaut als die prokaryotischen Bakterien. Besonderheiten der Zellwand (Glucan-Mannan-Komplexe) und der zytoplasmatischen Membran (Ergosterol) sind Ansatzpunkte der antimykotischen Therapie.

1.1 Reich der Mikroorganismen

Hannelore Bernhardt

1.1–1.4

Die Zugehörigkeit von Krankheitserregern im weitesten Sinne des Wortes wirft Fragen nach den verwandtschaftlichen Beziehungen aller Organismen und der Entstehung des Lebens auf.

Die heute bekannten Lebewesen werden den Domänen der *Bacteria*, *Archaea* (Archaebakterien) und der *Eucarya* (Eukaryoten) zugeordnet. Die Lehre von CHARLES DARWIN (1859) über die Entstehung der Arten durch Selektion und Variation im Verlauf der Generationsfolge war Schlüssel für den Aufbau eines natürlichen phylogenetischen Systems. Sieben Jahre später entwarf ERNST HAECKEL einen phylogenetischen Stammbaum mit den drei Reichen der *Plantae*, *Animalia* und *Protista*, die aus einer gemeinsamen Wurzel *„Moneres autogonum"* stammen. Viele weitere Einteilungsversuche sind unternommen worden. Aber erst durch die Entschlüsselung des genetischen Codes* war die Erkenntnis möglich, dass in den Sequenzen der Nucleinsäuren und Proteine eine phylogenetische Botschaft gespeichert ist. Am erfolgreichsten war CARL WOESE („Bacterial evolution", 1987), der durch die Sequenzierung der 16S rRNA der Prokaryoten und der homologen 18S rRNA der Eukaryoten zu dem Konzept der drei Domänen des Lebens kam (Abb. 1.1): die ribosomale

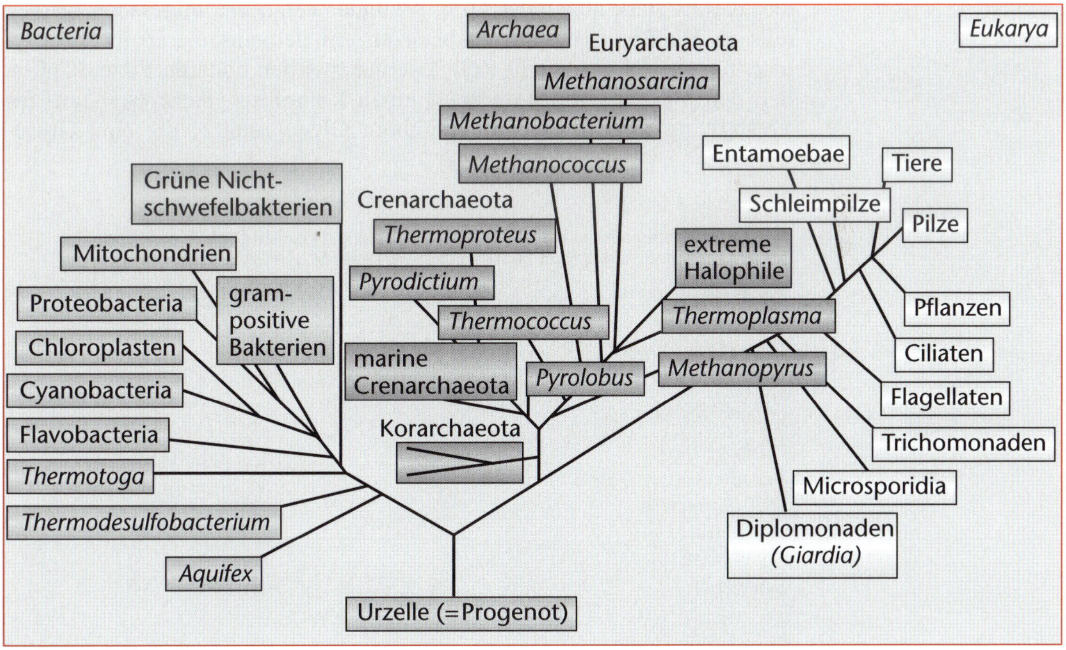

Abb. 1.1 Universeller phylogenetischer Stammbaum. Dieser Stammbaum wurde aus vergleichenden Sequenzanalysen an 16S- und 18S-rRNA abgeleitet. Erkennbar sind die 3 großen Gruppen der Lebewesen: *Bacteria, Archaea* und *Eukarya*, sowie ihre phylogenetische Entwicklung aus einer Urzelle. Der evolutionäre Abstand zwischen zwei Organismengruppen ist proportional zu der kumulierten Distanz zwischen dem jeweiligen Ende des Zweiges und dem Knoten, der die beiden Gruppen verbindet. Quelle: Tree of life web project, http://tolweb.org/tree. S = SVEDBERG*

16S RNA der Prokaryoten hat ~ 1600 Nucleotide. Sie unterscheidet sich dadurch von der 18S RNA der Eukaryoten, die um ~ 300 Nucleotide länger ist. Dabei bedeutet S den Sedimentationskoeffizienten nach SVEDBERG*. Außer Nucleinsäuren werden auch Ribosomen und Proteinkomplexe üblicherweise durch ihre S-Werte spezifiziert.

Beide Nucleinsäure-Typen besitzen sowohl konservative, sich nur langsam verändernde als auch progressive, sich rasch verändernde Abschnitte. Sie enthalten also Informationen über die gesamte Zeitspanne der Evolution und spiegeln damit die verwandtschaftlichen Beziehungen wider.

Bei der Anordnung der Organismen nach den Sequenzähnlichkeiten ergab sich primär die Aufspaltung in *Archaea* und *Procarya*. Die Archaebakterien stammen zum Teil aus extremen Lebensräumen und weisen zahlreiche biochemische und strukturelle Sonderformen auf. Diese lassen auf eine frühe Trennung im Laufe der Evolution schließen. Sie zeigen ein hyperthermophiles Wachstum bei 80–110°C oder ein Wachstum bei hohen Salzkonzentrationen, sind oft strengste Anaerobier oder Methanbildner. Der Aufbau ihrer Zellwände und -hüllen unterscheidet sich von dem der bakteriellen Zellen, was von entscheidender Bedeutung für eine Trennung in zwei prokaryotische Domänen ist.

Die Domäne der Eubakterien verfügt über ein einheitliches Zellwandpolymer, das Murein (siehe Kap. 1.2.2.4). Es kommt bei grampositiven und -negativen Bakterien in unterschiedlicher Dicke und Verzweigungsform vor. Eine Ausnahme bilden nur die zellwandlosen *Mycoplasma*-Arten, die als stark abgeleitet, d. h. sekundär verändert, angesehen werden müssen. Die *Eucarya* hingegen besitzen kein gemeinsames Zellwandpolymer: bei den Pflanzen tritt Zellulose auf, bei den höheren Pilzen Chitin, bei den Sprosspilzen Glucan-Mannan-Komplexe. Tiere besitzen zur Verstärkung ihrer Zytoplasmamembran Glycoproteine, die eine Glyco-

Tab. 1.1 Funktionelle und strukturelle Unterschiede zwischen Prokaryoten und Eukaryoten (modifiziert nach HAHN et al. 2001 und MADIGAN et al. 2001).

Vorhandensein von	Eukaryoten	Prokaryoten
Kernmembran	+	–
Nucleolus	+	–
Nucleoid (Zellkernäquivalent)	–	+
DNA	+ (Kern, Gene gestückelt)	+ (Nucleoid, Plasmide)
RNA	+ (monocistronische RNA)	+ (RNA oft polycistronisch)
Plasmide	– (+)	+
Endoplasmatisches Retikulum	+	–
GOLGI-Apparat	+	–
Lysosomen	+	–
Chloroplasten	+	–
Ribosomen	80S (70S in Mitochondrien/Chloroplasten)	70S
Mikrotubuli	+	–
Mitochondrien	+	–
Zytoplasmatische Membran	+	+
Zellwand	– (+ bei Pflanzen und Pilzen)	+ (meist starr)
Peptidoglycan in der Zellwand	–	±

calyx bilden können. Weitere Unterschiede zu den Prokaryoten werden unten dargestellt. Diese tiefgreifenden Unterschiede der drei Domänen sprechen für eine frühzeitige Aufspaltung des Lebens in diese drei Entwicklungslinien.

Allen Organismen gemeinsam sind der Aufbau aus Nucleotiden, Aminosäuren, Proteinen und Lipiden, sowie die Energiekonservierung mit Hilfe energiereicher Phosphatbindungen. Das unterstreicht die Einheit des Lebens auf unserem Planeten und widerspricht Hypothesen über eine mehrfache Entstehung oder einen wiederholten Import des Lebens aus unterschiedlichen Quellen des Weltraums.

Prokaryoten

Die Prokaryoten (Tab. 1.1) besitzen keinen echten, von einer Kernhülle umgebenen Zellkern, sondern eine **membranlose Kernregion**. Sie unterscheiden sich in ihren Zellcharakteristika wesentlich von den Eukaryoten, wie in der Tab. 1.1 ausgewiesen ist. Die DNA, die immer im Nucleoid (und Plasmid) vorhanden ist, wird nicht wie bei den Eukaryoten von einer Kernhülle umgeben. Prokaryotische mRNA ist oft polycistronisch, d. h. trägt mehrere Gene* (siehe Genexpression*). Die Ribosomen haben einen kleineren Sedimentationskoeffizienten; es handelt sich um sog. 70S-Ribosomen. Weitere Zellorganellen, wie wir sie bei den Eukaryoten finden, also Mitochondrien und Lysosomen, sind nicht vorhanden. Die **Zellwand** ist bei den Prokaryoten mit Ausnahme der Mykoplasmen immer ausgebildet. Sie hat eine spezifische Zusammensetzung und besteht aus einem festen Sacculus, dessen Baumaterial das Peptidoglycan Murein ist. Die unterschiedliche Dicke der Mureinschicht und Peptidverknüpfung lässt grampositive und gramnegative Bakterien (mit äußerer Membran) unterscheiden.

Von den Bakterien (siehe Kap. 1.2) sind die Chlamydien und Rikettsien abzugrenzen. Beide haben DNA und RNA, können nur intrazellulär leben und stellen Energieparasiten dar. Chlamydien verursachen vor allem Urogenitalinfektionen und pulmonale Infektionen, Rikettsien Fleckfieber und Zeckenbissfieber. Heute wird auch ein Zusammenhang zwischen Chlamydien und bestimmten Herzerkrankungen gesehen.

Mykoplasmen stellen innerhalb der *Procaryota* ebenfalls eine Besonderheit dar. Sie sind zellwandlos und dementsprechend zerfließende Formen. Weltweit verbreitet rufen sie Infektionen bei Mensch, Tier und Pflanzen hervor. Beim Menschen ist häufig ein asymptomatischer Verlauf festzustellen.

Eukaryoten

Die eukaryotische Zelle ist mit einem **echten Zellkern** ausgestattet. Dieser hat eine Kernhülle als Doppelmembran, die ihn vom Zytoplasma abgrenzt. Wesentlicher Unterschied zwischen prokaryotischen und eukaryotischen Zellen ist die Organisation innerhalb des Genoms: eukaryotische Gene* sind Mosaikgene, in denen codierende Exons* mit nichtcodierende Introns wechseln. Dieses ermöglicht eine große Variabilität an möglichen Proteinen aus einem einzelnen Gen, in dem die einzelnen Exons, Modulen eines Baukastens vergleichbar, während der RNA-Reifung in unterschiedlicher Anordnung zusammengesetzt werden können. Hierdurch werden beispielsweise sog. DNA-Rearrangements* ermöglicht. Die eukaryotische Zelle enthält ferner Zellorganellen, die durch eine Membran deutlich vom Zytoplasma getrennt sind. Dazu gehören Mitochondrien, GOLGI-Apparat (Dictyosomen), das endoplasmatische Retikulum und Lysosomen. Die Eukaryoten umfassen Einzeller, Pflanzen, Tiere und den Menschen.

Bemerkenswert ist, dass die Eukaryoten im allgemeinen **keine starre Zellwand** haben. Ausnahmen sind die Pflanzen und die **Pilze** (siehe Kap. 1.4). Diese besitzen eine starre Zellwand, die sie besonders charakterisiert. Bei den hefeartigen Pilzen besteht die Zellwand aus Glucan-Mannan-Proteinkomplexen, aber auch Chitin ist vorhanden. Die ergosterolhaltige Membran ist ebenfalls bedeutsam. Sowohl Zellwand als auch Zellmembran stellen wichtige Angriffspunkte der Antimykotika dar. Auch hier ergibt sich wieder eine spezielle Angriffsmöglichkeit gegen Krankheitserreger, da diese Art Zellwand und Zellmembran bei menschlichen Zellen nicht vorkommt.

Die Unterschiede zwischen Prokaryoten und Eukaryoten sind im Hinblick auf die Therapie der von ihnen hervorgerufenen Krankheiten von großer Bedeutung. Es gibt eine Reihe von Antibiotika, die speziell an der bakteriellen Zellwand angreifen, somit selektiv toxisch sind und die menschliche Zelle praktisch nicht tangieren. Hier sind vor allem die Penicilline und Cephalosporine zu nennen, die sich an die bakterienspezifischen Proteine, die sog. Penicillinbindungsproteine, anbinden.

Prionen

Die Prionen sind eine Sonderform der Krankeitserreger bei Mensch und Tier (siehe Kap. 1.3.12). Sie bestehen nur aus Proteinen und haben keine der sonst üblichen Erbsubstanzen DNA und/oder RNA (Tab. 1.2). Es sind kleine Proteinmoleküle, die normalerweise als zelluläres Protein PrP^{c} membranständig in Neuronen vorkommen. Dieses zelluläre Protein wird praktisch durch eine extrem unlösliche Isoform, nämlich das Prionenprotein PrP^{Sc} ersetzt, was die Krankheit dann auslöst. Dieses Prionenprotein hat eine β-Faltblattstruktur (siehe Proteinstrukturen*) und kann nicht mehr abgebaut werden. Es kommt zu einer Anreicherung in der Zelle und damit zum Zelltod. Die Prionen verursachen die Scrapie-Erkrankung bei Schafen und Ziegen, die bovine spongiforme Enzephalopathie (**BSE**) der Rinder. Beschrieben sind auch Infektionen bei Katzen, Nerzen und anderen Tieren. Bekannt ist die Kuru-Erkrankung bei Menschen in Neuguinea, die das Gehirn Verstorbener gegessen haben. Heute ist die Creuzfeldt-Jakob-Erkrankung des Menschen in einen Zusammenhang mit der Erkrankung durch Prionen zu bringen. Es handelt sich bei allen Spezies um eine neurodegenerative Erkrankung, wobei die Bezeichnung „Rinderwahn" etwas über das Erscheinungsbild aussagt. Recht eindeutig ist belegt, dass die Übertragung der seit über 200 Jahren bekannten Scrapie der Schafe auf Rinder durch die Verfütterung von Tiermehl erfolgt ist. Die Creutzfeld-Jakob-Erkrankung ist ursprünglich eine genetisch familiäre Erkrankung gewesen. In der neuen Variante ist aber eine Übertragung der Prionen auf den Menschen wahrscheinlich. Bei der Bekämpfung ist die außerordentliche Stabilität der Prionen ein großes Problem. Gegen übliche Desinfektions- und Sterilisationsmittel sind sie völlig resistent. Sie können vernichtet werden in 1 Molarer Natronlauge oder durch Autoklavieren (siehe Kap. 16.4) bei ungewöhnlich hohem Druck (134°C über 3 h).

Viroide

Eine weitere besondere Gruppe von Krankheitserregern sind die Viroide (siehe Kap. 1.3.12). Es sind nackte Nucleinsäuren mit einem sehr niedrigen Molekulargewicht, die als Krankheiten bei Pflanzen und beim Menschen die sog. „slow virus disease"-Erkrankung hervorrufen. Auch hier ist bis jetzt noch vieles unbekannt. Die Viroide sind ebenfalls wie die Prionen sehr klein (unter 5 nm).

Viren

Diese Krankheitserreger werden in Kap. 1.3 gesondert behandelt. Hier soll nur herausgestellt werden, dass sie im Gegensatz zu den Viroiden nicht nackt sind, sondern eine Ummantelung mit Protein (Kapsid) besitzen und immer RNA oder DNA als Erbsubstanz enthalten. Viren sind obligate Zellparasiten und können sich alleine nicht vermehren. Sie sind deutlich größer als Prionen und Viroide. Ihre Durchmesser liegen größenordnungsmäßig zwischen 25 und 350 nm, wobei es sehr unterschiedliche Formen und Typen gibt.

Krankheitserreger

Mikroorganismen bzw. subzelluläre biologische Objekte, die als Krankheitserreger des Menschen Bedeutung haben, sind in Tab. 1.2 ausgewiesen. Dazu gehören Prionen, Viroide und Viren. Da diese drei nicht selbständig leben können, kann man sie kaum als Mikroorganismen oder lebende Objekte bezeichnen. Andererseits sind sie wichtige Krankheitserreger.

Krankheitserreger sind seit Jahrtausenden bekannt. Es muss erinnert werden an die großen Seuchenzüge wie Pest und Cholera, die als Geißel der Menschheit auftraten. Auch Lepra und Tuberkulose gehören in dieses Gebiet. Die exakten Kenntnisse über die Ätiologie und Verursacher dieser Krankheiten sind erst ungefähr 100 Jahre alt.

Nach der Erkrankungshäufigkeit nehmen Infektionserkrankungen eine Spitzenposition ein. Bekannt ist seit mehr als 10 Jahren die AIDS-Erkrankung, die durch HIV I- und HIV II-Viren hervorgerufen wird. Zu erwähnen ist ferner die bovine spongioforme Enzephalopathie (BSE), die durch die Prionen verursacht wird. Die Tuberkulose, viele Jahre auch in Europa dominierend, ist heute häufiger in Asien und Afrika zu finden. Zu nennen sind auch Legionellen im Zusammenhang mit Warmwasser in verschiedenen Einrichtungen, virusverseuchte Blutkonserven (HIV, Hepatitis), Pilzinfektionen sowie Hepatitis-Erkrankungen durch verschiedene Viren. Immer wieder in Atem gehalten wird die Menschheit durch Viruserkrankungen, die vor allem aus Afrika stammen oder dort erworben werden, wie das Lassafieber oder das hämorrhagische Fieber. Insgesamt ist dieses eine große Problematik, die bei der heutigen Globalisierung auch in Europa immer wieder auftritt und zur Erkennung und Behandlung dieser Infektionen führen muss.

Der erste, der Bakterien als verschiedene Formen von Mikroorganismen im Zahnbelag beschrieb, war der niederländische Tuchhändler

ANTONIE VAN LEEUWENHOEK im Jahre 1683. Seitdem ist die Forschung nach Infektionserregern in vollem Gange. Gewisse Markierungspunkte sind die Untersuchungen von ROBERT KOCH, dem es erstmalig gelang, die verschiedenen Mikroorganismen anzuzüchten und als Erreger anzusprechen. Von HENLE und KOCH kommen auch die Forderungen, die ein Mikroorganismus erfüllen muss, um als Krankheitserreger zu gelten. Das sind die sog. HENLE-KOCH'schen Postulate.

Definition: HENLE-KOCH'sche Postulate.

1. der optische Nachweis, d. h. die Erreger müssen mikroskopisch regelmäßig nachweisbar sein und beim Gesunden fehlen;
2. der kulturelle Nachweis: der Erreger muss bei der entsprechenden Krankheit anzüchtbar sein und sich also kulturell nachweisen lassen;
3. der Pathogenitätsnachweis, d. h. die angezüchteten Mikroorganismen sollten experimentell bei Tieren die gleiche Krankheit erzeugen wie beim Menschen. Die Mikroorganismen sollten aus diesen Versuchstieren reisoliert werden und den ursprünglichen Mikroorganismen wiederum mikroskopisch und kulturell entsprechen.

Für sehr viele pathogene Mikroorganismen sind diese Postulate zutreffend. Im Einzelnen gibt es Schwierigkeiten, wenn beispielsweise Erreger nicht anzüchtbar oder wenn sie nicht auf ein Tier übertragbar sind. Trotzdem gelten diese Postulate auch heute noch gewissermaßen als Grundlage.

Definitionen:

Die **Pathogenität** ist die Fähigkeit eines Erregers, eine Krankheit hervorzurufen. Hingegen ist die **Virulenz** der Ausprägungsgrad der krankheitserzeugenden Eigenschaften des speziellen Erregers. Dieses kann für verschiedene Isolate durchaus unterschiedlich sein.

Mikrobiologische Nomenklatur

Die Mikroorganismen werden mit Gattung und Art ähnlich benannt wie die binäre Nomenklatur der Pflanzen und Tiere, die von LINNÉ eingeführt wurde. In der Bezeichnung *Escherichia coli* beinhaltet *Escherichia* also die Gattung und *coli* die Art, die Spezies des jeweiligen Mikroorganismus. Dieses Prinzip zieht sich durch die gesamte Nomenklatur der pro- und eukaryotischen Krankheitserreger. Die Namen der Mikroorganismen beruhen entsprechend dem International Code of Nomenclature of Bacteria (Revision 1990) auf generellen Prinzipien und Regeln und verlangen eine „gültige Publikation" in einer bestimmten Fachzeitschrift. Die aktuellen Listen im Internet sind www.dsmz.de/bactnom/bactname.htm und www.bacterio.cict.fr/index.html.

Tab. 1.2 Übersicht der Krankheitserreger beim Menschen.

Subzelluläre biologische Objekte			**Prokaryoten**			**Eukaryoten**		
Prionen	Viroide	Viren	Chlamydien Rikettsien	Mykoplasmen	Bakterien	Pilze	Protozoen	Würmer Arthropoda
Proteine in atypischer Faltung keine DNA keine RNA	nackte RNA intrazellulär	DNA **oder** RNA obligate Zellparasiten keine isolierte Vermehrung	DNA **und** RNA nur intrazellulär	 keine Zellwand	DNA und RNA typ. Zellwand meist extrazellulär	DNA und RNA Eukaryotische Zellstrukturen		
< 5 nm	< 5 nm	15 – 450 nm	300 – 1000 nm (0,3 – 1 µm)		1 – 5 µm	5 – 10 µm	5 – 100 µm	Parasiten Vektoren
Schafe, Rinder u. a. Mensch	Pflanze Mensch: Slow virus disease	Pflanze Tier Mensch Bakterien	Tier Mensch	Pflanze Mensch	Pflanze Tier Mensch	Pflanze Tier Mensch	Tier Mensch	Tier Mensch

1.1 – 1.4

Sektion I

1.2 Bakterien

Jürg Meyer, René Sanderink und Catherine Weber

1.2.1 Bakterien und ihre Bedeutung für den Menschen

Bakterien werden oft ausschließlich mit Krankheiten und Infektionen des Menschen, der Tiere und Pflanzen in Verbindung gebracht. Bakterien haben aber darüber hinaus viele Eigenschaften, die der Mensch in diversen Bereichen für sich zu nutzen gelernt hat. Ohne Bakterien zu kennen, hat er sie seit Jahrhunderten zur Herstellung von Lebensmitteln eingesetzt: Viele Milchprodukte, wie Käse und Joghurt, Speiseessig, Sauerkraut, aber auch gewisse Fleischwaren, wie Salami, verdanken ihre Merkmale der Wirkung bestimmter Bakterien.

Wohl wurde das erste Antibiotikum Penicillin als Produkt eines Pilzes entdeckt; die meisten bis heute bekannten Antibiotika werden aber von Bakterien (v. a. von *Streptomyces*-Arten) gebildet. Zur Gewinnung großer Mengen von Antibiotika und anderer wertvoller Produkte wurden Verfahren entwickelt, um sie mit Hilfe von Bakterien auch im industriellen Maßstab herzustellen. Heute verdanken wir dieser Biotechnologie eine Reihe wichtiger Produkte.

So werden beispielsweise die in der Nahrungsmittelindustrie in großen Mengen benötigten Milch- und Zitronensäure mit Hilfe von Milchsäurebakterien* hergestellt. Essigsäurebakterien wirken bei der Herstellung von Speiseessig mit. Aus billigen kohlenhydratreichen Abfällen lassen sich durch Gärungen mit Clostridien und Bacilli Aceton, Butanol, 2-Propanol, Butandiol und andere Grundchemikalien herstellen. Milchsäurebakterien werden in der Nahrungsmittelindustrie (Backwaren und Molkereiprodukte, Salami) eingesetzt. Sie und andere Bakterien sind allerdings auch verantwortlich für den Verderb von Nahrungsmitteln. Seit der Entdeckung, dass *Corynebacterium glutamicum* aus Zucker und Ammoniumsalz mit hoher Ausbeute Glutaminsäure produziert, sind Mutanten isoliert und Verfahren entwickelt worden, nach denen sich viele Aminosäuren, Nucleotide und Biochemikalien in großem Maßstab herstellen lassen. Mikroorganismen werden von Chemikern zur Katalyse von Teilprozessen in lange Syntheseketten eingeschaltet. Beispiele: Amylasen zur Stärkehydrolyse, Proteinasen in Waschmitteln oder zur Lederbereitung, Pectinasen zur Fruchtsaftklärung und andere industriell angewandte Enzyme werden aus Mikroorganismenkulturen gewonnen. Mikrobielle Umsetzungen übertreffen chemische an Spezifität und Ausbeute. Rohstoffe wie Erdöl, Erdgas oder Cellulose können von Mikroorganismen verwertet und entweder zu Biomasse (Zusatz zur Tierfütterung) oder zu wertvollen Zwischenprodukten umgesetzt werden. Die Erschließung dieser Rohstoffe durch biologische Verfahren hat gerade erst begonnen.

Global gesehen, spielen Bakterien – zusammen mit anderen Mikroorganismen – eine wichtige Rolle im Kreislauf der Elemente (v. a. Kohlenstoff, Stickstoff, Schwefel, Eisen). In neuerer Zeit werden sie auch gezielt genutzt, bei der biologischen Behandlung von Abwässern oder der Gewin-

1.1 – 1.4

nung von Methan aus organischen Abfällen, beim biologischen Abbau von Xenobiotika (chemisch synthetisierte Verbindungen, die in der Natur nicht vorkommen) und anderen Problemabfällen.

Die Aufklärung der Mechanismen der Genübertragung bei Bakterien und der Beteiligung von extrachromosomalen Elementen haben Möglichkeiten zur Übertragung von Fremd-DNA in Bakterien eröffnet.

Merke:
Die Gentechnologie macht es möglich, kleine Stücke von DNA, beispielsweise des Menschen, in Bakterien einzuführen und in ihnen die entsprechenden Proteine synthetisieren zu lassen. Hormone, Immunmodulatoren, Antigene* für Impfstoffe und andere Proteine werden mit Hilfe von Bakterien hergestellt. Resistenzeigenschaften, beispielsweise gegen Insektenfraß oder Pilzbefall, lassen sich durch Gentechnologie auf Nutzpflanzen übertragen. Auch an der Übertragung der bakteriellen Fähigkeit, molekularen Stickstoff zu fixieren, auf höhere Pflanzen wird gearbeitet. Schließlich macht die Gentechnologie die Herstellung von DNA-Sonden möglich, mit denen man Gen-Defekte diagnostisch erkennen kann. Die Gentechnologie, zu der die Bakterien die Werkzeuge liefern, leitet eine neue Ära der Biologie ein.

1.2.2 Morphologie und Struktur der Prokaryoten

Bakterien sind einzellige Mikroorganismen mit einem für Prokaryoten typischen Zellaufbau (siehe Tab. 1.1). Ihre Größe variiert meist zwischen 0,3 – 5 µm. Es gibt einige wenige, sehr große Prokaryoten, die ≥ 100 µm

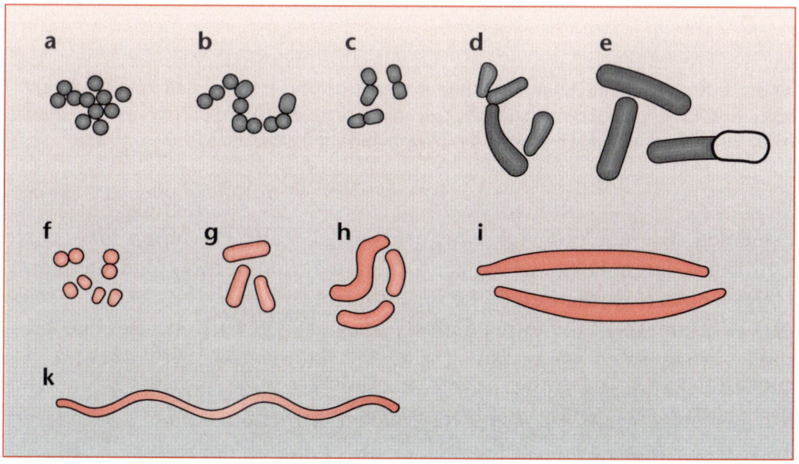

Abb. 1.2 Grundformen der Bakterienmorphologie: **a)** grampositive Kokken in Haufen, **b)** grampositive Kokken in Ketten, **c)** grampositive Diplokokken, **d)** grampositive, pleomorphe Stäbchen, **e)** große grampositive Stäbchen, eines mit nicht gefärbter Endospore, **f)** gramnegative Diplokokken, **g)** gramnegative gerade Stäbchen, **h)** gramnegative gebogene Stäbchen, **i)** gramnegative Stäbchen mit zugepitzten Enden (fusiforme Stäbchen), **k)** feine spiralige Zellen (Spirochäten).

Sektion I

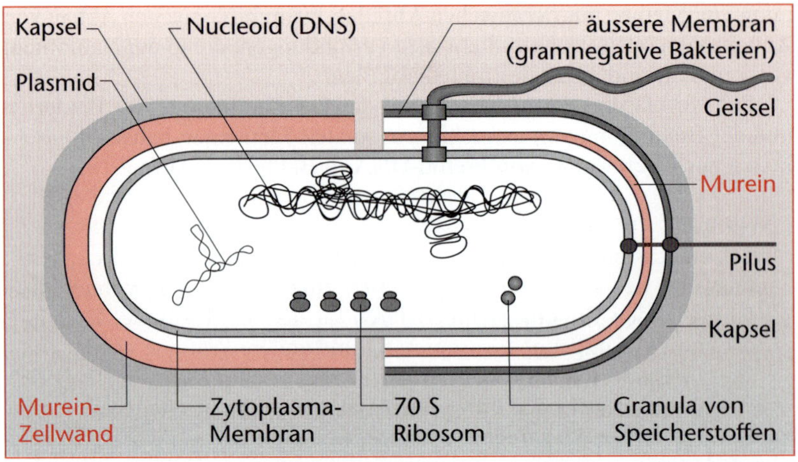

Abb. 1.3. A Grundstrukturen der Bakterienzellen (nach KAYSER et al. 2001, modifiziert).

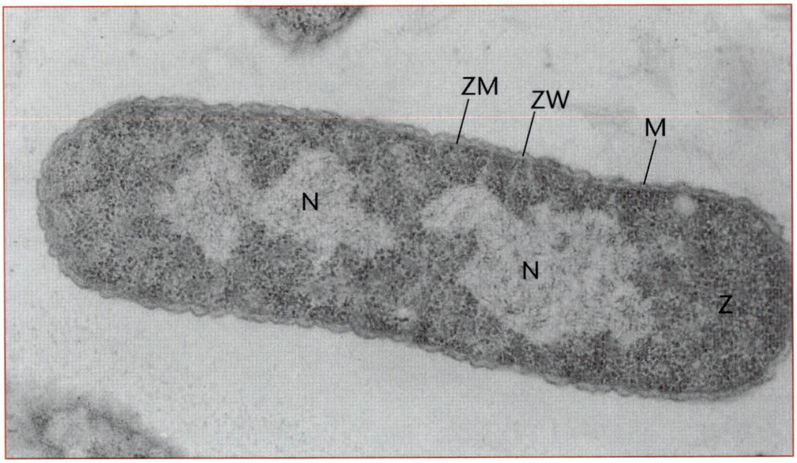

Abb. 1.3. B Ultradünnschnitt durch eine *E. coli*-Zelle. Zu erkennen sind zwei Nucleoidbereiche (N) im mit Ribosomen dicht gepackten Zytoplasma (Z), die Zytoplasmamembran (ZM) und die gramnegative Zellwand (ZW, mit äußerer Membran, M).

erreichen. Bis auf die Mykoplasmen besitzen alle Bakterien eine starre Zellwand, deren Form weitgehend die Bakterienmorphologie bestimmt. Unterschieden werden einfache Grundformen: Kugeln (Kokken), gerade und gekrümmte Zylinder (Stäbchen), starre (Spirillen) und flexible (Spirochäten) Spiralen sowie fadenförmige Bakterienzellen (Filamente). Als weiteres morphologisches Merkmal kann ihre Lagerung heran gezogen werden: einzeln, in 2-er, 4-er, 8-er-Paketen, in Ketten und in Haufen (Abb. 1.2).

Eine Bakterienzelle besteht aus einer relativ starren Zellwand, einer Zytoplasmamembran, dem Zytoplasma mit Ribosomen und Speicherstoffen sowie dem Nucleoid (Kernäquivalent) (Abb. 1.3). Fakultativ kann sie folgende morphologische Merkmale aufweisen: eine Kapsel, Geißeln, Fimbrien* (Pili) und Sporen.

1.2.2.1 Nucleoid und Plasmide

Das Kernäquivalent eines Bakteriums enthält sein Genom, das sogenannte Bakterienchromosom: ein meist ringförmig geschlossenes DNA-Molekül, das in stark verknäuelter und verdrillter Form ohne Abgrenzung durch eine Kernmembran im Zytoplasma liegt. Das Nucleoid bildet eine im Elektronenmikroskop deutlich erkennbare Struktur innerhalb der Zelle; sie enthält keine Ribosomen. Das Chromosom besteht je nach Bakterienart aus etwa 10^6 bis 10^7 Nucleotidpaaren.

Da die Zellteilung in schnell wachsenden Bakterien meist schneller verläuft als die DNA-Replikation, liegt das Chromosom in mehreren (zwei bis vier) Kopien oder in teilweise replizierten Kopien vor. Damit wird sicher gestellt, dass beide Tochterzellen eine vollständige Kopie des Bakterienchromosoms erhalten.

Viele Bakterien tragen zusätzliche Erbinformationen als ringförmige oder lineare DNA-Moleküle, die als Plasmide* bezeichnet werden. Plasmide replizieren autonom, tragen einige wenige bis > 100 Gene* und liegen oft in höherer Kopienzahl vor (zwei bis zu 100 pro Zelle).

Plasmide sind für die Bakterienzelle nicht lebensnotwendig, aber sie verleihen der Trägerzelle unter bestimmten Umweltbedingungen einen Vorteil (z. B. Resistenz gegen Giftstoffe aus der Umgebung oder gegen Antibiotika). Sie sind für die molekulargenetische Forschung äußerst nützlich als Überträgervehikel (Vektor) von künstlich eingebrachtem genetischem Material (siehe Kap. 1.2.4.9).

1.2.2.2 Zytoplasma

Das von der Zytoplasmamembran umschlossene Zytoplasma enthält die für Funktion und Wachstum eines Bakteriums erforderlichen Ionen, Enzyme und Strukturproteine, Stoffwechselintermediärprodukte, Ribonucleinsäuren (mRNA, rRNA, tRNA; siehe Anhang 4) und Ribosomen als Strukturen der Proteinsynthese*. Es enthält auch Zelleinschlüsse, wie Gasvakuolen, Proteinkristalle und Speicherstoffe. Speicherstoffe werden unter bestimmten Milieubedingungen als Reservestoffe abgelagert. Dazu gehören Polysaccharide (Stärke oder Glycogen), lipidartige Stoffe (Poly-β-Hydroxibuttersäure, Triglyceride), Polyphosphate und Schwefel. Die Bedeutung intrazellulärer Polysaccharide bei oralen Streptokokken bzw. für die Kariesätiologie wird später (Kapitel 9) dargestellt.

Ribosomen sind im bakteriellem Zytoplasma reichlich vorhanden (bei *E. coli* je nach Wachstumsphase etwa 15.000 pro Zelle). Sie haben eine Größe von 16x18nm und bestehen zu 40% aus Protein und zu 60% aus RNA. Bakterielle Ribosomen besitzen eine Sedimentationskonstante von 70S (SVEDBERG*). Gerade die Unterschiede im Feinbau der 70S-Ribosomen zu den 80S-Ribosomen bei Eukaryoten ermöglichen eine gezielte Hemmung der bakteriellen Protein-Synthese durch Antibiotika, wie Tetracycline, Chloramphenicol, Erythromycin und Aminoglycoside.

Der Wasseranteil im Zytoplasma macht ca. 80% des Zellgewichtes aus.

1.2.2.3 Zytoplasmamembran

Diese dünne (6-8 nm) Membran umgibt das bakterielle Zytoplasma durchgegehend und vollständig. Ihre Struktur ist die der biologischen Elementarmembran („unit membrane"), (Abb. 1.4).

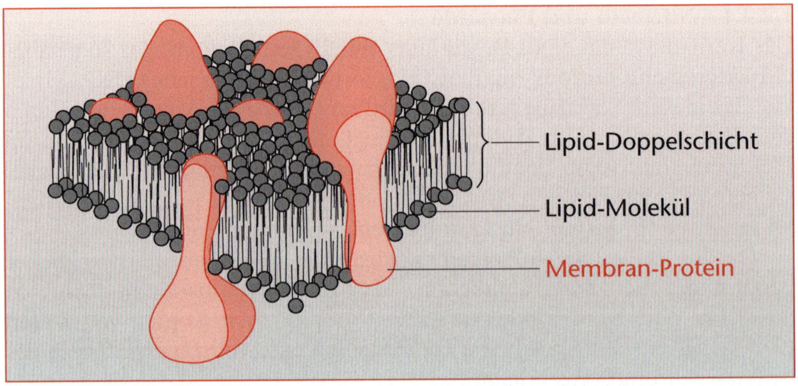

Abb. 1.4 Schematische Darstellung der bakteriellen Zytoplasmamembran. Die Grundstruktur ist die der biologischen Elementarmembran (unit membrane) und besteht aus zwei Schichten von Phospholipid-Molekülen. In die Doppelschicht ist eine Vielzahl von Proteinen eingelagert, die die Membran ganz durchqueren können (integrale Membranproteine) oder sich nur an einer Seite befinden (periphere Membranproteine) (nach ALBERTS et al. 1994, modifiziert).

Ohne eine intakte Zytoplasmamembran ist eine Bakterienzelle nicht lebensfähig. Die Membran erfüllt nämlich essenzielle Funktionen:

- als Permeabilitätsbarriere, die die Akkumulation von Nährstoffen, Metaboliten, etc. im Zytoplasma ermöglicht
- als Sitz von spezifischen Transportproteinen, die die selektive Aufnahme und Abgabe von Substanzen steuern (siehe Membrantransport*)
- als Ort, an dem die protonenmotorische Kraft durch Trennung von Protonen (außen) und Hydroxylionen (innen) erzeugt und in vielfältiger Weise genutzt wird: zur Biosynthese von ATP (Energiegewinnung), zum Transport von Stoffen, zur Beweglichkeit (Rotation von Geißeln) etc.
- als Sitz von Enzymen und Multienzymkomplexen, die aufwändige Biosynthesen katalysieren (z. B. Zusammenbau von Kapsel- und Zellwandpolymeren, DNA-Replikation)

1.2.2.4 Zellwand

Die bakterielle Zellwand ist etwas verformbar wie die Lederhülle eines Fußballs. In Bakterienzellen besteht wegen der hohen Konzentration an gelösten Stoffen ein beträchtlicher Innendruck (Turgor), der von der Zellwand kompensiert wird. Die Zellwand verleiht der Zelle die typische Form und schützt sie vor physikalischen und chemischen Noxen, ermöglicht ihr aber dennoch die Kommunikation mit der Umwelt.

Es gibt unterschiedliche Baupläne der Zellwand bei grampositiven und gramnegativen Bakterien. Ursprünglich beruhte diese Unterscheidung auf einer von H. C. J. GRAM 1884 entwickelten Färbemethode (Abb. 1.5). Nach der Gramfärbung sind grampositive Bakterien violett, gramnegative rot.

Grampositive Bakterien werden von einem dicken Netzwerk des Peptidoglycans (s. unten) umhüllt, gramnegative nur von einem sehr dünnen; dafür besitzen sie eine äußere Membran als äußere Begrenzung.

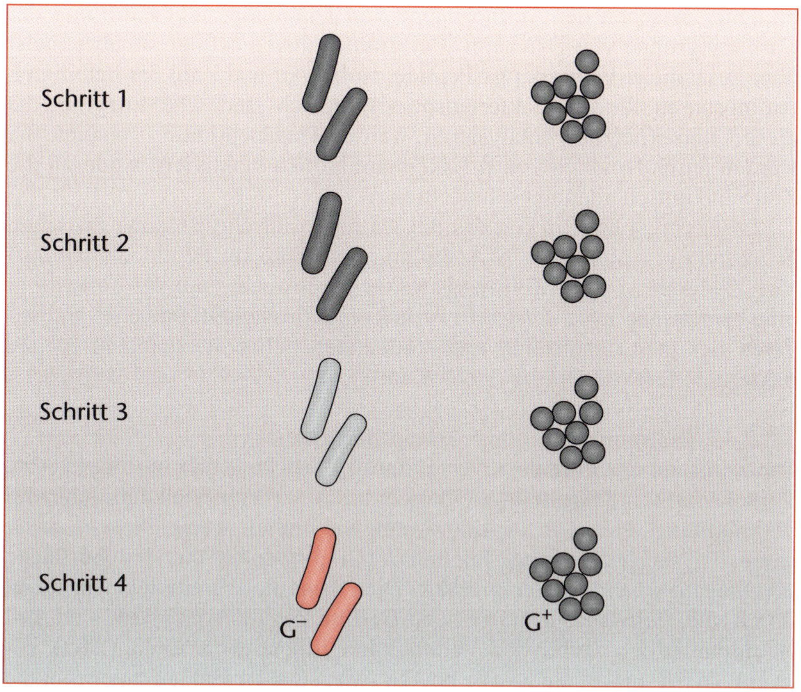

Abb. 1.5 Schritte der Gramfärbung:
Schritt 1: Bedeckung der hitzefixierte Präparate mit Kristallviolett; nach einer Minute sind alle Zellen violett.
Schritt 2: Jodlösung drei Minuten einwirken lassen; alle Zellen bleiben violett.
Schritt 3: kurz mit Alkohol entfärben; grampositive Zellen bleiben violett; gramnegative Zellen werden farblos
Schritt 4: Gegenfärbung mit Fuchsin für 1-2 Minuten; grampositive Bakterien sind noch immer violett; gramnegative Bakterien erscheinen rosarot.

Eine Sonderstellung nehmen die Mykoplasmen ein, denen im Gegensatz zu allen übrigen Bakterien eine Zellwand fehlt. Sie haben eine vielgestaltige (pleomorphe) Zellform.

1.2.2.4.1 Peptidoglycan (Murein) als Grundstruktur

Das Gerüst der Zellwand ist bei grampositiven und gramnegativen Bakterien im Prinzip übereinstimmend (Abb. 1.6. und 1.7). Bei beiden gibt es eine netzartige Struktur von Polysaccharidketten, dem Glycan, die über kurze Peptidketten miteinander verknüpft sind. Dieses daher Peptidoglycan (oder Murein) genannte Polymer bildet ein dreidimensionales Riesenmolekül, den Murein-Sacculus, der sich über die gesamte Zelloberfläche erstreckt, und die Bakterienzelle sackartig einschließt.

Der Grundbaustein, das Glycantetrapeptid, besteht aus den beiden 1,4-glycosidisch verknüpften Zuckern N-Acetylglycosamin und N-Acetylmuraminsäure, an die ein Tetrapeptid aus L-Alanin, D-Alanin, D-Glutaminsäure und Lysin oder Diaminopimelinsäure gebunden ist. Die Netzstruktur des Peptidoglycans entsteht durch Glycosidbindung zwischen den Zuckern einerseits und durch Quervernetzung zwischen den Tetrapeptiden. Bei gramnegativen Bakterien erfolgt sie häufig durch direkte Peptidbindung zwischen der Aminogruppe von Diaminopimelinsäure und der Carboxylgruppe von D-Alanin. Bei grampositiven erfolgt sie aber meist über zusätzliche Verbindungs-Peptide, wobei Art und Zahl der beteiligten Aminosäuren für die Bakterienspezies typisch sind. Die Enzyme, die diese Quervernetzung katalysieren, werden Transpeptidasen genannt. Sie werden durch Bindung von β-Laktamantibiotika inaktiviert, wodurch die Zellwand entscheidend geschwächt wird.

Lysozym ist ein Enzym, das die 1,4-glycosidische Bindung zwischen N-Acetylglycosamin und N-Acetylmuraminsäure im Peptidoglycan auflöst. Dadurch wird die Zellwandstruktur geschwächt, und der Zelle droht eine osmotische Lyse. Lysozym ist in Tränenflüssigkeit, Speichel und anderen Sekreten anzutreffen und stellt einen Schutzmechanismus gegen bakterielle Infektionen dar (siehe Kap. 3).

1.2.2.4.2 Zellwand der grampositiven Bakterien

Die Zellwand der grampositiven Bakterien (Dicke 20-80 nm) ist in Abb. 1.6 schematisch dargestellt. Sie besteht bis zu 90% aus vielen miteinander verknüpften Lagen von Peptidoglycan. Sie enthält wenig Protein, dafür saure Polysaccharide, sog. Teichonsäuren*, wodurch die Zelloberfläche eine negative Gesamtladung erhält. Dies kann die Wanderung von Ionen durch die Zellwand beeinflussen. Bestimmte Teichonsäuren sind mit Membranlipiden verbunden und werden Lipoteichonsäuren (LTA) genannt. Diese spielen eine Rolle bei der Adhäsion der Bakterienzelle an die

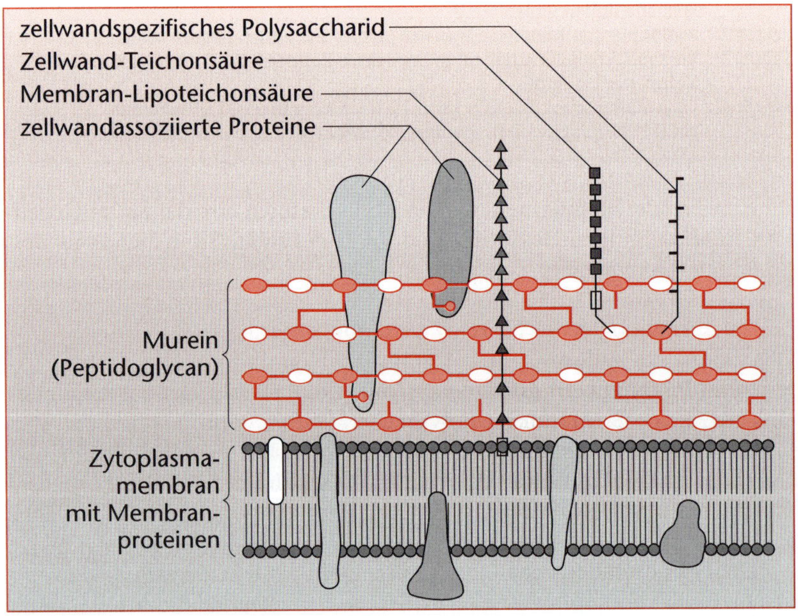

Abb. 1.6 Schematische Darstellung der Zellwand grampositiver Bakterien und ihrer wichtigsten Komponenten. Charakteristisch ist die Dicke der Mureinschicht, die im Murein verankerten Proteine und Teichonsäuren, sowie die mit einem lipophilem Anker in der Membran befestigte Lipoteichonsäure. Die zellwand-assoziierten Proteine sind bei der bakteriellen Adhärenz an intaktem Oberflächengewebe, z. B. mukosale Oberflächen, involviert (nach KAYSER et al. 2001, modifiziert).

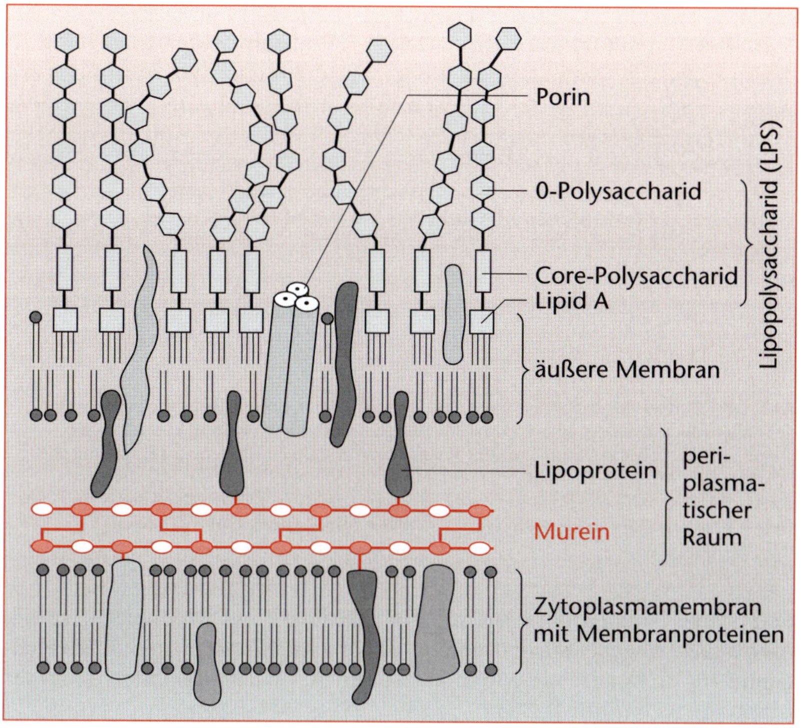

Abb. 1.7 Schematische Darstellung der Zellwand gramnegativer Bakterien. Die Mureinschicht ist sehr dünn. Die äußere Membran besteht in der äußere Schicht überwiegend aus Lipopolysaccharid-Komplexen.

Oberfläche von z. B. Epithelzellen, Zahnoberflächen und an andere positiv geladene Oberflächen, sind ein bedeutsames Antigen* der grampositive Zellwand und werden auch von PAMP-bindenden Membranproteinen (sog. PRRs, siehe Anhang 1) erkannt. Schließlich finden sich außen auf dem Murein-Sacculus diverse sog. Zellwand assoziierte Proteine, z. B. das M-Protein (ein wichtiger Virulenzfaktor von *Streptococcus pyogenes*, Kap. 4.2.2) oder das Antikörper bindende Protein A (das bei nahezu allen Stämmen von *Staphylococcus aureus* angetroffen wird, Kap. 4.1.2).

1.2.2.4.3 Zellwand der gramnegativen Bakterien

Die Zellwand der gramnegativen Bakterien ist mit 15-20 nm dünner als die der grampositiven. Ihre Mureinschicht ist nur 2-3 nm dick. Außen liegt ihr eine zusätzliche Wandschicht aus Lipopolysacchariden* (LPS) auf, die im Wesentlichen eine modifizierte Elementarmembran darstellt, die sog. äußere Membran („outer membrane"). Zwischen Zytoplasmamembran und äußerer Membran liegt der periplasmatische Raum (Abb. 1.7).

Die äußere Membran ist viel stärker asymmetrisch aufgebaut als andere Membranen: Die beiden Lipidschichten unterscheiden sich stark in ihren Komponenten. Die innere, dem Murein zugewandte Schicht, besitzt in etwa die gleiche Phospholipidzusammensetzung wie die Zytoplasmamembran. In sie eingelagert ist der Lipidteil eines Lipoproteins. Dieses ist am anderen Ende kovalent mit dem Peptidoglycan verbunden und stellt so

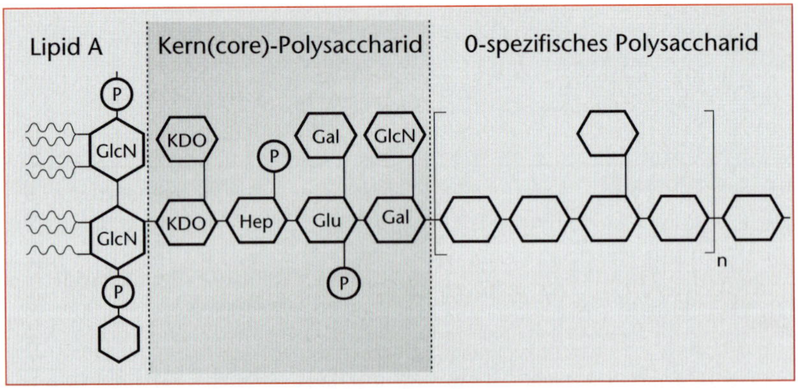

Abb. 1.8 Aufbau des Lipopolysaccharids. Der LPS-Komplex ist über den Lipidanteil in der äußere Membran verankert. Die Reihenfolge der Regionen (Lipid A – Kernzone – O-spezifische Polysaccharidkette) gilt für alle gramnegativen Bakterien. Die chemische Struktur der einzelnen Komponenten unterscheidet sich jedoch je nach Bakterienart; gerade die O-spezifische Polysaccharide variieren erheblich. KDO = Keto-desoxyoctonat, Hep = Heptose, Gal = Galactose, GlcN = N-Acetylglucosamin, Glu = Glucose, P = Phosphatester.

eine stabile Verbindung von äußerer Membran und Murein her. In der nach außen zeigenden Lipidschicht der Membran ist das Lipid A das mengenmäßig dominierende Lipid. Das Lipid A ist der lipophile Anker der Lipopolysaccharide* (LPS).

Das Lipid A ist ein ungewöhnliches Phospholipid. An ein N-Acetyl-Glucosamindisaccharid sind über die Hydroxy- und die Aminogruppen des Zuckers Fettsäuren unterschiedlicher Kettenlänge verestert. Diese bilden die äußere Lipidschicht der äußeren Membran. An das Lipid A schließt sich das Kernpolysaccharid an: Es besteht aus fünf basalen Zuckern (Ketodesoxyoctonat, Heptosen, Glucose, Galactose und N-Acetylglucosamin).

Auf das Kernpolysaccharid folgt dann als äußere Region eine Kette von sich wiederholenden Oligosaccharid-Einheiten, meist vier- oder fünfteilige, oft verzweigte Sequenzen. Sie kann eine große Variation in Zusammensetzung und Struktur zeigen und wird O-spezifische Seitenkette genannt. Diese O-spezifischen Seitenketten sind Bestandteile der Oberfläche der Zellwand und stellen thermostabile antigene Determinanten dar (O-Antigene). Die genaue Chemie von Lipid A (bezüglich Fettsäuren) und der Polysaccharidbestandteile variiert von Bakterienart zu Bakterienart.

O-spezifische Polysaccharide können auch spezifische Anheftungspunkte (Rezeptoren) für Bakteriophagen* sein. Abb. 1.8 stellt die LPS-Struktur schematisch dar.

In die äußere Membran eingelagert sind zahlreiche Proteine, sog. „outer membrane proteins“(OMPs), sowohl peripher als auch integral. Einige davon haben eine Struktur stabilisierende Funktion, während andere Poren in der Membran bilden und deshalb Porine genannt werden. Unspezifische Porine bilden mit Wasser gefüllte Kanäle, durch die gelöste, niedermolekularen Substanzen (bis zu 500-800 Dalton, beispielsweise Ionen, Aminosäuren oder Monosaccharide) relativ ungehindert in den periplasmatischen Raum oder hinaus gelangen. Sie kommen praktisch immer und in hoher Kopienzahl (bis zu 10^5 pro Zelle) in der Außenmembran vor. Spezifische Porine haben spezielle Funktionen in der Nährstoffaufnahme (z. B. als spezifische Maltose-Pore). Sie werden auch von Bakteriophagen* als Rezeptoren benutzt.

Die äußere Membran gramnegativer Bakterien hat eine wichtige Molekularsieb-Funktion: Einerseits ist sie für kleine Moleküle relativ durchlässig, anderseits hindert sie zelluläre Enzyme im periplasmatischen Raum daran, von der Zelle wegzudiffundieren. Dabei handelt es sich um hydrolytische Enzyme, die am Abbau von Oligomeren zu ins Zytoplasma transportierbaren Nährstoffen beteiligt sind, um spezifische Bindungsproteine, die den Transport von Substanzen durch die Zytoplasmamembran einleiten, um Zellwand auf- und abbauende Proteine und um Rezeptoren für chemotaktische Reize. Das Periplasma hat wie das Zytoplasma eine gelartige Dichte.

Die äußere Membran vieler gramnegativer Bakterien hat eine weitere wichtige biologische Eigenschaft, nämlich, dass sie für Mensch und Tier toxisch ist. Die toxischen Eigenschaften sind mit dem Lipopolysaccharid, besonders dem Lipid A, assoziiert. Man bezeichnet dieses auch als Endotoxin, weil es in der Regel zellgebunden ist und vor allem dann in größeren Dosen freigesetzt werden, wenn Zellen lysieren. Die Wirkung von Endotoxin hängt von Menge und Art des Lipids A ab, aber Fieber ist ein generelles Symptom (siehe LPS*).

1.2.2.5 Glycocalyx: Kapseln und Schleimschichten

Viele Prokaryoten sezernieren auf ihrer Oberfläche schleimige bzw. gummiartige Substanzen (oft Glycoside, daher der Name Glycocalyx) in Form einer Hüllschicht oder Matrix; dies insbesondere dann, wenn sie sich – wie es in der Natur häufig vorkommt – in einen Biofilm organisiert haben. Auf die Zahnplaque als Biofilm wird in Kap. 8 eingegangen. Die meisten dieser Strukturen bestehen aus Polysacchariden, wenige aus Proteinen oder Glycoproteinen. Die Schichten können unsichtbar dünn sein oder ein Mehrfaches des Bakteriendurchmessers ausmachen. Ist die Schleimschicht in einer engen, dichten Matrix organisiert, nennt man sie Kapsel. Die Glycocalyx hat mehrere Funktionen: Einerseits verleiht sie der Zelle durch Bindung von Wasser eine gewisse Resistenz gegen Austrocknung. Anderseits vermittelt sie die Anheftung von Bakterien an unbelebte Oberflächen oder an Oberflächen eines Wirts (Wirtszellen, Zähne). Schließlich schützt sie Bakterien gegen Phagozytose*, in dem sie die Anheftung der Fresszellen vermindert. Einige medizinisch wichtige kapselbildende Bakterien sind in Tab. 1.3 aufgelistet:

Tab. 1.3 Schleim- bzw. kapselbildende Bakterien

Grampositiv	Gramnegativ
Streptococcus pneumoniae	*Klebsiella pneumoniae*
Streptococcus pyogenes (Gruppe A Streptokokken)	*Neisseria meningitidis*
Streptococcus agalactiae (Gruppe B Streptokokken)	*Escherichia coli* (K-Antigene)
Bacillus anthracis	*Salmonella typhi* (Vi-Antigen)
	Haemophilus influenzae
	Bacteroides fragilis

1.2.2.6 Geißeln und Beweglichkeit

Die Beweglichkeit der Bakterien kann auf verschiedene Weisen bewirkt werden. Zahlreiche Bakterien vermögen über Oberflächen zu gleiten, andere verändern ihre Position in stehenden Gewässern mit Hilfe von Gasvesikeln. Bei den meisten aktiv beweglichen, schwimmenden Bakterien wird die Bewegung durch die Rotation von einer oder mehreren Geißeln verursacht. Eine Geißel (*Flagella*) ist ein sehr feiner Faden (Ø 20 nm, Länge bis zu 20 µm). Dessen Grundbaustein ist das Protein Flagellin, das helikal (schraubenförmig) angeordnet ist. Über eine als Haken bezeichnete Struktur ist der Faden mit dem Geißelmotor, dem Basalkörper, verbunden. Dieser Motor besteht aus einem rotierenden, zentralen Stab, der mit dem Haken verbunden ist, und mehreren Ringen, von denen einer in der Zytoplasmamembran, ein zweiter in der Peptidoglycanschicht und bei gramnegativen Bakterien ein dritter in der äußeren Membran verankert ist. Die Proteine des Basalkörpers können Rotationsrichtung und –geschwindigkeit verändern. Die dazu nötige Energie stammt aus der protonenmotorischen Kraft (Schätzung: etwa 1000 Protonen pro Umdrehung).

Die meisten Kugelbakterien (Kokken) sind unbegeißelt und daher unbeweglich. Stäbchenbakterien können lange Geißeln mit unterschiedlichen Anordnungen aufweisen. Die Art der Insertion der Bakteriengeißel ist arttypisch und von taxonomische Wert. An einem stäbchenförmigen Bakterium kann sie monopolar, bipolar oder peritrich sein (Abb. 1.9).

Polar begeißelte Bakterien bewegen sich schnell (bis etwa 50 Zelllängen pro Sekunde) und ändern die Schwimmrichtung durch Änderung der Geißelrotation, so dass die Geißeln die Zelle schieben oder ziehen. Peritrich begeißelte Bakterien bewegen sich vorwärts, wenn alle Geißeln im Gegenuhrzeigersinn rotieren; rotieren alle im Uhrzeigersinn, entsteht eine taumelnde Bewegung, die zu einer Richtungsänderung führen kann. Die Geißelsynthese steht in der Zelle unter einer strikten Regulation durch Zellteilungszyklus- und Stoffwechselsignale. An der Synthese sind etwa 40 Gene* beteiligt.

Für die krank machenden Eigenschaften der Bakterien scheinen die Geißeln keine Bedeutung zu haben. Hingegen sind sie auf Grund ihrer Proteinnatur gute Antigene*, sog. H-Antigene, die hohe Antikörpertiter induzieren und zur Serotypisierung von Bakterien beitragen. Geißeln verhelfen Bakterien zu gerichteten Bewegungen (Taxien), d. h. auf Reize hin oder von ihnen weg. Sind solche Reize Chemikalien (Lockstoffe, Schreckstoffe) spricht man von Chemotaxis, sind sie Licht bestimmter Wellenlänge, spricht man von Phototaxis. Dabei gewinnen Bakterien periodisch Informationen aus ihrer Umwelt und steuern die Rotationsrichtung der Geißel über einen Signaltransduktionsweg (siehe Signalübertragung*).

1.2.2.7 Weitere Oberflächenstrukturen: Fimbrien und Pili, S-Schicht

Die Zellen vieler Bakterienarten, insbesondere von gramnegativen, besitzen Fimbrien oder Pili an der Zelloberfläche, dünne Proteinfäden, die nicht zur Zellbeweglichkeit beitragen. Fimbrien* sind weniger steif, kürzer und dünner als Geißeln und können in Stückzahlen von bis zu mehrere Tausend pro Zelle vorkommen. Pili weisen dieselbe Sruktur wie Fimbrien auf, sind aber länger und kommen in geringer Anzahl pro Zelle vor.

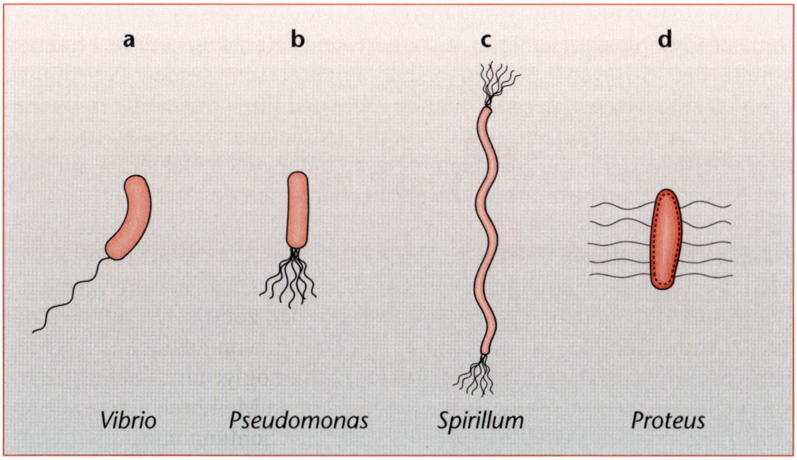

Abb. 1.9 Begeißelte Bakterien.
A: schematisch. Weniger häufig sind Bakterien monopolar, nur mit einer – meist dickeren – Geißel versehen; sie sind dann monotrich begeißelt. Häufiger weisen monopolar und bipolar begeißelte Bakterien Geißelbündel (2-50 Geißel) auf. Sie werden dann als polytrich bzw. lophotrich (wenn unipolar angeordnete Geißeln in einem Büschel zusammenstehen) oder amphitrich (bei bipolar polytricher Begeißelung) bezeichnet. Sind die Geißeln ringsum verteilt, spricht man von einer peritrichen Anordnung. Abgebildete Begeißelungstypen: **(a)** monopolar-monotrich, **(b)** monopolar-lophotrich, **(c)** bipolar-polytrich (amphitrich) und **(d)** peritrich.

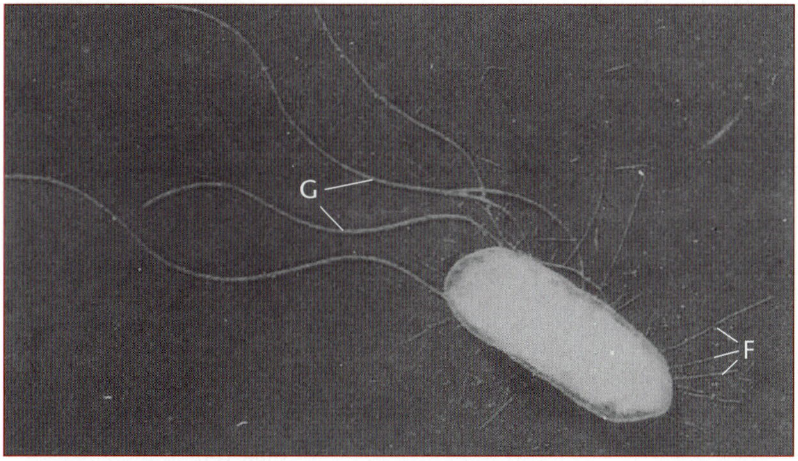

B: Oberflächendarstellung bzw. elektronenmikroskopische Aufnahme einer *E. coli*-Zelle auf der mehrere Geißeln (G) und Fimbrien*(F) zu erkennen sind.

In einigen Fällen ist ihre Funktion als Adhäsionsmoleküle für die Anheftung an unbelebte und belebte Oberflächen nachgewiesen. Sie sind an Konjugationsvorgängen zwischen Bakterien und an der Anheftung am Wirtsgewebe beteiligt und dienen als Rezeptoren für bestimmte Bakteriophagen*.

Viele Bakterien tragen an ihrer Oberfläche eine zweidimensionale parakristalline Anordnung von Protein- oder Glycoprotein-Untereinheiten, die sog. S-Schicht. Sie kann mit der äußeren Membran gramnegativer, mit der Peptidoglycanschicht grampositiver Bakterien oder bei *Archaea* direkt mit der Zytoplasmamembran assoziiert sein. Keine generelle Funktion konnte den S-Layer-Proteinen bisher beigemessen werden: Vermutlich nehmen sie zwischen der mikrobielle Zelle und ihre Umgebung in irgendeiner Form eine Barrierefunktion wahr (Molekularsiebfunktion). Möglicherweise verleiht die S-Schicht einigen pathogenen Bakterien auch einen Schutz gegen bestimmte Abwehrmechanismen des Wirts.

1.2.2.8 Endosporen

Mehrere Bakteriengattungen (wichtig: *Bacillus, Clostridium*) vermögen Endosporen zu bilden. Sporen sind runde oder elliptische, intrazellulär entstehende Gebilde, die sich durch große Widerstandsfähigkeit gegen Umwelteinflüsse (Austrocknung, Hitze, Bestrahlung, chemische Noxen) auszeichnen. Es sind Dauerformen. Sie dienen der Arterhaltung bei ungünstigen äußeren Verhältnissen. Pro vegetative Bakterienzelle wird eine Endospore ausgebildet. Die Ausbildung einer Endospore stellt einen sehr komplexen Differenzierungsprozess dar, an dem gegen 200 Gene* beteiligt sind. Sie ist in Abb. 1.10 dargestellt.

Die Sporenbildung (Sporulation) wird eingeleitet, wenn das Wachstum auf Grund eines Nährstoffmangels zum Erliegen kommt. Die Endospore unterscheidet sich von der vegetativen Zelle durch die vielen äußeren Schichten, einen geringeren Wasser- und höheren Kalziumionengehalt sowie spezifischen kleinen säurelöslichen Sporenproteinen. Diese schützen die DNA und dienen später als Kohlenstoff- und Energiequelle bei der Keimung, d. h. bei der Bildung einer neuen vegetativen Zelle aus einer Endospore.

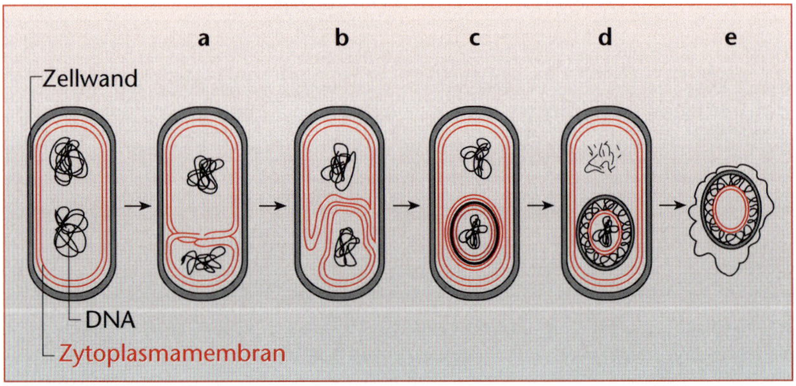

Abb. 1.10 Endosporenbildung bei Bakterien. Die Sporenbildung beginnt mit einer inäqualen Teilung des Protoplasten durch die Zytoplasmamembran **(a)**, und es entstehen zwei ungleich große, membranumhüllte Zytoplasmabezirke. Jetzt wird nicht wie bei einer normalen Zellteilung das Zellwandseptum gebildet, sondern die Zytoplasmamembran des größeren Zellabschnitts umwächst den kleineren Plasmabezirk **(b)**. Es entsteht eine Vorspore **(c)**, indem zwischen den zwei Zytoplasmamembranen eine Sporenwand (Cortex) gebildet wird, die aus vernetzten Glucopeptidpolymeren besteht. Über der Rinde entsteht von der Mutterzelle eine stark proteinhaltige äußere, oft mehrschichtige Sporenhülle, auf der noch das Exosporium aufgelagert sein kann **(d)**. Gleichzeitig werden in die Spore Kalziumionen eingebaut und der Wassergehalt verringert. Nach einer weiteren Reifung wird die Spore durch Lyse der Mutterzelle freigesetzt **(e)**.

Die Bedeutung der Endosporen für die medizinische Mikrobiologie liegt nicht nur in der Tatsache, dass einige pathogene Bakterien Sporen bilden und in dieser Form Infektionen verursachen. Sie liegt vor allem in deren enormer Widerstandsfähigkeit, welche die aufwändigen Sterilisationstechniken für Nährmedien, medizinische Geräte und Therapeutika notwendig machen: Während vegetative Zellen bei Austrocknung, durch Behandlung mit Desinfektionsmitteln oder durch Erhitzen auf 60–100°C absterben, werden Sporen erst durch Behandlung von 15 Minuten mit 121°C heißem Wasserdampf oder 120 Minuten bei 160°C Heißluft abgetötet.

In Form von Sporen können Bakterien lange Zeiten (möglicherweise hunderte bis tausende von Jahren) im Zustand latenten Lebens überdauern.

1.2.3 Physiologie und Kultur

1.2.3.1 Übersicht

Als Metabolismus (Stoffwechsel) bezeichnet man die Gesamtheit der in Bakterienzellen ablaufenden chemischen Reaktionen. Diese können in die anabolen (synthetischen), energieverbrauchenden Reaktionen sowie in die katabolen, energieliefernden Reaktionen unterteilt werden.

Auf Grund der Energiequellen unterscheidet man phototrophe (photosynthetische) Bakterien, die Licht als Energiequelle verwenden, von chemotrophen (chemosynthetischen), die chemische Verbindungen als Energiequelle nutzen. Die meisten Bakterien – darunter alle humanpathogenen – gewinnen ihre Energie aus organischen Verbindungen und werden chemoorganotroph genannt. Bakterien, die anorganische Stoffe als Energiequelle nutzen, werden als chemolithotroph bezeichnet.

Im Zellstoffwechsel sind die katabolen mit den anabolen Reaktionen gekoppelt, weil bei der katabolen Umwandlung von organischen Verbindungen nicht nur Energie gewonnen wird, sondern auch einfachere Verbindungen entstehen, die als Vorstufe für die Biosynthese bakterieller Makromoleküle (Nucleinsäuren, Proteine, Polysaccharide, Lipide und Zellwandbestandteile) und für die weitere Energiegewinnung verwendet werden. Dieser Abschnitt wird als Intermediärstoffwechsel bezeichnet (Abb. 1.11).

1.2.3.2 Katabole Reaktionen

Organische Nährsubstrate können oft nicht direkt in den Zellstoffwechsel eingeschleust werden, sondern müssen über eine Reihe enzymatischer Schritte verarbeitet werden. Man kann sie in drei Phasen unterteilen:

Verdauung

Makromolekulare Nährstoffe (Eiweiße, Polysaccharide, Fette) werden durch Enzyme, die von den Bakterien in die Umgebung ausgeschieden werden (Exoenzyme), zuerst in kleineren Einheiten (Monomere, kurze Oligomere) abgebaut. Solche Exoenzyme können bei Infektionen u. U. auch Wirtsstrukturen direkt schädigen, so dass sie in solchen Fällen als Virulenzfaktoren bezeichnet werden.

Sektion I

Aufnahme durch Zellwand und Zytoplasmamembran
Das hydrophile Netzwerk des bei grampositiven Bakterien vielschichtigen Mureins ist so großporig, dass im Wasser gelöste Nährstoffe hindurch diffundieren können. Bei gramnegativen Bakterien erlauben es die in der äußeren Membran lokalisierten Poren, dass Moleküle bis zu 500-800 kDa die äußere Membran per Diffusion passieren. Andere Nährstoffe müssen mit Hilfe energieaufwändiger, spezifischer Transportsysteme durch die äußere Membran geschleust werden.

Auch die Passage durch die Zytoplasmamembran erfolgt durch passive Diffusion oder, weit häufiger, durch hochspezifische und energiever-

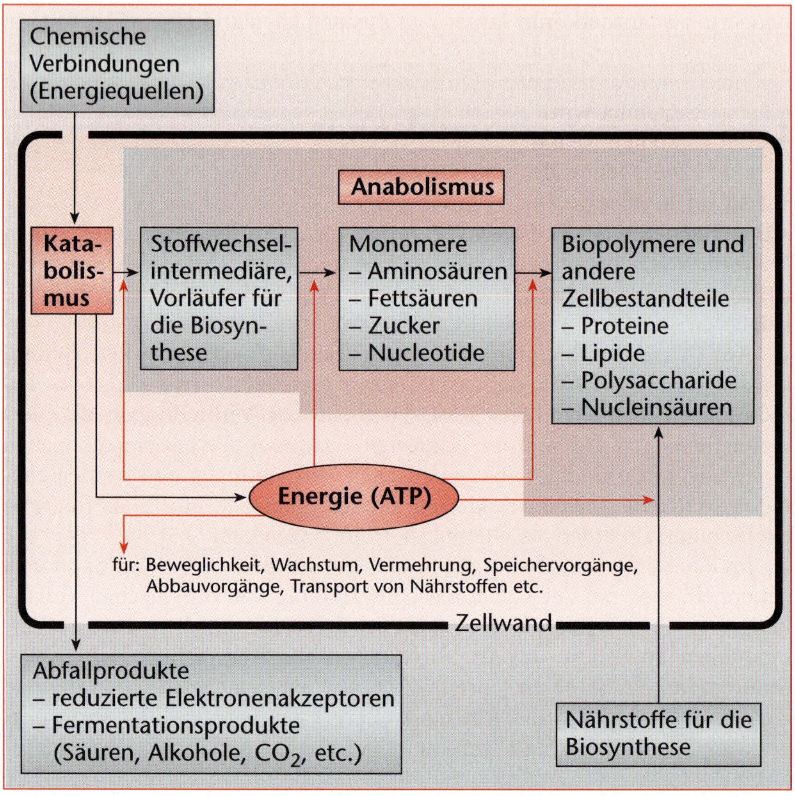

Abb. 1.11 Vereinfachtes Schema des bakteriellen Stoffwechsels. Die für die Lebenstätigkeit (z. B. Synthese-, Abbau- und Speichervorgänge, Bewegung, Wachstum, Vermehrung, Membrantransport*) erforderliche Energie wird durch energiefreisetzende chemische Reaktionen unter der Einwirkung von Enzymen gewonnen. Eine wichtige Rolle bei der Übertragung der Energie spielt vor allem das organische Phosphat ATP, das bei Hydrolyse unter Abgabe von anorganischem Phosphat (Pi) die zuvor aufgenommene Energie freisetzt und sie auf dem umgekehrten Weg, unter erneuter Bindung von Pi, wieder aufnimmt. Die ATP-Bildung erfolgt entweder im Zytoplasma direkt am Substrat (Substratphosphorylierung) oder an der Zytoplasmamembranen (Atmungskettenphosphorylierung). Die bei den katabolen Reaktionen entstehenden Intermediärmetaboliten werden bei anabolen Prozessen benötigt. Fast alle Stoffwechselintermediäre entstammen entweder der Glycolyse oder dem Tricarbonsäurezyklus. Die für die Synthese der Biopolymere benötigten Monomere entstammen jedoch nicht nur katabolen Prozessen, sondern können – insofern es heterotrophe Organismen betrifft – auch als Nährstoffe aus der Umgebung aufgenommen werden. Autotrophe Organismen bilden ihre organischen Substanzen aus anorganischen Stoffen selbst. Bei Bakterien überwiegt die heterotrophe Ernährungsweise.

brauchende Prozesse (siehe Membrantransportsysteme*). Einmal im Zytoplasma, werden die Nährsubstrate durch die Abspaltung von Carboxyl- oder Aminogruppen, Phosphorylierungen, etc. auf die Oxidation vorbereitet. 1.1–1.4

Oxidation

Oxidation ist definiert als der Entzug eines oder mehrerer Elektronen aus einer chemischen Verbindung, Reduktion als das Hinzufügen von Elektronen. Zur Speicherung der chemischen Energie kommt es in den Zellen zu Oxidations-Reduktions-(Redox)-Reaktionen mit einer oxidierten Substanz (Elektronendonor) und einer reduzierten Substanz (Elektronenakzeptor). Die meisten Substanzen können je nach Reaktionspartner sowohl Elektronendonoren als auch -akzeptoren sein; sie unterscheiden sich aber in ihrer Tendenz, oxidiert bzw. reduziert zu werden, was als Redoxpotenzial bezeichnet wird.

Bei katabolen Reaktionen wird der Elektronendonor oft Energiequelle genannt. Die Menge der gewonnenen Energie hängt direkt vom Unterschied im Redoxpotenzial zwischen Elektronendonor und -akzeptor ab. Diese Energie wird in Form von energiereichen Phosphatverbindungen erhalten, von denen die wichtigste das Adenosintriphosphat (ATP) ist.

Die Energiegewinnung kann bei humanmedizinisch bedeutsamen Bakterien in folgenden Formen ablaufen:

1. Aerobe Atmung (Respiration): Das organische Substrat wird vollständig zu CO_2 oxidiert. Am Ende der Atmungskette werden die beim Abbau des organischen Substrates abgespaltenen Elektronen auf Luftsauerstoff als terminalen Akzeptor übertragen. Atmende Organismen verfügen zur ATP-Synthese über einen besonderen Apparat: die Atmungskette (Elektronentransportkette) und das membrangebundene Enzym ATP-Synthase. Dieses System ist bei Prokaryoten in der Zytoplasmamembran (bei Eukaryoten in der inneren Mitochondrienmembran) lokalisiert.
2. Anaerobe Atmung: Der terminale Elektronenakzeptor ist nicht der Luftsauerstoff, sondern eine andere Verbindung (z. B. Nitrat, Sulfat oder dreiwertiges Eisen). Dabei wird zwar weniger Energie frei als bei der aeroben Atmung, aber Bakterien können in einer sauerstofffreien Umgebung atmen.
3. Gärung (Fermentation): anaerobe Abbauprozesse, bei denen Elektronen auf organische, vom Gärsubstrat abgeleitete Intermediärstoffe übertragen werden. Bei der Gärung entsteht ATP durch einen Prozess, der Substrat(ketten)phosphorylierung genannt wird, und als Endprodukte werden je nach Enzymausstattung des Keims unterschiedliche organische Verbindungen, wie kurzkettige Fettsäuren oder Alkohole, gebildet. Fermentationen bei Mikroorganismen werden nach dem hautpsächlich entstehenden Endprodukt bezeichnet, z. B. alkoholische Gärung, Milchsäuregärung, Buttersäuregärung.

Ein ganz wesentlicher Unterschied zwischen Fermentation und Respiration besteht in der Energieausbeute: Während aerobe Organismen aus jedem Glucosemolekül bis zu 38 ATP-Moleküle gewinnen können, werden bei der Gärung nur zwei gebildet.

1.2.3.3 Anabole Reaktionen

Anabole Reaktionen (Aufbaustoffwechsel) umfassen die Biosynthese von Monomeren, die Polymerisation von monomeren Bausteinen zu Makromolekülen und den Einbau in die Zellstrukturen, wobei die bei den katabolen Reaktionen gewonnenen und in ATP oder in der protonenmotorischen Kraft gespeicherte Energie verbraucht wird. Wachstum und Differenzierung der Bakterienzelle beruhen auf anabolen Stoffwechselprozessen.

Es würde den Rahmen dieses Lehrbuches sprengen, alle Biosyntheseleistungen von Bakterien darzustellen. Sie sind außerordentlich vielfältig.

Zucker, v. a. die Hexosen (C_6-Zucker), sind die monomeren Einheiten von Polysacchariden, die das Rückgrat der Peptidoglycanzellwand bilden, im Lipopolysaccharid der äußeren Membran gramnegativer Bakterien vorkommen und Energie in Form von Glycogen und Stärke speichern. Bakterien synthetisieren ihre Polysaccharide aus zwei aktivierten Formen der Glucose, Uridindiphosphoglucose oder Adenosindiphosphoglucose. Einfach ist das für jene Zellen, die eine Hexose als Kohlenstoff- und Energiequelle verwerten. Dienen dazu einfachere Verbindungen, muss Glucose erst aus Phosphoenolpyruvat synthestisiert werden (Gluconeogenese). Neben Hexosen braucht die Zelle viel Pentosen (C_5-Zucker), v. a. Ribose und Desoxyribose, als Bausteine der Nucleinsäuren. Pentosen werden durch die Abspaltung eines Kohlenstoffs aus Hexosen synthetisiert. Familien von Aminosäuren entstehen häufig durch Einbau von Ammoniak (NH_3) in Zwischenprodukte der Glycolyse oder des Zitratzyklus. Durch Übertragung der Aminogruppe auf verschiedene Kohlenstoffgerüste entstehen alle 20 Aminosäuren, die für die Proteinsynthese* benötigt werden.

Die Purin- und Pyrimidinsynthesen sind sehr komplex, da die Elemente des Purin- und des Pyrimidingerüsts aus unterschiedlichen Quellen stammen. Nucleotide als Monomere von Nucleinsäuren entstehen durch Anhängen eines Ribose-5-Phosphats (siehe Anhang 4).

Für die Biosynthese von Lipiden werden Fettsäuren benötigt. Bei der Synthese von Fettsäuren werden gleichzeitig immer zwei C-Atome angehängt. Die Zusammensetzung der Fettsäuren variiert von Art zu Art und ist auch abhängig von der Temperatur. Am häufigsten kommen aber C_{14}- bis C_{18}-Fettsäuren vor.

Die Stoffwechsel-Reaktionen sind aufeinander abgestimmt; sie müssen aber je nach Zellaktivität und Umweltbedingungen (z. B. Nährstoffangebot) variiert werden. Bakterien können ihren Stoffwechsel schnell und wirksam regulieren, um z. B. das Nährstoffangebot sinnvoll und ökonomisch zu nutzen. Diese Regulation erfolgt auf zwei verschiedenen Ebenen: Einerseits wird die Aktivität von schon vorhandenen Enzymen verändert, andererseits die Neusynthese von Enzymen (siehe Genexpression*). Sämtliche katabole und anabole Stoffwechselwege sind für die mikrobielle Zelle essenziell. Daneben produzieren Bakterien und auch Pilze eine Reihe weiterer Substanzen, deren Nutzen für den Produzenten primär nicht ersichtlich ist. Sie werden deshalb als sekundäre Metabolite und die Stoffwechselwege, die zu ihrer Synthese führen, als Sekundärstoffwechsel bezeichnet. Die bekanntesten Sekundärmetaboliten sind Antibiotika, Mykotoxine und andere Wirkstoffe mit z. T. großer industrieller Bedeutung.

1.2.3.4 Bakterienwachstum und -kultur

1.2.3.4.1 Nährstoffe und Wachstumsfaktoren

Als Bakterienkultur wird die Vermehrung von Bakterien in einem Nährmedium bezeichnet. Die von den Zellen benötigten chemischen Substanzen werden Nährstoffe genannt. Verschiedene Bakterienarten haben auch sehr unterschiedliche Nährstoffbedürfnisse, die z. T. sehr spezifischer Natur sind. Von einigen Nährstoffen brauchen Zellen viel (Makronährstoffe, Tab. 1.4), von anderen weniger (Spurenelemente).

Die meisten Bakterien brauchen eine organische Verbindung als Kohlenstoffquelle, die meist auch als Energiequelle genutzt wird. Zucker, Aminosäuren, Fettsäuren, Stickstoffbasen u.v.a. wurden als C-Quelle identifiziert. Nur die photo- oder chemo-autotrophen Bakterien können

Tab. 1.4 Makronährstoffe in der Natur und in Nährmedien

Element	in der Natur	im Kulturmedium
Kohlenstoff (C)	CO_2, organische Verbindungen	Glucose, Malat, Acetat, Pyruvat u. v. a.
Wasserstoff (H)	H_2O, organische Verbindungen	H_2O, organische Verbindungen
Sauerstoff (O)	H_2O, O_2, organische Verbindungen	H_2O, O_2, organische Verbindungen
Stickstoff (N)	NH_3, NO_3^-, organische Stickstoffverbindungen	anorganisch: NH_4Cl, $(NH_4)_2SO_4$, N_2 organisch: Aminosäuren, stickstoffenthaltende Nucleotid-basen, viele andere stickstoff-enthaltende, organische Verbindungen
Phosphor (P)	PO_4^{3-}	KH_2PO_4, Na_2HPO_4
Schwefel (S)	H_2S, SO_4^{2-}, organische Schwefelverbindungen Metallsulphide (FeS, CuS, ZnS, NiS, etc)	Na_2SO_4, $Na_2S_2O_3$, Na_2S, Cystein und andere organische Schwefelverbindungen
Kalium (K)	K^+ in Lösung od. in div. K-Salzen	KCl, KH_2PO_4
Magnesium (Mg)	Mg^{2+} in Lösung oder in div. Mg-Salzen	$MgCl_2$, $MgSO_4$
Natrium (Na)	Na^+ in Lösung oder NaCl oder in div. Na-Salzen	NaCl
Kalzium (Ca)	Ca^{2+} in Lösung oder $CaSO_4$ bzw. anderen Ca-Salzen	$CaCl_2$
Eisen (Fe)	Fe^{2+} oder Fe^{3+} in Lösung oder als FeS, $Fe(OH)_3$, oder in div. anderen Fe-Salzen	$FeCl_3$, $FeSO_4$, diverse chelierte eisenhaltige Lösungen (Fe^{3+}-EDTA, Fe^{3+}-Zitrat, etc)
Chlor (Cl)	Cl- in Lösung oder NaCl oder in div. Chloridsalzen	NaCl

Nach MADIGAN et al. (2001) und SAHL (2001).

CO_2 als alleinige Kohlenstoffquelle nutzen. Trotzdem vermögen einige heterotrophe Bakterien, die eine reduzierte Kohlenstoffquelle benötigen, auch CO_2 in den Stoffwechsel einzuschleusen. Sie vermehren sich in Kultur besser bei höheren CO_2-Partialdrucken und werden deshalb als kapnophil bezeichnet. Man inkubiert diese Bakterien daher in einem Gas- oder Luftgemisch mit einem Volumengehalt von 3-10% Kohlendioxid. Eine Bakterienzelle hat einen C-Gehalt von ca. 50% (Trockengewicht); Kohlenstoff ist das Hauptelement in allen Makromolekülen.

Stickstoff ist nach Kohlenstoff das zweithäufigste Element der Bakterienzellen (ca. 12% des Trockengewichts). Stickstoff bildet einen wichtigen Bestandteil u.a. der Proteine und der Nucleinsäuren und kommt in der Natur sowohl in organischer als auch in anorganischer Form vor (Tab. 1.4). In der Natur verfügbarer Stickstoff liegt zum größten Teil in anorganischer Form vor, sei es als Ammonium-Ion, sei es als Nitrat-Ion (NH_4^+ bzw. NO_3^-) oder als freier Stickstoff (N_2). Die meisten Bakterien sind befähigt, Ammonium als alleinige Stickstoffquelle zu benutzen; viele Bakterien verwenden zusätzlich Nitrat. Wenige Bakterien (z. B. Knöllchenbakterien) vermögen molekularen Stickstoff (N_2) zu binden.

Zu den Grundelemente für das bakterielle Wachstum gehören auch Schwefel, welches in den Aminosäuren Cystein und Methionin sowie in mehreren Vitaminen (Biotin, Thiamin) enthalten ist, und Phosphor (in Form von Phosphat), das u. a. Bestandteil der Nucleinsäuren und Phospholipide ist.

Kalium als K^+ ist das bedeutendste anorganische Kation in der Bakterienzelle und ist wie Magnesium (stabilisiert Nucleinsäuren, Ribosomen, Zellmembranen) essenziell. Kalzium ist unerlässlich für die Hitzeresistenz von Endosporen.

Die Mikro- oder Spurenelemente werden in Konzentrationen von $<10^{-7}$ M benötigt und sind meist Bestandteile von Enzymen. Hierzu zählen Zn^{2+} (z. B. von Matrix-Metalloproteinasen; siehe Proteasen*) und Mn^{2+} (beide essenziell für Bakterien), weiter Cu^{2+}, Co^{2+}, Ni^{2+}, MoO_4^{2-}, SeO_5^{2-} und WO_4^{2-} (die nicht von allen Bakterien oder nur in bestimmten physiologischen Situationen benötigt werden).

Eisen wird von Bakterien in größeren Mengen benötigt als andere Spurenelemente. Es spielt bei der Zellatmung, insbesondere beim Elektronentransport eine Schlüsselrolle. Darüber hinaus spielt die Eisenversorgung eine regulatorische Rolle bei der Ausprägung mancher Pathogenitätseigenschaften (z. B. beim ätiologisch mit marginaler Parodontitis assoziierten Keim *Porphyromonas gingivalis*). Es erstaunt daher nicht, dass viele Prokaryoten niedermolekulare, spezifische eisenbindende Moleküle (Siderophore*) ausscheiden, die Eisensalz lösen oder das im Wirt an Transferrin bzw. Lactoferrin gebundene Eisen chelieren und in die Zelle schleusen.

Wachstumsfaktoren (Suppline, Ergänzungsstoffe): Manche Organismen bedürfen zusätzlich zu den Mineralien, den Kohlenstoff- und Energiequellen noch geringer Mengen eines oder mehrerer organischer Ergänzungsstoffe. Zu diesen Wachstumsfaktoren gehören Aminosäuren, Purine und Pyrimidine sowie in erster Linie Vitamine. Die von Mikroorganismen am häufigsten benötigten Vitamine sind Vitamin B_1 (Thiamin), B_6 (Pyridoxin), B_{12} (Cobalamin) und Biotin.

1.2.3.4.2 Kulturmedien

Viele, aber lange nicht alle, Prokaryoten können im Labor kultiviert werden. Dazu werden zwei verschiedene Typen von Kulturmedien eingesetzt: einerseits chemisch definierte, andererseits komplexe Medien (Tab. 1.5). Die chemisch definierten Medien werden durch Mischung von genau bestimmten Mengen reiner Chemikalien mit distilliertem Wasser hergestellt, so dass die genaue chemische Zusammensetzung bekannt ist. Solche Medien werden für physiologische oder genetische Studien verwendet. Ist Kenntnis der Zusammensetzung nicht nötig, werden komplexe Medien eingesetzt, die aus Hydrolysaten von nährstoffreichen Materialen bestehen. Als Ausgangsstoffe werden Hefezellen, Milcheiweiß (Casein), Rindfleisch oder Sojabohnen verwendet. Komplexe Medien können einfach aus käuflichen Trockenpulvern zubereitet werden, aber ihre Nährstoffzusammensetzung ist nicht genau bekannt.

Bakterienwachstum in **flüssigen Kulturmedien** (Bouillon) führt zu einer Trübung, die bei höheren Keimdichten von Auge sichtbar ist. Man kann aber nicht sofort erkennen, ob verschiedene Organismen beteiligt sind, und im Falle einer Mischkultur können die verschiedenen Arten nicht von einander getrennte werden. Hier bieten **feste Nährmedien** (Nährböden) entscheidende Vorteile. Einzelne Bakterien, die sich in oder auf einem Nährboden vermehren, bilden sichtbare Bakterienhäufchen (mit bis zu 10^9 Zellen), die als **Kolonien** bezeichnet werden. Größe, Form, Konsistenz und Farbe einer Kolonie unterscheiden sich je nach Bakterienart, so dass Mischkulturen oft anhand unterschiedlicher Kolonien erkannt werden können. Außerdem können Einzelkolonien mit einer Impföse abgeimpft und getrennt in oder auf neue Nährmedien übertragen werden, so dass **Reinkulturen** (Kultur nur einer Organismenart) gewonnen werden können. Feste Medien entstehen durch Zugabe eines Geliermittels zu Flüssigmedien. Bewährt hat sich das Polysaccharids Agar (1,5-2%), das beim Erhitzen auf 100°C flüssig wird und beim Abkühlen erst bei etwa 45°C in den Gelzustand übergeht, und das von Bakterien nicht abgebaut wird.

1.2.3.4.3 Wachstum einer Bakterienpopulation

Bakterienwachstum wird als Zunahme der Zellzahl definiert und kann auch als Zunahme der Bakterienmasse gemessen werden. Bakterienzellen vermehren sich durch Zweiteilung. In der Regel nimmt die Größe einer

Tab. 1.5 Beispiele für chemisch definierte und komplexe Kulturmedien

Chemisch definiertes Kulturmedium für *Escherichia coli*		**Komplexes Kulturmedium für *Escherichia coli***	
K_2HPO_4	7g	Glucose	15g
KH_2PO_4	2g	Hefeextrakt	5g
$(NH_4)_2SO_4$	1g	Pepton	5g
$MgSO_4$	0,1g	KH_2PO_4	2g
$CaCl_2$	0,02g	Aqua dest.	1000 ml
Glucose	4-10g	pH 7	
Spurenelemente (Fe, Co, Mn, Zn, Cu, Ni, Mo)	jeweils 2-10μg		
Aqua dest.	1000 ml		
pH 7			

Zelle zu, bis sie sich in zwei Tochterzellen teilt. Dadurch entsteht eine neue Generation von Zellen.

Die Zeit für die Verdoppelung der Zellzahl benötigt wird, bezeichnet man als **Generationszeit** (g), den reziproken Wert (1/g) als Wachstumsrate (υ); sie hat die Dimension h^{-1}. Die Generationszeit verschiedener Bakterien ist sehr unterschiedlich. Für viele Prokaryoten liegt sie im Bereich einiger weniger Stunden, für einige wenige schnell wachsende Organismen (z. B. *Escherichia coli*) beträgt sie nur 15-30 Minuten, während sie für andere mehrere Stunden beträgt. Die Generationszeit wird auch von Kulturmedien und -bedingungen beeinflusst. Zur Messung der Generationszeit bedient man sich indirekter oder direkter Zählverfahren.

Beim direkten Auszählen in Zählkammern unter dem Mikroskop werden morpholoigische Einheiten (lebende und tote Zellen) pro Volumen erfasst. Mit Hilfe von Vitalfarbstoffen wird versucht, die Zahl der lebenden Zellen zu bestimmen. Oft wird die Zahl der teilungsfähigen Zellen mit Hilfe eines Kulturverfahrens ermittelt. Dazu wird eine definierte Menge (Volumen) Kulturflüssigkeit auf die Oberfläche von Nährböden ausgeimpft und die nach Bebrütung entstandenen Bakterienkolonien ausgezählt. Da nicht mit Sicherheit bestimmt werden kann, ob eine Kolonie aus einer einzelnen oder aus einigen wenigen Bakterienzellen hervorgegangen ist, spricht man präziser von der Zahl der koloniebildenden Einheiten (KBE bzw. CFU, „colony forming units"). Die ungefähre Zellzahl kann schnell und einfach durch eine Trübungsmessung mit Hilfe eines Photometers bestimmt werden.

Werden Bakterien in eine Nährlösung eingeimpft, der keine neuen Nährstoffe zu- oder Stoffwechselprodukte abgeführt werden, bezeichnet man das Wachstum in diesem vorgegebenen Lebensraum als statische (Batch-)Kultur. Das Wachstum einer solchen Bakterienpopulation wird in graphischer Darstellung anschaulich, wenn man die Logarithmen der Lebendzellzahl gegen die Zeit aufträgt, Abb. 1.12. Man bezeichnet sie als Wachstumskurve und unterscheidet vier Phasen:

Während der Anlaufphase kommt es zunächst zur Anpassung des Bakterienstoffwechsels an das neue Milieu. Die Bakterien vermehren sich anfangs nicht, dann erfolgt eine Größenzunahme und schließlich beginnen Zellteilungen, die an Geschwindigkeit zunehmen, bis die Generationszeit konstant bleibt. Damit beginnt die exponentielle Phase, während der sich die Zellzahl in gleichen Zeiten verdoppelt (exponentielles Wachstum). Je steiler die Gerade, umso größer die Teilungsrate. Bringt man Zellen dieser Phase in ein neues gleichartiges und gleich warmes Milieu, setzt sich das exponentielle Wachstum (ohne Anlaufphase) fort. Irgendwann ist ein wesentlicher Nährstoff erschöpft oder ein Stoffwechselprodukt erreicht hemmende Konzentration, so dass sich das Wachstum der Population verlangsamt. Dies leitet über in die stationäre Phase, in der ebenso viele Bakterien absterben, wie durch Teilung hinzukommen. Die Zellzahl in solchen voll ausgewachsenen Bakterienkulturen hängt von der Bakterienspezies und den Kulturbedingungen ab, liegt aber oft in der Größenordnung von 10^7–10^9/ml. Es werden jetzt noch Speicherstoffe (siehe Kap. 1.2.2.2) genutzt. Sofern hierdurch die zur Zellerhaltung notwendige Energie gewonnen werden kann, bleiben Bakterien lebensfähig. Schließlich überwiegt die Zahl der absterbenden Bakterien, womit sich die Population

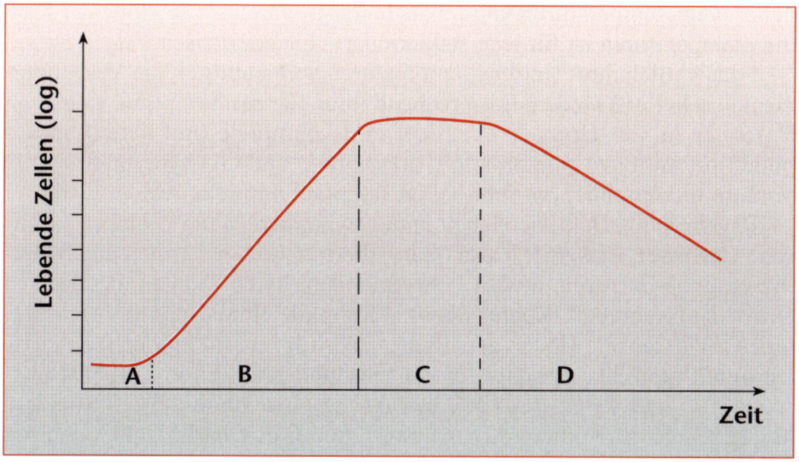

Abb. 1.12 Typische Wachstumskurve einer Bakterienpopulation in einer Nährflüssigkeit. Sie lässt mehrere Wachstumsphasen unterscheiden: (A) Anlauf- oder Latenzphase (lag-Phase), (B) exponentielle (logarithmische) Phase, (C) stationäre Phase und (D) Absterbephase. Das Wachstum auf festen Nährböden verläuft grundsätzlich ähnlich, jedoch lassen sich hier die einzelnen Wachstumsphasen aus methodischen Gründen nicht verfolgen.

in der Absterbephase befindet. Sie verläuft ebenfalls exponentiell, allerdings langsamer als die exponentielle Wachstumsphase.

Bakterien können auch in kontinuierlicher Kultur zum Wachstum gebracht werden. Dazu werden die Zellen über lange Zeit bei gleich bleibender Substratkonzentration und bei auch sonst gleichen Milieubedingungen gehalten, was exponentielles Wachstum erlaubt. Praktisch wird dies in sog. Chemostaten erreicht, einem Fließsystem mit konstantem Volumen, dem ständig neues Medium zufließt, und aus dem gleichviel Kulturflüssigkeit mit Bakterienzellen abfließt.

1.2.3.4.4 Einfluss chemisch-physikalischer Faktoren auf das Bakterienwachstum

Neben dem Nährstoffangebot bestimmen eine Reihe weiterer Umweltfaktoren die Aktivität von Bakterien. Es sind dies vor allem die physikalisch-chemischen Parameter Temperatur, pH, Sauerstoffangebot und osmotischer Druck (verfügbares Wasser). Nicht alle Bakterien reagieren gleich auf einen bestimmten Umweltfaktor. Bestimmte Umweltbedingungen können für eine Bakterienart schädlich, für andere günstig sein.

Temperatur

Für jedes Bakterium existieren drei sog. Kardinaltemperaturen: Unterhalb einem Temperaturminimum vermehrt sich das Bakterium überhaupt nicht, weil die Membranen gelieren und die Transportprozesse zu langsam ablaufen. Mit steigender Temperatur verlaufen die enzymatischen Reaktionen mit zunehmender Geschwindigkeit, bis das Temperaturoptimum mit maximaler Wachstumsgeschwindigkeit erreicht ist. Bei höheren Temperaturen verlangsamt sich das Wachstum bis zum Temperaturmaximum, oberhalb welchem kein Wachstum mehr möglich ist, weil Proteine denaturieren (siehe Konformation*) und die Zytoplasmamembran zusammenbricht (Abb. 1.13A). Das Temperaturoptimum liegt immer näher beim Temperaturmaximum als beim -minimum. Die Höhe der Kardinaltemperaturen ist für jede Bakterienart charakteristisch.

Hinsichtlich ihrer Kardinaltemperaturen verhalten sich die Mikroorganismen sehr verschieden. Entsprechend ihrer Temperaturoptima kann man Bakterien in vier Gruppen einteilen: in psychrophile (mit tiefen), mesophile (mit mittleren), thermophile (mit hohen) und und hyperthermophile (extrem thermophile, mit sehr hohen Temperaturoptima, Abb. 1.13 B).

Psychrophile Bakterien leben in ungewöhnlich kalten Biotopen (arktische Gewässer, Eisberge, Frostböden), thermophile in warmen und hyperthermophile in extrem heißen Lebensräumen (heiße Quellen, geothermal aktive Tiefseegraben, Kohlehalden). Mesophile findet man in Warmblütern, in Wasser und Boden gemäßigter und tropischer Regionen. *Escherichia coli*, typisches Beispiel für ein mesophiles Bakterium, wächst zwischen 8°C und 48°C. Bei 10°C beträgt die Generationszeit 20 Stunden; bei 39°C ca. 20 Minuten (Temperaturoptimum). Oberhalb 44°C nimmt die Generationszeit wieder zu.

Azidität und Alkalinität (pH)

Jedes Bakterium vermehrt sich in einem bestimmten pH-Bereich und hat ein pH-Optimum. Für viele (auch die medizinisch wichtigen) Bakterien liegt dieser Bereich zwischen pH 5 und pH 9. Nur wenige Bakterienarten sind an extreme Standorte mit pH < 2 bzw. pH >10 adaptiert. Diese spielen in der Medizin keine Rolle. Azidophile Bakterien vermehren sich bei sauren pH-Werten. Laktobazillen, die unter physiologischen Bedingungen in der Vagina dominieren, aber auch massenhaft in Kariesläsionen anzutreffen sind, und viele Pilze sind säuretolerant (azidurisch), bevorzugen einen Umgebungs-pH von ca. pH 5, und halten ihn durch Produktion von organischen Säuren aufrecht.

Der interne pH-Wert bleibt bei vielen Bakterien nahezu neutral. Die Zytoplasma-pH von 4,6 bzw. 9,5, die bei extrem azidophilen bzw. alkali-

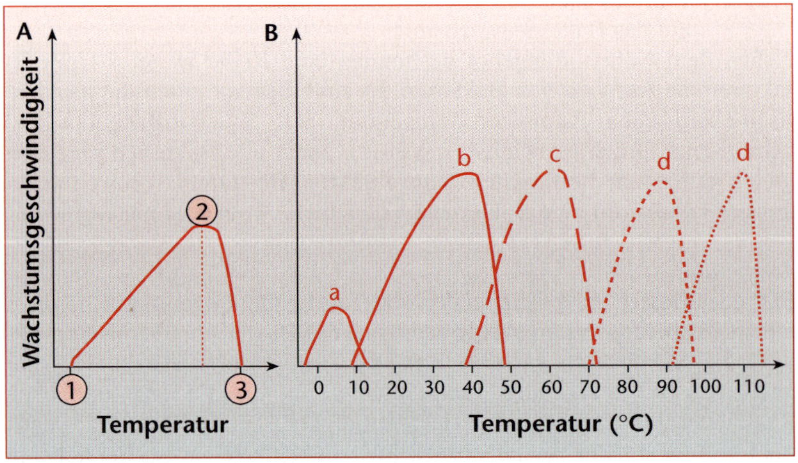

Abb. 1.13 Der Einfluss der Temperatur auf das bakterielle Wachstum.

A. Die drei Kardinaltemperaturen (1 = Minimum, 2 = Optimum und 3 = Maximum) sind dargestellt.

B. Temperaturbereiche des Wachstums verschiedener Bakteriengruppen (a = psychrophile, b = mesophile, c = thermophile, d = hyperthermophile).

philen Bakterienarten gemessen worden sind, stellen wohl Grenzwerte dar, weil die Stabilität der Makromoleküle jenseits dieser Werte stark abnimmt.

Während des Bakterienwachstums in Kultur kann sich der ursprüngliche pH-Wert des Nährmediums verändern, wenn saure oder basische Substanzen verbraucht oder gebildet werden. Um den pH-Wert möglichst konstant zu halten, gibt man den Kulturmedien Puffer (meist Phosphat, gelegentlich Bicarbonat) zu.

Sauerstoff

Im Verhalten gegenüber Luftsauerstoff lassen sich aeroben und anaeroben Bakterien unterscheiden (Tab. 1.6).
Mikroorganismen zeigen somit einen unterschiedlichen Bedarf an bzw. Toleranz gegenüber Sauerstoff. Aerobier sind Spezies, welche beim normalen Sauerstoffpartialdruck der Luft (21%) wachsen können. Viele ertragen auch höhere Sauerstoffkonzentrationen. Mikroaerophil aerobe können Sauerstoff nur dann verwenden, wenn er in niedrigeren Konzentrationen als in der Luft vorliegt, meistens, weil sie über eine nur beschränkte Fähigkeit zur Atmung verfügen oder über sauerstoff-empfindliche Moleküle (z. B. ein sauerstofflabiles Enzym).

Für alle obligat aeroben Bakterien ist der Sauerstoff für das Wachstum notwendig: Er dient im Zuge der Respiration als terminaler Elektronenakzeptor in der Atmungskette und kann in dieser Funktion nicht ersetzt werden. Im Gegensatz dazu können fakultativ aerobe Bakterien auch anaerob atmen, oder durch Gärung Energie für ihren Stoffwechsel gewinnen. Sie können somit äußerst flexibel unter den jeweiligen Umweltgegebenheiten den effektivsten Stoffwechselweg benutzen und an vielen Standorten wachsen.

Organismen ohne Atmungssystem können Sauerstoff nicht als terminalen Elektronenakzeptor verwenden: Es sind die obligat anaeroben

Tab. 1.6 Die Beziehungen zwischen Sauerstoff und Mikroorganismen

Gruppe	Stoffwechsel-Typ- bzw. Beziehung zu Sauerstoff	Energiegewinnung
Aerobier		
obligate Aerobier	O_2 zur Oxidation notwendig	aerobe Oxidation
fakultative Aerobier	O_2 nicht unbedingt nötig, aber wachsen besser mit Sauerstoff	Gärung oder anaerobe Atmung, bzw. aerobe Oxidation bei Ab- bzw. Anwesenheit von O_2
mikroaerophile Aerobier	wachsen nur in Gegenwart eines reduzierten O_2-Partialdrucks	aerobe Oxidation
Anaerobier		
aerotolerante Anaerobier	tolerieren einen geringen O_2-Partidaldruck; wachsen mit Sauerstoff nicht besser	Gärung
obligate Anaerobier	Sauerstoff ist toxisch bzw. letal	Gärung oder anaerobe Atmung
nach MADIGAN et al. (2001) und SAHL (2001)		

Bakterien, die ihre Energie durch Gärung oder anaerobe Atmung gewinnen. Für sie ist Sauerstoff toxisch. Der Grund dafür liegt vermutlich darin, dass obligate Anaerobier einige toxische Produkte des Sauerstoffmetabolismus nicht entgiften können. Bei der Sauerstoffreduktion entstehen außer H_2O auch zytotoxische Sauerstoffradikale (O_2^{2-}, O_2^-), Wasserstoffperoxid (H_2O_2) und Hydroxylradikale (OH·). Aerobier besitzen für deren Entgiftung Enzyme, wie Katalase, Peroxidase und Superoxid-Dismutase, die bei strikten Anaerobiern ganz oder teilweise zu fehlen scheinen.

Medizinisch relevante Bakterien findet man in allen Gruppen; die meisten gehören jedoch zu den fakultativ Aeroben, den aerotoleranten und den obligat Anaeroben. Mikroorganismen mit rein aerobem Stoffwechsel findet man in der Mundhöhle nur selten. In oralen Plaque-Biofilmen spielt die anaerobe Glycolyse mit beschränkter Energieausbeute (Milchsäuregärung) eine wichtige Rolle.

Bei vielen Aerobiern ist eine intensive Belüftung Voraussetzung für ihr optimales Wachstum in Kultur. Aktive Belüftung wird erreicht durch intensives Schütteln der Kulturgefäße oder durch das Besprudeln des Mediums mit sterilisierter Luft.

Bei anaeroben Kulturen hingegen ist der Ausschluss von Sauerstoff essenziell. Da Sauerstoff in der Luft ubiquitär ist, sind zur Anzüchtung an-

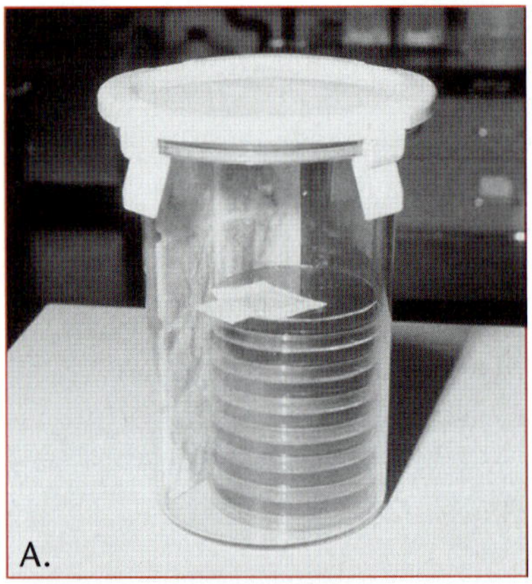

Abb. 1.14
A. Anaerobentopf (Merck AG) und
B. Anaerobenbrutschrank mit sechs Kammern (Scholzen AG).

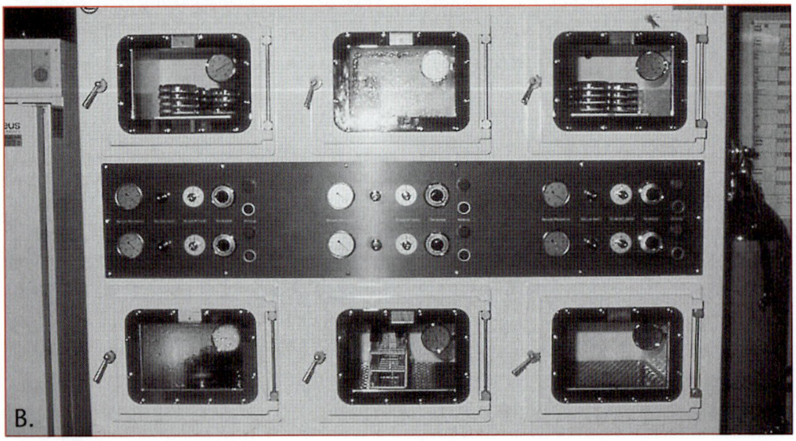

aerober Mikroorganismen spezielle Verfahren erforderlich. Die Anaerobentechnik verwendet u.a. entlüftete, ausgekochte Nährlösungen, luftblasenfrei verschlossenen Flaschen, sauerstofffreie Gasatmosphären in speziellen Töpfen oder eigentlichen anaeroben Brutschränken (Abb. 1.14), und die Verwendung von Sauerstoffabsorptionsmitteln. Durch Zusatz von Reduktionsmitteln (beispielsweise Thioglycolat) zu Nährlösungen lassen sich die toxische Effekte des Luftsauerstoffs oft vermindern oder ausschalten. Für anaerobe Oberflächenkulturen werden heute meist Anaerobiertöpfe (Anaerostaten) und Anaerobierbrutschränke verwendet.

Osmotischer Druck bzw. verfügbares Wasser
Die Verfügbarkeit von Wasser ist für das Bakterienwachstum ein wichtiger Faktor. Zur Angabe des Wassergehaltes benutzt man den Begriff Wasseraktivität oder relative Feuchtigkeit. Mikroorganismen unterscheiden sich hinsichtlich ihrer Ansprüche an den Wassergehalt. Biotope mit hohem osmotischem Druck (geringe Wasseraktivität) finden sich in der Natur mit hohen Salzkonzentrationen assoziiert (Meerwasser, Salzseen). Halophile Bakterien benötigen höhere Salzkonzentrationen (1 – 6%), extrem halophile sogar 15 – 30% NaCl für optimales Wachstum. Organismen, welche in zuckerreicher Umgebung wachsen, werden als osmophil bezeichnet; solche die in sehr trockener Umgebung wachsen können als xerophil. Während z. B. auf Marmeladen wegen des hohen Zuckergehaltes und des damit geringen Gehaltes an freiem Wasser Bakterien kaum noch wachsen können, findet man hier Pilze, die mit wenig Wasser auskommen, und sich auf Lebensmitteln, wie Marmelade, Käse, Brot und Erdnüssen vermehren. Für die Medizin wichtige Bakterien sind nicht halophil (beispielsweise *E. coli*), brauchen also eine hohe Wasseraktivität, aber einige grampositive Kokken (Staphylokokken, Enterokokken) sind halotolerant und können sich in Medien mit 7,5% NaCl vermehren.

Bei der Lyophilisierung (Gefriertrocknung) wird den Mikroorganismen und ihrer Umgebung im tiefgefrorenen Zustand und unter Vakuum das freie Wasser nahezu vollständig entzogen. Ohne Wasser sind Biopolymere stabiler als in wässriger Lösungen und die Stoffwechsel- und Enzymfunktionen kommen zum Erliegen, werden nach dem Auftauen allerdings wieder aktiviert. Auf diese Weise können Bakterien jahrelang aufbewahrt werden, ohne ihre Vermehrungsfähigkeit zu verlieren. Auch die lange Lebensdauer und die Hitzeresistenz von bakteriellen Endosporen (siehe Kap. 1.2.2.8) ist darauf zurückzuführen, dass sich die Biopolymere in den Sporen in einem wasserarmen Milieu befinden.

1.2.4 Bakteriengenetik

1.2.4.1 Bedeutung der Bakteriengenetik

Die Bakteriengenetik befasst sich mit der Organisation des Erbmaterials (DNA) in den Zellen, mit der Umsetzung dieser Information (Genexpression*) und wie diese Expression reguliert wird, mit spontanen und künstlichen Veränderungen der Erbinformation (Mutationen*) und schließlich mit dem Transfer genetischer Information zwischen Zellen.

In den letzten 50 Jahren hat die Bakteriengenetik aus folgenden Gründen eine enorme Bedeutung erlangt:

- Molekularbiologische Methoden ermöglichen eine gezielte Untersuchung der für die pathogenen Eigenschaften verantwortlichen Gene* (Virulenzgene) von Infektionserregern sowie deren für die Immunabwehr bedeutsamen Antigene*. Dadurch können Verbesserungen in der Prävention (z. B. durch Impfstoffe), in der Diagnostik (z. B. durch spezifische Gensonden) und/oder der Therapie (z. B. durch Antagonisten von Toxinen) erreicht werden.
- Infektionserreger unterliegen spontanen genetischen Veränderungen (z.B. „neue" Virulenzgene, Antibiotikaresistenzen), die teilweise durch horizontalem Gentransfer* zustande kommen. Wir lernen verstehen, wie „neue" Infektionserreger entstehen.
- Die Gentechnik, also die gezielte Veränderung und Verknüpfung von Erbinformation *in vitro*, hat sich nur dank der Verwendung von bakteriellen Systemen so rasch entwickelt (bakterielle Restriktions- u. a. Enzyme, Vektoren und Wirte).
- Die industrielle Verwendung von Bakterien in der Lebensmittelverarbeitung (z. B. Milchprodukte) und zur Gewinnung wertvoller Substanzen (z. B. Antibiotika) ist durch den Einsatz von bestimmten Mutanten stark verbessert worden. Die Biotechnologie hat mit Hilfe der Gentechnik völlig neue Möglichkeiten entwickelt, schwierig zu isolierende menschliche Eiweiße (Hormone, Immunmodulatoren, Wachstumsfaktoren) oder Impfstoffe (Hepatitis B) einfach und billig durch Bakterien synthetisieren zu lassen. (Nicht nur Bakterien, sondern auch der seit Jahrhunderten in der Brot-, Wein- und Bierbereitung verwendete Hefepilz *Saccharomyces cerevisiae* sowie Zellkulturen werden in der Biotechnologie verwendet).
- Aus historischer Sicht ist es wichtig anzumerken, dass **die meisten genetischen Erkenntnisse auf molekularer Ebene zuerst an Bakterien gewonnen** worden sind (beispielsweise DNA als Träger der Erbinformation, DNA-Rekombination, Kolinearität von genetischen und physikalischen Genomkarten, Operon-Struktur, Regulation der Genaktivität). Das Bakterium *Escherichia coli* ist das bestuntersuchte Bakterium, von über 60 Bakterienarten kennt man inzwischen die gesamte Genomsequenz und von über 100 wird sie zur Zeit bestimmt. Dieser rasche Fortschritt war möglich, weil sich Bakterien schnell zu hohen Zellzahlen vermehren und bestimmte Phänotypen (und damit auch Genotypen/Mutanten) leicht selektioniert werden können.

1.2.4.2 Das Bakteriengenom

Als **Genom** wird die Gesamtheit der Erbinformation einer Zelle (oder eines Virus) bezeichnet. Sie ist bei Bakterien in Form eines Chromosoms und oft vorhandener Plasmide* gespeichert. Die typische Struktur eines bakteriellen **Chromosoms** ist ein ringförmiges, doppelsträngiges DNA-Molekül. In der Zelle liegen diese Moleküle in überspiralisierter (supercoiled) Form vor, d. h. die DNA ist um ihre Achse entgegen gesetzt zur rechtshändigen Doppelhelix verdreht. Diese negative Überspiralisierung wird bei allen Prokaryoten durch ein spezielles Enzym, die DNA-Gyrase (eine sog. Topoisomerase II, d. h. ein Enzym, das die Topologie der DNA verändert), bewerkstelligt und im Zusammenspiel mit der entgegengesetzt wirkenden Topoisomerase I reguliert. Die Überspiralisierung hat eine funktionelle Bedeutung, indem DNA-Replikation, -Transkription und -Rekombination (siehe Kap. 1.2.4.6) erleichtert werden, und auch eine strukturelle, weil sie die Unterbringung der langen DNA-Moleküle in der Zelle ermöglichen. In der Zelle besteht das Chromosom aus ungefähr 50 Supercoil-Domänen, die vermutlich von Proteinen stabilisiert werden, aber keine Nucleosomen wie bei Eukaryoten bilden; es entspricht dem Nucleoid. Einige Antibiotika (Chinolone und Fluorochinolone) hemmen die Aktivität der DNA-Gyrase.

Zwei weitere Merkmale der Chromosomenorganisation von Eukaryoten fehlen normalerweise bei Prokaryoten: Einerseits gibt es kaum diskontinuierliche Gene, also Gene*, bei denen die codierenden Abschnitte (Exons*) durch nicht-codierende DNA-Sequenzen (Introns) unterbrochen werden. Anderseits kommen keine hochrepetitiven (Satelliten-) DNA-Sequenzen vor.

Bei einigen wenigen Prokaryoten ist ein lineares Chromosom nachgewiesen worden. So besitzt die Spirochäte *Borrelia burgdorferi* , Erreger der Lyme-Borreliose, ein lineares Chromosom, dessen Enden eine Haarnadelstruktur aufweisen. Das lineare Chromosom des Bodenbakteriums *Streptomyces lividans*, eines Antibiotikaproduzenten, trägt an den Enden kovalent gebundene Proteine, die bei der DNA-Replikation als Primer wirken.

Die Größe bakterieller Chromosomen liegt im Bereich von 500.000 *(Mycoplasma genitalium)* bis 9.500.000 *(Myxococcus xanthus)* Basenpaaren. *E. coli* hat ein Chromosom von 4.639.221 Basenpaaren, was einer Länge von etwa 1,4 mm entspricht. Von den möglichen 4.288 Genen haben 38% noch unbekannte Funktion.

Plasmide* sind kleine DNA-Elemente, die unabhängig vom Chromosom existieren und sich autonom vermehren. In medizinischer Hinsicht bedeutsam sind Plasmide, die der Zelle Resistenz gegen eines oder mehrere Antibiotika verleihen und deshalb Resistenzplasmide genannt werden

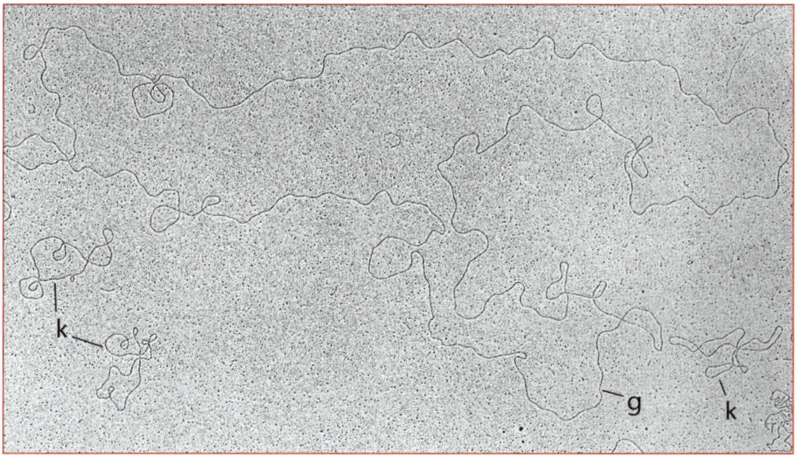

Abb. 1.15 Elektronenmikroskopische Darstellung eines großen (90 kbp, g) und mehrerer kleiner (10 kbp, k) Resistenzplasmide.

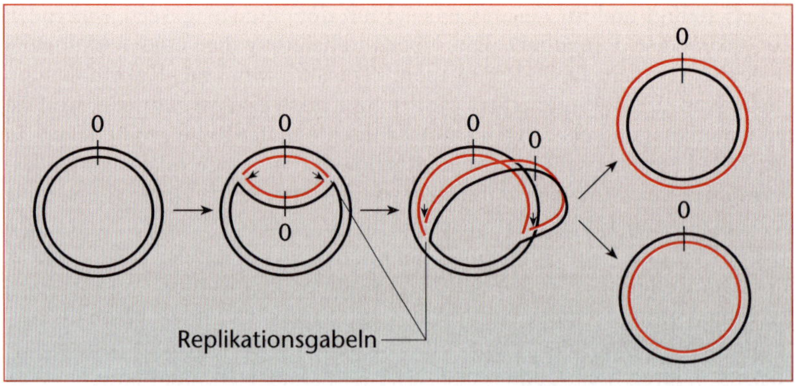

Abb. 1.16 Bidirektionale Replikation ringförmiger DNA von einem bestimmten Startpunkt (0) aus. Die beiden Replikationsgabeln treffen in einer gegenüber liegenden Region aufeinander, worauf es zu Auflösung in zwei DNA-Moleküle kommt.

einerseits, und Plasmide mit Genen, die die Virulenz des Bakteriums erhöhen (Virulenzplasmide) anderseits (Abb. 1.15).

Die **Replikation des Chromosoms** beginnt an einer einzigen Stelle, dem Replikationsstartpunkt (origin of replication, *ori*), als spezifische DNA-Sequenz von etwa 300 Basenpaaren, an die spezifische Startproteine binden. Die DNA-Doppelhelix wird dort geöffnet, und die beiden Einzelstränge dienen als Matrize für die beginnende DNA-Replikation. Die DNA-Polymerasen können allerdings keine neuen Ketten starten, sondern nur ein Nucleotid an eine vorhandene 3'-OH-Gruppe anfügen (Elongation). Sie brauchen einen sog. Primer, meist ein kurzes Stück RNA. Dadurch entstehen zwei Replikationsstellen, sog. Replikationsgabeln, an denen die Replikation in beide Richtungen fortschreitet. Die Replikation wird beendet, wenn sich die Replikationsgabeln an einer dem *ori* gegenüber liegenden Stelle im Chromosom treffen und sich die beiden Tochter-DNA-Doppelstränge voneinander trennen (Abb. 1.16). Bei *E. coli* dauert sie unter optimalen Bedingungen etwa 40 Minuten. Dies ergibt eine hohe Syntheseleistung von rund 50.000 eingebauten Nucleotidpaaren pro Replikationsgabel pro Minute. Trotzdem liegt die Fehlerrate erstaunlich niedrig mit 10^{-8} bis 10^{-11} pro eingesetztem Basenpaar. Die DNA-Replikation geht der Zellteilung voraus und ist am Startpunkt sorgfältig geregelt.

1.2.4.3 Genexpression

Als **Gen*** bezeichnet man den DNA-Abschnitt, der für die Produktion eines funktionellen Genprodukts (Protein, selten RNA) erforderlich ist. Dieser umfasst einerseits die codierende Sequenz, anderseits regulatorische (Signal-) Sequenzen davor und dahinter, die die Transkription bzw. die Translation regulieren. Gene, deren Produkte verwandte Funktionen ausüben (beispielsweise an der Biosynthese der gleichen Aminosäure oder am Abbau des gleichen Substrats beteiligt sind), liegen oft neben einander und werden gemeinsam exprimiert. Eine solche zusammenhängend transkribierte, mehrere Gene umfassende DNA-Sequenz wird als **Operon** bezeichnet (siehe Gengruppen*).

Bei der **Transkription** überträgt das Enzym **RNA-Polymerase** die genetische Information einer DNA-Sequenz in die mRNA. Im Unterschied zu den DNA-Polymerasen kann die RNA-Polymerase neue Ketten starten. Die Transkription beginnt mit der Bindung der bakteriellen RNA-Polymerase an spezifische DNA-Sequenzen, die als **Promotoren** bezeichnet werden. Bei der Erkennung einer geeigneten Bindungsstelle hilft ein weiteres Protein, der sog. Sigma-Faktor. Die RNA-Polymerase öffnet die DNA-Doppelhelix, beginnt die Transkription eines Stranges und bewegt sich in einer Richtung entlang der DNA, wobei die Transkription fortgesetzt wird. Der Sigma-Faktor wird freigesetzt, die neu gebildete mRNA dissoziiert von der DNA-Matritze, und die DNA schließt sich wieder zur Doppelhelix. Die Transkription endet an spezifischen Signalsequenzen, den **Terminatoren**. Wird ein Operon transkribiert, enthält die mRNA die Information für mehrere Gene, und man bezeichnet sie als polycistronisch.

Die Häufigkeit der Transkription hängt von der Promotor-Sequenz ab, d. h. von der Leichtigkeit, mit der sie vom Sigma-Faktor-RNA-Polymerase-Komplex erkannt wird. Effektive Promotor-Sequenzen werden als starke Promotoren bezeichnet. Bakterien können verschiedene Sigma-Faktoren bilden, die unterschiedliche Promotoren erkennen. Einige Sigma-Faktoren werden nur auf Grund von bestimmten Umweltsignalen (z. B. Stickstoffmangel, Wärmeschock; siehe Hitzeschockproteine*) gebildet und ermöglichen der Zelle so, gezielt ganze Gruppen von bestimmten Genen zu aktivieren (z. B. werden bei *Bacillus*-Arten die für die Sporulation benötigten Gene mit speziellen Sigma-Faktoren exprimiert).

Bei der **Translation** wird die genetische Information der mRNA an den Ribosomen in die Aminosäuresequenz der Proteine übersetzt. Dabei spezifizieren entsprechend dem **genetischen Code*** je drei Nucleotide (Codon) den Einbau einer Aminosäure. Bei Bakterien verläuft der Prozess grundsätzlich gleich wie bei Eukaryoten und lässt sich auch in Phasen unterteilen: Start (Initiation), Verlängerung (Elongation), Freisetzung bei der Termination und Polypeptidfaltung (siehe Proteinsynthese*). Allerdings unterscheiden sich die beteiligten Ribosomen, Initiations-, Elongations- und Terminationsfaktoren der Bakterien wesentlich von jenen der Eukaryoten. Darauf beruht auch die selektive Hemmung der bakteriellen Proteinbiosynthese durch verschiedene Antibiotika (z. B. Chloramphenicol, Streptomycin). Allerdings wird sie oft auch in Mitochondrien und Chloroplasten gehemmt, da diese eukaryotischen Zellorganellen ebenfalls 70S-(SVEDBERG*)Ribosomen besitzen.

Der Start beginnt mit einem Initiationskomplex aus einer freien 30S-Ribosomenuntereinheit, mRNA, Formylmethionin-tRNA und Initiationsfaktoren. Durch Bindung einer 50S-Untereinheit entsteht ein aktives 70S-Ribosom, an dem die Aminosäurekette polymerisiert wird. Am Ende des Prozesses wird das Polypeptid frei gegeben und das Ribosom trennt sich wieder in seine Untereinheiten. Unmittelbar vor dem Startcodon (AUG) auf der mRNA liegt eine kurze Sequenz, die als **Ribosomenbindungsstelle** dient. Sie ist komplementär zur 16S rRNA und dürfte eine effektive Bildung des Initiationskomplexes gewährleisten. Sie ist auch essenziell für das Auffinden aller Startstellen innerhalb von polycistronischen mRNA-Molekülen (eukaryotische Ribosomen erkennen mRNA in der

Regel an der 5'-Cap-Struktur und beginnen nur am ersten Startcodon. Sie translatieren deshalb keine polycistronischen mRNA). Die Ribosomenbindungsstelle ist auch wichtig für die Translation **überlappender Gene**, d. h. jener DNA-Abschnitte, die mehr als ein Produkt codieren. Dies wird durch Übersetzen der Sequenz in zwei verschiedenen Leserastern von verschiedenen Startstellen aus erreicht.

Wie bei Eukaryoten benötigen viele prokaryotische Proteine für ihre Auffaltung in die funktionelle Konformation* die Hilfe anderer Proteine, die als (molekulare) Chaperone bezeichnet werden. Diese **Chaperone** falten nicht nur neu synthetisierte Proteine, sondern auch Proteine, die in der Zelle teilweise denaturiert worden sind. Proteine, die von Bakterien in den periplasmatischen oder extrazellulären Raum ausgeschieden werden, besitzen ebenfalls eine N-terminale **Signalsequenz** von etwa 15-20 Aminosäuren, die nach der Membranpassage durch eine Peptidase abgespalten wird.

1.2.4.4 Steuerung der Genexpression

Bakterien können die Menge und Aktivität von Genprodukten optimal an den physiologischen Zustand der Zelle und an die rasch wechselnden Umweltbedingungen anpassen. Dies kann schnell (innerhalb von Sekunden) auf Ebene der schon gebildeten Proteine geschehen und wird als posttranslationelle Regulation bezeichnet (siehe Genexpression*). Etwas länger (wenige Minuten) dauert die Anpassung durch Regulation der Biosynthese, also von Transkription und Translation. Für den Grundbedarf einer Zelle kann die Menge eines Genproduktes durch Zahl der Genkopien, durch die Stärke des Promotors und durch die Effizienz der Translation (v. a. Initiation an der Ribosomenbindungsstelle) angepasst sein. Auf die Rolle von Sigma-Faktoren ist schon hingewiesen worden. Im Folgenden soll die kontrollierte Veränderung der Transkription eines individuellen Gens bzw. Operons mit Hilfe eines **Repressors** dargestellt werden.

Induktion eines katabolen Operons

Am Katabolismus von Kohlenstoff- und Energiequellen beteiligte Enzyme werden nur synthetisiert, wenn das Substrat in der Umwelt vorhanden ist. Das Substrat (z. B. Lactose) induziert die Transkription. Normalerweise wird das Gen bzw. Operon nicht exprimiert, weil sich ein Repressorprotein an eine spezifische DNA-Sequenz, die **Operatorregion** gebunden hat, die mit dem Promotor überlappt, und so die Aktivität der RNA-Polymerase blockiert (Abb. 1.17A). Ein sog. Induktormolekül (z. B. das Substrat) bindet an den Repressor und inaktiviert ihn, d. h. verhindert dessen Bindung an die Operatorsequenz, wodurch die Transkription ungehindert stattfinden kann. Im Falle des Lactose(*lac*)-Operons blockiert der *lac*-Repressor die Transkription der Gene des Operons. Lactose bindet an den Repressor und induziert (deblockiert) die Expression. Dieser Mechanismus bietet der Zelle den Vorteil, dass die Synthese von Enzymen erst bei Bedarf angeschaltet und danach wieder abgestellt wird.

Repression eines anabolen Operons

Oft werden Enzyme, die an der Synthese eines Produkts, etwa einer Aminosäure, beteiligt sind, nur gebildet, wenn diese Aminosäure im Kulturmedium nicht vorhanden ist. Ist die Aminosäure vorhanden, wird die Syn-

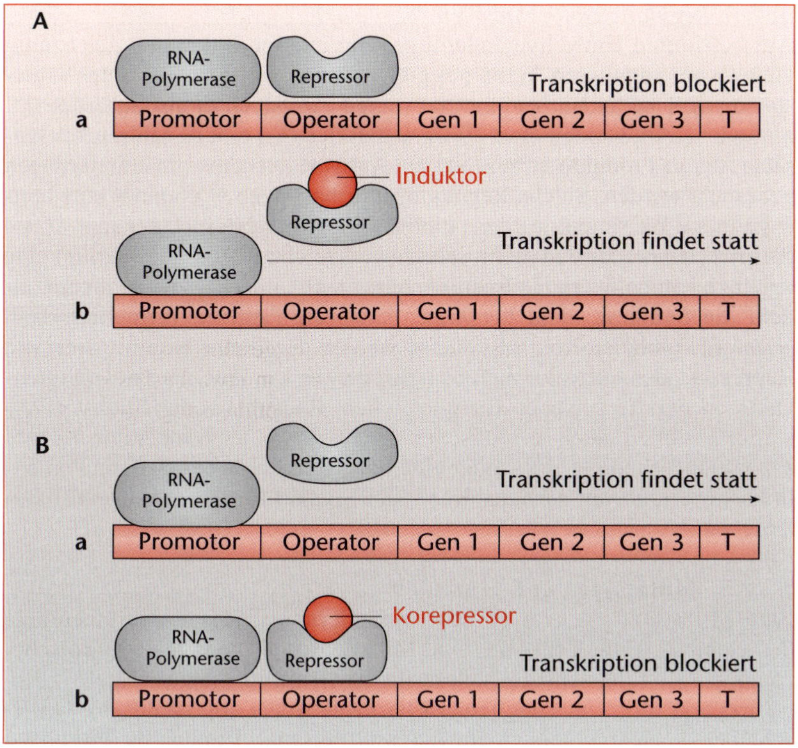

Abb. 1.17 Steuerung der Genexpression.
A: Induktion eines katabolen Operons mit drei Genen durch Bindung eines Induktormoleküls an den Repressor.
B: Repression eines anabolen Operons durch Bindung eines Korepressormoleküls an den Repressor. T = Terminator (Signal zur Beendigung der Transkription).

these dieser Enzyme spezifisch unterdrückt. Auch in diesen Fällen ist ein Repressor vorhanden, der aber allein nicht an die Operator-DNA binden kann. Die Transkription findet also normalerweise statt. Erst wenn ein sog. Korepessormolekül (die Aminosäure) sich an den Repressor gebunden hat, bindet der Repressor an den Operator und blockiert die Transkription (Abb. 1.17 B).

Anti-sense-RNA
Interessanterweise ist in einigen Fällen nicht ein regulatorisches Protein an der Kontrolle beteiligt, sondern eine regulatorische RNA, Anti-sense-RNA genannt. Diese kann mit der komplementären (Sense-Strang) mRNA durch Basenpaarung eine doppelsträngige Struktur bilden, die die Translation verhindert. Die Anti-sense RNA kann vom gleichen Gen wie die sense-RNA transkribiert werden, allerdings von einem anderen Promotor, von dem aus die Transkription in die entgegen gesetzte Richtung geleitet wird. Das Prinzip der Anti-sense-RNA wird bei einigen Plasmiden* nicht zur Regulation der Proteinsynthese, sondern der DNA-Replikation verwendet.

Andere Regulationsmechanismen
Auf bestimmte Umweltveränderungen hin müssen Bakterien gleichzeitig viele Gene* regulieren. Wenn beispielsweise *Escherichia coli* unter Sauerstoffmangel zu leiden beginnt und seinen Stoffwechsel auf anaerobe Atmung umstellt, werden etwa 70 Gene aktiviert. So gibt es zahlreiche Gensätze, deren Produkte zusammen als Antwort auf Umweltveränderungen gebraucht werden. Solche Regulationsmechanismen wirken auf eine breite zelluläre Weise und werden „**globale Kontrollsysteme**“ genannt. Eines dieser Systeme, die Katabolitrepression, erreicht, dass ein Bakterium eine leicht zu katabolisierende Energiequelle (z. B. Glucose) zuerst abbaut, indem die Synthese nicht benötigter kataboler Enzyme verhindert wird. Nicht alle globalen Kontrollsysteme werden durch eine Kombination von Repressor oder Aktivator reguliert. Einige werden über alternative Sigma-Faktoren reguliert. Neben Energiequellen, Phosphat- oder Stickstoffversorgung stellen auch osmotischer Druck, erhöhte Temperatur (Hitzeschock), beschädigte DNA oder eine hohe Zelldichte der eigenen Population (siehe Quorum sensing, Kap. 8.2) Signale für globale Kontrollsysteme dar.

1.2.4.5 Mutationen und Mutanten

Eine **Mutation*** ist eine erbliche Veränderung in der Basenreihenfolge des Genoms. Eine Zelle, die eine Mutation trägt, wird als **Mutante** bezeichnet. Sie unterscheidet sich in ihrem **Genotyp** (genaue Nucleotidsequenz) von ihrer ursprünglichen Elternzelle (dem sog. Wildtyp). Unterscheidet sie sich auch in einem äußeren Merkmal, ist auch ihr **Phänotyp** verändert. Von großer praktischer Bedeutung sind selektierbare Mutationen, die der Mutante gegenüber den Elternzellen unter bestimmten Umweltbedingungen einen Vorteil verleihen. So kann sich z. B. eine antibiotikaresistente Mutante in Gegenwart von Antibiotikakonzentrationen noch vermehren, bei denen die Elternzellen abgetötet werden. Durch eine solche **Selektion** kann eine einzelne Mutante aus einer riesigen Population (Milliarden) parentaler Bakterien isoliert werden, und dadurch können seltene Mutationsereignisse erkannt und untersucht werden. Diese Selektion wird nicht nur im Labor ausgenützt, sondern geschieht auch bei jeder klinischen Anwendung von Antibiotika.

Spontane Mutationen treten als Folge eines Fehlers bei der DNA-Replikation (falsche Basenpaarung) mit einer Häufigkeit von etwa 10^{-7}–10^{-11} pro Basenpaar pro Replikation auf. Bezogen auf ein Gen von 1.000 Basenpaaren, ist die **Mutationsrate** also 10^{-4}–10^{-8} pro Generation. In einer Bakterienkultur mit 10^{8} Zellen/ml wird man daher mit großer Wahrscheinlichkeit unterschiedliche Mutanten finden. Spontane Mutationen können auch durch natürliche (kosmische) Strahlung verursacht werden. **Mutagene Agenzien**, wie Basenanaloga (5-Bromuracil), alkylierende (Nitrosoguanidin) und interkalierende (Acridine) Verbindungen, UV- und ionisierende Strahlung, steigern die Mutationsrate und führen zu **induzierten Mutationen**. Einige der durch Mutagene induzierten DNA-Läsionen können nicht repliziert werden, was den Zelltod zur Folge haben kann. Deshalb enthalten die meisten Zellen **DNA-Reparatursysteme**, die kleine Schäden meist fehlerfrei beheben. Durch größere DNA-Schäden können bestimmte DNA-Reparatursysteme induziert werden, welche die

DNA teilweise ohne Matritze reparieren und entsprechend viele Mutationen einführen.

Punktmutationen nennt man Mutationen, die nur ein oder einige wenige Basenpaare umfassen. Dabei können Basenpaare ersetzt (**Substitution**), verloren gegangen (Punkt-**Deletion**) oder zusätzlich eingebaut (Punkt-**Insertion**) sein. Die Folgen dieser DNA-Veränderungen hängen entscheidend von ihrer Lage ab: Wenn Signalstrukturen (Promotor, Operator, Ribosomenbindungsstelle, Terminator) betroffen sind, kann die Genexpression verändert sein. Wenn die Basensubstitution in der codierenden Sequenz liegt, sind verschiedene Konsequenzen möglich: Führt das veränderte Codon zum Einbau der gleichen Aminosäure, wird ein normales Protein gebildet und man spricht von einer **stummen Mutation**. Spezifiziert das mutierte Codon eine andere Aminosäure, nennt man dies eine **Missense-Mutation**. Wenn die Änderung drastisch ist und an einer wichtigen Stelle der Polypeptidkette liegt, könnte das mutierte Protein funktionell ganz oder teilweise inaktiv sein. Entsteht ein Stoppcodon, wird dies als **Nonsense-Mutation** bezeichnet. Dies führt zu einem vorzeitigen Abbruch der Translation und dadurch zu einem je nach Lage mehr oder weniger verkürzten, oft nicht funktionellen Polypeptid. Deletion oder Insertion eines Basenpaares führt unweigerlich zu einer **Leseraster-Verschiebung** und damit zu einer wesentlichen Veränderung der Translation. Punktmutationen sind reversibel. Werden Revertanten (Mutanten mit dem ursprüngliche Phänotyp) untersucht, findet man einerseits die zweite Mutation an der gleichen Stelle wie die erste Mutation und, wenn dadurch die ursprüngliche DNA-Sequenz wiederhergestellt worden ist, nennt man sie **echte Reversion** zum Wildtyp-Genotyp. Anderseits beobachtet man Mutationen, die an einer anderen Stelle als die ursprüngliche Mutation auftreten, sog. **Suppressormutationen**.

Mutationen, die viele Basenpaare betreffen, verhalten sich anders. Gehen durch eine **Deletion** Hunderte oder Tausende von Basenpaaren verloren, bedeutet dies den vollständigen Funktionsverlust jedes betroffenen Gens. Wenn dabei ein essenzielles Gen verloren geht, ist die Mutation letal. Große Deletionsmutationen sind **nicht reversibel**, können aber durch genetische Rekombination wiederhergestellt werden. Viele große **Insertionen** beruhen auf dem Einfügen von bestimmten mobilen genetischen Elementen, sog. **Insertionssequenzen**, von etwa 700–5.000 Basenpaaren. Auch große Insertionen sind reversibel. Als weitere große Mutationen sind **Translokationen** (Versetzen eines DNA-Abschnitts an eine neue Position) und **Inversionen** (Umkehrung der Orientierung eines DNA-Abschnitts in Bezug zur umgebenden DNA) zu nennen.

1.2.4.6 Genetische Rekombination

Als genetische ‚Rekombination wird der physikalische Austausch von Erbmaterial zwischen DNA-Molekülen bezeichnet. Auf Grund der Verwandtschaft der ausgetauschten DNA und der beteiligten Rekombinationsproteine werden verschiedene Formen unterschieden.

Bei der **homologen (allgemeinen) Rekombination** haben die ausgetauschten DNA-Abschnitte die gleiche oder eine sehr ähnliche Sequenz, besitzen also ausgedehnte **DNA-Homologie**. In der klassischen Genetik nennt man diesen Typ der Rekombination auch „crossing over“.

In Prokaryoten sind bei diesem komplexen Bruch-Neuverknüpfungs-Vorgang wohl über 20 Rekombinationsproteine beteiligt, von denen das wichtigste das RecA-Protein ist. Bei einer homologen Rekombination bleibt die Genreihenfolge unverändert. Dies geschieht beispielsweise in Eukaryotenzellen durch crossing over zwischen den beiden elterlichen Chromosomensätzen in der Folge der geschlechtlichen Fortpflanzung, wodurch neue Genotypen (Allelkombinationen) entstehen. In Bakterienzellen kommen unterschiedliche DNA-Moleküle mit Homologie auf den verschiedenen Wegen des horizontalen Gentransfers (siehe Kap. 1.2.4.8) zusammen. Wenn zwei Mutanten DNA austauschen, können durch homologe Rekombination Wildtyp-Genotypen entstehen, sofern die beiden Mutanten die DNA-Veränderungen nicht in den gleichen Basenpaaren tragen.

Bei der **ortsspezifischen Rekombination** werden sehr unterschiedliche DNA-Moleküle verknüpft, die nur in einer kurzen Sequenz (10 – 30 Basenpaare), dem Rekombinationsort, übereinstimmen. Diese Rekombination wird durch eine für diese Sequenz (orts-)spezifische Rekombinase vermittelt. Durch diesen Mechanismus können beispielsweise das Bakterienchromosom und ein Virusgenom verknüpft werden (siehe Kap. 1.2.4.7), und dabei entstehen neue Genreihenfolgen. Resistenz-Integrons sind ein weiteres Beispiel. Den gleichen Mechanismus zeigen DNA-Inversionssysteme, bei denen ein DNA-Segment von einer Orientierung in die andere wechseln kann und dabei alternative Gene exprimiert (z. B. Variation der Geißelantigene bei Salmonellen, sog. Phasenvariation). Selten rekombinieren diese ortsspezifischen Rekombinasen nicht die ideal übereinstimmenden Rekombinationsorte, sondern leicht verschiedene Sequenzen, wodurch neue Genkombinationen entstehen.

Transposition heisst ein Vorgang, durch den sich bestimmte **mobile genetische Elemente** (hüpfende Gene) an einem neuen Ort im gleichen oder in einem anderen Genom einfügen. Durch die Transposition wird die Kontinuität eines Gens unterbrochen, d. h. das Gen wird durch die Insertion mutiert, in vielen Fällen inaktiviert. Ursprünglich bei Mais entdeckt, wurde die Transposition bei Bakterien detailliert untersucht und als eine wesentliche Quelle der genetischen Variation charakterisiert. Bei Bakterien kommen drei Typen von transponierbaren Elementen vor: **Insertionssequenzen**, **Transposons*** (Abb. 1.18) und einige bestimmte **Bakteriophagen***. Insertionssequenzen (IS-Elemente) sind etwa 700–1.500 Basenpaare lange DNA-Sequenzen mit kurzen (10-40 bp), in umgekehrter Orientierung wiederholten Endsequenzen (inverted repeats) und einem Gen für die **Transposase**, dem die Transposition leitenden Enzym. Transposons sind größer (2–18 kbp). Auch sie besitzen ein Transposasegen und wiederholte Endsequenzen, sie tragen aber zusätzliche Gene, die den Phänotyp der Trägerzelle verändern. Von großer Bedeutung sind die Antibiotikaresistenzgene. Einige sog. zusammengesetzte Transposons enthalten ein Gen oder mehrere Gene, die von zwei identischen IS-Elementen flankiert sind. Diese Anordnung deutet daraufhin, dass Gene durch IS-Elemente mobilisiert werden können. Als Folge einer Transposition können neben der Insertion weitere DNA-Umstrukturierungen beobachtet werden, wie Inversion, Deletion oder Fusion verschiedener DNA-Moleküle (Kointegration). Konjugative Transposons haben überdies die Fähigkeit, sich von einer Bakterienzelle in eine andere zu übertragen.

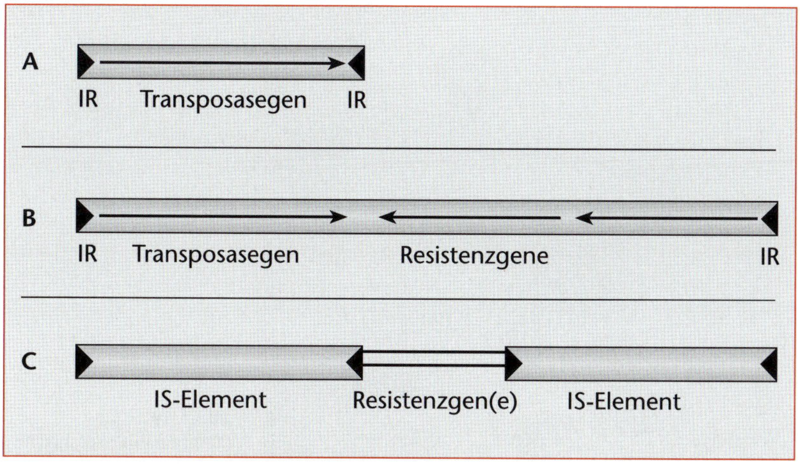

Abb. 1.18 Transponierbare DNA-Elemente.
A: Insertionssequenz mit invertierten Endsequenzen (IR).
B: Transposon*.
C: zusammengesetztes Transposon, bei dem das Resistenzgen von zwei gleichen IS-Elementen flankiert wird.

1.2.4.7 Bakterienviren (Bakteriophagen)

Bakteriophagen* (kurz Phagen) sind Viren (siehe Kap. 1.3), die sich nur in Bakterienzellen als Wirt vermehren. Sie treten in einer extrazellulären Form als Viruspartikeln (Virionen) in Erscheinung, die aus einer Nucleinsäure (Genom) und dem sie umgebenden Proteinkapsid bestehen. In der Natur gibt es eine enorme Vielfalt von Bakteriophagen, die sich bezüglich Genom, Virionstruktur und Wirtsspektrum unterscheiden. Aber auch ihre geschätzte Zahl ist eindrücklich: weltweit 10^{30} Virionen, der grösste Teil in den Küstengewässern der Ozeane (10^6 Phagenpartikeln/ml). Lange Zeit wurden Bakteriophagen als Modellsysteme in der genetischen Forschung eingesetzt, aber seit der Entwicklung der Gentechnik dienen einige als nützliche Werkzeuge (Genfähren).

Struktur und Vermehrung

Phagen können wie eukaryotische Viren recht unterschiedliche **Virionen** ausbilden, aber viele bilden eine komplexe Struktur aus Kopf und Schwanz (Abb. 1.19). Die Schwanzstruktur dient der Anheftung an die Wirtszelle und der Injektion des Genoms in die Zelle. Das Genom dieser Phagen ist im Kopf untergebracht und besteht aus einem doppelsträngigen DNA-Molekül, das zwischen etwa zwanzig bis über hundert Gene trägt (Abb. 1.20). Phagen mit einsträngigem DNA-Genom bilden kubische oder filamentöse Viruspartikeln. RNA-Phagen bilden kleine kubische Virionen und sind selten.

Die **Vermehrung** der Bakteriophagen geschieht ähnlich wie die Vermehrung eukaryotischer Viren und kann in sieben Phasen unterteilt werden:

1. das **Anhaften** (Adsorption) des Phagenpartikels auf der Oberfläche eines geeigneten Bakterienwirtes. Die zahlreichen Schwanzphagen benutzen die Schwanzbasis oder Schwanzfasern für eine Interaktion mit

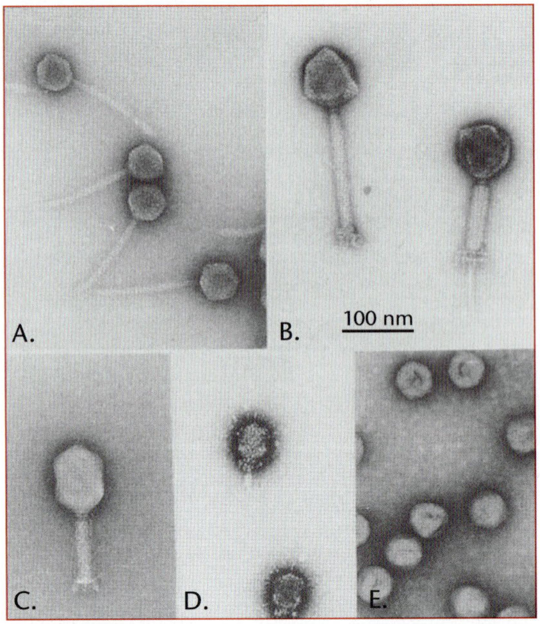

Abb. 1.19 Elektronemikroskopische Aufnahmen folgender Bakteriophagen:
A. *E. coli*-Phage Lambda;
B. *B. subtilis*-Phage SP105;
C. *E. coli*-Page T4;
D. *B. subtilis*-Phage Φ29;
E. *Aeromonas*-Phage PM2.

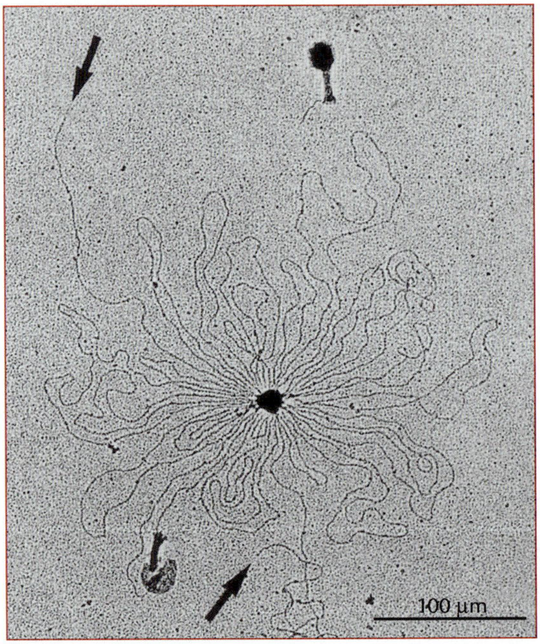

Abb. 1.20 Gesamte Erbinformation des Bakteriophagen T2 nach Aufbrechen des Kopfes. Das lineare DNA-Molekül besteht aus etwa 170 kbp.

einem spezifischen Oberflächenmolekül der Bakterienzelle, dem **Rezeptor**. Dabei werden Teichonsäuren*, Peptidoglycanstrukturen, Proteine der äußeren Membran oder Polysaccharidanteile des LPS von gramnegativen Bakterien, Geißeln oder Pili als Rezeptor verwendet. Phagenresistenz ist oft durch Abwesenheit oder Mutation des Rezeptors bedingt.

1.1 – 1.4

2. die **Injektion (bzw. Penetration) der Nucleinsäure** durch die Zellwand und die Zytoplasmamembran. Bei Bakteriophagen dringt nur die Nucleinsäure, evtl. begleitet von Pilotprotein(en), ein und die leere Hülle bleibt außerhalb der Zelle, während bei den tierischen Viren meist das ganze Virion durch Endozytose aufgenommen wird.
3. in der **frühen Phase der Infektion** werden bei den großen DNA-Phagen wenige Phagengene exprimiert und die Biosynthesemaschinerie des Wirts auf die Phagenvermehrung vorbereitet.
4. die **Replikation der viralen Nucleinsäure** wird meist durch eine phagencodierte Replikase gesteuert, die in der frühen Phase der Infektion erst gebildet wird.
5. in der **späten Phase der Infektion** werden v. a. die Proteine für den Zusammenbau der Phagenpartikel synthetisiert, deren Produktionszeitpunkt und -menge sorgfältig reguliert sind.
6. der Zusammenbau der Strukturproteine (**Morphogenese**) zu Virionen und dieVerpackung der viralen Nucleinsäure.
7. die **Freisetzung der Nachkommenphagen** erfolgt meist durch Lyse der Wirtszelle mit Hilfe phagencodierter Enzyme.

Der Replikationszyklus (lytischer Zyklus) der Bakteriophagen dauert je nach Phagentyp und metabolischem Zustand der Wirtszelle 20–60 Minuten und führt zur Bildung von 50 bis mehreren Hundert Nachkommen (Abb. 1.21). Bei den filamentösen Phagen erfolgt die Freisetzung kontinuierlich, und es werden sehr hohe Phagentiter erreicht (bis 10^{13} pfu/ml). Infektiöse Bakteriophagen können leicht gezählt werden, indem sie mit Wirtsbakterien gemischt auf einen Nähragar ausgeimpft werden. Bei der Inkubation entsteht um ein ursprünglich von einen Phagen infiziertes Bakterium herum nach mehrerern Vermehrungszyklen eine runde Lysezone im Rasen der Indikatorbakterien, eine sog. Plaque („Loch"). Aus der Plaquezahl kann die Zahl infektiöser Phagen im Probenvolumen (Titer, pfu/ml) bestimmt werden (Abb. 1.21C).

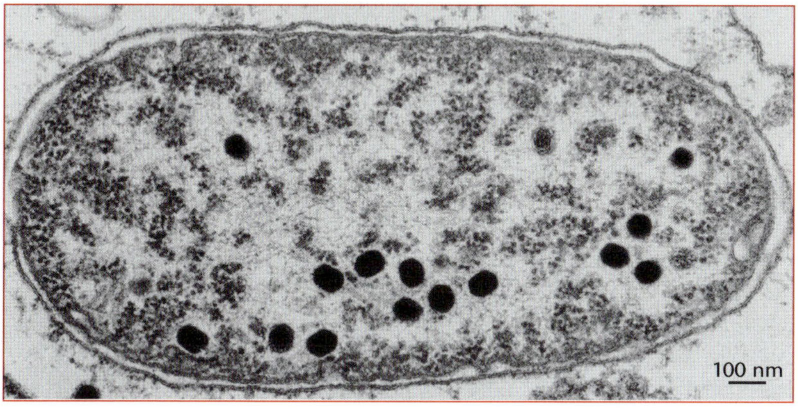

Abb. 1.21

A: Schnitt durch eine T2-infizierte *E. coli*-Zelle, in der die entstehenden Nachkommenphagen (-köpfe) sichtbar sind.

Sektion I

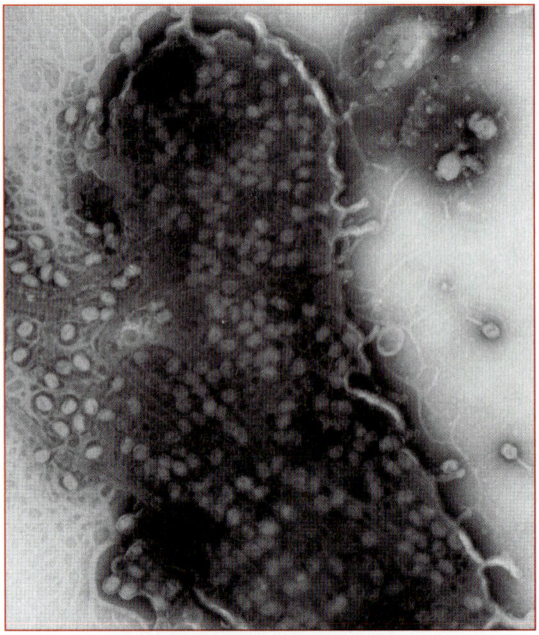

Abb. 1.21
B: Momentaufnahme der Freisetzung dieser Nachkommenphagen durch Lyse der Wirtszelle.

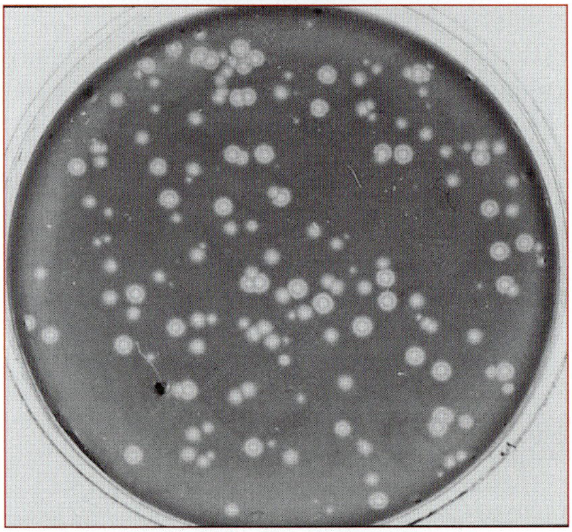

Abb. 1.21
C: Plaques auf einem Rasen von Wirtsbakterien.

Lysogenie

Virulente Phagen vermehren sich nur über den lytischen Zyklus. Die sog. **temperente Phagen** können einen alternativen Entwicklungsweg durchlaufen, die **Lysogenie**. Dabei exprimiert das infizierende Phagengenom nur wenige Gene und wird – synchron mit dem Wirtschromosom – entweder in dieses integriert oder als Plasmid repliziert. Auf diese Weise wird das Phagengenom vor der Zellteilung verdoppelt und auf alle Tochterzellen übertragen (Abb. 1.22). Das reprimierte Phagengenom wird als **Prophage** bezeichnet und die den Prophagen beherbergende Bakterienzelle als **lysogen**. Prophagen können spontan oder von aussen induziert aktiviert (dereprimiert) werden und in einem lytischen Zyklus Virionen

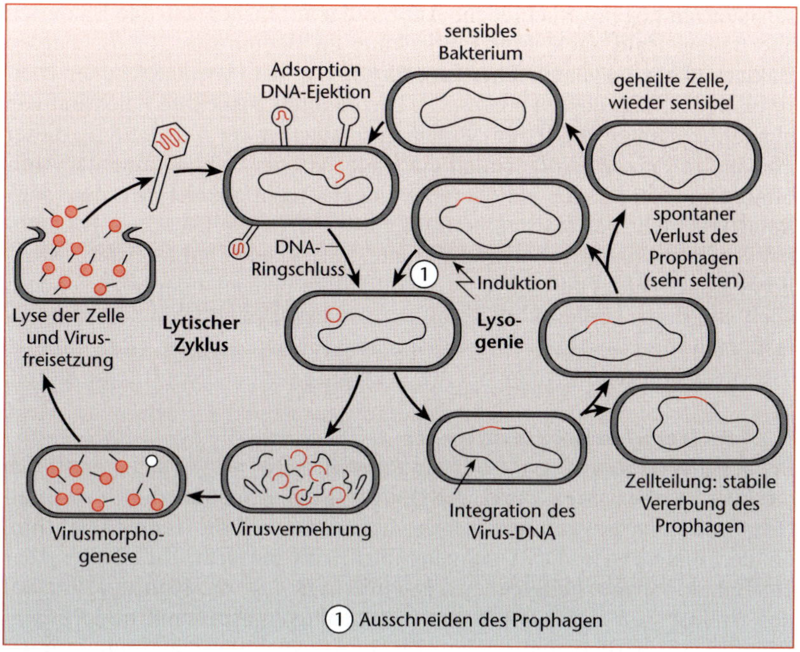

Abb. 1.22 Entwicklungszyklus von temperenten Phagen (nach KLAUS et al. 1992, modifiziert). Nach Infektion von sensiblen Zellen kommt es in einem Teil der Population zur Phagenvermehrung in einem lytischen Zyklus, im anderen wird das Virusgenom als Prophage etabliert und bei der Zellteilung an alle Nachkommenbakterien weitervererbt. Nach Induktion kann ein Prophage in den lytischen Zyklus übergehen.

des temperenten Phagen produzieren. Lysogenie ist in der Natur weit verbreitet, denn viele Bakterienisolate beherbergen einen oder mehrere Prophagen. Die Lysogenie ist auch von **medizinischer Bedeutung**, weil einige Phagen Träger von Virulenzgenen sind, die erst in Bakterien eingeschleust werden müssen, damit diese zu Pathogenen werden (sog. lysogene Konversion). Dies ist der Fall beim Diphtherietoxin (*Corynebacterium diphtheriae*), beim Choleratoxin (*Vibrio cholerae*), beim Botulinustoxin (*Clostridium botulinum*) und mehreren anderen. In allen diesen Bakterienspezies sind nur lysogene Bakterienzellen pathogen.

Bedeutung der Bakteriophagen

Eine große **wirtschaftliche Bedeutung** kommt den Bakteriophagen in der industriellen Herstellung von Lebensmitteln (v. a. Milchprodukte) zu, bei denen Milchsäurebakterien* verwendet werden. Hier kann es durch Kontamination mit lytischen Phagen zu kostspieligen Fehlgärungen und Fermentationsabbrüchen kommen.

Auf Grund der großen Verbreitung von Bakteriophagen in der Natur, auf die schon hingewiesen wurde, vermutet man eine **ökologische** Rolle, kennt sie aber noch wenig.

Die **medizinische Bedeutung** liegt einerseits in der lysogenen Konversion, also darin, dass Bakteriophagen in ihrem Genom Virulenzgene beherbergen und in lysogenen Bakterien exprimieren. Anderseits sind Bakteriophagen auch Vehikel im horizontalen Gentransfer und können

Resistenzen gegen verschiedene Antibiotika auf bisher sensible Bakterien übertragen. Bald nach ihrer Entdeckung zu Beginn des 20. Jh. wurden Bakteriophagen auch als **Therapeutikum** v. a. bei Darminfektionen (beispielsweise Shigellosen) eingesetzt. Die dadurch ausgeübte Selektion von phagenresistenten Bakterien-Mutanten setzte aber der Verwendung dieser Phagen im Einzelfall oft schnell ein Ende. Mit der Entwicklung der Antibiotika wurden Phagen als Therapeutika erst recht obsolet. Mit dem Auftreten von mehrfach resistenten Bakterien (v. a. Staphylokokken, Pneumokokken, Enterokokken) wurde die alte Idee wieder aufgegriffen. Allerdings werden nicht nur ganze lytische Bakteriophagen eingesetzt, sondern auch von ihnen codierte lytische Enzyme (sog. Lysine). Mit solchen gentechnisch hergestellten Enzympäparationen wurden *in vitro* und in Tierversuchen erste Erfolge bei der Therapie grampositiver Infekte erzielt.

1.2.4.8 Horizontaler Gentransfer

Sexuelle Vererbung kommt bei Prokaryoten nicht vor, aber es existieren mehrere Mechanismen, durch die DNA von einer Spender- auf eine Empfängerzelle übertragen werden. Die wichtigsten sind die **Transformation**, bei der freie Spender-DNA aufgenommen wird, die **Transduktion**, bei der ein Bakteriophage die Spender-DNA überträgt, und die **Konjugation**, bei der direkter Zell-Zell-Kontakt und ein Konjugationsplasmid in der Spenderzelle erforderlich sind (siehe Abb. 1.23). Nach der Übertragung muss das DNA-Fragment mit dem Chromosom oder einem Plasmid **rekombinieren**, damit es repliziert und an die Tochterzellen weiter gegeben wird, sonst geht es verloren. Dabei spielen alle Mechanismen der genetischen Rekombination eine Rolle, wenn auch mit unterschiedlicher Häufigkeit.

Genetische Transformation

Die genetische Transformation wurde in den 1920er Jahren von GRIFFITH an Pneumokokken entdeckt. Er beobachtete, dass die Fähigkeit zur Kapselbildung (ein Virulenzmerkmal bei Mäuseinfektionen) von toten, kapselbildenden Zellen auf lebende, kapsellose Mutanten transferiert werden konnte, und bezeichnete dies als Transformation. AVERY und Mitarbeiter publizierten 1944 eine klassische Arbeit, in der sie zeigten, dass die Transformation durch DNA hervorgerufen wurde. Damit war DNA als Träger der Erbinformation identifiziert.

Transformation kommt natürlicherweise bei einigen *Bacillus-, Haemophilus-, Neisseria-* und *Streptococcus-* sowie *Archaea*-Arten vor. DNA wird aus toten, lysierten Zellen frei gesetzt. Zellen, die DNA aufnehmen können, werden als kompetent bezeichnet. Spezielle Proteine spielen eine wichtige Rolle bei der Aufnahme und Prozessierung der linearen DNA, und sie werden von transformierbaren Bakterien reguliert. Während bei *Haemophilus* nur doppelsträngige DNA mit einer bestimmten 11-Basenpaar-Sequenz aufgenommen wird, nehmen *Streptococcus* und *Bacillus* nur einen DNA-Strang auf und bauen den andern ab. Die transformierende DNA wird meist durch eine RecA-vermittelte homologe Rekombination ins Chromosom des Empfängers eingebaut. Plasmide transformieren meist schlecht.

Viele Bakterien sind nur schlecht oder gar nicht transformierbar. Für verschiedene Arten sind Methoden entwickelt worden, um künstlich

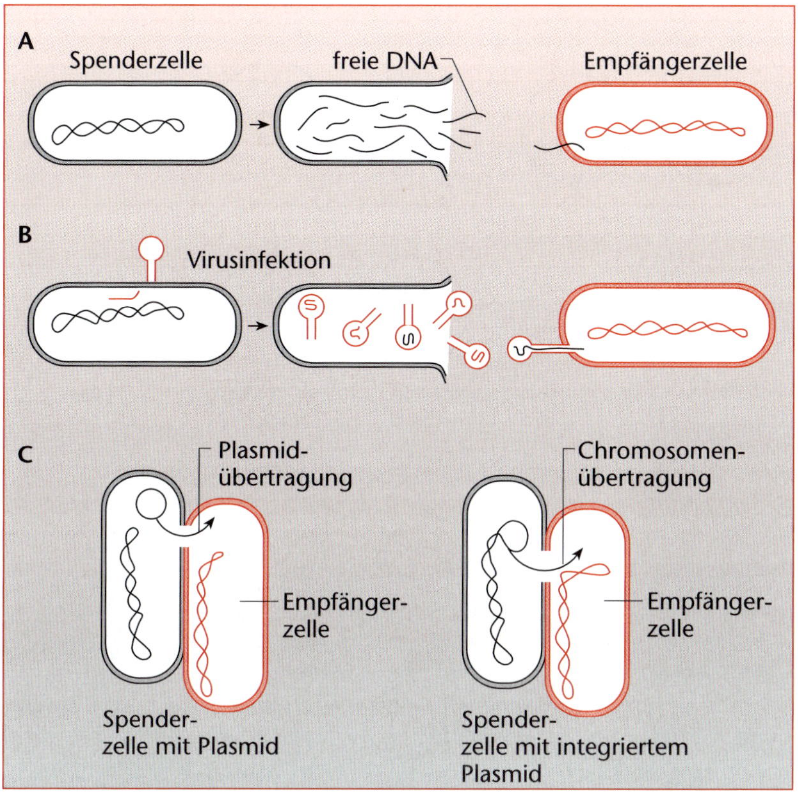

Abb. 1.23 Mechanismen des horizontalen Gentransfers, durch die DNA von einem Spender- auf ein Empfängerbakterium übertragen wird.
A: Transformation.
B: Transduktion
C: Konjugation mit Plasmid- bzw. Chromosomenübertragung.

Kompetenz zu induzieren (beispielsweise *E. coli* durch Behandlung mit Kalziumionen und Kälte). Heute wird hauptsächlich die Elektroporation eingesetzt, bei der Zellen kurzen Impulsen von elektrischen Feldern ausgesetzt werden. Dabei entstehen kleine Membranporen, durch die in der Umgebung vorhandene DNA-Moleküle in die Zelle eindringen.

Transduktion
Bei der Transduktion wird DNA durch Viren von einer Zelle auf eine andere übertragen. Bei der Phagenreplikation wird normalerweise Phagen-DNA in das Virion eingebaut, aber mit geringer Frequenz (je nach Phage etwa 1 auf 10^4 Virionen) wird durch die beteiligten Enzyme irrtümlich irgend ein gleich großes Stück Wirts-DNA abgepackt. Solche transduzierenden Phagenpartikeln werden dann auch frei gesetzt und können ihre DNA einer neuen Wirtszelle injizieren. Dadurch wird allerdings keine Virusreplikation initiiert, weil auf der DNA keine Phagengene vorhanden sind. Die transduzierte DNA kann dann durch homologe Rekombination ins Genom der (in der Regel nahe verwandten) Empfängerzelle eingebaut werden. Ist die transduzierte DNA ein Plasmid, kann es autonom replizie-

Sektion I

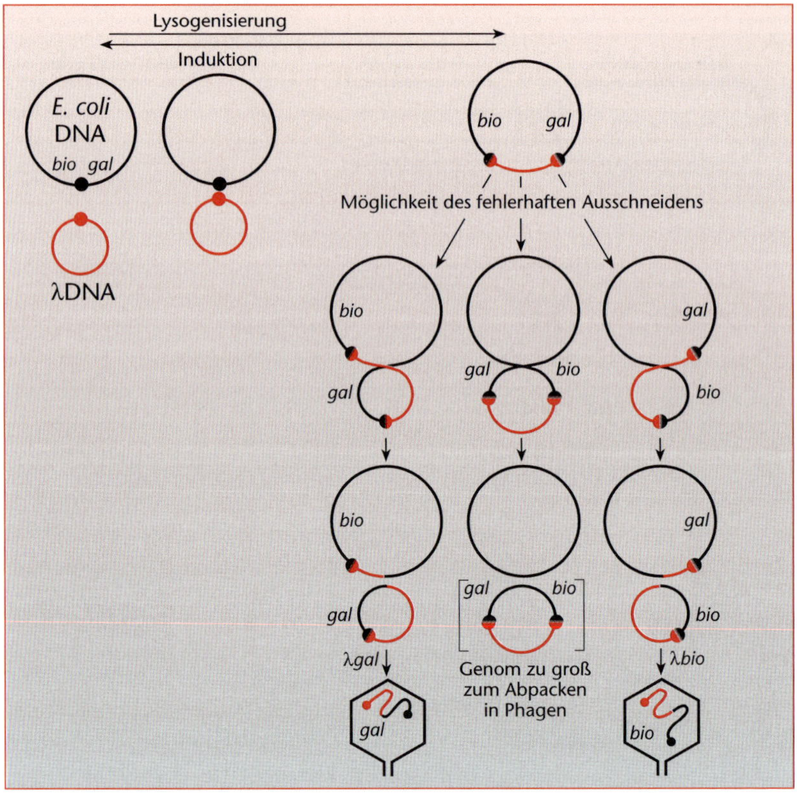

Abb. 1.24 Spezielle Transduktion. Ortsspezifische Integration und unübliches Ausschneiden des λ-Prophagen, wobei speziell transduzierende Phagen entstehen können.
Bei der Lysogenisierung wird das λ-Genom durch ortsspezifische Rekombination zwischen einem bestimmten Phagen-DNA-Ort und dem Bakterien-DNA-Ort in das Wirtschromosom integriert, wobei der Ort eine bis 15 bp lange Homologieregion darstellt. Bei der Induktion ist der Prozess exakt reversibel. In seltenen Fällen erfolgt aber das Ausschneiden fehlerhaft, so dass hybride DNA-Moleküle aus Phagen- und Wirts-DNA entstehen. Dabei gelangen die den Einbauort der Phagen-DNA flankierenden Gene *gal* oder *bio* in infektiöse Partikeln. Falls essenzielle Phagengene fehlen, sind die Rekombinanten aber defekt.
Rot: Phagen-DNA; schwarz: Wirts-DNA (nach KLAUS et al. 1992).

ren; enthält sie ein Transposon, kann dieses auf ein Wirtsplasmid oder –chromosom hüpfen, so dass auch eine stabile Transduktion von Genen zwischen nur entfernt verwandten Bakterien möglich ist. Dieser Vorgang heisst **allgemeine Transduktion**, weil praktisch jeder Teil eines Wirtsgenoms so übertragen werden kann. Das weite Spektrum der möglichen Transduktionen lässt vermuten, dass sie eine bedeutende Rolle in der Bakterien-Evolution spielen.

Im Unterschied dazu wird die **spezielle Transduktion** nur von einigen temperenten Bakteriophagen durchgeführt. Transduzierende Phagen entstehen so, dass beim Ausschneiden des Prophagen aus dem bakteriellen Chromosom die Rekombination nicht präzis an den durch die Integration entstandenen Rekombinationssequenzen erfolgt, sondern zwischen einer Sequenz im Phagengenom und einer im Bakterienchromosom (Abb. 1.24). Dadurch entsteht ein Hybridgenom, in dem einige Phagengene durch bakterielle DNA ersetzt worden sind. Solche tranduzierenden Phagen entstehen selten (Frequenz etwa 10^{-6}), weil die Excision der Prophagen mit hoher Präzision abläuft. Die bakterielle DNA stammt ausschließlich aus der unmittelbaren Nachbarschaft des Prophagen. Durch spezielle Transduktion werden also nicht alle Teile des Wirtsgenoms übertragen. Die entstandenen Hybrid-Phagengenome sind vermehrungsfähig, wenn ausschließlich nichtessenzielle Phagengene durch Bakterien-DNA ersetzt worden sind. Wenn essenzielle Phagengene verloren gegangen sind, wird der Phage defektiv und bedarf zur Replikation der Unterstützung durch einen Helferphagen. In beiden Fällen wird die eingebaute Bakterien-DNA aber auf alle zukünftigen Lysogene übertragen.

Konjugation

Ein Merkmal vieler **Plasmide*** ist die Fähigkeit, sich und andere DNA-Elemente von einer Zelle in eine andere zu übertragen. Dazu stellt die plasmidtragende Spenderzelle einen durch Plasmidgene gesteuerten Zell-Zellkontakt her, in dessen Verlauf eine Plasmidkopie auf die Empfängerzelle übertragen wird. Außer den **Transferfunktionen** codieren konjugative Plasmide auch eine besondere Sequenz, von der aus DNA-Transfer und -Replikation beginnen (*oriT*, für „origin of transfer"). Jede Empfängerzelle, die eine Plasmidkopie erhalten hat, wird automatisch zur Spenderzelle. **Konjugative Plasmide** existieren möglicherweise in allen Bakteriengruppen, sind aber bei den Enterobakterien und Pseudomonaden (gramnegativ) einerseits und bei Staphylokokken, Streptokokken, Bazillen und Streptomyceten (grampositiv) anderseits am besten untersucht.

Von den Transfergenen (minimal 5 bei grampositiven bis über 20 *tra*-Gene bei gramnegativen) codieren die meisten Proteine zum Aufbau von Sexpili bei gramnegativen Bakterien. **Mobilisierbare Plasmide** können selbst nicht konjugieren, aber sich durch eine Konjugation übertragen lassen. Dazu besitzen sie einige *mob*-Gene und einen *oriT*.

Konjugative Plasmide können auch **chromosomale Gene übertragen**. Dies ist möglich, wenn das Plasmid ins bakterielle Chromosom inseriert ist oder wenn chromosomale DNA-Sequenzen im Plasmid integriert sind. Solche Rekombinationsprozesse werden häufig durch IS-Elemente vermittelt. Konjugative Plasmide tragen oft auch Transposons* mit mehreren Resistenzgenen.

Einige konjugative Plasmide sind nur unter nahe verwandten Bakterien übertragbar, aber viele haben einen breiten **Wirtsbereich**. So sind bestimmte Plasmide aus *E. coli* in praktisch alle gramnegativen Bakterien transferiert worden, einige mit tiefer Frequenz auch in Cyanobakterien, grampositive Bakterien (*Streptomyces sp.*) und sogar in Pflanzen- und Hefezellen. Einige Transposons von grampositiven Bakterien können sich ebenfalls selbst übertragen (**konjugative Transposons**), obwohl sie nicht selbständig replizieren. Sie sind mittlerweile auch schon in gramnegativen Bakterien nachgewiesen worden und dürften wesentlich zur Ausbreitung einer Tetracyclin-Resistenz beigetragen haben. Pathogenitätsinseln („pathogenicity islands*) sind größere Chromosomenbereiche, die Virulenzgene enthalten und durch horizontalen Gentransfer erworben werden können.

Bedeutung des horizontalen Gentransfers
Mit der zunehmenden Zahl von vollständig sequenzierten Bakteriengenomen ergibt sich die Möglichkeit der vergleichenden Genomanalyse von nahe verwandten Bakterienarten. So zeigt beispielsweise der Vergleich von fünf *Salmonella* Serovaren, dass jedes Genom durch horizontalen Gentransfer etwa 10% DNA erworben hat, die in den andern nicht vorkommt. Ein Vergleich zwischen dem apathogenen *Escherichia coli* K12 und dem pathogenen Stamm O157 ergibt 4.100 kbp gemeinsame Genomsequenzen. Der Stamm K12 enthält zusätzlich 500 kbp nur ihm eigene DNA. Der Stamm O157 anderseits enthält 1.300 kbp für ihn spezifische DNA, von der rund die Hälfte in Form von integrierten Prophagen vorliegt. Diese Prophagen tragen zahlreiche früher schon beschriebene Virulenzgene. Aus den vorliegenden Daten kann geschlossen werden, dass die an sich seltenen Ereignisse des horizontalen Gentransfers eine bedeutende Rolle in der Gestaltung der heute lebenden Bakterienstämme gespielt haben.

Genetische Komplementation
Nehmen wir an, DNA werde von einer Mutante A in eine andere Mutante B mit einer Mutation im gleichen Operon übertragen. Die Empfängerzelle wird dadurch parziell diploid. Führt dies zum Wildtyp-Phänotyp, bezeichnet man dies als Komplementation, d. h. die beiden Mutanten komplementieren sich gegenseitig. Dies ist nur möglich, wenn die beiden Mutationen in verschiedenen Genen liegen.

1.2.4.9. DNA-Modifikation und -Restriktion, Gentechnik

Die genetische Variation ist der Motor der Evolution. Von den geschilderten Prozessen führen Punktmutationen zu graduellen Veränderungen bestehender Funktionen, während DNA-Umstrukturierungen, beispielsweise durch transponierbare Elemente, größere Veränderungen ermöglichen („andere Nutzung verfügbarer Kapazitäten"). Demgegenüber führt die Akquisition ganzer Operons oder Gene* durch horizontalen Gentransfer* sofort zu großen genetischen Veränderungen („Teilhaben am Erfolg anderer"). Auf Grund der obigen Darstellung der Genübertragung zwischen Bakterien könnte der Eindruck entstehen, dass der horizontale Genfluss bezüglich beteiligte Species und Häufigkeit beliebig sei. Dies ist aber nicht der Fall, weil mehrere Mechanismen dem entgegen wirken.

Eine wichtige Kontrolle geschieht durch die **wirtsspezifische DNA-Modifikation und -Restriktion**. Man kann sie als einfaches Abwehrsystem gegen „fremde" DNA verstehen. Eine bakterielle **Restriktions-Endonuclease** ist ein Enzym, das eine spezifische, kurze DNA-Sequenz erkennt und spaltet. Häufig wird die DNA so gespalten, dass einsträngig überhängende („klebrige") Enden entstehen. Die zelleigene DNA wird vom entsprechenden Modifikationsenzym durch Methylierung bestimmter Basen dieser Erkennungssequenz (= **Modifikation**) vor der Restriktion geschützt.

Viele Bakterien besitzen solche Modifikations- und Restriktionsenzyme gleicher Spezifität, die sich von jener anderer Bakterien unterscheidet. Eindringende „fremde" DNA ist in der Regel in der zelleigenen Erkennungssequenz nicht modifiziert und wird deshalb gespalten und dadurch inaktiviert. So wird z. B. die Infektiosität von Bakteriophagen mit nichtmodifizierter DNA um einen Faktor 10^4 bis 10^5 reduziert.

Die bakteriellen Restriktions-Endonucleasen sind unentbehrliche Werkzeuge in der **Gentechnik** geworden. Zum einen erlauben sie die physikalische Kartierung eines DNA-Moleküls (z. B. eines Genoms), zum andern die *in vitro* Neukombination von DNA (**Genklonierung**). Dazu wird die DNA mit einem Restriktionsenzym *in vitro* geschnitten und mit einem Vektor, der mit dem gleichen Enzym geschnitten worden ist und deshalb die gleichen „klebrigen" Enden hat, durch eine DNA-Ligase verknüpft (Abb. 1.25). Als Vektoren dienen Plasmide* oder Phagengenome. Das DNA-Ligationsgemisch wird durch Transformation in geeignete Wirtsbakterien eingeführt und durch Vermehrung der Bakterien repliziert. Eine Kolonie als Nachkommenschaft einer Zelle wird als **Klon** bezeichnet und enthält viele identische Kopien des aufgenommenen rekombinanten Plasmids. Die so erhaltene klonierte DNA kann durch Sequenzbestimmung weiter analysiert werden; sie kann gezielt mutagenisiert oder als Gensonde verwendet werden. Durch Optimierung der Signalstrukturen können Wirtsbakterien zur Synthese großer Mengen von Genprodukten

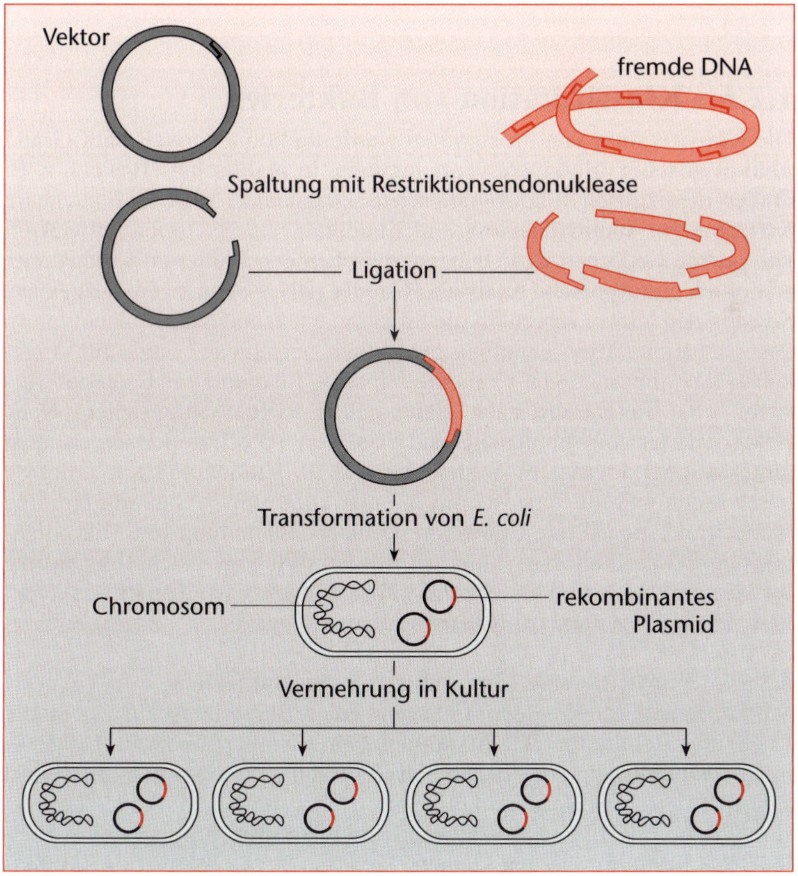

Abb. 1.25 *In vitro*-Neukombination von DNA (Genklonierung).

fremder Gene (rekombinante Proteine) angeregt werden. So werden in industriellen Massstäben wertvolle menschliche Eiweiße (Hormone, Zytokine) und Vakzine hergestellt.

Die Konsequenzen der Gentechnologie sind seit der Entwicklung der Methodik in den frühen 1970er Jahren von Molekularbiologen selbst immer wieder zur Diskusson gestellt worden. Ihre Anstrengungen, soziale und politische Verantwortung für diese Entwicklung zu übernehmen und durch eigene Regeln die denkbaren Risiken zu minimieren, sind einmalig in der Geschichte menschlicher Technologien. Seither ist keine grundsätzlich neuartige Gefahr beim Einsatz der Gentechnik oder beim Gentransfer zwischen nicht verwandten Organismen beobachtet worden. Zahlreiche Beispiele aus der Natur belegen Neukombinationen von Erbinformation in Zellen und Genübertragung auf neue Populationen, die nicht prinzipiell von dem abweichen, was Molekularbiologen im Reagenzglas zu erreichen vermögen. Die Freisetzungsrisiken für gentechnisch veränderte Organismen sind die gleichen wie für natürliche Organismen und müssen entsprechend der Natur des Organismus und der betroffenen Umwelt beurteilt werden. In den ersten dreissig Jahren der Anwendung gentechnischer Methoden bei Bakterien sind bemerkenswert wenige Schäden registriert worden.

1.2.5 Klassifikation von Bakterien

Die Klassifikation von Prokaryoten wurde traditionellerweise auf Grund **phänotypischer** Merkmale vorgenommen. In praktischer Hinsicht, z. B. in der medizinisch mikrobiologischen Diagnostik, wurden brauchbare Konzepte zur **Identifizierung** und Einteilung der Bakterien entwickelt. Die phylogenetischen Beziehungen zwischen den Bakterien werden aber erst durch **genotypische** Analysen (v. a. der rRNA-Sequenzen) aufgeklärt. So ist in den letzten Jahren oft die Situation entstanden, dass phänotypisch eng verwandte Arten genotypisch deutlich verschieden sind und umgekehrt. Das „International Committee for the Taxonomy of Bacteria“ versucht, eine Taxonomie nach einheitlichen Regeln aufzustellen. Neue Bakterienarten müssen ausreichend detailliert im offiziellen Organ, dem „International Journal of Systematic and Evolutionary Microbiology“, beschrieben und als Typenstamm in einer anerkannten Stammsammlung (American Type Culture Collection, Deutsche Sammlung von Mikroorganismen und Zellkulturen) hinterlegt werden. Wichtige Nachschlagewerke für konventionelle und molekulare Informationen sind „The Prokaryotes“ und „Bergey’s Manual of Systematic Bacteriology“.

1.2.5.1 Konventionelle Identifizierung von Bakterien

Voraussetzung für die Identifizierung eines Bakterienisolats ist in der Regel eine Reinkultur. Mit ihr werden dann soviele phänotypische Merkmale bestimmt, wie zur eindeutigen Zuordnung zu einer taxonomischen Einheit (meist eine Spezies) nötig sind. Dabei werden Merkmale berücksichtigt, die mit möglichst einfachen, zuverlässigen, billigen und schnellen Tests bestimmt werden können. Sie können wie folgt gruppiert werden:

Morphologische Kriterien
Mit Hilfe des Lichtmikroskops (inkl. Phasenkontrast und Dunkelfeld) werden **Form**, **Größe** und **Lagerung** der Zellen bestimmt, in Nativpräparaten kann die **Beweglichkeit** beobachtet werden. Eine **Gramfärbung** (siehe Kap. 1.2.2.4) gibt Aufschluss über das Färbeverhalten; sie kann durch eine Spezialfärbung (beispielsweise Ziehl-Neelsen zur Bestimmung der Säurefestigkeit) ergänzt werden. Unter Umständen sind **Sporen** oder die **Kapsel** zu erkennen.

Physiologische Kriterien
Hier werden die Nährstoffanforderungen und die Fähigkeit, verschiedene Quellen zur Versorgung mit Kohlenstoff, Stickstoff und Schwefel zu nutzen, sowie Sauerstoff-, Temperatur- und pH-Ansprüche und -Toleranzen untersucht. Oft werden Enzyme und Endprodukte nachgewiesen oder die Resistenz gegen bestimmte Chemikalien oder Antibiotika geprüft. Kulturen auf festen Medien lassen überdies die Kolonieform und Pigmente erkennen.

Biologische Kriterien
Häufig wird das Vorhandensein von bestimmten typischen **Antigenen*** (Oberflächen- oder Geißelproteine, Polysaccharide im LPS*, Kapseln) mit Hilfe von bekannten Antikörpern untersucht. Dies geschieht schnell mit einer Objektträger-Agglutination.

Sehr einfach kann auch festgestellt werden, ob ein Bakterium als Wirt für einen (spezies-spezifischen) **Bakteriophagen*** dient. Mit typen-spezifischen Phagen können epidemiologische Beziehungen zwischen verschiedenen Isolaten bestimmt werden. Eher selten werden heute Tierversuche zur Bestimmung der **Pathogenität** (z.B. Toxinbildung) durchgeführt.

1.2.5.2 Molekulare Taxonomie

Sind **spezies-spezifische DNA-Sequenz**en bekannt, können diese mit komplementären Gensonden nachgewiesen werden. Solche kommen in den Genen für die 16S und 23S rRNA vor, aber grundsätzlich sind alle spezies-spezifischen Sequenzen geeignet (z. B. Toxingene).

Als Methoden werden einerseits die DNA-DNA-Hybridisierung mit markierten DNA-Sonden eingesetzt, wenn genügend Ziel-DNA vorhanden ist (Plaqueprobe, Kultur), anderseits eine **Amplifikationstechnik** wie die Polymerase-Ketten-Reaktion (PCR, siehe Kap. 15.4.3) mit spezifischen Primern, wenn eine maximale Sensitivität (etwa 1-5 Kopien der Zielsequenz) erreicht werden soll.

Eine weitere molekulare Methode besteht in der Bestimmung der **Fettsäuren**, die in der Zytoplasmamembran oder bei gramnegativen Bakterien in der äußeren Membran vorkommen.

1.2.5.3. Übersicht über die Bakteriengattungen

Da relevante Bakterien-Eigenschaften in unterschiedlichem Ausmaß bekannt sind und immer wieder neue bestimmt werden, ist die Bakterientaxonomie im Fluss. Eine autoritative Darstellung liegt in der ersten Auflage von Bergey's Manual of Systematic Bacteriology (1984) vor. Die zweite Auflage, an der gegenwärtig gearbeitet wird, ordnet die Taxa neu phylogenetisch auf Grund der 16S rRNA-Sequenzen. Band 1 (Archaea und tief verzweigte Bacteria) ist erschienen, und für alle fünf Bände steht ein vorläufiger „Taxonomic Outline of the Procaryotic Genera" zur Verfügung und kann auf www.cme.msu.edu/Bergey's Manual® of Systematic Bacteriology, second Edition (Release 1.0, April 2001) eingesehen werden.

1.2.6 Bakterien als Krankheitserreger

Der menschliche Körper ist dauernd Mikroorganismen ausgesetzt und beherbergt Hunderte von Arten und Milliarden von Zellen, die kollektiv als Normalflora bezeichnet werden (siehe Kap. 7). Nur wenige dieser Mikroorganismen haben ein schädliches Potenzial, einige sind für den Wirt vorteilhaft.

Bakterien, die dem menschlichen Wirt Schaden zufügen können, bezeichnet man als Pathogene. Verschiedene pathogene Bakterien unterscheiden sich in der Stärke der Pathogenität, die man **Virulenz** nennt. Die Ausprägung der Beziehung zwischen einem pathogenen Bakterium und dem Wirt hängt einerseits von der Virulenz des Bakteriums und anderseits von der Empfänglichkeit des Wirts ab. Beides sind dynamische Größen. Nicht jeder Kontakt mit einem pathogenen Bakterium führt zu einer Infektion. Als Infektion bezeichnet man die Vermehrung eines Erregers im Wirt. Nicht jede Infektion führt auch zu einer Krankheit des Wirt.

1.2.6.1 Pathogenese

Die Entstehung einer Infektionskrankheit, die Pathogenese, kann in verschiedene Schritte unterteilt werden:

a) die Uebertragung eines Erregers muss auf geeigneten Wegen (Aerosole, Lebensmittel, Kontakt, Sexuell, Arthropoden, tiefe Wunden) und in genügender Menge (Infektionsdosis) erfolgen.
b) der Erreger muss an Körperstrukturen (z. B. Schleimhäute) adhärieren, damit er nicht unspezifisch eliminiert wird. Diese Adhärenz ist spezifisch, d. h. bestimmte Haftstrukturen auf der Bakterienoberfläche binden an bestimmte Oberflächenstrukturen auf Wirtszellen (Rezeptoren). Manchmal muss der Erreger eine Barriere (Epithel) durchqueren, was als Invasion bezeichnet wird (vergleiche Anhang 1).
c) der eingedrungene Erreger muss sich, u. U. in Kompetition mit einer optimal angepassten endogenen Mikroflora (Normalflora), vermehren.
d) der Erreger muss die unspezifische Wirtsabwehr (z. B. die Phagozytose*) und ev. die spezifische Immunreaktion unterlaufen können.
e) schließlich muss der Erreger einen Schaden verursachen, der zu Symptomen führt. Die Schäden können direkt, etwa durch die Wirkung eines Toxins, oder indirekt, durch die Aktivierung des Immunsystems, entstehen.

Dabei muss berücksichtigt werden, dass eine Bakterienart (z. B. *Staphylococcus aurens*) ein breites Spektrum von Symptomen verursachen kann. Umgekehrt können Infektionskrankheiten gleicher oder ähnlicher

Symptomatik (z. B. Pneumonie) durch verschiedene Erreger verursacht werden.

1.2.6.2 Virulenzfaktoren

Bakterielle Faktoren, die bestimmte Schritte der Pathogenese vermitteln und damit zur Virulenz des Keims beitragen, werden **Virulenzfaktoren** genannt. Einige sind sehr detailliert charakterisiert, aber bei vielen Infektionserregern sind die Kenntnisse noch unvollständig.

Virulenzfaktoren, die die Besiedlung des Wirts fördern

Die **Haftung** an Wirtsgewebe geschieht mit Hilfe von verschiedenen Adhärenzfaktoren. Dazu gehören die Kapsel/Glycocalyx (*S. mutans*), spezifische Bindungsproteine in der äußeren Membran gramnegativer und zellwandassoziierte Proteine grampositiver Bakterien (*N. gonorrhoeae, S. pyogenes*), sowie spezielle Fimbrien* (Haftfimbrien) und -pili (*N. gonorhoeae*, uropathogene *E. coli*, Typ-1-Fimbrien von Darmbakterien). Die **Ausbreitung** im Gewebe wird oft durch extrazelluläre Proteine gefördert. Dazu gehören **Exoenzyme** wie die Hyaluonidase (von Staphylokokken und Streptokokken), die Kollagenase (von Clostridien) oder der fibrinolytische Faktor Streptokinase (von *S. pyogenes*), die anatomische Barrieren zerstören. Anderseits bilden einige Bakterien Exoenzyme (z. B. die Koagulase von *S. aureus*), die die Fibringerinnung initiieren und so eine lokale Eingrenzung der Zellen bewirken. Verschiedene Bakterien lösen durch oberflächliche Invasine* eine Endozytose aus und gelangen so leichter in Wirtszellen. Ein anderer Mechanismus ermöglicht die Ausbreitung von Zelle zu Zelle (Shigellen und Listerien polymerisieren Actin an einem Ende des Bakteriums und werden so in Nachbarzellen geschoben, zuerst in einer Membranausstülpung, die dann aufgelöst wird). Da Eisen für Bakterien lebensnotwendig ist, im Wirt aber an spezifische Proteine (Transferrin, Lactoferrin) gebunden ist, erzeugen viele pathogene Bakterien Eisenchelatbildner (**Siderophore***), die Transferrin das Eisen entreißen.

Virulenzfaktoren, die der unspezifischen und spezifischen Wirtsabwehr entgegen wirken

Pathogene Bakterien haben mehrere Mechanismen entwickelt, die die **Wirksamkeit der Phagozyten** einschränken: Kapseln (beispielsweise von *S. pneumoniae, H. influenzae*) erschweren die Aufnahme durch Phagozytose*. Spezifische Proteine hemmen die Fusion von Phagosom und Lysosom (bei *M. tuberculosis, N. gonorrhoeae*) oder die Bildung von reaktiven Sauerstoffradikalen – ROS, siehe Respiratory burst* – (bei *M. tuberculosis, L. pneumophila*) und erleichtern so das Überleben in Phagozyten. Durch verschiedene Mechanismen werden Phagozyten abgetötet (Streptolysine von Streptokokken, Leukozidin von Staphylokokken, siehe weiter unten bei Exotoxine).

Gramnegative Bakterien sind empfindlich gegenüber Komplement, aber mehrere pathogene Vertreter zeigen eine erhöhte **Serumresistenz**. Die spezifische lokale Immunität auf Schleimhäuten wird durch sekretorische Antikörper der Klasse sIgA aufrecht erhalten. Verschiedene Schleimhautbakterien (orale Streptokokken, Gonokokken, *H. influenzae*) produzieren **Proteasen***, die spezifisch sIgA1 inaktivieren. Eine andere Strategie, um die spezifische Immunantwort des Wirts zu unterlaufen, besteht darin, bakterielle Oberflächenproteine, die wichtige Antigene* sind, zu variieren (**Antigenvariation**). Dabei werden verschiedene alternative Genvarianten exprimiert oder durch Rekombination von Teilen (Kassetten) alternativer Genvarianten neue Varianten geschaffen. Dadurch entstehen neue Proteine (und Antigene), gegen die der Körper noch keine Immunantwort entwickelt hat bzw. das ausgebildete immunologische Gedächtnis nichts mehr nützt. Vielmehr erfordert die Abwandlung der Antigene den Aufbau eine ganz neue Immunreaktion. Beispiele bakterieller Antigenvariationen stellen die Variation eines prominentes Oberflächenprotein bei Rückfallfieber-Borrelien, der Haftpili bei Gonokokken und eines Geißelproteins bei Salmonellen dar (Phasenvariation, siehe Mutationen*). Ein anderes Beispiel für Antigenshifts ist die Neuverteilung der RNA-Segmente bei Influenzaviren (siehe Kap. 1.3.6).

Virulenzfaktoren, die Wirtsschäden bzw. die Krankheit verursachen
Die Symptome bakterieller Infekte entstehen häufig durch direkte Wirkung bakterieller Proteine (Toxine) oder Stoffwechselprodukte (beispielsweise H_2S), sie können auch indirekt durch eine überschiessende Reaktion der Immunabwehr (z. B. ausgelöst durch Superantigene*) verursacht werden.

Die von pathogenen Bakterien gebildeten und ausgeschiedenen **Exotoxine** können allein für die Symptomatik verantwortlich sein (wie bei der Cholera, der Diphtherie oder dem Tetanus) oder einen entscheidenden Beitrag dazu leisten. Auf Grund der am meisten betroffenen Gewebe werden Neurotoxine von Enterotoxinen unterschieden. Die auf verschiedene Zelltypen wirkenden **Zytotoxine** werden oft nach Struktur und Wirkungsmechanismus eingeteilt (Tab. 1.7). Auf Zelloberflächen wirkende Toxine, auch **Membrantoxine** genannt, bilden eine heterogene Gruppe von bakteriellen Proteinen, die entweder an Oberflächenmoleküle der Wirtszellen binden, die Membranintegrität enzymatisch zerstören oder Poren in der Zytoplasmamembran bilden. Eine große Gruppe von Toxinen besteht aus zwei Untereinheiten und werden deshalb **AB-Toxine** genannt. Sie werden oft von Bakteriophagen* codiert, weshalb nur lysogene Zellen virulent sind. Sie bestehen aus einem Anteil „B“, der für die **B**indung an spezifische Rezeptoren auf der Oberfläche von Zielzellen zuständig ist, sowie aus dem Anteil „A“, die toxische Untereinheit welche auch enzymatische **A**ktivität aufweist. Der A-Anteil wird ins Zytoplasma der Wirtszelle eingebracht durch eine Änderung der Konformation* der membrangebundenen Träger- bzw. Translokations-Untereinheit B. Eine weitere Gruppe von Toxinen wird von gramnegativen Bakterien bei Wirtszellkontakt direkt injiziert durch einen Mechanismus, der der Sekretion von Flagellenproteinen verwandt ist (Typ III-Sekretionsmechanismus).

Eine wichtige in den letzten Jahren gewonnene Erkenntnis ist die Tatsache, dass eine Reihe von als Toxine bezeichneten bakteriellen Virulenzfaktoren funktionell vor allem **Zytokinbildung induzieren** bzw. **Zytokinnetzwerke deregulieren** (siehe Superantigene*).

Die **Endotoxine** (die Lipid A-Anteile des Lipopolysaccharids*) der gramnegativen Bakterien werden in größeren Mengen freigesetzt, wenn diese Zellen lysieren. Die Wirkung beruht einerseits auf der Aktivierung

Tab. 1.7 Zelluläre Wirkungen von bakteriellen Toxinen.

Toxin-Typ / Beispiele	Produzent	Zellspezifität	Molekulare Mechanismen	Beitrag zum Krankheitsbild
1. Auf Oberflächen wirkende Toxine				
Superantigene*: Toxisches Schock-Syndrom-Toxin (TSST-1) (siehe TSS*)	*Staphylococcus aureus*	T-Lymphozyten, Makrophagen	Aktivierung von T-Zellen und massive Zytokinsekretion	Fieber, Blutdruckabfall
Ligand* des Guanylyl-Zyklase-Rezeptors: Hitze-stabiles Enterotoxin	*Escherichia coli* *Yersinia enterocolitica*	Enterozyten	Stimulierung der Cl^-–Sekretion, Hemmung der Na^+–Adsorption	Diarrhöen
Porenbildende Toxine (Porine): Streptolysin O Leukocidin F RTX-Toxine (Leukotoxin)	 *Streptococcus pyogenes* *Staphylococcus aureus* *Actinobacillus actinomycetemcomitans*	Verschiedene Zelltypen, v. a. Phagozyten	Osmotische Zelllyse, Zelltod	
Phospholipasen: Alpha-Toxin	 *Clostridium perfringens*	Viele Zelltypen	Lyse von Zellen	Gewebeschäden, Gasgangrän
2. AB-Toxine				
Diphtherie-Toxin	*Corynebacterium diphtheriae*	Viele Zelltypen	ADP-Ribosylierung des Elongationsfaktors (EF2), Blockierung der Proteinsynthese*, Zelltod	Tod von Schleimhautzellen, Schäden in Herz, Nebennieren u. a. Geweben
Cholera-Toxin Hitzelabiles Enterotoxin (LT)	*Vibrio cholerae* *Escherichia coli (ETEC)*	Enterozyten	ADP-Ribolsylierung des $G_{s\alpha}$–Proteins, erhöht cAMP-Konzentration, stimuliert Cl^-(Chlorid)–Sekretion, hemmt Na^+(Natrium)–Adsorption	starke Durchfälle, Elektrolyt- und Wasserverlust
Pertussis-Toxin	*Bordetella pertussis*	Verschiedene Zelltypen	ADP-Ribosylierung von G_{10} Proteinen, blockiert Signaltransduktion*	
Anthrax Letalfaktor	*Bacillus anthracis*	Verschiedene Zelltypen	Metallprotease spaltet Mitogen*-aktivierte Proteinkinasen*, Zelltod	
Tetanus Neurotoxin	*Clostridium tetani*	Synapsen des Vorderhorns, Inhibitor. Interneuronen	Metallprotease, hemmt Neuroexoytose	spastische Lähmungen durch gesteigerten Muskeltonus
3. Injizierte Toxine (durch den Typ III-Sekretionsmechanismus)				
YopH ProteinTyrosin Phosphatase	*Yersinia pseudotuberculosis*		hemmt Phagozytose* durch Wirtsmakrophagen	
SopE – Guanin-Nucleotid-Austauschfaktor	*Salmonella typhimurium*		führt zur Actin-Reorganisation, Membran-Veränderungen und Aufnahme von Bakterien	
Zellinvasionsproteine IpA A-D	*Shigella flexneri*		modulieren Zellinvasion und Zell-zu-Zell-Ausbreitung	
Induktion von Apoptose*	*Yersinia enterocolitica* u. a. Spezies			

von Komplement und dadurch Förderung einer lokalen Entzündungsreaktion, anderseits auf der Stimulierung von Makrophagen zur Freisetzung von Zytokinen, die ihrerseits zu Fieber, Blutdruckabfall, intravasaler Gerinnung und Plättchenaggregation führen.

Virulenzgene
Virulenzgene kommen einzeln oder in kleinen Gruppen auf Plasmiden* oder Genomen von Bakteriophagen vor und können als Transposon* organisiert sein. Dies erleichtert den horizontalen Gentransfer zwischen verschiedenen Bakterienpopulationen. Im Bakterienchromosom sind Virulenzgene oft in bestimmten Regionen zusammen gefasst, sog. Pathogenitäts-Inseln (pathogenicity islands*), die bis über 100 kbp groß und von besonderen Sequenzen (beispielsweise IS-Elementen) flankiert sind. Sie können ebenfalls durch horizontalen Gentransfer übertragen werden.

Die meisten Virulenzgene werden gesteuert, d. h. sie werden nur in einem ökologisch sinnvollen Kontext (im Wirt) exprimiert. Dadurch soll sicher gestellt werden, dass die Virulenzproteine bedarfsgerecht gebildet werden. In einigen Fällen ist diese Regulation einfach, wie z. B. beim Diphtherie-Toxingen, bei dem ein Eisenmangel zur Toxinproduktion führt (bei genügender Konzentration bindet Eisen an einen Repressor, der als Komplex die Transkription blockiert). In anderen ist die Regulation komplex aufgebaut. Sogar die Regulation über die eigene Zellkonzentration wurde beschrieben (Quorum-sensing, siehe Kap. 8.1.2).

1.2.6.3 Labordiagnose bakterieller Infekte
Grundsätzlich gibt es zwei Wege, um die bakterielle Ursache eines Infektes zu diagnostizieren: Einerseits kann direkt der Erreger oder spezifische Teile davon nachgewiesen werden, anderseits können spezifische Antikörper bestimmt werden.

Erregernachweis
Soll der Erreger nachgewiesen werden, bilden die Wahl des richtigen Untersuchungsmaterials und die korrekte Probenentnahme sowie der schnelle Transport ins Labor eine unerlässliche Voraussetzung. Das konventionelle Verfahren zum direkten Erregernachweis umfasst die mikroskopische und kulturelle Untersuchung. Die **Mikroskopie** ungefärbter Präparate im Phasenkontrast- oder Dunkelfeldmikroskop ist erst bei einer Bakteriendichte von über 10^4 Keimen pro Milliliter oder Gramm möglich und erlaubt die Erkennung verschiedener Morphotypen und ihrer Beweglichkeit. Meist werden aber mit einer Differenzialfärbung (wichtigste: Gram; Ziehl-Neelsen für Mykobakterien) gefärbte Präparate im Hellfeld beurteilt.

Für die **Kultur** werden flüssige Medien zur Anreicherung und feste Medien zur Gewinnung von Einzelkolonien eingesetzt. Dabei erleichtern Selektivmedien, die das Wachstum bestimmter Bakterien fördern und das der Begleitflora unterdrücken, und Indikatormedien, die bestimmte Stoffwechselleistungen anzeigen, die Diagnostik. Einzelkolonien bilden das Ausgangsmaterial zur Identifizierung mit Hilfe von morphologischen, biochemischen und antigenen Eigenschaften sowie der Empfindlichkeit auf bestimmte Bakteriophagen. Ein Vorteil der kulturellen Diagnostik ist der, dass bei den isolierten Erregern auch die Empfindlichkeit gegen Antiinfektiva geprüft werden kann.

Mit Hilfe von **molekularen Methoden** lassen sich im Untersuchungsmaterial direkt Erreger-spezifische DNA- oder RNA-Sequenzen nachweisen. Als Verfahren werden die Hybridisierung mit spezifischen Gensonden und zur Steigerung der Sensitivität die Amplifikation durch die Polymerase-Kettenreaktion eingesetzt (siehe Kap. 15.4.3). Diese Methoden dienen vor allem zum Nachweis von Bakterien, die sich nicht oder nur schwer (oder langsam) kultivieren lassen.

Im Untersuchungsmaterial können u. U. auch direkt Erreger-spezifische **Antigene*** mit Hilfe von (heute meist monoklonalen Antikörpern, MAK*) nachgewiesen werden. Allerdings sind diese Verfahren weniger sensitiv als die Kultur.

Antikörper-Nachweis

Der Nachweis erregerspezifischer Antikörper spielt eine wesentlich geringere Rolle als bei der Labordiagnose viraler Infektionen und wird bei Infekten durch nicht oder schwer zu kultivierenden Bakterien eingesetzt (Spirochäten, Rickettsien, Mycoplasmen, Chlamydien sowie Brucellen).

1.2.6.4 Therapie bakterieller Infekte

Bei den meisten bakteriellen Infektionskrankheiten steht die direkte Eliminierung des Erregers im Vordergrund. Nur bei den toxinbedingten Infektionskrankheiten (z. B. Diphtherie, Tetanus) muss möglichst früh auch eine **antitoxische Immunserumtherapie** (passive Immunisierung) begonnen werden. Eine spezifische antibakterielle Therapie ist durch eine Vielzahl von **Antiinfektiva** möglich. Dazu gehören vor allem die Antibiotika, ursprünglich von Pilzen (*Penicillium spp., Cephalosporium spp.*) oder Bakterien (*Streptomyces spp., Bacillus spp.*) gebildete Stoffe, die das Wachstum von Bakterien u. a. Mikroorganismen hemmen oder diese Zellen abtöten. Viele natürliche Antibiotika wurden zur Verbesserung der pharmakologischen oder antibakteriellen Eigenschaften chemisch modifiziert (semisynthetische Antibiotika). Daneben gibt es synthetisch hergestellte antibakterielle Chemotherapeutika. Die Antiinfektiva lassen sich auf Grund ihrer chemischen Struktur oder ihres Wirkungsmechanismus unterteilen. Im Folgenden soll nur auf die Wirkungsmechanismen eingegangen werden.

Wirkungsmechanismen

Je deutlicher sich eine **bakterielle Zellstruktur** (in vielen Fällen Enzyme) von jener des menschlichen Wirts unterscheidet, umso spezifischer kann die Wirkung eines antibakteriellen Stoffes gegen diese Zielstruktur ausfallen. Die wichtigsten Angriffsziele von Antibiotika stellen die bakterielle Zellwand, die Translations- und Transkriptions-Maschinerie und die Überspiralisierung der DNA dar.

Ein wesentliches Merkmal der **bakteriellen Zellwand** ist die Quervernetzung der an die Glycane gebundenen kurzen Peptidketten, bewirkt durch die Transpeptidasen (siehe Kap. 1.2.2.4.1). Beta-Laktamantibiotika (Penicilline, Cephalosporine, Cephamycine) binden fest an diese Enzyme, so dass die Transpeptidasereaktion blockiert wird. Die Komponenten des Enzymkomplexes, die die Wirkstoffe binden, werden Penicillinbindungs-

Sektion I

proteine (PBP) genannt. Die fehlende Vernetzung des Peptidoglycans führt zu einer Schwächung der Zellwand, die durch die Wirkung von Autolysinen (Enzymen, die die Zellwand abbauen) fortgesetzt wird. Schließlich führt der osmotische Druckunterschied zwischen dem Zellinnern und der Umgebung zur Lyse dieser Bakterien. Das Glycopeptid Vancomycin und das Peptidantibiotikum Bacitracin hemmen die Zellwandsynthese durch andere molekulare Mechanismen.

Die **bakteriellen Ribosomen** unterscheiden sich im Feinbau von jenen der Eukaryoten, so dass verschiedene Antibiotikagruppen die Proteinsynthese* auf verschiedenen Stufen durch Bindung an die Ribosomen selektiv blockieren. Dazu gehören die Tetracycline, die Aminoglycoside, die Makrolide und das Chloramphenicol.

Die **Transkription** erfolgt bei Bakterien durch eine einzige DNA-abhängige RNA-Polymerase, die durch Rifamycine selektiv gehemmt wird.

Die **Ueberspiralisierung der bakteriellen DNA** ist für die Replikation und die Genexpression* wichtig und wird von Topoisomerasen reguliert. Die Chinolone (synthetische Antiinfektiva) interagieren mit der DNA-Gyrase und behindern deren Aktivität. Verschiedene direkt mit der DNA interagierende Stoffe (Actinomycin, Bleomycin, Mitomycin) haben keine spezifisch antibakterielle Wirkung. Einige werden als Zytostatika eingesetzt.

Die Struktur der **Zytoplasmamembran** wird durch Polymyxine gestört. Weitere Möglichkeiten des selektiven Eingriffs in den bakteriellen **Stoffwechsel** sind sehr beschränkt: Sulfonamide und Trimethoprim hemmen die Synthese von Folsäure (eines Nucleinsäurevorläufers), Metronidazol hemmt den anaeroben Stoffwechsel.

Wirkungsspektrum

Die Empfindlichkeit von Bakterien gegenüber Antiinfektiva ist unterschiedlich. Unter dem Wirkungsspektrum eines Stoffes versteht man die Zahl und Zugehörigkeit der Bakterien, die natürlicherweise gegen diesen Stoff empfindlich sind. Viele Antiinfektiva, die sowohl gegen grampositive wie auch gramnegative Bakterien wirken, haben ein breites Wirkungsspektrum (z. B. Tetracycline). Andere wirken nur auf eine beschränkte Gruppe von Bakterien und haben deshalb ein schmales Wirkungsspektrum (z. B. Vancomycin auf einige grampositive Bakterien, Metronidazol nur auf Anaerobier).

Wirkungsqualität

Bakterizide Antiinfektiva führen zu einer irreversiblen Schädigung der Zellen und damit zu deren Absterben. Dazu gehören z. B. Aminoglycoside und Betalaktame (während der aktiven Vermehrungsphase). Bakteriostatische Antiinfektiva hemmen das Bakterienwachstum auf reversible Weise, d.h. das Wachstum setzt wieder ein, wenn die Konzentration des Wirkstoffs absinkt. Sulfonamide und Tetracycline wirken überwiegend bakteriostatisch. Eine Therapie mit einem bakteriostatischen Wirkstoff führt nur dann zur Heilung (Eliminierung des Erregers), wenn die spezifische und unspezifische Immunabwehr des Wirts die Bakterienzahl drastisch zu reduzieren vermögen.

1.2.6.5 Resistenz gegen antibakterielle Medikamente

Bakterien können von Natur aus resistent gegen bestimmte Antiinfektiva sein. Dafür gibt es verschiedene Gründe: So kann z. B. die Zielstruktur für das Antibiotikum dem Bakterium fehlen oder in einer Form mit geringer Affinität zum Antibiotikum vorliegen, das Antibiotikum wird nicht in die Zelle aufgenommen oder schnell wieder hinaus gepumpt.

Zusätzlich wird leider oft beobachtet, dass Bakterien die Fähigkeit erwerben, gegen antimikrobielle Wirkstoffe resistent zu werden. Auf Grund von spontanen Mutationen* in den **chromosomalen Genen*** für die Zielstruktur können Varianten entstehen, die den Wirkstoff weniger stark binden und deshalb weniger gehemmt werden. So gibt es Varianten der DNA-Gyrase mit geringerer Empfindlichkeit auf Chinolone, Varianten der RNA-Polymerase mit geringerer Empfindlichkeit auf Rifamycine etc. Diese Mutationen führen in kleinen Schritten zu höheren Konzentrationen des Wirkstoffs, die zur vollständigen Wachstumshemmung notwendig sind (sog. Minimale Hemmkonzentration, MIC).

Erworbene Resistenz

Die meisten Resistenzen gegen antibakterielle Medikamente beruhen aber auf dem Erwerb eines **Resistenzgens** durch horizontalen Gentransfer (siehe Kap. 1.2.4.8). Dadurch wird die minimale Hemmkonzentration in einem Schritt um einen Faktor 10 bis über 100 erhöht. Solche Resistenzgene finden sich oft auf Plasmiden* oder auf Transposons*, also mobilen genetischen Elementen, die durch Transformation, Konjugation oder Transduktion von einer Bakterienpopulation auf eine andere übertragen werden können. Viele Resistenzplasmide können mehrfache Antibiotikaresistenz vermitteln. Ursprünglich stammen die meisten dieser Gene aus den Antibiotikaproduzenten, die sich ja gegen die von ihnen gebildeten Wirkstoffe schützen müssen, oder aus apathogenen, bodenbewohnenden Bakterien, die mit den Produzentenorganismen das Habitat teilen. Der massive Einsatz von Antiinfektiva in den letzten 50 Jahren hat Selektionsbedingungen für die rasche Ausbreitung dieser Resistenzgene auf humanpathogene Bakterien geschaffen.

Resistenzmechanismen

Viele Resistenzgene vermitteln die **enzymatische Inaktivierung des Antibiotikums**. Sie codieren also Enzyme, die das Antibiotikumsmolekül spalten, wie z. B. die Betalaktamasen, oder durch Phosphorylierung, Acetylierung oder Adenylierung das Medikament inaktivieren, wie z. B. die Aminoglycosid modifizierenden Enzyme. Andere Resistenzproteine führen zu einer **Modifikation der Zielstruktur**. So etwa können Ribosomen durch Resistenzproteine vor der Bindung durch Tetracycline oder Makrolide geschützt werden. Als dritter Mechanismus können Resistenzproteine den **Wirkstofftransport** verändern, also die Aufnahmestruktur so modifizieren, dass weniger Wirkstoff in die Zelle gelangt, oder es kann durch aktiven Efflux mehr Wirkstoff aus der Zelle hinaus transportiert werden.

Empfindlichkeitsprüfung von klinischen Isolaten

Wegen der Entwicklung von Antibiotikaresistenzen ist es oft sinnvoll, Isolate aus klinischem Material auf ihre Empfindlichkeit gegen die zur Therapie vorgesehenen Antiinfektiva zu testen. Dies geschieht durch folgende standardisierte Methoden:

Im sog. **Agardiffusionstest** wird die zu untersuchende Bakterienkultur gleichmäßig auf eine Nähragarplatte ausgestrichen. Dann werden Filterpapierplättchen, die je ein Antiinfektivum in definierter Dosierung enthalten, auf die Platte gelegt. Nach Bebrütung der Platten wird geprüft, ob sich um die Filterplättchen Zonen einer Wachstumshemmung gebildet haben, und deren Durchmesser wird bestimmt. Durch Vergleich mit Referenzwerten kann die Empfindlichkeit des Isolats gegenüber einem bestimmten Therapeutikum festgestellt werden.

Die **minimale Hemmkonzentration** (MIC) kann durch eine geometrische Verdünnungsreihe eines Wirkstoffes in einem Nährmedium und Beimpfen mit standardisierten Mengen des Testkeims bestimmt werden. Nach Inkubation wird auf Grund der Trübung die geringste Konzentration des Wirkstoffes abgelesen, die das Wachstum noch vollständig hemmt. Der Test kann manuell durchgeführt werden, er ist in Mikrotiterplatten automatisiert worden.

1.2.6.6 Prophylaxe gegen bakterielle Infektionen

Unter den prophylaktischen Maßnahmen gegen bakterielle Infektionen hat die **aktive Schutzimpfung** eine große Bedeutung. Als Impfstoffe werden abgetötete Bakterien, Zellextrakte, gereinigte Polysaccharide oder Membranproteine, Toxoide oder im Fall der Tuberkulose attenuierte Erreger verwendet (siehe Kap. 17.2). Die **passive Immunisierung** spielt in der Prophylaxe kaum, wohl aber in der Therapie von toxinvermittelten Infektionskrankheiten (z. B. Tetanus) eine Rolle. Eine **Chemoprophylaxe** ist nur in bestimmten Situationen angebracht. In der Zahnmedizin wird eine Antibiotikaprophylaxe bei Risikopatienten (Herzpatienten bzw. endokarditis-gefährdete Patienten) empfohlen. Daneben verhindern zahlreiche **Hygiene-Maßnahmen** (bezüglich Trinkwasser, Lebensmittel, Arthropoden, die Sterilisation von Instrumenten oder die Verwendung von Barrieren wie Handschuhe, Mundschutz, Kondome) die Uebertragung bakterieller Erreger.

1.3 Viren

Jürg Meyer

1.3.1 Einleitung

Viren sind keine Mikroorganismen im Sinne von Einzellern mit eigenem Stoffwechsel, sondern es sind obligate, **makromolekulare Zellparasiten**, d. h. sie sind für ihre Vermehrung auf lebende Zellen (generell Wirt genannt) angewiesen. Man hat Viren auch als vagabundierende Gene* bezeichnet. Viren kommen bei Bakterien (Bakteriophagen*), bei Pflanzen sowie bei Tier und Mensch vor.

1.1–1.4

Viren sind kleiner als Bakterien (vor über hundert Jahren wurden einige auch als Infektionserreger, die bakteriendichte Filter passierten, beschrieben). Die grössten Viren (Pockengruppe) messen etwa 250x350 nm, die kleinsten (Picornaviren) sind mit 25 nm etwa so groß wie Ribosomen. Solche charakteristischen Viruspartikel werden als **Virionen** bezeichnet, bestehen aus dem Genom (DNA oder RNA) und einer Proteinschale und stellen die extrazelluläre Verbreitungsform dar. Die **intrazelluläre Vermehrung** wird vom viralen Genom gesteuert und verläuft in Abhängigkeit des Wirtsstoffwechsels und eigener viraler Funktionen. Alle Viren nutzen die Translationsmaschinerie der Wirtszelle, d. h. sie machen eigene mRNA, die an Wirtsribosomen in Proteine übersetzt werden (siehe Proteinsynthese*). Bei der Virusvermehrung können je nach Virus, Wirt und Umweltbedingungen entweder direkt oder indirekt Zellschäden entstehen, die zu Symptomen führen und die wir als virale Infektionskrankheit bezeichnen.

Viren sind hervorragende **Modellsysteme** in der Genetik, für die Untersuchung des Zellmetabolismus und von Krankheiten. Heute spielen sie auch eine wichtige Rolle als Vektoren in der Gentechnik. Da Bakterienviren (Bakteriophagen) technisch einfacher zu untersuchen sind (Wirte billig in großer Zahl kultivierbar, schnelle Replikation), sind viele Phänomene an ihnen entdeckt und erst später an Tierviren überprüft worden. Die Verfügbarkeit eines geeigneten Wirts ist also eine unerlässliche Voraussetzung für die Untersuchung eines Virus. Die eigentlichen Wirte von Tierviren, nämlich ganze Tiere bzw. der Mensch, sind für Forschungszwecke aufwändig und komplex, aber zur Untersuchung immunologischer Vorgänge (Vakzinen) unerlässlich. Enorme Fortschritte sind durch die Verwendung von **Zellkulturen** erzielt worden. Ausgehend von einem aseptisch entnommenen Organ wird durch mechanische Zerkleinerung und Behandlung mit einer Protease* (um den interzellulären Verbund zu lockern) eine Einzelzellsuspension gewonnen und in einem komplexen Zellkulturmedium in ein Glas- oder Plastikgefäß gebracht. Eine solche primäre Zellkultur kann über mehrere Tage am Leben erhalten werden. Die Zellen setzen sich auf der Unterlage ab und teilen sich, bis sie einen einschichtigen Zellrasen (Monolayer) bilden. Die Teilungspotenz solcher Zellen ist aber begrenzt, so dass primäre Zellkulturen immer wieder neu aus Organen hergestellt werden müssen. Gelegentlich zeigen einzelne Zellen ein unbegrenztes Wachstum. Aus ihnen können sogenannte etablierte Zellkulturen (Zelllinien) entwickelt werden, die kontinuierlich in Kultur gehalten werden können und damit jederzeit zur Verfügung stehen. Bestimmte Viren können auch im Hühnerembryo (Myxo-, Paramyxoviren) oder in der Säuglingsmaus (Coxsackieviren) gezüchtet werden.

Viren können auch quantifiziert werden: einerseits werden im Elektronenmikroskop morphologische Einheiten (Virionen) gezählt, anderseits werden durch Infektionsversuche in geeigneten Wirten infektiöse Einheiten (Dosis) bestimmt. Erkennt man die Vermehrung eines einzelnen Virus auf einem Zellrasen an der Entstehung eines Lochs im Rasen (durch Zelllyse oder Wachstumshemmung), spricht man von einer Plaque (vergleiche Abb. 1.21C), entsprechend von einer plaquebildenden Einheit und nimmt an, dass sie auf ein infektiöses Virion zurück zu führen ist.

1.3.2. Virusstruktur

Virionen zeigen eine große Vielfalt an Strukturen bezüglich Größe, Form und Komplexität. Die Nucleinsäure ist immer im Innern des Partikels und von einer Proteinschale, dem Kapsid umgeben. Das **Kapsid** ist aus einer bestimmten Zahl von morphologischen Untereinheiten, den Kapsomeren aufgebaut. Bei einigen Viren besteht ein Kapsomer aus einem einzigen viruscodierten Protein, bei den meisten Viren sind aber mehrere unterschiedliche Proteine am Aufbau der Kapsomere beteiligt. Die Anleitung für den korrekten Zusammenbau der Untereinheiten zu Kapsomeren liegt in den Proteinen selbst. Dieser Vorgang des Selbstzusammenbaus (self assembly) wird oft durch molekulare Chaperone (Proteine, die beim korrekten Aufbau helfen, selbst aber nicht in der endgültigen Struktur vorkommen, siehe Konformation*) unterstützt. Der Komplex aus Nucleinsäure und Kapsomeren wird als **Nucleokapsid** bezeichnet und weist eine ausgeprägte Symmetrie auf. Man spricht von einer kubischen Symmetrie, wenn die Kapsomeren ein Ikosaeder bilden. Ein Ikosaeder ist ein regelmäßiger Körper, der von 20 gleichseitigen Dreiecken (12 Ecken) gebildet wird. Eine helikale Symmetrie liegt vor, wenn die Kapsomere in Helixform einen Zylinder aufbauen (siehe Abb. 1.26). Das Kapsid hat zwei wichtige Funktionen: einerseits bietet es der Nucleinsäure Schutz vor Abbau bzw. Inaktivierung, anderseits vermittelt es bei nackten Viren (Viren ohne Hülle) das Anhaften an Rezeptoren der Wirtszelle. Kapsidproteine wirken oft als Antigene*.

Im Virion ist das **Virusgenom** enthalten, das entweder DNA oder RNA ist. Die Nucleinsäure ist entweder einzel- oder doppelsträngig. Bei einigen Viren kann die Einzelstrang-RNA des Virions nach der Infektion als mRNA wirken – man spricht von (Plus-)Strang RNA – bei andern hat sie die komplementäre Polarität (Minus-Strang) und muss in der Wirtszelle durch eine virale Replikase erst in die mRNA transkribiert werden. Die Größe des Virusgenoms liegt zwischen einigen wenigen Genen bei den kleinsten bis zu mehreren Hundert Genen* bei den grössten Viren (Tab. 1.8). Bei einigen Viren besteht das Genom aus mehreren Molekülen (Segmenten).

Bei einigen Virusfamilien wird das Nucleokapsid von einer **Hülle** umgeben, einer Lipiddoppelschicht, die aus der Wirtszellmembran hervorgegangen ist. Außer den von der Zelle codierten Oberflächenproteinen sind auch virusspezifische Proteine (meistens Glycoproteine) eingebaut worden, die oft als „Stacheln“ (spikes) im Elektronenmikroskop sichtbar sind. Bei behüllten Viren vermitteln die viralen Hüllproteine das Anhaften des Virions an Rezeptoren der Wirtszelle.

Verschiedene Virusarten enthalten außerdem **Enzyme** als weitere Komponente im Virion. Zum einen handelt es sich um Nucleinsäure-Polymerasen, die zu Beginn der Infektion die mRNA synthetisieren. Bei den Retroviren wird das RNA-Genom durch die Reverse Transkriptase in eine DNA-Kopie überschrieben, die dann in das Zellgenom eingebaut wird. Zum andern sind es Enzyme, die beim Eindringen in die Wirtszelle oder bei der Freisetzung der Nachkommenvirionen eine Rolle spielen. Dazu gehören z. B. die Neuraminidasen der Influenzaviren (siehe Kap. 5.8).

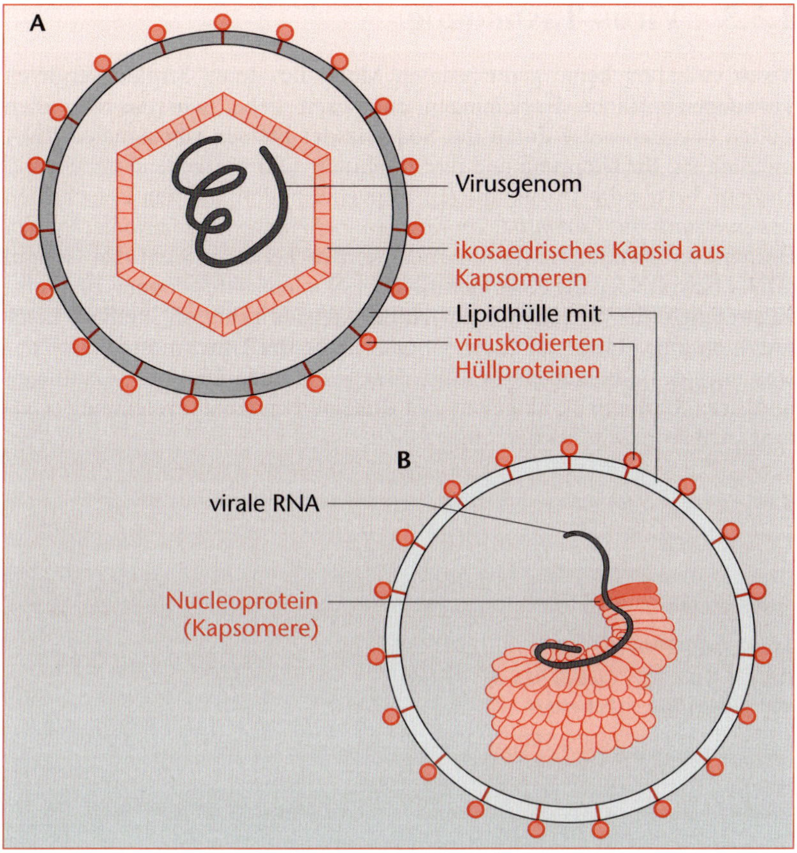

Abb. 1.26 Schematischer Aufbau von Virionen mit **A)** kubischer und **B)** helikaler Symmetrie. Beide Beispiele haben eine Hülle, die aber nicht bei allen Virusfamilien vorhanden ist (vergleiche Tab. 1.9).

Tab. 1.8 Merkmale einiger Genome von repräsentativen humanpathogenen Viren.

Virus	Nucleinsäure im Virus	Konfiguration & Anzahl Moleküle	Größe[1)]
Hepatitis-B-Virus	teilweise doppelsträngige DNS	Ringförmig	3.200 Nucleotidpaare
Parvovirus H1	einzelsträngige DNS	Linear	5.176 Nucleotide
Papillomavirus (HPV 16)	doppelsträngige DNS	Ringförmig	7.906 Nucleotidpaare
Adenovirus	doppelsträngige DNS	Linear	36.000–38.000 Nucleotidpaare
Herpes-simplex-Virus (Typ 1)	doppelsträngige DNS	Linear	152.260 Nucleotidpaare
Vacciniavirus	doppelsträngige DNS	Linear mit Haarnadel	185.000 Nucleotidpaare
Poliovirus	einzelsträngige RNS (+)	Linear	7.433 Nucleotide
Influenza-A-Virus	einzelsträngige RNS (-)	Linear, 8 Segmente	890-2.341 Nucleotide
Reovirus Typ 3	doppelsträngige RNS	Linear, 10 Segmente	23.549 Nucleotidpaare
Hepatitis-D-Virus	einzelsträngige RNS (-)	ringförmig (weitgehend ds mit Haarnadel)	1.680 Nucleotide
HIV-Retrovirus	einzelsträngige RNS (+)	Linear, 2 identische	9.749 Nucleotide

[1)] Die angegebenen Größen beziehen sich auf sequenzierte Isolate. Andere Isolate des gleichen Virus können bezüglich Sequenz und Größe leicht verschieden sein.

1.3.3 Virus-Taxonomie

Viren enthalten keine gemeinsamen Moleküle, deren Strukturvergleich verwandtschaftliche Beziehungen entdecken ließe, wie das bei allen Zellen beispielsweise durch die Sequenz der kleinen ribosomalen RNA möglich ist. Ihr Ursprung und ihre Evolution sind weitgehend unbekannt. Deshalb beruht die Taxonomie auf Konvention, d. h. auf den Entscheiden des *International Committee on Taxonomy of Viruses*, das periodisch einen Bericht veröffentlicht. Als Kriterien werden herangezogen: das Genom (DNA bzw. RNA), die Konfiguration der Nucleinsäure (doppel- bzw. einzelsträngig), die Symmetrie des Nucleokapsids (kubisch, helikal, komplex), ob eine Hülle vorhanden ist oder nicht, der Durchmesser des Kapsids oder des Nucleokapsids (Tab. 1.9). Es werden Familien, Gattungen und Arten bezeichnet, hingegen gibt es keine Binomialbezeichnung (Gattung-Artname) wie bei den Organismen.

Tab. 1.9 Vereinfachte Taxonomie der wichtigsten Tierviren.

Kapsid-symmetrie	**Hülle**	**Größe Virion/ inkl. Hülle (nm)**	**Nuclein-Säure (Polarität)**	**Familie**	**Vertreter**
a) DNA-Viren					
Kubisch	nackt	20 – 25	es	Parvoviridae	Parvovirus B19
	nackt	45	ds	Polyomaviridae	BK-, JC-Virus
	nackt	55	ds	Papillomaviridae	Warzenvirus
	nackt	70 – 90	ds	Adenoviridae	Adenoviren
	mit Hülle	27/42	es/ds	Hepadnaviridae	Hepatitis-B-Virus
	mit Hülle	100/200	ds	Herpesviridae	Herpes-simples-Virus, Varizella-Zoster-Virus, Zytomegalievirus, Epstein-Barr-Virus, humanes Herpesvirus 6
Komplex	mit Hülle	230x350	ds	Poxviridae	Variola-, Vacciniavirus
b) RNA-Viren					
Kubisch	nackt	24-30	es(+)	Picornaviridae	Poliovirus, Hepatitis-A-Virus, Rhinoviren
	nackt	33	es(+)	Caliciviridae	Hepatitis-E-Virus
	nackt	60-80	ds segm.	Reoviridae	Rotaviren
	mit Hülle	60-70	es(+)	Togaviridae	Rötelnvirus
	mit Hülle	40	es(+)	Flaviviridae	Gelbfieber-, Hepatitis-C-Virus
helikal	mit Hülle	80-120	es(-)segm.	Orthomyxoviridae	Influenza A-,B-, C-Viren
	mit Hülle	150-300	es(-)	Paramyxoviridae	Parainfluenzaviren, Respiratorisches Syncytial-Virus, Mumps-, Masernvirus
	mit Hülle	60 x 180	es(-)	Rhabdoviridae	Tollwutvirus, VSV
komplex	mit Hülle	100	es(+)	Retroviridae	HIV

es = einzelsträngig; ds = doppelsträngig; (+), (-) = Polarität der RNA

1.3.4 Virusreplikation

Damit ein Virus erfolgreich die Wirtszelle so umprogrammieren kann, dass sie viele Nachkkommenviren produziert und freisetzt, muss zunächst das virale Genom intakt eingeschleust und dann abgelesen werden. Es müssen genügend Kopien des Genoms und aller Virionproteine gebildet und richtig zusammengebaut werden. Schließlich müssen die neugebildeten Viren aus der Zelle freigesetzt werden, damit neue Wirtszellen befallen werden können. Ueblicherweise werden diese verschiedenen Phasen der Virusreplikation in sechs Schritte unterteilt:

1. **Das Anhaften** (die Adsorption) des Virus an eine geeignete Wirtszelle. Meist beruht dies auf einer spezifischen Interaktion eines viralen Oberflächenproteins (Kapsid- oder Hüllprotein) mit einem bestimmten Oberflächenmolekül der Wirtszelle, dem Rezeptor. In einigen Fällen ist der Rezeptor und seine normale Zellfunktion bekannt (beispielsweise CD4 für das HIV), in andern noch nicht. Das Vorhandensein des Rezeptors auf der Zelle ist also eine Voraussetzung dafür, dass diese Zelle überhaupt infiziert werden kann, d. h. für das Virus empfänglich ist. Umgekehrt kann Virusresistenz durch Abwesenheit des Rezeptors bedingt sein.

2. **Die Penetration** des Virions und die Freisetzung (uncoating) der Nucleinsäure. Oft geschieht dies durch rezeptorvermittelte Endozytose, bei behüllten Viren durch Fusion der Virushülle (-membran) mit der Zellmembran. Viele große DNA-Bakteriophagen vermögen ihr Genom direkt in das Zytoplasma der Wirtszelle zu injizieren.

3. **Die Replikation** der Nucleinsäure ist in erster Linie bestimmt von der Art und Konfiguration der Nucleinsäure. Bei den RNA-Viren ist sie auch eng verknüpft mit der Bildung von mRNA (Abb. 1.27).
   Die Replikation viraler **dsDNA** geschieht mit Hilfe zellulärer (beispielsweise Adenoviren) oder viraler (Herpesviren, Phage Lambda) Replikationsproteine. Bei eukaryotischen DNA-Viren findet sie in der Regel im Zellkern statt (Ausnahme Pockenviren). Virale Einzelstrang-DNA wird zur dsDNA ergänzt und dient als Matrize zur Bildung von mRNA wie auch von viraler esDNA.
   Da Zellen keine RNA-abhängigen RNA-Polymerasen besitzen, müssen RNA-Viren eine eigene Replikase codieren. Bei **Plus-Strang Viren** wird die infizierende virale RNA direkt als mRNA verwendet. Durch Translation dieser mRNA werden die viralen Proteine, darunter auch die RNA-Polymerase gebildet. Diese Replikase synthetisiert zuerst komplementäre Minusstränge, an denen dann viele Plusstränge (als mRNA und Virion-RNA) kopiert werden. **Doppelstrang-** und **Minus-Strang-RNA-Viren** müssen die Polymerase, die die infizierende RNA in mRNA transkribiert, eingepackt ins Nucleokapsid selbst in die Zelle einbringen. Nach der Translation dienen dann diese mRNA als Matrize für die Synthese von doppelsträngiger bzw. von Minusstrang RNA, die in Nachkommenvirionen eingebaut wird.

Sektion I

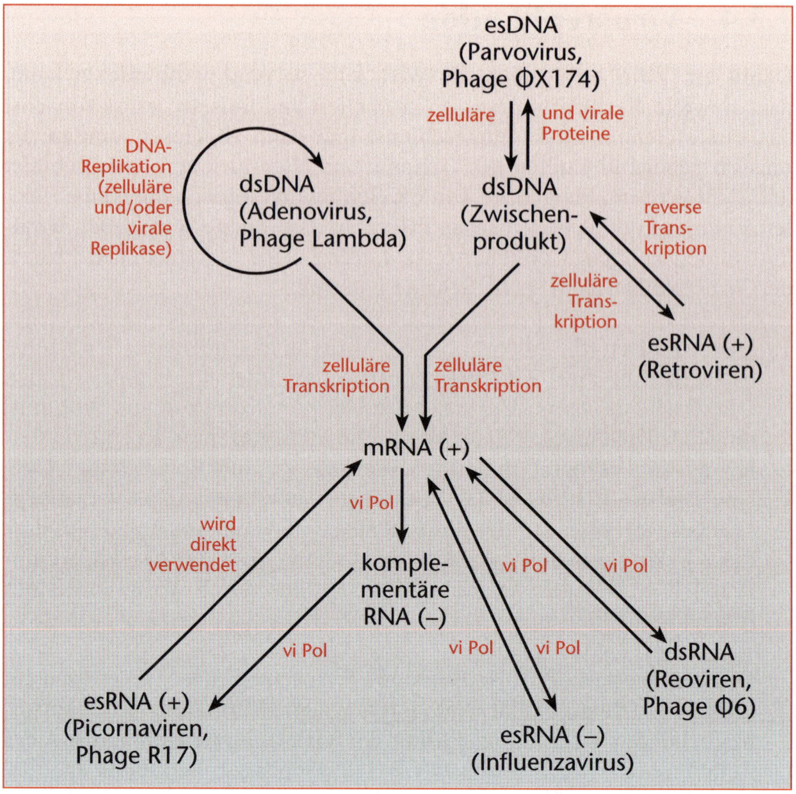

Abb. 1.27 Replikation der viralen Nucleinsäure und Bildung von mRNA. vi Pol = virale Polymerase

Ein weiterer Weg ist bei **Retroviren** verwirklicht: Obwohl die infizierende virale RNA Plus-Polarität hat, wird sie nicht als mRNA verwendet. Vielmehr wird die Virus-RNA durch ein ebenfalls im Virion vorhandenes Enzym, eine RNA-abhängige DNA-Polymerase (Reverse Transkriptase), in einen DNA:RNA und dann in einen DNA:DNA Doppelstrang kopiert. Nach Einbau ins Zellgenom dient diese virale DNA als Matrize für die Transkription von mRNA und von genomischer RNA, die in die Virionen eingebaut wird.

4. **Die Synthese viraler Proteine** geschieht mit Hilfe des zellulären Translationsapparates. In der Regel sind Zeitpunkt der Synthese und Produktionsmenge viraler Proteine sorgfältig reguliert. Dabei spielen virusspezifische Kontrollelemente auf Ebene Transkription und mRNA-Splicing, Translation und post-translationeller proteolytischer Spaltung des primären Translationsproduktes wichtige Rollen. Viele Viren blockieren auch gezielt zelluläre Teile der Biosynthese von Makromolekülen, beispielsweise DNA-Replikation, Transkription und Translation, in Schritten, von denen ihre eigene Replikation unabhängig ist.
   Aus praktischen Gründen wird zwischen Hüll- bzw. Kapsidproteinen (auch Virionprotein, VP) einerseits und Nichtkapsid-Virusproteinen

(NCVP) anderseits unterschieden. Bei großen DNA-Viren werden in einer frühen Phase meist nur wenige Gene (frühe Gene) exprimiert, deren Genprodukte (frühe Proteine) Enzyme sind (z. B. Polymerasen) oder eine regulatorische Funktion haben. In der späten Replikationsphase werden späte Gene exprimiert, vor allem werden große Mengen von Virionproteinen gebildet.
Die Nomenklatur viraler Proteine ist nicht ganz einheitlich. Gelegentlich werden sie mit ihrem Molekulargewicht bezeichnet (beispielsweise das HIV Kapsidprotein p24 hat 24kDa, das Hüllprotein gp120 ist ein Glycoprotein von 120kDa).

5. **Die Virusreifung** (Morphogenese) führt zur Bildung von Nachkommen-Nucleokapsiden. Dabei müssen die Proteinmoleküle in geordneter Abfolge so miteinander interagieren, dass die regelmäßige Struktur entsteht. Ein Kapsomer kann aus einer oder mehreren verschiedenen Proteinuntereinheiten bestehen. Bei einem Ikosaeder beträgt die minimale Zahl von einheitlichen Kapsomeren 60 (drei pro Fläche, z. B. Poliovirus). Sind zwei Typen von Kapsomeren beteiligt, z. B. einer für Ecken (12) und einer für Flächen (20) werden minimal 32 benötigt (z. B. Adenovirus). Viele Viren mit einem größeren Genom weisen eine höhere Kapsomerenzahl auf, wodurch größere Ikosaeder entstehen. Bei Nucleokapsiden mit helikaler Symmetrie werden der Durchmesser durch die Proteinuntereinheiten und die Länge durch die virale Nucleinsäure bestimmt. Beim Tabakmosaikvirus beispielsweise wird die Helix von 2.130 identische Proteinuntereinheiten und der viralen RNA von 6.400 Nucleotiden gebildet, wodurch das Virion von 18 x 300 nm entsteht.
   Bei der Vermehrung behüllter Viren werden virusspezifische Hüllproteine an Ribosomen des rauen Endoplasmatischen Retikulums synthetisiert, in die Membran eingelagert, glycosyliert und zur Zytoplasmamembran transportiert.

6. **Die Virusfreisetzung** erfolgt bei den Viren ohne Hülle entweder durch eine Lyse der Wirtszelle oder durch Exozytose reifer Virionen über einen längeren Zeitraum. Viele behüllte Viren erwerben die Hülle beim Durchtritt des Nucleokapsids durch die Zellmembran, einem Vorgang der als Knospung bezeichnet wird. Dabei spielen spezifische Interaktionen zwischen Nucleokapsid und zytoplasmatischen Teilen der Hüllproteine eine wichtige Rolle.

1.3.5 Folgen der Virusinfektion für die Wirtszelle

Durch die Vermehrung von Viren hevorgerufene degenerative Veränderungen der infizierten Zellen werden generell mit dem Begriff CPE (zytopatischer Effekt) beschrieben. Hierzu gehören die Bildung von Riesenzellen, Synzytien, Einschlusskörpern, Vakuolen und Granula, Veränderungen des Zellkerns und die Lyse der Zellen.

Zelltod: Bei vielen Virusinfektionen stirbt die Wirtszelle mit der Virusfreisetzung ab. Man bezeichnet dies als „zytozide oder lytische" Virusinfektion. In Zellkulturen geht dies oft mit morphologischen Veränderungen einher, die unter dem Begriff „zytopathischer Effekt“ zusammengefasst werden. Im Lichtmikroskop beobachtet man etwa Abrundung oder Loslösung der Zellen von der Unterlage, Vakuolisierung des Zytoplasmas, Auftreten von Einschlüssen oder Bildung von mehrkernigen Riesenzellen (Polykaryons) durch Zellfusion. Solche Veränderungen sind z. T. für bestimmte Viren charakteristisch und werden diagnostisch ausgenutzt. Der Zelltod infizierter Zellen und damit Verlust der Zellfunktion kann bei Mensch und Tier eine direkte Ursache für das Auftreten von Symptomen sein.

Latente Infektion (Lysogenie bei Bakteriophagen): Das Virusgenom wird nach der Infektion nicht für eine Virusvermehrung exprimiert, sondern bleibt weitgehend inaktiv. Es bleibt aber über einen langen Zeitraum intakt in der Zelle vorhanden. Die Zelle wird dadurch nicht geschädigt, der Wirt nicht krank. Allerdings kann es durch verschiedene Faktoren zu einer Reaktivierung des Virusgenoms, zu einer Induktion des lytischen Zyklus und damit zur Virusvermehrung und Zellschädigung kommen. Diese Ueberlebensstrategie zeigen neben den temperenten Bakteriophagen v. a. die Herpesviren.

Virusvermehrung ohne Zelltod: Einzelne Viren vermehren sich eher langsam und nicht in sehr großer Zahl, ohne drastische Eingriffe in den Zellstoffwechsel und ohne Lyse ihrer Wirte. Diese (nicht-zytoziden) Viren werden über längere Zeit ausgeschleust oder durch Sprossung freigesetzt. Ein solcher Infektionsverlauf wird als persistierende Infektion bezeichnet. Man hat diese Vermehrungsweise bei Onkoviren und bei der chronischen Hepatitis-B-Virusinfektion beobachtet. Im Menschen können aber indirekt Zellschädigungen dadurch entstehen, dass das Immunsystem die in der Zellmembran eingelagerten viralen Hüllproteine als fremd erkennt und die Zelle abtötet.

Tumortransformation: Einige Viren haben das Potenzial, ihre Wirtszelle in eine Krebszelle zu transformieren, d. h. deren Zellwachstum außer Kontrolle zu setzen. Normalerweise wird die Zellteilung durch mindestens zwei verschiedene Arten von normalen zellulären Genen* kontrolliert: die einen wirken wachstumsfördernd und werden Protoonkogene genannt, die andern wirken wachstumshemmend und werden Tumorsuppressorgene genannt. Die Umwandlung einer normalen Zelle in eine Krebszelle ist ein mehrstufiger Prozess. Der Initiationsschritt kann durch die Aktivierung (Ueberexpression) eines Protoonkogens zu einem Onkogen erfolgen oder durch die Inaktivierung eines Tumorsuppressorgens. Die so entstandene potenzielle Krebszelle kann im Ruhezustand verharren, bis sie durch einen Vorgang, der Promotion genannt wird, in eine aktive Krebszelle verwandelt wird.

Verschiedene Retroviren (Onkoviren) tragen in ihrem Genom ein Onkogen, d. h. ein von einem zellulären Protooonkogen abstammendes, zum Onkogen mutiertes Gen. Dieses wird nach Infektion durch die reverse Transkription in eine DNA-Kopie umgewandelt, ins Zellgenom eingebaut und wie ein virales Gen stark exprimiert. Das Rous Sarkom-Virus trägt das virale Onkogen zusätzlich zu den für die Vermehrung notwendigen viralen Genen. Bei allen andern Onkoviren ersetzt das virale Onkogen einen Teil des Virusgenoms, so dass sie defektiv geworden und für ihre Vermehrung auf ein sog. Helfer-Virus angewiesen sind (das Helfer-Virus komplementiert das defekte Onkovirus. Komplementation wird im Teil Bakterien-Genetik, Kap. 1.2.4, erklärt).

Retroviren können durch einen weiteren Mechanismus Tumoren verursachen: durch Einbau der viralen DNA ins Zellgenom kann ein Tumorsuppressorgen inaktiviert (mutiert) werden oder ein Protoonkogen dadurch aktiviert werden, dass die viralen Signalstrukturen zu einer Ueberexpression des zellulären Gens führen (Analogie Bakteriengenetik: Insertionsmutagenese).

Verschiedene DNA-Viren können in verschiedenen Wirten ebenfalls Tumoren induzieren. Die beteiligten Gene stammen aber nicht von zellulären (Protoonko-) Genen ab, sondern sind virale Replikationsfunktionen, die antagonistisch auf zelluläre Tumorsuppressor-Funktionen wirken.

Bildung von Interferon: Im Verlauf der Infektion mit Viren, v. a. RNA-Viren, können Wirtszellen das zelluläre Zytokin Interferon (IFN) sekretieren. Ursprünglich unterschied man drei molekulare Typen: IFN-α (OMIM-Nr.: 147660), von Leukozyten gebildet, IFN-β (OMIM-Nr.: 147640), von Fibroblasten und Epithelzellen, und IFN-γ (Immuninterferon, OMIM-Nr.: 147570) von Lymphozyten gebildet. Heute gruppiert man Interferonproteine (Mw 17kDa) in zwei Familien: IFN-α/β als Gruppe vieler verwandte Proteine und IFN-γ mit nur einem nicht verwandten Mitglied (siehe Anhang 3). Nach Bindung an verschiedene, spezifische Rezeptoren, nachfolgender Signalübertragung*und die Aktivierung entsprechender Transkriptionsfaktoren* können IFN-α/β bzw. IFN-γ in anderen, nichtinfizierten Zellen die Bildung antiviraler Proteine induzieren, wodurch diese Zellen resistent gegen eine Virusinfektion werden. Neben der antiviralen Aktivität haben Interferone eine hemmende Wirkung auf die Zellteilung, auch von Krebszellen, und modulieren die Immunantwort.

1.3.6 Genetik

Virale DNA unterliegt spontanen Mutationen* wie zelluläre DNA und sie kann mit anderen, viralen oder zellulären DNA-Molekülen rekombinieren (wie dies im Kap. 1.2.4, Bakteriengenetik, besprochen worden ist). Auch das Phänomen der genetischen Komplementation zwischen zwei defektiven Viren oder zwischen einem defektiven und einem nichtdefektiven kommt in der Natur vor. Zwei besondere genetische Mechanismen sollen aber etwas ausführlicher besprochen werden.

Virale RNA-Genome weisen eine hundert- bis tausendfach höhere **Mutationsrate** als DNA-Genome auf. Die Gründe dafür liegen einerseits darin, dass die RNA-Polymerasen keine Korrekturleseaktivität wie die DNA-Polymerasen besitzen, anderseits darin, dass es für RNA keine den DNA-Reparatursystemen vergleichbaren Mechanismen gibt. Diese hohen Mutationsraten führen dazu, dass bei jeder RNA-Virus-Replikation eine enorme Vielfalt leicht verschiedener Genotypen entsteht (solche inhomogenen Populationen werden als Quasispezies bezeichnet). Dies hat wichtige biologische Konsequenzen, indem nach wenigen Vermehrungszyklen viele mögliche Mutanten eines Genoms gleichzeitig auftreten, aus deren

Vielfalt dann die unter den jeweiligen Selektionsbedingungen (Wirtszellen, Wirtsimmunität, Chemotherapie) vermehrungskompetentesten Varianten hervortreten. Dieses Phänomen liegt auch der Beobachtung zu Grunde, dass nach oraler Impfung mit einem attenuierten (d. h. nicht mehr neurovirulenten) Poliovirus-Impfstoff nach SABIN, der Punktmutanten der neurovirulenten Wildtypen enthält, nach der intestinalen Vermehrung auch neurovirulente Wildtyp-Polioviren ausgeschieden werden.

Bei Viren mit einem segmentierten RNA-Genom ist nach Doppelinfektion einer Zelle/eines Wirtes mit verschiedenen Genotypen die (zufällige?) **Neuverteilung der RNA-Segmente** (reassortment) beobachtet worden. Neue Genotypen entstehen also durch Mischung vorhandener aber unterschiedlicher Genomabschnitte. Dieser Mechanismus hat eine große epidemiologische Bedeutung beim Grippevirus, indem RNA-Segmente für neue Antigenvarianten von Hüllproteinen in menschliche Viren eingebaut werden (antigenic shift).

1.3.7 Abwehrmechanismen

Wirbeltierzellen haben mehrere Abwehrstrategien entwickelt, durch die eine Virusreplikation verhindert oder gehemmt wird. Die Bildung von **Interferonen** ist der wichtigste unspezifische antivirale Abwehrmechanismus des Wirts. Entdeckt wurden sie bei der Untersuchung der Virusinterferenz, bei der die Infektion mit einem Virus die nachfolgende Infektion mit einem andern (auch antigenetisch verschiedenen) Virus hemmt. Die Produktion von Interferon wird nicht nur durch vermehrungsfähige Viren induziert, sondern auch durch inaktivierte Viren und virale Nucleinsäuren, durch natürliche und synthetische doppelsträngige RNA. Möglicherweise stellt dsRNA generell das Signal für eine Virusinfektion dar, weil sie in der normalen Zelle nicht vorkommt, aber als replikative Form bei RNA-Viren und evtl. als Folge überlappender Transkripte von beiden Strängen bei einigen DNA-Viren. Durch alle diese Induktoren wird ein zelluläres Interferongen aktiviert und das Interferon als Glycoprotein ausgeschieden.

Interferone sind nicht virusspezifisch sondern (mehr oder weniger) wirtsspezifisch. Damit die antivirale Wirkung entstehen kann, muss das gebildete Interferon mit dem spezifischen Interferonrezeptor einer andern Zelle (der gleichen Spezies) interagieren. In dieser zweiten Zelle werden dadurch – nach erfolgter Signalübertragung* – Gene* aktiviert, die antivirale Proteine codieren. Darunter sind zu nennen: eine dsRNA-abhängige Proteinkinase*, die den Initiationsfaktor eIF-2α phosphoryliert und dadurch die Translation hemmt; die Mx-Proteine, die Guanosin-Triphosphatasen sind und die virale Genexpression* blockieren; und oligoA-Synthetasen, die die RNaseL aktivieren, die mRNA und ribosomale RNA abbaut. Manchmal ist der antivirale Zustand einer Zelle von einem fast vollständigen Abschalten der Wirtsfunktionen begleitet, manchmal wird die Virusreplikation oder –genexpression ziemlich selektiv gehemmt.

Spezifische Abwehrmechanismen: Im Verlauf von Virusinfektionen werden die **humorale** und die **zelluläre Immunität** in unterschiedlichem Ausmaß induziert und haben auch eine sehr unterschiedliche Bedeutung.

1.1–1.4

Antikörper können nur extrazelluläre Viren binden und neutralisieren. Durch diese Bindung kann eine Neutralisation des Virus dadurch zustande kommen, dass die Bindung des Virions an den entsprechenden Virusrezeptor und so die Infektion der Zelle verhindert werden. Auf diese Art können sIgA Schleimhäute schützen und IgG und IgM im Blut die hämatogene Ausbreitung eines Virus, und so eine systemische Infektion, verhindern. Die Mehrheit der Viren sind aber intrazellulär lokalisiert, und in einem infizierten Organ breiten sie sich direkt von Zelle zu Zelle aus; sie sind damit für Antikörper nicht zugänglich. Deshalb ist bei den meisten Virusinfektionen die zelluläre Immunität wesentlich wirkungsvoller. Infizierte Zellen werden an viralen (Hüll-)Proteinen, die auf der Zelloberfläche exponiert werden und antigen wirken, als fremd erkannt und durch zytotoxische T-Lymphozyten zerstört (siehe Abb. 2.2, siehe Kap. 2.5.1). Eine unabhängige Bestätigung der Wichtigkeit der **zellulären Immunität** liefert die Beobachtung von Immunsupprimierten und von Personen mit genetischen Immundefekten: Individuen mit defekter zellulärer Abwehr leiden häufiger und schwerer unter Virusinfektionen als solche mit gestörter humoraler Immunität.

Wirtsschädigung durch die Immunreaktion: Wird ein nicht-zytozides Virus nicht rasch eliminiert, entsteht durch die Virusvermehrung zwar kein Schaden, aber durch die mit der Zeit wirksame zytotoxische T-Zellantwort werden sehr viele infizierte Wirtszellen zerstört, was zu Symptomen führt. Die Hepatitis-B-Virusinfektion ist ein Beispiel für negative Konsequenzen einer protektiven zellulären Immunität. Auch Antikörper können krankheitsverstärkend wirken. Wenn Antikörper mit daran gebundenen Viren mit ihrem Fc-Teil an Fc-Rezeptoren auf Zelloberflächen binden und diese Immunkomplexe* dann von den Zellen aufgenommen werden, gelangen Viren auch in Zellen, die normalerweise gegen dieses Virus resistent sind, weil sie keine Virusrezeptoren tragen.

1.3.8 Infektionsverläufe

Virusübertragung: Wie andere Infektionserreger werden Viren meist von Individuum zu Individuum (horizontal) oder seltener von der Mutter auf Nachkommen (vertikal) übertragen. Bei der horizontalen Uebertragung spricht man von einer direkten Uebertragung, wenn diese durch engen (Schleimhaut-) Kontakt, aerogen über Tröpfchen oder über die fäkal-orale Route (Schmierinfektion) zustande kommt. Eine indirekte Uebertragung ist möglich durch blutsaugende Arthropoden, über kontaminierte Lebensmittel oder Trinkwasser sowie durch Blut und Blutprodukte.

Lokale Infekte: Die Schleimhäute von Respirations- und Gastrointestinaltrakt sind meist die ersten Kontaktstellen (Eintrittspforten) für Viren. Wenn sich die Viren nur in diesen Zellen vermehren und von Zelle zu Zelle ausbreiten, wird dies als lokale Infektion bezeichnet. Die Infektion bleibt auf die Eintrittspforte beschränkt, dort manifestieren sich die Symptome und dort hinterlässt die Infektion eine lokale IgA-Immunität. Beispiele dafür sind die Erreger gewöhnlicher Erkältungen (beispielsweise Rhinoviren).

Systemische Infekte: Andere Viren vermehren sich zunächst auch an der Eintrittsstelle (in der Regel symptomlos), werden dann aber via Lymph-, Blut- oder Nervenbahnen gestreut und erreichen andere Organe, in denen eine massive Virusvermehrung stattfindet. Dort können Zellschädigungen und Symptome auftreten. Als Folge des intensiven Erregerkontakts entsteht eine spezifische, humorale und zelluläre Immunität. Das Poliovirus, das nach oraler Aufnahme primär im Darmepithel symptomlos repliziert, dann über das Blut das Zentralnervensystem erreicht und dort durch erneute Vermehrung die Symptome verursacht, ist ein Beispiel dafür.

Symptome und Virusausscheidung: Die Ausprägung der Symptomatik wird bestimmt durch das Ausmaß der Zellzerstörung. Verläuft die Virusvermehrung ohne ausgeprägt Zellschädigung, kann die Infektion klinisch inapparent verlaufen. Zellschädigungen entstehen entweder als direkte Folge der Virusvermehrung oder indirekt als Folge der Immunreaktion. Dabei können die Abtötung virusinfizierter Zellen durch zytotoxische T-Zellen (siehe Abb. 2.2) und die Ablagerung von Immunkomplexen* eine Rolle spielen. In Bezug auf die zeitlichen Verhältnisse ist es wichtig, dass mit dem Auftreten von Symptomen die Virusvermehrung schon fast abgeschlossen ist, jedenfalls den Höhepunkt überschritten hat. Dies hat Implikationen für die antivirale Chemotherapie und für die Labordiagnostik. Außerdem ist dies von epidemiologischer Bedeutung, indem Infizierte unmittelbar vor dem Auftreten von Symptomen wesentlich kontagiöser sind als nach Ausbruch der Krankheit. Dabei werden die neugebildeten Viren entsprechend dem Gewebe der primären und sekundären Virusreplikation ausgeschieden, also beispielsweise Polioviren mit den Faeces und Rhinoviren als Aerosol mit der Atemluft und mit Nasensekreten.

1.3.9 Antivirale Chemotherapie

Da die Virusvermehrung sehr eng mit den Funktionen der Wirtszelle verbunden ist, werden hemmende Eingriffe in die viralen Syntheseschritte oft auch zelluläre Funktionen hemmen. Eine hohe Spezifität, wie sie in der antibakteriellen Chemotherapie durch viele Antibiotika erreicht wird, wird in der antiviralen nur dort zu erreichen sein, wo ganz gezielt virale Strukturen, beispielsweise Enzyme, blockiert werden, die in nicht infizierten Zellen gänzlich fehlen oder genügend verschieden sind. Eine zweite grundsätzliche Schwierigkeit der antiviralen Chemotherapie besteht darin, dass beim Auftreten von Symptomen der Höhepunkt der Virusvermehrung schon überschritten ist. Wenn die Chemotherapie die Virusvermehrung drastisch hemmen soll, muss sie früh, d. h. vor den Symptomen, also prophylaktisch eingesetzt werden.

Die erfolgreichsten und am häufigsten eingesetzten Verbindungen für die antivirale Chemotherapie sind Inhibitoren der viralen DNA- und RNA-Synthese (Tab. 1.10). Einige sind Nucleosidanaloga, die in die DNA eingebaut werden und deren Funktion stören oder zum vorzeitigen Kettenabbruch führen oder direkt die virale Polymerase blockieren. Oft wird allerdings auch die zelluläre Funktion beeinträchtigt, so dass diese Medikamente Nebenwirkungen haben können. Eine Erhöhung der Spezifität wird dadurch erreicht, dass die Verbindung (Acyclovir, Ganciclovir) *in vivo* zuerst durch virale Kinasen zur aktiven Form phosphoryliert werden muss, also nur in infizierten Zellen aktiviert wird.

Erst seit relativ kurzer Zeit wird ein neuer Typ antiviraler Medikamente klinisch eingesetzt: die Proteasehemmer. Sie blockieren virale Proteasen*, die für die Spaltung der primären Translationsprodukte in funktionelle Proteine essenziell sind, und hemmen so die Virusreifung. Diese Medikamente werden besonders zur Behandlung von HIV-Infektionen eingesetzt.

Leider treten im Verlauf einer Therapie, v. a. bei RNA-Viren, resistente Viren auf. Die Resistenz beruht meist auf Mutation(en*) im Gen* für das jeweilige Zielenzym (DNA-Polymerase, reverse Transkriptase, Protease).

Eine Interferon-α-Therapie wird manchmal erfolgreich zur Beendigung einer chronischen Hepatitis-B- oder -C-Virusinfektion eingesetzt.

Tab. 1.10 Antivirale Chemotherapeutika.

Medikament	Wirkungsmechanismus	Virusinfektion
Nucleosidanaloga		
Acyclovir	hemmt virale DNA-Polymerase	Herpes simplex, Varizella-Zoster-Virus
Ganciclovir	hemmt virale DNA-Polymerase	Zytomegalievirus
Valaciclovir	hemmt virale DNA-Polymerase	Varizella-Zoster-Virus, Herpes-simplex-Virus
Zidovudin (Azidothymidin, AZT)	hemmt reverse Transkriptase	HIV
Didanosin (Dideoxyinosin, ddl)	hemmt reverse Transkriptase	HIV
Lamivudin (3TC)	hemmt reverse Transkriptase	HIV, Hepatitis-B-Virus
Ribavirin	hemmt Prozessierung viraler RNS	Influenzaviren, Lassavirus, RS-Virus
synthetische Amine		
Amantadin	hemmt Abstreifen der Virushülle	Influenza-A-Virus (Prophylaxe und Therapie)
Rimantadin	hemmt Abstreifen der Virushülle	Influenza-A-Virus (Prophylaxe und Therapie)
Pyrophosphatanalogon		
Foscarnet (Phosphonoameisensäure)	hemmt virale DNA- Polymerase	humane Herpesviren (HIV, Hepatitis-B-Virus)
Proteaseinhibition		
Indinavir	hemmt virale Protease	HIV
Ritonavir	hemmt virale Protease	HIV
Saquinavir	hemmt virale Protease	HIV
Nelfinavir	hemmt virale Protease	HIV
Interferone		
IFN-α	induziert antivirale Proteine	chronische Hepatitis-B- und -C-Virusinfektion, Kaposi-Sarkom bei AIDS-Patienten, Condyloma acuminata, laryngeale Papillomatose
IFN-β	induziert antivirale Proteine	
IFN-γ	induziert antivirale Proteine	

1.3.10 Prophylaxe-Maßnahmen

Die **aktive Immunisierung** (siehe auch Kap. 17.2.2) ist mit Abstand die bedeutendste Prophylaxe-Maßnahme gegen Virusinfektionen. Die verwendeten Impfstoffe enthalten die Antigene in unterschiedlicher Form:

Lebendimpfstoffe enthalten einen vermehrungsfähigen mutierten Virusstamm, dessen Virulenz stark abgeschwächt ist, der aber die wichtigen Antigene exprimiert. Diese attenuierten Viren vermehren sich im Wirt und stimulieren so das Immunsystem optimal. Sie induzieren oft nach einmaliger Verabreichung einen andauernden Schutz, wobei nicht nur eine gute humorale, sondern auch eine zelluläre Immunität entsteht. Solche Impfstoffe sind teurer, weil ihre Entwicklung aufwändig ist, sie auf unerwünschte Begleitviren geprüft werden müssen und eine kürzere Haltbarkeit haben, aber sie sind vorzuziehen. Bei Immunkompromittierten und in der Schwangerschaft sollte ihre Anwendung allerdings vermieden werden. Bei einigen attenuierten Impfviren besteht die Gefahr der Rückmutation zum virulenten Wildtyp (z. B. Poliovirus).

Totimpfstoffe enthalten inaktivierte Viren. Auch nach mehrmaliger Verabreichung der Vakzine resultiert meist nur ein vorübergehender Schutz, der auf einer humoralen Antwort basiert. Bei einigen Impfungen werden gereinigte Antigene verwendet, die zum Teil gentechnisch in Hefen hergestellt werden (beispielsweise das Hepatitis B Oberflächenantigen HBs).

Als **experimentelle Impfstoffe** sind einerseits gentechnisch veränderte Vaccinia-Viren, die Gene für immunogene Oberflächenproteine anderer Viren enthalten, in Entwicklung. Schon bei Tieren angewendet wird ein rekombinantes Vaccinia-Virus als Tollwut-Schutzimpfung. Anderseits wird das Impfstoff-Potenzial von nackter DNA, die für virale Antigene codiert, untersucht. Diese DNA-Vakzinen stellen eine vielversprechende Entwicklung dar, weil die Impfstoffe sicher und billig wären.

Die **passive Immunisierung** mit menschlichen Immunglobulinen verleiht einen vorübergehenden Schutz gegen Viren mit einer virämischen Infektionsphase. Sie wird in wenigen Situationen, meist als Postexpositionsprophylaxe, beispielsweise bei Hepatitis B oder Tollwut, eingesetzt.

Ebenfalls nur in wenigen Situationen, z. B. nach erfolgter HIV-Infektion, wird u. U. eine **Chemoprophylaxe** durchgeführt.

1.3.11 Labordiagnostik

Der **Erregernachweis** aus klinischem Material durch Kultur und anschließende Identifizierung, wie er für Bakterien und Pilze gängig ist, ist für Viren wesentlich aufwändiger, weil dafür lebende Wirte, in der Regel mehrere verschiedene Zellkulturen (siehe Kap. 1.3.1), verwendet werden müssen. Die als Folge der Virusvermehrung auftretenden morphologischen Veränderungen der Zellen (zytopathischer Effekt, siehe Kap. 1.3.5) können bereits diagnostische Hinweise liefern. Die Identifizierung des Virus erfolgt dann mit Hilfe von bekannten Antikörpern durch serologische Methoden (Neutralisation, Immunfluoreszenz, EIA). In neuerer Zeit werden auch Hybridisierungsmethoden zum Nachweis des Virusgenoms eingesetzt. Um schneller zu einer Labordiagnose zu kommen, wird nicht die Infektiösität der Viren untersucht, sondern es werden in einem **Direktnachweis** strukturelle Merkmale der Virionen geprüft. In einigen Situationen können Viruspartikeln im Elektronenmikroskop dargestellt werden, beispielsweise im Bläscheninhalt bei Herpes simplex; die Methode ist aber wenig empfindlich. Oft werden serologische Verfahren zum Nachweis von Viruspartikeln oder viralen Antigenen eingesetzt, beispielsweise EIA oder passive Agglutination zum Nachweis viraler Partikeln in Sekreten oder fluoreszenzmarkierte Antikörper zum Nachweis viraler Antigene in infizierten Zellen (siehe Kap. 17.1).

Analog werden mit Hilfe von Nucleinsäure-Sonden Teile des viralen Genoms nachgewiesen, also durch Filter- oder in situ-Hybridierung. Der empfindlichste Nachweis von Virusgenomen geschieht mit der Polymerase-Kettenreaktion (PCR, siehe Kap. 15.4.3), die im Falle der DNA-Viren direkt, im Falle der RNA-Viren nach *In vitro*-Transkription durch reverse Transkriptase eingesetzt wird.

Die dritte Möglichkeit der Labordiagnose besteht im Nachweis **antiviraler Antikörper** im Patientenserum. Dabei gilt der Nachweis von IgM oder ein mindestens vierfacher IgG-Titeranstieg innerhalb von 14 Tagen als beweisend (siehe Kap. 17.1, vergleiche Abb. 2.29).

1.3.12 Andere molekuläre Zellparasiten: Viroide und Prionen

Auch Pflanzen werden von Viren befallen. Viele Pflanzenviren haben ein RNA-Genom und bilden helikale oder kubische Virionen. Enorme wirtschaftliche Schäden an Pflanzenkulturen verursachen aber auch andere parasitäre Moleküle, die **Viroide**. Viroide sind ringförmige, einzelsträngige RNA-Moleküle von je nach Art 246 bis 375 Nucleotiden, die durch ausgedehnte Basenpaarungen einem doppelstrangigen Molekül mit geschlossenen Enden gleichen. Viroide codieren nicht für Proteine und werden durch zelluläre Enzyme repliziert. Die übertragbare Form ist nackte RNA ohne Kapsid. Die Zellschädigungen könnten dadurch entstehen, dass die Viroide als „anti-sense-RNA“ mit der Expression zelluläre Gen(e) interferieren.

Mit den Viroiden strukturell verwandt ist das humanpathogene **Hepatitis-D-Virus** (HDV). Dessen ringförmiges RNA-Genom enthält allerdings ein proteincodiertes Segment und wird in ein Kapsid aus HBs-Antigen eingebaut. Das HDV ist defektiv und bedarf des Hepatitis-B-Virus als Helfervirus.

Bei der Suche nach dem Erreger von übertragbaren spongiformen Enzephalopathien beim Menschen (Kuru, Creutzfeldt-Jakob-Erkrankung = CJD) und bei Tieren (Scrapie = Traberkrankheit der Schafe und Ziegen) fiel dessen hohe Widerstandsfähigkeit gegen Sterilisationsverfahren (Bestrahlung, Hitzebehandlung) auf. Die infektiöse extrazelluläre Form scheint nur aus einem Protein zu bestehen, weshalb sie „**Prion**“ (abgeleitet aus „proteinaceous infectious particle“) genannt wird. Bis jetzt wurde jedenfalls keine assoziierte Nucleinsäure gefunden.

Prionen sind anders gefaltete Kopien eines zellulären Proteins, die im Zellinneren akkumulieren und als amyloide Plaques im Gehirn Erkrankter dargestellt werden können. Das zelluläre Protein wird von einem chromosomalen Gen codiert und kommt auf der Oberfläche von Neuronen vor. Das infektiöse eindringende Prion-Protein ist offenbar befähigt, das normale Zellprotein während oder nach der Synthese in die infektiöse Form umzuwandeln. Dadurch entsteht eine Art autokatalytischer Prozess, durch den größere Mengen des pathologischen Proteins gebildet werden.

Durch Verfütterung von Tiermehl aus Schafen, die an Scrapie erkrankt waren, an Rinder wurde in dieser Tierart ab 1984 in Großbritannien eine Epidemie der bovinen spongiformen Ecephalopathie (kurz BSE) ausgelöst. In der Folge wurde nachgewiesen, dass verschiedene Tierarten auf alimentärem Weg mit dem Scrapie-Prion aus Schafen infiziert werden können. Inzwischen ist klar geworden, dass BSE-Prionen auf den Menschen übertragen worden sind und zur „varianten“ Creutzfeldt-Jakob-Krankheit (vCJD) geführt haben. Das Prion-Konzept wurde kürzlich zur Erklärung von drei unüblichen genetischen Elementen der Bäckerhefe *Saccharomyces cerevisiae* herangezogen. Die Änderung der Konformation* dieser drei Proteine zur Prion-Form verändert die Funktion der Proteine und den Phänotyp der Zelle.

1.4 Pilze

Hannelore Bernhardt

1.4.1 Einleitung

Bei den Pilzen handelt es sich keineswegs um eine homogene Verwandtschaftsgruppe. Es gibt taxonomisch gesehen ein *Regnum fungi*, das aus annähernd 120.000 verschiedenen Pilzarten besteht. Aufgrund der wichtigsten Merkmale ihrer geschlechtlichen Entwicklung (teleomorph) werden die Pilze in drei Abteilungen eingeteilt: *Zygomycota, Ascomycota* und *Basidiomycota*. Die Pilze, die nur nach ihrem asexuellen Zustand (anamorph) beurteilt werden können und deren Entwicklung nur unvollständig bekannt ist, gehören zu der Formabteilung der *Deuteromycota* (Fungi imperfecti). In der neuesten Nomenklatur werden sie auf Grund genetischer Verwandtschaftsanalysen den entsprechenden ersten drei Abteilungen zugeordnet. Die Pilze sind wohl schon recht alte Besiedler der Erde. Sie haben auch im Wesentlichen auf dem Festland gelebt und ihre Entwicklung geschah in ständig wechselseitigem Einfluss mit den Landpflanzen. Wasserbewohnende echte Pilze dürften sekundär sein (MÜLLER und LOEFFLER 1992).

1.4.2 Struktur der Pilze

Die weitaus meisten Pilze haben die charakteristischen fädigen Vegetationsorgane, die man **Hyphen** nennt und deren Gesamtheit das **Myzel**, das Pilzgeflecht, ausmacht. Die Hyphen verlängern sich hauptsächlich in einer Zone unmittelbar hinter der Spitze. In diesem Bereich ist die Zellwand besonders plastisch. In wechselnden Abständen ergeben sich seitliche Ausstülpungen nach Art einer Hyphenspitze bzw. eines Keimschlauches. Sie werden dann zu sogenannten Seitenhyphen, so dass ein verzweigtes Myzel entsteht. In der Regel sind die Hyphen durch Zellwände geteilt. In der Untergruppe der *Zygomycetales* gibt es auch Pilze, die eine einzige, vielkernige, dementsprechend polyenergide Zelle darstellen.

Besondere Wuchsformen finden wir bei den Sprosszellen (Hefen). Der Sprossungsvorgang beginnt mit einer Ausstülpung der Zellwand und aus der sogenannten Mutterzelle wächst die Tochterzelle heraus. Zwischen beiden Zellen wird dann wieder die Zellwand durchgeschnürt. Die Sprossung kann bipolar, also an beiden Seiten, oder auch multipolar an verschiedenen Seiten der Zellen erfolgen. In der Regel gehören die Sprosspilze zu den *Ascomycota* (*Candida*), seltener zu den *Basidiomycota* (*Cryptococcus*).

Die Pilzzelle hat wie jede eukaryotische Zelle einen Zellkern mit Chromosomen, Metaphasenplatte, Nucleolus, Mitochondrien, Ribosomen, Spindelkörperchen und einer Kernmembran. Der Kern der eukaryoten Pilzzelle enthält 2,5 bis 10mal soviel DNA wie eine Bakterienzelle. Die drei RNA-Typen – ribosomale, messenger-RNA und transfer-RNA – werden an der DNA synthetisiert. Im Laufe des Wachstums kann es vor allem bei den hyphenbildenden Pilzen zu einer Differenzierung der Myzelien kommen und je nach Nährstoffangebot, Sauerstoff, Redoxpotenzial u. a. kann die vegetative Phase abgeschlossen werden und die fruktifikative Entwicklung beginnen. Es kann also eine Fruchtkörper- oder Dauerorganbildung einsetzen. Für das Überleben und die Verbreitung der Pilze ist es wichtig, dass Dauerorgane gebildet werden. Man unterscheidet die asexuellen und sexuellen Fruktifikationen. Es gibt eine große Vielfalt der von den Pilzen gebildeten Fruktifikationsorgane bis hin zu den Fruchtkörpern, Fruchtlagern und Fruchtständen (MÜLLER und LOEFFLER 1992). Die asexuellen Fruktifikationen sind vor allem Dauerorgane, so die Chlamydosporen, die bei pathogenen Pilzen wie *Histoplasma capsulatum* oder *Candida albicans* vorkommen. Bekannt ist die massenhafte Sporenbildung bei den Schimmelpilzen.

Auf eine Wachstumsbesonderheit der gerade im oralen Bereich wichtigen *Candida albicans* sei hier verwiesen (Kap. 6). Sie kann sowohl in der Sprosszellform vorkommen, Pseudomyzel (lange Sprosszellen) bilden, als auch echtes Hyphenwachstum zeigen (Dimorphismus).

Die pilzliche Zellwand besteht in der Regel aus Chitin und Glucan-Mannan-Komplexen. Mannan gehört zu jenen PAMP-Strukturen, welche in der frühen Phase der Immunantwort bzw. im Laufe der unspezifischen Immunabwehr von sog. „pattern recognition receptors“ erkannt werden (siehe Toll-like Rezeptorproteine*, vergleiche Anhang 1).

Zytoplasma und zytoplasmatische Organellen sind in ihrem Aufbau der tierischen Zelle ähnlich. Eine Besonderheit stellt die zytoplasmatische

Membran dar. Sie besteht aus einer Lipiddoppelschicht, bei der an Stelle des Cholesterols das Steroid Ergosterol vorkommt.

Die Reaktion der Proteinsynthese* an den Ribosomen unterliegt vielen Regulationsmechanismen. Die Pilzzellwand, die Zellmembran und Einflüsse auf die Proteinsynthese sind wichtige Angriffsorte der Antimykotika (siehe Kap. 1.4.6).

1.4.3 Physiologie

Pilze besitzen eine Reihe von Enzymen, die Besonderheiten darstellen. So gibt es viele Pilze, die Cellulasen, die 1.4-Glucanasen, besitzen und Cellulosemoleküle spalten. Die Eiweiße werden durch eine exogene Proteinspaltung, die sogenannten Exopeptidasen und Endopeptidasen (siehe Proteasen*), abgebaut. Darüber hinaus gibt es bei den Dermatophyten Ceratinasen, die das sonst schwer angreifbare menschliche Keratin abbauen können (siehe Kap. 1.4.5). Auch ein Fettabbau, der durch Lipasen erfolgt, findet sich bei vielen Pilzen. Die wichtigste und am raschesten verwertbare Nahrung der Pilze besteht jedoch aus den **Kohlenhydraten**, besonders den Mono- und Disacchariden. Sie können sehr schnell assimiliert werden und zum Wachstum der Pilze führen. Der Abbau von Di- und Oligosacchariden ist für einzelne Spezies typisch und kann zur Bestimmung von Spezies herangezogen werden (siehe Kap. 6). Der Hauptabbauweg ist oxidativ im Fructosediphosphatweg nach EMBDEN-MEYERHOF-PARNAS, wobei die Glycolyse bis zur Endoxidation läuft, aber auch unvollständig oxidierte Endprodukte entstehen können. Daneben gibt es den Pentosephosphatweg, der in der Regel aber einen Nebenweg darstellt. Der Zuckerabbau bis zum Ethylalkohol wird als Gärung bezeichnet und ist vor allem bei den hefeartig wachsenden Pilzen zu finden. Er wird in der Wein- und Bierherstellung bei den bekannten Gärungsprozessen ausgenutzt. Als Konkurrenz zur üblicherweise ablaufenden Glukoneogenese, alkoholischen Gärung und Zitronensäurezyklus-Endoxidation können bei Pilzen auch Polyalkohole wie Mannit, Ribit und Glyzerin durch Oxidation aus dem Glucose-6-Phosphat entstehen. Das hat zum Beispiel Bedeutung als Nachweis des Arabitols im menschlichen Blut, was auf eine Infektion durch *Candida albicans* hinweist.

Aminosäurestoffwechsel: Pilze können wie auch Pflanzen Aminosäuren aus einfachen Kohlenstoff- und Stickstoffverbindungen synthetisieren. Sie sind nicht wie die Menschen zur Aufnahme von sogenannten essenziellen Aminosäuren mit der Nahrung angewiesen und können Aminosäuren auch durch Transaminierung umwandeln. Bei der Synthese der Aminosäuren haben die Pilze zum Teil besondere Wege gefunden. Wuchsstoffe und Spurenelemente sind für das Wachstum auch der Pilze notwendig, meist aber in sehr geringen Konzentrationen. Wie der Mensch sind auch die Pilze auf die Zufuhr von Vitaminen angewiesen, die sie meist nicht selbst synthetisieren können. Dort, wo das Wachstum von Pilzen unerwünscht ist, versucht man, durch Eingriffe in die Stoffwechselvorgänge das Wachstum der Pilze zu beschränken bzw. zu unterbinden. Das ist durch ungünstige Einflüsse aus der Umgebung möglich, durch Wasser- und Nährstoffmangel, Zellgifte, ungünstige Wasserstoffionenkonzentration und Temperatur.

1.4.4 Genetik

Als eukaryote Organismen folgen die Pilze den allgemein bekannten Gesetzmäßigkeiten der Genetik. Der Genotyp wird durch die Verdopplung der DNA identisch repliziert. Variabel und durch die Umwelt bedingt beeinflussbar, erscheint jedoch der Phänotyp. Viele Identifizierungsmerkmale zielen auf die Erkennung des Phänotyps ab, wodurch der Genotyp verschleiert werden kann.

Veränderung des Erbgutes kommen bei der sexuellen Reproduktion und durch Mutationen* zustande. Die vegetative Phase vieler Pilze ist haploid, kann jedoch auch mehrkernig-haploid sein. Es kommt zu einer Paarung von physiologisch weiblichen mit männlichen Kernen. Der Karyogamiesatz wird in der üblichen zweischrittigen Meiose reduziert. Bei den Ascomyzeten wird nach einer weiteren Teilung der typische Ascus mit acht Sporen gebildet, die genetisch identisch sind.

Bei den Basiodiomyceten entstehen aus den Basidiosporen haploide Hyphen, die paarweise kopulieren und ein dikariotisches Myzel mit den typischen Schnallen bilden, was durch die Kernwanderung bedingt ist. An den Fruchtkörpern findet erst in den Basidien die Karyogamie und Meiose statt. Die gebildeten Sporen sind somit wieder haploid.

Von den geschilderten Grundmustern gibt es jedoch viele Varianten. Eine wichtige Rolle spielen die Homothallie und Heterothallie und (+-)-Paarungstypen. Die Selbstinkompatibilität ist ein wichtiger Regelmechanismus für die *Zygomycetes*. Es gibt viele Besonderheiten in der Pilzgenetik (ESSER und KUENEN 1965).

Ein Teil der Sprosspilze, der *Endomycetes*, vermehrt sich in der vegetativen Phase im diploiden Zustand. Hierzu gehört die Wein- und Bierhefe *Saccharomyces cerevisiae*. Die Meiose erfolgt bei der Bildung von Ascosporen, die jedoch frühzeitig kopulieren.

Bei den wichtigsten humanpathogenen Sprosspilzen erfolgt keine Ascosporenbildung. So bei *Candida albicans*, deren Sprosszellen, Pseu-

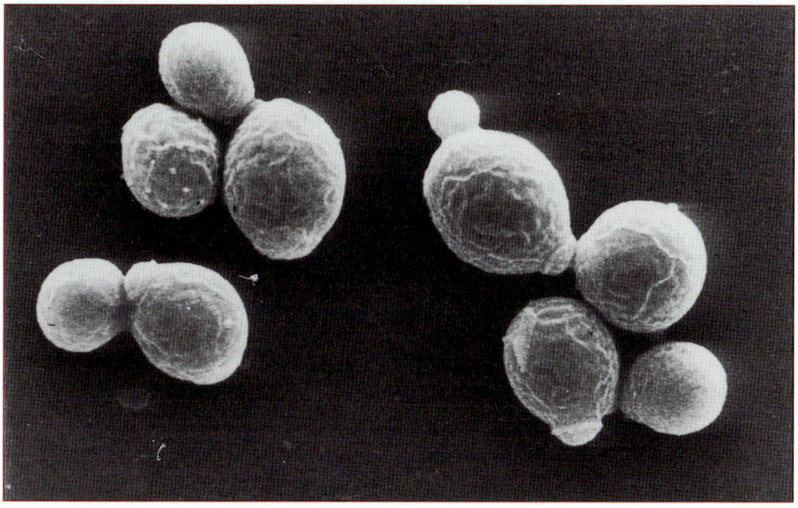

Abb. 1.28 Sprosszellen von *Candida albicans*.

Tab. 1.11 Humanmykosen.

Krankheit	**Erreger**		**Infektionsmodus**	**Wuchsform im Gewebe**	**Geographische Verbreitung**	**Reservoir**
	Anamorph	Teleomorph				
Candidose	*Candida albicans*	Fungi imperfecti	endogen/exogen	Myzelien, Pseudomyzelien, Sprosszellen	weltweit	Mensch, Tier
	C. tropicalis *C. glabrata* *C. parapsilosis* *C. krusei*	Issatchenkia (Ascomycet)	endogen/exogen	nur Sprosszellen	weltweit	ubiquitär
Cryptococcose	*Cryptococcus neoformans*	*Filobasidiella neoformans* (Basidiomycet)	exogen: Inhalation	Sprosszellen	weltweit	Erdboden Vogel (Tauben)- und Fledermausexkremente
Aspergillose	*Aspergillus fumigatus* *A.* spp. *Penicillium* (sehr selten)	*Eurotiales*	exogen: Inhalation	septierte Myzelien	weltweit	ubiquitär Erdboden, Kompost
Mucormykose	*Mucor*	*Zygomycetes*	exogen: Inhalation	unseptierte Myzelien	weltweit	ubiquitär
Dermatophytose	*Trichophyton* spp. *Microsporum* spp.	*Arthroderma* spp. *Nannizzia* spp.	infizierte Schuppen Haare, Nägel Haut, Haare, Nägel	Hyphen	weltweit	Erdboden, Holz Schwimmbäder, Tiere
Pityriasis-versicolor	*Malassezia furfur*	?	Hautschuppen, Haut	Sprosszellen, Hyphen	weltweit	nur am Menschen

dohyphen und Hyphen immer diploid sind. Andere Arten wie *C. glabrata* vermehren sich in der Haplophase. Von den Spezies *C. krusei* u. a. sind später sexuelle Formen gefunden worden, so dass Doppelnamen existieren (Tab. 1.11). Das gemeinsame Merkmal dieser Pilze ist jedoch das Wachstum durch Sprossung. Am meisten verbreitet ist der Narbentypus. An der Mutterzelle stülpt sich die Zellwand aus, Zytoplasma und Kern wandern ein, die heranwachsende Tochterzelle trennt sich später durch eine Wand ab. An beiden Zellen bleiben ringförmige Narben zurück (Abb. 1.28).
Ein taxonomisches Merkmal ist die Sprossung jedoch nicht. Bei dem früher hier auch eingeordneten Sprosspilz *Cryptococcus neoformans* hat man einen sexuellen Vermehrungszyklus gefunden, so dass die Spezies eindeutig zu den Basidiomyceten gehört (Tab. 1.11).

Fungi imperfecti (*Deuteromycota*) sind Pilze mit ausschließlich asexueller Fruktifikation. Sie wurden in sogenannten Formgattungen zusammengefasst. Hierzu gehören wichtige Gattungen wie *Aspergillus, Penicillum, Scopulariopsis, Trichoderma, Alternaria, Cladosporum, Fusarium* und viele andere. Diese Pilze werden mit Hilfe ihrer typischen Konidienformen identifiziert. Heute werden sie den drei Hauptabteilungen zugeordnet. Viele sind als Mykoseerreger unter besonderen Bedingungen isoliert worden.

1.4.5 Pathogenität

Pilze kommen als Krankheitserreger sowohl bei Pflanzen, bei Tieren als auch bei Menschen vor. Weltweit werden Pilze verwendet zur Futterherstellung, Wein- und Bierzubereitung, in der Käseproduktion und bedingt durch ihre hohe Enzymaktivität auch in der technischen Mikrobiologie. In der freien Natur haben sie am Abbau organischer Rückstände wie Cellulose, Hemicellulose und Lignin Bedeutung. Hohe Enzymaktivitäten bedingen auch ihre Pathogenität als Infektionserreger beim Menschen. Es sind vor allem Proteasen* (*Candida, Aspergillus*), Lipasen (*Candida, Malassezia*) und keratinolytische Eigenschaften (Dermatophyten) (Tab. 1.11 und 1.12). Zahlreiche weitere Faktoren kommen hinzu (siehe Kap. 12.1).

Bei der Berücksichtigung der Pilze als Krankheitserreger bei Mensch und Tier sind drei Haupttypen zu unterscheiden:

- Mykotoxikosen: Vergiftung durch Stoffwechselprodukte
- allergische Reaktionen durch Pilze
- Mykosen als infektiöse Erkrankungen.

1.4.5.1 Mykotoxikosen

Mensch und Tier können mit Pilztoxinen (Mykotoxine) kontaminierte Nahrungs- und Futtermittel aufnehmen. Besonders aufmerksam wurde man auf dieses Problem nach dem Massensterben von Truthähnen infolge Verfütterns von verschimmelten Erdnüssen. Sämtliche Samen- und Nussarten sind seitdem als Gefahrenquellen bekannt und werden nach WHO-Norm untersucht und zugelassen. Mykotoxine sind niedermolekulare, thermoresistente Stoffe, die von verschiedenen Schimmelpilzen, *Fusarium*-Arten u. a. vor allem in den Tropen produziert werden. Sie können nephro- und neurotoxisch sein oder mutagene, teratogene und kanzerogene Wirkungen entfalten. Am bekanntesten ist das Aflatoxin, nach *Aspergillus flavus* benannt. Der Höchstwert in Lebensmitteln für Aflatoxin B1 ist 2 µg/kg. Es verursacht Leberschäden und wirkt kanzerogen und mutagen. Bekannt sind auch das neurotoxische Patulin und Ochratoxin. Es gibt mehr als 30 verschiedene Mykotoxine mit unterschiedlicher Wirkung (GEDEK in MÜLLER und LOEFFLER 1992). Sehr lange bekannt sind die Mutterkorn-Alkaloide, die eine Kontraktion der glatten Muskulatur bewirken. Auch auf halluzinogene Mykotoxine ist hinzuweisen.

1.4.5.2 Allergische Reaktionen durch Pilze

Pilze können den Menschen sensibilisieren und allergische Reaktionen auslösen. Die klinischen Reaktionen sind

- Mykide: ausgelöst auf der Körperoberfläche bei bestehender Dermatophytose
- Schleimhautaffektion durch Kontakt mit Pilzsporen (Rhinitis allergica, Asthma bronchiale). Es besteht ein Zusammenhang mit der Wettersituation. Bei trockener Witterung nach Feuchtigkeitsperioden werden besonders viel Pilzsporen in der Außenluft nachgewiesen. Bei chronisch verlaufenden Schimmelpilzallergien ist auf Grund einer möglichen IgE-Kreuzreaktivität* mit humanen Proteinen an eine autoimmune Komponente zu denken.

1.4.5.3 Mykosen

Mykosen sind durch Pilze hervorgerufene Infektionskrankheiten. Dabei kann es sich sowohl um lokale als auch um systemische Infektionen handeln. In Tab. 1.11 und 1.12 werden die wichtigsten Erkrankungen und ihre Erreger dargestellt.

Die Tab. 1.11 weist auf weltweit verbreitete Pilzerkrankungen hin. Die Erreger haben nur eine geringe Virulenz und sind opportunistische Infektionserreger. Viele Arten kommen auch als Kommensale vor.

Für das Entstehen einer Mykose ist deshalb die Resistenzminderung des Wirtes von entscheidender Bedeutung. Das wird für *Candida* in der Abb. 1.29 gezeigt.

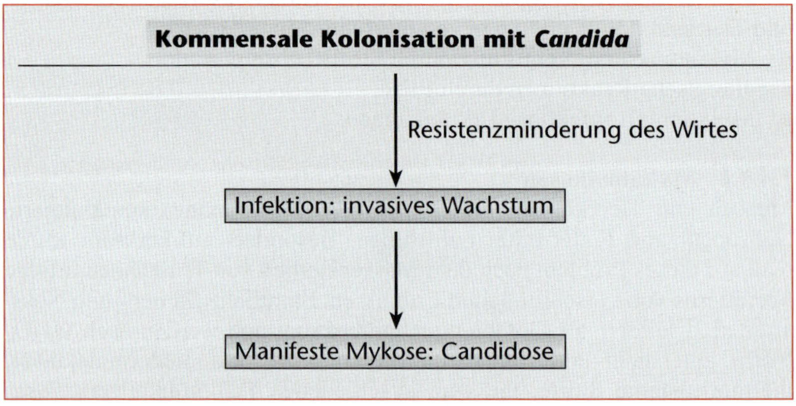

Abb. 1.29 Kommensale Kolonisation.

Tab. 1.12 Außereuropäische Humanmykosen (importierte Mykosen)

Krankheit	**Erreger**		**Infektionsmodus**	**Wuchsform im Gewebe**	**Geographische Verbreitung**	**Reservoir**
	Anamorph	Teleomorph				
Histoplasmose	*Histoplasma capsulatum* *H. capsulatum var. duboisii*	*Emmonsiella capsulata*	Inhalation	Sprosszellen	Nordamerika vereinzelt auch weltweit Afrika	Erdboden, Fledermaushöhlen
Nordamerikanische Blastomykose	*Ajellomyces dermatitidis*	*Zymonema dermatitidis*	Inhalation	Sprosszellen	Nordamerika (Afrika)	Erdboden? Pflanzenteile?
Paracoccidioidose	*Paracoccidioides brasiliensis*	?	Inokulation	Sprosszellen	Südamerika	Pflanzen? Erdboden?
Coccidioidomykose	*Coccidioides immitis*	?	Inhalation	Sphaerulae (Sporangien) im Sputum	Nordamerika	Wüstenboden Pflanzen?

Sektion I

Tab. 1.13 Prädisponierende Faktoren für Mykosen.

Erkrankungen	Iatrogene Maßnahmen	Andere Faktoren
• Immundefekte • Hämatol. Erkrankung • Solide Tumoren • Alkoholismus • Diabetes mellitus • Chron. gastroenterol. Erkrankungen • Polytrauma • Verbrennung • Harnwegsanomalien	• Langzeitantibiose • Zytostatika • Immunsuppressiva • Kortikoide • Strahlentherapie • Infusionskatheter • Harnblasenkatheter • Ernährungssonden • Maschinelle Beatmung • Dialyse • „große" Chirurgie • Organtransplantation • Herzklappenprothesen	• Gravidität • Früh- und Neugeborene • Greise

Es gibt eine Reihe von prädisponierenden Faktoren für das Entstehen einer Pilzerkrankung (Tab. 1.13).

Die gestiegene Mykosehäufigkeit erklärt sich aus der erhöhten Prädisposition und der intensivierten medizinischen Behandlung von Grunderkrankungen der Patienten. Nach Einschätzung des Center for Disease Control and Prophylaxis (CDC) in Atlanta stehen systemische Pilzerkrankungen an 7. Stelle der Infektionserkrankungen mit tödlichem Ausgang.

Candidose

Die *Candida*-Pilze kolonisieren und infizieren den menschlichen Körper in zahlreichen Organen. Wir kennen die Haut- und Nagelcandidose, die Candidose der Schleimhäute (superfizielle Candidose) und die systemische Candidose (Tab. 1.14). Die oralen Formen sind die häufigsten Erkrankungen und werden in Kap. 12.1 beschrieben.

Die ösophageale Candidose ist ebenfalls nicht selten. Endoskopisch wurde in 2.1% der untersuchten Patienten ein Pilzbefall festgestellt (KNOKE et al. 1980), der sich indessen auf 3,5% erhöht hat. Sichtbar sind einzelne bis konfluierende weiße Plaques, die zur völligen Destruktion der Schleimhaut führen können (Abb. 1.30 und 1.31).

Bei Patienten mit malignen Erkrankungen können auch der Magen, seltener der Dünn- und Dickdarm befallen sein (BERNHARDT und KNOKE 1990). Die vulvovaginale Candidose wird in einer Häufigkeit von bis zu 20% angegeben. Schwangere haben in bis zu 37% *Candida*-Spezies in der Vagina.

Tab. 1.14 *Candida*-Infektionen.

Candidose, Candidiasis	
Haut- und Nagelcandidose	
	Chronische mukokutane Candidose
Superfizielle Candidose	
	Orale Candidose
	Ösophageale Candidose
	Vulvovaginale Candidose
Systemische Candidose	

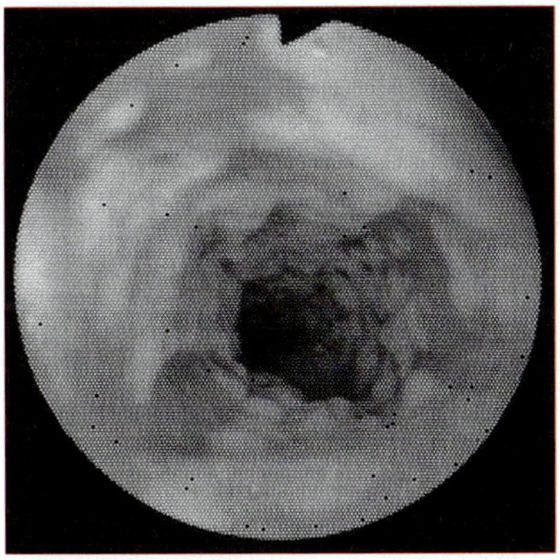

Abb. 1.30 Ösophagusmykose im endoskopischen Bild.

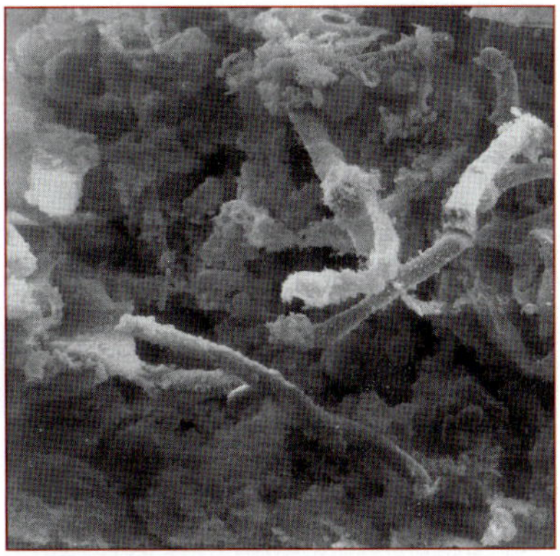

Abb. 1.31 Pilzhyphen durchwachsen das Plattenepithel des Ösophagus (rasterelektronenmikroskopisches Bild).

Die systemischen *Candida*-Infektionen betreffen alle Organe. Disseminierende Mykosen mit dem klinischen Bild einer Sepsis sind Folgeerkrankungen schwerer bakterieller Infektionen, intensivmedizinischer Behandlungen, großer Operationen oder maligner Erkrankungen. Das Risiko einer Candidose steht unmittelbar mit der Dauer und Schwere der Grunderkrankung im Zusammenhang. Eine Reihe von Hinweiszeichen (Tab. 1.15) sollte die Suche nach einer Mykose veranlassen (weiterführende Literatur: SEEBACHER und BLASCHKE-HELLMESSEN 1990).

Der überwiegende Infektionsmodus ist endogen, was heißt, dass die an verschiedenen Standorten zu einer starken Vermehrung gekommenen *Candida*-Spezies in die Blut- oder Lymphbahnen eindringen. Eine vermehrte Kolonisation lässt sich bei der Candidämie nachweisen (BERNHARDT 2000). Exogene Infektionen sind bekannt durch Katheter, Infusionslösung oder parenterale Ernährungssonden. Übertragungen durch das Pflegepersonal sind nachgewiesen.

Zur Diagnostik wird in der Tab. 1.16 eine Übersicht gegeben.

Tab. 1.15 Klinische Hinweiszeichen für Mykosen

Prädisponierter Patientenkreis
Antibiotikaresistentes unklares intermittierendes Fieber
Atypische Pneumonie (Husten)
Unklare rezidivierende Hämoptoe
Pilzbelag von Mundhöhle, Ösophagus, übrigem Magen-Darm-Kanal, Harnblasenwand
Pilzbefund in Punktaten (Pleura-, Perikarderguss, Aszites, Abszess, Knochenmark), Liquor und Urin
Hepatosplenomegalie (histologischer Pilzbefund)
Metastatische Hautabszesse
Uveitis mycotica (Augenhintergrundveränderungen)
Invasive pulmonale Aspergillose, Aspergillom (CT, Röntgen)

Tab. 1.16 Intensivierte Pilzdiagnostik.

Klinische Untersuchung	Apparative Diagnostik	Kulturelle Pilzdiagnostik	Mykoserologie
• Sepsiskriterien • Eintrittspforten • Suche nach lokaler Pilzinfektion	• Röntgen Thorax • CT: Lunge, Abdomen • Augenhintergrund • Labor: Entzündungsparameter	• Abstriche • Urin • Trachealsekret • BAL • Sputum • Stuhl • Punktate	• *Candida*-Antigen • Antikörper-Nachweis • Anti-*Candida*-IgM

Cryptococcose
Der durch Inhalation aufgenommene Erreger *C. neoformans* bildet untypische, oft ohne Symptome verlaufende Lungenveränderungen. Schwerste Entzündungen folgen jedoch im Zentralnervensystem. Meningitis und Meningoenzephalitis bei AIDS-Patienten sind eine bedrohliche Folgeerkrankung. Bei HIV-infizierten Personen wird eine Inzidenz von 6-13% angegeben. Nach dem Einsatz neuer Virostatika wird seit zwei Jahren ein Rückgang gemeldet.

Aspergillose
Schimmelpilzsporen werden häufig inhaliert, aber bei intakter Immunabwehr abgetötet. Bei einer Schädigung der Alveolarmakrophagen beispielsweise durch Kortisongaben und Alkoholismus oder nach langdauernder Granulozytopenie kommt es zu einer Aspergillose der Lunge. Bei begrenzter Ausbreitung, oft in bestehenden Hohlräumen (Bronchiektasen), entstehen Aspergillome. Bei Patienten mit drastischer Reduktion der immunologischen Abwehr wird die invasive pulmonale Aspergillose beschrieben, die meist tödlich verläuft. Neben den nekrotischen Lungenveränderungen ist auch ein Befall des Endokards, der Leber, der Augen und anderer Organe möglich. In Sektionsstatistiken wird ein starker Anstieg der Aspergillosehäufigkeit ausgewiesen (BERNHARDT 2000). Extrem gefährdet sind Patienten nach allogenen Knochenmarktransplantationen, die deshalb zum Schutz vor Sporeninhalation in Hepa-Filter-Krankenhauszimmern untergebracht werden. Bei der Prävention der nosokomialen Aspergillusinfektionen sind strenge Hygienemaßnahmen angezeigt.

Diagnostik: Bildgebende Verfahren, insbesondere das CT mit Nachweis eines Halos bzw. Luftsichel. Der kulturelle Nachweis aus relevanten Untersuchungsmaterialien ist oft schwierig. Zunehmende Bedeutung haben der Antigen-Nachweis und die PCR (siehe Kap. 15.4.3, siehe Kap. 17).

Mucormykosen
Seltene, meist tödlich verlaufende Pilzinfektionen treten auf nach großen Operationen, bei malignen Tumoren, Urämie und bei anderen prädisponierenden Faktoren. Ihre Manifestation erfolgt in der Lunge, den Arterien (Thrombosen durch Pilzhyphen), Nasennebenhöhlen (Mucor-Sinusitis) und im Magen-Darm-Trakt.

Diagnostik: Der Nachweis von septierten Pilzhyphen ist oft schwierig. Kultur und Differenzierung des Erregers.

Dermatophytosen
Durch Dermatophyten verursachte Mykosen der Haut und ihrer Anhangsgebilde. Bei den Dermatophyten gibt es einen Übergang vom Saprophytismus (geophile Arten) über Mehrwirtparasitismus (*Trichophyton mentagrophytes*) bis hin zum Einwirtparasitismus (*Trichophyton rubrum*). Die Dermatophyten werden durch pilzhaltige Haut-, Haar- und Nagelpartikel vom Tier zum Menschen und von Mensch zu Mensch übertragen. Eine indirekte Verbreitung erfolgt über Schwimmbäder, Waschräume und Duschanlagen.

Das Krankheitsbild wird nach der Lokalisation unterschieden: Tinea manuum, Tinea pedum, Tinea unguium, Tinea inguinalis (Inguinalmykosen können auch durch *Candida* verursacht werden). Die Tinea capitis ist eine Erkrankung des behaarten Kopfes. Gruppenerkrankungen, überwiegend bei Kindern, werden durch das zoophile *Microsporum* canis verursacht. Dermatophyten rufen keine systemischen Erkrankungen hervor.

Pityriasis versicolor
Oberflächliche, nicht entzündliche Mykose der Haut. In den Tropen weit verbreitet. Das klinische Bild zeigt konfluierende Flecken der Haut im oberen Thoraxbereich. Die Hautareale weisen eine kleinförmige Schuppung und Hypopigmentierung auf. Erreger ist *Malassezia furfur*.

Außereuropäische Humanmykosen (Tab. 1.12)
Sie sind auf dem nord- und südamerikanischen Kontinent sowie in Afrika beheimatet. Bei der zunehmenden Globalisierung muss bei dem Patienten mit entsprechender Erkrankung gerechnet werden. Auskünfte und diagnostische Beratung erfolgen in Deutschland durch das Robert-Koch-Institut Berlin.

1.4.6 Antimykotische Chemotherapie

Wie im Kap. 1.4.1 ausgeführt, setzt die Chemotherapie an verschiedenen Lokalisationen der Pilzzellen an. In der Tabelle 1.17 sind die zur Zeit verfügbaren Antimykotika und ihr Dosierungsschema angegeben.

Das Amphotericin B gehört zusammen mit Nystatin und Natamycin in die Gruppe der Makrolidpolyene. Es hat ein breites Spektrum und fungizide Aktivitäten bei vielen Pilzgruppen. So wird es eingesetzt bei allen außereuropäischen Pilzerkrankungen, der Aspergillose und Mucormykose. Bei den Candidosen werden damit instabile, neutropenische Patienten behandelt.

Amphotericin B galt lange als „Goldstandard", hat jedoch eine hohe Toxizität, die durch spezielle Verfahren (gleichzeitige Kochsalzzufuhr, Dosisverminderung bei einer Kombinationstherapie mit 5-Flucytosin) herabgesetzt werden kann. Wegen schneller Resistenzentwicklung wird das Flucytosin (5-FC) heute nicht mehr als Monotherapie eingesetzt.

Bei der Candidose in ihrer vielfältigen Erscheinungsform ist das Fluconazol das Mittel der Wahl. Es ist gut verträglich, wasserlöslich und bildet hohe Serumspiegel.

Sektion I

Tab. 1.17 Systemische Therapie von Mykosen.

Amphotericin B	Infusion 0,1 mg/kg KG steigend bis auf 1 mg/kg KG geringer, wenn Kombination mit 5-FC	
Flucytosin (5-FC)	150 mg/kg KG i. v.	
Fluconazol	Systemmykose: Ösophagusmykose:	1. Tag 400 mg dann 400 – 800 mg/d 200 mg/d
Itraconazol	Kapseln: Sempera-Liquid:	100 – 200 mg/d 200 mg (= 20 ml/d)
Voriconazol		1. Tag 6 mg/kg KG/12h i.v. dann 4 mg/kg KG/12h i.v. oder 100 – 200 mg/12h Dosiserhöhung möglich auf 300 mg/12 h
Caspofungin		1. Tag 70 mg als Infusion / d dann 50 mg als Infusion / d nach Abklingen der Symptome noch 7 – 14 d fortsetzen

80% der Plasmawerte werden im Liquor erreicht. Auch bei superfizialen Mykosen des Ösophagus oder der Vagina wird Fluconazol mit Erfolg angewandt. Bei Nachweis von *Candida* aus dem Blut (Candidämie) ist nach internationalen Empfehlungen antimykotisch zu behandeln (EDWARDS et al. 1995). Bei weniger empfindlichen Erregern (*C. glabrata*) kann eine sog. Hochdosistherapie mit Fluconazol (800 mg/d) erfolgen. Es sollte nie bei Mykosen mit *C. krusei* eingesetzt werden, da diese Art primär resistent ist. Das Antimykotikum ist nicht wirksam gegen Schimmelpilze.

Das Itraconazol hat vor allem bei der Aspergillose und anderen Schimmelpilzerkrankungen eine Bedeutung. Es wird eingesetzt nach initialer Amphotericin-B-Gabe zur Fortsetzung als Langzeitbehandlung.

Als neues Azol ist jetzt Voriconazol zugelassen ebenso wie als Echinocandin Caspofungin. Weitere Antimykotika sind in der klinischen Erprobung. Voriconazol ist aktiv gegen problematische Hefen (non-*C. albicans*-Arten) und *Aspergillus* sowie bei Infektionen mit *Fusarium* und *Scedosporium apiospermum*. Caspofungin wird vorwiegend in der Sekundärbehandlung bei Aspergillosen eingesetzt.

Generell unterscheidet sich die Therapie der Dermatomykosen. Hier sind Griseofulvin, Amorolfine und Allylamine (Terbinafine) neben den Imidazol- und Azolantimykotika zu nennen. Für Schleimhaut- und Dermatomykosen kann das Nystatin in verschiedenen Präparationen verwendet werden.

Alle Antimykotika sind wesentlich **länger** einzusetzen als Antibiotika. Eine mindestens 14tägige bis monatelange Therapiedauer ist notwendig.

Literatur

Acheson N H: Fundamentals of Molecular Virology. Wiley 2001

Alberts B, Bray Y D, Lewis J, Raff M, Roberts K, Watson J D: Molecular Biology of the Cell, 3rd Ed., Garland Publishing, New York & London 1994

Annaissie E J, McGinnis M R, Pfaller M A (Eds): Clinical Mycology. Churchhill Livingstone (Elsevier Science), New York, Edinburgh, London, Philadelphia 2003

Avery O T, MacLeod C M, McCarty M: Studies on the chemical nature of the substance inducing transformation of pneumococcal types. Induction of transformation by a deoxyribonucleic acid fraction isolated from *pneumococcus* type III. J Exp Med 79: 137-159, 1944

Bernhardt H, Knoke M: Candidose der inneren Organe. In: Seebacher C, Blaschke-Hellmessen R (Hrsg): Mykosen Epidemiologie – Diagnostik – Therapie. Gustav Fischer Verlag, Jena 1990

Bernhardt H, Zimmermann K: Epidemiological survey on candidemia in Europe. Results of Germany and Austria. Rev Iberoamericana Micologia 17: S146, 2000

Bernhardt H, Zimmermann K, Sommer U, Schwesinger G, Knoke M: Different risk factors of fungal infections in patients of ICU. Rev Iberoamericana Micologia 17: S111, 2000

Cann A L: Principles of Molecular Virology. 3rd Ed. Academic Press, New York 2000

Costerton J W, Lewandowski Z, Caldwell D E, Korber D R, Lappin-Scott H M: Microbial biofilms. Annu Rev Microbiol 49:711-745, 1995, www.montana.edu

Dimmork N J, Primrose S B: Introduction to Modern Virology. 4th Ed. Blackwell Science, Cambridge MA 1994

Doerr H W, Gerlich W H: Medizinische Virologie. Thieme, Stuttgart 2002

Edwards J E (Hrsg): International conference for the development of a consensus on the management and prevention of severe candidal infections. Clin Infect Dis 25: 43-59, 1995

Esser K, Kuenen R: Genetik der Pilze. Springer Verlag, Berlin, Heidelberg 1965

Fields B N, Knipe D M, Howley P M (Eds.): Fundamental Virology. 3rd Ed. Lippincott-Raven, Philadelphia PA 1996

Hahn H, Falke D, Kaufmann S H E, Ullmann U (Hrsg.): Medizinische Mikrobiologie und Infektiologie, 4. Aufl. Springer Verlag, Berlin, Heidelberg, New York et al. 2001

Hörnlimann B, Riesner D, Kretzschmar H (Hrsg.): Prionen und Prionkrankheiten. Walter de Gruyter GmbH&Co.KG, Berlin, New York 2001

Kandler O: Der Platz der Mikroorganismen im globalen phylogenetischen System der drei Domänen. Mycoses 37 (Suppl 1): 13-27, 1994

Kayser F H, Bienz K A, Eckert J, Zinkernagel R M: Medizinische Mikrobiologie. 10. Aufl. Georg Thieme Verlag, Stuttgart, New York 2001

Klaus S, Krüger D, Meyer J: Bakterienviren. Gustav Fischer Verlag, Jena, Stuttgart 1992.

Knoke M, Bernhardt H: Endoscopic aspects of mycosis in the upper digestive tract. Endoscopy 12: 295-298, 1980

Lodish H, Baltimore D, Berk A, Zipursky S L, Matsudaia P, Darnell J: Molekulare Zellbiologie, 2. Aufl. Walter de Gruyter Verlag, Berlin und New York 1996

Madigan M T, Martinko J M, Parker J: Brock Mikrobiologie, W. Goebel (Hrsg.). Spektrum Akademischer Verlag, Heidelberg und Berlin 2001

Modrow S, Falke D: Molekulare Virologie. Spektrum Akadem. Verlag, Heidelberg 1997

Müller E, Loeffler W: Mykologie. 5. Aufl. Georg Thieme Verlag, Stuttgart New York 1992

Murray P R (Ed): Manual of Clinical Microbiology, 7th Ed. ASM Press, Washington DC 1999

Prusiner S B (Ed): Prion Biology and Diseases. Cold Spring Harbor Laboratory Press, New York 1999

Sahl H G: Physiologie der Bakterien. In: Köhler W, Eggers H J, Fleischer B, Marre R, Pfister H, Pulverer G (Hrsg): Medizinischen Mikrobiologie, 8. Auflage. Verlag Urban und Fischer, München und Jena 2001, S. 171-179.

Schlegel H G: Allgemeine Mikrobiologie, 7. Aufl. Georg Thieme Verlag, Stuttgart und New York 1992

Seebacher C, Blaschke-Hellmessen R: Mykosen Epidemiologie – Diagnostik – Therapie. Gustav Fischer Verlag, Jena 1990

Snyder L, Champness W: Molecular Genetics of Bacteria, 2nd Ed. ASM Press, Washington DC 2002

Specter S, Hodinka R, Youngman S A (Eds.) Clinical Virology Manual. 3rd Ed. American Society for Microbiology, Washington DC 2000

Wagner E K, Hewlett M J: Basic Virology. Blackwell Science, Cambridge MA 1999

Werner H (Hrsg): Medizinische Mikrobiologie mit Repetitorium. Walter de Gruyter GmbH & Co. KG, Berlin, New York 1992

Woese C R: Bacterial evolution. Microbiol Rev 51: 221-271, 1987

Kapitel 2
Allgemeine Immunologie

René Sanderink

Sektion I

Zusammenfassung

Die Fähigkeit des menschlichen Organismus, Infektionen von Bakterien, Viren, Pilzen und Parasiten abzuwehren, verdanken wir unserem Immunapparat, einem System von Organen, Zellen und löslichen Proteinen. Dem Immunsystem vorgeschaltet sind äußere Schutzsysteme (Haut und Schleimhäute), die ein Eindringen der meisten Infektionserreger bereits im Vorfeld verhindern. Sind die Erreger aber trotzdem in den Körper gelangt, reagiert das Immunsystem augenblicklich in Form der Immunreaktion. Diese ist darauf ausgerichtet, praktisch jedes beliebige Fremdprotein als Antigen zu erkennen und zu bekämpfen. Innerhalb der immunologischen Abwehr unterscheidet man ein unspezifisches und ein spezifisches Immunsystem. Zu beiden Systemen gehören Zellen (zelluläre Abwehr) und lösliche Faktoren (humorale Abwehr).

Granulozyten, Monozyten und Makrophagen sind die primären Effektorzellen der unspezifischen Immunabwehr und gelangen als erste an einen Infektionsherd, wo sie körperfremdes Material phagozytieren. Zusätzlich bilden diese Zellen eine Vielzahl löslicher Faktoren (Zytokine), die wiederum zur Einwanderung und Aktivierung weiterer Abwehrzellen führen. Unterstützt werden die Zellen der unspezifischen Abwehr durch ein System von löslichen Plasmaproteinen (Komplement) und – später, nachdem eine spezifische Immunabwehr erfolgt ist – von Antikörpern, die sich an die Oberfläche der Eindringlinge binden und auf diese Weise deren Phagozytoseanfälligkeit erhöhen.

Nicht immer gelingt es der unspezifischen Abwehr, die Eindringlinge zu vernichten. Darüber hinaus sind Phagozyten nicht in der Lage, ihre Reaktion den unterschiedlichen Krankheitserregern anzupassen oder diese bei wiederholtem Befall des Organismus wiederzuerkennen. An dieser Stelle greift das spezifische Immunsystem ein (Abb. S. 103).

Vereinfachtes Schema der Immunantwort (Seite 103). Ein in den Organismus eingedrungener Mikroorganismus, beispielsweise ein Virus (V), das von einem Makrophagen (Mϕ) phagozytiert und zerlegt wurde (1), liefert Antigenfragmente, die durch besondere Membranproteine (MHC-Proteine) auf der Zelloberfläche des Makrophagen „präsentiert" werden (2). Dieser MHC-Antigen-Komplex wird von T-Lymphozyten mit Hilfe ihrer T-Zell-Rezeptoren (TCR) spezifisch erkannt und gebunden. In einer großen Zahl von T-Zellen finden sich nur wenige, deren TCR passt (3). Die Bindung führt zu einer Aktivierung der T-Zelle und ihrer selektiven Vermehrung (4, klonale Selektion). Dabei helfen kostimulierende Signalproteine. Diese können membrangebunden oder in löslicher Form (Zytokine, darunter Interleukine, die von durch Bindung aktivierten Immunzellen sezerniert werden) vorliegen (5). Zusätzlich stimulieren die T-Zellen ihre eigene klonale Vermehrung durch Freisetzung von Interleukin-2 (6). Die durch klonale Selektion aktivierten und vermehrten T-Zellen übernehmen, je nach Typ, unterschiedliche Aufgaben. Zytotoxische T-Zellen erkennen körpereigene Zielzellen (Z), die von Viren befallen sind und ein MHC-gebundenes Virusfragment tragen (7), als verändert. Sie binden an sie, zerstören mit Hilfe ihrer Perforine (PF) deren Zellmembran und lösen daraufhin bei ihnen Apoptose* aus (8).

In einem unabhängigen Prozess binden T-Helferzellen an B-Lymphozyten, die mit Hilfe ihres Erkennungsmoleküls (in Form spezifischer, membranständiger Immunglobuline) zuvor ein Antigen erkannt und endocytiert hatten und es nun in Form eines MHC-Antigen-Komplexes auf ihrer Oberfläche präsentieren (9). Es folgen auch hier die Selektion einzelner B-Zellen (klonale Selektion) und deren Interleukin-unterstützte Stimulierung (10), Vermehrung und Reifung zu Plasmazellen (P)(11). Letztere setzen in großen Mengen Antikörper frei (12). Ein Teil der stimulierten Lymphozyten wandelt sich in Gedächtniszellen (G) um.

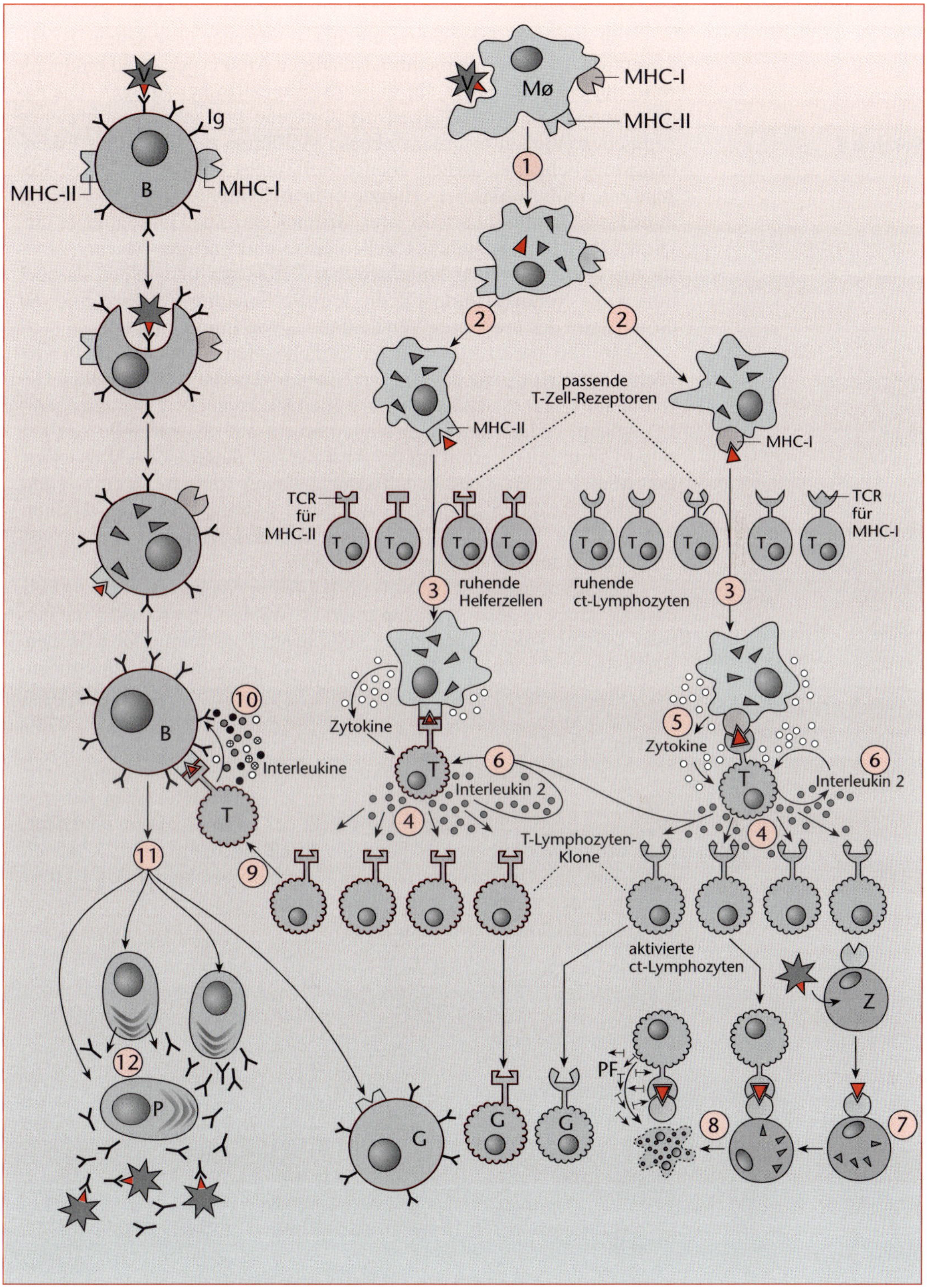
V
Ig
MHC-II
B
MHC-I
Mø
MHC-I
MHC-II
1
2
2
passende
T-Zell-Rezeptoren
MHC-II
MHC-I
TCR
für
MHC-II
TCR
für
MHC-I
T
ruhende
Helferzellen
ruhende
ct-Lymphozyten
3
3
10
Interleukine
Zytokine
5
Zytokine
6
Interleukin 2
6
Interleukin 2
4
4
T-Lymphozyten-
Klone
9
11
aktivierte
ct-Lymphozyten
Z
PF
12
P
G
G
G
8
7

Ein einzelner Lymphozyt erkennt – entweder über seinen T-Zell-Rezeptor oder via seine membranständigen Antikörper – und bindet jeweils nur ein bestimmtes, für diese Zelle spezifisches Antigen. Die nahezu unendliche Vielfältigkeit der Antigene und ständig auftretende Antigenvariationen erfordern ebenso vielfältige lymphozytäre Erkennungsmöglichkeiten und ein ebenso vielfältiges Arsenal von T-Zell-Rezeptoren und Antikörper. Hierzu ordnen Lymphozyten im Verlaufe ihrer Entwicklung innerhalb ihres Genoms einzelne Gensegmente um. Diese DNA-Rearrangements stellen einen einzigartigen Mechanismus für die Differenzierung lymphatischer Zellen dar und bilden darüber hinaus die Voraussetzung für die klonale Selektionstheorie, eine der Grundlagen des modernen Verständnisses von Immunologie.

Ein Teil dieser stimulierten Lymphozyten wandelt sich in Gedächtniszellen um, die das Blut verlassen und in die lymphatischen Gewebe und Organe wandern. Hier weilen sie lange Zeit, mitunter jahrzehntelang, bis sie unter Umständen erneut auf das spezielle Antigen stoßen. Immunität beruht auf der Anwesenheit dieser Gedächtniszellen: Bei wiederholtem Kontakt mit dem gleichen Antigen lösen sie eine schnellere Reaktion aus und es wird eine größere Menge an Antikörpern gebildet. Klinisch bleibt eine erneute Erkrankung aus oder sie verläuft wesentlich schwächer.

Die Immunantwort hat sich im Laufe der Evolution so entwickelt, dass sie körpereigene Antigene toleriert, während Fremdantigene zerstört werden: jede körpereigene Zelle besitzt bestimmte Oberflächenstrukturen mit genetisch determinierter, für jedes Individuum einmaliger Ausprägung. Diese werden vom Lymphozyten als körpereigen erkannt und im Unterschied zu körperfremden Stukturen nicht angegriffen.

Fazit: Die Wirtsabwehr ist komplex. Im vorliegenden Kapitel werden die vielen Mechanismen mit ihren vielen Redundanzen nur auszugsweise besprochen. Der Netto-Effekt der Immunreaktion ist jedoch, dass in den allermeisten Fällen eine Infektion nicht außer Kontrolle gerät und der Organismus überlebt. Hierbei entscheidet das Rennen zwischen der Vermehrung der Eindringlinge und der Vermehrung der antigenerkennenden Lymphozyten.

2.1 Einleitung

2.1–2.6

Das Immunsystem (Lat. *immunis* = geschützt, unversehrt) ist ein komplexes funktionales System der Vertebraten zur Erhaltung der Individualstruktur durch Abwehr fremder, sog. antigener Substanzen (**Antigene***) und durch kontinuierliche Elimination anomaler (beispielsweise maligne entarteter oder viral infizierter) Körperzellen. Von der Geburt an, dem Moment, in dem das Kind die sterile Gebärmutter verlässt, drohen dem Organismus Infektionen mit pathogenen Keimen (Bakterien, Viren, Pilze, Parasiten). Die teleologische Entwicklung des Immunsystems erklärt sich aus der Notwendigkeit der Lebewesen, ihre Homöostase zu erhalten und sich deswegen gegen eindringende Keime zu schützen. Das Immunsystem wird unterstützt durch äußere, in Haut und Schleimhäuten lokalisierte Schutzsysteme, die eine Penetration der meisten potenziellen Infektionserreger verhindern. Sind dennoch Erreger in den Körper gelangt, wird das Immunsystem aktiviert. Die Immunantwort durchläuft einen Kreislauf, welcher durch drei Phasen gekennzeichnet ist (Abb. 2.1).

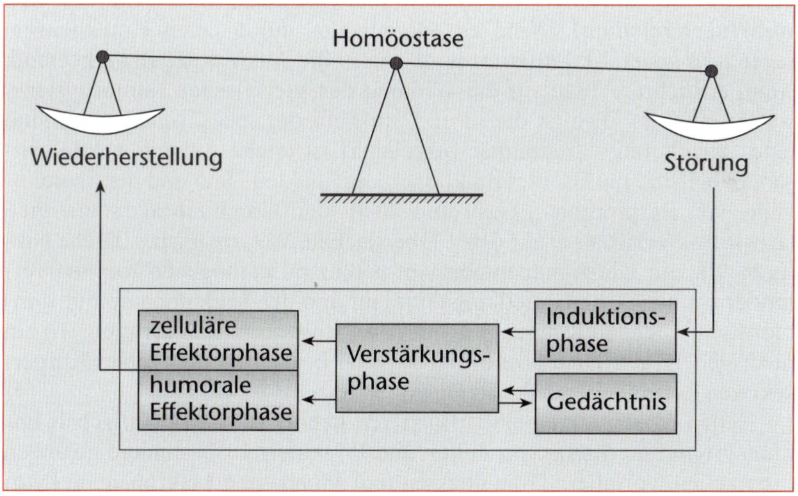

Abb. 2.1 Dreiphasiger immunologischer Kreislauf. Während der Induktionsphase (Phase 1) erkennt das Immunsystem Antigene*. Dies führt zu einer Verstärkungsphase (Phase 2), während der eine spezifische Aktivierung von Teilkomponenten des Immunsystems stattfindet. In der Effektorphase (Phase 3) werden die Antigene durch die Aktivität der zellulären und humoralen Immunität angegriffen und eliminiert. Anschließend nimmt die Aktivität des Immunsystems wieder ab, womit der Kreis geschlossen wird. Das Netto-Ergebnis der Wirtsabwehr besteht somit in den allermeisten Fällen darin, dass eine Infektion nicht außer Kontrolle gerät, die Homöostase wiederhergestellt ist und der Organismus überlebt. Zurück bleibt ein immunologisches Gedächtnis in Form von sog. Gedächtniszellen. Hierdurch läuft bei erneutem Kontakt mit dem gleichen Antigen die immunologische Abwehrreaktion schneller und effektiver ab. Das Individuum ist immun geworden.

Zur Überwindung einer Infektion muss die Produktion immunkompetenter Zellen, insbesondere die der antigenerkennenden Lymphozyten, Schritt halten mit der Vermehrung der Eindringlinge. Dieses Rennen entscheidet über Leben und Tod. Wie wir im Laufe dieses Kapitels sehen werden, ist bei der Abwehr bakterieller Infekte die Eindämmung der Eindringlinge durch ein funktionstüchtiges Phagozyt-Komplement-Antikörper-System von zentraler Bedeutung. Für die Bekämpfung viraler Infekte sind, nebst den zu den Zytokinen gehörenden Interferonen, zytotoxische T-Lymphozyten essenziell. Die Bekämpfung von Parasiten (Würmer, Protozoen) erfordert außer Phagozyten, Lymphozyten und Antikörpern der Klasse IgE noch die Anwesenheit von besonderen Leukozyten (Mastzellen, eosinophilen Granulozyten).

2.2 Arten der Immunabwehr

Innerhalb der immunologischen Abwehr unterscheidet man ein **unspezifisches** und ein **spezifisches Immunsystem**. Oft wird unspezifische Immunität auch als angeborene Immunität bezeichnet, während für spezifische Immunität auch die Begriffe adaptive oder erworbene Immunität verwendet werden. Zu beiden Systemen gehören Zellen und lösliche Faktoren, die über den ganzen Körper verteilt sind (**zelluläre** bzw. **humorale Abwehrmechanismen**). Wenn ein Organismus durch einen Krankheitserreger zum ersten Mal infiziert wird, wären die Auswirkungen verheerend, wenn er mehrere Tage auf die Wirkung des spezifischen Immunsystems warten müsste. Dies ist der Grund, weshalb der spezifischen Immunität eine „angeborene“ Immunität vorgelagert ist (siehe Anhang 1). Bedeutsam dabei sind die Barrierefunktionen der intakten Haut und der Schleimhäute von Respirations-, Gastrointestinal- und Urogenitaltrakt sowie gute (Ab-)Flussverhältnisse auf deren Oberflächen. Weitere unspezifische Faktoren, die ein Überhandnehmen von potenziell pathogenen Keimen verhindern, sind (i) die Besiedlung der Haut und der Schleimhäute mit symbiontisch lebenden Keimen, die mit den Pathogenen konkurrieren, (ii) ein niedriger pH der Haut sowie (iii) die sich in nahezu sämtlichen Körpersekreten befindlichen bakteriziden Substanzen.

Neben diesen allgemeinen Barrieren gehört zum unspezifischen Immunsystem eine Reihe von Zellen und Proteinen. Insbesondere gelangen Fresszellen, vor allem Granulozyten und Monozyten/Makrophagen (Mϕ) als erste an einen Infektionsherd. Ihre Aufgabe ist es, körperfremdes Material aufzunehmen (**Phagozytose***) und unschädlich zu machen. Zusätzlich bilden solche Zellen eine Vielzahl löslicher Faktoren (insbesondere Zytokine, siehe Kap. 2.6.2.3), die wiederum zur Einwanderung und Aktivierung anderer Abwehrzellen führen. Unterstützt werden die Zellen der unspezifischen Abwehr durch das Komplementsystem: ein System von löslichen Plasmaproteinen, die sich auf der mikrobiellen Zelloberfläche festsetzen und den Keim damit phagozytosefähiger machen oder die Zellwand so schädigen, dass der Keim abstirbt (siehe Kap. 2.6.2.2).

Nicht immer gelingt es der unspezifischen Abwehr, die Eindringlinge zu eliminieren. Darüber hinaus sind Granulozyten und Mϕ nicht in der Lage, ihre Reaktion den unterschiedlichen Krankheitserregern anzupassen oder diese nach wiederholtem Befall des Organismus sofort wiederzuerkennen. Hierfür sind vielmehr zusätzliche, spezifische Immunmechanismen erforderlich. Die Auslösung einer spezifischen Immunantwort bedingt allerdings eine Antigenerkennung durch Lymphozyten und die Präsentation prozessierter Antigenfragmente durch sog. antigenpräsentierende Zellen. Auch die spezifische Abwehr enthält zelluläre und humorale Bestandteile (Abb. 2.2). **2.1–2.6**

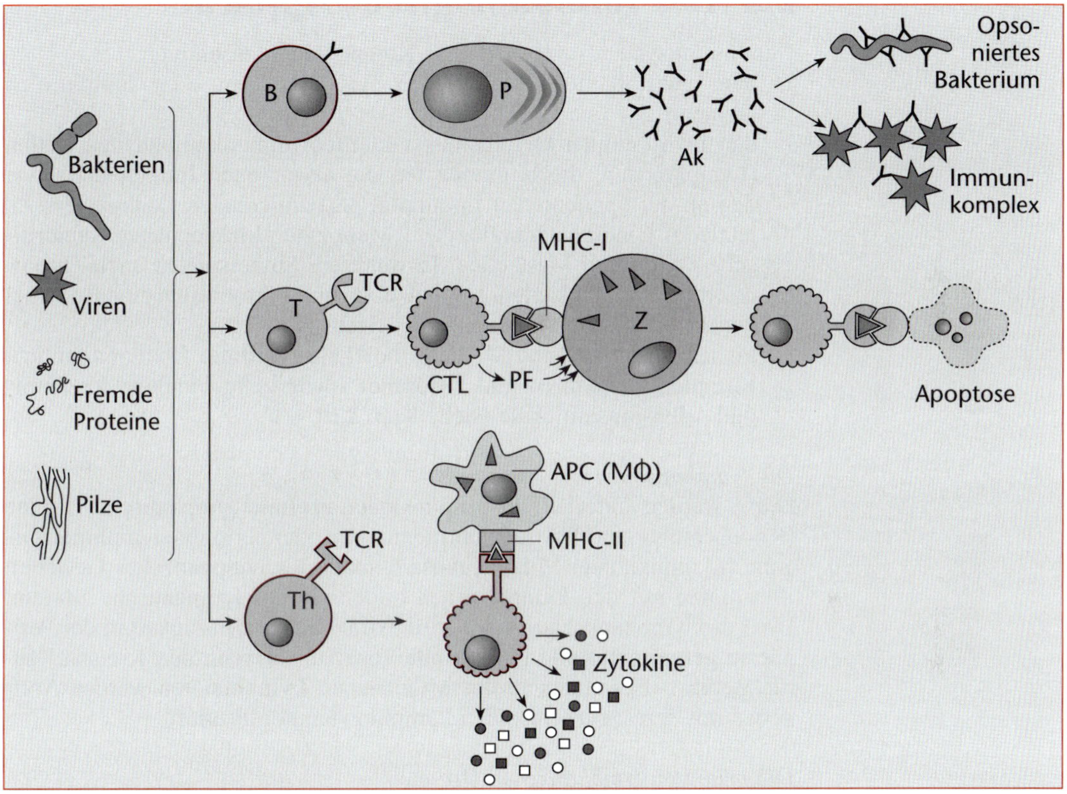

Abb. 2.2 Spezifische Immunität. Die aus den B-Lymphozyten hervorgehenden Plasmazellen (P) sezernieren antigenspezifische Immunglobuline (Antikörper, Ak). Diese bilden mit viralen Antigenen* sog. Immunkomplexe* oder sie opsonieren Bakterien. Letztgenannter Vorgang ermöglicht die (komplement-unterstützte) Phagozytose* dieser Bakterien.
Die T-Lymphozyten des zellulären Immunsystems erfüllen vor allem zwei Funktionen:

- Zytotoxische T-Lymphozyten (CTL) erkennen via ihren T-Zell-Rezeptor (TCR) prozessierte Viruspartikel (präsentiert durch MHC*-Trägerproteine) auf virus-infizierten körpereigenen Zielzellen (Z) und töten diese ab (ohne selbst geschädigt zu werden), indem sie den Inhalt ihrer Granula in den Zielzellen entleeren. Diese enthalten u. a. Enzyme (darunter sog. Granzyme) und porenbildende Proteine (sog. Perforine, PF). Die Perforine durchlöchern die Zellmembran der Zielzelle um den Granzymen den Eintritt zu gewähren. Befinden sich die Granzyme einmal in der Zielzelle, lösen sie Apoptose* aus. Ein zweiter Mechanismus womit CTL bei Zielzellen Apoptose herbeiführen, ist via Fas-Ligand (CD178).
- T-Helferzellen erkennen via ihren TCR auf sog. antigenpräsentierenden Zellen (APC, beispielsweise Mϕ), ebenfalls im Zusammenhang mit MHC-Proteinen, präsentierte Antigenfragmente. Hierdurch werden sie in einen aktiven Zustand versetzt und beginnen mit der Synthese und Freisetzung von „Nachrichtenproteinen“ (Zytokinen). Zytokine stimulieren Wachstum und Reaktionsfähigkeit von B-Lymphozyten, T-Lymphozyten und Makrophagen. Auf diese Weise wird die Leistungsfähigkeit der Immunabwehr entscheidend erhöht.

Merke:
Unspezifische und spezifische Immunabwehr funktionieren nicht getrennt voneinander, sondern sind für ein gutes Funktionieren geradezu aufeinander angewiesen.

2.3 Der immunologische Apparat

Das Immunsystem setzt sich aus 3 Komponenten zusammen:

1. den nachfolgend besprochenen lymphatischen oder lymphoiden Organen,
2. den im gesamten Organismus verteilten immunkompetenten Zellen (Lymphozyten, die Immunozyten der erworbenen Immunität) sowie den an der angeborenen Immunität partizipierenden Leukozyten. Zu letzteren gehören Granulozyten, Monozyten/Makrophagen, dendritische Zellen und Mastzellen. In weiterem Sinne spielen auch Thrombozyten, Endothelzellen, Epithelzellen und Fibroblasten eine Rolle bei der unspezifischen Immunabwehr (siehe Kap. 2.5).
3. lösliche Effektor- und Mediatormoleküle (darunter Immunglobuline, Komplementfaktoren und Zytokine) sowie zellgebundene Rezeptor- und Adhäsionsmoleküle (siehe Kap. 2.6).

Die lymphatischen Organe
Diese werden unterteilt in primäre oder zentrale lymphatische Organe (Knochenmark und Thymus) und sekundäre oder periphere lymphoide Organe (Lymphknoten, Milz, Mukosa-assoziiertes lymphatisches Gewebe). Zusammen mit den Lymphbahnen bilden sie das lymphatische System. Über das lymphatische System wird extrazelluläre Flüssigkeit in der Peripherie gesammelt und via die linke Vena subclavia in den Kreislauf zurückgeführt. Besonders in der Milz und in Lymphknoten werden Antigene* mit den sie erkennenden Lymphozyten konfrontiert.

Die primären lymphatischen Organe
Generell reifen Lymphozyten in den primären lymphoiden Organen zu naiven immunkompetenten Zellen. Dabei gehen autoreaktive Zellen zu Grunde. Hierdurch wird eine immunologische Toleranz gegenüber körpereigenen Zellen erreicht.

Knochenmark: Alle Blutzellen gehören der hämatopoetischen Zellreihe an und entstammen einer Population pluripotenter Stammzellen. Diese finden sich hauptsächlich im Knochenmark, wo sie sich teilen und differenzieren. Die Hämatopoese erfolgt nur unter ständiger Zufuhr von Wachstumsfaktoren wie Erythropoetin und verschiedene CSF (colony stimulating factors, siehe Anhang 3). Erythrozyten, Thrombozyten, B-Lymphozyten sowie die Granulozyten verlassen das Knochenmark als reife Zellen. T-Lymphozyten reifen im Thymus, Makrophagen gehen erst im Gewebe aus Monozyten hervor und auch Mastzellen reifen erst im

Gewebe. Hämatopoetische Stammzellen im Knochenmark differenzieren wie in Abb. 2.3 dargestellt.

Der Thymus ist ein walnussgroßes Organ und befindet sich oberhalb des Herzens. Er wächst im Kindesalter, aber nach der Pubertät erfolgt eine allmähliche Umwandlung in Fettgewebe (physiologische Involution). Für T-Lymphozyten bildet der Thymus eine wahre „Kadettenanstalt“: Die als Prolymphozyten eingetretenen Zellen differenzieren während ihres Aufenthaltes im Thymus unter dem Einfluss von sog. Thymusfaktoren (Thymushormone) und Zytokinen zu immunkompetenten T-Lymphozyten (T-Helferzellen und zytotoxischen Lymphozyten). Dabei kommt es zur Expression charakteristischer Oberflächenmoleküle, insbesondere der antigenerkennenden T-Zell-Rezeptoren (TCR)(siehe Kap. 2.6.1.3). Jeder T-Lymphozyt synthetisiert nur einen bestimmten, antigenspezifischen

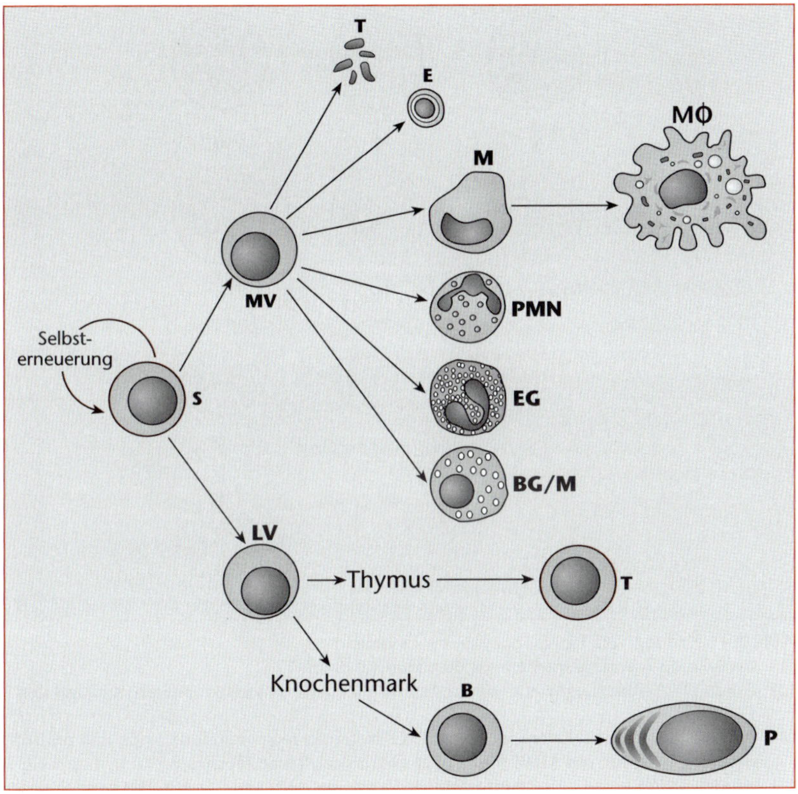

Abb. 2.3 Hämatopoese. Die hämatopoetische Stammzelle (S) ist eine pluripotente, sich selbst via Zellteilung erneuernde Zelle des Knochenmarks. Aus Abkömmlingen der hämatopoetischen Stammzelle gehen im Knochenmark zwei Hauptdifferenzierungslinien hervor:
(1) Aus myeloiden Vorläuferzellen (MV) werden Thrombozyten (T), Erythrozyten (E), Monozyten (M) bzw. Makrophagen (Mϕ), polymorphkernige neutrophile Granulozyten (PMN), eosinophile Granulozyten (EG) sowie basophile Granulozyten bzw. Mastzellen (BG/M).
(2) Aus lymphoiden Vorläuferzellen (LV) entstehen die Lymphozyten, nämlich T-Lymphozyten (T), B-Lymphozyten (B) bzw. Plasmazellen (P).
Die Zellen der unspezifischen Abwehr entwickeln sich zum größten Teil im Knochenmark. Die Lymphozyten hingegen durchlaufen hier allerdings nur eine partielle Reifung (nach ABBAS und LICHTMAN 2003, modifiziert).

TCR. Dieser charakterisiert die T-Zelle und wird in großen Stückzahlen auf seiner Zelloberfläche exprimiert.

Sektion I

Merke:
Der Thymus-lymphozytäre Reifungsprozess beinhaltet neben dem Erwerb der Antigen- bzw. Rezeptorspezifität auch die Entwicklung der sog. T-Zell-Toleranz (Abb. 2.4).

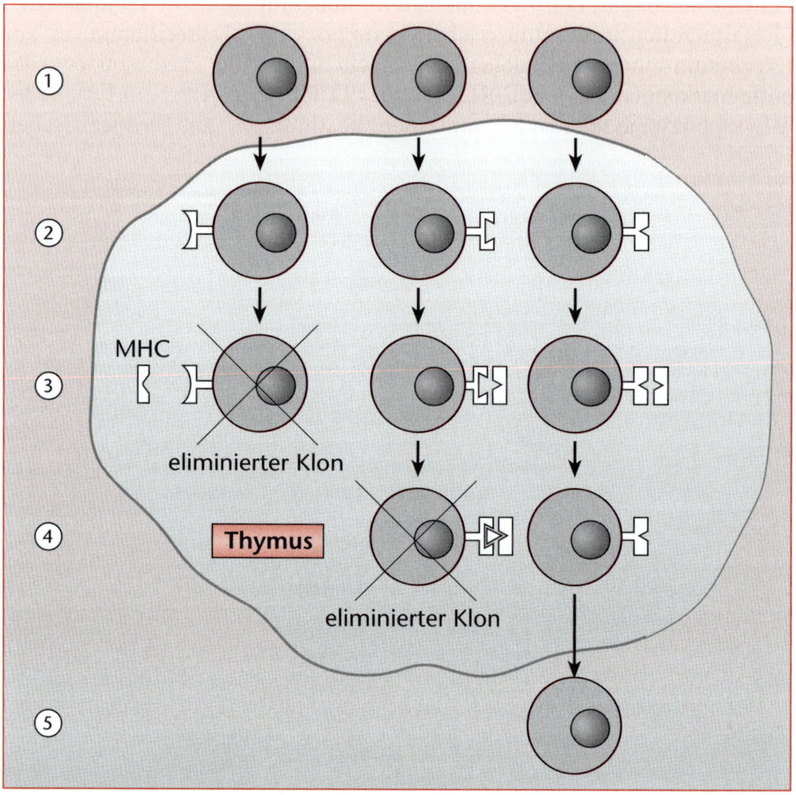

Abb. 2.4 Reifung von T-Lymphozyten im Thymus.
(1) Lymphoide T-Vorläuferzellen aus dem Knochenmark.
(2) Durch DNA-Rearrangement* determinierte T-Zell-Rezeptoren verankern sich auf den T-Zellen
(3) Positive Selektion: T-Zellen, die mit MHC-Proteinen reagieren, teilen sich und proliferieren. Solche, die mit MHC keine oder eine zu schwache Wechselwirkung eingehen, würden später keine präsentierte Antigenfragmente erkennen können. Sie werden deswegen jetzt (per Apoptose*) beseitigt.
(4) Negative Selektion: T-Zellen, die mit körpereigenen Proteinen („Selbst"-Antigene) zu stark reagieren, werden ebenfalls per Apoptose getötet. Hingegen proliferieren solche Zellen, die nicht mit körpereigenem Antigen reagieren, weiter.
(5) Peripherie: T-Zellen, deren Antigenrezeptor prozessierte, durch MHC-Proteine präsentierte Fremdpeptide erkennt, verlassen den Thymus und treten in den Lymphkreislauf ein.
Dieser Selektionsprozess gestaltet sich sehr anspruchsvoll: über 95% der gebildeten T-Zellen sterben im Thymus, weil ihre TCR den Anforderungen nicht genügen. Somit wird sichergestellt, dass jede T-Zelle, die den Thymus verlässt, nur mit MHC-I oder MHC-II komplexierte Fremdantigene erkennt (siehe Kap. 2.6.1.1) (nach MADIGAN et al. 2001, modifiziert).

2.1 – 2.6

Nachdem die T-Zellen den Thymus verlassen haben, verändern sich die TCR nicht mehr. So findet keine somatische Diversifikation der TCR-Gene mehr statt, wie sie im Laufe der Immunantwort bei der „Schärfung" der Antikörperspezifität bei den Immunglobulingenen in B-Lymphozyten erfolgt (siehe Kap. 2.6.2.1). Dies ist ja auch sinnvoll, da bei einer späteren Änderung der TCR die Gefahr bestehen würde, dass die T-Zellen ihre Toleranz gegen körpereigene Oberflächenmoleküle verlieren könnten, was zu Autoimmunreaktionen führen könnte.

Zum Zeitpunkt der Thymusrückbildung sind längst alle peripheren lymphatischen Organe mit T-Lymphozyten ausgestattet, die sich vor Ort vermehren und ihre Spezialisierung abschließen. Von dort strömen sie danach ständig aus, um ihre „Überwachungsrunden" durch den Körper zu drehen.

Die sekundären lymphatischen Organe.
Die sekundären lymphatischen Organe bewachen alle „Eingänge" des Körpers, an denen Antigene* in den Organismus gelangen können. Das Immunsystem der Schleimhäute (CMIS*) bzw. das MALT (mucosa-associated lymphoid tissues) nimmt diese Aufgabe wahr für beispielsweise Nahrung, Darmbakterien oder eingeatmete Luft. Es handelt sich um diffus verteilte, lymphatische Zellaggregate in der Submukosa des Gastrointestinaltraktes (GALT, gut-associated lymphoid tissues) und des Atemweges (BALT, bronchus-associated lymphoid tissues). Zum GALT gehören die Tonsillen des Rachens und des Gaumens sowie spezialisierte Strukturen (die sog. PEYER'schen Plaques) im Dünndarm. Es sind dies die Orte, wo während der Immunantwort naive Lymphozyten den Antigenen* begegnen, spezifisch aktiviert werden und daraufhin zu Tochterpopulationen von funktionell aktiven Lymphozyten (beispielsweise reifen B-Lymphozyten zu Plasmazellen) oder Gedächtnislymphozyten führen. Sekretorisches IgA wird als lokale humorale Immunantwort gebildet.

Lymphe entsteht durch Austritt von Blutplasma aus den Blutkapillaren in das umliegende Gewebe. Daraufhin fließt sie in den Gewebsspalten, nimmt hier Antigene* auf, wird durch besondere Gefäße (Lymphgefäße) gesammelt und strömt via afferente Lymphwege zu den Lymphknoten. Die Lymphknoten wurden früher als „Lymphdrüsen" bezeichnet, zu Unrecht, da sie gar keine Sekrete bilden. Vielmehr stellen sie Filtrierstationen dar, in welchen aus den Geweben stammende Lymphflüssigkeit auf die Anwesenheit von antigenen Substanzen sondiert und mit Hilfe antigenpräsentierender Zellen eine Immunantwort ausgelöst wird. Mehrere afferente Lymphgefäße, die in verschiedenen Geweben ihren Ursprung haben können, sammeln sich in einem Lymphknoten und konzentrieren so Antigene aus einem großen Bereich auf kleinem Raum. Die Lymphe verlässt den Lymphknoten über efferente Lymphgefäße und gelangt über den ductus thoracicus zurück in den Blutkreislauf (Abb. 2.5).

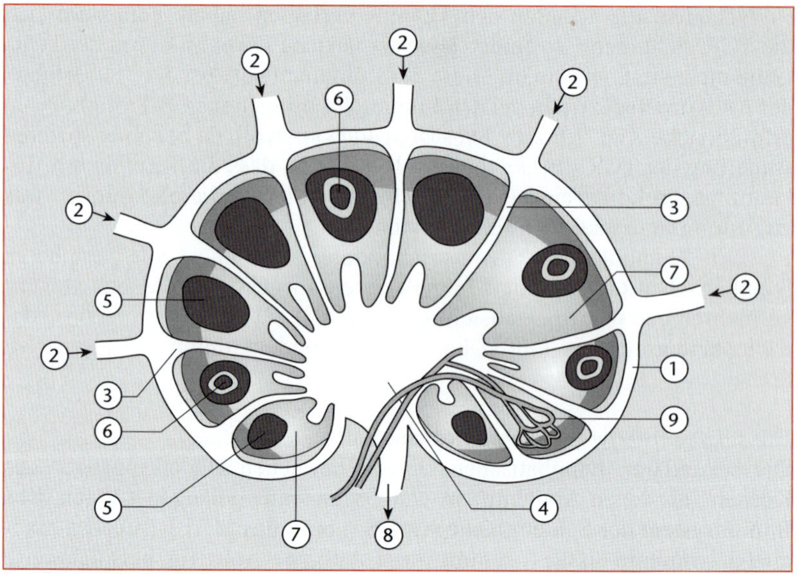

Abb. 2.5 Schematische Darstellung eines Lymphknoten. 1 = Kapsel (Randsinus); 2 = afferente Lymphgefäße. Afferente Lymphe enthält insbesondere Antigen*, aber auch Lymphozyten und antigenpräsentierende Zellen. Letzere können mit Antigen, welches im peripheren Gewebe abgefangen wurde, beladen sein. Lymphozyten treten aber vor allem direkt aus der Blutbahn in den Lymphknoten ein. Dies geschieht in mit einem speziellen Endothel bestückten Gefäßen, sog. „high endothelial venules" (Hev, 9). Die zugeführte Lymphe diffundiert via Septen (3) oder dazwischen lokalisierten lymphozytenreichen Arealen ins Mark (Medulla, 4). In der Medulla und in den Septen (3, 4) finden sich Makrophagen, welche bei der nicht-spezifischen Säuberung der Lymphe involviert sind. Die lymphozytenreichen Areale bestehen aus B-Zell-Arealen (vor allem im Kortex gelegene primäre (5) und sekundäre (6) Follikel) und sich im Parakortex (7) befindlichen T-Zell-Arealen. In den B- und T-Zell-Arealen reifen die entsprechenden Lymphozyten, nachdem sie mit Hilfe antigenpräsentierender Zellen mit Antigen in Kontakt gekommen sind. Sekundäre Follikel werden nach Antigenkontakt gebildet und enthalten ein zentral gelegenes Keimzentrum, welches B-Lymphoblasten beherbergt. Aus ihnen entstehen vorwiegend IgG-bildende Plasmazellen und antigenspezifische Gedächtniszellen, die zum Teil den Lymphknoten zusammen mit vielen naiven Lymphozyten über die efferente Lymphe verlassen (8) und in das Blut gelangen.

Merke:
Lymphknoten haben die Aufgabe, möglichst viele Antigene möglichst vielen Lymphozyten zu präsentieren, um so die Wahrscheinlichkeit zu erhöhen, dass ein Antigen* von „seinem" spezifischen Lymphozyten erkannt wird. Afferente Lymphe ist reich an Antigen und arm an Zellen. Efferente Lymphe ist reich an Zellen und arm an Antigen.

Hat die Antigenerkennung tatsächlich stattgefunden, beginnt die Immunantwort (T-Zell-Aktivierung, Antikörperbildung). Hierbei nimmt die Durchblutung des Lymphknotens schnell zu und es entwickeln sich große Sekundärfollikel mit aktiven Keimzentren. Dadurch schwillt der Lymphknoten innerhalb von wenigen Tagen um ein vielfaches des Ausgangsvolumens, was zu einer schmerzhaften Anspannung der Lymphknotenkapsel führt.

Die Milz ist gewissermaßen ein dicker Lymphknoten etwas abseits des Lymphkreislaufs. Sie besitzt selbst keinen lymphatischen Kreislauf, sondern wird nur über die Blutbahn versorgt. Wie im Lymphknoten werden auch in der Milz Antigene präsentiert, immunkompetente Zellen aktiviert und Antikörper hergestellt. Die Milz unterscheidet sich jedoch von den Lymphknoten, indem sich in ihr Antigene aus dem Blut und nicht aus den Geweben sammeln. Neben dieser immunologischen Rolle hat die Milz bekanntlich weitere Aufgaben, die hier nicht näher erläutert werden.

2.4 Das orale lymphoide Gewebe

Orale Gesundheit ist abhängig von der Integrität der epithelialen Auskleidung der Mundhöhle. Diese ist in der Regel undurchlässig für Mikroorganismen. Verhornungen erklären diese Tatsache nur teilweise: Teile der Gingiva, Lippen, Wangen, des Mundbodens und des weichen Gaumens sind bekanntlich nicht keratinisiert. Protektive Mechanismen sowie schützende Substanzen zur Verhütung einer mikrobiellen Gewebeinfiltration der oralen Mukosa und Gingiva gibt es in zahlreichen verschiedenen Formen:

- Beschichtung der Gewebe mit Speichelkomponenten: Vor allem Muzine gewährleisten die Undurchlässigkeit der oralen Epithelien und stellen daher eine wesentliche Komponente der unspezifischen Abwehr in der Mundhöhle dar (siehe Kap. 3.3).
- Die permanente Wanderung von polymorphkernigen neutrophilen Granulozyten (PMN) aus den peripheren Blutgefäßen durch die Gingiva in den Sulkusbereich. Generell bietet die ausströmende Sulkusflüssigkeit einen Schutz gegen Infekte (siehe Kap. 3.5).
- Zahlreiche immunkompetente Zellen, darunter zytotoxische T-Lymphozyten, T-Helferzellen und B-Zellen sowie antigenpräsentierende Langerhans-Zellen durchsetzen die Epithelien und die unmittelbar darunter liegende lamina propia.
- Durch (sub-)epitheliale Zellen freigesetzte Zytokine und durch kommensale Keime freigesetzte Mikrokine (siehe Kap. 2.6.2.3) beeinflussen die lokale Abwehr und stehen in einem physiologischen Gleichgewicht.
- Ständige Desquamation der obersten Epithelschichten der Schleimhäute, welche zur permanenten Abstoßung der mikrobiellen Biofilme führt.
- Lokal gebildete Defensine (EAP*) und sekretorische Antikörper (sIgA, siehe Kap. 3.3.5).
- Die Basalmembran, welche eine physikalische Barriere darstellt.

Auch in den oralen Schleimhäuten finden sich kleinste, MALT-artige Ansammlungen von lymphoidem Gewebe. Jedes mikrobielle Antigen*, dem es gelingt, die epithelialen Barrieren zu überwinden, gelangt via kleinste, initiale Lymphgefäße (Lymphkapillaren), welche in oralen Schleimhäuten, in den marginalen Parodontien und in den Zahnpulpen beginnen, in afferente Lymphgefäße. Diese münden in regionale Lymphknoten, welche sich in der Submandibularregion, Submentalregion, Parotisregion, im

Karotisdreieck sowie im seitlichen Halsdreieck befinden. Es gibt in der Mundhöhle 4 Ansammlungen von lymphoidem Gewebe: die Tonsillen, die submukösen lymphoiden Zellen, die lymphoiden Zellen der Speicheldrüsen und des Parodonts.

Die Tonsillen

Die Tonsillae palatinae, -pharyngeales, -linguales, und -tubariae bilden den sogenannten lymphatischen Rachenring (die Abgrenzung zwischen Mund-/Nasenhöhle und Rachenraum) (Abb. 2.6).

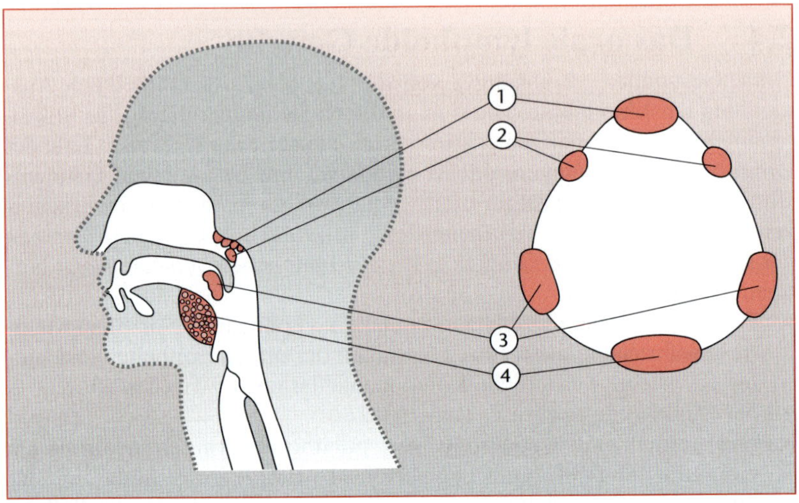

Abb. 2.6 Zum pharyngealen lymphoiden Gewebe des WALDEYER'schen Rachenringes gehören (1) Tonsilla nasopharyngealis (Adenoid), (2) die paarig angelegten, sich bei der pharyngealen Öffnung der Tubae auditivae befindlichen Tonsillae tubariae, (3) die paarig angelegten Tonsillae palatinae und (4) die Tonsilla lingualis. Sie gehören zum sog. schleimhautassoziierten lymphatischen Gewebe (MALT), ein Teil des Schleimhautimmunsystems (CMIS*).

Abb. 2.7 Gaumenmandel im senkrechten Schnitt (A) mit Ausschnitt aus ihrem Lymphepithel (B).

A: Die Gaumenmandel sitzt dem peritonsillären Bindegewebe (1) auf. 15 bis 20 Krypten (2) ziehen von der sichtbaren Oberfläche in die Tiefe des Mandelgewebes bis nahe an die Tonsillenkapsel und verzweigen sich dort. Die Plattenepithel tragende Oberfläche wird dadurch erheblich vergrößert: Bei einem Erwachsenen beträgt sie bis zu 300 cm^2 (3). In den Krypten werden Antigene* über einen längeren Zeitraum retiniert. Dies ermöglicht ihre Erkennung durch Lymphozyten und die Auslösung der spezifischen Immunantwort. Nahe dem Kryptenepithel finden sich in dem diffusen Lymphgewebe sekundäre Lymphknötchen (4): Follikel, die bevorzugt aus B-Lymphozyten bestehen und Keimzentren enthalten. Zwischen den Follikeln befindet sich die T-Zellregion, in die Hev münden und Lymphozyten aus der Blutbahn einwandern (vergleiche Abb. 2.5).

B: Vergrößerung. Die eigentliche Kontaktzone zwischen Immunzellen und Antigenen* in den Krypten ist ein schwammartig aufgelockertes Epithel, das mit lymphatischen Zellen (1) durchsetzt ist (Lymphepithel). Letztere gleichen den M-Zellen der PEYER'schen Platten (CMIS*). Lymphozyten (2) erreichen dieses Lymphoepithel via vaskuläre (3 und 4: T-Lymphozytenhoming via Diapedese durch Kapillar- bzw. Hev-Wände) und nichtvaskuläre Wege (5: Penetration von B-Zellen aus Follikel bzw. Keimzentren via Perforationen (6) in der Basalmembran).

2.1–2.6

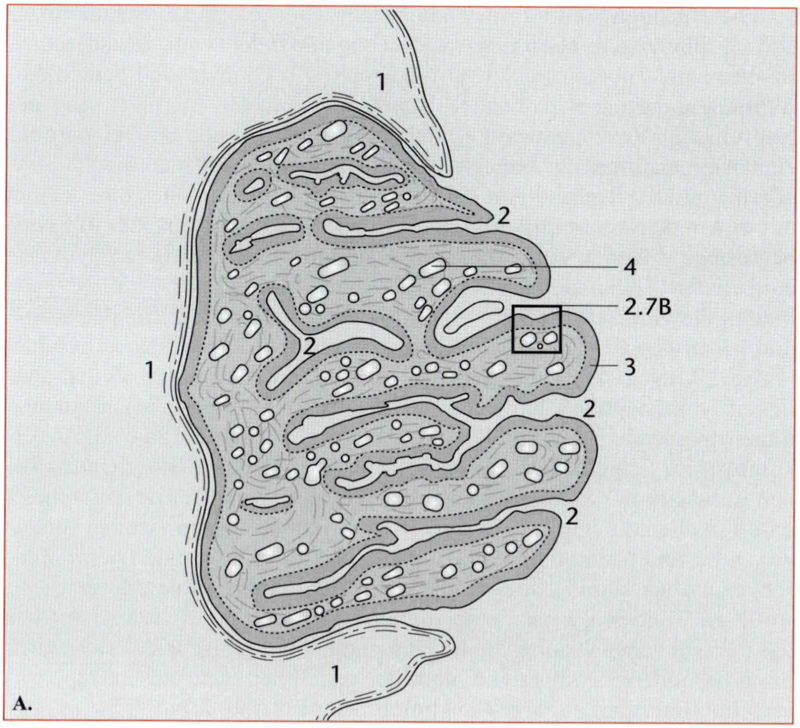

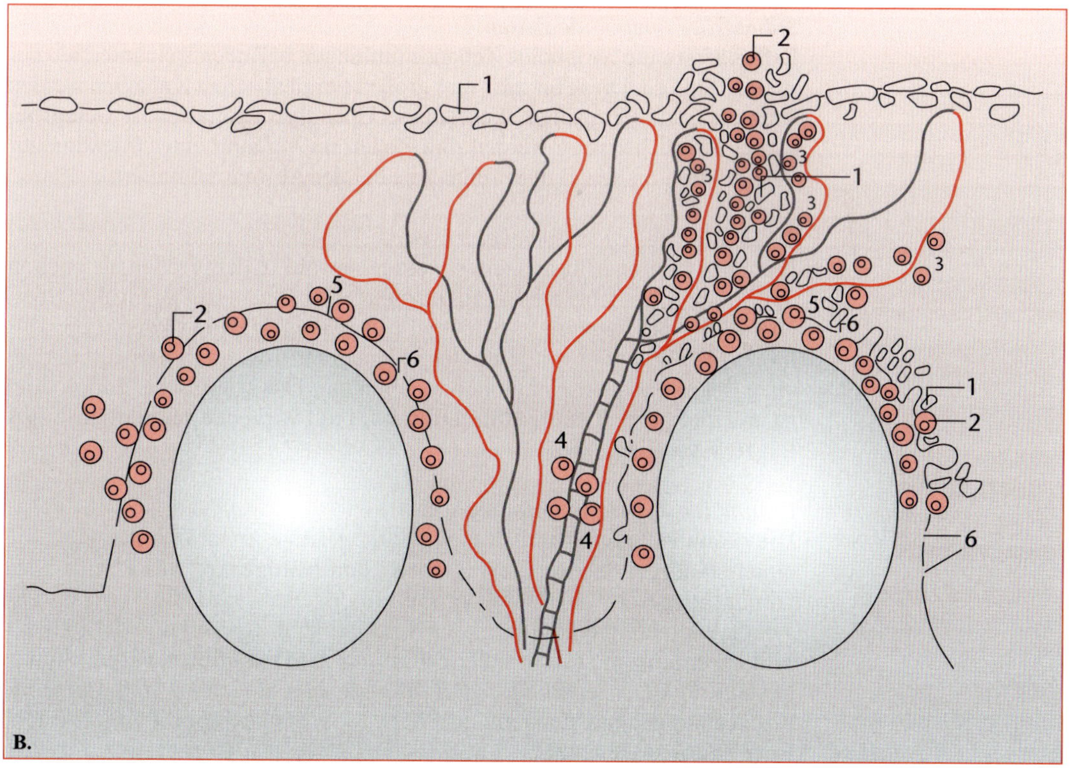

Die Tonsillen sind an ihrer Oberfläche vom jeweiligen Schleimhautepithel überzogen (Gaumen- und Zungenmandel vom Mundepithel, Rachen- und Tubenmandel vom Nasenepithel). Die Mandeln haben Abwehraufgaben gegen pathogene Keime, die mit der Atemluft oder der Nahrung den Racheneingang erreichen. Das bedeckende Epithel wäre für eine Antigenaufnahme ungeeignet. Die eigentliche Kontaktfläche zwischen Immunzellen und Antigenen* in den Krypten (siehe Abb. 2.7) ist mit einem schwammartig aufgelockerten Epithel versehen, das mit lymphatischen Zellen bzw. für die Antigenaufnahme spezialisierten, lymphoepithelialen Zellen durchsetzt ist, die den M-Zellen der PEYER'schen Platten ähneln. Bekanntlich wird eine bedeutende Menge Speichel-sIgA durch von den PEYER'schen Plaques stimulierte Lymphozyten gebildet (siehe CMIS*). Auch die Tonsillae palatinae bzw. ihre M-Zellen-ähnlichen lymphoepithelialen Zellen nehmen orale Antigene rasch auf und tragen in gleicher Weise wie die PEYER'schen Platten zum sIgA-Vorkommen im Speichel bei. Dieses Phänomen bildet eine Stoßrichtung bei der Entwicklung von Kariesvakzinen (siehe Kap. 9.4). Die Hypothese, dass Tonsillen die Speicheldrüsen mit IgA-bildenden Plasmazellen versorgen, wird unterstützt durch die Tatsache, dass Tonsilektomien beim Menschen zu einer signifikante Reduktion des IgA-Speicheltiters führen.

Diese Tonsillen weisen eine ähnliche histologische Anatomie auf wie die PEYER'schen Plaques. Die Gaumenmandel unterscheidet sich durch ihren besonderen Aufbau von allen übrigen Teilen des Rachenrings, was auf eine Besonderheit ihrer Funktion hindeutet (Abb. 2.7).

Submuköse lymphoide Zellen

Diffus zerstreute lymphoide Zellansammlungen befinden sich unterhalb der oralen Mukosa. Diese bis zu 3 mm großen lymphatischen Knötchen werden auch als „orale Tonsillen" bezeichnet. Über ihre Aufgaben ist wenig bekannt. Möglicherweise werden ihre Zellen im Verlaufe einer Infektion zur Proliferation und zu aktiver Teilnahme bei der Abwehr stimuliert.

Lymphoide Zellen in Speicheldrüsen

Lymphozyten und Plasmazellen werden sowohl in den großen als auch in den kleinen Speicheldrüsen angetroffen. Die Plasmazellen in den Speicheldrüsen produzieren vorwiegend IgA, wenig IgM und kaum IgG. Das monomere IgA wird mit Hilfe der sogenannten J-Kette dimerisiert und an einer sekretorischen Komponente gebunden. Das chemische Endprodukt ist das im Speichel anwesende, antimikrobiell wirkende sekretorische IgA (sIgA, siehe Kap. 3.3.5).

Lymphoide Zellen im Parodont

Die gesunde Gingiva enthält eine relativ geringe Anzahl Leukozyten, die einen ständigen Influx an Antigenen* und Mitogenen* aus Plaque-Biofilmen ausgesetzt sind. Dieser mikrobielle Reiz und die Wirtsabwehr stehen in einem physiologischen Gleichgewicht. Im Verlaufe der Plaquebildung nimmt die mikrobielle Belastung zu. Dies führt zu einer Stimulierung diverser entzündungsfördernder Mechanismen und zur Einwanderung großer Mengen von PMN, Makrophagen und Lymphozyten. Eine Gingivitis entsteht.

2.5 An der Immunabwehr beteiligte Zellen

2.5.1 Lymphozyten

2.1–2.6

Der menschliche Körper enthält etwa $2x10^{12}$ Lymphozyten. Vom gesamten Lymphozytenbestand findet sich 10% im Knochenmark, 70% in den anderen lymphatischen Organen, 4% im peripheren Blut und der Rest in diversen Geweben. Täglich werden ca. 10^9 Lymphozyten im Knochenmark neu gebildet. Ihre **zentrale Rolle für die Immunität** wurde Ende der fünfziger Jahre in einem klassischen Experiment nachgewiesen (Abb. 2.8).

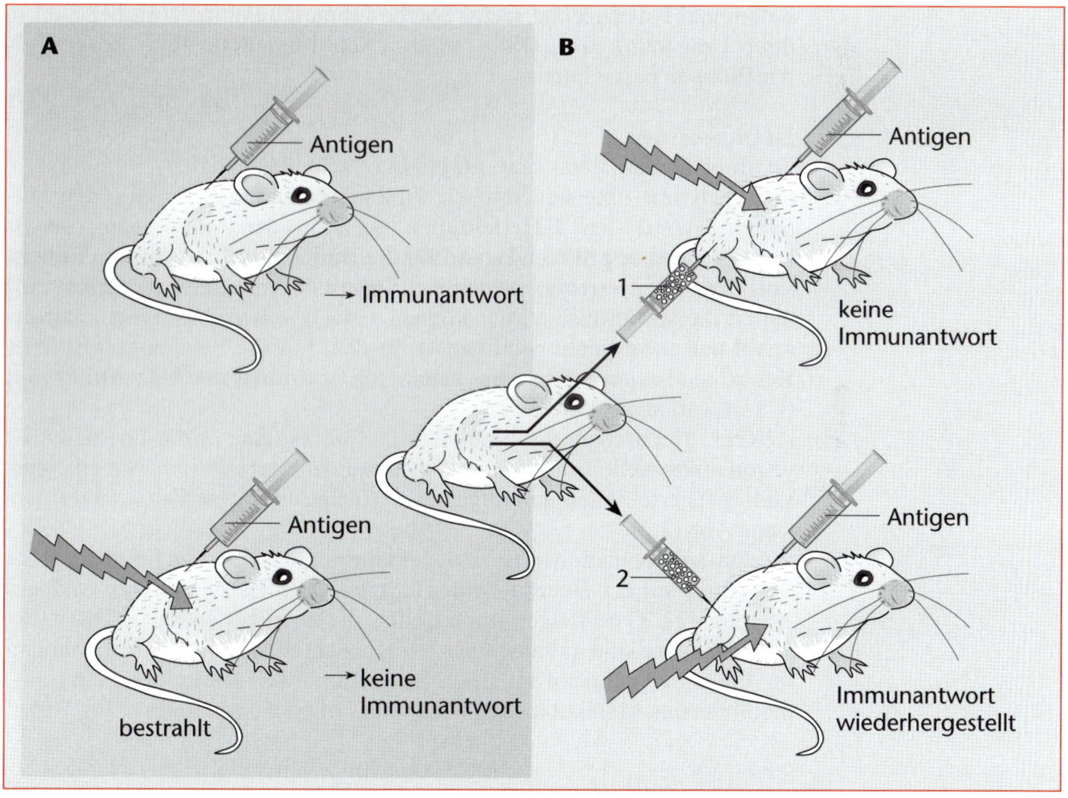

Abb. 2.8 Der klassische Versuch, mit dem die zentrale Rolle der Lymphozyten bei der Immunabwehr bewiesen wurde.
A: Zunächst wurden Mäuse intensiv (semiletal) bestrahlt, um die Proliferation und Differenzierung von Leukozyten vollständig zu unterbinden. Derart behandelte Tiere waren weder zu einer zellulären noch zu einer humoralen Immunantwort mehr fähig.
B: Bestrahlten Tieren wurden bestimmte Leukozyten (1, 2) von syngenetischen Tieren injiziert mit dem Ziel, die Immunkompetenz wiederherzustellen. Anschließend wurde erneut Antigen verabreicht. Es zeigte sich, dass nur die Tiere, bei denen Lymphozyten (2) injiziert worden waren, immunkompetent wurden.

Merke:
Die zentrale Aufgabe der Lymphozyten ist die Identifizierung von mikrobiellen Antigenen* bzw. von anomalen, entarteten körpereigenen Zellen (Tumorzellen).

Lymphozyten sind mobile Zellen, phagozytieren aber nicht. Sie verfügen über Oberflächenrezeptoren, welche Antigene hochspezifisch erkennen. Es werden zwei Hauptgruppen von Lymphozyten unterschieden: T-Lymphozyten und B-Lymphozyten.

T-Lymphozyten tragen als antigenerkennendes Molekül den sog. **T-Zell-Rezeptor** (TCR), ein in seiner Molekularstruktur dem Immunglobulin verwandtes Molekül (und somit zur Ig-Superfamilie* gehörend). TCR bleiben immer membrangebunden und erkennen Antigene nur dann, wenn diese durch ein Trägerprotein aus der Gruppe der Histokompatibilitätsproteine präsentiert werden (siehe Kap. 2.6.1.1, siehe MHC*).

B-Lymphozyten besitzen zellgebundene antigenerkennende Immunglobuline (**B-Zell-Rezeptoren**). Bestimmte B-Zellformen, bzw. reife B-Zellen und Plasmazellen setzen solche Immunglobuline in großer Zahl in ihrer Umgebung frei. Diese sezernierten Immunglobuline werden als **Antikörper** bezeichnet.

T-Lymphozyten
T-Lymphozyten lassen sich mit Hilfe verschiedener Kriterien in mehrere Subtypen mit unterschiedlichen Funktionen unterteilen. Bestimmte T-Lymphozyten, sog. **T-Helferzellen**, sind an der Aktivierung von B-Lymphozyten beteiligt und somit für die Bildung von Antikörpern bedeutsam. Krankheitserreger, welche sich innerhalb körpereigener Zellen aufhalten, beispielsweise Viren, können jedoch von Antikörpern nicht erreicht und somit nicht neutralisiert werden. Für die Bekämpfung solcher Keime sind andere T-Lymphozyten, sog. **zytotoxische T-Lymphozyten** (CTL), verantwortlich.

CTL durchsetzen die Epithelien und bilden eine „front-line-defence" gegen mikrobielle Eindringlinge, insbesondere gegen Viren: Sie erkennen viral infizierte Zellen und töten sie ab (ohne selbst geschädigt zu werden, siehe Abb. 2.2).

Beiden Subpopulationen ist u. a. gemeinsam, dass sie zur Erkennung des Antigens* auf der Oberfläche der Partner- oder Zielzellen ihren Antigenrezeptor (TCR) benötigen. Eine Zelle exprimiert bis zu ca. 30.000 TCR-Kopien. Diese sind in biochemischer Hinsicht identisch und charakterisieren die antigene Spezifität dieser Zelle. Der T-Zell-Rezeptor ist ein transmembranales Molekül und besteht aus zwei Glycoproteinen (Abb. 2.9).

Merke:
Ein T-Lymphozyt exprimiert jeweils nur einen bestimmten, antigenspezifischen TCR-Typ, welcher die antigene Spezifität dieses Lymphozyten charakterisiert.

2.1–2.6

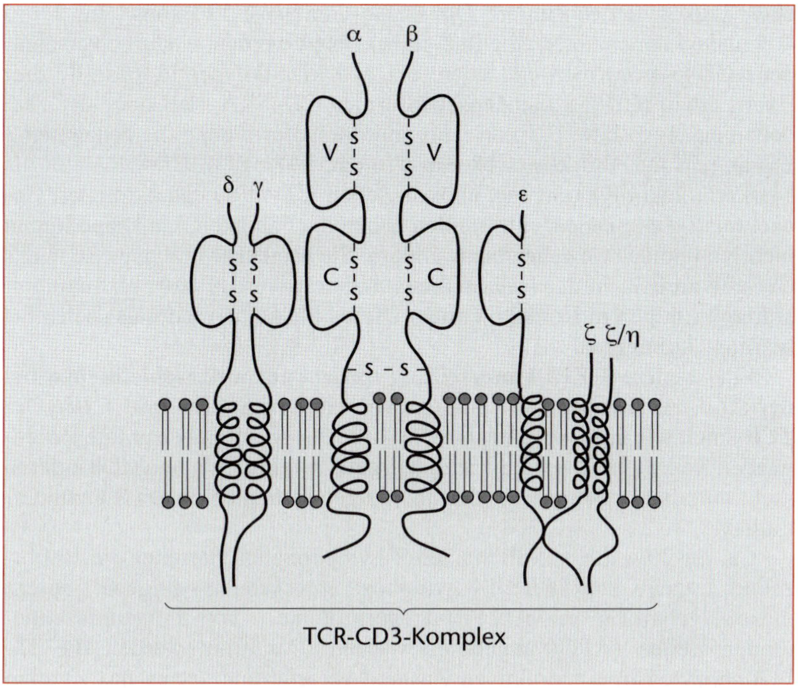

Abb. 2.9 TCR-CD3-Rezeptorkomplex. Der T-Zell-Antigenrezeptor weist eine heterodimere αβ-Struktur auf. Die α-Kette (OMIM-Nr.: 186880) und die β-Kette (OMIM-Nr.: 186930) ragen weit aus der Zelle und weisen eine Ig-artige, gefaltete Proteinstruktur* mit variablen (V) und konstanten (C) Domänen auf. α und β bilden gemeinsam die antigenbindende Stelle. Schwefelbrücken (S) verbinden einzelne Polypeptiddomänen und kommen bei allen Proteinen der Immunglobulin-Superfamilie* vor. Die Signalübertragung* erfolgt beim TCR über den sog. CD3-Komplex (CD-Nomenklatur, siehe Kap. 2.6.1.2). Dieser enthält 3 Polypeptidketten (ε, γ, δ) und zwei weitere, eigentlich CD3-unabhängige Ketten (ζ, η), die als Homodimere (ζ,ζ) oder Heterodimere (ζ,η) vorliegen. Die zytoplasmatischen Domänen der CD3-Proteine enthalten Aminosäuresequenzen, die man als sog. ITAMs* bezeichnet. Diese Sequenzen ermöglichen es den CD3-Proteinen, nach Stimulierung des Rezeptors, mit einer zytosolischen Tyrosinkinase (beispielsweise einer JANUS-Kinase) zu assoziieren und so das Signal ins Zellinnere zu übertragen (siehe Signalübertragung*). Insbesondere die zytoplasmatischen Domänen der ζ- und der CD3ε-Ketten sind hierbei von Bedeutung. Vor allem führt eine niedrige Expression der ζ-Ketten (CD247) zu einer gestörten Immunantwort. CD3 selbst ist nicht an der Bindung an die APC beteiligt, sondern aktiviert zusammen mit der Interaktion von CD28 mit B7 (CD80/CD86) die T-Zelle in Reaktion auf die Antigenpräsentation (siehe Abb. 2.11) (nach FERENČÍK 1993, modifiziert).

T-Zell-Rezeptoren besitzen eine ähnliche Struktur wie die Immunglobuline und gehören somit zur **Immunglobulin-Superfamilie***. Allerdings besitzen Immunglobuline zwei antigenbindende Stellen und TCR nur eine. Ähnlich wie bei Immunglobulinen beruht die Vielfalt der möglichen Antigenspezifitäten auf **DNA-Rearrangement***.

Antigene Stimulierung von noch nicht stimulierten, ungeprägten (naiven) T-Zellen resultiert in Zellteilung, klonaler Expansion und der Ausdifferenzierung von T-Helferzellen, zytotoxischen T-Zellen und Gedächtnis-T-Zellen. All diese Zellen lassen sich aufgrund ihrer unterschiedlichen Expression von CD45-Isoformen typisieren (CD-Nomenklatur, siehe Kap. 2.6.1.2). CD45, das „leukocyte common antigen“, wird von sämtlichen Leukozyten exprimiert. Das CD45-Gen weist 33 Exons* auf. Exon 4, 5 und 6 können unterschiedlich transkribiert werden, wodurch verschiedene CD45-Isoformen entstehen: ein 220 kDa-Polypeptid, das alle drei Exons erhält (CD45), die Zwischenformen CD45RA, -RB oder -RC, bei denen das 4., 5. bzw. 6. Exon fehlt und die Isoform ohne die genannten 3 Exons (ein nur 180 kDa schweres Protein, CD45RO). CD45RA gilt als Markermolekül für ruhende, naive T-Zellen. CD45RO charakterisiert Gedächtnis T-Zellen. Gedächtniszellen haben die Fähigkeit, via Diapedese in nichtlymphoides Gewebe einzuwandern. Sie wandern vorzugsweise in das Gewebe zurück, in dem sie erstmals aktiviert wurden bzw. erstmals mit „ihrem“ Antigen in Kontakt kamen. Dieses Phänomen wird als „selective homing“ bezeichnet.

Eine weitere **T-Zell-Unterteilung basiert auf unterschiedlichen bei der Antigenerkennung beteiligten Korezeptoren CD4 und CD8**. Der TCR spielt wie besprochen dabei die Rolle des spezifischen antigenerkennenden Rezeptors. Die membranständigen Proteine CD4 und CD8 agieren nicht nur als Korezeptor, sondern beteiligen sich auch an der Signalübertragung*.

Ca. 55-70% der zirkulierenden T-Lymphozyten, darunter die Helferzellen, tragen CD4. Diese T4-Lymphozyten erkennen Antigene*, sofern diese – gebunden an MHC*-II-Trägerproteine – von antigenpräsentierenden Zellen (APC) angeboten werden. Daraufhin werden die T4-Lymphozyten in einen aktiven Zustand versetzt und setzen das Zytokin Interleukin-2 frei, für das sie selbst Rezeptoren auf ihrer Oberfläche tragen. Die Folgen sind eine Autostimulation und klonale Expansion (Abb. 2.10).

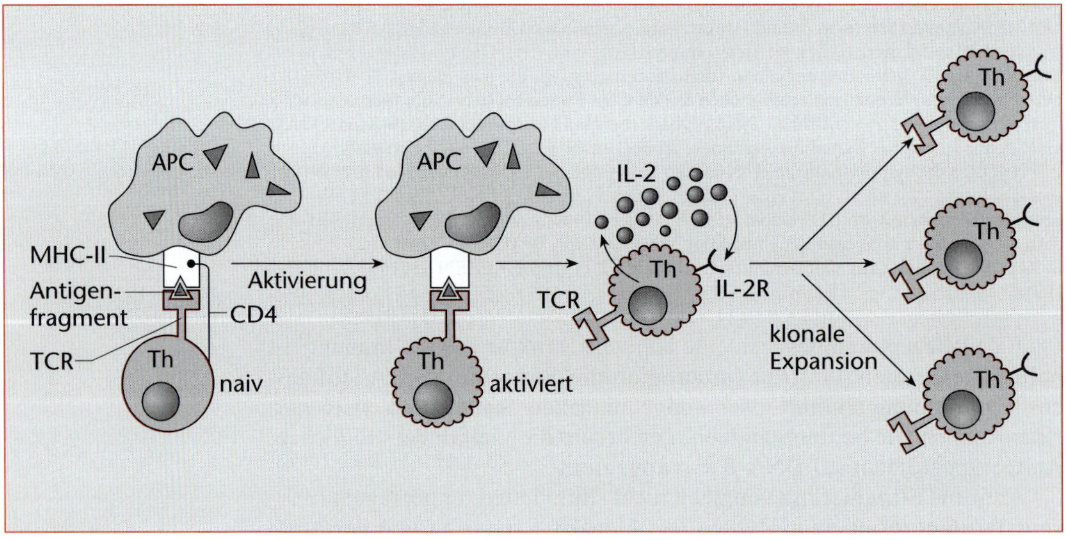

Abb. 2.10 Zentrale Bedeutung des Zytokins IL-2 für die T-Zell-Aktivierung. Hier abgebildet ist die Stimulierung von Helferzellen durch IL-2. Zwei Signale (vergleiche Abb. 2.11) bewirken, dass die T4-Zelle IL-2 sezerniert und gleichzeitig IL-2-Rezeptoren (IL-2R: CD25, CD122, CD132) an ihrer Oberfläche zu exprimieren beginnt. Die Bindung von IL-2 an seine Rezeptoren löst Proliferation und klonale Expansion der Helferzellen aus. Analog wie bei T4-Zellen ist IL-2 auch bei der klonale Expansion aktivierter T8-Zellen involviert.

Eine weitere Folge des APC-T4-Zellkontaktes und der darauffolgenden T-lymphozytären Zytokinproduktion ist die Aktivierung von B-Zellen mit identischer Antigenspezifität (Umwandlung in antikörpersynthetisierende Plasmazellen) und Makrophagen.

Zytotoxische T-Lymphozyten tragen als Korezeptor CD8 und nie CD4 auf ihrer Oberfläche. CD8 bindet an MHC-I-Proteine, die virale Antigenfragmente tragen (siehe Abb. 2.11).

Neben CD8 und manchen CD4-Zellen verfügen auch andere Zellen, beispielsweise die am Schluss dieses Unterkapitels behandelten NK-Zellen, über ein zytotoxisches Potenzial.

Schließlich tragen auch sog. **regulatorische T-Zellen** (früher: Suppressorzellen genannt) CD4 als Korezeptor. Möglicherweise leisten diese (generell noch wenig erforschten) Zellen – neben dem Verschwinden des auslösenden Antigens und der Produktion entzündungshemmender Zytokine – einen Beitrag beim Abklingen einer Immunreaktion (siehe Abb. 2.1) und bei der Erhaltung der immunologischen Toleranz gegenüber Selbstantigenen.

T-Zellen sezernieren nach wiederholter oder nach chronischer Stimulation ein eingeschränktes, z. T. unterschiedliches Zytokinrepertoire. Dies ist klinisch von Bedeutung, da je nach Zytokinmuster eine qualititiv unterschiedliche Immunantwort erfolgt: Bestimmte Zytokine aktivieren bestimmte Effektorzellen preferentiell bzw. fördern deren Reifung. Außerdem wird durch sie die B-Zell-Reifung zu IgG-, IgA- oder IgE-produzierenden Plasmazellen gesteuert. So führt beispielsweise eine überwiegende Interferon (IFN)-γ-Produktion zur Stimulation von Makrophagen und eine hohe Produktion von Interleukin (IL-4) zur B-Zell-Reifung und Antikörperbildung.

Die Zytokinmuster sind innerhalb der $CD4^+$- und $CD8^+$-Lymphozytenpopulationen unterschiedlich. Sie wurden bisher bei $CD4^+$-Zellen besser untersucht. Im Wesentlichen werden bei den Th-Lymphozyten aufgrund der Zytokinprofile drei Subklassen (Th1, Th2 und Th0) unterschieden: Th0-Zellen sind die Vorläufer von Th1- und Th2-Zellen und produzieren vor allem IL-2. Th1-Helferzellen synthetisieren IL-2 und IL-12, Tumornekrose-Faktor (TNF)-β und insbesondere IFN-γ. Th2-Lymphozyten schütten vor allem IL-4 und IL-5, aber auch IL-6, -10 und -13 aus. Th1- und Th2-Lymphozyten regulieren sich gegenseitig, indem IFN-γ die Proliferation von Th2-Zellen und IL-10 die Aktivierung von Th1-Lymphozyten hemmt. Das Th2-Zytokin IL-4 fördert indes die Differenzierung der Th2-Lymphozyten. Auf diese Art wird ein einmal eingeschlagener Vorzugsweg bei der Lymphozytenaktivierung verstärkt. Die antigene Stimulierung zusammen mit den entsprechenden Interleukinen in der Umgebung beeinflussen, ob mehr Th1- oder Th2-Zellen proliferieren bzw. ob mehr Th1- oder Th2-Zytokinen gebildet werden. Hieraus leitet sich die immunologische Antwort ab: Pathogene, die sich in großen Mengen in Vesikeln von Makrophagen und dendritische Zellen anhäufen, regen gewöhnlich die Differenzierung zu Th1-Zellen an. Extrazelluläre Antigene dagegen stimulieren eher die Bildung von Th2-Zellen.

Th1-Zellen initiieren eine zellvermittelte Immunantwort: Sie aktivieren die keimtötenden Eigenschaften von Makrophagen (vergleiche Abb. 2.12). Auch stimulieren sie in B-Zellen die Synthese von IgG-Antikörpern. Diese opsonieren bzw. „präparieren" extrazelluläre Pathogene sehr effektiv für die Phagozytose*.

Th2-Zellen lösen eine humorale Immunreaktion aus, in dem sie ungeprägte, noch „naive" B-Zellen dazu anregen, IgM-Antikörper zu bilden. Im Anschluß daran können sie ausserdem noch die Bildung weiterer Ig-Isotypen, darunter IgA, IgE sowie neutralisierender und/oder schwach opsonierender IgG-Subtypen aktivieren.

Eine Th1-dominierte T-Zell-Aktivierung führt zur Etablierung von granulomatösen Entzündungen mit Beseitigung von intrazellulären Pathogenen und Pilzen; eine Th2-Immunantwort bzw. die Bildung von Th2-Zytokinen zur Bildung von Antikörpern welche extrazelluläre Bakterien und Prasiten neutralisieren (vergleiche Kap. 10.5.3.1).

Auch CD8-Zellen sezernieren Zytokine, und zwar hauptsächlich vom Th1-Repertoire.

Im Gegensatz zu Antikörpern, die natives Antigen* binden, erkennen T-Lymphozyten ausschließlich kurze, „lineare" Antigen-Peptidfragmente, welche ihnen durch die MHC*-Moleküle von antigenpräsentierenden Zellen (APC) oder von virusinfizierten Zielzellen dargeboten („offeriert") werden.

Merke:
Voraussetzung für die T-lymphozytäre Antigenerkennung sind die Fragmentierung, Aufbereitung, Kopplung an MHC-Trägerproteine und Präsentation der Antigene* durch antigenpräsentierende Zellen oder virusinfizierte Zielzellen.

Antigenverarbeitung findet in vielerlei Zellen statt. Für die Auslösung einer Immunantwort sind allerdings einige spezialisierte Zellen (APC) bedeutsam, welche Antigen aufnehmen, zerlegen und in immunogener Form den T-Lymphozyten präsentieren. Alle APC exprimieren nach Stimulation MHC-Klasse II-Proteine und bestimmte Adhäsionsmoleküle (siehe Kap. 2.6.1). Es wird ein Unterschied gemacht zwischen den **klassischen APC** und den **nichtklassischen APC**. Zu den klassischen antigenpräsentierenden Zellen gehören vor allem Monozyten/Makrophagen, dendritische Zellen, die mit dendritischen Zellen verwandten Langerhans-Zellen (welche in Haut und Schleimhäuten vorkommen), Kupfferzellen (Lebermakrophagen) und diverse andere „strategisch" im Körper lokalisierte Gewebemakrophagen (Histiozyten). Auch B-Lymphozyten sind hocheffiziente APC, welche über ihre membranständigen Antikörper spezifisch mit Antigen reagieren, es daraufhin in die Zelle aufnehmen, zerlegen und zusammen mit MHC-II präsentieren können. Ebenso sind auch aktivierte T-Lymphozyten in der Lage, Antigene zu prozessieren und andere T-Zellen zu stimulieren. Schließlich enthalten die sekundären lymphatischen Organe sog. follikuläre dendritische Zellen (unbekannter Herkunft), welche standortgebunden Antigen* für längere Zeit an B-Lymphozyten präsentieren.

Auch nichtklassische APC (Thyreoideazellen, Keratinozyten, Pankreas β-Zellen, eosinophile Granulozyten und Mastzellen) können an MHC-II-Proteine gebundenes Antigen präsentieren. Ihnen fehlt jedoch das kostimulatorische Membranprotein B7 (CD80/CD86, vergleiche Abb. 2.11): Naive T-Zellen reagieren nur dann auf ein Antigen, wenn ein und

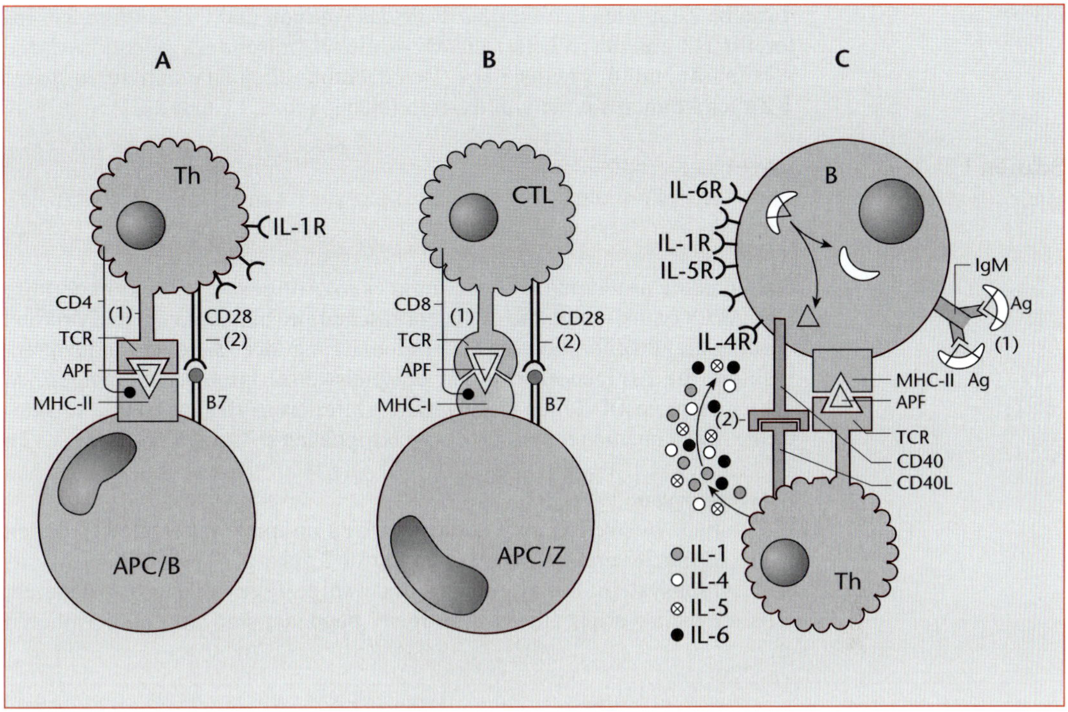

Abb. 2.11 Zwei-Signal-Modell zur Lymphozytenaktivierung: Vergleich zwischen den erforderlichen Signalen für die Aktivierung einer Helferzelle (A), einer zytotoxischen T-Zelle (B) bzw. einer B-Zelle (C).

A: Die naive $CD4^{+}$-Helferzelle (Th) erkennt mit ihrem TCR auf der APC das MHC-II Molekül mit dem Antigen-Peptidfragment (APF). Diese Bindung vermittelt das erste Signal (1). Das zweite Signal (2) erhält die Helferzelle durch die Interaktion der Zelloberflächenproteine B7 und CD28. Zytokine, insbesondere IL-2, sind ebenfalls an der Lymphozytenaktivierung beteiligt (vergleiche Abb. 2.10). Fehlt das zweite Signal (wie bei nichtklassischen APC), werden die naiven T-Zellen nicht stimuliert und es kommt zu keiner Immunantwort auf das präsentierte Antigen. Bereits einmal aktivierte Helferzellen (Gedächtniszellen) können allerdings durch nichtklassische APC (re)aktiviert werden. Professionelle Antigenpräsentation bzw. Aktivierung naiver T-Zellen finden vor allem im lymphatischen Gewebe (Lymphknoten) statt.

B: Die naive $CD8^{+}$ T-Zelle erkennt mit ihrem TCR an MHC-I gebundenes, fragmentiertes Antigen, welches von einer APC oder einer virusinfizierten Zielzelle (Z) offeriert wird und erhält so ein erstes Signal (1). Das zweite, kostimulierende Signal (2) besteht wiederum aus der Interaktion von B7 und CD28. Durch die beiden Signale werden die Differenzierung zu einer zytotoxischen Zelle (CTL) und die Bildung von Interleukin-2 induziert. Letzeres ist – wie gesehen – Voraussetzung für die klonale Expansion bei T-Lymphozyten (Abb. 2.10). Oft fehlt das kostimulierende Signal für CTL. In diesen Fällen wird ihnen das IL-2 von Th-Zellen geliefert. Reife CTL benötigen für die Interaktion mit einer Zielzelle nur noch das erste Signal.

C: Für die Aktivierung von B-Lymphozyten sind ebenfalls zwei Signale erforderlich. Das erste Signal (1) ist die Bindung des Antigens (Ag) an den Antigenrezeptor der B-Zellen (B-Zell-Rezeptor, in Form von membrangebundenem Immunglobulin) und die darauf folgende Endozytose. Signal (2) ist die T-B-Zellinteraktion über CD40 bzw. sein Ligand* (CD154) auf der aktivierten T-Zelle. Zusammen mit der Interaktion CD40-CD154 bewirken die freigesetzten Interleukine einen Wechsel der von der B-Zelle produzierten Ig-Klasse (siehe Abb. 2.15, siehe DNA-Rearrangement*).

Ag = Antigen; APC = antigenpräsentierende Zelle; APF = Antigen-Peptidfragment; B = B-Lymphozyt; B7 = CD80/CD86; CD40L = CD40-Ligand (CD154); CTL = zytotoxischer T-Lymphozyt; IgM = Immunglobulin M; IL(-R) = Interleukin (-Rezeptor); IL-1R = CD121; IL-2R = CD25/CD122/CD132; IL-4R = CDw124/CD132; IL-5R = CD125/CDw131; IL-6R = CD126/CDw130: MHC = major histocompatibility complex*; TCR = T-Zell-Rezeptor.

dieselbe Zelle gleichzeitig dem TCR das Antigen und CD28 (dem Rezeptor für B7 auf der T-Zelle) ein B7-Molekül präsentiert. Nichtklassische APC sind somit nur in der Lage, T-Gedächtniszellen zu reaktivieren; naive T-Zellen können sie nicht aktivieren (siehe Abb. 2.11 und 2.22).

Merke:
Für die Aktivierung von Lymphozyten sind mindestens zwei Signale erforderlich (Abb. 2.11).

Helferzellen produzieren – abhängig vom Antigenart, Zytokinrepertoire und APC-Typus – auf die Antigenpräsentation hin diejenigen Zytokine, welche die Proliferation und Differenzierung der B-Zellen induzieren. Erfolgte die Antigenpräsentation beispielsweise durch Makrophagen, so sezernieren die T4-Zellen das Zytokin γ-Interferon (IFN-γ), welches bakterizide Mechanismen innerhalb der Makrophagen in Gang setzt (Abb. 2.12).

B-Lymphozyten

B-Lymphozyten reifen im Knochenmark zu immunkompetenten B-Zellen heran. Danach verlassen sie das Organ und gelangen ins periphere Blut- und Lymphsystem. Sie zirkulieren nur wenige Tage und sterben dann ab, falls sie nicht vorher „ihrem" Antigen* begegnet sind. In den peripheren

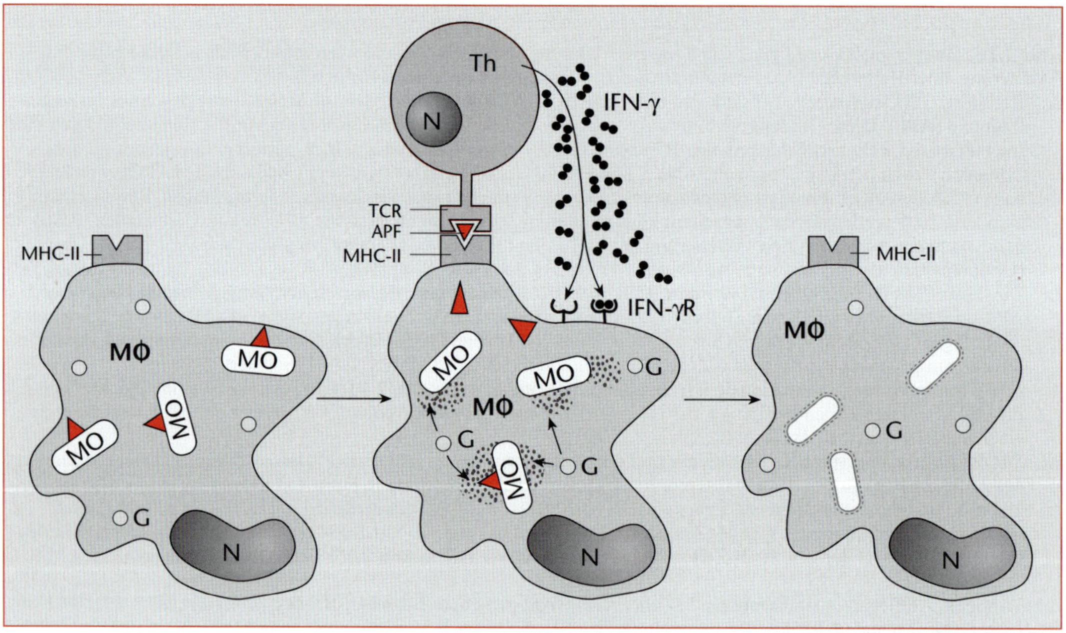

Abb. 2.12 IFN-γ fördert die intrazelluläre Zerstörung phagozytierter Mikroorganismen in antigenpräsentierenden Makrophagen.
In einem Makrophagen prozessiertes mikrobielles Antigen (APF, rot) bindet sich an MHC-Klasse II. Daraufhin erkennt und bindet die T-Helferzelle den MHC-Antigen-Komplex und sezerniert IFN-γ. Dieses Th1-Zytokin aktiviert den Makrophagen bzw. seine intrazellulären mikrobiziden (granula-vermittelten) Mechanismen, so dass bereits phagozytierte Mikroorganismen abgetötet werden (siehe PMN-Granula*, siehe Respiratory burst*).
G = Granula; IFN-γ = Interferon-gamma; IFN-γR = Rezeptor für IFN-γ (CDw119); MO = Mikroorganismus; Mϕ = Makrophage; N = Nucleus (Zellkern) (nach ROITT et al. 2001, modifiziert).

lymphatischen Organen, vor allem in den Lymphknoten (cortikaler Bereich), sind B-Lymphozyten massenhaft anzutreffen. Sie machen ca. 15-30% der Lymphozytenpopulation aus und sind leicht von T-Lymphozyten zu unterscheiden, da sie auf ihrer Zelloberfläche Antigenrezeptoren in Form membranständiger Immunglobuline tragen.

Merke:
B-Lymphozyten sind verantwortlich für die humorale Abwehr: Antikörperbildung, Antigen-Antikörperreaktionen und das humorale Gedächtnis.

In Analogie zur Situation beim T-Zell-Rezeptor trägt jeder B-Lymphozyt etwa 100.000 Ig-Moleküle (IgM, IgD) mit identischer Antigenspezifität. Als Reaktion auf die Bindung von Antigenen* teilen sich B-Zellen und die Nachkommenschaft differenziert zu Antikörper bildenden Plasmazellen oder zu Gedächtniszellen. Die von ihnen gebildeten Antikörper weisen die gleiche Antigenspezifität auf wie die membranständigen Immunglobuline der jeweiligen Mutterzellen. Diese B-Zell-Differenzierung geschieht meistens mit Unterstützung von T-Lymphozyten (siehe Abb. 2.15).

Eine T-unabhängige B-Zell-Aktivierung ist vergleichsweise selten, spielt aber in den Anfangsstadien der Infektabwehr eine wichtige Rolle:

- T-Zell-unabhängige Antigene sind z. T. auch Aktivatoren von Monozyten/Makrophagen und der alternativen Komplementkaskade.
- T-unabhängige B-Zell-Aktivierungen treten früher auf als die T-abhängigen B-Zell-Stimulationen, da sie keine vorherige Aktivierung und klonale Vermehrung von T-Helferzellen erfordern.

Zum Beispiel können bestimmte bakterielle Antigene naive B-Zellen ohne T-Zell-Hilfe zur Differenzierung stimulieren. Dies ist der Grund, weshalb Menschen mit T-Zell-Mängeln, beispielsweise Personen, die keinen Thymus und daher keinen funktionsfähigen T-Lymphozyten besitzen, trotzdem Antikörper gegen viele Bakterien bilden. Die T-unabhängige B-Zell-Aktivierung kann auf zwei Wegen stattfinden:

1. Typ-1-thymusunabhängige- oder TI-1-Antigene können – wenn sie in genügend hoher Konzentration vorliegen – die meisten B-Zellen polyklonal (d. h. unabhängig von der Spezifität der Antigenbindungsstellen ihrer Membranantikörper) und mitogen aktivieren. Deswegen werden TI-1-Antigene oft als B-Zell-Mitogene* bezeichnet (Abb. 2.13). TI-1-Antigene können aber weder einen Klassenwechsel (siehe Abb. 2.14 und Abb. 2.29) noch eine Affinitätsreifung oder B-Gedächtniszellen effizient induzieren, da all diese Differenzierungsleistungen eine spezifische T-Zell-Hilfe benötigen.
2. B-Zellen können polyklonal auch durch Antigene* mit sich häufig wiederholenden antigenen Determinanten, sog. multivalenten Antigenen oder TI-2-Antigenen, aktiviert werden. Zu diesen Antigenen zählen beispielsweise gewisse Viruspartikel, bakterielle Kapselpolysaccharide oder Flagellenproteine. Wird ein hoch repetitives Antigen gebunden, so reicht wegen der vielen Bindungen eine relativ geringe Antikörper-Antigenaffinität bereits aus, um zu großer Bindungsavidität (siehe Kap. 2.6.2.1) zu führen (Abb. 2.14).

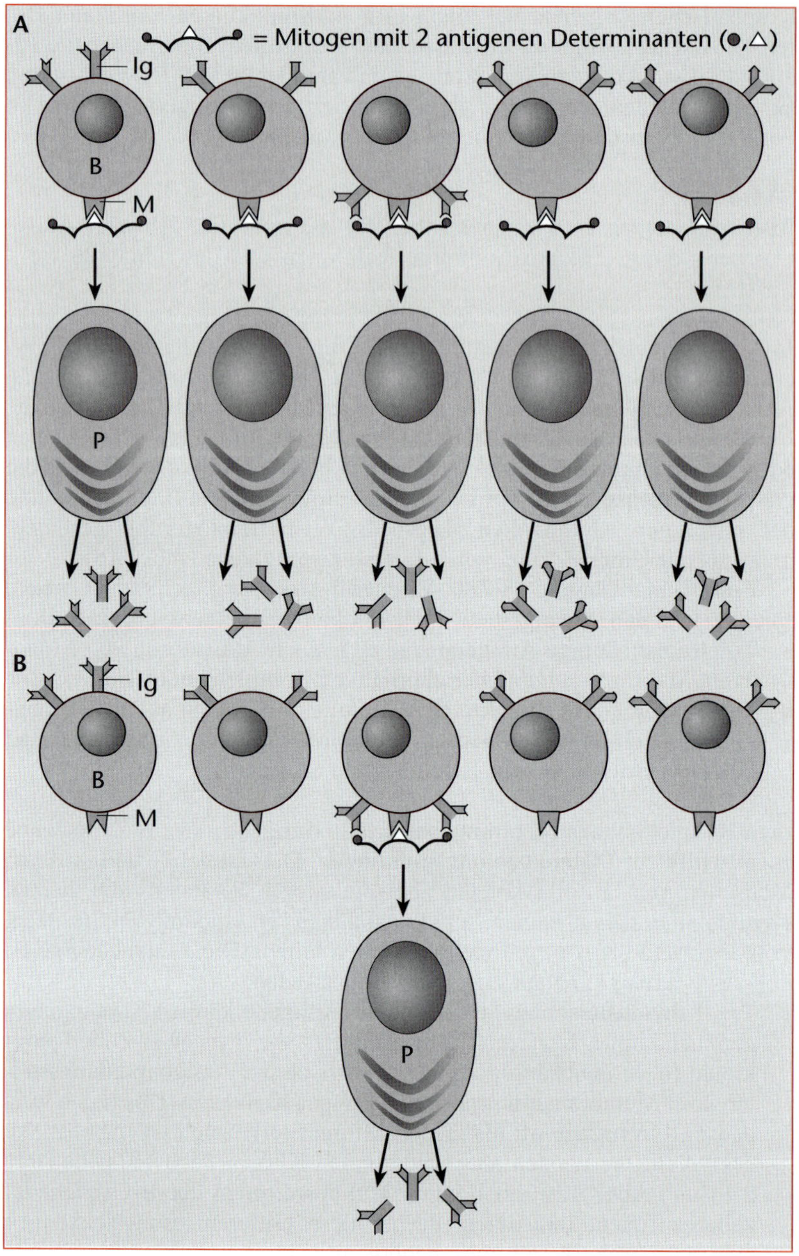

Abb. 2.13 TI-1-Antigene sind in hoher Konzentration polyklonale B-Zell-Aktivatoren. B = B-Zelle; Ig = Immunglobulin; M = Mitogenrezeptor; P = Plasmazelle.

A: Bei hohen Konzentrationen reicht das Signal, das B-Zell-aktivierende Anteile dieser Mitogene* freisetzt, dazu aus, die Proliferation und Antikörperproduktion der B-Zellen zu induzieren, unabhängig von einer spezifischen Bindung an die membrangebundenen Immunglobuline. Somit sprechen alle B-Zellen darauf an.

B: Während einer normalen Infektion *in vivo* sind die Konzentrationen meist jedoch niedrig und es erfolgt eine TI-1-antigenspezifische Antwort: Nur jene B-Zellen werden aktiviert, deren Immunglobuline diese TI-1-Moleküle binden (nach JANEWAY et al. 2002, modifiziert).

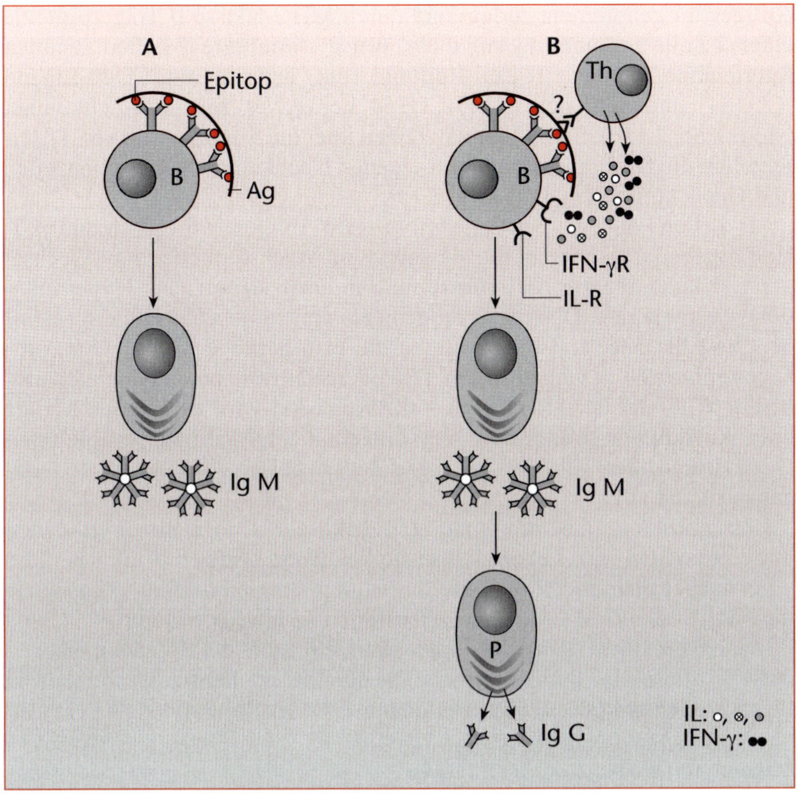

Abb. 2.14 Schematische Darstellung der Aggregation membranständiger Antikörper auf der B-Zelloberfläche durch ein multivalentes Antigen*. Wegen ihrer aus Zucker-Einheiten bestehenden repetitiven Struktur erweisen sich Polysaccharide generell als ausgezeichnete Aktivatoren der B-Zell-Reifung.

A: TI-2-Antigene allein können B-Zellen aktivieren. Multivalente Antigene besitzen zahlreiche Epitope (Antigen-Determinanten) auf ihrer Oberfläche, so dass viele membranständige Immunglobuline mit dem Antigen interagieren und sich zu dichten Aggregaten vernetzen. Diese Vernetzung löst die Aktivierung der B-Zellen und anschließende Freisetzung von niederaffinen Antikörpern der Klasse IgM aus.

B: Von T-Zellen freigesetzte Zytokine steigern allerdings die Produktion der Anti-TI-2-Antikörper erheblich und lösen einen Klassenwechsel aus (DNA-Rearrangement*). Es ist nicht klar, wie T-Zellen in diesem Falle aktiviert werden, da Polysaccharidantigene keine Peptidfragmente bilden, welche – von einer B-Zelle präsentiert (Abb. 2.11c) – von T-Zellen erkannt werden könnten.

B = B-Lymphozyt; IFN-γ = Interferon-gamma; IFN-γR = Interferon-gamma-Rezeptor (CDw119); IL = diverse Interleukine (u. a. IL-2, -4, -5 und -6); IL-R = Interleukin-Rezeptoren; P = Plasmazelle (nach JANEWAY et al. 2002, modifiziert).

T-abhängige B-Zell-Aktivierung:

Dennoch sind die meisten Antigene thymusabhängig (sog. „thymus-dependent“ oder TD-Antigene). Sie provozieren deshalb bei unmittelbar nach Geburt thymektomierten Versuchstieren keine Antikörperantwort. Binden sich T-abhängige Antigene an B-Zell-Rezeptoren, so verhalten sich diese Antigene z. T. als Hapten, als inkomplettes Antigen, und es wird keine Antikörperbildung ausgelöst. Vielmehr wird als Folge des Antigenkontakts auf der B-Zelloberfläche zusätzlich CD40 exprimiert, das

Antigen aufgenommen, zerlegt und durch MHC-Klasse II Trägerproteine einer T-Zelle präsentiert. Auf diese Weise stimulierte T-Zellen schütten Interleukine (für die B-Zell-Reifung) aus, exprimieren CD40-Ligand (CD154) und über den CD40-CD154 kommt es zum T-B-Zellkontakt (siehe Abb. 2.11c). Somit lösen B-Zellen über die Stimulierung von T-Helferzellen die Differenzierung ihrer eigenen Nachkommen zu Plasmazellen und Gedächtniszellen aus (Abb. 2.15).

B-Zellen können – per Endozytose – ein Antigen aufnehmen und es T-Helferzellen präsentieren, die sie dann zum Wachstum oder zum Wechsel der Ig-Klasse und zur Affinitätsreifung in Form somatischer Hypermutationen veranlassen. DNA-Rearrangements und somatische Hypermutationen sind die Mechanismen, welche die erforderliche Vielfalt der Antikörpermoleküle erzeugen (siehe DNA-Rearrangements*, siehe Mutationen*). Während der klonalen B-Zell-Expansion wird eine große Menge von **Antikörper bildenden Plasmazellen** und einigen **langlebigen Gedächtniszellen** gebildet. All diese Zellen weisen eine identische Antigenspezifität auf.

Plasmazellen (ausdifferenzierte, Antikörper sezernierende B-Zellen mit einer begrenzten Lebensdauer) stellen große Mengen Antikörper her, können aber nicht mehr mit T-Helferzellen interagieren. Ebenso haben sie die Fähigkeit zum Wechsel der sezernierten Ig-Klasse verloren.

Nach erneutem Antigenkontakt wandeln sich die Gedächtniszellen unter Einfluss von durch Helferzellen gebildetem Interleukin-4 rasch in Plasmazellen um (sekundäre Immunantwort).

Immuntoleranz bei B-Zellen:
Im Gegensatz zur klassischen zentralen T-Zell-Toleranz gegenüber Selbstantigenen werden B-Zellen gegen Selbstantigene in der Regel nicht negativ selektioniert (vergleiche Abb. 2.4) und sind somit potenziell selbstreaktiv. B-Zellen mit spezifischen Rezeptoren für periphere Autoantigene werden durch eine Reihe von Mechanismen in Schach gehalten: Es gibt zumindest 4 Erklärungen, weshalb reife B-Zellen, die mit ihren eigenen Rezeptoren körpereigene Moleküle in der Peripherie binden, nicht reaktiv sind (bei jedem dieser Mechanismen kann ein Versagen zu Autoimmunreaktionen führen).

Erstens werden B-Zell- und Antikörpertoleranz wesentlich über fehlende T-Hilfe kontrolliert: B-Zellen werden nur deshalb nicht zu einer Autoimmunantwort angeregt, weil die nötige T-Hilfe im Thymus deletiert worden ist (negative Selektion, siehe Abb. 2.4). In der T-Zell-Zone der peripheren Lymphknoten (siehe Abb. 2.5) sind keine mit Selbst-Antigenen reaktiven T4-Zellen vorhanden. In der Folge bleiben B-Zellen, die ein Selbst-Antigen erkennen, auf ihrer Wanderung in der T-Zell-Zone peripherer Lymphknoten gefangen und sterben durch Apoptose*.

Zweitens kann die Inaktivierung autoreaktiver B-Zellen in der Peripherie auf der Versetzung dieser Zellen in einen anergischen Zustand beruhen. Anergie, das heißt eine fehlende Reaktion auf die Anwesenheit von Antigenen, wird durch eine verminderte Expression von Oberflächen-IgM und von für die Signalübertragung* benötigten Korezeptoren bewirkt. Auch bei Kontakt mit löslichen Antigenen im Kreislauf kann es zur Anergie der B-Zellen kommen.

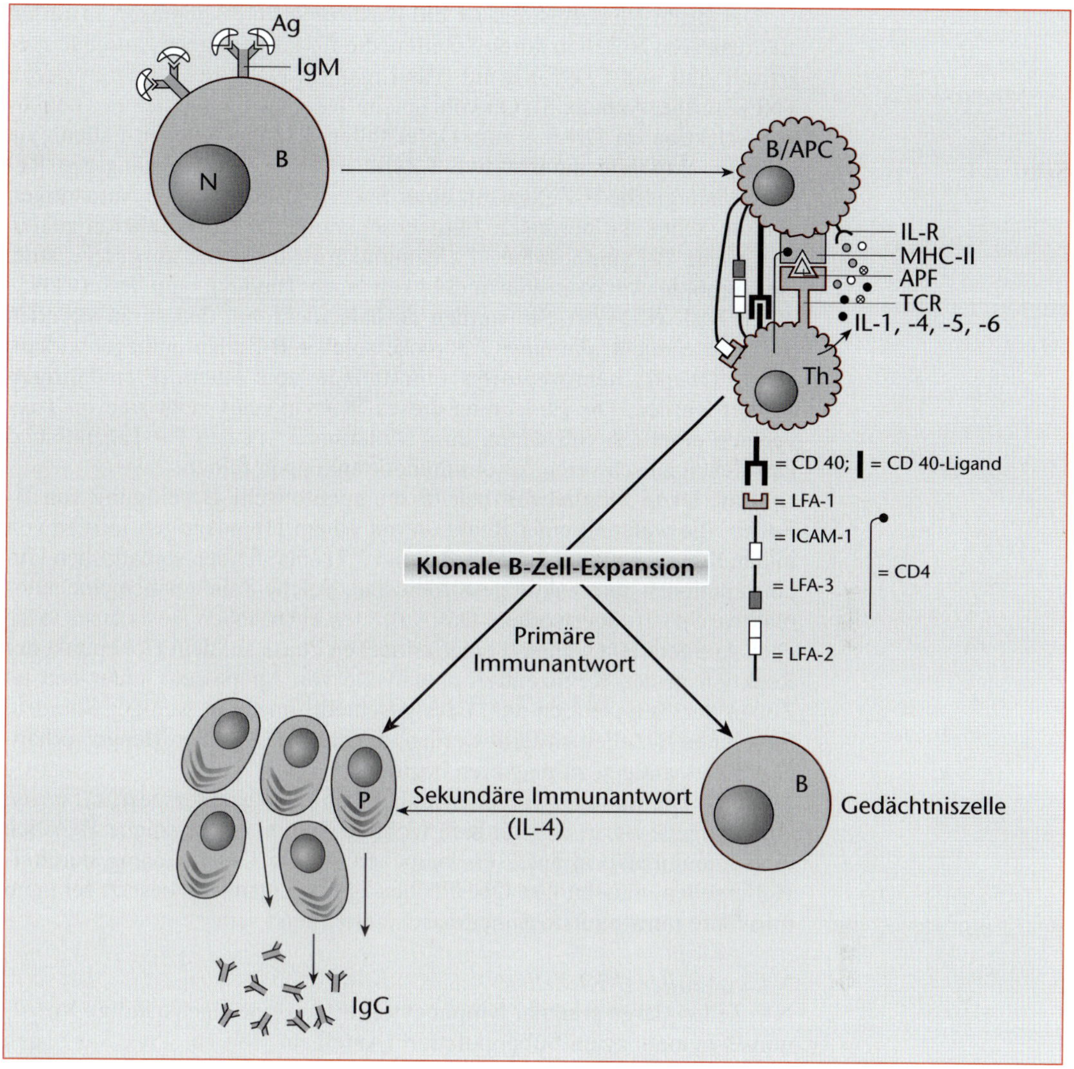

Abb. 2.15 T-B-Zellinteraktion und die Bildung von Antikörpern (Ak). Die B-Zelle bindet mit Hilfe ihres membrangebundenen Immunglobulins Antigene, endozytiert und zerlegt diese und präsentiert antigene Peptidfragmente (APF) via MHC-II einer T-Helferzelle. Daraufhin exprimiert die Helferzelle CD40-Ligand (CD154) und sezerniert Interleukin-4 und andere Zytokine. Über die Bindung CD40-CD154 kommt es zum T-B-Zellkontakt. Anschließend teilt sich die B-Zelle (klonale Expansion). Als Voraussetzung für die Ak-Produktion ist der T-B-Zell-Kontakt essenziell. Dieser wird intensiviert durch folgende Adhäsionsmoleküle: LFA-3 (CD58) und ICAM-1(CD54) finden sich auf der APC- bzw. B-Zell-Oberfläche. Ihre Liganden* sind LFA-2 (CD2) bzw. LFA-1 (CD11a/CD18), die von der T-Zelle exprimiert werden. Die Nachkommenschaft umfasst eine große Menge Antikörper bildender Plasmazellen (P) und einige Gedächtniszellen, welche sich nach einer zweiten Antigenexposition bzw. im Rahmen einer Sekundärantwort (siehe Kap. 2.6.2.1) – Interleukin-4-vermittelt – rasch vermehren und zu Plasmazellen differenzieren.
APC = antigenpräsentierende Zelle; B = B-Lymphozyt; CD = cluster of differentiation; ICAM = intercellular adhesion molecule; IgG = Immunglobulin G; IL = Interleukine; IL-R = Interleukin-Rezeptoren; LFA = lymphocyte functional antigen; N = Nucleus (Zellkern); P = Plasmazelle; Th = T-Helferlymphozyt (nach MADIGAN et al. 2001, modifiziert).

Der dritte Mechanismus ist die Auslösung von Apoptose* in reifen autoreaktiven B-Zellen durch T-Zellen, die für körpereigene Antigene spezifisch sind und CD95-Ligand (Fas-Ligand, CD178) exprimieren (siehe TNF-Familie, Anhang 3). Obwohl solche T-Zellen gewöhnlich der negativen Selektion im Thymus zum Opfer fallen, kann in seltenen Fällen eine gereifte, aktivierte autoreaktive T-Zelle in einer CD95-abhängigen Reaktion anergische B-Zellen mit einer Spezifität für dasselbe Autoantigen abtöten. Ohne die normalen Aktivierungswege der Kostimulation zeigen anergische B-Lymphozyten, die dauernd Autoantigenen ausgesetzt sind, eine erhöhte Apoptoseempfindlichkeit nach Bindung von Fas (CD95) durch FasL (CD178). Sie werden deshalb nicht von den stimulierenden Signalen erreicht, die einer Apoptose solcher B-Zellen entgegenwirken, deren Oberflächenrezeptoren unmittelbar von einem Fremdantigen besetzt wurden. Die Bedeutung dieses Mechanismus zeigt sich im Tierversuch eindrucksvoll daran, dass Mutationen* in den Fas-Ligand- und Fas-Genen zu schweren Autoimmunerkrankungen führen.

Eine letzte Möglichkeit betrifft die apoptotische Beseitigung von B-Zellen, die während einer Reaktion mit einem Fremdantigen infolge von in den Keimzentren (siehe Abb. 2.5 und 2.7) ablaufenden somatischen Hypermutationen autoreaktiv geworden sind. Solche Zellen haben eine autoreaktive Spezifität erworben. Das Auftreten einer hohen Dosis eines löslichen Antigens löst während einer kritischen Phase auf dem Höhepunkt der Reaktion in den Keimzentren eine Welle von Apoptosen* unter den B-Zellen der Keimzentren aus. Dies geschieht innerhalb weniger Stunden. So können B-Zellen entfernt werden, die auf ein in großer Menge vorhandenes Autoantigen zu reagieren beginnen.

Fazit: Die Existenz von B-Lymphozyten mit Rezeptorspezifität gegen Autoantigene ist an und für sich nicht schädlich. Bevor solche B-Zellen eine Immunreaktion auslösen, brauchen sie die Unterstützung durch T-Helferzellen, müssen ihre Oberflächen-Ig mit Liganden* besetzt sein und muss ihre intrazelluläre Signalmaschinerie intakt sein.

Natural-Killer (NK)-Zellen:

NK-Zellen (large granular lymphocytes) bilden eine eigenständige Non-T-non-B-Lymphozyten-Subpopulation (Anteil im Blut ca. 5%). Sie tragen zwar keine antigenspezifischen Rezeptoren auf ihrer Zellmembran und besitzen somit keine Antigenspezifität, weisen aber starke, MHC*-unabhängige zytotoxische Aktivität gegenüber virusinfizierten Zielzellen auf. NK-Zellen werden durch IL-2 und vor allem IL-12 angeregt und setzen selber TNF-α und IFN-γ frei. Phänotypisch sind sie u. a. durch die Exprimierung von CD2, CD8 und CD16 charakterisiert. Die Zerstörung virusinfizierter Zielzellen durch NK-Zellen erfolgt meistens durch dieselben Mechanismen wie bei den CTL, kann aber auch antikörpervermittelt sein und wird dann als **antikörperabhängige zellvermittelte Zytotoxizität** (ADCC) bezeichnet. Wie der Name sagt, ist ADCC abhängig von der Anwesenheit von Antikörpern. Diese müssen an spezifische Antigene* auf der Oberfläche virusinfizierter Zielzellen gebunden sein. ADCC wird ausgelöst, wenn der Fc-Anteil der Antikörper mit auf der Zelloberfläche der NK-Zellen befindlichen Fc-Rezeptoren (siehe Kap. 2.6.1.3) in Kontakt tritt (Abb. 2.16).

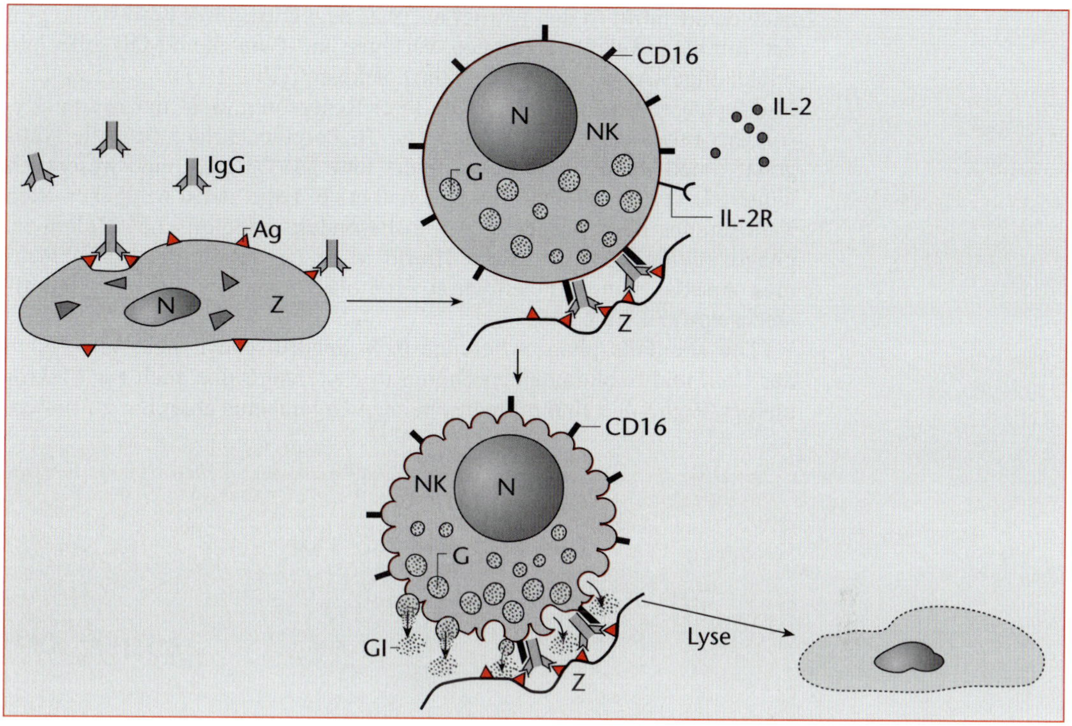

Abb. 2.16 Antikörperbedeckte Zielzellen (Z), welche auf ihrer Oberfläche virale Proteine (Antigene*, rot) exprimieren, können mittels einer sog. antikörperabhängigen zellvermittelten Zytotoxizität (ADCC) durch NK-Zellen abgetötet werden. Unter Einfluss von Zytokinen (insbesondere IL-2) exprimieren NK-Zellen FcγRIII (CD16). Sobald das IgG an CD16 bindet, werden die NK-Zellen aktiviert und töten die Zielzellen durch granulavermittelte Membranschädigung ab (vergleiche Abb. 2.2). ADCC kann auch IgE- oder IgA-vermittelt sein. Als Liganden* funktionieren dann FcεRII (CD23) bzw. FcαR (CD89). Ag = Antigen; CD = cluster of differentiation; FcR = Fc-Rezeptor; G = Granula; GI = Granulainhaltstoffe; IgG = Immunglobulin G; IL-2(R) = Interleukin-2 (Rezeptor); N = Nucleus (Zellkern); NK = Natural-Killer-Zellen (nach JANEWAY et al. 2002, modifiziert).

Auch an sich phagozytierende Zellen aus der PMN- und Makrophagen-Reihe sind zu ADCC befähigt, z. B. wenn die zu phagozytierenden Partikel sehr groß sind („frustrated phagozytosis, siehe Abb. 2.20).

2.5.2 Monozyten/Makrophagen (Mϕ)/Dendritische Zellen

Monozyten sind Makrophagenvorläuferzellen, die wie die anderen Leukozyten im Knochenmark gebildet werden. Sie zirkulieren nach ihrer Ausschleusung aus dem Knochenmark während etwa 20-30 Stunden im Blut, wo sie etwa 10% der Zellen ausmachen. Danach verlassen sie den Kreislauf und bilden sich im Gewebe zu Makrophagen um. Diese kommen in allen Körpergeweben vor und tragen häufig auch entsprechende Namen wie Peritoneal- oder Alveolarmakrophagen. Kupffersche Sternzellen sind Makrophagen der Leber. Auch Osteoklasten gehören zu dieser Zellreihe. Makrophagen sind somit phänotypisch heterogen. Zusammen mit den Mastzellen sind es die Mitglieder dieser Zelllinie, denen Eindringlinge

nach dem Eintritt in den Körper als erste begegnen. Ihrer Frontstellung in der Immunabwehr angemessen verfügen sie (wie die PMN) über ein reichhaltiges Arsenal von Rezeptormolekülen (Abb. 2.17).
Makrophagen erkennen mit Hilfe ihrer Rezeptoren nicht nur opsonierte, sondern mit wenigen Ausnahmen (z. B. Polysaccharide) fast alle Antigene*, auch wenn sie nicht opsoniert sind. Mϕ besitzen eine wesentlich längere Lebensdauer als PMN und sind in der Lage, nebst Antigenen auch Zelltrümmer oder körpereigene, insbesondere apoptotische* Zellen zu phagozytieren und abzubauen. Hierfür steht ein außerordentlich wirksames Arsenal von intrazellulären Hydrolasen und oxidierenden Stoffwechselprodukten bereit.

Die ebenfalls phagozytierende bzw. dendritische Langerhans-Zellen der Haut und Schleimhäute gehören in weiterem Sinne auch zur Makrophagen-Reihe. Sie sind im menschlichen Organismus ubiquitär zu finden,

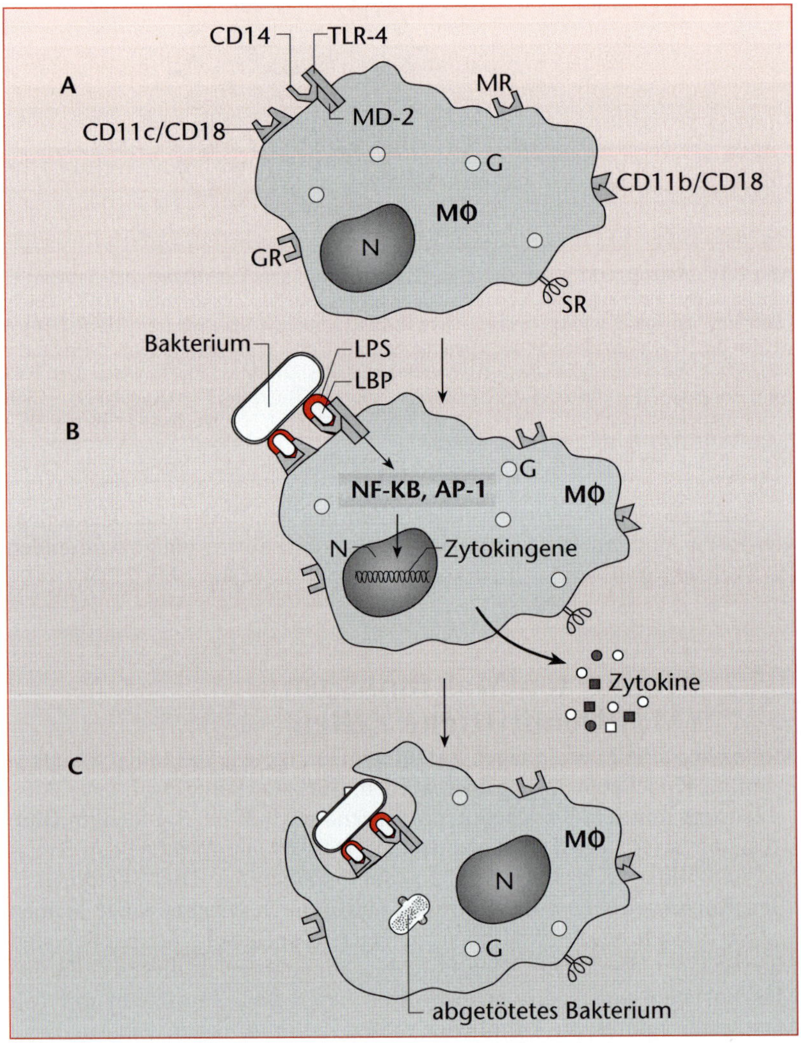

nehmen je nach Lokalisation eine unterschiedliche Gestalt an und sind somit phänotypisch unterschiedlich. Sie finden sich auch im parodontalen Saumepithel und liegen hier, wie in der Haut, in noch „unreifem" Zustand vor. Sie sind bedeutsame APC, müssen jedoch hierzu zunächst – via lymphatischem Abfluss – in den nächstgelegenen Lymphknoten migrieren. Erst dort erfolgt die Differenzierung zu interdigitierenden dendritischen Zellen bzw. die Exprimierung der für die Antigenpräsentation erforderlichen Adhäsionsmoleküle (CD54, CD58, CD80, CD86; siehe Kap. 2.6.1.4). Diese Zellen sind dann spezialisiert für Antigenpräsentation, phagozytieren aber kaum noch. Sie sind – als einzige der antigenpräsentierenden Zellen – in der Lage, ungeprägte, naive T-Lymphozyten, die noch kein Antigen* gesehen hatten, zu stimulieren (Primärantwort). Sie sind nicht zu verwechseln mit den follikulären dendritischen Zellen, die B-Zellen Antigene präsentieren (siehe Kap. 2.5.1).

Merke:
Makrophagen (Mϕ) haben – trotz ihres Namens – nicht nur eine Funktion als Phagozyt. Vielmehr ist ihre Hauptaufgabe eine regulierende bzw. modulierende: Durch die Ausschüttung von Zytokinen, Enzymen und Prostaglandinen/Leukotrienen (siehe Kap. 2.6.2) initiieren und steuern sie Entzündungsreaktionen. Außerdem sind Mϕ klassische antigenpräsentierende Zellen und unterstützen somit auch die spezifische Immunabwehr.

Abb. 2.17 Makrophagen (Mϕ) tragen eine Vielzahl von Bindungsstellen und Rezeptoren (sog. „pattern recognition receptors", PRRs), die im Rahmen der angeborenen Abwehr bestimmte mikrobielle Zellwandbestandteile, sog. PAMPs, darunter Lipopolysaccharide (LPS*, rot) erkennen und binden. Derlei Bindung führt zu einer Aktivierung von Transkriptionsfaktoren* bzw. zur Expression der für die Immunabwehr bedeutsamen Gene (vor allem die Zytokingene). In der Folge setzen die Makrophagen Zytokine frei und phagozytieren Mikroorganismen. Für zwei PRRs (den Rezeptorkomplex CD14/MD-2/TLR-4 und und das β2-Integrin* CD11c/CD18), die beide bakterielle LPS binden, ist dies dargestellt.

A: Der Makrophage exprimiert Rezeptoren für eine Vielzahl bakterieller Membrankomponenten.

B: Bakterien, welche an diese Rezeptoren binden, lösen – in der Zelle Signalübertragung* aus. Hier dargestellt sind die nach Erkennung und Bindung von bakteriellem LPS stattfindende Aktivierung der Transkriptionsfaktoren* AP-1 und NF-κB, deren Bindung an DNA sowie die darauf folgende Expression einer Vielzahl von Genen. Die Genprodukte (darunter proinflammatorische Zytokine wie IL-1, IL-6, IL-8 und TNF-α sowie Matrix-Metalloproteinasen) werden synthetisiert und zusammen mit Arachidonsäure-Endmetaboliten (v. a. Prostaglandine) und ROS in der Umgebung ausgeschüttet. Die Zytokine IL-1 und TNF-α fördern – da sie Makrophagen-induzierend wirken – somit ihre eigene Synthese.

C: Die Bakterien, an denen die Makrophagen binden, werden daraufhin phagozytiert und abgetötet (in gleicher Weise wie durch PMN, siehe Kap. 2.5.3).

AP-1 = adaptor-related protein complex-1 (OMIM-Nr.: 603534, 603531, 603533 und 603535); G = Granula; GR = Glycanrezeptor (OMIM-Nr.: ?); LPS = Lipopolysaccharid*; LBP = Lipopolysaccharidbindendes Protein; MD-2 = mit CD14 assoziierter LPS-Korezeptor (OMIM-Nr.: 605243); MR = Mannoserezeptor (OMIM-Nr.: 147280 und 154540); N = Nucleus (Zellkern); NF-κB = nuclear factor of kappa light chain gene enhancer in B-cells 1 (OMIM-Nr.: 164011); ROS = reaktive Sauerstoff-Moleküle; SR = Scavenger-Rezeptor (CD204, ein sog. Fress"-Rezeptor. OMIM-Nr.: 153622); TLR-4 = Toll-like receptor-4 (OMIM-Nr.: 603030) (nach JANEWAY et al. 2002, modifiziert).
OMIM: http://www.ncbi.nlm.nih.gov./omim/.

2.5.3 Polymorphkernige neutrophile Granulozyten (PMN)

2.5.3.1 Einleitung

PMN bilden mit 60-70% den weitaus größten Teil der im Blut zirkulierenden Leukozyten. Bei einem gesunden Erwachsenen werden im Knochenmark täglich ca. 10^{11} PMN gebildet. PMN zirkulieren geschätzte 8-20 Stunden im peripheren Kreislauf und werden danach in der Milz abgebaut bzw. migrieren (im Falle einer Infektion) ins Körpergewebe.

PMN gehören wie die Mϕ zur **unspezifischen zellulären Abwehr** und nehmen – per Endozytose – in den Körper eingedrungene Mikroorganismen auf. Ihre wichtigsten Zellorganellen sind die **Granula**, deren Inhaltsstoffe für die Abtötung von Mikroorganismen benötigt werden (siehe PMN-Granula*). Im entzündeten Gewebe ist der Sauerstoffpartialdruck niedrig. PMN können in diesem Milieu gut funktionieren, da sie die von ihnen benötigte Energie über die (O_2-unabhängige) Glycolyse gewinnen. Die extravasale Führung der PMN, hin zu den Eindringlingen, verläuft entlang einem Gradienten von chemotaktischen Faktoren (Chemotaxinen). Im infizierten Gewebe angekommen, sorgen die PMN für die primäre Abwehrleistung, indem sie Bakterien phagozytieren (Phagozytose*) und sie mit Hilfe ihrer lysosomalen Enzyme vernichten. Bei der Zerstörung der Eindringlinge opfern sich die PMN oft, da sie selbst durch die phagozytierten bakteriellen Toxine oder durch Apoptose* zerstört werden. Die Phagozytoseaktivität der PMN wird nachhaltig gefördert durch die Opsonierung von Mikroorganismen durch IgG-Antikörper und das Komplementbruchstück C3b (siehe Abb. 2.24).

2.5.3.2 Komplementfixierung als Bestandteil der unspezifischen Immunität

Nur die für das Funktionieren der PMN relevanten Eigenschaften des Komplementsystems (ausführlich besprochen in Kap. 2.6.2.2) sollen hier zusammengefasst werden. Der zur angeborenen Immunität gehörende alternative Aktivierungsweg des Komplements wird ausgelöst, wenn ein spontan aktiviertes Komplementbruchstück an die Oberfläche eines eingedrungenen Keimes bindet. Alternative Komplementfixierung führt, genau wie die anderen beiden Aktivierungswege des Komplements, zur Bildung von C3-Konvertasen. Diese Enzyme katalysieren die Reaktion:

$$C3 \Rightarrow C3a + C3b.$$

C3a gehört zu den (u. a. chemotaktisch wirkenden) Anaphylatoxinen*. C3b ist ein Opsonin, das sich kovalent an die mikrobielle Zellwand bindet.

Merke:
Alternative Komplementfixierung ermöglicht Opsonierung und Phagozytose* von Mikroorganismen durch PMN, bevor spezifische Immunabwehrmechanismen (Antikörperbildung) einsetzen.

2.5.3.3 Signalerkennung und Diapedese

Subepithelial lokalisierte Gewebemakrophagen und Mastzellen setzen als Reaktion auf die Anwesenheit von Eindringlingen Produkte wie IL-1, TNF-α, Histamin* und PAF in die Umgebung frei. Zusammen mit dem Anaphylatoxin* C5a bewirken diese Produkte eine stark **erhöhte Exprimierung von endothelialen Adhäsionsmolekülen** auf der Innenseite der Kapillarwände und fördern so die Anlagerung von PMN an die Endothelwand (Tab. 2.1). **2.1–2.6**

Zur Anlagerung an die o.g. Adhäsionsmoleküle exprimieren PMN ihrerseits Rezeptoren, welche in Tab. 2.2 aufgelistet sind.

Die nachfolgende Diapedese und die Migration ins Gewebe der PMN sind in Abb. 2.18 dargestellt.

Nach der Diapedese wandern die PMN einem chemotaktischen Gradienten entlang zum Infektionsort (**Chemotaxis**). PMN-Chemotaxine sind bakterielle Formylpeptide (FMLP), die Anaphylatoxine* C3a und C5a des Komplementsystems, der Arachidonsäure-Endmetabolit LT-B4, die Zytokine IL-1 und -8, die α-Chemokine, das β-Chemokin MIP sowie die Wachstumsfaktoren TGF-β und PDGF (vergleiche Anhang 3). Die Chemotaxine werden durch spezifische Rezeptoren auf der PMN-Oberfläche erkannt und gebunden. Neben diesen Chemotaxinen gibt es sog. Zytotaxigene: Agentien, die indirekt – über Aktivierung der

Tab. 2.1 Endotheliale Adhäsionsmoleküle, an die PMN binden.

Name	Frühere Bezeichnung	OMIM-Nr. (sofern zugeteilt)	Zugehörigkeit Adhäsin-Familie (siehe Kap. 2.6.1.4)
E-Selektin (CD62E)	ELAM-1	131210	Selektine*
P-Selektin (CD62P)	gmp140	173610	Selektine*
GlyCAM-1			Selektine*
ICAM-1 (CD54)	Adhesion molecule 1	147840	Ig-SF
ICAM-2 (CD102)		146630	Ig-SF

OMIM-Nr.: http://www.ncbi.nlm.nih.gov./omim/
CD = Cluster of differentiation; ELAM-1 = endothelial leukocyte adhesion molecule-1; GlyCAM-1 = glycolysation-dependent cell adhesion molecule-1; gmp = guanosine monophosphate; ICAM-1,-2 = intercellular adhesion molecule-1, -2; Ig-SF = Immunglobulin-Superfamilie*

Tab. 2.2 Auf PMN vorkommende Adhäsionsmoleküle, an die endotheliale Adhäsionsmoleküle binden.

Name	Frühere Bezeichnung	OMIM-Nr. (sofern zugeteilt)	Zugehörigkeit Adhäsin-Familie (siehe Kap. 2.6.1.4)
L-Selektin (CD62L)	LECAM-1, LAM-1	153240	Selektine*
CD11a/CD18	LFA-1	153370/600065	β2-Integrine*
CD11b/CD18	Mac-1, CR3	120980/600065	β2-Integrine*
CD11c/CD18	p150,95, CR4	151510/600065	β2-Integrine*
s-Le^x			

OMIM-Nr.: http://www.ncbi.nlm.nih.gov./omim/
CD = Cluster of differentiation; CR3,-4 = complement receptor 3, -4; LECAM-1 = lymphocyte endothelial cell adhesion molecule-1; LAM-1 = lymphocyte adhesion molecule-1; LFA-1 = lymphocyte functional antigen-1; Mac-1 = macrophage-1 glycoprotein; s-Le^x = Sialyl-$Lewis^x$-Rest.

Chemotaxine oder Initiierung ihrer Bildung – die Chemotaxis fördern. Hierzu gehören beispielsweise Immunkomplexe*, LPS*, Plasmin und lysosomale Proteinasen.

2.5.3.4 Opsonierung

Opsonierung bedeutet das Einhüllen von Krankheitserregern und Fremdpartikel. **Keime werden durch Opsonierung für Fresszellen leichter erkennbar und leichter phagozytierbar.** Der Komplementfakor C3b und

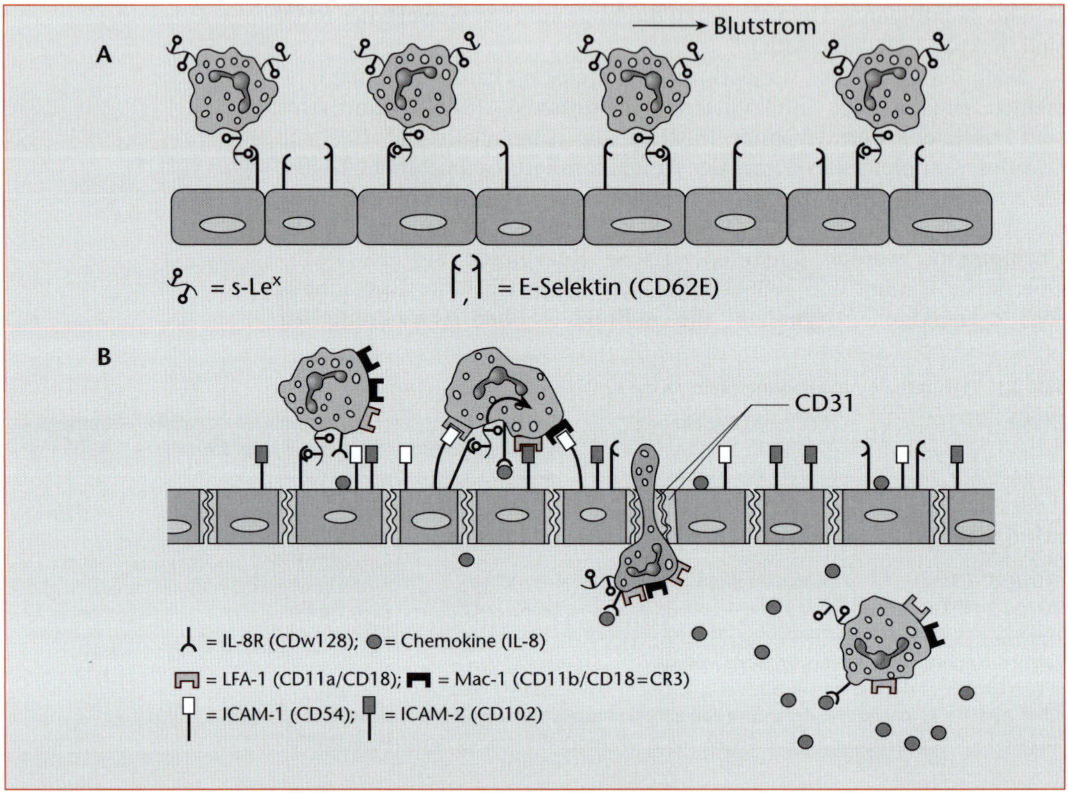

Abb. 2.18 Extravasation und Migration von PMN in ein Entzündungsareal.

A: Von Makrophagen und Mastzellen freigesetzte Entzündungsmediatoren (darunter LT-B4, Histamin*, C5a, TNF-α) und Chemotaxine (IL-8) aktivieren PMN und Endothelzellen zur Exprimierung ihrer Selektine*. Hier ist der Vorgang für E-Selektin (ELAM-1, CD62E), welches auch auf direktem Wege durch Einwirkung bakterieller LPS* auf Endothelzellen exprimiert werden kann (siehe Abb. 10.2), und seinen Liganden*, den Sialyl-Lewis^X-Rest, gezeigt. Diese Bindung ist nicht stark genug, um den Scherkräften des Blutstroms zu widerstehen, so dass die Zellen am Gefäßendothel entlangrollen, indem sie ständig neue Verbindungen ausbilden und alte wieder lösen.

B: Durch die Aktivität von TNF-α und IL-1 kommt es auf der PMN-Oberfläche zu zusätzlicher Expression von Integrinen* (CD11/CD18, insbesondere LFA-1 und Mac-1). Erst deren Interaktionen mit endothelialen ICAMs bewirken eine echte Haftung der PMN ans Endothel, beenden die Rollbewegung und ermöglichen es den PMN, sich zwischen den Endothelzellen hindurch zu zwängen (Extravasation). Außer den genannten Leukozytenintegrinen trägt wahrscheinlich auch das sowohl von den Leukozyten als auch von den Endothelzellen exprimierte PECAM (CD31) zur Diapedese bei. Der Leukozyt verändert seine Form und migriert zwischen den Endothelzellen ins entzündete Gebiet.

ELAM-1 (CD62E) = endothelial leukocyte adhesion molecule-1; ICAM = intercellular adhesion molecule; IL-8(R) = Interleukin-8(Rezeptor); LFA-1 = lymphocyte functional antigen-1 (= CD11a/CD18); LT-B4 = Leukotrien B4; Mac-1 = macrophage-1 glycoprotein (= CD11b/CD18 = CR3); PECAM = platelet endothelial cell adhesion molecule; s-Le^X = Sialyl-Lewis^X –Rest (nach JANEWAY et al. 2002, modifiziert).

IgG-Antikörper sind die bedeutendsten Opsonine. Aber auch Akute-Phase-Proteine* und das ECM*-Protein Fibronektin können als opsoninähnlich wirken. Die Erkennung opsonierter Keime erfolgt über Rezeptormoleküle.

Die Interaktion von bakteriellen Lektinen* (beispielsweise Lektin tragende Fimbrien*) mit Zucker enthaltenden Rezeptoren (beispielsweise Glycanrezeptoren, Mannoserezeptoren oder Galactose enthaltende Rezeptoren, sog. GalNAcβ-Strukturen) auf der Phagozytenmembran stellen

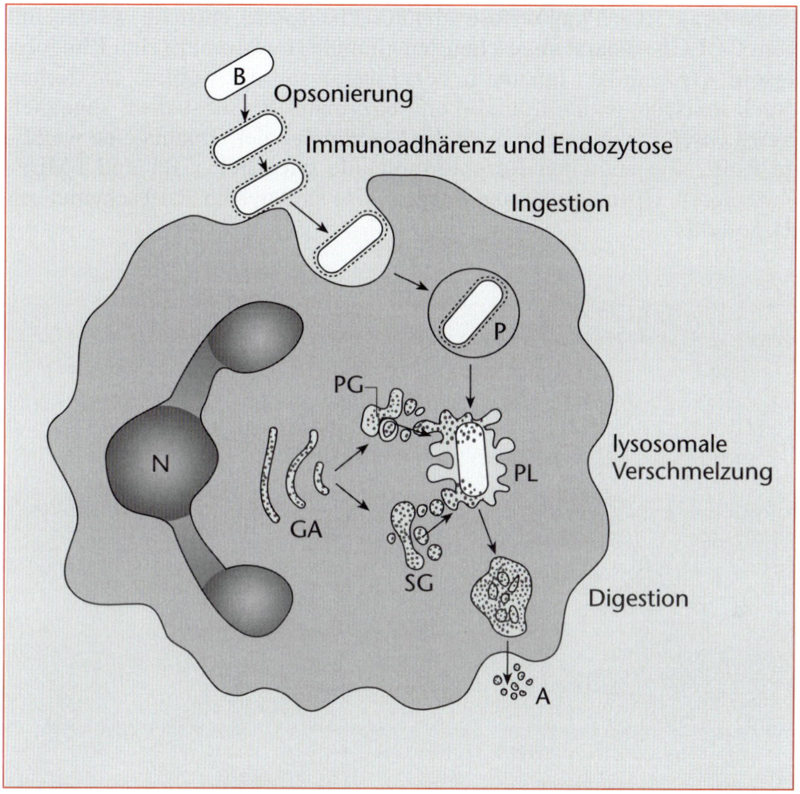

Abb. 2.19 Phagozytose und Verdauung von opsonierten Bakterien durch neutrophile Granulozyten. Die beschriebenen Mechanismen treffen im Wesentlichen auch auf die Zellreihe der Makrophagen zu. Bakterien lagern sich über Fc- und C3b- Rezeptoren und/oder Lektine* an die Phagozyten an und werden endocytiert. Mit den Phagosomen verschmelzen vom GOLGI-Apparat abgeschnürte Granula (PMN-Granula*), die dadurch ihren Inhalt in Form von antimikrobiellen Substanzen und Verdauungsenzymen in die Vakuole entleeren (Degranulation). Die Abtötung und Verdauung (Digestion) der Mikroorganismen erfolgt durch die Granulainhaltstoffe. In Anwesenheit von Sauerstoff können zusätzlich reaktive Sauerstoff-Moleküle die Eindringlinge abtöten und verdauen. Granulainhaltsstoffe und Sauerstoffmetaboliten werden durch die PMN auch in ihre Umgebung ausgeschüttet, was wiederum zu lokalen Gewebeschädigungen führt.
A = Ausscheidung von Stoffwechselendprodukten; B = Bakterium; GA = GOLGI-Apparat; N = Nucleus (Zellkern); P = Phagozytosevakuole (Phagosom); PG, SG = primäre bzw. sekundäre Granula; PL = Phagolysosom.

einen bedeutenden nicht-immunologischen Erkennungsmechanismus dar, welcher den Wirtsorganismus in die Lage versetzt, Mikroorganismen abzutöten. Derartige Lektine finden sich auch auf oralen Bakterien wie *Actinomyces* spp., *Eikenella corrodens*, *Fusobacterium nucleatum* sowie *Streptococcus sanguinis*, *S. oralis* und *S. gordonii*.

2.5.3.5 Phagozytose

PMN besitzen Rezeptoren für C3b, für Fc-Teile der IgG-Antikörper (siehe Kap. 2.6.1.3) und für Lektine. Bei der Phagozytose* lagert sich die PMN an die opsonierte Zielzelle an (Immunadhärenz) und umschließt sie (Ingestion). Eine Phagozytosevakuole (Phagosom) entsteht, welche mit vom GOLGI-Apparat abgeschnürten Granula (Lysosomen) zum **Phagolysosom** verschmilzt. Innerhalb des Phagolysosoms werden die Keime durch toxische, antimikrobielle und enzymatische Substanzen abgetötet. Nebst deren Inhalt spielen auch die Membranen der Granula eine wichtige Rolle: Sie enthalten Rezeptormoleküle wie CR1, CR3 und FMLP-Rezeptoren. Opsonierung und Phagozytose sind in Abb. 2.19 schematisch dargestellt.

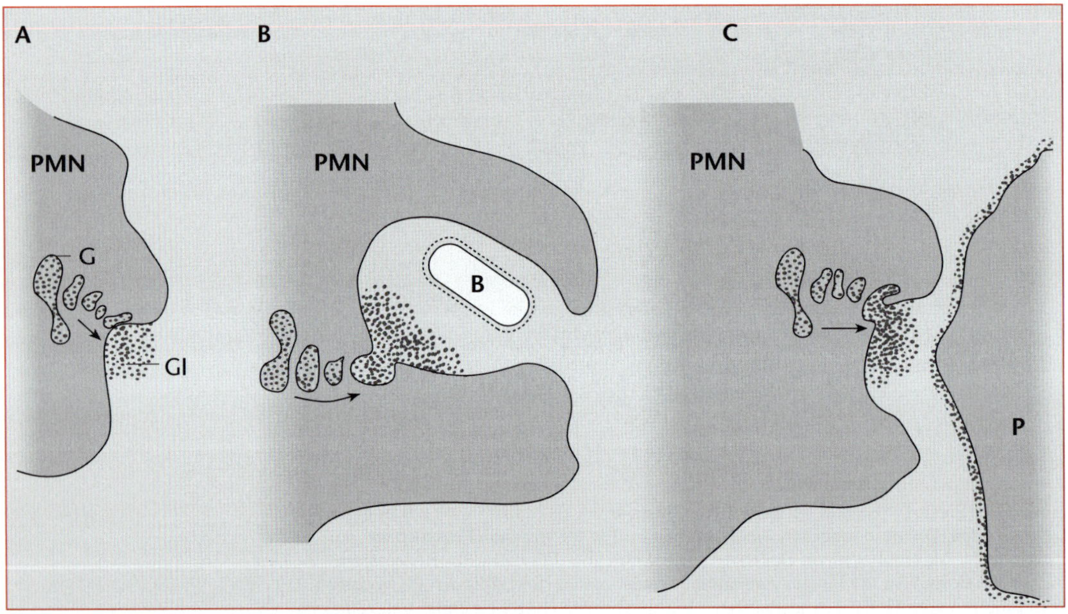

Abb. 2.20 Freisetzung von Granula-Enzymen durch PMN.

A: Innerhalb stimulierter PMN können sich Granula (G) in Richtung Zellwand bewegen, sich in diese integrieren und ihren Inhalt (Granulainhaltstoffe, GI) in den Extrazellulärraum ausschütten. Dadurch kann benachbartes körpereigenes Gewebe zerstört werden. Serumproteine wie α2-Makroglobulin oder α1-Antitrypsin wirken als Proteasehemmer der Schädigung entgegen, so dass Gewebsläsionen nur bei extremer Aktivierung der Phagozyten auftreten.

B: Während der Phagozytose eines Bakteriums (B) können Granulainhaltsstoffe bereits in den Extrazellularraum ausgeschüttet werden, bevor die Abschnürung der Zytoplasmembran vollendet wurde.

C: Große Partikel (P, größere Mikroorganismen, mikrobielle Agglomerate, von Opsoninen beschichtetes körpereigenes Gewebe, Immunkomplexe*) und auch Biofilmbakterien (vergleiche Kap. 8.1.2) können von PMN nicht oder nur beschränkt phagozytiert werden. Während einer versuchten Phagozytose (sog. „frustrated phagocytosis") solcher Partikel werden ebenfalls granuläre Enzyme freigesetzt. Oder die Tötung von Ig-beschichteten Zielzellen findet via ADCC statt (siehe Abb. 2.16) (nach EDWARDS 1994, modifiziert).

Die PMN-vermittelte Abtötung von Mikroorganismen findet nicht nur innerhalb der PMN statt. Die Zellen setzen ihre Granulainhaltsstoffe auch in die Umgebung frei (Abb. 2.20).

2.5.3.6 Atmungsschub und mikrobizide Aktivität

Die bakteriziden Prozesse, die unmittelbar nach der Phagolysosombildung anlaufen, umfassen sauerstoff-abhängige und sauerstoff-unabhängige Mechanismen.

Sauerstoff-abhängige Mechanismen:
Phagozytose verbraucht Energie. Bei aktivierten PMN kann ein Atmungsschub mit einer explosionsartigen Zunahme des oxidativen Stoffwechsels beobachtet werden (siehe Respiratory burst*). Im Verlauf der Reduktion von O_2 zu H_2O entstehen **reaktive Sauerstoff-Moleküle** (ROS = reactive oxygen species). Diese werden nicht nur von PMN, sondern auch von anderen Zellen, darunter Makrophagen und Fibroblasten (und im übrigen auch von prokaryotischen Zellen), gebildet. Sie weisen folgende Eigenschaften auf:

1. Kollagenolytische Aktivität, indem Proteasehemmer durch sie inaktiviert und Proenzyme z. B. Prokollagenase – via (3) – durch sie aktiviert werden. Bei marginalen Parodontitiden ist die proteasenvermittelte Kollagenolyse das wesentliche histopathologische Merkmal. Außer ROS sind auch andere Proteasen* (beispielsweise Plasmin) potente Enzymaktivatoren (siehe Kap. 10.5.2).
2. Die reaktiven Sauerstoffverbindungen O_2-, H_2O_2, OCl^- und NO sind für viele Bakterien toxisch. Ein wichtiger Vorgang bei der Abtötung der Bakterien ist die Halogenisierung der Bakterienzelle durch das H_2O_2- Myeloperoxidase-Halogen-System. Aber auch NO ist ein freies Sauerstoff-Molekül mit stark antibakterieller Wirkung. Zudem vermittelt Stickstoffmonoxid Apoptose*.
3. Aktivierung des Plasminogen-Aktivator/Plasminsystems (welches auch bei der Pathogenese der Parodontitiden eine Rolle spielt, siehe Kap. 10.5.2). Plasminogen-Aktivatoren sind Serinproteasen (siehe Proteasen*) und werden – als Reaktion auf die Anwesenheit von mikrobiellen Zellwandantigenen (beispielsweise LPS*) – durch viele Zellarten (darunter Fibroblasten) sezerniert. Sie katalysieren die Umsetzung von zirkulierendem Plasminogen in Plasmin (siehe Kap. 2.6.2.5).
4. Aktivierung des für die Genexpression* proinflammatorischer Zytokine bedeutsamen Transkriptionsfaktors* NF-κB in den Zellen der Monozyten/Makrophagen-Reihe (siehe Kap. 10.5.3.2)

Sauerstoff-unabhängige Mechanismen:
Zu diesen gehören der saure pH-Wert im Phagosomen, die sich in den primären Granula befindlichen antimikrobiellen Proteine (Defensine), Lysozym, BPI sowie die Proteasen Kathepsin G, Elastase, Proteinase 3 und Azurozidin) und aus sekundären Granula stammendes, vor allem extrazellulär agierendes Lactoferrin, Lysozym und Vitamin B-12 bindendes Protein (siehe PMN-Granula*, siehe EAP*).

Sektion I

2.5.3.7 Biosynthese von Proteinen

PMN sind – wie Makrophagen – nicht nur zur Phagozytose* da, sondern haben auch eine regulierende Funktion. Hierzu bilden sie eine Reihe von Proteinen. Neben üblichen Haushaltsproteinen bilden PMN:

- Membranständige Rezeptorproteine (Komplement- und Fc-Rezeptoren, MHC*-Proteine) sowie einige Komponenten des O_2^--bildenden Oxidase-Systems (beispielsweise Zytochrom*-b). Diese Proteine werden von peripheren PMN in kleinen, von entzündlich aktivierten PMN jedoch in großen Mengen gebildet.
- Zytokine. Nur aktivierte PMN setzen Zytokine frei, insbesondere die Interleukine-1, -6 und -8, TNF-α, CD30-Ligand und IFN-α sowie die koloniestimulierenden Faktoren GM-CSF, G-CSF und M-CSF (siehe Anhang 3). Auch bei der molekularen Pathogenese der Parodontitiden spielen von PMN sezernierte Zytokine eine bedeutsame Rolle (siehe Kap. 10.5.3.2)
- Kationische Polyamide (Putrescine, Spermidin), welche in Anwesenheit von TNF-α die mikrobizide Aktivität und den Atmungsschub (Respiratory burst*) der PMN hemmen und sie in Abwesenheit von TNF-α aber fördern. Obwohl PMN selbst derartige Polyamide synthetisieren, können sie darüber hinaus die intrazelluläre Konzentration dieser Kationen über aktiven Membrantransport* erheblich steigern: TNF-α bewirkt eine schnelle Zunahme von Putrescin und Spermidin in PMN-Zellen, was eine Voraussetzung für die Aufregulierung des „Respiratory burst*“ ist. Zudem stabilisieren die Polyamide DNA und unterdrücken somit die Apoptose* der PMN-Zellen.

Nachdem eine Infektion durch die Immunabwehr unter Kontrolle gebracht worden ist, ist die Anwesenheit von PMNs nicht länger erforderlich. Außer der Nekrose der überflüssigen PMN-Zellen ist vor allem deren Eliminierung per Apoptose* für das Abklingen der entzündlichen Abwehrreaktion von Bedeutung. Apoptotische PMN können (aber werden nicht immer) durch Makrophagen erkannt und phagozytiert, was ein Zurückbleiben der PMN mit ihrem proinflammatorischen Potenzial am (ehemaligen) Infektionsort verhindert. Es gibt allerdings bestimmte Zytokine (darunter IL-1β, TNF-α, IFN-γ und GM-CSF), Bakterienbestandteile (darunter LPS*) und – in geringerem Ausmaß – die o.g. kationischen Polyamide, welche die PMN-Apoptose verzögern und somit die Lebensdauer der PMN erhöhen.

2.5.4 Weitere an Entzündungsreaktionen beteiligte Zellen

Eosinophile und basophile Granulozyten

Eosinophile Granulozyten sind den PMN ähnlich und bilden 2-4% der Blutzellen. Sie treten besonders bei allergischen Reaktionen, bei der Bekämpfung von Parasiten, wie beispielsweise Schistosoma-Larven (Saugwürmer), in chronisch-entzündlichen Prozessen und möglicherweise auch bei der Abwehr von Krebszellen in Erscheinung.

Basophile Granulozyten stellen 0,5% der normalen Blutzellen. Sie migrieren nicht ins Gewebe. Ihre Bedeutung für die Immunität und bei allergischen Reaktionen ist derzeit noch unklar. Genauso wie Mastzellen verfügen eosinophile und basophile Granulozyten über IgE-Rezeptoren auf ihrer Zelloberfläche und weisen histaminhaltige Granula in ihrem Zytoplasma auf.

Mastzellen

Mastzellen, das Gewebsäquivalent der basophilen Granulozyten, sind sowohl an der angeborenen wie an der erworbenen Immunität beteiligt. Sie vermitteln eine Reihe von antimikrobiellen Aktivitäten und sind fähig, sowohl (mit IgE, IgG und iC3b) opsonierte als auch nichtopsonierte Eindringlinge zu phagozytieren und Antigene* zu präsentieren. Die antimikrobiellen Eigenschaften der Mastzellen ähneln somit denen der primären Effektorzellen der angeborenen Immunität (Makrophagen und PMN), zumal auch die Mastzellen „strategisch" an der Grenzfläche des Wirtes zu seiner Umgebung lokalisiert sind und somit zu den ersten Zellen gehören, welche mit Eindringlingen in Kontakt kommen. Mastzellen bilden zudem eine potente Quelle jener Zytokine und Mediatoren, die für die entzündliche Abwehr gebraucht werden. So potenziert von ihnen sezernierter TNF-α die Extravasation der PMN und fördert deren Bakterizidie. Ebenso sezernieren sie Arachidonsäuremetaboliten (wie Leukotriene und Prostaglandine, siehe Kap. 2.6.2.4) und IL-4, die die Entzündung aufrechterhalten. Folgende Merkmale unterscheiden jedoch Mastzellen von anderen Phagozyten:

1. Mastzellen sind langlebige Zellen. Sie überleben manchmal mehrere Jahre. Sie sind daher in der Lage, mehrfach auf die gleiche Noxe zu reagieren.
2. Während der Phase der Gewebsheilung steuern die Mastzellen die Aktivität von Bindegewebszellen.

Die Granula der Mastzellen enthalten nebst **Histamin*** weitere Mediatoren wie Heparin. Diese werden normalerweise je nach Bedarf des Organismus auf Anforderung freigesetzt. Sie liefern aber auch einen Beitrag zu einer Reihe von immunpathologischen bzw. chronisch entzündlichen Prozessen, darunter rheumatoide Arthritis, Sklerodermie und Morbus Crohn. Im weiterem kann vor allem die Freisetzung von Histamin schlagartig erfolgen und schwerwiegende Typ-I allergische Reaktionen, bis hin zum anaphylaktischen Schock, provozieren. Bedeutsam ist dabei, dass basophile Granulozyten und Mastzellen einen Oberflächenrezeptor mit starker Affinität zum Fc-Teil des IgE (FcεRI) besitzen. Die Freisetzung der Granulainhaltsstoffe erfolgt durch Bindung eines Antigens an die IgE-Moleküle auf der Zelloberfläche der Mastzellen (siehe Abb. 2.25), kann jedoch auch durch Einwirkung von Anaphylatoxinen* (insbesondere C5a und C3a) provoziert werden.

Thrombozyten

Thrombozyten (Blutplättchen) werden im Knochenmark gebildet, haben eine Lebensdauer von ca. 10 Tagen und werden anschließend in der Milz abgebaut. Ihre Hauptaufgabe liegt in der Aufrechterhaltung der Hämostase. Sie besitzen aber auf ihrer Oberfläche Rezeptoren für die Fc-Fragmente von IgG (siehe Kap. 2.6.2.1). Damit binden sie Immunkomplexe*, werden hierdurch aktiviert und sezernieren anschließend eine Reihe von Entzündungsmediatoren, darunter diverse Arachidonsäuremetaboliten, vasoaktive Lipide, PAF und antimikrobielle Peptiden (EAP*). Obwohl intakte Blutplättchen nur selten extravasal angetroffen werden, muss davon ausgegangen werden, dass die von ihnen freigesetzten Mediatoren durch die Kapillarwände hindurch das entzündete Gewebe erreichen und dort ihre Wirkung entfalten.

Endothelzellen

Endothelzellen bilden nicht „nur“ eine Auskleidung der Gefäße. Vielmehr versetzen einerseits mikrobielle PAMPs (beispielweise bakterielle LPS*) und anderseits körpereigene Moleküle (insbesondere die Zytokine IL-1 und TNF) Endothelzellen in einen aktivierten Zustand (siehe Abb. 10.2). In der Folge exprimieren die Endothelzellen einige ihrer Oberflächenadhäsine. Diese binden zirkulierende PMN und Monozyten, den ersten Schritt für deren Diapedese. Die erhöhte „endotheliale Adhäsivität“ bildet somit eine wichtige Voraussetzung, um zirkulierende Immunozyten in extravasal gelegene Entzündungsgebiete zu transportieren.

Epitheliale Keratinozyten und Langerhans-Zellen

Epithelien bilden eine physische Barriere gegen eindringende Mikroorganismen. Ferner sind ihre Keratinozyten auch an der intraepithelialen Rekrutierung von Phagozyten und Lymphozyten beteiligt. Dies ist auf ihre Fähigkeit zurückzuführen, in Anwesenheit von bakteriellen Antigenen*, insbesondere LPS*, Zytokine zu bilden. Hinzu kommt die Tatsache, dass Keratinozyten antimikrobielle Substanzen (EAP*) synthetisieren und freisetzen. Im Grunde genommen überrascht die Rolle der Keratinozyten bei der Immunabwehr nicht, bilden sie doch die direkte Grenzfläche zwischen Außenwelt und Körperinnerem. Sie sondieren die epitheliale Oberfläche andauernd auf die Anwesenheit von Antigenen und benachrichtigen den Körper autokrin bzw. parakrin. Auch Langerhans-Zellen (siehe Kap. 2.5.2) werden innerhalb von Epithelien vorgefunden.

Bindegewebige Fibroblasten

Bindegewebige Fibroblasten sind multifunktionelle Zellen. Eine ihrer Hauptaufgaben ist die Produktion von Kollagen, Hauptbestandteil der ECM*. Durch ihre in ähnlicher Weise wie bei den Mϕ via CD14/MD-2/TLR – LPS* induzierte Synthese von Zytokinen (darunter koloniestimulierende Faktoren, IL-1 und IL-6, IFN-β, PDGF und FTAF) können sie jedoch auch aktiv Einfluss auf die entzündliche Abwehr nehmen.

2.6 Die molekularen Bestandteile des Immunsystems

2.6.1 Regulierende Moleküle auf der Zelloberfläche

Interaktionen zwischen immunkompetenten Zellen werden nicht nur durch lösliche Effektormoleküle (wie Immunglobuline, Komplement und Zytokine) reguliert, sondern auch durch eine äußerst komplexe, aber sehr exakt abgestimmte Garnitur von Molekülen der Zelloberfläche gesteuert. Es werden nachfolgend 4 Typen derartiger regulierender Oberflächenmoleküle besprochen: MHC*-Proteine, CD-Proteine, Rezeptorproteine und Adhäsionsproteine.

2.6.1.1 MHC-Proteine

T-Zellen können Antigene* nur erkennen und binden, wenn diese in Form kurzer Peptidfragmente durch ein membranständiges Trägermolekül aus der Gruppe der Histokompatibilitätsproteine dem T-Zell-Rezeptor präsentiert werden (Abb. 2.21).

Die MHC-Proteine gehören zur **Immunglobulin-Superfamilie***. Sie sind Genprodukte des Haupthistokompatibilitätskomplexes (MHC*) und werden oft auch als Human Leucocyte Antigen (HLA) bezeichnet, ein Begriff, der auf die Entdeckungsgeschichte dieser Moleküle zurückzuführen ist: Jahrzehnte lang wurden MHC-Oberflächenproteine vor allem mittels Antikörpern erforscht.

Der MHC- oder HLA-Komplex wird in zwei Hauptklassen unterteilt: Klasse I und Klasse II. Klasse-I-Proteine (diese werden wiederum unterteilt in HLA-A, -B und -C, mit OMIM-Nummern 142800, 143830 bzw. 142840) werden auf praktisch allen Zellen angetroffen, Klasse-II-Proteine (HLA-DP, -DQ und -DR, mit OMIM-Nummern 142858, 146880 bzw. 142860) werden hingegen praktisch nur durch antigenpräsentierende Zellen exprimiert. Die wichtigsten Unterschiede zwischen den Molekülen der beiden MHC-Klassen bestehen außer in ihrer Struktur auch in der Herkunft derjenigen Peptide (Antigenfragmente), die sie einfangen und an die Zelloberfläche transportieren:

- MHC-I nehmen Peptide von Proteinen auf, die im Zytosol synthetisiert werden. Sie finden sich auf der Oberfläche nahezu aller eukaryotischen Zellen, da CTL in der Lage sein müssen, jede Körperzelle, in der Virusreplikation stattfindet, abzutöten. MHC-Klasse-I-Proteine bestehen aus zwei Polypeptiden, von denen eines, eine α-Kette mit Mw = 42 kDa, in der MHC-Genregion codiert wird und in der Zytoplasmamembran verankert ist. Das andere Klasse-I-Polypeptid, β2-Mikroglobulin (12 kDa, mit OMIM-Nummer 109700), wird von einem Nicht-MHC-Gen codiert und kommt in auch löslicher Form (in Körperflüssigkeiten) vor (siehe Kap. 3.3.5).
- HLA-II Proteine finden sich nur auf antigenpräsentierenden Zellen (APC), die Antigene* aus dem Extrazellularraum aufnehmen, prozessieren und T-Helferzellen präsentieren. HLA-Klasse-II-Moleküle bin-

den Peptide von Proteinen in membrangebundenen Vesikeln innerhalb der APC; sie präsentieren Peptide von Krankheitserregern, die in Vesikeln von Makrophagen leben oder die von Phagozyten phagozytiert bzw. von B-Zellen endocytiert wurden (Abb. 2.22). MHC-Klasse-II-Proteine bestehen aus zwei nichtkovalent miteinander verknüpften Polypeptidketten α und β (Mw = 33 bzw. 28 kDa), welche beide in der Zytoplasmamembran verankert sind.

Merke:
Die unterschiedliche Herkunft der Antigene* sowie deren damit zusammenhängende unterschiedliche Verarbeitung führt zu unterschiedlicher Präsentation der Peptidfragmente durch MHC-I- oder MHC-II-Trägerproteine. MHC-I/Antigenkomplexe werden nur durch TCR/CD8^{+}-Zellen (CTL) erkannt, während MHC-II/Antigenkomplexe nur von TCR/CD4^{+}-Zellen (Helferzellen) gebunden werden. Die Folge ist die Aktivierung unterschiedlicher T-Zell-Subpopulationen (T8- bzw. T4-Lymphozyten).

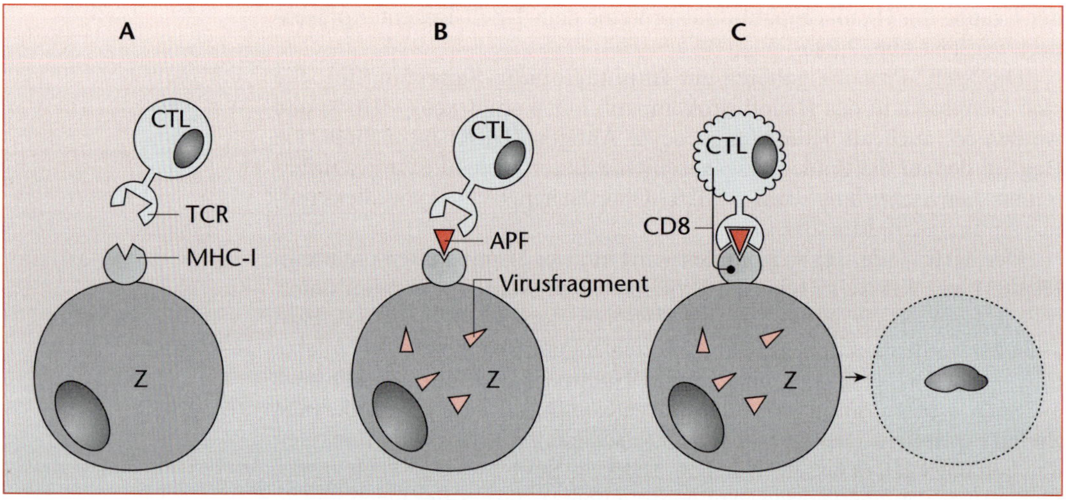

Abb. 2.21 MHC-Restriktion bei der Antigenpräsentation. Gezeigt wird hier die Klasse-I-MHC-Restriktion bei der Effektorfunktion der zytotoxische T-Lymphozyten (CTL). Aus einer virus-infizierten Maus mit MHC-Allel A wurden CTL isoliert.

A: Kultivierte, aus Tieren des gleichen Stammes gewonnene Zellen (Zielzellen, Z), welche nicht virus-infiziert sind, werden durch die CTL nicht abgetötet, da der TCR nur an Zielzellen bindet, welche mit dem MHC-A auch das virale Antigen präsentieren. Zellen mit „ruhenden" viralen Infektionen (beispielsweise mit Herpesviren) werden nicht angegriffen, solange keine viralen Proteine synthetisiert bzw. auf der Zelloberfläche präsentiert werden.

B: Die CTL töten, auch bei Präsentation des viralen Antigenfragments (APF, rot), keine virus-infizierten Zellen aus einem anderen Mäusestamm, welche ein MHC mit Allel* B aufweisen. Der Grund: Der TCR der aus Stamm A entnommenen Lymphozyten ist nicht fähig, das MHC-Protein des Allels B zu erkennen.

C: Kultivierte, aus Tieren des gleichen Stammes gewonnene Zielzellen werden durch die CTL abgetötet.

Die MHC-Restriktion vesetzt das Immunsystem in die Lage, wie unsere Heerespolizei zu handeln: Trifft diese bei ihrem abendlichen Rundgang durch die Kneipen auf einen Krawall, schaut sie nach, ob Uniformierte daran beteiligt sind. Sie wird einen Verdächtigen nur dann abführen, wenn sie sich überzeugt hat, dass er, erstens, ein Angehöriger jener Armee ist, für die sie zuständig ist und, zweitens, dass er etwas auf dem Kerbholz hat. Beide Erkennungsvorgänge müssen stattfinden: Der randalierende Zivilist geht die Militärpolizei nichts an und der anständige Soldat darf sein Bier ruhig weiter trinken (nach JANEWAY et al. 2002, modifiziert).

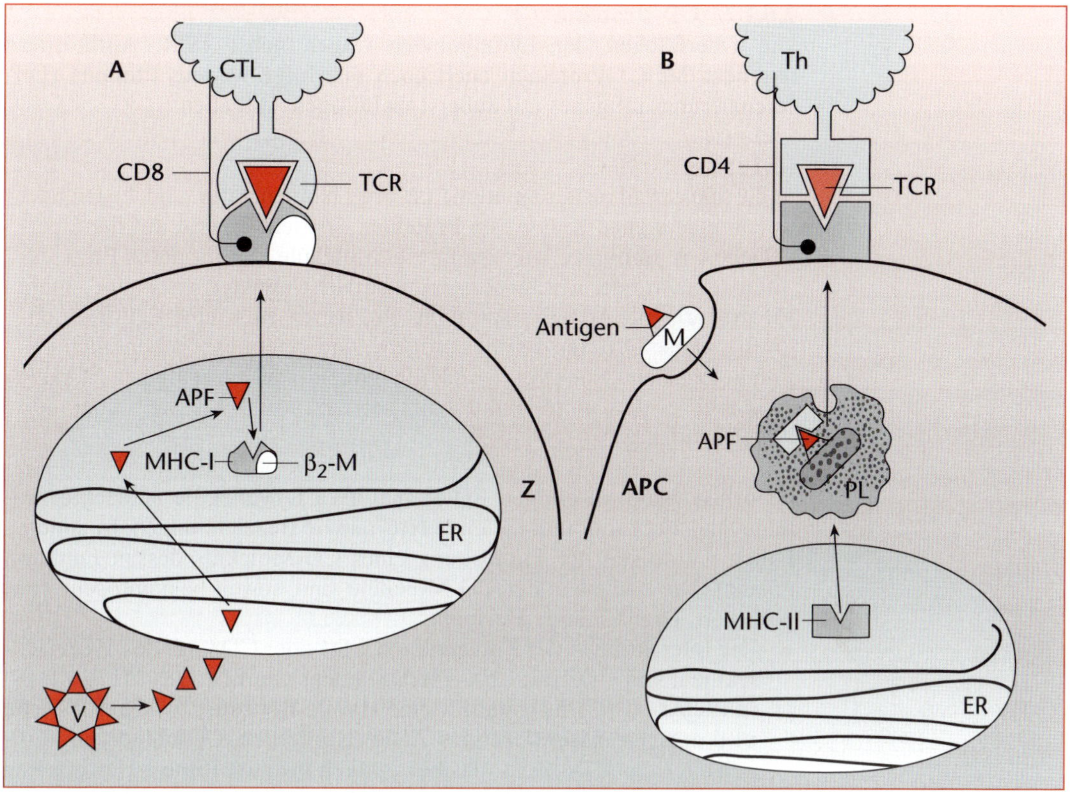

Abb. 2.22 Antigenpräsentation durch MHC-Klasse-I- und MHC-Klasse-II-Proteine.

A: MHC-I-Moleküle präsentieren 8-10 Aminosäuren lange antigene Peptidfragmente (APF, rot). Diese stammen beispielsweise von Viren (V), werden im Zytoplasma der infizierten Zielzelle (Z) bzw. durch die Membran des endoplasmatischen Reticulums (ER) transportiert. Dort binden sich die Peptide an Klasse-I-Proteine, werden an die Zelloberfläche transportiert und interagieren mit T-Zell-Rezeptoren (TCR) der zytotoxischen T-Lymphozyten (CTL). Der CD8-Korezeptor auf der CT-Zelle bindet sich ebenfalls ans MHC-I, was zu einer festeren Verbindung führt. Durch die Bindung werden CTL aktiviert und die Zielzellen abgetötet (siehe Kap. 2.5.1); β2-M = β2-Mikroglobulin-Untereinheit von MHC-I.

B: MHC-II-Moleküle präsentieren Antigenfragmente. Diese entstammen phagozytierten Mikroorganismen (M, in diesem Fall ein stäbchenförmiges Bakterium) bzw. den entsprechenden Phagolysosomen (PL, siehe auch Abb. 2.19) oder – falls Mikroorganismen in die Zelle eingedrungen waren – aus intrazellulären Vesikeln (nicht dargestellt). In der antigenpräsentierenden Zelle (APC) werden mikrobielle Antigenfragmente von MHC-II-Proteinen gebunden und an die Zelloberfläche geführt. Ebenso binden und transportieren MHC-II-Moleküle prozessierte Antigene, welche zunächst in nativer Form (Konformation*) durch einen B-Zell-Antigenrezeptor (IgM) gebunden und dann durch rezeptorvermittelte Endozytose in intrazelluläre Vesikel aufgenommen worden waren. Der MHC-II-Antigen-Komplex wird einer T-Helferzelle (Th) präsentiert. Hierbei ist CD4 Korezeptor. Die Th-Zelle wird aktiviert, was Zytokinbildung zur Folge hat. Nicht alle Antigene, die an MHC-II-Moleküle binden, werden als Peptid in der entsprechenden Furche präsentiert. Superantigene* bilden eine eigene Kategorie und binden auf andere Art (nach MADIGAN et al. 2001, modifiziert).

2.6.1.2 CD-Proteine

Die Oberflächen der Lymphozyten tragen nebst TCR, Antikörpern und/oder MHC*-Proteinen auch noch unzählige weitere Proteine (Differenzierungsantigene) mit äußerst vielfältigen Aufgaben.

Merke:
CD (cluster of differentiation) ist eine Nomenklatur und bezeichnet nicht eine eigene Klasse von Proteinen, sondern diverse auf der Oberfläche von Immunzellen exprimierte Moleküle, die für deren Entwicklungsstadien oder deren Aktivierungsgrade charakteristisch sind. Viele Rezeptor- und Adhäsionsproteine etc. haben auch eine CD-Bezeichnung. Diese Differenzierungsantigene sind einem experimentellen immunologischen Nachweis (mit Hilfe monoklonaler Antikörper, MAK*) zugänglich und wurden durchnummeriert von 1 bis weit über 200 (siehe Anhang 2).

Natürlich waren in einigen Fällen neu als CD-Moleküle entdeckte Proteine längst bekannt und hatten bereits andere Bezeichnungen. In anderen Fällen wurde seit der Entdeckung eines CD-Moleküls dessen Funktion erkannt. Die Aufgaben der CD-Moleküle sind, soweit bekannt, sehr breit gefächert. Drei wichtige Beispiele:

- Die Interaktionen der Korezeptoren CD4 oder CD8 mit den HLA-Molekülen, von CD2 mit LFA-3 (CD58) oder von LFA-1 (CD11a/CD18) mit ICAM-1 (CD54) sind für eine **stabile Bindung zwischen T-Zelle und antigenpräsentierender Zelle** erforderlich. CD4 bindet im übrigen auch das HIV-Virus, das bekanntlich in erster Linie T-Helferzellen infiziert. CD28 und CD80/CD86 liefern bei der Antigenpräsentation das Kosignal (Abb. 2.11). Ebenso sind CD2, CD3, CD11a/CD18 (LFA-1), CD54 (ICAM-1),CD58 (LFA-3) und CD152 (CTLA-4) in die Antigenpräsentation involviert .
- CD14 befindet sich auf der Zellwand der an der unspezifischen Abwehr beteiligten Zellen, insbesondere auf der Zellwand von Monozyten/Makrophagen. Aber auch manche Lymphozyten und manche nonmyeloide Zellen (darunter Fibroblasten) exprimieren CD14. CD14 erkennt eine Reihe bakterieller PAMPs (insbesondere LPS*, aber auch LTA*, Peptidoglycan und LAM, siehe Anhang 1). Das CD14-Protein ist mit einem Glycosyl-Phosphat-Idylinositol-Anker (GPI) in der Zellwand verankert, es ist jedoch kein transmembranales Protein bzw. es fehlt die bei anderen Rezeptorproteinen vorhandene zytosolische Domäne. Diese Tatsache verhindert die für die Aktivierung der Zelle erforderliche Signalübertragung* und macht die Anwesenheit eines Hilfsproteins in Form des Korezeptors MD-2 erforderlich. Zusammen mit einem weiteren Korezeptor, das Toll-like Rezeptorprotein* TLR-4, bilden CD14 und MD-2 einen Komplex, welcher **der bedeutendste LPS-Rezeptor der myeloiden Zellen** darstellt (siehe Abb. 2.17). Bei der im Serum nachweisbaren löslichen Form von CD14 (sCD14, soluble CD14) fehlt auch der GPI-Anker. Lösliches CD14 wird u. a. von Epithelzellen freigesetzt, „sondiert" die Umgebung auf die eventuelle Anwesenheit von pathogenen Keimen und ermöglicht die mikrobiell-induzierte Aktivierung von Zellen, die auf Ihren Oberflächen weniger

oder kaum CD14 exprimieren, aber einen Rezeptor für sCD14 tragen (vergleiche Abb. 10.2). In Muttermilch findet sich sCD14 in hohen Konzentrationen, was den Magendarmtrakt bei Neonaten gegen bakterielle Infekte schützt. LPS aktiviert Endothelzellen stark und es kommt nicht nur zur Expression von E-Selektin* (ELAM-1, CD62E), sondern auch von ICAM-1 und -2 (CD54 bzw. CD102). Mit der darauf folgenden Diapedese und Chemotaxis von Leukozyten beginnt die entzündliche Abwehrreaktion. Es werden auf der Oberfläche menschlicher Zellen zumindest 5 weitere LPS-Rezeptoren exprimiert und somit können Makrophagen auch ohne CD14 von bakteriellem LPS aktiviert werden. Insgesamt bilden jedoch CD14, MD-2 und TLR-4, zusammen mit dem Akute-Phase-Protein* LBP, einen für die unspezifische Abwehr bedeutsamen Rezeptorkomplex. Dies ist – im Zusammenhang mit marginaler Parodontitis – dargestellt in Abb. 10.2.

- CD40: Zusammen mit der Antigenbindung an den B-Zell-Rezeptoren (oberflächengebundenes IgM bzw. IgD) ist der **T-B-Zellkontakt über CD40 auf B-Zellen eine essenzielle Voraussetzung für die Antikörperproduktion** (vergleiche Abb. 2.15). Auch Fibroblasten exprimieren CD40. Im entzündeten Parodontalgewebe vermehren sich Subpopulationen mit viel CD40 besonders stark. Diese Zellen setzen die proinflammatorischen Zytokine IL-6 und IL-8 in erhöhten Mengen frei.

2.6.1.3 Rezeptorproteine

Die auf der Oberfläche von immunkompetenten Zellen exprimierten Rezeptoreproteine gehören der **Immunrezeptor-Superfamilie*** an. Immunrezeptoren binden Liganden* in stereospezifischer Weise. Durch die hervorgerufene **Signalübertragung*** wird im Zellinnern eine Kaskade von molekularen Reaktionen ausgelöst. Insbesondere werden Transkriptionsfaktoren* aktiviert. Als Folge teilt und differenziert sich die Zelle und/oder synthetisiert irgendein Produkt. Im folgenden werden die wichtigsten Immunrezeptoren vorgestellt.

Antigenrezeptoren

Der T-Zell-Rezeptor (TCR) ist der antigenspezifische Rezeptor der T-Lymphozyten. Alle TCR einer einzelnen T-Zelle sind molekular identisch und für die T-Zelle charakteristisch. In Analogie zur Situation beim TCR exprimiert jeder B-Lymphozyt eine große Zahl von B-Zell-Rezeptoren (BCR) in Form membranständiger IgM- oder IgD-Immunglobuline mit identischer Antigenspezifität. TCR, BCR und ihre Korezeptoren sind in Kap. 2.5.1 ausführlich beschrieben.

Merke:
TCR und BCR gehören der Ig-Superfamilie* an und sind nebst den MHC-Proteinen (die ebenfalls dieser Proteinfamilie angehören) die einzigen antigenerkennenden Moleküle des Immunsystems.

TCR unterscheiden sich in folgender Hinsicht von BCR: TCR sind monovalent, während Immunglobuline bivalent (IgG, IgE, IgD) oder multivalent (IgA, IgM) sind. Außerdem werden TCR niemals sezerniert, während Immunglobuline als Folge einer B-Zell-Aktivierung bzw. -Differenzie-

Sektion I

rung zu Plasmazellen von diesen als lösliche Antikörper in ihre Umgebung freigesetzt werden können.

Die unendlich große Zahl der in der Natur vorkommenden Antigene* (inkl. alle Varianten der körpereigenen MHC-Proteine) sollten durch das zur Verfügung stehende TCR- und BCR-Repertoire erkannt und gebunden werden können. Die Basis für die diesbezüglich erforderliche Diversivität liegt weniger in der Vielfalt der Gene* als in diversivitätsfördernden Umordnungen einzelner Gensegmente, welche die variablen Regionen der TCR und Immunglobuline codieren (DNA-Rearrangement*).

Immunglobulinrezeptoren

Die Exprimierung von Fc-Rezeptoren (FcR) durch Fresszellen ermöglicht die rasche Phagozytose* von Immunkomplexen* und somit die schnelle Eliminierung von unerwünschten Antigenen aus dem Körper. Dieser Prozess wird durch Komplement unterstützt (siehe Abb. 2.24). Tab. 2.3 gibt eine Übersicht über die humanen Fc-Rezeptoren.

Abhängig von der Ig-Klasse und vom FcR-Typ können verschiedene Reaktionen zwischen Antigen-Antikörper-Komplexen (IKs*) und Fc-Rezeptoren unterschieden werden. Drei Beispiele:

1. An Antigen* gebundenes IgG kann gleichzeitig via Fcγ-Rezeptoren an Phagozyten binden. Diese Opsonierung ist ein bedeutender vorbereitender Schritt der Phagozytose* (siehe Abb. 2.24).

Tab. 2.3 Von humanen Phagozyten exprimierte Immunglobulin-Rezeptoren.

Ig-Klasse (Ligand*)	Rezeptor	OMIM-Nr.	Mw/kDa	Affinität[a]	Vorkommen	Differenzierungs-antigen
IgG	FcγRIa-c	146760, 601502, 601503,	70	hoch	Mϕ, PMN	CD64
	FcγRII[b]	146790	33-40	niedrig	B-Zellen Mϕ, PMN, eosinophile Granulozyten, Thrombozyten, Langerhans-Zellen, Endothelzellen	CDw32
	FcγRIII[b]	146740	50-70	niedrig	PMN, Killerzellen, eosinophile Granulozyten, Makrophagen Langerhans-Zellen, Thrombozyten, manche T-Zellen	CD16
IgE	FcεRI	147140	100	hoch	basophile Granulozyten, Mastzellen	?
	FcεRII	151445	45	niedrig	(hauptsächlich B-) Lymphozyten, Mϕ, Thrombozyten, Killerzellen, eosinophile Granulozyten	CD23
IgM	FcμR	605484	40	mittel	Mϕ, PMN, B-Zellen	?
IgA	FcαR	147045	50-70	mittel	Mϕ, PMN, B- und T-Zellen, eosinophile Granulozyten, Killerzellen	CD89

Mw = relative Molekülmasse (in Kilodalton); OMIM-Nr.: http://www.ncbi.nlm.nih.gov./omim/
[a]: Niederaffine Immunglobulinrezeptoren binden Immunkomplexe*
[b]: Diese Rezeptoren kommen auch in löslicher Form in nahezu sämtlichen Körperflüssigkeiten vor (sFcγRII bzw. sFcγRIII).

2.1–2.6

2. Für IgE gibt es zwei verschiedene FcR: FcεRI und FcεRII. Der hochaffine FcεRI wird nur bei Mastzellen und basophilen Granulozyten angetroffen. Reagiert das so gebundene IgE mit Antigen, werden Histamin* und andere Mediatoren der Typ-I-überempfindlichkeitsreaktion (Anaphylaxie) in großen Mengen freigesetzt, was zum anaphylaktischen Schock führen kann (siehe Abb. 2.25).
3. FcαR1 (CD89) ist sowohl an der IgA-vermittelten Phagozytose* als auch an IgA-vermittelten ADCC (vergleiche Abb. 2.16) beteiligt. Außerdem löst die Bindung von IgA an CD89 die Freisetzung einer Reihe von proinflammatorischen Mediatorsubstanzen und Zytokinen aus Monozyten aus. Auch bei der Eliminierung von mit IgA-opsonierten Bakterien aus infiziertem Parodontalgewebe und aus Taschen spielt PMN-CD89 eine bedeutende Rolle.

Komplementrezeptoren

Insgesamt sind 9 Komplementrezeptoren (CR) bekannt, welche auf humanen Zelloberflächen vorkommen können: CR1 (CD35), CR2 (CD21), CR3 (Mac-1, CD11b/CD18), C3aR, C3eR, CR4 (p150,95, CD11c/CD18), DAF (CD55), MCP und ein noch nicht näher definierter C3-Rezeptor.

Nach den meisten Infektionen und Antikörperantworten findet man im Kreislauf Immunkomplexe* (IKs). Komplementrezeptoren, insbesondere von Erythrozyten exprimierte CR1, sind bedeutsam für deren Beseitigung: Die löslichen IKs* binden Komplementfaktor C1q und aktivieren auf diese Weise das Komplementsystem (klassischer Weg, siehe Kap. 2.6.2.2). Via C4b und C3b erfolgt Anlagerung an der Erythrozytenoberfläche (via CR1) und Abtransport in Leber und Milz, wo Makrophagen die IKs von der Erythrozytenoberfläche entfernen und abbauen.

Eine weitere wichtige Aufgabe der CR ist die Bindung von C3b-opsonierten Partikeln als Vorbereitung auf deren Phagozytose* (siehe Abb. 2.24). Hierbei sind von den genannten Komplementrezeptoren primär die auf PMN und Mϕ exprimierten CR1 und CR3 bedeutsam. Tab. 2.4 zeigt einige Eigenschaften der CR1 und CR3 Glycoproteine.

Tab. 2.4 Für die Phagozytose* bedeutsame Komplementrezeptoren.

CR	Ligand*	Struktur/Mw/OMIM	vorkommend auf	Eigenschaften
CR1 (CD35)	C3b hochaffin, iC3b, C4b, C3c	4 Allotypen CR1-A-D, mit 190, 220, 160 und 250 kDa; OMIM-Nr.: 120620	Erythrozyten, eosinophile Granulozyten, alle B-, manche T-Lymphozyten PMN, Mϕ, Mastzellen, dendritische Zellen	– fördert Phagozytose* von mit C3b opsonierten Partikeln – Schlüsselrolle bei Eliminierung von zirkulierenden IK*
CR3 (CD11b/ CD18)	iC3b, nichtopsonierte Pilze, *Escherichia coli, Staphylococcus* spp.	Dimer mit 170 kDa α- und 95 kDa β-Kette OMIM-Nr.: 120980 (CD11b) 600065 (CD18)	PMN, Mϕ, NK-Zellen, einige B-und T-Lymphozyten	– Rolle bei iC3b-opsonierten Partikeln – vermittelt Adhäsion von PMN – vermittelt Zytotoxizität von Zellen, die aktivierte C-Komponente exprimieren

Mw = relative Molekülmasse in Kilodalton; OMIM-Nr.: http://www.ncbi.nlm.nih.gov./omim/

Sektion I

Bei den Phagozyten ist die Zahl der exprimierten CR nicht konstant: zirkulierende PMN und Monozyten tragen etwa 5000 CR1 pro Zelle. Diese Zahl nimmt nach Stimulierung sprunghaft (bis zum 10fachen) zu. Auf unstimulierten PMN finden sich ca. 1-2 x 10^4 CR3-Moleküle. PMN-Aktivierung führt zu einer Zunahme um das 2-10fache.

CR3 bindet niederaffin an monomeres iC3b, aber hochaffin an Partikel (Mikroorganismen) mit mindestens 10^3-10^5 iC3b-Molekülen an ihrer Oberfläche. Die Bedeutung von CR3 für die Phagozytose* tritt klinisch bei Patienten mit CD11/CD18-Leukozyt-Glycoprotein-Mangel in Form der LAD-1-Erkrankung zutage (siehe Integrine*).

Rezeptoren für Zytokine/Interleukine
Auch bei Zytokinen gilt als Voraussetzung für ihre Effektorfunktionen ihre Bindung an Zielzellen und eine darauf folgende Signalübertragung*. Zytokine binden hochaffin an von Zielzellen exprimierte Liganden* in Form spezifischer Zytokinrezeptoren. Zytokinrezeptoren kommen nicht nur als Transmembranprotein, sondern auch in löslicher Form vor. Sie werden aufgrund genetischer, struktureller und funktioneller Ähnlichkeiten in Familien einteilt:

1. Immunglobulin-Superfamilie*: binden IL-1, -16 und -18 sowie M-CSF
2. Zytokinrezeptor-Superfamilie. Zur Klasse-I-Zytokin-Rezeptorfamilie gehört die Hämatopoetin-Rezeptorfamilie (HR/CKR). Diese Rezeptoren binden die Interleukine 2,-7, -9, -11, -13 und -15, GM-CSF, G-CSF sowie Erythropoetin und Wachstumsfaktoren). Die Interferonrezeptoren und der IL-10-Rezeptor (CDw210) weisen in ihrem extrazellulären Bereich eine gewisse strukturelle Ähnlichkeit mit HR/CRK-Proteinen auf und werden deshalb gemeinhin – trotz nur geringer Sequenzhomologie* – als Zytokin-Klasse-II-Rezeptorfamilie bezeichnet
3. TNF-Rezeptor-Superfamilie bzw. TNF-Ligandfamilie, u. a. TNF-R (CD120), Fas (CD95), Ki-1 (CD30) und CD40
4. Chemokinrezeptorfamilie (für IL-8 und für die niedermolekularen Zytokine MCP-1, MIP-1 und PF-4).

Zytokinrezeptoren bestehen meist aus zwei oder drei Polypeptidketten, die oft bei mehreren Mitgliedern der Rezeptorfamilie vorhanden sind. So sind beispielsweise unter den Hämatopoetinen IL-3, IL-5, IL-15 und GM-CSF strukturell verwandt; ihre Gene liegen im Genom dicht beieinander und sie binden logischerweise an eng verwandte Rezeptoren, die eine gemeinsame „common“ βc-Kette (CDw131) haben. Die Rezeptoren für IL-2, IL-4, IL-7, IL-9 und IL-15 weisen eine γc Kette (CD132) auf (siehe Anhang 3). Diese und ähnliche Verwandtschaftbeziehungen bei anderen Zytokingruppen machen es wahrscheinlich, dass sich die Vielfalt der Zytokine und ihre Rezeptoren während der Evolution der zunehmend spezialisierten Effektorfunktionen gemeinsam entwickelt haben.

Auch die Wirkung der Zytokinrezeptoren ist reguliert. Einige der Zytokinregulatoren sind im Serum als lösliche Antagonisten nachweisbar.

Zwei Beispiele:

- IL-1ra (Interleukin-1-Rezeptor-Antagonist) blockiert die Effekte von IL-1 bei der entzündlichen Knochenresorption und bei der Prostaglandinbildung (siehe Kap. 2.6.2.4), beispielsweise auch bei marginaler Parodontitis (vergleiche Tab. 10.2).
- Proteolytisch abgespaltene TNF-Rezeptoren im Plasma sind potente Inhibitoren der TNF-Wirkung.

2.6.1.4 Adhäsionsproteine

Adhäsine sind Liganden* auf Zelloberflächen oder auf einem Substrat. Zelloberflächenadhäsine sind, ähnlich wie die Rezeptorproteine, Transmembranproteine und vermitteln Signale für Migration, Wachstum und Differenzierung der Zellen. Für immunologische Reaktionen und Entzündungsprozesse ist die Funktion der Adhäsionsmoleküle von besonderem Interesse. So erhöht die Adhäsinexpression die Bindungsaffinität zwischen einer antigenpräsentierenden Zelle und einer T-Zelle. Ebenso bildet die Exprimierung von Adhäsionsproteinen den ersten vorbereitenden Schritt für die Leukozytendiapedese. Damit ein Leukozyt in ein infiziertes Gewebe wandern kann, muss er an die Endothelzelle der Gefäßwand binden, bevor er durch Diapedese das Gefäß verlassen kann. Im Gewebe bestehen zwei grundsätzliche Möglichkeiten der Adhäsion, nämlich an eine andere Zelle oder an ein Substrat der extrazellulären Matrix (ECM*). Einige bedeutsame Adhäsionsmoleküle wurden zum Teil bereits erwähnt: die endothelialen Adhäsionsmoleküle (CD54, CD62, CD102), die von PMN exprimierten CD 11/CD18-Adhäsine, die interzellulären Adhäsionsmoleküle (ICAM-1-3 bzw. CD54, CD102 und CD50) und die lymphozytären funktionsassoziierten Antigene (LFA-1 und LFA-3 bzw. CD11a/CD18 und CD58). Adhäsionsmoleküle werden in der Regel erst dann exprimiert, wenn die tragende Zelle aktiviert wurde, was meistens durch Zytokine und Entzündungsmediatoren geschieht. Fehlerhafte Leukozytenadhäsionsmoleküle werden autosomal-rezessiv vererbt. Bei solchen Patienten treten bereits im Kindesalter häufig schwere Infektionen mit pyogenen Bakterien auf.

Aufgrund ihrer Struktur werden folgende fünf Gruppen von Adhäsionsmolekülen unterschieden: Integrine*, der Immunglobulin-Superfamilie* zugehörige Strukturen, Selektine*, Cadherine* und weitere Oberflächenadhäsionsmoleküle (CD31/CD44/Hermesgruppe*).

2.6.2 Effektormoleküle

Antigenerkennung ist ein erster wichtiger Schritt bei der Eliminierung von Eindringlingen oder Tumorzellen. Sind Antigene einmal erkannt worden, werden allerlei Mechanismen in Gang gesetzt, die letztendlich dazu führen, dass das körperfremde Material beseitigt wird. Immunglobuline, Komplement, Zytokine und Wachstumsfaktoren, Arachidonsäuremetaboliten sowie weitere Mediatorproteine sind die Effektormoleküle des Immunabwehrsystems.

2.6.2.1 Immunglobuline

Viele infektiöse Bakterien vermehren sich in den extrazellulären Bereichen des menschlichen Körpers, und die meisten Viren verbreiten sich von Zelle zu Zelle, indem sie sich durch die extrazellulären Flüssigkeiten bewegen. Die Hauptfunktion der humoralen Immunantwort ist es, im Extrazellularraum befindliche Mikroorganismen zu zerstören. Ist es Mikroben jedoch einmal gelungen, in eine körpereigene Zelle einzudringen, sind sie nicht mehr durch Serumproteine, sondern nur noch durch die zelluläre Abwehr angreifbar.

Von Plasmazellen gebildete antigenspezifische Antikörper bilden einen wesentlichen Bestandteil der humoralen Immunantwort.

Merke:
Jede Plasmazelle stellt nur eine einzige Art Immunglobulin her. Sämtliche von ihr sezernierten Antikörper sind chemisch identisch und haben somit genau die gleiche Antigenspezifität.

Antikörper tragen auf drei Wegen zur Immunität bei:

1. Mikroorganismen, die sich innerhalb von Wirtszellen vermehren und wachsen (Viren, bestimmte Bakterien) verbreiten sich von Zelle zu Zelle, indem sie an spezifische Moleküle auf der Oberfläche ihrer Zielzelle binden. Antikörper, die sich an diese Pathogene heften, verhindern eben diese Bindung und somit das Eindringen des Pathogens. Analog sorgen Antikörper auch für einen Schutz vor mikrobiellen Toxinen.
2. Andere Bakterien vermehren sich außerhalb der Wirtszellen. Vor ihnen schützen Antikörper hauptsächlich, indem sie durch Opsonierung ihre Aufnahme in Phagozyten erleichtern: Die antigengebundenen Antikörper auf der Oberfläche des Erregers werden von spezifischen Immunglobulin-Rezeptoren auf der Phagozytenoberfläche erkannt.
3. Mikrobiell gebundene Antikörper (insbesondere der Klasse IgM) aktivieren den klassischen Weg des Komplementsystems, was u. a. dazu führt, dass Phagozytose* nochmals potenziert wird (vergleiche Abb. 10.7).

Von der Antikörperklasse hängt es ab, welche der o.g. Effektormechanismen bei einer bestimmten Antwort eingesetzt werden. Die Spezifität der Antikörper hingegen ergibt sich nicht aus der Antikörperklasse, sondern aus der Vielfalt der Antigenbindungsstellen. Beide Phänomene werden nachfolgend erläutert.

2.1–2.6

Struktur der Antikörper

Antikörper sind in ihrer Grundstruktur heterodimere Moleküle, die aus je zwei identischen schweren (langen) Polypeptidketten (H-Ketten, heavy chains) und zwei leichten (kurzen) Peptidketten (L-Ketten, light chains) aufgebaut sind. Sie gehören der Ig-Superfamilie* an bzw. sind namengebend für sie. Ein Ig-Molekül enthält sowohl in den L- als auch in den H-Ketten jeweils 110 Aminosäuren lange Domänen, die durch Disulfidbrücken stabilisiert werden. Auch sind die L- und H-Ketten sowie die H-Ketten untereinander durch Disulfidbrücken verbunden (siehe Abb. 2.23).

Bei menschlichen Immunglobulinen gibt es bei den L-Ketten zwei Haupttypen, κ und λ, welche nie gleichzeitig durch eine Ak-produzierende Zelle synthetisiert werden können.

Merke:
Ein Antikörpermolekül verfügt immer über zwei identische L-Ketten, entweder κ oder λ. Von den schweren Ketten gibt es fünf Isotypen, welche namengebend für die Immunglobulinklasse sind: α für IgA, δ für IgD, ε für IgE, γ für IgG und μ für IgM.

Die H- und L-Ketten bestehen je aus einem variablen Teil V und einem konstanten Teil C. Innerhalb eines Individuums besitzt jedes Ig der gleichen Klasse eine identische C-Region (konstante Aminosäuresequenz). Die V-Regionen der H- und L-Ketten (V_H bzw. V_L) weisen eine so charakteristische Faltstruktur auf, dass man sie durch die Bezeichnung „**Immunglobulinfaltung**" besonders herausstellt. Die Immunglobulinfaltung ist für alle Mitglieder der Ig-SF charakteristisch und bildet deren sekundäre Proteinstruktur*.

V_H bzw. V_L widerspiegeln die Antigenspezifität eines Antikörpers. Diejenigen Abschnitte der V-Region, an denen Antigen* gebunden wird, weisen wesentlich stärker variierende Sequenzenmotive auf als der Rest der variablen Region und werden als hypervariable Regionen bezeichnet. Eine V_H- und eine V_L-Region bilden zusammen eine Antigenbindungsstelle (ABS). Insgesamt können menschliche B-Zellen bzw. Plasmazellen Antikörper mit mehr als 10^{12} strukturell verschiedenen ABS produzieren.

Merke:
Die Antigenbindungsstelle (ABS) bildet die erkennende Struktur eines Immunglobulins und bindet Antigen. Jedes Immunglobulin besitzt mindestens zwei identische ABS (Abb. 2.23).

Lymphozyten, Mastzellen, Makrophagen, Granulozyten und Thrombozyten besitzen alle Rezeptoren für die Fc-Anteile der Antikörper (siehe Abb. 2.23B). Zwei Beispiele sollen hier die **Bedeutung der Fc-Rezeptoren** illustrieren.

1. Gehören Antikörper der IgG- oder IgM-Klasse an, so binden sie mittels ihrer Fc-Fragmente an PMN oder Makrophagen und gleichzeitig über ihre Fab-Anteile an bakterielle Zellwandantigene. Diese Reaktion bildet ein Schlüsselereignis bei der Vorbereitung bzw. Opsonierung von Eindringlingen für die Phagozytose* (Abb. 2.24).

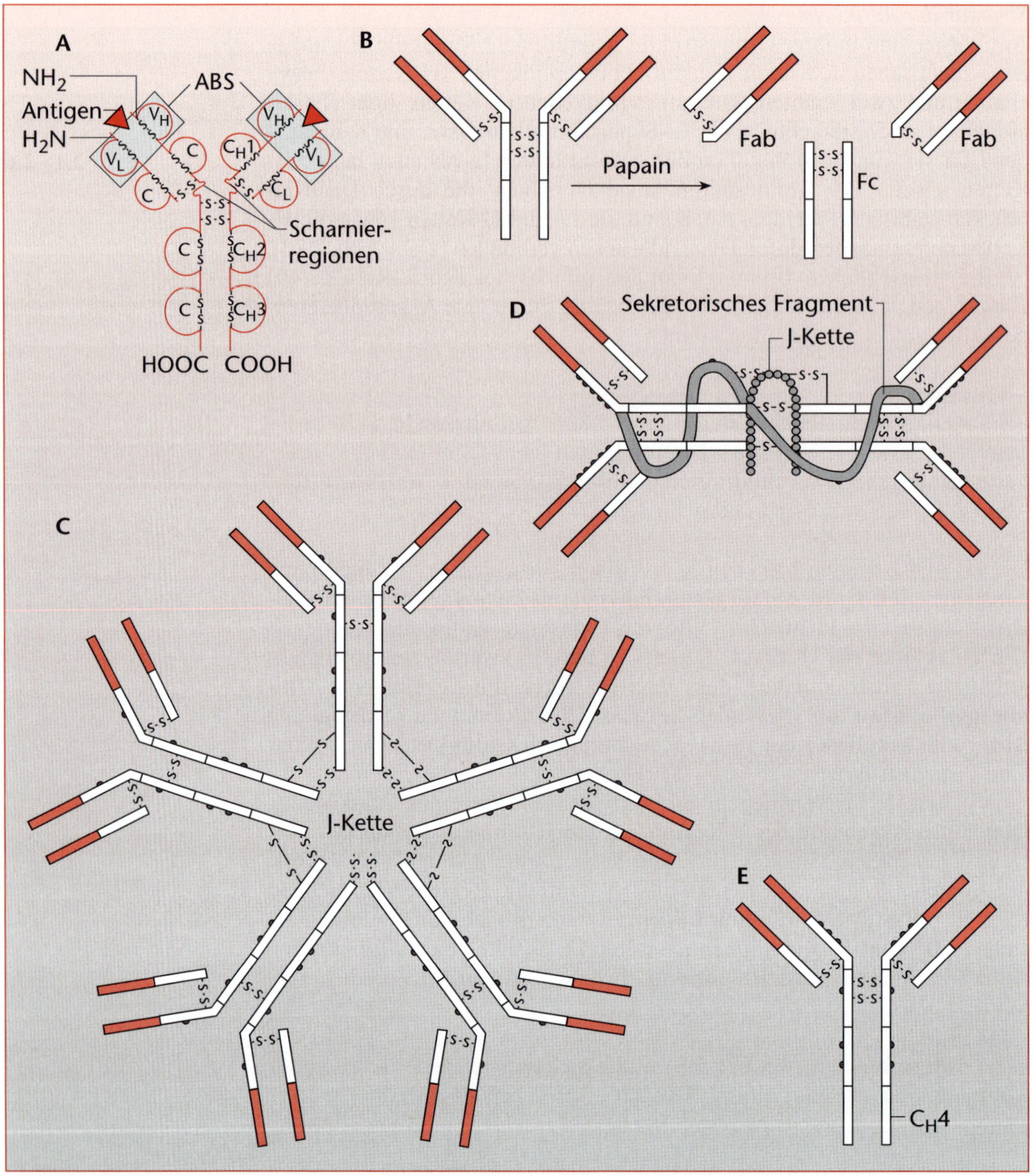

Abb. 2.23 Struktur von Immunglobulinmolekülen. Variable Regionen sind bei den Abb. B-E rot eingezeichnet. Bei allen Antikörpern besteht die L-Kette aus zwei Domänen. Die H-Kette enthält vier (IgG und -A) bzw. fünf (IgM, -E und -D) Domänen. Jede Domäne wird durch eine einzige intramolekulare Disulfidbrücke zusammengehalten. V_L, C_L = Domänen der variablen bzw. konstanten Region der leichten Kette; V_H, C_H1-4 = Domänen der variablen bzw. konstanten Region der schweren Kette; -S-S- = Disulfidbrücken; COOH = carboxyterminale Aminosäure; NH_2 = aminoterminale Aminosäure; ▲ = Kohlenhydrat; ABS = Antigenbindungsstelle.

A: IgG-Struktur im Detail. IgG besteht aus zwei schweren γ-Ketten und zwei leichten κ- oder λ-Ketten. Schwere Immunglobulinketten weisen eine Scharnierregion auf, deren Flexibilität die Quervernetzung zwischen den Antigenen fördert (siehe Abb. 2.27).

Abb. 2.23

B: Proteolyse von Immunglobulin: Im Rahmen der grundlegenden Erforschung der Antikörper und ihrer Eigenschaften wurde schon früh versucht, diese in Einzelteile zu zerlegen. Das proteolytische Enzym Papain beispielsweise spaltet IgG spezifisch, knapp oberhalb der Disulfidbrücken der H-Ketten, in zwei Fab-Anteile und einen Fc-Anteil. Die Fab- und Fc-Fragmente erfüllen je eine wohldefinierte Aufgabe: Der Fab-Teil erkennt das spezifische Antigen und bindet daran. Der Fc-Teil („crystallizing fragment") besitzt eine Anzahl unspezifischer Rezeptoren, die es dem Ig ermöglichen, sich an eine chemische Substanz und insbesondere an einen auf der Zellmembran eines Phagozyten exprimierten Fc-Rezeptor zu binden. Hierdurch wird die anschließende Phagozytose* nachhaltig gefördert (siehe Abb. 2.24).

C: IgM und IgA werden normalerweise als Multimer synthetisiert, wobei sie mit einem zusätzlichen Polypeptid, der J-Kette („joining chain"), assoziiert sind. Serum-IgM ist ein Pentamer und besitzt 10 ABS. Die Monomere sind untereinander und mit der J-Kette über Disulfidbrücken vernetzt. Die C_H4-Domäne enthält eine schwere μ-Kette.

D: Struktur von sekretorischem IgA. Im IgA-Dimer sind die Monomere über Disulfidbrücken mit der J-Kette verbunden, nicht jedoch untereinander.

E: IgE. Die schwere ε-Kette enthält eine C_H4-Domäne.

In den Zeichnungen B-E wurden die intramolekularen Disulfidbrücken zur Vereinfachung weggelassen (nach MADIGAN et al. 2001, modifiziert).

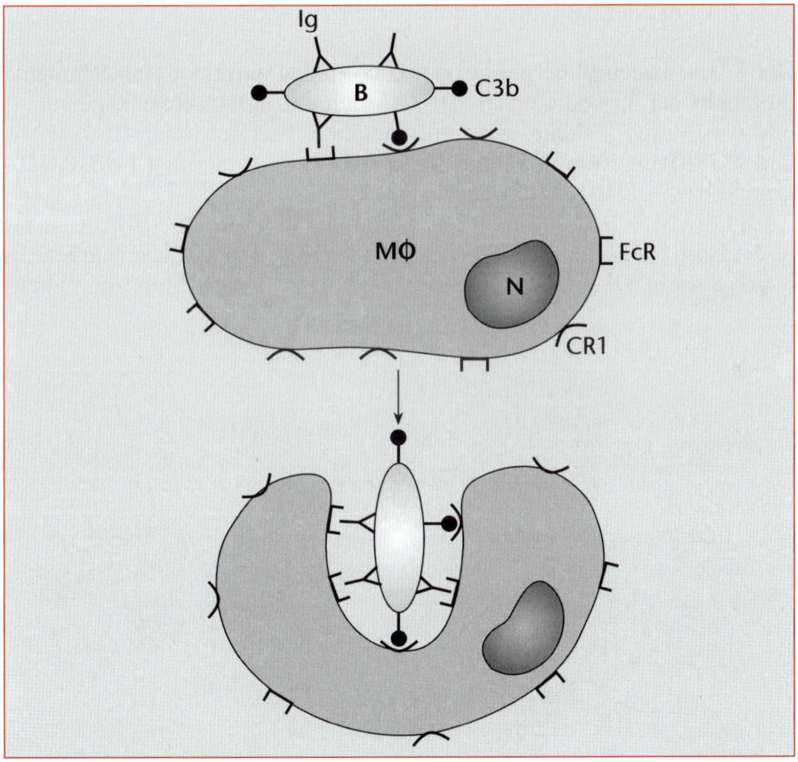

Abb. 2.24 Durch Antikörper vermittelte Phagozytose. Ein IgG-opsoniertes Bakterium (B) wird mit großer Effizienz durch neutrophile Granulozyten oder Makrophagen (Mϕ) phagozytiert. Diese besitzen auf ihrer Oberfläche Rezeptoren für den Fc-Teil der Ig-Moleküle (FcR). Die Bindung der opsonierten Bakterien an den Fc-Rezeptor leitet die Phagozytose ein. Einzelne Komplementproteine (insbesondere C3b) sind ebenfalls zur Opsonierung befähigt und tragen via Bindung an sich ebenfalls auf der phagozytären Zellmembran befindliche Komplementrezeptoren (CR, in diesem Fall CR1) in ähnlicher Weise zur Phagozytoseförderung bei. N = Nucleus (Zellkern).

2. IgE-Antikörper binden mit ihren Fc-Teilen an Fc-Rezeptoren von Mastzellen. Stimulierung bzw. Bindung mit Antigenen (via Fab) provozieren diese Zellen zur Degranulierung: Sie schütten den Inhalt ihrer Granulae (vor allem Histamin*) aus, was zu allergischen Symptomen wie Erythemen oder Urtikaria führt. Falls die Freisetzung schlagartig und in großen Mengen erfolgt, kann gar eine Anaphylaxie eintreten (Abb. 2.25).

Antikörperklassen
Es extistieren fünf Immunglobulinklassen: IgA , IgD, IgE, IgG und IgM.

Merke:
IgM und IgA kommen zu Beginn einer Immunantwort vor, alle anderen Immunglobulinklassen erst im späteren Verlauf und nach wiederholtem Kontakt mit dem Antigen (Sekundärantwort). B-Zellen können die Klasse der von ihnen synthetisierten Immunglobuline wechseln, indem Tochterzellen (Plasmazellen, Gedächtniszellen) nicht mehr die gleiche Antikörperklasse wie die Mutterzelle produzieren. Hierbei wird die Affinität der Antikörper nicht beeinträchtigt.

Der Klassenwechsel beruht auf der Umordnung einzelner Gen-Segmente innerhalb der Ig-codierenden DNA-Abschnitte (DNA-Rearrangement*) und wird durch lösliche Faktoren (Zytokine, beispielsweise IL-4, IFN-γ und TGF-β) in Kombination mit der T-B-Zellinteraktion CD40–CD40-Ligand bzw. CD40–CD154 ausgelöst.

IgG (Mw = 150 kDa; OMIM-Nr.: 147100 (H-Kette), 147200 (Lκ)) bildet beim Menschen 75-80% der gesamten Ig-Menge (diese beträgt 10-30g/L Serum, 3,5 g/L Sulkusflüssigkeit bzw. 0,014 g/L Mundflüssigkeit)

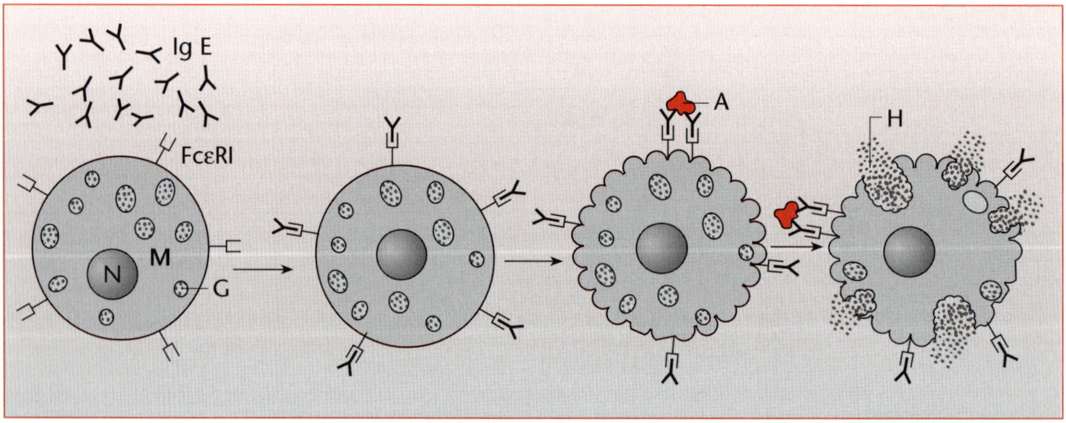

Abb. 2.25 Die Rolle von IgE bei der Histaminausschüttung durch Mastzellen. Von Plasmazellen sezerniertes IgE bindet an durch Mastzellen (M) exprimierte FcεRI-Rezeptoren. Die Oberfläche der Mastzellen wird dadurch mit antigenbindenden Oberflächenantikörpern bestückt. Werden die IgE-Moleküle durch multivalente Antigene (A, rot) quervernetzt (vergleiche Abb. 2.27), degranulieren die Mastzellen. Mittels Exozytose werden sofort große Mengen Histamin (H) in die Umgebung abgegeben. Nicht nur IgE, sondern auch die Einwirkung von Anaphylatoxinen* (insbesondere C5a und C3a) kann die Degranulierung von Mastzellen auslösen. N = Nucleus (Zellkern); G = histaminhaltige Granula (nach ROITT et al. 2001, modifiziert).

und ist auch bei der Immunantwort im marginalen Parodont das bedeutendste Ig. Generell ist IgG für den Schutz der Extrazellularräume des inneren Körpermilieus zuständig. Vor allem ist seine Bedeutung bei der Opsonierung pathogener Keime herausragend (siehe Abb. 2.24 und Abb. 10.7). Gebildet wird IgG hauptsächlich im lymphatischen Gewebe. Es stimuliert Makrophagen und kann Komplement aktivieren. IgG kann in der zweiten Hälfte einer Schwangerschaft die Plazentaschranke passieren und ist somit verantwortlich für den von der Mutter auf das Embryo übertragenen Immunschutz. Auch das Neugeborene ist dadurch geschützt. Mit nachlassender IgG-Serumkonzentration *post partum* (die Halbwertszeit bei Antikörpern beträgt ca. 20 Tage) nimmt der Schutz durch die mütterlichen Antikörper ab. Dennoch dauert der mütterliche Antikörperschutz im Säugling mindestens 3 Monate (vergleiche Abb. 9.10). 2.1–2.6

IgA (Mw=160 kDa; OMIM-Nr.: 147000 und 146900 (beide H-Kette)) ist zu 10-20% an den Serumantikörpern beteiligt. Es ist das Immunglobulin der seromukösen Sekrete und bildet in Form von sog. sekretorischem IgA (sIgA) auf Schleimhäuten einen „antiseptischen Anstrich“. Seine spezielle Aufgabe ist es, Schleimhautoberflächen vor infektiösen Erregern zu schützen (siehe CMIS*), indem es die Anlagerung von Bakterien oder Toxinen an Epithelzellen sowie die Absorption fremder Substanzen verhindert. Besonders in der Mundhöhle und im Darm ist es verstärkt mikrobiellen Proteasen* ausgesetzt. In den Drüsenepithelien wird es daher nicht nur mit einer stabilisierenden J-Kette dimerisiert, sondern es akquiriert auch eine sekretorische Komponente, was seine Resistenz gegenüber Proteasen erhöht. Dennoch ist die Halbwertszeit von IgA mit etwa 5 Tagen kürzer als die des IgG. IgA-Synthese und -Sekretion finden hauptsächlich im Darm, im respiratorischen Epithel, in der Milch absondernden Brust und in verschiedenen anderen exokrinen Drüsen statt, wie den Tränen- oder Speichelrüsen (siehe Kap. 3.3.5). Neugeborene Kinder sind besonders anfällig für eine Infektion, da sie vor der Geburt noch keinen Mikroben aus der Umwelt ausgesetzt waren. IgA-Antikörper werden in die Muttermilch sezerniert und gelangen dann in den Darm des Neugeborenen, wo sie vor Bakterien schützen, bis das Kind seine eigenen protektiven Antikörper synthetisieren kann.

IgM, das phylogenetisch älteste, hochmolekulare Immunglobulin (Mw = 900 kDa; OMIM-Nr.: 147020 (H)), liegt in zwei Formen vor: einer membrangebundenen und einer löslichen. Von der ersteren finden sich ca. 10^5 Kopien auf ruhenden B-Lymphozyten ohne bisherigen Antigenkontakt: sie exprimieren IgM konstitutiv. IgM-Antikörper werden daher auch als primäre Antikörper bezeichnet. Sie aktivieren durch ihre Interaktion mit Antigenen das Komplementsystem (vergleiche Abb. 10.7) und regen Mϕ zur Phagozytose* an. Der löslichen IgM-Form fehlt die Membranverankerungssequenz; sie wird erst nach Kontakt mit einem Antigen* produziert. Wegen seiner Größe neigt IgM besonders zur Agglutination*. Die Antiblutgruppen-Immunglobuline gehören der IgM-Klasse an.

IgE (Mw = 200 kDa; OMIM-Nr.: 147180 (H)) hat trotz seiner geringen Konzentration (0,0001% bezogen auf 10-30g Gesamt-Ig/L Serum) größte Bedeutung für die Parasitenabwehr und bei Allergien (siehe Abb. 2.25). Mit IgE besetzte Parasiten (Würmer, Protozoen) werden von Mastzellen sehr leicht erkannt. Sie heften sich an die IgE-Antikörper und schädigen bei diesem engen Kontakt den Parasiten durch die Freisetzung von Mediatorsubstanzen.

IgD (Mw = 180 kDa; OMIM-Nr.: 147170 (H)) wird wie IgM fast ausschließlich auf der Zelloberfläche ruhender B-Lymphozyten gefunden und kommt daher kaum in sezernierter Form vor. Seine Funktion ist unbekannt.

Interaktionen zwischen Antigenen und Antikörpern
Die Interaktion zwischen Ag und Ak ist eine reversible chemische Reaktion:

$$Ag + Ak \Leftrightarrow AgAk$$

Die „Passfähigkeit" der Antikörper für das Antigen wird Affinität genannt und ist durch die Gleichgewichtskonstante K definiert:

$$K = \frac{[Ag\ Ak]}{[Ag]\ [Ak]}$$

Avidität ist eine Bezeichnung für Affinität x Valenz. Dieser Begriff stellt die gesamte oder funktionelle Bindungsstärke zwischen einem mit mehreren Epitopen bestückten Antigen* und einem multivalenten Antikörper dar.

Die Antigen-Antikörper-Bindung (Ag-Ak) erfolgt über multiple, schwache, nichtkovalente Bindungen. Dies bedeutet, dass Ag und Ak sich sterisch sehr nahe kommen müssen, damit sie eine Bindung eingehen können. Dies kann nur dann passieren, wenn ABS und Epitop sterisch kom-

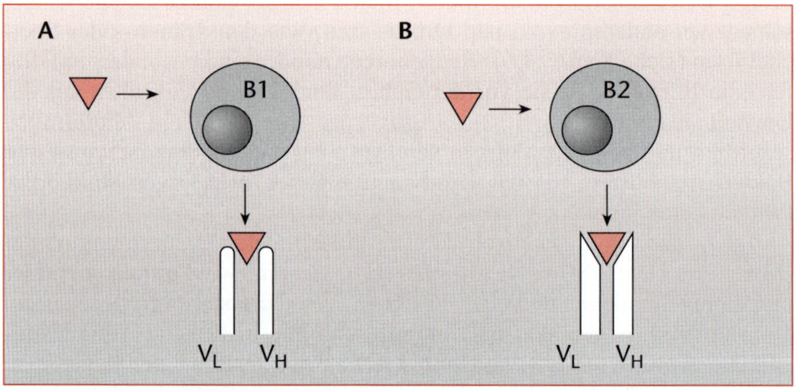

Abb. 2.26 Bindung zwischen Antigen und Antikörper. Sowohl die leichte als die schwere Kette der Antikörper sind bei der Bindung des Antigens involviert (deren V_L- bzw. V_H-Regionen). Dargestellt ist die Interaktion einer antigenen Determinante (Epitop, rot) eines Makromoleküls mit zwei verschiedenen Antikörpern, davon eine mit niedriger und eine mit hoher sterischer Übereinstimmung (Affinität).

A: Stimulierung von B-Zellen durch Erstkontakt mit einem Antigen (A) verursacht klonale Proliferation der B-Zellen (Klon B1) und Erzeugung von Antikörpern, welche Antigen mit niedriger Affinität binden.

B: Der zweite Kontakt mit diesem Antigen führt zur Proliferation eines zweiten B-Zell-Klons (B2), einem Wechsel der Antikörperklasse (normalerweise von IgM zu IgG), somatischen Hypermutationen und zur Erzeugung von Antikörpern, welche das Antigen affiner binden (Sekundärantwort) (siehe DNA-Rearrangement*, siehe Mutationen*).

Kreuzreaktivität* beinhaltet die Reaktion eines Antikörpers mit unterschiedlichen Epitopen.

plementär sind. Je mehr sich die Strukturen entsprechen, desto höher also die Bindungsstärke. Weniger gut „passende" Antigene werden mit geringerer Bindungsstärke gebunden (Abb. 2.26).

Besitzt ein Antigen nur ein Epitop, wird es als univalent bezeichnet. Die meisten Antigene besitzen mehrere antigene Determinanten. Sind zwei oder mehr dieser Epitope identisch, werden die Antigene als multi- 2.1–2.6
valent bezeichnet.

Eine V_H- und eine V_L-Region bilden zusammen eine Antigenbindungsstelle (ABS). Jedes Immunglobulin besitzt mindestens zwei identische ABS. Dies ermöglicht eine Quervernetzung von Antigenen, insofern diese über 3 oder mehr Epitope verfügen (Abb. 2.27).

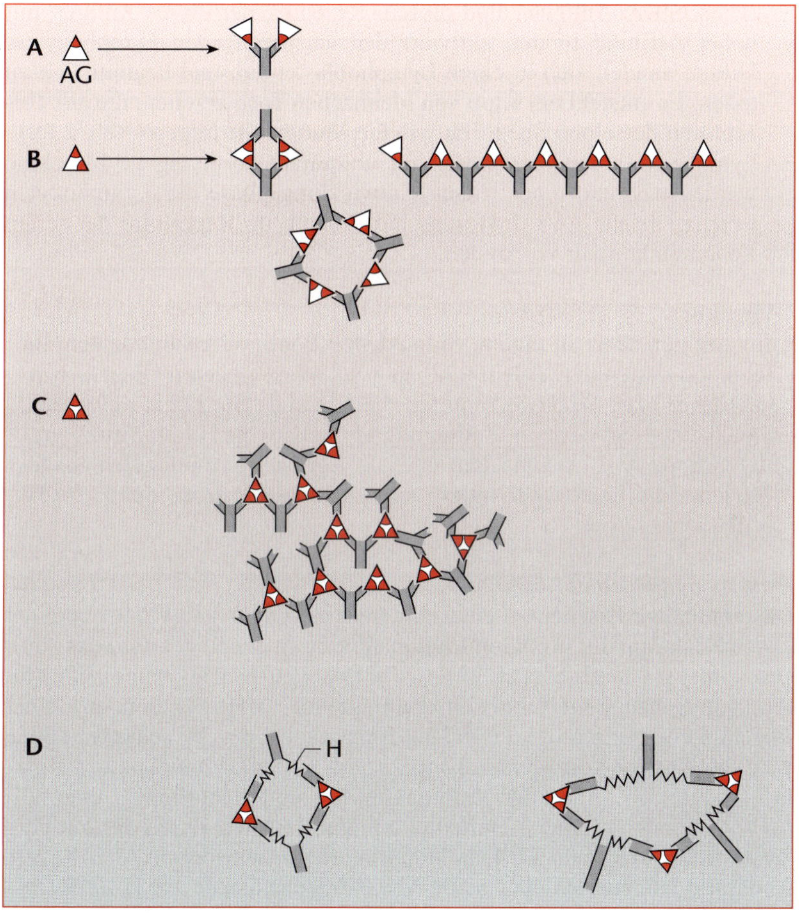

Abb. 2.27 Interaktionen zwischen Antigen und Antikörper. Ein bestimmter monoklonaler Antikörper (MAK*) bindet Antigene (AG) mit ein (A), zwei (B) bzw. drei oder mehr (C) jeweils identischen Epitopen (rot). Antigene mit zwei Epitopen können mit den Antikörpern kleine ringförmige Strukturen oder lineare Ketten bilden. Mit 3 und mehr Determinanten bestückte Antigene sind in der Lage, mit den Antikörpern größere netzförmige Strukturen zu bilden. Durch die Flexibilität im Bereich der Scharnierregion (H, „hinge region") wird die Quervernetzung zwischen den Antigenen gefördert (D). Derartig quervernetzte Immunkomplexe* können schnell durch Makrophagen phagozytiert und abgebaut werden.

Sektion I

Klonale Selektion
Eine Population identischer Zellen, die aus der gleichen Vorläuferzelle hervorgegangen ist, bezeichnet man als Klon. **Die klonale Selektionstheorie bildet die Grundlage der modernen Immunologie und geht von folgenden 3 Postulaten aus**:

1. Im Organismus werden fortlaufend Lymphozyten aus Vorläuferzellen gebildet. Jede neu entstehende B- oder T-Zelle exprimiert *de novo* einen in seiner Spezifität einmaligen Antikörpertypus bzw. T-Zell-Rezeptor.
2. Zur Bindung eines bestimmten Epitops steht nur eine sehr kleine Anzahl von Zellen innerhalb des mengenmäßig gewaltigen Lymphozytenrepertoires zur Verfügung, auf deren Oberfläche sich der passende Antikörper bzw. T-Zell-Rezeptor befindet. Die Wechselwirkung zwischen einem Antigen* und diesem Rezeptor, der dieses Antigen mit hoher Affinität bindet, aktiviert den entsprechenden Lymphozyten. Dieser wandelt sich in einen Lymphoblasten um und beginnt sich zu teilen. Es entsteht ein Klon von identischen Tochterzellen, die alle Rezeptoren derselben Spezifität wie die Mutterzelle tragen (Abb. 2.28).
3. Lymphozyten mit Rezeptoren für ubiquitäre körpereigene Moleküle werden während einer frühen Entwicklungsphase der Lymphozyten beseitigt (siehe Abb. 2.4) und sind deshalb im Repertoire der reifen Zellen nicht mehr vorhanden.

Merke:
Ein Antigen führt in einem vorhandenen Pool von Lymphozyten zur Selektion derjenigen Zellen („klonale Selektion"), deren Oberflächenantikörper bzw. T-Zell-Rezeptoren die passende Spezifität aufweisen. Gleichzeitig regt es deren Zellteilung an, so dass die Bildung einer großen Gruppe von Plasmazellen und aktivierten T-Lymphozyten ausgelöst wird, die identische Antikörper synthetisieren bzw. identische B-Zellen stimulieren.

Primär- und Sekundärantwort
Das erstmalige Erscheinen eines Antigens im Organismus führt zu einer ersten Reaktion, der primären Immunantwort. In der Regel wird das Antigen von einer dendritischen Zelle oder (weniger häufig) von einem Makrophagen phagozytiert, lysosomal zerlegt und – MHC*-gebunden – einer T-Helferzelle präsentiert (zelluläre Immunantwort). In seltenen Fällen wird das Antigen von Membranantikörpern naiver B-Lymphozyten (IgM, IgD) gebunden (humorale Immunabwehr) und daraufhin – ebenfalls MHC-gebunden – einer T-Helferzelle präsentiert. Die durch die Antigenpräsentation aktivierte Helferzellen stimulieren wiederum die B-Zellen, so dass es letztendlich über beide Abwehrmechanismen zur B-Zellstimulierung bzw. zur Antikörperbildung kommt (siehe Abb. 2.11). Zunächst wird vor allem IgM produziert und der Anstieg seines Serumtiters kann verfolgt werden (Primärantwort).

Nach einiger Zeit verschwinden die spezifischen IgM-Antikörper wieder aus dem Serum. Bei erneuter Antigeninvasion werden wesentlich schneller und wesentlich mehr spezifische Antikörper (sog. Sekundärantwort) gebildet, da der Körper bereits über Gedächtniszellen verfügt,

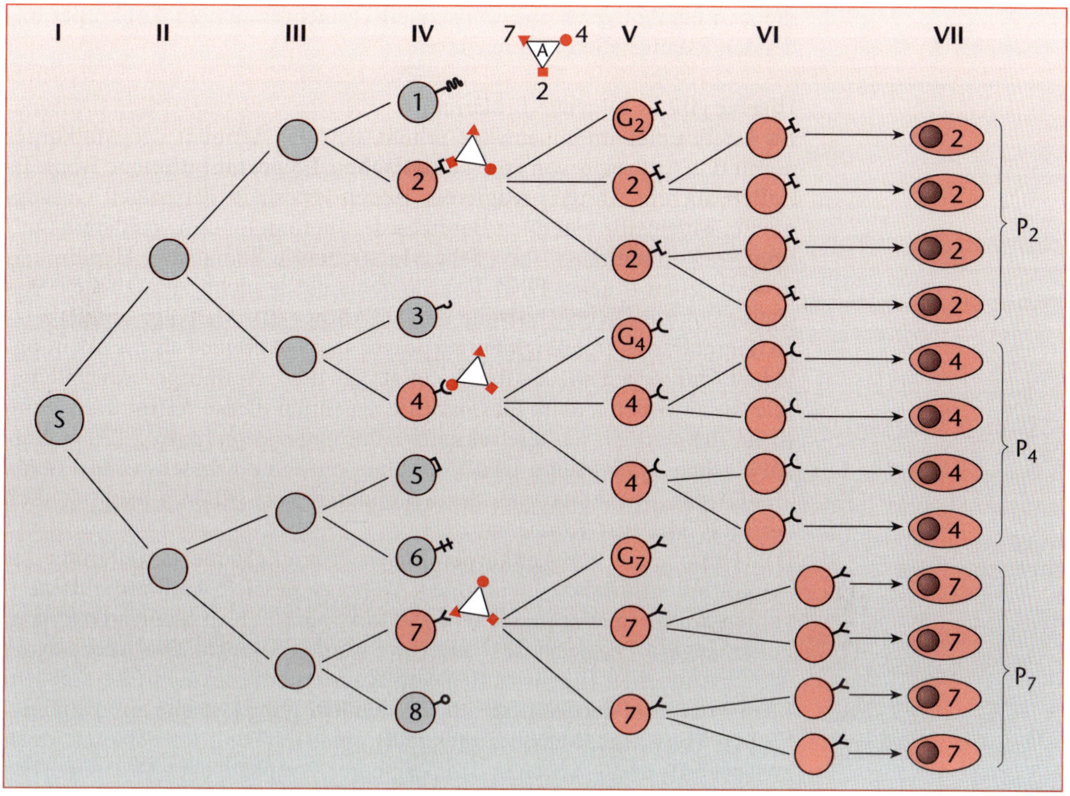

Abb. 2.28 Klonale Selektionstheorie: Ein Antigen aktiviert nur diejenigen Lymphozytenklone, die bereits auf ihre Reaktion mit dem Antigen festgelegt sind. Eine solche Zelle verfügt über Rezeptoren in Form membrangebundener Antikörper oder T-Zell-Rezeptoren, welche das Antigen spezifisch erkennen. Innerhalb eines Lymphozyten-Zellklons verfügen alle Zellen über den gleichen Rezeptor. Das Immunsystem verfügt über Millionen unterschiedlicher Lymphozytenklone, wovon einer (monoklonale Reaktion), ein paar (oligoklonale Reaktion) oder, was in weitaus den meisten Fällen zutrifft, hunderte durch ein bestimmtes Antigen aktiviert werden (polyklonale Reaktion).
I-IV: Antigenunabhängige Differenzierung im Knochenmark (S = Stammzelle); V-VII: Antigenabhängige Differenzierung in peripheren lymphatischen Geweben. A = Antigen mit 3 antigenen Determinanten (Epitopen). Innerhalb der Population der B-Lymphozyten tragen nur wenige Zellen die passenden Antikörper für die drei Epitope (Klon 2, 4 und 7, rot). Das Antigen wählt also aus einem vorhandenen Pool von B-Zellen diejenigen Zellen aus, welche die Antikörper mit passender Spezifität auf ihrer Oberfläche ausweisen und regt gleichzeitig deren Zellteilung an. Die fortwährende Anwesenheit des Antigens führt zu einer kontinuierlichen Expansion der 3 Klone. Schließlich stehen große Gruppen (Klone) von Plasmazellen (P) zur Verfügung, die jeweils identische Antikörper sezernieren (P2, P4 und P7). Gleichzeitig bilden sich langlebige Gedächtnis-B-Zellen mit der gleichen Antigenspezifität (G2, G4, G7). Eine entsprechende Situation gibt es auch bei den T-Lymphozyten.

die sich bei Antigenexposition schnell vermehren und zu Antikörper bildenden Plasmazellen differenzieren.

Hierfür gibt es folgende Erklärung:
Im Laufe einer Immunantwort erhöht sich die Affinität der Antikörper durch das Auftreten von sog. **somatischen Hypermutationen**: Wenn B-Zellen auf ein Antigen reagieren, finden innerhalb derjenigen Gensegmente, welche die variablen Bereiche der Immunglobuline codieren, multiple Punktmutationen statt (siehe Mutationen*). Somatische Hypermutationen stellen – nebst DNA-Rearrangements* – einen zusätzlichen Mechanismus zur Diversifizierung der Antikörper dar. Als Folge binden einige der mutierten Immunglobuline besser an die Antigene als die ursprünglichen Antikörper, so dass die B-Zellen, die diese Antikörper exprimieren, selektiert werden und zu Plasmazellen ausreifen. Diese **Affinitätsreifung** ist für die deutlich stärkere sekundäre Immunreaktion (Abb. 2.29) mitverantwortlich. Gleichzeitig findet der oben erwähnte Klassenwechsel (Abb. 2.26B) statt: die Antikörper der Sekundärantwort gehören hauptsächlich der IgG- oder IgA-Klasse an.
Das Umschalten der Antikörperklassen ermöglicht die Erweiterung der antikörpervermittelten Funktionen, wobei – je nach Antikörperklasse – vorzugsweise unterschiedliche Effektorsysteme (Komplementfixierung, Fc-abhängige Phagozytose*) aktiviert werden können. Die Änderungen der funktionellen Eigenschaften von Antikörpermolekülen (die auf dem Klassenwechsel beruhen) und die Affinitätsreifung (welche auf die somatischen Hypermutationen zurückgeht) sind abhängig von Interaktionen zwischen B- und T-Zellen in den peripheren lymphatischen Organen. Dies bedeutet, dass durch T-unabhängige Antigene (siehe Kap. 2.5.1) induzier-

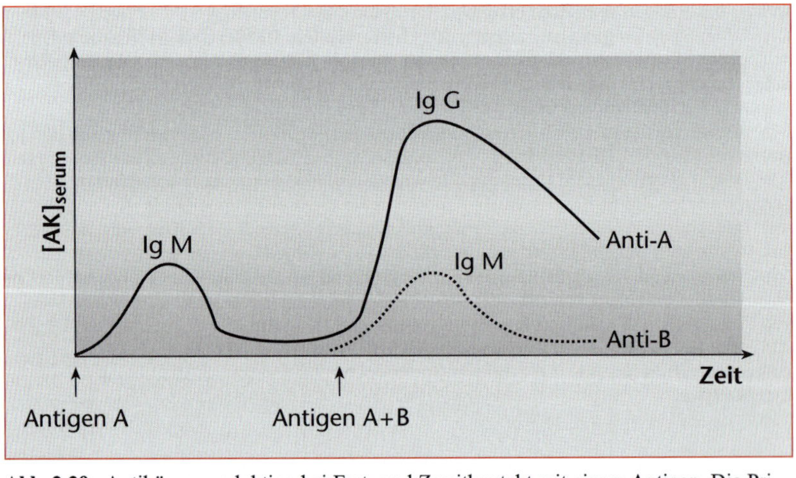

Abb. 2.29 Antikörperproduktion bei Erst- und Zweitkontakt mit einem Antigen. Die Primärantwort beruht auf IgM-Antikörpern. Bei einer Zweitexposition bzw. Sekundärantwort kommt es via eines durch DNA-Rearrangement* bewirkten Klassenwechsels zur Bildung von IgG-Antikörpern. Diese IgG weisen nicht nur einen höheren Titer, sondern als Folge somatischer Hypermutationen häufig auch eine höhere Affinität auf und bleiben länger bestehen. Erst nach einer gewissen Zeit kommt es zum Abfall des Immunglobulinspiegels (modifiziert nach ABBAS und LICHTMAN 2003).

te Antikörper weniger variabel und funktionell weniger flexibel sind als solche, die via T-B-Zellinteraktionen gebildet werden. Analysen der Antikörper (Menge, Qualität) erlauben auch Rückschlüsse auf den infektiösen Erreger (siehe auch Kap. 5 und Kap. 17.1).

2.6.2.2 Komplement

Komplement ist die Bezeichnung für ein enzymatisches System von mehr als 30 Serumproteinen, das bei biologischen Abwehrvorgängen eine bedeutsame Rolle spielt. An der Immunabwehr bzw. Entzündung beteiligte Zellen besitzen auf ihrer Oberfläche Rezeptorproteine (Liganden*) für diverse Komplementkomponenten (siehe Kap. 2.6.1.3). Der Name Komplement stammt von der frühen Beobachtung, dass Antikörper gramnegative Bakterien nur in Gegenwart eines unspezifischen Faktors in frischem Blutserum lysieren. Dieser zusätzliche Faktor entpuppte sich allerdings als ein kompliziertes Enzymsystem. Für den Kampf gegen mikrobielle Erreger rekrutieren die Antikörper das Komplementsystem: es verstärkt, komplementiert, ihre Wirkung. Die Reaktion des Komplementsystems erfolgt wie bei der Blutgerinnung als Kaskade: das erste aktivierte Element beeinflusst das nächste usw. – immer in der gleichen Reihenfolge. Diese kaskadenartige Reaktion wird auch Komplementfixierung genannt. Es gibt **drei Wege der Komplementaktivierung** (Abb. 2.30).

Nach Aktivierung des Komplementfaktors C3 – sei es über den klassischen-, lektinvermittelten- oder den alternativen Aktivierungsweg – lagern sich die späteren Komplementkomponenten (von C5b bis C9) zusammen (lytischer oder terminaler Weg). Es bildet sich aus diesen Faktoren der sogenannte membranangreifende Komplex (MAC), welcher in die Zellmembran der mikrobielle Zielzelle eingebaut wird (Abb. 2.31).

Merke:
Komplement ist an der Infektabwehr in vielfältiger Weise beteiligt. Die wichtigsten Funktionen sind dabei zwei Bruchstücken, dem Fragment C3b und einem Anaphylatoxin* (C5a), zuzuschreiben. Sie bewirken insbesondere eine verbesserte Opsonierung der Bakterien bzw. die Anlockung der Phagozyten hin zu dem Ort der Komplementaktivierung. Schließlich perforiert ein am Schluss der Reaktionskaskade entstehender membranangreifender Komplex die Zellmembran eingedrungener Pathogene (insbesondere gramnegative Bakterien), die daraufhin osmotisch lysieren.

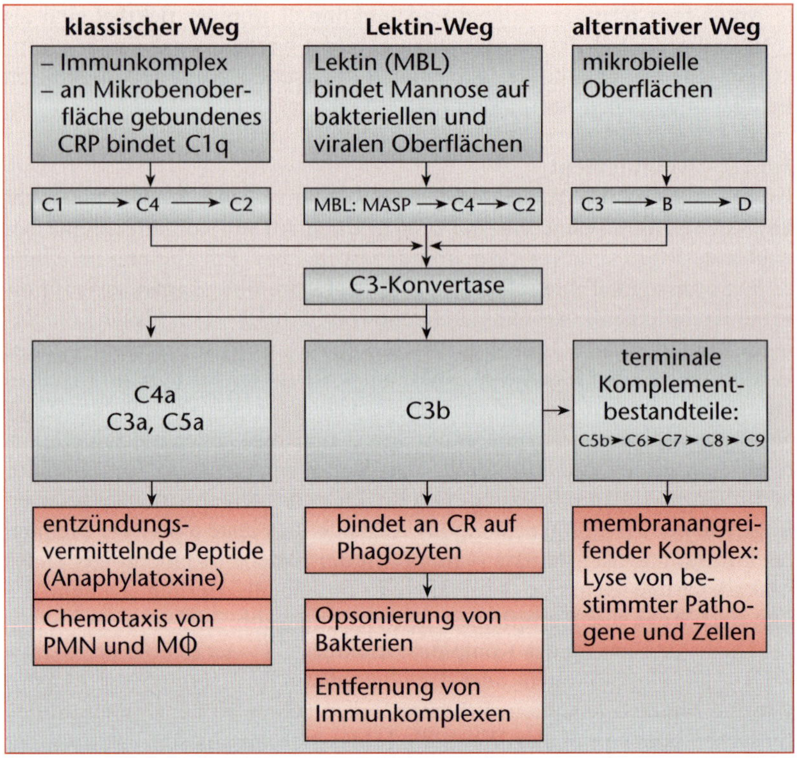

Abb. 2.30 Grundlegende Schritte der Komplementkaskade (nach JANEWAY et al. 2002, modifiziert). Die Komponenten wurden aufgrund der Reihenfolge ihrer Entdeckung und nicht entsprechend der Abfolge der Reaktionen numeriert. Komplement kann über drei unterschiedliche Wege aktiviert werden:

- Via den klassischen Weg, der durch die Bindung von C1q an auf mikrobiellen Oberflächen gebundene Antikörper (insbesondere IgM, auch IgG) in Gang gesetzt wird (vergleiche Abb. 10.7).
- Via den alternativen Aktivierungsweg, der durch das Aufeinandertreffen einer spontan aktivierten Komplementkomponente und einer mikrobiellen Oberfläche ausgelöst wird (und direkt auf der mikrobiellen Oberfläche beginnt). Hiermit gemeint sind beispielsweise Hefen- oder Bakterienwände (LPS*, LTA*), virusinfizierte Zellen, Zuckerpolymere sowie Proteasen. Die alternative Komplementaktivierung stellt keine Aktivierung im eigentliche Sinne dar, sondern vielmehr eine Komplementregulierung*. Der alternative Weg gilt als der phylogenetisch älteste Aktivierungsweg, läuft unabhängig von den Komponenten C1, C2 und C4 ab und kann vorzeitig, d. h. vor dem Erscheinen von Antikörpern, in die Abwehr eingreifen. Er gehört somit zur angeborenen Abwehr.
- Via den mit dem alternativen Weg verwandten Lektin*-Weg, der durch die Bindung des Akute-Phase-Proteins* MBL (MBP) an mannosehaltige Proteine oder Kohlenhydrate auf mikrobiellen Zellwänden ausgelöst wird. MBL ist ein Kollektin* und ist assoziiert mit zwei Proenzymen (MASP-1 und -2): Bindet MBL an der mikrobiellen Oberfläche, werden diese aktiviert und die Komplementkaskade – antikörperunabhängig – in Gang gesetzt.

Alle drei Aktivierungswege führen zur Bildung eines aktiven Enzyms, der sog. C3-Konvertase. Diese spaltet die Komplementkomponente C3 und dies ist der Punkt, an dem sich die drei wesentlichen Effektorfunktionen des Komplementsystems (rot hinterlegt) ausbilden: (1) die Bildung der Anaphylatoxine*, die Freisetzung des Spaltfragments C3b, welches (2) Pathogene opsoniert und ihre Phagozytose* fördert (siehe Abb. 2.24) und (3) die weitere Enzymanlagerung von C5 bis C9 (lytischer oder terminaler Weg) in Gang setzt, was die direkte Abtötung von Pathogenen zur Folge hat (siehe Abb. 2.31). Die 3 Anaphylatoxine C4a, C5a und C3a stehen zwar im gleichen Kästchen, werden jedoch nicht in der gleichen Aktivierungsphase gebildet: C4a wird durch Spaltung von C4 während der frühen Ereignisse des klassischen Weges gebildet (und nicht durch die C3- oder C5-Konvertase) (siehe auch Komplementregulierung*). CR = Komplementrezeptor; CRP = C-reaktives Protein (siehe APP*).

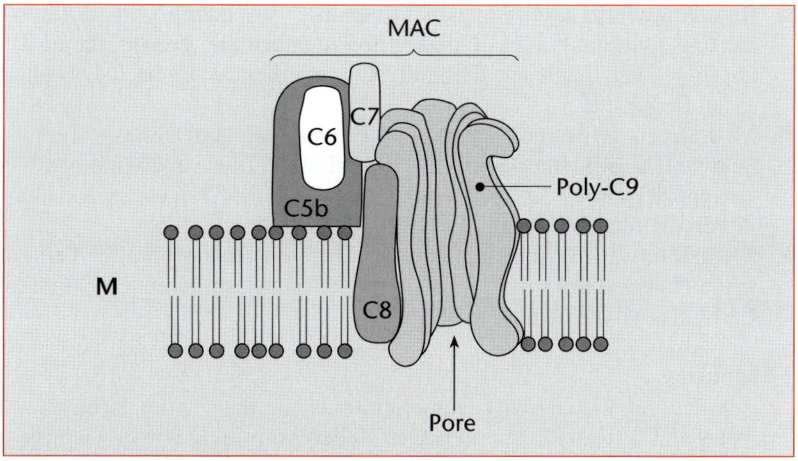

Abb. 2.31 Membranangreifender, lytischer Komplex (MAC), bestehend aus C5b-C9. Der C5b-C8-Komplex vermittelt die Polymerisierung vieler C9-Moleküle (Poly-C9), die sich rohrförmig in die Membran (M) einer Zielzelle inserieren, so dass darin Poren (∅ 12nm) entstehen. Damit wird ein freies Passieren von Lösungen und Wasser durch die Lipiddoppelschicht möglich, was zum Verlust der zellulären Homöostase, zur Zerstörung des membranalen Protonengradienten und zum Einströmen von Ionen (Na+) und Enzymen (Lysozym) in die mikrobielle Zelle führt, die sofort osmotisch lysiert wird (nach JANEWAY et al. 2002, modifiziert).

2.6.2.3 Zytokine und Wachstumsfaktoren

Innerhalb des Immunsystems sorgen Zytokine für die Kommunikation zwischen den verschiedenen Immunzellen und regulieren auf diese Weise die Immunantwort. Das Wissen über ihre Bedeutung nimmt ständig zu; über hundert Zytokine sind bereits bekannt (siehe Anhang 3). Die Beeinflussung der Zielzellen erfolgt durch eine ligandartige Bindung (Ligand*) an spezifische Rezeptormoleküle (Zytokinrezeptoren) und die anschließende transmembranale Signalübertragung* ins Zytoplasma der Zielzelle. Neben zell- bzw. membrangebundenen Zytokinrezeptoren existieren lösliche Rezeptoren, welche nicht auf einer Zelloberfläche lokalisiert sind.

Ein Zytokin beeinflusst zumeist verschiedene Zellfunktionen. Andererseits ist es möglich, dass verschiedene Zytokine eine bestimmte Zellfunktion in gleicher Weise regulieren. Diese Redundanzen ermöglichen sowohl Steigerungseffekte bei gleichzeitig einwirkenden Zytokinen als auch Kompensationen bei Ausfall einzelner Zytokine.

Zytokine wirken in einem Netzwerk, d. h. sie können ihre Synthese und die ihrer Rezeptoren gegenseitig stimulieren oder inhibieren und sich somit in ihren Effekten hemmen oder verstärken.

Man unterscheidet in funktioneller Hinsicht zwischen:

1. Mediatoren der natürlichen Immunität (proinflammatorische Zytokine, die „Alarmzytokine"). Diese werden als Reaktion auf direkte Gewebsschädigung (Trauma) oder die Anwesenheit von infektiösen Keimen freigesetzt. Beteiligt sind Mϕ, Fibroblasten, Endothelzellen, Epithelzellen und später auch PMN. Zu diesen „Alarmzytokinen" gehören die Interleukine-1, -6, -8 und -18 und Tumornekrosefaktor-α sowie die Interferone-α und -β (z. T. auch IFN-γ).

2. Regulatoren für Lymphozytenaktivierung, -wachstum und -differenzierung (Interleukin-2, -4 und -15, Transforming growth factor-β): Diese werden nach spezifischer Antigenerkennung von T-Lymphozyten freigesetzt.
3. Mediatoren der immunvermittelten Entzündung (Interferon-γ, Tumornekrosefaktor-β, Interleukin-5, -10 und -12): Diese Zytokine werden von spezifisch mit Antigen reagierenden T-Zellen freigesetzt und aktivieren die unspezifischen Effektorzellen der Entzündung.
4. Mediatoren des Wachstums und der Differenzierung unreifer Leukozyten (Interleukin-3 und -7 sowie die koloniestimulierenden Faktoren GM-CSF, M-CSF und G-CSF).

Merke:
Zytokine sind induzierbare Signalproteine, die aus Zellen freigesetzt werden und Informationen zwischen Zellen vermitteln sowie wichtige Zellfunktionen regulieren. Generell regulieren Zytokine die Hämo- und Lymphopoese und fördern die Heilung geschädigten Gewebes. Sie sind auch an der Infektabwehr beteiligt. Zytokinbildung kann sowohl durch körpereigene Substanzen als durch körperfremde, beispielsweise mikrobielle Substanzen ausgelöst werden. Insbesondere wirken viele bakterielle Exotoxine funktionell eher als Zytokininduktoren und weniger als Zelltoxine. Auch Endotoxine lösen die Bildung von Zytokinen aus.

Auch einzelne Bestandteile bzw. Produkte kommensaler, z. B. sich auf oralen Schleimhäuten befindlicher Keime, lösen an sich die Bildung von proinflammatorischen Zytokinen durch Epithelzellen aus. Dass es dennoch nicht zu einer permanenten Schleimhautentzündung kommt, verdanken wir der Tatsache, dass die Bakterien sog. Bakteriokine bilden (**Mikrokine**), welche als eine Art „mikrobielle Zytokine" die Aktivität der eukaryotischen Zytokine regulieren. Die Mikrokinsynthese wird wiederum durch die aus dem Epithel stammenden Signalmoleküle reguliert, so dass die Entzündungsfreiheit letztlich auf einem intakten Gleichgewicht zwischen Zytokinen und Mikrokinen beruht.

2.6.2.4 Arachidonsäuremetaboliten

Arachidonsäure (AS) ist eine vierfach ungesättigte Fettsäure, die aus der Zellmembran von Wirtszellen als Reaktion auf chemische Stimuli wie Immunkomplexe*, wie das Anaphylatoxin* C5a, wie Adrenalin, oder auf mechanische oder thermische Traumatisierung hin freigesetzt wird. Kortikosteroide hemmen die Freisetzung von AS aus der Zellmembran. Extrazellulär wird AS sofort enzymatisch abgebaut (siehe Abb. 2.32), sei es durch Cyclooxigenase (OMIM-Nr.: 600262) oder durch Lipoxigenasen (OMIM-Nr.: 152390, 152391 und 152392). Dies hängt u. a. davon ab, durch welchen Zelltyp die AS freigesetzt wurde:

Über den Lipoxigenaseweg entstehen als Endprodukte u. a. die an allergischen Reaktionen beteiligten **Leukotriene** (LT)-B4, -C4, -D4 und -F4. Das LT-B4 ist zudem ein potentes Chemotaxin für PMN und spielt daher bei allen Entzündungsprozessen eine wichtige Rolle. Mit Hilfe der Enzyme Cyclooxigenase-1 und -2 (COX-1 und COX-2) wird AS in Pro-

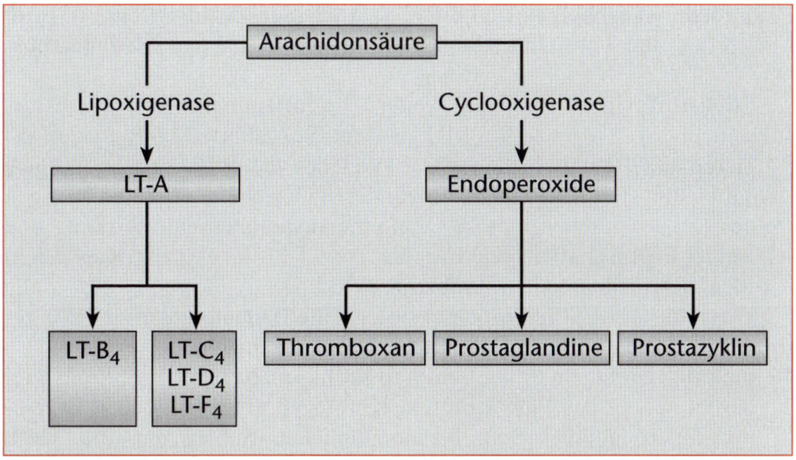

Abb. 2.32 Vereinfachtes Schema des Arachidonsäurestoffwechsels. Von Bedeutung sind vor allem die Endprodukte Prostaglandin und Leukotrien (LT). Nichtsteroidale Antiphlogistika wie beispielsweise Aspirin hemmen den cyclooxigenase-vermittelten Abbau der Arachidonsäure. Häufig verwendetes Synonym für Cyclooxigenase ist PGHS-2: Prostaglandin Endoperoxid H Synthase Typ 2.

dukte wie Prostazyklin, Thromboxan und **Prostaglandin** verwandelt. Dieser metabolische Ablauf wird durch die bekannten nichtsteroidalen Antiphlogistika (Indomethazin, Flurbiprofen, Ibuprofen, Acetylsalicylsäure wie z. B. Aspirin) inhibiert. Von den AS-Metaboliten hat das Prostaglandin PG-E2, das vor allem aus von Makrophagen freigesetzter AS stammt, die größte biologische Bedeutung: Es aktiviert Osteoklasten und veranlasst diese zur Knochenresorption, wirkt vasodilatierend und erhöht die Gefäßpermeabilität. Diesbezüglich wirkt es mit Histamin*, Anaphylatoxin* und Bradykinin synergistisch. Weiter hat PG-E2 Einfluss auf die Freisetzung von Matrix-Metalloproteinasen (die gerade bei der entzündlichen parodontalen Destruktion eine herausragende Rolle spielen, siehe Kap. 10.5.2.2) und von Zytokinen sowie auf die Exprimierung von Adhäsionsmolekülen (siehe Kap. 2.6.1.4). Somit kommt PG-E2 bei der Entstehung des Entzündungsinfiltrats große Bedeutung zu.

2.6.2.5 Weitere Mediatorproteine

PAF (platelet activating factors) sind Glycerolderivate mit entzündungsfördernder Wirkung und werden von fast allen Leukozyten, von vaskulären Endothelzellen und von Thrombozyten gebildet. Sie haben eine vasodilatierende und vasopermeabilitätserhöhende Wirkung und binden sich beispielsweise an Mastzellen (initiieren ihre Histaminausschüttung) und an Thrombozyten (initiieren ihre Aggregation). PAFs haben zudem eine aktivierende und starke chemotaktische Wirkung auf PMN und eosinophile Granulozyten. Sie fördern die Freisetzung von lysosomalen Enzymen und von Superoxiden aus PMN-Granula*.

Histamin* ist ein weiterer vasoaktiver Mediator, welcher in großen Mengen in Mastzellen bzw. basophilen Granulozyten gelagert wird. Es spielt sowohl bei bakteriellen Infektionen als auch bei akuten allergischen

Reaktionen (Anaphylaxie) eine Rolle. Auch **Serotonin** ist eine u. a. in Mastzellen und Thrombozyten vorkommende vasoaktive Mediatorsubstanz.

Sektion I

Stickstoffoxid (NO), eine weitere proinflammatorische Mediatorsubstanz, wird in Mϕ und in PMN gebildet. Stimulierte Makrophagen exprimieren das Enzym NO-Synthase, welches die Bildung von NO aus Arginin katalysiert. Es wird im entzündeten Gewebe in erhöhten Mengen freigesetzt, vermittelt Apoptose*, hat eine vasodilatierende Wirkung und – in seiner Eigenschaft als reaktives Sauerstoff-Molekül (siehe Kap. 2.5.3) – zudem eine bedeutende mikrobizide Wirkung.

Plasmin hat nicht nur eine physiologische Bedeutung bei der Blutgerinnung, sondern auch als Entzündungsmediator, indem es:

1. die Umsetzung von Präkallikrein in Kallikrein bewirkt. Kallikrein wiederum spaltet das Plasmaprotein Kininogen unter Bildung von Plasmakininen, gefäßaktiven, hormonähnlichen Substanzen, die durch Vasodilatation den Blutdruck senken und die Gefäßpermeabilität erhöhen, wodurch lokale Ödeme entstehen.
2. Proenzyme (darunter Prokollagenase) aktiviert, was zum Abbau von ECM*-Proteinen führt (siehe Kap. 10.5.2).

Literatur

Abbas A K, Lichtman A H: Cellular and molecular immunology, 5th Ed. Saunders Verlag, Philadelphia 2003

Daëron M: Fc receptor biology. Annu Rev Immunol 15: 203-234, 1997

Davis S J, Mcknight A J, Tomlinson M G: Immune receptor superfamilies and subfamilies. Immunol Today 17, Spec. Issue, 1996

Edwards S W: Biochemistry and physiology of the neutrophil. Cambridge University Press, 1994

Elangbam C S, Qualls C W Jr, Dahlgren R R: Cell adhesion molecules – update. Vet Pathol 34: 61-73, 1997

Ferenčík M: Handbook of immunochemistry. Chapman & Hall, London 1993

Fitzgerald K A, O'neill L A J, Gearing A J H, Callard R E: The Cytokine facts book, 2nd Ed. Academic Press, San Diego 2001

Janeway C A, Travers P, Walport M, Shlomchik M: Immunologie, 5. Auflage. Spektrum Akademischer Verlag GmbH, Heidelberg und Berlin, 2002

Madigan M T, Martinko J M, Parker J: Brock Mikrobiologie, Spektrum Akademischer verlag GmbH, Heidelberg und Berlin 2001

Meager T: The molecular biology of the cytokines. Verlag John Wily & Sons, Chichester 1998

Roitt I, Brostoff J, Male D: Immunology, 6th Ed. Mosby Verlag, Edinburgh 2001

Rojas A I, Ahmed A R: Adhesion receptors in health and disease. Crit Rev Oral Biol Med 10: 337-358, 1999

Springer T A, Cybulski M I: Traffic signals on endothelium for leukocytes in health, inflammation, and atherosclerosis. In: Fuster V, Ross R, Topol E J (Hrsg): Atherosclerosis and coronary artery disease. Lippincott-Raven Publishers, Philadelphia 1996, Seiten 511-537

Weinberg A, Krisanaprakornit S, Dale B A: Epithelial antimicrobial peptides. Review and significance for oral applications. Crit Rev Oral Biol Med 9: 399-414, 1998

Winkelstein J A, Klempner M S, Malech H L, Markham R B, Cunha B A, Quinnan G V, Jr: Host factors. In: Gorbach S L, Bartlett J G, Blacklow N R (Hrsg): Infectious diseases, 2nd ed. Verlag W B Saunders, Philadelphia 1998, Seiten 35-122

Kapitel 3
Die orale Flüssigkeit

René Sanderink

Zusammenfassung

Mundflüssigkeit, gemeinhin Speichel genannt, ist ein Gemisch von verschiedenen Flüssigkeiten. Der größte Anteil stammt aus den drei gepaart angelegten Hauptspeicheldrüsen sowie aus unzähligen kleinen, in der oralen Schleimhaut lokalisierten Speicheldrüsen. Bei entzündungsfreien Parodontalverhältnissen liefert das ständig aus dem *sulcus gingivae* ausströmende Exsudat (die sog. Sulkusflüssigkeit) nur einen kleinen Beitrag zur Mundflüssigkeit. Insgesamt wird täglich physiologischerweise etwa 700 ml Speichel sezerniert. Die Speichelfunktionen lassen sich wie folgt zusammenfassen:

1. Speichel dient als Gleitmittel, gewährt Schluck- und Kauakt und erleichtert die Phonetik.
2. Speichel leitet mit Hilfe seiner Enzyme (Amylase) die Verdauung ein.
3. Speichel schützt orale Schleimhäute und Zahnhartsubstanz. Diese Schutzwirkung reicht von der simplen Elimination von Mikroorganismen durch Verklumpung (Agglutination), Abspülen und Verschlucken (Clearance), über die neutralisierende (Puffersysteme, Karbamid) und remineralisierende (Ca^{2+}, PO_4^{3-}, F-) Wirkung bis hin zur Bereitstellung von antibakteriellen Enzymen (Lactoferrin, Lysozym, Peroxidasen), Lipiden und sekretorischen Antikörpern vom Typ sIgA.

Speichelbestandteile bzw. Pellikelproteine stellen für orale Mikroorganismen sowohl Nahrungsquelle als auch Bindungssubstrat dar und sind somit für die mikrobielle Besiedlung der Mundhöhle von wesentlicher Bedeutung.

Destruktive Prozesse an der Zahnhartsubstanz (Karies, Erosionen) sind, bedingt durch die modernen Nahrungsgewohnheiten, häufig unausweichlich. Mit Ausnahme von Xerostomiepatienten bestehen jedoch keine statistisch signifikanten Beziehungen zwischen individuellem Kariesrisiko und Speichelfluss bzw. der Zusammensetzung des Gesamtspeichels. Dies hängt unter anderem damit zusammen, dass der Untersättigungsgrad der Plaqueflüssigkeit in Bezug auf Ca^{2+} und PO_4^{3-}, nicht aber derjenige des Speichels, gegenüber dem Schmelz ausschlaggebend für die Progredienz oder Stagnation von kariösen Entmineralisierungsprozessen ist.

3.1 Übersicht

Die Oberfläche des *cavum oris* (insgesamt ca. 225 cm^2) wird von der Mundflüssigkeit, gemeinhin als Speichel bezeichnet, benetzt. Die Mundflüssigkeit ist ein Gemisch von verschiedenen Flüssigkeiten. Den größten Anteil liefern die drei gepaart angelegten Hauptspeicheldrüsen (*Glandulae parotis, -submandibularis* und *-sublingualis*) sowie die unzähligen kleinen, in der oralen Schleimhaut lokalisierten Speicheldrüsen. Speichel besteht überwiegend aus Wasser, dessen Menge variabel ist. Es lässt sich ein dünnflüssiger, enzymhaltiger, seröser Speichel von einem dickflüssigen, schleimhaltigen mukösen Speichel unterscheiden. In einer entzündungsfreien Mundhöhle stellen das ständig aus dem *sulcus gingivae* ausströmende Exsudat (die sog. Sulkusflüssigkeit) sowie das aus der Mukosa stammende Transsudat einen zu vernachlässigenden Beitrag dar. Ebenfalls zu finden sind aus Mikroorganismen stammende Produkte (beispielsweise bakterielle Enzyme). Gelegentlich können auch noch Speisereste und Komponenten aus Zahnpflegemitteln hinzukommen. Bei Personen mit *Bulimia nervosa* gelangt zusätzlich Magensäure in die Mundhöhle, welche durch die Mundflüssigkeit verdünnt wird, aber dennoch Erosionsprozesse an den Zahnhartsubstanzen fördert. Nachfolgend wird dem Begriff Speichel der aus den Speicheldrüsen stammende Anteil der Mundflüssigkeit zugeordnet. Die Speichelfunktionen lassen sich wie folgt zusammenfassen:

1. Seine Gleitmittelfunktion gewährt Schluck- und Kauakt und erleichtert die Phonetik.
2. Der Speichel leitet mit Hilfe seiner Enzyme (Amylase) die Verdauung ein.
3. Speichel reinigt die Mundhöhle (clearance) und schützt orale Schleimhäute und Zahnhartsubstanz.

Destruktive Prozesse an Zahnhartsubstanzen (Karies, Erosionen) sind dennoch häufig unausweichlich (siehe Kap. 9). Diesbezüglich mit der Mundflüssigkeit zusammenhängende Faktoren sind die Tatsachen, dass:

1. der Untersättigungsgrad der Plaqueflüssigkeit (siehe Kap. 8.1.3.4) in Bezug auf Ca^{2+}- und PO_4^{3-}-Gehalt, und nicht der – wesentlich geringere – Untersättigungsgrad des Speichels, gegenüber dem Schmelz mitentscheidend für die Progression oder Stagnation kariöser Prozesse ist. Folglich existieren – außer bei Xerostomiepatienten – keine statistisch signifikanten Beziehungen zwischen individuellem Kariesrisiko und Speichelfluss bzw. der Zusammensetzung des Gesamtspeichels.
2. die antimikrobielle Wirkung einzelner Speichelbestandteile (siehe Kap. 3.3.5) größtenteils nur *in vitro* nachgewiesen wurde und es keineswegs sicher ist, inwieweit diese auch *in vivo* zur Geltung kommt.

3.2 Fließgeschwindigkeit und chemische Zusammensetzung

Die Speichelfließraten am Tage sind wesentlich höher als die Nachtfließraten:

Sezernierte Menge bei 8 Std. Schlaf:	15 ml
Sezernierte Menge bei Stimulation (Essen) ca 2 Std./Tag:	300 ml
Sezernierte Menge während Wachzustand ohne Stimulation (ca 14 Std./Tag):	400 ml

Total ca. 700 ml pro Tag.

Hyposalivation kommt bei etwa 25% der erwachsenen Bevölkerung vor, zeigt aber bei den über 55jährigen die höchste Prävalenz. Menge und Geschwindigkeit des Speichelflusses unterliegen jedoch einer großen individuellen Variationsbreite (Tab. 3.1).

Speicheldrüsen können auf folgendem Wege zur Sekretion angeregt werden:

- chemisch: durch Geschmackreize wie sauer, süß, salz, bitter oder Menthol.
- mechanisch: durch Kauen auf harten Nahrungsbestandteilen oder Kaugummi.
- psychisch: Aufregung und Wut. Allerdings hemmt dauerhafter psychischer Stress die Speichelsekretion.
- Schmerzzustände, beispielsweise akute Gingivitis oder Prothesendruckstellen.
- pathologische Prozesse in der Speiseröhre.
- hormonal: ein veränderter Hormonspiegel erhöht während der Schwangerschaft, aber senkt während der Menopause die Speichelproduktion. Ein hoher Adrenalinspiegel hemmt den Speichelfluss.
- neural: via autonomes Nervensystem, sowohl sympathisch als auch parasympathisch.

Die Speichelsekretion ist stark vermindert bei Röntgenverödung der Speicheldrüsen, beim Sjögren-Syndrom, endogenen Depressionen, Facialislähmung (Innervation *Gl. submandibularis* via *chorda tympani*) und bei Einnahme von xerostomie-fördernden Medikamenten. Hunderte **Medikamente mit speichelreduzierender Nebenwirkung** sind derzeit bekannt, darunter Anticholinergika, Antidepressiva, Beta-Blocker, Antihypertensiva, Antihistaminika, Tranquilizer, Sedativa, Antiparkinsonika, Analgetika, Hypnotika, Zytostatika, Diuretika, Muskelrelaxantia, nicht-steroide Antiphlogistika und Kortikosteroide.

Tab. 3.1 Fließgeschwindigkeit des Speichels (ml/Minute).

Stimulationsgrad	Norm	Hyposialie	Xerostomie
Ruhe	0,25-0,35	0,1-0,25	unter 0,1
Paraffinkauen	0,7-3,0	0,1-0,7	unter 0,1

Auch physiologischerweise geht der Speichelfluss im höheren Alter zurück und begünstigt die Ausbildung einer kariogenen Mikroflora (insbesondere der Laktobazillenanteil erhöht sich). Die hinzu kommende Tatsache, dass betagte Patienten häufig polymorbid sind und eine Vielzahl von (oft auch noch kohlenhydrathaltigen) Medikamenten einnehmen, erklärt die **im hohen Alter oft stark zunehmende Kariesanfälligkeit**. Klinisch wird der Zahnarzt „plötzlich" mit progredient verlaufenden Kariesprozessen (meistens in Form von schwer diagnostizierbarer bzw. leicht zu übersehender approximaler Wurzelkaries und Sekundärkaries) konfrontiert. **3.1–3.5**

Bereits heute ist Xerostomie ein gravierendes Problem in der oralen Präventivmedizin bzw. in der Gerodontologie. Prävalenz und Folgeerscheinungen (Karies, Candidose) werden, aufgrund nochmals ansteigenden Medikamentengebrauches, künftig deutlich zunehmen.

Der pH-Wert des unstimulierten Gesamtspeichels beträgt 6,4 bis 7,25. Stimulierter Speichel hat einen pH-Wert um 8,0.

Speichel besteht zu über 99% aus Wasser, zu 0,5% aus löslichen Stoffen (anorganisch 0,2%, organisch 0,3%) und zu 0,1% aus unlöslichen Stoffen (desquamierte Epithelzellen, Leukozyten, Speiseresten, Bakterien) (Tab. 3.2).

Tab. 3.2 Konzentration (mg/100ml) von organischen und anorganischen Speichelbestandteilen.

	Ruhespeichel	Stimulierter Speichel
Organische Bestandteile		
Gesamtprotein	220	280
Amylase	38	60
Lysozym	22	11
Harnstoff	110	250
sIgA	19	19
IgG	1,0-1,4	
IgM	<1	
Lactoferrin	0,46	0,34
Lipide	8	10
Anorganische Bestandteile		
Kalium	80	80
Chlorid	50	140
Bicarbonat	31	200
Phosphat	17	12
Natrium	15	60
Kalzium	6	6
Thiocyanat	6	0,4-1,3
Magnesium	<1	<1

Unter den organischen Bestandteilen stellen Glycoproteine und Proteine die größte Fraktion. Von Ihnen sind mindestens 90% Syntheseprodukte der Speicheldrüsen. Der Rest (1-10%, je nach phlogogenem Aktivitätsgrad in der Mundhöhle) entstammt dem Blutserum und gelangt via Schleimhautexsudate und Sulkusflüssigkeit bzw. Taschensekrete in die Mundhöhle oder wird von Mikroorganismen ausgeschüttet. IgG als bedeutsames Immunglobulin bei der Abwehr mikrobieller Infekte weist im Speichel einen Anteil von nur 1,0-1,4 mg/100ml auf. Dieser Anteil ist im Vergleich zur Sulkusflüssigkeit (350 mg/100ml) und zum Blutplasma (1250 mg/100ml) sehr gering.

Untersuchungen über die chemische Zusammensetzung des Speichels sind im allgemeinen schwierig, da sie sich je nach Stimulationsgrad ändert. Die bisherigen Studien sind generell nicht ausreichend standardisiert, insbesondere in Bezug auf die Sammelmethodik.

Mundflüssigkeit enthält große Bakterienmengen (bis zu hundert Millionen CFU/ml, vor allem von der Zungenoberfläche stammend), welche somit rund 100 bis 500 mal weniger Volumenanteile als in Plaque-Biofilmen einnehmen.

Enthält die Mundflüssigkeit gelöste Substanzen (Nahrungsbestandteile wie Zucker; Komponenten von Zahnpflegemitteln wie Fluorid oder Chlorhexidin), so verläuft ihr Abfall (Clearance) exponentiell. Dabei liegt die Halbwertszeit, je nach Löslichkeit der sich auflösenden Substanz und Speichelsekretionsgeschwindigkeit, zwischen 1 und 10 Minuten.

3.3 Schutzwirkung des Speichels

Eine Reihe von Speichelkomponenten bzw. deren biochemische Aktivität gewährleistet die bedeutsame Rolle des Speichels bei der Erhaltung der oralen Homöostase. Speichel beeinflusst alle Hauptfaktoren im Rahmen der Kariesätiologie.

3.3.1 Schmelzreifung und Remineralisierung

Die Übersättigung des Speichels mit Ca^{2+} und PO_4^{3-} ermöglicht die speichelvermittelte Remineralisation der Zahnhartsubstanz nach kariogenen (bzw. bakteriellen) oder nach erosiven (bzw. nicht-bakteriellen) Säureangriffen. Initiale Entkalkungen im Zahnschmelz können so „repariert“ (remineralisiert) werden. Die Schutzwirkung des Speichels beginnt bereits während des Zahndurchbruchs und wird durch **Fluoride** nachhaltig gefördert (siehe Kap. 9).

Zum Zeitpunkt des Zahndurchbruchs ist die Zahnkrone morphologisch schon vollständig ausgebildet, dennoch ist die Mineralisation der oberflächlichen Schmelzschicht noch nicht abgeschlossen. Aus dem Speichel diffundieren Kalzium- und Phosphationen sowie Spurenelemente wie Magnesium und Fluorid in oberflächliche Schmelzschichten, was deren Mineralstruktur stärkt.

Der Fluoridgehalt des Speichels lässt sich durch niedrig dosierte, regelmäßige Fluoridergänzungen (in Form fluoridhaltiger Zahnpasten, -Mundspüllösungen und von Fluoridtabletten sowie von fluoridiertem Kochsalz) erhöhen, was wiederum eine erhöhte Fluorideinlagerung in den Zahnschmelz zur Folge hat.

3.3.2 Mechanische Reinigung, Gleitfunktion und Pellikel

3.1 – 3.5

Durch das Umspülen der Zähne mit Speichel und durch seinen verdünnenden Effekt werden orale Mikroorganismen bei ihrer Kolonisierung gehemmt. Unterstützt durch die Tätigkeit der Kaumuskeln, der Muskulatur der Zunge und der Lippen, hilft der Speichel Bakterien und Speisereste, die an der Zahnoberfläche lose haften, zu entfernen. Dabei werden auch Kohlenhydratreste verdünnt und lösliche Nahrungsbestandteile aufgenommen. **Der Spüleffekt des Speichels an sich stellt den bedeutsamsten Schutzfaktor gegen Karies und Erosionen dar.** Zudem erleichtert die Einspeichelung (Lubrikation) der Nahrung den Kauvorgang und dient als Vorbereitung für den Schluckakt. Muzine (Mukoide, Mukoproteide), die dabei als Gleitmittel wirken, bilden mit 10-25% aller Speichelproteine einen Hauptbestandteil des Speichels. Muzine und andere Glycoproteine werden ständig aus mukös oder sero-mukös sezernierenden Speicheldrüsen in die Mundhöhle abgegeben und bilden zusammen mit im Speichel suspendierten Mikroorganismen auf Zahnhartsubstanz und Mukosa einen Film (**Pellikel**; Synonyme: „aquired pellicle", „salivary-bacterial pellicle", Schmelzoberhäutchen).

Im Transmissionselektronenmikroskop erscheint das Pellikel als homogene, strukturlose Schicht. Angaben zur Pellikeldicke variieren in Abhängigkeit von der Untersuchungsmethodik, der Pellikelbildungszeit und der Lokalisation zwischen wenigen Nanometern bis mehreren Mikrometern: An den der Selbstreinigung gut zugänglichen Zahnflächen finden sich nur sehr dünne, bis zu 80 nm dicke Pellikelstrukturen, während die Pellikeldicke approximal bis zu 2,0 µm betragen kann.

Pellikel schützen das orale Gewebe in mehrfacher Hinsicht. Sie bilden eine Diffusionsbarriere, die die Zahnhartsubstanz gegenüber Säuren schützt: Die Löslichkeit der Schmelzoberfläche wird durch die aus dem Speichel adsorbierten Proteine reduziert, indem sie als semipermeable Schicht den Ionenfluß von Calcium, Phosphat und H^+ verringern. Gleichzeitig wird der Austritt von Mineralstoffen aus der Zahnhartsubstanz unterdrückt.

Die Einwirkung saurer Lebensmittel oder Getränke führt zum Verlust des Pellikel, was sich in dem Gefühl „stumpfer" Zähne äußert. Wenige Minuten später fühlen sich die Zahnoberflächen infolge Pellikelneubildung wieder glatt an.

Pellikel hemmen die Präzipitation von Kalziumsalzen an der Schmelzoberfläche, die aufgrund des Kristallwachstums von Hydroxylapatit zu einer kontinuierlichen Vergrößerung der Schmelzoberfläche führen würde. Im adsorbierten Zustand verhindern saure, prolinreiche Glycoproteine (siehe Kap. 3.3.5) in dem Pellikel diese Mineralablagerung. Die Pellikelschicht auf der Schmelzoberfläche verringert die Friktion antagonistischer Zahngruppen bei Abrasions- und Attritionsprozessen. All diese Schutzmechanismen bilden freilich nur eine Seite der Medaille: Das Pellikel enthält Rezeptorproteine für mikrobielle Zellwandbestandteile bzw. ermöglicht die Anhaftung von Bakterien und ist somit der Wegbereiter für die orale Biofilmbildung (siehe Kap. 8).

Merke:
Pellikel werden folgende Eigenschaften zugeschrieben:
1. Sie kommen ubiquitär vor und bilden sich auf sämtlichen oralen Oberflächen: auf Zahnhartsubstanzen, mukosalen Epithelien, zahnärztlichen Restaurationsmaterialien, Implantaten und auf Plaque-Biofilmen. Grundlage für die Pellikelbildung sind ionische und hydrophobe Kräfte, Wasserstoffbindungen und Van der Waals-Kräfte zwischen Speichelbestandteilen und den genannten Oberflächen.
2. eine in mehrfacher Hinsicht schützende Wirkung, aber such eine schädigende Wirkung, indem es die Bildung oraler Plaque-Biofilme ermöglicht.
3. Sie enthalten nicht nur Bestandteile, die der Mundflüssigkeit (Speichel, Sulkusflüssigkeit) entstammen, sondern auch der Mukosa und Bakterien. Das Enzym Glucosyltransferase beispielsweise entstammt dem kariogenen Keim *Streptococcus mutans* (siehe Kap. 9.2).

Pellikelkomponenten bzw. einige Pellikelproteine können durch mikrobielle Proteasen* enzymatisch abgebaut werden. Auch können sie Mikroorganismen als Nährstoff dienen. Insgesamt wird dem Pellikel beim Schutz von oralen Oberflächen gegen chemische, mechanische oder bakterielle Angriffe dennoch eine Schlüsselrolle beigemessen, da insbesondere ihre Muzine proteaseresistent sind (siehe Kap. 3.3.5). Dies ist auch der Grund, dass die von Muzinen bedeckten Weichgewebe gegen Proteolyse geschützt sind. Muzine verleihen durch ihre rheologischen Eigenschaften (Elastizität, Adhäsivität und Unlöslichkeit) dem mukösen Speichel und dem Pellikel auch ihre Elastizität und ihre Undurchlässigkeit gegenüber Mikroorganismen.

Die Mundflüssigkeit enthält ein **reichhaltiges Enzymrepertoire**. Diese Enzyme stammen aus dem von den Speicheldrüsen sezernierten Speichel und aus der Sulkusflüssigkeit (welche nahezu sämtliche Plasmaproteine enthält) sowie aus Biofilmbakterien, desquamierten Epithelzellen sowie via Sulkusflüssigkeit freigesetzten Leukozyten. Enzyme modifizieren die Pellikeloberfläche kontinuierlich: Für bestimmte Bakterien werden Rezeptorproteine abgebaut und somit ihre Ansiedlung erschwert, für andere Bakterien hingegen entstehen neue Liganden*. Zwei Beispiele: (1) Mit Sialidase (alte Bezeichnung: Neuraminidase) behandelte Pellikel binden Streptokokken der *Sanguinis*-Gruppe in geringerer Anzahl, dafür aber vermehrt *Actinomyces* spp.; (2) das Enzym Glucosyltransferase fördert durch Interaktionen mit Glucan die Kolonisierung der Zahnhartsubstanzen mit kariogenen *Mutans*-Streptokokken nachhaltig (siehe Kap. 9.2).

Das Pellikel wird ständig aus dem Speichelreservoir mit Makromolekülen, anorganischen Komponenten und Mikroorganismen gespeist. In Tab. 3.3 sind die Pellikelproteine aufgelistet:

Tab. 3.3 Proteinbestandteile des Pellikels.

	Protein	OMIM-Nummer
Hauptkomponenten:	Saure prolinreiche Glycoproteine[1]	168730; 168790
	Statherine	184470
	Muzine	600770 (MUC-5B); 158375 (MUC-7)
Nebenkomponenten:	Agglutinin	601969
	Albumin	103600
	sIgA	269650 (SC); 146900 und 147000 (beide HC)
	IgG	147100 (HC), 147200 (Lκ)
	α-Amylase	104700
	Lysozym	153450
	Lactoferrin	150210
	β2-Mikroglobulin	109700
	Fibronektin	135600
	Glucosyltransferase	bakterieller Herkunft
	diverse prolinreiche Glycoproteine[1]	168710; 168810; 168840; 180989
	Cystatine	123855 (CST-1); 123856 (CST-2); 123857 (CST-4); 123858 (CST-5); 604312 (CST-3)
	Histatine	142701; 142702

[1] = Genprodukte der PRP-Multigenfamilie (siehe Gengruppen*); SC = sekretorische Komponente; HC = schwere Kette; Lκ = leichte κ-Kette (siehe Kap. 2.6.2.1); OMIM = Online mendelian inheritance in man: http://www.ncbi.nlm.nih.gov./omim/.

3.3.3 Pufferwirkung und pH-modulierende Faktoren

Speichel puffert einen pH-Abfall in der Mundhöhle, hauptsächlich aufgrund seines Bicarbonatgehaltes. Zusätzlich beteiligt sind ein Phosphatpuffer, Natriumhydrogenphosphat ($NaHPO_4^{2-}$) und puffernde Speichelpeptide (darunter die basischen Peptide Histidin und Sialin). Für die besondere Bedeutung des Bicarbonatpuffers sind ausschlaggebend:

- die hohe Geschwindigkeit der CO_2-Freisetzung.
- der relativ niedrige pK-Wert von 6,1 (vgl. Phosphatpuffer: 6,8), so dass sein Wirkungsoptimum bei tieferen pH- Werten, also im kariogenen/erosiven Milieu, liegt.
- die Zunahme der Bicarbonat-Konzentration mit zunehmender Speichelfließrate bzw. bei Speichelstimulation. Umgekehrt geht eine niedrige Speichelsekretionsrate mit einer niedrigeren Bicarbonat-Konzentration, einem niedrigeren pH-Wert und einer niedrigeren Pufferkapazität einher.

Der pH-Normwert der Plaqueflüssigkeit beträgt etwa 6,5. Auf einen durch (bakterielle oder aus der Nahrung stammenden) Säuren hervorgerufenen Abfall des pH-Wertes auf der Zahnoberfläche bzw. innerhalb eines Plaque-Biofilms folgt immer eine Erholungsphase. Der pH-Wert steigt langsam wieder an auf seinen ursprünglichen Wert (siehe Kap. 9.1). Aus dem Speichel stammende und im Plaque-Biofilm nachweisbare Faktoren mit pH-erhöhender Wirkung sind außer den genannten Puffersystemen:

- Ammoniak (NH_3). Dies stammt aus von Bakterien metabolisierten Verbindungen (Harnstoff, Sialin und diverse Aminosäuren). Das protonenbindende Ammoniak trägt wesentlich zur Alkalisierung des Plaque-Biofilms nach bakteriellem Säureangriff bei. Insbesondere Karbamid (Harnstoff) ist daher als wesentlicher Kariesschutzfaktor anzusehen.
- Kohlensäureanhydrasen, welche auf der Zahnoberfläche den Abtransport von Säuren beschleunigen.

Obwohl klinisch eine gewisse Korrelation zwischen Kariesinzidenz und Speichelpufferkapazität existiert, ist diese zur Bestimmung eines individuellen Kariesrisikoprofils **nicht** ausschlaggebend. Dies beruht nebst dem multifaktoriellen Charakter der Kariesätiologie vor allem auch auf der Tatsache, dass die Pufferkapazität der Plaqueflüssigkeit und die des gesamten Plaque-Biofilms, welche in der Regel das 2-3fache bzw. das 10fache derjenigen des stimulierten Gesamtspeichels beträgt, für die Kariesanfälligkeit von ungleich höherer Bedeutung sind (siehe Kap. 8.1.3.4). Die Pufferwirkung in der Plaque beruht allerdings weniger auf Bicarbonat als vielmehr auf anderen Biofilmbestandteilen.

3.3.4 Agglutinierende Wirkung

Die regelmäßige Anwendung einer Spüllösung, bestehend aus einer Pufferlösung mit Elektrolytzusatz, ist nicht in der Lage, Karies und Entzündungen bei Xerostomiepatienten zu bremsen: Die Mundflüssigkeit enthält eine Reihe spezifischer antimikrobieller Proteine, welche das orale Gewebe gegen mikrobielle Kolonisierung bzw. gegen Infektionen schützen. Dazu gehören Agglutinine: Die Zusammenlagerung bzw. das Verklumpen von Mikroorganismen erschweren ihre Anheftung auf oralen Gewebsoberflächen, beschleunigen deren Abtransport (Clearance) und hemmen somit ihre Kolonisierung. Die gebildeten Agglomerate werden verschluckt und durch die Magensäure abgetötet. Bei folgenden Speichelkomponenten wurde eine agglutinierende Wirkung nachgewiesen: Muzine, sekretorisches IgA, Speichelagglutinin, Lysozym, β_2-Mikroglobulin und einige andere Glycoproteine (Tab. 3.4).

3.3.5 Antimikrobielle Wirkung (antimikrobielle Speichelproteine)

Die Mundflüssigkeit enthält weiter eine Reihe antimikrobieller Substanzen, welche Mikroorganismen abtöten bzw. deren Wachstum und Koloni-

Tab. 3.4 Humane Speichelagglutinine.

Molekül	**agglutinierte Bakterienspezies**
MUC-5B	Streptokokken (*Sanguinis*- und *Mutans*-Gruppe), *Actinomyces* spp.
MUC-7	Streptokokken (*Sanguinis*- und *Mutans*-Gruppe), *Eikenella corrodens*
sIgA	Streptokokken
Agglutinin	Streptokokken (*Sanguinis*- und *Mutans*-Gruppe), *Actinomyces naeslundii* Genospezies-2, *Lactobacillus casei*
Lysozym	Streptokokken (*Sanguinis*- und *Mutans*-Gruppe), *Actinobacillus (Haemophilus) actinomycetemcomitans, Porphyromonas gingivalis*
β_2-Mikroglobulin	*Streptococcus mutans*

Die aufgelisteten Proteine werden in Kap. 3.3.5 gesondert behandelt.

sierung hemmen. Hierzu gehören u. a. die Enzyme Lysozym und Peroxidase sowie sIgA, Lactoferrin, die Histatine und die β-Defensine.

Lysozym
Dieses Enzym (OMIM-Nr.: 153450) kommt in Körperflüssigkeiten sowie in körpereigenen Zellen (PMN, Makrophagen), aber auch in Bakterien (*E. coli, Streptomyces*) und Bakteriophagen* vor. Es aggregiert Mikroorganismen und hemmt auch deren Säureproduktion innerhalb Plaque-Biofilmen. Zudem ist es antibakteriell:

- Bakterizide Wirkung: Ein Teil des bakteriellen Zellwandkomplexes besteht aus dem Peptidoglycan Murein (siehe Kap. 1.2.2.4). Das zellwand-hydrolysierende Enzym spaltet die Verbindung Muraminsäure-Glucosamin und wird deshalb auch Muramidase genannt. Es wirkt auf Bakterien lytisch und somit bakterizid, insbesondere bei grampositiven Bakterien (mit ihren außen liegenden und damit Fremdsubstanzen zugänglichen Peptidoglycanen).
- Bakteriostatische Wirkung: Lysozym hemmt, wie alle positiv geladene Peptide, das Bakterienwachstum.

Die Wirkung von Lysozym auf Bakterien innerhalb eines Plaque-Biofilms ist – wie die nahezu sämtlicher antimikrobieller Chemotherapeutika – durch die Anwesenheit einer Diffusionsbarriere in Form extrazellulärer Biofilmpolymere (insbesondere Polysaccharide) – sehr beschränkt, selbst dann, wenn es in hohen Konzentrationen zugeführt wird. Es wird allerdings angenommen, dass Lysozym neu in die Mundhöhle eingeführte grampositive Bakterienstämme, die lysozym-empfindlich sind, lysiert und dadurch ihre Kolonisierung von vornherein verhindert.

Peroxidase
Mundflüssigkeit enthält oxidative Enzyme, darunter die H_2O_2 spaltenden Peroxidasen. Diese wirken – insbesondere bei gleichzeitiger Anwesenheit von Fluoridionen – u. a. auf säuretolerante (sprich: kariogene) Mikroorga-

Sektion I

nismen bakteriostatisch. Weiter weisen sie – in Anwesenheit von Haliden (I^-, Br^-, Cl^-) – eine ausgeprägte viruzide Wirkung auf.

Speichelperoxidase (OMIM-Nr.: 170990) und Lactoperoxidase (OMIM-Nr.: 150205) entstammen dem Speichel. Myeloperoxidase (OMIM-Nr.: 254600) stammt – wie der Name vermuten lässt – aus PMN, die vor allem bei Gingivitis über die Sulkusflüssigkeit in großer Zahl ausströmen. Die Enzyme katalysieren die Oxidation von dem im Speichel vorhandenen Thiocyanat (SCN^-). Dabei benutzen sie von Mikroorganismen freigesetztes H_2O_2 als Substrat; es entstehen das Anion $OSCN^-$ und die Säure HOSCN. Beide Oxidationsprodukte wirken bakteriostatisch, indem sie u. a. die mikrobielle Zellwand beschädigen sowie Zuckeraufnahme, Glycolyse und somit die Säurebildung innerhalb Plaque-Biofilmen hemmen. Das pH-Optimum der Peroxidasen liegt im sauren Bereich (einem kariogenen Milieu entsprechend). In vielen klinischen Studien konnte dennoch keine Relation zwischen der Peroxidase-Aktivität im Speichel und dem individuellen Kariesrisiko nachgewiesen werden. Die Enzyme weisen nur eine bakteriostatische und keine bakterizide Aktivität auf und einige *S.-mutans*-Stämme sind gegen Speichelperoxidasen resistent. Außerdem ist der Wirkungsgrad des Peroxidase-Systems abhängig vom momentanen Kohlenhydratangebot. Hinzu kommt auch noch die Tatsache, dass Hypothiocyanit für orale Mikroorganismen weniger toxisch ist als H_2O_2. Somit werden Mikroorganismen (und auch die Wirtszellen) durch die Umsetzung des zytotoxischen H_2O_2 sogar geschützt: Das Speichelperoxidase-System stellt für die Homöostase innerhalb der Plaque-Biofilme einen stabilisierenden Faktor dar, indem es eine für vielen Mikroorganismen kritische Ansammlung von H_2O_2 verhindert.

Muzine

Muzine sind – zusammen mit den PRPs und Statherinen – die bedeutendsten Pellikelproteine (siehe Tab. 3.3). Diese Substanzen agglutinieren orale Bakterien (darunter Streptokokken und *Actinomyces* spp.) mit unterschiedlichen Folgen: Die mikrobielle Aggregation fördert einerseits ihre Eliminierung (die Bakterien werden verschluckt), andererseits aber die Bildung von Plaque-Biofilmen. Bis zu 9 Muzingene – verteilt auf die Chromosomen 1, 3, 4, 7 und 11 – konnten bisher identifiziert und zum Teil sequenziert werden. Im Speichel finden sich vor allem das hochmolekulare MUC-5B (frühere Bezeichnung MG-1) und das niedermolekulare MUC-7 (MG-2), die beide in mehreren Isoformen vorliegen.

MUC-5B (OMIM-Nr.: 600770) ist aus 5662 Aminosäuren langen Monomeren aufgebaut, welche durch Disulfid-Brücken miteinander verbunden sind. Innerhalb der Polypeptidketten dominiert die repetitiv vorkommende Sequenz Ser-Thr (siehe genetischer Code*). Von den Monomeren zweigt eine Vielzahl kohlenhydrathaltiger Seitenketten ab. Der hierdurch bewirkte hohe Kohlenhydratanteil (bis zu 90%) determiniert im Wesentlichen auch die Eigenschaften von MUC-5B:

- Es bindet Wasser, bildet somit einen Schutz gegen Austrocknung und verleiht dem Speichel seine Viskosität und seine Gleitfunktion.
- Es verleiht dem Pellikel seine Undurchlässigkeit und schützt somit die von ihm bedeckten Weichgewebe gegen Proteolyse: Die zuckerhaltigen Seitenketten bilden eine Diffusionsbarriere für (mikrobielle)

Proteasen*. Letztere wären grundsätzlich dazu befähigt, Speichelmuzine enzymatisch abzubauen und sich einen Zugang zu mukosalen Oberflächen zu verschaffen. Zusätzlich schützen sich Muzine gegen Proteolyse durch Bildung heterotypischer Komplexe, u. a. mit Amylase, anionischen PRPs, Statherinen und Histatinen. *In vivo* können Muzine daher nicht durch Proteasen abgebaut werden.

Die Kohlenhydratketten tragen als endständige Moleküle oft Fucose, Sialinsäure oder auch Sulfatgruppen (Sulfomuzine) und manchmal auch Blutgruppenantigene*. Die letzten beiden wurden als Liganden* für bakterielle Lektine* beschrieben. **3.1 – 3.5**

MG-2 oder MUC-7 (OMIM-Nr.: 158375) ist das niedermolekulare Muzin. Es besteht aus einer 377 Aminosäuren langen Polypeptidkette und enthält bis zu 80% Zucker in Form kohlenhydrathaltiger Seitenketten. Diese sind kurz, haben keine Verzweigungen und auch sie weisen als endständige Moleküle am häufigsten Fucose oder Sialinsäure auf. MG-2 bindet eine große Anzahl von Mikroorganismen, insbesondere dann, wenn es mit sIgA komplexiert ist. Von kariologischer Bedeutung ist die Tatsache, dass eine verminderte MG-2-Konzentration im unstimulierten Gesamtspeichel statistisch korreliert ist mit höheren intraoralen *S. mutans*-Keimzahlen.

Speichelagglutinin

Speichelagglutinin (OMIM-Nr.: 601969) kommt in allen Speicheltypen und im Pellikel vor. Das Glycoprotein besteht aus 2.413 Aminosäuren, wiegt 340 kDa, weist einen ca. 25%igen Kohlenhydratanteil auf und enthält wie Muzine Blutgruppenantigene*. Kürzlich wurde nachgewiesen, dass Speichelagglutinin identisch ist mit einem in der Lunge vorkommenden Protein (GP-340) und mit dem im Gehirn vorhandenen Tumorsuppressorprotein DMBT-1. GP-340 bewirkt die Aggregation von *S. mutans*, fördert *in vitro* seine Haftung an Hydroxylapatit und vermittelt die Koaggregation mit dem Pionierkeim *S. sanguinis*. Es bildet heterotypische Komplexe mit sIgA, was vermutlich ein Schutzmechanismus gegenüber Proteasen* darstellt.

Immunglobuline

Circa 100 mg IgA, 7 mg IgG und nur 1 mg IgM in Form sekretorischer Antikörper (sIg) werden täglich in die Mundhöhle sezerniert. Das Verhältnis IgA:IgG ist im Speichel somit etwa 400mal größer als das im Serum. Aus Isotopenstudien am Menschen ist bekannt, dass weniger als 2% des Speichel-IgA aus dem Serum stammt. Der Großteil wird in den Speicheldrüsen selbst gebildet. Der seröse Parotisspeichel enthält sehr wenig sIgA, der muköse Speichel am meisten. Obwohl die labialen Speicheldrüsen klein sind, bilden sie ca. 35% des sIgA im Gesamtspeichel. Die IgA-Bildung innerhalb der Speicheldrüsen ist abhängig von der Anwesenheit einer **sekretorischen Komponente** (SC), die sich in der Plasmamembran der Drüsenzellen befindet. Innerhalb der Plasmazellen der Speicheldrüsen wird neben IgA auch die sogenannte J-Kette synthetisiert, die an den Fc-Teil von jeweils zwei IgA-Molekülen bindet (siehe Abb. 2.23d). Diese Dimerisierung des IgA findet innerhalb der Plasmazelle statt. Vom

Sektion I

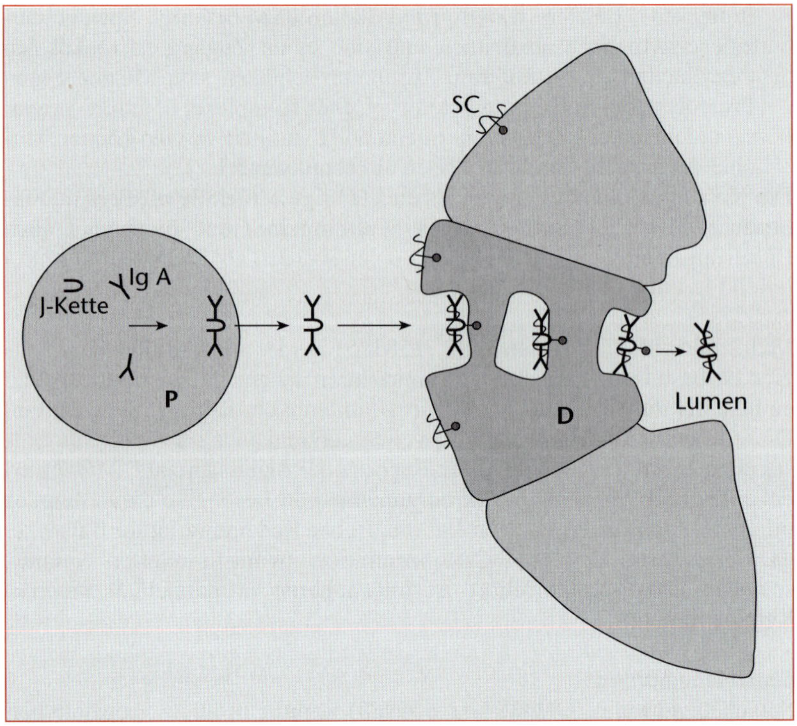

Abb. 3.1 sIgA-Transport in Speicheldrüsen: IgA und J-Kette werden in Plasmazellen (P) gebildet, dimerisieren sich und werden anschließend sezerniert. Die Bindung an die sekretorische Komponente (SC) dient dazu, das IgA durch die Drüsenzelle (D) zu transportieren, und schützt das Immunglobulin gleichzeitig gegen Proteasen*.

Immunozyten sezerniertes, dimerisiertes IgA besitzt eine hohe chemische Affinität zur SC (Abb. 3.1).

Merke:
Sekretorisches IgA ist das Immunglobulin der Schleimhautimmunität (CMIS*). Es ist das bedeutendste Immunglobulin in der Mundflüssigkeit und als antiseptischer Anstrich der oralen Schleimhäute anzusehen.

Bei Säuglingen ist sIgA bereits innerhalb weniger Wochen nach Geburt im Speichel anzutreffen. Die wichtigsten Wirkungen von sIgA: Es bindet an mikrobielle Antigene* (wodurch die Keime inaktiviert und deren Wachstum bzw. Kolonisierung auf Zahnoberflächen und Schleimhäuten eingeschränkt werden) und agglutiniert die Mikroorganismen. Diese können darauffolgend leichter durch Speichelfluss und Muskulatur von der Zahn- oder Schleimhautoberfläche abgelöst und verschluckt werden. Durch die Magensäure werden sie letztlich abgetötet. Die Fähigkeit, direkt Bakterien zu opsonieren bzw. für die Phagozytose* vorzubereiten, ist bei sIgA hingegen nur sehr eingeschränkt. Darüber hinaus unterdrückt eine Vielzahl oraler Mikroorganismen (darunter Pionierkeime wie *Streptococcus sanguinis* und *Streptococcus mitis*) durch die Freisetzung von Proteasen* die

Wirkung von sIgA. Das entstandene IgA-Spaltprodukt Fab (siehe Kap. 2.6.2.1) haftet zwar an Bakterien, ist aber nicht in der Lage, deren Kolonisierung zu beeinträchtigen.

Lactoferrin

Lactoferrin, ein eisenbindendes, 78 kDa-Glycoprotein (OMIM-Nr.: 150210), verdankt seinen Namen der Tatsache, dass es erstmals in der Muttermilch nachgewiesen wurde. Später wurde es auch in anderen Körpersekreten und in PMN-Granula* entdeckt. In der Mundflüssigkeit ist **3.1–3.5** Lactoferrin nur in kleinen Mengen vorhanden (< 1% aller Speichelproteine). Es stammt hauptsächlich aus Parotis- und Submandibularisspeichel, aber auch die kleinen Speicheldrüsen steuern eine nennenswerte Menge Lactoferrin bei.

Lactoferrin wirkt primär bakteriostatisch: Durch Lactoferrin gebundenes Fe steht den Keimen nicht mehr als essenzielles Spurenelement zur Verfügung und hemmt hierdurch das bakterielle Wachstum kompetitiv. Auch eine bakterizide Wirkung der in Bezug auf Eisen ungesättigten Lactoferrin-Form (apo-Lactoferrin) gegenüber dem kariogenen Keim *Streptococcus mutans* wurde *in vitro* beschrieben.

Die antimikrobielle Wirkung von Lactoferrin auf einer biofilm-bedeckten Zahnoberfläche dürfte *in vivo* jedoch nachhaltig durch die Diffusionsbarriere in Form von extrazellulären Polysacchariden beeinträchtigt werden. Hinzu kommt die Tatsache, dass auch Lactoferrin – wie andere Speichelproteine – durch mikrobielle Proteasen* (u. a. von *Porphyromonas gingivalis* und *Fusobacterium nucleatum* stammend) enzymatisch gespalten und somit unwirksam wird. Insgesamt spielt der Lactoferrin-Speicheltiter für das individuelle Karies- und Parodontitisrisiko daher eine untergeordnete Rolle. Von größerer Bedeutung scheint es beim Schutz der oralen Mukosa gegen bakterielle Infektionen und Pilzinfektionen zu sein.

Cystatine.

Cystatine sind die physiolologischen Inhibitoren der Cysteinproteinasen (siehe Kap. 10.5.2.4). Die drei bedeutendsten, in der Mundflüssigkeit vorkommenden Cystatine (die Cystatine SN, -SA und -S) wiegen etwa 14 kDa, stammen hauptsächlich aus den großen Speicheldrüsen und zeigen in ihrer Ausprägung eine sehr unterschiedliche Aktivität (SN > SA >> S). Es sind Akute-Phase-Proteine*: Im Falle einer Entzündung, beispielsweise Gingivitis, steigen ihre Produktion in den Speicheldrüsen und ihre Konzentration in der Mundflüssigkeit an, um das Wirtsgewebe vor proteolytischem (enzymatischem) Abbau zu schützen. Auch die Enzyme Kollagenase und Kathepsin G, die nicht der Enzymklasse der Cysteinproteinasen angehören, werden durch Cystatine gehemmt. Beide sind bei der entzündlichen Parodontolyse maßgeblich involviert und gelangen bei Vorliegen einer Parodontitis in signifikanten Mengen via Sulkusflüssigkeit (siehe Kap. 3.5) in die Mundhöhle. Cystatin S weist darüber hinaus eine antimikrobielle Aktivität gegen den mit Parodontitis assoziierten Keim *P. gingivalis* auf. Einen Schutz gegen Karies bieten Cystatine nicht.

PRP: Prolin-reiche-Proteine
Die PRPs bilden eine Familie von ca. 20 Proteinen. Diese werden von der sog. PRP-Multigenfamilie (6 Gene, siehe Tab. 3.3, siehe Gengruppen*) codiert. Namengebend für die PRP-Polypeptidfamilie ist die Aminosäure Prolin, welche stets einen 20-40%igen Anteil aufweist. PRPs bilden mit 30-50% den Hauptanteil aller Speichelproteine. Es wird zwischen sauren, basischen und glycolisierten PRPs unterschieden: die aPRPs, die bPRPs bzw. die PRGs (prolinreiche Glycoproteine).

Die genetisch polymorphen aPRPs (Mw 10-40 kDa) bilden einen Hauptbestandteil des Pellikels (siehe Tab. 3.3) und werden von den *prh1* und *prh2* Genen (OMIM-Nr.: 168730 bzw. 168790) codiert. Generell binden aPRPs an bakterielle Adhäsine und Fimbrien*, an Kalziumionen, an Hydroxylapatit und an andere Speichelproteine. Aus diesen Eigenschaften lassen sich ihre Funktionen ableiten:

1. Initiierung der Pellikelbildung. Erst nach Bindung der aPRPs haften andere Speichelkomponenten an der Zahnoberfläche.
2. Saure PRPs aggregieren bzw. tragen zur Kolonisierung von Pionierkeimen (beispielsweise *A. naeslundii, S. gordonii, S. sanguinis*) und auch anderen Mikroorganismen (beispielsweise *P. gingivalis, E. corrodens, S. mutans, P. loescheii, F. nucleatum, P. intermedia* und *P. aeruginosa*) bei. Durch die Aggregation wird letztlich auch deren Eliminierung aus der Mundhöhle gefördert. Nicht nur diese Eigenschaften rechtfertigen die Bezeichnung der PRPs als antimikrobiell wirkende Speichelproteine, sondern auch die Tatsache, dass sie an sich frei in der Mundflüssigkeit befindliche Mikroorganismen binden, für die Besiedlung der Zahnhartsubstanz benötigte mikrobielle Bindungsstellen besetzen und somit die mikrobielle Kolonisierung kompetetiv hemmen.
   Bakterien haften in dem Moment an Zahnhartsubstanzen, wenn Pellikelproteine (vor allem saure PRPs und die nachfolgend beschriebenen Statherine) auf einer festen Oberfläche adsorbieren. Dann nämlich treten als Folge der dabei auftretenden Konformationsänderung (Konformation*) bis dahin „maskierte Peptid-Segmente" **(Kryptitope)**, zutage. PRP-Kryptitope, die auch als Folge enzymatischer Einwirkungen, vor allem bei erhöhtem Enzymtiter in der Mundflüssigkeit als Folge schlechter Mundhygiene und Gingivitis (bakterielle Enzyme und lysosomale Enzyme aus beispielsweise PMN) „entblößt" werden können, binden eine Reihe der oben genannten Bakterien (siehe Fimbrien*).
3. Einfluss auf die Konzentration freier Ca^{2+}-Ionen zu Gunsten von Remineralisationsprozessen. Saure PRPs hemmen die Präzipitation von Kalziumphosphatsalzen und binden freie Kalziumionen. *In vitro* konnte eine Hemmung der Zahnsteinbildung durch saure PRPs nachgewiesen werden. Klinisch jedoch weisen Patienten mit extensiver Zahnsteinbildung keinen niedrigeren PRP-Anteil in ihrem Speichel auf. Ebenso ist der PRP-Anteil nicht mit der individuellen Kariesanfälligkeit korreliert.
4. Hemmung des Kristallwachstums bei Hydoxylapatit durch die bereits erwähnte Bindung freier Kalziumionen und durch die Anheftung der PRP an den Wachstumsstellen am Apatitkristall (wodurch der Zugang der Kalziumionen zur Apatitoberfläche verhindert wird).

5. Auch PRP werden durch mikrobielle Proteasen* (z. B. Kollagenasen) hydrolysiert. Für den Schutz des Gewebekollagens sind sie durch diese Enzymutilisierung als kompetetive Kollagenasehemmer anzusehen. Einer der Spaltbruchstücke, ein ArgGlyArgProGln-Pentapeptid (siehe genetischer Code*) hemmt den Abfall des pH-Wertes innerhalb eines Plaque-Biofilms nach Saccharosezufuhr (Zuckerimpuls, engl. **„cariogenic challenge“**, siehe Kap. 9.1) und wird als angeborener Abwehrfaktor gegen Karies betrachtet.
6. Saure PRPs binden an α-Amylase, wodurch deren enzymatische Aktivität zunimmt (vergleiche Abb. 3.3). **3.1–3.5**

Basische PRPs sind ebenfalls genetisch polymorph. Mindestens 11 bPRPs sind bekannt. Alle sind niedermolekular und wiegen 4,5-12 kDa. Im Gegensatz zu den aPRPs haften sie nicht an Hydroxylapatit und sind somit auch kein Pellikelbestandteil. Über die Funktionen der bPRPs ist noch wenig bekannt.

β2-Mikroglobulin:
Dieses Molekül (OMIM-Nr.: 109700) ist nicht nur eine Untereinheit der MHC*-Moleküle (siehe Kap. 2.6.1.1), sondern kommt auch in löslicher Form in Körperflüssigkeiten und Mundflüssigkeit (0,2 – 0,9 µg/ml) vor. β2-Mikroglobulin agglutiniert *S. mutans*.

Statherine:
Statherine (OMIM-Nr.: 184470) sind saure, nicht-glycolisierte kleine Phosphoproteine (Mw = 5,38 kDa). Sie kommen hauptsächlich im Parotisspeichel vor und bilden zusammen mit den Muzinen und PRPs die wichtigsten Pellikelproteine. Statherine entfalten folgende biologische Eigenschaften:
1. Speichel ist physiologischerweise übersättigt mit Kalziumphosphatsalzen. Statherine sind die einzigen Proteine, die sowohl die primäre (bereits bei physiologischen Konzentrationen auftretende) als auch die sekundäre Präzipitation beim Kristallwachstum von Kalziumphosphatsalzen hemmen. Daher wird dem Statherin eine Schlüsselrolle beim Schutz der Speicheldrüsen und ihrer Ausfuhrgänge im Zusammenhang mit der Bildung von Speichelsteinen beigemessen.
2. Statherine binden stark an Hydroxylapatit. Wie bei den sauren PRPs treten bei Statherinen daraufhin Kryptitope für bakterielle Adhäsionsmoleküle zutage (siehe Fimbrien*). Es wird so die Bindung nicht nur von Erstbesiedlern *(A. naeslundii)*, sondern auch von Nachfolgerkeimen und pathogenen Spezies *(F. nucleatum, P. gingivalis)* ermöglicht. Vor allem die Bindung an *F. nucleatum* ist von entscheidender Bedeutung für die Reifung eines Plaque-Biofilms (siehe Kap. 8.1.3.3).

Prolinreiche Proteine und Statherine entfalten eine Reihe gemeinsamer Aktivitäten. Beide Proteine enthalten Phosphatgruppen mit hoher Affinität zu Hydroxylapatit und leiten somit die Pellikelbildung ein. Beide Proteine bilden einen wesentlichen Bestandteil des Pellikels (siehe Tab. 3.3). Hinzu kommt, dass sie die Haftung oraler Bakterien an der Zahnhartsubstanz vermitteln und somit auch eine Schlüsselrolle bei deren Kolonisierung und der initialen Plaquebildung spielen.

Histatine

Histatine (Histidin-reiche Poplypeptide, HRP) sind kleine (7-38 Aminosäurereste) positiv geladene Peptide, welche aktiv sind bei pH 5-pH 8. Sie werden vor allem im Parotisspeichel, aber auch in Submandibularisspeichel angetroffen und sind generell anfällig für proteolytische Spaltung. Histatine weisen ausgeprägte fungizide Eigenschaften auf. Auch für Bakterien sind sie toxisch. Humaner Speichel enthält insgesamt 12 unterschiedliche Histatine, allesamt Produkte zweier Gene (OMIM-Nr.: 142701 und 142702). Davon weisen HRP-4 (Mw = 2,7 kDa) und -5 (Mw 3,0 kDa) die größte fungizide Wirkung auf, aber auch HRP-1 und -3 können *Candida albicans* abtöten. Personen mit niedrigem Speichelfluss und niedriger Histatinkonzentration haben einen höheren Befall mit *Candida albicans*. Histatine wurden erfolgreich bei der Behandlung von *Candida*-vermittelten Prothesenstomatitiden eingesetzt. HRP-1, -3 und -5 töten den kariogenen Keim *Streptococcus mutans* ab. HRP-5 unterdrückt die durch *Porphyromonas gingivalis* ausgelöste Freisetzung von proinflammatorischen Zytokinen aus Wirtszellen (siehe Kap. 10.4.2.1).

β-*Defensine*

β-Defensine gehören zu den endogenen antimikrobiellen Peptiden (EAP*). Insbesondere die beiden kationischen Peptide hBD-1(OMIM-Nr.: 602056) und hBD-2 (OMIM-Nr.: 602215) weisen antimikrobielle (Breitspektrum-) Aktivität auf.

Weitere in der Mundflüssigkeit vorkommende Proteine sind:

- Wachstumsfaktoren wie EGF, NGF, VEGF, FGF (siehe Anhang 3). Diese spielen eine Rolle bei der Entwicklung von Haut- und Epithelgewebe, beim Zahndurchbruch, bei Wundheilungsprozessen und als Mediatorsubstanzen bei Entzündungsprozessen.
- Hormone (darunter Kortisol). Speichelkortisolmessungen haben wesentlich zu dem heutigen Wissensstand in der Psychoneuroimmunologie beigetragen. Es konnte eine signifikante Korrelation zwischen der Kortisolkonzentration im Speichel und der allgemeinen Gesundheit bzw. dem persönlichen Wohlbefinden ermittelt werden.
- Fibronektin (OMIM-Nr.: 135600) ist ein 550 kDa schweres Glycoprotein, das in löslicher Form in nahezu sämtlichen Körperflüssigkeiten und in ungelöster Form in der ECM* und auf Zelloberflächen anzutreffen ist. Auch auf Epithelzellen der oralen Schleimhäute, namentlich die der Wangenschleimhaut, wird aus dem Speichel stammendes Fibronektin angetroffen. Dies ist insofern von klinischer Bedeutung, als dass Fibronektin mit einer Vielzahl von Substraten, wie Fibrin, Heparin, Kollagen, weiteren ECM-Bestandteilen und einer Reihe eukaryotischer und prokaryotischer Zellen, interagiert. Unter anderem vermittelt es die Bindung von Mikroorganismen an oralen Oberflächen.
- Entzündungsmediatoren wie PAF (siehe Kap. 2.6.2.5), mengenmäßig jeweils korreliert mit der Intensität vorhandener oraler Entzündungsprozesse (Mukositiden, Parodontitiden)

Eine Reihe kleinere Peptiden, u. a. das basische Sialin, sowie bis zu 18 einzelne Aminosäuren, darunter das puffernde Histidin, konnten ebenfalls im Gesamtspeichel nachgewiesen werden. Letztere sind zum Teil bakterielle Stoffwechselprodukte, zum Teil auch durch Einwirkung bakterieller Proteasen* enstandener Abbauprodukte von Speichelproteinen.

Sämtliche Speichelproteine und -Enzyme finden sich auch in der Plaqueflüssigkeit. Es kommt ihnen eine Bedeutung bei der Sicherung der Homöostase innerhalb des Plaque-Biofilms zu, indem sie die Etablierung fremder Spezies behindern.

3.4 Interaktionen zwischen Mikroorganismen und Pellikel-(Glyco)proteinen

Mundflüssigkeit enthält große Bakterienmengen (bis zu hundert Millionen CFU/ml). Werden diese nicht verschluckt, kommen sie irgendwann in Kontakt mit den pellikelbedeckten Zahnhartsubstanzen und Schleimhäuten und besiedeln diese. Besiedlungs- bzw. Kolonisierungsgrad vieler Bakterienspezies sind mengenmäßig mit ihrem Vorkommen im Speichel korreliert. Diese Tatsache bildet die Grundlage für die kommerziell erhältlichen mikrobiellen Kariesaktivitätstests (siehe Kap. 15.10).

Die bakterielle Ansiedlung auf pellikelbedeckten oralen Gewebeoberflächen weist folgende Charakteristika auf:

1. Sie ist **selektiv**. Beispielsweise wird der Keim *Streptococcus sanguinis* in hohen Zahlen auf pellikelbedeckten Zahnoberflächen vorgefunden, während er auf mukosalem Pellikel kaum anzutreffen ist. Das Umgekehrte gilt beispielsweise für *S. salivarius*. Weiter gibt es lokale und auch starke inter-individuelle Unterschiede bei der chemischen Zusammensetzung des Pellikels, welche einen Einfluss auf die mikrobielle Besiedlung haben. Hieraus ergeben sich auch Unterschiede in der Plaquebesiedlung einzelner Zahnflächen. Der kariogene Keim *Streptococcus mutans* beispielsweise kann an einem bestimmten Ort bis zu 50% der Bakterienflora ausmachen, 2 mm weiter entfernt jedoch komplett fehlen.
2. Sowohl **nicht-spezifische** als auch **spezifische** Prozesse sind bei der mikrobiellen Besiedlung oraler Pellikel beteiligt. Einerseits gibt es Mechanismen, welche Bakterien am Pellikel binden (hydrophobe Interaktionen, Van der Waals- Kräfte) und andererseits solche, welche die Bakterien – gerade umgekehrt – vom Pellikel entfernen (Speichelfluss, elektrostatische Interaktionen). Da sowohl die Oberfläche des Pellikels als auch die der meisten Bakterien negativ geladen ist, sind für die Bindung der Keime Brückenbildungen erforderlich. Unspezifische Brückenbildungen werden vermittelt durch bakterielle Polysaccharide, bestimmte Speichelproteine, Wasserstoff und durch freie Ca^{++}-Ionen aus dem Speichel. Hydrophobie und Oberflächenenergie der Pellikeloberfläche sowie die Freisetzung von Detergentien durch bestimmte Bakterien beeinflussen die mikrobielle Besiedlung ebenfalls nachhaltig und unspezifisch. Unspezifische Haftmechanismen sind weniger stabil als spezifische Haftmechanismen. Die Adsorption

von Bakterien an die Pellikel geschieht via spezifische Adhäsine mit verschiedenen Spezifitäten und Affinitäten. Strukturell sind Adhäsine vor allem Oberflächenproteine. Die Oberfläche der Bakterien ist mit Lektinen* besetzt, die stereochemisch mit bestimmten Pellikelproteinen (zum Beispiel prolinreichen Proteinen) oder extrazellulären Polysacchariden in der Plaque (Dextrane) reagieren können. Der Aufbau

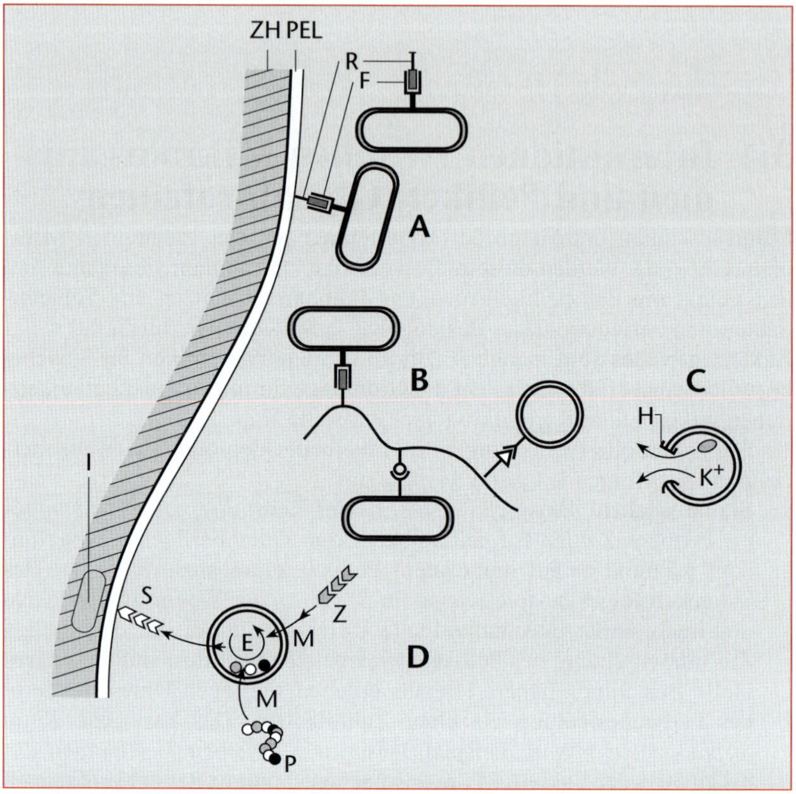

Abb. 3.2 Spezifische Interaktionen zwischen Speichelkomponenten und Bakterien auf pellikelbedeckten Zahnoberflächen. ZH = Zahnhartsubstanz (Schmelz); PEL = Pellikel; I = initiale kariöse Läsion.

A: Bakterien binden beispielsweise via ihre Lektine* oder Fimbrienadhäsine (F) an oberflächengebundene Pellikelrezeptoren (R, beispielsweise Statherine). Die Rezeptorproteine kommen auch in gelöster Form bzw. als freie Speichelproteine vor. Hieran gebundene Bakterien besiedeln nicht die Zahnoberfläche, sondern werden in der Regel verschluckt.

B: Einzelne Speichelbestandteile binden mehrere Bakterien simultan bzw. agglutinieren diese. Diese werden schneller aus der Mundhöhle eliminiert; jedoch können kleinere Aggregate die Zahnoberfläche besiedeln wie bei A.

C: Manche Speichelkomponenten sind für die Bakterien toxisch bzw. wirken bakterizid: In diesem Beispiel lagert sich Histatin (H) der mikrobiellen Zellmembran an und perforiert diese. Daraufhin strömen Kaliumionen (K^+) und andere zytosolische Bestandteile aus der Zelle und das Bakterium stirbt.

D: Speichelbestandteile (Zucker, Z; Proteine, P) gelangen per Membrantransport* (M) ins Zellinnere und werden dort – zwecks Energiegewinnung – enzymatisch verstoffwechselt (E). Proteine werden zu Aminosäuren abgebaut. Organische Säure (S) ist ein Produkt des mikrobiellen Zuckermetabolismus bei kariogenen Milchsäurebakterien* und greift die Zahnhartsubstanz an (siehe Kap. 9.2).

der Zellverbindungen (Koadhäsion) aneinander ist zum Beispiel bei *S. mutans* assoziiert mit unlöslichen α-1,3 Glucanen (siehe Kap. 9.2). Spezifische Haftmechanismen werden in der Regel durch stereochemische Bindungen vermittelt (Abb. 3.2).

Einzelne Pellikelbestandteile fördern die bakterielle Besiedlung einer Zahnoberfläche mit Pionierkeimen *(Streptococcus* spp., *Actinomyces* spp., *Neisseria)*, aber auch mit Nachfolgerkeimen. Eine Reihe von mikrobiellen Liganden* bzw. Pellikelrezeptoren für orale Bakterien ist in nachfolgender Tab. 3.5 angegeben.

Unspezifische und spezifische Haftmechnismen sollten nicht isoliert voneinander betrachtet werden. Vielmehr sind sie aufeinander abgestimmt: Manche affine stereospezifische Bindungen gehen aus nichtspezifischen Interaktionen (beispielsweise Dipole, Wasserstoffbrücken) hervor.

Nach initialer Bindung wachsen und vermehren sich die Bakterien. Zudem binden sie weitere Bakterien (Koadhäsion). Einzelne Komponenten der Mundflüssigkeit (z. B. die vielen Speichelenzyme) fördern diese Prozesse, indem sie für die Bakterien eine Nahrungsquelle darstellen oder mobilisieren. Mengenmäßig ist **Amylase** das wichtigste Speichelenzym (Tab. 3.2). Deren Rolle bei der Entstehung oraler Biofilme und ihr Einfluss auf den Stoffwechsel im Biofilm ist in Abb. 3.3 dargestellt. Auch Speichellipide beeinflussen die bakterielle Haftung an den Zahnoberflächen.

Die meisten Bakterien werden dennoch durch den Schluckakt aus der Mundhöhle eliminiert. Dies wird nachhaltig gefördert durch Speichelagglutinine und durch Speichelenzyme, die Rezeptorproteine bzw. bakterielle Liganden* abbauen (siehe Kap. 3.3).

Tab. 3.5 Rezeptorproteine im Speichel für orale Bakterien

Protein	gebundene Bakterien
α-Amylase	*S. gordonii, S. mitis, S. salivarius, S. anginosus, S. parasanguinis*
Fibronektin	*T. denticola, S. mutans, S. gordonii*
MUC-7	viele Bakterien, darunter *S. sanguinis, S. parasanguinis, A. naeslundii* Genospezies-2, *S. mutans, S. gordonii*
sIgA	*S. sanguinis, S. parasanguinis*
Statherin	*A. naeslundii* Genospezies-2, *F. nucleatum, P. gingivalis*
Speichelagglutinin	*S. mutans, S. sobrinus, S. gordonii, S. oralis, S. intermedius*
PRP, PRG	*S. mutans, S. gordonii, S. oralis, S. intermedius, A. naeslundii* Genospezies-2, *P. gingivalis, P. loescheii*
Dextran, Glucan	*S. mutans, S. sobrinus, Veillonella*
Div. Glycoproteine[1]	*S. sanguinis, S. parasanguinis, S. oralis, S. mitis*

[1] = unter Inbegriff ihrer endständigen Sialinsäure (N-Acetylneuraminsäure) und Blutgruppenantigene*; PR(G)P = Prolinreiche (Glyco-) Proteine; sIgA = sekretorisches IgA; MUC = Muzin.

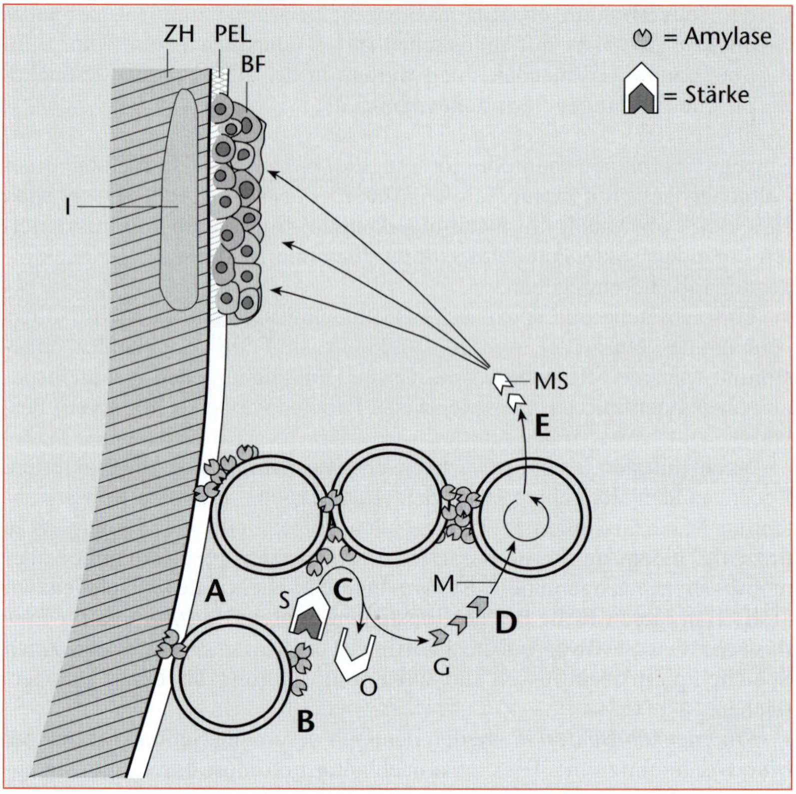

Abb. 3.3 Amylase in oralen Plaque-Biofilmen. ZH = Zahnhartsubstanz; PEL = Pellikel; I = initiale kariöse Läsion.

A: Pellikelamylase bindet Bakterien bzw. Streptokokken (vergleiche Tab. 3.5).

B: Freie Speichelamylase bindet auf der bakteriellen Zelloberfläche.

C: Sie hydrolysiert aus der Nahrung stammende Stärke (S) zu Oligosacchariden (O) und Glucose (G).

D: Via Membrantransport* (M) gelangen diese Zucker ins Zellinnere der Streptokokken, die dort – zwecks Energiegewinnung – verstoffwechselt werden. Als Endprodukt entsteht u. a. Milchsäure (MS).

E: Milchsäure protonisiert den Biofilm (BF, vergleiche Abb. 8.1) und führt zu einem kariogenen Milieu.

3.5 Die Sulkusflüssigkeit

Zelluläre und humorale Blutbestandteile erreichen mit der Sulkusflüssigkeit (SF, GCF) die Zahnoberfläche. In einer gesunden Mundhöhle ist das SF-Volumen und damit der Anteil an der Mundflüssigkeit vernachlässigbar gering (1-2%). Beim Vorliegen parodontaler Entzündungen kann der SF-Anteil deutlich zunehmen. Abhängig von der Schwere einer Gingivitis kann er – im Falle einer Xerostomie – auf bis zu 50%, bezogen auf den Ruhespeichel, ansteigen.

Bei gesunder Gingiva ist die SF protektiv: Sie wäscht die nichtadhärente Plaque aus, versorgt den Sulkus mit Antikörpern, Komplementbruchstücken und Phagozyten und beeinträchtigt somit die Kolonisierung pathogener Bakterien in der Zahnhalsregion.

3.1–3.5

Zelluläre Bestandteile der Sulkusflüssigkeit

Eine große Zahl von PMN (ca. 95% Anteil in der SF) durchwandert ständig das Saumepithel in Richtung Sulkusboden. Die restlichen 5% sind mononucleär (Makrophagen, Lymphozyten). Bei klinisch vorliegender Entzündungsfreiheit (was nicht Entzündungsfreiheit in histopathologischem Sinne bedeutet) strömen im vollbezahnten Gebiss aus allen Saumepithelien zusammen ca. 30.000 PMN pro Minute. Die Migration von PMN in der Sulkusflüssigkeit durchs Saumepithel hindurch wird vermittelt durch transepitheliale Gradienten:

1. von Epithelzellen exprimiertes ICAM-1 (CD54) bindet an die auf PMN befindliche LFA-1 (CD11a/CD18) und
2. von Epithelzellen freigesetztes Interleukin-8, welches auf PMN chemotaxisch wirkt (siehe Kap. 2.5.3).

Bei der Entstehung einer marginalen Gingivitis nimmt die Zahl der PMN im Sulkus erheblich zu. Im histologischen Bild des Saumepithels können sie dann über 50% der erkennbaren Zellen ausmachen und am Sulkusboden einen „Wall“ gegen den Plaque-Biofilm bilden. Hierdurch entsteht mechanisch und hydraulisch eine hoch wirksame Schranke gegen exogene Noxen, die in ihrer Wirkung durch die Eliminierung von Bakterien durch Phagozytose* verstärkt wird. Festzuhalten ist allerdings, dass die aus dem Sulkus stammenden PMN in ihrer Funktionsfähigkeit gegenüber PMN im peripheren Blut eingeschränkt sind: Bis zu 30% der aus Sulci und Taschen entnommenen PMN sind nekrotisiert und etwa 1% sind apoptotisch*. Trotzdem kann davon ausgegangen werden, dass am *margo gingivae* die in der Sulkusflüssigkeit befindlichen PMN über Phagozytose*, Freisetzung von Lysozym, Hydrolasen und Superoxiden einen Einfluss auf die örtliche Mikroflora ausüben.

Humorale Bestandteile der Sulkusflüssigkeit

Mit dem Serumexsudat Sulkusflüssigkeit verlassen sämtliche Serumbestandteile (inklusive die an der Immunabwehr beteiligten Proteine) – sei es in niedrigerer Konzentrationen als im Blutserum – das entzündete subepitheliale Bindegewebe und gelangen via parodontale Tasche bzw. Sulkus in die Mundhöhle.

Merke:

Die humorale Zusammensetzung der Sulkusflüssigkeit entspricht in etwa der des Blutserums. Damit verfügt die Sulkusflüssigkeit im Vergleich zum Speichel über ein deutlich höheres immunologisches Potenzial. Die Anwesenheit der Serumproteine hat freilich auch eine Kehrseite: die im subgingivalen Plaque-Biofilm vorherrschenden Mikroorganismen (darunter pathogene *Prevotella-, Porphyromonas-, Fusobacterium-, Peptostreptococcus-* und *Treponema*-spp.) benutzen die SF als Nahrungsquelle. Sie sichern ihre Energieversorgung hauptsächlich durch die Vergärung von Aminosäuren. Sie können jedoch nur freie Aminosäuren und kleine Peptide verwerten, so dass die SF-Proteine zuerst einmal gespalten werden müssen. Hierzu verfügen die Bakterien allerdings über ein reichhaltiges Arsenal an Proteinasen und Peptidasen.

Zu den humoralen Komponenten der Sulkusflüssigkeit (die teilweise als Parameter für die Bestimmung des parodontalen Entzündungszustandes getestet wurden) gehören:

- die Immunglobuline IgG, -A und -M.
- die Komplementfaktoren C3, C4 und C5.
- Proteasen*. Diese sind nicht nur mikrobieller Herkunft, sondern entstammen z. T. auch den Lysosomen phagozytierender Entzündungszellen. Es finden sich Matrix-Metalloproteinasen (darunter Kollagenasen), Elastase, Kathepsine, Aspartat-Aminotransferase, alkalische Phosphatase, Myeloperoxidase, β-Glucuronidase und Lysozym (siehe Kap. 10.5.2). Bei nachlassender Mundhygiene bzw. bei zunehmender Gingivitis erhöht sich der Enzymtiter in der SF. Die Proteasen zerstören nicht nur die Integrität des Wirtsgewebes (proteolytischer Kollagenabbau), sondern bauen auch die schützenden Speichelproteine ab. Im Sinne einer Schutzfunktion erhöhen die Speicheldrüsen bei beginnender Entzündung des marginalen Parodonts physiologischerweise ihre Sekretion von spezifischen Proteinasehemmern (Cystatine): Mundhygieneabstinenz führt in nur wenigen Tagen nicht nur zu einer marginalen Gingivitis, sondern auch zu einer messbaren Erhöhung der Cystatinproduktion in den Speicheldrüsen. Hinzu kommt, dass in der Sulkusflüssigkeit physiologischerweise ein weiterer Proteaseantagonist (das α2-Makroglobulin, siehe Kap. 10.5.2) vorhanden ist. Dennoch bildet die Enzymaktivität für Mikroorganismen eine Möglichkeit, die Abwehr zu umgehen. Unter anderem liegt deswegen die Entwicklung eines Impfstoffes gegen Parodontitis noch immer in weiter Ferne.
- Zytokine und Wachstumsfaktoren. In der SF konnten IL-1, TNF-α, IL-6, TGF-α, IFN-γ, VEGF sowie die Chemokine IL-8 und MCP-1 (siehe Anhang 3) nachgewiesen werden.
- Entzündungsmediatoren wie PAF, PG-E2, Plasmin, deren Aktivatoren (u-PA und t-PA) und Inhibitoren PAI-1 und -2 (siehe Kap. 2.6.2, siehe Kap. 10.5.2.2).
- PMN-Defensine (siehe EAP*, siehe PMN-Granula*).
- Kationische Polyamide (siehe Kap. 2.5.3, siehe Kap. 10.5.3).
- Vasoaktive Neuropeptide, darunter proinflammatorische Neuropeptide, insbesondere die beiden zur Tachykininfamilie gehörenden Substanzen SP und NKA sowie das antiinflammatorische α-CGRP. Diese spielen u. a. eine Rolle bei Entzündungsprozessen (als Bestandteil der unspezifischen Abwehr) und bei Wundheilungsprozessen.
- Eisen- und häminhaltige Proteine (Transferrin, Lactoferrin, Hämoglobin), welche die Versorgung bestimmter subgingivaler Keime mit dem für sie essenziellen Spurenelement Fe sicherstellen (vergleiche Abb. 10. 4B, siehe Häm*).
- diverse Proteine, deren Aufgaben in der SF noch nicht ausreichend geklärt sind: z. B. Albumin, Glycoproteine (darunter die Proteoglycanmetaboliten Decorin und Biglycan), Lipoproteine sowie aus PMN stammendes Lactoferrin und Calprotektin (siehe PMN-Granula*).

Speichel- und gingivarelatierte Domäne auf der Zahnoberfläche
Wohl einmalig für den menschlichen Körper ist, dass auf der Zahnoberfläche die sekretorische (speichelvermittelte) Immunität (CMIS*) und die systemische Immunität (vermittelt durch die SF) unmittelbar aufeinander treffen. Der immunologische Schutz gegen Mikroorganismen bzw. Karies auf der speichelrelatierten Domäne, wozu auch die kariesanfälligen okklusalen Fissuren gehören, wird durch sIgA vermittelt und ist bei den meisten Menschen ungenügend. Die gingivarelatierte Domäne, welche ca. 1mm oberhalb der *margo gingivae* endet, steht unter Kontrolle der aus immunologischer Sicht um Größenordnungen potenteren Sulkusflüssigkeit. Sämtliche im Serum vorkommenden Abwehrproteine entfalten sich im Bereich der gingivarelatierten Domäne: Opsonierung, Phagozytose*, Abtötung von Mikroorganismen (siehe Kap. 2.5.3) als auch Hemmung der mikrobiellen Adhärenz (und damit deren Kolonisierung) finden alle in diesem Bereich statt, was den Verlauf von parodontalen Entzündungen sowie Approximal- und Zahnhalskaries beeinflussen dürfte. Zahnhalskaries entsteht deswegen meistens gerade koronal der gingivarelatierten Domäne.

Literatur

Marsh P D, Martin M V: Oral Microbiology, 4th Ed. Wright Verlag (Butterworth-Heinemann), Oxford 1999

Russell M W, Hajishengalis G, Childers N K, Michalek S M: Secretory immunity in defense against cariogenic mutans streptococci. Caries Res 33: 4-15, 1999

Tabak L A: Saliva in health and disease. Proceedings of the 16th international conference on oral biology. Adv Dent Res 14:1-104, 2000

Tenovuo J, Lagerlöf F: Saliva. In: Thylstrup A, Fejerskov O (Hrsg): Textbook of clinical cariology (2nd ed). Munksgaard , Copenhagen 1994, Seiten 17-43

Van Nieuw Amerongen A: Speeksel en mondgezondheid. VU Verlag, Amsterdam 1994

Xu T, Oppenheim F G: Salivary antimicrobials: where are we? In: Bowen W H, Tabak L A (eds): Cariology for the nineties. University of Rochester Press, Rochester 1993, Seiten 117-131

Sektion II: Mikroorganismen in der Mundhöhle

Kapitel 4
Bakterien

Sektion II

Zusammenfassung

Zur Familie der *Micrococcaceae* gehören die Gattungen *Staphylococcus, Micrococcus, Rothia* (ex-*Stomatococcus*) und *Planococcus*. Als grampositive, aerobe bzw. fakultativ anaerobe Bakterien spielen sie eine untergeordnete Rolle in der oralen Mikrobiologie mit Ausnahme von *Staphylococcus aureus*. Dieser potenziell humanpathogene Keim findet sich auf der Haut, im Nasenrachenraum und gelegentlich in der Mundhöhle als transienter Besiedler. Aufgrund der Vielzahl von Virulenzfaktoren kann *S. aureus* einerseits invasive Infektionen, die auch in der Mundhöhle nach traumatischer Gewebeschädigung oder chirurgischer Intervention auftreten können, verursachen und andererseits toxinvermittelte Erkrankungen auslösen. **4.1–4.12**

Aus der Familie der *Streptococcaceae* ist für die orale Mikrobiologie vor allem die Gattung *Streptococcus* bedeutsam. Streptokokken sind aerotolerant, haften auf nahezu jeder in der Natur vorkommenden Oberfläche und passen sich rasch sich verändernden lokalen Bedingungen an. Zur Streptokokkenklassifizierung werden Stoffwechselleistungen, Hämolyseverhalten, die Charakterisierung der Zellwandantigene und rRNA-Analysen herangezogen. Mehr als 30 Streptokokken-Spezies, aufgeteilt in sechs Gruppen, sind derzeit bekannt. Streptokokken verfügen über ein reichhaltiges Arsenal von Adhäsionsmolekülen mit variierenden Rezeptorspezifitäten und -affinitäten, welches deren Bindung an Speichelbestandteilen, an Zelloberflächen und an ECM-Molekülen vermittelt. Orale Streptokokken der *Sanguinis*-Gruppe sind die bedeutendsten Primärbesiedler des Pellikels. Orale Streptokoken sind als Folge variierender Nahrungsmuster und Veränderungen im Speichelfluss ständigen Veränderungen in ihrer Umgebung ausgesetzt. Als Antwort auf diese dynamischen Prozesse optimieren sie ihre Genexpression dahingehend, dass sie für die jeweilige Situation die „besten“, d. h. für ihr Überleben optimalen, phänotypischen Eigenschaften, entwickeln. Orale Streptokokken regulieren auf diese Weise die Exprimierung ihrer Adhäsionsmoleküle und ihre Membrantransportsysteme. Das kariogene Potenzial von *Mutans*-Streptokokken wurde intensiv erforscht. Ihre Akkumulation auf Zahnoberflächen hängt vor allem zusammen mit ihrer Fähigkeit, zugeführten Zucker mit Hilfe in ihrer Zellwand lokalisierter Glucosyltransferasen (GTFs) für die Synthese von wasserunlöslichen extrazellulären Polysacchariden zu benutzen. In den letzten Jahren ist mehr und mehr bekannt geworden das pathogene Potenzial der Streptokokkenkolonisierung. Sorge bereiten hochvirulente und chemoresistente Streptokokkenstämme. Der Einsatz von Antibiotika bei der Bekämpfung von Streptokokkeninfekten erweist sich als zunehmend problematisch. Die Entwicklung neuer Behandlungsmethoden ist daher wünschenswert. Eine grundsätzliche Möglichkeit besteht in der Entwicklung von Impfstoffen.

Die Gattung *Peptostreptococcus* umfasst obligat anaerobe, grampositive, nicht sporenbildende kokkoide Bakterien oder Kokken, die physiologisch und biochemisch sehr unterschiedlich sind. Als Infektionserreger ist *Peptostreptococcus anaerobius* bekannt. Für die orale

Sektion II

Mikrobiologie ist *Peptostreptococcus micros* bedeutsam, der mit parodontalen und endodontalen Infektionen assoziiert ist.

Actinomycetaceae sind grampositive, unbewegliche Stäbchen oder Fäden. Hinsichtlich der Sauerstofftoleranz existiert eine beträchtliche Variationsbreite. Aktinomyzeten sind chemoorganotroph und benötigen zur Vermehrung organisch gebundenen Stickstoff. Pathogene Aktinomyzeten werden in zwei Gruppen unterteilt:

1. Fadenbakterien mit fermentativem Kohlenhydratmetabolismus und
2. Obligat aerobe Aktinomyzeten.

Actinomyces spp. sind Pionierkeime bei der Entstehung oraler Biofilme. Ähnlich wie bei den Streptokokken wird ihr Erfolg als Pellikelkolonisten vor allem dadurch gewährleistet, dass sie sich sehr gut an stark verändernde lokale Bedingungen anpassen können. Eine kariesätiologische Rolle der *Actinomyces* spp. muss vorläufig als spekulativ bezeichnet werden. *Actinomyces* spp. können auch aus subgingivalen Plaque-Biofilmen isoliert werden, gehören jedoch nicht zu den maßgebenden parodontalpathogenen Keimen.

Die Gattungen *Lactobacillus, Bifidobacterium, Eubacterium* und *Propionibacterium* gehören zu den sporenlosen grampositiven Stäbchen. Es sind überwiegend apathogene Formen, die in verschiedenen Biotopen des Menschen wie Mundhöhle, Magen-Darm-Kanal und Vagina kolonisieren. In der freien Natur kommen sie vor allem auf pflanzlichen Gärungsprodukten vor. Sie spielen auch eine Rolle im Pansen- und Wiederkäuermagen. Hohe Keimzahlen von *Lactobacillus* (Milchsäurestäbchen) im Speichel sind Ausdruck einer kohlenhydratreichen Ernährungsweise und / oder des Vorhandenseins von offenen kariösen Läsionen. Die Menge der gebildeten Milchsäure ist von den verfügbaren Zuckern abhängig. Milchsäure ermöglicht anderen Mikroorganismen wie *Veillonella* das Wachstum (mikrobielle Sukzession).
In die Familie der *Mycobacteriaceae* gehört nur das Genus *Mycobacterium*. Auf Grund ihres Färbeverhaltens werden die stäbchenförmigen unbeweglichen Mykobakterien auch als „säurefeste Stäbchen" bezeichnet. Zu ihnen gehören die verschiedenen Tuberkuloseerreger, der Erreger der Lepra und eine Reihe von nichttuberkulösen Mykobakterien, die vor allem bei Risikopatienten nichttuberkulöse Mykobakteriosen hervorrufen. Durch verschiedene Virulenzfaktoren tritt bei der Tuberkulose der klassische Entzündungsablauf nicht auf, stattdessen Ausbildung von spezifischen Granulomen. Zur Diagnostik dienen die Ziehl-Neelsen-Färbung sowie spezielle kulturelle und molekularbiologische Verfahren.

Die Familie der *Bacteroidaceae* umfasst eine große heterogene Gruppe von gramnegativen, obligat anaeroben Bakterien. Es handelt sich um pleomorphe, gerade oder gebogene, zumeist unbewegliche Stäbchen. Die Familie weist insgesamt 17 Gattungen auf, die zum größten Teil Bestandteil der normalen Schleimhautflora sind. Von oralpathogener Bedeutung sind *Porphyromonas* (insbesondere die Spezies *P. gingivalis* und *P. endodontalis*), *Prevotella* (*P. intermedia*-Gruppe und *P. loescheii*) und *Bacteroides* (*B. forsythus*, jetzt *Tannerella forsythensis*). Die beiden Gattungen *Fusobacterium* und *Campylobacter* weisen eine große Ähnlichkeit mit den Gattungen der *Bacteroidaceae*-Familie auf und werden daher auch in diesem Kapitel besprochen.

In die HACEK-Gruppe gehören fakultativ anaerobe bzw. kapnophile gramnegative Stäbchen, die sehr langsam (> 72 h) und nur auf hochwertigen Nährböden wie Schokoladen- oder Blutagar wachsen. Einige sind abhängig von Wachstumsfaktoren wie Hämin (x-Faktor) und NADP (V-Faktor). Sie gehören zur normalen oropharyngealen und urogenitalen Flora. Als Erreger wurden sie bei Endokarditis, Bakteriämien und bei Mundinfektionen isoliert. Zu nennen sind die Gattungen *Haemophilus, Actinobacillus, Cardiobacterium, Eikenella* und *Kingella. Capnocytophaga* wird an diese Gruppe angeschlossen. Die taxonomische Zuordnung dieser Bakterienarten ist noch nicht endgültig. Die Familien *Spirochaetaceae* und *Leptospiraceae* sind dem Rang der *Spirochaetales* zugeordnet. Spirochäten gehören zu den gramnegativen, obligat anaeroben Stäbchen. Sie sind beweglich und im Aussehen lang, schmal und korkenzieherähnlich gewunden. Bekannte orale Spirochäten sind *Treponema denticola, T. pectinovorum, T. socranskii* und *T. vincentii*. In großer Zahl trifft man sie in Parodontaltaschen an. Die Virulenz pathogener Spirochäten steht in engem Zusammenhang mit ihrer Fähigkeit zur Adhärenz und Expression zytotoxischer Effekte, zur Akquisition von Eisen und zur Fortbewegung. 4.1–4.12

Helicobacter sind bewegliche spiralförmige gramnegative Stäbchen mit einem polaren Geißelbüschel. Typisch ist die starke Bildung von Urease, die auch dem schnellen klinischen Nachweis dient. Beim Menschen kommt vorwiegend *H. pylori* auf der Magenschleimhaut vor. Weitere Nachweise erfolgen im Speichel, in oralen Biofilmen, in der Darmmukosa und im Stuhl. Von Bedeutung ist die Korrelation eines *H. pylori*-Befalls mit Gastritis, Magen- und Zwölffingerdarm-Geschwüren sowie Neoplasien.

Veillonella sind kleine anaerobe, gramnegative Kokken. Sie kommen vor allem auf der Zahnoberfläche, in den Sulci, auf der Zunge und im Speichel vor, wo sie in mikrobiellen Gemeinschaften auftreten. Dadurch gelangen sie auch zu pathogener Bedeutung.

Neisseria sind obligat aerobe, unbewegliche, gramnegative, oft paarig angeordnete Kokken (Diplokokken). Dazu gehören die „Gonokokken“ *N. gonorrhoeae*, ferner *N. meningitidis* („Meningokokken“) und eine Reihe von zu den Kommensalen zählender Arten, die ihr hauptsächliches Vorkommen im Bereich des Nasopharynx und des Respirationstrakts haben. Bedeutung haben sie als Erreger der Gonorrhoe, von Meningitis und selten von endozervikalen Infektionen bei Mensch und Tieren.

4.1 *Micrococcaceae*

Roland Weiger und René Sanderink

4.1.1 Charakteristika der Familie/Gattung

Der Familie der *Micrococcaceae* sind taxonomisch vier Gattungen zugeordnet (Tab. 4.1). Allerdings ergeben sich beim Vergleich u. a. der Untereinheiten der ribosomalen RNA (16S rRNA; S = SVEDBERG*) dieser Gattungen deutliche Unterschiede, so dass phylogenetisch einzelne Genera anderen Bakteriengruppen näherstehen.

Mikrokokken gehören in die Gruppe der grampositiven, aeroben bzw. fakultativ anaeroben Bakterien. Sie weisen einen Durchmesser von 0,5 bis 2,5 µm auf und sind mit Ausnahme der Planokokken unbeweglich. Als Energie- und Kohlenstoffquelle dienen ihnen Kohlenhydrate und Aminosäuren. Im Unterschied zu Streptokokken sind Mikrokokken katalase-positiv. Als Folge der in mehreren Ebenen stattfindenden Zellteilung bilden Mikrokokken charakteristische Cluster.

Vertreter der Gattung *Micrococcus* findet man auf der Haut, der Gattung Rothia (früher *Stomatococcus*) auf der Zunge (*R. mucilaginosus*) und dem oberen Respirationstrakt sowie der Gattung *Staphylococcus* auf Haut und im Nasopharynxbereich. Einige Spezies der genannten Gattungen sind potenziell humanpathogen; hervorzuheben sind hierbei die Staphylokokken. Die beweglichen Planokokken spielen keine Rolle in der Humanmedizin.

4.1.2 Staphylokokken

Staphylokokken sind für die orale Mikrobiologie von gewisser Bedeutung, wenngleich ihr Stellenwert im Vergleich beispielsweise zu Streptokokken oder schwarz pigmentierten *Bacteroides*-Arten weitaus geringer ist.

Staphylokokken benötigen für optimales Wachstum eine aerobe Umgebung. Sie lassen sich auf verschiedenen Nährböden anzüchten; dort bilden sie runde, glänzende, im Durchmesser zumeist 1 bis 2 mm große Kolonien, die weißlich bis goldgelb erscheinen. Im Unterschied zu den anderen Gattungen der Familie *Micrococcaceae* enthält die Zellwand von Staphylokokken Teichonsäure*. Aus praktischen Gründen werden plasmakoagulase-positive und -negative Arten unterschieden. *Staphylococcus aureus* (koagulase-positiv) und *S. epidermidis* (koagulase-negativ) werden beim Menschen am häufigsten angetroffen. Die von *S. aureus* produzier-

Tab. 4.1 Taxonomische Einteilung der Familie *Micrococcaceae.*

Familie	Gattung	Spezies: Beispiele
Micrococcaceae	*Staphylococcus*	*S. aureus, S. epidermidis*
	Micrococcus	*M. luteus*
	Rothia (früher *Stomatococcus*)	*R. mucilaginosus*
	Planococcus	*P. citreus*

te Koagulase stellt ein wichtiger Virulenzfaktor dar: Dieser enzymähnlicher Faktor bringt Plasma zur Gerinnung bzw. führt zu Bildung eines Fibrinpolymers. Die pathogenetische Bedeutung der Koagulase liegt nun in der Bildung eines Fibrin-Schutzwalles um ins Gewebe eingedrungenen Staphylokokkenzellen, die dadurch einer Phagozytose* widerstehen können. Aber auch weitere Virulenzfaktoren (siehe unten) machen *S. aureus* **weitgehend phagozytoseresistent**. Der Fibrinschutzwall kann später, nach entsprechender Vermehrung der Keime, durch das von denselben Staphylokokkenzellen gebildete Fibrinolysin (Staphylokinase) wieder aufgelöst werden. Die in der Zwischenzeit durch ungestörte Vermehrung in ihrer Zellzahl und damit auch in ihrer pathogenen Potenz gestärkten Staphylokokken können sich anschliessend in die Umgebung ausbreiten. Dies als Beispiel, wie in der Natur konträr wirkende Enzyme sinnvoll von gleichen Produzenten synthetisiert und verwendet werden können.

Im Unterschied zu *S. epidermidis* fermentiert *S. aureus* Mannitol und bildet DNAse. *S. aureus* ist hitzestabil sowie kälteresistent und toleriert hohe Kochsalzkonzentrationen in unmittelbarer Umgebung.

S. epidermidis gilt als nicht-pathogen, während *S. aureus* als humanpathogener Keim an verschiedenen Infektionen auch im Kopf-Hals-Bereich beteiligt sein kann. Im Nasopharynx läßt sich *S. aureus* in bis zu 40% der Bevölkerung nachweisen. Von dort kann *S. aureus* – wenn auch in geringer Zahl – in die Mundhöhle gelangen und als transienter Besiedler der oralen Schleimhäute auftreten. Gelegentlich wurde er auch aus Wurzelkariesläsionen und aus Parodontaltaschen isoliert. Ebenfalls konnte *S. aureus* aus der Mundhöhle immunsupprimierter Patienten isoliert werden.

Die mit *S. aureus* assoziierten Erkrankungen lassen sich einerseits durch die Invasivität des beteiligten *S. aureus*-Stamms und andererseits durch Koagulase- und Toxinproduktion erklären. So lassen sich durch Staphylokokken verursachte Infektionen, die in der Regel auf einen Ort lokalisiert bleiben und unbehandelt in einem Abszess (z. B. Furunkel) münden, von toxinvermittelten Erkrankungen – darunter das durch das Toxic-Shock-Syndrom-Toxin-1 (TSST-1) ausgelöste **Toxinschocksyndrom*** – abgrenzen. In der Mundhöhle und der perioralen Region können von Staphylokokken ausgehende Wundinfektionen nach traumatischer Gewebeschädigung oder chirurgischer Intervention auch als Folge von Keimverschleppung auftreten.

Das Ausmaß invasiver Erkrankungen und die Schädigung betroffener Gewebe hängen unter anderem von der Aktivität der Virulenzfaktoren ab. Zu diesen zählen die Schleimkapsel, das oberflächengebundene Protein A, der Clumpingfaktor und eine Reihe extrazellulär abgegebener Verbindungen (Plasmakoagulase, Leukozidin, Hämolysine, Hyaluronidase, Bacteriocine* und verschiedene Toxine, darunter das o.g. Superantigen* TSST-1). Der Schleimkapsel und dem Protein A werden antiphagozytäre Eigenschaften zugesprochen. Protein A bindet Antikörper (beim Menschen vor allem IgG der Subklassen 1, 2 und 4) bewerkenswerterweise über deren Fc-Anteile. Letztere stehen somit die Fc-Rezeptoren der Phagozyten nicht mehr zur Verfügung bzw. die Opsonierung durch Antikörper (via Fab) als vorbereitender Schritt zur Phagozytose* bleibt wirkungslos (siehe Kap. 2.6.1.3, vergleiche Abb. 2.24).

Die Bedeutung des durch Plasmakoagulase gebildeten extrazellulären Fibrins liegt wie oben erwähnt in der Ausbildung eines Fibrinschutzwalls (v. a. beim Abszess). Dieser bewirkt nicht nur eine Phagozytoseresistenz, sondern ist auch verantwortlich für die charakteristische Eigenschaft von *S. aureus*, lokalisierte Infektionen zu induzieren. Leukozidin schädigt selektiv Granulozyten und Makrophagen und ermöglicht es so ebenfalls den *S. aureus*-Zellen, der Phagozytose* unversehrt zu entgehen. Unter den von *S. aureus* gebildeten Hämolysinen (α-, β-, γ- und δ) ist das α-Hämolysin (= α-Toxin) pathogenetisch am wichtigsten. Dem α-Toxin werden dermonekrotische, zytotoxische, antiphagozytäre und letale Effekte Eigenschaften zugesprochen. Hyaluronidase bringt die interzelluläre Hyaluronsäure (siehe ECM*) zur Auflösung, was die Gewebeinvasivität der *S. aureus*-Keime bzw. die Ausbreitung von Staphylokokkeninfekte fördert.

Aus therapeutischer Sicht ist die von vielen Staphylokokken-Stämmen erworbene Penicillinresistenz durch Penicillinase-Bildung von Bedeutung. Diese lassen sich allerdings durch Zugabe eines Penicillinaseblockers (beispielsweise Sulbactam, Tazobactam) blockieren, wodurch sich die Wirksamkeit der Penicilline gegen *S. aureus* und andere β–Laktamasebildner wiederherstellen lässt.

4.2 *Streptococcaceae*

René Sanderink und Roland Weiger

4.2.1 Einleitung

Die Familie der *Streptococcaceae* umfasst die 7 Gattungen *Streptococcus, Enterococcus, Aerococcus, Gemella, Lactococcus, Leuconostoc* und *Pediococcus*. Für die medizinische Mikrobiologie sind nur die beiden ersten Genera und für die orale Mikrobiologie insbesondere die Gattung *Streptococcus* von wesentlicher Bedeutung. Kommensale Streptokokken werden beim Menschen gewöhnlich nicht nur in der Mundhöhle, sondern auch in den oberen Atemwegen, dem Gastrointestinaltrakt und dem Genitaltrakt vorgefunden. Streptokokken sind aerotolerant, unbeweglich, grampositiv und sowohl oxidase- als auch katalase-negativ. Sie enthalten keine Zytochrome* und bilden keine Sporen. Ihre Kohlenhydratverwertung ist fermentativ. Dennoch können Streptokokken sehr wohl Sauerstoff metabolisieren. An den Atmungsprozessen bei Streptokokken sind häufig NADH Oxidasen, zytoplasmatische Enzyme, welche nicht zu irgendwelchen transmembranalen Elektronentransportsystemen gehören, beteiligt.

Merke:
Streptokokken zeichnen sich durch folgende Merkmale aus:
1. die Fähigkeit zur Anhaftung auf nahezu jeder in der Natur vorkommenden Oberfläche.
2. die Fähigkeit zur raschen Nutzung vorhandener Nahrungsquellen, insbesondere unter sich verändernden lokalen Bedingungen.
3. einen fakultativ-anaeroben Charakter, der die Vermehrung sowohl unter anaeroben als auch aeroben Bedingungen erlaubt. Von allen oralen Mikroorganismen weisen Streptokokken die geringste Empfindlichkeit gegenüber variierendem Sauerstoffpartialdruck und anderen lokalen Veränderungen auf.
4. eine Resistenz gegenüber dem Immunsystem bzw. ihre Fähigkeit die Wirtsabwehr zu beeinflussen und sogar zu umgehen. Vor diesem Hintergrund findet man Streptokokken an fast allen Standorten der Mundhöhle und sind sie während sämtlicher Entwicklungsphasen oraler Biofilme in großen Anteilen nachweisbar.

Die Gattung *Enterococcus* spielt in der oralen Mikrobiologie insofern eine Rolle, indem *E. faecalis* befähigt ist, Dentin rasch zu invadieren und die Persistenz dieses Keimes in infizierten bzw. behandelten Wurzelkanalsystemen mit (fortbestehenden) apikalen Parodontitiden assoziiert ist (siehe Kap. 11).

4.2.2 Klassifizierung

Außer Stoffwechselleistungen bilden vor allem Hämolyseverhalten, die Charakterisierung der Zellwandantigene und rRNA-Analysen Kriterien für die Streptokokkenklassifizierung.

Hämolyse und Streptokokken
Blut und Blutprodukte werden in der Bakteriologie seit langem als Kulturmedium verwendet. SCHOTTMÜLLER stellte für Streptokokken eine Einteilung auf nach dem Hämolysevermögen auf der Blutagarplatte. BROWN führte 1919 die „α-, β- und γ-Hämolyse“ ein:

- α-Hämolyse. Es wurde beobachtet, dass auf Blutagarplatten gezüchtete, aus dem Oropharynxbereich stammende Streptokokken eine – als Folge einer Zerstörung ihrer Zellmembran – teilweise Auflösung von Erythrozyten („Hämo-lyse“) mit einer Vergrünung bewirkten. Um die Kolonien herum findet man grüne Höfe unterschiedlicher Farbintensität. Ursache hierfür ist die Umwandlung des Blutfarbstoffs zu Methämoglobin unter weitgehendem Erhalt der Erythrozytenmembran. Die Vergrünung steht im Zusammenhang mit der Freisetzung von H_2O_2 durch ansonsten keine Hämolysine bildende Streptokokkenstämme. Bei strikt anaerober Bebrütung tritt eine Vergrünung nicht auf. α-hämolysierende Streptokokken wurden lange Zeit unter dem Namen „Viridans-Streptokokken“ (lat. *viridis* = grün) geführt. Heute umfasst diese aus infektionspathologischer Sicht bedeutsame Gruppe mindestens 12 Spezies. Darunter befinden sich sowohl vergrünende als nicht-vergrünende Streptokokken: Die Taxonomie der Viridans-Streptokokken ist Gegenstand kontroverser Diskusionen und soll mit Hilfe der gegenwärtige Entwicklung der rRNA-Analysen endgültig geklärt werden. α-hämolysierende orale Streptokokken verursachen Sepsis und diverse metastatische Infektionen, beispielsweise Endokarditiden und Nephritiden. Darüber hinaus verändern sie unter planktonischen Wachstumsbedingungen (beispielsweise intravasal) ihre Genexpression*. Dies hat u. a. die Entfaltung eines thrombogenen Potenzials zu Folge (siehe Kap. 4.2.3).

- β-Hämolyse. Andere aus eitrigen Rachen- und Hautinfekten isolierte Streptokokken bewirken bei ihrer Anzüchtung auf Blutagarplatten eine vollständige Hämolyse. Die Hämolysehöfe sind auf sonst undurchsichtigem Blutagarmedium als scharf begrenzte, die einzelne Kolonie ringförmig umgebende gelbliche Zonen zu erkennen. β-hämolysierende Streptokokken wurden früher unter der (heute nicht mehr gültigen) Bezeichnung *S. haemolyticus* zusammengefasst.
- γ-hämolytische Streptokokken zeigen überhaupt keine Hämolyse und sollten daher besser als nicht-hämolysierende Streptokokken bezeichnet werden.

Manche Streptokokkenstämme weisen mehrere Hämolysearten (α oder γ) auf. Dies ist abhängig von den Umgebungsbedingungen wie beispielsweise Bebrütungsatmosphäre sowie Zusammensetzung des Nährbodens, z. B. vom Glucosegehalt und insbesondere von der Tierspezies des verwendeten Blutes. Meist beziehen sich die Angaben zur Hämolyse auf die Verwendung von Schafblut in Agarmedien ohne Glucosezusatz. Obwohl die o.g. Einteilung den heutigen Gesichtspunkten nicht mehr gerecht wird, hat sie sich bis zum heutigen Tage in der Nomenklatur der Streptokokken gehalten (siehe auch Tab. 4.3).

Zellwandantigene

Hämolyse als alleiniges taxonomisches Kriterium reicht nicht aus. Vielmehr sind Kenntnisse über den Aufbau der Streptokokkenzellwand unerlässlich, da die Taxonomie seit den grundlegenden Arbeiten von R.C. LANCEFIELD (1928, 1933) in wesentlichen Teilen auf dem Nachweis von spezifischen Zellwand- bzw. Zelloberflächenantigenen beruht. Die klassische Methode zur Bestimmung der serologischen Gruppen besteht in der LANCEFIELD-Extraktion der Streptokokkenzellen mit HCl und der anschließenden Immunpräparation in Glaskapillaren mit gruppenspezifischen Kaninchenantiseren. Wegen ihrer Einfachkeit und Genauigkeit ist die LANCEFIELD-Extraktion bis heute ein gängiges Verfahren zur Streptokokkendifferenzierung. Ursprünglich waren fünf unterschiedliche LANCEFIELD-Antigene (A-E) erkannt worden. Später kamen weitere hinzu und heute gibt es etwa 20 serologische Gruppen (A-H, K-V). Das LANCEFIELD-Antigen ist ein polymeres Kohlenhydrat bzw. – im Falle des Antigens D – eine Lipoteichonsäure*.

C-Substanz.

Die Zellwand der Streptokokken zeichnet sich durch einen besonders hohen Gehalt an Polysaccharid aus, das ihr zusammen mit Peptidoglycan eine sehr feste Struktur verleiht. Die Zellwand der meisten Arten ist deswegen gegenüber einem enzymatischen Abbau, beispielsweise durch Lysozym, sehr widerstandsfähig. Das Zellwandpolysaccharid wird auch C-Substanz (engl. carbohydrate) genannt. Sie löst die Bildung von Antikörpern aus und wird deswegen auch als Polysaccharidantigen bezeichnet. Sie ist mit verschiedenen chemischen und enzymatischen Verfahren extrahierbar und für einige Arten, vor allem β-hämolysierende Streptokokken, speziesspezifisch und wird dann als Gruppenpolysaccharid bezeichnet. Bei manchen Streptokokkenarten sind Teichonsäuren* bzw. Lipoteichonsäuren* ebenfalls bedeutsame Zellwandbestandteile. Obwohl sie mit ihrem Glycolipidanteil in der Zellmembran verankert sein können (Lipoteichonsäure), sind sie in der Lage, mit ihrer Polyol-Phosphat-Kette als Oberflächenantigen zu agieren und bei der Adhäsion der Streptokokken an Epithelzellen und an speichelbedeckten oralen Oberflächen mitzuwirken. 4.1 – 4.12

M-Proteine.
M-Proteine kommen bei *S. pyogenes* (Streptokokken der serologischen Gruppe A) sowie auch bei einem Teil der β-hämolysierenden Streptokokken der LANCEFIELD-Gruppen C und G vor. *S. pyogenes* ist für die meisten Streptokokkeninfekte beim Menschen verantwortlich und ruft eine Vielzahl von akuten eitrigen Krankheitsbildern hervor: Pharyngitis (Scharlach), Haut- und Wundinfektionen, Sepsis, TSS*. Dabei zeigt der Erreger eine ausgesprochene Tendenz zur Phlegmone. Bei *S. pyogenes*-Infekten sind akutes rheumatisches Fieber und Glomerulonephritis zwei nicht-eitrige Folgeerkrankungen, welche aus Antigengemeinschaften* hervorgehen.

Die M-Proteine der genannten Streptokokkenarten sind funktionell gleichartige, jedoch in Bezug auf Antigenität verschiedene Oberflächenproteine. Aufgrund ihrer antiphagozytären Eigenschaften sind sie als der bedeutendste Virulenzfaktor von *S. pyogenes* anzusehen: M-Protein ermöglicht überhaupt erst die Vermehrung der Streptokokken im Wirt, in dem es die Bakterienzellen der antikörper-unabhängigen Phagozytose* unzulänglich macht. Dies basiert im Wesentlichen auf ihre Bindung des Komplementfaktors H und die somit fehlende Aktivierung des alternativen Komplementweges (Komplementregulierung*).

M-Proteine weisen an dem nach außen gerichteten N-terminalen Ende des M-Proteinmoleküls eine typenspezifische Variation auf (Abb. 4.1). Die M-Proteine rufen eine typenspezifische Immunität hervor und lassen sich in Streptokokkenextrakten mit Hilfe entsprechender Antiseren in der Immunpräzipitation (siehe Kap. 17.1) nachweisen. Alternativ können auch deren Gene spezifisch mit zu den N-terminalen Sequenzen komplementären Oligonucleotidsonden durch Hybridisierung erkannt werden (vergleiche Kap. 15.4.3).

T-Proteine
T-Proteine sind trypsin-resistente Oberflächenantigene, die meist mit Hilfe der Objektträger-Agglutination (siehe Kap. 17.1.3) nachgewiesen werden. Die Anwesenheit einiger T-Antigene korreliert gut mit entsprechenden typenspezifischen M-Proteinen. Andere T-Proteine wiederum

Sektion II

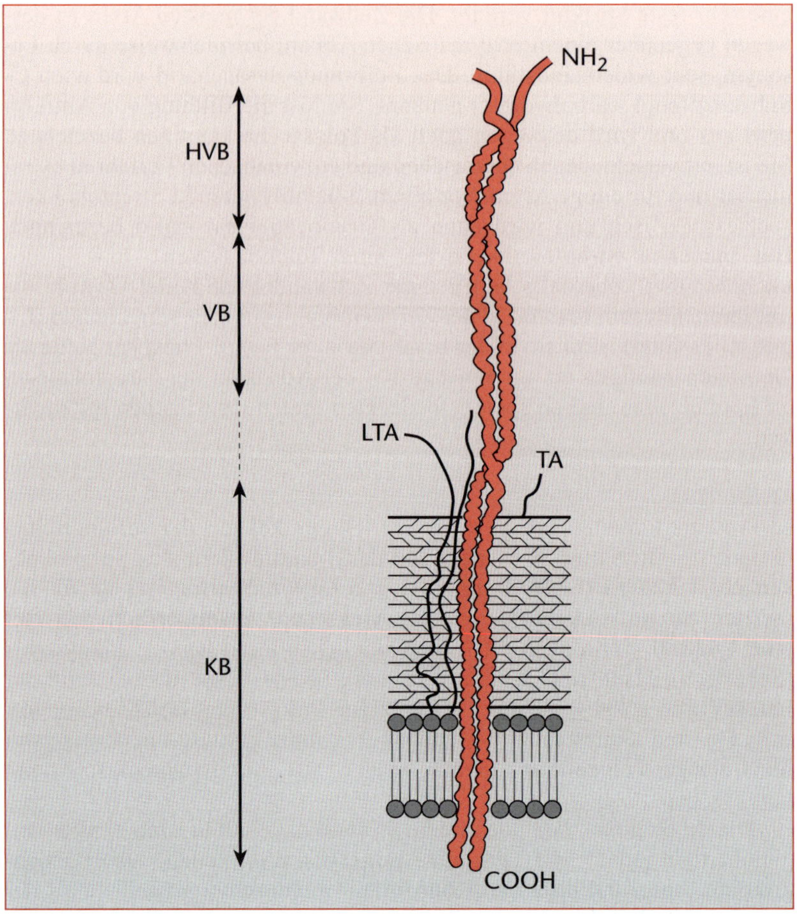

Abb. 4.1 Schematische Darstellung zweier M-Proteine (rot) bei *S. pyogenes*. Diese sind in enger Verbindung mit LTA*-Ketten fimbrienartig an der Zelloberfläche gelagert. Die Proteinstruktur* der M-Proteine stellt weitgehend eine doppelte α-Helix dar. Das bei den verschiedenen Serotypen variable N-terminale Ende ist nach außen gerichtet. Das C-terminale Ende ist in Zellmembran und Zellwand verankert. Bisher sind über 80 verschiedene M-Typenantigene bekannt, die am N-terminalen Ende des Proteinmoleküls typenspezifisch variieren: HVB, VB, KB = hypervariabler bzw. variabler bzw. konservierter Bereich. (L)TA = (Lipo-)Teichonsäure*. Bei oralen Streptokokken weisen die Oberflächenadhäsine der AntigenI/II-Polypeptidfamilie* eine strukturelle Ähnlichkeit mit M-Proteinen auf.

Tab. 4.2 Ausmaß der 16S rRNA Sequenzhomologie* bei *S. mitis, S. gordonii* und einigen anderen oralen Streptokokkenspezies

Gruppe (siehe Tab. 4.3)	**Spezies**	**% Sequenzhomologie mit *S. mitis***	**% Sequenzhomologie mit *S. gordonii***
Mitis (Sanguinis)	*S. mitis*	100,00	
	S. gordonii	97,63	100,00
	S. oralis	99,39	98,16
	S. sanguinis	96,71	97,01
	S. parasanguinis	96,78	96,25
Salivarius	*S. salivarius*	95,10	95,86
Mutans	*S. mutans*	93,42	94,64
	S. sobrinus	93,80	94,18

scheinen unabhängig von den M-Proteinen vorzukommen. T-Proteine sind keine Hauptvirulenzfaktoren und die entsprechenden Antikörper sind nicht protektiv. Das Gleiche gilt für die seltener vorkommenden sog. R-Proteine.

Kapselpolysaccharide

Eine antiphagozytäre Wirkung ähnlich derjenigen der M-Proteine von *S. pyogenes* entfalten auch Polysaccharide, die an der Oberfläche von Streptokokken-Zellen kapselartig angeordnet sein können. Charakteristisch sind derartige Polysaccharidkapseln bei *S. pneumoniae* (Pneumokokken) und bei *S. agalactiae* (Streptokokken der serologischen Gruppe B). Auch diese Kapselpolysaccharide besitzen eine unterschiedliche Antigenstruktur. Nur für den M-Typ 18 von *S. pyogenes* ist die Hyaluronsäure-Kapsel aufgrund ihrer antiphagozytären Wirkung als Virulenzfaktor von Bedeutung. Ansonsten ist die durch eine Hyaluronsäure-Kapsel bedingte Phagozytosehemmung um ein vielfaches geringer als die, welche aus der Anwesenheit von M-Proteinen hervorgeht.

rRNA-Analysen

Anzahl und Vielfalt oraler Bakterien nehmen ständig zu. Ribotyping ist eine Methode, um Mikroorganismen mittels der Sequenzanalyse bestimmter Genfragmente zu analysieren. Bei Bakterien bildet die RNA-Sequenzhomologie* der 16S ribosomalen Untereinheit die Grundlage für die Einteilung der verschiedenen Spezies (S = SVEDBERG-Einheit*). Die hieraus resultierende, neuartige bakterielle Klassifizierung weicht zum Teil erheblich von bisherigen Einteilungen ab. Bei oralen Streptokokken wurden beispielsweise neue Spezies wie *S. oralis, S. parasanguinis* und *S. gordonii* als Folge der Ergebnisse aus rRNA-Analysen der *S. sanguinis*- bzw. *S. mitis*-Gruppe zugeordnet. Die Sequenzhomologie einiger oralen Streptokokken ist in Tab. 4.2 aufgelistet.

Mehr als 30 Streptokokken-Spezies, aufgeteilt in sechs Gruppen, sind derzeit bekannt. Ihre gentechnisch determinierten phylogenetischen Beziehungen sind in Abb. 4.2 dargestellt.

Aktuelle Klassifizierung der Streptokokken

Eine Übersicht über die Gattung *Streptococcus sensu stricto* gibt nachfolgende Tab. 4.3:

Tab. 4.3 Übersicht über die Gattung *Streptococcus*.

Art	Hämolyse[1]	Koloniegröße ≥ 0,5 mm[2]	Zellwandantigen bzw. serologische Marker	Habitat; vorrangige klinische Bedeutung
Pyogene Streptokokken:				
S. pyogenes	β	+	A	Oropharynx; Pharyngitis (Scharlach), Haut- und Wundinfektionen (Erysipel), Sepsis, TSS. Später akutes rheumatisches Fieber und Glomerulonephritis
S. dysgalactiae („*S. equisimilis*",Gruppe-G-Streptokokken)[2]	β	+	C, G	Oropharynx; Pharyngitis, Sepsis, Wundinfektionen, Glomerulonephritis
S. agalactiae	β, γ	+	B	Neugeborenensepsis und -Meningitis
Weitere pyogene Streptokokken, darunter *S. canis, -equi, -iniae, -porcinus, -uberis, -parauberis* und *-hyointestinalis*, haben geringere Bedeutung für die humanmedizinische Mikrobiologie				
Orale Streptokokken:				
• ***S. salivarius*-Gruppe**				
S. salivarius	γ		L-[3] oder K	Zunge, Speichel; geringe Bedeutung
S. vestibularis	α		L-[3]	vor allem bukkale Mukosa; kaum von Bedeutung
• ***S. mutans*-Gruppe**				
S. mutans	α, γ		(E); c,e,f[4]	orale Biofilme, Kariesläsionen; Karies, Endokarditis
S. ratti	α, γ		(E); b[4]	haupsächlich bei Ratten, nur gelegentlich beim Menschen
S. sobrinus	manchmal α, die meisten γ		(E); d + g[4], oder keine	orale Biofilme, Kariesläsionen; Karies
S. cricetus	manchmal α, die meisten γ		(E); a[4]	fast ausschließlich bei Nagetieren; beim Menschen selten
S. downei	?		L-[3], h	orale Biofilme, ausschließlich bei Affen
S. macacae	α		L-[3], c	orale Biofilme, ausschließlich bei Affen
S. ferus[5]	?		L-[3], c	ausschließlich bei Ratten

Tab. 4.3 (Fortsetzung) Übersicht über die Gattung *Streptococcus*.

Art	Hämolyse[1]	Koloniegröße ≥ 0,5 mm[2]	Zellwandantigen bzw. serologische Marker	Habitat; vorrangige klinische Bedeutung
• ***S. anginosus*-Gruppe**				
S. anginosus	α oder γ, manchmal β	–	meistens L-[3]; die übrigen A, C, F, G	Mundhöhle, Luftwege, Vagina; Abszesse (orofacial, zerebral, abdominal), meist Mischinfektionen
S. constellatus	α, β, oder γ	–	meistens L-[3]; die übrigen A, C, F, G	Mundhöhle, obere Luftwege; Abszesse
S. intermedius	α, β, oder γ	–	meistens L-[3]; die übrigen C, F, G	Mundhöhle, obere Luftwege; Abszesse
• ***S. sanguinis*- bzw. *mitis*-Gruppe**				α-hämolysierende orale Streptokokken verursachen Sepsis und metastatische Infektionen (Nephritiden, Endokarditis). Cave Bakteriämie: Thrombosegefahr (siehe Kap. 4.2.3)
S. mitis	α		meistens L-[3]; die übrigen K,O	Mundhöhle, Pharynx
S. oralis	α		L-[3], (K)	Mundhöhle, Pharynx
S. sanguinis	α		L-[3] oder H	Mundhöhle (das verbreitetste orale Bakterium)
S. gordonii	α		L-3 oder H	Mundhöhle, Pharynx
S. parasanguinis	α		L-3, oder F, G, C, B	Rachen, Mundhöhle
S. cristatus	α		nd	Mundhöhle, Rachen
S. pneumoniae	α		Kapsel-Polysaccharid	Obere Atemwege, Entzündungsexsudate; Pneumonie, Meningitis
<u>Diverse Streptokokken:</u>				
• ***S. bovis*-Gruppe**				
S. bovis, S. equinus, S. alactolyticus	γ		D	Darmflora; Endokarditis

Zeichen in Klammern: seltene Ausnahmen; nd= nicht determiniert; TSS = Toxinschocksyndrom*
[1] = auf gewöhnlichem Schafblutagar nach 24h anaerober Bebrütung; [2] = „*S. equisimilis*“ ist keine gültige taxonomische Bezeichnung mehr; gehört jetzt zu *S. dysgalactiae*
[3] = L-: nicht einteilbar nach LANCEFIELD-Gruppe; [4] = Serotypen a-h nach BRATTHALL, PERCH et al. und BEIGHTON et al.
[5] = *S. ferus* gehört nach DNA-DNA-Hybridisierung zur *Mutans*-Gruppe, jedoch nach Multilocus-Enzym-Elektrophorese nicht

Sektion II

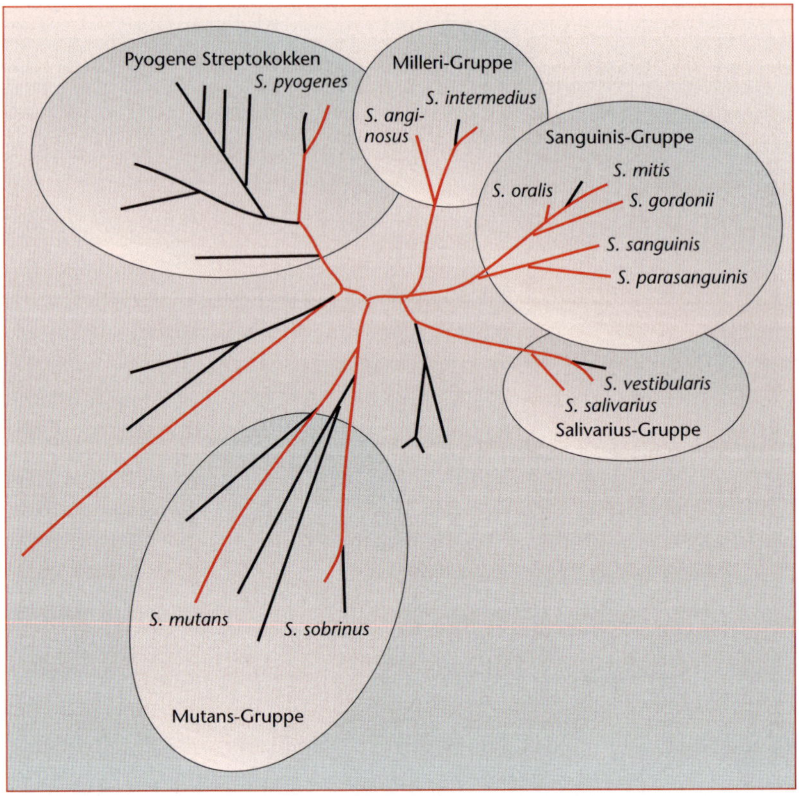

Abb. 4.2 Gentechnisch determinierte Phylogenie von Streptokokken-Spezies. Nur die medizinisch bedeutsamen Streptokokkenarten, die in diesem Buch erwähnt werden, sind genannt und ihre phylogenetische Beziehung rot eingezeichnet. Die Einteilung erfolgte auf der Basis von Sequenzanalysen bei den 16S rRNA-Genen. Die Distanzen sind nicht in absolutem Sinne zu verstehen, sondern sind nur semi-quantitativ dargestellt. Neben pyogenen Streptokokken bilden orale Streptokokken die medizinisch bedeutendsten Streptokokkenarten. Für weitere Informationen: http://www.cme.edu./RDP/html/index.html (ribosomal database project).

4.2.3 Orale Streptokokken: Adhäsion und Kolonisierung

Hochaffine Bindungsstellen für mikrobielle Zellwandbestandteile (LTA*, Adhäsine) bieten sowohl mukosale Epithelzellen als auch Zahnoberflächen (in Form von aufgelagerten Fibronektinen bzw. Pellikelproteinen). *S. sanguinis* gehört zu den ersten Mikroorganismen, welche die Zahnoberflächen bzw. das ihr aufgelagerte Pellikel kolonisieren. Die Vielfalt ihrer Oberflächenadhäsionsmoleküle und Fimbrienadhäsine ermöglicht intraoral die Anhaftung der Streptokokken an eine enorme Zahl von Substraten (Zellen und Molekülen) (Abb. 4.3).

Die Kinetik der Streptokokkenadhäsion an einer oralen Wirtsoberfläche läuft in zwei Phasen ab:

1. Eine unspezifische, relativ instabile bzw. reversible initiale Haftung zwischen Streptokokken und Pellikel kommt durch Wasserstoff- und Kalziumbrücken zustande. Hierbei spielen elektrostatische und hydro-

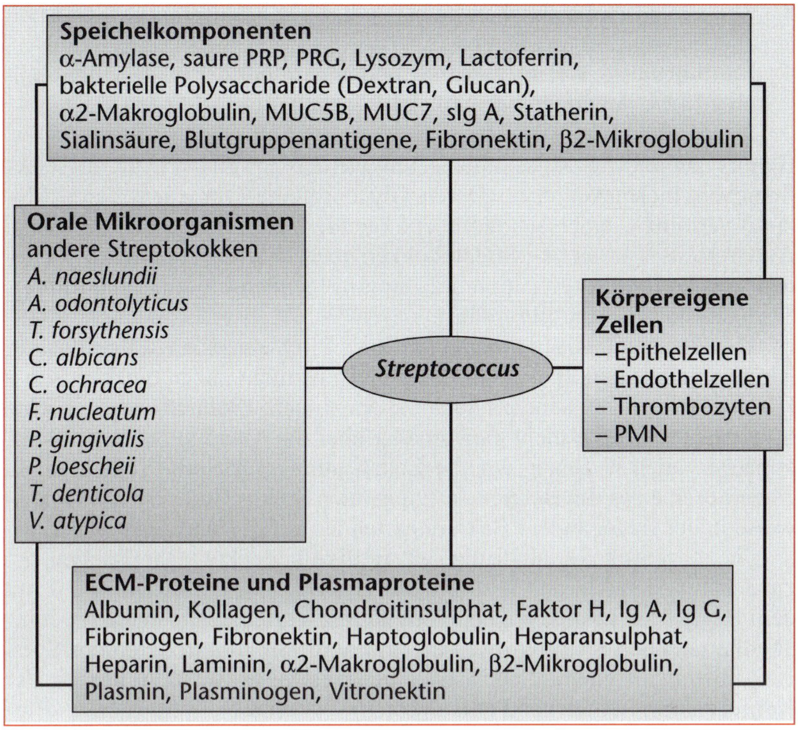

Abb. 4.3 Multiple von Streptokokken exprimierte Adhäsionsmoleküle und Adhäsinrezeptoren ermöglichen intraoral eine hochaffine Bindung dieser Bakterien an einer Vielzahl von Substratoberflächen. Nicht alle Streptokokken erkennen sämtliche hier gezeigten Substrate. Auch können die Bakterien gleichzeitig mehrere Bindungsmechanismen bei der Anhaftung an ein bestimmtes Substrat nutzen, was zu einer affineren Bindung führt.

4.1–4.12

phobe Kräfte eine Rolle. Bei der initialen Haftung der meisten *Sanguinis*-Pioniere sind auch deren Zellwand-Teichonsäuren* involviert.

2. Im zweiten Schritt bilden sich spezifische, stereochemische Bindungen zwischen einzelnen mikrobiellen Zellwand- und Wirtsmolekülen. Ist diese Phase vollendet, ist der Keim fest mit seinem Substrat verbunden und kann praktisch nur noch mechanisch entfernt werden. Im Falle der besiedelten Zahnoberfläche erfordert dies den Einsatz der Zahnbürste.

Streptokokkenbindung an Speichelkomponenten

Sämtliche orale Oberflächen (Epithelien, Zahnhartgewebe, Implantate, zahnärztliche Restaurationen und Prothesen) sind von einer Pellikelschicht bedeckt. Die Pellikelhaftung von Streptokokken ist primär das Ergebnis von deren spezifischen Bindung an Komponenten der Mundflüssigkeit. Im Einzelnen sind dies:

1. bakterielle Absonderungen wie Glucane (Dextrane, Polysaccharide), an denen Streptokokken über sog. Glucan bindende Proteine (GBPs) binden (siehe Abb. 9.8).
2. aus der Sulkusflüssigkeit stammende Serumbestandteile.

3. weitere, durch gastrischen oder respiratorischen Reflux in den Speichel gelangte Komponenten.
4. Nahrungsreste, welche Lektine* und andere mit der bakteriellen Zelloberfläche interagierende Moleküle enthalten.

Bereits gebundene Mikroorganismen werden jeweils erneut mit einer Speichelschicht überzogen. Deren Glycoproteine (vor allem deren Muzine) vermitteln einerseits die nachfolgende Haftung weiterer Bakterien. Andererseits werden von Streptokokken auch freie Glycoproteine gebunden, was zu ihrer Aggregation und darauffolgenden Eliminierung (mittels Schluck- und Hustenreflex) führt.

Die Haftung der Streptokokken (bzw. ihrer einzelnen Adhäsionsmoleküle an einzelnen Speichelbestandteilen) ist nicht nur in biochemischer Hinsicht spezifisch, sondern auch ortsspezifisch. Dadurch, dass einzelne Speichelbestandteile nicht gleichmäßig über die Mundhöhle verteilt sind, entstehen auch in Bezug auf die Lokalisation spezifische Anhäufungen einzelner Spezies. Im Bereich des gingivalen Sulkus finden sich beispielsweise in der Regel andere Bakterienarten als auf der Wangenmukosa.

Die Streptokokkenhaftung an pellikelbedeckte Oberflächen ist zunächst niederaffin und wird erst mit der Zeit hochaffin. Dies wird mit dem Begriff der positiven Kooperativität umschrieben, die durch die initial adhärierenden Streptokokken erzeugt wird: Sie modifizieren das Speichelsubstrat im chemischen Sinne, beispielsweise durch Änderung der Konformation* einzelner Pellikelproteine. Hierdurch werden neue Bindungsstellen für weitere Bakterien exponiert (**Kryptitope**, siehe Kap. 3.3.5). Auch können die Bakterien Stoffe sezernieren, die ebenfalls am Substrat haften und die Bindung weiterer Streptokokken fördern, insbesondere wenn diese mit einem reichhaltigen Arsenal an Zellwandadhäsionsmolekülen bestückt sind.

Merke:
Streptokokken der *Sanguinis*-Gruppe sind die bedeutendsten Pellikelbesiedler.

Eine Vielzahl speichelbindender Adhäsionsmoleküle wurde bei diesen Pionierkeimen nachgewiesen. In vielen Fällen konnten auch die korrespondierenden Liganden* bzw. Speichelsubstrate ermittelt werden. Tab. 4.4 liefert eine Übersicht über die speichelerkennenden Adhäsionsproteine bei oralen Streptokokken.

Das im Speichel vorhandene sekretorische IgA (sIgA) ist nicht gegen kommensale Streptokokkenarten gerichtet. Deren Kolonisierung auf speichelbedeckten Oberflächen wird somit nicht beeinträchtigt. Hinzu kommt die Tatsache, dass sIgA durch bakterielle Proteasen* gespalten wird, wodurch es seine bakterienagglutinierende Wirkung weitgehend verliert. Darüber hinaus stellen die durch die Einwirkung der Proteasen von sekretorischem IgA abgespalteten Fab-Anteile (siehe Abb. 2.23B), welche Streptokokken „opsonieren“, für deren Anhaftung kein Hindernis dar.

Nicht nur die Haftung, sondern auch die Ablösung von Streptokokken von speichelbedeckten Oberflächen wurde untersucht. So bewirkt beispielsweise das Enzym SPRE des kariogenen Keimes *Streptococcus mu-*

tans dessen Freisetzung aus konditioniertem Hydroxylapatit (SHA) *in vitro*. Nachfolgend können solche aus einem für die Keime ungastlichen Ort freigesetzten Streptokokken *alio loco* unter besseren Bedingungen neu kolonisieren.

Streptokokkenbindung an andere Zellen
Streptokokken verfügen wie erwähnt über ein reichhaltiges Arsenal von Adhäsionsmolekülen mit variierenden Rezeptorspezifitäten und -affinitäten, welches auch deren Bindung an humane Zelloberflächen vermittelt. *In vitro* Experimente bestätigen die direkte Haftung von Streptokokken an einer Reihe epithelialer Zellen. Doch in der Mundhöhle sind diese Zellen in der Regel mit Speichel und Matrixproteinen (ECM*) bedeckt. Es erscheint daher unsicher, ob direkte Kontakte zwischen Bakterien und Wirtszellen *in vivo* tatsächlich existieren. Dennoch ist die dynamische Wechselwirkung zwischen Streptokokken und Wirtszellen (inklusive ihrer extrazellulären Moleküle) ein bedeutender Faktor, der über die Folgen bzw. den Ausgang der Bakterium-Wirt-Begegnung entscheidet, zumal die Gewebeinvasion durch oralpathogene Bakterien und auch die darauf folgende Immunreaktion ohnehin einen vorgängigen Direktkontakt ohne angelagerte Glycoproteine erfordert. Mikrobielle Adhärenz stellt einen von mehreren Mechanismen dar, mit deren Hilfe Bakterien die biologische Aktivität von Wirtszellen beeinflussen und dadurch ihr eigenes Überleben auch innerhalb komplexer Ökosysteme sicherstellen können. Tab. 4.5 gibt

4.1 – 4.12

Tab. 4.4 Spezifisch an Speichelsubstrate bindende Adhäsionsproteine bei oralen Streptokokken

Adhäsin	Mw (kDa)	Spezies	Speichelsubstrate
Ag I/II (Ag B) Familie	160-210	*S. mutans, S. sobrinus, S. gordonii, S. oralis, S. intermedius*	SAg, PRP, Speichelglycoproteine; lektin*-artige Bindung
LraI Familie	32-33	*S. parasanguinis, S. sanguinis*	diverse Pellikelbestandteile
Antigenkomplex	80, 62, 52	*S. gordonii* G9B	SHA, 73-kDa Protein aus Submandibularisspeichel
Amylasebindende Proteine	65, 20, 15, 12,5	*S. gordonii, S. mitis, S. salivarius,S. cristatus, S.anginosus*	α-Amylase
Oberflächenlektine	96, 70, 65	*S. oralis, S. mitis*	Speichelglycoproteine (N-Acetylneuraminsäure)
Fimbrienadhäsine	ca. 200	*S. parasanguinis* FW213	SHA bzw. Pellikelbestandteile
EPGP-BP	27	*S. salivarius* HB	Extra-Parotid-Glycoprotein
GBP_{74}	74	*S. mutans* Ingbritt	Dextran, Glucan (1,6-α-Bindung)
GBP_{59}	ca. 59	*S. mutans* SJ	Glucan (1,6-α-Bindung)
Dei	31	*S. sobrinus* UAB108	Dextran

Mw = relative Molekülmasse in Kilodalton
Ag I/II = Antigen I/II (Antigen B) Polypeptidfamilie*. Nur deren Mitglieder P1 *(SpaP, S. mutans)*, PAc *(S. mutans)*, Sr *(S. mutans)*, SpaA *(S. sobrinus)*, PAg *(S. sobrinus)*, SspA *(S. gordonii)*, SspB *(S. gordonii)* und SoaA *(S. oralis)* binden Speichelbestandteile.
LraI = Lipoprotein receptor antigen I, gehört zu Lra-Polypeptidfamilie*. Nur deren Mitglieder FimA (*S. parasanguinis* FW213) und SsaB *(S. sanguinis 12)* binden Speichelbestandteile.
SAg = Speichelagglutinin; SA I/II = surface antigen I/II; PRP = prolin-rich proteins;
EPGP-BP = extra-parotid-glycoprotein binding protein; GBP = glucan-binding protein;
Dei = dextranase inhibitor; SHA = saliva coated hydroxylapatite

Sektion II

Tab. 4.5 Spezifisch an eukaryotischen Zellen bindende Adhäsionsproteine von oralen Streptokokken

Adhäsin	Mw (kDa)	Spezies	Zellsubstrate
PAAP	150	*S. sanguinis*	Glycoproteine auf der Thrombozytenoberfläche
Gtf	153	*S. gordonii* G9B	HUVEC
HAF	220-280	*S. salivarius* HB	Humane Epithelzellen der Wangenschleimhaut
Hs-Antigen	> 200	*S. gordonii* DL1	Leukosialin (CD43) und LCA (CD45) auf PMN

Mw = relative Molekülmasse in Kilodalton; Gtf = Glucosyltransferase
HAF = Antigen C fibrillar glycoprotein
PAAP = platelet aggregation-associated protein (siehe Abb. 4.4)
HUVEC = human umbilical vein endothelial cells
LCA = Leucocyt common antigen; Hs-Antigen = sialic-acid-reactive adhesin

eine Übersicht über die bei oralen Streptokokken vorkommenden Adhäsine, welche spezifisch an eukaryotischen Zellen binden.

Die Mukosa besiedelnde Streptokokken begegnen nicht nur Wirtszellen und Pellikelbestandteilen, sondern auch anderen mikrobiellen Zellen. Speziell in der Mundhöhle mit über 300 bekannten Bakterienspezies ist dies von besonderem Interesse. Orale Streptokokken sind in der Lage, mit einer Vielzahl anderer Mikroorganismen zu **koaggregieren** (siehe Abb. 4.3). Streptokokken benutzen zur Koaggregation eine Reihe weiterer spezifischer Oberflächenproteine. Einzelne dieser Adhäsionsproteine sind in Tab. 4.6 aufgelistet.

Tab. 4.6 Spezifisch an prokaryotischen Zellen bindende Adhäsionsmoleküle bei intraoral koaggregierenden Streptokokken

Adhäsin	Mw (kDa)	Spezies	koaggregierende Spezies
VBP	320	*S. salivarius* HB	*V. parvula*
CshA, CshB	259 bzw. 245	*S. gordonii* DL1 (Challis)	*C. albicans, A. naeslundii, S. oralis*
AgI/II Gruppe			*S. mutans, P. gingivalis, C. albicans, A. naeslundii*
SspA	210	*S. gordonii* DL1,	
P1-lm	170	*S. gordonii* G9B,	
SspB	160	*S. gordonii* M5 und -DL1	
LraI (ScaA)	35	*S. gordonii* PK488	*A. naeslundii* PK606
CMA	100	*S. gordonii* DL1 und PK488	*S. oralis, Streptococcus* spp.

CshA und -B: zwei multifunktionelle Oberflächenadhäsine auf der Oberfläche von *Streptococcus gordonii*, die für ihre intraorale Kolonisierung essenziell sind (siehe Fimbrien*).
Mw = relative Molekülmasse in Kilodalton; CMA = coaggregation-mediating adhesin; P1-lm = P1-like molecule; VBP = *Veillonella*-binding Protein (fibrillar antigen B); AgI/II = Antigen I/II (Antigen B) Polypeptidfamilie*. Nur die Mitglieder SspA und SspB sind bei der Koaggregation von Streptokokken beteiligt.
LraI = Lipoprotein receptor antigen I, Untergruppe der Lra-Polypeptidfamilie*. Hiervon ist nur ScaA bei der Koaggregation von Streptokokken beteiligt.

Tab. 4.7 Spezifisch an ECM*-Proteine bindende Adhäsionsmoleküle von oralen Streptokokken

Adhäsin	Mw (kDa)	Spezies	Substrat
14 kDa-Protein	14	*S. anginosus*	Fibronektin
CshA	259	*S. gordonii*	Oberflächengebundenes Fibronektin
Laminin-bindendes Protein	145	*S. gordonii* 2316	Laminin
Kollagen-Adhäsin	90	*S. mutans* UA140	Kollagen
FBP-130	130	*S. mutans* MT8148	Fibronektin

Mw = relative Molekülmasse in Kilodalton; FBP-130 = fibronectin binding protein-130

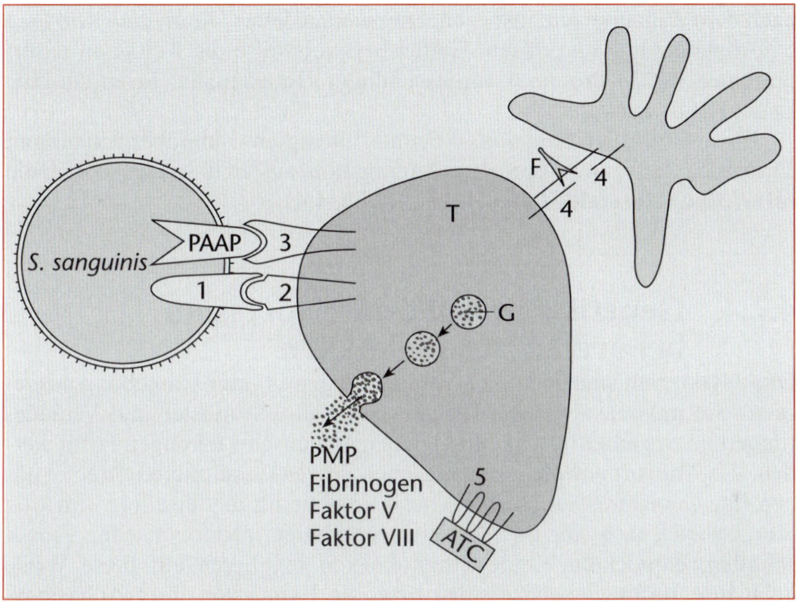

Abb. 4.4 Molekulare Interaktionen zwischen humanen Thrombozyten (T) und dem am meisten verbreiteten oralen Bakterium, dem Kommensal *Streptococcus sanguinis*. Ein auf dessen Oberfläche befindliches, mit SsaB (siehe Lra-Polypeptidfamilie*) assoziiertes Adhäsin (1) bindet an einer bisher nicht charakterisierten Stelle auf der Plättchenmembran (2). Das mikrobielle PAAP (platelet aggregation-associated protein) bindet ebenfalls an seinen komplementären Rezeptor (3). Die ausgelöste Signalübertragung* führt zur Aktivierung der Thrombozyten: Diese nehmen eine Stachelform an und exprimieren ihr fibrinbindendes Integrin* $\alpha 2b\beta 3$ hoch (4). Das gebundene Fibrinogen (F) bewirkt die Quervernetzung der Plättchen. Die aktivierten Thrombozyten setzen darüber hinaus den Inhalt ihrer Granula (G) in der Umgebung frei, darunter PMP (platelet microbicidal protein), Fibrinogen sowie die Gerinnungsfaktoren V und VIII. Über Aktivierung von Thrombin erfolgt daraufhin die Umsetzung von an Integrin* gebundenem Fibrinogen in Fibrin und darauf folgend die Aggregation der Plättchen. Der aus dem Plasma stammende Neurotransmitter Acetylcholin (ATC), via α- und β-Adrenorezeptoren (5) an der Thrombozyzenmembran gebunden, verstärkt die Aktivierung und Aggregation der Plättchen nochmals. PAAP ist möglicherweise mit dem laminin-bindenden Protein des *S. gordonii* 2316 (siehe Tab. 4.7) verwandt. Die Expression von beiden wird hochreguliert durch die Anwesenheit von Kollagen. Nicht nur Infektionen mit *Streptococcus sanguinis* können Plättchenaggregation auslösen. Auch der mit Parodontitis assoziierte Keim *Porphyromonas gingivalis* ist hierzu befähigt.

Sektion II

Streptokokkenbindung an Moleküle der extrazellulären Matrix
Fibronektin ist Bestandteil der extrazellulären Matrix (ECM*). Darüber hinaus kommt es in löslicher Form in den meisten Körperflüssigkeiten vor, auch in der Mundflüssigkeit (und somit auch im Pellikel, siehe Tab. 3.3), wo es orale Streptokokken bindet. Tab. 4.7 gibt eine Übersicht über einzelne, bisher identifizierte orale Streptokokkenadhäsine, die ECM-Proteine binden.

Die ubiquitär verbreiteten oralen Streptokokken der *Sanguinis*-Gruppe binden an Fibronektin. Diese Bindung basiert auf einer Konformationsänderung innerhalb des Fibronektinmoleküls, in dem Moment, wo es mit Kollagen komplexiert bzw. darauffolgend ein Kryptitop durch *S. sanguinis* erkannt wird (siehe Konformation*). Zusammen mit der Bindungsfähigkeit der meisten *Sanguinis*-Streptokokken an Fibrinogen erklärt dies das Potenzial dieser Keime, als Folge einer Bakteriämie (beispielsweise nach dem Zähneputzen, insbesondere bei manifester Gingivitis), *alio loco* eine Entzündung auszulösen. Haften beispielsweise die Keime an Faserproteinen (ECM-Proteine) vorgeschädigter Herzklappen, lösen sie eine Endokarditis aus.

Etwa 60% aller *Sanguinis*-Stämme interagieren hierüber hinaus mit Thrombozyten bzw. lösen ihre Aggregation aus und weisen somit ein **infarktinduzierendes Potenzial** auf (Abb. 4.4).

4.2.4 Genetik der Adhäsin-Expression bei oralen Streptokokken

Orale Bakterien sind ständigen Veränderungen in ihrer Umgebung ausgesetzt. Sie müssen als Folge variierender Nahrungsmuster und Veränderungen im Speichelfluss mit erheblichen Milieuschwankungen fertig werden. Als Antwort auf diese dynamischen Prozesse optimieren Streptokokken ihre Genexpression* dahingehend, dass sie für die jeweilige Situation die „besten“, d. h. für ihr Überleben optimalen, phänotypischen Eigenschaften, entwickeln. Orale Streptokokken regulieren auf diese Weise auch ihre Haftungsmechanismen bzw. die Expression ihrer Adhäsionsmoleküle (und auch ihre Membrantransportsysteme*). So wird beispielsweise die Transkription (siehe Genexpression*) der für Plaquewachstum und Kariogenität bedeutungsvollen Glucosyltranferase-codierenden *gtf*BCD-Gene und des Fructosyltransferase-codierenden *ftf*-Gens bei *S. mutans* (siehe Tab. 9.1) als Reaktion auf Veränderungen in ihrer Umgebung hochreguliert, beispielsweise bei erhöhter Verfügbarkeit von Saccharose bzw. bei pH-Schwankungen. Auch die momentane Wachstumsrate der *Mutans*-Keime sowie deren Bindung an der Zahnoberfläche bzw. ihre Einbindung innerhalb eines Biofilms sind positiv mit der Expression dieser Gene* korreliert. Weitere Beispiele von durch lokale Milieufaktoren mitbeeinflusster Genexpression von Streptokokkenadhäsinen sind:

- Adhäsionsproteine bei *Streptococcus gordonii* und *S. oralis*:
  - Glucosyltransferasen, reguliert durch die Gene *rrg* und *gtf*.
  - Unterschiedliche Asp- und Cls-Phänotypen mit der Folge einer variierenden Haftung an speichelbedecktes Hydroxylapatit (Asp,

englisch: adhesion to salivary pellicles) bzw. eines veränderten Koaggregationsverhaltens (Cls, englisch: coaggregation, lactose-sensitive). Hierfür verantwortlich gemacht werden Phasenvariationen (siehe Mutationen*) bei den Genen *spp* (sucrose promoting phenotype) und *bhp* (beta-haemolysin production).
  - Direkte Induktion der *sspA* und *-B* Gene (siehe AntigenI/II-Polypeptidfamilie*) bei *Streptococcus gordonii* DL1 durch Speichel.
- Antigen I/II* bei *Streptococcus sobrinus* (das *pag*-Gen wird von einem 1,7 Kilobasen entfernten *par*-Gen reguliert).
- bei der Koaggregation von *S. gordonii* und bei der epithelialen Haftung von *S. pneumoniae* involvierte Adhäsionsmoleküle: Streptokokken verfügen über Oligopeptidpermease-Transportsysteme (Opp). Bakterielle Oligopeptidpermeasen sind membran-assoziierte Enzymkomplexe bestehend aus 5 Proteinen. Sie sind für die bakterielle Aufnahme von Nährstoffen, darunter Oligopeptide, zuständig und gehören zu der ABC-Transporterfamilie (siehe Membrantransportsysteme*). Wahrscheinlich sind sie auch für die Vermehrung der Mikroorganismen essenziell. Bei *S. gordonii* und *S. pneumoniae* sind diese Enzyme zusätzlich bei deren Koaggregation an anderen Mikroorganismen bzw. bei deren Haftung an Epithelzellen involviert. Opp-negative Mutanten der genannten Bakterienspezies erzeugen einen pleiotropen Effekt: Zum einen sind diese in ihrer Opp-vermittelten Bindungsfähigkeit beeinträchtigt, darüber hinaus wird auch die Genexpression* anderer (nicht-Opp-assoziierter) Adhäsionsproteine bzw. anderer Virulenzfaktoren beeinflusst. Diese Pleiotropieform ist bei Streptokokken keinesweg einmalig: Bei *S. pyogenes* verfügen Opp-negative Mutanten über ein erheblich reduziertes Arsenal ihrer virulenten Cysteinproteasen (SpeB). Offensichtlich reguliert Opp anderweitige Adhäsions- und Virulenzgene bzw. deren Expression.
- Die Expression von PAAP bei *S. sanguinis* und laminin-bindendem Protein bei *S. gordonii* wird hochreguliert durch die Anwesenheit von Kollagen (siehe Abb. 4.4).

4.1 – 4.12

Die intraorale Kolonisierung mit Streptokokken wurde mit Hilfe von Tierversuchen intensiv erforscht. Insbesondere das kariogene Potenzial von *Mutans*-Streptokokken wurde dabei unter die Lupe genommen. Es wurden dazu Bakterienmutanten verwendet, bei denen die vermuteten Gene, welche die zuständigen Adhäsionsmoleküle codieren, gentechnisch inaktiviert waren (sog. Gen-knockouts, siehe Mutationen*). Bei fast allen Versuchen wurden keimfreie Versuchstiere oder zumindest Versuchstiere frei von Karieserregern benutzt, welche mit den zu testenden Erregern inokuliert wurden und eine saccharosehaltige Diät bekamen. Letztere fördert die Akkumulation von oralen Streptokokken massiv. Unter diesen Umständen hängt das kariogene Potenzial der Streptokokken zusammen mit ihrer Fähigkeit, sich innerhalb des Plaque-Biofilms zu etablieren bzw. das Plaquemilieu anzusäuern. Manche Stämme von *S. sanguinis* und *S. mitis* sind nicht befähigt, sich unter den genannten Umständen zu etablieren und daher können ihre Virulenz bzw. ihr kariogenes Potenzial nicht exakt abgeschätzt werden. Die Streptokokkenakkumulation scheint vor allem von der Fähigkeit der Keime abzuhängen, zugeführten Zucker mit Hilfe von in

Tab. 4.8 Gen-knockouts und ihre Einflüsse auf Kolonisierung und Virulenz bei oralen Streptokokken

Inaktivierte(s) Gen(e)	Genprodukt beim Wildtyp/Mw	*Streptococcus* spp.	Tiermodell/Diät[a]	Kolonisierung/Virulenz der Mutanten
spaP	Ag I/II Speicheladhäsin/166 kDa	*S. mutans* NG8	SPF[b] Ratten (hs)	kein Einfluss auf orale Kolonisierung und Glattflächenkaries
spaP	Ag I/II Speicheladhäsin/185 kDa	*S. mutans* NG8	SPF Ratten (ls)	kein Einfluss auf orale Kolonisierung; signifikant weniger Schmelz- und Dentinkaries
sspA	Ag I/II Speicheladhäsin/171 kDa	*S. gordonii* DL1	LF[c] Mäuse (c)	>90% weniger Versuchstiere mit dem Keim in ihrer Mundhöhle
cshA	Multifunktionelles Adhäsin/259 kDa	*S. gordonii* DL1	LF/Mäuse (c)	>90% weniger Versuchstiere mit dem Keim in ihrer Mundhöhle
cshB	Zellwandprotein/245 kDa	*S. gordonii* DL1	LF/Mäuse (c)	keine Versuchstiere mehr mit dem Keim in ihrer Mundhöhle
hppA	Lra-Lipoprotein/76 kDa (SarA)	*S. gordonii* DL1	LF/Mäuse (c)	keine Versuchstiere mehr mit dem Keim in ihrer Mundhöhle
hppG	Lra-Lipoprotein/78 kDa (SarG)	*S. gordonii* DL1	LF/Mäuse (c)	kein Effekt auf orale Kolonisierung
gtfB	GTF-I/159 kDa	*S. mutans* UA130	SPF Ratten (hs)	kein Einfluss auf orale Kolonisierung; >80%-ige Reduktion bei Glattflächenkaries
gtfC	GTF-SI/140 kDa	*S. mutans* UA130	SPF Ratten (hs)	kein Einfluss auf orale Kolonisierung; >80%ige Reduktion bei Glattflächenkaries
gtfD	GTF-S/155 kDa	*S. mutans* UA130	SPF Ratten (hs)	kein Einfluss auf orale Kolonisierung; nur mäßige Reduktion bei Glattflächenkaries
gtfBC, ftf	GTF-I, GTFSI, FTF/87 kDa	*S. mutans* V403	GF[d] Ratten (ls)	>95%ige Reduktion bei oraler Kolonisierung; weniger Glattflächen- und Fissurenkaries
gtfB	GTF-I	*S. mutans* V403	GF Ratten (ls)	25%ige Zunahme bei Fissurenkaries; kaum veränderte Glattflächenkaries
ftf	FTF	*S. mutans* V403	GF Ratten (ls)	kein Einfluss auf orale Kolonisierung; weniger Glattflächen- und Fissurenkaries

Tab. 4.8 (Fortsetzung) Gen-knockouts und ihre Einflüsse auf Kolonisierung und Virulenz bei oralen Streptokokken

Inaktivierte(s) Gen(e)	Genprodukt beim Wildtyp/Mw	*Streptococcus* spp.	Tiermodell/Diät[a]	Kolonisierung/Virulenz der Mutanten
gtfBC,gtfD, ftf	GTFs, FTF	*S. mutans* V403	katheterisierte Ratten (c)	>80% weniger Versuchstiere mit Endokarditis; Mutanten anfälliger für PMN-Phagozytose*
gtfG	GTF/170 kDa	*S. gordonii* CH1	katheterisierte Ratten (c)	kein Einfluss auf die Anzahl der Versuchstiere, die Endokarditis entwickeln
fimA	Lra-Lipoprotein/36 kDa, Pellikeladhäsin	*S. parasanguinis* FW213	katheterisierte Ratten (c)	>90%ige Reduktion der Anzahl von Versuchstieren, die Endokarditis entwickeln; höhere Affinität bezüglich Haftung an Fibrin bzw. geschädigtes Herzgewebe
scaA	Lra-Lipoprotein/35 kDa,	*S. gordonii* DL1	LF Mäuse (c)	kein Einfluss auf orale Kolonisierung
emm24	M-Protein/54 kDa	*S. pyogenes* M-Typus 24	Mäuse (c)	>95% weniger Versuchstiere mit oraler Kolonisierung
emm6.1	M-Protein/48 kDa	*S. pyogenes* D471 M-Typus 6	SPF Ratten (c)	kein Einfluss auf initialen oralen Kolonisierungsgrad; nach 2 Wochen aber >90% weniger Keime in der Mundhöhle
sloC	Lra-Lipoprotein (?)	*S. mutans* ATCC25175	GF Ratten (ls); katheterisierte Ratten	kein Einfluss auf Karies; weniger virulent in Bezug auf Endokarditis

Mw = relative Molekülmasse in Kilodalton
[a]: hs = „high-sucrose“ (56%) Diät; ls = „low-sucrose“ (5%) Diät; c = herkömmliche, saccharosefreie Diät bei Nagetieren
[b]: SPF = specific pathogen-free; frei von spezifischen Erregern (Karies, Endokarditis)
[c]: LF = *lactobacillus-, enterococcus-* und *streptococcus*-freie Versuchstiere
[d]: GF = germ-free, keimfrei (gnotobiotisch)
Ag I/II = Antigen I/II-Polypeptidfamilie*; FTF = Fructosyltransferase; GTF = Glucosyltransferase
Lra = Lra-Polypeptidfamilie*; siehe auch Membrantransportsysteme*;

ihrer Zellwand lokalisierten Glucosyltransferasen (GTFs) für die Synthese von extrazellulären Polysacchariden zu benutzen. Einige der auf diese Weise gebildeten, **wasserunlöslichen Zuckerpolymere** fördern die mikrobielle Haftung und Akkumulation (siehe Kap. 9.2), andere, eher wasserlösliche Polysaccharide stellen ein schnell verwertbares Nahrungsreservoir für nahrungsarme (saccharose-arme) Perioden dar. Die Genetik der GTFs wurde eingehend erforscht. Tab. 4.8 zeigt, wie sich bisher untersuchte Gen-knockouts bei GTF-Genen und weiteren Adhäsingenen auf die oralen Streptokokkenkeimzahlen und ihre Virulenz im Vergleich zu den Wildtypen auswirken.

Einige interessante Daten, insbesondere in Bezug auf Endokarditisfaktoren, gehen aus der Tabelle hervor: Expression von *FimA* durch *S. parasanguinis* ist essenziell für deren Kolonisierung im Endokardium, aber das weitgehend sequenzhomologe* ScaA-Protein bei *S. gordonii* ist für seine orale Kolonisierung nicht erforderlich. Ebenso auffällig ist, dass *gtf*-negative Mutanten von *S. mutans* bei katheterisierten Ratten kaum Endokarditis auslösen, während *gtfG*-negative *S. gordonii* diesbezüglich keine veränderte Virulenz aufweisen. Insgesamt zeigt dies, dass die für einzelne Streptokokkenstämme beobachteten Kolonisierungs- und Virulenzfaktoren, sogar wenn diese weitgehend sequenzhomolog sind, nicht unbedingt für andere Stämme von Bedeutung sind. Von großer Relevanz ist darüber hinaus die Tatsache, dass adhärente, in (beispielsweise oralen) Biofilmen befindliche Streptokokken sich phänotypisch maßgeblich unterscheiden von nichtgebundenen (planktonischen) Artgenossen. Adhärente Keime haben eine veränderte Genexpression*: Während manche Gene nach unten reguliert werden, werden andere, bisher latent anwesende Gene aktiviert, was sich in Form „neuer" Genprodukte bzw. neuer Virulenzfaktoren niederschlägt. Die Forschung wird sich daher vermehrt mit Streptokokken befassen, welche unter „Biofilmmodalitäten" wachsen (siehe Kap. 8).

Kontrolle und Prävention von Streptokokkeninfekten

In den letzten Jahren ist mehr und mehr bekannt geworden über sowohl die kommensale Erfolgsgeschichte als auch das pathogene Potenzial der Streptokokkenkolonisierung. Sorge bereiten hochvirulente und chemoresistente Streptokokkenstämme. Der Einsatz von Antibiotika bei der Bekämpfung von Streptokokkeninfekten erweist sich als zunehmend problematisch. Die Entwicklung neuer Behandlungsmethoden ist daher wünschenswert. Eine grundsätzliche Möglichkeit besteht in der Entwicklung von Impfstoffen. Bei der Entwicklung von Streptokokkenvakzinen gibt es allerdings eine Reihe von Problemen, z. B.:

1. Pathogene Streptokokken weisen einen hohen antigenen Verwandtschaftsgrad mit kommensalen oder gar für den Wirt nützlichen Streptokokkenarten auf. Dies führt dazu, dass durch die Impfung induzierte Antikörper mit letztgenannten Streptokokken kreuzreagieren (siehe Kreuzreaktivität*), was das in der Regel labile Gleichgewicht zwischen kommensalen Mikroorganismen und Wirtsorganismus zerstört. Auch können unerwünschte Antikörper mit körpereigenen Proteinen kreuzreagieren, insbesondere im Herzgewebe. Durch die Bildung von Immunkomplexen* können schließlich Erkrankungen wie akute Glomerulonephritis ausgelöst werden (Immunkomplexkrankheiten*).

2. Viele Streptokokkenerkrankungen manifestieren sich in peripher gelegenen mukösen Membranen oder oberen Hautschichten, wo durch mangelnde Zugriffsmöglichkeiten für die zelluläre Immunabwehr eine potente und lang andauernde Immunität generell schwer zu erzielen ist. Für die auf den Zahnhartsubstanzen befindlichen Keime gilt dies noch in verstärktem Maße. Es wurde viel Forschungseinsatz geleistet, um für den kariogenen Keim *S. mutans* einen geeigneten Impfstoff zu entwickeln (siehe Kap. 9.4).

Weitere Forschungsansätze sind u. a.:

4.1–4.12

- Die Konstruktion von rekombinanten Vakzinen: die Expression von harmlosen bzw. abgeschwächten Antigenen* stammend aus pathogenen Streptokokken durch gentechnisch manipulierte kommensale Spezies. Beispielsweise wurden rekombinante *S. gordonii* konstruiert, welche Anteile des „berüchtigten" M-Proteins von *S. pyogenes* exprimieren. Einerseits ist dieses heterologe Teilantigen avirulent, andererseits induziert es gleichwohl eine Antikörperbildung (sowohl systemisch als auch mukosal bzw. sekretorisch), was dem Wirtsorganismus einen gewissen immunologischen Schutz gegen *S. pyogenes* gewährt. Weitere Beispiele sind die Verwendung von in antigener Hinsicht abgeschwächten, aber fremdantigentragenden und somit das Immunsystem stimulierenden Stämmen von *Salmonella typhimurium* und von zu den Pockenviren gehörende *Vaccinia*.
- Substitutionstherapie: der Ersatz von pathogenen Streptokokken durch genetisch manipulierte, avirulente Mutanten. Beispiel ist die Herstellung von non-kariogenen *S. mutans*-Stämmen. Diese sollen zur intraoralen Kolonisierung fähig sein, aber defizient in Bezug auf ihre Milchsäureproduktion. Darüber hinaus sollen sie beträchtliche Mengen Bacteriocine* freisetzen, die andere *Mutans*-Streptokokken bzw. die Wildtypen bekämpfen und so ihre Etablierung in der Mundhöhle sichern. Beide Forderungen konnten bereits seit langem erfüllt werden. Probleme bereitete bis vor kurzem die Eindämmung der Milchsäureproduktion, da Mutationen* des für die Milchsäureproduktion essenziellen Lactatdehydrogenase codierenden *ldh*-Gen bei *S. mutans* für das Bakterium letal sind. Dies konnte neuerdings mit Hilfe weiterer genetischer Manipulationen ihrer Zellphysiologie überwunden werden. Somit könnte in Zukunft diese Substitutionstherapie – nicht nur in Bezug auf Streptokokken, sondern beispielsweise auch für mit Parodontitis assoziierten Mikroorganismen – einmal zu einer wertvollen Ergänzung bei der Karies- und Parodontitisprophylaxe werden. Ein Vorbehalt besteht darin, dass alle diese Versuche bislang in nur einem einzigen Laboratorium durchgeführt wurden. Die konstruierten Bakterienstämme sind patentiert und wurden bisher nie freigegeben (vergleiche Kap. 18.2.1).
- Anti-Adhäsionsstrategien: Die Suche nach Interferenzmöglichkeiten bei der Streptokokkenadhäsion in Form von Antikörpern, die gegen die Adhäsionsmoleküle bzw. ihre funktionellen Bereiche gerichtet sind, stellen eine vielversprechende und wünschenswerte Zielsetzung in der Forschung dar. In einem Labor wurden MAK (monoklonale Antikörper*) gegen AntigenI/II* von *S. mutans* hergestellt, welche

beim Menschen die intraorale Kolonisierung dieses kariogenen Keimes verhinderten. Diese Versuchsergebnisse konnten jedoch an anderer Stelle nicht reproduziert werden. Die rasch fortschreitende Entwicklung auf dem Gebiet der Bakteriengenetik, insbesonders die genomische Sequenzierung der in Bezug auf Haftung, Kolonisierung und Virulenz bedeutenden Proteine, wird vermutlich jedoch den Weg für neue Behandlungsmöglichkeiten ebnen (siehe auch Kap. 18).

4.3 *Peptostreptococcaceae*

Hannelore Bernhardt

Zur Gattung *Peptostreptococcus* gehören die anaeroben grampositiven Kokken. Sie unterscheiden sich hinsichtlich ihrer Stoffwechselprodukte von den hauptsächlich milchsäurebildenden Streptokokken. Neben Bernsteinsäure werden Propionsäure und Buttersäure, seltener auch Valeriansäure, Isovalerian-, Capron- und Isocapronsäure gebildet. Die Produktion von Gas (Wasserstoff und Kohlendioxid) ist ein wichtiger diagnostischer Hinweis. Die Abgrenzung von den kapnophilen *Streptococcus*-Spezies ist notwendig. Diese Ausschlussdiagnostik gelingt durch Bebrütung unter 10% Kohlendioxid, wobei die *Peptostreptococcus*-Arten unter diesen Bedingungen nicht wachsen. Auch der End-pH-Wert in Glucosebouillon ist diagnostisch verwertbar. Er sinkt bei den *Peptostreptococcus* nie unter pH 5,4 ab, was bei *Streptococcus* der Fall ist.

Die bekannteste Spezies ist *Peptostreptococcus anaerobius*, der vor allem durch die Bildung von Isocapronsäure leicht zu identifizieren ist. Er gilt als Erreger bei gynäkologischen und gastrointestinalen Infektionen.

Für die orale Mikrobiologie ist *Peptostreptococcus micros* bedeutsam. Dieses Bakterium ist beschrieben worden als Kommensale in der Mundhöhle, wird aber bei Patienten mit **Parodontitis** häufiger und in höheren Keimzahlen isoliert (siehe Kap. 10.1). Auch weil der Keim ein potenter Produzent von zytotoxischen VSC (siehe Halitose*) ist, sieht man einen Zusammenhang mit parodontalen Destruktionen (RIGGIO et al. 2001). Ferner kommt er vor bei gemischten Anaerobierinfektionen im Mundhöhlenbereich einschließlich endodontaler oder parodontaler Abszesse, ebenso bei peritonsillären Infektionen. Seine besondere Eigenschaft ist die, dass er stark proteolytisch ist und seine Energie aus dem Abbau von Peptonen gewinnt. *P. micros* ist sehr klein und neigt zur kurzen Kettenbildung. Seine Benennung als *Micromonas* ist strittig.

Der ehemals zu den anaeroben Kokken zählende *Peptococcus saccharolyticus* ist jetzt in die Gattung *Staphylococcus* gestellt worden.

4.4 *Actinomycetaceae*

René Sanderink

4.4.1 Einleitung und Klassifizierung

4.1 – 4.12

Nach traditioneller Definition sind Aktinomyzeten („Strahlenpilze“) Fadenbakterien, die dazu neigen, in verzweigten Geflechten zu wachsen. Ihre Ähnlichkeit mit echten, zum Reich der Eukaryoten gehörenden Pilzen ist – sieht man von eben diesem myzelialen Wachstumsverhalten ab – jedoch nur oberflächlich. Ihre grundlegenden biologischen Eigenschaften weisen die Aktinomyzeten eindeutig als Prokaryoten aus. Mikroskopisch stellen sie sich als grampositive, gerade oder leicht gebogene, 0,2-1,0 µm dicke Stäbchen oder schlanke, leicht gewellte, bis 1 µm dicke Fäden mit echten Verzweigungen dar. Aktinomyzeten sind unbeweglich und nicht säurefest. Aktinomyzeten wachsen kapnophil. Die Optimaltemparatur für die humanmedizinisch bedeutsamen Arten liegt bei 35-37°C. Aktinomyzeten sind chemoorganotroph und benötigen zur Vermehrung organisch gebundenen Stickstoff. Pathogene Aktinomyzeten werden in zwei Gruppen unterteilt:

1. Fadenbakterien mit fermentativem Kohlenhydratmetabolismus, welche ihren natürlichen Standort überwiegend auf den Schleimhautoberflächen und insbesondere in der Mundhöhle warmblütiger Wirtsorganismen haben und
2. Obligat aerobe Aktinomyzeten, welche überwiegend in der freien Natur, insbesondere im Erdboden, leben. Diese Gruppe stellt die überwiegende Mehrzahl der Aktinomyzeten dar.

Es werden hier nur *Actinomyces* spp. aus der erstgenannten Kategorie besprochen. Aus der menschlichen Mundhöhle konnten bisher folgende dieser Spezies isoliert werden:

- *A. naeslundii* Genospezies-1 (frühere Bezeichnung: *A. naeslundii* Serotyp I),
- *A. naeslundii* Genospezies-2 (frühere Bezeichnungen: *A. viscosus* Serotyp II und *A. naeslundii* Serotyp II, -III und -NV),
- *A. naeslundii* Serovariation WVA 963 (frühere Bezeichnung: *A. naeslundii* Serotyp IV) sowie
- *A. israelii, A. georgiae, A. gerencseriae, A. odontolyticus, A. pyogenes* und *A. meyeri*.

Sämtliche *Actinomyces* spp. sind indolnegativ, die meisten auch katalasenegativ. Mehrere Spezies, insbesondere *A. israelii* und *A. gerencseriae*, können charakteristische, spinnen- oder spinnwebartige, fädige Mikrokolonien bilden; andere Arten wie *A. pyogenes* oder *A. meyeri* wachsen praktisch nie fädig. Voll entwickelte Kolonien sind 0,5-5,0 mm groß.

Der primäre Lebensraum der humanen Arten ist die Mundhöhle, wo sie als Kommensale auf sämtlichen speichelbedeckten Oberflächen kolonisieren. Auch in dentalen Plaque-Biofilmen sind sie ubiquitär vorhanden. Auf den Darm- und weiblichen Genitalschleimhäuten finden sich allenfalls sporadisch und spärlich *Actinomyces* spp.

Sektion II

Aktinomyzeten werden ätiologisch mit folgenden opportunistischen Erkrankungen assoziiert (siehe auch Kap. 13):

1. die Aktinomykosen: Polyätiologisches Infektionssyndrom (Mischinfektionen) mit meist *A. israelii* und *A. gerencseriae*, ggf. auch mit anderen humanpathogenen Arten als Leitkeimen (und mit Staphylokokken, Streptokokken, *Actinobacillus (Haemophilus) actinomycetemcomitans, Bacteroides-, Prevotella-, Porphyromonas*-Arten u. a. als typische Begleitbakterien). Klinik: subakut bis chronisch verlaufende, granulomatös-eitrige Entzündungen, die zu langsamer Ausbreitung, multipler Abszedierung und Fistelbildung neigen. Lokalisation meist zerviko-fazial, seltener pulmonal oder abdominal.
2. Canaculitis lacrimalis, akute Pharyngitiden und Urethriden, intrauterine Infektionen.
3. Karies, insbesondere Wurzelkaries, und (sowohl marginale als auch periapikale) Parodontitiden: Im multifaktoriellen Ursachenkomplex dieser beiden Erkrankungen kommt vor allem *A. naeslundii* (Genospezies-1 und -2) und *A. odontolyticus* eine anteilmäßige ätiologische Bedeutung zu. *A. israelii* ist ätiologisch mit periapikalen Infektionen an Zahnwurzeln assoziiert.

4.4.2 *Actinomycetaceae* in der menschlichen Mundhöhle

Im Speichel des Kleinkindes finden sich – im geringen Ausmaß – gegen *Actinomyces* spp. gerichtete sIgA-Antikörper. Dennoch gelingt es diesen Keimen, sich auf sämtlichen speichelüberzogenen oralen Oberflächen niederzulassen. Vermutlich umgehen *Actinomyces* spp. die adaptive Abwehr durch Antigenvariation (siehe Kap. 1.2.6.2). Ihre Kolonisierung wird im Wesentlichen durch ihre Lipoteichonsäure* und ihre Fimbrien* vermittelt.

Merke:
Actinomyces spp. sind erfolgreiche Pellikelkolonisten. Ähnlich wie Streptokokken wird dies nicht zuletzt dadurch gewährleistet, dass sich auch *Actinomyces* spp. sehr gut an stark verändernde lokale Bedingungen (beispielsweise pH-Wert, Sauerstoffpartialdruck) anpassen können.

Die diversen *Actinomyces*-Subspezies weisen unterschiedliche intraorale Kolonisierungsmuster auf:

- *A. naeslundii* Genospezies-2, kommen bei prädentaten Kindern nicht vor, aber sind neben den *Sanguinis*-Streptokokken prominente Erstbesiedler auf der speichel- bzw. pellikelbedeckten Zahnoberfläche. Im Anfangsstadium der Bildung eines Plaque-Biofilms sowie auf der bukkalen Mukosa dominiert eben diese Genospezies-2 über Genospezies-1: Speichelproteine (saure PRP, PRG und Statherin, siehe Kap. 3.3.5) bilden Liganden* für ihre Typus-1 Fimbrien*. Diese Bindungen sind lactose-unabhängig, weshalb die Keime fest und resistent (gegen z. B. Galactidosen oder andere Zucker) an das Pellikel gebunden werden. Bedingung für die Bindung der Typus-1 Fimbrien ist, dass die

Speichelproteine auf einer festen Unterlage bzw. an der Zahnhartsubstanz gebunden sind: Befinden sich die Proteine in Lösung bzw. frei im Speichel, binden sie die Fimbrien nicht und somit aggregieren oder präzipitieren diese Bakterien nicht. Diese Tatsache stellt eine zweite bedeutsame Erklärung für den Erfolg von *Actinomyces* spp. als Pellikelkolonist dar. Ursache für dieses Phänomen ist die Änderung der Konformation* bei bestimmten Speichelproteinen in dem Moment, wo diese auf eine feste Unterlage gebunden werden, speziell die hierdurch bewirkte Freilegung von bis dahin maskierten, als Adhäsin auftretenden Polypeptidanteilen (Kryptitope, siehe Fimbrien*).

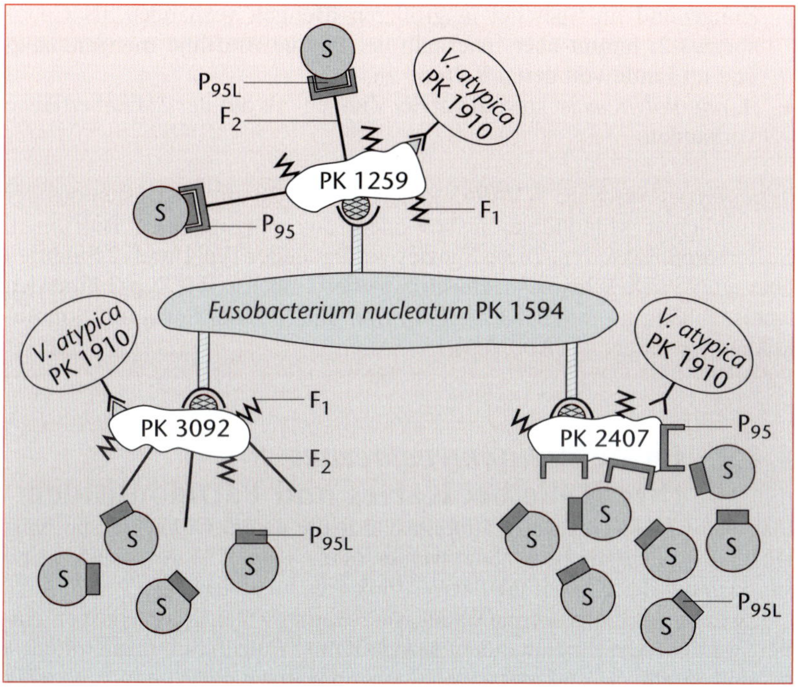

Abb. 4.5 Rolle der Typ2-Fimbrien (F2, gerade Linien) und des 95 kDa-Adhäsins (P95,⊔) bei der lactoseabhängigen Koaggregation von *Actinomyces* Serovare WVA963 mit Streptokokken (S). Nur die rechteckig dargestellten Bindungsstellen sind lactoseabhängig. Den nicht mit Streptokokken koaggregierenden (COG⁻) *Actinomyces*-Mutanten PK2407 und PK3092 fehlen im Vergleich zum Wildtyp (PK1259) Typ-2 Fimbrien bzw. das 95 kDa-Adhäsin. Die Abbildung zeigt auch die Koaggregation von *Actinomyces* Serovare WVA963 mit *Veillonella* und *Fusobacterium*. COG⁻-Mutant PK2407 kann mit *F. nucleatum* PK1594, aber nicht mit *Veillonella atypica* PK1910 koaggregieren, während COG⁻-Mutant PK 3092 seine Koaggregationsfähigkeit mit sowohl *Fusobacterium* als *Veillonella* beibehalten hat. Fazit: Die Koaggregation mit Streptokokken erfordert das Vorhandensein von sowohl Typ-2 Fimbrien als auch einem hiermit räumlich assoziierten 95 kDa-Adhäsionsmolekül (P95). Typus-1 Fimbrien (F1,⩘) sind nicht bei der bakteriellen Koaggregation der *Actinomyces* spp., sondern bei deren (lactose-unabhängigen) Bindung an Pellikelproteinen involviert. Außer den hier dargestellten Spezies koaggregieren *Actinomyces* spp. auch mit diversen gramnegativen Bakterien (darunter *Porphyromonas gingivalis*). P95L = Ligand* für P95.

- Typus-2-Fimbrien kommen auf sämtlichen *A. naeslundii* vor und vermitteln die lactoseabhängige Haftung an sog. GalNAcβ-Strukturen (die sich innerhalb von Glycolipid- und Glycoproteinstrukturen in der Zellwand oraler Epithelzellen, Erythrozyten und PMN, weiter in Speichelglycoproteinen, sIgA und innerhalb kapsulärer Polysaccharide bei mit *Actinomyces* spp. koaggregierenden oralen Streptokokken finden, siehe Tab. 4.5). *Actinomyces* spp. gehören zu denjenigen Bakterien, welche das Enzym Sialidase (alte Bezeichnung: Neuraminidase) synthetisieren. Dies fördert ihre Kolonisierung nachhaltig: GalNAcβ-Strukturen sind Kryptitope und werden erst durch die sialidase-vermittelte enzymatische Spaltung von Sialinsäure (N-Acetylneuraminsäure) freigelegt bzw. sind erst dann für die Typ-2-Fimbrienadhäsine zugänglich.
- *A. naeslundii* Genospezies-1 ist beim Kleinkind bereits vor dem Durchbruch der ersten Zähne aus der Mundhöhle isolierbar, ist auf der Zunge und im Speichel in größeren Mengen vorhanden als Genospezies-2, nimmt aber innerhalb der Plaque-Biofilme mengenmäßig erst im Laufe von deren Reifung zu.
- *A. odontolyticus* ist sowohl auf der Zungen- als auf der Zahnoberfläche vorhanden.

Actinomyces Serovare WVA963 gehört zu den 20 am häufigsten aus der menschlichen Mundhöhle, insbesondere aus subgingivalen Biofilmen, isolierbaren Bakterien. Diese Spezies verfügt außer Typ-1 und -2 Fimbrien über ein 95 kDa schweres Adhäsin, welches – ebenso wie Typ-2 Fimbrien lactoseabhängig – bei der Koaggregation dieses Bakteriums mit Streptokokken involviert ist (Abb. 4.5).

4.4.3 Orale *Actinomycetaceae*: Ihre Rolle bei Karies und Parodontitiden

Insgesamt muss eine kariesätiologische Rolle der *Actinomyces* spp. vorläufig als spekulativ bezeichnet werden (siehe Kap. 9.2). Am ehesten sind sie noch bei der Entstehung der Wurzelkaries involviert.

Actinomyces spp. können auch aus subgingivalen Plaqueproben isoliert werden. Mit zunehmendem parodontalem Entzündungsgrad nimmt – bedingt durch die starke Zunahme gramnegativer parodontalpathogener Anaerobier – ihr relativer Anteil jedoch ab. Generell gehören *Actinomyces* spp. nicht zu den maßgebenden parodontalpathogenen Keimen (siehe Kap. 10.1), dennoch wird an dieser Stelle auf folgende Eigenschaften von *A. naeslundii* (Genospezies-2) hingewiesen:

1. Bei fortschreitender Parodontitis nimmt die Fraktion der Plasmazellen innerhalb des entzündlichen Lymphozyteninfiltrates zu (siehe Kap. 10.5.3.1). Viele dieser Plasmazellen werden durch eine ganze Reihe von subgingivalen Mikroorganismen, darunter auch *Actinomyces* spp., mitogen und polyklonal aktiviert (siehe Mitogene*).
2. Sie sezernieren Chemotaxine für PMN und bewirken die Freisetzung von gewebelysierenden Enzymen aus Wirtszellen (insbesondere Mϕ und PMN).

3. Bereits im Anfangsstadium einer experimentellen Gingivitis lösen sie eine Immunantwort aus.
4. Sie beeinflussen die Physiologie der Fibroblasten und fördern den Knochenabbau durch Stimulierung von Osteoklasten.
5. Sie fördern die Haftung des parodontalpathogenen Keimes *Porphyromonas gingivalis* an den entstehenden Plaque-Biofilm durch Koaggregation. Darüber hinaus fördern sie dessen Wachstum durch die von ihnen freigesetzten Succinate (diese aus Bernsteinsäure hergeleiteten Salze und Ester stimulieren das Wachstum von *P. gingivalis*).

4.5 *Lactobacillus, Bifidobacterium, Eubacterium, Propionibacterium*

Hannelore Bernhardt

Lactobacillus

Lactobacillus-Arten sind grampositive gerade Stäbchen, die in der Länge unterschiedlich sein können. Im Vergleich zu den anderen Gattungen (siehe Tab. 4.9) sind sie nicht verzweigt. Ihre Bezeichnung „Milchsäurebakterien"* weist auf die Bildung von Milchsäure als ihre charakteristische Eigenschaft hin.

In der Natur ist die Gattung *Lactobacillus* weit verbreitet. In der Milchwirtschaft, bei der Silage von Viehfutter, bei der Konservierung von Nahrungsmitteln durch Säuerung und bei der Backteigbereitung (Sauerteig) stellen Laktobazillen die entscheidend beteiligten Mikroorganismen dar. Zur Produktion von Joghurt, Käse und Sauerkraut sind sie notwendig.

Laktobazillen gehören zur körpereigenen, der autochthonen Mikroflora des Menschen. Sie kommen vor in der Mundhöhle, im Magen-Darm-Kanal und in der Vagina. Als so genannte DÖDERLEIN-Stäbchen haben sie einen wesentlichen Anteil an der Vaginalflora. Als säureresistente Bakterien sind sie auch sehr früh im Magen als typische Stäbchen beschrieben worden (BERNHARDT 1974). Die wichtigsten vorkommenden Arten sind: *L. acidophilus (sensu strictu)*, *L. gasseri* (vormals *L. acidophilus* Typ I), *L. crispatus, L. jensenii, L. johnsonii* (vormals *L. acidophilus* Typ II, III) *L. salivarius, L. reuteri* (früher *L. fermentum* II), *L. rhamnosus* und *L. paracasei* (REUTER 2001). Letztere sind bei der Endokarditis isoliert worden. Der Einsatz von *Lactobacillus*-Arten als Probiotika findet zum Beispiel bei der Behandlung von *Helicobacter pylori*-Infektionen zunehmend Verwendung.

In der menschlichen Mundhöhle treten Laktobazillen im Speichel, auf der Zunge, den Schleimhäuten, am Gaumen und auf der Zahnoberfläche insbesondere in fortgeschrittenen kariösen Läsionen (Kavitäten) auf (AHUMADA et al. 1999). Sie sind schon in den 40iger Jahren als Indikatormikroorganismen für die Kariesaktivität beschrieben worden, was sich auch heute noch bestätigen lässt. Die Korrelation von aktiver Karies und *Lactobacillus* wurde in verschiedenen Bevölkerungsschichten nachgewiesen. Es ist eine frühe Besiedlung bei zweijährigen Kindern festgestellt worden. Eine Keimzahl von mehr als 10^5 CFU/ml (Colony Forming Units) gilt nach LOESCHE et al. (1984), DE SOET und DE GRAAFF (1998), NISHIMURA et al. (1998) und anderen als Hinweis auf erhöhte Kariesaktivität. Beschrieben wurde auch ein drastischer Rückgang der *Lactobacillus*-Keimzahlen nach Exkavation der kariösen Läsionen. Damit kommt den Laktobazillen neben den *Mutans*-Streptokokken eine große Bedeutung zu. Laktobazillen sind obligate Gärer und bilden aus Kohlenhydraten vor allem Glucose und Lactose sowie homofermentativ Milchsäure. Die heterofermentativen Spezies produzieren neben Milchsäure auch Essigsäure und Kohlendioxid.

Merke:
Die Einstufung als kariogene Mikroorganismen verdanken die Laktobazillen jedoch nicht nur ihren azidogenen, sondern auch ihren säuretoleranten Eigenschaften.

Die hauptsächlichen in der menschlichen Mundhöhle vorkommenden Arten sind nach der neuen Nomenklatur *L. paracasei, L. rhamnosus* und die heterofermentative Spezies *L. fermentum*. Auf der Zungenoberfläche wurde häufig auch *L. plantarum* gefunden (AHRNÉ et al. 1998). Weitere Spezies, darunter *L. acidophilus*-ähnliche Arten, kommen in geringen Keimzahlen vor. Es lassen sich keine Unterschiede in der Speziesusammensetzung feststellen bei Patientengruppen mit kariösen Läsionen im Vergleich zu Normalkollektiven (BOTHA et al. 1998) (siehe auch Kap. 9). Wie in der Tab. 4.9 aufgeführt, gehören vier weitere Gattungen zu den grampositiven sporenlosen Stäbchen.

Bifidobacterium
Das Bakterium ist gekennzeichnet als grampositives Stäbchen, das oft als V- oder Y-Form vorliegt und sog. bifide Verdickungen an den Enden der Stäbchen zeigt. Es kommt überwiegend im Darm des Menschen vor (*B. adolescentis* beim Erwachsenen). Bifidobakterien (*B. bifidum*) sind vor allem bekannt geworden als typische Darmflora bei brustmilchernährten Säuglingen. Sie sind streng anaerob und benötigen zum Wachstum 10% CO_2. Als ein Indikatorkeim für die normale Darmflora des Menschen stellen sie praktisch das apathogene Potenzial an diesem Standort dar.

Eubacterium
Zur Gattung *Eubacterium* gehören pleomorphe, kokkoide, auch in Ketten liegende grampositive Stäbchen. Es sind sehr uneinheitliche Formen, die zum Teil in andere Gattungen umgestellt werden. Sie gehören ebenfalls zur Darmflora des Menschen, sind streng anaerob und selten Erreger von Infektionen, die vom Gastrointestinaltrakt ausgehen. In der Mundhöhle kommen sie nur ausnahmsweise vor.

Propionibacterium
Es handelt sich um anaerobe bis aerotolerante grampositive Stäbchen (Tab. 4.9). Sie zeigen typische keulenförmige Verdickungen an den Enden und sind nicht wie die *Actinomyces*-Spezies verzweigt. Sie kommen auf

Tab. 4.9 Grampositive sporenlose anaerob/mikroaerophile Stäbchen

Gattung	Morphologie	Vorkommen	Beziehung zu O_2	Energiegewinn	Gebildete Fettsäuren
Lactobacillus	Lang- und Kurzstäbchen nicht verzweigt	Mundhöhle Magen-Darm-Kanal Silagen Milch und deren Produkte	mikroaerophil	obligate Gärer Kohlenhydrate: Milchsäure Homofermentation Heterofermentation	 Milchsäure Essigsäure/Milchsäure
Bifidobacterium	V- und Y-Formen keulenartige Verdickungen	Darmflora	streng anaerob	Heterofermentation Milchsäuregärer	Essigsäure/Milchsäsure
Eubacterium	Pleomorph oder kokkoid z. T. in Ketten	Darmflora Erreger	streng anaerob	Gärer	Buttersäure
Actinomyces	meistens stärker verzweigt	Mundhöhle Darmflora Erreger: Aktinomykose Karies	anaerob	Gärer	Essigsäure Milchsäure Bernsteinsäure
Propionibacterium	keulenförmige Verdickungen	Haut und Darm des Menschen Pansen- und Darm- Bakterien (Wiederkäuer)	anaerob bis aerotolerant	Gärer: bilden Propionat, auch aus Lactat	Propionsäure Essigsäure

der Haut und im Darm des Menschen sowie im Pansen und Darm der Wiederkäuer vor. Aus der Mundhöhle wurden sie ebenfalls isoliert. In Ausnahmefällen können sie hier eine pathogenetische Bedeutung erlangen. So haben wir selbst eine schwere odontogene phlegmonöse Infektion beobachtet (MALOW et al. 1988). Das charakteristische Merkmal von *Propionibacterium* ist die Bildung von Propionsäure. Propionibakterien sind Erreger der Acne vulgaris, einer Entzündung der Haarfollikel der menschlichen Haut.

4.6 *Mycobacteriaceae*

Manfred Knoke

4.6.1 Charakteristika

Es gibt etwa 90 verschiedene Arten der Mykobakterien (Tab. 4.10).

Mykobakterien sind aerobe, schlanke, stäbchenförmige, unbewegliche und nicht sporenbildende Bakterien. Aufgrund ihres Zellwandaufbaus lassen sie sich nur mit speziellen Färbungen (Ziehl-Neelsen) gut anfärben. Die Gramfärbung zeigt nur eine schlechte Anfärbbarkeit. Wässrige Farblösungen werden aufgrund des hohen Lipidanteils in der Zellwand nicht angenommen, so dass heiße Farblösungen eingesetzt werden müssen. Aufgrund der Tatsache, dass die Zellen auch mit Salzsäure-Alkohol-Mischungen nicht wieder entfärbt werden können, werden die Mykobakterien auch als „säurefeste Stäbchen" bezeichnet. Die Bakterien sind etwa 1 – 10 µm lang und 0,2 – 0,5 µm breit. Sie vermehren sich intrazellulär und sind aerophil, so dass sie sich besonders gut im Lungengewebe ansiedeln.

Zu den Mykobakterien gehören die Tuberkulosebakterien (*Mycobacterium-tuberculosis*-Komplex) *M. tuberculosis* mit zwei Subspezies (ssp. *caprae* und ssp. *tuberculosis*) sowie *M. bovis* und *M. africanum*. Über die Bedeutung der Spezies *M. microti* und *M. canetti* als Tuberkulose-Erreger bestehen unterschiedliche Ansichten. *M. leprae* ist der Erreger der Lepra und *in vitro* nicht anzüchtbar. Ferner gibt es eine Reihe von nichttuberkulösen Mykobakterien (MOTT = mycobacteria other than tubercle bacilli), die vor allem bei Risikopatienten nichttuberkulöse Mykobakteriosen hervorrufen.

4.6.2 Virulenzfaktoren

In der Zellwand der Tuberkulosebakterien ist ein hoher Lipid- und Wachsanteil enthalten. Dieser bedingt nicht nur die schlechte Anfärbbarkeit und eine lange Generationszeit dieser Bakterien, sondern auch eine erhöhte Widerstandsfähigkeit gegen physikalische und chemische Einflüsse sowie die Resistenz gegen die meisten üblichen Antibiotika.

Tab. 4.10 Einteilung von Spezies der Gattung *Mycobacteria*

Tuberkulosebakterien	*M. tuberculosis*-Komplex *M. tuberculosis* ssp. *caprae*, ssp. *tuberculosis* *M. bovis* *M. africanum* *M. microti* *M. canetti*
Erreger der Lepra	*M. leprae*
Nichttuberkulöse Mykobakterien (MOTT)	*M. avium-intracellulare*-Komplex *M. avium* ssp. *M. avium* ssp. *paratuberculosis* *M. intracellulare* *M. marinum* *M. kansasii* *M. scrofulaceum* *M. fortuitum*-Komplex *M. gordonae* *M. chelonae* *M. xenopi* *M. simiae* *M. szulgai* *M. genavense* *M. ulcerans* *M. smegmatis* *M. haemophilum* *M. shimoidei* *M. asiaticum* *M. terrae* *M. nonchromogenicum* *M. triviale* *M. gastri* *M. flavescens* *M. thermoresistibile* *M. neoaurum* u. a.

4.1 – 4.12

Die äußere Zellwand der Bakterien enthält mehrere Peptidoglycan-Schichten, Polysaccharide (Lipoarabinomannan, LAM), Proteine und Phospholipide (Glycolipide und Wachse). LAM gehört zu jenen PAMP-Strukturen, welche in der frühen Phase der Immunantwort bzw. im Laufe der unspezifischen Immunabwehr von sog. „pattern recognition receptors“ erkannt werden (siehe Toll-like Rezeptorproteine*, vergleiche Anhang 1).

Aufgrund der biochemischen Struktur werden die Wachse in 4 Gruppen A – D eingeteilt, die eine Differenzierung ermöglichen. Ein wichtiger Bestandteil sind die Mycolsäuren. Als nicht immunogener Virulenzfaktor ist im Wachs C Trehalose-6,6'-dimycolat enthalten, das für die Ausbildung von Bakterienzellaggregaten verantwortlich sein soll. Das Wachs D verstärkt die immunogene Wirkung anderer Antigene*. Durch die nicht-immunogene Wirkung der Lipide und Wachse und die sehr langsame Vermehrung tritt beim Eindringen der Erreger in das Gewebe nicht der klassische Entzündungsablauf auf und es bilden sich nur zelluläre Abwehrmechanismen heraus. Ein besonderes Charakteristikum der Tuberkulose ist die Ausbildung von spezifischen Granulomen mit zentraler verkäsender Nekrose, den sog. Tuberkeln, in denen die Erreger jahrelang überleben können.

4.6.3 Bakteriologische Diagnostik

Die Materialentnahme und die Grundzüge der Diagnostik sind im Kap. 15 dargestellt. Der Erregernachweis erfolgt in der Regel aus Sputum, Bronchial- oder Trachealsekret, aber auch aus Magensaft, Urin, Pleuraexsudat, Liquor und anderen Punktaten bzw. aus Bioptaten.

Grundlage ist immer noch der mikroskopische Nachweis der säurefesten Stäbchen nach Anreicherung mit der Ziehl-Neelsen-Färbung oder der Fluoreszenzmikroskopie nach Auramin-Färbung. Der Vorteil ist das schnelle Vorliegen eines Ergebnisses, wobei aber mindestens 10^4 Keime/ml vorhanden sein müssen. Zwischen lebenden und toten Bakterien sowie zwischen Tuberkulosebakterien und ubiquitären Mykobakterien kann nicht unterschieden werden. Deshalb ist immer die Anlage einer Kultur erforderlich. Der früher übliche Tierversuch wird nicht mehr durchgeführt.

Die Kulturen benötigen für ein sicheres Ergebnis eine Bebrütungsdauer von 6 Wochen in Flüssigmedien bzw. 8 Wochen auf Festmedien, da die Generationszeit von Tuberkulose-Bakterien mit 16-20 Stunden sehr lang ist. Sie werden ergänzt durch die modernen molekularbiologischen Verfahren wie Nucleinsäureamplifikationstechniken (NAT) und DNA-Fingerabdruck-Analysen, die heute für die Typendifferenzierung eingesetzt werden. Eine Typisierung von Mykobakterien mit biochemischen und biophysikalischen Methoden ist aufgrund ihres hohen materiell-technischen Aufwandes Speziallaboratorien vorbehalten.

Beim Nachweis von Tuberkulosebakterien muss von jedem Erstisolat eine Empfindlichkeitsprüfung durchgeführt werden. Dadurch lässt sich eine primäre Resistenz gegen Antituberkulotika erfassen, die wachsende Bedeutung besitzt. Eine Wiederholung der Empfindlichkeitsprüfung nach ca. 2 bis 3 Monaten ist erforderlich, wenn trotz Therapie weiterhin positive Kulturen entdeckt werden.

4.6.4 Epidemiologie und Krankheitsbilder

Die für Zahnmediziner wichtigsten Aspekte sind für die Tuberkulose im Kap. 13.5. und für die nichttuberkulösen Mykobakteriosen im Kap. 13.6. angeführt.

Sie sind zu ergänzen durch einige Bemerkungen zur Lepra. Ihre Inkubationszeit beträgt Monate bis Jahre, und sie ist nicht hochkontagiös. In den Ländern der Dritten Welt sind immer noch mehrere Millionen Menschen erkrankt.

Klinisch wird zwischen der lepromatösen und der tuberkuloiden Lepra unterschieden. Inzwischen hat sich eine Kombinationstherapie bewährt, die zur Ausheilung mehrere Jahre benötigt. Eine Meldepflicht ist im IfSG nicht mehr vorgeschrieben, da die Krankheit in den entwickelten Ländern als ausgerottet gilt.

4.7 *Bacteroidaceae* und nahestehende Gattungen

René Sanderink und Roland Weiger

4.1–4.12

4.7.1 Übersicht

Die Gattung ***Porphyromonas*** wurde im Jahre 1986 definiert und umfasst die schwarzpigmentierten, asaccharolytischen oder nur schwach saccharolytischen Stäbchenbakterien, die früher der Gattung *Bacteroides* zugeordnet wurden. *Porphyromonas* spp. produzieren Essig-, Propion-, Isobutter-, Butter- und Isovaleriansäuren mit Spuren von Bernsteinsäure. Ebenso wird Glutamat-Dehydrogenase gebildet, dagegen fehlen Glucose-6-Phosphat-Dehydrogenase und 6-Phosphogluconat-Dehydrogenase. Kohlenhydrate werden nicht fermentiert: Der Stoffwechsel ist proteolytisch und somit erfolgt die Energiegewinnung durch Fermentation von Aminosäuren. Der für das Wachstum optimale pH-Wert beträgt ca. 7,5. Mikroskopisch erscheint *Porphyromonas* als sporenloses, oft sehr kurzes, kokkoides Stäbchen von 0,8-2,5 x 0,5 µm.

Die im Jahre 1990 neu geschaffene Gattung ***Prevotella*** ging einerseits aus der *Bacteroides oralis*-Gruppe, andererseits aus den saccharolytischen Arten der *Bacteroides melaninogenicus*-Gruppe hervor. Die Gattung umfasst nicht-pigmentierte sowie schwarzpigmentierte Arten. Zur *Prevotella intermedia*-Gruppe gehören die mit marginaler Parodontitis assozierte Spezies *P. intermedia* sowie die Kommensalen *P. nigrescens* und *P. pallens*. *Prevotella* spp. sind buttersäurenegativ, verwerten im Gegensatz zu *Porphyromonas* spp. Kohlenhydrate und bilden als Fermentationsendprodukte Essig-, Bernstein-, Isovalerian- und Isobuttersäure. Glucose-6-Phosphat-Dehydrogenase und Glutaminsäure-Decarboxylase werden nicht gebildet. Nach Anzucht zeigen o.g. oralen *Prevotella* spp. pigmentierte Kolonien in Form schwarzer bzw. schwarzbrauner Hämatinanhäufungen. Mikroskopisch sind *Prevotella*-Arten als kleine, kurze, kokkoide Stäbchen von 1-2,5 µm x 0,5-1 µm. Pleomorphie ist selten.

Die oralen Bakterienspezies der Gattung ***Bacteroides*** wurden mehrmals taxonomisch umgruppiert und gehören nun den Gattungen *Porphyromonas*, *Prevotella* und seit neuestem *Tannerella* an.

Bei der Gattung ***Fusobacterium*** handelt es sich um eine heterogene Gruppierung, die als gemeinsames Hauptmerkmal die Buttersäurebildung aufweist. Bei *Porphyromonas* und *Prevotella* tritt Buttersäure – falls sie überhaupt gebildet wird – immer zusammen mit Isobutter- und Isovaleriansäure auf. Bei *Fusobacterium*-Arten fehlen dagegen die verzweigtkettigen Fettsäuren vollständig. Fusobakterien sind vorwiegend proteolytisch und katabolisieren für ihre Energiegewinnung Aminosäuren. Säurebildung aus Zuckern ist bei ihnen selten und stets schwach ausgeprägt. Fusobakterien sind jedoch befähigt, Kohlenhydrate aufzunehmen und als intrazelluläre Polysaccharide zu speichern. Mikroskopisch imponieren *Fusobacterium* spp. als spindelförmige oder pleomorphe, gelegentlich kokkoide Stäbchen. Bei faden- oder spindelförmigen Zellen kommen bis zu 15µm lange Formen vor.

Campylobacter-Arten sind leicht gekrümmte oder gerade Stäbchen. Die polare Geißel verleiht ihnen Beweglichkeit. Trotz positiver Oxidasereaktion wachsen sie nur anaerober bzw. mikroaerophiler Umgebung. Sie spalten keine Kohlenhydrate. Der Energiegewinn erfolgt wohl ausschließlich durch Fumaratreduktion. Als Wasserstoffdonor fungiert Wasserstoffgas oder Formiat, und als Endprodukte treten Essig- und Bernsteinsäure auf.

4.7.2 *Porphyromonas* spp.

Zu den bedeutsamsten oralen *Porphyromonas* spp. zählen *P. gingivalis* und *P. endodontalis*. Die Pathogenität des nichtbeweglichen Stäbchen *P. gingivalis* geht unmittelbar aus seinem Kolonisierungsprozess und dem Bestreben, die Nahrungsversorgung sicher zu stellen, hervor. In der Folge wird sie durch folgende Eigenschaften determiniert: (1) sein Bedarf an Eisen, (2) seine Unfähigkeit, Kohlenhydrate zu verstoffwechseln und (3) seine obligat-anaerobe Atmung. Der Keim besiedelt daher vorzugsweise subgingivale Areale, insbesondere in Anwesenheit einer Gingivitis. Gerade subgingivale Ökosysteme bieten *P. gingivalis* ideale Bedingungen: Das proteinreiche Sulkusexsudat gewährt eine ausreichende Stickstoffkonzentration. Zudem sind Redoxpotenzial und Sauerstoffpartialdruck hier niedrig (und sinken bei einer marginaler Parodontitis noch weiter ab).

Auf den Schleimhäuten (Zunge, Tonsillen) und im Speichel kommt *P. gingivalis* als lediglich transienter Keim vor und kann sich hier nicht vermehren.

P. gingivalis wird erst im Erwachsenenalter akquiriert (siehe Kap. 10.2). Hat *P. gingivalis* sich einmal in parodontalen Taschen etabliert, kann sein mengenmäßiger Anteil sogar bis zu 50% anwachsen. Es ist dann nicht mehr möglich, den Keim durch lokalmechanischen Parodontalbehandlung (subgingivale Wurzelreinigung) vollständig zu eliminieren. Vielmehr würde dies den zusätzlichen Einsatz von Chemotherapeutika erfordern. Folgende **Virulenzfaktoren** machen es der menschliche Immunabwehr unmöglich, eine Infektion mit *P. gingivalis* vollständig unter Kontrolle zu bringen:

1. der Keim verfügt über die für sämtliche Prokaryoten einmalige Eigenschaft, die Aktivität der PMN zu unterdrücken.
2. *P. gingivalis* ist resistent gegen die komplementvermittelte Abtötung.
3. Manche *P. gingivalis*-Stämme weisen eine Kapsel auf. Diese Stämme sind gegen Phagozytose* weitgehend resistent.
4. *P. gingivalis* invadiert ins Taschenepithel und in Bindegewebszellen und kann hierin überleben. Intrazellulär befindet der Keim sich außerhalb der Reichweite der schützenden Antikörper. Hinzu kommt die Tatsache, das der Keim kaum immunogen ist und die gegen ihn gerichteten Antikörper ohnehin eine nur schwache Wirkung haben.
5. Der Keim ist, dadurch dass sein LPS* mit nur geringer Affinität an LBP bindet, nicht zur direkten Stimulation von E-Selektin fähig und unterdrückt somit die Leukozytendiapedese und damit die entzündliche Abwehr (siehe Abb. 10.3).
6. *P. gingivalis* weist als einziger asaccharolytischen schwarzpigmentierenden Keim hämagglutinierende Eigenschaften auf (siehe Hämagglutination*).

7. *P. gingivalis* verfügt über eine Vielzahl von Enzymen, welche der Sicherstellung von Nahrung und Energie dienen. Als „Nebenwirkung" spalten bzw. inaktivieren diese Proteasen* einige Effektormoleküle der Immunabwehr (z. B. Antikörper der Klassen IgA und IgG sowie Komplementproteine).

Merke:
Porphyromonas gingivalis zeigt eine niedrige Prävalenz bei Personen ohne parodontale Taschen bzw. bei Kindern und Erwachsenen ohne marginale Parodontitis. *P. gingivalis* gehört nicht zur normalen Mundflora. Die Immunabwehr ist nicht in der Lage, eine Infektion mit *P. gingivalis* vollständig unter Kontrolle zu bringen.

4.1–4.12

Zum Zwecke der Kolonisierung und der Substrataufnahme synthetisiert *P. gingivalis*:

- Moleküle, die bei ihrer Ansiedlung auf oralen Substratoberflächen involviert sind (Fimbrien*, Hämagglutinine*, Proteasen*).
- Moleküle, welche die Versorgung mit Eisen sicherstellen (Hämolysin und häminbindende Proteine, siehe Häm*).
- ein reichhaltiges Arsenal an zellwand-assoziierten Proteasen* und Peptidasen. Diese dienen dazu, die sich subgingival befindlichen Proteine und Polypeptide – darunter auch Effektormoleküle der Immunabwehr – zu spalten, da *P. gingivalis* nur kürzere Oligopeptide als Kohlenstoff- und Energiequelle verwerten kann (vergleiche Abb.10.4).

Diese Verbindungen erzeugen allerdings, genau wie die ebenfalls von *P. gingivalis* freigesetzten VSC (siehe Halitose*), zahllose – das umliegende Gewebe schädigende und/oder toxische – Nebeneffekte und sind daher als Virulenzfaktoren anzusehen. Wie erwähnt ermöglichen einige Proteasen die Umgehung der Wirtsabwehr durch *P. gingivalis* und fördern dadurch die Kolonisierung. Auch sind sie direkt bei der entzündlichen Parodontolyse beteiligt: Sie spalten ECM*-Proteine und die physiologischerweise vorhandenen Proteasehemmer.

Voraussetzung für die Kolonisierung ist die Bindung von *P. gingivalis* an oralen Oberflächen. Da diese jedoch in der Regel pellikelbedeckt sind, sind insbesonders die Interaktionen von *P. gingivalis* mit einzelnen Pellikelproteinen bedeutsam (Tab. 4.11).

Tab. 4.11 Interaktionen einzelner Speichelproteine mit *P. gingivalis* (PG).

Speichelmolekül	Ergebnis
Histatine	Zelltod Hemmung von Hämagglutination* und ihrer proteolytischen Aktivität; Koaggregationshemmung mit Streptokokken
Cystatine	Wachstumshemmung und Hemmung ihrer proteolytischen Aktivität
Apo-Lactoferrin	Aggregation, Wachstumshemmung
MUC-7	Zelltod
Lysozym	Koaggregationshemmung mit Streptokokken
PRP und Statherine	Rezeptoren für Haftung von PG auf Zahnhartsubstanz
Fibronektin	Hemmung der Haftung von PG an Wirtszellen
Fibrinogen	Koaggregationshemmung mit Streptokokken

Tab. 4.12 Orale Substratoberflächen, welche *P. gingivalis* binden.

Eukaryotische Zellen (Wirtszellen)	Prokaryotische Zellen (Koaggregationspartner)	ECM-Moleküle
• Epithelzellen • Fibroblasten • Monozyten/Makrophagen • Erythrozyten	• *Streptococcus gordonii* • *Streptococcus oralis* • *Streptococcus sanguinis* • *Actinomyces naeslundii* • *Fusobacterium nucleatum* • *Thrombospondin* • *Treponema denticola* • *Tannerella forsythensis* (vormals *B. forsythus*)	• Typ-1 Kollagen • Fibronektin • Laminin • Vitronektin

ECM = Extrazelluläre Matrix*

Sektion II

P. gingivalis bindet nicht nur einzelne Speichelbestandteilen, sondern ebenso an Wirtszellen (als Vorstufe zu deren Invasion), an anderen prokaryotische Zellen (bakterielle Koaagregation) und an ECM*-Molekülen (Tab. 4.12).

Die Rolle von *P. gingivalis* bei marginalen Parodontitiden wird im Kap. 10.4.2.1 ausführlich behandelt. Nur gelegentlich ist der Keim bei nicht-oralen Infektionen beteiligt, was damit zusammenhängt, dass er – im Gegensatz zu anderen schwarz pigmentierenden Anaerobiern – praktisch nur in der Mundhöhle dauerhaft überleben kann. Dennoch wurde vereinzelt über eine Beteiligung bei Infektionen im Hals-Nasen-Ohren-Bereich sowie bei intraabdominale Infektionen, Appendizitiden, Lungenabszessen und Thoraxempyemen berichtet. Ebenso wie die Streptokokken der *Sanguinis*-Gruppe ist *P. gingivalis* befähigt, Plättchenaggregation auszulösen (vergleiche Abb. 4.4).

Porphyromonas endodontalis

Merke:
Porphyromonas endodontalis wird vornehmlich im infizierten Wurzelkanalsystem und in Abszessen angetroffen, die sich aus einer periapikalen Parodontitis endondontischen Ursprungs entwickeln.

In Fällen mit symptomatischer periapikaler Parodontitis wird *P. endodontalis* häufiger aus dem Wurzelkanal isoliert als in Fällen, die klinisch keine Beschwerden verursachen. Es wird vermutet, dass Schmerzauftreten in Verbindung mit einer vom infizierten Endodont ausgehenden Parodontitis mit der Anwesenheit von *P. endodontalis* assoziiert ist. Auf der anderen Seite lässt sich dieser Keim nicht oder nur selten außerhalb des Wurzelkanalsystems in asymptomatischen periapikalen Läsionen nachweisen. Offenbar herrschen hier ungünstige Überlebensbedingungen vor. In parodontalen Taschen kann *P. endodontalis* in geringer Zahl vorhanden sein. Selten findet man diese gramnegativen Stäbchen auf Schleimhäuten.

Im Vergleich zu anderen schwarz pigmentierten anaeroben Stäbchen besitzt *P. endodontalis* eine äußerst geringe Sauerstofftoleranz. Im Wurzelkanalsystem scheinen diesbezüglich günstige Verhältnisse zu bestehen. Andererseits wird der Empfindlichkeit gegenüber Sauerstoff die zum Teil geringe Rate isolierter Spezies in Proben aus dem Wurzelkanal zugeschrieben. Die Anwendung molekulargenetischer Methoden in neuesten Untersuchungen resultierte in einer höheren Inzidenz von *P. endodontalis*.

Essenzielle Wachstumsfaktoren sind Hämin bzw. Hämoglobin, das offensichtlich als alleinige Kohlenstoff- und Stickstoffquelle dient. *P. endodontalis* kann Hämoglobin – im Vergleich zu Hämin – in größerem Umfang binden und nutzen. *P. endodontalis* ist nicht in der Lage, Kohlenhydrate zu fermentieren, wohingegen Peptide als Energiequelle genutzt werden. Im Unterschied zu *P. gingivalis* besitzt *P. endodontalis* nicht die Fähigkeit zur Hämagglutination* und zur Bildung von Chondroitinsulfat und Hyalonuridase. *P. endodontalis* gleicht physiologisch am ehesten *P. asaccharolytica*.

In experimentell erzeugten Monoinfektionen zeigt *P. endodontalis* eine geringe Virulenz. Synergistische Effekte lassen sich in Mischinfektionen im Beisein von *Prevotella intermedia* oder *P. nigrescens* beobachten.

Im Hinblick auf Virulenzfaktoren ist *P. endodontalis* weit weniger detailliert untersucht als *P. gingivalis*. Als Virulenzfaktoren gelten:

- die äußere Kapsel, die serotypabhängig bei einigen Stämmen zu finden ist.
- die proteolytische Aktivität bzw. die Freisetzung vom Proteasen*, die u. a. im Abbau von Immunglobulinen (IgG, IgM), Komplementfaktoren (C3, C5) und Haptoglobin resultieren kann.
- toxische Metaboliten wie Buttersäure und Propionsäure sowie Indol.
- die Fähigkeit, Kollagen Typ IV (siehe Tab. 10.6) abzubauen.
- aus der Zellwand extrahiertes LPS*, das die Bildung von Zytokinen (IL-1β, IL-6) aus humanen Pulpazellen induziert.

4.7.3 *Prevotella* spp.

Die *P. intermedia*-Gruppe setzt sich aus *P. intermedia, P. nigrescens* und *P. pallens* zusammen. Die beiden letztgenannten werden häufig bereits im Kindesalter vorgefunden und sind Kommensalen, obwohl *P. nigrescens in vitro* ähnliche pathogene Eigenschaften aufweist wie *Prevotella intermedia sensu stricto*. Dieser wiederum ist ätiologisch mit bestimmten Gingivitisformen (NUG, Schwangerschaftsgingivitiden) als auch mit diversen Parodontitisformen (CP, AP, PS) assoziiert und ist dementsprechend häufig aus tieferen parodontalen Taschen sowie aus parodontalen Abszessen isolierbar.

P. intermedia utilisieren – im Gegensatz zu *P. gingivalis* – nicht nur Peptide, sondern auch Kohlenhydrate. *P. intermedia* weist folgende **Virulenzfaktoren** auf:

- Hämagglutination*, die auf seine Fimbrien* zurückzuführen ist.
- Ebenfalls fimbrienvermittelt ist die Invasion einzelner *Prevotella intermedia* spp. in orale Epithelzellen.
- LPS* löst zusammen mit weiteren Zellwandbestandteilen, insbesondere einem 55 kDa schweren, fimbrienassoziierten Oberflächenprotein, die Bildung von Zytokinen durch Wirtszellen aus und setzt damit die entzündliche Parodontolyse in Gang.

- Beeinflussung der Immunabwehr. Einerseits umgeht *P. intermedia* die Immunabwehr, in dem seine antikörpervermittelte Phagozytose* nur beschränkt möglich ist, da er die Lymphozytenproliferation unterdrückt. Anderseits aktivieren jedoch einzelne *P. Intermedia* spp. Vβ-spezifische T-Lymphozyten in sag-ähnlicher Weise (sag, siehe Superantigene*).
- Ebenso wie *P. gingivalis* verfügt auch *P. intermedia* über (1) Hämolysine (welche die notwendige Eisenversorgung in gleicher Weise wie bei *P. gingivalis* sicherstellen), (2) über Proteasen*, darunter solche, die Immunglobuline abbauen und (3) über Toxine (Ammoniak, VSC, organische Säuren, Epitheliotoxine und HGF-Wachstumhemmer). Das Hitzeschockprotein* Hsp60 (GroEL-like protein) wirkt nicht nur toxisch, sondern auch als Antigen*.
- *P. intermedia* und *P. nigrescens* bilden aus Glucose intrazelluläre Polysaccharide, die als Speicherstoff einen Selektionsvorteil gegenüber asaccharolytischen *Bacteroidaceae*-Gattungen bieten.

Prevotella loescheii entstammt den saccharolytischen Arten der *Bacteroides melaninogenicus*-Gruppe und weist einen ausgeprägteren Zuckermetabolismus auf als die Mitglieder der *P. intermedia*-Gruppe. Nennenswerte oralpathogene Eigenschaften konnten für *P. loescheii* bisher nicht nachgewiesen werden. Dennoch ist *P. loescheii* bei der Entstehung von Plaque-Biofilmen involviert, indem seine Fimbrien* die Koaggregation mit bedeutsamen Pionierkeimen (*Streptococcus sanguinis, Actinomyces* spp.) vermitteln. Auch *P. loeschii* bildet VSC (siehe Halitose*).

4.7.4 *Bacteroides* spp. (*Tannerella* spp.)

Bacteroides forsythus wird seit neuestem als *Tannerella forsythensis* eingeordnet. Es handelt sich um ein fusiformes (spindelförmiges), jedoch pleomorphes, nicht-bewegliches, nicht-pigmentierendes, saccharolytisches Bakterium. Der Keim benötigt für sein Wachstum Muraminsäure, die aus der Zellwand anderer gramnegativer Bakterien bezogen wird. Hiermit lässt sich erklären, dass *T. forsythensis* praktisch nur zusammen mit *Fusobacterium nucleatum* und *P. gingivalis* angezüchtet werden kann.

T. forsythensis ist vor allem in subgingivalen Plaque-Biofilmen anzutreffen aber kommt auch als Kommensal in supragingivaler Plaque vor. Das Bakterium wurde bisher nicht im gleichen Umfang wie *P. gingivalis* und *A. (H.) actinomycetemcomitans* untersucht, wird ätiologisch dennoch mit marginaler Parodontitis, insbesondere therapieresistenten Parodontitiden, assoziiert. In Begleitung von *P. gingivalis* ist *T. forsythensis* in der Lage, das parodontale Gewebe zu invadieren. Als weitere Virulenzfaktoren gelten von *T. forsythensis* gebildeten:

- Proteasen* (Trypsinproteasen).
- Sialidasen (alte Bezeichnung: Neuraminidasen); diese Enzyme fördern generell ihre Kolonisierung in ähnlicher Weise wie bei den *Actinomyces* spp. (siehe Kap. 4.4.2).
- Faktoren, welche bei Lymphozyten Apoptose*auslösen.
- toxische bzw. antigene Zellwandbestandteile in Form von 60 kDa

schweren Hitzeschockproteinen* (GroEL-like protein) und weitere ca. 200 kDa schweren Membranproteinen. Auch die von *T. forsythensis* gebildeten VSC gelten als zytotoxisch (siehe Halitose*).

4.7.5 *Fusobacterium* spp.

Fusobakterien bilden eine weitere Gattung gramnegativer obligater Anaerobier und stehen der *Bacteroidaceae*-Familie nahe. Aus der Mundhöhle am häufigsten isolierbar ist *Fusobacterium nucleatum* (FN). Dieses Bakterium wird in großer Zahl in subgingivaler Plaque vorgefunden und ist ätiologisch mit parodontalen Entzündungen assoziiert (kann sich aber sich auch kommensal verhalten).

Merke:
Fusobacterium nucleatum (FN) koaggregieren mit nahezu allen anderen oralen Bakterienspezies und bilden bei der Reifung oraler Biofilmen die Brücke zwischen Pionier- und Nachfolgerkeimen. Da FN auch an das Pellikelprotein Statherin bindet, kommt diesem Keim insgesamt eine Schlüsselrolle bei der Biofilmbildung zu. Es ist die Kolonisierung von FN, welche die Bindung von an sich schlecht haftende pathogene Bakterien vermittelt und es somit bakteriellen Biofilmen erst ermöglicht, ihre pathogenen Eigenschaften zu entfalten.

Fusobacterium nucleatum weist ferner folgende Eigenschaften auf:

- Virulenzfaktoren: Hämagglutination*, Unterdrückung der T-Zell-Aktivierung sowie zytotoxische Aktivität.
- FN trägt das toxisch und antigen wirkende Hitzeschockprotein* Hsp60 in seiner Zellwand.
- FN trägt zum Mundgeruch bei. Auch dieser Keim ist nämlich in der Lage, einzelne Aminosäuren zu entschwefeln und so VSC wie Wasserstoffsulfid und Methylmercaptan in der Umgebung freizusetzen (siehe Halitose*).

4.7.6 *Campylobacter* spp.

Campylobacter spp., ebenfalls gramnegative Stäbchen, sind nur in Anwesenheit von Sauerstoff anzüchtbar (mikroaerophil: kein aerobes oder anaerobes Wachstum). Die bedeutsamsten oralen *Campylobacter* spp. sind *C. rectus* (frühere Bezeichung: *Wolinella recta*), *C. showae* und *C. gracilis*. *Campylobacter* spp. können aus subgingivalen Plaqueentnahmen bei erkrankten Parodontien in größerer Anzahl isoliert werden. Sie werden daher ätiologisch mit marginaler Parodontitis assoziiert, kommen jedoch auch als Kommensal in supragingivaler Plaque vor. Als Virulenzfaktoren gelten:

- ein Leukotoxin, welches ebenso wie das von *A. (H.) actinomycetemcomitans* gebildete Leukotoxin zur RTX-Toxinfamilie gehört und eine ähnliche Wirkung erzeugt (siehe Kap. 10.4.2.2).

- ca. 150 kDa schweres S-layer-protein (siehe Kap. 1.2.2.7), welches die Bindung des Bakteriums an Epithelzellen fördert sowie den Keim gegen komplement-vermittelte Abtötung und gegen Phagozytose* resistenter macht.
- ein 64 kDa GroEL-like-Protein (ein Hitzeschockprotein*), welches die Freisetzung der proinflammatorischen Zytokine IL-6 und -8 aus körpereigenen Zellen initiiert.

4.8 HACEK-Gruppe und *Capnocytophaga*

Hannelore Bernhardt

Haemophilus

Haemophilus sind gramnegative kleine (0,3 µm – 1,5 µm) Stäbe, oft bekapselt, fakultativ anaerob. Sie benötigen als Wachstumsfaktoren Hämin (x-Faktor) und NADP (V-Faktor). Bekannt ist das Ammenphänomen: *Haemophilus* wächst auf Blutagar in unmittelbarer Nachbarschaft von *S. aureus*, die NAD ausscheiden.

H. influenzae: Pathogene Spezies, Schleimhautparasit der oberen Luftwege, gehäuft Erkrankung bei Kindern zwischen 6 Monaten und 4 Jahren: Sepsis, Meningismus, septische Arthritiden, Osteomyelitis, Perikarditis, Pneumonien.

Andere Spezies gehören zur Schleimhautflora, sie sind seltener Erreger von Endokarditiden, Bakteriämien und Wundinfektionen: *H. parainfluenzae, H. haemolyticus, H. segnis, H. aphrophilus* und *H. paraphrophilus.*

Actinobacillus (Haemophilus) actinomycetemcomitans

A. (H.) actinomycetemcomitans ist ein kokkoides, gramnegatives, nicht sporenbildendes Stäbchen, das kapnophil (bei 5-10% CO_2-Zusatz) wächst. Die taxonomische Stellung von *A. (H.) actinomycetemcomitans* ist nicht gesichert. *A. actinomycetemcomitans* wird auch als eigenständige Gruppe (*Haemophilus actinomycetemcomitans*) betrachtet.

A. (H.) actinomycetemcomitans kommt in drei verschiedenen Serotypen vor. Der Keim ist beteiligt an Aktinomykosen, Wundinfektionen, Bakteriämien und Endokarditiden. Nach Angaben einer multinationalen Kohortenstudie (ENGEMANN et al. 2001) wurden 1,8% der Endokarditiden durch Keime der HACEK-Gruppe hervorgerufen. Mit 15% ist *A. (H.) actinomycetemcomitans* in dieser Gruppe als Erreger vertreten. Diese Erkrankungen weisen eine hohe Letalität auf. Das Bakterium gehört zur Mundflora, hat seine ökologische Nische in supra- und subgingivalen Plaque-Biofilmen und ist auch transienter Besiedler oraler Schleimhäute. Ätiologisch wird ein Zusammenhang mit aggressiven und chronischen marginalen Parodontitiden gesehen. Das Bakterium kann die Gingiva durchdringen. Frisch isolierte Stämme weisen Fimbrien* auf, die in späteren Subkulturen verloren gehen. Die Pathogenität ist durch eine Reihe von weiteren Virulenzfaktoren bedingt: Leukotoxin, Chemotaxis-Hemmfaktor, Fibroblastenhemmung, knochenresorbierendes Toxin, Kollagenase, Lipopolysaccharid-Endotoxin (siehe Kap. 10.4.2.2).

Actinobacillus hominis und *A. ureae*
Sie wurden bei Sinusitis und Meningitis gefunden. Tierpathogene Spezies können durch Bissverletzungen den Menschen infizieren.

Cardiobacterium hominis
Die pleomorphen gramnegativen kapnophilen Stäbchen gehören zur Normalflora des Respirationstraktes. Subakute Endokarditis und Isolationen aus Mischflora bei eitrigen Infektionen im Gesichtsbereich sind beschrieben. **4.1 – 4.12**

Eikenella corrodens
Gleiche Charakteristika wie die oben beschriebenen Bakterien. Besonderheit: „corrodiert“ die Agaroberfläche. In der Kultur typisch modriger Geruch. Diese Spezies gehörte früher zu *Bacteroides corrodens*, das sich als nicht einheitlich erwies. Deshalb wurde von der streng anaeroben Spezies, jetzt *B. ureolyticus* genannt, die kapnophile *Eikenella corrodens* abgetrennt. *E. corrodens* gehört zur Schleimhautflora (Mundhöhle, Respirationstrakt, Intestinal- und Urogenitalbereich). *E. corrodens*-assoziierte Abszesse, Wundinfekte, septische Arthritiden, Endokarditis, Meningitis wurden vor allem bei Patienten mit verminderter Immunitätslage beschrieben. Es können Mono- oder Mischinfektionen vorliegen. Auch ist der Keim ätiologisch mit **marginalen Parodontitiden** assoziiert (siehe Kap. 10.1).

Kingella
Plumpe, kokkoide gramnegative Stäbchen, auch in Diploform. Die Spezies wurde von Schleimhäuten des Menschen isoliert, auch bei Mischinfektionen. Bekannt sind *K. kingae* und *K. oralis.*

Capnocytophaga
Zu dieser Gattung gehören gramnegative Bakterien, die an beiden Enden spitz zulaufen und sich durch eine gleitende Bewegung auszeichnen. Die Gruppe ist genetisch divergent, unterscheidet sich jedoch deutlich von den Gattungen *Bacteroides* und *Fusobacterium*. Die Spezies sind nicht streng anaerob und lassen sich unter 10 % Kohlendioxid anzüchten.

Von humanmedizinischem Interesse sind die Spezies *C. ochracea, C. gingivalis* und *C. sputigena*. Diese Arten lassen sich vor allem aus der gesunden und erkrankten Mundhöhle isolieren: Sulkusbereich, supra- und subgingivale Plaque, Parodontaltaschen. *Capnocytophaga* spp. sind ätiologisch assoziiert mit **marginalen Parodontitiden** und – meistens als Folgeerscheinung einer Neutropenie – auch mit lebensbedrohenden systemischen Infektionen. Die drei Arten *C. ochracea, C. gingivalis* und *C. sputigena* können sowohl bei oralen Erkrankungen (Parodontitis) als auch – insbesondere bei abwehrgeschwächten Patienten (Agranulozytose, Leukämien, Malignomen) – bei systemischen Infektionen beispielsweise aus Blut oder Liquor und aus Wunden, vor allem Bisswunden, isoliert werden.

Es wird diskutiert, dass sie durch toxische Produkte, Endotoxine oder/und proteolytische Enzyme direkt in das Wirtsgewebe eindringen können. Beschrieben wurde eine Isolierung aus Blutkulturen bei Sepsis. Ein wichtiger Faktor scheint ihre Fähigkeit zu sein, IgA zu spalten, so dass die Erreger lokal auf der Schleimhaut überleben können. Tierexperimentell ließ sich Parodontitis mit Destruktion bzw. Lyse des Alveolarknochens nachweisen. Ihre exakte ätiologische Rolle ist nicht eindeutig geklärt. *Capnocytophaga* spp. sind vor allem bei Diabetespatienten, die gleichzeitig Parodontitis aufweisen, im subgingivalen Biofilm eine dominierende Spezies.

Die Diagnostik erfolgt mikroaerophil oder anaerob auf Blutagar. Auf Grund der Morphologie „lange Stäbchen mit zugespitzten Enden“ wird vor allem *C. ochracea* mit *Fusobacterium nucleatum* verwechselt. Es ist aber diagnostisch zu unterscheiden durch seine Fähigkeit, Kohlenhydrate zu fermentieren. Die produzierten Fettsäuren sind Bernsteinsäure, Essigsäure und Milchsäure.

In oralen Plaque-Biofilmen koaggregieren *Capnocytophaga* spp. via ihre lektinartigen Membranproteine mit Gram-positiven Pionierkeimen: *C. ochracea* mit *S. oralis, A. naeslundii* und *A. israelii* sowie *C. gingivalis* mit *A. israelii*.

Für ihr Wachstum benutzen *Capnocytophaga* ssp. sowohl Speichelsubstrate (Muzine) als auch subgingivale Substrate (Albumin, Hämoglobin; letzteres ist vor allem bei blutenden Sulci bzw. Taschen vorhanden). *Capnocytophaga* spp. können mit verschiedenen Antibiotika bekämpft werden. In Frage kommen Clindamycin, Cephalosporine der dritten Generation, Chinolone und β-Laktamantibiotika wie die neueren Penicilline und Imipenem. Auch sind sie für Protegrine (siehe EAP*) sensibel.

4.9 *Spirochaetaceae*

Roland Weiger und René Sanderink

4.9.1 Charakteristika der Familie/Gattung und Epidemiologie

Spirochäten werden im Allgemeinen der Gruppe der gramnegativen, obligat anaeroben Stäbchen zugeordnet. Zu dem Rang der *Spirochaetales* gehören die Familien *Spirochaetaceae* und *Leptospiraceae* (Tab. 4.13). Die sogenannten oralen Spirochäten findet man unter der Gattung *Treponema*.

Strukturmerkmale

Im Dunkelfeld- und im Phasenkontrastmikroskop lassen sich die typische Charakteristika von Spirochäten erkennen. Sie sind beweglich und im Aussehen lang, schmal und korkenzieherähnlich gewunden. Ultrastrukturell zeigen sie im Vergleich zu anderen helikal angeordneten Bakterien

Tab. 4.13 Taxonomische Einteilung des Rangs der Spirochaetales.

Familie	Gattung	Spezies: Beispiele
Spirochaetaceae	*Treponema*	*T. denticola, T. pectinovorum, T. socranskii, T. vincentii, T. pallidum*
	Spirochaeta	*S. aurantia*
	Borrelia	*B. recurrentis, B. burgdorferi*
	Cristispira	*C. clone* CP1
Leptospiraceae	*Leptospira*	*L. interrogans*
	Leptonema	*L. illini*

4.1–4.12

eine besondere Morphologie. Zwischen einer äußeren und inneren Membran befindet sich der protoplasmatische Zylinder, in dem sogenannte periplasmatische Flagellen in Längsrichtung eingebettet sind (Abb. 4.6). Diese inserieren in den subterminalen Zellpolen, ziehen von dort in die gegenüberliegende Hälfte des periplasmatischen Raums und überlappen sich dort. Kleine Spirochäten besitzen in der Regel zwei bis vier Flagellen, während man bei größeren Spirochäten bis zu 20 Flagellen und bei sehr lang gestreckten über 100 finden kann. Die unterschiedliche Anzahl vorhandener Flagellen ist unter anderem ein Unterscheidungskriterium für verschiedene Spezies. In engem Zusammenhang mit dem Vorhandensein

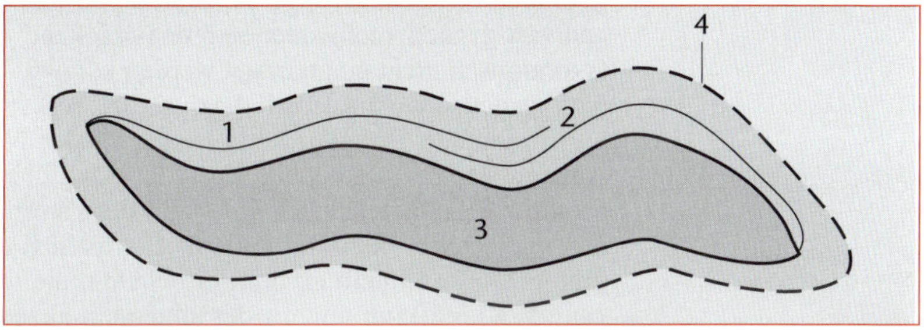

Abb. 4.6A Typisches Aussehen mit wenigen Flagellen (1, 2) ausgestatteter Spirochäten, (3) Zellkörper, (4) äussere Membran.

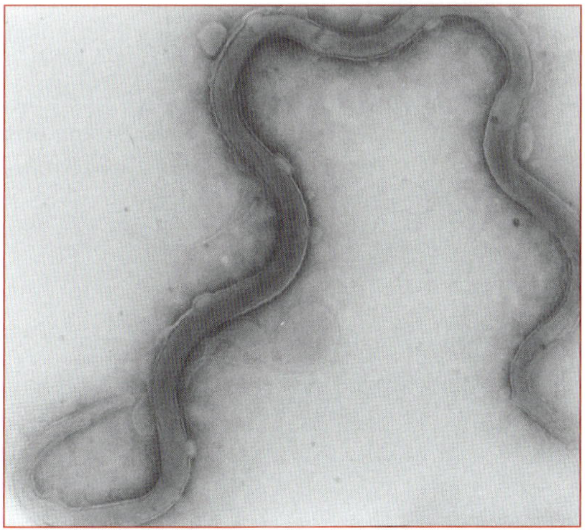

Abb. 4.6B EM-Aufnahme (negative Kontrastaufnahme).

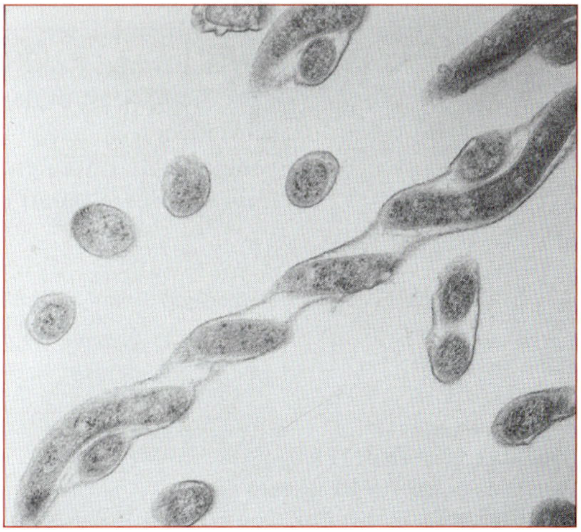

Abb. 4.6C EM-Aufnahme, mit gramnegative Zellwand, äußere Membran und angeschnittenen Windungen des Plasmazylinders.

dieser Flagellen steht zweifellos die charakteristische Beweglichkeit, die den Spirochäten eine Fortbewegung selbst in hochvisköser Umgebung erlaubt.

Taxonomische Aspekte
Da sich einzelne Spirochäten bisher nur mit hohem Aufwand oder in einigen Fällen nicht kultivieren lassen, sind deren Klassifizierung nach phänotypischen Gesichtspunkten Grenzen gesetzt. Unter den oralen Vertretern sind bisher kleine Spirochäten wie *Treponema denticola, T. pectinovorum, T. socranskii* und *T. vincentii* zuverlässig angezüchtet worden (Tab. 4.14). Diese Keime sind inzwischen auch unter Verwendung chemotaxonomischer Tests und durch Analyse der ribosomalen RNA (rRNA) sicher und schnell identifizierbar. Die DNA-DNA-Hybridisierung erlaubt ebenfalls eine exakte Identifizierung der genannten Spezies.

Die Anzucht großer, sehr langgestreckter Spirochäten aus subgingivaler Plaque setzt den vorsichtigen Umgang mit der Plaqueprobe voraus. Wird die Probe auf herkömmliche Weise homogenisiert oder kurzen Ultraschallimpulsketten zur Dispersion der Plaque ausgesetzt, kommt es zur Lyse von Spirochäten; der kulturmikrobiologische Nachweis zumindest von großen Spirochäten mißlingt.

Es gibt eindeutige Hinweise, dass einige in subgingivalen Proben vorgefundene und der Gruppe der oralen Spirochäten zugehörige Isolate gegenwärtig noch nicht oder nur unzureichend charakterisiert und daher taxonomisch nicht eingeordnet werden können. Fortschritte bietet hier der phylogenetische Ansatz mit Analyse der 16S rRNA (S = SVEDBERG*) von fraglichen Isolaten durch Vergleich der Nucleotidsequenzen (siehe Anhang 4). Diese Technik lässt die Ähnlichkeit der phylogenetischen Struktur einzelner Spezies innerhalb der Familie *Spirochaetaceae* erkennen und schafft dadurch die Basis für deren Katalogisierung. Hierbei ergibt sich eine Einteilung der Spirochäten, die weitgehend mit der vorliegenden Klassifizierung aus der allgemein akzeptierten klassischen Taxonomie übereinstimmt.

Vor dem Hintergrund der Limitierung der konventionellen Methoden zur Isolierung, Kultivierung und Identifizierung gilt es als unbestritten, dass die Vielfalt oraler Spirochäten unterschätzt wurde. Zu den oben beschriebenen Spezies (siehe Tab. 4.14) wurden neuerdings drei weitere aus subgingivalen Arealen isolierte Spezies (*Treponema medium, T. maltophilium, T. amylovorum*) näher beschrieben und offiziell geführt.

Tab. 4.14 Vertreter oraler Spirochäten und deren typische Merkmale.

Merkmale	*T. denticola*	*T. pectinovorum*	*T. socranskii*	*T. vincentii*
Zelllänge	6 – 16 µm	7 – 15 µm	6 – 15 µm	5 – 16 µm
Zelldurchmesser	0,15 – 0,20 µm	0,28 – 0,30 µm	0,16 – 0,18 µm	0,20 – 0,25 µm
Anzahl periplasmatischer Flagellen	2 – 3	2	2	4 – 6
Fermentation von Kohlenhydraten	+	-	-	-
G+C Gehalt	37 – 38 mol%	39 mol%	50 – 52 mol%	44 mol%

G = Guanin, C = Cytosin

Unter dem Gesichtspunkt spirochäten-assoziierter Infektionen, die sich primär außerhalb der Mundhöhle manifestieren, sind nicht-orale Spirochäten wie *Borrelia recurrentis, B. burgdorferi, Treponema pallidum, T. pertenue* und *T. carateum* zu nennen.

Epidemiologie: beim Menschen lassen sich in der Mundhöhle Spirochäten aus **reifer** dentaler Plaque isolieren. In großer Zahl trifft man sie in subgingivaler, aus Parodontaltaschen entnommener Plaque an. Es ist davon auszugehen, dass die Mehrzahl der Menschen Spirochäten im Kleinkindalter in der Mundhöhle akquiriert und die Etablierung dieser Bakterien im Zusammenhang mit dem Durchbruch der Milchzähne steht. In mindestens der Hälfte der 3 bis 12 Jahre alten Kinder lassen sich Spirochäten in Plaqueproben mikroskopisch nachweisen. Allerdings ist deren Anteil an der gesamten Mikroflora mit < 1% sehr gering. Der Spirochätenanteil in dentogingivaler Plaque ist erhöht, wenn diese aus Bereichen mit benachbarter, entzündeter Gingiva stammt.

Primär nicht-pathogene Spirochäten finden sich auch im Genital- und im Intestinaltrakt. Nur sehr selten können diese unter bestimmten Voraussetzungen krankheitsauslösend sein.

4.9.2 Virulenzfaktoren/Pathogenitätsfaktoren

Die den Spirochäten zugeschriebene potenzielle Virulenz ist assoziiert mit deren Fähigkeit zur:

- Adhärenz und Expression zytotoxischer Effekte
- ECM*-Abbau und Osteolyse
- Aufnahme von Eisen
- Fortbewegung

Im Hinblick auf den Nachweis bestimmter Virulenzfaktoren gilt *Treponema denticola* als der am besten untersuchte Keim.

Adhärenz und Expression zytotoxischer Effekte

Voraussetzung für die Expression von Virulenzfaktoren ist die Besiedlung von Wirtsgeweben. Andernfalls könnten sich Spirochäten beispielsweise nicht in einer Parodontaltasche etablieren; sie würden von der Sulkusflüssigkeit (siehe Kap. 3.5) in die Mundhöhle transportiert und verschluckt werden. Für *T. denticola* wurde die Fähigkeit, an Fibronektin zu binden, nachgewiesen. Dieses Protein (siehe Kap. 3.3.5) wird u. a. auch von humanen Gingivafibroblasten synthetisiert und ist auf der Plasmamembran dieser Fibroblasten lokalisiert. Die Gegenwart von Antikörpern gegen humanes Fibronektin reduziert die Anlagerung von *T. denticola* an Zellen. *T. denticola* adhäriert auch an weitere Proteine wie Laminin, Gelatine, Fibrinogen und Kollagen vom Typ I und Typ IV. Es wird davon ausgegangen, dass Fibronektin, Laminin und Fibrinogen mit dem Hauptoberflächenprotein (53 kDa) von *T. denticola* eine Verbindung eingehen. Darüber hinaus bindet *T. denticola* über einen chymotrypsinähnlichen Proteasekomplex an dem Glycosaminoglycan Hyaluronsäure (bei physiologischem pH Hyaluronidat), dem Hauptbestandteil der extrazelluläre Matrix (ECM*). Als hydratisiertes Gel findet man Hyaluronsäure im interzellulären Raum beispielsweise im Epithel der oralen Mukosa. Bakterielle Hyaluronidasen können dieses Polysaccharid abbauen.

Die Inkubation von humanen Gingivafibroblasten mit *T. denticola* resultiert in einer reduzierten Proliferationsrate bis hin zum Untergang der Fibroblasten. Hierbei spielt auch der oben genannte chymotrypsinähnliche Proteasekomplex eine Rolle. Dieser baut in Epithelzellen und Fibroblasten endogenes Fibronektin ab, so dass möglicherweise die Zelladhäsion negativ beeinflusst wird. Außerdem können Fibrinogen gespalten und Substanz P inaktiviert werden. Ebenso ist *T. denticola* in der Lage, Erythrozyten zu agglutinieren (Hämagglutination*) und zu lysieren. In Verbindung mit der Fähigkeit zur Hämolyse werden ein Hämolysin (46 kDa) und eine chymotrypsinähliche Protease (30,4 kDa) gebracht. Das oberflächengebundene Hauptprotein (53 kDa) ist ebenfalls über noch nicht im Einzelnen geklärte Mechanismen zytotoxisch für Epithelzellen und Erythrozyten. Ausserdem bildet *T. denticola* zytotoxische VSC (siehe Halitose*).

ECM-Abbau und Osteolyse*

Lipooligosaccharide von *T. denticola* erhöhen – ähnlich wie LPS* – nicht nur die Freisetzung von MMPs aus Osteoblasten, sondern induzieren auch die Bildung von Osteoklasten.

Eisenakquisition

Die Anlagerung von Hämin (siehe Häm*), das aus lysierten Erythrozyten stammt, an ein membrangebundenes Protein (47 kDa) ist für *T. denticola* beschrieben worden. In ähnlicher Weise kann *T. denticola* eisenhaltiges Lactoferrin aus dem Speichel an einen Rezeptor (17 kDa) der äußeren Membran binden und nutzen.

Fortbewegung

Die Fähigkeit zur Fortbewegung in viskösen Flüssigkeiten verleiht pathogenen Spirochäten eine besondere Virulenz. Die optimale, auf Translationsbewegungen beruhende Beweglichkeit hängt u. a. von der Viskosität des Mediums ab. Aufgrund ihrer schlanken Zellgestalt können Spirochäten auch in inter- und intrazelluläre Räume vordringen und dort zytotoxische Substanzen freisetzen. So findet man orale Spirochäten nicht nur in der Parodontaltasche, sondern auch im Taschenepithel, im benachbarten Bindegewebe und auf Knochenoberflächen.

4.9.3 Krankheitsbilder

Im Zusammenhang mit einer etablierten Gingivitis findet man einen erhöhten Anteil von Spirochäten in subgingivale Plaque-Biofilmen. Das Auftreten einer akuten nekrotisierenden Gingivitis ist statistisch gleichfalls mit einem hohen Spirochätenanteil von über 30% assoziiert. Auch können Spirochäten bei chronischer und aggressiver Parodontitis über 50% der mikroskopierbaren subgingivalen Flora ausmachen. Bleibt eine moderat ausgeprägte oder fortgeschrittene, marginale Parodontitis unbehandelt, weisen Parodontaltaschen mit progredientem Attachmentverlust deutlich höhere Spirochätenanteile auf als Parodontaltaschen mit kleinerem Attachmentverlust. Die Frage, ob deshalb dem Faktor „Spirochätenanteil in subgingivaler Plaque“ ein prädiktiver Wert im Hinblick auf die Vorhersage weiteren Attachmentverlusts zukommt, gilt zum gegenwärtigen Zeitpunkt als offen.

Weitere Spirochäten-assoziierte und humanmedizinisch bedeutsame Erkrankungen sind die Syphilis (siehe Kap. 13.7), die Borreliose und das WEILsche Fieber. Als krankheitsverursachend gelten *Treponema pallidum, Borrelia recurrentis* bzw. *Leptospira interrogans*. Im Kindesalter können *T. pertenue* Himbeerseuche und *T. carateum* die Pinta-Krankheit auslösen.

4.10 *Helicobacter*

Manfred Knoke

4.10.1 Charakteristika

Helicobacter sind bewegliche, spiralig gekrümmte gramnegative Stäbchen, die an einem Pol Geißelbüschel aufweisen. Sie können auch Haken- oder Kommaform annehmen. Sogenannte „Mikrokokken“ stellen wahrscheinlich eine abgerundete Dauerform dar. *Helicobacter* wachsen langsam unter streng mikroaerophilen Bedingungen (90% Stickstoff, 5% Kohlendioxid, 5% Sauerstoff in Campy-GasPak-Gefäßen) als kleine graue glasig-durchscheinende Kolonien. Typisch ist die Produktion von Urease (bestehend aus zwei Untereinheiten UreA und UreB), die durch Abbau von Harnstoff zur Bildung von Ammoniumionen führt und dadurch in seiner sauren Umgebung den pH-Wert anheben kann. Ferner bildet es Katalase und Oxidase. Etwa 50 % der *H. pylori*-Stämme produzieren ein vakuolisierendes Zytotoxin (vacA), das in Zellkulturen zur Vakuolenbildung und zum Zelltod führt. Weitere wichtige Virulenz-, Toxizitäts- und Adhärenzfaktoren sind cagA (cytotoxin associated gene), babA (Blutgruppenantigen*-bindendes Adhäsin), iceA (induced by contact with epithelium) und ompA (outer membrane protein), zum Teil mit Untergruppen. Als zusätzlicher Virulenzfaktor ist bei diesen Bakterien die erhebliche Motilität (30 cm pro Stunde) durch rotierende Bewegung der Flagellen zu berücksichtigen.

Zu dem Genus *Helicobacter* gehören bisher neben *H. pylori* 22 weitere Arten, die nur bei Tieren gefunden wurden. Dazu zählen *H. mustelae, H. felis, H. nemestrinae, H. cinaedi, H. fennelliae, H. hepaticus, H. bilis, H. cholecystus, H. pullorum* und *H. typhlonius*.

Nur beim Menschen kommt *H. pylori* vor. Er existiert auf und zwischen den Epithelzellen, im Schleim der Magenschleimhaut und auf an anderen Orten lokalisierten Magenschleimhautinseln. Weitere Nachweise erfolgten im Speichel, in oralen Biofilmen, in der Darmmukosa und im Stuhl.

4.10.2 Diagnostik

Der kulturelle Nachweis erfolgt überwiegend aus Magen- und Duodenalschleimhautbioptaten, auch aus Magensaft. Ein histopathologischer Befund ist möglich (gut nach Silberfärbung). Bioptate ermöglichen ferner in einem Schnelltest mittels Farbreaktion einen direkten Hinweis auf die Ureaseaktivität. In der klinischen Diagnostik spielt der nichtinvasive Atemtest eine bedeutende Rolle. Bei diesem wird mit einer Probemahlzeit ^{14}C- oder ^{13}C-markierter Harnstoff verabfolgt und in der Atemluft das infolge der Ureasewirkung freigesetzte radioaktive Kohlendioxid gemessen. Ferner können mittels ELISA Antikörper im Blut bestimmt werden. Mehr als 19 *Helicobacter*-spezifische Antigene* sind bisher bekannt, beispielsweise OMPs (outer membrane proteins) und LPS* (Endotoxin). Zur modernen mikrobiologischen Diagnostik zählt die Polymerase-Kettenreaktion (PCR, siehe Kap. 15.4.3). Entsprechende Primer sind beschrieben. Für *H. pylori* und *H. hepaticus* ist inzwischen das gesamte Genom entschlüsselt. So sind bei *H. pylori* neun Urease-Gene (*ure*) identifiziert. Es besteht eine enge Nachbarschaft von *H. pylori* und *Campylobacter jejuni*.

Sektion II

4.10.3 Vorkommen und Krankheitsbilder

H. pylori wurde 1983 erstmalig durch J. R. WARREN und B. J. MARSHALL angezüchtet. Die Folge war eine weltweite Suche nach diesem Bakterium, da bald die Korrelation zwischen der Besiedlung des Magens und der Entstehung von Magen- und Zwölffingerdarmgeschwüren sowie der Magenschleimhautentzündung sichtbar wurde.

H. pylori kommt nur beim Menschen vor und wird auf fäkal-oralem und wahrscheinlich auch oral-oralem Wege übertragen. Die Besiedlung erfolgt meist bereits im Kindesalter. Sie ist in den Entwicklungsländern sehr viel häufiger als in Industrienationen. Eine zunehmende Infektionsrate mit dem Alter wurde nachgewiesen. So wurde in den mitteleuropäischen Ländern eine Prävalenz von etwa 70% im 7. Lebensjahrzehnt ermittelt. Die Infektion führt in der Regel zu einer chronischen Entzündung der Magenschleimhaut. Bei 80% der Gastritiden und 90 – 100% der Ulcus-Kranken wird *H. pylori* gefunden.

Entsprechend der oralen Übertragungsweise kann *H. pylori* auch im Speichel und in oralen Biofilmen nachgewiesen werden. Beim Urease-Schnelltest ist zu beachten, dass in der Mundhöhle im Gegensatz zum Magen eine Reihe der dort vorkommenden Mikroorganismen, wie *S. oralis, S. salivarius, S. sanguinis, Haemophilus*-Arten, *Bacteroides ureolyticus, Actinomyces* spp. und andere, ebenfalls Urease produziert (siehe Kap. 9.1-2). Es wird kontrovers diskutiert, ob die orale Mikroflora ein permanentes Reservoir für *H. pylori* darstellt. SONG et al. (2000) fanden mit Hilfe der PCR bei allen 20 untersuchten Patienten im Speichel und in den dentalen Biofilmen DNA von *H. pylori* und ordneten den Keim der normalen oralen Mikroflora zu. Angezweifelt werden diese Ergebnisse von KILMARTIN (2002), die das Vorkommen von *H. pylori* in der Mundhöhle eher auf den gastroösophagealen Reflux zurückführt. Eine Assoziation mit spezifischen oralen Erkrankungen wurde bisher nicht gefunden. Eine mengenmäßige Bestimmung in Proben von oralen Plaque-Biofilmen wurde mittels einer kompetitiven PCR durchgeführt und ergab die höchsten Werte mit einem Median von 25 (1-213) Zellen/mg supragingivaler Plaque-Substanz bei 10 Erwachsenen mit einer *H. pylori*-Infektion des Magens (SONG et al. 2000). Nach den Untersuchungen von KARCZEWSKA et al. (2002) wurde *H. pylori* oft in der Mundhöhle von Patienten mit dyspeptischen Beschwerden entdeckt, doch trat anscheinend trotz oraler *H. pylori*-Kolonisation eine Reinfektion des Magens nicht auf. Die Untersuchung von Speichelproben auf *H. pylori*-Antikörper zum Nachweis einer Infektion der Magenschleimhaut hat kein befriedigendes Ergebnis gebracht. *In vitro* sind verschiedene orale Bakterien wie *S. oralis, S. mutans, S. sobrinus, A. viscosus, P. gingivalis, F. nucleatum, T. denticola* und *T. vincentii* in der Lage, das Wachstum von *H. pylori* zu inhibieren. Das Risiko einer iatrogenen Transmission während zahnärztlicher Maßnahmen lässt sich durch entsprechende Hygienemaßnahmen ausschließen.

Nach der Besiedlung mit *H. pylori* kommt es primär zu einer entzündlichen Reaktion der Magenschleimhaut, die wiederum mit einem erhöhten Risiko für verschiedene weitere gastrointestinale Erkrankungen assoziiert sein kann. Nachgewiesen wurde die bakterielle Genese des B-Zell-Lymphoms (sog. MALT-Lymphom) und bestimmter Magenkarzinome auf dem Boden einer *H. pylori*-Gastritis, während diese Ursache beim Adenokarzinom des Magens noch nicht schlüssig ist.

Aufgrund der bestätigten Genese hat sich bei den meisten Magen- und Zwölffingerdarmgeschwüren die Eradikation von *H. pylori* als Therapie der ersten Wahl durchgesetzt. Durch die Beseitigung des Bakteriums mit Hilfe von Antibiotika bei gleichzeitiger Gabe eines Säureblockers kann heute in den meisten Fällen eine dauerhafte Heilung dieser Erkrankungen erzielt werden. Grundsätzlich werden zwei Antibiotika mit einem Protonenpumpenhemmer kombiniert. Letztere hemmen neben der Säureproduktion im Magen auch die bakterielle Urease. Die Entwicklung einer Vakzine wird angestrebt.

4.11 *Veillonellaceae*

Manfred Knoke

4.11.1 Charakteristika, Vorkommen und Arten

Die Veillonellen sind anaerobe, gramnegative Kokken, die zu zweit oder in Haufen auftreten und nur 0,3-0,5 µm groß sind. Ihre Anzucht verlangt eine sichere Anaerobiertechnik. Empfohlen wird ein spezieller *Veillonella* Neomycin-Agar. Makroskopisch erscheinen sie als kleine konvexe transparente Kolonien. Veillonellen fermentieren keine Kohlenhydrate und bilden aus dem von *Streptococcus* und *Actinomyces* produzierten Lactat und Succinat Acetat, Propionat, Kohlendioxid und Wasserstoff.

Veillonellen kommen vor allem in der Mundhöhle sowie im Gastrointestinal- und Respirationstrakt vor. Standorte in der Mundhöhle sind die auf den Zahnoberflächen befindlichen Biofilme (siehe Kap. 8.1.3.3), die *sulci gingivae*, die Zunge und die Mundflüssigkeit, wo sie physiologischerweise in geringen bis mäßigen Mengen zu finden sind. Rezeptoren (Liganden*) sind Dextran und Glucan (siehe Tab. 3.5). Die häufigste Art ist *V. parvula*. Seltener treten *V. dispar* und *V. atypica* auf. Weiter werden von uns *V. criceti, V. caviae, V. ratti* und *V. rodentium* genannt. Zur sicheren Unterscheidung wird von SATO et al. (1997) die Analyse der 16 SVEDBERG* rRNA mit Hilfe der Polymerase-Kettenreaktion (PCR) angegeben.

4.11.2 Klinische Bedeutung

Bei Infektionen kam *Veillonella* nur selten im Blut sowie im Kopf-, Zahn- und Nackenbereich vor. *V. dispar* und *V. atypica* werden bisweilen mit marginalen Parodontitiden assoziiert und spielen auch bei der Halitose* eine Rolle. An der Invasion des Dentins durch orale Streptokokken sind in größeren Mengen obligate Anaerobier und darunter auch *Veillonella* spp. beteiligt (LOVE und JENKINSON 2002). In kariösen Zähnen von Kindern wurden von MARCHANT et al. (2001) dementsprechend *Veillonella* spp. in signifikant größerer Anzahl als in aus Plaque-Biofilm stammenden Proben nachgewiesen. Im Tierexperiment konnte *Veillonella* gemeinsam mit *S. mutans* durch das Pulpagewebe in den Kreislauf gelangen und eine infektiöse Endokarditis hervorrufen (PRPIC-MEHICIC et al. 1998). Schließlich spielt nach den Untersuchungsergebnissen von NAGY et al. (1998) *Veillonella* auch eine Rolle bei der mikrobiellen Besiedlung von oralen Karzinomen, was einen Risikofaktor für die Entstehung von Infektionen bei diesen Patienten darstellt.

4.12 *Neisseriaceae*

Manfred Knoke

4.12.1 Charakteristika und Arten

Die Gattung *Neisseria* besteht aus unbeweglichen gramnegativen, oft semmelförmig paarig angeordneten Kokken (Diplokokken). Zu ihr gehören die „Gonokokken" *N. gonorrhoeae*, die 1879 durch A. NEISSER als erste der Gattung bei einem Gonorrhoe-Patienten nachgewiesen werden konnten. Eine weitere wichtige humanpathogene Spezies ist *N. meningitidis* („Meningokokken"), während andere Arten von *Neisseria* zur Normalflora gehören. Sie sind Schleimhautparasiten, die außerhalb des menschlichen Organismus rasch absterben. Sie gedeihen nur in Gegenwart von Sauerstoff (obligat aerob) und bilden Katalase und Oxidase. Ihre Größe beträgt etwa 1 µm.

Die Wand der Neisserien entspricht in ihrem Aufbau der anderer gramnegativer Bakterien. Virulenzfaktoren: Die äußere Membran der Meningokokken enthält Lipopolysaccharide* bei Fehlen des O-Antigens, dagegen die Gonokokken Lipooligosaccharide. Erstere verfügen über eine Kapsel aus Polysacchariden, letztere sind unbekapselt. Beide pathogene *Neisseria*-Arten tragen Pili, die eine Anheftung ermöglichen, aber auch eine antiphagozytäre Wirkung ausüben. Ferner produzieren die Gonokokken eine IgA1-spaltende Protease* und zunehmend Penicillinase, die die beobachtete Penicillinresistenz bewirkt. Zu dem Genus *Neisseria* gehört ferner eine Reihe von Kommensalen im Nasopharynx und Respirationstrakt, unter anderem *N. cinerea, N. dentiae, N. elongata, N. flavescens, N. lactamica, N. mucosa, N. polysaccharea, N. sicca* und *N. subflava* mit den Biovaren *subflava, flava* und *perflava*.

4.12.2 Diagnostik

Die meisten Nachweismethoden beziehen sich auf die Identifikation von *N. gonorrhoeae* und *N. meningitidis*. Durch eine Methylenblau- und Gramfärbung lassen sich die Diplokokken gut nachweisen. Wegen ihrer Empfindlichkeit sind ein spezielles Transportmedium und ein rascher Transport angezeigt. Kultiviert werden sie auf mit Eiweiß (Blut) angereicherten Nährmedien, die für den Nachweis von kommensalen Neisserien kein Colistin enthalten sollen. Für die Primärkultur von Gonokokken ist eine Atmosphäre von 5-10% CO_2 erforderlich. Dadurch wird auch bei den Meningokokken das Wachstum gefördert. Biochemische Tests des Metabolismus verschiedener Zucker wie Glucose, Maltose, Lactose und Saccharose zu Säuren, die Nitratreduktion, ein Pigmentnachweis sowie die Bestimmung der Colistin-Resistenz erlauben eine Differenzierung der verschiedenen *Neisseria*-Arten. Die Koloniemorphologie gestattet Hinweise auf bestimmte kommensale Arten. Eingesetzt werden ferner die direkte Immunfluoreszenz, monoklonale Antikörper (MAK*) gegen bestimmte Membranproteine, ELISA-Verfahren sowie die PCR zum Nachweis gonokokkenspezifischer Sequenzen von rRNA.

4.12.3 Epidemiologie und Krankheitsbilder

N. gonorrhoeae ist der Erreger der Gonorrhoe (Tripper). Die Infektion erfolgt durch den Geschlechtsverkehr. *N. meningitidis* kann eine Meningitis und Sepsis verursachen und wird im Liquor und Blut nachgewiesen. Sie kommt auch bei 5 – 10% der Normalbevölkerung vor, die als asymptomatische Keimträger angesehen werden.

Die übrigen *Neisseria*-Arten finden sich als Kommensalen auf den Schleimhäuten im Oronasopharynx, im Respirations- und Urogenitaltrakt von Mensch und Tieren. Auch in oralen Biofilmen kommen *Neisseria* vor (siehe Kap. 8.1.3.3). Ganz selten können sie eitrige Entzündungen beispielsweise der Meningen verursachen. *N. flavescens* wurde bei einem Meningitisausbruch beobachtet. Wichtig ist, dass sie mit den obligat pathogenen Neisserien verwechselt werden können. Beim Menschen wurden als Kommensale *N. lactamica, N. polysaccharea, N. cinerea, N. subflava, N. sicca, N. mucosa* und *N. elongata* isoliert, die bisher keine sichere Erkrankung hervorgerufen haben.

N. lactamica kolonisiert den Rachen von Kindern häufiger als den von Erwachsenen. Im Alter von 18 bis 24 Monaten sollen 21% und im 4. Lebensjahr 59% der Kinder kolonisiert sein. Dann nimmt im Alter von 14 – 17 Jahren die Kolonisationshäufigkeit bis auf 2% ab. Möglicherweise spielt dabei der Milchgenuss eine Rolle. Für die Kolonisation von kommensalen *Neisseria* im Rachen von Erwachsenen wurden folgende Raten bestimmt: *N. sicca* 45%, *N. perflava* 40%, *N. subflava-N. flava* 11%. *N. mucosa* konnte von den Autoren nicht angesprochen werden. In einer Studie von KNAPP und HOOK (1988) erwiesen sich die meisten Erwachsenen als mit zwei oder drei *Neisseria*-Spezies kolonisiert, 5% der Probanden wiesen sogar vier oder fünf Arten auf. Dabei war eine geographisch unterschiedliche Verteilung möglich.

Literatur

Ahrné S, Nobaek S, Jeppsson B, Adlerberth I, Wold A E, Molin G: The normal *Lactobacillus* flora of healthy human rectal and oral mucosa. J Appl Microbiol 85: 88-94, 1998

Ahumada M C, Colloca M E, López M E, Pesce de Ruiz Holgado A, Nader-Macias M E: Characterization of lactobacilli isolated from the tongue and gum. Anaerobe 5: 129-135, 1999

Bartlett J G: Agents of actinomycosis. In: Gorbach S L, Bartlett J G, Blacklow N R (Hrsg): Infectious diseases, 2nd ed. W B Saunders Verlag, Philadelphia 1998, Seiten 1973-1980

Beighton D, Brailsford S R: Lactobacilli and actinomyces: their role in the caries process. In: Stösser L (Hrsg.): Kariesdynamik und Kariesrisiko. Quintessenz Verlags-GmbH Berlin 1998, Seiten 130-136

Beighton D, Brailsford S R: Plaque microbiology of root caries. In: Newman H N, Wilson M (Eds): Dental plaque revisited. Oral biofilms in health and disease. Bioline, Cardiff school of biosciences, Cardiff university 1999, Seiten 295-312

Beighton D, Russell RRB, Hayday H: The isolation and characterization of *Streptococcus mutans* serotyp h from dental plaque of monkeys. J Gen Microbiol 124: 271-279, 1981

Bergan T, Kocur M: II. *Stomatococcus*. In: Sneath P H, Mair N S, Sharpe M E, Holt J G: Bergey's Manual of systematic bacteriology. Vol. 1, Verlag Williams & Wilkins, Baltimore 1986, Seiten 1008-1010

Bernhardt H: Zum Vorkommen der Gattung *Lactobacillus* (Beijerinck) im Magen des Menschen. Zbl Bakt I Orig A 226: 479-490, 1974

Bernhardt H, Knoke M: Humanpathogene Anaerobier. Mikrobiologie und Klinik. VEB Gustav Fischer Verlag, Jena 1988

Botha S J, Boy S C, Botha F S, Senekal R: *Lactobacillus* species associated with active caries lesions. J Dent Assoc South Africa 53: 3-6, 1998

Bratthall D: Demonstration of five serological groups of streptococcal strains resembling *Streptococcus mutans*. Odontol Revy 21: 143-152, 1970

Burne R A: Oral streptococci, products of their environment. J Dent Res 77: 445-452, 1998

Canale-Parola E: The spirochetes. In: Krieg N R, Holt J G: Bergey's Manual of systematic bacteriology. Vol. 1, Verlag Williams & Wilkins, Baltimore 1984, Seiten 38-67

Chan E C S, McLaughlin R: Taxonomy and virulence of oral spirochetes. Oral Microbiol Immunol 15: 1-9, 2000

Cook G S, Costerton J W, Lamont R J: Biofilm formation by *Porphyromonas gingivalis* and *Streptococcus gordonii*. J Periodont Res 33: 323-327, 1998

Dahle U R, Tronstad L, Olsen I: Characterization of new periodontal and endodontic isolates of spirochetes. Eur J Oral Sci 104: 41–47, 1996

De Soet J J, De Graaff J: Microbiology of carious lesions. Dent Update 25: 319-324, 1998

Ellen R P: Genus *Actinomyces* and other filamentous bacteria. In: Nisengard R J, Newman M G (Hrsg): Oral microbiology and immunology. 2th Ed. W B Saunders Verlag, Philadelphia 1994, Seiten 151-159

Engemann J, et al.: Infective endocarditis (IE) due to HACEK: Report from the international collaboration on endocarditis (ICE). 41th ICAAC, Chicago (2001), Abstract Nr. L-2293.

Fenno J, McBride B: Virulence factors of oral treponemes. Anaerobe 4: 1-17, 1998

Finegold S M: Anaerobic gram-negative rods: *Bacteroides, Prevotella, Porphyromonas, Fusobacterium, Bilophila, Sutterella*. In: Gorbach S L, Bartlett J G, Blacklow N R (Hrsg): Infectious diseases, 2nd ed. W B Saunders Verlag, Philadelphia 1998, Seiten 1904-1915

Gmür R, Guggenheim B: Interdental supragingival plaque – a natural habitat of *Actinobacillus actinomycetemcomitans, Bacteroides forsythus, Campylobacter rectus*, and *Prevotella nigrescens*. J Dent Res 73: 1421-1428, 1994

Haffajee A, Socransky S S: Microbial etiological agents of destructive periodontal disease. Periodontology 2000 5: 78-111, 1994

Hammann R, Werner H: *Bacteroidaceae*. In: Burkhardt F (Hrsg): Mikrobiologische Diagnostik. Georg Thieme Verlag, Stuttgart 1992, Seiten 195-204

Hasty D L, Ofek I, Courtney H S, Doyle R J: Multiple adhesins of streptococci. Infect Immun 60: 2147-2152, 1992

Herzberg M C: Environmental regulation of gene expression in oral Streptococci: strangers in a strange land. In: Guggenheim B, Shapiro S (Hrsg): Oral Biology at the turn of the century. Misconceptions, truths, challenges and prospects. Verlag S Karger, Basel 1998, Seiten 143-150

Jenkinson H F, Lamont R J: Streptococcal adhesion and colonization. Crit Rev Oral Biol Med 8: 175-200, 1997

Hahn H, Miksits K, Gatermann S: Streptokokken. In: Hahn H, Falke D, Kaufmann S H E, Ullmann U: Medizinische Mikrobiologie und Infektiologie, 3. Auflage. Springer Verlag, Berlin 1999, Seiten 212-233

Hof H, Dörries R, Müller RL (Hrsg.): Mikrobiologie. 2. Aufl. Georg Thieme Verlag, Stuttgart, New York 2002

Karczewska E, Konturek J E, Konturek P C et al. Oral cavity as a potential source of gastric reinfection by *Helicobacter pylori*. Dig Dis Sci 47: 978-986, 2002

Kayser F H, Bienz K A, Eckert J, Zinkernagel RM: Medizinische Mikrobiologie. 10. Aufl, Georg Thieme Verlag, Stuttgart, New York 2001

Knapp J S, Hook E W: Prevalence and persistence of *Neisseria cinerea* and other *Neisseria* spp. in adults. J Clin Microbiol 26: 896-900, 1988

Kilmartin C M: Dental implications of *Helicobacter pylori*. J Can Dent Ass 68: 489-493, 2002

Kloos W E, Schleifer K H: IV. *Staphylococcus*. In: Sneath P H, Mair N S, Sharpe M E, Holt J G: Bergey's Manual of systematic bacteriology. Vol. 1, Verlag Williams & Wilkins, Baltimore 1986, Seiten 1013-1035

Kocur M: I. *Micrococcus*. In: Sneath P H, Mair N S, Sharpe M E, Holt J G: Bergey's Manual of systematic bacteriology. Vol. 1, Verlag Williams & Wilkins, Baltimore 1986, Seiten 1004-1008

Kocur M: III. *Planococcus*. In: Sneath P H, Mair N S, Sharpe M E, Holt J G: Bergey's Manual of systematic bacteriology. Vol. 1, Verlag Williams & Wilkins, Baltimore 1986, Seiten 1011-1013

Kolenbrander P E, Andersen R N, Clemans D L, Whittaker C J, Klier C M: Potential role of functionally similar coaggregation mediators in bacterial succession. In: Newman H N, Wilson M (Hrsg): Dental plaque revisited. Oral biofilms in health and disease. Bioline, Cardiff school of biosciences, Cardiff university 1999, Seiten 171-186

Konietzko N, Loddenkemper R (Hrsg.): Tuberkulose. Georg Thieme Verlag Stuttgart, New York 1999

Kuramitsu H K: Proteases of *Porphyromonas gingivalis*: what don't they do? Oral Microbiol Immunol 13: 263-270, 1998

Loesche W J, Eklund S, Earnest R, Burt B: Longitudinal investigation of bacteriology of human fissure decay: epidemiological studies in molars shortly after eruption. Infect Immun 46: 765-772, 1984

Loesche W J: The Spirochetes. In: Nisengard R J, Newman M G: Oral microbiology and immunology. 2nd ed. Verlag W B Saunders, Philadelphia 1994, Seiten 228-237

Love R M, Jenkinson H F: Invasion of dentinal tubules by oral bacteria. Crit Rev Oral Biol Med 13: 171-183, 2002

Macuch P J, Tanner A C R: *Campylobacter* species in health, gingivitis, and periodontitis. J Dent Res 79: 785-792, 2000

Madinier I M, Fosse T M, Monteil R A: Oral carriage of *Helicobacter pylori*: A review. J Periodontol 68: 2-6, 1997

Malfertheiner P (Hrsg.): *Helicobacter pylori* – Von der Grundlage zur Therapie. 3.Aufl., Georg Thieme Verlag, Stuttgart, New York 2000

Malow J P, Bootz T, Bernhardt H, Knoke M, Zschiesche M: Diagnostik und Verlauf einer odontogenen phlegmonösen Anaerobierinfektion. ZKM 43: 49-51, 1988

Marchant, S, Brailsford S R, Twomey A C, Roberts G J, Beighton D: The predominant microflora of nursing caries lesions. Caries Res 35: 397-406, 2001

Marre R, Mertens T, Trautmann M, Vanek E: Klinische Infektiologie. Urban & Fischer Verlag, München & Jena 2000

Marsh P D, Bradshaw D J: Physiological approaches to the control of oral biofilms. Adv Dent Res 11: 176-185, 1997

Marsh P D, Martin M V: Oral Microbiology, 4th Ed. Wright Verlag (Butterworth-Heinemann), Oxford 1999, Seiten 27-30

Marshall B J: Unidentified curved bacilli on gastric epithelium in active chronic gastritis. Lancet I:1273-1275, 1983

Nagy K N, Sonkodi I, Szoke I, Nagy E, Newman H N: The microflora associated with human oral carcinomas. Oral Oncol 34: 304-308, 1998

Nishimura M, Bhuiyan M M, Matsumura S, Shimono T: Assessment of the caries activity test (Cariostat) based on the infection levels of mutans streptococci and lactobacilli in 2- to 13- year-old children's dental plaque. J Dent Child 65: 248-251, 1998

Perch B, Kjems E, Ravn T: Biochemical and serological properties of *Streptococcus mutans* from various human and animal sources. APMIS 82: 357-370, 1974

Peters G, Pulverer G: Die Familie der *Micrococcaceae*. In: Köhler W, Eggers H J, Fleischer B, Marre R, Pfister H, Pulverer G (Hrsg): Medizinische Mikrobiologie, 8. Auflage. Verlag Urban und Fischer, München und Jena, 2001, S. 250-259

Potempa J, Pavloff N, Travis J: *Porphyromonas gingivalis*: a proteinase/gene accounting audit. Trends Microbiol 3: 430-433, 1995

Prpic-Mehicic G, Marsan T, Miletic I, Buntak-Kobler D: Infective endocarditis caused by *Veillonella* of dental origin. Coll Antropol 22: 39-43, 1998

Reuter G: The *Lactobacillus* and *Bifidobacterium* microflora of the human intestine: Composition and succession. Curr Issues Intest Microbiol 2: 43-53, 2001

Riggio M P, Lennone A, Smith A: Detection of *Peptostreptococcus micros* DNA in clinical samples by PCR. J Med Microbiol 50: 249-254, 2001

Rosan B: The Staphylococci. In: Nisengard R J, Newman M G: Oral microbiology and immunology. 2nd ed. Verlag W B Saunders, Philadelphia, London 1994, Seiten 147-150

Sato T, Matsuyama J, Sato M, Hoshino E: Differentiation of *Veillonella atypica*, *Veillonella dispar* and *Veillonella parvula* using restricted fragment-length polymorphism analysis of 16S rDNA amplified by polymerase chain reaction. Oral Microbiol Immunol 12: 350-353, 1997

Sela M N: Role of *Treponema denticola* in periodontal diseases. Crit.Rev Oral Biol Med 12: 399-413, 2001

Sheagren J N, Schaberg S R: Staphylococci. In: Gorbach SL, Bartlett JG, Blacklow NR (Hrsg): Infectious diseases, 2nd ed. W B Saunders Verlag, Philadelphia 1998, Seiten 1697-1703

Shlaes D M, Zabransky R J: Miscellaneous Streptococci. In: Gorbach S L, Bartlett J G, Blacklow N R (Hrsg): Infectious diseases, 2nd ed. W B Saunders Verlag, Philadelphia 1998, Seiten 1736-1741

Slots J (Hrsg): *Actinobacillus actinomycetemcomitans* and *Porphyromonas gingivalis* in periodontal disease. Periodontology 2000 20: 1-362, 1999

Song Q, Haller B, Ulrich D, Wichelhaus A, Adler G, Bode G: Quantification of *Helicobacter pylori* in dental plaque samples by competitive polymerase chain reaction. J Clin Pathol 53: 218-222, 2000

Song Q, Lange T, Spahr A, Adler G, Bode G: Characteristic distribution pattern of *Helicobacter pylori* in dental plaque and saliva detected by nested PCR. J Med Microbiol 49: 349-353, 2000

Song Q, Spahr A, Schmid R M, Adler G, Bode G: *Helicobacter pylori* in the oral cavity: high prevalence and great DNA diversity. Dig Dis Sci 45: 2162-2167, 2000

Stollerman GH: *Streptococcus pyogenes* (Group A streptococci). In: Gorbach S L, Bartlett J G, Blacklow N R (Hrsg): Infectious diseases, 2nd ed. W B Saunders Verlag, Philadelphia 1998, Seiten 1703-1719

Summanen P, Baron E J, Citron D M, Strong C, Wexler H M, Finegold S M: Wadsworth anaerobic bacteriology manual. 5th ed. Star Publ. Comp., Belmont CA 1993

Takahashi N, Yamada T: Glucose and lactate metabolism by *Actinomyces naeslundii*. Crit Rev Oral Biol Med 10: 487-503, 1999

Trüper H G, De Clari L: Taxonomic note: necessary correction of specific epithets formed as substantives (nouns) „in apposition“. Int J Syst Bacteriol 47: 908-909, 1997

Warren J R: Unidentified curved bacilli on gastric epithelium in active chronic gastritis. Lancet I: 1273, 1983

Werner H: Die Gattung *Bacteroidaceae* und nahestehende Gattungen. In: Brandis H, Eggers H J, Köhler W, Pulverer G (Hrsg): Lehrbuch der medizinischen Mikrobiologie, 7. Auflage. Gustav Fischer Verlag, Stuttgart 1994, Seiten 498-503

Whiley R A, Beighton D: Current classification of the oral streptococci. Oral Microbiol Immunol 13: 195-216, 1998

Whittaker C J, Klier C M, Kolenbrander P E: Mechanisms of adhesion by oral bacteria. Ann Rev Microbiol 50: 513-552, 1996

Yao E S, Lamont R J, Leu S P, Weinberg A: Interbacterial binding among strains of pathogenic and commensal oral bacterial species. Oral Micrbiol Immunol 11: 35-41, 1996

Yeung M K: Molecular and genetic analysis of *Actinomyces* spp. Crit Rev Oral Biol Med 10: 120-138, 1999

Zambon J J, Nisengard R J: Black-pigmenting bacteria. In: Nisengard R J, Newman M G (Hrsg): Oral microbiology and immunology, 2th ed. W B Saunders Verlag, Philadelphia 1994, Seiten 212-217

Kapitel 5
Viren

Jürg Meyer und Catherine Weber

Zusammenfassung

Im Folgenden werden die humanpathogenen Vertreter der wichtigsten Virusfamilien vorgestellt. Die Reihenfolge entspricht nicht der Virus-Taxonomie, wie sie in Tab. 1.9 dargestellt ist. Vielmehr wird versucht, sie entsprechend der Bedeutung für die zahnärztliche Praxis zu besprechen. Dabei werden der Stellenwert von oralen Läsionen einerseits und das Expositionsrisiko für die Mitglieder des zahnärztlichen Teams anderseits berücksichtigt. Für die einzelnen Erreger werden die wichtigsten Aspekte, wie Infektionsverläufe, Diagnostik, Therapie, Prophylaxe besprochen, ohne Vollständigkeit anzustreben. Die viral bedingten Mundschleimhautaffektionen werden in Kap. 12.1 dargestellt.

5.1 Herpesviren (HSV, VZV, CMV, EBV, HHV6, HHV8)

Die Herpesviren repräsentieren die Virusgruppe, mit der die Mitglieder des zahnärztlichen Teams wohl am häufigsten berufsbedingt in Kontakt kommen. Sie sind eine Gruppe von mehreren hundert morphologisch gleichen, doppelsträngigen DNA-Viren, von denen mindestens acht Arten verschiedene Infektionen des Menschen verursachen. Gemeinsam ist ihnen einerseits die Fähigkeit, über lange Zeiträume hinweg im Körper latent zu bleiben und unter bestimmten Reizen wieder in eine aktive Virusvermehrung überzugehen, und anderseits eine hohe Durchseuchungsrate (von 60-90% der erwachsenen Bevölkerung). Mehrere tierische und menschliche Herpesviren sind mit der Bildung von Malignomen assoziiert.

Menschliche Herpesviren

Das **Herpes-simplex-Virus** (HSV, Serotyp 1 und 2) können bei der Primärinfektion eine Gingivostomatitis, später bläschenförmige Manifestationen (Herpes labialis bzw. genitalis), Enzephalitiden oder eine generalisierte Neugeborenen-Infektion verursachen.

Das **Varizella-Zoster-Virus** (VZV) ist Erreger der Windpocken als Folge der Erstinfektion und Erreger der Gürtelrose (Zoster) als Folge einer Reaktivierung.

Das **Zytomegalievirus** (CMV) verursacht inapparente Infektionen bei Immunkompetenten, kann aber bei Immunkompromittierten zu schwersten generalisierten Infektionen mit tödlichem Ausgang führen.

Das **Epstein-Barr-Virus** (EBV) kann die infektiöse Mononucleose (Pfeiffer-Drüsenfieber) auslösen und ist mit dem Burkitt-Lymphom und dem nasopharyngealen Karzinom assoziiert.

Das **humane Herpesvirus** 6 (HHV6) verursacht das Dreitagefieber (Roseola infantum). Das humane Herpesvirus 8 (HHV8) wurde als wesentlicher Kofaktor für die Entwicklung des Kaposi-Sarkoms identifiziert.

Biologie der menschlichen Herpesviren

Die Viruspartikel haben eine Größe von etwa 150 nm Durchmesser und bestehen aus einem ikosaedrischen Nucleokapsid, das die DNA (etwa 150 kbp) enthält, und einer Hülle mit mehreren viral codierten Proteinen, die für die Infektiosität wesentlich sind. Die Infektion beginnt mit der Bindung der Viruspartikel an spezifische Rezeptoren der Wirtszelle. Es kommt dann zur Fusion der Virushülle mit der Zellmembran und zum Transport des Nucleokapsids in den Kern, wo die DNA freigesetzt wird. Dort erfolgt die Genomreplikation und der Zusammenbau der Nachkommen-Nucleokapside, die in der Regel beim Durchtritt durch die Kernmembran die Hülle erwerben. Die Freisetzung reifer Virionen erfolgt nach Transport durch das endoplasmatische Retikulum und den GOLGI-Apparat.

Nach der Infektion liegt die virale DNA als ringförmiges Molekül vor. In der Latenz sind entweder nur ganz wenige Gene* aktiv und es werden keine Virionen gebildet (HSV und VZV), oder es werden dauernd, aber auf tiefem Niveau Nachkommenviren gebildet, die dann auch neue Zellen infizieren (CMV, EBV), so dass man eher von einer persistierenden

Infektion sprechen kann. Die Reaktivierung der latenten Herpesviren kann durch zahlreiche Reize erfolgen (Fieber, Stress, Sonnenbestrahlung, Immunsuppression), die genauen Mechanismen sind aber weitgehend unbekannt.

Labordiagnostik, Therapie, Prophylaxe
Der Virusnachweis kann auf verschiedenen Wegen erfolgen, sei es durch direkten oder kulturellen Nachweis (HSV, VZV, CMV), sei es durch serologische Methoden (VZV, EBV, HHV6 und -8). Bei manifesten HSV-, VZV- und CMV-Infektionen werden erfolgreich Chemotherapeutika (Acyclovir, Ganciclovir, Foscarnet) eingesetzt. Da ein möglichst frühzeitiger Einsatz wesentlich ist, werden sie bei Immunsupprimierten auch prophylaktisch verabreicht. Zur Prophylaxe dient auch Hyperimmunglobulin. Nur bei VZV steht ein Impfstoff aus attenuierten Viren zur Verfügung.

5.2 Hepadnaviren (HBV) und Hepatitis-D-Virus

Das **Hepatitis-B-Virus** (HBV) bildet verschiedene Partikel. Das infektiöse Virion (Dane-Partikel) besteht aus einem inneren Partikel (Nucleokapsid) von 27 nm und einer Lipid-Hülle von 42 nm Durchmesser. In der Hülle ist das virale Oberflächenantigen HBs (Hepatitis B surface) in drei Formen verankert, als reifes Polypeptid (Mw = 25 kDa) und dessen Vorstufen PreS1 (40 kDa) und PreS2 (33 kDa). Das Nucleokapsid besteht aus dem Kapsid, das durch das HBc (core)-Antigen (21 kDa) gebildet wird und das das Genom, eine partiell doppelsträngige DNA samt DNA-Polymerase (reverse Transkriptase), einschließt (Abb. 5.1A). Daneben werden auch leere Hüllen mit dem HBs-Antigen gebildet, die als sphärische Partikel von 17–25 nm oder filamentöse Formen von gleichem Durchmesser und variabler Länge im Blut erscheinen. Zusätzlich wird als weiteres virales Protein das HBe-Antigen ins Blut abgegeben, das eine verkürzte Variante des core-Proteins darstellt. Bei der Virusvermehrung werden enorm hohe Virustiter im Blut gemessen, weshalb schon kleinste Blutmengen für eine Übertragung genügen.

Eine Besonderheit stellt die Genomreplikation dar: Nach dem Eindringen ins Zytoplasma der Wirtszelle vervollständigt die im Virion vorhandene Polymerase die virale DNA zu einem kompletten Doppelstrang. Diese DNA wird im Kern durch die Wirts-RNA-Polymerase in voller Länge transkribiert. Die virale Polymerase hat reverse Transkriptase-Aktivität und kopiert diese RNA in einen unvollständigen Doppelstrang. Die Genomreplikation verläuft also ähnlich wie bei den Retroviren (siehe Kap.5.4), aber bei HBV wird der DNA-Polymerase-Komplex (und nicht der RNA-Polymerase-Komplex) in die neuen Virionen verpackt.

Infektionsverläufe
Bei einer akuten Infektion (Abb. 5.1B) können nach einer sehr variablen Inkubationszeit von 6–20 Wochen Symptome einer Hepatitis auftreten, die ebenfalls unterschiedlich lange andauern. Die Mehrzahl der Infektionen verläuft aber klinisch inapparent. Die Schädigung der Leber entsteht nicht direkt durch die Virusreplikation in den Hepatozyten sondern indirekt durch die humorale und vor allem zelluläre Immunreaktion. Wahrscheinlich werden durch HBV infizierte Hepatozyten, die virale Peptide auf MHC-Klasse-I exponieren, durch aktivierte zytotoxische $CD8^+$ Lymphozyten zerstört. Bei rund 90% führt dies zur Heilung und Elimination des Virus aus dem Körper. Bei 0,2–1% der Infizierten kann es zu einer fulminanten Hepatitis mit hoher Letalität kommen.

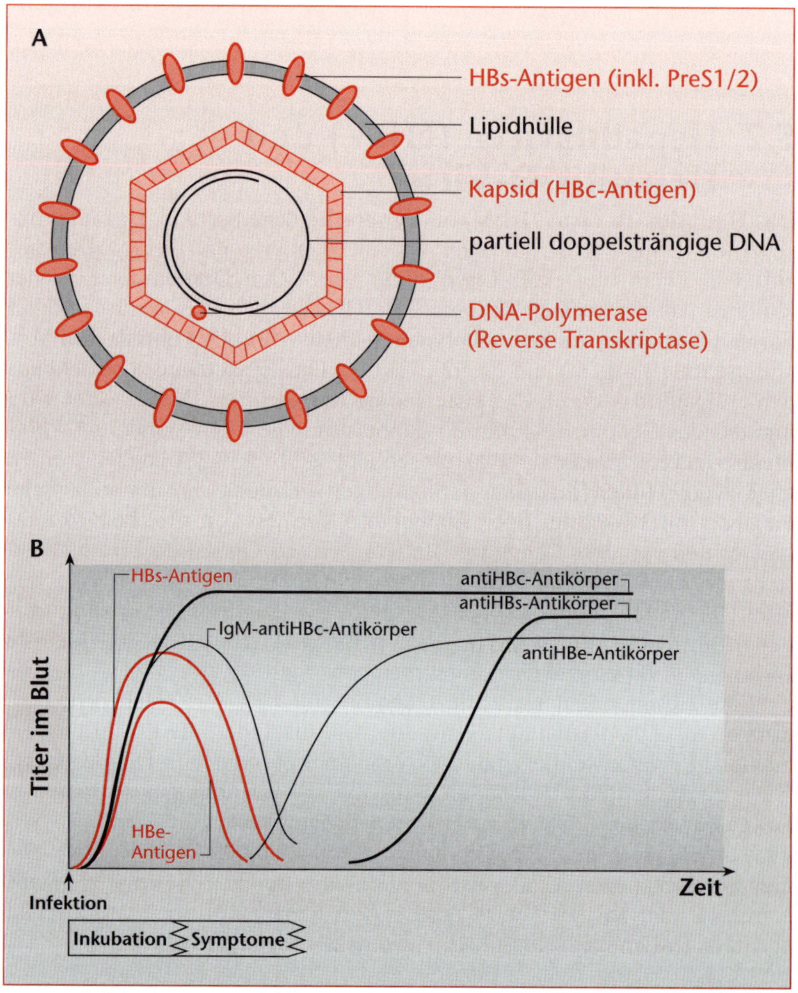

Abb. 5.1 A: Schematische Darstellung des Hepatitis-B-Virions. **B:** Typischer Infektionsverlauf unter Berücksichtigung der im Blut nachweisbaren Antigene* und Antikörper.

Wird das Virus nicht eliminiert (bei 5–10% der Infizierten), kommt es zu einer chronischen Infektion, bei der gesunde HBV-Träger von Patienten mit einer chronisch-persistierenden (keine Virusreplikation) bzw. chronisch-aggressiven Hepatitis (mit Virusreplikation) unterschieden werden. Die chronische Infektion kann zu einem erhöhten Risiko für eine Leberzirrhose und ein hepatozelluläres Karzinom führen. Das Blut dieser Patienten ist infektiös.

Labordiagnose
Im Blut des Patienten lassen sich entsprechend dem Infektionsverlauf (Abb. 5.1B) die verschiedenen Antigene und Antikörper nachweisen: Zu Beginn der akuten Phase werden HBs-Antigen und IgM-Antikörper gegen HBc nachgewiesen, als Zeichen der Heilung IgG-Antikörper gegen HBs. Bei einer chronischen Infektion bleiben die Antigene HBs und HBc nachweisbar und es erscheinen keine anti-HBs-Antikörper. Bei unklarer Serologie kann die virale DNA durch die Polymerase-Kettenreaktion (PCR, siehe Kap. 15.4.3) nachgewiesen werden. **5.1–5.14**

Therapie, Prophylaxe
Die Therapie der chronischen Infektion wird mit alpha-Interferon und Chemotherapeutika klinisch erprobt, vermag aber noch nicht restlos zu befriedigen. Deshalb kommt der aktiven Impfung mit dem HBs-Antigen eine hervorragende Bedeutung zu. Ursprünglich (1982) wurde es aus dem Blut von chronisch Infizierten gewonnen, aber heute wird der gentechnisch mit Hilfe von Hefezellen produzierte Impfstoff (1987) bevorzugt, weil keine kontaminierenden Viren zu befürchten sind. Drei Injektionen führen in 90% zu einer dauernden, protektiven Immunität (Antikörpertiter über 100 IE/l), bei Hypo- und Non-respondern soll nachgeimpft werden (vergleiche Kap. 17.3.2). Postexpositionell kann zusätzlich eine passive Immunisierung mit Hyperimmunglobulin durchgeführt werden.

Hepatitis D
Das Hepatitis-D-Virus (HDV) ist ein defektes RNA-Virus, dessen Kapsid aus HBs-Antigen besteht und das sich deshalb nur in HBV-infizierten Zellen vermehren kann. Eine gleichzeitige Doppelinfektion von HBV und HDV oder eine Superinfektion von chronisch HBV-Infizierten mit HDV führt zu einem wesentlich ungünstigeren Krankheitsverlauf. Beide Viren werden durch Blut oder sexuell übertragen.

5.3 Flaviviren (HCV, HGV)

Die Flaviviren haben ein RNA-Genom von rund 10.000 Nucleotiden, das von einem ikosaedrischen Kapsid von 30 nm und einer Lipidhülle von 45 nm umgeben ist. Zu dieser Virusfamilie zählt einerseits die Flavivirus-Gruppe, deren Vertreter (z. B. Gelbfieber-, Denguevirus) durch Arthropoden übertragen werden und zu einem zweiphasischen, z. T. schweren

Krankheitsverlauf mit hoher Letalität führen können. Anderseits gehören die Pestiviren dazu, die nicht durch Arthropoden übertragen werden und als Erreger wichtiger Tierseuchen (z. B. Schweinepest) in Erscheinung treten. Die dritte Gruppe bilden die Hepaciviren mit den Hepatitis C(HCV)- und -G(HGV)-Viren. Beide Viren können nicht in Zellkulturen gezüchtet werden und sind nur durch den Einsatz gentechnischer Methoden entdeckt worden.

Das HCV wird wie das HBV durch Blut übertragen, aber vermutlich nicht durch Sexualkontakt, und ein Großteil der Infektionen verläuft ebenfalls klinisch inapparent. Allerdings ist bei HCV der Anteil persistierender Infektionen mit 50–85% wesentlich höher und führt ebenfalls viel häufiger zu chronischen Hepatitiden. Diese können wie bei der chronischen HBV-Infektion in eine Leberzirrhose übergehen und zu einem hepatozellulären Karzinom führen. Die im Vergleich zu HBV hohe Persistenz des HCV könnte darauf beruhen, dass bei der Replikation des RNA-Genoms viele Mutanten (Quasispezies von RNA-Viren, siehe Kap 1.3.6) entstehen, die von der Immunantwort nicht rasch genug eliminiert werden. Die Labordiagnose erfolgt durch Antikörpernachweis. Die Viruspersistenz wird durch quantitativen Nachweis der viralen RNA (mittels RT-PCR, siehe Kap. 15.4.3) verfolgt. Eine Therapie mit Interferon in Kombination mit verschiedenen Chemotherapeutika wird angewandt und kann zur Elimination des Virus und damit zur Vermeidung der Spätfolgen führen. Eine Impfung existiert nicht, so dass die Prophylaxe hauptsächlich in der Vermeidung einer Exposition durch hygienische Maßnahmen besteht. Die ätiologische Bedeutung des HGV ist noch nicht geklärt.

5.4 Retroviren (HTLV, HIV)

In der Familie Retroviren sind Viren zusammen gefasst, die in ihrem Vermehrungszyklus die im Virion enthaltene einsträngige RNA durch das virale Enzym Reverse Transkriptase (eine RNA-abhängige DNA-Polymerase) in eine doppelsträngige DNA umschreiben (eben Retrotranskription). Diese DNA wird mit Hilfe einer viralen Integrase ins Wirtszellgenom eingebaut und dient als Matrize für die Synthese von mRNA und viraler RNA. Auch bei dieser Virusgruppe werden die primären Translationsprodukte durch eine virale Protease* in die funktionellen Proteine gespalten. Die behüllten Nachkommenviren entstehen durch Sprossung an der Zytoplasmamembran. Bis vor 20 Jahren waren nur tierische Retroviren bekannt, von denen zahlreiche Tumoren verursachen konnten. Innerhalb der Familie der Retroviren werden mehrere Subfamilien unterschieden, darunter die Onkoviren und die Lentiviren. In den letzten Jahrzehnten sind beim Menschen einerseits Onkoviren (**humanen T-Zell-Leukämie-Viren**, HTLV I und II, Erreger von T-Zell-Malignomen) und anderseits die Lentiviren (insbesondere die **humanen Immundefizienz-Viren**, HIV 1 und 2, Erreger der erworbenen Immunschwäche AIDS), entdeckt worden.

Das humane Immundefizienz-Virus: Infektionsverlauf

Das HI-Virion hat eine Größe von 100–120 nm und ist komplex aufgebaut (Abb. 5.2A): Das Kapsid umschließt die beiden identischen viralen RNA-Moleküle von je 9.750 Nucleotiden, die viralen Enzyme (reverse Transkriptase, DNA-Integrase, Protease) und spezifische zelluläre tRNA (die als Primer wirken). Dieses Nucleokapsid ist eingebettet in ein Matrixprotein und eine Lipidhülle mit viralen Proteinen. Die genetische Karte von HIV enthält wie alle Retroviren die Gene *gag* (das interne Strukturproteine codiert), *pol* (das reverse Transkriptase, Integrase und Protease codiert) und *env* (das die Hüllproteine codiert, Abb. 5.2B). Darüber hinaus enthält das HIV-Genom mehrere regulatorische Gene und komplexe RNA-splicing-Muster von überlappenden offenen Leserastern, die zu über 30 verschiedenen mRNAs führen. Das Provirus ist auf beiden Seiten von langen, endständigen Sequenzwiederholungen (LTR, long terminal repe- **5.1–5.14**
ats) flankiert, die bei der reversen Transkription entstehen und wichtige Signale für die Replikation und Transkription enthalten.

Die Übertragung des HIV erfolgt durch Blut und (früher) Blutprodukte, sowie durch ungeschützte Sexualkontakte. Das Virus kann auch vertikal von der Mutter auf den Fötus übertragen werden. Das HIV trägt in der Hülle ein virales Oberflächenprotein (gp120), das im ersten Schritt der Infektion an die CD4-Oberflächenmolekülen der Wirtszellen als Rezeptor bindet. Daneben spielen weitere Korezeptoren eine modulierende Rolle. Auf diese Weise kann HIV in T4-Helfer-Lymphozyten und andere CD4-positive Zellen (siehe Anhang 2) eindringen, in deren Zytoplasma die reverse Transkription erfolgt, die dann die weitere Virusreplikation einleitet. Die Virusvermehrung führt (eine Ausnahme unter den Retroviren) zum Zelltod, wobei die Mechanismen nicht restlos verstanden werden, aber Apoptose* mit einzuschließen scheinen.

Die Infektion kann in den ersten Wochen zu grippeähnlichen Symptomen führen, kann aber auch klinisch inapparent verlaufen. Als erstes Zeichen der Virusvermehrung lässt sich schon nach zwei Wochen im Serum das Kapsidprotein als p24-Antigen nachweisen, etwas später treten dann auch Antikörper auf.

Die Infektion geht dann über in eine lange klinisch inapparente Latenzphase, während der das Virus vorwiegend in T4-Lymphozyten und Makrophagen persisitiert und sich in lymphatischem Gewebe auch weiter vermehrt. Obwohl in dieser Zeit der Virustiter im Blut tief bleibt, können die HIV-Träger das Virus übertragen. Als Folge der Zellzerstörung sinkt die Zahl der T4-Lymphozyten, was zu einer zunehmenden Unterdrückung der zellvermittelten Immunabwehr (Immundefizienz) führt. Klinisch können Lymphadenopathien oder Symptome auftreten, die auf eine verminderte zelluläre Abwehr schließen lassen. Gleichzeitig beginnt der Virustiter (viral load) im Blut anzusteigen (Abb. 5.2 C). Wenn die Zahl der CD4-Lymphozyten im Blut unter einen Wert von 200/ml fällt, steigt das Risiko für eine sog. AIDS definierende Krankheit. Dazu gehören einerseits opportunistische Infektionen durch Viren (HSV, VZV, CMV), verschiedene Bakterien (u. a. opportunistische Mykobakterien), Protozoen (*Toxoplasma gondii, Cryptosporidium*) oder Pilze (*Candida* sp., *Pneumocystis carinii, Cryptococcus neoformans*), anderseits Lymphome, das sonst seltene Kaposi-Sarkom oder eine HIV-Enzephalopathie.

Sektion II

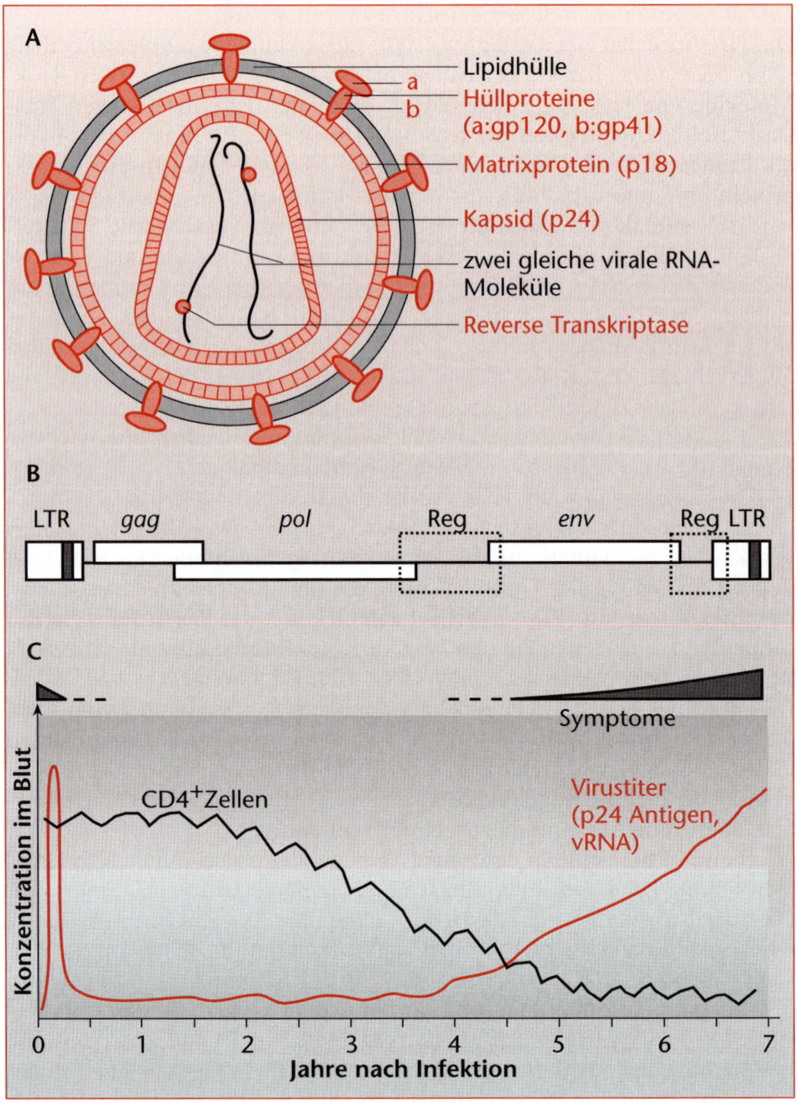

Abb. 5.2
A: Schematische Darstellung eines HI-Virions.
B: Genomorganisation des im Wirtsgenom integrierten HI-Provirus.
C: Verlaufsparameter einer HIV-Infektion.
LTR = lange, endständige Sequenzwiederholungen; *gag* = interne Strukturproteine; *pol* = virale Enzyme; *env* = Hüllproteine; Reg = frühe *(tat, rev, nef)* und späte *(vif, vpu, vpr)* Regulationsgene.

Labordiagnostik
Der Antigennachweis (p24 Kapsidprotein) kann im Blut etwa zwei bis zehn Wochen nach Infektion positiv sein. Wenn (Jahre) später das HIV-Antigen erneut nachweisbar wird, geht meist die Latenzphase in das Krankheitsbild AIDS über. Zum Nachweis einer HIV-Infektion wird zuerst ein HIV-Antikörper-Screeningtest (ein Enzym-Immuno-Assay, siehe

Kap 17.1) durchgeführt. Jedes positive Resultat muss mit einer zweiten Serumprobe und einem andern Test (Western blot, Antigennachweis) bestätigt werden. Die Tests der neusten Generation sind sog. Kombinationstests und erlauben den gleichzeitigen Nachweis von Antikörpern gegen HIV 1 und -2 und von HIV-Antigen. Zur Bestimmung des Virustiters im Blut (viral load) wird die virale RNA mit Hilfe einer quantitativen RT-PCR bestimmt (siehe Kap. 15.4.3). Sie wird prognostisch und zur Überwachung einer Therapie eingesetzt.

Therapie

Es gibt zwei Medikamentengruppen, die als Inhibitoren des viralen Enzyms reverse Transkriptase wirken: die Dideoxy-Nucleosidanaloga (z. B. Azidothymidin, Didanosin) kompetieren mit den zellulären Deoxynucleosid-triphosphaten am aktiven Zentrum des Enzyms, werden eingebaut in 5.1–5.14
die entstehende virale DNA und führen zum vorzeitigen Kettenabbruch. Die nicht-nucleosidischen Inhibitoren (z. B. Nevirapin) sind allosterische Inhibitoren der reversen Transkriptase und hemmen ebenfalls die Synthese von viraler DNA. Als dritte Gruppe werden erfolgreich Inhibitoren der viralen Protease eingesetzt, die die Prozessierung der Translationsprodukte zu funktionellen Proteinen und damit die Virusreifung hemmen. Zur Verminderung der Resistenzentwicklung werden meist drei Chemotherapeutika aus zwei Medikamentengruppen verabreicht. Je früher die Therapie einsetzt, desto besser lassen sich der Virustiter auf tiefe Werte senken und bestehende Symptome abschwächen oder ganz zum Verschwinden bringen. Zur Vermeidung der Virusübertragung von der Mutter auf das Kind wird bei Schwangerschaft einer HIV-positiven Frau ebenfalls eine Therapie empfohlen.

Prophylaxe

Verschiedene Impfstoffe (von DNA über immunogene Virusproteine und abgetötete Viren zu attenuierten Viren) werden intensiv untersucht. Die Ergebnisse lassen aber kaum eine rasche Markteinführung erwarten.

Für das zahnärztliche Team steht also wie bei der Hepatitis C die Expositionsprophylaxe im Vordergrund. Durch Tragen von Handschuhen, Schutzmaske und Brille wird der direkte Kontakt mit Blut und Speichel vermieden. Dazu ist auch zu berücksichtigen, dass HIV wesentlich weniger infektiös als HBV oder HCV ist. Nach einmaliger Stichverletzung mit einer kontaminierten Nadel ist nämlich das Infektionsrisiko bei HBV etwa 30%, bei HCV 3% und bei HIV 0,3%. Hygiene-Maßnahmen, die die Übertragung von HBV verhindern, sind also auch bei HIV genügend. Tritt trotzdem eine akzidentelle HIV-Exposition ein, muss sofort eine sorgfältige Wunddesinfektion durchgeführt werden. Zusätzlich kann eine postexpositionelle Kombinationstherapie eingeleitet werden.

5.5. Papillomaviren

Papillomaviren sind unbehüllte Viren von 55 nm Durchmesser und einem ringförmigen DNA-Genom von 8 kbp. Sie vermehren sich in Haut- und/oder Schleimhautzellen, wo sie durch Zellproliferation hyperplastische und papillomatöse Läsionen hervorrufen. Einige Erscheinungsformen dieser Warzen bleiben gutartig, andere können zu Karzinomen entarten. Papillomaviren tragen Onkogene, deren Produkte mit zellulären Tumorsuppressorproteinen interferieren. In Tumorzellen ist die Virus-DNA ins Zellgenom integriert. Die Diagnose wird durch DNA-Nachweis gestellt, eine spezifische Therapie gibt es nicht, und die Prophylaxe ist auf hygienische Maßnahmen beschränkt.

5.6 Picornaviren (Entero-, Hepato-, Rhinoviren)

Die Picornaviren sind, wie der Name sagt, kleine (pico) RNA-Viren, deren unbehülltes Kapsid einen Durchmesser von 22–30 nm hat und ein Einzelstrang-RNA-Genom einschließt. Dieses ist 7.500 Nucleotide lang, am 5'-Ende kovalent mit einem kleinen, viruscodierten basischen Protein verknüpft und am 3'-Ende polyadenyliert. Die virale RNA wirkt direkt als mRNA und steuert die Bildung eines einzigen Translationsproduktes von etwa 250 kDa (sog. Polyprotein), das während und unmittelbar nach der Synthese proteolytisch in die funktionellen Proteine gespalten wird. Diese haben essenzielle enzymatische Aktivitäten (Protease, RNA-Polymerase), sind beteiligt bei Veränderungen der Wirtszelle (CPE, siehe Kapitel 1.3.5) oder sind Teil des Nucleokapsids. Die Picornaviren gehören zu den bestuntersuchten Viren. Die humanpathogenen Picornaviren werden in die Entero-, Hepato- und Rhinoviren unterteilt.

Die Rhinoviren sind Erreger des Schnupfens, einer auf die Nasen- und Rachenschleimhaut begrenzten lokalen Infektion. Sie werden durch Kontakt oder aerogen übertragen. Da es über hundert Serotypen gibt, sind wiederholte, klinisch manifeste (Schnupfen) Infektionen eher die Regel als die Ausnahme.

Das Hepatitis-A-Virus, als einziger Vertreter der Hepatoviren, wird über Wasser und Lebensmittel, aber auch durch Schmierinfektionen übertragen. Es vermehrt sich zunächst in der Darmwand, von wo es auch ausgeschieden wird. Dann verursacht es eine kurze Virämie und gelangt so zum Zielorgan, der Leber, wo ebenfalls eine Vermehrung stattfindet. Die Leberschäden werden wie bei der Hepatitis B durch die Immunreaktion ausgelöst. Im Unterschied zur Hepatitis B gibt es aber bei der Hepatitis A keine chronischen Infektionen. Die Labordiagnose erfolgt durch den Nachweis von IgM-Antikörpern, zur Prophylaxe wird ein aktiver Impfstoff aus abgetöteten Viren erfolgreich eingesetzt.

Zu den Enteroviren werden das Poliovirus (Erreger der Kinderlähmung, drei Serotypen), die Coxsackieviren der Gruppen A und B (28

Serotypen), das ECHO-virus (34 Serotypen) und die Enteroviren 68 bis 71 zusammengefasst. Ihnen ist gemeinsam, dass sie oral aufgenommen werden und sich zuerst im lymphatischen Gewebe des Rachenraums vermehren, wo auch Symptome (Hand-Fuß-Mund-Krankheit, Herpangina, siehe Kap. 12.1.3) auftreten können. Die Viren vermehren sich dann in der Darmwand und werden fäkal ausgeschieden. Sie gelangen aber auch ins Blut und erreichen so verschiedene Organe (ZNS, Muskulatur, Herz, Leber), in denen sie sich ebenfalls vermehren und zu klinischen Manifestationen führen können. Das Spektrum der klinischen Syndrome ist breit und umfasst neben der Kinderlähmung auch Meningitis, Myalgie, Pneumonie, Peri- und Myocarditits, Pankreatitis, Konjunktivitis und Gastroenteritis. Die weitaus meisten Infektionen verlaufen klinisch inapparent oder mit schwach ausgeprägter Symptomatik, hinterlassen aber eine dauerhafte Immunität. Die Labordiagnose erfolgt primär über den Virusnachweis (Kultur oder Genomnachweis). Zur Prophylaxe der Kinderlähmung stehen zwei gute Impfstoffe, die alle drei Serotypen enthalten, zur Verfügung: einerseits der 1954 von SALK eingeführte Totimpfstoff (inaktivierte Viren), der dreimal injiziert werden muss, anderseits der Lebendimpfstoff (attenuierte, d. h. nicht mehr neurovirulente, aber vermehrungsfähige Viren) nach SABIN, der oral verabreicht wird (siehe Kap. 17.2).

5.7 Caliciviren (HEV)

Das Hepatitis-E-Virus (HEV) wird auf Grund seiner RNA-Genomsequenz den Caliciviren zugeordnet. Wie das Hepatitis-A-Virus wird es fäkal-oral übertragen und führt zu gutartig verlaufenden Hepatitiden, die nicht chronisch werden. Allerdings verläuft die Infektion bei Schwangeren im dritten Trimenon mit einer hohen Letalität (bis 30%). Das HEV ist in Teilen Asiens, Afrikas und Mittelamerikas endemisch und wird gelegentlich als Reisekrankheit nach Europa eingeschleppt. Die Labordiagnostik (Antikörpernachweis) hat noch eine umstittene Spezifität, ein Impfstoff existiert nicht.

5.8 Orthomyxoviren (Influenzaviren)

Myxovirionen bestehen aus einem helikalen Nucleokapsid, das von den acht RNA-Segmenten des Genoms gebildet wird und mit dem die RNA-Polymerase eng verbunden ist. Das Nucleokapsid wird umfasst vom Matrixprotein und einer Lipidhülle mit zwei viralen Membranproteinen (Hämagglutinin, Neuraminidase bzw. Sialidase). Die Virionen können pleomorphe Formen von etwa 100 nm Durchmesser oder Filamente bis einige Mikrometer Länge sein.

Die Influenza-A-, B- und C-Viren, Erreger der Grippe, sind die einzigen Vertreter dieser Familie. Davon sind die Influenza-A-Viren sicher die bedeutendsten, weil sie in den Wintermonaten sehr häufig auftreten und in unregelmäßigen Abständen weltweite Epidemien (Pandemien) verursachen. Das Influenza-B-Virus ist endemisch und verursacht durchs ganze Jahr einzelne Erkrankungen, Influenza C ist selten.

Die Grippeviren werden aerogen durch Tröpfchen übertragen und vermehren sich in den Schleimhäuten des oberen Respirationstraktes. Nach kurzer Inkubationszeit (1–3 Tage) treten lokale Symptome auf (Pharyngitis, Tracheobronchitis), die aber durch die häufigen bakteriellen Superinfektionen überlagert werden (letztere werden durch Antibiotika bekämpft). Die Labordiagnose geschieht in den ersten beiden Krankheitstagen durch Kultur, später durch Nachweis eines Antikörpertiteranstiegs. Als Therapie kann Amantadin eingesetzt werden. Zur Grippeprävention wird die aktive Impfung mit inaktivierten Viren oder Antigenen* für Medizinalpersonen und ältere Menschen empfohlen.

Der Grund für die wiederkehrenden Influenza-A-Epidemien liegt in der genetischen Variabilität des Virus. Kleinere Veränderungen in den beiden Oberflächenantigenen, dem Hämagglutinin und der Neuraminidase (Sialidase), entstehen durch Punktmutationen als Folge der unpräzisen RNA-Replikation (Quasispezies, siehe Kap. 1.3.6). Sie werden als antigenic drift bezeichnet. Als antigenic shift werden dagegen große Veränderungen bezeichnet, bei denen neue Hämagglutinin- und Neuraminidase-Varianten aus tierischen (v. a. Vogelreservoir) Influenza-A-Viren auftauchen, gegen die in der Bevölkerung noch keine Immunität besteht. Solche neuen Antigenkombinationen entstehen bei Doppelinfektionen mit menschlichen und tierischen Viren im Schwein, weil die acht RNA-Genom-Segmente in den Nachkommenviren neu gemischt (rekombiniert) werden. Solche Mischinfektionen im Schwein kommen in der kleinbäuerlichen Landwirtschaft Südostasiens mit Enten- und Schweinezucht in enger Beziehung zum häuslichen Bereich wohl am ehesten vor.

5.9 Paramyxoviren (Parainfluenzaviren, Mumps-, Masernvirus, RSV)

Die Familie umfasst die menschlichen Parainfluenzaviren, das Mumpsvirus, das Masernvirus und das respiratorische Synzytial-Virus (RSV), sowie mehrere Erreger von Zoonosen.

Das Mumpsvirus wird aerogen und durch Kontakt übertragen, vermehrt sich im Respirationstrakt und verursacht nach Streuung via Blut die Parotitis, selten eine Enzephalitis oder Orchitis. Die Impfung mit dem attenuierten Impfstoff schützt wirksam vor der Infektion.

Das Masernvirus verursacht nach einer Erstvermehrung ebenfalls Virämie, in deren Folge die in Kap. 12.1.3.6 beschriebenen entzündlichen Veränderungen (Enanthem) der Mundschleimhaut und Kopliksche Flecken auftreten, bevor dann das typische Masernexanthem erscheint.

Als Komplikaton kann eine Enzephalitis auftreten, und als Spätfolge die sehr seltene, aber häufig tödliche subakute sklerosierende Panenzephalitis (SSPE). Auch bei dieser Infektionskrankheit verleiht die Impfung mit dem attenuierten Impfstoff einen wirksamen Schutz.

Die Parainfluenza- und RS-Viren gehören zu den häufigsten Erregern akuter katarrhalischer Entzündungen des Respirationstraktes und verursachen hauptsächlich bei Neugeborenen und Kindern grippeartige Infektionen, die u. U. zu einer Pneumonie führen können. Bereits bei Jugendlichen kann eine hohe Durchseuchung beobachtet werden. Es besteht keine Impfung.

5.10 Togaviren (Rötelnvirus)

Die Togaviren haben ein ikosaedrisches Kapsid von 35–40 nm, das das RNA-Genom umschließt, und eine Lipidhülle von 60–65 nm Durchmesser. Zu den Togaviren gehören das Rötelnvirus und die Gruppe der Alphaviren, die in tropischen und subtropischen Regionen Zoonosen verursachen, durch blutsaugende Mücken übertragen werden und beim Menschen zu Infektionen führen, die mit Fieber, Exanthem und Gelenkschmerzen assoziiert sein können.

Das Rötelnvirus wird meist schon im Kindes- und Jugendalter durch Kontakt übertragen und führt in der Hälfte der Fälle zu einer klinisch inapparenten Infektion, in der andern Hälfte zu einer harmlosen exanthematischen Krankheit. Werden aber Schwangere im ersten Trimenon infiziert, kann das Virus diaplazentar auf den Embryo übertragen werden und zu Missbildungen (Embryopathien) oder zum Fruchttod führen. Um dies zu vermeiden, wird die Schutzimpfung (zusammen mit Mumps und Masern) mit einem gut verträglichen und wirksamen Lebendimpfstoff noch vor der Pubertät auf breiter Basis eingesetzt.

5.11 Adenoviren

Adenoviren sind unbehüllte Viren von 70–90 nm Durchmesser und einem DNA-Genom von 36–38 kbp. Bei Adenoviren gibt es über 40 Serotypen, die verschiedene, einzeln oder in Kombination auftretende Krankheitsbilder verursachen können. Viele Serotypen verursachen Infektionen des oberen und (seltener) des unteren Respirationstraktes, die zu einer grippeähnlichen Symptomatik führen können. Eine Konjunktivitis kann bei Augeninfektionen auftreten. Andere Serotypen verursachen intestinale Infektionen, die bei Kleinkindern häufig sind und zu Diarrhöen führen. Die Diagnostik geschieht bei respiratorischen Infekten üblicherweise durch den Antikörpernachweis, bei Augen- und intestinalen Infekten durch den

Erregernachweis. Eine spezifische Therapie besteht nicht und die Prophylaxe ist auf hygienische Maßnahmen beschränkt. Einige Adenoviren werden als Genvektoren in der Gentechnik verwendet.

5.12 Rhabdoviren (Tollwutvirus)

Eine virale Infektionskrankheit, bei der der Erreger immer in der Mundhöhle vorkommt, ist die Tollwut. Das Lyssavirus (mehrere Typen) gehört zur Familie der Rhabdoviren. Die Virionen der Rhabdviren sind „geschossförmige“ Zylinder von etwa 60x180nm mit einem flachen und einem abgerundeten Ende. Unter der äußeren Lipidhülle mit viralen Oberflächenproteinen liegt ein helikales Nucleokapsid, das vom RNA-Genom samt RNA-Polymerase und dem Nucleoprotein gebildet wird.

Die Übertragung erfolgt durch Speichel eines erkrankten Tieres, der durch Biss- oder Kratzwunden in den Körper anderer Tiere oder des Menschen gelangt. Im Muskel- und Bindegewebe an der Eintrittsstelle findet die erste Virusvermehrung statt, von wo das Virus über die Nervenbahnen ins ZNS gelangt. Dort vermehrt sich das Virus erneut und wandert wieder den Nervenbahnen entlang an die Peripherie und erreicht so u. a. die Parotis. Nach langer Inkubationszeit von Wochen bis Monaten entwickelt sich eine tödlich verlaufende Enzephalitis. Eine spezifische Therapie gibt es nicht, hingegen ist eine postexpositionelle Prophylaxe mit sorgfältiger Wunddesinfektion, aktiver und passiver Immunisierung möglich. Eine Übertragung von Mensch zu Mensch ist nicht beschrieben.

5.13 Reoviren (Rotaviren)

Zur Familie der Reoviren, die durch ein segmentiertes, doppelsträngiges RNA-Genom charakterisiert ist, gehören die Rotaviren, die eine häufige Ursache von Säuglings- und Kleinkinder-Diarrhöen sind, aber auch in höherem Alter klinisch manifeste Infektionen verursachen. Da die Viren auf der Haut (z. B. Hände) und an Gegenständen lange überleben, werden sie von Kranken und gesunden Trägern leicht übertragen, wenn diese nicht eine maximale Hygiene einhalten.

5.14 Pockenviren

Die komplex aufgebauten Pockenviren bilden die grössten Virionen (230x350nm). Atypischerweise vermehren sie sich als DNA-Virus im Zytoplasma der Wirtszelle. Der wichtigste humanpathogene Vertreter war das Variolavirus, Erreger der Pocken. Diese Infektionskrankheit wurde ausgehend von Erkrankten aerogen übertragen und führte zu einer systemischen Infektion mit typischen Effloreszenzen der Haut und der Schleimhäute (siehe Kap. 12.1.3.9) des Respirations- und Intestinaltraktes. Die Letalität betrug bis 40%. Die WHO organisierte eine weltweite Impfkampagne mit dem Erfolg, dass nach dem letzten Pockenfall 1977 in Somalia im Jahr 1980 die Ausrottung dieser Virusinfektion erklärt wurde.

Das Vacciniavirus wurde von E. JENNER 1796 als wirkungsvolles Impfvirus gegen Pocken eingeführt. Es hat aber eine gewisse Pathogenität und führt zu Fieber und einem Exanthem an der Impfstelle, selten zu einer Enzephalitis. Das Virus wird heute als Genvektor in der Gentechnik verwendet.

Verschiedene Vertreter der Pockenviren kommen bei Tieren vor und können gelegentlich auf den Menschen übertragen werden. Die verursachten Exantheme gelten als harmlos.

Literatur

Acheson N H: Fundamentals of Molecular Virology. Wiley 2001
Cann A L: Principles of Molecular Virology. 3rd Ed. Academic Press, New York
Dimmork N J, Primrose S B: Introduction to Modern Virology. 4th Ed. Blackwell Science, Cambridge MA 1994
Doerr H W, Gerlich W H: Medizinische Virologie. Georg Thieme Verlag, Stuttgart 2001
Evans A S: Viral Infections in Humans: Epidemiology and Control. 4th Ed. Plenum Medical Book, New York 1997
Fields B N, Knipe D M, Howley P M (Eds.). Fundamental Virology. 3rd Ed. Lippincott-Raven, Philadelphia PA 1996
Flint S J, Enquist L W, Krug R M, Racaniello V R, Skalka A M: Principles of Virology: Molecular Biology, Pathogenesis, and Control. American Society for Microbiology, Washington DC 2000
Modrow S, Falke D: Molekulare Virologie. Spektrum Akadem. Verlag, Heidelberg 1997
Specter S, Hodinka R, Youngman S A (Eds.) Clinical Virology Manual. 3rd Ed. Ammerican Society for Microbiology, Washington DC 2000
Wagner E K, Hewlett M J: Basic Virology. Blackwell Science, Cambridge MA 1999

Kapitel 6
Pilze

Hannelore Bernhardt

Zusammenfassung
Aus dem großen Reich der Pilze kommen in der Mundhöhle überwiegend Sprosspilze der Gattung *Candida* vor. Von Bedeutung sind 6 verschiedene Spezies, die auch systemische Erkrankungen hervorrufen können. Von ihnen ist vor allem *C. albicans* als häufigster Erreger der Schleimhaut- und Organmykosen zu nennen. Ihre besondere Fähigkeit ist das Haften an Epithel- und Endothelzellen. Das erklärt die häufige Lokalisation der Schleimhautcandidosen in der Mundhöhle und im Ösophagus.

Andere Sprosspilzgattungen wie *Saccharomyces, Rhodotorula* oder *Geotrichum* sind als Zufallsfunde zu werten. Gelegentlich zu erwarten sind die auf der Haut vorkommenden Sprosspilze wie *Trichosporon* und *Cryptococcus*, aber auch sie haben für den Standort Mundhöhle keine Bedeutung.

Die Gattung *Candida* macht etwa ein Viertel aller bekannten Sprosspilze aus. Sie umschließt heute 163 Arten, von denen jedoch nur etwa 10% humanpathogen sind und nur 5% häufiger in Erscheinung treten (SCHAUER und HANSCHKE 1999, BLASCHKE-HELLMESSEN 1999). Entscheidend dafür ist das Wachstum dieser Arten bei 37°C, ihre Fähigkeit zur Produktion von proteolytischen und lipolytischen Enzymen und ihr Vermögen, auf den Oberflächen zu haften. Dabei spielt das Haftvermögen der *Candida*-Spezies an buccalen Epithelzellen eine besondere Rolle. Eine Übersicht gibt die Tab. 6.1.

C. albicans (mehr als 100 synonyme Bezeichnungen)
Vorkommen: Diese Spezies ist der häufigste Erreger der Schleimhaut- und Organmykosen und unterscheidet sich hinsichtlich des Vorkommens und ihrer Eigenschaften von den anderen, auch fakultativ pathogenen *Candida*-Arten.

C. albicans hat ihren primären Standort im Orointestinaltrakt des Menschen und warmblütiger Tiere. Sie kommt nicht ubiquitär in der freien Natur vor. Gelegentliche Isolate aus Umwelt und Nahrung sind als Kontamination durch Mensch und Tier aufzufassen. In der Mundhöhle wird sie häufig beschrieben. So fanden wir unter 300 Personen, die sich in ambulanter zahnärztlicher Behandlung befanden, bei 66,7% einen positiven *Candida*-Nachweis in der Mundhöhle. In 38% wurde *C. albicans* identifiziert (BERNHARDT und SCHÜRER 1984). Aber auch im Magensaft gesunder Probanden sahen wir in 12 von 36 Fällen *C. albicans* (BERNHARDT 1996). Aus der Stuhlflora gesunder Erwachsener wird *C. albicans* in ca. 85% der Probanden isoliert. Der entscheidende Unter-

Sektion II

Tab. 6.1 Medizinisch relevante *Candida*-Spezies

C. albicans	Standort: Magen-Darm-Kanal des Menschen • Soor (Mund und Ösophagus) • Vaginitis • Haut- / Nagelinfektion • Fungämie • Systemische Candidose • Sepsis
C. glabrata	Standort: ubiquitär • Harnwegsinfektion • Fungämie • Systemische Candidose
C. tropicalis	Standort: ubiquitär • Fungämie • Systemische Candidose
C. parapsilosis	Standort: Haut, ubiquitär • Katheterassoziierte Infektionen • Sepsis
C. krusei	Standort: ubiquitär • Verschiedene Organinfektionen
C. guilliermondii	Standort: ubiquitär • Systemische Candidose bei Immungeschwächten und nach chirurgischen Eingriffen

schied zwischen dem Vorkommen bei Gesunden und der Kolonisierung bei Kranken liegt in der Quantität. Keimzahlen von 10^2-10^4/ml oder g sind normal. Bei hospitalisierten Menschen vor allem mit konsumierenden Erkrankungen oder gestörter Immunitätslage steigen die Quantitäten stark an. Die verstärkte Kolonisierung von *C. albicans* ist Voraussetzung für den Übergang vom Saprophytismus zum Parasitismus (s. Kap. 1.4.4). Invasives Wachstum und nachfolgende Infektion wird bei Resistenzminderung des Wirts möglich. Die entstandene Krankheit wird als Candidose bezeichnet. Aus der häufigen Kolonisierung von *C. albicans* resultiert der Pilzhospitalismus in Krankenhäusern. Nosokomiale *Candida*-Infektionen haben an Bedeutung zugenommen und sowohl die Patientenkrankenhaustage verlängert als auch die Behandlungskosten erhöht. Die Übertragung von *C. albicans* geschieht überwiegend durch die Hände des Pflegepersonals. Auch Säuglingsstuhl (Windel-Dermatitis), Nahrungssonden und der häufige Befall in Mundhöhle und Vagina kommen dafür in Betracht. Von einigen Autoren wird die häufig pilzinfizierte Vagina als ein Hauptreservoir angesehen.

Morphologie

C. albicans ist eine dimorphe Pilzspezies und kommt in zweierlei Gestalt als Sprosspilz (Abb. 6.1) und in der Hyphenphase vor (Abb. 6.2). In der Kultur auf der Malz-Agar-Platte wächst sie als kremig-weiße gewölbte Kolonien. Neben Pseudomyzelien (langgestreckte Sprosszellen) werden auch Blastokonidien, die in „ball like clusters“ an den pseudomyzealen Zellen liegen. Typisch für *C. albicans* sind die dickwandigen Chlamydosporen, die als Dauerorgane auf Mangelmedien entstehen (Abb. 6.1). Die Ausbildung echter Myzelien erfolgt nach lateraler Ausstülpung eines

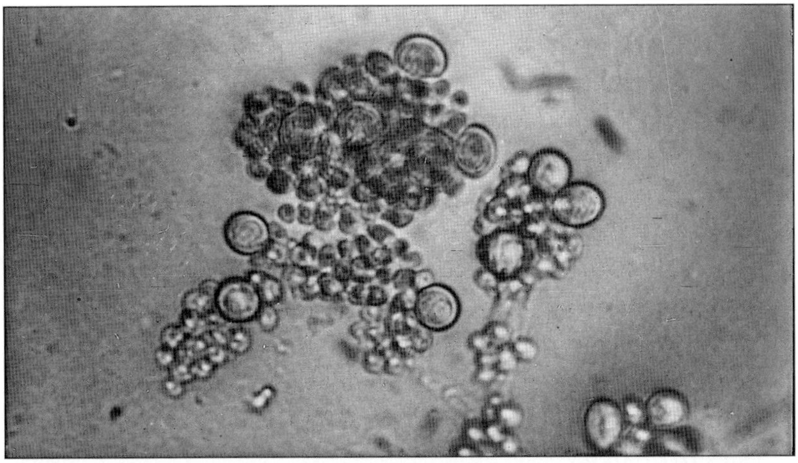

Abb. 6.1 *Candida albicans* als Sprosspilz mit Chlamydosporen.

Abb. 6.2 *Candida albicans* in der Myzelphase.

Keimschlauchs, der zum Myzel auswächst. *C. albicans* kommt zu 95% als Serotyp A und in < 5% als Serotyp B vor.

Physiologie und Pathogenitätsfaktoren

Die zum Wachstum notwendigen Kohlenhydrate werden von *C. albicans* oxidativ (Assimilation) in großer Anzahl verwertet. Eingeschränkt ist der anaerobe Metabolismus, die Gärung. Hier kann *C. albicans* Hexosen wie Glucose, Maltose schnell vergären, in geringem Maße auch Galactose, nicht jedoch Saccharose und Lactose. Diese Eigenschaften werden zur Differenzierung der Hefen herangezogen, spielen aber auch für die Mikroökologie der Mundhöhle eine Rolle. Es besteht keine Nahrungskonkurrenz zwischen *C. albicans* und dem kariogenen Keim *S. mutans*!

Als Stickstoffquelle werden Ammonium-Verbindungen genutzt und es erfolgt keine Nitratreduktion. Allerdings kann Stickstoff auch aus organischen Substanzen für das Wachstum verwendet werden.

Virulenzfaktoren
Für *C. albicans* ist eine Reihe von Faktoren und Eigenschaften beschrieben worden, die für die Pathogenität verantwortlich sind. Diese Faktoren gelten nicht generell für die anderen *Candida*-Spezies. Die Fähigkeit zur Adhärenz an Epithel- und Endothelzellen, an uroepithelialen und vaginalen Zellen mit Hilfe von Mannanprotein ist von entscheidender Bedeutung. Im Sinne eines Virulenzfaktors kann sie bei verschiedenen *C. albicans*-Stämmen unterschiedlich ausgeprägt sein. Auch Keimschlauch- und Hyphenbildung ist als Virulenzfaktor einzuschätzen. In diesem Fall wird eine besondere Expression der Enzyme festgestellt.

Auf Grund ihrer ausgeprägten Adhärenz sind die Mundhöhle und der Ösophagus die am häufigsten befallenen Orte. Beschrieben wird auch eine Koaggregation mit oralen Streptokokken wie *S. gordonii, S. oralis* und *S. sanguinis* (HOLMES et al. 1995, siehe auch Tab. 4.6). Auch die Koaggregation mit oralen *Actinomyces*-Arten ist anzuführen (GRIMAUDO und NESBITT 1996).

Therapieresistente apikale Parodontitiden (siehe Kap. 11.4) sind u. a. gekennzeichnet durch die Persistenz bestimmter Mikroorganismen im Wurzelkanalsystem, darunter *C. albicans*.

Von den Enzymen sind die sekretorischen Aspartatproteasen (SAPs) und die sekretorischen Lipasen (LIPs) bedeutsam (HUBE 2000). Nach dem derzeitigen Erkenntnisstand ist die Genexpression* von SAP 1–3 typisch für Haut- und Schleimhautinfektionen, während SAP 4–6 eher für die systemische Infektion Bedeutung haben. Die SAPs und LIPs werden von mindestens 10 Genen codiert. Das ermöglicht dem Pilz, bei einem bestimmten Infektionsschritt eine jeweils optimierte Hydrolase sezernieren zu können. Diese Enzyme erlauben die Gewebeinvasion. Morphologisch sind die ausgebildeten Keimschläuche und die nachfolgende Myzelbildung zu sehen.

Durch das phänotypische „switching", d. h. durch Mutation*, kann der Pilz seine Struktur laufend ändern, so dass er vom Immunsystem des Wirts verzögert oder nicht erkannt wird. Auf der Oberfläche von *C. albicans* werden Proteine exprimiert, die Spaltprodukte von C3-Serumkomplementfaktor binden können.

Diagnostik
Zur Diagnostik der Spezies *C. albicans* wird die Keimschlauchbildung im Serum (ablesbar nach 2 Stunden) bzw. die Chlamydosporenbildung (ablesbar nach 24 Stunden) herangezogen. Zunehmend finden auch chromogene Substrate Anwendung. Auf diesen speziellen Agar-Medien (Candi-Select®, Albicans ID®, Chromagar) können Kolonien von *C. albicans* durch ihre Farbe erkannt werden (Abb. 6.3).

Somit lassen sich etwa 75–80% der in diagnostischen Materialien anfallenden Pilze nach 24 Stunden vermutungsweise, nach 48 Stunden sicher als *C. albicans* diagnostizieren. Für wissenschaftliche Untersuchungen, vor allem wenn Materialien von AIDS-Patienten untersucht werden, empfiehlt sich die Abgrenzung von *C. dubliniensis*, die farblich völlig gleich erscheint.

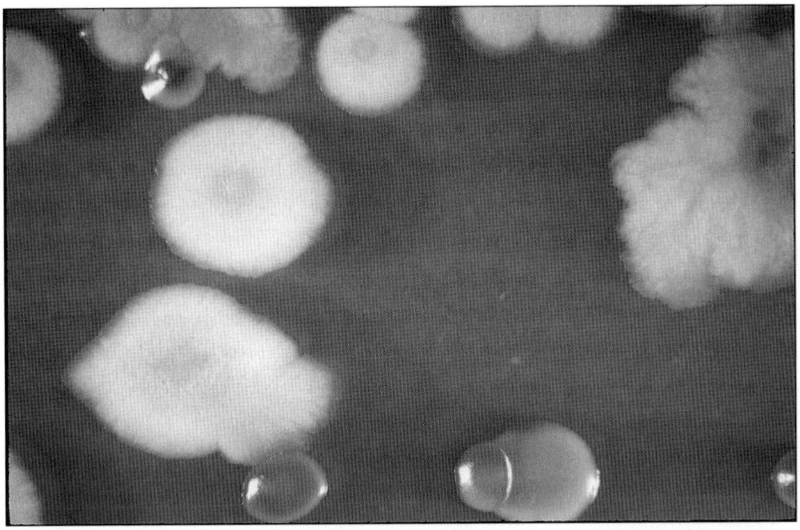

Abb. 6.3 *Candida*-Spezies auf Chromagar: unten grüne Kolonien von *C. albicans*, rote größere Kolonien von *C. glabrata* (oben). Sehr große weiße, flache, pudrige Kolonien von *C. krusei* (rechts und links).

Non-C. albicans-Spezies
Neben *C. albicans* kommen etwa sechs weitere Spezies vor, die in Risikosituationen der Patienten pathogen werden können. Die Häufigkeit ihres Vorkommens in der Mundhöhle ist aus der Abb. 12.1 ersichtlich. Eine Übersicht ist in der Tab. 6.1 zu finden.

C. glabrata
Ubiquitär vorkommend ist sie in der freien Natur und bei Mensch und Tier zu finden.

Aus klinischen Materialien wird sie am zweithäufigsten isoliert. Im Gegensatz zu *C. albicans* ist die Spezies nicht zur Hyphenbildung fähig und kommt nur in der Sprosszellform vor. *C. glabrata* wird zunehmend häufiger gefunden, oft als Mischkolonisation bzw. Mischinfektion zusammen mit *C. albicans*. Es werden nur Glucose und Trehalose fermentiert und assimiliert.

Über die Pathogenitätsfaktoren ist wenig Gesichertes bekannt. Es lassen sich keine SAPs und LIPs nachweisen. Die Spezies wird aber als Candidämie-Erreger isoliert bei schlechten Überlebenschancen der Patienten.

Die Diagnostik erfolgt über Chromagar (Abb. 6.3) und den Trehalase-Nachweis. Es besteht eine Affinität zum Urogenitalsystem.

C. tropicalis
Die Spezies kommt ebenfalls ubiquitär vor. Wenn beim Menschen eine Kolonisierung erfolgt, ist sie von verschiedenen Standorten zu isolieren. Starke Pseudo- und Myzelbildung, jedoch keine Keimschläuche und Chlamydosporen. Neben den üblichen Zuckern wird auch Saccharose vergoren.

Diagnostik: starkes Pseudomyzel-Bildungsvermögen und Trehalase-Nachweis. *C. tropicalis* ist der dritthäufigste Candidämie-Erreger.

C. parapsilosis
Ubiquitär und auf menschlicher Haut vorkommend. Diese Spezies hat eine Neigung zur Adhäsion an Kathetermaterialien. Die Infektionen sind daher durch Katheterwechsel oft beherrschbar.

C. krusei
Ihre Quelle sind Lebensmittel wie Backhefe, Sauerteig, Biere, Milch, Käse, auch saure Säfte. Typische Morphologie: Myzelbildung, eine Kahmhaut in Bouillon bildend. Patienten bezogene Kolonisation. Problemkeim bei hämatologisch-onkologischen Patienten.

Diagnostik: leicht an der typischen Wuchsform erkennbar (Abb. 6.3).

Cave:
Infektionen durch *C. krusei* niemals mit Fluconazol behandeln (siehe Antimykotika, Kap. 1.4.5).

C. guilliermondii, C. lusitaniae
Beide Spezies sind ubiquitär vorkommend, seltener Infektionen verursachend. Problemkeime bei abwehrgeschwächten Patienten, besonders bei Kindern und Infektionen nach chirurgischen Eingriffen. Eine erweiterte Diagnostik ist notwendig (HAASE et al. 2001).

Weitere Spezies kommen sehr selten vor. Bei extrem abwehrgeschwächten Patienten sind auch Infektionen durch die Wein- und Bierhefe *Saccharomyces cerevisiae* zu beobachten.

Literatur

Bernhardt H, Schürer M: Yeast in oral cavity in relation to agglutination titers. XXII Dermatologischer Kongress Poznan/Polen, 1984

Bernhardt H: Candida im Ökosystem des Orointestinaltraktes. Mycoses 39 (Suppl 1): 44-47, 1996

Blaschke-Hellmessen R: Standorte für Candida aus medizinisch-hygienischer Sicht. Mycoses 39 (Suppl 1): 22-29, 1999

Grimaudo N J, Nesbitt W E: Coaggregation of *C. albicans* with oral Actinomyces species. Oral Microbiol Immunol 11: 59-61, 1996

Haase G, Borg-von Zepelin M, Bernhardt H, Fegeler W, Harmsen D et al: Pilzinfektionen Teil I Präanalytik Analytik (MiQ 14). Urban & Fischer, München, Jena 2001

Haase G, Borg-von Zepelin M, Bernhardt H, Fegeler W, Harmsen D et al: Pilzinfektionen Teil II Spezielle Pilzdiagnostik (MiQ 15). Urban & Fischer, München, Jena 2001

Holmes A R, Gopal P K, Jenkinson H F: Adherence of *C. albicans* to a cell surface polysaccharide receptor on *Streptococcus gordonii*. Infect Immun 63: 1827-1834, 1995

Hube B: Extrazelluläre hydrolytische Enzyme und ihre Relevanz bei *Candida albicans* Infektionen. Mycoses 43: 233, 2000

Millsap K W, Van der Mei H C, Busscher H J: Adhesive interactions between medically important yeasts and bacteria. FEMS Microbiol Rev 21: 321-336, 1998

Schauer F, Hanschke R: Zur Taxonomie und Ökologie der Gattung Candida. Mycoses 39 (Suppl 1): 12-21, 1999

Sektion III: Die gesunde und die kranke Mundhöhle

Kapitel 7
Die normale Mikroflora des Menschen und der menschlichen Mundhöhle

Manfred Knoke und Hannelore Bernhardt

Zusammenfassung

Die Beziehungen zwischen den Mikroorganismen und ihrer natürlichen Umwelt werden durch die Mikroökologie beschrieben. Mikroorganismen besiedeln den Orogastrointestinaltrakt, die Haut und den weiblichen Genitaltrakt. Die wichtigste physiologische Aufgabe der körpereigenen Mikroflora ist die Induktion von Abwehrvorgängen und damit der Schutz des Wirts vor Infektionen. Ferner übt sie eine Reihe von Stoffwechselfunktionen aus.

Die Mundhöhle gehört zu den am stärksten besiedelten Standorten. Ihre Besiedlung ist sehr unterschiedlich Vor allem kommen zahlreiche Anaerobier-Spezies vor. Als Regulatoren spielen an den verschiedenen oralen Mikrostandorten besonders das negative Redoxpotenzial, das Nährstoffangebot sowie spezielle intermikrobielle Beziehungen eine Rolle. Mikrobielle Gemeinschaften sind die Grundlage der Plaquebildung.

7.1 Die normale Mikroflora des Menschen

7.1.1 Mikroökologie

Die Beziehungen zwischen den Mikroorganismen und ihrer natürlichen Umwelt einschließlich der intermikrobiellen Wechselwirkungen werden durch die Mikroökologie beschrieben. Ihr Anliegen ist die Erfassung der gesamten Mikroflora an definierten Standorten bei Mensch und Tier und ihrer physiologischen und pathologischen Auswirkungen.

Die Summe der Mikroorganismen an einem Standort und die Gesamtheit der verschiedenen abiotischen und biotischen Standortfaktoren bildet das mikrobielle Ökosystem. Die Lebensgemeinschaft von Mikroorganismen in einem Biotop ist eine Mikrobiozönose, seine Mikroflora. Der Normzustand der mikrobiellen Besiedlung eines Biotops wird als Eubiose bezeichnet. Hierbei befindet sich die Mikrobiozönose mit dem Wirt in einem Gleichgewicht. Der Zustand der Eubiose muss für jeden mikrobiellen Standort gesondert statistisch definiert werden und bezieht sich somit nur auf diesen Teilabschnitt mit seinen speziellen Milieubedingungen. Das gilt auch für die Mundhöhle. Eine Störung dieses Gleichgewichts aus den verschiedenen Gründen wird als Dysbiose bezeichnet. Die Veränderungen betreffen sowohl die qualitative als auch die quantitative Norm der Mikroflora. Die Grenzen zwischen Eubiose und Dysbiose sind oft nicht genau anzugeben.

Bei der Geburt sind die verschiedenen Standorte des Menschen frei von Mikroorganismen. Schon unmittelbar nach der Geburt erfolgt ihre mikrobielle Besiedlung aus der Umgebung (Abb. 7.1).

So werden beispielsweise die anfangs „chaotischen" Verhältnisse im Gastrointestinaltrakt unter dem Einfluss der Säuglingsernährung und durch verschiedene endogene Faktoren rasch reguliert. Im Laufe des ers-

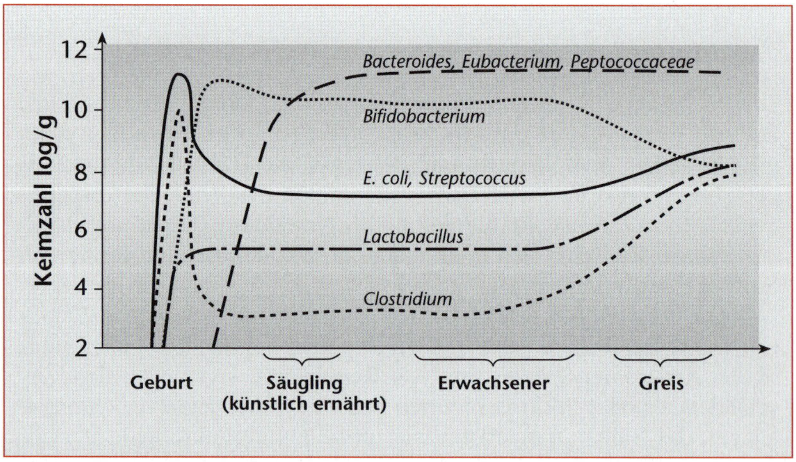

Abb. 7.1 Entwicklung der fäkalen Mikroflora im Laufe des Lebens (nach MITSUOKA 1992).

ten Lebensjahres wird eine relative Stabilität der Mikroflora erreicht, die dann während vieler Jahrzehnte beibehalten und erst im höheren Alter wieder verändert wird. Gravierende innere und äußere Umstände wie beispielsweise schwere Krankheiten und Weltraumflug sind in der Lage, die Mikroflora zu verändern.

7.1.2 Standorte und Verteilung der Mikroflora

7.1.2.1 Orogastrointestinaltrakt

Die einzelnen Abschnitte des Orogastrointestinaltrakts weisen sehr unterschiedliche Milieubedingungen auf, die in einigen physikochemischen Charakteristika sogar extrem sind

(Beispiel: Salzsäuregehalt des Magensaftes). Am stärksten besiedelt sind die Mundhöhle und der Dickdarm, während das Keimvorkommen in den oberen Abschnitten des Gastrointestinaltrakts in der Regel nur spärlich ist. Die in den Nischen der Mundhöhle und in den unteren Abschnitten des Darmes zunehmende Anaerobiose bedingt gute Siedlungsmöglichkeiten sogar für streng sauerstoffempfindliche Mikroorganismen. So ergibt sich in den einzelnen Abschnitten eine unterschiedliche quantitative, aber auch qualitative Verteilung der Mikroflora (Abb. 7.2).

Ferner gibt es Unterschiede zwischen der luminalen und wandständigen Flora, die bisher nur selten erfasst worden sind. An der Wand findet sich bedingt durch die Durchblutung ein höheres Sauerstoffaufkommen.

Einzelheiten über die Verhältnisse in der **Mundhöhle** werden im Kap. 7.2. beschrieben.

Der **Magen** ist trotz des Vorkommens von Salzsäure meistens nicht steril. Nur bei etwa 10% der untersuchten gesunden Probanden konnten wir keine Mikroorganismen nachweisen. Die in den Magen gelangenden

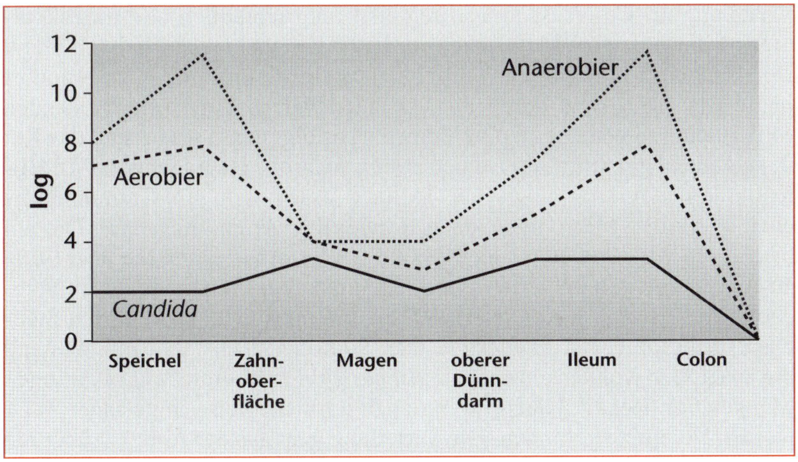

Abb. 7.2 Quantitative und qualitative Verteilung der Anaerobier, Aerobier und *Candida* im Orogastrointestinaltrakt (aus: KNOKE M: mycoses 42 (Suppl.1), 31 (1999). Mit freundlicher Genehmigung des Blackwell Wissenschafts-Verlag GmbH Berlin).

Mikroorganismen entstammen vor allem der Nahrung und der Mundhöhle. Die Umgebungsbedingungen wie Temperatur und Feuchtigkeit sind optimal. Die Schleimschicht gibt Schutz- und Haftmöglichkeiten und ist Nährstoffquelle. Die Höhe der im Magensaft feststellbaren Keimzahlen ist in einem gewissen Bereich abhängig von seiner Azidität. So lässt sich bei Magengesunden und -kranken ein deutlicher Unterschied für pH-Werte über und unter 3 feststellen. Bei pH >3 sind insgesamt höhere Keimzahlen und eine größere Keimmannigfaltigkeit zu registrieren. Am häufigsten werden *Lactobacillus, Streptococcus* sowie *Candida* isoliert. Mukosal sind auch Spirillen nachgewiesen worden. Zusätzlich fanden sich *Escherichia coli, Staphylococcus aureus* und vereinzelt orale *Bacteroides* (*Prevotella* und *Porphyromonas*), die bei pH <3 nicht vorkommen.

Der **Dünndarm** mit seiner Länge von etwa 3 Meter und mehr als $100\,m^2$ resorbierender Oberfläche gibt Möglichkeiten für zahlreiche mikrobielle Biotope. Dazu gehören das Lumen, die Räume zwischen den Falten und Zotten, die Krypten und die Mikrovilli. Eine Reihe von keimregulierenden Faktoren einschließlich des raschen Transportes wird physiologischerweise wirksam und schränkt das Vorkommen von Mikroorganismen ein. Erst im distalen Ileum wird das Redoxpotenzial zunehmend mehr negativ, wodurch sich die Bedingungen für die Anaerobier erheblich verbessern. Mit optimalen Entnahmeverfahren und spezieller mikrobiologischer Kulturtechnik wurden von uns im Duodenum von gesunden Probanden nur bei 16% keine Mikroorganismen nachgewiesen. Im oberen Dünndarm kamen am häufigsten vor *Propionibacterium, Actinomyces, Eubacterium, Lactobacillus,* vereinzelt orale *Bacteroides* (*Prevotella* und *Porphyromonas*) und *Candida*.

In den tieferen Dünndarmabschnitten vollzieht sich ein Wechsel der mikrobiellen Flora. Im Bereich des distalen Ileum steigt die Quantität der Anaerobier stark an und auch Coliforme treten in den Vordergrund.

Im **Dickdarm** ist der größte Teil der gastrointestinalen Mikroflora lokalisiert. Auf ihre Menge und Art wird bisher praktisch überwiegend aus Ergebnissen von zahlreichen Untersuchungen der Fäzes geschlossen. Die Verteilung im Colon ist jedoch regional unterschiedlich und hinzukommen noch Unterschiede zwischen der luminalen und wandständigen Flora. Der Dickdarm bildet offensichtlich den optimalen mikrobiellen Standort beim Menschen, was durch die verschiedenen in ihm vorherrschenden Milieufaktoren bedingt ist. Der Transport erfolgt nur langsam und das Redoxpotenzial garantiert im Lumen streng anaerobe Bedingungen. Mit Hilfe moderner mikrobiologischer Technik lassen sich pro Gramm Fäzes etwa $1-5 \times 10^{11}$ Mikroorganismen in über 400 Arten anzüchten. Die am häufigsten vorkommenden Keime sind strenge Anaerobier, die über 98 % ausmachen. Als Hauptvertreter sind die gramnegativen sporenlosen Stäbchen (*Bacteroides, Fusobacterium*), die grampositiven sporenlosen Stäbchen, insbesondere *Eubacterium* und *Bifidobacterium* und mit Abstand die anaeroben Kokken anzusehen. *Escherichia coli* kommt nur in geringen Mengen vor. Relativ häufig, wenn auch normalerweise in geringer Zahl, werden Hefepilze gefunden. Die Verteilung geht aus der Abb. 7.3 über die Fäkalflora des Menschen in der Eubiose hervor.

Mukosal kommen durch die lokalen Standortbedingungen mit einem genügenden Sauerstoffangebot infolge der Durchblutung etwa gleichviel Aerobier wie Anaerobier vor.

7.1.2.2 Haut

Die Haut ist ein spärlich besiedelter Standort. Zahlreiche Mikrobiotope sind zu unterscheiden. Mikrobiell bevorzugte Standorte sind die feuchtwarmen Regionen zwischen den Falten, der Axillen, des Damms und des äußeren Ohrkanals. Die Kopfhaut ist durch ihre reichliche Talgausscheidung charakterisiert. Für die mikrobielle Besiedlung ist die Verteilung der verschiedenen Hautdrüsen wichtig, da der ausgeschiedene Schweiß und Talg eine der Nahrungsgrundlagen sind. Die normale Haut gesunder Erwachsener wird von folgenden aeroben Mikroorganismen besiedelt: *Staphylococcus, Corynebacterium, Acinetobacter, Alcaligenes, Micrococcus, Flavobacterium, Pseudomonas* und die Hefe *Pityrosporum*. Die anaeroben Spezies, überwiegend repräsentiert durch *Propionibacterium*, sind hauptsächlich dort zu finden, wo die größere Aktivität der Talgdrüsen ist, also im Gesichts- und Thoraxbereich. Hier werden Keimzahlen bis zu 9×10^4 gesehen. Die wichtigsten vorkommenden Spezies sind *P. acnes, P. granulosum* und *P. avidum*. Die Hautmikroorganismen sind in der Lage, aus Triglyzeriden freie Fettsäuren zu bilden. Diese behindern die Ansiedlung von auf der Haut nicht heimischen Mikroorganismen.

7.1.2.3 Urogenitaltrakt

Die Harnorgane sind mit Ausnahme der Urethra keimfrei und somit kein gesicherter Standort der Mikroflora. In der Urethra können verschiedene Aerobier und Anaerobier nachgewiesen werden.

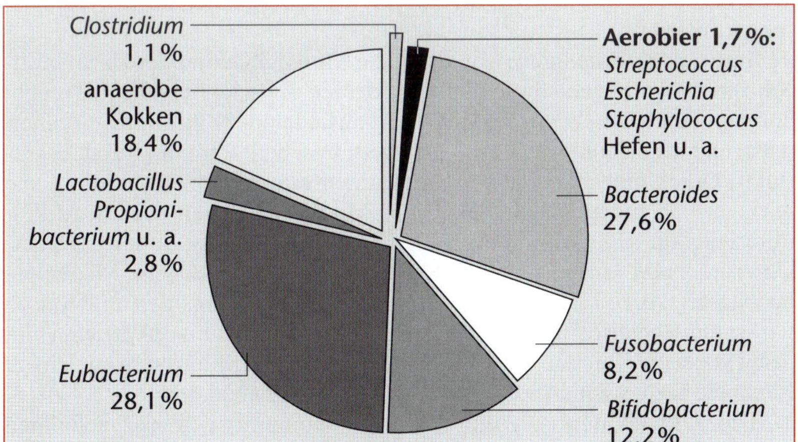

Abb. 7.3 Fäkalflora des Menschen in der Eubiose. Berechnet nach Keimzahlbestimmungen aus: W.E.C. MOORE und L.V. HOLDEMAN, Appl. Microbiol. 27, 961-979, 1974 (Aus: M. KNOKE und H. BERNHARDT, Mikroökologie des Menschen. Mikroflora bei Gesunden und Kranken. Akademie-Verlag Berlin 1985. Mit freundlicher Genehmigung des Akademie-Verlags Berlin).

Anders sind die Verhältnisse im weiblichen Genitaltrakt. Das innere Genitale ist ein reich besiedelter Standort. Die Vaginal- und Cervixflora wird durch die hormonelle Situation während des Menstruationszyklus beeinflusst (ESCHENBACH et al. 2001). Am häufigsten kommt *Lactobacillus* vor, der durch Abbau von Glycogen Milchsäure und somit ein saures Milieu erzeugt und der dadurch direkt exogene Keime von den Rezeptoren an der Vaginaloberfläche fernhält. Ferner ist eine Koaggregation mit uropathogenen Bakterien beschrieben worden (BORIS et al. 1998). Einschließlich der Produktion von antimikrobiellen Verbindungen schützen diese Maßnahmen vor der Ansiedlung von Fremdkeimen. Zu den an diesen Standorten vorkommenden *Lactobacillus*-Arten gehören vor allem *L. acidophilus* und *L. fermentum,* aber auch *L. plantarum, L. brevis, L. gasseri, L. jensenii, L. casei, L. delbrueckii* und *L. salivarius*. An diesen Schutzmechanismen sind ferner *Peptostreptococcus, Streptococcus* der Gruppe B, *Prevotella, Escherichia coli, Corynebacterium, Eubacterium, Veillonella, Bacteroides* und *Staphylococcus* beteiligt. Seltener kommen vor *Gardnerella, Ureaplasma, Mycoplasma* und *Candida*. Quantitative Untersuchungen bei gesunden Frauen im geschlechtsfähigen Alter ergaben $10^7 - 10^8$ Keime/g Vaginalsekret. Insgesamt sind Anaerobier deutlich stärker vertreten als Aerobier.

7.1.3 Funktionen der Mikroflora

Die wichtigste physiologische Aufgabe der körpereigenen Mikroflora ist die Induktion von verschiedenartigen Abwehrvorgängen und damit der Schutz des Wirts vor Infektionen. So führt sie zu einer Stimulierung und Differenzierung verschiedener lymphatischer Organe. Ihre Anwesenheit trägt darüber hinaus zu einem unmittelbaren lokalen Einfluss auf Fremdkeime bei. Auf diese Weise erlaubt sie eine Kontrolle der Besiedlung des Wirtsorganismus mit „wirtsfremden" Mikroorganismen („Kolonisierungsresistenz").

Immunmechanismen: Vor allem die Mundhöhle und der Darm besitzen ein ausgeprägtes Immunsystem, dessen Entwicklung beim Neugeborenen durch die sich nach der Geburt ansiedelnde Mikroflora stimuliert wird und das dann wiederum den systemischen Immunapparat beeinflusst. Durch eine ständige geringe Antigenresorption bleibt es aktiv und wirkt auf die endogenen und exogenen Mikroorganismen ein. Die Mikroflora beteiligt sich auch direkt an den Abwehrprozessen. So hat man eine Unterdrückung von pathogenen Keimen durch die endogene Mikroflora beobachtet. Auch bilden die körpereigenen Mikroorganismen antibiotisch wirksame Bacteriocine* und flüchtige Fettsäuren. Sie konkurrieren mit den exogenen Keimen um Haftstellen an Mukosazellen, um nur einige Beispiele für verschiedene Wirkmechanismen zu nennen.

Die Entwicklung und die Wirkung von humoralen und zellulären Immunmechanismen unter dem Einfluss der Mikroflora werden im Kap. 2 dargestellt.

Stoffwechselfunktionen: Mikroorganismen benötigen für ihre Existenz eine Reihe von Nährstoffen, die sie mit Hilfe von Enzymen und Transportsystemen verwerten. Die Stoffwechselmöglichkeiten sind äußerst vielgestaltig. So sind sie in der Lage, sich schnell an Veränderungen der Umwelt anzupassen. Als Ergebnis entstehen zahlreiche Stoffwechselprodukte, die wiederum das umgebende Milieu beeinflussen. Die wichtigsten Reaktionsmöglichkeiten sind die Hydrolyse und Reduktion verschiedener Verbindungen, ihre Decarboxylierung, Desaminierung und Demethylierung. So entstehen durch den Abbau von Polysacchariden aus der Nahrung kurzkettige Fettsäuren, die einerseits den pH-Wert des Milieus beeinflussen, andererseits aber nach ihrer Resorption auch zum Energiegewinn des Makroorganismus beitragen. Vor allem die gebildete Buttersäure wurde als unmittelbarer Nährstoff für die Darmzotten erkannt. Im Darm führen die gleichzeitig entstehenden Gase Wasserstoff, Kohlendioxid und bei einigen Menschen auch Methan zu Blähungen.

Im Eiweißstoffwechsel treten Fäulnisprozesse auf. Indikan, das fäkulent riechende Skatol, Indol, Kresole und Phenole sind einige Stoffwechselprodukte. Der mikrobielle Stoffwechsel der Gallensäuren spielt für die Fettverdauung eine Rolle. Ferner trägt die Mikroflora zur Entgiftung einer ganzen Reihe von oral zugeführten Fremdstoffen und Nahrungsbestandteilen bei. An eine Aktivierung bzw. Abschwächung von oral zugeführten Medikamenten durch die Mikroflora muss gedacht werden.

7.2 Das Ökosystem Mundhöhle

7.2.1 Die Mundhöhle als mikrobielles Biotop

Die Mundhöhle ist der am stärksten mit exogenen Faktoren in Berührung kommende Schleimhautbezirk des menschlichen Körpers. Durch Luft- und Nahrungsaufnahme besteht eine ständige Konfrontation mit Mikroorganismen der Umwelt. Durch die anatomischen Gegebenheiten existieren zahlreiche Mikrostandorte, die ihre ökologischen Besonderheiten haben, aber auch vom Gesamtbiotop beeinflusst werden. Das gesamte Milieu in der Mundhöhle bietet günstige Lebensbedingungen für Mikroorganismen. In ihr ist gleichsam ein biphasisches Nährmedium vorhanden. Die feste Phase stellen die Zähne, Schleimhaut und Speisereste dar, die flüssige die orale Flüssigkeit, vor allem der Speichel. Die Mikroorganismen besiedeln den Grenzbereich beider Phasen, wobei sie von der festen Oberfläche häufig durch eine organische Zwischenschicht (Pellikel, siehe Kap. 3.3.2) getrennt sind. Das in den Mikrobiotopen oft vorhandene negative Redoxpotenzial ermöglicht die Ansiedlung von Anaerobiern in unterschiedlichem Ausmaß. Sie bilden in der Mundhöhle insgesamt die deutliche Mehrheit (Tab. 7.1). Es werden auf der Zahnoberfläche Keimzahlen zwischen 10^{10} und 10^{11}/ml erreicht. Die oralen Anaerobier zeichnen sich oft durch mikrobiologische Besonderheiten und ihre Artenvielfalt aus (Abb. 7.4).

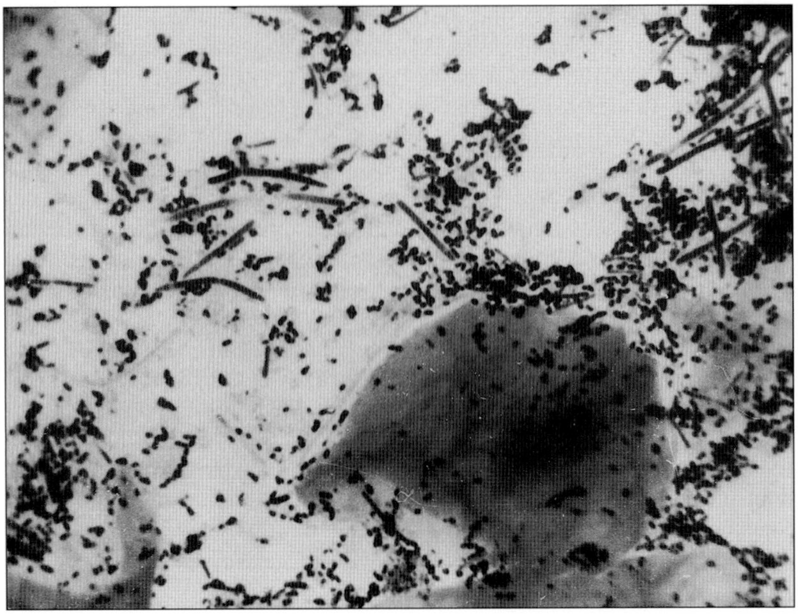

Sektion III

Abb. 7.4 Übersichtsaufnahme der Mundhöhlenflora. Neben einer Gewebezelle zahlreiche kurze und lange Stäbchenbakterien und Kokken.

Eine Übersicht über die in der Mundhöhle von Gesunden nachgewiesenen Mikroorganismen wird in den Tab. 7.2 bis 7.4 gegeben, deren Einteilung nach der Aerotoleranz, dem Gramverhalten und der Morphologie erfolgt. Eine Vergleichstabelle trägt der ständig wechselnden Nomenklatur Rechnung und gibt den aktuellen Stand vom Juni 2002 wider (Tab. 7.5).

Tab. 7.1 Normale Mikroflora in der Mundhöhle.

Standort	**Keimzahl** KBE/ml bzw. g	**Verhältnis** Anaerobier : Aerobier
Speichel	$10^8 - 10^9$	3 – 10 : 1
Zahnoberfläche	$10^{10} - 10^{11}$	100 : 1
Sulcus gingivae	$\geq 10^{11}$	1000 : 1

Tab. 7.2 Strenge Anaerobier im Biotop Mundhöhle.

Gruppe/Gattung	Art	Standort/Besonderheit	Menge/Keimzahl
Grampositive Stäbchen:			
Eubacterium	*E. lentum, E. yurii*	SP	Mäßig
Pseudoramibacter	*P. alactolyticus*	SP	Gelegentlich
Gemella	*G. haemolysans*	SP	Gelegentlich
Bifidobacterium	*B. bifidum*	SP	Mäßig
Lactobacillus	*L. catenaforme, L. crispatus, L. oris, L. gasseri*	SU	
Gramnegative Stäbchen:			
Porphyromonas	***P. gingivalis, P. endodontalis,*** *P.catoniae*	SU	Häufig bis zahlreich
Prevotella	***P. intermedia, P. nigrescens,*** *P. pallens, P. buccae, P. melaninogenica,* ***P. oralis,*** *P. oris, P. dentalis, P. corporis,* ***P. denticola, P. loescheii***	SU	Häufig bis zahlreich
Fusobacterium	*F. nucleatum*	SU, ZO	Häufig bzw. gelegentlich
Selenomonas	*S. sputigena, S. noxia*	SU	Häufig
Tannerella	***T. forsythensis*** (vormals ***B. forsythus***)	SU	Häufig
Grampositive Kokken:			
Peptostreptococcus	***P. micros,*** *P. anaereobius, P. prevotii*	ZO, SU, ZU SP	Häufig bzw. gelegentlich
Staphylococcus	*S. saccharolyticus*	SP	
Gramnegative Kokken:			
Veillonella	*V. parvula, V. dispar, V. atypica*	ZO, SU, ZU, SP	Häufig bzw. gelegentlich
Spirochäten:			
Treponema	***T. denticola, T. pectinovorum, T. vincentii, T. socranskii,*** *T. medium*	SU	Mäßig

Fettgedruckte Namen: am häufigsten vorkommende bzw. wichtigste Bakterienarten
Standorte: ZU Zunge, SP Speichel, ZO Zahnoberfläche, SU Sulkus

Tab. 7.3 Fakultativ anaerobe/kapnophile Mikroorganismen im Biotop Mundhöhle

Gruppe/Gattung	Art	Standort/Besonderheit	Menge/Keimzahl
Grampositive Kokken:			
Streptococcus	*S. mitis*-Gruppe ***S. mitis,*** *S. oralis,* ***S. gordonii,*** *S. cristatus,* ***S. sanguinis,*** *S. parasanguinis, S. pneumoniae*	ZO, SP, SU, Plaquebildner 20% der oralen Mikroflora	Häufig
	S. anginosus-Gruppe *S. anginosus, S. constellatus,* ***S. intermedius***		
	S. mutans-Gruppe ***S. mutans, S. sobrinus,*** *S. ratti*	ZO, Plaquebildner	Mäßig bzw. häufig
	S. salivarius-Gruppe ***S. salivarius,*** *S. vestibularis, S. thermophilus*	ZU, SP	Zahlreich
	S. pyogenes-Gruppe *S. pyogenes, S. agalactiae*		Gelegentlich
Gramnegative Kokken:			
Neisseria	*N. flavescens, N. mucosa, N. sicca, N. subflava*	SP, ZO (Plaque)	?
Branhamella	*B. catarrhalis*	SP	
Grampositive Stäbchen:			
Lactobacillus	***L. paracasei, L. rhamnosus, L. fermentum,*** *L. salivarius, L. acidophilus, L. plantarum*	SP, ZO, Plaque, Zunge	
Actinomyces	***A. naeslundii,*** (*A. viscosus*), *A. georgiae,* *A. israelii, A. gerencseriae, A. odontolyticus, A. meyeri*	ZO,SU,SP/ZU mäßig	
Propionibacterium	*P. acnes, P. propionicum, P. jensenii, P. granulosum, P. avidum*		Gelegentlich
Corynebacterium	*C. xerosis, C. matruchotii*	Corn-cob-Formation	
Rothia	*R. dentocariosa, R. mucilaginosa* (ex *Stomatococcus*)	ZO	
Gramnegative Stäbchen:			
Eikenella	*E. corrodens*	WS, ZU	Gelegentlich
Capnocytophaga	***C. ochracea,*** *C. sputigena,* ***C. gingivalis***	ZO, SU	Häufig in SU
Haemophilus	***H. (A.) actinomycetemcomitans, H. aphrophilus, H. paraphrophilus,*** *H. influenzae, H. parainfluenzae, H. segnis*	SP, SU	Mäßig bis häufig
Actinobacillus	*A. hominis, A. minor*		Mäßig
Campylobacter	***C. concisus,*** *C. gracilis, C. sputorum, C. rectus, C. curvus*	ZU, SP	Gelegentlich
Helicobacter	*H. pylori*	SP	Gelegentlich
Kingella	*K. kingae, K. oralis*	ZO, SP, WS	Gelegentlich

Fettgedruckte Namen: am häufigsten vorkommende bzw. wichtigste Bakterienarten
Standorte: WS Wangenschleimhaut, ZU Zunge, SP Speichel, ZO Zahnoberfläche, SU Sulkus

Tab. 7.4 Aerobier im Biotop Mundhöhle.

Gruppe/Gattung	Art	Standort/Besonderheit	Menge/Keimzahl
Grampositive Kokken:			
Staphylococcus	*S. aureus, S. epidermidis*	SP	Gelegentlich
Enterococcus	*E. faecalis, E. faecium*	SP	Gelegentlich
Gramnegative Stäbchen:			
Echerichia	*E. coli*	SP	Gelegentlich
Pseudomonas	*P. aeruginosa*	SP	Gelegentlich
Stenotrophomonas	*S. maltophilia*	SP	Gelegentlich
Burkholderia	*B. cepacia*	SP	Gelegentlich
Grampositive Stäbchen:			
Nocardia	*N. asteroides*	SP	Gelegentlich
Mycoplasmen			
Mycoplasma	*M. hominis, M. pneumoniae*	SP	Gelegentlich
Pilze			
Candida	***C. albicans,*** *C. glabrata, C. tropicalis, C. krusei, C. parapsilosis*	ZU, WS	Mäßig

Fettgedruckte Namen: am häufigsten vorkommende bzw. wichtigste Bakterienarten
Standorte: WS Wangenschleimhaut, ZU Zunge, SP Speichel, ZO Zahnoberfläche, SU Sulkus

Tab. 7.5 Vergleichstabelle zur in den letzten Jahren geänderten Nomenklatur einiger Bakterien.

Früher	Jetzt
Abiotrophia adiacens	*Granulicatella adiacens*
Abiotrophia elegans	*Granulicatella elegans*
Actinobacillus actinomycetemcomitans	*Haemophilus actinomycetemcomitans*
Arachnia propionica	*Propionibacterium propionicum*
Bacteroides forsythus	*Tannerella forsythensis*
Bacteroides gracilis	*Campylobacter gracilis*
Eubacterium alactolyticum	*Pseudoramibacter alactolyticus*
Mitsuokella dentalis	*Prevotella dentalis*
Mycobacterium paratuberculosis	*Mycobacterium avium* ssp. *paratuberculosis*
Peptococcus	(außer *P. niger* aufgelöst)
Peptostreptococcus micros	*strittig: Micromonas micros*
Stomatococcus mucilaginosus	*Rothia mucilaginosa*
Streptococcus crista	*Streptococcus cristatus*
Streptococcus milleri	*Streptococcus anginosus*
Streptococcus parasanguis	*Streptococcus parasanguinis*
Streptococcus rattus	*Streptococcus ratti*
Streptococcus sanguis	*Streptococcus sanguinis*
Wolinella curva	*Campylobacter curvus*
Wolinella recta	*Campylobacter rectus*

Nach Angaben von:
- Deutsche Sammlung von Mikroorganismen und Zellkulturen GmbH, Braunschweig (Bacterial Nomenclature Up-to-date), Internet: www.dsmz.de/bactnom/bactname.htm, und
- List of bacterial names with standing in nomenclature (J.P. EUZÉBY), Internet: www.bacterio.cict.fr/index.html.

7.2.2 Regulation der oralen Mikroflora

Feuchtigkeit: Die Feuchtigkeit befindet sich im gesamten Verdauungskanal im Optimalbereich. Sie wird in der Mundhöhle nicht nur durch die exogene Wasserzufuhr, sondern im Wesentlichen durch den Speichel bestimmt (siehe auch Kap. 3). Durch die Anordnung der Speicheldrüsen und die dauernde Umwälzung des Speichels infolge von Bewegungen der Zunge, der Lippen und der Kiefer sind alle Schleimhäute mehr oder weniger gleichmäßig befeuchtet. Sein Gehalt an Elektrolyten, Enzymen und antimikrobiellen Wirkstoffen beeinflusst die Zusammensetzung der Mundflora, die tageszeitlich schwankt.

Temperatur: Die Temperatur in der Mundhöhle liegt relativ konstant zwischen 35 und 37°C. Im vorderen Bereich ist die Temperatur in der Regel niedriger, so dass sich temperaturgebundene Mikroorganismen eher im hinteren Teil der Mundhöhle in Falten und Spalten ansiedeln als auf der Zungenoberfläche oder der Gingiva. „Temperaturschocks" können bei der Aufnahme von heißen oder kalten Getränken und Nahrungsbestandteilen auftreten. Höhere Durchschnittstemperaturen bis zu 39°C wurden in entzündeten Zahnfleischtaschen gemessen. Sie korrelieren mit der Taschentiefe.

Redoxpotenzial/Anaerobiose stellen einen weiteren entscheidenden Regelfaktor dar. Die Schleimhautbezirke der Mundhöhle kommen ständig mit der Luft in Berührung. Trotzdem trifft eine Aerobiose nur für die Zungenoberfläche zu, während auf den Flächen des buccalen Epithels und der unmittelbaren Zahnoberfläche der Anteil des Sauerstoffs weniger als 1% beträgt und somit ein niedriges Redoxpotenzial vorhanden ist. Es lässt sich eine Korrelation mit der Taschentiefe feststellen: mit zunehmender Taschentiefe verschiebt sich das Redoxpotenzial in den negativen Bereich. In tiefen parodontalen Taschen wird ein rH bis zu -300 mV erreicht. Auch in den als Biofilm ausgebildeten dentalen Plaques wird ein stärker negatives Redoxpotenzial bis etwa rH -200 mV gefunden. Auf Grund derartiger Bedingungen ist es erklärlich, dass in der Mundhöhle eine erhebliche mikrobielle Artenvielfalt herrscht und neben wenigen aeroben vor allem fakultativ oder obligat anaerobe, ja extrem sauerstoffempfindliche Mikroorganismen angetroffen werden. Sauerstoffverbrauchende Spezies sind mit Anaerobiern eng assoziiert. Auch lokale Erhöhungen des Kohlendioxidpartialdrucks können für eine Mikrobenpopulation bedeutsam sein.

Oraler pH-Wert: Für das Biotop Mundhöhle ist der pH-Wert des Speichels ein Schlüsselfaktor. Der pH-Wert des unstimulierten Gesamtspeichels beträgt 6,4 bis 7,25. Die Ansäurung der Plaque-Biofilme bzw. der Plaqueflüssigkeit auf den Zahnoberflächen durch den mikrobiellen Kohlenhydratstoffwechsel führt zu kariösen Demineralisierungsprozessen. Hohe pH-Werte fördern die Zahnsteinbildung und führen innerhalb oraler Biofilme zu einer erhöhten Ausschüttung zytotoxischer Bestandteile (darunter durch Ureolyse entstandener Ammoniak, siehe Kap. 9.1).

Nährstoffe: Einer der wichtigsten Regelfaktoren für eine mikrobielle Population ist das Nährstoffangebot. Dazu gehören:

- von außen mit der Nahrung zugeführte Nährstoffe einschließlich Spurenelemente (wie Eisen) und ihre enzymatischen Spaltprodukte;
- endogene Nährstoffe, wie Speichelbestandteile, Bestandteile aus der Sulkusflüssigkeit, Zelldetritus aus dem physiologischen Epitheluntergang, abgestorbene Mikroorganismen sowie Nährstoffe aus dem intermikrobiellen Stoffwechsel.

Dementsprechend ist in der Mundhöhle ein üppiges Nährstoffangebot vorhanden, und die zahlreichen Mikroorganismengruppen werden gut versorgt. Trotz einer physiologischen Selbstreinigung (Spülwirkung des Speichels) und mundhygienischer Maßnahmen bleiben in der Mundhöhle genügend Nährstoffe zurück. Somit ist eine gute Stabilität der Standortflora gegeben. Hinzukommen die speziellen Anordnungen der Mikroflora in der Mundhöhle, wie sie durch die Biofilm- und Plaquebildung (siehe Kap. 8.1) gegeben ist. So verwertet *Veillonella* keine Kohlenhydrate, baut aber das von *Streptococcus* und *Actinomyces* produzierte Lactat zu Acetat und Wasserstoff ab. *Fusobacterium, Eubacterium, Bacteroides* und *Peptostreptococcus* produzieren Kohlendioxid, das für die kapnophilen Mikroorganismen wie *Capnocytophaga, E. corrodens, A. (H.) actinomycetemcomitans* und *S. mutans* von Nutzen ist. 7.1 – 7.2

Antimikrobielle Stoffe: Sowohl vom Makroorganismus als auch von den Mikroorganismen selbst werden verschiedene antimikrobielle Stoffe produziert. Dazu gehören auch endogene antimikrobielle Peptide (EAP*, wie die Defensine) und Antibiotika, die in Enzymen, Sekreten und Exkreten enthalten sein können und auch mit der Nahrung aufgenommen werden. So ist bekannt, dass die Lipase des Speichels wirksam ist gegen pathogene Keime wie *Mycobacterium tuberculosis, Staphylococcus aureus*, verschiedene Streptokokkenarten und andere. Proteasen* haben einen Einfluss auf die Adhärenz der Mikroorganismen, indem sie durch die Degradation von Oberflächenproteinen ihr Haften vermindern. Von den körpereigenen Substanzen haben beispielsweise Lactoferrin und Lysozym universelle Bedeutung. Dem im Speichel enthaltenen Lysozym kommt bei der Regelung der Mundhöhlenflora eine wichtige Rolle zu. Einzelheiten werden in dem Kap. 3 über die orale Flüssigkeit dargestellt. Einen antibakteriellen Effekt üben auch Sauerstoffradikale aus, die von Phagozyten produziert werden. Verschiedene Keime der Mikroflora geben mikrobizide Produkte ab wie H_2O_2 und Bacteriocine* (vergleiche Tab. 8.1).

Weitere Abwehrmechanismen: Ein wirksamer Schutz gegen das Eindringen von Mikroorganismen ist die Bedeckung von Oberflächen mit Schleim und anderen organischen Biofilmen, beispielsweise Pellikel (siehe Kap. 3.3). Dazu kommen zahlreiche lokale Immunmechanismen, auf die an anderer Stelle (Kap. 2) ausführlich eingegangen wird.

Siedlungsfaktoren: Zu den Faktoren, die den Mikroorganismen das Siedeln ermöglichen, gehören die mikrobiell und die vom Wirt gegebenen Haftmöglichkeiten. Diese bestimmen auf molekularer Ebene die Kolonisierung von Mikroorganismen im Makroorganismus. Bei der Adhäsion liegen sowohl unspezifische als auch spezifische Oberfläche – Ligandenbindungen vor (siehe Kap. 3.4). Adhäsionsphänomene entscheiden in der Mundhöhle über die Verteilung verschiedener oraler Bakterien an den Zähnen oder Schleimhautoberflächen. Die Haftung verschiedener *Streptococcus*-Arten an oralen Oberflächen ist hier besonders bedeutsam. Auf dem primär haftenden *Streptococcus* bilden sich vielfache Bakterienschichten, so dass mikrobielle Gemeinschaften entstehen (siehe Kap. 4 und 8.1).

Intermikrobielle Beziehungen: Die Beziehungen der Mikroorganismen untereinander, ihre Syn- und Antagonismen, haben eine erhebliche Bedeutung für die Entstehung, Entwicklung und Erhaltung der Biozönose. Sie sind zugleich auch Mechanismen, die die Siedlung exogener Mikroorganismen begrenzen oder verhindern.

Zu den antagonistischen Beziehungen der Mikroorganismen untereinander gehören die Nährstofflimitation und Substratkonkurrenz. Durch den Verbrauch nutzbarer Nährstoffe erfolgt in Mischkulturen eine gegenseitige Hemmung. Mikroorganismen mit schneller Generationsfolge sind zunächst im Vorteil bis bei geringer gewordenen Substratkonzentrationen die langsam wachsenden Keime begünstigt werden. So verwerten die Mikroorganismen in den dentalen Plaques praktisch alle Zucker als Substrat, doch haben bestimmte Spezies eine höhere Affinität zu bestimmten Zuckern, was ihnen Vorteile verschafft. Antagonistische Effekte kommen auch durch die Hemmung der Stoffaufnahme, eine Hemmung durch gebildete Metaboliten, durch Milieuänderungen (insbesondere Änderung des pH-Wertes, siehe Abb. 9.7), die Produktion von Bacteriocinen* und Antibiotika zustande.

Synergistische Beziehungen können durch günstige Umweltbedingungen, durch die Produktion von Wachstumsfaktoren und von Substraten, die andere Mikroorganismen verwerten können, entstehen. Das bekannteste Beispiel ist das gemeinsame Wachstum von Anaerobiern und Aerobiern in der Mundhöhle. Auch die mikrobielle Sukzession in oralen Biofilmen ist ein mikrobieller Synergismus.

7.2.3 Orale Mikrostandorte

Lippen: Sie können sowohl intraorale Mikroorganismen als auch typische Hautvertreter aufweisen und sind in diesem Sinne kein eigentliches Biotop.

Zunge: Die Zungenoberfläche ist ein aerober Standort. Die Anaerobier nehmen hier zahlenmäßig nur einen kleinen Anteil ein. Hauptformen sind *S. salivarius, S. mitis und S. sanguinis. Veillonella, Corynebacterium* und *Propionibacterium* kommen vor. Vertreter der *Enterobacteriaceae* sind häufiger zu finden als an anderen Stellen der Mundhöhle. Oft, wenn auch quantitativ in unbedeutender Menge, sind Hefen der Gattung *Candida* vertreten.

Gaumen und Wangenschleimhaut: Beide Orte sind durch eine relative Keimarmut infolge eines verminderten Haftvermögens gekennzeichnet.

Zahnoberfläche: Die Mikroflora der Zahnoberfläche ist in starkem Maße von den Nahrungs- und Kaugewohnheiten, von der Mund- und Zahnpflege abhängig. In der Regel zeigt sie eine starke mikrobielle Besiedlung. Durch ein sog. bakterielles Attachment kommt es zur mikrobiellen Plaque, der Bildung von Biofilmen (siehe Kap. 8.1).

Sulcus gingivae: In ihm bzw. in den parodontalen Taschen findet sich ein Exsudat (die Sulkusflüssigkeit, siehe Kap. 3.5), das ein reich besiedelter mikrobieller Standort mit zahlreichen Anaerobiern verschiedener Gattungen ist. Hier kommen auch streng anaerobe Formen wie *Treponema* vor, die nur an diesem Standort vorhanden und auf spezielle Substrate des Wirts angewiesen sind. Mit zunehmender Taschentiefe nimmt die mikrobielle Besiedlung zu. Im Sulkusbereich siedeln auch freilebende, nicht haftende Mikroorganismen wie *Capnocytophaga, Campylobacter, Selenomonas* und *Treponema*.

Mikrobielle Gemeinschaften: Eine Besonderheit des Standortes Mundhöhle bildet das Vorkommen mikrobieller Gemeinschaften im Sinne einer Keimsukzession. Dieses ist typisch für die Entstehung oraler Biofilme. Durch unspezifische und spezifische Haftmechanismen kommt es zur Akkumulation auf dem Pellikel (siehe Kap. 3.4). Pionierkeime sind *S. sanguinis, S. mitis* und *S. oralis*, die eine monobakterielle Schicht bilden. Auch *A. viscosus* und *A. naeslundii* können beteiligt sein. Die weitere Entwicklung erfolgt durch Koadhäsion. Die extrazellulären Polysaccharide (Glucane, Fructane) von *S. mutans* haften besonders gut. Die gebildete Milchsäure trägt zur Senkung des pH-Wertes bei. Auch andere Stoffwechselprodukte führen zu Milieuänderungen und damit zum Entstehen von sauerstoffarmen bzw. -freien Wachstumsnischen. Die supragingivale Plaque ist weniger anaerob als die subgingivale. Daher haben sie auch eine unterschiedliche mikrobielle Zusammensetzung (Einzelheiten in Kap. 8.1). **7.1–7.2**

Literatur

Boris S, Suarez J E, Vazquez F, Barbes C: Adherence of human vaginal lactobacilli to vaginal epithelial cells and interaction with uropathogens. Infect Immun 66: 1985-1989, 1998

Eschenbach D A, Thwin S S, Patton D L, Hooton T M, Stapleton A E, Agnew K, Winter C, Meier A, Stamm W E: Influence of the normal menstrual cycle on vaginal tissue, discharge, and microflora. Clin Infect Dis 32: 325-331, 2001

Hill M J (Hrsg): Role of gut bacteria in human toxicology and pharmacology. Taylor & Francis, London, Bristol 1995

Knoke M: Gastrointestinale Mikroökologie des Menschen und Candida. Mycoses 42 (Suppl. 1): 31-34, 1999

Knoke M, Bernhardt H: Mikroökologie des Menschen. Mikroflora bei Gesunden und Kranken. Akademie-Verlag, Berlin 1985; Edition Medizin VCH Verlagsgesellschaft, Weinheim, Deerfield Beach, Fl. 1986

Kolenbrander P E: Oral microbial communities: Biofilms, interactions, and genetic systems. Ann Rev Microbiol 54: 413-437, 2000

Kuramitsu H K, Ellen R P (Hrsg): Oral bacterial ecology. The molecular basis. Horizon Scientific Press, Wymondham 2000

Mitsuoka T: The human gastrointestinal tract. In: Wood B J B (Hrsg): Lactic acid bacteria in health and disease. Elsevier, London, New York 1992, Seite 69-114

Sakamoto M, Umeda M, Ishikawa I, Benno Y: Comparison of the oral bacterial flora in saliva from a healthy subject and two periodontitis patients by sequence analysis of 16S rDNA libraries. Microbial Immunol 44: 643-652, 2000

Kapitel 8
Plaque und Zahnstein

Zusammenfassung

Auf gereinigten Zahnoberflächen bildet sich *in vivo* innerhalb weniger Minuten ein Pellikel: eine Schicht aus adsorbierten Speichelglycoproteinen mit einzelnen, darin eingelagerten, meist abgestorbenen Mikroorganismen. Daraufhin etablieren sich auf dem Pellikel grampositive, aerobe, sog. Pionierkeime. Durch ihre Vermehrung und durch die Bindung sog. Nachfolgerkeime entsteht auf der Zahnoberfläche ein strukturierter Belag (Plaque), welcher sich – inadäquate Abwehrleistungen der Sulkusflüssigkeit und/oder inadäquate Mundhygiene vorausgesetzt – auch nach subgingival ausdehnt. Plaque ist eine der ätiologischen Voraussetzungen für die Entwicklung der Karies und der marginalen Gingivitiden/Parodontitiden. Von entscheidender Bedeutung für die pathogene Wirkung der Plaque ist die Tatsache, dass es sich hierbei um einen mikrobiellen Biofilm handelt. Biofilme sind räumlich organisierte Gemeinschaften von Mikroorganismen, welche mit einer Oberfläche verbunden und in einer extrazellulären Matrix eingebettet sind. Biofilme sind als eine geschützte Form des mikrobiellen Wachstums anzusehen, welche die Überlebensfähigkeit von Mikroorganismen erhöht. Die Fähigkeit zahlreicher Mikroorganismen sich in Biofilmen zu organisieren, stellt einen im Laufe der Evolution gewonnenen Selektionsvorteil dar und ist kaum überwindbar. Haben sich Bakterien einmal in einen Biofilm organisiert, verhalten sie sich nicht mehr als Einzeller, sondern als ein mehrzelliger Organismus. Dabei entwickeln sie erstaunliche Fähigkeiten: Durch Zell-Zell-Kommunikation (Quorum-sensing) mittels auto-induzierender Signalmoleküle wird die Genexpression der Mikroorganismen umgesteuert. *N*-Acyl-homoserinlactone (Acyl-HSL) stellen die bedeutendsten Autoinducer bei gramnegativen Quorum-sensing-Systemen dar. Einige der mit marginalen Parodontitiden assoziierten gramnegativen Keime bilden allerdings keine Acyl-HSL. Die wichtigste Folge der veränderten Genexpression ist die Bildung einer extrazellulären Matrix. Diese Glycocalyx überzieht die Bakterienkolonien wie ein Film, schützt sie gegen Austrocknung, gegen antibakterielle Chemotherapeutika und gegen immunologische Abwehrmechanismen und bewirkt, dass der Biofilm nur noch durch mechanische Entfernung eliminierbar ist. Gerade die nicht-desquamierende, pellikelbedeckte Zahnhartsubstanz bildet eine zur Bildung bakterieller Biofilme besonders geeignete Oberfläche. Strukturmodelle oraler Biofilme werden in diesem Kapitel vorgestellt. Ebenso besprochen werden die Entwicklung oraler Biofilme im Laufe eines Lebens, ihre Entstehung, ihre mikrobielle Zusammensetzung sowie die Plaqueflüssigkeit, die wässrige Phase der extrazellulären Matrix mit darin gelösten Substanzen. Subgingivale Biofilme, insbesondere ihre nichtadhärenten Anteile, sind ätiologisch mit marginalen Parodontitiden assoziiert.

Zahnstein entsteht durch Mineralisierung der Plaque. Diese beginnt an Kristallisationskernen, in der extrazellulären Matrix oder an Strukturen von zerfallenden, eventuell sogar lebenden Bakterienzellen. Zahnstein enthält Kalziumphosphate in verschiedenen Kristallformen. Er ist immer mit einer Schicht nichtkalzifizierter Plaque bedeckt und stellt dessen bedeutsamsten Retentionsfaktor dar. Sowohl supra- als auch subgingivaler Zahnstein sind in der Bevölkerung weit verbreitet.

8.1 Plaque

René Sanderink und Catherine Weber

8.1.1 Einleitung

Auf gereinigten Zahnoberflächen bildet sich *in vivo* innerhalb weniger Minuten ein Pellikel: eine Schicht aus adsorbierten Speichelglycoproteinen mit einzelnen, darin eingelagerten, meist abgestorbenen Mikroorganismen (siehe Kap. 3.3.2). Daraufhin etablieren sich auf dem Pellikel grampositive, aerotolerante Mikroorganismen, sog. Pionierkeime (vorwiegend Kugelbakterien der Gattung *Streptococcus*). Durch ihre Vermehrung und durch die Bindung weiterer Mikroorganismen (sog. Nachfolgerkeime, in der Regel grampositive und gramnegative Stäbchen sowie Filamente) entsteht auf der Zahnoberfläche ein strukturierter Belag (Plaque), welcher sich – inadäquate Abwehrleistungen der Sulkusflüssigkeit und inadäquate Mundhygiene vorausgesetzt – auch nach subgingival ausdehnt und dann zusätzlich Schraubenbakterien (Spirillen) aufweist.

Merke:
Plaque ist definiert als eine auf Zahnoberflächen haftende, strukturierte Bakterienaggregation, bestehend aus Mikroorganismen und eingebettet in eine organische Matrix. Diese Matrix beansprucht etwa 20–40% des gesamten Plaquevolumens und enthält als Hauptbestandteil von den Mikroorganismen gebildete extrazelluläre Polysaccharide. Sie dient als Gerüst, um die Mikroorganismen zu einer kohärenten Masse zu vereinigen, und als Nahrungsspeicher für die Bakterien.

Weiter enthält die Matrix aus dem Speichel stammende Glycoproteine (welche die bakterielle Adhäsion an den Zahn und die Aggregation weiterer Bakterien fördern), Nahrungsbestandteile, Bestandteile der Sulkusflüssigkeit und Zellreste. Die wenigen Lipide, die in der extrazellulären Matrix enthalten sind, stammen aus kleinen extrazellulären Membranvesikeln von gram-negativen Bakterien und weisen eine Endotoxin-Wirkung auf (siehe LPS*, vergleiche Abb. 10.2). Anorganische Komponenten der supragingivalen Plaquematrix sind Kalzium-, Phosphat- und in kleineren Mengen Magnesium-, Kalium-, Natrium- und Fluorid-Ionen. Der anorganische Anteil ist am Anfang sehr gering, nimmt aber sehr stark zu, wenn durch Mineralisation die Umwandlung der Plaque in Zahnstein stattfindet.

Klinisch ist Plaque erst ab einer gewissen Menge als weiche, variabel dicke, dicht verfilzte, weißlich-gelbe, globuläre Masse, vor allem entlang des Marginalsaums, sichtbar. Ihre zum Teil lockeren, oberflächlichen Anteile können bei entsprechender Dicke weißlich aussehen und wurden früher als Materia alba bezeichnet.

Plaque erscheint dort, wo die Zähne nicht der mechanischen Reinigung der Zunge, Lippen und Wangen ausgesetzt sind. Sie adhäriert außer an den Zahnhartsubstanzen auch an zahnärztlichen Restaurationsmaterialien, Implantaten, kieferorthopädischen Apparaturen und Prothesen. Plaque haftet fest auf der Zahnoberfläche und ist nur mechanisch, jedoch nicht chemisch oder mit einem scharfen Wasserstrahl entfernbar. Plaquebildung auf Wurzeloberflächen verläuft schneller als auf koronalen- bzw. Schmelzoberflächen.

Plaque ist kein uniformes Gebilde. Sie ist von Zahn zu Zahn und von Ort zu Ort am einzelnen Zahn anders zusammengesetzt. Es wird zwischen supra- und subgingival lokalisierter Plaque differenziert. Ferner wird subgingival zwischen adhärenter und nichtadhärenter Plaque („schwimmende Plaque") unterschieden (siehe 8.1.3.5). Es gibt Personen, bei welchen sich innerhalb kurzer Zeit viel Plaque bildet („heavy plaqueformers") und solche, bei welchen auch über längere Zeiträume nur mäßige Plaquemengen entstehen („light plaqueformers"). Die individuelle Plaquebildungsrate wird durch eine Reihe von lokalen und allgemeinen Faktoren beeinflusst (siehe 8.1.3.3).

Merke:
Plaque ist eine der ätiologischen Faktoren für die Entwicklung der Karies und der marginalen Gingivitiden/Parodontitiden, die beiden häufigsten oralen Krankheitsbilder. Hieraus erklärt sich das Interesse, die Hintergründe der Entstehung und der Reifung von Pellikel und Plaque zu verstehen und diese prophylaktisch oder therapeutisch zu beeinflussen. Von entscheidender Bedeutung für die pathogene Wirkung der Plaque ist die Tatsache, dass es sich hierbei um mikrobielle Biofilme handelt.

8.1.2 Biofilme

Es gibt in der Natur zwei grundsätzlich mögliche Formen mikrobieller Ansammlungen. Neben planktonischen Populationen (Suspensionen) gibt es die weitaus häufiger vorkommende mikrobielle Kolonisierung auf Oberflächen jeglicher Art (Biofilme). Die Entstehung oberflächen-assoziierter mikrobieller Populationen beginnt mit der Anhaftung von einigen wenigen Zellen, welche sich – günstige Nahrungs- und Umweltbedingungen vorausgesetzt – zu Mikrokolonien entwickeln. Bleibt das lokale Milieu für das mikrobielle Wachstum weiterhin günstig, entwickeln sich komplexe Biofilme.

Merke:
Biofilme werden definiert als räumlich organisierte Gemeinschaften von Mikroorganismen, welche mit einer Oberfläche verbunden und in einer extrazellulären Matrix eingebettet sind. Diese Matrix enthält Bestandteile sowohl von den Mikroben als aus der Umgebung stammend. In der Natur befinden sich die meisten Bakterien physiologischerweise als Biofilm auf irgendeiner Oberfläche. Ob Glas, Plastik, Kühlwasserröhren in einem Atomkraftwerk, Ölpipelines, Schiffsoberflächen unterhalb der Wasserlinie oder ein Katheter bzw. Implantat im menschlichen Körper – überall können sich Biofilme bilden. Weltweit gibt die Industrie jährlich Milliarden Dollar aus, um Biofilme in ihren Produktionsanlagen – u. a. aus Rohrleitungen, wo sie die Korrosion fördern – zu beseitigen (mehr Informationen unter www.montana.edu).

Haben sich Bakterien einmal in einem Biofilm organisiert, verhalten sie sich nicht mehr als Einzeller, sondern können Merkmale aufweisen wie ein **mehrzelliger Organismus**, dessen Eigenschaften mehr als die Summe der Eigenschaften ihrer einzelnen Spezies sind, und entwickeln erstaunliche Fähigkeiten:

- Sie kommunizieren eng miteinander und erhöhen ihren Schutz vor der Außenwelt, indem sie zum Teil bestimmte Gene* einschalten, die dafür sorgen, dass sie auf ihre Oberflächen schleimige, gummiartige Substanzen (oft Glycoside) in Form einer extrazellulären Matrix sezernieren. Diese Glycocalyx kann in ihrer Dicke ein Mehrfaches der Bakteriengröße ausmachen und überzieht die Bakterienkolonien wie ein Film, schützt sie gegen Austrocknung, erhöht die Haftung der Bakterien auf der Oberfläche, macht die Bakterien nahezu unverwundbar und bewirkt, dass der Biofilm außer durch mechanische Entfernung nur durch aggressive chemische Substanzen wie Putzsäure und Königswasser eliminierbar ist.
- Auch die schnelle Erholung von Hungerphasen ist herausragendes Merkmal der in Biofilmen lebenden Bakterien. Zudem unterscheidet sich die metabolische Aktivität bei Biofilmbakterien – unter ähnlichen lokalen Milieubedingungen – von jener in planktonischen Zellen.
- Die sich innerhalb von Biofilmen befindlichen Bakterien sind als Mikrokolonien mit funktioneller Heterogenität organisiert. Beispielsweise verklumpen genetisch verschiedene Bakterienspezies mit spezifischen, unterschiedlichen Partnern (Koaggregation, vergleiche Abb. 4.5). 8.1–8.2

Merke:
Biofilme können als eine geschützte Form des mikrobiellen Wachstums betrachtet werden, welche die Überlebensfähigkeit von Mikroorganismen in einem ungünstigen Milieu erhöht und ihr Zusammenleben in einer komplizierten, aber sehr effizienten Art ermöglicht. Die Fähigkeit zahlreicher Mikroorganismen sich anzuheften, eine klebrige extrazelluläre Matrix zu bilden und zu wachsen, stellt einen im Laufe der Evolution gewonnenen Selektionsvorteil dar und ist kaum überwindbar. Die Grenzflächen des menschlichen Körpers sind immer der Besiedlung durch Mikroorganismen ausgesetzt. Die physiologischerweise auftretende konstante Erneuerung und Oberflächendesquamation verhindern hier eine Akkumulation von Bakterien. Gerade die nicht-desquamierende, pellikelbedeckte Zahnhartsubstanz bildet jedoch eine zur Anheftung von Mikroorganismen bzw. zur Bildung bakterieller Biofilme geeignete Oberfläche.

Im lebenden Organismus gewährt die Organisationsform „Biofilm“ Eindringlingen Schutz gegen immunologische Abwehrmechanismen und gegen antimikrobielle Chemotherapeutika: Bis 1000fach erhöhte MIC-Werte wurden für oberflächen-assoziierte mikrobielle Zellen ermittelt. Diese Phänomene beruhen auf der Tatsache, dass einzelne biofilm-assoziierte Mikroorganismen gegenüber planktonischen Mikroorganismen als Folge ihrer **veränderten Genexpression*** auch eine veränderte Ausprägung ihrer Virulenz- und Pathogenitätsfaktoren aufweisen. An der

Oberfläche eines Biofilms werden beispielsweise Stoffe freigesetzt, welche bakterizide Substanzen, Antibiotika und Detergentien sowie Angriffe der Immunabwehr weitgehend neutralisieren können. Insbesondere werden die Penetration dieser Substanzen und die der Immunocyten in den Biofilm (und somit die mikrobizide Aktivität der Phagozyten) unterdrückt. Auch die Glycocalyx als Diffusionsbarriere ist hierfür verantwortlich. An der Grenzfläche der Biofilme findet im Wesentlichen nur „frustrated phagocytosis“ (siehe Abb. 2.20) statt.

Die Forscher suchen deswegen nach anderen Wegen, Biofilme zu bekämpfen, und haben damit begonnen, die chemische Signalsprache der Bakterien zu entschlüsseln: Haben sich genügend Bakterien zu einem sog. Quorum angesammelt, beginnen sie damit, unter einander Signale auszutauschen (Quorum-sensing = Zell-Zell-Kommunikation) und sich neu zu organisieren. **Quorum-sensing** beinhaltet Phänomene wie Plasmidtransfer (siehe Kap. 1.2.4) sowie die lokale Synthese von Antibiotika, Enzymen und Detergentien und basiert auf selbst generierten chemischen Signalen (sog. **Auto-inducers**, AIs): Einzelne Bakterienzellen setzen AIs konstitutiv in so kleinen Mengen frei, dass diese von der Umgebung nicht wahrgenommen werden. Sind genügend Bakterien vorhanden, übersteigt die lokale AI-Konzentration einen Schwellenwert, welcher die Bakterien auf ihre Anzahl hinweist bzw. eine Kaskade von Signalübertragungen* auslöst. Daraufhin werden bestimmte Gene* aktiviert, andere hingegen unterdrückt. Deswegen werden mikrobielle Virulenzgene u. U. erst zu einem Zeitpunkt aktiviert, zu dem sich bereits beträchtliche Bakterienmengen angesammelt haben: Biofilme wachsen langsam und provozieren erst mit einer gewissen Verzögerung Reaktionen im Körper.

Sektion III

N-Acyl-homoserinlactone (Acyl-HSL) bilden eine Gruppe bedeutsamer mikrobieller Signalmoleküle (AI-1) bei der großen Mehrheit gramnegativer Quorum-sensing-Systeme. Acyl-HSL sind befähigt, Zellmembranen rasch zu durchqueren. Deshalb kann es im Zellinnern nur dann eine hohe Konzentration geben, wenn es in der Nähe zahlreiche andere Zellen gibt, die alle ebenfalls das gleiche Acyl-HSL herstellen. Acyl-HSL beeinflussen nicht nur mikrobielle Zellen, sondern auch eukaryotische Zellen und ihre Immunantwort. Insbesondere lösen Acyl-HSL die Freisetzung des Chemotaxins IL-8 bei Epithelzellen aus und weisen so den Körper auf die Anwesenheit von Eindringlingen hin. Eine Rolle als Virulenzfaktor spielen Acyl-HSL jedoch, indem sie beispielsweise bei LPS*-aktivierten Makrophagen die Freisetzung von IL-12 und TNF-α unterdrücken. Da die Liste jener Bakterienarten, welche Quorum-sensing-Systeme aufweisen, ständig wächst (www.montana.edu), werden die Erkentnisse über die Regulatorfunktionen der mikrobiellen Signalmoleküle ebenfalls zunehmen und künftig vielleicht zu therapeutischen Zwecken eingesetzt werden können. Gerade zur Bekämpfung einer Reihe von durch bakterielle Biofilme verursachten Infektionen (darunter Endokarditis und nosokomiale Infektionen bei Patienten mit venösen Kathetern, künstlichen Herzklappen oder Endoprothesen) wäre dies von größter klinischer Bedeutung.

Mit marginalen Parodontitiden assoziierte Bakterienarten benutzen für ihre interzelluläre Kommunikation sog. AI-2-Inducers (deren chemische Struktur heute – Ende 2003 – noch nicht vollständig geklärt ist): *Porphyromonas gingivalis, Prevotella intermedia* und *Fusobacterium nucleatum* verfügen nachgewiesenermaßen nicht über Acyl-HSL. Auch *Actinobacillus (Haemophilus) actinomycetemcomitans* benutzt AI-2-ähnliche Signale.

Biofilmbakterien setzen kontinuierlich Antigene*, insbesondere LPS*, frei (siehe Abb. 10.2). Diese lösen zwar die Produktion von spezifischen Antikörpern aus. Die Antikörper können jedoch – genau wie die Phagozyten – wegen mangelnder Penetration durch die extrazelluläre Schleimschicht (Glycocalyx) hindurch die Bakterien innerhalb des Biofilms nicht bekämpfen. Auch Individuen mit exzellenten zellulären und humoralen Immunreaktionen können Biofilminfektionen nicht durch ihre körpereigene Abwehr verhindern. Die Eliminierung von Biofilmbakterien erfordert den Einsatz hoch-dosierter Antibiotika. *In vivo* unterdrücken die Antibiotika zwar die Infektionssymptome, indem sie frei treibende Bakterien, die sich von der Population gelöst haben (beispielsweise die „schwimmende Plaque" in parodontalen Taschen, siehe Kap. 8.1.3.5), eliminieren. Die sich innerhalb der Biofilme befindlichen Keime beeinflussen sie allerdings weniger. Somit ist es fraglich, ob sämtliche Biofilmbakterien abgetötet werden. Aus diesem Grund zeigen Biofilminfektionen nach Zyklen von Antibiotikatherapie häufig rezidivierende Symptome: **Der Biofilm wirkt als Nidus für ein Rezidiv der Infektion.** Auch marginale Parodontitiden sind – unter anderem – aus diesem Grund rezidivanfällig (siehe Kap. 10.6.2). Wird eine biofilm-assoziierte Infektion lebensbedrohend, bleibt oft nichts anderes übrig, als die bakterielle Population samt Unterlage chirurgisch aus dem Körper zu entfernen. Gedanklich drängt sich hier die Analogie zur Zahnextraktion auf.

8.1.3 Orale Plaque-Biofilme

8.1.3.1 Struktur

Die Struktur von Biofilmen wird seit den 1970er Jahren erforscht. Die Konzepte bezüglich der räumlichen Strukturen bei oralen Biofilmen wurden im Laufe der Jahre mehrfach geändert (Abb. 8.1).

Die klinische Bedeutung der mikrobiellen Biofilmbildung auf den Zahnhartsubstanzen besteht in der Auslösung entzündlicher Veränderungen im angrenzenden Gingivagewebe (Gingivitis). Entfernt man die Plaque, verschwinden in der Regel die klinischen Entzündungszeichen. Hierüber hinaus vergären Biofilmbakterien Zucker und setzen dadurch Säure in ihrer Umgebung frei, was zu kariösen Demineralisationen der Zahnhartsubstanzen führt. Da Kenntnisse über die physikalisch-chemischen und metabolischen Interaktionen im Plaque-Biofilm für eine erfolgreichere Parodontitis- und Kariesprophylaxe essenziell sind, wird immer wieder versucht, ein *in vitro* anwendbares Versuchsmodell oraler Biofilme herzustellen und zu erforschen. Dabei interessieren besonders die Permeabilität des Biofilms für bakterizide Substanzen (bakterizide Chemotherapeutika sowie -Effektormoleküle der Immunabwehr) sowie die Phagozytosefähigkeit der in den Biofilm penetrierenden Leukozyten. Bisher existiert **kein überzeugendes Versuchsmodell**.

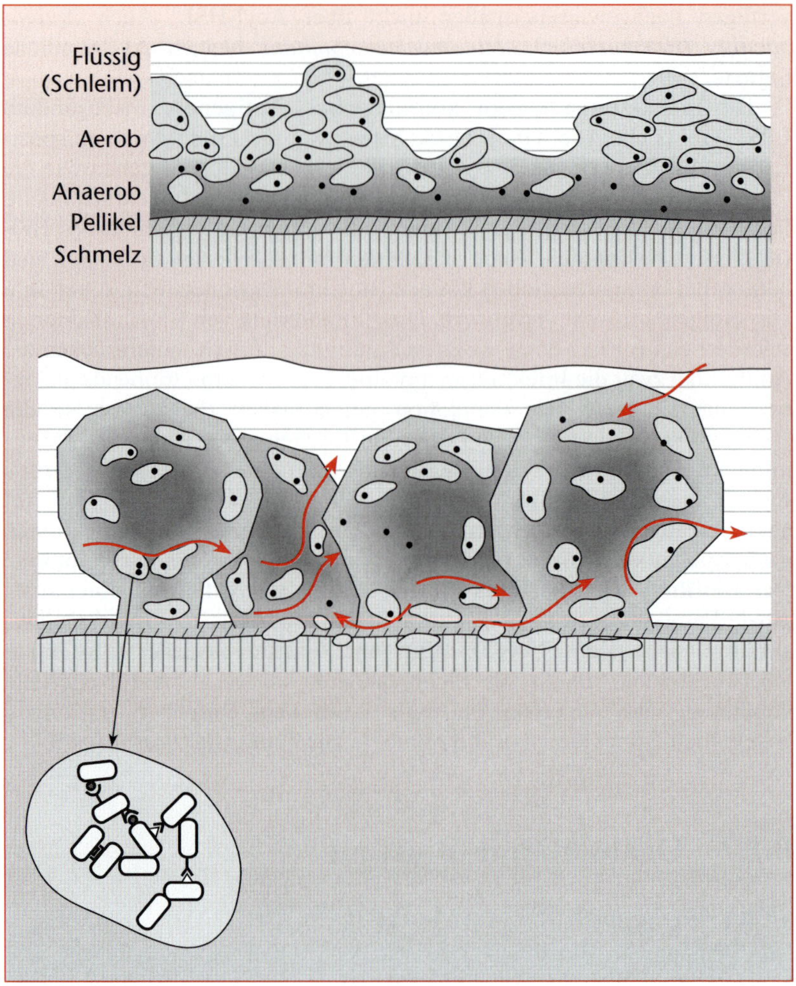

Abb. 8.1 Älteres und neueres Strukturmodell oraler Biofilme. Die Erforschung der Plaque-Biofilme ist eine außergewöhnlich schwierige wissenschaftliche Herausforderung, wenn versucht wird, die vielfältigen Interaktionen zwischen Bakterien, Substraten und bakteriellen Stoffwechselprodukten zu beschreiben. Mit dem einfachen Modell (oben) konnten die Hauptkomponenten der Biofilme identifiziert und erforscht werden. Die Bakterien an der Oberfläche brauchen Sauerstoff, weiter unten leben sie unter Luftabschluss. Es wurde davon ausgegangen, dass Diffusionsprozesse die einzig vorkommenden molekularen Transportmechanismen darstellen und dass die entsprechenden Konzentrationsgradienten nur in einer Richtung, nämlich senkrecht auf der Zahnoberfläche, ausgerichtet sind. Neuere Modelle (unten) gehen von einer komplexen drei-dimensionalen Struktur aus: Mikrobielle Aggregate (durch unspezifische und spezifische Interaktionen aneinander gebundene Bakterien, siehe Ausschnitt) sind durch zahlreiche, mit Flüssigkeit gefüllte Kanälchen (Pfeile, rot) und Hohlräume getrennt. Die entsprechende Oberflächenvergrößerung bzw. die dadurch erhöhte Diffusion ermöglichen für die Mikroorganismen einen verbesserten Zugriff auf Nährstoffe und einen verbesserten Abtransport von metabolischen Endprodukten. Die pilzförmige Anordnung der Bakterienagglomerate bzw. die gestielte Verbindung zur Unterlage führt zur Anwesenheit von multiplen, zentral lokalisierten sauerstoffarmen Arealen. Von einer parallel zur Zahnoberfläche angeordneten anaeroben Bakterienschicht kann nicht mehr die Rede sein.

Sektion III

8.1.3.2 Orale Plaque-Biofilme im Laufe des Lebens

Noch während der Geburt kommt das Kind erstmals in Kontakt mit Bakterien. Der neugeborene Säugling ist kontaminiert mit der Vaginalflora der Mutter. Die Besiedlung der Mundhöhle beginnt unmittelbar nach der Geburt und die Entwicklung der Mundflora ist abhängig von den Kontakten mit seiner Umgebung: Keime werden via Nahrung bzw. via Eltern (vor allem maternale Kontakte) akquiriert. Die Bakterien haften zunächst an Wirtszellen bzw. an einzelnen Speichelkomponenten, später auch an mikrobiellen Oberflächen (Koaggregation). *Streptococcus salivarius* etabliert sich bereits innerhalb von Stunden nach der Geburt, was damit zusammenhängt, dass die oralen Schleimhäute das Habitat dieses Bakteriums sind. Im weiteren Verlauf des prädentaten Lebensabschnittes lassen sich *Streptococcus oralis, Streptococcus mitis* sowie Anaerobier wie *Veillonella-* und *Prevotella* spp. nieder. *S. salivarius* und *S. mitis* machen etwa 70% der Mundflora noch zahnloser Säuglinge und Kleinkinder aus. Weitere Bakterien wie Haut- und Darmbakterien, *Lactobacillus* spp. und *S. mutans* lassen sich zwar nachweisen, bilden aber nur eine transiente Flora und kolonisieren nicht.

Mit dem Erscheinen der ersten Zähne entstehen neue Lebensräume. Die bakterielle Flora wird viel komplexer und *S. sanguinis, S. mutans* und *Actinomyces* spp. etablieren sich jetzt allmählich bei nahezu allen Kindern. Auch diese Bakterienarten werden via Nahrung und Eltern akquiriert. Je mehr *S. mutans* sich im Speichel der Mutter findet und je früher eine Übertragung auf das Kind stattfindet, umso höher ist dessen prospektives Kariesrisiko (siehe Kap. 9.2). Durch die hohe glycolytische Aktivität der genannten Bakterienarten entsteht innerhalb des Plaque-Biofilms bald ein sauerstoffarmes Milieu. Dies hat die Kolonisierung weiterer, anaerober Nachfolgerkeime (Spirochäten, *Fusobacterium* spp.) zur Folge.

Manche orale Bakterienarten etablieren sich insbesondere auf harten Oberflächen (sprich: Zahnhartsubstanzen) dauerhaft. Werden die Zähne extrahiert, verschwinden beispielsweise *S. sanguinis* und *S. mutans* aus der Mundhöhle. Bei Prothesenträgern werden diese Bakterien wiederum in größeren Zahlen vorgefunden.

Auch die Sulkusregion bzw. eventuelle parodontale Taschen weisen eine charakteristische Bakterienflora auf (siehe Kap. 7.2). Die meisten sulkus-assoziierten Bakterienarten können allerdings auch an anderen oralen Mikrostandorten überleben. Lediglich Keime wie *Porphyromonas gingivalis* und *Actinobacillus (Haemophilus) actinomycetemcomitans* werden nach Entfernung der Zähne aus der Mundhöhle verschwinden.

8.1.3.3 Entstehung und Wachstum oraler Plaque-Biofilme

Bereits innerhalb von Sekunden, nachdem eine Zahnoberfläche gründlich gereinigt wurde, werden bestimmte Speichelglycoproteine daran binden. Diese im allgemeinen negativ geladenen Makromoleküle binden einerseits direkt an Ca^{++}-Ionen der Zahnhartsubstanz, andererseits – via aus dem Speichel und Zahnschmelz stammender freier Ca^{++}-Ionen – an negative Phosphatgruppen der Zahnhartsubstanz. Durch weitere Interaktionen zwischen Makromolekülen und Schmelzoberfläche sowie die enzymatische Abspaltung bestimmter Kohlenhydratanteile wird diese initiale Bindung irreversibel. Auf diese Weise entsteht eine Glycoproteinschicht auf der Schmelzoberfläche, das Pellikel (siehe Kap. 3.3.2). Nach der bakteriellen Besiedlung und nachfolgender Proliferation wird das Pellikel zu einem Bestandteil der Plaque.

Anfänglich enthält das Pellikel nur vereinzelte, meist abgestorbene Mikroorganismen. Die Interaktionen zwischen Mikroorganismen und Pellikel-(Glyco)proteinen sind in Kap. 3.4 beschrieben.

Innerhalb kurzer Zeit nach einer Zahnreinigung finden sich bereits Pionierkeime auf dem Pellikel, in der Regel vor allem *Streptococcus sanguinis, S. oralis* (sowie in geringem Umfang *S. mitis* und *S. mutans*) und *Neisseria* spp. Es folgen grampositive Stäbchenbakterien, insbesondere die *Actinomyces*-Arten *A. viscosus* und *A. naeslundii*. In Abb. 8.2 sind die ungefähren Anteile einzelner Bakterienspezies in einem sich entwickelnden Plaque-Biofilm dargestellt.

Merke:
Für das Plaquewachstum bilden anfänglich die interbakterielle Aggregation (Koadhäsion und Koaggregation) die wesentliche Voraussetzung. Unter bakterieller Koadhäsion wird die Erkennung und spezifische Haftung zweier genetisch identischer Bakterien aneinander verstanden. Bakterielle Koaggregation beinhaltet die Erkennung und spezifische Haftung zweier genetisch unterschiedlicher Bakterienarten aneinander.

Während späteren Phasen der Plaquebildung ist es v. a. die Vermehrung der einzelnen Bakterienarten, welche das Plaquewachstum fördert.

Sektion III

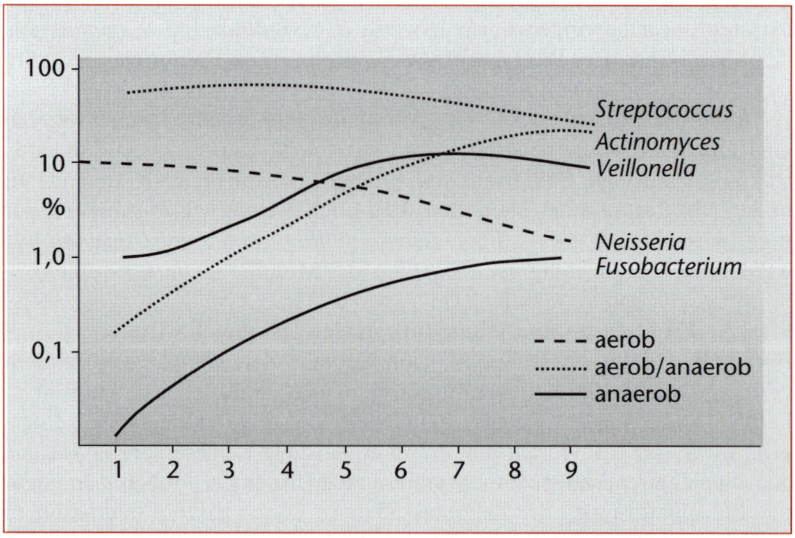

Abb. 8.2 Prozentsätze einiger Bakterienarten im Verlaufe einer Plaquebildung. X-Achse: Alter des Plaque-Biofilms in Tagen. Y-Achse: Prozentsatz (logarithmische Skala) der kultivierbaren Plaquebakterien.

In manchen Fällen führt die Verbindung zwischen bakteriellen Zellen zur Bildung von Koaggregaten, z. B. bei der Interaktion *Streptococcus – Actinomyces*, in anderen Fällen sind die Bindungen hierfür nicht affin genug, beispielsweise bei *S. gordonii – P. gingivalis*, oder werden die Interaktionen durch Pellikelbestandteile antagoniert. Ebenso wie die speichelvermittelte Aggregation begünstigt auch die Koaggregation die Eliminierung von oralen Mikroorganismen (siehe Kap. 3.3.4).

Nebst Streptokokken haben insbesonders Fusobakterium-Arten, v. a. *F. nucleatum* (FN), beim Plaquewachstum eine besondere Bedeutung, indem sie fähig sind, sich an sämtlichen bisher bekannten oralen Mikroorganismen zu binden und außerdem am Pellikelprotein Statherin zu haften. Untereinander gehen sie jedoch keine Koadhäsion ein. Für die Ansiedlung der Nachfolgerkeime ist ihre Haftung an Erstbesiedlern (Streptokokken, *Actinomyces* spp.) essenziell. Da einige Koaggregationspartner von FN ätiologisch mit Parodontitis assoziiert sind, ist die interbakterielle Streptokokkenhaftung indirekt auch für die Pathogenese der marginalen Parodontitiden von Bedeutung.

Die **individuelle Plaquebildungsrate** sowie Lokalisation und mikrobielle Zusammensetzung der Plaque werden durch lokale Milieubedingungen, die ihrerseits wiederum zum Teil von allgemeinen Faktoren abhängig sind, beeinflusst:

- Die Verfügbarkeit der erforderlichen **Nährstoffe**. Je nachdem vermehren sich die bereits vorhandenen Bakterienarten schneller. In der Folge erhöht sich die Gesamtzahl jener mikrobiellen Membranproteine (Adhäsionsproteine und Lektine*), die die Bindung und Ansiedlung weiterer Bakterien vermitteln. Der Zustand der Gingiva beispielsweise beeinflusst die Plaquebildungsrate nachhaltig, da ein entzündetes marginales Parodont bzw. die Sulkusflüssigkeit eine Substratquelle für Mikroorganismen sind. 8.1–8.2
- Fliessrate, Viskosität und Zusammensetzung des **Speichels**. Nicht nur antimikrobielle Faktoren im Speichel, Pellikel und in der Sulkusflüssigkeit beeinflussen die Plaquebildungsrate. Vielmehr steht die bei intensivem Speichelfluss stattfindende Spülwirkung im Vordergrund. Die hierbei auftretende kontinuierliche Deposition von Speichelglycoproteinen (darunter Agglutininen) auf der Zahnoberfläche bzw. obersten Plaqueschicht führt zu Verklumpungen einzelner Bakterien. Die Aggregate werden meistens verschluckt. Kleinere Aggregate können jedoch die Zahnoberfläche besiedeln (siehe Abb. 3.2). Nicht nur die Menge der abgelagerten Pellikelproteine, sondern auch ihre Konformation* und Avidität beeinflussen die mikrobielle Besiedlung nachhaltig (siehe Fimbrien*).
- Allgemeine Faktoren wie das Alter oder das Vorhandensein systemischer Erkrankungen beeinflussen die Plaquebildungsrate wie folgt: Physiologischerweise geht der Speichelfluss im höheren Alter zurück. Die hinzu kommende Tatsache, dass betagte Patienten oft nur noch zu einer eingeschränkten Mundhygiene fähig und dazu häufig polymorbid und in der Folge eine Vielzahl von – oft auch noch kohlenhydrathaltigen – Medikamenten einnehmen, erklärt die im hohen Alter zunehmende Plaquebildungstendenz (siehe Kap. 3.2).

- Eine bedeutsame Milieuänderung ist die **Abnahme der Sauerstoffspannung mit zunehmendem Alter bzw. Dicke eines Plaque-Biofilms:** Durch zunehmendes Wachstum der Mikroorganismen entstehen sauerstoffarme Nischen. Jetzt können Anaerobier wie *Veillonella* spp. und anaerobe *Actinomyces*-Arten mengenmäßig zunehmen (Abb. 8.2). Weitere Milieuveränderungen werden durch bakterielle Stoffwechselprodukte bewirkt. Durch nachfolgende Bakterien, die diese Stoffwechselprodukte als Energie- bzw. Kohlenstoffquelle nutzen oder erst bei sinkendem pH-Wert optimale Lebensbedingungen vorfinden, kommt es nach und nach zu einer weiteren Verschiebung der Zusammensetzung der Flora in Richtung anaerob. Ein Beispiel der in diesem Zusammenhang auftretenden bakteriellen Interaktionen ist, dass *Veillonella*, die keine Kohlenhydrate vergären kann, für ihr Wachstum bzw. als Kohlenstoffquelle Milchsäure benötigt, welche von anderen Bakterien (hauptsächlich Streptokokken) als Ergebnis des anaeroben Stoffwechsels freigesetzt wird.
- das Ausmaß des **Kohlenhydrateverzehr**s. Häufiger Verzehr führt zu länger andauernden Perioden mit tiefen pH-Werten auf den Zahnoberflächen. In der Folge überwachsen kariogene Streptokokken – insbesondere jene säuretolerante Streptokokken-Arten, welche klebrige, zum Teil unlösliche extrazelluläre Polysaccharide (**EPS**, Dextrane) zu

Tab. 8.1 Mikrobielle Zusammensetzung bzw. mengenmäßige Anteile der wichtigsten Bakterienarten der Fissurenplaque bei Erwachsenen. Die Zahlen basieren auf Plaqueproben aus 10 Fissuren pro Individuum. M = prozentuale Anteile (Median) der Gesamtflora; N_F = Anzahl befallener Fissuren (%, pro Individuum).
Die Mikroflora in den Fissuren ist hauptsächlich grampositiv und weiter gekennzeichnet durch eine enorme Variabilität der Bakterienarten und deren mengenmäßige Anteile: Die ökologischen Verhältnisse in verschiedenen Fissuren sind offenbar höchst unterschiedlich. Dennoch dominieren *Streptococcus* spp., insbesondere EPS-bildende Streptokokkenarten. Bei hohen *Sanguinis*-Anteilen ist die Fissurenplaque hypokariogen. Ursache hierfür ist die Bildung von Wasserstoffperoxid (H_2O_2) durch die *Sanguinis*-Streptokokken. H_2O_2 ist für einige kariogene Mikroorganismen (darunter *Streptococcus mutans*), im übrigen auch für eine Reihe Parodontalpathogene (darunter *Porphyromonas gingivalis* und *Fusobacterium nucleatum*) bakterizid oder zumindest wachstumshemmend. Außerdem generiert das Speichelenzym Peroxidase mit Hilfe von dem ebenfalls im Speichel vorkommenden Thiocyanat und dem mikrobiellen H_2O_2 Hypothiocyanat ($OSCN^-$). Auch Hypothiocyanat ist für eine Reihe von oralpathogenen Mikroorganismen bakteriostatisch (darunter *S. mutans*, vergleiche Kap. 3.3.5). Allerdings beruht die Unterdrückung von *S. mutans* innerhalb von oralen Biofilmen eher auf der mikrobiellen Freisetzung von H_2O_2 als auf der Bildung von Hypothiocyanat oder Bacteriocinen*. Innerhalb Fissuren sind die Bakterienarten nicht gleichmäßig verteilt: Laktobazillen und *Mutans*-Streptokokken bewohnen vor allem die tieferen Fissurenabschnitte bzw. die Fissurenböden, wo – im Sinne von pH-Wert, Nährstoffen, Pufferwirkung der Mund- bzw. Plaqueflüssigkeit (siehe Kap. 8.1.3.4) etc – wesentlich andere Bedingungen herrschen als in an der Oberfläche gelegenen Plaqueschichten.

Bakterienspezies	**M (%)**	**Streuungsbereich**	**N_F (%)**
Streptococcus	45	8-86	100
Mutans-Gruppe	25	0-86	70
Sanguinis-Gruppe	1	0-15	50
Actinomyces	18	0-46	80
A. naeslundii	3	0-44	70
Veillonella	3	0-44	60
Lactobacillus	<1	0-29	20
L. casei	<1	0-10	10

(nach MARSH und MARTIN, 1999)

bilden – die Zahnoberflächen. Die unlöslichen EPS fördern die Bindung weiterer Mikroorganismen unspezifisch und damit das Plaquewachstum nachhaltig (vergleiche Abb. 9.8). Hinzu kommt die Tatsache, dass die Oberfläche der Bakterien mit Lektinen* besetzt ist.

- das Vorhandensein von Retentionsnischen (z. B. Approximalräume, ungenau adaptierte Restaurationsränder, Zahnfehlstellungen), wo die Plaque relativ gut gegen Speichelfluss und mechanische Reinigung abgeschirmt ist.

Bei Mundhygieneabstinenz verläuft die Entwicklung eines Plaque-Biofilms ungestört. Dieser ist nach ca. 10-14 Tagen ausgereift. Während dieses Zeitraumes verändert sich seine mikrobielle Zusammensetzung kontinuierlich. Insbesondere nehmen die *Actinomyces* spp. zu (Abb. 8.2).

Tab. 8.2 Mikrobielle Zusammensetzung bzw. mengenmäßige Anteile der wichtigsten Bakterienarten in approximalen Plaque-Biofilmen. M = prozentuale Anteile (Median) der Gesamtflora; N_P = Anzahl der befallenen Plaqueproben (%). Obwohl auch hier Streptokokken in hohen Zahlen vorgefunden werden, wird Approximalplaque häufig von Stäbchen, insbesondere *Actinomyces* spp., dominiert. Verglichen mit Fissurenplaque sind mehr anaerobe Spezies vorhanden, was das insgesamt „reduziertere" Milieu widerspiegelt.

8.1–8.2

Bakterienspezies	M (%)	Streuungsbereich	N_P (%)
Streptococcus	23	0,4-70	100
Mutans-Gruppe	2	0-23	66
S. sanguinis	6	0-64	86
Grampositive Stäbchen (v. a. *Actinomyces*)	42	4-81	100
A. israelii	17	0-78	72
A. naeslundii	19	0-74	79
Gramnegative Stäbchen (v. a. *Prevotella*)	8	0-66	93
Neisseria	2	0-44	76
Veillonella	13	0-59	93
Fusobacterium	<1	0-5	55
Lactobacillus	<1	0-2	24

(nach MARSH und MARTIN, 1999)

Tab. 8.3 Mikrobielle Zusammensetzung bzw. mengenmäßige Anteile der wichtigsten Bakterienarten in supragingivalen Plaque-Biofilmen im Zahnhalsbereich bei Erwachsenen. M = prozentuale Anteile (Median) der Gesamtflora; N_P = Anzahl der befallenen Plaqueproben (%). Sprünge und andere Retentionstellen (die Perikymatien, rachitische Defekte) sind die bevorzugten Ausgangspunkte für Plaquewachstum an Glattflächen. Obligate Anaerobier kommen im Vergleich zur Fissuren- und Approximalplaque vermehrt vor. Viele dieser Keime sind gramnegativ und asaccharolytisch. Vielmehr benutzen sie hydrolysierte Proteine und Aminosäurekatabolismus als Energiequelle.

Bakterienspezies	M (%)	Streuungsbereich	N_P (%)
Grampositive, fakultativ anaerobe Kugelbakterien (v. a. *Streptococcus*)	40	2-73	100
Grampositive, obligat anaerobe Kugelbakterien (v. a. *Peptostreptococcus*)	1	0-6	14
Grampositive, fakultativ anaerobe Stäbchen (v. a. *Actinomyces*)	35	10-63	100
Grampositive, anaerobe Stäbchen (darunter *Lactobacillus*)	10	0-37	86
Gramnegative, fakultativ anaerobe Kugelbakterien (v. a. *Neisseria*)	<1	0-2	14
Gramnegative, obligat anaerobe Kugelbakterien (v. a. *Veillonella*)	2	0-5	57
Gramnegative, fakultativ anaerobe Stäbchen	–	–	–
Gramnegative, obligat anaerobe Stäbchen (darunter Fusobakterien, Spirochäten)	13	8-20	100

(nach MARSH und MARTIN, 1999)

Tab. 8.4 Mikrobielle Zusammensetzung bzw. mengenmäßige Anteile der wichtigsten Mikroorganismen in sich auf Zahnprothesen befindlichen Plaque-Biofilmen. M = prozentuale Anteile (Median) der Gesamtflora; N_P = Anzahl der befallenen Plaqueproben (%). Bemerkenswert ist das häufige Vorkommen von *Staphylococcus aureus*.

Bakterienspezies	**M (%)**	**Streuungsbereich**	**N_P (%)**
Streptococcus	41	0-81	88
Mutans-Gruppe	<1	0-48	50
Sanguinis-Gruppe	1	0-4	63
Staphylococcus	8	1-13	100
S. aureus	6	0-13	88
Grampositive Stäbchen gesamt	33	1-74	100
Actinomyces	21	0-54	88
Veillonella	8	3-20	100
Pilze	<<<1	0-0,5	63

(nach MARSH und MARTIN, 1999)

Sektion III

In etablierten oralen Biofilmen machen Bakterien zwischen 70 und 80% der Masse aus. Eine Plaqueprobe kann mehr als 100 Bakterienarten enthalten. Die mikrobielle Zusammensetzung von an verschiedenen Gebissabschnitten entnommenen Plaqueproben kann erheblich variieren (Tab. 8.1 – 8.4).

Insgesamt wurden mehr als 300 verschiedene Mikroorganismen ermittelt, welche in der Mundhöhle vorkommen können (vergleiche Kap. 7.2). Auch nichtbakterielle Mikroorganismen wie Pilze, Viren und Protozoen gehören dazu (siehe Kap. 5 und 6). Der orale Biofilm ist eine Biozönose, die – obwohl er meistens im Zusammenhang mit Karies und Gingivitiden/Parodontitiden gesehen wird – einen normalen Bestandteil des Ökosystems Mundhöhle darstellt. Seine intraindividuelle mikrobielle Zusammensetzung zeigt eine bemerkenswerte Stetigkeit: Über Jahre hinweg sind trotz mannigfacher Störfaktoren (Nahrung, Zahnpflegemittel, exogene Keime, zahnärztliche Restaurationen) immer wieder dieselben Mikroorganismen isolierbar.

8.1.3.4 Plaqueflüssigkeit

Die intermikrobielle Matrix oraler Biofilme enthält nebst unlöslichen Substanzen auch eine wässrige Phase mit darin gelösten Substanzen, welche als Plaqueflüssigkeit (Engl.: „Plaque fluid“) bezeichnet wird. Von hieraus nehmen die stofflichen Einwirkungen jener bakteriellen Produkte, welche zu kariösen Demineralisationsprozessen an den Zähnen und zu Entzündungsprozessen an den marginalen Parodontien führen, ihren Ursprung. Plaqueflüssigkeit kann mit Hilfe von Zentrifugation aus Plaque isoliert werden. Untersuchungen über ihre chemische Zusammensetzung – die nachhaltig durch mikrobielles Wachstum und -Stoffwechsel beeinflusst wird – zeigen erhebliche Unterschiede zur Mundflüssigkeit. Generell sind die Konzentrationen sowohl der anorganischen als auch der organischen Bestandteile in der Plaqueflüssigkeit höher als im Speichel (Tab. 8.5).

Tab. 8.5 Zusammensetzung der Plaqueflüssigkeit. Einige Werte werden verglichen mit denjenigen des Blutes und des Gesamtspeichels.

pH-Wert/Konzentration (mmol/l)	Blut	GS-Ruhe	GS-Stimuliert	PF-Ruhe	PF-KA
pH-Wert	7,4	6,7	6,8 – 7,5	5,7 – 6,8	<5,5
Kalzium	2,2	1 – 4	1 – 4	1 – 2	3 – 12
Phosphat (anorganisch)	1,2	6	4	8 – 20	5 – 50
Fluoride	0,005 – 0,01	4 – 12	1 – 10	2 – 4	3 – 30
Bicarbonat	27	5	15 – 80	5	
Chloride	100	15	30 – 100	35	
Kalium	4	22	20	65	
Magnesium	1,2	0,2	0,2	4	
Ammonium	0,05	6	3	30	
Harnstoff (Urea)	2 – 7	3,3	2 – 4	?	
Glucose **(mg/l)**	850	7	10	<1	
Kohlenhydrate C6 gesamt				14	
Aminosäuren				18	
Gesamtproteine **(g/l)**	75	3	3	15	
Fettsäuren	7,0 – 15,5			90 – 102	

GS = Gesamtspeichel; PF = Plaqueflüssigkeit; KA = kariogener Angriff: Während eines kariogenes Zuckerimpulses sinkt der pH-Wert in den Biofilmen. Hierdurch werden gebundene Kalzium-, Phosphat- und Fluoridionen vorübergehend mobilisiert. Obwohl die Konzentration von freien Fluoridionen in ruhender Plaqueflüssigkeit kaum höher ist als im Gesamtspeichel, kann sie während der bakteriellen Säurebildung ansteigen als Folge der Freisetzung bis anhin gebundener Fluoride. Plaque-Biofilme weisen im Vergleich zum Gesamtspeichel eine mindestens 10fach höhere Konzentration an (gebundenem) Fluorid auf und stellen dadurch ein bedeutsames Fluoriddepot zur Remineralisation der Zahnhartsubstanzen nach erfolgten kariogenen Angriffen dar (nach TATEVOSSIAN 1990).

Die meisten in der Plaqueflüssigkeit vorhandenen Kohlenhydrate, Fett- und Aminosäuren sowie eine Reihe von Enzymen und das vorhandene Kalium sowie Magnesium sind bakterieller Herkunft. Das sekretorische IgA, Amylase, ein Teil des Kalziums sowie das Phosphat, das Carbonat, Harnstoff, Natrium, Kalium sowie die Kohlenhydrate entstammen der Mundflüssigkeit. Aus dem Plasma bzw. der Sulkusflüssigkeit stammen im Wesentlichen Albumin, IgG und Lactoferrin. Aus einer eventuell vorhandenen kariösen Läsion treten Kalzium- Phosphat- und Fluoridionen in die Plaqueflüssigkeit ein, und aus Nahrung und Mundpflegemitteln können ebenfalls gelöste Bestandteile in die Plaqueflüssigkeit hineindiffundieren. Schließlich tragen auch migrierende Leukozyten noch in beschränktem Maße zur Zusammensetzung der Plaqueflüssigkeit bei.

Schwankungen der pH-Werte innerhalb oraler Biofilme werden durch deren ausgeprägte Pufferwirkung stark gedämpft. Plaqueflüssigkeit weist eine mindestens doppelt so hohe Pufferwirkung auf wie Ruhespeichel. Dennoch ist dies nur ca. 25% der titrierbaren Pufferkapazität des gesamten Plaque-Biofilms. Die übrigen 75% entstammen der zellulären bzw. unlöslichen Plaquematrix, welche ein Pufferreservoir bildet. Je mehr sich im Laufe eines kariogenen Angriffs der pH-Wert senkt, um so mehr senkt sich die Pufferkapazität des Biofilms und um so weniger ist er in der Lage, die von den Bakterien freigesetzten Säuren zu neutralisieren. Folgende Substanzen liefern einen Beitrag zur Pufferwirkung der Plaqueflüssigkeit: Phosphat, Carbonat, Proteine und Ammoniak (vergleiche Kap. 3.3.3 und Kap. 9.1). Bei tiefen pH-Werten (<4,5) fällt auch die puffernde Wirkung der freigesetzten organischen Säuren selbst zunehmend ins Gewicht. Hierdurch wird erreicht, dass sich der pH-Wert nicht noch weiter absenkt. Aber es bilden sich undissoziierte Säuren, die den pH-Wert über längere Zeiträume – während der Schmelzdemineralisation – auf tiefem Niveau konsolidieren.

Merke:
pH-Wert und Zusammensetzung der Plaqueflüssigkeit widerspiegeln (1) das Nettoergebnis des bakteriellen Stoffwechsels und (2) die Interaktionen zwischen Bakterien einerseits und Speichel und Zahnhartgewebe andererseits.

Bei Kariesrisikopatienten und kariesaktiven Personen weist die Plaqueflüssigkeit einen tieferen pH-Wert, einen tieferen Ammoniakgehalt und einen geringeren Übersättigungsgrad in Bezug auf Kalziumphosphate auf.

8.1.3.5 Subgingivale Plaque-Biofilme

Auch bei der Entwicklung der subgingivalen Plaque bereiten Erstbesiedler das Biotop für nachfolgende Mikroorganismen vor. Es liegen von vornherein aber eher anaerobe Bedingungen vor. Bei subgingivalen Plaque-Biofilmen wird unterschieden zwischen adhärenter und nichtadhärenter Plaque („schwimmende Plaque"). Die adhärente subgingivale Plaque entspricht in vielen strukturellen Aspekten der supragingivalen Plaque.

Merke:
Insbesondere bei schnell fortschreitenden parodontalen Entzündungen bzw. aggressiv verlaufenden Parodontitiden dominiert jedoch die virulentere nichtadhärente Plaque mengenmäßig über die adhärente Plaque. Die nichtadhärente Plaque findet sich nicht auf der Zahnsubstanz, sondern liegt dem Sulkus- bzw. Taschenepithel auf und weist keine definierte intermikrobielle Matrix auf. Weiteres Charakteristikum der nichtadhärenten Plaque ist das Vorkommen von Leukozyten zwischen Bakterien- und Epithelzellen.

Die Epithelflächen sind nicht gleichmäßig mit Mikroorganismen besiedelt. Vielmehr weisen sie sowohl Areale mit größeren mikrobiellen Aggregationen als auch Gebiete, wo Leukozytenanhäufungen und Gewebedestruktionen (Hämorrhagien, Ulzerationen) dominieren, auf. Diese unterschiedlichen Areale alternieren zeitlich: Die Interaktionen zwischen Epithelzellen, Bakterien und Wirtsabwehrfaktoren finden phasenweise bzw. schubartig statt („Burst"-Theorie, siehe Kap. 10.5.2.1).

Die mikrobielle Zusammensetzung der subgingivalen Flora weicht ab von jener der supragingivalen Plaque. Beispielsweise enthält die subgingivale Mikroflora bei einer über mehrere Monate existierenden Gingivitis etwa 25% Streptokokken (hauptsächlich *S. mitis* und *S. sanguinis*), 25% *Actinomyces* spp. und 25% gramnegative Stäbchen *(Fusobacterium, Porphyromonas gingivalis, Prevotella intermedia, Campylobacter)*. Die restlichen 25% enthalten viele andere Bakterienarten. Spirochäten bilden nur einen kleinen Anteil.

Nach Bildung einer parodontalen Tasche bzw. mit fortschreitendem Parodontitisverlauf wird die Struktur der subgingivalen Bakterienablagerungen nochmals komplexer und der **mengenmäßige Anteil der Anaerobier nimmt bis auf 90% zu**. Hiervon sind ca. 75% gramnegativ. *Porphyromonas* spp. und *Fusobacterium* spp. dominieren. Spirochäten können im Extremfall mengenmäßig bis zu 50% der mikroskopierbaren Flora ausmachen und auch *A. (H.) actinomycetemcomitans* hat mengenmäßig zugenommen. Ätiologisch stehen bei Gingivitiden und marginalen Parodontitiden gramnegative Stäbchen im Vordergrund: Während die anaeroben *Fusobacterium* spp. bei marginalen Gingivitiden von Bedeutung sind, sind bei marginalen Parodontitiden am ehesten der anaerobe *P. gingivalis* und der kapnophile *A. (H.) actinomycetemcomitans* involviert (siehe Kap. 10.4.2).

Die Verteilung der Mikroorganismen in parodontalen Taschen ist nicht homogen: In den tieferen Abschnitten werden beispielsweise weniger Filamente vorgefunden, im apikalen Bereich scheinen diese sogar ganz zu fehlen.

Die subgingivale Plaque ist kontinuierlich von einem Plasmaderivat, der Sulkusflüssigkeit (siehe Kap. 3.5) umgeben. Hierin sind sämtliche humoralen Abwehrstoffe wie Antikörper und Komplementproteine enthalten. Trotz der zusätzlich anwesenden großen Menge von Abwehrzellen, vor allem polymorphkernige neutrophile Granulozyten, kann die Bildung und Ausbreitung von subgingivaler mikrobieller Plaque bei parodontitisanfälligen Personen nicht verhindert werden. Eine Rolle spielen dabei die Mechanismen, mit denen Bakterien wie *P. gingivalis* die unspezifische Abwehr umgehen (siehe Kap. 10.4.2). Die Widerstandsfähigkeit der subgingivalen Plaque erklärt sich aber vor allem aus der Tatsache, dass auch hier die Bakterien innerhalb der Organisationsform „Biofilm“ zusammenleben. Für die Behandlung marginaler Parodontitiden hat die Unzugänglichkeit von subgingivalen Biofilmen Konsequenzen: Subgingivale Biofilme können nicht allein durch gute Mundhygiene, auch nicht durch Irrigation mit Wasserstrahlgeräten oder durch die Anwendung von antimikrobiell wirkenden Zahnpasten oder Mundwässern eliminiert werden. Vielmehr ist die mechanische Entfernung (Scaling und Wurzelglätten) mit Hilfe professioneller Instrumente erforderlich (siehe Kap. 10.6.2). Analog gilt für die Kariesprophylaxe, dass gefährdete Patienten ihr Kariesrisiko kaum durch „besseres“ Zähneputzen senken können (siehe Kap. 9.2).

8.2 Zahnstein

Catherine Weber

8.2.1 Einleitung

Zahnstein entsteht durch **Mineralisierung der Plaque**, ist aber immer mit einer Schicht nichtkalzifizierter Plaque bedeckt. Die Mineralisation beginnt in Zentren, die sich meist in Überresten abgestorbener Bakterien oder extrazellulär in der Matrix mittels Kristallisationskernen bilden. Junger und alter Zahnstein besteht aus verschiedenen Kalziumphosphatkristallen

Obwohl auch bei keimfreien Tieren über Zahnsteinbildung als Folge der Kalzifizierung von Speichelproteinen berichtet wurde, ist Zahnstein normalerweise mineralisierte bakterielle Plaque. Man unterscheidet weißlichgelben bis dunkelgelben, mäßig harten und koronal des Gingivalsaumes auftretenden, supragingivalen von tief dunkelbraunem bis schwärzlichem, sehr hartem und primär unterhalb des Zahnfleisches auftretenden, subgingivalem Zahnstein. Beiden liegt oberflächlich eine vitale, noch nicht mineralisierte Plaqueschicht auf. Beide entstehen auch auf artifiziellen Oberflächen.

8.2.2 Epidemiologie des Zahnsteinbefalls

Zahnstein zeigt eine **durchschnittliche Prävalenz von 70-100%**. Vergleicht man die Zahnsteinmenge bei unterschiedlichen Bevölkerungsgruppen, wird deutlich, dass die Menge von diversen Variablen wie Alter, Geschlecht, Rasse, Ernährung, Mundhygiene, Zugang zu professioneller Zahnreinigung, geistige oder körperliche Behinderungen, Diabetes und Medikamenteneinnahme abhängig ist.

Die Zahnsteinentwicklung muss in Relation zu den Mundhygienegewohnheiten einer Bevölkerung und dem Zugang zu individueller professioneller Zahnreinigung gesehen werden. In Bevölkerungen, die regelmäßigen Zugang zu professioneller Betreuung und Mundhygiene haben, bildet sich supragingivaler Zahnstein bei den meisten Erwachsenen (> 50-100%). Die Bildungsrate von supragingivalem Zahnstein erreicht ein Maximum im 30. Altersjahr. Die Akkumulationsrate nimmt mit dem Alter nicht signifikant zu. Er bildet sich primär auf lingualen Oberflächen von Frontzähnen und bukkale Oberflächen von Oberkiefermolaren. Das Ausmaß der Zahnsteinbildung ist nicht nur von der Menge vorhandener bakterieller Plaque, sondern auch von der Sekretion der Speicheldrüsen abhängig.

8.2.3 Subgingivaler Zahnstein

Auch subgingivaler Zahnstein ist weit verbreitet (> 50–100%). Man findet ihn überall in der Dentition vor allem auf interproximalen Oberflächen. In Bevölkerungen, die nicht regelmäßigen Zugang zu professioneller Betreuung und Mundhygiene haben, wird subgingivaler Zahnstein bei 100% der Personen gefunden. Er wird innerhalb eines Jahrzehnts nach Zahndurchbruch gebildet und sowohl die Anzahl betroffener Zähne als auch die Quantität an subgingivalem Zahnstein nimmt mit dem Alter bis zum 30. Lebensjahr zu.

Subgingivaler Zahnstein kann oft nur taktil entdeckt werden. Durch Retraktion der Gingiva mit dem Luftbläser oder einem Instrument lassen sich die subgingivalen, braunen bis schwarzen rauhe Konkremente sichtbar machen. Diese mineralisierten Massen sind in der Hauptsache Bakterienansammlungen, gemischt mit Produkten der Sulkusflüssigkeit und Blut.

Subgingivale Konkremente können in parodontalen Taschen von der Schmelzzementgrenze bis zum Taschenboden reichen. Koronal der apikalsten Stelle der Tasche findet sich aber normalerweise ein 0,5 mm breites Band, das frei ist von mineralisierten Ablagerungen. Dies ist dadurch zu erklären, daß aus dem parodontalen Weichgewebe die Sulkusflüssigkeit sezerniert wird und diese als Gradient gegen die mikrobielle Akkumulation wirkt. Wie supragingivaler Zahnstein bieten auch die subgingivalen Konkremente eine ideale Umgebung für die Adhäsion der Bakterien.

8.2.4 Mineralisation, Zusammensetzung und Struktur

Die Bildung von Zahnstein mit reifer kristalliner Zusammensetzung dauert Monate bis Jahre.

Junger und alter Zahnstein besteht aus vier verschiedenen Kalziumphosphatkristalliten:

- $CaH(PO_4)$ x $2H_2O$ = Brushit, Dikalziumphosphat-dihydrat
- $Ca_8(PO_4)4$ $(HPO_4)_2$ x $5H_2O$ = Oktakalziumphosphat
- $Ca_{10}(PO_4)6$ $(OH)_2$ = Hydroxylapatit
- $[Ca_3(PO_4)_2]3$ x H_2O = Trikalziumphosphat (Whitlockite)

Meist sind diese Kristalliten mit Ionen wie Mg^{2+} oder HCO_3^- vermischt. Brushitkristalle bilden unterschiedlich große Aggregate zwischen Bakterien und Matrix. Apatit und Oktakalziumphosphat entstehen in und um Bakterien, Whitlockite meist in der Plaquematrix. Einmal mineralisiert, werden Kristalle im Zahnstein in Aggregaten mit individuellen Kristalliten einer Länge von 10-300 nm und einer Breite von 2-30 nm gefunden. Die Kristallformen variieren innerhalb des Zahnsteins von nadel- bis plattenförmigen Formen.

Das histologisch charakteristische Merkmal von altem Zahnsteins ist eine Schichtung, d. h. die periodisch alternierende Aufeinanderlagerung von exogenen Zahnoberhäutchen und Plaqueschichten, deren Struktur sehr heterogen sein kann.

Supragingivaler Zahnstein ist aus heterogenen Schichten aufgebaut, die sich im Mineralgehalt stark unterscheiden. Im Durchschnitt beträgt der Mineralanteil etwa 37%, einige Schichten zeigen aber auch ausnahmsweise bis zu 80%. In den äußeren Schichten dominiert Oktakalziumphosphat, in den inneren Schichten von altem Zahnstein Hydroxylapatit. Whitlockite findet sich nur in kleinen Anteilen. Brushit ist in jungem Zahnstein, der nicht älter als 2 Wochen ist, zu finden. Brushit scheint die Basis für den supragingivalen Zahnstein zu bilden. Die Kristalle unterscheiden sich charakteristisch: Oktakalziumphosphat zeigt plättchenförmige, Hydroxylapatit sandkorn- und stäbchenartige und Whitlockite hexagonale (kubische, rhombische) Kristalle.

Subgingivale Konkremente erscheinen homogener, da sie aus einzelnen Schichten gleich hoher Dichte gebildet werden. Whitlockite dominiert immer, obwohl auch Hydroxylapatit vorkommt. Whitlockite enthält geringe Anteile Magnesium. Bei einem relativ niedrigen Plaque-pH und gleichzeitig hoher Ca/P-Rate im Speichel wird Brushit gebildet, das sich dann in Hydroxylapatit oder Whitlockite umwandeln kann. Bei der Mineralisation supragingivaler Plaque bildet sich Oktakalziumphosphat, das sich dann schrittweise in Hydroxylapatit verwandelt. In alkalischem Milieu, unter anaeroben Bedingungen und gleichzeitiger Anwesenheit von Magnesium (oder Zn- und CO_3-Ionen) werden große Mengen an Whitlockite gebildet, das eine stabile Mineralisationsform darstellt.

Kalzium und Phosphor werden bei supragingivalem Zahnstein aus dem Speichel und bei subgingivalem Zahnstein aus der Sulkusflüssigkeit adsorbiert. Die Übersättigung der Plaqueflüssigkeit (siehe Kap. 8.1.3.4) ist die Voraussetzung für die Mineralisation von teilweise löslichen Kalziumphosphatmineralien in Zahnstein. Die Übersättigung kann auch durch die ureolytische Wirkung von bakteriellen Plaqueorganismen durch Erhöhung des lokalen pHs erreicht werden.

Die Variabilität der Mineralisation und Struktur ist wahrscheinlich das Resultat der zahlreichen Faktoren, die Nucleation, Mineralisation und Wachstum beeinflussen können. Diverse Faktoren können die initiale Nucleusformation und das folgende Kalziumphosphatkristallwachstum innerhalb der Plaque beeinflussen.

Endogene Faktoren, die die Mineralisation fördern, sind der Gehalt das Speichels an Kalzium- und Phosphationen (meist gesättigt), Proteinen und Lipiden. Ein exogener Faktor ist die Ernährung. Als Nucleationszentren können sowohl lebende als auch tote Bakterien und ihre Stoffwechselprodukte dienen.

Viele Speichel- und Plaquekomponenten wirken demgegenüber als Inhibitoren der Plaquemineralisation. Dazu gehören Speichelphosphoproteine, Speichelpyrophosphate und Lipoteichonsäure* aus der Plaque. Zusätzlich zu dieser spezifischen Inhibition der Mineralisation können Enzymsysteme der Plaque und des Speichels einschließlich Phosphatasen und Proteasen* zur Degradation beitragen.

8.2.5 Haftung von Zahnstein an Zahnoberflächen und Implantaten

Zahnstein haftet im allgemeinen hartnäckig an Zahnoberflächen. Der Grund für dieses feste Attachment ist die Tatsache, daß die **Pellikel unter der bakteriellen Plaque auch verkalkt**. Dies ergibt einen innigen Kontakt mit Schmelz, Zement oder Dentin.

Die Unregelmäßigkeiten an der Oberfläche werden zusätzlich von Zahnsteinkristallen ausgefüllt; dadurch wird der Zahnstein praktisch am Zahn verblockt. Dies ist vor allem an der exponierten Zementoberfläche der Fall, wo schmale Grübchen und Unregelmäßigkeiten an den Stellen vorhanden sind, die ursprünglich den Sharpey'schen Fasern zur Insertion dienten. Unebenheiten an der Wurzeloberfläche ergeben sich auch durch kariöse Läsionen; kleine Zementareale sind eventuell durch Resorptionsvorgänge auf dem intakten Desmodont der Wurzeloberfläche bedingt. Unter derartigen Bedingungen kann es sehr schwer sein, den Zahnstein ganz zu entfernen, ohne einen Teil der Zahnhartsubstanz zu opfern.

Obwohl auch die Oberfläche von Implantaten unregelmäßig ist, haftet Zahnstein auf einer Titanfläche weniger fest als auf den Zahnstrukturen. Das bedeutet auch, daß man Zahnstein von der Implantatoberfläche einfach absprengen kann, ohne die Oberfläche zu beschädigen.

8.2.6 Klinische Bedeutung von Zahnstein

Die Assoziation zwischen Zahnstein und Parodontalerkrankung ist eines der am häufigsten untersuchten Themen in der zahnärztlichen Forschung. Vor 1960 wurde Zahnstein als primärer ätiologischer Faktor in der Entstehung und Progression von Parodontitis betrachtet. In den 70er Jahren verminderte sich das Interesse an Zahnstein als ätiologischem Faktor durch das verbesserte Verständnis des mikrobiologischen Anteils bei der Entstehung von Parodontitis. Im letzten Jahrzehnt ist supra- und subgingivaler Zahnstein durch den Erfolg der Phase I Parodontaltherapie (scaling und root planing) in der Behandlung früher Parodontitiden und durch den kommerziellen Erfolg von Zahnpasten, die die supragingivale Zahnsteinbildung beeinflussen sollen, wieder vermehrt in das Zentrum des Interesses gerückt. Es ist sehr schwer, die Effekte von Plaque und Zahnstein als ätiologische Faktoren in der Auslösung und Progression von Parodontitis zu trennen. **Supragingivaler Zahnstein** scheint keine verstärkte gingivale Entzündung zu verursachen. Zahnoberflächen mit angelagerten Zahnsteinkonkrementen zeigen nur in 11% eine Gingivitis während 75% der mit Plaque bedeckten Oberflächen eine Gingivitis aufweisen.

Resultate von Studien mit Zahnpasten, die Zusätze zur Zahnsteinhemmung enthalten, deuten an, dass die klinischen Vorteile der Zahnsteinreduktion sich nicht durch eine Verminderung der Gingivitis auswirken.

Die Kombination von klinischen und epidemiologischen Beobachtungen deuten eher auf einen fehlenden Effekt von supragingivalem Zahnstein bei Auslösung und Förderung einer Gingivitis hin.

Epidemiologische Studien zeigen typischerweise Korrelationen zwischen **subgingivalem Zahnstein** und parodontalem Stützgewebeverlust oder anderen Parameteren einer Parodontalerkrankung. Die subgingivale Zahnsteinentfernung (scaling und root planing) ist erwiesenermaßen hoch effektiv bei der Behandlung von Parodontalerkrankungen. Man weiss, dass Zahnstein relativ wenig lebende Bakterien enthält, dass jedoch Plaque, die den Zahnstein immer bedeckt, viele parodontopathogene Bakterien enthält. Wie Dentin und Zement besitzt Zahnstein eine poröse Oberfläche, die eine Vielzahl bakterieller Produkte (z. B. Endotoxine, siehe LPS*) beherbergen kann. Die Unterscheidung zwischen Ursache und Effekt von subgingivalem Zahnstein und der Entstehung einer Parodontalrerkrankung ist weiterhin Gegenstand zahnärztlicher Forschung.

Obwohl ein enger Zusammenhang zwischen Zahnstein und Parodontitis in experimentellen und epidemiologischen Studien gezeigt wurde, muß berücksichtigt werden, daß Zahnstein immer von einer nichtmineralisierten Schicht lebender Bakterienplaque überzogen ist. Es wurde diskutiert, ob der Zahnstein nicht schon durch seine rauhe Oberfläche einen zerstörerischen Effekt auf das Weichgewebe ausüben würde. Es ist aber klar, daß die Oberflächenrauigkeit alleine keine Gingivitis auslösen kann. Im Tierexperiment wurde dargestellt, daß ein normales epitheliales Attachment am Zahnstein erreicht werden konnte, wenn die Zahnsteinoberfläche zuvor mit Chlorhexidin desinfiziert wurde.

Merke:
Die Wirkung des Zahnsteins ist eine sekundäre: Er bietet eine ideale Oberflächenkonfiguration zur Ablagerung weiterer Plaque und nachfolgender Mineralisation. Seine Anwesenheit macht eine adäquate Plaqueentfernung unmöglich und hindert die Patienten daran, eine effektive Plaquekontrolle zu betreiben. Zahnstein ist der bedeutendste Plaqueretentionsfaktor. Die Entfernung des Zahnsteines ist die Grundvoraussetzung einer adäquaten Parodontaltherapie und Prävention.

Literatur

Costerton J W, Lewandowski Z, Caldwell D E, Korber D R, Lappin-Scott H M: Microbial biofilms. Annu Rev Microbiol 49: 711-745, 1995

De Kievit T R, Iglewski B H: Bacterial quorum sensing in pathogenic relationships. Infect Immun 68: 4839-4849, 2000

Kolenbrander P E: Oral microbial communities: biofilms, interactions, and genetic systems. Annu Rev Microbiol 54: 413-37, 2000

Lindhe J: Clinical periodontology and implant dentistry. 3th ed, Munksgaard, Copenhagen, 1997

Marsh Ph, Martin M V: Oral Microbiology, 4th Ed. Wright Verlag (Butterworth-Heinemann), Oxford 1999

Newman H N, Wilson M: Dental plaque revisited. Oral biofilms in health and disease. BioLine, Cardiff 1999

Tatevossian A: Facts and artifacts in research on human dental plaque fluid. J Dent Res 69: 1309-1315, 1990

White D J: Dental calculus: recent insights into occurrence, formation, prevention, removal and oral health effects of supragingival and subgingival deposits. Eur J Oral Sci 105: 508-22, 1997

Kapitel 9
Die infizierte Zahnhartsubstanz

René Sanderink und Roland Weiger

Zusammenfassung

Karies ist eine durch – von azidogenen (= säurebildenden) Mikroorganismen freigesetzte – organische Säuren initiierte Zerstörung der Zahnhartsubstanz. Kariogene Mikroorganismen sind nicht nur durch ihren azidogenen, sondern auch durch ihren azidurischen (= säuretoleranten) Charakter gekennzeichnet: auch im sauren Milieu sind sie in der Lage, niedermolekulare, im Speichel gelöste Kohlenhydrate zu organischen Säuren zu fermentieren. Letztgenannte werden bei häufigem Kohlenhydrateverzehr, insbesondere häufigem Zuckerkonsum, in solchen Mengen freigesetzt, dass die neutralisierende und puffernde Schutzwirkung des Speichels überfordert ist. Falls der häufige Verzehr von Kohlenhydraten über längere Zeit anhält, ist die Entstehung irreversibler Substanzdefekte unausweichlich.

Obwohl Karies prinzipiell durch eine ganze Reihe azidogener Bakterien verursacht werden kann, spielen primär die *Mutans*-Streptokokken die bedeutendste Rolle. Dies hängt vor allem zusammen mit ihrer ausgeprägte Säuretoleranz und mit ihrer Fähigkeit, niedermolekulare Zucker wie etwa Rohrzucker (Saccharose) mit Hilfe verschiedener Enzyme sehr rasch abzubauen oder in langkettige, zum Teil unlösliche Polysaccharide umzuwandeln. Letztere bilden nicht nur ein Nahrungsreservoir für diese Keime (die dadurch überlebensfähiger werden), sondern verleihen oralen Biofilmen auch ihre struktur- und volumengebende Matrix, ihre Klebrigkeit und ihre Beständigkeit. Beim weitaus größten Teil der bezahnten Bevölkerung ist *S. mutans* aus der Mundhöhle isolierbar. In der Regel werden die Keime im Kindesalter via mütterlichen Speichel akquiriert. Je früher dies der Fall ist, desto ungünstiger ist die kariologische Prognose. Bis zum etwa 20. Lebensjahr ist die koronale Karies das Problem. Im späteren Alter werden als

Folge von Gingivarezessionen die Wurzeloberflächen exponiert, mikrobiell kolonisiert und nicht selten kariös, besonders wenn der Speichelfluss nachlässt.

Obwohl in den industrialisierten Ländern der Kariesbefall während der letzten Jahrzehnte stetig zurückgegangen ist, bleibt dennoch die große Mehrheit der Bevölkerung betroffen. Kariesprozesse als solche sind nicht wirklich für jeden vermeidbar. Speichel und Fluoride bilden zwar zwei wesentliche Schutzfaktoren gegen Karies, immunologischer Schutz ist hingegen kaum vorhanden.

Die kariesprophylaktische Aufgabe des Zahnarztes ist es, die Kariesaktivität und damit die Verlaufsprogression der Kariesprozesse auf ein so niedriges Niveau zu senken bzw. zu konsolidieren, dass sich das Legen von Füllungen möglichst vermeiden lässt. Dazu sollten kariesgefährdete Personen unter anderem regelmäßig mit chlorhexidinhaltigen Präparaten behandelt werden. Wird diese Maßnahme bei jungen Müttern mit hohen oralen S. *mutans*-Keimzahlen regelmäßig durchgeführt, wird die Akquisition dieser Keime bei den Kleinkindern nachhaltig gehemmt und ihre kariologische Prognose verbessert.

Auch werden in diesem Kapitel potenzielle Impfstoffe gegen Karies beschrieben. Die Aussichten für die erfolgreiche Anwendung solcher Antikariesvakzine können noch nicht abschließend bewertet werden.

9.1 Ätiologie und Pathophysiologie der Karies

Karies ist eine multifaktorielle Erkrankung primär mikrobieller Genese. Von kariogenen Mikroorganismen freigesetzte organische Säuren greifen die Zahnhartsubstanz an bzw. zerstören sie. Zur Kariesentstehung müssen 4 obligatorische Faktoren zusammentreffen:

- Azidogene Mikroorganismen
- Verfügbarkeit von Substrat (Kohlenhydrate in der Nahrung)
- Faktor Zeit (Einwirkdauer der Säure auf die Zähne)
- Eine Wirtsresistenz, welche kariogenen Mikroorganismen die Entfaltung ihrer Virulenzfaktoren ermöglicht. Gemeint sind lokale Faktoren wie Anfälligkeit der Zähne und protektive Faktoren der Mundflüssigkeit sowie allgemeine Faktoren wie Sozialstatus und Erbfaktoren (Abb. 9.1).

Stärke und Geschwindigkeit des Kariesprozesses können im Einzelfall sehr stark schwanken. Destruktiven Einflüssen (Bakterien und ihre Stoffwechselprodukte, Häufigkeit und Menge des Konsums vergärbarer Kohlenhydrate) stehen meist gut ausgeprägte Resistenzfaktoren (Wirtsfaktoren) gegenüber. Der Speichel ist als wichtigster Schutzfaktor anzusehen. Seine Schutzwirkung reicht von der simplen Elimination von Mikroorga-

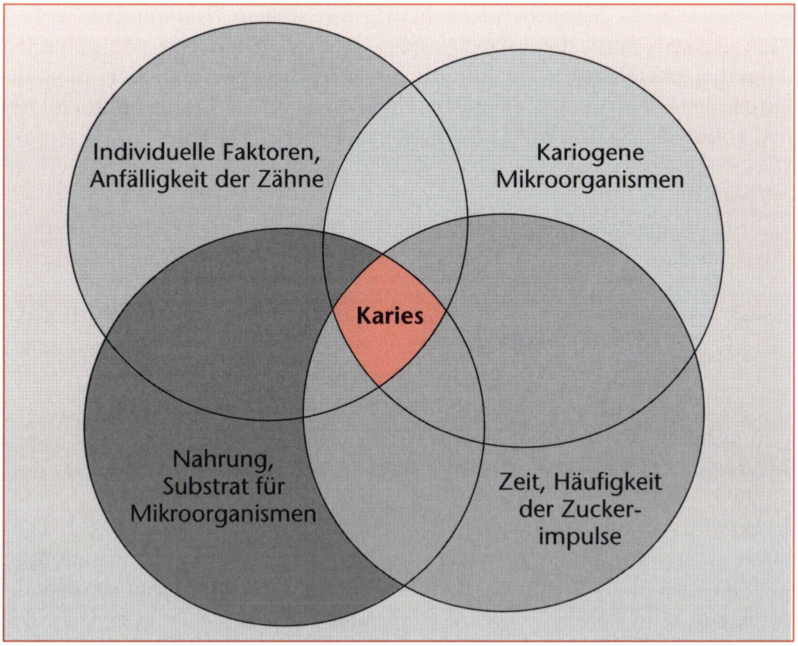

Abb. 9.1 Vier Voraussetzungen zur Entstehung der Karies im Venn-Diagram (nach KÖNIG 1971, modifiziert).

nismen und Nahrungsrückständen durch Abspülen und Verschlucken, über die Zurverfügungstellung von neutralisierenden (Puffersystemen, Karbamid) und remineralisierenden Substanzen (Kalzium, Phosphat) bis hin zu speziellen antibakteriellen Enzymen (Lactoferrin, Lysozym, Peroxidase), Lipiden und sekretorischen Antikörpern vom Typ sIgA (siehe Kap. 3.3).

Aber auch die Anwesenheit bzw. das Fehlen von Fluorid auf der Zahnoberfläche hat entscheidenden Einfluss auf die Progression kariöser Prozesse bzw. auf die speichelvermittelte Remineralisation. Die flächendeckende Einführung von fluoridierten Zahnpasten und fluoridiertem Kochsalz sowie der professionelle Einsatz von Fluoridpräparaten in den Zahnarztpraxen haben in den vergangenen Jahrzehnten in den westlichen Industrieländern zu einem ausgeprägten und stetigen Rückgang des durchschnittlichen Kariesbefalls in der Bevölkerung geführt. Kariöse Prozesse an Zahnhartsubstanzen sind, bedingt durch das Ernährungsverhalten, dennoch häufig unausweichlich (siehe Kap. 9.3).

Weitere lokale Faktoren, welche die Kariesanfälligkeit beeinflussen, sind beispielsweise Zahnmorphologie und Permeabilität der Zahnhartsubstanz sowie alle Faktoren, die das Mikromilieu beeinflussen (beispielsweise insuffiziente zahnärztliche Restaurationen, kieferorthopädische Geräte/Bänder, gingivale Sulkusflüssigkeit). Nicht nur lokale, sondern auch allgemeine Parameter beeinflussen das individuelle Kariesrisiko. Allgemeine Faktoren, welche statistisch mit einer erhöhten Kariesgefährdung assoziiert sind, sind niedriger sozialer Status sowie schlechter allgemeiner Gesundheitszustand. Gesundheitsbewusstsein und Krankheitsrisiko eines Menschen sind häufig mit seinem Bildungsgrad korreliert. Hinzu kommt die Tatsache, dass für die Behandlung von gewissen Allgemeinerkrankungen erforderliche Medikamente und/oder Bestrahlungen im Kiefer- und Gesichtsbereich den Speichelfluss beeinträchtigen und somit das Kariesrisiko erheblich erhöhen.

Merke:
Karies ist eine durch organische Säuren initiierte Zerstörung der Zahnhartsubstanz. Diese Säuren werden von azidogenen (= säurebildenden) Mikroorganismen gebildet und sezerniert, sobald ihnen – über die Nahrung – vergärbare Kohlenhydrate zur Verfügung stehen. Bei häufigem Kohlenhydratverzehr (Frequenz hat größere Bedeutung als absolute Menge) setzen die Mikroorganismen die Säuren in solchen Mengen frei, dass die physiologischerweise vorhandene neutralisierende und puffernde Schutzwirkung des Speichels überfordert ist. Entmineralisierende Prozesse im Hydroxylapatit der Zahnhartsubstanzen sind die Folge.

Innerhalb der multifaktoriellen Kariesätiologie spielen genetische Faktoren an sich eine untergeordnete Rolle, werden jedoch bedeutsamer, je rückläufiger die Karies insgesamt ist. Dies wird belegt durch die gleichzeitig mit dem generellen Kariesrückgang auftretende Polarisierung des Kariesbefalls innerhalb der Bevölkerung: Während die Mehrheit der Kinder und Jugendlichen in Nord- und West-Europa wenig oder keine Karies aufweist, ist bei einer Minderheit der Kariesbefall immer noch relativ hoch: 60 bis 90% des Karieszuwachses innerhalb definierter Altersgruppen finden sich bei nur 15-20% der Untersuchten. Und dies trotz:

- der nahezu universellen Anwendung von fluoridhaltigen Zahnpasten.
- der nahezu ubiquitären Verbreitung von kariogenen Mikroorganismen (*Mutans*-Streptokokken beispielsweise sind bei > 85% der bezahnten Bevölkerung, wenn auch in stark variierendem Ausmaß, aus der Mundhöhle isolierbar).
- der ungebremsten Lust am Verzehr zuckerhaltiger Zwischenmahlzeiten: Seit Jahrzehnten steigt der Zuckerkonsum in dieser Form stetig an.

Genetische Faktoren mit potenzieller kariologischer Bedeutung sind:

- Vererbung von ungünstigen morphologischen und histologischen Merkmalen der Zahnhartsubstanz: Fissurenmorphologie und Qualität bzw. Löslichkeit des Hydroxylapatitgitters.
- Vererbung von Speichelfaktoren: Sämtliche Speichelproteine sind Genprodukte und beeinflussen die Eigenschaften der Mundflüssigkeit nachhaltig. Insbesondere die genetisch determinierte Beschaffenheit der Speichelmuzine und der prolinreichen Glycoproteine bestimmen deren Bindungsfähigkeit zu Lipiden und Mikroorganismen und nehmen somit einen Einfluss auf die Bildung oraler Biofilme. Wenig kovalent gebundene Lipide im Speichel sind statistisch assoziiert mit Speichelmuzinen und Pellikel von kariesresistenten Personen. Auch für den Speichel-pH wurde eine genetische Komponente nachgewiesen.
- MHC*-bezogene Faktoren. Zwar beeinflussen vor allem der Verzehr von niedermolekularen Kohlenhydraten sowie Akquisitionszeitpunkt

das Ausmaß der oralen Kolonisierung von kariogenen Mikroorganismen nachhaltig (siehe Kap. 9.2). Diese Faktoren allein erklären jedoch den sehr unterschiedlich ausgeprägten Kolonisierungsgrad solcher Keime nicht ausreichend. Bereits im Jahre 1973 vermutete AKHMEDOV aufgrund einer von ihm durchgeführten Studie an Zwillingen einen genetischen Einfluss bei der intraoralen Besiedlung mit kariogenen Mikroorganismen. Eine diesbezügliche Korrelation mit bestimmten HLA-Klasse-II-Allelen wurde nachgewiesen (siehe MHC*).

Obwohl Karies prinzipiell durch eine ganze Reihe azidogener Mikroorganismen verursacht werden kann, spielen *in vivo* primär die zur Viridans-Gruppe gehörenden *Mutans*-Streptokokken *(S. mutans)* eine zentrale Rolle (siehe Kap. 9.2).

Merke:
Schlüsselereignis bei der Kariesentstehung ist das rasche Überwachsen der Kariesprädilektionsstellen durch *Streptococcus mutans*. Dieses Phänomen wird verursacht durch häufigen Zuckerverzehr mit nachfolgender Säurebildung (Abfall des pH-Wertes), welche für *S. mutans* einen Selektionsvorteil darstellt.

S. mutans ist in der Lage, Nahrungskohlenhydrate unter anaeroben Bedingungen nach dem EMBDEN-MEYERHOF-Weg zu organischen Säuren (vor allem Milch-, Essig- und Propionsäure) zu verstoffwechseln. Unter aeroben Bedingungen entsteht ausschließlich Milchsäure.

Speziell niedermolekulare Zucker wie etwa Rohrzucker (Saccharose) können mit Hilfe verschiedener Enzyme sehr rasch abgebaut oder in langkettige Polysaccharide (Glucane, Fructane) umgewandelt werden, die wiederum aufgrund ihrer Klebrigkeit ein Abspülen der Bakterien von der Zahnoberfläche erschweren und darüber hinaus als Nahrungsreservoir dienen (Abb. 9.2).

Die bakterielle Säureproduktion säuert lokal das umgebende Milieu auf pH-Werte <5 an. Die meisten anderen oralen Keime mit Ausnahme des ebenfalls azidurischen *Lactobacillus* sind unter solchen Bedingungen nicht mehr in der Lage, sich zu vermehren. Sie sind somit als Nahrungskonkurrenten ausgeschaltet. **Kariesätiologisch entscheidend** ist jedoch die Tatsache, dass bei länger andauernden Phasen mit lokalem pH-Wert $<$ 5,5 auf der Zahnoberfläche die Demineralisation der Zahnhartsubstanz dominiert und die speichelvermittelte Remineralisation in den Hintergrund rückt. Es kommt entlang eines Konzentrationsgefälles vom Zahnschmelz hin zum Plaque-Biofilm zum frühen (initialen) Mineralverlust des Zahnschmelzes. Im Frühstadium entziehen sich seine Auswirkungen dem prüfenden Auge einer klinischen Untersuchung. Dominiert der Mineralverlust jedoch über längere Zeit, entstehen klinisch sichtbare kariöse Veränderungen. In diesen initialen kariösen Schmelzläsionen werden die Apatitkristalle des Schmelzes nur teilweise aufgelöst. Ihre Prismenstruktur bleibt noch erhalten. Das Porenvolumen zwischen den Prismen nimmt allerdings von 10% auf ca. 50% zu. Die entstehenden Mikroporen erleichtern es den Säureionen (H^+), in tiefere Schmelzschichten („subsurface layers“) vorzudringen. Klinisch finden sich bei noch intakter Schmelz-

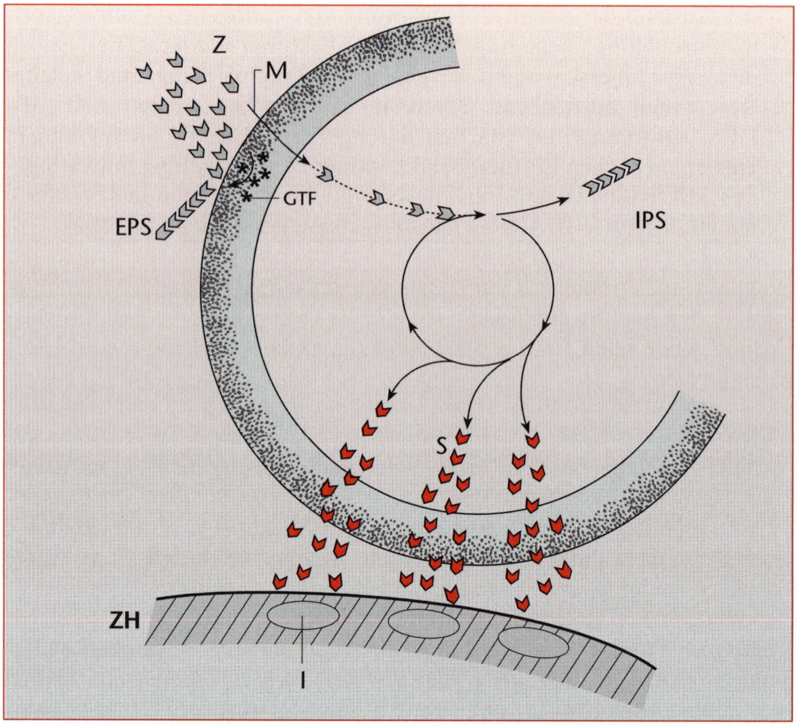

Sektion III

Abb. 9.2 Zuckermoleküle (Z) werden durch Bakterien mittels aktivem Membrantransport* (M) in die Zelle geschleust und hier zu intrazellulären glycogenähnlichen Polysacchariden (IPS) verknüpft sowie zu organischen Säuren (S, rot) abgebaut. Diese greifen die Zahnhartsubstanz (ZH) an. Extrazellulär werden die Zuckermoleküle ebenfalls polymerisiert, wobei zellwandgebundene Glucosyltransferasen (GTF) entscheidend beteiligt sind. Extrazelluläre Polysaccharide (EPS) sind durch ihre Klebrigkeit maßgebend an der Etablierung oraler Biofilme beteiligt. I = initiale kariöse Läsion.

oberfläche die typischen kreidig-weißen Verfärbungen (sog. „white spots“).

Der (für die Kariesentstehung entscheidende) pH-Wert der Plaqueflüssigkeit (siehe Kap. 8.1.3.4) wird nicht nur von der Menge der produzierten, unterschiedlichen organischen Säuren, sondern auch noch von anderen Faktoren beeinflusst wie Alter und Dicke der Plaqueschicht sowie Diffusionsunterschieden zwischen Plaque und Speichel. Diese Diffusionsunterschiede sind der Grund dafür, dass 5 Minuten nach Saccharoseaufnahme in einer approximalen Plaque zunächst ein höherer pH-Wert gemessen wird als in der dünnen Plaqueschicht auf der freien Zahnfläche, zwei Stunden später aber die Messwerte sich umgekehrt verhalten.

Kariogene Speisen sind dadurch gekennzeichnet, dass **unmittelbar nach** bzw. **noch während ihres Verzehrs** der pH-Wert in der Plaque durch einsetzende bakterielle Säurebildung rasch bis unter das für das De-Remineralisationsgleichgewicht kritische Niveau von pH 5,5 (Schmelz) bzw. pH 6,7 (Dentin) abfällt.

Erstmals gelang es STEPHAN und MILLER (1943) den pH-Wert in oralen Biofilmen zu messen. Der lokale Ansäuerungsgrad kann mit Hilfe von plaque-telemetrischen Methoden gemessen und in sogenannten STEPHAN-Kurven graphisch dargestellt werden (Abb. 9.3).

Aus der Abbildung geht hervor, dass auf den Abfall des pH-Wertes in der Plaque (Synonyme: Säurestoß, kariogener Angriff, „cariogenic challenge") immer ein **langsamer Wiederanstieg** folgt. Dies hängt von folgenden Faktoren ab:

- Speichelpuffer (siehe Kap. 3.3.3) diffundieren in den Plaque-Biofilm. Vor allem der Bicarbonatpuffer hat einen bedeutenden Anteil am pH-Wiederanstieg.
- Orale Bakterien verstoffwechseln mit Hilfe ihrer Ureasen den im Speichel befindlichen Harnstoff (Synonyme: Karbamid, Urea) als Stickstoffquelle unter Freisetzung von H^+-bindendem Ammoniak (NH_3).
- Sialin. Auch dieses Speichelpeptid wird, allerdings nur bei geringem Zuckerangebot, von Biofilmbakterien unter Bildung von Ammoniak metabolisiert. Kariesrisikopatienten weisen einen tieferen Ruhe-pH-Wert auf ihren Zahnoberflächen auf, was auch mit der eingeschränkten Fähigkeit zur Ammoniakbildung im Zusammenhang steht: Dies wirkt sich negativ auf das Remineralisierungspotenzial des Speichels aus, nicht nur wegen der eingeschränkten Fluoridwirkung (siehe Kap. 9.5), sondern auch wegen des niedrigeren Sättigungsgrades (Ca^{2+}, PO_4^{3-}) des Speichels.
- Die Kohlenhydrate werden vergärt und allmählich aufgebraucht, insbesondere wenn die vorhandenen Reserven in Form intra- und extrazellulärer Polysaccharide erschöpft sind. Auch diffundieren Kohlenhydrate aus dem Plaque-Biofilm heraus und stehen nicht mehr für Gärungsprozesse zur Verfügung. **9.1–9.5**

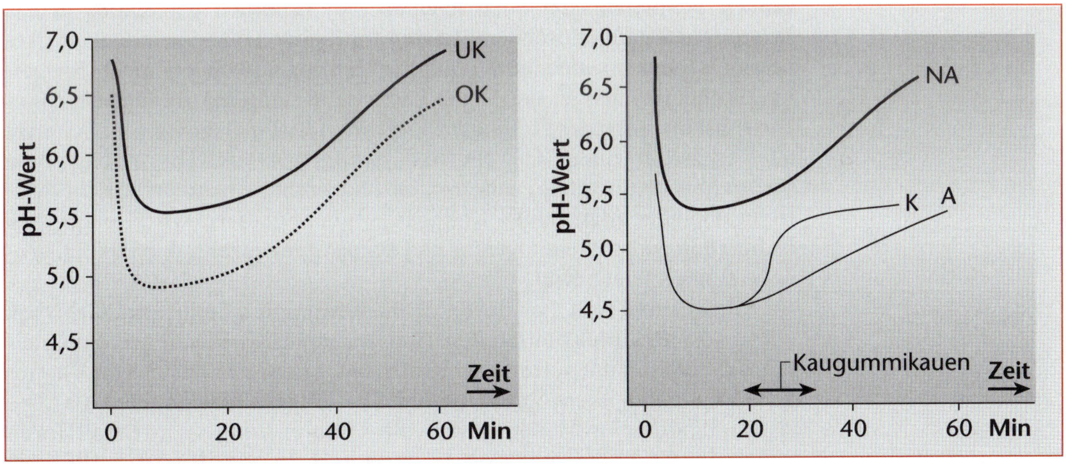

Abb. 9.3 Graphische Darstellung der Entwicklung des pH-Wertes in oralen Plaque-Biofilmen nach dem Spülen mit einer Zuckerlösung (STEPHAN-Kurven). Innerhalb kurzer Zeit sinkt der pH-Wert durchschnittlich von pH 6,5 auf pH 5 ab. Beachte den geringeren pH-Abfall im Unterkiefer (UK) verglichen mit dem Oberkiefer (OK). Es dauert bis zu mehr als 40 Minuten, bis der pH seinen ursprünglichen Wert, den Ruhe-pH-Wert, wieder erlangt. Kariesaktive Patienten (A) weisen einen deutlich niedrigeren Ruhe-pH-Wert auf als Personen mit niedriger Kariesaktivität (NA). Kaugummikauen erhöht den Speichelfluss, beschleunigt somit den Wiederanstieg des pH und stellt somit eine wertvolle ergänzende kariesprophylaktische Maßnahme beim Risikopatienten dar (Kurve K). Aber auch durch Geschmackstoffe kann die Speichelsekretion gefördert werden. So enthalten beispielsweise Bonbons und Fruchtkaramels sehr häufig Zitronensäure, ein ausgeprägter Stimulator des Speichelflusses.

- Die Demineralisationprozesse an den Zahnhartsubstanzen verbrauchen H^+-Ionen und entziehen diese somit dem Plaque-Biofilm.
- Bestimmte Plaquebakterien (beispielsweise *Veillonella* spp.) wandeln Milchsäure in schwächere Essig- bzw. Propionsäure um.
- Die Anwesenheit von aus dem Speichel stammenden Kohlensäureanhydrasen (CA's, von denen 7 Formen beschrieben wurden). Nur CA-VI ist kariostatisch von Bedeutung: Sie ist pellikel-gebunden, weist eine pH-regulierende Wirkung auf und beschleunigt somit direkt auf der Zahnoberfläche den Abtransport von Säuren.

Merke:
Das kariogene Potenzial eines Kohlenhydrates ist positiv korreliert mit:
- dessen Fermentierbarkeit bzw. Säurebildungsrate,
- der Verweildauer (englisch: clearance) des Kohlenhydrates im Mundmilieu nach seiner Aufnahme. Dessen Klebrigkeit und die Viskosität der Nahrung determinieren die Clearance maßgeblich.
- der Diffusionsfähigkeit in dem Plaque-Biofilm. Ein hohes Diffusionsvermögen weisen niedermolekulare Zucker auf (Traubenzucker, Fruchtzucker), die in die Tiefe des Biofilms gelangen und dort zu Säuren vergärt werden; sie sind kariogen. Weniger kariogen sind hingegen hochmolekulare Zucker (Stärke, Glycogen).

Während der Schmelz in vielen Bereichen der Zahnkrone eine durchschnittliche Stärke von 1,5 bis 2 mm aufweist, läuft er nach zervikal hin dünn aus und ist auch am Boden der Fissuren häufig weniger als 0,2 mm stark. In den Fissuren ist der Widerstand gegen Karies ohnehin geringer. An diesen Schwachstellen durchbricht die kariöse Entkalkung den schützenden Schmelzmantel noch leichter. Der Einbruch der Karies in das Dentin macht die entstandene Läsion mit hoher Wahrscheinlichkeit irreversibel: Sie kann auch unter optimalen Bedingungen nicht mehr „ausheilen", sondern muss in der Regel nach Entfernung der infizierten Zahnhartsubstanz mit einer Füllung versorgt werden. Im Gegensatz zu Schmelz ist Dentin ein vitales Gewebe: Es ist von kanalisiertem Weichgewebe (Odontoblastenfortsätze) durchzogen und enthält mehr organische Matrixbestandteile (davon 50% Kollagen) als der Schmelz. Wird Dentin kariös befallen, so reagieren Dentin und Pulpa gemeinsam, d. h. als funktionelle Einheit (siehe Kap. 11).

Karies entwickelt sich bevorzugt an bestimmten Stellen des Gebisses. Diese sog. **Prädilektionsstellen** sind ausnahmslos Plaqueretentionsstellen, die durch Zähneputzen kaum vollständig reinigbar sind, so dass kariogene Keime (vor allem *S. mutans*) nicht beseitigt werden können. Als klassische Prädilektionsstellen gelten die Fissuren, die Approximalflächen unterhalb der Kontaktpunkte und der zervikale Anteil der Glattflächen. Das Interesse für Kariesprozesse an freiliegenden Wurzelabschnitten ist erst in den letzten Jahrzehnten, parallel mit dem zunehmenden Auftreten der gingivalen Rezessionen, geweckt worden. Auch Sekundärkaries ist eine häufige Kariesform: an Restaurationsränder grenzende Zahnhartsubstanzbereiche sind als potenzielle Kariesprädilektionsstellen anzusehen.

Aus epidemiologischer Sicht profitierte die **Fissurenkaries** am wenigsten vom beobachteten generellen Kariesrückgang. Heute finden sich fast 90% aller kariösen Läsionen bei Kindern aus präventivzahnmedizinisch fortgeschrittenen Ländern in Fissuren und Grübchen. Die kariespräventiven Standardmaßnahmen inklusive Fluoridierung sind in diesen Bereichen kaum wirksam. Fissurenkaries ist aus ätiopathologischer Sicht vermutlich eine eigene Entität, da hier im Gegensatz zur Approximal- und Glattflächenkaries:

1. keine Mikroorganismen am Schmelz festkleben müssen (siehe EPS, Abb. 9.2) und
2. bereits Pionierkeime (Streptokokken der *Sanguinis*-Gruppe) eine gewisse Kariogenität aufweisen (siehe Kap. 9.2).

Da die Schmelzschicht am Fissurenboden dünner und zudem weniger gut mineralisiert ist, kann eine Läsion innerhalb relativ kurzer Zeit bis ins Dentin vordringen. Daraufhin wird der Schmelz oft durch den breit ausfächernden Kariesprozess unterminiert, bevor dieser klinisch diagnostiziert wird, zumal am Fissureneingang kaum Zeichen der Demineralisation stattgefunden haben. Initiale Stadien der Fissurenkaries, die bereits das Dentin erfasst haben, aber noch keine Kavitation erkennen lassen, können mit Hilfe von Bissflügelröntgenaufnahmen erkannt werden.

Das Auftreten von Fissurenkaries ist ferner mit dem Befall mit *S. mutans* und der Fissurenmorphologie korreliert.

- Plaquebefall: Bei gegebener Mundhygiene ist während der Eruption eines Seitenzahnes aufgrund fehlender Antagonistenkontakte die Plaqueakkumulation auf den Okklusalflächen am größten. Ist *S. mutans* innerhalb des Biofilms in großen Mengen vorhanden, ist das Kariesrisiko in Fissuren und Grübchen erhöht. Erst ein Jahr nachdem der Zahn die Okklusionsebene erreicht hat und Antagonistenkontakte aufweist, nimmt die Plaqueakkumulation zahnflächenspezifisch signifikant ab. Die Kariesinzidenz ist entsprechend während des Zahndurchbruchs und in den folgenden 3 Jahren nach Abschluss des Zahndurchbruchs bzw. vor dem Erreichen einer gewissen posteruptiven Schmelzreifung (siehe Kap. 3.3.1) erhöht. Am meisten betroffen sind die ersten Molaren, insbesondere dann, wenn ihre Fissurensysteme verfärbt sind. **9.1–9.5**
- Fissurenmorphologie: Fissuren können flach oder tief sein. Meistens werden beide Situationen beim gleichen Zahn vorgefunden. Sind die Fissuren tief bzw. weisen sie eine ampullenförmige Morphologie auf, beginnt der Kariesprozess beidseitig unterhalb des verengten Fissureneinganges und greift häufig erst später auf den Fissurenboden über.

Obwohl Fissurenkaries grundsätzlich auch in Abwesenheit von *S. mutans* – unter Beteiligung von *A. naeslundii* und *Lactobacillus* spp. – entstehen kann, weist sie von allen Kariesformen dennoch die stärkste ätiologische Assoziation mit *S. mutans* auf: 70% kariesfreier Fissuren sind nicht mit *S. mutans* besiedelt.

Merke:
Hypokariogene Streptokokken der *Sanguinis*-Gruppe dominieren die Mikroflora kariesfreier Fissuren. In Fissuren verhält sich der Kolonisierungsgrad von *S. sanguinis* generell umgekehrt proportional zum Kolonisierungsgrad von *S. mutans* (vergleiche Tab. 8.1).

Neben Fissurenkaries ist **Approximalkaries** die häufigste Kariesform bei Kindern, Teenagern und jungen Erwachsenen. Auftreten und Ausmaß der Approximalkaries sind statistisch mit frequentem Zuckerkonsum und hohen intraoralen Keimzahlen von *S. mutans* korreliert. Bissflügelröntgenaufnahmen sind in gleicher Weise wie bei der Frühdiagnostik der Fissurenkaries unerlässlich.

Glattflächenkaries tritt nur bei Personen mit hohem Kariesrisiko auf. Häufig arretieren diese Läsionen und verfärben sich daraufhin sekundär (Abb. 9.4).

Wurzelkaries kann bei Zähnen mit verlängerter klinischer Krone entstehen, d. h. in dem Moment, wenn die durch gingivale Rezessionen freigelegten Wurzeloberflächen mikrobiell besiedelt werden. Die Prävalenz von Wurzelkaries nimmt mit steigendem Alter zu. Über 60 Jahre alte Patienten und Bewohner von Alters- und Pflegeheimen weisen zu 60 bis 90% Wurzelkaries im Restgebiss auf.

Sektion III

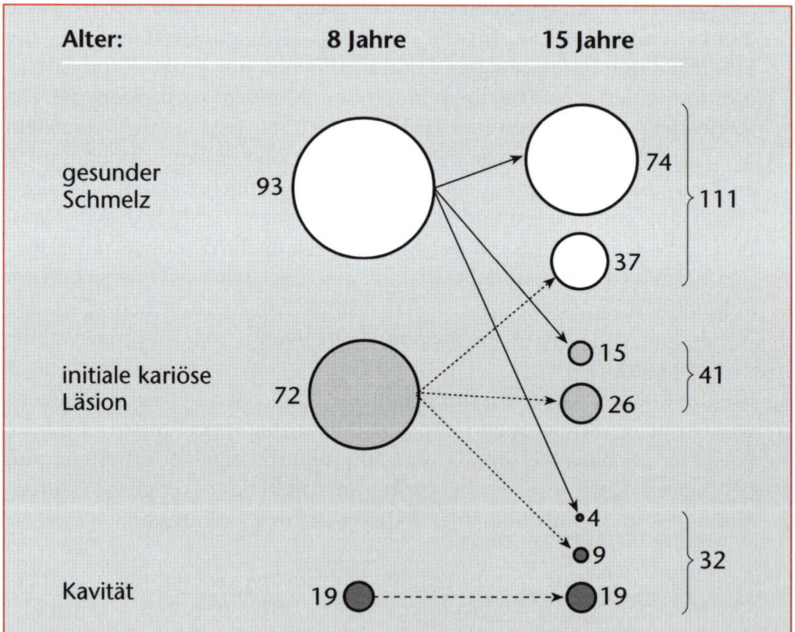

Abb. 9.4 In vivo Remineralisation an 184 bukkalen Flächen von ersten Oberkiefermolaren. Diese Ergebnisse entstammen einer klinischen Longitudinalstudie über 7 Jahre (BACKER-DIRKS 1966). Von 72 kariösen Kreideflecken bei 8jährigen remineralisierten bis zum 15. Lebensjahr 37 (51%); 26 (36%) arretierten und nur 9 (13%) hatten sich zu einer Kavität entwickelt.

Interdental oder subgingival lokalisierte Wurzelkaries entzieht sich zumeist dem ersten klinischen Blick des Zahnarztes. Bei der Interpretation von Röntgenbildern besteht die Schwierigkeit, dass sich Wurzelkariesdefekte von zervikalen Radioluzenzen (Burn-Out-Effekten) erst ab einer gewissen Größe unterscheiden lassen. So können kleinere und initiale Läsionen oft übersehen werden. Ist eine Läsion röntgenologisch eindeutig identifizierbar, ist sie in manchen Fällen schon so weit fortgeschritten, dass nach Exkavation eine Wurzelbehandlung, manchmal gar die Extraktion, angezeigt ist. Eine unentdeckte Wurzelkaries kann – falls sie progredient ist – innerhalb weniger Monate zu einem Defekt mit pulpaler Beteiligung führen. Es wird daher empfohlen, auch bei Patienten, bei denen das Wurzelkariesrisiko hoch erscheint, in regelmäßigen Abständen Bissflügelaufnahmen anzufertigen.

Wurzelkaries wird von einer bakteriellen Mikroflora verursacht, die unter anderem Streptokokken *(S. mutans, S. anginosus)*, Aktinomyzeten *(A. gerencseriae, A. naeslundii)*, Laktobazillen und Staphylokokken sowie eine Reihe gramnegativer Bakterien enthält. Die Bakterienflora der initialen und der fortgeschrittenen Wurzelkaries ist sehr verschieden.

Merke:
Insbesondere ältere, polymorbide Patienten nehmen oftmals Medikamente, darunter Antihypertensiva, Tranquilizer und Antihistaminika, die speichelreduzierend wirken. Es sind diese Patienten, die ein hohes Risiko für Wurzelkaries aufweisen.

Auch Patienten mit hohem koronalem DMF und hohem Kariesbefall im jungen Alter gelten mit einiger Wahrscheinlichkeit in höherem Alter als Risikopatienten für Wurzelkaries. Im mittleren Alter bzw. vor Manifestation von Gingivarezession(en) ist der klinische koronale DMF der zuverlässigste und dazu noch am einfachsten ermittelbare, prognostische Parameter für die spätere Anfälligkeit in Bezug auf Wurzelkaries.

Sekundärkaries ist der häufigste Grund für die Erneuerung vorhandener Restaurationen. Für die Entstehung der Sekundärkaries werden Plaqueansammlungen bei imperfekten Restaurationsrändern und Mikroleakage zwischen Restauration und Präparationsrand verantwortlich gemacht. Mikroleakage ermöglicht die Penetration von Flüssigkeit, Substrat und Mikroorganismen im allenfalls vorhandenen Spalt zwischen Restauration und Zahn. Die Folge ist – neben Verfärbungen und Pulpairritationen – auch Sekundärkaries. Bei der Entstehung der Sekundärkaries sind im Wesentlichen dieselben Bakterien wie bei der primären Karies involviert (*S. mutans, Lactobacillus* spp.). Daher gelten die gängigen Konzepte zur Kariesprophylaxe auch für die Sekundärkaries.

Klassische Kariesprophylaxe beinhaltet die Gabe und Applikation von Fluoridpräparaten. Initiale Kariesprozesse sind reversibel: poröse, „erkrankte“ Schmelzoberflächen können „heilen“, wenn der tägliche Zuckerkonsum eingeschränkt und regelmäßig fluoridhaltige Präparate angewandt werden. Durch letztgenannte Maßnahme werden Remineralisationsprozesse nachhaltig gefördert. Fluoride, die häufig (Zahnpaste!) auf die Schmelzoberfläche einwirken, beschleunigen die Remineralisation betroffener Areale.

Merke:

Das Spülen mit Wasser unmittelbar nach dem Zähneputzen entfernt die Zahnpaste aus der Mundhöhle und schwächt somit die kariesprophylaktische Wirkung des Zähneputzens erheblich.

Bei kariogenen Angriffen aus dem Schmelz gelöste Kalziumionen werden im anionischen Plaque-Biofilm gebunden, was der Remineralisation abträglich ist. Das Fluorid fördert die speichelvermittelte Remineralisation gerade dadurch, dass es die Mobilität der Kalziumionen innerhalb des Biofilms erhöht (Abb. 9.5).

Innerhalb oraler Biofilme zeigt Fluorid – neben der Förderung der Wiedereinlagerung von Kalzium im Zahnhartgewebe – noch mannigfaltige karieshemmende Wirkungen:

1. Es zeigt einen hemmenden Einfluss auf kariogene Bakterien: der Membrantransport* bzw. der Zuckertransport werden durch Fluorid beeinflusst und der Protonengradient an der Bakterienmembran gestört. Weiter hemmt Fluorid glycolytische Enzyme, insbesondere die für den EMBDEN-MEYERHOF-Weg obligate Enolase.
2. Fluoridreiche Plaque-Biofilme enthalten auch deshalb verhältnismäßig weniger *S. mutans*, weil deren pH-Wert höher ist als bei fluoridfreien Biofilmen und somit die *S. mutans* konkurrierenden Mikroorganismen überlebensfähiger sind.

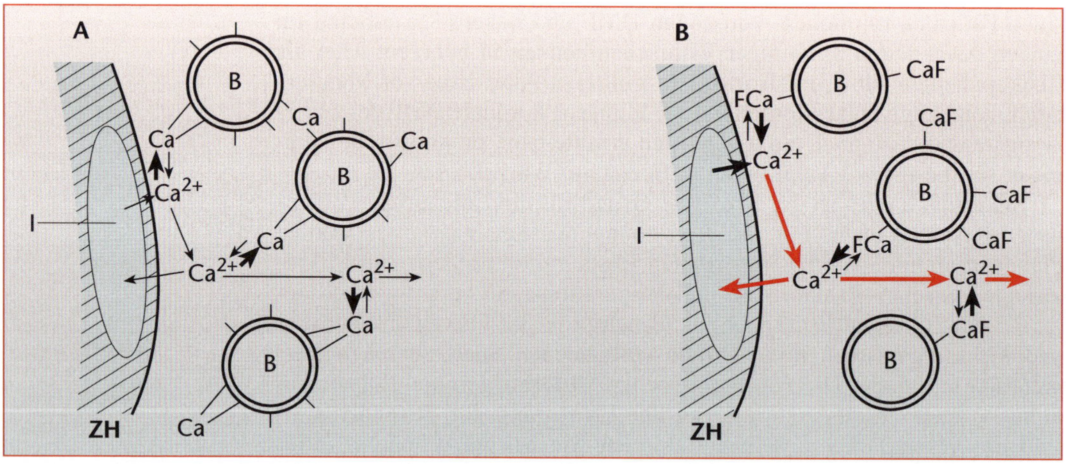

Abb. 9.5 Die durch Fluorid veranlasste Senkung der Bindungsaffinität des Kalziumions erhöht dessen Motilität innerhalb des Plaque-Biofilms, erhöht und fördert somit die Remineralisation nach bakteriellem Säureangriff. I = initiale kariöse Läsion; ZH = Zahnhartsubstanz.

A: Grampositive Bakterien (B) binden Kalzium. Da die Oberflächen der meisten Bakterienarten negativ geladen sind, ist diese Bindung ionisch und somit hochaffin. Kalzium (Ca) verfügt über zwei Bindungsstellen, die sich entweder an zwei verschiedene oder die gleiche mikrobielle Zelle binden. Die Bindungen sind wie erwähnt hochaffin, so dass der Anteil an freiem Kalzium gering ist: Die Diffusion der Kalziumionen ist langsam bzw. das momentane Remineralisationspotenzial gering.

B: In Anwesenheit von Fluorid (F) verfügt Kalzium über nur noch eine freie Bindungsstelle, was seine Bindung an Mikroorganismen nachhaltig schwächt bzw. den Anteil an nichtgebundenem Kalzium in Plaque-Biofilmen erhöht. Hierdurch können Kalziumionen rasch diffundieren (rote Pfeile). Zusammen mit der gleichzeitigen Zunahme von unlöslichem CaF_2 erhöht dies das Remineralisationspotenzial nachhaltig.

3. Fluorid reduziert die Säuretoleranz der kariogenen Bakterien. Hierauf zurückzuführen ist die Entstehung fluoridresistenter Mutanten von *S. mutans*, welche die Plaque nicht stärker als pH 5 ansäuren und somit weniger kariogen sind, aber eine bis 600fach höhere Fluoridmenge tolerieren, ohne in ihrem Wachstum beeinträchtigt zu werden.
4. Fluorid bewirkt eine Erhöhung des extrazellulären Biofilmvolumens, wodurch – über eine bessere Penetrationsmöglichkeit von antimikrobiellen Agentien wie z. B. Chlorhexidin oder Triclosan – Plaquebakterien lokal besser zu bekämpfen sind.

9.2 Kariogene Mikroorganismen und ihre Akquisition

9.1 – 9.5

In erster Linie ist die Gruppe der *Mutans*-Streptokokken (siehe auch Kap. 4.2), insbesondere die am häufigsten in der Mundhöhle vorkommenden *S. mutans* und *S. sobrinus*, für die Kariesätiologie bedeutsam. *Mutans*-Streptokokken wurden erstmals im Jahre 1924 mit der Kariesentstehung in Verbindung gebracht und erfüllen, wie sich etwa 40 Jahre später herausstellte, die KOCH'schen bzw. HENLE-KOCH'schen Postulate (siehe Kap. 1.1). Sie sind, insbesondere *S. mutans*, im bezahnten Teil der Bevölkerung nahezu ubiquitär verbreitet. Während *S. sobrinus* häufig – und immer in Gesellschaft von *S. mutans* – bei kariesaktiven Personen angetroffen wird, ist *S. mutans* auch regelmäßig aus der Mundhöhle kariesinaktiver Individuen – in Abwesenheit von *S. sobrinus* – isolierbar. Dies hat folgenden Grund: *S. sobrinus* ist empfindlich gegen das physiologischerweise im Speichel vorhandene N-Acetylglucosamin. Erst ein kariogenes Milieu mit niedrigem pH-Wert und großem Zuckerangebot ermöglicht Überleben und Wachstum von *S. sobrinus*.

Die *Mutans*-Keime verdanken ihren Namen der Tatsache, dass sie, je nach metabolischem Aktivierungsgrad, ihr Aussehen von der Kokkenform zur Stäbchenform ändern, **mutieren**, können. Die besondere Kariogenität von *S. mutans* hängt mit folgenden Virulenzfaktoren zusammen:

1. *Mutans*-Streptokokken sind in der Lage, mit Hilfe ihrer Glucosyltransferasen aus niedermolekularen Zuckern langkettige Polysaccharide aufzubauen. Die meisten *S. mutans*-Stämme bilden drei Glucosyltransferasen (GTF). In Tab. 9.1 sind die *Mutans*-Transferasen, ihre Gene und die von ihnen katalysierten Reaktionen aufgelistet. Mit Hilfe von GTF-I und GTF-SI, Produkten des *gtf*B- und des *gtf*C Gens, werden hauptsächlich die wasserunlöslichen extrazellulären Polysaccharide und die für die Kariogenese essenziellen Glucane gebildet.
   Die **unlöslichen** extrazellulären Polysacccharide (Glucane bzw. „Mutane“) sind es, welche:
   - ein Abspülen der Bakterien von der Zahnoberfläche erschweren. Sie ermöglichen es *S. mutans*, sich fester auf der Zahnoberfläche zu etablieren als die überwiegende Mehrzahl der konkurrierenden Mundhöhlenbakterien.

Tab. 9.1 Von *S. mutans* gebildete Transferasen, ihre Gene und die von ihnen katalysierten Reaktionen.

Gen	Genprodukt bzw. Enzym	Setzt Saccharose um in:	Gengröße[1]	N_{AS}	Mw des Genproduktes ORF (kDa)	Mw des Genproduktes Reif (kDa)	pH-Optimum	K_m für Saccharose
*gtf*B	GtfB = Gtf-I	unlösliches Glucan („Mutan") + freie Glucose	4.424	1.475	166	162	6,0	2,2
*gtf*C	GtFC = Gtf-SI	unlösliches, auch lösliches Glucan + freie Glucose	4.218	1.375	153	149	6,5	3,9
*gtf*D	GtfD = Gtf-S	lösliches Glucan + freie Fructose	4.293	1.430	159	155	5,5-6,0	2,1
ftf	Ftf	Fructan (Levan) + freie Glucose	2.391	797	88	84	?	4

Mw = relative Molekülmasse in Kilodalton;
[1] = Gengröße in Basenpaaren (siehe Genexpression*, siehe Anhang 4)
N_{AS} = Anzahl der Aminosäuren
ORF = open reading frame (offenes Leseraster, siehe Anhang 4); kDa = kilo-Dalton
Gtf-I, -SI, -S = Glucosyltransferase insoluble bzw. soluble + insoluble bzw. soluble
Ftf = Fructosyltransferase
K_m = Michaelis-Menten-Konstante in Millimolar; kennzeichnet die Affinität (Bindungsstärke) eines Enzyms zu seinem Substrat. Niedrige Werte zeigen hohe Affinität an und umgekehrt.

- Plaque-Biofilmen ihre Klebrigkeit, ihr Volumen und ihre Beständigkeit verleihen. Mutane stellen innerhalb der Plaque-Biofilme den Hauptbestandteil der struktur- und volumenbildenden Matrix dar und sind durch Dextranasen nicht abbaubar. Auch die GtfB- und -C-bildenden Bakterien selbst können die von ihnen gebildeten EPS nicht wieder auflösen.

Merke:
Kein oraler Keim verfügt über ein Enzym, welches Mutan hydrolysieren kann. Auch die Mundflüssigkeit enthält kein solches Enzym. Diese bedeutsame Tatsache erklärt die Bildung einer volumengebenden Matrix oraler Plaque-Biofilme und ist die Ursache dafür, dass orale Biofilme so beständig mit der Zahnoberfläche verbunden sind.

Die Bildung von Mutan, auch in größeren Mengen, erfordert allerdings nur einen geringen Anteil der von den Bakterien aufgenommenen Zucker. Der überwiegende Saccharoseanteil wird anderweitig metabolisiert und insbesondere über den Invertase-Weg zu Glucose und Fructose hydrolysiert.
Levane (Fructane) können im Gegensatz zu Mutan durch bakterielle Enzyme wieder abgebaut werden und sind deswegen nur gelegentlich und kurzfristig nachweisbar. Zum Aufbau der Biofilm-Matrix tragen sie nicht bei. Fructane haben jedoch – ähnlich wie nachfolgend besprochene IPS – Bedeutung als Energielieferant bzw. als Reservesubstrat in Zeiten der Nahrungskarenz. 9.1–9.5
S. mutans speichert einen Teil der synthetisierten langkettigen Polysaccharide intrazellulär in Glycogen-Form (IPS, intrazelluläre Polysaccharide, siehe Abb. 9.2). Hierdurch werden sie in die Lage versetzt, längere Hungerphasen zu überstehen, indem sie in Zeiten geringen Nahrungsangebotes vorhandene Glucane teilweise als Nahrungsquelle nutzen. Wenn der Zuckervorrat im Biofilm sich erschöpft, werden IPS abgebaut und unter Säurebildung metabolisiert, wodurch sich der „kariogene Angriff" verlängert. Als Nahrungsreservoir sind IPS von größerer Bedeutung als EPS. Die Notwendigkeit der Vorratsbildung ist in der Mundhöhle eines kariesaktiven „Ketten-Essers" sicher nicht groß. Immerhin verschafft aber die Bildung von IPS den betreffenden Bakterien einen ökologischen Vorteil gegenüber anderen Arten, die die Fähigkeit zur Anpassung ihres Stoffwechsels an ein variierendes Nahrungsangebot und zur Synthese von Reservestoffen nicht besitzen. ***S. mutans*-Stämme mit hoher IPS-Bildung sind *in vivo* hyperkariogen.**

2. Werden den Plaque-Biofilmen enzymatisch spaltbare Kohlenhydrate angeboten, nimmt die Säurekonzentration in der Plaqueflüssigkeit schnell zu und der pH-Wert fällt. Milchsäurebakterien* verstoffwechseln bei hohem Zuckerangebot Mono- und Disaccharide über den EMBDEN-MEYERHOF-Weg nahezu homofermentativ zu Lactat, bei Glucosemangel überwiegend Ameisen- und Essigsäure (Abb. 9.6).

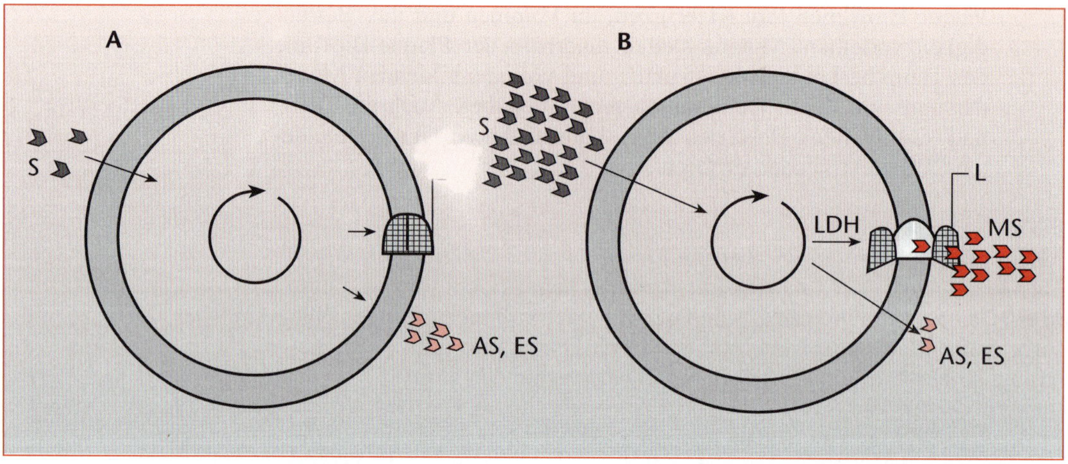

Abb. 9.6 Bei geringem Zuckerangebot (wenig Glucose, A) produzieren Streptokokken Ameisen- und Essigsäure (AS bzw. ES), welche relativ schwach bzw. hypokariogen sind. Milchsäure (MS) entsteht kaum oder nicht: Das Lactattor (L) ist geschlossen. Bei einem hohen Zuckerangebot (viel Glucose, B) konzentriert sich der Stoffwechsel auf die Synthese der hochkariogenen Milchsäure (Lactattor offen). Die Öffnung des Lactattores ist für die Bakterien lebenserhaltend, da sie sonst am Glucoseüberschuss und an der steigenden Konzentration von Intermediärmetaboliten zugrunde gehen würden. In ähnlicher Weise ist die EPS-Bildung (siehe Abb. 9.2) ein bakterieller Selbstschutz: Auch sie ist besonders intensiv bei einem Glucoseüberschuss. Hierdurch wird erreicht, dass ein Teil der Glucose nicht in die Bakterienzelle gelangt.
S = Saccharose; LDH = Lactatdehydrogenase: Dieses Enzym vermittelt die Synthese von Milchsäure. Es kann aber erst arbeiten, wenn es durch Fructosediphosphat aktiviert wird. Dies ist dann der Fall, wenn ein Überschuss an Glucose vorliegt. LDH-defiziente Mutanten von *S. mutans* bilden wesentlich weniger Säure, dafür mehr neutrale metabolische Endprodukte und sind deshalb weniger kariogen. Sie wurden als Substitutionsbakterien im Rahmen der sog. Plaqueersatztherapie vorgeschlagen (siehe Kap. 4.2.4).

Saccharose wird durch *S. mutans* schneller als durch andere, teilweise auch als kariogen eingestufte Keime (*Streptococcus sanguinis* und *-mitis*, *Actinomyces viscosus* und *-naeslundii*, *Lactobacillus casei*) umgesetzt. Innerhalb der *Mutans*-Gruppe ist *S. sobrinus* der stärkste Säurebildner. Allerdings existieren bezüglich der produzierten Säuremengen erhebliche Unterschiede, nicht nur zwischen, sondern auch innerhalb der gleichen Subspezies. Da auch die konstitutionelle Säuretoleranz der einzelnen Plaquebakterien stark variiert, ist indes eine lineare Korrelation zwischen der glycolytischen Aktivität einer Spezies und ihrer Kariogenität nicht ohne weiteres gegeben.

3. *Mutans*-Streptokokken tolerieren Säuremengen, die zum Wachstumsstillstand vieler anderer oraler Keime führen. Insbesondere verfügen *S. mutans* über hocheffizient wirkende Membrantransportsysteme* bzw. Zuckertransportsysteme, welche auch bei niedrigen pH-Werten funktionsfähig bleiben. Während sich *Mutans*-Streptokokken noch bei pH-Werten <4 teilen können, sind weniger kariogene Mikroorganismen, beispielsweise manche Stämme von *S. sanguinis* und *A. naeslundii*, bei pH-Werten ≤ 5 metabolisch nicht mehr aktiv (Abb. 9.7).
4. Das große Spektrum jener Zuckermoleküle, die von *S. mutans* verstoffwechselt werden können. Ihre Fähigkeit, beispielsweise auch Mannitol und Sorbitol (von Mannose bzw. Glucose abgeleitete Zuckeralkohole) geringfügig zu fermentieren, unterscheidet sie von den anderen oralen Streptokokken.

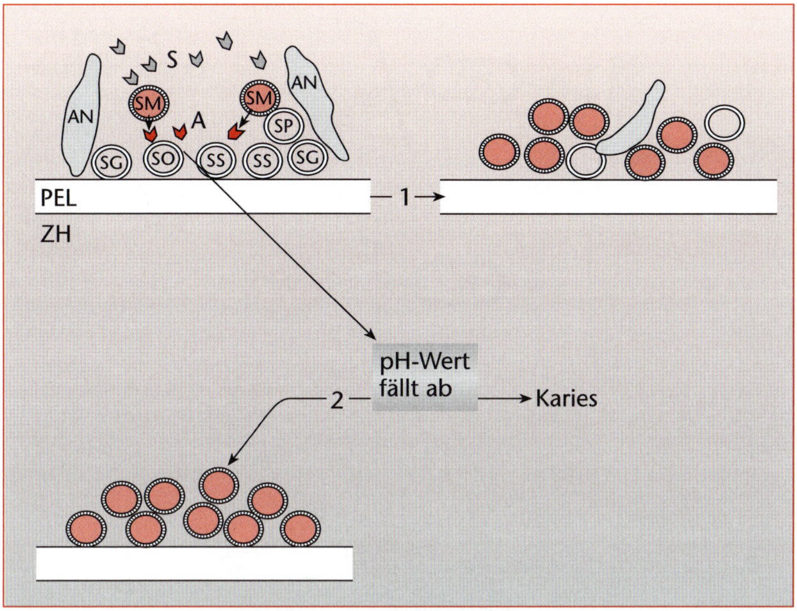

Abb. 9.7 Azidurie von *S. mutans* als ökologischer Faktor in oralen Biofilmen. Die Keimzahl von *S. mutans* (rot) auf der Zahnoberfläche wird erhöht (1) auf direktem Wege durch das GTF-Substrat Saccharose bzw. frequentem Kohlehydratenverzehr und (2) indirekt durch den durch die Säurebildung bedingten pH-Abfall, welcher für *S. mutans* gegenüber anderen Mikroorganismen in einem Selektionsvorteil resultiert (rückwärts gerichteter Pfeil, 2). Von allen *Mutans*-keimen weist *Streptococcus mutans sensu stricto* die höchste Säuretoleranz auf. Auch *Lactobacillus* spp. sind säuretolerant und vermehren sich im sauren Milieu kariöser Läsionen. Generell sind Änderungen des lokalen pH-Wertes die Hauptursache für Verschiebungen im Keimspektrum oraler Biofilme. Wie genau verändernde pH-Werte die bakterielle Genexpression* steuern ist jedoch noch unklar.
A = Säure (acid); S = Saccharose; PEL = Pellikel; ZH = Zahnhartsubstanz.
AN = *Actinomyces naeslundii;* SM = *Streptococcus mutans;* SO, SS, SP, SG = *S. oralis, -sanguinis, -parasanguinis* bzw. *-gordonii.*

Weitere Faktoren erhöhen die Überlebensfähigkeit von *Mutans*-Streptokokken. Beispielsweise verfügen Sie über Hitzeschockproteine* (GroEL und DnaK). Die Keime exprimieren diese Virulenzfaktoren nicht konstitutiv, sondern vielmehr nur unter bestimmten lokalen Bedingungen, insbesondere bei frequenter Zufuhr von Saccharose.

Mutans-Streptokokken sind stark an die Öko-Nische „Zahnoberfläche" angepasst. Auf Schleimhäuten können sie sich gegenüber anderen konkurrierenden Mikroorganismen nicht durchsetzen und werden dort deshalb nur als transiente Keime angetroffen.

Wie oben gesehen, ist für die Entstehung von Karies nebst Säurebildung und Säuretoleranz der *Mutans*-Streptokokken auch ihre Haftung an der pellikelbedeckten Zahnoberfläche essenziell. Die Besiedlung der Zahnoberfläche durch *Mutans*-Streptokokken erfolgt in zwei Stufen, einer saccharose-unabhängigen und einer saccharose-abhängigen (Abb. 9.8).

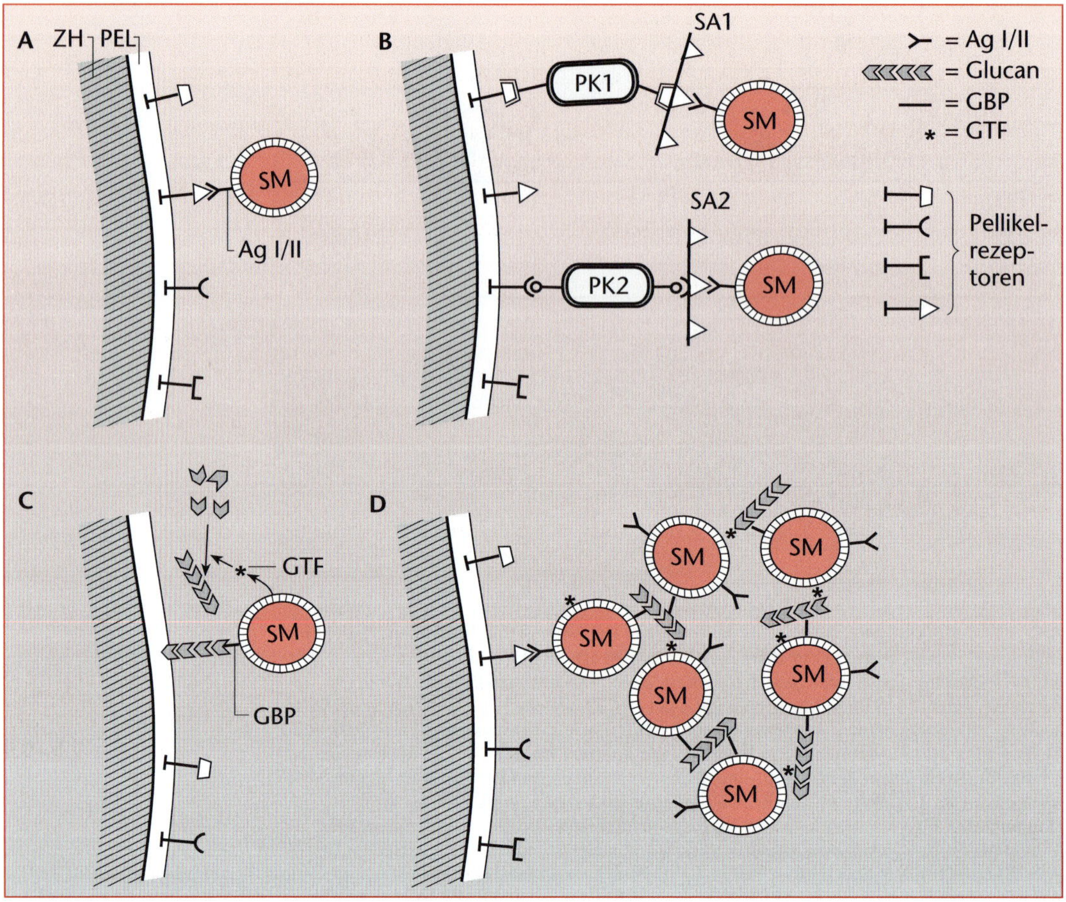

Abb. 9.8 Ansiedlung von *S. mutans* (SM, rot) auf pellikelbedeckter Zahnhartsubstanz (ZH); PEL = Pellikel. Es existieren mehrere unspezifische und spezifische Haftmechanismen:

A. Initiale Haftung an der Zahnoberfläche durch direkte, saccharose-unabhängige Bindung zwischen Antigen I/II* und Pellikelglycoprotein. Außer AntigenI/II verfügen *S. mutans* über Lipoteichonsäuren* in ihrer Zellwand, welche ebenfalls bei der initialen Kolonisierung involviert sind. *S. mutans* ist keine dominierende Spezies bei der initialen Plaquebildung und ihre Bindung an die pellikelbedeckte Zahnhartsubstanz ist nicht so affin wie diejenige der Pionierkeime der *S. sanguinis*-Gruppe und der *Actinomyces* spp.

B. Indirekte, saccharose-unabhängige Haftung am Pellikel durch Bindung an Pionierkeime (PK1, PK2): Koaggregation mit einer Reihe von *Actinomyces*- und *Streptoccus* spp., vermittelt durch Speichelagglutinine (SA1, SA2, siehe Kap. 3.3).

C. Direkte, saccharose-abhängige Bindung an sich im Pellikel befindliche Glucane via Glucan bindendes Protein (GBP). Pellikelglucane entstehen mit Hilfe von durch *S. mutans* freigesetzten Glucosyltransferasen (GTF).

D. Saccharose-abhängige Akkumulation mit Hilfe von – via GBP – an der mikrobiellen Zellwand gebundenen Glucanen („Mutane“). Die Glucane binden nicht nur an *S. mutans*, sondern auch an andere orale Streptokokken. Mindestens drei glucanbindende Zellwandproteine bei *S. mutans* sind bekannt: Glucosyltransferase (katalysiert nicht nur die Bildung von Glucan, sondern bindet es auch an die Bakterienzellen) und zwei weitere Proteine ohne Enzymaktivität, nämlich das 74 kDa schwere GBP_{74} und das GBP_{59} (vergleiche Tab. 4.4).

Mechanismus (D) lässt die Anzahl bzw. die Dichte der *Mutans*-Streptokokken über einen gewissen, für die Kariogenese kritischen Schwellenwert steigen und verleiht zudem dem Plaque-Biofilm seine strukturbildende Matrix, seine Klebrigkeit und seine Beständigkeit sowie seine pathogenen Eigenschaften.

Die direkte Bindung an SHA erfolgt bei *S. mutans sensu strico* glucose-unabhängig (Mechanismus A). Die direkte Pellikelbindung von *S. sobrinus* erfordert die Anwesenheit von Glucosyltransferase (Mechanismus C). Grundsätzlich sind sämtliche Haftmechanismen durch Speichel-Antikörper inhibierbar. *In vivo* reichen jedoch, vor allem bei frequenter Zuckerzufuhr, immunologische Schutzmechanismen nicht aus, um das Überwachsen der Zahnoberflächen mit *Mutans*-Streptokokken zu verhindern.

Die **Inokulation von *S. mutans* beim Kleinkind** wurde erstmals 1975 von BERKOWITZ et al. beschrieben. In der angelsächsischen Literatur wird diese Übertragung als „infection" und Karies demzufolge als „infectious disease" dargestellt. Von einer Infektion im klassischen Sinne kann jedoch keine Rede sein. Aus der Parodontologie ist bekannt, dass mit Parodontitis assoziierte Keime auch aus der Mundhöhle von parodontal gesunden Patienten isoliert werden können (siehe Kap. 10.1). *Mutatis mutandis* gilt dasselbe für *S. mutans* beim kariesinaktiven Patienten: Die multifaktoriell bedingte Kariesaktivität kann nicht nur mit dem Kolonisierungsgrad von *S. mutans* erklärt werden. Dies wird durch folgende zwei Tatsachen belegt:

1. Große Teile der schwarzafrikanischen Bevölkerung sind kariesinaktiv und haben gleichzeitig viel *S. mutans*. Gleichzeitig sind „afrikanische" *Mutans*-Streptokokken *in vitro* mindestens so kariogen wie europäische Referenzstämme.
2. Der erwähnte, teilweise dramatische Kariesrückgang in den industrialisierten Ländern seit der flächendeckenden Einführung fluoridhaltiger Zahnpasten ist nicht mit einer entsprechenden Reduktion der intraoralen *Mutans*-Keimzahlen vergesellschaftet.

Obwohl weniger die Übertragung von säuretoleranten Keimen als vielmehr die Frequenz der Zuckerimpulse (die den entscheidenden Selektionsdruck auslöst, Abb. 9.7) entscheidende Voraussetzung für einen veränderten, *S. mutans*-reicheren und somit mehr kariogenen Plaque-Biofilm ist, wurde im Rahmen der Bemühungen einer Primär-Primärprophylaxe das Zeitfenster für die Akquisition von *S. mutans* (**„window of infectivity"**) ermittelt. Da *S. mutans* nur nicht-desquamierende Oberflächen dauerhaft kolonisieren können, kommen sie bei noch zahnlosen Kleinkindern nur als transienter Besiedler vor. Haben sich die Keime nach Zahndurchbruch jedoch in der Mundhöhle etabliert, persistieren sie über Jahre hinweg. **9.1–9.5**

Die Häufigkeit der Übertragung von *S. mutans* ist im Alter von ca. 20 und ca. 30 Monaten am größten. In diesem Alter sind es in erster Linie Keime aus mütterlichem Speichel, die akquiriert werden (Mundkuss, Schnuller, Besteck). Nachdem *S. mutans* die Mundhöhle eines Kleinkindes kolonisiert hat, nimmt der Anteil der (in der Regel bereits mit ca. 9 Monaten akquirierten) *Sanguinis*-Streptokokken ab. Der generell inverse Kolonisierungsgrad dieser beiden Mikroorganismen spiegelt ihren kompetitiven Antagonismus wider (vergleiche Tab. 8.1). Mit zweieinhalb Jahren sind etwa 75% der Kinder *mutans*-positiv. Die verbliebenen 25% können aber auch später *S. mutans* noch akquirieren, wobei dann der mütterliche Speichel nicht mehr unbedingt alleinige Übertragungsquelle ist. Die kumulative Wahrscheinlichkeit einer intraoralen Kolonisierung von *S. mutans* geht mit der Zunahme der exponierten Zahnflächen und die Vermehrung von Retentionsnischen bei fortschreitender Gebissentwicklung einher. Eine verzögerte Übertragung von *S. mutans* im Rahmen einer versuchten Primär-Primärprophylaxe schlägt sich nicht nur in einem niedrigeren Kolonisierungsniveau, sondern vor allem auch in einem niedrigeren Kariesbefall im höheren Alter nieder. Damit ist – wenn schon die Übertragung von *S. mutans* nicht bei allen Kindern vollständig vermeidbar ist –

bereits die Veringerung des Risikos einer Übertragung bzw. ihre Verzögerung ein anzustrebendes Ziel der oralen Präventivmedizin (Vorgehensweise: siehe Kap. 9.5).

Merke:
Die naheliegende Überlegung, zur Kariesprävention *Mutans*-Streptokokken durch mechanische Entfernung der Zahnbeläge (sprich Zähneputzen) zu eliminieren bzw. in ihrer Anzahl nachhaltig zu reduzieren, kann kaum gelingen, da diese Bakterien hauptsächlich im Bereich der klassischen Kariesprädilektionsstellen, in okklusalen Fissuren und unterhalb der approximalen Kontaktpunkte zu finden sind. Beim Zähneputzen werden hauptsächlich andere Bakterien entfernt, die für die Zahnbürste besser erreichbar sind bzw. die nicht so fest auf der Zahnoberfläche haften wie *S. mutans*. Dies bedeutet für *S. mutans* gegenüber seinen Nahrungskonkurrenten gar einen Selektionsvorteil. Sogar der Gebrauch von Zahnseide war in klinischen Studien nicht in der Lage, bei Kariesrisikopatienten das Auftreten approximaler Karies zu verhindern. Es kann daher letztlich nicht überraschen, dass in vielen – mit vielfältiger Untersuchungsmethodik und sorgfältig durchgeführten – Studien keine statistische Korrelation zwischen individuellem Plaquebefall und individuellem Kariesrisiko nachgewiesen werden konnte (SUTCLIFFE 1996). Aus kariesprophylaktischer Sicht besteht der Nutzen des Zähneputzens denn auch weniger darin, kariogene Bakterien von der Zahnoberfläche zu entfernen, sondern vielmehr via Zahnpaste Zähnen und Mikroorganismen Fluoride zuzuführen.

Sektion III

Weitere kariogene Mikroorganismen sind:

- *Lactobacillus* spp. sind in der Mundhöhle ubiquitär verbreitet, machen in der Regel aber < 1% der Gesamtflora aus. Sie lassen sich meistens bereits im ersten Lebensjahr nachweisen. Laktobazillen werden interdental nur in Gegenwart von *S. mutans* vorgefunden. Sind fortgeschrittene kariöse Läsionen vorhanden oder werden vermehrt vergärbare Kohlenhydrate verzehrt, erhöht sich – ähnlich wie bei *S. mutans* – aufgrund ihrer Säuretoleranz ihr Anteil innerhalb Plaque-Biofilmen deutlich: Beide Bakterienarten tolerieren pH-Werte, die für andere orale Mikroorganismen inhibierend oder sogar letal sind. Auch in sekundären kariösen Läsionen sind *Lactobacillus* spp. zahlreich. Laktobazillen gehören wie die Streptokokken zu den Milchsäurebakterien*. Sie fermentieren Glucose entweder homofermentativ zu Lactat oder heterofermentativ zu Lactat und Acetat. Während *S. mutans* die schnellsten Säurebildner sind, bewirken Laktobazillen den größten Abfall des lokalen pH-Wertes. Azidogenität und Azidurie sind nicht die einzigen kariogenen Eigenschaften der Laktobazillen; auch das leistungsfähige PTS-Zuckertransportsystem (siehe Membrantransportsysteme*) trägt ebenfalls dazu bei. Die meist vorkommenden *Lactobacillus* Spezies sind *L. casei* (bzw. nach der neuen Nomenklatur *L. paracasei* und *L. rhamnosus*), *L. fermentum* und *L. acidophilus*.
- *Actinomyces* spp. Sämtliche oralen *Actinomyces* spp. fermentieren Kohlenhydrate zu Säuren (Acetate, Lactate, Succinate, Formiate). Ebenfalls bilden sie (unlösliche) extrazelluläre Polysaccharide. Ihre

Säuretoleranz und ihr leistungsfähiges PTS-Zuckertransportsystem (siehe Membrantransportsysteme*) tragen zu ihrer Kariogenität bei. Trotz ihrer kariogenen Eigenschaften ist die ätiologische Rolle oraler *Actinomyces* spp. bei der koronalen Karies (bzw. bei Schmelzkaries) unklar. Bei Kariesprozessen an exponierten Wurzeloberflächen hingegen wurde – u. a. gestützt auf Tierexperimente – immer wieder auf die ursächliche Beteiligung von *Actinomyces* spp. hingewiesen. Dies obwohl beim Menschen sowohl Keimzahl im Speichel als auch Besiedlungsgrad auf Wurzeloberflächen keinerlei statistischen Zusammenhang mit dem Auftreten von Wurzelkaries bzw. mit dem Wurzelkariesrisiko zeigten. Allerdings sind azidurische *Actinomyces* spp., im Gegensatz zu *S. mutans* und *Lactobacillus* spp., immer und in großen Mengen auf freiliegenden Wurzelabschnitten und innerhalb kariösen Wurzeldentins sowie in der Tiefe fortgeschrittener Läsionen anzutreffen.
Actinomyces spp. setzen Urease physiologischerweise in nur geringen Mengen frei. Bei erhöhtem Angebot von Kohlenhydraten bzw. bei niedrigem Stickstoffangebot erhöht *A. naeslundii* die Ureaseproduktion um das 50fache. Hierdurch schützen sie sich nicht nur gegen zu starke Ansäurung der unmittelbaren Umgebung („microenvironment"), sondern liefern auch einen Beitrag zur Alkalisierung des Plaque-Biofilms und weisen damit sogar eine kariesprotektive Wirkung auf.

- andere azidogene Bakterien, wie bestimmte *Neisseria-, Bacteroides-, Bifidobacterium-, Clostridium-, Eubacterium-, Propionibacterium-* und *Rothia*-Stämme. Diese spielen in der Kariesätiologie nur eine untergeordnete Rolle. **9.1–9.5**
- *Candida* sp. Pilze der Gattung *C. albicans* lassen sich in Mundhöhlenabstrichen bei 25 bis 50% der Bevölkerung nachweisen, meistens vom Zungenrücken, aber auch in Plaque-Biofilmen. Die Pilze werden entweder bereits bei Geburt oder kurz danach erworben. Zunächst fällt während der Kindheit ihre Morbidität, um im mittleren und höheren Alter wieder anzusteigen. Das Vorkommen von *C. albicans* in der Tiefe kariöser Läsionen und seine Fähigkeit, einige Zucker (aber kaum Saccharose) in Säure zu metabolisieren, sind seit langem unbestritten. Doch es entstehen *in vivo* nur äußerst geringe Säuremengen. Deshalb ist die kariesätiologische Bedeutung von *C. albicans* insgesamt als gering anzusehen.
- weitere Non-*mutans*-Streptokokken mit Glucosyltransferasen. Diese sind grundsätzlich als kariesfördernd anzusehen. So verfügen auch Streptokokken der *Sanguinis*-Gruppe über GTF und in der Folge synthetisieren auch sie extrazelluläre Polysaccharide aus Saccharose. Diese sind jedoch wasserlöslich, damit nicht plaquefördernd und leisten daher nur einen indirekten Beitrag zur Kariesentstehung: „Non-*Mutans*-EPS" dienen jedoch als Substrat bei der Kolonisierung von *Mutans*-Streptokokken und fördern damit ihr Wachstum. Im weiteren Sinne kariogen sind diese Pionierkeime auch noch aus weiteren Gründen: *S. oralis, S. gordonii, S. mitis* und *S. anginosus* sind sog. „low-pH" Non-*Mutans*-Streptokokken und weisen auch bei tieferem pH-Wert (< 5) noch azidogene Eigenschaften auf. Die von ihnen freigesetzten Säuren verursachen eine pH-Senkung und begünstigen hierdurch die Kolonisierung der noch säuretoleranteren und hoch-azidogenen *Mutans*-Keime (siehe Abb. 9.7).

9.3 Kariesimmunologie

Für den Wirkungseffekt von Immunglobulinen in der Mundhöhle gilt zunächst die generelle Einschränkung, dass eine Vielzahl oraler Bakterien befähigt ist, Immunglobuline (genau wie andere – vor allem via die Sulkusflüssigkeit in der Mundhöhle eintretende – Serumproteine) mit Hilfe Ihrer Proteasen* enzymatisch abzubauen.

Im Wesentlichen sind zwei Antikörperklassen in der Mundhöhle vorhanden:

1. Im Speichel befindliches sIgA schränkt die Haftung von Bakterien an der Zahnoberfläche ein und bewirkt u. a. deren Agglutination* (siehe Kap. 3.3.4). **sIgA ist ein Produkt der Schleimhautimmunität** (CMIS*, Abb. 9.9).
   Die Bildung von sIgA in den Speicheldrüsen beginnt kurz nach der Geburt. Mit zunehmendem DMFS-Indexwert nehmen die sIgA Antikörper im Speichel zu. Dieser Anstieg bringt nicht nur den kumulativen Aspekt des Kariesbefalls zum Ausdruck, sondern widerspiegelt auch die ungenügende kariesprotektive Wirkung. Die Stoßrichtung bei der Entwicklung von Kariesvakzinen (siehe Kap. 9.4) besteht darin, die CMIS-vermittelte Bildung von einer für einen effektiven Kariesschutz ausreichenden sIgA-Menge durch gezielte Verabreichung von *S. mutans*-Antigenen auszulösen.
   Die für den Speichel leicht zugänglichen Glattflächen sind in der Regel in geringerem Umfang von Karies betroffen als das für das sIgA schlecht erreichbare Fissurensystem und die Approximalflächen. Diese Tatsache lässt eine schützende Wirkung des sIgA vermuten. Dennoch konnte in vielen diesbezüglich durchgeführten Studien kein statistischer Zusammenhang zwischen individuellem sIgA-Speicheltiter und individuellem Kariesrisiko nachgewiesen werden. Dies hängt damit zusammen, dass die sIgA-Menge nur einen von sehr vielen Parametern in Bezug auf das individuelle Kariesrisiko darstellt. Hinzu kommt die Tatsache, dass sich Untersuchungen zur chemischen Zusammensetzung des Speichels generell schwierig gestalten, da diese sich je nach Stimulationsgrad ändert. Die bisherigen Studien sind generell mit einer ungenügenden Standardisierung, insbesondere in Bezug auf die Sammelmethodik, behaftet.

2. Kleine Mengen IgG, welche nicht aus dem Speichel, sondern aus der (aus immunologischer Sicht wesentlich potenteren) Sulkusflüssigkeit stammen, opsonieren Bakterien (darunter kariogene Keime wie *S. mutans*) und leiten so ihre Phagozytose* ein. Da die aus der Sulkusflüssigkeit stammenden vitalen PMN nur in der gingivarelatierten Domäne anzutreffen sind, werden nur dort stattfindende Kariesprozesse immunologisch nachhaltig beeinflusst. Approximal- und Zahnhalskaries entstehen daher in der Regel gerade koronal dieser immunologisch kontrollierten Bereiche (siehe Kap. 3.5).

Da kariogene Keime in der Regel nur die Zahnhartsubstanz besiedeln und nicht etwa durch die epithelialen Barrieren der oralen Schleimhäute in den

Körper penetrieren, befinden sie sich außerhalb der Reichweite des zellulären Immunsystems. Dies ist – nebst (durch die „fehlende“ Desquamation der Zahnhartgewebe) der für den Körper einmaligen Bildung von Biofilmen – die Erklärung dafür, dass bei über 90% der Bevölkerung in den westlichen Industriestaaten sich über kurz oder lang Karies entwickelt. Kariesprozesse sind in der Folge kaum für jedermann vermeidbar. „Nur“ die Kariesaktivität und somit die Kariesprogression hin zur Bildung behandlungsbedürftiger kariöser Defekte sind steuerbar. Dies ist als die eigentliche Hauptaufgabe der präventiven Kariologie anzusehen.

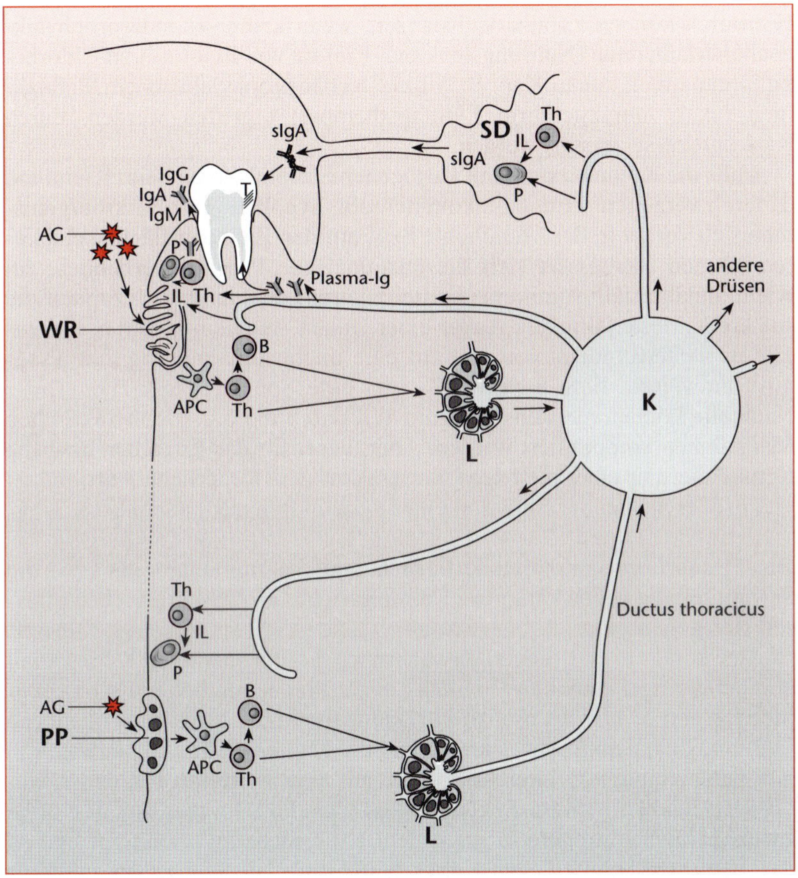

Abb. 9.9 Common mucosal immune system und speichelvermittelte Immunität. Bestimmte lymphoepitheliale Zellen, sog. M-Zellen, decken die MALT-Oberfläche im Bereich der Tonsillenkrypten bzw. des WALDEYER'schen Rachenringes (WR) und der PEYER'schen Plaques (PP) ab, fangen antigenes Material (AG, rot) ein und transportieren dieses zu subepithelial lokalisierten antigenpräsentierenden Zellen (APC). Diese zerlegen die Antigene* und präsentieren sie an T-Helferzellen (Th). Letztere wiederum stimulieren B-Zellen (B) mit identischer Antigenspezifität. Die stimulierten Lymphozyten migrieren über die regionalen Lymphknoten (L) in den Kreislauf (K) und gelangen schließlich in diverse Drüsen und mukosale Gewebe (auch in die Speicheldrüsen, SD). Dort findet die (interleukinvermittelte, IL) Enddifferenzierung der B-Zellen in Plasmazellen statt. Das in den Speicheldrüsen synthetisierte sIgA wird mit dem Speichel in die Mundhöhle sezerniert (siehe Abb. 3.2). Kleinere Mengen Serum-IgG gelangen mit der Sulkusflüssigkeit in die Mundhöhle und über die Gefäße der Zahnpulpa in die Dentintubuli (T). Die Sulkusflüssigkeit enthält zudem noch Kleinstmengen an IgA und IgM.

9.1–9.5

Merke:
Das aus kariesprophylaktischer Sicht immunologische Defizit besteht nicht nur aus dem Fehlen von antigenerkennenden Lymphozyten im Speichel. Auch die weitgehend fehlenden Opsonine in Form von Komplementfaktoren und IgG-Antikörpern sowie das Fehlen von phagozytosefähigen Abwehrzellen im Speichel tragen dazu bei, dass die Möglichkeiten der Immunabwehr gegen Karies bei zu häufigem Verzehr von vergärbaren Kohlenhydraten schnell überfordert sind.

Hierdurch können Zahnhartsubstanzen, wenn keine sekundärprophylaktischen Maßnamen (Nahrungslenkung, Einsatz von Fluorid- und Chlorhexidinpräparaten, siehe Kap. 9.5) bzw. tertiär-prophylaktischen Maßnahmen (exakt durchgeführte Füllungstherapie) ergriffen werden, durch Kariesprozesse zerstört werden.

Falls die Kolonisierung mit kariogenen Streptokokken beim Kleinkind dadurch verzögert wird, dass kommensale, hypokariogene Mikroorganismen sich vorher in der Mundhöhle bzw. auf den Zahnoberflächen etablieren können, verbessert sich die kariologische Prognose erheblich. Im Kleinkindalter fällt somit eine partielle Vorentscheidung in Bezug auf die spätere Kariesanfälligkeit. Außer einer frühen Akquisition von *S. mutans* gibt es weitere Indikatoren, die auf eine ungünstige kariologische Prognose hinweisen: tiefe Serum-IgG- und tiefe Speichel-sIgA-Titer. Diese Nachteile können meistens nur zum Teil durch die o.g. prophylaktischen Maßnahmen kompensiert werden. Aber dieser für das Erreichen bzw. die Konsolidierung einer niedrigen Kariesaktivität erforderliche Aufwand ist viel größer als bei der Situation einer *mutans*-freien Mundhöhle.

Die Pionierflora der Zahnoberflächen und die Immunabwehr bzw. die Serumtiter von gegen kariogene Keime gerichteten Antikörpern beeinflussen sich gegenseitig:

Bei Kindern und jungen Erwachsenen ist ein niedriger Kariesbefall und ein geringer Anteil an *S. mutans* in der Plaque mit hohen IgG-Serumtitern gegen *S. mutans* assoziiert. Das in geringen Mengen vorhandene IgG in neonatalem Serum stammt von der Mutter (*in utero* Übertragung) und ist abhängig von ihrer Kariesaktivität bzw. korreliert mit der *S. mutans*-Keimzahl in ihrem Speichel. Das Paradoxe hierbei ist, dass eine kariesaktive Schwangere *in utero* dem Kind mehr IgG überträgt und so den künftigen Schutz gegen Karies begünstigt. Die Menge des mütterlichen IgG im Serum nimmt nach der Geburt ab und ist nach ca. 5-6 Monaten fast vollständig verschwunden. Das maternale IgG hat aber inzwischen auch bereits zu einer Sensibilisierung bestimmter, antigenspezifischer B-Lymphozyten geführt. Diese beginnen sogar bereits kurz vor der Geburt mit der IgG-Produktion (Abb. 9.10).

Der IgG-Serumtiter beim Neugeborenen ist auch abhängig von Zeitpunkt und Ausmaß der Übertragung von *S. mutans*: Je früher und je mehr *S. mutans* aus dem mütterlichen Speichel übertragen wird, desto höher fällt die Bildung von gegen *S. mutans* gerichteten Antikörpern beim Kleinkind aus. Der Ablauf ist wie folgt: Wird *S. mutans* in größeren Mengen akquiriert, muss davon ausgegangen werden, dass das Neugeborene

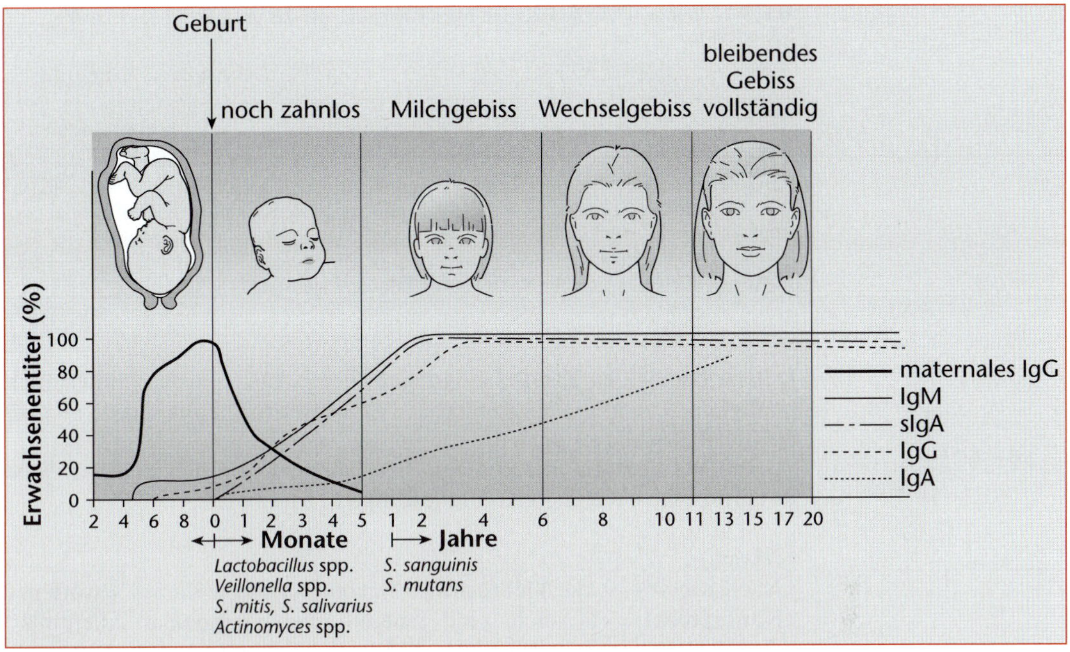

Abb. 9.10 Fetale und postnatale Antikörperbildung und ihr Zusammenhang mit der mikrobiellen Kolonisierung der Mundhöhle. Die *in utero* Übertragung von mütterlichen IgG-Antikörpern ist dargestellt. Diese sind ca. 5-6 Monate nach der Geburt nicht mehr nachweisbar und haben somit kaum noch einen Einfluss auf die Kolonisierung der Pionierflora auf den ersten durchbrechenden Zahnoberflächen. Indirekt besteht jedoch über die antigenspezifische Sensibilisierung von B-Lymphozyten mit nachfolgender IgG-Produktion beim Kleinkind eine (kariesprotektive) Einflussmöglichkeit auf die Keimbesiedlung der Schmelzoberflächen (nach LEHNER 1992, modifiziert).

die Keime verschluckt. Dies kann bereits vor dem Durchbruch der ersten Zähne erfolgen (in anderen Worten dann, wenn *S. mutans* sich noch nicht in der Mundhöhle etablieren kann). Das Darmepithel der PEYER´schen Plaques ist zu diesem Zeitpunkt für Fremdproteine noch sehr permeabel und so wird auf systemischem Weg die Bildung von gegen *S. mutans* gerichtetem IgG (und im übrigen auch sIgA in den Speicheldrüsen) gefördert. Der beim Zahndurchbruch erhöhte Flüssigkeitsstrom aus dem Sulkus enthält demzufolge IgG, welches die primäre mikrobielle Kolonisierung der Zahnoberfläche kariesprotektiv mitbeeinflusst.

Zwei Antikörperquellen mit signifikanter Bedeutung für das Kind sind Kolostrum und Muttermilch: Diese Sekrete besitzen die höchsten sIgA-Konzentrationen im Körper überhaupt. Muttermilch enthält gegen *S. mutans* gerichtetes sIgA und außerdem – im Gegensatz zum Speichel – funktionsfähige PMN und Makrophagen sowie Komplementfaktoren, die alle zusammen in die Mundhöhle des Säuglings gelangen. Dies dürfte sich auf die Pionierflora – in Richtung hypokariogen – auswirken. In der Tat sind mit Muttermilch ernährte Säuglinge auch später weniger karies- und auch generell weniger infektanfällig als Kinder, die ausschließlich mit der Flasche ernährt wurden. Aus kariesprophylaktischer Sicht sollte jedoch mit dem Erscheinen der ersten Milchzähne die Brustnahrung während der Nacht so weit wie möglich eingeschränkt werden, da die in der Milch ent-

Tab. 9.2 Immunologische Faktoren beim Kleinkind, die das prospektive Kariesrisiko beeinflussen.

Faktor	prospektives Kariesrisiko
Rechtzeitiges Erscheinen von anti-SM sIgA im Speichel	geringer
Rechtzeitiges Erscheinen von anti-SM IgG im Serum	geringer
Brustnahrung (sIgA in der Muttermilch)	geringer
Placenta übertragenes IgG	geringer
Immundefekt (Mangel an sIgA und IgM)	höher
Beeinträchtigungen bei der systemischen, IgG-vermittelten Immunität (Komplementfaktoren, Phagozyten)	höher

haltene Lactose zu Zahnschädigungen führen kann. In der Muttermilch beträgt der Lactosegehalt immerhin 7%. Dieser reicht aus, um *S. mutans* als Substratquelle zu dienen.

Tab. 9.2 fasst die immunologischen Faktoren beim Kleinkind, welche das prospektive Kariesrisiko mitbestimmen, zusammen.

Sektion III

Merke:

Nach wie vor ist die Mehrheit der Bevölkerung von Karies betroffen. Kariesprozesse als solche sind generell kaum vermeidbar. Allenfalls ihre Progression zu irreversiblen Substanzdefekten (Kavitäten) ist vermeidbar (was eine der Hauptaufgaben des Zahnarztes ist). Dies hängt damit zusammen, dass:

1. die Zahnoberflächen im Gegensatz zu Schleimhautepithelien nicht desquamieren. Zusammen mit der Tatsache, dass die ubiquitär verbreiteten kariogenen *Mutans*-Streptokokken klebrige, unlösliche Polysaccharide in ihrer Umgebung freisetzen, ermöglicht dies den für den menschlichen Körper einmaligen Vorgang der Biofilmbildung. Bereiche, die der natürlichen Selbstreinigung durch Speichelfluss und Muskulatur nicht zugänglich sind, können deswegen von Mikroorganismen dauerhaft besiedelt werden.
2. orale Biofilme sich außerhalb der Reichweite des zellulären Immunsystems befinden. Als nahezu einziger immunologischer bzw. humoraler Schutz gegen Karies verbleiben die sich im Speichel befindlichen sekretorischen Antikörper (sIgA). Diese sind allerdings außerstande, *in vivo* die Etablierung von kariogenen Mikroorganismen in oralen Biofilmen zu verhindern, zumal eine Vielzahl oraler Mikroorganismen (darunter auch Pionierkeime wie *Streptococcus sanguinis* und *Streptococcus mitis*) durch die Freisetzung von Proteasen* die Antikörper spaltet. Hierbei entstandene Fab-Bruchstücke (siehe Kap. 2.6.2.1) binden sich zwar an Bakterien, sind aber nicht in der Lage, deren Kolonisierung zu beeinträchtigen. Haben sich *Mutans*-Streptokokken erst einmal etabliert, was spätestens im 6. Lebensjahr der Fall sein dürfte, sind sie nicht mehr dauerhaft eliminierbar. Auf diese Weise wird die multifaktoriell determinierte kariologische Prognose durch Zeitpunkt und Ausprägung der – vor allem maternalen – Übertragung von kariogenen Mikroorganismen bereits im jugendlichen Alter teilweise vorentschieden.

Haben sich ungünstige Bedingungen einmal etabliert, so kann dies nur noch mit sekundärprophylaktischen Maßnahmen (siehe Kap. 9.5) kompensiert und so die Bildung von irreversiblen Substanzdefekten (Kavitäten) bzw. das Legen von Füllungen vermieden werden.

3. die antimikrobielle Wirkung einzelner Speichelbestandteile (siehe Kap. 3.3.5) größtenteils nur *in vitro* nachgewiesen wurde und keineswegs abgesichert ist, inwieweit diese auch *in vivo* zur Geltung kommt. Hinzu kommt die Tatsache, dass der Untersättigungsgrad der Plaqueflüssigkeit (siehe Kap. 8.1.3.4) in Bezug auf Ca^{2+}- und PO_4^{3-}-Gehalt und nicht der – wesentlich geringere – Untersättigungsgrad des Speichels, gegenüber dem Schmelz ausschlaggebend für den Verlauf kariöser Prozesse ist.

9.4 Impfstoff gegen Karies

Der Nachweis, dass *Streptococcus mutans* der bedeutsamste kariogene Keim ist, hat dazu geführt, dass nahezu sämtliche Immunisierungsversuche auf die Eliminierung dieses Bakteriums zielen bzw. – falls die Impfung vor dem Durchtritt der ersten Milchzähne in die Mundhöhle durchgeführt wird – seiner Ansiedlung auf den Zahnoberflächen zuvorzukommen. Die Fortschritte in der Molekularbiologie haben die Klonierung derjenigen Gene*, welche die Virulenzfaktoren bei *S. mutans* codieren und die funktionelle Charakterisierung ebenjener Virulenzfaktoren (insbesondere Adhäsionsmoleküle und Enzyme dieses Keimes) ermöglicht. Ebenso wurde die Suche nach nebenwirkungsfreier Kariesvakzine durch neue Erkenntnisse der Schleimhautimmunologie, darunter die Entwicklung neuartiger Testmethoden und Antikörperbildung auslösender Substanzen, begünstigt. Zwei Antigene* von *S. mutans*, nämlich das Enzym Glucosyltransferase und das fibrilläre Zellwandprotein Antigen-I/II*, gelten als vielversprechend (Abb. 9.11).

Aktive Immunisierung mit den genannten *Mutans*-Antigenen kann entweder durch Injektion in die Speicheldrüsen oder durch orale, tonsilläre bzw. intranasale Verabreichung über Aktivierung der mukosalen Immunantwort erfolgen. Sie führt zu hohen anti-*S. mutans* und anti-*S. sobrinus* sIgA-Speicheltitern und zu einer entsprechend geringeren Kariesaktivität. Durch die Verabreichung wird das MALT-Gewebe stimuliert und der Speichel via CMIS*-induzierte B-Zellen mit spezifischen anti-*S. mutans*-Antikörpern ausgestattet (Abb. 9.12). Kinder stellen die Zielpopulation für die Verabreichung von Kariesvakzinen dar. Neugeborene weisen bereits kurz nach der Geburt sIgA im Speichel auf (siehe Abb. 9.10), während die Akquisition von *S. mutans* meistens zwischen dem 20. und dem 30. Lebensmonat stattfindet. Daher erscheint der ideale Zeitpunkt einer Immunisierung im Alter von ca. 12 Monaten zu liegen. Eine nochmalige Immunisierung („booster immunization“) erscheint mit 5 Jahren, unmittel-

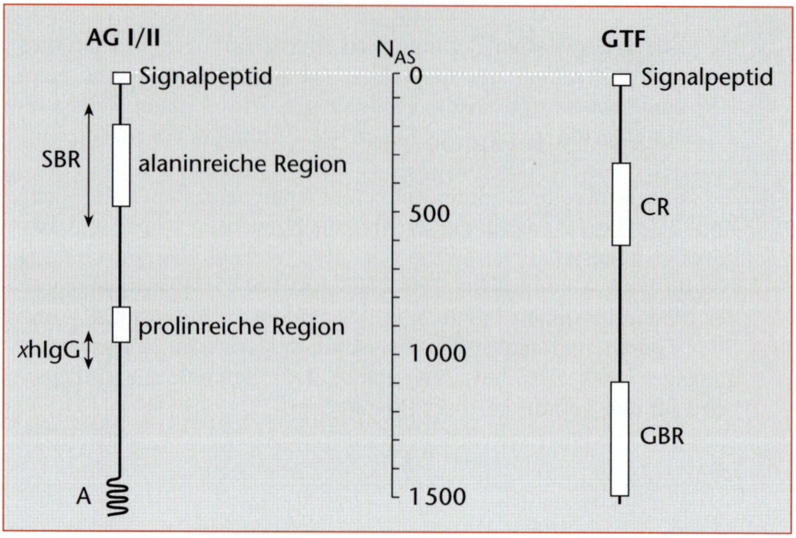

Abb. 9.11 Schematische Darstellung der beiden potenziellen Vakzine gegen *S. mutans*: Antigen I/II* und Glucosyltransferase (GTF). Ag-I/II ist bei der initialen Bindung von *S. mutans* am Pellikel involviert, GTF bei der darauf folgenden saccharose-abhängigen Akkumulation dieser Keime (siehe Abb. 9.8). Für die Vakzineentwicklung sind beim AgI/II-Polypeptid besonders die speichelbindende Region (SBR) und beim GTF-Polypeptid die katalytischen und die glucanbindenden Regionen (CR bzw. GBR) von Interesse: Sowohl rekombinantes SBR-Peptid als auch synthetisch hergestellte CR- und GBR-Polypeptide induzieren experimentell Immunität gegen Karies. In der C-terminalen Hälfte des AgI/II Proteins und auch auf dem hiermit verwandten, bei *S. sobrinus* vorkommenden SpaA-Antigen liegen mit humanem IgG kreuzreagierende* *x*hIgG-Domänen. Das GTF-Enzym ist über seine GBR in der bakteriellen Zellwand verankert. Ag-I/II wird nach dem vom Signalpeptid vermittelten Transport mit Hilfe eines Ankerpeptids (A) in die Zellwand verankert (siehe Proteintransport*). N_{AS} = Skala mit Anzahl der Aminosäuren.

Sektion III

bar vor dem Durchtritt der ersten bleibenden Zähne, sinnvoll (Abb. 9.13). Antikariesvakzine auf Basis von GTF und Ag-I/II wurden intensiv erforscht. Teilweise sind die Ergebnisse ansprechend, teilweise aber auch ernüchternd. Die gebildeten Antikörper hemmen zwar *in vitro* die Synthese von Glucan, beeinflussen die Bindung von *S. mutans* an Hydroxylapatit in Anwesenheit von Saccharose jedoch kaum. Präparierte, gegen *S. sobrinus* gerichtete Antikörper beeinflussten *in vitro* deren Kolonisierung auf Hydroxylapatit nicht. In dieser Beziehung vielversprechender erscheint die Anwendung von monoklonalen, gegen Speichel-Agglutinine gerichteten Antikörpern (siehe MAK*).

Verschluckte *S. mutans*-Antigene stimulieren das CMI-System nicht ausreichend, um die Bildung einer für effektiven Kariesschutz ausreichenden Menge sIgA auszulösen: Die lamina propria der zum GALT gehörenden PEYER'schen Plaques im Dünndarm enthält B- und T-Zellen, die durch verschluckte Antigene* stimuliert werden (Abb. 9.9). Werden die Antigene dem GALT-Gewebe in löslicher Form angeboten, werden sie nur zu einem geringen Teil resorbiert; es findet nur eine geringfügige Induktion zur IgA-Bildung statt. Deshalb wurden Trägersysteme für diese Antigene getestet (z. B. Liposomen*, avirulente Salmonellen-Mutanten, rekombinante virale Vektoren).

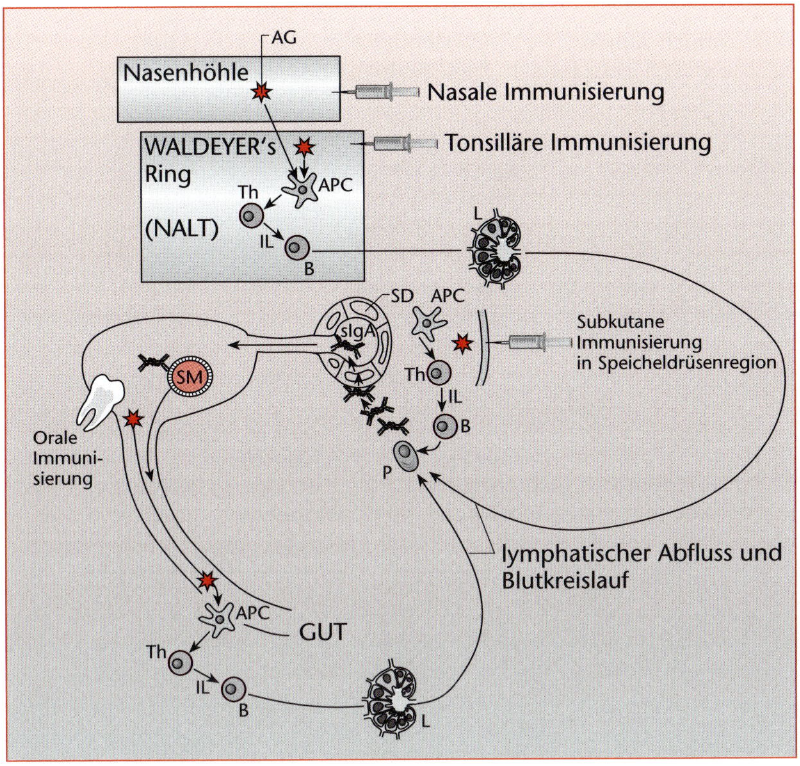

Abb. 9.12 Immunisierung mit Antigenen* (AG, rot) von *S. mutans*. Antigene Stimulation im MALT/NALT oder in den Speicheldrüsen führt via Antigenpräsentation, T-Zell- und B-Zell-Sensibilisierung zu Disseminierung und Homing von IgA-bildenden Plasmazellen. Deren Reifung wird u. a. durch Interleukine vermittelt (vergleiche Abb. 2.15). Die – in diesem Falle – spezifisch gegen *S. mutans* (SM, rot) gerichteten Antikörper werden in Form von sekretorischem IgA (sIgA) mit dem Speichel in die Mundhöhle sezerniert.
APC = antigenpräsentierende Zelle; B = B-Lymphozyt; Gut = Darmkanal; IL = Interleukin; L = Lymphknoten; MALT = mucosa associated lymphoid tissue; NALT = nasal associated lymphoid tissue; P = Plasmazelle; SD = Speicheldrüse; Th = T-Helferzelle.

9.1–9.5

Studien an Ratten, Primaten und am Menschen belegen, dass die passive Immunisierung mit präparierten MAK* gegen *S. mutans*, polyklonale IgG oder aus Kolostrum bzw. reifer Muttermilch stammendes Anti-*mutans*-IgA gegen *S. mutans*-Kolonisierung und Karies schützt. Die Möglichkeit einer passiven Immunisierung ist nicht neu. Neben der Muttermilch sind möglicherweise Kuhmilch und Hühnereidotter d. h. zwei allgemein verbreitete Nahrungsmittel, die besten „Antikörperquellen". Im Eidotter anwesendes Immunglobulin wird als IgY bezeichnet. Ein Hühnereidotter liefert ca. 10 mg IgY. Die orale Verabreichung von Anti-*Mutans*-IgY bei Versuchstieren führte zu einer signifikanten Karieshemmung: Mit *S. mutans* infizierte Ratten mit einer mit Anti-*Mutans*-IgY ergänzten Diät wiesen weniger Plaque und Karies auf als Ratten mit konventioneller Diät. Somit scheinen Eier von gegen *S. mutans* immunisierten Hühnern eine geeignete, wirtschaftliche und von Tierschützern akzeptierte (es benötigt keinen invasiven Eingriff) Quelle für (zur passiven Immunisierung verwendbaren) Antikörpern. Analog schützte auch die orale Verabreichung

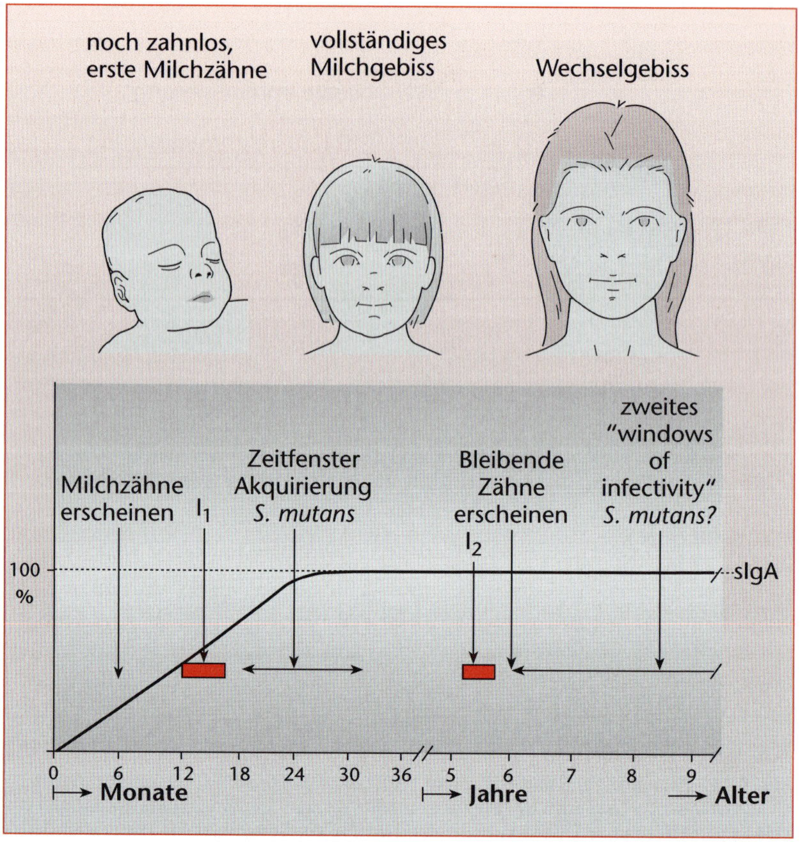

Abb. 9.13 Zeitschema für die Kariesimmunisierung. X-Achse: Alter in Monaten/Jahren; Y-Achse: sIgA-Speicheltiter. Der Zeitpunkt für eine erste Immunisierung (I_1, rot) liegt idealerweise vor dem Zeitfenster der *S. mutans*-Akquisition. Beim Durchbruch der bleibenden Zähne entstehen neue ökologische Nischen für *S. mutans*. *S. mutans* kann auch erst zu diesem Zeitpunkt akquiriert werden. Möglicherweise liegen für die Übertragung von *S. mutans* mehrere Zeitfenster vor. Deshalb ist eine Zweitimpfung (I_2, rot) sinnvoll. Diese sollte kurz vor dem Durchbruch der bleibenden Zähne, im Alter von 5 Jahren, durchgeführt werden.

Sektion III

von Kuhmilch mit Anti-*Mutans*-Antikörpern im Rattenexperiment und beim Menschen gegen Karies.

Obwohl durch diese Forschungsergebnisse der Eindruck entstehen könnte, dass die Kariesimpfung im Alltag bald Einzug halten würde, muss festgehalten werden, dass noch sehr viele Hindernisse zu überwinden sind. Probleme bilden beispielsweise die antigene Heterogenität kariogener Mikroorganismen. So gibt es von *S. mutans* 7 Serotypen (a-g). Eine Vakzine muss gegen einen oder mehrere gemeinsame Zellwandbestandteile gerichtet sein. Die Eliminierung eines bzw. Immunität gegen einen Serotyp bedeutet nicht, dass ein anderer Serotyp sich nicht in der Mundhöhle etablieren könnte. Hinzu kommt die Tatsache, dass Bakterien über die Möglichkeit verfügen, ihre antigenen Eigenschaften zu ändern, was eine mögliche Immunität wirkungslos machen würde.

Auch muss sichergestellt sein, dass verabreichte Antigene keine Kreuzreaktivität* auslösen (die Bildung von Antikörpern auslösen, welche körpereigene Zellen angreifen). Gerade bei *S. mutans* werden antigene Substanzen vermutet, die identisch mit denjenigen von humanem Herzmuskelgewebe sind. Es ist daher nicht verwunderlich, dass die experimentelle Kariesimpfung noch viele Nebenwirkungen zeigt, darunter Autoimmunerkrankungen (Herz, Nieren) und schwere Gingivitiden (durch örtliche Bildung von Immunkomplexen*). Streptokokkenvakzine, bei denen autoantikörper-induzierende Epitope herausgeschnitten wurden, sind bisher nicht über Vorversuche hinausgekommen.

9.5 Angewandte präventive Kariologie

Die Füllungstherapie bzw. die restaurative Zahn"medizin" – lange Zeit als Synonym für die Kariestherapie betrachtet – ist hierbei nur eine unter den vielen Hilfsmitteln: Durch eine exakt durchgeführte konservierende Behandlung als tertiär-prophylaktische Maßnahme werden zwar mikrobielle Nischen eliminiert und die orale Keimzahl reduziert, aber dies reicht bei weitem nicht aus, die Kariesaktivität nachhaltig zu senken.

Merke:
Kariestherapie besteht aus einer Reihe von Maßnahmen, die darauf abzielen, die Kariesaktivität zu senken. Nebst einer exakt durchgeführten Füllungstherapie hat dies vor allem zu geschehen durch sekundärprophylaktische Maßnahmen (Fluoridierung, speichelflussfördernde und diätlenkende Maßnahmen). Die Behandlung mit chlorhexidinhaltigen Präparaten ist eine wichtige Ergänzung bei der Betreuung kariesgefährdeter Personen.

Herkömmliche Kariesprophylaxe wird **mit Hilfe von fluoridhaltigen Präparaten** betrieben. Die flächendeckende Einführung fluoridierter Zahnpasten sowie der Einsatz von Fluoridgelees und -lacken in den Zahnarztpraxen haben zu einem ausgeprägten Rückgang des Kariesbefalls in der Bevölkerung geführt. Allerdings geht man immer noch von etwa 20% Kariesrisikopatienten aus, welche trotz Fluoridprohylaxe weiterhin in nennenswerter Form Karies entwickeln. Die Kariesaktivität dieser Gruppe ist nicht weiter durch nochmals vermehrten Einsatz von Fluoridpräparaten absenkbar: Ein Kariesrisikopatient, der trotz dreimaligem Zähneputzen mit fluoridierter Zahnpaste weiterhin Karies entwickelt, kann seine Kariesprogression nicht etwa durch sechsmaliges Zähneputzen halbieren. Dies hängt damit zusammen, dass bei kariesaktiven Patienten der pH-Wert auf der Zahnoberfläche über längere Tageszeiträume tief ist. **Kalziumfluorid (CaF_2) ist ein pH-abhängiges F-Reservoir**, ist bei niedrigem pH-Wert labil und verliert dann Fluoridionen. Gleichzeitig wird die Demineralisation kaum gehemmt, da hierfür im sauren Milieu hohe Fluoridkonzentrationen (ca. 5 ppm) erforderlich wären.

Kaugummikauen erhöht den Speichelfluss und fördert somit ebenfalls die speichelvermittelte Remineralisation. Aber die mikrobielle Zusammensetzung oraler Plaque-Biofilme wird hierdurch nicht beeinflusst. Daher bleibt der Beitrag zur Kariesprophylaxe letztendlich begrenzt. In der Erprobung befinden sich Kaugummis, welche außer Xylitol- auch Chlorhexidin enthalten.

Die Nahrung hingegen beeinflusst die mikrobielle Zusammensetzung der Plaque-Biofilme nachhaltig: Werden niedermolekulare Kohlenhydrate häufig verzehrt, entsteht wie bereits erwähnt für *S. mutans* ein Selektionsvorteil, der auch durch das Zähneputzen kaum kompensiert werden kann. Unbestritten ist daher die **Reduktion des Zuckerkonsums die beste ursachengerichtete kariesprophylaktische Maßnahme**. Insbesondere soll auf den Verzicht kariogener Zwischenmahlzeiten und auf die Anwendung von Zuckerersatzstoffen und zahnschonenden Süßigkeiten hingewiesen werden. Da diätlenkende Maßnahmen (aufgrund des sozialen Umfelds) häufig zum Scheitern verurteilt sind, kann nur eine direkte Elimination der ursächlichen kariogenen Mikroflora beim Kariesrisikopatienten einen Beitrag zur Vorbeugung weiteren Zahnzerfalls leisten.

Wir haben gesehen, dass es durch herkömmliches Zähneputzen kaum gelingen kann, kariogene Mikroorganismen, insbesondere *S. mutans*, von der Zahnoberfläche zu entfernen. Dies gelingt erst durch den Einsatz antibakterieller Chemotherapeutika (insbesondere chlorhexidinhaltiger Präparate). Bei kariesgefährdeten Personen eignet sich die regelmäßige (2–3 mal jährlich) lokale Applikation von kommerziell erhältlichen Chlorhexidinpräparaten in der Zahnarztpraxis. Vorteil dieser kariesprophylaktischen Maßnahme ist – im Gegensatz zur Lenkung der Essgewohnheiten – die geringe Compliance-Abhängigkeit. Insbesondere **chlorhexidinhaltige Lackpräparate**, beispielsweise EC40®, gelten daher als bedeutsame Ergänzung in der Kariesprophylaxe. Voraussetzung für ihre Anwendung sind hygienische orale Verhältnisse:

- Es erfolgte eine exakt durchgeführte Füllungstherapie: nicht-exkavierte Kavitäten sind Keimreservoire. Bleiben sie unbehandelt, so schwemmen – über den Speichel – kariogene Keime rasch in die Mundhöhle aus, besiedeln nach kurzer Zeit wieder die Zahnoberflächen und erhöhen die Kariogenität der Plaque-Biofilme wieder.
- Das Gebiss wurde – erforderlichenfalls in einer separaten vorgängigen Behandlungssitzung – von Zahnstein und größeren Plaquemengen befreit. Diese Ablagerungen würden die Penetration der Lackpräparate bis auf die Zahnoberfläche verhindern.
- Gingivitis ist nicht oder nur geringfügig vorhanden und demnach liegt ein nicht-exsudatives Parodont vor: Nur ödemfreie und trockene *margo gingivae* ermöglichen den Kontakt der Zahnhartsubstanz mit dem Lackpräparat auch im gingivanahen Zahnhalsbereich.

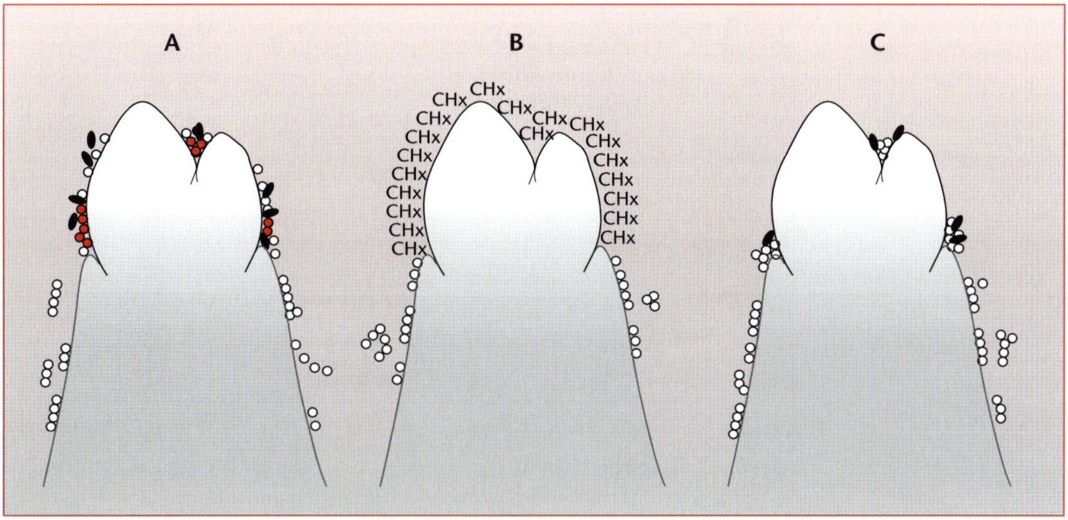

Abb. 9.14

A: Bakterienflora mit kommensalen Streptokokken (kugelförmig) und -*Actinomyces* (Stäbchen, schwarz) sowie kariogenen Streptokokken (kugelförmig, rot).

B: Der Chlorhexidinlack (CHX) befindet sich auf der Zahnoberfläche.

C: Nachdem der Lack entfernt wurde, etablieren sich Pionierkeime und entsteht ein Plaque-Biofilm. Hypokariogene Streptokokken der *Sanguinis*- bzw. *Mitis*-Gruppe und *Actinomyces* spp. wachsen *in vivo* schneller als *S. mutans*, dominieren in der Folge bald die Biofilm-Flora und hemmen die erneute Kolonisierung von kariogenen Bakterien *(S. mutans)* bis zu mehreren Monaten.

Das klinische Vorgehen bei der Lackapplikation ist wie folgt:

- Trockenlegung des Gebisses mit 2 Parotiswatterollen und Speichelzieher.
- Den Lack (bei Verwendung von EC40®) mit Kanüle auf Risikoflächen applizieren (Fissuren, Zahnhälse und Approximalflächen; hier mit Hilfe von Zahnseide nachhelfen). Dünne Lackschichten reichen aus.
- Den Lack 15 Minuten einwirken lassen. Durch die Mundfeuchtigkeit härtet – je nach Präparat – der Lack aus oder granuliert und nimmt allmählich eine weißliche Farbe an.
- Entfernen des Lackes mit rotierendem Bürstchen und unter Wasserkühlung.
- Befeuchten (Wasserspritze) und Entfernen der Watterollen.

Durch diese Behandlung wird die Mikroflora auf der Zahnoberfläche über einen längeren Zeitraum in Richtung hypokariogen verändert (Abb. 9.14).

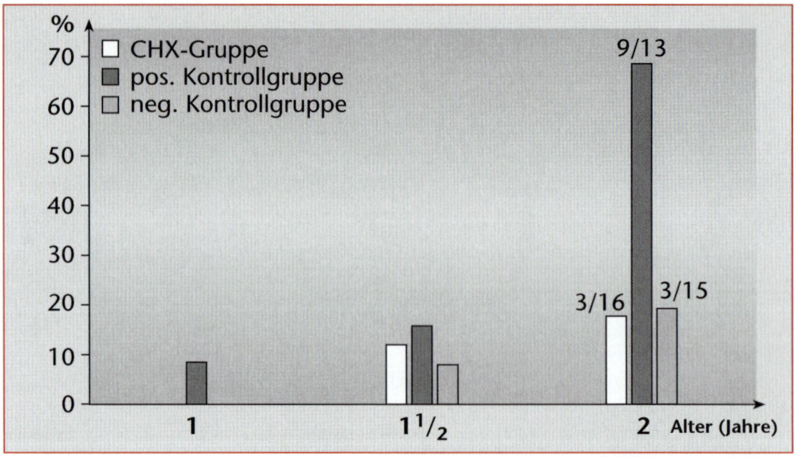

Abb. 9.15 Akquisition von *S. mutans* bei Kindern von Müttern mit tiefen (negative Kontrollgruppe, n = 15) und hohen *S. mutans*-Speicheltitern (positive Kontrollgruppe und CHX-Testgruppe, n = 13 bzw. 16), gemessen über einen Zeitraum von einem Jahr. Trotz gezielter Instruktion zur Vermeidung der Keimübertragung (Mundkuss, Schnuller, Besteck) war bei den Kindern der nicht mit CHX-Lack behandelten Mütter mit hohem *S. mutans*-Speicheltiter bei 9 von 13 Kindern *S. mutans* aus der Mundhöhle isolierbar. Bei den Kindern von Müttern, die alle 3 Monate mit CHX-Lack behandelt wurden (Testgruppe), konnte der Kolonisierungsgrad auf gleicher Ebene wie bei den Kindern der *Mutans*-armen Mütter gehalten werden (nach GRIPP und SCHLAGENHAUF 2002, mit freundlicher Genehmigung).

Zielsetzung und Indikation der Lackanwendung sind:

1. Verhütung von kariösen Prozessen bei Risikopatienten.
2. Kariesaktive Kinder: Vor allem Fissuren und initiale kariöse Läsionen eignen sich für ihre Anwendung.
3. Wurzelkaries, deren Progression mit Hilfe der Lackapplikationen aufgehalten werden soll.
4. Personen mit Hyposalivation: Hyposalivation kommt bei etwa 25% der Erwachsenen vor (cave Medikamente, siehe Kap. 3.2).
5. Pfeilerzähne von Hybrid- und Coverdentureprothesen, unter denen sich in der Regel ein sehr kariogenes Milieu ausbildet.
6. Verhütung, zumindest aber Verzögerung, der Akquisition von *S. mutans* beim Kleinkind (im Rahmen der Primär-Primärprophylaxe). Hat eine junge Mutter hohe intraorale *Mutans*-Keimzahlen, sollte bei ihr – nachdem beim Kind die ersten Milchzähne durchgebrochen sind – unbedingt eine keimsenkende Therapie mit Hilfe der Lackbehandlung durchgeführt werden. Abb. 9.15 zeigt den Einfluss dieser Maßnahme auf die Erstbesiedlung von *S. mutans* beim Kleinkind.

Weisen eine schwangere Frau oder eine junge Mutter hohe *S. mutans*-Keimzahlen auf, soll im Rahmen der Primärprophylaxe Brusternährung, zumindest bis zum Erscheinen der ersten Zähne, empfohlen werden. Anschließend sollen die Chlorhexidin-Behandlungen regelmäßig (3-4 mal jährlich) bei der Mutter durchgeführt werden. Zur Verlaufskontrolle eignen sich mikrobielle Speicheltests (siehe Kap. 15.10). Darüber hinaus müssen selbstverständlich die o.g. sekundär- und tertiärprophylaktischen Maßnahmen durchgeführt werden.

Literatur

Abiko Y: Passive immunization against dental caries and periodontal disease: development of recombinant and human monoclonal antobodies. Crit Rev Oral Biol Med 11: 140-158, 2000

Akhmedov A A: Role played by a genetic factor in the etiology of dental caries. Stomatol Mosk 52: 52-54, 1973

Backer-Dirks O: Posteruptive changes in dental enamel. J Dent Res 45 : 503-511, 1966

Berkowitz R J, Jordan H V: Similarity of bacteriocins of *Steptococcus mutans* from mother and infant. Arch Oral Biol 20: 1-6, 1975

Fejerskov O, Kidd E (Eds): Dental Caries. The disease and its management. Blackwell Munksgaard, Oxford, Copenhagen 2003

Gripp V C, Schlagenhauf U: Prevention of early mutans streptococci transmission in infants by professional tooth cleaning and chlorhexidine varnish treatment of the mother. Caries Res 36: 366-372, 2002

Hajishengalis G, Michalek S M: Current status of a mucosal vaccine against dental caries. Oral Microbiol Immunol 14: 1-120, 1999

König K: Karies und Kariesprophylaxe. Goldmann Verlag, München 1971, Seiten 23-24

Lehner T: Immunology of oral diseases, 3rd ed., Blackwell Scientific Publications, Oxford 1992, Seiten 28-47, 68-101

Michalek S M, Eldridge J H, Curtiss III R, Rosenthal K L: Antigen delivery systems: new approaches to mucosal immunisation. In: Ogra P L, Mestecky J, Lamm M E, Strober W, McGhee J, Bienenstock (Hrsg): Handbook of mucosal immunology. Academic Press Inc., San Diego 1994, Seiten 373-390 9.1–9.5

Ozawa Y, Chiba J, Sakamoto S: HLA class II alleles and salivary numbers of mutans streptococci and lactobacilli among young adults in Japan. Oral Microbiol Immunol 16: 353-357, 2001

Rugg-Gunn A J: Diet and dental caries. In: Murray J J (Hrsg): The prevention of oral disease, 3rd Ed. Oxford university press 1996, Seiten 3-31

Russell R R B: Oral Streptococci. In: Ferretti J J, Gilmore M S, Klaenhammer T R, Brown F (Hrsg): Genetics of Streptococci, Enterococci and Lactococci. Dev Biol Stand 85: 301-307, 1995

Schroeder H E: Pathobiologie oraler Strukturen, 3., überarbeitete Auflage. Karger Verlag, Basel 1997, Seiten 79-100

Stephan R M, Miller B F: A quantitative control for evaluating physical and chemical agents which modify production of acids in bacterial plaque on human teeth. J Dent Res 22 : 45-53, 1943

Stößer L (Hrsg): Kariesdynamik und Kariesrisiko. Quintessenz Verlags-GmbH, Berlin (1998)

Sutcliffe P H: Oral cleanliness and dental caries. In: Murray JJ (Hrsg): The prevention of oral disease, 3rd Ed. Oxford university press 1996, Seiten 68-77

Tenovuo J, Aaltonen A S: Antibody responses to mutans streptococci in children. Proc Finn Dent Soc 87: 449-461, 1991

Thylstrup A, Fejerskov O (Hrsg): Textbook of clinical cariology. Munksgaard Copenhagen, 1994

Kapitel 10
Das infizierte Parodont

René Sanderink

Zusammenfassung

Gingivitiden sind ubiquitär verbreitete Entzündungen der marginalen Gingiva. Marginale Parodontitiden sind opportunistische Infektionen, welche mit subgingivalen Plaque-Biofilmen bzw. einer insuffizienten Immunabwehr gegen Biofilmantigene assoziiert sind. Zwei Bakterienarten, *Porphyromonas gingivalis* und *Actinobacillus (Haemophilus) actinomycetemcomitans*, spielen bei marginalen Parodontitiden eine herausragende Rolle.

Bei der Prädisposition für die Erkrankung wird zwischen beeinflussbaren und nicht-beeinflussbaren Faktoren unterschieden. Ersteren gehören beispielsweise Mundhygiene und sonstige Lebensgewohnheiten (beispielsweise Tabakkonsum) an. In die zweite Kategorie fallen z. B. Erbfaktoren. Die Mehrheit der Bevölkerung wird im Laufe ihres Lebens von marginalen Parodontitiden befallen. Allerdings variiert die individuelle Verlaufsprogression erheblich. Histopathologisch stellen marginale Parodontitiden entzündliche Parodontolysen mit Abbau von Bindegewebe und Alveolarknochen dar. Hieran beteiligt sind zytotoxische, enzymatische und immunologische Mechanismen.

Die bisherigen Behandlungskonzepte sind generell durch eine mangelnde Kausalität gekennzeichnet. Die Folge ist eine grundsätzliche Rezidivneigung, welche nur teilweise und mit vergleichsweise hohem Aufwand (in Form ständiger professioneller mundhygienischer Betreuung) unterdrückt werden kann. Große Anstrengungen werden unternommen, um das inzwischen gewaltige – und in diesem Kapitel nur auszugsweise präsentierte – Wissen über die molekulare Pathogenese marginaler Parodontitiden für die Entwicklung zweckmäßiger diagnostischer, präventiver und therapeutischer Konzepte zu nutzen.

10.1 Einleitung und Klassifizierung

Der Terminus **Gingivitis** wird verwendet, um alle entzündlichen Läsionen, die sich auf die marginale Gingiva beschränken, zu bezeichnen – unabhängig von deren Ursachen. Die bekanntesten Gingivitiden sind die plaqueassoziierte „unspezifische" Gingivitis (in der Bevölkerung nahezu ubiquitär verbreitet), die nekrotisierende ulzerierende Gingivitis, die durch systemische Faktoren (Hormone, Diabetes mellitus, Bluterkrankungen, Mangelernährung, Medikamente) modifizierten plaqueassoziierten Gingivitiden sowie die nicht-plaqueassoziierten Gingivitiden (darunter Gingivaerkrankungen bakteriellen und viralen Ursprungs, pilzbedingte Gingivaerkrankungen, hyperplastische Gingivitiden sowie systemische Erkrankungen und allergische Reaktionen, welche sich an der Gingiva manisfestieren). Die Gingiva hat einen Doppelcharakter: Sie gehört zum Parodont *und* zur Mundschleimhaut. Daher kann mit der Bezeichnung „Gingivitis" sowohl eine plaquebedingte wie auch eine der vorher genannten plaqueunabhängigen Erkrankungen gemeint sein.

Marginale Parodontitiden sind opportunistische Infektionen. Es besteht ein Konsens darüber, dass marginale Parodontitiden als Gingivitis beginnen, obwohl die meisten Gingivitiden sich nicht in eine marginale Parodontitis umwandeln. Unglücklicherweise gibt es für den Kliniker bis heute keine Möglichkeit, eine „gingivitisbleibende Gingivitis" von einer sich zur marginalen Parodontitis entwickelnden Gingivitis zu unterscheiden.

Die Klassifizierung marginaler Parodontitiden geht von ätiologischen, pathobiologisch-dynamischen Grundlagen und vom klinischen Erscheinungsbild aus. Man unterscheidet zwischen chronischen Parodontitiden (CP, die meist langsam verlaufen), aggressiven Parodontitiden (AP, die meist progressiv verlaufen), nekrotisierenden Parodontitisformen (NP), Parodontitiden als Manifestation einer Systemerkrankung (PS), Parodontalabszessen, Parodontitiden im Zusammenhang mit endodontischen Läsionen und entwicklungsbedingten oder erworbenen Deformationen und Zuständen (z. B. okklusale Traumata, Gingivavergrößerungen, mukogingivale Veränderungen). Diese Einteilung ist Gegenstand einer ständigen wissenschaftlichen Debatte und ist weiterhin als provisorisch anzusehen.

Merke:
Für die Entstehung marginaler Parodontitiden müssen – in Analogie zur Karies – mehrere Faktoren zusammenkommen. Subgingivale Mikroorganismen bilden eine der ätiologischen Voraussetzungen. Allein die Anwesenheit solcher Keime löst jedoch noch keine marginale Parodontitis aus. Vielmehr sind hierfür Einschränkungen bei der Immunabwehr verantwortlich.

Grundsätzlich müssen bei der Entstehung all dieser Parodontitisformen folgende 5 Faktoren zusammenwirken:

1. Die Anwesenheit subgingivaler Plaque-Biofilme mit darin enthaltenen parodontalpathogenen Mikroorganismen. Das Kriterium „parodontalpathogen" stützt sich hauptsächlich auf die Fähigkeit eines Bakteriums, im Parodont die Freisetzung von proinflammatorischen Zytokinen sowie gewebeschädigenden Enzymen (z. B. Kollagenase) und -Mediatoren (z. B. Prostaglandin-E_2) zu veranlassen und dadurch eine entzündliche Parodontolyse herbeizuführen. Aber auch die Fähigkeit, die Immunabwehr zu umgehen, zeichnet parodontalpathogene Keime aus. Beispielsweise invadieren diese Keime teilweise ins Gingivaepithel und entziehen sich dadurch der Wirkung von Antikörpern oder hemmen sie die Chemotaxis von PMN oder bilden sie Leukotoxine sowie Faktoren, welche gegen sie gerichtete Immunglobuline abbauen und Lymphozytenfunktionen unterdrücken. Dies alles ermöglicht es diesen Bakterien im Sulkusbereich zu verharren. Insbesondere für die Bakterien *Porphyromonas gingivalis* (PG) und *Actinobacillus (Haemophilus) actinomycetemcomitans* (AA) ist die ätiologische Beziehung zur Parodontitis gut dokumentiert (siehe Kap. 10.4.2). Aber auch *Tannerella forsythensis* (TF, vormals *Bacteroides forsythus*), *Campylobacter rectus* und *Treponema denticola* (TD) werden als parodontalpathogen betrachtet. Andere Bakterien sind auch mit der

Entstehung einer marginalen Parodontitis assoziiert, aber indirekter: *Prevotella intermedia* (PI), *Prevotella nigrescens* (PN), *Eikenella corrodens, Fusobacterium nucleatum* (FN), *Eubacterium* spp., *Capnocytophaga* spp., *Peptostreptococcus micros*, *Dialister pneumosintes* sowie *Treponema vincentii* und *-socranskii.* Die Anwesenheit bestimmter Kombinationen von subgingivalen Bakterien (PG-TF-TD; PG-FN; PG-TD) weist synergistische Effekte in Bezug auf Virulenz und Pathogenität auf und ist daher besonders deutlich mit klinischen Entzündungszeichen am marginalen Parodont (exudative Sulci bzw. Taschen, Bluten beim Sondieren) assoziiert. Dennoch löst allein die Anwesenheit von parodontalpathogenen Bakterien keine Parodontitis aus und stellt diese Tatsache keinen prognostischen Parameter für das prospektive Parodontitisrisiko dar.
In parodontalen Taschen finden sich außer Bakterien auch DNA von Herpesviren. Auch wurde vereinzelt über die Anwesenheit von *Candida* sp. berichtet. Inwieweit dies von ätiologischer Bedeutung ist, ist derzeit noch unklar.

2. Die weitgehende Abwesenheit bzw. die Unterdrückung von kommensalen Keimen (*Streptococcus mitis II, Streptococcus sanguinis* und *Veillonella parvula*), welche die obengenannten Bakterien in ihrer pathogenen Wirkung antagonieren. So bildet beispielsweise *Streptococcus sanguinis* H_2O_2, welches PG, AA und FN abtötet (vergleiche Tab. 8.1).
3. Einschränkungen bei den Wirtsabwehrfaktoren. Die intraorale Verbreitung von parodontalpathogenen Keimen in der Bevölkerung ist ubiquitär. Trotzdem lassen viele Personen keine Anzeichen einer progressiv verlaufenden marginalen Parodontitis erkennen. Parodontitis ist vielmehr eine opportunistische Erkrankung, bei deren Entstehung Einschränkungen bei der Immunabwehr eine bedeutsame ätiologische Rolle spielen. Diese können vererbt (siehe Kap. 10.3) oder erworben sein. Unter letztere Kategorie fallen das Vorhandensein von Allgemeinerkrankungen und der in der Folge notwendig werdende Medikamentengebrauch, aber auch beeinflussbare Faktoren wie starker Nikotinkonsum oder Mangelernährung. Ebenso beeinflussen starke emotionale Belastungen die Leistungsfähigkeit des Immunsystems. Diese Faktoren, welche den Entzündungsverlauf bei einer marginalen Parodontitis (beispielsweise durch die Aktivierung der o.g. Viren) beeinflussen, sind in Tab. 10.1. aufgelistet. Vor allem das Rauchen von Zigaretten ist ein bedeutender ätiologischer Kofaktor bei marginalen Parodontitiden.

4. ein für die beteiligten Bakterien geeignetes Mikromilieu im Bereich des marginalen Parodonts bzw. in der Tasche: Damit die pathogenen Keime ihre Wirkung entfalten können, brauchen sie eine in Bezug auf pH, Temperatur, Redoxpotenzial, Sauerstoffpartialdruck sowie auf Verfügbarkeit von Supplinen wie Eisen eine optimale Umgebung. Diese Faktoren werden einerseits durch andere Mikroorganismen oder durch Wirtszellen zur Verfügung gestellt, andererseits durch die Nahrung von außen aufgenommen.
5. Zeit. Der zeitliche Ablauf ist wie folgt: Als erstes finden orale Akquisition und Kolonisierung von ein oder mehreren o.g. Keimen statt

(siehe Kap. 10.2). Deren Ausprägung wird sowohl durch genetische Faktoren als durch die unter 4. genannten Faktoren beeinflusst. Daraufhin beginnen der Wettbewerb innerhalb der Bakterienflora und die Interaktionen mit den Wirtsfaktoren. Letztere entscheiden darüber, ob die Bakterien eliminiert werden, auf nichtpathogener Ebene stabil bleiben oder proliferieren und eine marginale Parodontitis auslösen.

Insgesamt sind während der letzten Jahren Wirtsfaktoren in den Mittelpunkt des Forschungsinteresse gerückt. Hauptursache hierfür ist die Erkenntnis, dass sich bei parodontal Gesunden über längere Zeit mit Parodontitis assozierte Bakterien etablieren können, ohne dass es zu einer Entzündung am marginalen Parodont kommt, aber auch die Tatsache, dass es sich in der kausalen Beziehung zwischen Plaque und Parodontitis bzw. Gingivitis ein bisschen verhält wie zwischen dem Huhn und dem Ei: unzweifelhaft haben die Bakterien (Art und Menge) einen Einfluss auf den Entzündungszustand des marginalen Parodonts. Anderseits steht es außer Zweifel, dass der inflammatorische Status der Gingiva die Plaquebildung im Sulkus- bzw. Taschenbereich sowohl mengenmäßig als auch qualitativ (Anteil Pathogene versus Kommensale) nachhaltig beeinflusst.

Tab. 10.1 Wirtsfaktoren, die den Entzündungsverlauf bei einer marginalen Parodontitis beeinflussen

Genetische Faktoren (siehe Kap. 10.3)	
Erworbene Faktoren:	
1.	Immundefekte :
1.1	Leukozytendefekte: Neutropenie, Agranulozytose, Leukämie, Lymphome, Histiocytosis X
1.2	HIV oder die Anwesenheit von anderen Viren (z. B. Herpesviren) im gingivalen Sulkus bzw. in parodontaler Tasche
1.3	Iatrogene (medikamentöse) Immunsuppression (z. B. Cyclosporin)
2.	Endokrine Veränderungen und Stoffwechselerkrankungen
2.1	schlecht eingestellter Diabetes mellitus
2.2	Pubertät, Schwangerschaft, orale Kontrazeptiva
2.3	Glycogenose 1b
2.4	Leberzirrhose
3.	Entzündliche Erkrankungen
3.1	Sarkoidose
3.2	Morbus CROHN
3.3	Morbus WEGENER
4.	Vitamin C-Mangel
5.	Nikotin- und Kaffeekonsum
6.	Emotionale Belastungen (Psychischer Stress, Depressionen). Die (zweifelsfrei vorhandene) Beziehung zwischen psychologischem Stress und der Entzündungsgrad der marginalen Gingiva ist im übrigen auch genetisch determiniert.

10.2 Akquisition von mit Parodontitis assoziierten Mikroorganismen

Porphyromonas gingivalis und *Actinobacillus (Haemophilus) actinomycetemcomitans* sind die beiden Bakterienarten, welche am häufigsten mit der Parodontitisätiologie in Verbindung gebracht werden (siehe Kap. 10.4.2). Zeitpunkt und Bedingungen für ihre Kolonisierung sollen deshalb hier erläutert werden. Während sich *A. (H.) actinomycetemcomitans* ohne weiteres auf Zahnoberflächen in einer gingivitisfreien und sauberen Mundhöhle als Pionierkeim niederlässt, besiedelt *P. gingivalis* vorzugsweise bereits mit Gingivitis befallene Gebissabschnitte bzw. subgingivale Areale. *A. (H.) actinomycetemcomitans* ist bei mindestens 10% der Milchgebisse parodontal gesunder Kinder vorhanden, *P. gingivalis* dahingegen kaum. Im Einklang hiermit stehen die Tatsachen, dass *A. (H.) actinomycetemcomitans* bereits im Kindesalter akquiriert und vertikal, via Speichel der Eltern, übertragen wird. Seine Prävalenz nimmt mit zunehmendem Alter ab. Hohe Anteile von *A. (H.) actinomycetemcomitans* in der subgingivalen Mikroflora sind bei chronischen Parodontitiden eher selten, jedoch bei aggressiven Parodontitiden (insbesonders lokalisierten juvenilen Parodontitiden) sowie therapieresistenten, sog. refraktären Parodontitisformen, häufig. Nicht so häufig wird *A. (H.) actinomycetemcomitans* horizontal (zwischen Erwachsenen) übertragen. *P. gingivalis* hingegen wird kaum vertikal übertragen, da die für seine Kolonisierung erforderlichen lokalen Bedingungen (parodontale Taschen, ausgeprägte Gingivitis) im Kindesgebiss sehr oft nicht vorhanden sind. Vielmehr wird der Keim, der nicht zur normalen Mundflora gehört, erst im Erwachsenenalter akquiriert und somit horizontal übertragen. Die Tatsache, dass *P. gingivalis* offenbar im Stande ist, sich innerhalb etablierter Ökosysteme einzunisten, überrascht insofern, dass der Keim obligat anaerob und in Bezug auf seine Nahrung äußerst anspruchsvoll ist.

Untersuchungen bezüglich der Übertragungsmuster oraler Bakterien wurden erst möglich mit Hilfe von DNA-Analysen und Enzym-Elektrophorese. Auf diese Weise waren verschiedene klonale Typen innerhalb von Bakterienspezies zu unterscheiden. So konnten in Bezug auf Elektrophorese nicht weniger als 78 unterschiedliche Genotypen von *P. gingivalis* (sog. electrophoretic types, ETs) und bis zu 20 ETs von *A. (H.) actinomycetemcomitans* identifiziert werden. Dieser großen interindividuellen Heterogenität steht die Anwesenheit von höchstens 2 ETs pro Individuum gegenüber. Innerhalb von Familien werden dieselben klonalen Typen von *P. gingivalis* und *A. (H.) actinomycetemcomitans* angetroffen, aber bei nichtverwandten Personen unterschiedliche Klone.

Die Ähnlichkeit der oralen Mikroflora bei Geschwistern dauert nur während der Zeit, die sie im gleichen Haushalt leben, an. Sogar bei eineiigen Zwillingen entwickelt sich die orale Mikroflora von dem Moment an, in dem sie nicht mehr zusammenleben, auseinander. Die Gene*, welche die Wirtsabwehrfaktoren codieren, beeinflussen die mikrobielle Zusammensetzung der subgingvalen Plaque im Erwachsenenalter offenbar weniger nachhaltig als nicht-genetische (sprich: lokale) Faktoren. Auch in Schulklassen wurde die Übertragung von mit Parodontitis assoziierten Mikroorganismen untersucht. Gemeinsame ETs von *P. gingivalis*, *A. (H.)*

actinomycetemcomitans und *P. intermedia* konnten nicht nachgewiesen werden. Somit findet eine horizontale Übertragung von oralen Mikroorganismen unter Schulkindern offenbar kaum statt.

Die interindividuelle Übertragung von oralen Mikroorganismen bedeutet noch lange nicht, dass beim Zweitindividuum anschließend tatsächlich auch eine Kolonisierung stattfindet oder es gar zu einer marginalen Parodontitis kommt. Hierfür entscheidend ist das neue ökologische Habitat: Ein übertragener Keim hat sich in seinem neuen Umfeld mit einer Reihe von Herausforderungen auseinanderzusetzen. So muss er sich zunächst einmal einnisten (was die Expression seiner adhäsiven Zellwandproteine erfordert), sich ernähren können und sich den für ihn schädlichen metabolischen Endprodukten der konkurrierenden, bereits vorhandenen Bakterien widersetzen können. Vor allem aber sollte er keine Immunantwort provozieren, die seine eigene Beseitigung zur Folge hätte. Gewöhnlich sind diese Anforderungen für ein sich in fremder Umgebung befindendes Bakterium zu hoch, was in der Regel zu seiner Eliminierung führt. Beispielsweise sterben durch die Parodontalsonde im Rahmen der Erstellung eines Parodontalstatus intra-individuell übertragene *A. (H.) actinomycetemcomitans* innerhalb einer Woche bereits zur Hälfte und innerhalb von 3 Wochen an allen neu-kolonisierten Stellen ab. Dennoch ist *A. (H.) actinomycetemcomitans* in der Lage, sich bei parodontal gesunden Personen über einen Zeitraum von mindestens 12 Monaten nach erfolgter Parodontaltherapie bei Familienangehörigen (einschließlich Eliminierung dieses Bakteriums) zu halten. Auch auf die horizontale Übertragung von *P. gingivalis* sei nochmals hingewiesen. Somit sollte zur Prävention einer Reakquisition parodontalpathogener Keime auch ihre Eliminierung aus der Mundhöhle bei parodontal gesunden Angehörigen angestrebt werden.

10.1 – 10.6

10.3 Genetische Aspekte

Jede Eigenschaft des Organismus, sei es eine normale oder abwegige, verdankt die Eigenart, wie sie uns erscheint, einerseits den durch Gene* vererbten strukturellen und biochemischen Merkmalen und anderseits den Einflüssen der externen und internen Umwelt. MUSIL meinte: „Ziehen wir die Umwelt von uns ab, so bleibt etwas Ungestaltetes“. Er traute dem Genotyp wenig zu. Im Einklang damit werden die subgingivalen Plaque-Biofilme als ätiologischer Faktor bei der Pathogenese der Parodontitis betrachtet. Der unterschiedliche Befall bzw. die Verlaufsprogression bei Parodontitiden innerhalb der Bevölkerung können allerdings weder durch die Menge der Biofilmbakterien noch durch die unterschiedlichen Bakterienarten erklärt werden. Schlechte Mundhygiene allein führt nicht zur Parodontitis. Vielmehr zählen gewisse Personen zu den sogenannten Risikopatienten.

Merke:
Immunologische und mikrobiologische Parameter wurden als Risikofaktoren anerkannt, aber auch genetische Parameter determinieren das Parodontitisrisiko maßgebend.

Parodontalerkrankungen, vor allem aggressive marginale Parodontitiden, treten vermehrt innerhalb Familien auf, eine seit langem beobachtete Tatsache. Die Akquisition von parodontalpathogenen Mikroorganismen kann hierfür unmöglich die alleinige Ursache sein. Dagegen spricht allein schon die Tatsache, dass parodontalpathogene Keime ubiquitär verbreitet sind und trotzdem der weitaus größte Teil der Bevölkerung keinerlei Anzeichen einer progressiv verlaufenden Parodontitis erkennen lässt. Für die familiäre Anhäufung aggressiv verlaufender Parodontitiden sind vielmehr auch genetische Einflüsse ursächlich. In Bezug auf marginale Parodontitiden sind insbesondere die in Tab. 10.2 aufgelisteten, genetischen Polymorphismen von Interesse.

In Bezug auf genetische Faktoren wurden vor allem die AP intensiv erforscht. Viele Gene sind bei der AP-Ätiologie involviert. Die meisten der bisher entdeckten Gene sind allerdings für vererbte Allgemeinerkrankungen verantwortlich, wobei schwere Parodontitiden nur einen Teil des Krankheitsbildes darstellen (Tab. 10.3).

Tab. 10.2 Für das Parodontitisrisiko bedeutende genetische Polymorphismen

Gen	Chromosomale Lokalisation	OMIM-Nr.	Betroffene Parodontalerkrankung
IgG2-Titer, -Avidität	14q32, 2p12, andere	147100, 147200, andere	AP
FcγRIIa (CD32)	1q	146790	AP
FcγRIII (CD16)	1q23	146740	CP, AP
PG-E2 (COX-1-Gen)	9q32-q33	176805	AP
Interleukin-1	2q13	147720 (IL-1α), 147760 (IL-1β)	CP
IL-1ra	2q14.2	147679	AP
Interleukin-2	4q26-q27	147680	CP
Interleukin-4	5q23-q31.1	147780	AP
Interleukin-10	1q31-q32	124092	CP
TGF-β Promotorgen	19q13.1-q13.3	190180	CP
TNF-α	6p21.3	191160	CP
VD-RG	12q12-q14	601769	AP
FMLP-RG	19	136537	AP
MMP-1 Promotorgen	11q22-q23	120353	CP
Kathepsin G	11q14	116830	AP
NAT-2	8p23.1-p21.3	243400	CP
ACE	17q23	106180	CP
ET-1	6p24-p23	131240	CP
Weitere PMN-Dysfunktionen		diverse (siehe Tab. 10.3)	AP

OMIM-Nr.: http://www.ncbi.nlm.nih.gov./omim/; ACE = angiotensin-converting enzyme, COX-1 = Cyclooxigenase-1-Gen (codiert Prostaglandin-E2), ET-1 = Endothelin-1, FMLP-RG = N-Formyl-1-methionyl-leucil-1-phenylalanin Rezeptorgen bei PMN, IL-1ra = Interleukin-1-Rezeptor-Antagonist, MMP-1 (matrix metalloproteinase-1 = fibroblast-type of collagenase), NAT-2 = N-Acetyltransferase 2, TNF-α = Tumornekrosefaktor-α, TGF-β = transforming growth factor β, VD-RG = Vitamin D-Rezeptorgen; AP = aggressive Parodontitis, CP = chronische Parodontitis.

Bei AP-Familien wurde die Antikörperbildung gegen mit Parodontitis assoziierte Mikroorganismen untersucht, speziell die Serumtiter von mit *A. (H.) actinomycetemcomitans*-LPS reagierendem IgG2. Diese waren bei Patienten mit lokalierten AP höher als bei generalisierter AP. Die Fähigkeit, IgG2 in großen Mengen zu bilden, ist zu etwa 25% genetisch vorgegeben (Mendelsches Vererbungsmuster: autosomal-kodominant), aber unabhängig vom Auftreten von AP. Vermutlich entscheidet die Fähigkeit zur IgG2-Bildung darüber, ob Mitglieder der AP-Familien „nur“ die lokalisierte-, oder aber die generalisierte AP-Form bekommen werden oder ob sie parodontal gesund bleiben bzw. „adäquate“ Beziehungen zwischen Plaquebefall und parodontalen Entzündungsgrad aufweisen werden. Folgendes Modell wurde vorgestellt (Abb. 10.1).

Tab. 10.3 Vererbte und chromosomale Erkrankungen mit erhöhtem AP-Risiko

Erkrankung		OMIM-Nummer	Vererbung	Chromosomale Lokalisation
Enzymopathien				
Akatalasämie		*115500	AD[1]	11p13
Kongenitale erythropoetische Porphyrie		*263700	AR	10q25.2-q26.3
Hypophosphatasie		*171760	AD[1]	1p36.1-p34
α1-Antitrypsinmangel		*107400	AD	14q32.1
Glycogenose Typ Ib (Von Gierke)		*232220	AR	11q23
Leukozytendefekte				
Chediak-Higashi-Syndrom		*214500	AR	1q42.1-42.2
LAD-1		*116920	AD[1]	21q22.3
Chronisch benigne Neutrozytopenie		*162700	AD	?
Zyklische Neutropenie		162800	AD	19p13.3
Cohen-Syndrom		*216550	AR	8q22-q23
Bindegewebserkrankungen				
Ehlers-Danlos-Syndrome	-Typ IV	130050	AD	2q31
	- Typ VIII	*130080	AD	?
	- Typ IX	120150	AD	17q21-q22
Sonstige Erbkrankheiten				
Epilepsie, Alopecia hereditaria		*104130	AD	?
Papillon-Lefèvre-Syndrom		*245000	AR	11q14-q21
Haim-Munk-Syndrom		245100	AR	11q14
Chromosomale Erkrankung				
Trisomie 21 (Down-Syndrom)		*u. a. 190685	–	u. a. Xp11.23, 21q22.3

OMIM-Nr.: http://www.ncbi.nlm.nih.gov./omim/; *Asteriks = Vererbung erwiesen, ohne Asteriks = Vererbung vermutet; [1] = Krankheit manifestiert sich nur bei Homozygoten. LAD-1 = Leukozytenadhäsionsdefizienz Typus 1 (siehe Integrine*); AD = autosomal dominant; AR = autosomal rezessiv;

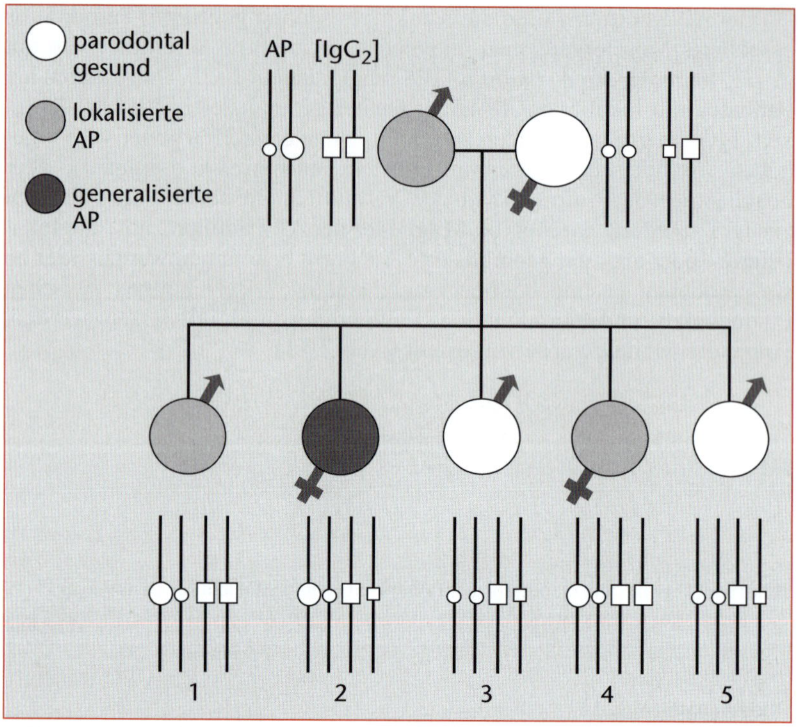

Abb. 10.1 Der Stammbaum illustriert die Hypothese, dass das Fortschreiten von einer lokalisierten zu einer generalisierten aggressiven Parodontitis (AP) mit der genetisch determinierten Fähigkeit zur Bildung von IgG2 (siehe Tab. 10.2) zusammenhängen könnte. Die Allele* für AP (○) bzw. hohe IgG2-Serumtiter (□) bestimmen den AP-Phänotyp, werden aber unabhängig voneinander vererbt. Das AP-Allel wird autosomal dominant vererbt (Individuum 1, 2 und 4). Bei den Individuen 1 und 4 verhindern vererbte hohe IgG-Serumtitter die Ausweitung der lokalisierten zu einer generalisierten AP. Bei Individuum 2 kann nicht genügend IgG2 gebildet werden, um dies zu verhindern (vergleiche Kap. 10.5.3.2).

Sektion III

Die Assoziation von AP mit genetisch determinierten Strukturen an der Zelloberfläche wurde auch in Bezug auf HLA erforscht. HLA können auf diversen Wegen mit Erkrankungen assoziiert sein (siehe MHC*). Diesbezügliche Forschungsresultate bei Parodontitiden sind widersprüchlich und vorerst nicht von Bedeutung.

Merke:
Genetische Faktoren spielen nur in der kleinen Gruppe der aggressiven und im Zusammenhang mit Systemerkrankungen stehenden Parodontitiden eine wesentliche Rolle. Trotzdem bleibt die weitere Suche nach zuständigen Genen* bzw. Allelen* bei den betreffenden Patienten von Bedeutung, da nur so die Wege aufgezeichnet werden können, die zu einem besseren Verständnis für die Ätiologie der übrigen Parodontitiden, insbesondere der chronischen Parodontitiden, führen.

10.4 Der Plaque-Biofilm als ätiologischer Faktor bei Parodontitis

Subgingivale Plaques stellen Biofilme dar. Durch ihre Organisation in Biofilmen erhöhen Mikroorganismen ihre Überlebensfähigkeit bzw. schützen sie sich gegen immunologische Abwehrmechanismen und antimikrobielle Agenzien. Genexpression* und demzufolge auch die Ausprägung ihrer Virulenzfaktoren und Pathogenität von Mikroorganismen in Biofilmen sind gänzlich anders als etwa in planktonischen Kulturen (siehe Kap. 8.1.2).

10.4.1 Lipopolysaccharide als dominierendes gramnegatives Antigen bei marginaler Parodontitis

Die orale Mikroflora beim parodontal Gesunden wird von grampositiven Mikroorganismen dominiert. Diese kommensale Flora aktiviert die angeborene Abwehr nur auf niedrigem Niveau, was in Form eines geringfügigen, physiologischerweise vorhandenen zellulären Infiltrates zu Tage tritt. Dessen molekulare Basis wird gebildet durch die Anwesenheit von Mediatoren der unspezifischen Abwehr (ELAM-1, ICAM-1, MCP-1 und IL-8) im klinisch gesunden Parodontalgewebe. Von der auf niedrigem Niveau aktivierten unspezifischen Abwehr profitiert der Wirt bzw. sein Parodont dahingehend, dass die Kolonisierung von anderen parodontalpathogenen Organismen erschwert wird.

10.1 – 10.6

Mit Parodontitis assoziierte Bakterien sind in der Regel gramnegativ und tragen daher auf ihrer Zellmembran Lipopolysaccharide* (LPS). Unterschiedliche LPS-Strukturen auf der gramnegativen Zellwand bilden für die Wirtsabwehr einen wichtigen Mechanismus zur Sondierung bakterieller Biofilme. Von großer Bedeutung dabei ist die **Erkennung und Bindung von an dem Akute-Phase-Protein* LBP gebundener LPS durch den CD14/MD-2/TLR-4-Rezeptorkomplex auf der Makrophagenzellwand** und die anschließende Signalübertragung*. Es folgt daraufhin die Aktivierung des Transkriptionsfaktors* NF-κB und damit ist die **Zytokinbildung** und folglich die entzündliche Abwehrreaktion in Gang gesetzt (siehe auch Abb. 10.6 und 10.8). CD14 befindet sich auf der Zellmembran von unter anderem Mϕ, PMN und gingivalen Fibroblasten. Insgesamt bildet CD14 zusammen mit LBP, MD-2 und den Toll-like Rezeptorproteinen* auf diese Weise einen wesentlichen Bestandteil der unspezifischen Abwehrreaktion bei marginaler Parodontitis (Abb. 10.2).

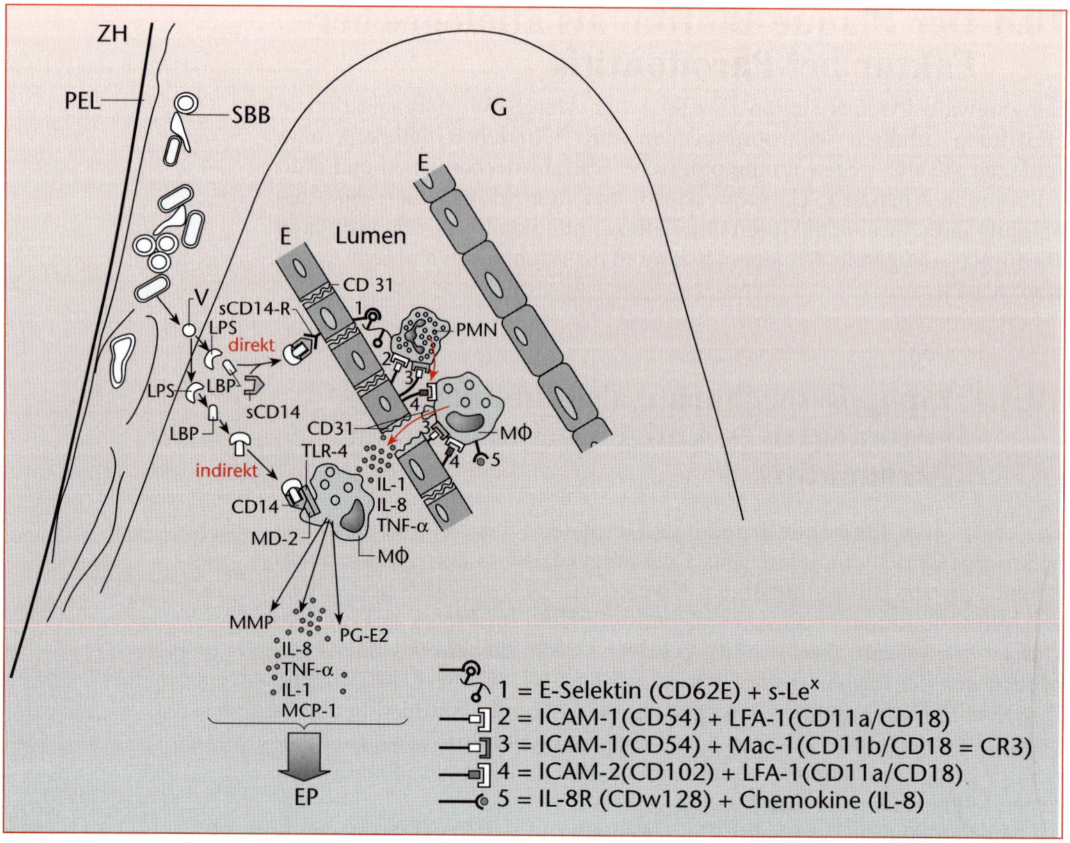

Abb. 10.2 Kontinuierliche Freisetzung von gramnegativen Zellwandantigenen aus subgingivalen bakteriellen Biofilmen im Rahmen der physiologischen, ständig stattfindenden bakteriellen Zellwanderneuerung (Membranturnover) und die dadurch ausgelöste unspezifische entzündliche Abwehrreaktion.

Zunächst in Membranvesikel (V) „verpackte" gramnegative PAMPs (insbesondere LPS*) penetrieren durch das Sulkus- bzw. Taschenepithel und stimulieren anschließend sowohl myeloide (Makrophagen, PMN) als auch nichtmyeloide (epitheliale, bindegewebige und endotheliale) Zellen. LPS ist generell ein starker Stimulator der endothelialen Expression von E-Selektin (ELAM-1, CD62E, siehe Selektine*). Die Aktivierung der Endothelzellen beinhaltet nicht nur die Expression von CD62E, sondern auch von ICAM-1 und -2 (CD54 bzw. CD102). Diese findet statt entweder direkt via Bindung von LPS/LBP an sCD14 oder indirekt via Bindung von LPS/LBP an sich auf Mϕ befindlichen Rezeptorkomplexen CD14/MD-2 und nachfolgender Signalübertragung* via TLR-4. Die auf diese Weise stimulierten Makrophagen setzen daraufhin unter anderem Zytokine (IL-1, TNF-α) und Chemokine (IL-8 und MCP-1) frei (vergleiche Anhang 3). Beide letztgenannte Zytokine sind bei der Pathogenese der Arteriosklerose ätiologisch involviert (siehe Kap. 14.2). Die Bildung von IL-12 wird hingegen gedrosselt (was den Th-2- bzw. den humoralen Immunrespons fördert). Die beiden erstgenannten Zytokine aktivieren daraufhin die Endothelzellen mit dem gleichen Ergebnis wie die direkte Aktivierung via sCD14-LPS/LBP. Die endotheliale Stimulation führt- zusammen mit Expression von Adhäsinen auf der Leukozytenoberfläche – zur leukozytären Diapedese. Auch CD31 ist hieran beteiligt (vergleiche Abb. 2.18).

Beachte auch die Freisetzung von Substanzen, welche bei der entzündlichen Parodontolyse (EP: Knochenresorption, ECM*-Abbau) involviert sind, durch die LPS-stimulierten Leukozyten (Zytokine, MMPs, PG-E2)(siehe Kap. 10.5.2-3).

CD = Cluster of differentiation; E = Endothel; EP = entzündliche Parodontolyse; G = Gingiva; ELAM = endothelial leukocyte adhesion molecule; ICAM = intercellular adhesion molecule; IL = Interleukin; LBP = Lipopoysaccharide-bindendes Protein; LPS = Lipopolysaccharide*; Mϕ = Monozyt/Makrophage; MCP-1 = monocyte chemoattractant protein-1; MD-2 = mit CD14 assoziierter LPS-Korezeptor; MMPs = Matrix-Metalloproteinasen; PAMPs = pathogen-associated molecular patterns; PEL = Pellikel; PG-E2 = Prostaglandin E2; PMN = polymorphkerniger neutrophiler Granulozyt; sCD14-R = Rezeptor für lösliches CD14; SBB = subgingivaler bakterieller Biofilm; s-Le^x = Sialyl-Lewis^x-Rest; TLR-4 = Toll-like receptor-4; TNF-α = Tumornekrosefaktor-α; V = Membranvesikel; ZH = Zahnhartsubstanz.

Personen mit marginaler Parodontitis weisen erhöhte sCD14-Serumtiter auf, welche nach erfolgreicher Therapie wieder zum Normalwert zurückkehren. CD14 ist nicht nur bei der Leukozytendiapedese involviert, sondern auch bei der LPS-vermittelten Expression von ICAM-1 (CD54) auf bindegewebigen Fibroblasten, was dazu beiträgt, dass die Leukozyten nach ihrer Migration ins Bindegewebe dort auch retiniert werden können. Sie halten hier – zusammen mit den an der entzündlichen Abwehr beteiligten Mediatoren – die subgingivalen Biofilmbakterien in Schach. Hierdurch wandelt sich eine Gingivitis in der Regel nicht in Parodontitis um.

Die von den bakteriellen Substanzen angesprochenen Zellen sind sowohl myeloischer als nichtmyeloischer Herkunft (siehe Kap. 10.5.3.1). Epithelzellen verfügen über ein verhältnismäßig beschränktes Zytokinrepertoire (IL-1α, -6, -8 und 18) und sind somit weniger gut durch Bakterien „reizbar" (aktivierbar). Aus teleologisch-evolutionärer Sicht erklärt sich dies durch das Bestreben des Organismus, die Gewebeintegrität möglichst lange intakt zu halten und den Wirt vor einer Überreaktion an den mukosalen Oberflächen, wo eine ständige bakterielle Reizung zu erwarten ist, zu schützen. Dennoch aktivieren bakterielle LPS – via sCD14 – auch Epithelzellen. Außer LPS wurde auch die Beteiligung von Superantigenen* bei der Pathogenese marginaler Parodontitiden vermutet, konnte bislang aber nicht endgültig nachgewiesen werden.

10.4.2 Die besondere Rolle von *Porphyromonas gingivalis* und *Actinobacillus (Haemophilus) actinomycetemcomitans*

P. gingivalis und *A. (H.) actinomycetemcomitans* sind die Bakterienarten, welche am häufigsten mit der Parodontitisätiologie in Verbindung gebracht werden. *P. gingivalis* ist vor allem mit chronischen Parodontitiden, *A. (H.) actinomycetemcomitans* vor allem mit früh einsetzenden, aggressiven Parodontitisformen assoziiert. Dies steht in Zusammenhang mit Zeitpunkt und Bedingungen für ihre Kolonisierung (siehe Kap. 10.2). *P. gingivalis* und *A. (H.) actinomycetemcomitans* weisen unterschiedliche intraorale Besiedlungsmuster auf: Während *A. (H.) actinomycetemcomitans* eher an einzelnen Stellen vorkommt, ist *P. gingivalis* gleichmäßiger über alle Parodontien verteilt. Dies hängt zusammen mit der Tatsache, dass die IgG-Respons gegen *A. (H.) actinomycetemcomitans* protektiv ist und eine Infektion mit diesem Bakterium auf einzelne Parodontien limitiert, während auch hohe, gegen *P. gingivalis* gerichtete Antikörpertiter im Serum die Ausbreitung des Keimes in sämtlichen subgingivalen Arealen nicht unterdrücken können. Für beide Keime gilt jedoch, dass sie bei entzündungsfreien Parodontalverhältnissen, wenn überhaupt, nur in kleinen Mengen aus dem sulcus gingivae isoliert werden können.

10.4.2.1 Die Rolle von *Porphyromonas gingivalis* bei der Ätiologie von marginaler Parodontitis

Die individuell unterschiedliche Verlaufsprogression marginaler Parodontitiden hängt nicht nur von Immunabwehrfaktoren, sondern auch von der Ausprägung mikrobieller Virulenzfaktoren ab. Bei *P. gingivalis* wurde diesbezüglich bei den verschiedenen Stämmen eine Heterogenität ermittelt. Insgesamt stellen nachfolgend aufgelistete Virulenzfaktoren bedeutende Determinanten für die ätiologische Beteiligung von *P. gingivalis* bei marginalen Parodontitiden dar (vergleiche Kap. 4.7.2):

- **Fimbrien***. Diese wirken als Antigen* und sind bei der Kolonisierung bzw. bei der Anhaftung von *P. gingivalis* an das orale Gewebe und bei der bakteriellen Koaggregation involviert. Genetik und immunbiologische Eigenschaften der *P. gingivalis*-Fimbrien sind bei den Hintergrundinformationen (CD-ROM) ausführlich beschrieben.
- **LPS***. *P. gingivalis*-LPS unterscheidet sich im chemischen Sinne von dem LPS anderer gramnegativer Bakterien. Insbesondere bindet es nur

Sektion III

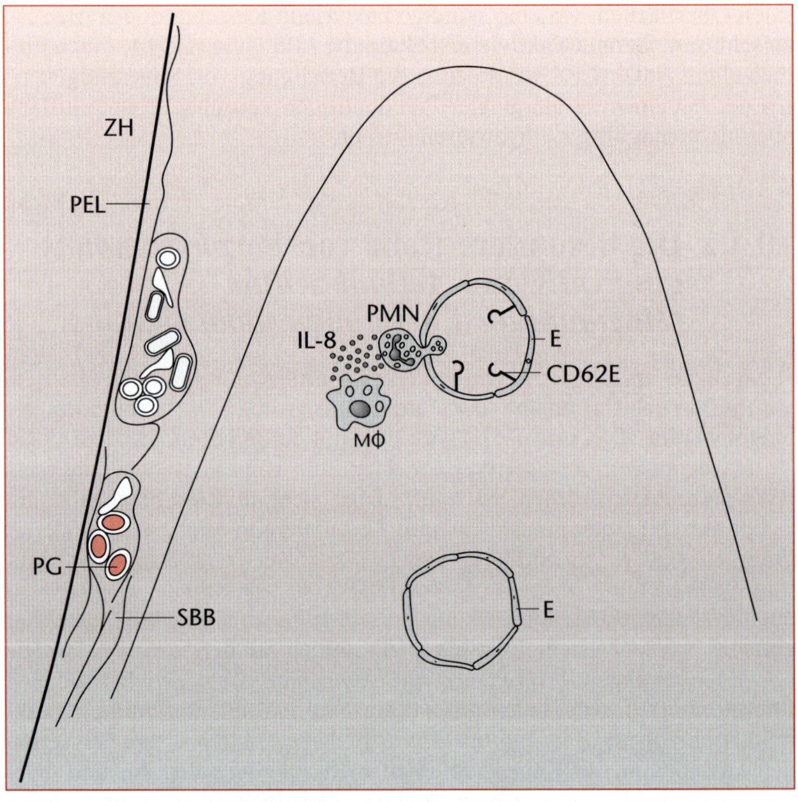

Abb. 10.3 Mit *P. gingivalis*-assoziierte Parodontitis (Anfangsstadium): Die Anwesenheit von *P. gingivalis* (rot) im Plaque-Biofilm inhibiert Komponenten der unspezifischen Abwehr (kein IL-8, kein CD62E). Die Endothelzellen werden nicht aktiviert, exprimieren keine Adhäsine, Leukozytendiapedese findet kaum statt und nur wenige PMN und Monozyten/Makrophagen können einen Einfluss auf das Plaquewachstum nehmen. Unkontrolliertes Wachstum subgingivaler bakterieller Biofilme stellt einen wichtigen Entstehungsmechanismus der Parodontitis dar (opportunistische Infektion). E = Endothel; PEL = Pellikel; PG = *P. gingivalis*; SBB = subgingivaler bakterieller Biofilm; ZH = Zahnhartsubstanz.

niederaffin mit LBP und auch dadurch löst *P. gingivalis in vivo* keine endotheliale Expression von E-Selektin* aus (vergleiche Abb. 10.2). Somit findet eine *P. gingivalis*-vermittelte Diapedese der PMN kaum statt und wird ein essenzieller Schritt der entzündlichen Abwehr unterdrückt (Abb. 10.3).
Die bei *P. gingivalis* im chemischen Sinne abweichende LPS widerspiegelt sich auch in die Erkennung durch bzw. die bindung an TLR-2 (und nicht TLR-4), sowie in einer geringeren Endotoxinwirkung. Vermutlich blockiert PG-LPS den CD14/MD-2/TLR-4 Rezeptorkomplex oder einzelne Bestandteile davon. *P. gingivalis*-LPS bewirkt jedoch die Freisetzung von Zytokinen aus Wirtszellen und ist somit ein potenter Induktor der entzündlichen Parodontolyse. Hinzu kommt die Tatsache, dass die lymphozytäre Zusammensetzung des parodontalen Entzündungsinfiltrates maßgeblich durch *P. gingivalis*-LPS gesteuert wird, und zwar in Richtung Th2, da diese LPS Apoptose* bei Th1-Lymphozyten auslösen (vergleiche Kap. 10.5.3.1).

- **Hämagglutinine***. Im Gegensatz zu anderen schwarzpigmentierten Anaerobiern bewirkt *P. gingivalis* Hämagglutination*, was seine Fähigkeit, an oralem Gewebe anzuheften und zu kolonisieren, widerspiegelt. Insgesamt sind mindestens 9 PG-Hämagglutinine bekannt. Nicht nur die Fimbrien* von *P. gingivalis* weisen eine hämagglutinierende Aktivität auf, sondern beispielsweise auch das Membranprotein HA-Ag2.
- **Hämolysine.** Diese greifen die Erythrozyten an und bewirken somit die Freisetzung von für *P. gingivalis* essenziellem Hämin bzw. Eisen (siehe Häm*). Ein 26 kDa schweres OMP in der *P. gingivalis*-Zellmembran bindet das Hämin, transportiert es in das Zellinnere und ist somit als weiterer Virulenzfaktor anzusehen. 10.1 – 10.6
- **Kapsuläre Polysaccharide.** Diverse *P. gingivalis*-Stämme tragen auf ihrer Oberfläche Kapseln, welche die Phagozytose* durch PMN verhindern. *P. gingivalis*-Stämme mit unterschiedlichen Kapsel-Antigenen (K1-K6) weisen eine unterschiedliche Virulenz auf bzw. rufen eine unterschiedlich starke entzündliche Parodontolyse hervor.
- Diverse **Antigene*** in Form von Membranproteinen und Hsp-Homologpeptiden (siehe Hitzeschockproteine*). Letztere wirken nicht nur antigen, sondern auch als Toxine. Diese Antigene werden auch bei **extrazellulären Membranvesikeln** vorgefunden, die damit zusätzlich zur Virulenz von *P. gingivalis* beitragen.
- Neben einzelnen Zellwandbestandteilen (der Lipidanker von LPS*) wirkt auch eine Reihe der von *P. gingivalis* gebildeten Metaboliten **toxisch**. Darunter finden sich organische Säuren und deren Salzderivate (Butyrate, Propionate), Ammoniak, toxische Amine, Schwefelwasserstoff und weitere VSC (siehe Halitose*). Insbesondere Fibroblasten und Epithelzellen sind anfällig für *P. gingivalis*-Toxine.

Merke:
Als wichtigster Virulenzfaktor von *P. gingivalis* wird sein äußerst reichhaltiges Arsenal von membran-assoziierten Proteasen betrachtet.

Proteasen* von *Porphyromonas gingivalis* sind bei der entzündlichen Parodontolyse involviert. Entweder sind sie direkt beteiligt (sie bauen ECM*-Bestandteile ab, spalten Immunglobuline, Komplementproteine und Zytokine sowie ihre Rezeptoren, sie beeinträchtigen antibakterielle PMN-Aktivität und sie erhöhen Gefäßpermeabilität und damit – klinisch sichtbar – die gingivale Blutungsneigung) oder indirekt als Aktivatoren von aus Wirtszellen freigesetzten Proteinasen. Es handelt sich neben Matrix-Metalloproteinasen (MMPs, beispielsweise Kollagenase), Caseinasen, Serinproteinasen vor allem um Cysteinproteinasen (siehe Kap. 10.5.2). Das arginin-spezifische Gingipain R (Mw = 95 kDa) und das lysin-spezifische Gingipain K (Mw = 105 kDa) sind die zwei am besten charakterisierten *P. gingivalis*-Enzyme. Beide sind Cysteinproteinasen, werden in der Literatur auch unter den Akronymen Gingivain, Porphypain und Argingipain erwähnt, machen > 95% der proteolytischen Aktivität von *P. gingivalis* aus und tragen wesentlich zur Pathogenese marginaler Parodontitiden bei, indem sie:

1. das Kallikrein-Kinin-System aktivieren (siehe Kap. 2.6.2.5.) und somit die vaskuläre Permeabilität erhöhen, damit maßgebend zum Symptom **„Gingivaödem"** beitragen und das Ausströmen der Sulkusflüssigkeit fördern, was für subgingivale Mikroorganismen eine sichere, permanente und reichhaltige Nahrungsquelle darstellt. Hierüber hinaus ist bekannt, dass Proteine des Kallikrein-Kinin-Systems die Knochenresorption fördern. Diese Proteine können z. T. durch ein Enzym (ACE) inaktiviert werden. Die ACE-Aktivität im Gewebe und im Serum steht unter genetischer Kontrolle (vergleiche Tab. 10.2).
2. Fibrinogen spalten und somit maßgebend zum klinischen Symptom **„Bluten beim Sondieren"** beitragen. Das hierbei freigesetzte Hämin und Eisen bilden darüber hinaus eine weitere wichtige Nahrungsquelle für *P. gingivalis* und begünstigen somit ihre Proliferation. Dadurch dass Gingipain-R außerdem hämagglutinierend und erythrolytisch wirkt, wird *P. gingivalis* eine zusätzliche Häminquelle zur Verfügung gestellt.
3. den Komplementfaktor C5 spalten. Es entsteht dann das Anaphylatoxin* C5a mit seinen chemotaktischen und proinflammatorischen Auswirkungen. PMN werden daraufhin in großen Stückzahlen angelockt. Da deren Membranrezeptoren für C5a und für FMLP aber gleichzeitig durch eine Serinproteinase und die Gingipaine inaktiviert werden und zudem Gingipain-R C3-Konvertaseartige Aktivität aufweist (es spaltet das Komplementbruchstück C3 und verhindert somit die Entstehung des Opsonins C3b), ist *P. gingivalis* weitgehend gegen die Phagozytose* durch PMN geschützt.
4. diverse Zytokine, darunter die proinflammatorischen IL-6, IL-8, TNF-α und IFN-γ, inaktivieren oder spalten.
5. eine gewisse kollagenolytische Aktivität aufweisen. Kollagenolyse wird allerdings hauptsächlich von Kollagenasen bewirkt, die **körpereigenen** Zellen entstammen.
6. bei der Haftung von *P. gingivalis* an Wirtszellen und somit bei der intraoralen Kolonisierung von *P. gingivalis* beteiligt sind. Gingipain-R fördert die Bindung von *P. gingivalis*, d. h. die Haftung seiner Fimbrien, an die Fibroblasten und an Spaltprodukte von Kollagen und von

Fibronektin, indem es bei ihnen die entsprechenden Kryptitope exponiert (siehe Fimbrien*). Gingipain-R-defiziente Mutanten von *P. gingivalis* sind weniger virulent: Sie zeigen sich beeinträchtigt in ihren Kolonisierungsmöglichkeiten durch veränderte Interaktionen mit grampositiven Bakterien, mit ECM*-Proteinen und mit Epithelzellen. Ebenso entfalten die Mutanten eine nur geringe toxische Wirkung.
7. generell gegen körpereigene Proteasehemmer resistent sind. Nur Gingipain-R kann durch α2-Makroglobulin (siehe Kap. 10.5.2) inhibiert werden.

Zwei weitere Cysteinproteasen von *P. gingivalis* sind Trp und PrtT. Trp ist eine membranassoziierte, thiol-abhängige Protease*, welche die aus gingivalen Fibroblasten und -Epithelzellen stammenden MMPs (MMP-1, -3 und -9) aktiviert und die Superaktivierung von MMP-1 durch MMP-3 katalysiert (siehe Kap. 10.5.2.2). PrtT ist eine 96-99 kDa Cysteinproteinase mit hämagglutinierender Wirkung (siehe Hämagglutination*).

Die Abb. 10.4 stellt wichtige pathogene Mechanismen von *P. gingivalis* grafisch dar.

10.4.2.2 Die Rolle von *Actinobacillus (Haemophilus) actinomycetemcomitans* bei der Ätiologie von marginaler Parodontitis

Actinobacillus (Haemophilus) actinomycetemcomitans in oralen Biofilmen galt lange Zeit als sogenannter Nachfolgerkeim, der lediglich an sich auf der Oberfläche der Pionierkeime befindlichen Lektinen* haftet. Dies, obwohl in klinischen Studien die Schwierigkeiten, durch lokal-mechanische Parodontalbehandlung (Kürettage der Taschen mit Scaling und Rootplaning), sogar unter Einbeziehung eines Antibiotikums, *A. (H.) actinomycetemcomitans* aus der Mundhöhle zu eliminieren, mehrfach beschrieben wurden. In Wirklichkeit **bindet *A. (H.) actinomycetemcomitans* hochaffin an pellikelbedeckter Zahnhartsubstanz**. Die Keime haften auch an Epithel (und invadieren es daraufhin) und an die ECM*-Bestandteile Kollagen und Fibronektin, was ebenfalls einen Beitrag zu ihrer Virulenz darstellt. 10.1 – 10.6

Plasmide* und Bakteriophagen* stellen genetische Elemente dar, welche die physiologischen Eigenschaften eines Mikroorganismus und auch seine Virulenz beeinflussen können. Bei etwa 5% aller klinischen Isolate von *A. (H.) actinomycetemcomitans* finden sich Plasmide. Zusätzlich sind viele Stämme von *A. (H.) actinomycetemcomitans* mit Bakteriophagen infiziert.

A. (H.) actinomycetemcomitans schüttet eine ganze Reihe von Virulenzfaktoren aus. Seine Antigene* (Leukotoxin, LPS*, eine Reihe von OMPs) aktivieren T-Lymphozyten polyklonal: insgesamt werden gar über 50% aller T-Zellen aktiviert. Jedoch differenziert nur ein geringer Anteil der aktivierten T-Zellklone zu reifen (zytokinbildenden) Effektorzellen. Der Rest bleibt anerg und wird per Apoptose* eliminiert.

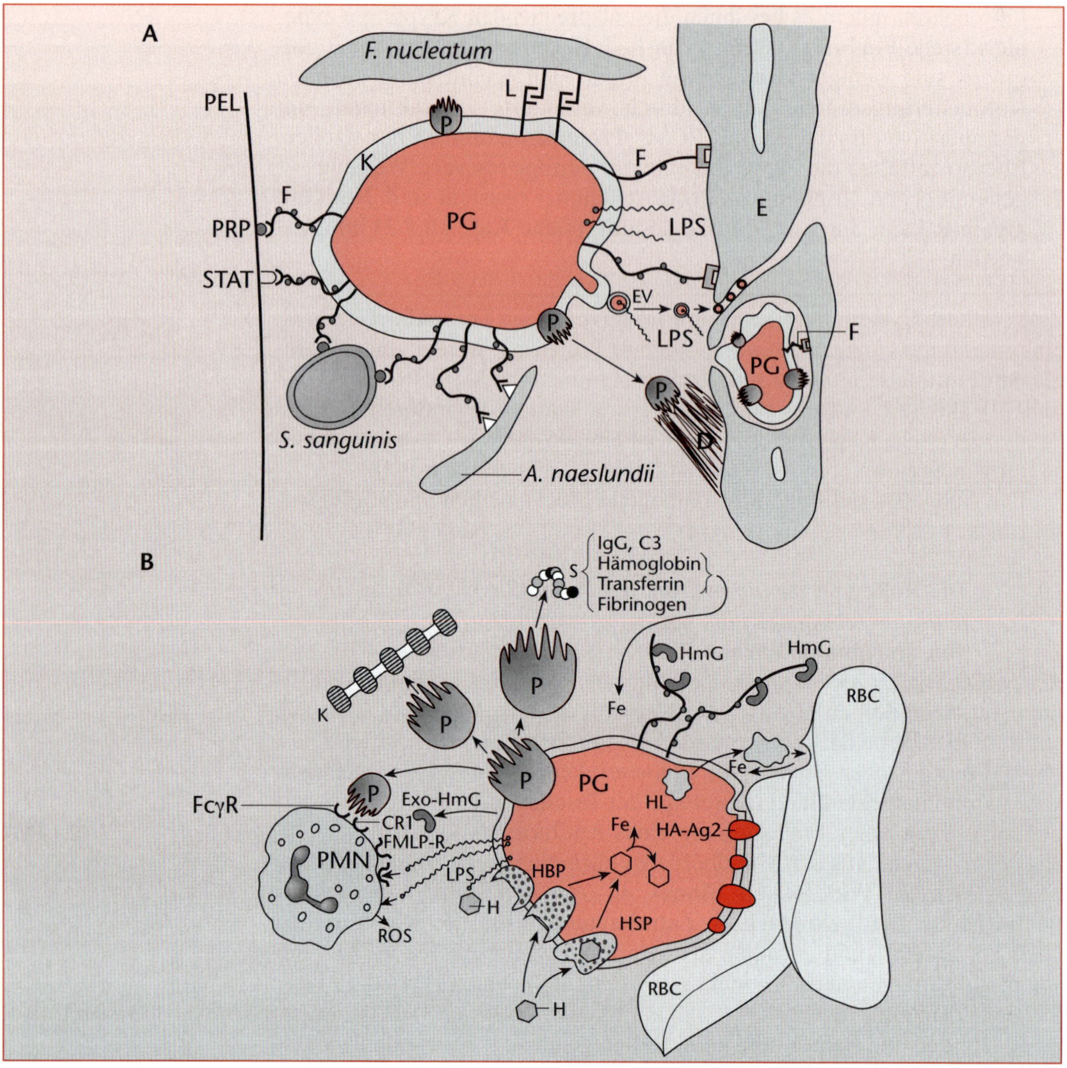

Merke:
Unter den Virulenzfaktoren von *A. (H.) actinomycetemcomitans* finden sich welche, die die Kolonisierung und Etablierung des Keimes in der Mundhöhle fördern, die Wirtsabwehr beeinträchtigen, eine Gewebsdestruktion herbeiführen sowie Faktoren, die die Heilung von entzündetem Gewebe hemmen.

Virulenzfaktoren von *A. (H.) actinomycetemcomitans*, welche die Kolonisierung und Etablierung in der Mundhöhle fördern:

- **Adhäsine.** *A. (H.) actinomycetemcomitans* bindet an speichelbedeckten Zahnoberflächen und Epithel sowie an Kollagen und Fibronektin. Darüber hinaus koaggregieren sie (nur) mit *F. nucleatum*. Hierfür

Abb. 10.4 Pathogenität von *Porphyromonas gingivalis* im Gingivasulkus.

A. Bindungssubstrate, Kolonisierung und Invasion ins Epithel.
P. gingivalis (PG) bindet fimbrienvermittelt (F) an pellikelbedeckten Zahnoberflächen (PRP, STAT) sowie Epithelzellen (E) und koaggregiert mit anderen Bakterien, mit *F. nucleatum* lektinvermittelt (L). Die Polysaccharidkapsel (K) hemmt, das LPS* hingegen fördert die Bindung des Bakteriums an das Epithel. Die Bindung an Epithelzellen und der proteolytische Abbau der Desmodontalfasern (D) durch Proteasen* (P) ermöglichen es *P. gingivalis*, in das Epithel zu invadieren. Durch Ausstülpung gebildete extrazelluläre Membranvesikel (EV) tragen sämtliche membranständigen Virulenzfaktoren in das Wirtsgewebe hinein.

B. Wachstum, Umgehung der Wirtsabwehr.
Das Hämagglutinin* HA-Ag2 (rot) bindet (bei Gingivitis in erhöhten Zahlen vorhandene) Erythrozyten (RBC) hochaffin. Auch Fimbrien* und extrazelluläre Fortsätze weisen hämagglutinierende Aktivität auf (HmG bzw. exo-HmG). Hämolysin (HL) lysiert RBC. Das auf diese Weise freigesetzte Hämin ist eine von mehreren Eisenquellen für *P. gingivalis*: Häm* (H) wird von HBP (ein 26 kDa OMP) gebunden, durch Speicherproteine (HSP) in der Zellwand gespeichert und mit Hilfe von Membrantransportsystemen* in das Zellinnere eingeschleust, wo es Eisen abspaltet, welches dem Keim ebenfalls als Nährstoff zur Verfügung steht. Auch LPS besitzt eine gewisse Affinität für Hämin. *P. gingivalis* benötigt für sein Wachstum für ihn verwertbare, kleine Peptide. Deren Verfügbarkeit wird durch sein reichhaltiges Proteasenarsenal sichergestellt: *P. gingivalis*-Proteasen* (P) proteolysieren Wirtsgewebe (Kollagen, K) und Serumproteine (S), darunter Fibrinogen, Immunglobulin G, Komplementfaktor C3 und eisenhaltige Serumproteine wie Hämoglobin und Transferrin. Beide letztgenannten Eiweiße bilden eine dritte Eisenquelle für *P. gingivalis*, da bei deren Proteolyse Eisen freikommt.
P. gingivalis-Proteasen spalten sowohl die an der Immunabwehr beteiligten Serumproteine als auch deren Rezeptoren (insbesondere FcγR und CR1) auf der Oberfläche der Phagozyten (PMN). PG-LPS inaktivieren auch die FMLP-Rezeptoren auf der PMN-Oberfläche (was deren Chemotaxis hemmt). Insgesamt ist *P. gingivalis* somit weitgehend resistent gegen Serumbakterizidie und gegen PMN-Phagozytose*, wozu allerdings auch seine Polysaccharidkapsel (K) einen wesentlichen Beitrag liefert. PG-LPS stimulieren zwar die Freisetzung von bakteriziden, reaktiven Sauerstoff-Molekülen (ROS) aus PMN. Im Endergebnis reicht die von *P. gingivalis* ausgelöste Immunantwort dennoch nicht aus, um den Keim aus parodontalen Taschen zu eliminieren.

Nicht abgebildet sind die Bindung von *P. gingivalis*-LPS an die Makrophagen und die fördernde Wirkung bei der Bildung proinflammatorischer Zytokine (siehe hierzu Abb. 10.2 und Abb. 10.6).
CF = collagen fibrils; CR1 = Komplementrezeptor-1 (CD35); D = Desmodontalfasern; E = Epithelzelle; EV = extrazelluläre Membranvesikel; F = Fimbrien*; FcγR = Rezeptor für Fc-Anteil des IgG; Fe = Eisen; FMLP = N-formyl-methionyl-leucil-phenylalanin; H = Häm*; HA-Ag2 = Hämagglutinin 2; HBP = hämbindendes Protein; HL = Hämolysin; HmG = Hämagglutinin*; HSP = hämspeicherndes Protein; K = Polysaccharidkapsel (Abb. A) bzw. Kollagen (Abb. B); ; L = Lektin*; LPS = Lipopolysaccharid*; P = Protease*; PEL = Pellikel; PG = *P. gingivalis*; PMN = Polymorphkernige neutrophile Granulozyten; PRP = Prolinreiches Glycoprotein; RBC = red blood cells; ROS = reaktive Sauerstoff-Moleküle; STAT = Statherin.

benötigte Adhäsionsmoleküle finden sich auf ihren Fimbrien*, extrazellulären Membranvesikeln (ähnlich wie bei *P. gingivalis*, siehe Abb. 10.2 und 10.4) sowie auf extrazellulären amorphen Substanzen. Extrazelluläre Membranvesikel tragen zusätzlich einige der nachfolgend behandelten Virulenzfaktoren (LPS*, Leukotoxin, Bacteriocin* und Faktoren, welche Knochenresorption fördern)

- **Invasine*.** Diese Oberflächenproteine befähigen *A. (H.) actinomycetemcomitans*, in das Gingivaepithel zu penetrieren. Unklar ist, ob er sich hierin auch vermehren oder in tiefere Gewebeschichten vordringen kann. Weil der Keim sich intrazellular der Wirkung der Effektormoleküle der humoralen Abwehr (siehe Kap. 2.6.2) entzieht, erhöht sich seine Überlebensfähigkeit in der Mundhöhle. Eine ganze Reihe von Adhäsions- und Rezeptorproteinen ist bei der Internalisierung des Bakteriums involviert, darunter der Transferrinrezeptor (CD71) und diverse Integrine*.

- **Bacteriocine*.** Actinobacillin bekämpft mit *A. (H.) actinomycetemcomitans* konkurrierende Bakterienspezies *(S. sanguinis, A. viscosus)* und gewährt dem Keim somit einen Selektionsvorteil.
- **Antibiotikaresistenzen.** Insbesondere die zunehmende Resistenz gegen Tetracycline hat dazu geführt, dass dieses Antibiotikum als Adjuvans bei der Behandlung von aggressiven Parodontitiden immer mehr an Bedeutung verliert. Zahlreiche *A. (H.) actinomycetemcomitans*-Stämme sind lysogen (Lysogenie, siehe Kap. 1.2.4.7) und produzieren Bakteriophagen*. Der Phage Aaϕ23 ist fähig, durch Transduktion des Resistenzgens gegen Tetracyclin von einem resistenten *A. (H.) actinomycetemcomitans*-Stamm auf einen empfindlichen Stamm zu transferieren und steht somit im Verdacht, für die zunehmende Tetracyclinresistenz von *A. (H.) actinomycetemcomitans* mitverantwortlich zu sein.

Virulenzfaktoren von *A. (H.) actinomycetemcomitans*, welche die Wirtsabwehr beeinträchtigen:

Sektion III

- **Leukotoxin.** *A. (H.) actinomycetemcomitans* bildet ein potentes, 115 kDa schweres, hitze-labiles Leukotoxin. Dieses wasserlösliche, zur RTX-Toxinfamilie (Porine) gehörende Leukotoxin tötet PMN, Makrophagen und manche Lymphozyten ab. Das Porin perforiert die Zellmembran und bewirkt somit eine Veränderung der Zellwandpermeabilität, was zur sofortigen osmotischen Lyse der betreffenden Zelle führt, oder das Bakterium eliminiert diese Abwehrzellen per Apoptose*. Insgesamt schützt das Leukotoxin auf diese Weise das Bakterium gegen Phagozytose* und steuert die Zusammensetzung bzw. die Spezifität der örtlichen Lymphozytenpopulation. Andere an der Entzündung beteiligte Zellen hingegen sind gegen das Leukotoxin resistent.

  Die Gengruppe* bzw. das Operon des Leukotoxingens besteht aus 4 Genen *(ltxA-D)*. *LtxA* codiert das eigentliche Leukotoxin-Polypeptid; die Genprodukte von *ltxB* und *ltxD* transportieren das Leukotoxin zur Zellwand und das von *ltxC* codierte Protein ist bei der post-translationären Aktivierung des Toxins involviert (siehe Genexpresssion*, siehe Proteintransport*). Es wurden besonders virulente *A. (H.) actinomycetemcomitans*-Stämme mit 10-20 mal höherer Leukotoxinbildung isoliert, was mit zweierlei genetischen Abweichungen zusammenhängt:

  1. Weltweit niedergelassene Träger eines besonders leukotoxischen *A. (H.) actinomycetemcomitans*-Klons („AA-JP2") stammen aus Familien afrikanischer Herkunft. Ihr Leukotoxingen-Operon weist im Vergleich zu allen anderen Stämmen von *A. (H.) actinomycetemcomitans* eine Besonderheit auf: Es fehlt ein 530bp-Segment in der Promotorregion (siehe Anhang 4), was sich in einer erhöhten Genexpression* und somit erhöhter Leukotoxinausschüttung ausdrückt. Personen mit AA-JP2 sind anfälliger für sämtliche mit *A. (H.) actinomycetemcomitans* assoziierten aggressiven Parodontiti-

den als Personen mit *A. (H.) actinomycetemcomitans*, die über die vollständige Promotorsequenz verfügen. Die Anwesenheit von AA-JP2 ist ein guter prognostischer Parameter für das AP-Risiko.

2. Die Anwesenheit einer Insertionssequenz (IS, siehe Kap. 1.2.4), welche unmittelbar stromaufwärts des *ltx*-Operons lokalisiert ist. Wie diese IS die *ltx*-Expression steuert, ist unbekannt. Generell sind die Regelmechanismen für die Leukotoxinexpression bei *A. (H.) actinomycetemcomitans* komplex und z. T. noch unklar.

Patienten mit *A. (H.) actinomycetemcomitans*-assoziierter Parodontitis weisen sowohl systemisch (Serum IgG und -IgA) als auch lokal (sIgA im Speichel, IgG in der Sulkusflüssigkeit) gegen das Leukotoxin gerichtete Antikörper auf, welche in der Lage sind, das Leukotoxin zu neutralisieren (siehe Abb. 10.7). Hinzu kommt die Tatsache, dass eine Reihe von subgingival vorkommenden Mikroorganismen (insbesondere *P. gingivalis, P. intermedia* und *P. nigrescens*) in der Lage ist, mit Hilfe ihrer Enzyme das RTX-Leukotoxin von *A. (H.) actinomycetemcomitans* abzubauen.

- **Faktoren, welche die Abtötung von *A. (H.) actinomycetemcomitans* durch PMN verhindern.** Darunter finden sich eine niedermolekulare Substanz, welche die Chemotaxis von PMN hemmt, Substanzen, die die Verschmelzung von Phagozytosevakuolen und PMN-Granula* (Lysosomen) blockieren, sowie eine Substanz, welche die Freisetzung des bakteriziden Superoxid-Moleküls H_2O_2 hemmt (siehe Kap. 2.5.3, siehe Respiratory burst*). Hinzu kommt die Tatsache, dass *A. (H.) actinomycetemcomitans* ohnehin resistent ist gegen eine Reihe von PMN-Granulainhaltsstoffen, darunter einige Defensine (siehe EAP*).
- **Proteine, welche Fc-Anteile von Antikörpern binden.** Auf der mikrobiellen Zelloberfläche von *A. (H.) actinomycetemcomitans* finden sich Moleküle, welche die Fc-Anteile von IgG binden und diesbezüglich in kompetativem Wettbewerb mit den Fc-Rezeptoren auf der PMN-Oberfläche stehen. In der Folge werden Opsonierung und Phagozytose durch die PMN erheblich reduziert. 10.1 – 10.6
- **Immunsuppressive Proteine.** *A. (H.) actinomycetemcomitans* bildet eine Reihe von Faktoren, welche die Immunabwehr schwächen. Darunter sind Substanzen, welche Stoffwechsel und Zellteilung aktivierter T-Lymphozyten inhibieren und die Synthese von Immunglobulinen durch B-Lymphozyten unterdrücken.

Virulenzfaktoren von *A. (H.) actinomycetemcomitans*, welche eine Gewebedestruktion herbeiführen:

- **Zytotoxine.** *A. (H.) actinomycetemcomitans* bildet mehrere Substanzen, welche speziell für Fibroblasten und Epithelzellen zytotoxisch sind. Insbesondere Vitalität und Lebensfähigkeit der kollagenbildenden Fibroblasten sind für die Integrität des gingivalen Bindegewebes essenziell. Das von *A. (H.) actinomycetemcomitans* gebildete GroEL-like Protein, ein 60 kDa-Hitzeschockprotein*, zeigt eine stark toxische Wirkung auf Epithelzellen und eine induzierende Wirkung auf Osteoklasten.
- **Kollagenasen.** Diese zerstören das bedeutsamste Faserprotein der extrazelluären Matrix (ECM*) und somit die bindegewebige Integrität.

Außer zur MMP-Gruppe gehörende Kollagenasen (siehe Kap. 10.5.2.2) bildet *A. (H.) actinomycetemcomitans* eine Trypsinprotease, die sowohl Kollagen als auch Fibronektin abbaut.

- **Faktoren, welche im Rahmen der entzündlichen Parodontolyse insbesondere den Knochenabbau fördern.** *A. (H.) actinomycetemcomitans* besitzt oder synthetisiert mindestens 4 solcher Substanzen:
  1. LPS*.
  2. das bereits oben erwähnte GroEL-Protein.
  3. CPA (capsular-like polysaccharide antigen) ist ebenfalls ein potenter Mediator der Knochenresorption, da er einerseits die Osteoklastenbildung stimuliert, andererseits bei Osteoblasten Apoptose* auslöst.
  4. Knochenresorption-induzierendes Toxin.

- **Faktoren, welche verschiedene Entzündungsmediatoren aktivieren.** Beispielsweise aktivieren bereits niedrige Konzentrationen von *A. (H.) actinomycetemcomitans*-LPS die Makrophagen. Diese setzen daraufhin eine ganze Reihe von Mediatoren in ihre Umgebung frei, darunter gewebelysierende Matrix-Metalloproteinasen und Prostaglandine (siehe Abb. 10.6).

Virulenzfaktoren von *A. (H.) actinomycetemcomitans*, welche die Heilung von entzündetem Gewebe hemmen:

A. (H.) actinomycetemcomitans **hemmt Zellteilung und Proteinsynthese* bei Fibroblasten und Endothelzellen sowie die Zellproliferation bei Epithelzellen.** Die Folge ist eine verzögerte Heilung von Wunden, welche mit *A. (H.) actinomycetemcomitans* infiziert sind, und somit auch von *A. (H.) actinomycetemcomitans*-assoziierten Parodontitiden.

10.4.3 Subgingivale Biofilme sind widerstandsfähig und kaum eliminierbar

Subgingival lokalisierte mikrobielle Ablagerungen auf der Zahnoberfläche werden kontinuierlich „gebadet“ in Plasmaderivaten (Sulkus- und Plaqueflüssigkeit). Zumindest die Sulkusflüssigkeit enthält sämtliche humoralen Abwehrstoffe, darunter Antikörper und Komplementproteine. Hinzu kommt das gewaltige Aufgebot an Leukozyten, insbesondere PMN. Es scheint daher schleierhaft, dass die Bildung und Ausdehnung von subgingivaler mikrobieller Plaque nicht verhindert werden können. Langsam gelingt es der Forschung, das Geheimnis zu lüften. Ein Aspekt dabei ist die oben beschriebene Unterdrückung einzelner Komponenten der unspezifischen Abwehr durch Mikroorganismen wie *P. gingivalis* und *A. (H.) actinomycetemcomitans*. Dies allein wäre aber zu wenig, um die Widerstandsfähigkeit der subgingivalen Plaque zu erklären. Vielmehr wird das Phänomen durch die moderne Auffassung, dass subgingivale Plaques Biofilme darstellen, erklärt (siehe Kap. 8.1). Für Patienten mit marginaler Parodontitis bzw. für deren Behandlung hat die Resistenz von subgingivalen Biofilmen gegen die Wirtsabwehr Konsequenzen: Subgingivale Biofilme können nicht durch häusliche Pflege, auch nicht durch Irrigation oder durch die Anwendung von antimikrobiell wirkenden Zahnpasten oder Mundwässern, eliminiert werden. Vielmehr ist – analog zur Vorgehensweise in der Endodontie (siehe Kap. 11.4) – die lokale mechanische Entfernung oder Zerstörung erforderlich (Kürettage der Taschen, subgingivale Zahnreinigung und Wurzelglätten, kombiniert mit antimikrobiellen Spülungen). Insgesamt sind diese Behandlungen mit einer Reihe von Nachteilen verbunden:

1. Ungenügende Kausalität: die Wirtsfaktoren werden nicht behandelt bzw. die Wirtsabwehr kann oft nicht verstärkt werden. Allein schon daher besteht immer die potenzielle **Rezidivgefahr** nach Beendigung der Parodontalbehandlung, auch wenn diese erfolgreich war (keine phlogogene Aktivität mehr bei den Parodontien). Dies vor allem dann, wenn der Patient seinen „Immundefekt“ nicht mit überexakter, in der Natur so gar nicht vorgesehener Mundhygiene „kompensiert“. Die mangelnde Kausalität der lokalmechanischen Therapie widerspiegelt sich auch in der tendenziellen **Persistenz von Resttaschen** im Recall, auch dann, wenn regelmäßig subgingival nachgereinigt wird. Hinzu kommt, dass wiederholtes Scaling im Rahmen der Erhaltungstherapie auf Dauer zu irreversiblem Substanzverlust an den Zahnwurzeln und – wenn auch flache Taschen nachbehandelt werden – zu iatrogenem Attachmentverlust führt.
2. Das Gesundschrumpfen der Gingiva nach solchen Behandlungen hat für den Patienten eine Reihe von Einschränkungen zur Folge. Zu nennen sind post-operativ empfindliche Zahnhälse, phonetische Schwierigkeiten, „lange“, aus ästhetischer Sicht problematische Zähne, die auch von der Reinigungsfähigkeit her gesehen eine Erschwerung darstellen.
3. Diese zeitaufwendigen, mühseligen Behandlungen sind mit hohen Kosten verbunden. Auch die Folgekosten der „herkömmlichen“ Parodontaltherapie (Zahnersatz – mit oder ohne Implantate –, kieferorthopädische Behandlungen zur Korrektur der bei fortgeschrittenen Parodontitiden auftretenden Zahnwanderungen und -kippungen) sind für die Volkswirtschaft enorm.

10.5 Mikrobiell bedingte Destruktionen im marginalen Parodont

Merke:
Mikrobiell bedingte Destruktionen im marginalen Parodont sind bedingt durch zytotoxische und enzymatische Mechanismen, hauptsächlich allerdings durch immunologische und phlogogene Mechanismen.

10.5.1 Zytotoxische Mechanismen

Im Gingivasulkus lebende Mikroorganismen produzieren Toxine, die vor allem die kollagenbildenden Fibroblasten sowie Epithelzellen abtöten. Allerdings schränken sie auch die Funktionsfähigkeit von anderen an der parodontalen Entzündung beteiligten Zellen ein, beispielsweise bei diversen Leukozyten, Endothelzellen und gingivalen Keratinozyten.

Von Bakterien produzierte Substanzen, darunter organische Säuren – vor allem Carbonsäuren – und deren Salzderivate (Butyrate, Propionate), Schwefelwasserstoff, Ammoniak und andere Amine besitzen toxische Wirkungen auf gingivale Fibroblasten. Die Ausschüttung dieser bakteriellen Intermediärmetaboliten kann anhand von Messungen der Sulkusflüssigkeit quantifiziert werden und ist mit dem Entzündungsgrad im marginalen Parodont korreliert. Auch mikrobielle Hitzeschockproteine* und -Endotoxine (LPS*) weisen zytotoxische Eigenschaften auf. Vor allem das LPS von bestimmten *P. gingivalis*-Stämmen ist stark toxisch für parodontale Fibroblasten.

Sektion III

In den letzten Jahren hat das Forschungsinteresse für die flüchtigen Schwefelverbindungen (VSC, volatile sulphur compounds) zugenommen. Diese verursachen Halitose*, entfalten aber auch toxische Eigenschaften. VSC werden von einer Vielzahl mit Parodontitis assoziierten Mikroorganismen freigesetzt und sind das Ergebnis bakterieller Proteinzersetzung. Vor allem Methylmercaptan (CH_3SH) beeinträchtigt die Protein- bzw. Kollagensynthese in gingivalen Fibroblasten. Methylmercaptan-exponierte Gewebe weisen sowohl einen erhöhten Kollagenabbau als auch qualitativ schlechtere (proteolyseanfälligere) Prokollagene auf. Darüber hinaus erhöht CH_3SH die epitheliale Permeabilität und fördert die Freisetzung von IL-1β und PG-E2. Die beiden letztgenannten Mediatoren vermitteln den Knochenabbau, auch im Rahmen entzündlicher Parodontolysen (siehe Abb. 10.6).

10.5.2 Enzymatische Mechanismen

10.5.2.1 Einleitung

Proteolytische Enzyme (Proteinasen, eine zu den Proteasen* gehörende Enzymklasse) finden sich intraoral im Speichel, in der Sulkusflüssigkeit, innerhalb von Plaque-Biofilmen und im entzündeten Parodontalgewebe. Sie sind befähigt, parodontales Stützgewebe (Bindegewebe, Desmodont,

Tab. 10.4 Metabolischer Abbau der extrazellulären Matrix

Route **Lokalisation**	**Lysiertes Gewebe**	**Beteiligte Enzyme**
Plg-abhängige Route Peri/extrazellulär	Interstitielles Bindegewebe, Basalmembranen	Plasmin
MMP-Route Peri/extrazellular	Interstitielles Bindegewebe, Basalmembranen	MMPs
PMN Serinproteinase Route Peri/extrazellulär	Interstitielles Bindegewebe, Basalmembranen	PMN-Elastase, Kathepsin G
Phagozytose-abhängige Route Intrazellulär	Interstitielles Bindegewebe	Kathepsine
Osteoklastische Route Peri/extrazellulär	Knochen, Zement, Dentin	Kathepsine

Plg = Plasminogen; MMPs = Matrix-Metalloproteinasen; PMN = polymorph neutrophil granulocyte.

Knochen) direkt zu schädigen und die Proteinbestandteile der extrazellulären Matrix (ECM*) – insbesondere Kollagen – abzubauen. Letzteres stellt aus histopathologischer Sicht den entscheidenden Vorgang bei der entzündlichen Parodontolyse dar. Bei diesem enzymatischen Gewebeabbau sind fünf metabolische Wege beschrieben (Tab. 10.4).

Zusätzlich begünstigen Enzyme die Überwindung der körpereigenen Abwehr durch Mikroorganismen mittels Abbau daran beteiligter Effektormoleküle (Immunglobuline, Komplementfaktoren) sowie von einer Reihe eisenbindender Proteine. Deren Spaltung hat zur Folge, dass für die Bakterien auch noch eine zusätzliche Quelle lebenswichtiger Spurenelemente (Eisen) frei wird. Insgesamt steht jedoch bei der Histopathologie der entzündlichen Parodontolyse der **enzymatische Abbau von Kollagen** im Vordergrund. Verschiedene Mechanismen des enzymatischen Kollagenabbaus sind durch eine Reihe von Interaktionen zwischen Enzymen, Enzymaktivatoren und -inhibitoren charakterisiert. Deren Synthese wird durch Zytokine (namentlich IL-1, TNF-α) und Wachstumsfaktoren (EGF, TGF-β) gesteuert (siehe Anhang 3). Die am enzymatischen Matrixabbau bei marginalen Parodontitiden beteiligten Enzyme stammen entweder (1) aus sich subgingival befindlichen Biofilmbakterien oder (2) aus durch diese Mikroorganismen aktivierten körpereigenen Zellen.

10.1 – 10.6

Ad.1

Subgingival kolonisierte Mikroorganismen, darunter *P. gingivalis, T. denticola, A. (H.) actinomycetemcomitans, P. intermedia* und *Capnocytophaga* spp. synthetisieren die Proteasen*, Hyaluronidasen, Phosphatasen und die Phospholipasen, welche ECM-Makromoleküle bzw. Kollagen abbauen. In Anwesenheit von *P. intermedia, P. gingivalis, C. ochracea* oder *F. nucleatum* büßen die spezifischen, gegen sie gerichteten IgG darüber hinaus einen Teil ihrer Avidität (siehe Kap. 2.6.2.1) ein.

Ad. 2

Merke:
Bei der entzündlichen Parodontolyse ist die Kollagenaseausschüttung durch körpereigene Zellen, i.e. parodontale Bindegewebszellen und myeloide Zellen (insbesondere PMN und Makrophagen) von größerer pathohistologischer Bedeutung als die mikrobielle Kollagenasefreisetzung.

Grundsätzlich kann die Kollagenolyse entweder **intra-** oder **extrazellulär** stattfinden (Abb. 10.5).
Der erstere Mechanismus besteht aus Phagozytose* und lysosomaler Verdauung des Kollagens (phagozytose-abhängige Route, siehe Tab. 10.4). Nebst Matrix-Metalloproteinasen sind hieran beteiligt lysosomale Cysteinproteinasen wie die Kathepsine B, L und N. Vor allem gingivale Fibroblasten, aber auch Makrophagen und PMN, Osteoblasten, Osteoklasten und Epithelzellen können Kollagen auf diese Weise abbauen. Intrazellulärer enzymatischer Kollagenabbau ist im gesunden Parodont ein physiologisches Phänomen, das durch ständige Kollagenneubildung durch ebenjene Fibroblasten kompensiert wird. Dieser Kollagenturnover, i. e. der phagozytose-abhängige Kollagenolyseweg, wird durch die sich antagonierenden Zytokine IL-1α (hemmt) und TGF-β (fördert) moduliert.

Im Falle der pathologischen Situation bei marginaler Parodontitis findet der enzymatische Abbau der ECM-Proteine vor allem außerhalb der Wirtszellen bzw. durch die von ihnen freigesetzten Enzyme statt. Hieran beteiligt sind die zu den Proteasen* gehörenden Enzymklassen der Matrix-Metalloproteinasen (MMPs), der neutralen Serinproteasen, der Cysteinproteasen und der Dipeptidylpeptidasen. Nachfolgend werden diese 4 Enzymklassen gesondert besprochen. Die drei erstgenannten sind Endopeptidasen, spalten Proteine also innerhalb der Peptidkette. Dipeptidylpeptidasen sind Exopeptidasen und spalten am Kettenende befindliche Aminosäuren ab.

Sektion III

Die Ausschüttung dieser Enzyme, beispielsweise durch PMN-Degranulierung (siehe Kap. 2.5.3), stellt den histopathologischen Hauptmechanismus der entzündlichen Parodontolyse dar. Sie ist sowohl klassenmäßig als auch mengenmäßig abhängig von denjenigen Bakterienspezies, welche die Degranulierung ebenjener PMN auslösen (siehe Phagozytose*, PMN-Granula* und Respiratory burst*).

10.5.2.2 Matrix-Metalloproteinasen

Die Matrix-Metalloproteinasen (MMPs) bilden eine Familie von über 15 Zink enthaltenden Proteinasen. MMPs sind befähigt, fast sämtliche Makromoleküle der bindegewebigen Extrazellularmatrix (ECM*) zu spalten. Ihnen wird daher eine bedeutende Rolle bei der Pathogenese sämtlicher gewebelysierenden Entzündungsprozesse beigemessen. Sie sind nur in neutralem oder alkalischem Milieu, wie dies in parodontalen Taschen vorliegt, aktiv. Tab. 10.6 gibt eine Übersicht über die derzeit bekannten MMPs.

Makrophagen, Mastzellen, PMN und gingivale Fibroblasten sind bei der entzündlichen Parodontolyse die Hauptproduzenten der MMPs. Die bekanntesten MMPs sind die Kollagenasen, die Stromalysine und die

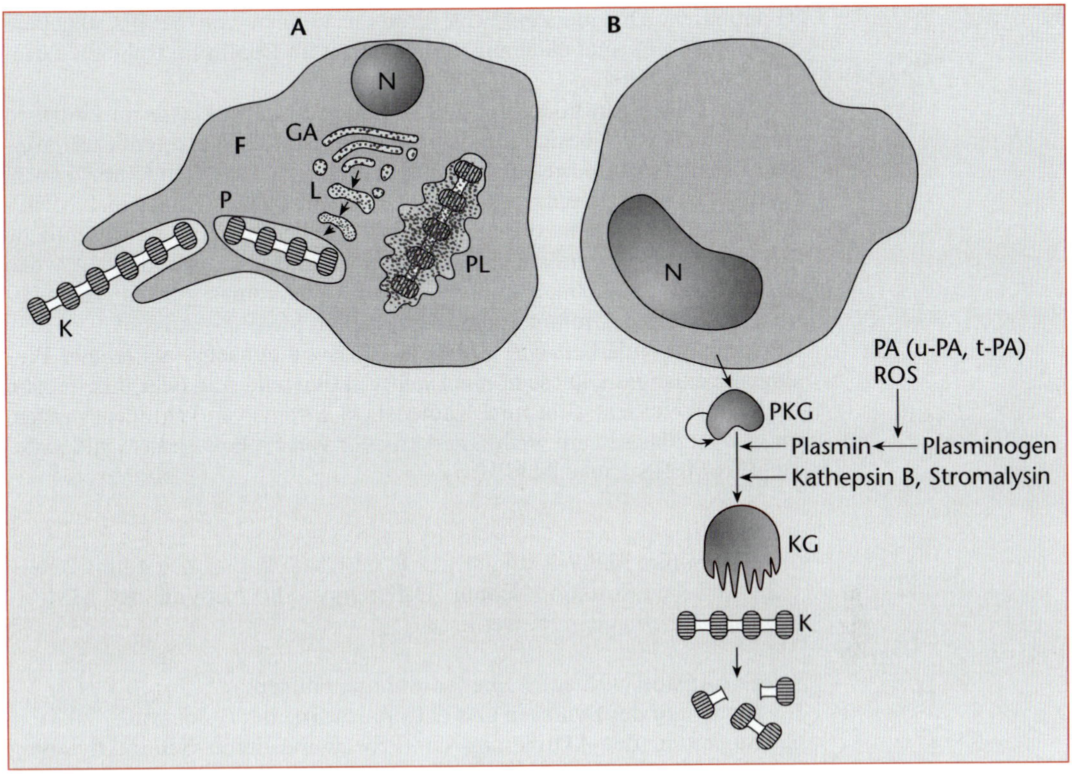

Abb. 10.5 Intrazellulärer (A) und extrazellulärer (B) Kollagenabbau. Beide Prozesse werden durch Zytokine (IL-1α, TGF-β, EGF) gesteuert.

A: Intrazellulärer Kollagenabbau ist Bestandteil des physiologischen Gewebeumbaus bzw. Gewebeturnovers und findet hauptsächlich in bindegewebigen Fibroblasten (F) statt: Pseudopodien umgeben eine Kollagenfibrille (K) und trennen diese somit von der extrazellulären Matrix (ECM*) ab. Ein Phagosom (P) wird gebildet, welches mit einem Lysosom (L) verschmilzt (Phagolysosom, PL). Daraufhin spalten lysosomale Enzyme (darunter Cysteinproteinasen) die Fibrille intrazellulär.

B: Extrazellulärer Kollagenabbau findet im Rahmen entzündlicher Prozesse statt. Diverse an der Entzündung beteiligte Zelltypen, sowohl myeloider- als nicht myeloider Herkunft, setzen zunächst Prokollagenasen (PKG) in den Extrazellularraum frei. Diese aktivieren sich entweder selbst oder werden durch andere Proteasen* (Plasmin, Kathepsin B, Stromalysin) zu Kollagenase (KG) aktiviert. *In vivo* ist Plasmin ein bedeutsamer Aktivator von Prokollagenase und anderen Pro-MMPs (siehe Kap. 10.5.2.2). Plasmin seinerseits entsteht durch die Einwirkung serinhaltiger Proteinasen u-PA und t-PA (Plasminogen-Aktivatoren) aus dem ubiquitär vorhandenen Plasmaprotein Plasminogen. Sowohl u-PA, t-PA als auch ihre Inhibitoren PAI-1 und -2 werden im entzündeten Parodont bzw. der Sulkusflüssigkeit angetroffen, wo ihre Konzentration erheblich höher ist als im Plasma, was auf ihre Bildung vor Ort hindeutet. Auch von PMN, Makrophagen und Fibroblasten freigesetzte reaktive Sauerstoff-Moleküle und/oder mechanische Belastungen auf das parodontale Gewebe (okklusales Trauma) fördern die Umsetzung von Plasminogen in Plasmin.

Ebenso löst mechanischer Druck im Parodont eine erhöhte Freisetzung von PG-E2 und IL-1β aus, was die entzündliche Knochenresorption zusätzlich fördert. Kollagenase spaltet, zusammen mit anderen Proteinasen wie Gelatinase, kollagene Proteinstrukturen, es sei denn, ihre Aktivität wird durch TIMPs (siehe Kap. 10.5.2.2) unterdrückt.

Das schubweise Fortschreiten marginaler Parodontitiden („Burst"–Theorie) erklärt sich durch die nachfolgend beschriebene Bildung und Aktivierung von (Pro-) kollagenasen: Unter Einfluss von Zytokinen (beispielsweise IL-1) werden größere Mengen Prokollagenase synthetisiert, ausgeschüttet und in der ECM gespeichert. Aktivierung dieses Enzymreservoirs führt blitzartig zu massivem Abbau von Kollagen und klinisch messbarem Attachmentverlust. Daraufhin bremsen ebenfalls von Zytokinen (beispielsweise TGF-β) stimulierte TIMPs die kollagenolytische Aktivität und eine Remission findet statt. Erst ein neu gebildetes extrazelluläres Enzymreservoir bzw. dessen Aktivierung ermöglicht eine weitere Exazerbation. Ob die eventuelle Anwesenheit von Viren bzw. deren Aktivierung auch als Erklärung für die „Burst"-Theorie herangezogen werden kann, ist derzeit unklar.

F = Fibroblast; GA = GOLGI-Apparat; K = Kollagenfibrille; L = Lysosom; N = Nucleus (Zellkern); P = Phagosom; PA = Plasmin-Aktivatoren; PAI-1, -2 = plasminogen-activator-inhibitor-1, -2; (P)KG = (Pro-)Kollagenase; PL = Phagolysosom; ROS = Reaktive Sauerstoff-Moleküle; TIMPs = tissue inhibitors of metalloproteinases; t-PA = tissue-plasminogenactivator; u-PA = urokinase-plasminogenactivator

Gelatinasen. Die meisten ECM-Proteine können von MMPs abgebaut werden. MMPs sind auch am Kollagenabau im Dentin im Rahmen kariöser Prozesse beteiligt.

Typ-I Kollagen bildet die dominierende Kollagenklasse im humanen Parodont. MMP-1 besitzt die Fähigkeit, interstitielle Kollagenfasern, welche normalerweise gegen Proteolyse sehr resistent sind, abzubauen. MMP-8 ist noch potenter als MMP-1, vor allem gegen Kollagen-I. MMP-8 (und in geringerem Ausmaß MMP-9) spielen *in vivo* eine wesentliche Rolle bei der entzündlichen Parodontolyse und üben mit über 90% den Hauptanteil der Kollagenaseaktivität aus. Neuerdings gibt es diagnostische Tests zur Bestimmung der individuellen MMP-8-Aktivität.

Eine Besonderheit der MMPs ist, dass sie zunächst als latente Proenzyme existieren. Diese können selbst-aktivierend sein oder müssen von anderen Proteasen* (Plasmin, Kathepsin B, Stromalysin) aktiviert werden. *In vivo* ist Plasmin ein wichtiger Aktivator von Prokollagenase und anderen Pro-MMPs (siehe Abb. 10.5).

Merke:
Ungehemmte MMP-Aktivität würde innerhalb kurzer Zeit zu massivster Gewebedestruktion führen. Daher muss die Aktivität der MMPs permanent eingedämmt werden.

Diese Aufgabe wird auf 3 Ebenen wahrgenommen:
1. Steuerung der Synthese und der Freisetzung der Proenzyme
2. Steuerung der Aktivierung der Proenzyme durch Selbstaktivierung oder durch andere Enzyme: durch MMP-3, Kathepsin B oder durch Plasmin.
3. Sind die Enzyme einmal aktiviert, üben sie kurzzeitig (innerhalb von Millisekunden) ihre katalytische Aktivität aus, um danach durch spezifische MMP-Hemmer inhibiert zu werden. MMP-Hemmer sind entweder aus dem Plasma stammende Proteinaseinhibitoren wie α1-Antitrypsin (α1-proteinase inhibitor, OMIM-Nr.: 107400) und α2-Makroglobuline (OMIM-Nr.: 103950) oder von örtlichen Fibroblasten, Endothelzellen, Makrophagen und Mastzellen gebildete TIMPs (tissue inhibitors of metalloproteinases). TIMPs hemmen nicht nur die lokale MMP-Aktivität, sondern stimulieren die Proliferation der Fibroblasten und die Ablagerung von neuen Kollagenfasern. Vier TIMPs (TIMP-1-4, OMIM-Nr.: 305370, 188825, 188826 bzw. 601915) sind bis heute identifiziert worden. TIMPs und vor allem α2-Makroglobuline liegen in relativ hoher Konzentration in der Sulkusflüssigkeit vor, wodurch die MMP-Aktivität in der Regel unter Kontrolle gehalten werden kann.

Sektion III

Neben diesen 3 physiologischen Regelmechanismen zur Eindämmung der MMP-Aktivität hemmen auch mikrobielle Siderophoren* die MMPs, zumindest die Aktivität der weit verbreiteten MMP-2-Kollagenasen.

Tab. 10.6 Einteilung und in vitro Eigenschaften humaner Matrix-Metalloproteinasen (MMPs)

Untergruppe	Enzym	Synonym	MMP-Nr.	OMIM-Nr.	Quelle(n)	Extrazelluläre Matrixsubstrate
Kollagenasen (interstitielle Kollagenasen)	FIB-CL	CL-1	MMP-1	120353	Bindegewebszellen, Mϕ, Mastzellen, Keratinozyten, Endothelzellen	Kollagen I, II, III, (III > I), VII, VIII, X; Proteoglycan (beschränkt) Gelatine (beschränkt)
	PMN-CL	CL-2	MMP-8	120355	PMN, Chondrozyten, Mastzellen	identisch mit MMP-1 (aber I >> III)
		CL-3	MMP-13	600108	Chondrozyten	identisch mit MMP-1
Gelatinasen (Typ IV Kollagenasen)	Mr 72K GL	GLA	MMP-2	120360	Alle Zellen mesenchymaler Herkunft; generell die am weitest verbreitete MMP; Mϕ, Mastzellen, Endothelzellen, Keratinozyten; befindet sich auch im Plasma	Gelatine, Kollagen IV, V, VII, X, XI; Fibronektin, Elastin, Proteoglycan
	Mr 92K GL	GLB	MMP-9	120361	PMN, Mϕ, stimulierte Bindegewebszellen, Tumorzellen, Keratinozyten	Gelatine, Kollagen IV, V; Elastin, Proteoglycan
Stromalysine	SL-1	Transin	MMP-3	185250	Stromazellen, Keratinozyten	Proteoglycan, Fibronektin, Laminin; Kollagen IV, V, IX, X; Elastin, Gelatine (beide beschränkt), ProCL I, II und III
	SL-2		MMP-10	185260	Stromazellen, Keratinozyten	identisch mit MMP-3
	SL-3		MMP-11	185261	Tumorzellen, Stromazellen, Keratinozyten	identisch mit MMP-3
Matrilysine	ML	PUMP	MMP-7	178990	HGF Tumorzellen, Mϕ, Keratinozyten	identisch mit Stromalysinen Elastin
Metalloelastase	MME	Mϕ-MP	MMP-12	601046		identisch mit Matrilysin
Membrangebundene MMP		MT-1 MMP	MMP-14	600754	Tumorzellen, HGF	Progelatinase A
		MT2-4 MMP	MMP-15	602261	?	?
			-16	602262	?	?
			-17	602285	?	?

OMIM-Nr.: http://www.ncbi.nlm.nih.gov./omim/; CL-1-3 = collagenase-1-3; FIB-CL = fibroblast-type of collagenase; GLA-B = gelatinase A-B; HGF = human gingival fibroblasts; ML = matrilysine; MME = macrophage-metalloelastase; Mϕ-MP = macrophage-metalloelastase; MT MMP = Membrane-type of matrix metalloproteinase; PMN-CL = PMN-type collagenase; ProCL = procollagen, PUMP = putative metalloproteinase; SL = stromalysin.

Merke:
Beim Vorliegen einer marginalen Parodontitis befinden sich die MMPs und TIMPs mengenmäßig nicht im Gleichgewicht. Diese Tatsache stellt auf histopathologischer Ebene die eigentliche Ursache der entzündlichen Parodontolyse dar.

Die Synthese von Kollagenasen, Enzymaktivatoren und Enzyminhibitoren wird reguliert durch:

1. Zytokine wie EGF, FGF, PDGF, TNF-α, TGF-β und die Interleukine -1 und -10 (alle beschrieben in Anhang 3). Diese Mediatoren werden als Reaktion auf die Anwesenheit von subgingivalen Mikroorganismen, insbesondere ihre LPS*, gebildet. Dabei erfüllt das proinflammatorische Zytokin IL-1 eine duale Funktion: Einerseits stimuliert es den extrazellulären Kollagenabbau in starkem Maße, gleichzeitig hemmt es die (intrazelluläre) lysosomale Kollagenverdauung. TGF-β hat den umgekehrten Effekt auf beide Prozesse und antagoniert somit IL-1. IL-10 hemmt die MMP-Aktivität und fördert die der TIMPs. Viele dieser Zytokine werden von Makrophagen gebildet, und ihre Ausschüttung in entzündlichen Situationen stellt einen essenziellen Schritt zur MMP-Synthese und zum Gewebeabbau dar.
2. ECM*-Bestandteile wie Fibronektin und ihre korrespondierenden Liganden* in Form von auf der gingivalen Fibroblastenoberfläche befindlichen Integrinen*. Die Synthese von sowohl Proteinasen als auch TIMPs wird also durch einzelne Fibronektinfragmente beeinflusst bzw. gefördert und auch die sie bindenden Integrine spielen dabei eine Rolle.

Sektion III

10.5.2.3 Neutrale Serinproteasen.

Prominenteste Vertreter dieser Enzymklasse sind die vom PMN sezernierten Enzyme Elastase und Kathepsin G.

Elastase (OMIM-Nr.: 130120 und 130130) ist gespeichert in den primären PMN-Granula* und ist aktiv bei neutralem pH-Wert. Sie spaltet Kollagen, Laminin, Fibronektin, Proteoglycane und Elastin (siehe ECM*) und spielt somit eine wesentliche Rolle bei der Zerstörung von Bindegewebe im Rahmen chronisch-entzündlicher Prozesse. Im Rahmen eines Feedback-Mechanismus hemmt PMN-Elastase ihre eigene Ausschüttung bzw. die PMN-Aktivität dadurch, indem sie Immunglobuline, Komplementfragmente und PMN-CR1 (CD35) spaltet. Im übrigen wird die Elastase-Aktivität auch durch die bereits auf Seite 384 erwähnten α2-Makroglobuline und α1-Antitrypsin reguliert.

Auch bei der Pathogenese marginaler Parodontitiden sind Elastase und ihre Inhibitoren beteiligt. Stimulierte periphere PMN von Parodontitispatienten setzen erhöhte Elastasemengen frei. Genau wie bei MMP-8 ist die PG-E2-Menge hiermit korreliert, was für den entzündlichen Knochenabbau einen synergistischen Mechanismus darstellt. Medullasin (OMIM-Nr.: 130130) ist eine neutrale Serinproteinase, welche große Ähnlichkeit mit Elastase aufweist.

Eine weitere von infiltrierenden Leukozyten ausgeschüttete Serinproteinase, welche zum Abbau der ECM* beiträgt, ist das Kathepsin G

(OMIM-Nr.: 116830). Kathepsin G steuert darüber hinaus die Aktivität anderer Proteinasen: Es aktiviert proMMP-8 und Elastase. Dies findet im chronisch entzündeten marginalen Parodont mit hoher Wahrscheinlichkeit auch statt, da Kollagenase und Kathepsin G in der Sulkusflüssigkeit mengenmäßig korreliert sind. Die Aktivität von Kathepsin G wird antagoniert durch folgende Serumproteine: hauptsächlich durch das Akute-Phasen-Protein* α1-ACT (OMIM-Nr.: 107280) (siehe Anhang 1), aber auch wiederum durch α1-Antitrypsin und α2-Makroglobuline. Sowohl die Mengen an Kathepsin G als auch seine Antagonisten im parodontalem Gewebe sind mit deren Entzündungsgrad korreliert: Ihre Konzentrationen im Gewebe und in der Sulkusflüssigkeit widerspiegeln den Verlauf einer experimentellen Gingivitis bzw. einer Parodontitis.

10.5.2.4 Cysteinproteasen

Bakterielle Cysteinproteasen sind bei der mikrobiellen Besiedlung der Mundhöhle und beim Abbau schützender Speichelproteine beteiligt. Im sauren Milieu kann eine extrazelluläre Kollagenolyse durch Cysteinproteasen stattfinden. Bei Entzündungen wird das Gewebe angesäuert und somit entsteht ein für Cysteinproteasen optimales Milieu. An der entzündlichen Parodontolyse beteiligte Cysteinproteasen sind die Gingipaine K und R (siehe Kap. 10.4.2.1) und die Kathepsine B und L. Die Kathepsine B, L und N (OMIM-Nr.: 116810, 116880 bzw. noch nicht zugeordnet) sind darüber hinaus bei der intrazellulären Kollagenolyse involviert. Cysteinproteasen werden antagoniert durch Speichelcystatine (siehe Kap. 3.3.5).

10.5.2.5 Dipeptidylpeptidasen

Die Exopeptidasen DPP-IV (OMIM-Nr.: 102720) und DPP-II (noch ohne OMIM-Nr.) gehören zu den serinhaltigen Proteasen. T-Zellen tragen DPP-IV als multifunktionelles Membranantigen (CD26), das für ihre Aktivierung bzw. Regulierung benötigt wird. Aus Fibroblasten stammendes DPP-IV und DPP-II nehmen an Zell-Kollagen-Interaktionen im Parodont teil. Außer von körpereigenen Zellen werden Dipeptidylpeptidasen auch von Bakterienzellen produziert. Mutanten von *P. gingivalis* ohne DPP-IV erwiesen sich im Tierexperiment als weniger virulent.

10.5.3 Immunologische und phlogogene Mechanismen

10.5.3.1 Die Rolle der an der Entzündung beteiligten Zellen

Diese sind sowohl myeloischer als nicht-myeloischer Herkunft. Es sind die **Makrophagen** (Mϕ), welche als erste auf die Anwesenheit von Bakterien reagieren und bei parodontalen Entzündungen die **modulierende Rolle** spielen (Abb. 10.6).

Das Zytokin IL-4 hemmt die Aktivität der Mϕ und bewirkt deren Apoptose*, auch im chronisch entzündeten marginalen Parodont. Es reguliert bei den Mϕ die Expression von CD14 nach unten und hemmt ebenso die Freisetzung von $PG\text{-}E_2$ und MMPs. Neuere Forschungsergebnisse weisen auf einen lokalen Mangel an bzw. Abwesenheit von Interleukin-4

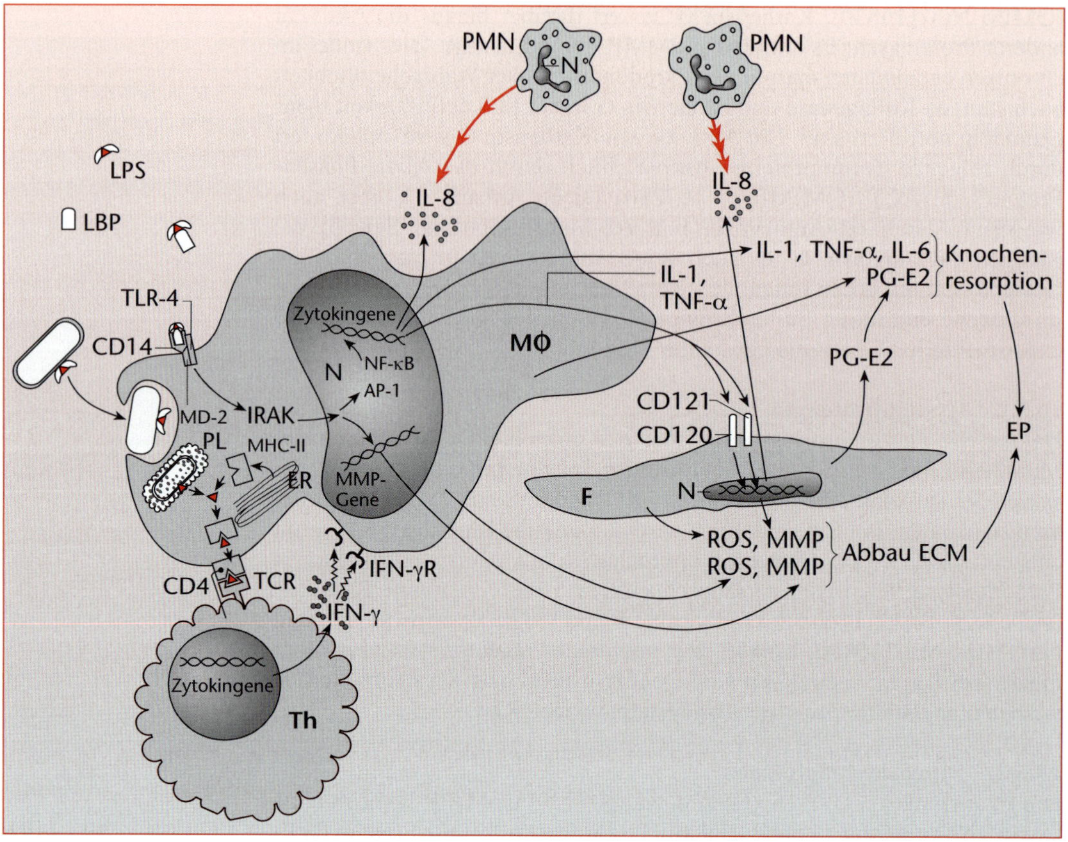

bildenden T-Zellen bei Parodontitispatienten hin: Das fehlende IL-4 bewirkt vermehrte Gewebedestruktion, da mehr PG-E2 und MMPs freigesetzt werden können und verhindert die Remission (reparative phase) einer aktiven parodontalen Läsion (vergleiche das Schema auf Seite 391, Hypothese C). Auch die verminderte Reaktivität von Blutmonozyten mit mikrobiellen Hitzeschockproteinen* (Hsp) ist als Risikofaktor für Parodontitis anzusehen.

Mastzellen werden im entzündeten Parontalgewebe in ähnlichen Mengen vorgefunden wie Mϕ. Da auch die Mastzellen als antigenpräsentierende Zellen auftreten können und MMPs in ihre Umgebung ausschütten, wird ihnen eine Rolle in der Pathogenese chronischer Parodontitiden beigemessen. Diese dürfte jedoch ambivalent sein, da die Zellen nicht nur die genannten MMPs, sondern auch das Zytokin TGF-β_1 bilden, welches zwar eine ausgeprägte chemotaktische Wirkung auf ebenjene Mastzellen entfaltet, gleichzeitig aber ihre Aktivität dämpft.

Wie oben beschrieben, führt die Aktivität der Makrophagen zur Ausschüttung gewebsschädigender Produkte und zu erhöhter Migration von **neutrophilen Granulozyten** (PMN) ins Parodont. Diese sind in jedem Fall, trotz der von ihnen freigesetzten gewebeschädigenden Produkte (siehe Kap. 2.5.3) per Saldo für das Parodont protektiv. Patienten mit defi-

Abb. 10.6 Zentrale Rolle der Monozyten/Makrophagenzellreihe (Mϕ) bei marginaler Parodontitis. Aus dem Plaque-Biofilm werden kontinuierlich mikrobielle Zellwandfragmente freigesetzt. LPS*, der bedeutendste Virulenzfaktor gramnegativer Bakterien, penetriert in die Gingiva und wird durch das Akute-Phasen-Protein* LBP gebunden. LPS-LBP wird von mehreren Rezeptor (-komplexen) erkannt, darunter CD14/MD-2/TLR-4 und das β2-Integrin* CD11c/CD18 (CR4, nicht abgebildet). Nach erfolgter Signalübertragung* (via TLR-4) werden:

1. Transkriptionsfaktoren* (darunter AP-1 und NF-κB) aktiviert, welche Synthese und Freisetzung von Zytokinen auslösen. Prostaglandine (PG-E2), Proteasen* (MMPs) und reaktive Sauerstoff-Moleküle (ROS) werden ebenfalls durch die aktivierten Makrophagen ausgeschüttet.
2. Zytokine freigesetzt (vergleiche Abb. 10.2). Generell gelten Makrophagen als leistungsfähige „Zytokinfabriken“. Das freigesetzte IL-8 hat eine stark chemotaktische und aktivierende Wirkung auf PMN. Die ausgeschütteten TNF-α und IL-1β werden an örtliche Fibroblasten (F) gebunden (via ihre Rezeptoren CD120 bzw. CD121). Auch die Fibroblasten sezernieren daraufhin PG-E2, MMPs und Interleukin-8. PG-E2 wird von den Fibroblasten in größeren Mengen freigesetzt als von Makrophagen und lösen zusammen mit IL-1β, TNF-α und IL-6 die entzündliche Knochendestruktion aus. Die MMPs zerstören die extrazelluläre Matrix (ECM*) durch Kollagenolyse.
3. die Phagozytosebereitschaft der Makrophagen erhöht. Einige der phagozytierten Antigene* binden an MHC*-II. Diese Komplexe werden daraufhin an die Zelloberfläche geführt und T-Lymphozyten präsentiert. Die via Antigenpräsentation aktivierten T-Zellen sezernieren nicht nur IFN-γ, was zur weiteren Makrophagenstimulation (intrazelluläre Synthese von mehr MHC-II und TNF-α) führt, sondern vermitteln über die B-Zell-Aktivierung auch die Antikörperbildung. Die gegenseitige Aktivierung von Makrophagen und T-Zellen bewirkt den Lawineneffekt bei der akuten Entzündungsreaktion.
4. Endothelzellen in einen aktiven Zustand versetzt. Die endotheliale Stimulation führt - zusammen mit der Adhäsinexpression auf der Leukozytenoberfläche – zur leukozytären Diapedese (nicht hier, sondern in Abb. 10.2 abgebildet).

AP-1 = adaptor-related protein complex-1 (OMIM-Nr.: 603534, 603531, 603533 und 603535); CD120 = TNF-Rezeptor; CD121 = Rezeptor für Interleukin-1; EP = entzündliche Parodontolyse; ER = endoplasmatisches Reticulum; F = Fibroblast; IFN-γ = Interferon-gamma; IFN-γR = Rezeptor für IFN-γ (CDw119); IRAK = Interleukin-1 receptor-associated kinase-1 (OMIM-Nr.: 300283); LBP = LPS-bindendes Protein; LPS = Lipopolysaccharid; Mϕ = Makrophage; MD-2 = mit CD14 assoziierter LPS-Korezeptor (OMIM-Nr.: 605243); MMPs = Matrix-Metalloproteinasen; N = Nucleus (Zellkern); NF-κB = nuclear factor of kappa light chain gene enhancer in B-cells 1 (OMIM-Nr.: 164011); PL = Phagolysosom; PMN = polymorphkerniger neutrophile Granulozyt; ROS = reaktive Sauerstoff-Moleküle; TCR = T-Zell-Rezeptor; Th = T-Helferzelle; TLR-4 = Toll-like receptor-4 (OMIM-Nr.: 603030, siehe Toll-like Rezeptorproteine*).
OMIM: http://www.ncbi.nlm.nih.gov./omim/.

zienten PMN (beispielsweise bei Agranulozytose, zyklischer Neutropenie, LAD-1 oder Down-Syndrom) entwickeln als obligate Begleiterkrankung schwere marginale Parodontitiden (siehe Tab. 10.3).

Bei ansonst gesunden Personen mit aggressiver oder nekrotisierender Gingivoparodontitis liegen, u. a. bedingt durch unterschiedliche Methodiken, für einzelne PMN-Funktionen *in vitro* jedoch widersprüchliche Forschungsergebnisse vor. Insgesamt können derzeit den PMN von solchen Personen mit AP, die sonst gesund sind, nicht eine bestimmte Abnormität oder eine insgesamt herabgesetzte Phagozytosefähigkeit zugeordnet werden.

Die zelluläre Immunantwort beinhaltet außer der unspezifischen Aktivierung von Makrophagen, Mastzellen und PMN die nachfolgende Aktivierung der **Lymphozyten**. Diese kann sowohl antigenspezifisch (monoklonal) als auch polyklonal bzw. durch Mitogene* erfolgen. Beide Aktivierungswege führen dazu, dass auch Lymphozyten in grossen Stückzahlen im parodontalen Entzündungsinfiltrat anzutreffen sind. Virulenzfaktoren von mehreren mit Parodontitis assoziierten Mikroorganismen, darunter *P. gingivalis* und *A. (H.) actinomycetemcomitans*, sind befähigt, über Apoptose* die Zusammensetzung bzw. die Spezifität der Lymphozytenpopulation zu beeinflussen. Bei Gingivitis dominieren T-Lymphozyten, bei fortgeschrittenen Läsionen bzw. aktiven Taschen (Stellen mit momentan stattfindendem Verlust von Stützgewebe) die B-Zellen und Plasmazellen. Ihre Antikörperbildung ist der wesentliche Bestandteil der humoralen Antwort (siehe Kap. 10.5.3.2).

Von Bedeutung ist das quantitative Verhältnis Typ 1- versus Typ 2-Helferzellen. Ihre unterschiedlichen Zytokinrepertoires bilden die Basis für das attraktive und experimentell überprüfbare Modell der „Typ 1 versus Typ 2 Hypothese". Die Hypothese postuliert folgendes: Eingewanderte Th-Lymphozyten der Typen 1 und 2 sowie andere Entzündungszellen produzieren je nach Zelltyp und/oder externer Steuerung Zytokine, die mehrheitlich zum Typ 1 oder 2 gehören (siehe Kap. 2.5.1).

Überwiegen Typ 1-Zytokine im Gewebe, resultiert, so die Hypothese, eine Immunantwort, bei der Gewebeaufbau und -abbau im Gleichgewicht stehen. Das Ergebnis ist eine gingivitisbleibende Gingivitis oder – falls bereits eine marginale Parodontitis vorliegt – eine Situation ohne momentan stattfindenden Attachmentverlust. Überwiegen aber die von Th2-Zellen sezernierten Zytokine, so wird die Differenzierung von B-Lymphozyten, Plasmazellen (und die Bildung von nicht-protektiven Antikörpern), Osteoklasten und histolytischen Enzymen besonders gefördert, was zu einem Parodontitisschub mit Attachmentverlust führt. Das Th1/Th2-Para-

Unterschiedliche, zum Teil umstrittene Theorien beschreiben den möglichen Einfluss T-Lymphozytärer Zytokinrepertoires bzw. der Th1- und Th2-Zytokine auf die Verlaufsprogression bei marginalen Parodontitiden (Schema auf S. 391).

A. Resistenz in Bezug auf marginale Parodontitiden kann auf einer Th1-dominierten zellulären Immunabwehr mit ausgeprägter IFN-γ-vermittelter Makrophagenstimulierung und der Bildung von schützenden Antikörpern beruhen. Aus der Pathohistologie ist bekannt, dass sich bei progressiv verlaufenden marginalen Parodontitiden die Zusammensetzung des lokalen Entzündungsinfiltrates verändert: B-Lymphozyten und Plasmazellen dominieren, und es sind die Th2-Lymphozyten, welche die für die polyklonale B-Zell-Expansion erforderlichen Zytokine freisetzen. Die B-Zellen bilden nicht-protektive Antikörper sowie IL-1, ein Zytokin, welches Gewebedestruktion (Knochenresorption, Abbau von extrazellulären Matrixproteinen) initiiert.

B. Eine zweite Hypothese postuliert gerade das Umgekehrte:
- Th1-Lymphozyten fördern die Verlaufsprogression, indem sie – zusammen mit CD8-Lymphozyten (insbesondere NK-Zellen, sog. „natural killer cells") – das Zytokin IFN-γ ausschütten und hierdurch die Makrophagen aktivieren. Diese wiederum setzen große Mengen an IL-1 in ihrer Umgebung frei. Wahrscheinlich spielen auch die NK-Lymphozyten bei entzündlichen Parodontolysen eine Rolle. Besonders bei aggressiven Parodontitiden sind sie stärker im Entzündungsinfiltrat vertreten.
- Th2-Zellen bewirken eine Remission der parodontalen Entzündung, indem sie antiinflammatorische Zytokine produzieren (IL-4 und IL-10; beide unterdrücken die Freisetzung von IL-1 durch die Makrophagen) und die Bildung von protektiven Antikörpern vermitteln.

Für diese Theorie spricht die Beobachtung, dass bei pathologischen Prozessen mit entzündlichen Knochenresorptionen (außer Parodontitis z. B. auch rheumatoide Arthritis) große Mengen an Th1-Zellen vorhanden sind. Ursache: die Stimulierung von Endothelzellen durch IFN-γ bewirkt wohl die Diapedese von Th1-, aber nicht die von Th2-Lymphozyten.

C. Eine weitere Hypothese stellt die reduzierte Leistungsfähigkeit der Makrophagen (in Bezug auf die Freisetzung von Gewebedestruktion vermittelnden Mediatoren wie IL-1 und Prostaglandin-E2) unter Einfluss des Th2-Zytokins IL-4 in den Vordergrund. Mechanismus: Die Exprimierung des LPS-Rezeptors auf der Makrophagenzellwand (CD14, vergleiche Abb. 10. 6) wird durch IL-4 nach unten reguliert (nach GEMMELL et al. 2002).

↑ = Zunahme; ↓ = Abnahme; Th1-Zytokine: IL-2, IL-12, TNF-β, IFN-γ; Th2-Zytokine: IL-4, IL-5, IL-6, IL-10, IL-13

A.

Gingivitis
Th1
↓
Zell-vermittelte Immunität
↓
Starke unspezifische Immunantwort + Bildung von schützenden Antikörpern
↓
Stabile parodontale Läsion

Parodontitis
Parodontalpathogene Bakterien
↓
Th2
↓
Klonale B-Zell-Expansion
↓
Ungenügende unspezifische Immunantwort + Bildung von nicht-protektiven Antikörpern
↓
Progressiv verlaufende entzündliche Parodontolyse

B.

Gingivitis
Th2
↓
Bildung von spezifischen Antikörpern + antiinflammatorischen Zytokinen (IL-4, IL-10)
↓
↓ IL-1, ↑ IL-1ra
↓
Remission der parodontalen Entzündungssymptome

Parodontitis
Th1
↓
Proinflammatorische Wirkung
IFN-γ
↓
Makrophagenaktivierung
↓
↑ IL-1
↓
↑ Entzündliche Parodontolyse

C.

Gingivitis
↓
↑ IL-4
↓
Unterdrückung der Bildung von proinflammatorischen Zytokinen und Prostaglandin-E2 durch die Makrophagen + Makrophagenapoptose
↓
↓ Entzündliche Parodontolyse

Parodontitis
↓ IL-4
↓
Stimulierung der Freisetzung von proinflammatorischen Zytokinen und Prostaglandin-E2 durch Makrophagen
↓
↑ Entzündliche Parodontolyse

10.1 – 10.6

digma führte zu der Einordnung progressiv verlaufender marginaler Parodontitiden als „Th2-Erkrankung". Solche Parodontitiden sind generell gekennzeichnet durch die Anwesenheit von gramnegativen Bakterien und einem von B-Zellen dominierten Entzündungsinfiltrat. Bekannt ist, dass LPS von *Porphyromonas gingivalis in vivo* – per Apoptose* – Th1-Lymphozyten eliminiert, bevor eine spezifische Immunantwort überhaupt stattgefunden hat. Der B-Zelldominanz liegt darüber hinaus auch eine direkte, polyklonale B-Zell-Aktivierung durch gramnegative Zellwandantigene zugrunde.

Die Einordnung progressiv verlaufender marginaler Parodontitiden unter Th2-Erkrankung ist nicht unumstritten. Vielmehr wurde der Th1/Th2-Quotient unterschiedlich interpretiert, siehe Schemata (Seite 391).

Auch **non-myeloide Zellen**, darunter Endothelzellen, Epithelzellen (Keratinozyten/Langerhans-Zellen), Fibroblasten sowie vermutlich auch Osteoblasten, sind bei parodontalen Entzündungen involviert. Beispiele:

- Gingivale Epithelzellen exprimieren die β-Defensine hBD-1 und -2 (siehe EAP*).
- Im entzündeten Parodont kann PGHS (Cyclooxigenase, siehe Kap. 2.6.2.4) außer in Mϕ und Fibroblasten auch in Epithelzellen und Endothelzellen nachgewiesen werden, was darauf hindeutet, dass auch letztgenannte Zellarten bei Parodontitis eine Prostaglandinquelle darstellen und somit an der entzündlichen Parodontolyse beteiligt sind.
- Parodontalpathogene Bakterien können Epithelien invadieren. Hierzu müssen sie zuerst eine Vorleistung erbringen, indem sie dazu benötigte Proteine synthetisieren. Epithelzellen sind befähigt, durch ihren direkten Kontakt mit Bakterien auf deren Chromosomen bestimmte Regionen (sog. pathogenicity islands*) zu aktivieren, welche das Bakterium zur Proteinsynthese* veranlassen bzw. ihm pathogene Eigenschaften verleihen (siehe Gentransfer*).

10.5.3.2 Die Rolle der Effektormoleküle des Immunsystems

Nachfolgend wird auf die Rolle der Immunglobuline, der Zytokine, der Mediatoren und des Komplements eingegangen. Diverse Studien haben gezeigt, dass Parodontitispatienten beträchtliche Mengen an Antikörpern gegen mit Parodontitis assoziierte Keime bilden. Sowohl bei aggressiven als auch bei chronischen Parodontitiden ist an erster Stelle das Opsonin IgG2 von Bedeutung, da es vor allem diese Antikörper-Subklasse ist, welche mit gramnegativen Zellwandantigenen reagiert (vergleiche Abb. 10.1). Folgende Tatsachen belegen die schützende Wirkung von IgG2:

- Die IgG2-Serumtiter bei Patienten mit lokalisierter aggressiver Parodontitis sind höher als die bei Patienten mit der generalisierten Form der Erkrankung.
- Bei Rauchern ist der IgG2-Serumtiter gegenüber Nichtrauchern herabgesetzt. Gleichzeitig weisen Raucher eindeutig eine höhere Anfälligkeit für Parodontitis auf.

Komplementaktivierung, Neutralisierung bakterieller Toxine und/oder gewebelysierender Proteasen* und die Förderung der Phagozytose mittels Opsonierung zählen zu den protektiven Mechanismen der Antikörper.

Antikörper können auch die Adhäsion und damit die Kolonisierung von Mikroorganismen beeinflussen: Spezifische, an Fimbrien* bindende Immunglobuline (sIgA) sind in der Lage, deren Kolonisierung auf Epithel zu verhindern (Abb. 10.7).

Hohe Ig-Serumtiter bedeuten lediglich die Erkennung der Keime durch das Immunsystem (aber noch keine Milderung der entzündlichen Parodontolyse) bzw. implizieren nicht automatisch, dass vor Ort (im entzündeten Parodontalgewebe) auch genügend Immunglobuline vorhanden sind, da:

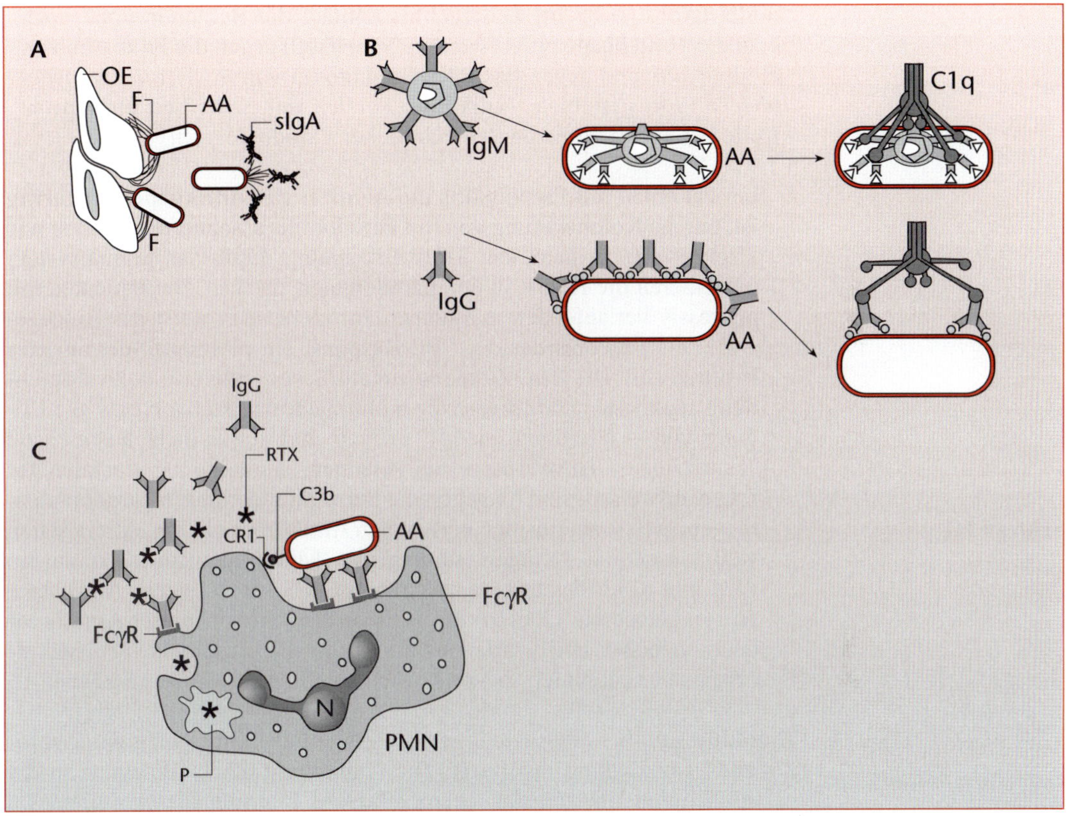

Abb. 10.7 Schützende Wirkung von Antikörpern, beispielsweise gegen *A. (H.) actinomycetemcomitans* (AA) gerichtete Antikörper:

A: Hemmung der Bindung von *A. (H.) actinomycetemcomitans* an orale Epithelzellen (OE) urch spezifische, gegen Fimbrien-Adhäsine (F) gerichtete sIgA-Antikörper. Auf diese Weise wird die Kolonisierung von AA unterdrückt.

B: Komplementfixierung (klassischer Weg). Der klassische Weg der Komplementaktivierung wird durch die Bindung von C1q an Antikörper auf der Bakterienoberfläche initiiert (siehe Kap. 2.6.2.2). Pentamere, plane IgM-Moleküle binden an Antigene* auf der Oberfläche des Bakteriums und nehmen eine Krampenkonformation an, was die Bindung von globulären Köpfen von C1q an seine Fc-Fragmente ermöglicht. Da viele IgG-Moleküle gleichzeitig an der bakteriellen Oberfläche binden, kann ein C1q-Molekül sich an zwei oder mehr Fc-Fragmente dieser Antikörper anheften.

C: Neutralisierung des RTX-Leukotoxins (siehe Kap. 10.4.2.2) und Förderung der Phagozytose* durch PMN oder Makrophagen mittels Anlagerung von IgG an dem Toxin und an den Keimen via FcγR. Einzelne Komplementproteine (C3b) sind ebenfalls zur Opsonierung befähigt.

C3b = Komplementbruchstück; CR1 (CD35) = Komplementrezeptor-1; FcγR = Rezeptor für IgG; IgG, IgM = Immunglobulin G bzw. -M; N = Nucleus (Zellkern); P = Phagosom; PMN = polymorphkerniger neutrophiler Granulozyt; sIgA = sekretorisches Immunglobulin A.

- mit Parodontitis assoziierte Keime fähig sind, mit ihren Proteinasen Immunglobuline enzymatisch abzubauen. Dies wird mit als Ursache für den lokalen Antikörpermangel, welcher mit dem Entzündungszustand des Parodonts korreliert ist, herangezogen.

Merke:
Parodontitispatienten bilden nicht nur die Keime opsonierenden Antikörper, sondern auch spezifisch gegen die mikrobiellen Proteasen* gerichtete Antikörper. Dementsprechend werden auch gegen das Leukotoxin von *A. (H.) actinomycetemcomitans* gerichtete Antikörper gebildet (Abb. 10.7). Im Endergebnis können die Bakterien doch noch opsoniert und phagozytiert werden. Spezifisch gegen die Proteasen von *P. gingivalis* und gegen das RTX-Leukotoxin von *A. (H.) actinomycetemcomitans* gerichtete Antikörper spielen mit Sicherheit eine große Rolle bei der Eingrenzung entzündlicher Parodontolysen.

- bei Patienten mit Parodontitis die **Avidität der Antikörper zu gering** ist, um die Kolonisierung von mit Parodontitis assoziierten Keimen wie *P. gingivalis* zu hemmen: Trotz Erkennung durch das Immunsystem persistieren die Keime in den parodontalen Taschen. Bei Patienten mit aggressiv verlaufenden marginalen Parodontitiden weist das Bindegewebe, als Ergebnis der o.g. Th2-Respons, ein plasmazell-dominiertes Infiltrat auf: Die Th2-Zytokine unterdrücken zellvermittelte Entzündungsreaktionen und fördern die humorale Immunantwort bzw. die Bildung von – allerdings niedrig affinen und somit nicht ausreichend schützenden – Antikörpern. Bei Personen, die keine parodontalen Taschen aufweisen, sind hingegen die Serumtiter der gegen parodontalpathogene Mikroorganismen gerichteten Antikörper niedrig. Allein schon weil wesentlich weniger subgingivale Mikroorganismen vorhanden sind, gibt es für das Immunsystem nicht den Anreiz, solche Antikörper zu synthetisieren. Gleichzeitig ist aber die Avidität dieser Antikörper deutlich höher und werden in der Folge die entsprechenden Mikroorganismen eliminiert, bevor sie sich subgingival etablieren können.

Sektion III

Zytokine sind bei allen wichtigen Vorgängen der Entstehung einer parodontalen Entzündung involviert: Die Anbindung der Leukozyten an die subepithelialen Endothelien, chemotaktische Führung dieser Zellen von den Gefäßen in Richtung Biofilm, Aktivierung der immuninflammatorischen Zellen, Differenzierung von B-Zellen in antikörperproduzierende Plasmazellen sowie Knochen- und Attachmentabbau. Zu den parodontitisrelevanten Zytokinen zählen vor allem die Interleukine IL-1, -6, -8 und -10 sowie TNF-α und MCP-1. Weitere Zytokine, welche im Laufe einer parodontalen Entzündung freigesetzt werden können, sind das CXC-Chemokin IP-10 und die CC-Chemokine MIP-1α, MCP-1 und RANTES. All diese Proteine sind im Anhang 3 beschrieben. Freigesetzt werden diese Zytokine durch die an der Entzündung beteiligten Zellen, insbesondere die Zellen der unspezifischen Abwehr, als Reaktion auf die Akkumulation von Bakterien in der subgingivalen Region. Deren Lipopolysaccharide* aktivieren den Transkriptionsfaktor* NF-κB und setzen so die Genexpression* der meisten dieser Zytokine in Gang (Abb. 10.8).

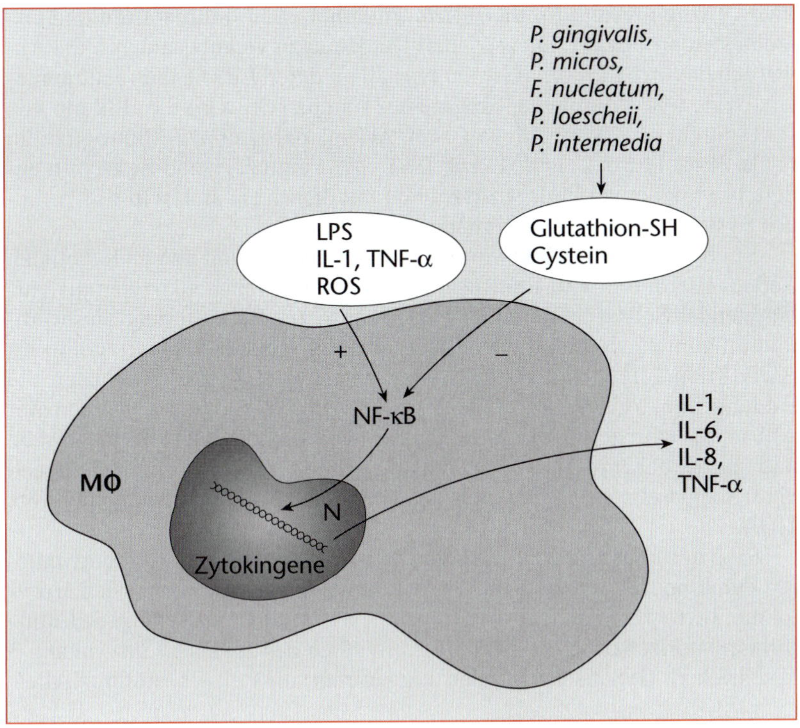

Abb. 10.8 In Zellen der Monozyt/Makrophagen-Reihe (Mϕ) führt die Bindung des Transkriptionsfaktors* NF-κB (Nuclearfaktor kappa B) an die DNA zur Genexpression* proinflammatorischer Zytokine (darunter IL-1, IL-6, IL-8 und TNF-α). NF-κB wird aktiviert durch eine Reihe von Mediatoren, welche die Signalübertragung* in der Zelle auslösen (vergleiche Abb. 2.17B). Reaktive Sauerstoff-Moleküle (ROS) werden inaktiviert (und damit die Freisetzung der Zytokine blockiert) durch Glutathion-SH (siehe Respiratory burst*) und durch N-Acetylcystein. Orale Mikroorganismen, insbesondere sulphat-reduzierende Bakterienarten (*Fusobacterium nucleatum, Peptostreptococcus micros, Prevotella loescheii, Prevotella intermedia* und *Porphyromonas gingivalis*) metabolisieren Glutathion-SH und Cystein und verhindern so die Blockierung der NF-κB-vermittelten Bildung proinflammatorischer Zytokine. Diese Keime liefern so indirekt einen – weiteren – Beitrag zur entzündlichen Parodontolyse. N = Nucleus (Zellkern).

10.1 – 10.6

Die parodontitisrelevanten Zytokine sollen hier kurz besprochen werden. Generell ist parodontal entzündetes Gewebe charakterisiert durch große Mengen an Prostaglandin (darunter PG-E_2) und MMPs (darunter Kollagenase) sowie hohe Konzentrationen der Zytokine **IL-1β** und **TNF-α**. Für IL-1 und TNF konnte *in vivo* eine pathologische bzw. gewebelysierende Rolle nachgewiesen werden. Im gesunden Parodontalgewebe hingegen herrschen IL-4, IL-10, TGF-β, IL-1ra und die MMPs antagonierenden TIMPs vor.

Das IL-1-System besteht aus drei Liganden* (IL-1α, IL-1β, IL-1ra) und zwei Rezeptoren (IL-1R_I und IL-1R_{II}). Die biologischen Effekte von IL-1α und IL-1β (von jetzt an „IL-1") sind sehr ähnlich. Sie entfalten ihre Effekte auf Zellen, indem sie an einem Rezeptorprotein binden. Auch IL-1ra kann an IL-1R binden, löst dabei jedoch kein biologisches Signal aus. IL-1 wird im Parodont insbesondere von Makrophagen, aber auch von

PMN, Lymphozyten, Epithelzellen, Endothelzellen, Fibroblasten und Osteoblasten produziert. Diese Zellen werden dazu veranlasst durch die Anwesenheit von Mikroorganismen (vor allem deren LPS*), Gewebetraumata, Toxine und Komplementfragmente. Unterdrückt wird die Bildung von IL-1 durch eine Vielzahl von Substanzen, darunter α2-Makroglobulin (siehe Kap. 10.5.2.2) und IL-1ra. IL-1 selbst induziert eine Reihe von anderen Zytokinen und bildet zusammen mit diesen ein sich selbst steuerendes System, das sog. Zytokinnetzwerk.

Ein biologischer Effekt von IL-1 ist die Aktivierung von endothelialen Zellen. Hierdurch wird intravasal die Anhaftung von Leukozyten als vorbereitender Schritt zu deren Diapedese bzw. zur Rekrutierung dieser immuninflammatorischen Zellen hin zu einem Entzündungsort gefördert (siehe Abb. 2.18B und 10.2). Weiter induziert IL-1 in Fibroblasten die Bildung von MMPs und PG-E2 (siehe Abb. 10.6). Somit werden der Abbau der extrazellulären Matrix* bzw. von parodontalem Bindegewebe und die Knochenresorption nachhaltig stimuliert. IL-1 nimmt demnach eine Schlüsselstellung bei der entzündlichen Parodontolyse ein (Abb. 10.9).

Eine der wichtigsten Wirkungen von IL-1 ist die Beeinflussung anderer Zytokine: Es induziert die Freisetzung der proinflammatorischen Zytokine IL-6, IL-8 und GM-CSF und es hemmt die Bildung des antiinflammatorischen IL-10. Weitere Aktivitäten des IL-1 sind im Anhang 3 beschrieben. Genetische Studien suggerieren, dass eine bestimmte Allel-

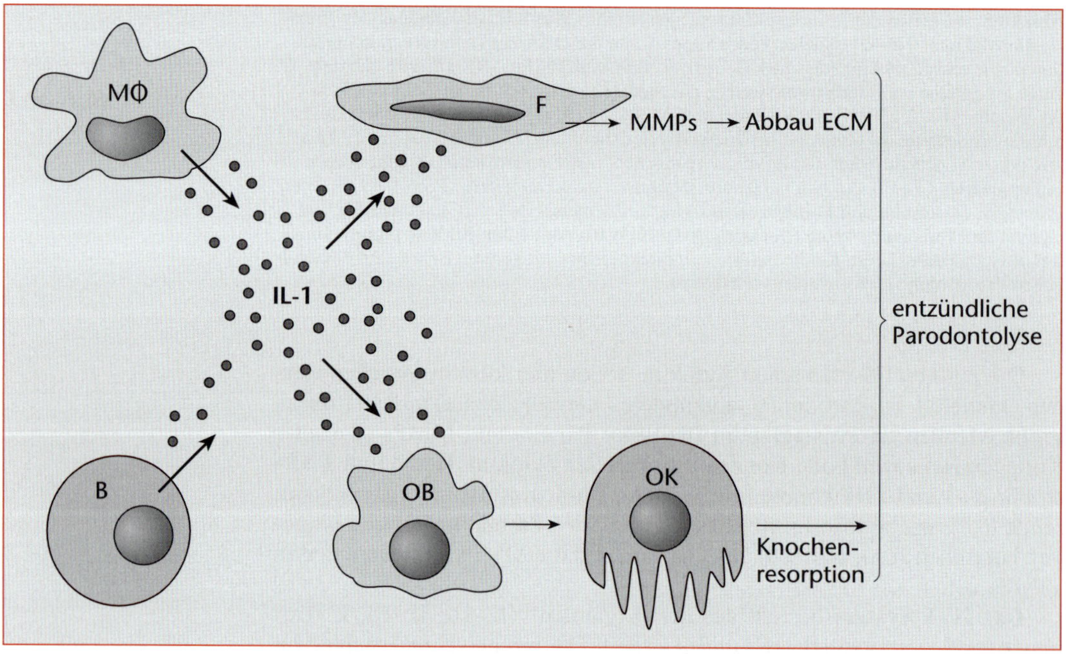

Abb. 10.9 Abbildung 10.9. Von Makrophagen (Mϕ) und B-Zellen sezerniertes Interleukin-1 als bedeutendes Zytokin bei der Entzündungskaskade im marginalen Parodont. Insbesondere die durch IL-1 veranlasste Freisetzung von Kollagenase und die Stimulierung der Knochenresorption sind bei der entzündlichen Parodontolyse essenziell.
B = B-Lymphozyt; ECM = extrazelluläre Matrix*; F = Fibroblast; IL-1 = Interleukin-1; Mϕ = Makrophage; MMPs = Matrix-Metalloproteinasen (darunter Kollagenasen); OB = Osteoblast; OK = Osteoklast

variation (Allel*) beim IL-1-Gen assoziiert ist mit einer 4fachen Zunahme der IL-1β Produktion und mit Parodontitis bei Nichtrauchern korreliert ist (siehe Kap. 10.3).

Interleukin-6 ist an sich ein multifunktionelles Zytokin. Seine biologischen Effekte werden durch einen Rezeptor vermittelt, der aus zwei Polypeptidketten besteht (p80 = CD126 und gp130 = CD130). CD126 bindet IL-6 und dieser Komplex wiederum bindet daraufhin an CD130, was eine Signalübertragung* auslöst. IL-6 wird von Makrophagen, PMN, Lymphozyten, Fibroblasten, Endothelzellen, Epithelzellen und Knochenzellen synthetisiert. Es erhöht die Anzahl der Osteoklasten und deren Vorläuferzellen und stimuliert auf diese Weise (zusammen mit IL-1, PG-E_2 und TNF-α) die Knochenresorption. Gleichzeitig hemmt es die Aktivität der Osteoblasten und somit die Knochenneubildung. Somit ist auch IL-6 direkt an der entzündlichen Parodontolyse beteiligt.

Tumornekrosefaktor-α wird von stimulierten Makrophagen, PMN, Lymphozyten und Mastzellen synthetisiert. Er interagiert mit zwei Membranrezeptoren (CD120a und CD120b) und ihren löslichen Formen. Viele biologische Aktivitäten von TNF-α ähneln denen von IL-1: Aktivierung endothelialer Adhäsine, Freisetzung gewebelysierender Enzyme, Förderung der Knochenresorption und Hemmung der Knochenneubildung. Außerdem fördert TNF-α die Freisetzung von ET-1, einem (u. a. von Endothelzellen gebildeten) Entzündungsmediator mit ausgeprägter vasoaktiver und mitogener Aktivität (vergleiche Tab. 10.2).

Interleukin-8 wird bei Anwesenheit von subgingivalen Mikroorganismen gebildet. Diese regen benachbarte Makrophagen und Epithelzellen sowie bereits im Sulkus bzw. in der parodontalen Tasche befindliche PMN dazu an, u. a. dieses Chemokin in ihrer Umgebung auszuschütten. Dadurch entsteht ein Konzentrationsgradient zwischen Sulkus und subepithelialen Gefäßen, der als Leitschiene für die Rekrutierung neuer PMN dient. Mit dem Fortschreiten der bakteriellen Infektion werden zunehmend auch die im subepithelialen Bindegewebe lokalisierten Zellen (Makrophagen, Fibroblasten, Endothelzellen) zur Sekretion von IL-8 stimuliert und der Konzentrationsgradient geht verloren. Die Folge ist, dass PMN nun auch im subepithelialen Gewebe akkumulieren und auch hier zahlreiche Entzündungsmediatoren und Enzyme freisetzen. Letztgenannte tragen wesentlich zur entzündlichen Parodontolyse bei.

10.1 – 10.6

Interleukin-10 wird u. a. von T-Lymphozyten produziert und ist immunsuppressiv, indem es bei Monozyten und PMN die Bildung von proinflammatorischen Zytokinen hemmt und die Expression wichtiger Oberflächenrezeptoren bei ihnen unterdrückt. Hinzu kommt die Tatsache, dass IL-10 die Expression von MHC*-II bei Makrophagen und Langerhans-Zellen (und somit ihre antigenpräsentierende Funktion) unterdrückt, nicht aber bei B-Zellen und dendritischen Zellen. Über IL-10 wird gemutmaßt, dass es marginale Parodontitiden kontrolliert bzw. ihre Progression bremst (siehe die Schemata auf Seite 391, Hypothese B).

MCP-1 ist ein β- bzw. CC-Chemokin und wird vor allem von Makrophagen und Endothelzellen, aber u. a. auch von PMN, Lymphozyten, Epithelzellen, Fibroblasten und Osteoblasten gebildet. Es wirkt chemotaktisch und aktivierend auf Monozyten und Lymphozyten, jedoch nicht auf PMN. Im Parodont rekrutiert und aktiviert es subepithelial lokalisierte

Makrophagen. Über die Rekrutierung von Osteoklastenvorläuferzellen ist es an Knochenabbauprozessen beteiligt. Bei Patienten mit marginaler Parodontitis unterdrücken erhöhte Mengen von MCP-1 und PG-E_2 die Bildung von **IL-12** durch antigenpäsentierende Mϕ, was die Induzierung von Th2-Zellen bzw. eine erhöhte Verlaufsprogression der entzündlichen Parodontolyse zur Folge hat (siehe Kap. 10.5.3.1). Im Laufe einer erfolgreichen Parodontalbehandlung ändern sich die antigenpräsentierenden Mϕ phänotypisch: Sie bilden wieder mehr IL-12 und weniger MCP-1.

RANTES, ebenfalls ein CC-Chemokin, wird bei Patienten mit unbehandelten marginalen Parodontitiden in großen Mengen aus Monozyten freigesetzt und scheint – durch Unterdrückung der Th2-Respons – die entzündliche Parodontolyse nach unten zu regulieren. Im Gegensatz zu MCP-1 bleibt die Bildung von RANTES auch nach erfolgreicher Parodontalbehandlung hoch, was eine mögliche Rolle als Markerprotein bei der Ermittlung des individuellen Parodontitisrisikos impliziert.

Prostaglandine, insbesondere PG-E_2 und Leukotrien-B_4, sind für die Pathogenese der Parodontitiden relevante **Arachidonsäuremetaboliten**. LT-B_4 ist ein potentes Chemotaxin für PMN. Dem Prostaglandin-E_2 wird eine wichtige Rolle beim parodontalen Attachmentverlust und bei der parodontalen Knochendestruktion beigemessen, indem es die Knochenresorption fördert und Knochenneubildung hemmt. Im entzündeten Parodont bilden insbesondere die Fibroblasten, aber auch Makrophagen die hauptsächlichsten Prostaglandinquellen. Vor allem die Anwesenheit von Lipopolysacchariden* sowie der Zytokine IL-1β und TNF-α aktivieren diese Zellen und setzen den Arachidonsäuremetabolismus in Gang (siehe Abb. 10.6). Monozyten/Makrophagen von parodontitis-anfälligen Patienten sind dadurch gekennzeichnet, dass sie mehr PG-E_2 als die Makrophagen von Personen mit „resistentem" Parodont freisetzen. Regelmäßiger Nikotinkonsum bei gleichzeitigem Vorliegen einer marginalen Parodontitis erhöht die Freisetzung von PG-E_2 abermals. Diese Tatsache ist einer der vielen Gründe, weshalb Raucher in Bezug auf Parodontitis als Risikopatienten einzustufen sind.

Sektion III

Das **Komplementsystem** ist selbstverständlich bei marginalen Parodontitiden von Bedeutung. Seine Hauptaufgaben bestehen in der Rekrutierung und Aktivierung von Entzündungszellen sowie in der Opsonierung von Bakterien. Insbesondere für die Phagozytose* von *A. (H.) actinomycetemcomitans* ist Komplement unentbehrlich.

Parodontalpathogene Keime aktivieren z. B. via ihr LPS* den alternativen Weg des Komplements. Sind hohe Serumantikörpertiter gegen bestimmte Bakterien vorhanden, wird auch der klassische Weg aktiviert. Im entzündeten Parodont findet somit auf jeden Fall eine lokale Komplementfixierung statt, wobei die genetisch sehr variabel determinierten Faktoren B, C2 und C4 sehr unterschiedliche Entzündungsverläufe auslösen (Komplementregulierung*). Diesbezügliche Unterschiede widerspiegeln die Schwere einer marginalen Parodontitis.

Weitere Mediatorproteine sind bei parodontalen Entzündungen involviert: PAF, Histamin*, Plasmin, Stickstoffoxid etc (siehe Kap. 2.6.2.5). Neuropeptide beeinflussen via der psycho-neuro-immunologische Achse wahrscheinlich den Parodontitisverlauf. Insbesondere bei nekrotisierenden und schweren chronischen Parodontitisformen bildet der Gemütszustand eine ätiologische Teilkomponente, welche die Wirtsabwehrfaktoren negativ beeinflusst.

Klinisch schnell ermittelbare Parameter wie Sondierungstiefe und phlogogene Aktivität (Blutungsneigung) haben in Bezug auf den gerade oder zukünftig stattfindenden Abbau von parodontalem Stützgewebe einen nur geringen positiven Voraussagewert. Mit Hilfe von qualitativen und quantiativen Nachweisen von Zytokinen, Prostaglandinen oder anderen der behandelten Mediatorproteine in der Sulkusflüssigkeit sollte dies genauer eingeschätzt werden können (siehe Kap. 10.6.1).

10.6 Orale Immunologie/Mikrobiologie und klinische Parodontologie

Es werden gegenwärtig weltweit größte Anstrengungen unternommen, um das gewaltige – in diesem Kapitel nur auszugsweise präsentierte – Wissen über die molekulare Pathogenese marginaler Parodontitiden klinisch zu nützen. Insbesondere sollen aussagekräftigere diagnostische Methoden und innovative, mehr kausale Behandlungskonzepte bzw. hochselektive Chemotherapeutika entwickelt werden.

10.6.1 Diagnostische Implikationen

Forschungsergebnisse haben bewiesen, dass erfolgreiche Parodontitisbehandlungen nicht nur mit klinisch reduzierten Sondierungstiefen und verminderter phlogogener Aktivität, sondern auch mit der Eliminierung von Keimen wie *P. gingivalis* und *A. (H.) actinomycetemcomitans* zusammenhängen. Die Eliminierung dieser Bakterien mit konventionellen Behandlungsmethoden (subgingivale Reinigung, Scaling und Wurzelglätten) ist klinisch ein äußerst anspruchsvolles Unterfangen. Bei früh einsetzenden aggressiven oder klinisch therapieresistenten Parodontitiden ist es wichtig zu wissen, ob die Erkrankung im Zusammenhang steht mit diesen Keimen. Diese Information hat Einfluss auf den Entscheid für eine zusätzliche Therapie durch Antibiotika und auf die Wahl eines solchen Medikamentes.

Mikrobiologische Tests werden in Kap. 15 beschrieben und können in verschiedenen Behandlungsphasen wichtig sein: für die initiale Diagnose, zur Reevaluation nach Ende der aktiven Behandlungsphase oder während der Recallphase. Da *P. gingivalis* und *A. (H.) actinomycetemcomitans* grundsätzlich übertragbar sind, kann die mikrobiologische Testung der Partner, Kinder oder Geschwister von Patienten mit früh einsetzenden Parodontitiden indiziert sein, um frühe Stadien der Erkrankung bei anfälligen Personen zu erkennen.

Wirtsbezogene diagnostische Tests verwenden Markermoleküle entzündlicher, immunologischer, metabolischer oder reparativer Prozesse. Die vielversprechendsten Quellen für diese Tests sind das Blutserum und insbesondere die Sulkusflüssigkeit. Letztgenannte kommt aus dem Blutkreislauf durch die entzündeten Parodontalgewebe in den Sulkus und enthält deswegen jene Biomoleküle, die in den pathologischen Prozess involviert bzw. ätio-pathogenetisch bedeutsam sind. Während der Phagozytose* und Degranulation setzen PMN große Mengen an Granulainhaltsstoffen und lysosomalen Enzymen frei (siehe Kap. 2.5.3). Nicht nur viele dieser PMN-Produkte, sondern auch Antikörper, Zytokine, Arachidonsäuremetaboliten und sonstigen Mediatorproteine wurden auf ihre Eigenschaft als Markierungsprotein in der Sulkusflüssigkeit untersucht. Sulkusfluiduntersuchungen sind zum Teil mit den gleichen Fehlern wie die Speicheluntersuchungen behaftet (siehe Kap. 3.2). Zudem können Blut und Speichel die Ergebnnisse verfälschen und es muss bedacht werden, dass beispielsweise die momentane biologische Aktivität eines Zytokin nicht unbedingt mit seiner Konzentration in der Sulkusflüssigkeit zusammenhängen muss. Dennoch zeigen die durchgeführten Studien generell eine Assoziation zwischen dem Ausmaß marginaler Parodontitiden und den Konzentrationen der o.g. Proteine in der Sulkusflüssigkeit. Konzentrationserhöhungen sind in der Regel reversibel. Nach erfolgreicher Behandlung finden sich die Werte wieder im Normbereich. Die Verfahren sollten zu genetischen Screeningtests weiterentwickelt werden. Die Suche nach genetischen Polymorphismen (Allel*-Variationen) bei den genannten Mediatorproteinen ist im vollen Gang (vergleiche Tab. 10.2).

Die klinische Prognose bzw. die Behandlungsaussichten bei marginalen Parodontitiden sind in allererster Linie von der Ausprägung der lokalen Abwehrmechanismen abhängig. In der klinischen Parodontaldiagnostik kann die Qualität der lokalen Immunabwehr anhand des Verhältnisses zwischem dem klinisch ermittelten Attachmentverlust (bzw. entzündlicher Parodontolyse) und folgenden drei Parametern ermittelt werden:

Sektion III

- mikrobielle Reizung am marginalen Parodont: Wie ausgeprägt sind Verschmutzung (Plaque, Zahnstein, offene kariöse Läsionen) und iatrogene (restaurative) Reize? Je niedriger der Reiz/Destruktionsquotient, um so ungünstiger ist die Prognose.
- Alter des Patienten: Wie viele Jahre wurden für den diagnostisch ermittelten Attachmentverlust benötigt? Starke Parodontaldestruktion schon bei 20- bis 30jährigen Patienten deutet auf eine eingeschränkte Immunabwehr und ist prognostisch ungünstig.
- die parodontale Anamnese:
  1. Familienanamnese: Gibt es ein oder mehrere Verwandte mit frühzeitigen, parodontitisbedingten Zahnverlusten? Sämtliche an der Abwehr beteiligten Mediatoren sind Genprodukte. In Tab. 10.2 sind für die parodontale Prognose bedeutsamen genetischen Polymorphismen aufgelistet.
  2. Persönliche Anamnese: Wurden bereits Parodontalbehandlungen durchgeführt? In welchen zeitlichen Abständen wurden Prophylaxesitzungen und professionelle Zahnreinigungen durchgeführt? Welchen mundhygienischen Aufwand betreibt der Patient? Hohe phlogogene Aktivität (aktive, sezernierende Taschen) bzw. fortschreitender Verlust an parodontalem Stützgewebe trotz vorangegangener Parodontalbehandlungen und guter Mundhygiene bedeuten statistisch eine Verschlechterung der Prognose.

Die Ermittlung der anamnestischen Angaben ist zur Prognosestellung unbedingt erforderlich, da klinisch eine gingivitisbleibende Gingivitis nicht von einer sich zur Parodontitis weiterentwickelnden Gingivitis unterschieden werden kann.

Zusätzliche Parameter, welche die Prognose beeinflussen, sind:

1. Allgemeine Faktoren:
   - Motivierbarkeit des Patienten. Sie kann während der erste Behandlungsphase (Hygiene-Phase) abgeklärt werden.
   - Allgemeiner Gesundheitszustand: Bestimmte Allgemeinleiden fördern fakultativ oder obligat eine Parodontitis.
   - Psychische Spannungszustände erschweren nicht nur die Parodontalbehandlung, sondern verschlechtern auch die Prognose.
   - Das Rauchen von Zigaretten ist ein bedeutender ätiologischer Kofaktor bei marginalen Parodontitiden. Ebenso sprechen Raucher schlechter auf deren Behandlung an. Es sollte vor einer Parodontalbehandlung nach Möglichkeit abgeklärt werden, inwieweit der Patient bereit ist, auf Tabakkonsum zu verzichten.
2. Lokale Faktoren:
   - Erhöhte Zahnbeweglichkeit im Verhältnis zum röntgenologischen Knochenschwund, unter Berücksichtigung der Wurzelmorphologie (kurze, grazile Wurzeln sind prognostisch ungünstig). Nur relativ geringfügig erhöhte Zahnbeweglichkeit bei ausgeprägtem Knochenschwund ist prognostisch günstig.
   - Form und Lokalisation des Knochenschwundes: Seitenabbau ist prognostisch ungünstiger als Höhenabbau. Approximale Knochentaschen und Schwund in Furkationen sind schwerer zu beherrschen als Taschen fazial und oral.
   - Kariesbefall, Kariesaktivität. Lohnt sich langfristig eine Parodontalbehandlung, wenn das Gebiss kariös zu zerfallen droht? Hierbei muss bedacht werden, dass orale Biofilme im Laufe einer erfolgreichen Parodontalbehandlung ohnehin kariogener werden (siehe unten). **10.1 – 10.6**

Auf diesen Grundlagen soll erwogen werden, wie groß die Rezidivgefahr nach Durchführung der Behandlung sein könnte, welche Prognose vorliegt und was man dem parodontal erkrankten Patienten versprechen darf bzw. nicht versprechen soll. Beispiel: Stellt sich ein junger Patient mit AP vor, kann bei der heutigen Lebenserwartung (75-80 Jahre) nicht versprochen werden, dass er bis zum Lebensende keinen Zahnersatz braucht, auch dann nicht, wenn regelmäßige Recallsitzungen durchgeführt werden.

Parodontitis ist – im Vergleich zu Gingivitis – in geringerem Ausmaß kausal behandelbar. Grundsätzlich muss mit einem Rezidiv gerechnet werden, da eine ungenügende Wirtsabwehr im marginalen Parodont nicht behandelt werden kann. Rezidivgefahr besteht vor allem dann, wenn die Patienten nach der lokalmechanischen Therapie nicht „genügend" betreut werden, d. h. nicht regelmäßig Prophylaxesitzungen durchgeführt werden. „Genügend" ist in diesem Zusammenhang ein individueller, patientenbezogener Parameter: Bei Patienten mit günstigem Reiz-Destruktion-Alters-Verhältnis sind professionelle Zahnreinigungen nicht so häufig erforderlich wie bei Risikopatienten. Die Prophylaxesitzungen sind aufwendig. Im

Durchschnitt wird pro Sitzung bis zu einer Stunde benötigt. Es soll nicht nur eine exakte Zahnreinigung durchgeführt werden, sondern zuerst:

- exakt gesucht werden nach „Looser-sites", d. h. Parodontien mit fortschreitendem Attachmentverlust. Nicht nur ihre Sondierungstiefe, sondern vor allem ihre phlogogene Aktivität soll ermittelt werden. Hierbei soll bezüglich der aus den Sulci/Taschen austretenden Flüssigkeit die „Hierarchie" Exsudat-Blut-Pus beachtet werden.
- der kariologische Sanierungsgrad ermittelt werden. Bei aller Sorge für das Parodont soll keine kariöse Lasion übersehen werden. In der Regel steigt – bedingt durch eine Verschiebung innerhalb des Ökosystems bzw. durch die Verminderung der parodontalpathogenen Keimzahlen – die Keimzahl kariogener Mikroorganismen, insbesondere *S. mutans*, während Parodontalbehandlungen an. **Das basische Milieu in den Taschen weicht einem sauren supragingivalen, mehr kariogenen Plaque-Biofilm.** Insbesondere die (zu) späte Diagnose einer approximalen Wurzelkaries hat als Konsequenz eine Wurzelbehandlung oder gar eine Extraktion.
- in Bezug auf Mundhygiene eine Remotivation bzw. Reinstruktion durchgeführt werden.

10.6.2 Therapeutische Implikationen

Sektion III

Parodontitisbehandlungen zielen darauf ab, durch subgingivale Reinigung (Scaling und Wurzelglätten) die subgingivalen Biofilme zu eliminieren bzw. die pathogenen Mikroorganismen irreversibel zu schädigen. Dies stellt ein äußerst anspruchsvolles Unterfangen dar. Die Behandlung wird daher in bestimmten Fällen mit Antibiotika unterstützt. Weiter wird eine Regeneration der knöchernen und bindegewebigen Strukturen angestrebt.

Parodontitiden sprechen jedoch unterschiedlich auf diese lokal-mechanische Therapie an. Bei einem großen Teil der Patienten rezidivieren während der Erhaltungsphase mittelfristig einige Taschen und/oder Gingivablutungen. Generell ist diese Rezidivneigung statistisch assoziiert mit (1) zunehmendem Zeitabstand seit der aktiven Behandlung, (2) dem Behandlungsresultat nach Initialbehandlung, (3) Tabakkonsum, (4) dem zu Beginn diagnostizierten Schweregrad der Parodontitis und (5) nicht erfolgter korrektiver Behandlung nach Initialtherapie.

Als Ursache für die Rezidivtendenzen kommen außer Wirtsabwehrfaktoren (lokale Immunabwehr, systemische Erkrankung) eine neue Akquisition (z. B. erneute Keimübertragung vom Lebenspartner) von Bakterien wie *P. gingivalis* und (oder) *A. (H.) actinomycetemcomitans*, eher aber eine Neubesiedlung der Zahnhartsubstanzen mit solchen Keimen, ausgehend von einem intraoralen Reservoir, in Betracht. Zwei Beispiele:

1. eine Tasche, die nicht behandelt wurde oder wo es während der Behandlung nicht gelungen war, die pathogenen Biofilmbakterien zu entfernen.
2. ein belassener halb-retinierter Weisheitszahn mit einer Schleimhautkapuze. Hier finden sich in der Regel massenhaft Keime mit parodontalpathogenem Potenzial.

Von solchen Bakteriendepots schwemmen die Keime über den Speichel aus und kolonisieren sich bzw. reinfizieren die Parodontien erneut. Erklärlich sind daher die beachtliche Reduktion der subgingivalen Keimzahlen und die besseren klinischen Ergebnisse des „full mouth desinfection"-Konzepts nach QUIRYNEN, wobei innerhalb von 24 Stunden **sämtliche** parodontalen Taschen gereinigt werden. Der mögliche Zeitrahmen für die Vermehrung subgingivaler Bakterien bzw. die erneute Etablierung eines subgingivalen Biofilms würden allerdings einen etwas größeren Zeitrahmen zulassen: Werden durch die Behandlung einer Tasche (lokalmechanisch in Verbindung mit Chlorhexidinspülungen) die Keime vor Ort um 99% reduziert oder geschädigt, bleibt die Anwesenheit unbehandelter Parodontien vermutlich über 1-3 Tage ohne Auswirkung auf das Behandlungsergebnis.

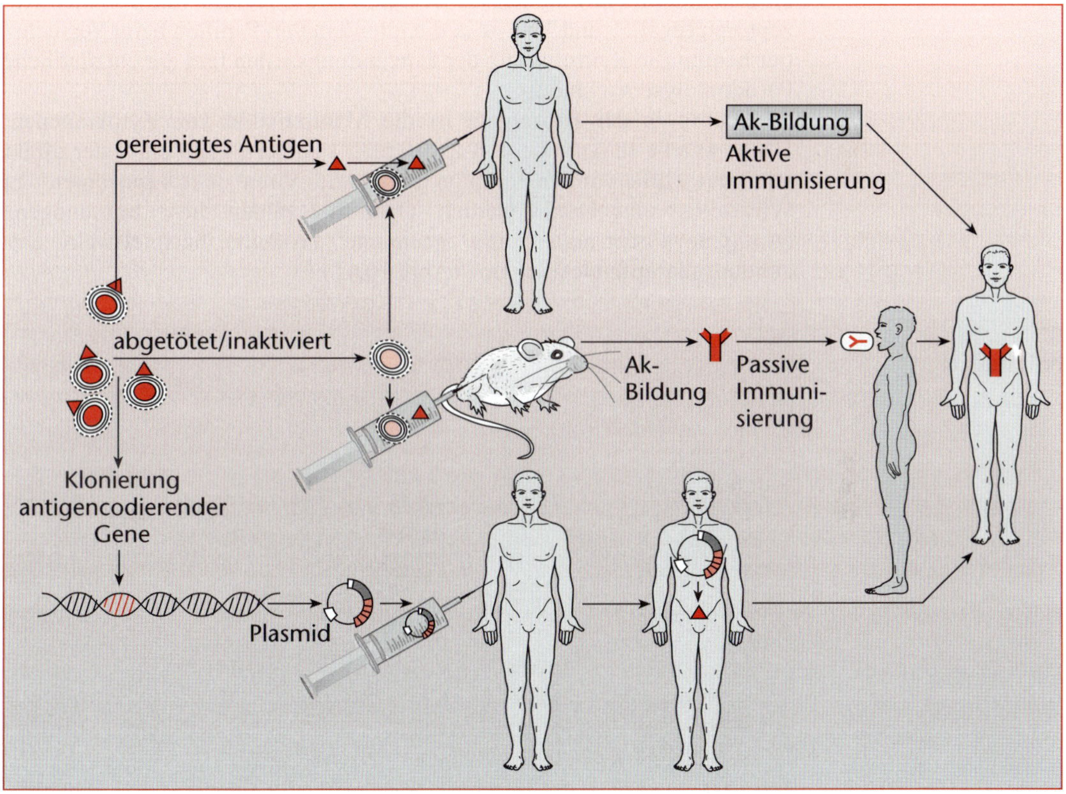

Abb. 10.10 Schematische Darstellung der Immunisierungsmöglichkeiten gegen marginale Parodontitis: aktive, passive und DNA-Immunisierung. Die aktive Immunisierung zielt darauf ab, durch Verabreichung von abgetöteten oder inaktivierten Mikroorganismen, einzelner ihrer Antigene* oder von synthetisch hergestellten Peptiden (beispielsweise auf Fimbrien*-Eiweiß basierend) die Immunreaktion zu verstärken. Bei der passiven Immunisierung werden bereits fertige Antikörper verabreicht. Bei der DNA-Immunisierung werden antigencodierende Gene* kloniert, in einen Vektor, beispielsweise ein Plasmid*, eingeführt und intramuskulär injiziert. Daraufhin startet die Antigenproduktion, welche die Bildung von Antikörpern provozieren soll. Sämtliche Verfahren erhöhen die Antikörpertiter im Serum. Ebenso hemmen sie Kolonisierung und Virulenz der pathogenen Bakterien. Sie lösen aber auch unerwünschte Reaktionen des Immunsystems aus. Aktive Immunisierung mit Fimbrien* von *P. gingivalis* hemmt die entzündliche Parodontolyse nachhaltig und scheint ein erfolgversprechender Ansatz.

Die meisten Patienten mit Parodontitis können jedoch erfolgreich behandelt werden: die phlogogene Aktivität und der weitere Verlust an parodontalem Stützgewebe können dauerhaft innerhalb gewisser Grenzen gehalten werden. Aggressive Parodontitiden verlaufen – trotz Behandlung mit intensiverem Recall – progressiv und führen im höheren Alter letztendlich zum Zahnverlust.

Die klinische Anwendung des Wissens über die Körperabwehr schlägt sich nicht nur in den o.g. neuen diagnostischen Ansätzen, sondern auch in der dringend erforderlichen Entwicklung von neuen therapeutischen Ansätzen nieder. Diesbezüglich von besonderem Interesse ist eine mögliche Immunisierung gegen marginale Parodontitiden (Abb. 10.10).

Einen weiteren Ansatz bei der Neuentwicklung parodontaler Therapiekonzepte bildet die Zytokintherapie. Diese zielt darauf ab, die Bindung eines Zytokins an seinen Rezeptor durch einen löslichen Rezeptor oder durch Antikörper zu blockieren. Folge ist, dass die Auslösung eines Zelleffektes nicht mehr möglich ist. Beispiel: Die Injektion von löslichen Rezeptoren für IL-1 und TNF-α in die interdentalen Papillen beim Versuchstier hemmt die Rekrutierung der Entzündungszellen und die entzündliche Parodontolyse nachhaltig.

Ebenso in der Erprobung ist die Manipulation von Zytokingenen: DNA, welche IL-1ra (siehe Kap. 10.5.3.2) codiert, kann entweder direkt oder mit Hilfe von Vektoren in Form von Viren oder Liposomen* in Wirtszellen eingebracht werden. Daraufhin bilden diese Immunogene (Antigene*) oder anderweitig „geeignete“ Produkte, beispielsweise entzündungsdämpfende Zytokine (Abb. 10.11).

Sektion III

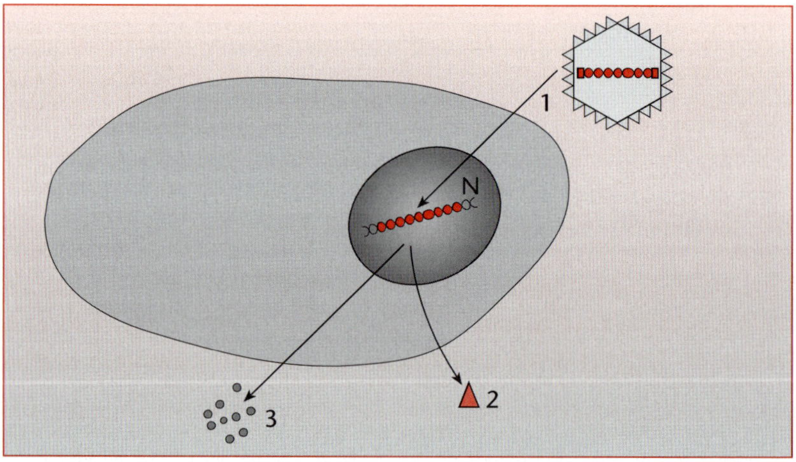

Abb. 10.11 Das Prinzip der Gentherapie. Neues genetisches Material wird mit Hilfe eines Vektors einer Zelle zugeführt und ins Genom integriert (1). Erprobt wurden folgende DNA-Carrier: Retroviren, Adenoviren und Liposomen*. Auch wurde DNA direkt in Zellen injiziert. Wird sie transkribiert und in Protein translatiert, entstehen als Genprodukt beispielsweise für den Wirt nützliche Mediatoren (z. B. antiinflammatorische Zytokine, 3), oder ein Antigen (2). Letzteres findet seine Anwendung bei der Behandlung maligner Tumoren: Tumorzellen exprimieren keine oder kaum MHC-I- und B7-Antigene (CD80/CD86), mit dem Ergebnis einer nur schwachen Antigenpräsentation und somit einer verhinderten T-Zell-Aktivierung. Tumorzellen wurden infiziert mit Viren die DNA für die Genprodukte MHC-I und B7 sowie Interleukin-2 enthielten. Die T-Zell-Aktivierung konnte dadurch wiederhergestellt werden. N = Nucleus (Zellkern).

Literatur

Abiko Y: Passive immunization against dental caries and periodontal disease: development of recombinant and human monoclonal antibodies. Crit Rev Oral Biol Med 11: 140-158, 2000

Armitage G C: Development of a classification system for periodontal diseases and conditions. Ann Periodontol 4: 1-6, 1999

Battino M, Bullon P, Wilson M, Newman H: Oxidative injury and inflammatory periodontal diseases: the challenge of anti-oxidants to free radicals and reactive oxygen species. Crit Rev Oral Biol Med 10: 458-476, 1999

Birkedal-Hansen H, Moore W G I, Bodden M K, Windsor L J, Birkedal-Hansen B, De Carlo A, Engler J A: Matrix metalloproteinases: A review. Crit Rev Oral Biol Med 4: 197-250, 1993

Consensus report. Periodontal diseases: pathogenesis and microbial factors. Ann Periodontol 1: 926-932, 1996

Contreras A, Slots J: Herpes virusses in human periodontal disease. J Periodontal Res 35: 3-16, 2000

Darveau R P, Tanner A, Page R: The microbial challenge in periodontitis. Periodontology 2000 14: 12-32, 1997

Dennison D K, Van Dyke T E: The acute inflammatory response and the role of phagocytic cells in periodontal health and disease. Periodontology 2000 14: 54-78, 1997

Fletcher J, Reddi K, Poole S, Nair S, Henderson B, Tabona P, Wilson M: Interactions between periodontopathogenic bacteria and cytokines. J Periodont Res 32: 200-205, 1997

Gemmel E, Yamazaki K, Seymour G J: Destructive periodontitis lesions are determined by the nature of the lymphocytic response. Crit Rev Oral Biol Med 13: 17-34, 2002

Greenstein G, Lamster I: Bacterial transmission in periodontal diseases: a critical review. J Periodontol 68: 421-431, 1997

Hart T C, Marazita M L, Wright J T: The impact of molecular genetics on oral health paradigms. Crit Rev Oral Biol Med 11: 26-56, 2000

Ishikawa I, Nakashima K, Koseki T, Nagasawa T, Watanaba H, Arakawa S, Nitta H, Nishihara: Induction of the immune response to periodontopathic bacteria and ist role in the pathogenesis of periodontitis. Periodontology 2000 14: 79-111, 1997

Kinane D F, Chestnutt I G: Smoking and periodontal disease. Crit Rev Oral Biol Med 11: 356-365, 2000

Lindhe J, Karring T, Lang K (Hrsg): Klinische Parodontologie und Implantologie. Quintessenz Verlags-GmbH, Berlin 1999 10.1 – 10.6

Loesche W J: The antimicrobial treatment of periodontal disease: changing the treatment paradigm. Crit Rev Oral Biol Med 10: 145-275, 1999

Okada H, Murakami S: Cytokine expression in periodontal health and disease. Crit Rev Oral Biol Med 9: 248-266, 1998

Philstrom B L: Periodontology for the general practitioner. Periodontology 25: 1-130, 2001

Podmore M, Ebersole J L, Kinane D F: Immunodominant antigens in periodontal disease: a real or illusive concept? Crit Rev Oral Biol Med 12: 179-185, 2001

Quirynen M, De Soete M, Dierickx K, Van Steenberghe D: The intra-oral translocation of periodontopathogens jeopardises the outcome of periodontal therapy. A review of the literature. J Clin Periodontol 28: 499-507, 2001

Reynolds J J, Meikle M C: Mechanisms of connective tissue matrix destruction in periodontitis. Periodontology 2000 14: 144-157, 1997

Schroeder H E: Pathobiologie oraler Strukturen, 3., überarbeitete Auflage. Karger Verlag Basel 1997, Seiten 137-204

Slots J: *Actinobacillus actinomycetemcomitans* and *Porphyromonas gingivalis* in periodontal disease. Periodontology 2000 20: 1-362 (1999)

Taubman M A, Kawai T: Involvement of T lymphocytes in periodontal disease and in direct and indirect induction of bone resorption. Crit Rev Oral Biol Med 12: 125-135, 2001

Kapitel 11
Das infizierte Endodont

Roland Weiger

Zusammenfassung

Eine Kommunikation des Pulpa-Dentin-Komplexes mit der Mundhöhle ergibt sich durch Schmelz – oder Wurzelzementverlust infolge mechanischer, chemischer oder bakterieller Einwirkungen. In diesem Zusammenhang können verschiedene Erkrankungen des Zahnes und des Zahnhalteapparats (insbesondere Karies und marginale Parodontitis), Zahnfrakturen sowie therapeutische Maßnahmen den Pulpa-Dentin-Komplex gefährden. Exponierte Dentinkanälchen und Seitenkanäle sowie die freigelegte Pulpa stellen im Wesentlichen Infektionswege dar und können Mikroorganismen Zutritt zum Wurzelkanal gewähren. Auf den mikrobiellen Reiz antwortet die Pulpa als immunkompetentes Gewebe mit einer lokalen Entzündung. Unbehandelt kann die Infektion in einer infizierten Pulpanekrose und schließlich in einer apikalen Parodontitis münden. Im infizierten Endodont etabliert sich in der Regel eine aus wenigen Bakterienarten bestehende Mischflora, die von anaeroben Keimen dominiert wird. Bakterien und auch Pilze lassen sich im nekrotischen Pulpagewebe, auf der Wurzelkanalwand und in unterschiedlich tiefen Schichten des Wurzeldentins nachweisen. Die Gattungen *Fusobacterium, Prevotella, Peptostreptococcus* und *Porphyromonas* dominieren zumeist das sehr breite Keimspektrum. Wechselbeziehungen zwischen Bakterien besitzen eine Schlüsselrolle in der Selektion einzelner Mikroorganismen im Verlauf einer Infektion. Akute Phasen einer apikalen Parodontitis scheinen mit dem temporären Auftreten von Mikroorganismen im periapikalen Gewebe assoziiert zu sein. Neuesten Untersuchungen zufolge gibt es Hinweise, dass auch in der Mehrzahl der chronisch verlaufenden, apikalen Parodontitiden die Infektion nicht auf das Wurzelkanalsystem beschränkt bleibt. Aus therapeutischer Sicht bleiben gegenwärtig die weitgehende Keimreduktion und die Abtötung der im Wurzelkanalsystem noch verbliebenen Bakterien Kernziele einer konventionellen Wurzelkanalbehandlung neben der Oburation der aufbereiteten Wurzelkanäle. Hierdurch können in über 85% der Fälle günstige Bedingungen für die Regeneration der vom infizierten Endodont geschädigten, ort ständigen Gewebe geschaffen werden.

11.1 Grundlagen

11.1.1 Anatomie des Pulpa-Dentin-Komplexes

Grundlage für das Verständnis der Erkrankungen, die in der Pulpa und – vom Wurzelkanalsystem ausgehend – im Parodont von Mikroorganismen induziert und unterhalten werden, ist die Kenntnis der anatomischen und morphologischen Besonderheiten des Pulpa-Dentin-Komplexes.

Merke:
Dentinkanälchen und Seitenkanäle stellen im weitesten Sinne Infektionswege dar, sofern sie durchgängig sind und durch Verlust des sie bedeckenden Schutzmantels (Schmelz oder Wurzelzement) exponiert werden. Die Bildung intra – und peritubulären Dentins – alterungsbedingt oder reizbedingt (beispielsweise durch Dentinkaries) – kann die Durchgängigkeit von Dentinkanälchen reduzieren und zu deren Obliteration führen. Die Passage von Bakterien in Richtung Pulpa einerseits oder vom Wurzelkanal ausgehend in Richtung Parodont andererseits ist dann erheblich erschwert oder unmöglich.

Die Dichte der Dentinkanälchen nimmt mit dem Alter des Zahnes ab. Bei Frontzähnen wurde eine in apikaler Richtung abnehmende Dentinkanaldichte beobachtet. Die anatomische Vielfalt der apikalen Region dokumentiert sich in unterschiedlichste Weise (MJÖR et al. 2001). Man findet im Wurzeldentin Areale ohne Dentinkanälchen neben Bezirken mit Dentinkanälchen atypischen Verlaufs (Abb. 11.1). Zum Teil ist Primärdentin von Sekundärdentin durch eine Zone, die keine Dentinkanälchen enthält, getrennt. Die Wurzelkanalwand kann von irregulärem Sekundärdentin oder von zementähnlichem Gewebe ausgekleidet sein. In solchen Fällen scheint die Penetration von Mikroorganismen aus dem Wurzelkanal in tiefere Schichten des Wurzeldentins nicht möglich zu sein.

11.1–11.4

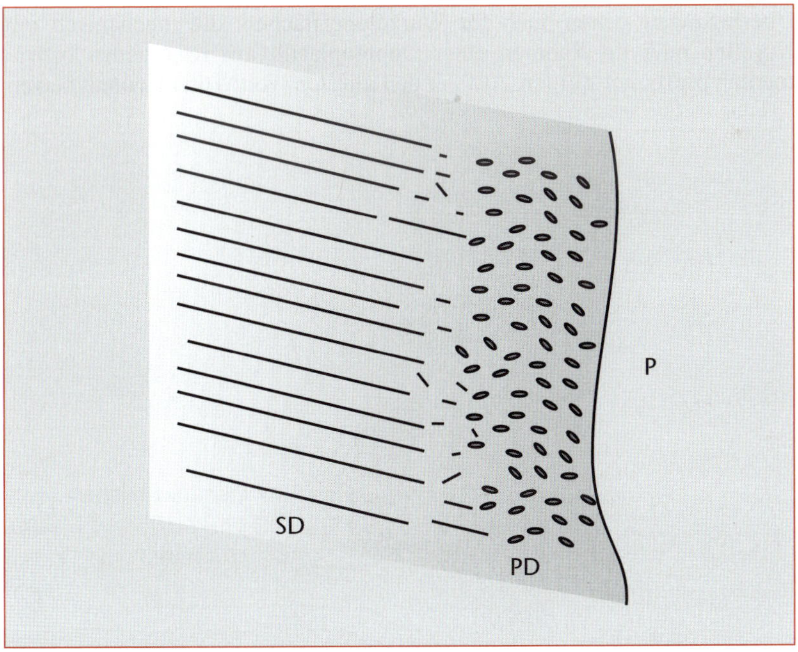

Abb. 11.1 Ausschnitt einer Wurzel mit Pulpa (P), Primärdentin (PD) und Sekundärdentin (SD) (in Anlehnung an MJÖR et al. 2001): Atypischer Verlauf der Dentinkanälchen im Primärdentin.

11.1.2 Exposition des Pulpa-Dentin-Komplexes

Verschiedene Erkrankungen des Zahnes (Schmelz-Dentinkaries, Wurzelkaries) und des Zahnhalteapparats (marginale Parodontitis, Rezession) können zur Exposition von Dentin und zum Kontakt mit Mikroorganismen führen. Auch kommt es über **Frakturen** (Kronenfraktur, Kronen-Wurzel-Fraktur, Längsfraktur), Präparationsmaßnahmen sowie Maßnahmen, welche die Entfernung von Wurzelzement beinhalten, häufig zur Freilegung von Dentinarealen. Nicht zuletzt können zahnärztliche Restaurationen mit unzureichender Randgestaltung oder defekten Randbezirken zur Penetration von Bakterien und Diffusion von Substrat **(„Mikroleakage")** in das Wurzelkanalsystem führen (Abb. 11.2).

Kavitäten – und Kronenpräparationen resultieren nicht selten in großflächigen Dentinwunden. Die Zahl der angeschnittenen Dentinkanälchen pro Flächeneinheit nimmt aufgrund des radiären Verlaufs der Dentinkanälchen mit zunehmender Präparationstiefe in Richtung Pulpa zu. Pulpanah können bis zu 75.000 Dentinkanälchen pro Quadratmillimeter angetroffen werden. Bei der Bearbeitung gesunder Dentinareale werden häufig Dentinkanälchen freigelegt, die keine Zeichen intra – und peritubulärer Obliteration aufweisen. Im Gegensatz hierzu hinterlässt die Exkavation kariöser Dentinbereiche pulpawärts lokalisierte Dentinschichten, deren Dentinkanälchen bereits teilweise oder vollständig obliteriert sind. Die spanabhebende Bearbeitung von Dentin z. B. mit rotierenden Instrumenten führt zur Ausbildung einer oberflächlichen Schmierschicht **(„Smear Layer")**. Sie verlegt die Eingänge der Dentinkanälchen und bietet daher einen gewissen Schutz vor bakterieller Penetration. Ähnliche Überlegungen gelten auch für Wurzeloberflächen, die mechanisch mit Küretten oder im Rahmen einer Odontoplastik mit rotierenden Instrumenten bearbeitet werden. Auf der denudierten, von Wurzelzement befrei-

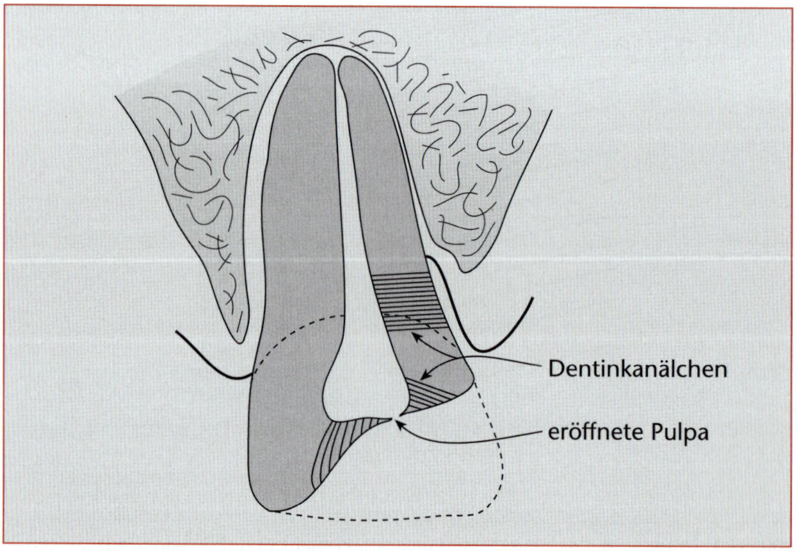

Abb. 11.2 Typische Eintrittspforten für Mikroorganismen und deren Toxine in den Wurzelkanal.

ten Wurzeloberfläche bleibt eine Schmierschicht zurück. Bei Zähnen mit tiefen Zahnfleischtaschen oder mit ausgeprägtem Furkationsbefall ist die Möglichkeit der **Kommunikation größerer Pulpo-Desmodont-Kanäle (ohne Zementüberzug) mit der Mundhöhle** direkt oder über die Tasche gegeben.

Die durch Abrasion und Attrition sowie Erosion verursachte Freilegung von Dentinflächen scheint lediglich geringe Folgen für die Pulpa zu haben. Die allmähliche Bildung sklerotischen Dentins und irregulären Sekundärdentins erschwert offensichtlich die Penetration von Bakterien in das Wurzelkanalsystem und verhindert unter anderem die Infektion der Pulpa.

Schließlich kann die bakterielle Besiedelung des Pulpagewebes über den Blutweg via apikales Foramen erfolgen **(Anachorese)**. Es zeigte sich, dass sich bei experimentell induzierter Bakteriämie Keime vornehmlich in vorgeschädigte Gewebebezirke absiedeln können. Die Vorschädigung der Pulpa hängt von Art und Ausmaß der summativ einwirkenden thermischen, chemisch-toxischen und osmotischen Reize einerseits und/oder von der Schwere zurückliegender traumatischer Ereignisse (z. B. durch Subluxation, Luxation des Zahnes) andererseits ab. Welche Bedeutung der Anachorese im Vergleich zukommt, bleibt umstritten.

Grundsätzlich antwortet die Pulpa als Gewebe, welches mit immunkompetenten Zellen (siehe Kap. 2.5) durchsetzt ist, auf überschwellige Noxen mit einer lokalen Entzündung, die sich im Endodont ausbreitet und schließlich das apikale Parodont erreichen kann. Unbehandelt mündet die Infektion in einer infizierten Pulpanekrose; das betroffene Parodont grenzt sich in der Regel durch Granulom – oder Zystenbildung vom verursachenden Zahn ab. Aus der Basis der Pathogenese mikrobieller Pulpaerkrankungen lassen sich adäquate Therapieansätze ableiten. Im Spannungsfeld zwischen mikrobiellem Angriff und Immunantwort der betroffenen Gewebe (Pulpa und Parodont) bewegen sich die aktuellen therapeutischen Maßnahmen zur Vitalerhaltung der Pulpa einerseits (siehe Kap. 11.2) und die dem Zahnerhalt dienende Wurzelkanalbehandlung zur Prävention und Therapie einer vom infizierten Endodont ausgehenden, apikalen Parodontitis andererseits (siehe Kap. 11.3 und 11.4).

11.2 Die vitale Pulpa und der mikrobielle Angriff

11.2.1 Regenerationspotenzial der Pulpa

Auskunft über die Bedeutung des bakteriellen Angriffs für die Pulpa sowie über die Heilungsfähigkeit exponierter Pulpagewebe gibt eine eindrucksvolle, im Jahr 1965 publizierte Untersuchung von KAKEHASHI et al. Diese belegte im Tierexperiment, dass breitflächig freigelegte

Pulpen – in Abwesenheit oraler Bakterien und ohne jegliche zahnärztliche Intervention – nach 21 bis 28 Tagen zumeist wieder von Hartgewebe umgeben und zur Mundhöhle abgegrenzt waren, sofern die Ratten keimfrei gehalten wurden. Hingegen entwickelten sich bei konventionell gehaltenen (= nicht-keimfreien) Ratten nach acht Tagen Pulpanekrosen mit apikalen Granulomen und Abszessen.

11.2.2 Pulpale Reaktionen bei fortgeschrittener Dentinkaries

Merke:
Im klinischen Alltag steht unzweifelhaft die fortgeschrittene kariöse Dentinläsion als Ursache für eine Pulpitis im Vordergrund. Unbehandelt ruft der kariöse Prozess Pulpaveränderungen hervor, die nach einem unterschiedlich langen Zeitraum in einer irreversiblen Schädigung der pulpalen Gewebe münden.

Im Zentrum der kariösen Dentinläsion und auch im Mittelpunkt der Diskussion über die adäquate Therapie steht das infizierte Dentin. Unmittelbare Folge der Diffusion bakterieller Säuren und -Proteasen* in Richtung Pulpa ist die allmähliche Demineralisierung angrenzender Dentinschichten (= demineralisiertes Dentin). Die Sklerosierung von Dentinkanälchen durch Bildung intra – und peritubulären Dentins (= sklerotisches Dentin) lässt sich als Abwehrreaktion vitaler Odontoblasten auf den bakteriellen Reiz und als Teil der unspezifischen Immunantwort der Pulpa-Dentin-Einheit deuten und soll das weitere Vordringen von Bakterien in Dentinkanälchen erschweren. Dies gilt in gleicher Weise für neu gebildetes reparatives Dentin (irreguläres Sekundärdentin oder Tertiärdentin).

Bei vitalen humanen Zähnen ist die Penetrationsrate von Mikroorganismen in Dentinkanälchen – vom Boden unversorgter Zahnhalskavitäten ausgehend – weitaus geringer als bei wurzelkanalbehandelten Zähnen. Diese Beobachtung lässt sich als pulpale Abwehrleistung interpretieren. Welche zellulären Mechanismen hierfür verantwortlich sind und welche Rolle hierbei Odontoblasten und andere Zellen spielen, bedarf der weiteren Klärung.

Da sich der kariöse Prozess auch entlang der Schmelz-Dentingrenze ausbreitet, erreicht er unter anderem außerhalb der zentralen Läsion gelegene Dentinkanälchen, die noch keine Anzeichen einer Sklerose aufweisen und daher primär keine „mechanische" Barriere für mikrobielle Toxine und Stoffwechselprodukte darstellen. Vor diesem Hintergrund muss von einer pulpalen Entzündung bei fortschreitender Dentinkaries – trotz der Anwesenheit sklerotischen und reparativen Dentins – ausgegangen werden. BERGENHOLTZ und LINDHE (1975) zeigten an Affenzähnen, dass auf den Kavitätenboden aufgebrachte Plaque in kurzer Zeit und in viel stärkerem Maß als bei entsprechenden Kontrollzähnen Entzündungszeichen in der angrenzenden Pulpa hervorrief. Sie fanden insbesondere antigenpräsentierende, dendritische Zellen in der Odontoblastenschicht sowie Makrophagen im Zentrum der Pulpa.

Die initiale Antwort auf bakterielle Substanzen, die über Dentinkanälchen die vitale Pulpa erreichen, beinhaltet – analog zu anderen entzündlichen Prozessen – den Einstrom polymorphkerniger Granulozyten und Monozyten als Effektorzellen der unspezifischen Abwehr (STASHENKO et al. 1998). Mit zunehmender Infektion finden sich Elemente der spezifischen Abwehr wie T-Helferzellen, zytotoxische T-Zellen und Plasmazellen im entzündlichen Infiltrat. Die IgG und IgA-Serumtiter sind erhöht.

Auch im Pulpagewebe sind es **proinflammatorische Zytokine**, welche die Immunantwort modulieren (siehe Kap. 2.6.2.3). So löst der kariogene Keim *Streptococcus mutans* in kariösen, nicht pulpanahen Läsionen die Freisetzung von IL-1 aus. Bei symptomatischen Pulpitiden scheint im Vergleich zu gesunden Pulpen die Expression der Zytokine IL-1α, IL-6, IL-8 und IL-18 erhöht, im Gegensatz zu IL-1β.

Bei fehlender Therapie des kariösen Prozesses reicht die Immunantwort der Pulpa häufig jedoch nicht aus, die Infektion zu begrenzen. Zeichen der fortschreitenden Gewebezerstörung sind schließlich nekrotische Bezirke und Mikroabszesse, die in der Pulpa entstehen.

Befürworter einer zurückhaltenden und „minimal-invasiven" Kariesexkavation postulieren, dass infizierte Dentinareale ohne negative Folgen für die Pulpa zurückgelassen werden können. Nach grober Entfernung erweichten (= infizierten) Dentins werden lediglich die Umgebungsbedingungen in einer Weise verändert, die den verbliebenen Bakterien ihre Virulenz nehmen soll. Untersucht werden in diesem Zusammenhang Füllungsmaterialien, die chemotherapeutisch wirksame Substanzen freisetzen sollen (beispielsweise Fluoride aus Glasionomerzementen), und Verfahren, mit deren Hilfe sich dauerhaft dichte Restaurationen realisieren lassen. Letzteres lässt sich möglicherweise mit der adhäsiven Versorgung schmelzrandbegrenzter Defekte nach Schmelzkonditionierung (oder Schmelz-/Dentinkonditionierung) unter Anwendung moderner Adhäsivsysteme verwirklichen. Eine bemerkenswerte klinische Arbeit zu diesem Thema dokumentiert (MERZ-FAIRHURST et al. 1998), dass sich okklusale Dentinläsionen nach Schmelzkonditionierung und Verschluss der Kavität mit Komposit sowie Versiegelung der angrenzenden Fissuren über einen Zeitraum von 10 Jahren nicht weiter ausdehnten. Die Applikation einer randdichten Füllung hat offenbar die Substratzufuhr unterbunden und eine Reinfektion verhindert. Es kam zu keiner weiteren Destruktion von Zahnhartsubstanz durch die zurückgelassenen Keime. Bestätigung findet diese Vorstellung in einer weiteren klinischen Untersuchung. Diese zeigte, dass die Zahl vermehrungsfähiger Bakterien, die primär in einer Kavität belassen wurden, nach Restauration mit einem Glasionomerzement deutlich zurückging. Nach sieben Monaten war die Zahl der unter der Füllung noch nachweisbaren Bakterien um das 100-fache reduziert. Inwieweit im Dentin zurückgelassene Keime die Regeneration entzündeter Pulpaanteile verzögern und/oder immunologisch wirksam bleiben, ist nicht bekannt. Zurückhaltung ist bei der Verallgemeinerung dieser Ergebnisse auf die Behandlung kariöser Defekte in der klinischen Praxis geboten. Ein wichtiges Ziel der Kariesforschung bleibt nach wie vor die Suche nach geeigneten Verfahren, infiziertes Dentin möglichst selektiv identifizieren und deren gezielte Entfernung erlauben.

11.2.3 Die bakterielle Besiedelung exponierter vitaler Pulpaanteile

Die direkte Freilegung vitaler Pulpaareale kann artifiziell im Rahmen von Präparationsmaßnahmen oder traumatisch durch Kronenfrakturen oder Kronen-Wurzel-Frakturen erfolgen. Nach heutiger Auffassung werden Pulpaareale, die bereits von Mikroorganismen besiedelt sind, als irreversibel entzündet und als nicht erhaltungsfähig eingestuft. Bei der Therapieentscheidung für oder gegen eine endodontische Maßnahme zur Vitalerhaltung der Pulpa stehen das Ausmaß der bakteriellen Penetration und der Schweregrad der pulpalen Entzündung im Vordergrund. Dies gilt insbesondere für die traumatisch bedingte Freilegung von Pulpaarealen. Beide Parameter hängen primär von der Expositionsdauer des freigelegten, dem Speichel ausgesetzten und ggf. mit bakteriellem Biofilm bedecktem Pulpagewebes ab. Aus tierexperimentellen, histopathologischen Studien lassen sich diesbezüglich Aussagen zum Pulpazustand ableiten und – mit Vorbehalt – auf die humane Pulpa übertragen. So befasste sich die Untersuchung von CVEK et al. (1992) an Affenzähnen mit der räumlichen Ausdehnung entzündeter Pulpaareale nach bakterieller Exposition einer primär gesunden Pulpa. In der überwiegenden Mehrzahl der dem oralen Milieu für zwei und sieben Tage ausgesetzten Pulpawunden betrug die histologisch festgestellte Penetrationstiefe entzündlicher Pulpaveränderungen nicht mehr als 2 mm. Hieraus lässt sich für das klinische Vorgehen im Zuge von Maßnahmen zur Erhaltung zumindest der vitalen Wurzelpulpa (partielle oder vollständige Pulpotomie) die Empfehlung ableiten, dass nach mehrstündiger Expositionsdauer – von der freiliegenden Wundfläche ausgehend – etwa 2 mm Pulpagewebe entfernt werden sollte. Die Ergebnisse klinischer Studien zur partiellen Pulpotomie unterstützen diese Auffassung. Die Erfolgsquote betrug über 90% bei traumatisch geschädigten Zähnen mit abgeschlossenem Wurzellängenwachstum und Expositionszeiten von bis zu 21 Tagen.

11.3 Die vom infizierten Endodont ausgehende Parodontitis

11.3.1 Mikrobiologische Aspekte

Einen Zusammenhang zwischen Mikroorganismen und Pulpaerkrankung erkannte MILLER bereits im vorletzten Jahrhundert. Obwohl ihm die zum damaligen Zeitpunkt neuesten Verfahren zur Anfärbung und Kultivierung von Bakterien zur Verfügung standen, äußerte MILLER bereits 1894 die Vermutung, dass mit diesen Möglichkeiten nur wenige der mit einer Pulpainfektion korrelierten Keime nachweisbar sind. Erst mit der Einführung moderner bakteriologischer Techniken, die Entnahme, Transport, Kultivierung und Isolierung von Mikroorganismen unter sauerstofffreien Bedingungen zuließen, offenbarte sich die Schlüsselrolle gramnegativer Anaerobier bei der Infektion des Endodonts (SUNDQVIST 1976).

In engem Zusammenhang mit der mikrobiellen Besiedelung des Wurzelkanalsystems steht die die LPS* vermittelte Induktion einer lokalen Immunantwort im angrenzenden Parodont. Von der Lokalisation der betroffenen Region abhängig lässt sich eine apikale, laterale, interradikuläre oder periradikuläre Parodontitis nachweisen. Obwohl im klinischen Sprachgebrauch der Begriff „apikale Parodontitis" üblich ist, beschreibt der Ausdruck **„vom infizierten Endodont ausgehende Parodontitis"** den Zustand korrekt und ort-unabhängig.

Das Parodont antwortet bereits mit einer entzündlichen Antwort auf Bakterien, die gerade erst im Begriff sind, die koronale Pulpa zu besiedeln. Die Wurzelpulpa ist noch vital und zeigt lediglich Anzeichen einer Pulpitis. Im fortgeschrittenen Stadium kommt es schließlich zur Ausbreitung der Infektion im Endodont und zur Nekrose der Pulpa. Die vom infizierten Endodont ausgehende Parodontitis ist in der Regel durch Resorption von Knochen und in einigen Fällen auch von Wurzelzement und Wurzeldentin gekennzeichnet. Wichtige Erkenntnisse zu mikrobiologischen und immunologischen Aspekten der apikalen Parodontitis gehen aus Arbeiten hervor, die Zähne mit einer bereits ausgedehnten infizierten Pulpanekrose untersuchten.

Merke:
Unzweifelhaft ist, dass die röntgenologisch nachweisbare apikale Parodontitis ihre Ursache in der mikrobiellen Infektion des Wurzelkanals hat.

Dies geht nicht nur aus der grundlegenden tierexperimentellen Studie von KAKEHASHI et al. (1965) sondern auch aus der von SUNDQVIST (1976) vorgelegten Arbeit hervor. Diese untersuchte 32 intakte, füllungs – 11.1 – 11.4
und kariesfreie menschliche Zähne, deren Pulpen aufgrund eines dentalen Traumas nekrotisch wurden. Bei 18 von 19 Zähnen mit periapikaler Parodontitis ließen sich Mikroorganismen im Wurzelkanal nachweisen, während bei 13 Zähnen ohne periapikale Parodontitis keine Bakterien gefunden wurden. Es wird vermutet, dass Bakterien die traumatisch vorgeschädigte Pulpa besiedeln konnten und die Infektion von dort ihren Ausgang nahm. Ob die Mikroorganismen durch Anachorese, über Dentinkanälchen (nach traumatischer Absprengung von Wurzelzement) über den gingivalen Sulkus oder durch Schmelzrisse hindurch in das Endodont gelangen, ist bis heute nicht geklärt. Diese Ergebnisse widersprechen früheren Arbeiten, welche die Ursachen für die Entstehung einer apikalen Parodontitis im nekrotischen Pulpagewebe per se sahen.

Bakterienflora des infizierten Endodonts
Bakterien und auch Pilze trifft man im nekrotischen Pulpagewebe und in den Resten des zerstörten Gewebes an. Weiterhin findet man Ansammlungen von Mikroorganismen auf der Wurzelkanalwand und in oberflächlichen sowie tieferen Schichten des Wurzeldentins in Dentinkanälchen. Die Zahl der im infizierten Wurzelkanal nachgewiesenen Spezies ist im

Vergleich zu den in der Mundhöhle vorhandenen, weit über 300 Bakterienarten gering. HAAPASALO (1989) wies bei 61 von 62 pulpatoten Zähnen mit periapikaler Parodontitis eine Mischinfektion mit durchschnittlich vier bis sechs Spezies pro Wurzelkanal nach. Zwei bis zwölf Bakterienarten entdeckte SUNDQVIST (1976) in 12 von 18 infizierten Wurzelkanälen. Die verbliebenen Wurzelkanäle enthielten jeweils eine Bakterienart. Die **Mischinfektion** wird von strikt anaeroben und fakultativ anaeroben, zumeist gramnegativen Keimen dominiert. Bei kariesfreien, intakten Zähnen mit apikaler Parodontitis liegt der Anteil obligater Anaerober bei über 90%. Zähne mit kariös zerstörten Kronen weisen – auch im apikalen Wurzelkanalbereich – einen Anteil von unter 70% auf. Für den hohen Anteil von Anaerobiern sind – neben dem geringen Redoxpotenzial im Wurzelkanal – Art und Verfügbarkeit von Substrat von Bedeutung. Anaerobe Bakterien, die Aminosäuren und Peptide aus Glycoproteinen gewinnen, scheinen einen Selektionsvorteil gegenüber denjenigen zu besitzen, die zur Energiegewinnung Kohlenhydrate fermentieren. Andererseits liefern in einer Mischflora bestimmte Bakterien essenzielle Nährstoffe für andere Keime. So benötigen beispielsweise *Prevotella-* und *Porphyromonas*-Spezies Hämin bzw. Hämoglobin und Vitamin K, das von anderen Mikroorganismen produziert wird.

Die pro Wurzelkanal ermittelten Keimzahlen schwanken in der Regel zwischen 10^2 und 10^7. Eine positive Korrelation scheint zwischen der Größe einer röntgenologisch sichtbaren periapikalen Läsion und der Keimzahl im Wurzelkanalsystem zu bestehen. Inwieweit allerdings Bakterienproben unter Zuhilfenahme von in den Wurzelkanal eingeführten Papierspitzen zuverlässige quantitative Angaben liefern, bleibt fraglich. So werden mit der praktizierten Methode beispielsweise Mikroorganismen, die sich in tieferen Schichten der Wurzelkanalwand oder in nicht zugänglichen Arealen des Wurzelkanals aufhalten, nicht erfasst. Auch ist offen, ob die Papierspitzen die in Kochsalzlösung gelösten Bestandteile (Pulpagewebe, abgetragene Dentinspäne) im Kanallumen vollständig aufnehmen.

Im Gegensatz zur marginalen Parodontitis, die mit dem Auftreten bestimmter Keime (siehe Kap. 10.1) assoziiert ist, sind bisher im infizierten Endodont **keine spezifischen**, mit der Entstehung einer apikalen Parodontitis assoziierten **Bakterienarten** nachgewiesen worden. Es scheint, dass die Anwesenheit einer nicht näher definierten Anzahl unterschiedlichster Mikroorganismen im Endodont in der Lage ist, eine unspezifische Entzündung in Form einer apikalen Parodontitis auszulösen. Sehr häufig werden *Fusobacterium nucleatum* und *Peptostreptococcus micros* und *P. anaerobius* isoliert (SUNDQVIST 1994). Unter den schwarz pigmentierten anaeroben Stäbchen finden sich vornehmlich *Prevotella intermedia*, aber auch *P. denticola* und *P. loescheii* (siehe Kap. 4.9). Unter den asaccharolytischen schwarz pigmentierten Spezies ist eher *Porphyromonas endodontalis* als *P. gingivalis* (siehe Kap. 4.7) anzutreffen. Fakultativ anaerobe Bakterien lassen sich – insbesondere im koronalen Wurzelkanalbereich von „offenen" Zähnen – nachweisen. Hier sind *Streptococcus mitis* und *S. anginosus* typische Vertreter. In Ausnahmefällen findet man aerobe Keime wie *Pseudomonas aeroginosus*. Häufiger als bisher angenommen lassen sich Spirochäten in unbehandelten Wurzelkanälen nach-

Tab. 11.1 Bakteriengattungen, die häufiger aus dem infizierten Wurzelkanalsystem von Zähnen mit apikaler Parodontitis isoliert wurden (nach DAHLÉN und HAAPASALO 1998).

Gramnegative Kokken	Gramnegative Stäbchen	Grampositive Kokken	Grampositive Stäbchen
Anaerobe Bakterien			
Veillonella	*Prevotella*	*Peptostreptococcus*	*Eubacterium*
	Porphyromonas		*Bifidobacterium*
	Bacteroides		*Clostridium*
	Fusobacterium		*Propionibacterium*
	Campylobacter		*Lactobacillus*
	Selenomonas		*Actinomyces*
Fakultative und aerobe Bakterien			
Neisseria	*Actinobacillus*	*Streptococcus*	*Propionibacterium*
	Haemophilus	*Gemella*	*Lactobacillus*
	Eikenella	*Enterococcus*	*Actinomyces*
	Capnocytophaga	*Staphylococcus*	*Bacillus*
	Enterobacter	*Micrococcus*	*Corynebacterium*
	Klebsiella		
	Eschericha		
	Citrobacter		
	Pseudomonas		
	Xanthomonas		
	Proteus		

weisen (SIQUEIRA et al. 2001). Tab. 11.1 gibt einen Überblick über die Bakteriengattungen, die im infizierten Wurzelkanalsystem in der Regel angetroffen werden können.

Im Wurzelkanalsystem von Zähnen mit asymptomatischer apikaler Parodontitis, deren Wurzelkanalbehandlung revidiert werden soll, lassen sich häufig Bakterien nachweisen. Im Vergleich zu endodontisch unbehandelten Zähnen mit asymptomatischer apikaler Parodontitis zeigen sich im Keimspektrum qualitative Unterschiede. Neben grampositiven, fakultativ anaeroben Mikroorganismen trifft man vor allem enteritisauslösende Stäbchen, allen voran *Enterococcus faecalis* (siehe Kap. 11.4.2), an. In einigen Fällen lässt sich nur eine Keimart isolieren. **11.1 – 11.4**

Wechselbeziehungen innerhalb der Bakterienflora

Das Schicksal der in das Wurzelkanalsystem eingedrungenen Bakterien hängt in der frühen Phase unter anderem von der initialen, unspezifischen Immunantwort der vitalen Pulpa ab. Im fortgeschrittenen Stadium der Pulpanekrose führen anatagonistisch oder synergistisch wirkende Interaktionen unter den Bakterien zur Dominanz oder Suppression einzelner Spezies.

In diesem Zusammenhang verdienen die an Affen durchgeführten Untersuchungen besondere Beachtung. Sie untersuchten 78 Zähne unter klinischen, röntgenologischen und mikrobiologischen Gesichtspunkten. Zweiundfünfzig von 78 unter sterilen Bedingungen trepanierten Zähne blieben für eine Woche der oralen Flora ausgesetzt; die 26 Zähne der Kontrollgruppe wurden unmittelbar nach Trepanation wieder steril verschlossen. Die Zahl obligater Anaerobier im infizierten Endodont nahm innerhalb eines halben Jahres zu. Im Gegensatz zur Kontrollgruppe entwickelte sich in allen zehn histologisch aufbereiteten Fällen eine periapikale Entzündung. Nach drei Jahren hatte sich eine vorwiegend aus grampositiven anaeroben Stäbchen und *Bacteroides*-Spezies bestehende Flora gegenüber der ursprünglichen durchgesetzt. Die überwiegende Mehrzahl der Bakterien im apikalen Bereich des Endodonts waren Anaerobier. Darüber hinaus wurden Affenzähne mit verschiedenen, aus infizierten Wurzelkanälen gewonnenen Bakterien inokuliert. Dabei verursachten „künstlich erzeugte“ Mischinfektionen häufiger periapikale Entzündungen als Monoinfektionen. Obwohl mehrere Bakterienarten zu gleichen Teilen überimpft wurden, entwickelte sich eine vorwiegend aus *Bacteroides*-Spezies bestehende Flora, die wiederum in ihrer Zusammensetzung weitgehend der ursprünglichen Flora des Entnahmeortes entsprach.

Die allmähliche Verschiebung der Bakterienpopulation (Sukzession) ist unter anderem Folge der Ausbildung eines selektiven Milieus, das Überleben und Wachstum bestimmter Bakterien, die dieser spezifischen Umgebung angepasst sind, begünstigt. Als Beispiel negativer bakterieller Interaktionen lassen sich toxische Metabolite einzelner Bakterien wie Wasserstoffperoxid, Ammoniak u. a. einordnen, die das Wachstum anderer Keime hemmen können. Ebenso beeinflussen und regulieren wahrscheinlich von Anaerobiern produzierte Bacteriocine* – ähnlich wie in der Plaque – die Wurzelkanalflora. Auf der anderen Seite finden sich positive Interaktionen im Sinne einer Symbiose. Der Abbau von Serumproteinen, darunter Immunglobuline und Komplementproteine, durch bakterielle Proteasen* liefert beispielsweise anderen Bakterien lebenswichtige Nährstoffe in Form von Peptiden und Aminosäuren. Der Verbrauch von Sauerstoff durch fakultativ anaerobe Bakterien begünstigt das Überleben strikt anaerober Keime. Man vermutet im Wurzelkanalsystem noch weitere, nicht näher entschlüsselte Interaktionen, welche auch die Dominanz von *Porphyromonas endodontalis* unter den schwarzpigmentierten asaccharolytischen Spezies erklären lassen. Positive sowie negative Wechselbeziehungen zwischen den Bakterien besitzen daher eine Schlüsselrolle in der Selektion bestimmter Mikroorganismen. Tab. 11.2 gibt verschiedene Spezies an, die häufig gemeinsam angetroffen werden.

Mikroorganismen im Wurzelkanalsystem

Mikroorganismen trifft man im Hauptwurzelkanal, in Seitenkanälchen und in Dentinkanälchen an. Da essenzielle, das Überleben von Bakterien bestimmende Faktoren wie Redoxpotenzial, Verfügbarkeit von Substrat

Tab. 11.2 Bakterien, die mit hoher Wahrscheinlichkeit gemeinsam aus dem infizierten Wurzelkanalsytem isoliert werden (nach DAHLÉN und HAAPASALO 1998).

Bakterienpaare		
Prevotella intermedia	–	*Peptostreptococcus anaerobius*
Prevotella intermedia	–	*Peptostreptococcus micros*
Porphyromonas endodontalis	–	*Fusobacterium nucleatum*
Peptostreptococcus anaerobius	–	*Eubacterium alactolyticum*
Peptostreptococcus anaerobius	–	*Eubacterium lentum*
Peptostreptococcus micros	–	*Eubacterium lentum*

und essenziellen Spurenelementen, Wirkung unspezifischer und spezifischer Elemente der Immunantwort sowie interbakterielle Interaktionen von Ort zu Ort variieren können, ist die getrennte Betrachtung der verschiedenen Aufenthaltsorte von Mikroorganismen im infizierten Endodont sinnvoll.

a) Hauptwurzelkanal:
Mit dem Untergang des Pulpagewebes und des vaskulären Systems versiegt die Immunantwort. Substratlieferant für Mikroorganismen ist nekrotisches Gewebe oder entzündliches Sekret, das über das apikale Foramen oder Seitenkanäle in den Wurzelkanal eindringen kann. Ebenso können Nährstoffe per diffusionem über tief reichende kariöse Läsionen oder über defekte Restaurationen in den Wurzelkanal gelangen. Mit zunehmender Infektionsdauer dominieren zumeist anaerobe gramnegative Keime.

b) Seitenkanäle:
Mikrobiologische Untersuchungen zum Vorkommen von Bakterien in Seitenkanälchen fehlen. Histologisch lassen sich dort Bakterien nachweisen. Auch das Auftreten einer lateralen, vom infizierten Endodont ausgehenden Parodontitis lässt die Anwesenheit von Keimen in Seitenkanälchen vermuten.

c) Dentinkanälchen:
Bakterien können aus dem infizierten Hauptwurzelkanal in Dentinkanälchen eindringen. Offene, nicht durch eine Schmierschicht verlegte Dentinkanälcheneingänge sowie durchgängige Dentinkanälchen sind hierfür Voraussetzungen. Bei der Betrachtung histologischer Schnitte entsteht der Eindruck, dass die Besiedelung humaner Dentinkanälchen zufällig erfolgt. So lassen sich Anzahl der infizierten Dentinkanälchen und Penetrationstiefe im Einzelfall nicht vorhersagen. Die aus *In vitro* – und *In vivo*-Studien gewonnenen Ergebnisse belegen, dass eine Vielzahl unbeweglicher Bakterienspezies in Dentinkanälchen vordringen können (PETERS et al. 2001) (Tab. 11.3). Im Zusammenhang hiermit steht die zumindest für *Enterococcus faecalis, Streptococcus mutans* und *S. gordonii* nachgewiesene Fähigkeit, an Kollagen Typ I zu binden. 11.1 – 11.4

Tab. 11.3 Häufig isolierte Bakterienpezies aus Wurzeldentinproben, die aus extrahierten, menschlichen Zähnen mit infiziertem Endodont gewonnen wurden (in Anlehnung an PETERS et al. 2001).

Gramnegative Bakterien	Grampositive Bakterien
• *Prevotella intermedia*	• *Peptostreptococcus anaerobius*
• *Prevotella prevotii*	• *Peptostreptococcus micros*
• *Prevotella buccae*	• *Actinomyces israelii*
• *Porphyromonas gingivalis*	• *Actinomyces viscosus*
• *Porphyromonas asaccharolytica*	• *Actinomyces naeslundii*
• *Fusobacterium nucleatum*	• *Actinomyces odontolyticus*
• *Fusobacterium negrogenes*	• *Streptococcus sanguinis*
	• *Propionibacterium acnes*
	• *Bifidobacterium adolescentis*
	• *Lactobacillus acidophilus*

Bisher unbeantwortet ist die Frage, inwieweit Bakterien eine bevorzugte Teilungsrichtung haben und dies eine Erklärung für das „Vordringen“ unbeweglicher Keime in Dentinkanälchen ist. Grampositive Bakterien wie Streptokokken und Laktobazillen finden sich eher in Dentinkanälchen als gramnegative Spezies. Histologisch lassen sich in Dentinkanälchen zumeist dichte Ansammlungen von Bakterien nachweisen; selten sieht man in einer langen Reihe angeordnete Keime, die vom Eingang des Dentinkanälchens bis in tiefere Schichten des Wurzeldentins reichen. Teilungsfähige Mikroorganismen findet man in Dentinproben, die aus bis zu 2 mm von der Wurzelkanalwand entfernten Arealen infizierter Zähne entnommen wurden. Endotoxin (LPS*) wurde in bis zu 800 µm tief lokalisierten Dentinschichten nachgewiesen.

Eine aktuelle Untersuchung (PETERS et al. 2001) analysierte kulturmikrobiologisch und histologisch Wurzeldentin von frisch extrahierten Zähnen mit infizierter Pulpanekrose. Diese Zähne mit ausgedehnten kariösen Läsionen wiesen keine Anzeichen einer marginalen Parodontitis auf. Es zeigte sich, dass nicht nur die Wurzelkanalwand sondern auch die zementnahen Wurzeldentinschichten in nahezu zwei Drittel der Fälle mit Bakterien besiedelt waren (Abb. 11.3). Der Anteil der Anaerobier war in den wurzelkanalnahen Bereichen höher als der in den mittleren und äußeren Dentinarealen. Lediglich bei vier von 21 Zähnen ließen sich keine Mikroorganismen im Wurzeldentin nachweisen. Die Bakterienkultur war dem histologischen Präparat bezüglich des Bakteriennachweises überlegen.

Vor dem Hintergrund der potenziellen Ausbreitung von Bakterien bis in das periphere Dentin gewinnt die Frage nach dem Schicksal dieser Bakterien, die selbst durch eine adäquate zirkumferente Bearbeitung der

Sektion III

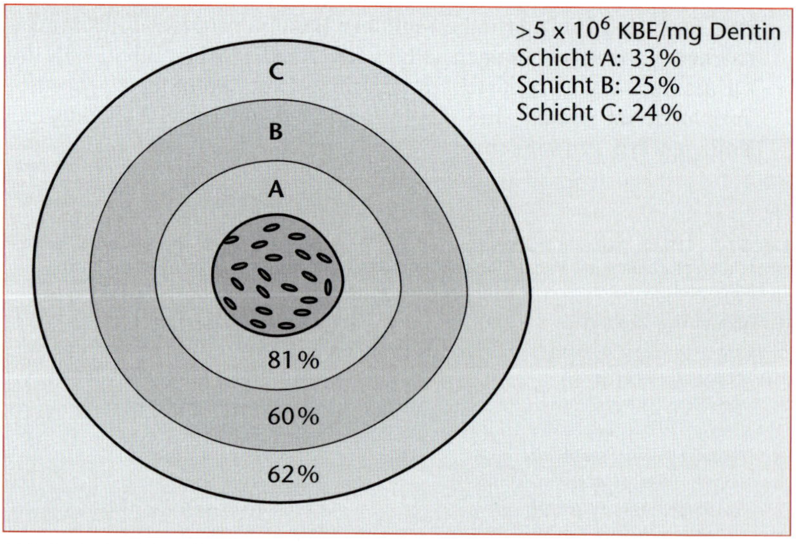

Abb. 11.3 Anteil positiver Bakterienproben in Abhängigkeit von der Lokalisation der Dentinprobe (KBE = Kolonie bildende Einheiten). Die Dentinproben stammten von extrahierten, kariös zerstörten Zähnen mit infizierten Wurzelkänalen (in Anlehnung an PETERS et al. 2001).

Tab. 11.4 Anteil der positiven Bakterienproben aus Dentinschichten unterschiedlicher Lokalisation von kariesfreien Zähnen mit marginaler Parodontitis (nach ADRIAENS et al. 1988).

Bakteriennachweis in		
wurzelkanalnahen Dentinschichten	mittleren Dentinschichten	wurzelzementnahen Dentinschichten
29 von 69 Proben:	34 von 69 Proben:	50 von 69 Proben:
42%	49%	72%

Tab. 11.5 Häufig in mittleren Wurzeldentinschichten angetroffene Bakterienspezies bei kariesfreien Zähnen mit marginaler Parodontitis (nach GIULIANA et al. 1997).

Gramnegative Bakterien	**Grampositive Bakterien**
• *Prevotella intermedia*	• *Peptostreptococcus micros*
• *Porphyromonas gingivalis*	• *Streptococcus intermedius*
• *Fusobacterium nucleatum*	
• *Tannerella forsythensis (Bacteroides forsythus)*	

Wurzelkanalwand während der Wurzelkanalbehandlung nicht erfasst werden, an Bedeutung.

Sind Zähne von einer profunden marginalen Parodontitis betroffen, so kann die Infektion von der Zahnfleischtasche ausgehend über Dentinkanälchen oder Pulpo-Desmodont-Kanäle einerseits die vitale Pulpa gefährden und andererseits das Ergebnis einer bereits durchgeführten Wurzelkanalbehandlung ungünstig beeinflussen (Tab. 11.4 und 11.5). In 83% (ADRIAENS et al. 1988) bzw. in 54% (GIULIANA et al. 1997) der untersuchten, parodontal erkrankten, jedoch kariesfreien Zähne mit vitaler Pulpa fand man Bakterien in dem der Zahnfleischtasche benachbarten Wurzeldentin. Im pulpanahen Dentin wiesen ADRIAENS et al. (1988) Bakterien bei 42% der Fälle nach. In über der Hälfte der untersuchten Zähne (59%) konnten Bakterien in der Pulpa identifiziert werden. Die pro mg Dentin ermittelte Zahl koloniebildender Einheiten lag im Bereich von 10^3 und 10^4.

11.1 – 11.4

Bakterien im periapikalen Gewebe

Nach gängiger Auffassung bleibt die Infektion in der Mehrzahl apikaler Parodontitiden auf das Wurzelkanalsystem beschränkt. Aus Arbeiten an immunisierten Affen lässt sich schließen, dass bei chronisch verlaufenden (= asymptomatischen) Läsionen die Immunantwort die Ausbreitung der Infektion über das apikale Foramen hinaus erfolgreich verhindert. Pathohistologisch findet sich in unmittelbarer Nähe des apikalen Foramens eine große Zahl polymorphkerniger Granulozyten im entzündeten periapikalen Gewebe. Bakterien lassen sich lediglich intrazellulär in Phagozyten nachweisen.

Hingegen scheinen akute Phasen einer apikalen Parodontitis (= symptomatische apikale Parodontitis) mit dem temporären Auftreten von Mikroorganismen im periapikalen Gewebe assoziiert zu sein. Im fortgeschrittenen Stadium ist die Entstehung eines Abszesses mit Pusbildung Ausdruck der bakteriellen Ausbreitung in die benachbarten Gewebe. Aus Abszessen endodontischen Ursprungs werden oftmals *Fusobacterium nucleatum, Porphyromonas gingivalis, P. endodontalis* und *Prevotella intermedia* isoliert.

Einige Untersuchungen deuten darauf hin, dass symptomatische apikale Parodontitiden mit dem Auftreten bestimmter Bakterienarten im Zusammenhang stehen. So findet man in der Wurzelkanalflora häufig *Porphyromonas gingivalis* und *P. endodontalis* sowie eine höhere Anzahl verschiedener anderer anaerober Begleitkeime. Offen bleibt die Frage, ob das Auftreten einer akuten periapikalen Entzündung mit einer Zunahme der mikrobiellen Virulenz verknüpft ist oder das Resultat einer Funktionseinschränkung körpereigener Abwehrsysteme darstellt.

Eine **Fistel**, die von einer apikalen Läsion ausgeht, ist ebenfalls mit der Anwesenheit von extraradikulär lokalisierten Keimen verknüpft. In der Regel kommt es nach konventioneller Wurzelkanalbehandlung zum Verschluss der Fistel und zur Ausheilung der apikalen Parodontitis. Diese Beobachtung lässt den Rückschluss zu, dass die periapikale Infektion über das infizierte Wurzelkanalsystem des ursächlichen Zahns unterhalten und vom Immunsystem – nach adäquater Behandlung des infizierten Wurzelkanalsystems – beseitigt wird.

Im Zusammenhang mit so genannten **Endo-Paro-Läsionen** bilden sich gelegentlich Fisteln entlang der Wurzeloberfläche aus, die im gingivalen Sulkus münden. Liegen an diesem Zahn tiefe, bis in den apikalen Bereich extendierte Taschen vor, lässt sich klinisch nicht erkennen, ob die Fistel tatsächlich endodontischen Ursprungs ist oder eine tief reichende Tasche darstellt. Hier kann die Analyse einer aus dem Fistelgang/Tasche entnommenen Probe unter dem Dunkelfeldmikroskop helfen. Ein geringer Anteil von Spirochäten spricht für eine Fistel endodontischen Ursprung.

Die **periapikale Aktinomykose** stellt einen Sonderfall einer extraradikulären Infektion dar. Aktinomyzeten widersetzen sich erfolgreich der Immunabwehr und unterhalten die Entzündung trotz konservativer Wurzelkanalbehandlung (NAIR & SCHRÖDER 1984, HAPPONEN 1986). HAPPONEN (1986) faßte 16 Fälle von periapikalen Infektionen mit *Actinomyces*-Spezies und *Propionibacterium propionicum* (früher: *Arachnia propionica*) zusammen. Obwohl Aktinomyzeten häufig in infizierten Wurzelkanälen zu finden sind, werden prädisponierende, die körpereigene Abwehr schwächende Faktoren als Ursachen für die Ausbreitung in den periapikalen Bereich diskutiert. Eine konventionelle Wurzelkanalbehandlung führte in diesen Fällen nicht zur Heilung. Allein chirurgische Maßnahmen (Wurzelspitzenamputation, Hemisektion, Wurzelamputation oder Extraktion) in Verbindung mit der Entfernung des entzündeten Gewebes brachten den erhofften Erfolg.

Bakteriämie und infiziertes Endodont

In seltenen Fällen können periapikal lokalisierte Bakterien während akuter Phasen apikaler Parodontitiden – nach Passage der Lymphknoten und deren afferenten und efferenten Lymphwege – die Blutbahn erreichen und eine Bakteriämie verursachen. Weitaus häufiger ist mit einer Bakteriämie nach zahnärztlichen Manipulationen, z. B. nach Zahnextraktion oder nach Reinigung von Parodontaltaschen, zu rechnen. Während der Aufbereitung infizierter Wurzelkanäle können Mikroorganismen versehentlich in den periapikalen Bereich geschoben werden. In der initialen Phase der Wurzelkanalpräparation birgt bereits die Unkenntnis der Eindringtiefe die Gefahr der Überinstrumentierung. Die Limitationen gängiger Methoden zur Arbeitslängenbestimmung (röntgenologische und endometrische Verfahren) resultieren unter Umständen in Eindringtiefen, die über den Wurzelkanal hinaus bis in das apikale Gewebe reichen. Auf diesem Weg können Mikroorganismen oder infizierte Dentinspäne, die mittels Wurzelkanalinstrument oder Spüllösung in den Periapex verschleppt werden, in Blutgefäße gelangen. Dies gilt in gleicher Weise für die intentionelle Erweiterung des apikalen Foramens mit kleinen Wurzelkanalinstrumenten zur Sicherstellung dessen Durchgängigkeit („apical patency technique"). Aus Blutproben, die während der Wurzelkanalaufbereitung mit intentioneller Überinstrumentierung genommen wurden, wurden in nahezu der Hälfte der Patienten Bakterienspezies isoliert (DEBELIAN et al. 1995). Unter diesen waren *Fusobacterium nucleatum, Prevotella intermedia, Peptostreptococcus prevotii, Propionibacterium acnes, Streptococcus sanguinis, Streptococcus intermedius* und *Actinomyces israelii* (siehe Kap. 4). Einige Minuten nach Wurzelkanalpräparation ließen sich noch grampositive Keime im Blut nachweisen.

11.3.2 Immunologische Aspekte

Ätiologie und Pathogenese der apikalen Parodontitis sind einerseits mit der Expression bakterieller Virulenzfaktoren und andererseits mit den Folgen der lokalen Immunantwort eng verknüpft (MARTON & KISS 2000, STASHENKO 1998). Die periapikale entzündliche Reaktion soll die Ausbreitung der Infektion in das periradikuläre Gewebe verhindern. Im Unterschied zur pulpalen Immunantwort führt die periapikale Entzündung zur Resorption von Alveolarknochen und Wurzeldentin und -zement. 11.1 – 11.4

Obwohl aus immunologischer Sicht das Wissen über die Entstehung der apikalen Parodontitis unvollständig ist, lassen sich grundlegende Erkenntnisse, die aus der Beschäftigung mit der Entstehung der marginalen Parodontitis herrühren, übertragen. Diesbezüglich sind die Grundzüge immunologischer Reaktionen ausführlich im Kap. 10.5.3 dargelegt.

Merke:
Die lokale Gewebezerstörung im apikalen Parodont wird in ähnlicher Weise wie im marginalen Parodont durch körpereigene Mediatoren (insbesondere Zytokine), deren Freisetzung direkt oder indirekt durch bakterielle Antigene* und PAMPs (LPS*, LTA*) induziert wird, in Gang gesetzt und unterhalten.

Tierexperimentell zeigen sich sieben Tage nach bakterieller Pulpaexposition Zeichen der apikalen Entzündung und der knöchernen Destruktion. In den folgenden zwei Wochen schreitet die Knochenresorption rasch fort; danach tritt die Entzündung in ein langsamer verlaufendes, chronisches Stadium ein.

Die Hälfte der in chronischen, periapikalen Läsionen angetroffenen Zellen sind Entzündungszellen. Häufige Zelltypen sind Lymphozyten und deren Abkömmlinge (Plasmazellen und Killerzellen), Makrophagen oder polymorphkernige Granulozyten, die neben eosinophilen Granulozyten und Mastzellen zu finden sind. Vor Ort werden vor allem IgG und IgA von Plasmazellen freigesetzt, die gegen eine Reihe von pathogenen Keimen wie beispielsweise *Porphyromonas endodontalis, Porphyromonas gingivalis, Prevotella intermedia, Peptostreptococcus micros* und *Fusobacterium nucleatum* gerichtet sind.

Eine wesentliche Rolle in der Entstehung und Ausbildung der periapikalen Läsion spielen die **Zytokine** ähnlich wie bei der marginalen Parodontitis (siehe Kap. 10.5.3.2). Mediatoren der natürlichen Immunität (IL-1, IL-6, IL-8 sowie TNF-α), Mediatoren der immunvermittelten Entzündung (IFN-γ), Wachstumsmediatoren (GM-CSF, G-CSF) und Regulatoren der Lymphozytenaktivierung und -differenzierung (IL-2) sind hier hervorzuheben. Deren Funktionen sind im Einzelnen im Kapitel 2 und im Anhang 3 beschrieben.

11.4 Therapie des infizierten Wurzelkanalsystems – mikrobiologische Aspekte

Sektion III

Aus der Ätiologie und Pathogenese der apikalen Parodontitis ergibt sich theoretisch die an eine Wurzelkanalbehandlung zu stellende Anforderung, Mikroorganismen vollständig aus dem Endodont zu eliminieren.

Merke:
Unter der Berücksichtigung des Umstands, dass Bakterien tief in das Wurzeldentin eindringen und mechanisch nicht ohne erheblichen Dentinverlust und Schwächung des Zahns entfernt werden können, scheinen gegenwärtig die weitgehende Keimreduktion und die Unschädlichmachung im Wurzelkanalsystem zurückgebliebener Bakterien erreichbare Ziele einer konventionellen Wurzelkanalbehandlung zu sein.

Hierdurch lassen sich in über 85% der Fälle günstige Bedingungen für die Regeneration der vom infizierten Endodont ausgehenden Entzündungen schaffen, wenn die vorhandenen klinischen Studien zur Ausheilung periapikaler Läsionen nach konventioneller Wurzelkanalbehandlung zugrundegelegt werden (WEIGER et al. 1998). Die im Folgenden dargelegten Ausführungen zur Effizienz einzelner Therapieschritte der konventionellen Wurzelkanalbehandlung beziehen sich auf den Fall des infizierten Wurzelkanalsystems.

11.4.1 Die konventionelle Wurzelkanalbehandlung

Mechanische Präparation des Wurzelkanals
Keimfreies Vorgehen (Kofferdam, steriles Instrumentarium) vorausgesetzt, führt bereits die vollständige mechanische Präparation des Wurzelkanals unter Verwendung physiologischer Kochsalzlösung zu einer erheblichen Keimzahlreduktion. Nach ØRSTAVIK et al. (1991) geht die Anzahl Kolonie bildender Einheiten pro Wurzelkanal – als ungefähres Maß für die Bakterienzahl – nach mechanischer, bis in die Nähe der apikalen Konstriktion reichender Instrumentierung durchschnittlich von 4,8 auf 3,2. Der Einsatz neuer rotierender Nickel-Titanium-Instrumente erbrachte im Vergleich zu konventionellen Feilen keinen Vorteil. Erwartungsgemäß geht mit der apikalen Aufbereitung mit Instrumenten zunehmenden Durchmessers eine weitere Reduktion der Bakterienlast im Wurzelkanal einher.

Wurzelkanalspüllösung
Natriumhypochlorit als gängige antimikrobielle Spüllösung führt **in Konzentrationen von 0,5% bis 5,25%** zu einer weiteren Abnahme der Bakterienzahlen. Nach Verwendung ultraschall aktivierter 0,5%iger Natriumhypochlorit-Lösung in Verbindung mit der vollständigen Wurzelkanalpräparation fielen die Bakterienproben in der Mehrzahl der Fälle negativ aus. Das bedeutet, dass zumindest die Nachweisgrenze von Mikroorganismen mittels konventioneller kulturmikrobiologischer Verfahren unterschritten war. Als Alternative oder in Ergänzung zu Natriumhypochlorit werden Chlorhexidin oder jodhaltige Präparate zur Beherrschung von Problemkeimen wie *E. faecalis* diskutiert (siehe Kap. 11.4.2).

Medikamentöse Einlage
Da trotz der zuvor aufgeführten Maßnahmen Bakterien in Dentinkanälchen und in nicht aufbereiteten Arealen der Hauptwurzelkanäle zurückbleiben können, wird die Applikation einer antibakteriellen Einlage in den Wurzelkanal empfohlen. Ein häufig eingesetztes Präparat ist Kalziumhydroxid. Obwohl die antibaktierielle Wirkung von Kalziumhydroxid *in vitro* auf eine große Zahl von Keimen unbestritten ist, werden Wirksamkeit im Wurzelkanal und damit Notwendigkeit einer Kalziumhydroxideinlage im klinischen Einsatz kontrovers diskutiert. Für die Verwendung von Kalziumhydroxid sprechen Ergebnisse von Wurzelkanalproben, die nach einmaliger oder mehrmaliger Kalziumhydroxidapplikation häufig negativ ausfielen. Bei kritischer Betrachtung lässt sich allerdings eine antibakterielle Wirkung von Kalziumhydroxid im Wurzeldentin nicht zweifelsfrei ableiten. Unvollständige zirkumferente Bearbeitung der Dentinwände mit konventionellen Instrumenten vor Probenentnahme sowie die Limitierungen von Papierspitzen zur vollständigen Entnahme des Kanalinhalts (Kanalflüssigkeit und abgetragene Dentinspäne) lassen Interpretationsspielraum. Experimentelle Untersuchungen zeigen, dass sich in primär infiziertem Kanalwanddentin nach vierwöchiger Kalziumhydroxideinlage koloniebildende Einheiten nicht mehr nachweisen ließen (WEIGER et al. 2002). Nach selektiver Fluoreszenzmarkierung mit Vital-

farbstoffen (WEIGER et al. 2002) jedoch findet man neben toten auch noch vitale Mikroorganismen. Diese vitalen Keime lassen sich offensichtlich durch konventionelle Anzuchtverfahren nicht nachweisen; sie sind nicht teilungsaktiv. Die Frage, welche Bedeutung solche nicht kultivierbaren Bakterien („viable, but non-culturable bacteria") in Dentinkanälchen aus therapeutischer und immunologischer Sicht besitzen, bleibt vorerst offen.

Auskunft über die Wirksamkeit von Kalziumhydroxid in der klinischen Anwendung geben zwei aktuelle Arbeiten (TROPE et al. 1999, WEIGER et al. 2000, PETERS et al. 2002). Sie zeigen, dass sich die Ausheilungschancen von apikalen Läsionen nach einzeitiger Wurzelkanalbehandlung, die also in einer Behandlungssitzung (ohne Zwischeneinlage mit Kalziumhydroxid) abgeschlossen wurde, nicht wesentlich von denen nach zweizeitiger Wurzelkanalbehandlung unter Verwendung von Kalziumhydroxid unterscheiden (Abb. 11.4).

Merke:
Offensichtlich stellt die Obturation des Wurzelkanals mit Guttapercha und einem Sealer auch unter Verzicht auf eine vorausgehende Einlage mit Kalziumhydroxid günstige Bedingungen für die Regeneration apikaler Parodontitiden her.

Eine Erklärung hierfür liefert die Vorstellung, dass die Wurzelkanalfüllung den Mikroorganismen einerseits den Lebensraum nimmt und andererseits – in Verbindung mit einem suffizienten Verschluss der koronalen Kavität – die Substratzufuhr unterbindet. Die antibakterielle Wirkung handelsüblicher Guttaperchastifte ließe ebenfalls die im Vergleich günstige Prognose apikaler Läsionen nach einzeitigem Vorgehen erklären.

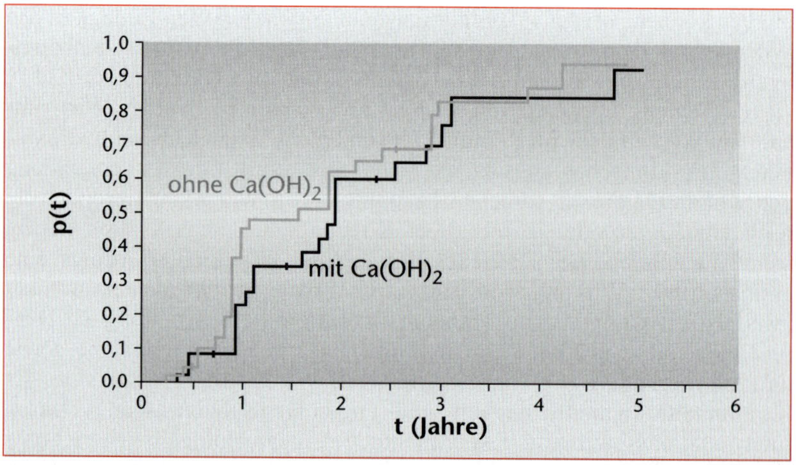

Abb. 11.4 Wahrscheinlichkeit p(t), das eine apikale Läsion nach ein – oder zweizeitiger Wurzelkanalbehandlung innerhalb eines Beobachtungszeitraums t vollständig ausheilt (WEIGER et al. 2000).

Tab. 11.6 Nachweis von Bakterien unmittelbar vor Wurzelkanalfüllung des betroffenen Zahnes im Zusammenhang mit der Ausheilung der apikalen Parodontitis.

Studie	Vollständige Ausheilung	Keine Ausheilung
SJÖGREN et al. (1997): Bakteriennachweis bei 22 von 55 apikalen Läsionen	68% (15 von 22 Läsionen)	32% (7 von 22 Läsionen)
PETERS & WESSELINK (2002): Bakteriennachweis bei 8 von 39 apikalen Läsionen	88% (7 von 8 Läsionen)	12% (1 von 8 Läsionen)

Außerdem weisen neueste Studien darauf hin, dass Kalziumhydroxid im Wurzelkanal nur eine eingeschränkte antibakterielle Wirkung besitzt. Offensichtlich kann Kalziumhydroxid durch anorganische und organische Bestandteile des Dentins inaktiviert werden.

Auf der anderen Seite ist der Nachweis von Bakterien im Wurzelkanal zum Zeitpunkt der Wurzelkanalfüllung (nach vollständiger Wurzelkanalaufbereitung) bei einzeitigem Vorgehen mit einer geringeren Erfolgsrate (68%) assoziiert (SJÖGREN et al. 1997). Bei 7 von 22 Wurzelkanälen mit positiver Bakterienprobe kam es nicht zur Ausheilung der apikalen Läsion. Es besteht die Vermutung, dass mit zunehmender Zahl der noch im Wurzelkanal nachweisbaren Mikroorganismen die Ausheilungschancen sinken. In diese Richtung lässt sich auch die Arbeit von PETERS und WESSELINK (2002) deuten, obwohl 7 von 8 periapikalen Parodontitiden trotz Bakteriennachweis unmittelbar vor Wurzelkanalfüllung regenerierten. In diesen Fällen waren die Bakterienzahlen niedrig (Koloniebildende Einheiten $< 10^2$) (Tab. 11.6).

11.4.2 Die persistierende apikale Parodontitis

Kennzeichen einer persistierenden apikalen Parodontitis ist deren Therapieresistenz trotz adäquater konventioneller Wurzelkanalbehandlung. Aus mikrobiologischer Sicht ist die Analyse fehlgeschlagener Wurzelkanalbehandlungen von besonderer Bedeutung. Grundsätzlich werden mikrobielle und nicht-mikrobielle Ursachen unterschieden (SIQUEIRA 2001):

1. Mikrobielle Faktoren:

- Intraradikuläre Infektion:
  a) Unzureichende Keimzahlreduktion im Wurzelkanalsystem aufgrund der komplexen anatomischen Verhältnisse und/oder den Limitierungen konventioneller Verfahren zur Wurzelkanalaufbereitung.
  b) Persistenz bestimmter Bakterienarten und Pilze im Wurzelkanalsystem. *Enterococcus faecalis* und *Candida albicans* spielen in diesem Zusammenhang eine Schlüsselrolle.
- Extraradikuläre Infektion, das heißt Persistenz von Mikroorganismen und Pilze außerhalb der Wurzel

2. Nicht-mikrobielle Faktoren:
- Ausbildung einer wahren apikalen Zyste („true apical cyst")
- Fremdkörperreaktion nach Überpressen von Wurzelfüllmaterialien in den Periapex
- Wurzellängsfraktur

Wenngleich mehrere Ursachen für eine persistierende apikale Parodontitis in Betracht zu ziehen sind, ist der Frage nach dem Verbleib intrakanalär lokalisierter Mikroorganismen vornehmlich nachzugehen (SIQUEIRA 2001). Elektronenmikroskopische Untersuchungen belegen, dass in refraktären Fällen Mikroorganismen oder Pilze – trotz scheinbar ausreichender Qualität der konventionellen Behandlung – im apikalen Bereich angetroffen wurden (Abb. 11.5).

Im Mittelpunkt der Diskussion stehen derzeit **therapieresistente Keime** wie *E. faecalis* und *C. albicans*. Auch andere, seltener anzutreffende enteritisauslösende Stäbchen wie *Enterobacter cloacae* werden in Zusammenhang mit therapieresistenten Fällen gebracht. Vermutlich sind von der Infektion mit diesen Keimen besonders Zähne, deren Wurzelkanal über einen längeren Zeitraum aufgrund bestehender Symptomatik unverschlossen blieb, sowie solche, die über zahlreiche Behandlungssitzungen hinweg endodontisch behandelt wurden, betroffen. Es wird spekuliert, dass mit der Zahl der Behandlungssitzungen das Risiko der Kontamination durch unsteriles Arbeiten zunimmt. *E. faecalis* und *C. albicans* können jedoch auch Bestandteil der vorherrschenden Wurzelkanalflora sein und – infolge mangelhafter Wurzelkanalaufbereitung – die verbliebene Mikroflora allmählich dominieren. Da *E. faecalis* auf Kalziumhydroxid nicht anspricht, ist die Suche nach Alternativen zu Kalziumhydroxid aktuell. Chlorhexidin oder jodhaltige Substanzen und Antibiotika sind hier zu nennen.

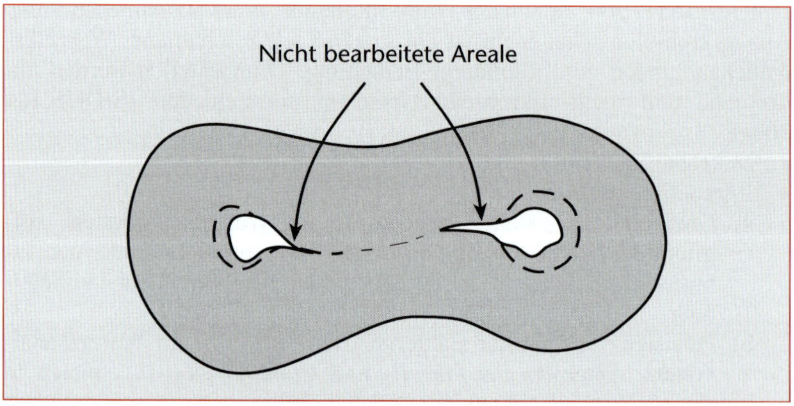

Abb. 11.5 Typischer Wurzelquerschnitt einer mesialen Wurzel eines unteren Molaren nach scheinbar adäquater Wurzelkanalpräparation (gestrichelte Linie) am Beispiel einer mesialen Wurzel eines unteren Molaren. Bestimmte Areale blieben unbearbeitet, die auch teilweise für Wurzelkanalspüllösung und medikamentöse Einlage nicht erreichbar sind.

Nach wie vor kontrovers wird das Auftreten extraradikulärer Mikroorganismen in therapieresistenten, asymptomatischen Fällen diskutiert. Im Zusammenhang mit therapieresistenten Fällen wiesen TRONSTAD et al. (1987) elektronenmikroskopisch Bakterien in Einsenkungen und Lakunen der Wurzeloberfläche nach, während NAIR (1987) Mikroorganismen im Zentrum solcher periapikaler Läsionen vorfand. Mit dem gelegentlichen Nachweis von Keimen aus extraradikulären Biopsien ist zwangsläufig die berechtigte Frage verknüpft, inwieweit dieser nicht Resultat einer Kontamination während der durchaus diffizilen chirurgischen Entnahme periapikalen Gewebes ist. Auch wird der Verdacht geäußert, dass Bakterien während der chirurgischen Manipulation aus dem apikal noch infizierten Wurzelkanal über das apikale Foramen in das periapikale Gewebe gelangen können. Die Ergebnisse jüngster Untersuchungen (SUNDE et al. 2002), die durch sorgfältiges operatives Vorgehen und entsprechende Operationstechnik bei der Freilegung apikaler Läsionen das Risiko der Kontamination weitgehend minimierten, deuten darauf hin, dass **langbestehende Läsionen bereits wurzelkanalbehandelter, asymptomatischer Zähne** mehrheitlich infiziert sind. Die Zahl kultivierbarer Spezies variierte zwischen 1 und 10. Bakterielle DNA wurde nach DNA-DNA Hybridisierung (vergleiche Kap. 15.4.3) in allen Proben identifiziert, wobei durchschnittlich eine weitaus höhere Zahl unterschiedlicher Bakterienspezies im Vergleich zur Bakterienanzucht vorgefunden wurde. Es dominierten *Actinobacillus (Haemophilus) actinomycetemcomitans* und *Tannerella forsythensis* (vormals *Bacteriodes forsythus*). Diese Beobachtungen bestätigten sich nach In situ-Fluoreszenzhybridisierung der Proben. Hier ließen sich in der Hälfte der Läsionen verschiedene Morphotypen, unter anderem auch Spirochäten, darstellen.

Literatur

Adriaens P A, de Boever J A, Loesche W J: Bacterial invasion in root cementum and radicular dentin of periodontally diseased teeth in humans.J. Periodont 59: 222-230, 1988 **11.1 – 11.4**

Bergenholtz G, Lindhe J: Effect of soluble plaque factors on inflammatory reactions in the dental pulp. Scand J Dent Res 83: 153-158, 1975

Cvek M, Cleaton-Jones P E, Austin J C, Andreasen J O: Pulp reactions to exposure after experimental crown fractures or grinding in adult monkeys. J Endod 8: 391-397, 1982

Dahle U R, Tronstad L, Olsen I: Characterization of new periodontal and endodontic isolates of spirochetes. Eur J Oral Sci 104: 41–47, 1996

Dahlén G, Haapasalo M: Microbiology in apical periodontitis. In: Ørstavik D, Pitt Ford T R: Essential Endodontology. Verlag Blackwell Science Ltd, Oxford 1998, Seiten 106-130

Debelian G J, Olsen I, Tronstad L: Bacteremia in conjunction with endodontic therapy. Endodontics and Dental Traumatology 11: 142-149, 1995

Giuliana G, Ammatuna P, Pizzo G, Capone F, D'Angelo M: Occurence of invading bacteria in radicular dentin of periodontally diseased teeth: microbiological findings. J Clin Periodontol 24: 478-485, 1997

Haapasalo M: Bacteroides species in dental root canal infections. Endod Dent Traumatol 5: 1-10, 1989

Happonen R P: Periapical actinomycosis: a follow-up study of 16 surgically treated cases. Endod Dent Traumatol 2: 205-209, 1986

Kakehashi S, Stanley H R, Fitzgerald R J: The effects of surgical exposures of dental pulps in germ-free and conventional laboratory rats. Oral Surg 20: 340-349, 1965

Márton I J, Kiss C: Protective and destructive immune reactions in apical periodontitis. Oral Microbiol Immunol 15: 139-150, 2000

Merz-Fairhurst E J, Curtis J W, Ergle J W, Rueggeberg J A, Adair S M: Ultraconservative and cariostatic sealed restorations: Results at year 10. JADA 129: 55-66, 1998

Mjör I A, Smith M R, Ferrari M, Mannocci F: The structure of dentine in the apical region of human teeth. Int Endod J 34: 346–353, 2001

Nair R, Schroeder H E: Periapical actinomycosis. J Endod 10: 567-570, 1984

Nair R: Light and electron microscopic studies of root canal flora and periapical lesions. J Endod 13: 29-39, 1987

Ørstavik D, Kerekes K, Molven O: Effects of apical reaming and calcium hydroxide dressing on bacterial infection during treatment of apical periodontitis. Int Endod J 24: 1-7, 1991

Peters L, Wesselink P R: Periapical healing of endodontically treated teeth in one or two visits obturated in the presence or absence of bacteria in the root canal. Int Endod J, akzeptiert.

Peters L B, Wesselink P R, Buijs J F, van Winkelhoff A J: Viable bacteria in root dentinal tubules of teeth with apical periodontitis. J Endod 27: 76-81, 2001

Siqueira J F, Rocas I N, Favieri A, Oliveira J C M, Santos K R N: Polymerase chain reaction detection of *Treponema denticola* in endodontic infections within root canals. Int Endodon J 34: 280–284, 2001

Siqueira J F: Aetiology of root canal treatment failure: why well-treated teeth can fail. Int Endod J 34: 1–10, 2001

Sjögren U, Figdor D, Persson S, Sundqvist G: Influence of infection at the time of root filling on the outcome of endodontic treatment of teeth with apical periodontitis. Int Endod J 30: 297-306, 1997

Stashenko P: Etiology and pathogenesis of pulpitis and apical periodontitis. In: Ørstavik D, Pitt Ford T R: Essential Endodontology. Verlag Blackwell Science Ltd, Oxford 1998, Seiten 42-67

Stashenko P R, Teles R, D'Souza R: Periapical inflammatory responses and their modulations. Crit Rev Oral Biol Med 9: 498-521, 1998

Sunde P T, Olsen I, Debelian G J, Tronstad L: Microbiota of periapical lesions refractory to endodontic therapy. J Endod 4: 304–310, 2002

Sundqvist G: Bacteriological studies of necrotic dental pulps. Umea University Odontological Dissertations No. 7, Umea, Sweden 1976

Sundqvist G: Taxonomy, ecology, and pathogenicity of the root canal flora. Oral Surg 78: 522-530, 1994 (Review)

Tronstad L, Barnett F, Slots J: Extraradicular endodontic infections. Endod Dent Traumatol 3: 86-90, 1987

Trope M, Delano EO, Ørstavik D: Endodontic treatment of teeth with apical periodontitis: single vs. multivisit treatment. J Endod 25: 345-350, 1999

Weiger R, Axmann-Krcmar D, Löst C: Prognosis of conventional root canal treatment reconsidered. Endod Dent Traumatol 14: 1-8, 1998

Weiger R, de Lucena J, Decker E-M, Löst C: Vitality status of microorganisms in human root dentine. Int Endod J 35: 166-171, 2002

Weiger R, Rosendahl R, Löst C: Influence of calcium hydroxide as intracanal dressing on the prognosis of teeth with endodontically induced periapical lesions. Int Endod J 33: 219-226, 2000

Kapitel 12
Mundschleimhautaffektionen

Sektion III

Zusammenfassung

Bakterielle Erreger können vielfältige Entzündungen im Bereich des Mundes hervorrufen. Dazu gehören Mundwinkelrhagaden, Gingivitis und Stomatitis in verschiedener Ausprägung, aber auch Phlegmonen und Abszesse. Die Zungenentzündung wird als Glossitis bezeichnet, sie kann auch ein Symptom bei systemischen Infektionen sein. Tonsillitis und Angina sowie die Pharyngitis sind nicht selten. Als Sonderform ist die Angina ulceromembranacea (Angina Plaut-Vincenti) zu nennen.

Die Mundhöhle ist als ein Reservoir für *Candida* anzusehen. Die verschiedenen *Candida*-Spezies kommen in unterschiedlicher Häufigkeit vor. *Candida* kann an parodontalen Veränderungen und Abszessen beteiligt sein. Möglicherweise ist der Durchtritt von *Candida* durch das gingivale Gewebe ein Eintrittsweg in das Körperinnere. Auch die Zahnoberfläche kann von *Candida* besiedelt werden. Eine Penetration der Hyphen in Bruchstellen des Zahnschmelzes ließ sich nachweisen. Aus 7% der infizierten Wurzelkanäle ließ sich *Candida* anzüchten. Risikogruppen sind vor allem Patienten mit HIV, mit Immunsuppression und nach langdauernder Antibiotikabehandlung.

Die orale Candidose ist seit Hippokrates bekannt. Die Erkrankung ist gekennzeichnet durch die Besiedlung der buccalen Mucosa und der Zunge mit weißen Plaques oder bei der Prothesenstomatitis durch entzündliche Rötung. In ihrem klinischen Erscheinungsbild sind verschiedene Formen zu unterscheiden.

Viral bedingte Mundschleimhautaffektionen sind häufig und weit verbreitet. Dabei manifestieren sich intraoral diverse Virusarten, die ursächlich oder indirekt zur Entwicklung einer Läsion beitragen.

Die Herpesviren mit ihren bekannten Vertretern Herpes-simplex-Virus, Varizella-Zoster-Virus, Zytomegalievirus und Epstein-Barr-Virus lösen typische Effloreszenzen und Symptome aus. Auch Enteroviren, Togaviren (Röteln), Paramyxoviren (Masern) und Papovaviren sowie Pockenviren können hochinfektiöse Erkrankungen mit oralen Manifestationen auslösen. Das Hepatitis-C-Virus (HCV) kommt zwar im Speichel vor, wird aber nicht direkt mit einer spezifischen oralen Läsion in Verbindung gebracht. Trotzdem wird eine Assoziation zwischen HCV und Lichen planus vermutet. Außerdem werden diverse onkogene Viren mit der Induktion von malignen Prozessen in der Mundhöhle in Verbindung gebracht. Zusätzliche Informationen zu den verschiedenen Virusgruppen finden sich in den Kapiteln 1.5 und 5.

Immunologisch bedingte Mundschleimhautaffektionen sind ebenfalls häufig und kommen bei HIV-Infektion, bei Immunsuppression und bei Autoimmunkrankheiten vor. Die Kenntnis der häufigsten Manifestationen bei HIV-Infektionen ist sowohl zur Früherkennung, Diagnose als auch Behandlung der Erkrankung von Bedeutung.

Immunsuppression ist eine Begleiterscheinung von verschiedenen Erkrankungen und Therapieformen. Sie kann zu diversen oralen und dentalen Manifestationen führen. Dazu gehören mukosale Läsionen und Nebenwirkungen von immunsuppressiven Medikamenten und Therapieformen. Als Komplikation von Knochenmark- und Stammzelltransplantationen treten komplexe Immunphänomene auf, die als Graft versus host disease (GVHD) bezeichnet werden. Die orale Mukosa ist bei über 70% der Patienten mit akuter oder chronischer GVHD involviert. Eine weitere orale Manifestation einer medikamentös induzierten Immunsuppression ist das Auftreten von Gingivahyperplasien bei Cyclosporinmedikation.

Verschiedene immunologische Schleimhauterkrankungen und orale Manifestationen immunologischer, systemischer Erkrankungen sind Folge von Autoimmunprozessen. Dazu gehören die blasenbildenden Erkrankungen Pemphigus vulgaris, das bullöse Pemphigoid, die Epidermolysis bullosa acquisita und das vernarbende Schleimhautpemphigoid. Auch die Autoimmunerkrankungen Dermatomyositis, systemische Sklerose (Sklerodermie) und der systemische Lupus erythematodes können sich in oralen Geweben manifestieren.

12.1 Mikrobiell bedingte Mundschleimhautaffektionen

12.1.1 Bakteriell bedingte Affektionen der Mundschleimhaut

Manfred Knoke

12.1.1.1 Mundwinkelrhagaden

Eine bakterielle Entzündung ist oft der Grund für das Entstehen von Mundwinkelrhagaden („Faulecken", französisch perlèche). Als Ursache können Staphylokokken und Streptokokken, aber auch *Treponema pallidum* u. a. in Frage kommen. Differenzialdiagnostisch ist an eine Pilzinfektion zu denken.

12.1.1.2 Gingivitis und Stomatitis

Schleimhautentzündungen im Mundbereich können sich von der Hyperämie über eine interstitielle Ödembildung und Zellvermehrung bis zur Einschmelzung mit Ulzeration entwickeln. Ihre Leitsymptome sind Missempfindungen, Schwellung und Rötung der Schleimhaut, Behinderung der Nahrungsaufnahme, ein vermehrter Speichelfluss, Mundgeruch (Halitose*) und Auftreten von Blutungen und Belägen. Betroffen sind das Parodont (Gingivitis, Parodontitis, siehe Kap. 10) und die Mundschleimhaut (Stomatitis). Ausgeprägte Krankheitsbilder treten bei abwehrgeschwächten Risikopatienten auf. Sie sind auch Begleitsymptom schwerer fieberhafter Allgemeinerkrankungen, wie Sepsis, Typhus abdominalis, Masern, Scharlach, Angina, Tuberkulose, Pneumonie.

Die wichtigsten nachgewiesenen Erreger sind grampositive Kokken (vor allem *Streptococcus*), *Actinomyces,* Mykobakterien, *Nocardia* und bei HIV-infizierten Patienten *Pneumocystis carinii* oder Kryptosporidien.

Sektion III

Die **Stomatitis catarrhalis** mit Rötung der Mundschleimhaut ist als leichte Form bei Magen-Darm- und Atemwegsinfektionen zu sehen.

Die **Gingivostomatitis ulcerosa** zeigt vom Zahnrand ausgehende schmerzhafte tiefgreifende Geschwüre, die sich über große Teile der Mundschleimhaut ausdehnen können. Vor allem bei älteren Kindern mit mangelhafter Mundpflege und bei bestimmten Grundkrankheiten, wie Agranulozytose, Leukämie, Sepsis, wird diese Form gesehen. Als Erreger werden u. a. *Treponema vincentii* und *Fusobacterium nucleatum* (siehe Fusospirochätose, Kap. 13.4.) gesehen. Die schwerste Form ist die **Mundfäulnis**, Stomatitis necroticans sive gangraenosa (Noma), mit großen scharf abgesetzten graugelblichen Geschwüren, mit schmerzhaften geschwollenen regionären Lymphknoten, Kieferklemme, Übergreifen auf die Tonsillen und Ausbreitung auf Wangen-, Lippen- und Zungenschleimhaut mit rasch fortschreitender Tendenz.

Spezifische Mundschleimhautveränderungen können bei der Tuberkulose gesehen werden. Im Sekundärstadium der Syphilis treten an der Mundschleimhaut hämatogen gestreut hochinfektiöse Papeln auf. Vorher sind bevorzugt der Gaumen, das Zäpfchen und die Tonsillen von einen düsterroten Enanthem befallen. Im Tertiärstadium sind Gummen mit Perforation des harten Gaumens möglich.

12.1.1.3 Mundbodenphlegmone und Mundbodenabszesse

Sie gehen meistens von Zahnerkrankungen, Entzündung der Glandula submandibularis oder den in der Nähe liegenden abszedierenden Lymphknoten aus. Charakteristisch sind ein plötzlicher Beginn mit starken Schluckbeschwerden, Kieferklemme, Atemnot. Es besteht die Gefahr des Absteigens in die tiefen Halsfaszien und damit einer Mediastinitis, eines Larynxödems mit nachfolgender Erstickung (Angina Ludovici). Klinische Überwachung, hochdosierte Antibiotikagaben und gegebenenfalls ein chirurgischer Eingriff sind erforderlich. Differenzialdiagnostisch ist an Aktinomykose, Periostitis der Mandibula, Infektionen der Speicheldrüsen und an Speichelsteine zu denken.

Die Aktinomykose beginnt ihren Weg oft von der Mundhöhle aus (Zähne, Tonsillen, Wangenschleimhaut). Fisteln, vor allem im Unterkieferbereich, sind möglich.

12.1.1.4 Zungeninfektionen

Die Zungenentzündung wird als Glossitis bezeichnet. Eine meistens sehr schmerzhafte, zur Eiterung neigende Entzündung der Zunge ist die Glossitis phlegmonosa. Durch die starke Schwellung, vor allem am Zungengrund, kann es zu Erstickungsanfällen kommen.

An der Zunge können Abszesse auftreten, die durch kleine Verletzungen infolge Fremdkörper, scharfer Zahnstümpfe oder Prothesenkanten entstehen. Als Erreger von Infektionen der Zunge einschließlich des Zungengrundes sind Fusobakterien, Aktinomyzeten, Treponemen, *Campylobacter rectus* (vormals *Wolinella recta*), *Selenomonas sputigena*, *Bacteroides* u. a. beschrieben.

Zungenveränderungen sind ein Symptom bei verschiedenen systemischen Infektionen. Dazu gehört die Himbeerzunge beim Scharlach durch die begleitende Entzündung der Zungenpapillen. Eine spezifische Zungeninfektion ist die Zungensyphilis (Tertiärstadium, siehe Syphilis) mit zwei Erscheinungsformen: Glossitis gummosa mit einem Gumma, das tief in der Zungenmuskulatur sitzt und ulzerieren kann und Glossitis interstitialis, die als diffuse Entzündung zur Makroglossie führt.

12.1.1.5 Tonsillitis und Angina

Die Mandeln (Tonsillen) gehören als Ansammlung von lymphatischem Gewebe zum Abwehrorgan des Schlundringes. Sie sind daher häufiger von bakteriell bedingten Entzündungen betroffen. Die leichteste Form ist die Angina (Tonsillitis) catarrhalis mit geringer Rötung und Schwellung der Tonsillen, mäßigen Schluckbeschwerden und geringer Temperaturerhöhung. Die Angina follicularis und Angina lacunaris zeigen eine starke Rötung und Schwellung sowie stippchenartige, konfluierende gelbliche Beläge mit eitrigem Detritus, einen plötzlichen Beginn mit starken Schluckbeschwerden, Engegefühl („Angina"!) im Rachen, Lymphknotenschwellungen, hohes Fieber und Schüttelfrost. Als Erreger werden meist β-hämolysierende A-Streptokokken nachgewiesen. Weitere bakterielle Erreger sind *Staphylococcus aureus*, *Streptococcus pneumoniae*, *Actino-*

myces, Nocardia, Lactobacillus, Mycobacterium tuberculosis und atypische Mykobakterien *(M. kansasii, M. avium)*, die besonders bei HIV-infizierten Patienten vorkommen können.

Die Angina diphtherica weist grauweiße, festhaftende Beläge der Tonsillen und meist der umgebenen Schleimhautregion auf sowie eine Schwellung der regionären Lymphknoten. In diesen Fällen wird im Abstrich *Corynebacterium diphtheriae* gefunden.

Aus der Angina lacunaris kann sich als Komplikation meist einseitig ein Tonsillenabszess mit der Gefahr eines Glottis- und Larynxödems entwickeln. Aus einer eitrigen Angina kann auch eine schwere allgemeinseptische Infektion entstehen.

Die Angina ulceromembranacea (Angina Plaut-Vincenti) zeigt ein meist einseitiges, mit schmierigem Belag bedecktes Tonsillengeschwür und Lymphknotenschwellungen, wobei auffallend niedrige Temperaturen und ein relativ gutes Allgemeinbefinden sind. Typisch ist der Nachweis von *Fusobacterium nucleatum* und *Treponema vincentii* in einer Erregersymbiose.

Eine Reihe von Allgemeinkrankheiten kann mit einer initialen, aber nicht obligatorischen Tonsillitis einhergehen. Dazu gehören Diphtherie, Scharlach, rheumatisches Fieber, Ornithose, Mykoplasmapneumonie, Katzenkratzkrankheit und Typhus abdominalis.

12.1.1.6 Pharyngitis

Bei der akuten Pharyngitis sind Viren die häufigsten Erreger. Die einzige bedeutsame bakterielle Ursache ist *Streptococcus pyogenes. C. diphtheriae* ist heute ein sehr seltener Erreger.

Nur selten wird eine isolierte Entzündung des Rachens beobachtet. Meistens handelt es sich um eine gleichzeitige Erkrankung der Mundschleimhaut und des Gaumens einschließlich der Tonsillen, die sich deszendierend über die respiratorische Schleimhaut ausbreitet. Auch hier sind ödematöse Schwellung, Rötung, schleimig-eitrige Sekrete diagnostisch führend. Bei nachgewiesener Schleim-Eiter-Straße an der Rachenhinterwand fehlt selten eine Beteiligung des Kehlkopfeinganges. Die bakteriellen Ursachen sind in der Regel die bereits oben beschriebenen. Die Entstehung eines Retropharyngealabszesses ist als Komplikation möglich.

12.1.2 Orale Candidose

Hannelore Bernhardt

Die Mundhöhle ist als ein Reservoir für *Candida* anzusehen. Die verschiedenen *Candida*-Spezies kommen in unterschiedlicher Häufigkeit vor (Abb. 12.1). *Candida* kann an parodontalen Veränderungen und Abszessen beteiligt sein. Möglicherweise ist der Durchtritt von *Candida* durch das gingivale Gewebe ein Eintrittsweg in das Körperinnere (BUDTZ-JÖRGENSEN und LOMBARDI 2000). Auch die Zahnoberfläche kann von *Candida* besiedelt werden. Eine Penetration der Hyphen in Bruchstellen des Zahnschmelzes (Schmelzsprünge) ließ sich nachweisen (HAKAN SEN et al. 1997). Aus 7% der infizierten Wurzelkanäle ließ sich

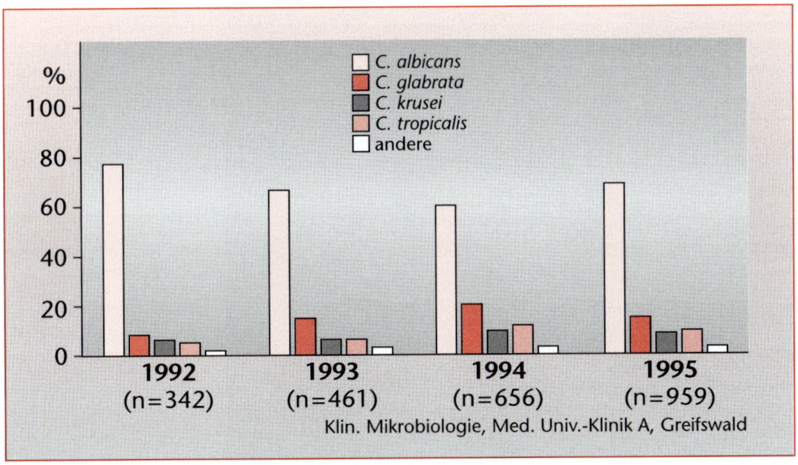

Abb. 12.1 *Candida*-Spezies in der Mundhöhle

Candida züchten (WALTIMO et al. 2001, vergleiche Kap. 11.4.2). Risikogruppen sind vor allem Patienten mit HIV, mit Immunsuppression und nach langdauernder Antibiotikabehandlung.

Die orale Candidose ist seit HIPPOKRATES bekannt. Nach ihrem klinischen Erscheinungsbild sind verschiedene Formen zu unterscheiden.

12.1.2.1 Krankheitsbilder

Akute pseudomembranöse Candidose (auch oraler Soor genannt; sohren, altdeutsch = wundmachen).

Die Erkrankung ist vorwiegend bei Säuglingen, alten Menschen, Patienten mit chronischen Erkrankungen und im Finalstadium einer Erkrankung anzutreffen. AIDS-Erkrankte leiden häufig an einem Mundsoor, der oft mit einer Ösophagitis vergesellschaftet ist. Sie zeichnet sich durch die Bildung von weißen Plaques aus, die auf der Oberfläche der buccalen Mucosa und der Zunge erscheinen. Auch Gaumensegel und Pharynx können befallen sein. Es bilden sich trockene oder dichtere pseudomembranöse Beläge, die sich schwer entfernen lassen. Langdauernder Soor hat eine braune, bröcklige Oberfläche. Unter den Belägen ist eine wunde, erythematöse, zeitweise blutende Schleimhaut zu finden (Abb. 12.2).

Die Diagnostik erfolgt durch Abstriche, wobei sich mykologisch-kulturell und in gefärbten mikroskopischen Präparaten massenhaft Hefezellen und Hyphen nachweisen lassen (Abb. 12.3).

Die Hauptspezies ist *C. albicans*. Andere *Candida*-Arten kommen als Begleitkeime vor. *C. albicans* zeigt eine ausgeprägte Adhärenz an den Epithelzellen, gefolgt von einer Invasion der gebildeten Hyphen. Die Adhäsion wird gefördert durch Speichelproteine, vor allem prolinreiche Glycoproteine und Statherine (siehe Kap. 3.3.5). Die Adhäsionsfähigkeit von *C. albicans* ist stammspezifisch (siehe Kap. 6.1). Die Koaggregation und Koadhäsion mit verschiedenen oralen Bakterien (Streptokokken, Aktinomyzeten) fördert das Haften und die Reservoirbildung der *Candida* („infektiöser Biofilm") (MILLSAP et al. 1998, O'SULLIVAN et al. 2000).

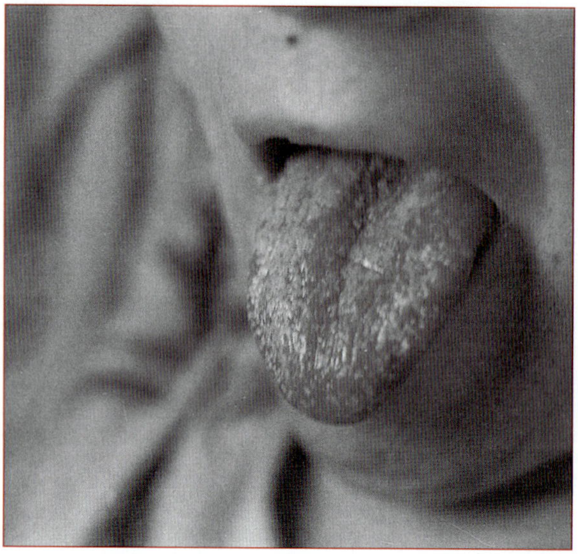

Abb. 12.2 Soor der Zungenoberfläche.

Als Pathogenitätsfaktoren sind auch die sauren Aspartylproteinasen (SAPs) anzusehen. Beschrieben wird die Bildung von Mikronischen durch ausgeschiedene Pyruvate und Lactate. Eine niedrige Flussrate des Speichels korreliert *in vivo* mit einer hohen Prävalenz von *Candida* und Laktobazillen und einem niedrigen pH. Auf den Zahnoberflächen entsteht so ein kariogenes Milieu (vergleiche Kap. 3.1 und 9.2). Bei immunsupprimierten Patienten kann sich eine Stomatitits bei gehäuftem Auftreten von *Candida* und *Lactobacillus* entwickeln. Die orale Candidose wird am häufigsten bei Menschen mit der Blutgruppe 0 gefunden (BEN-ARYEH et al. 1995).

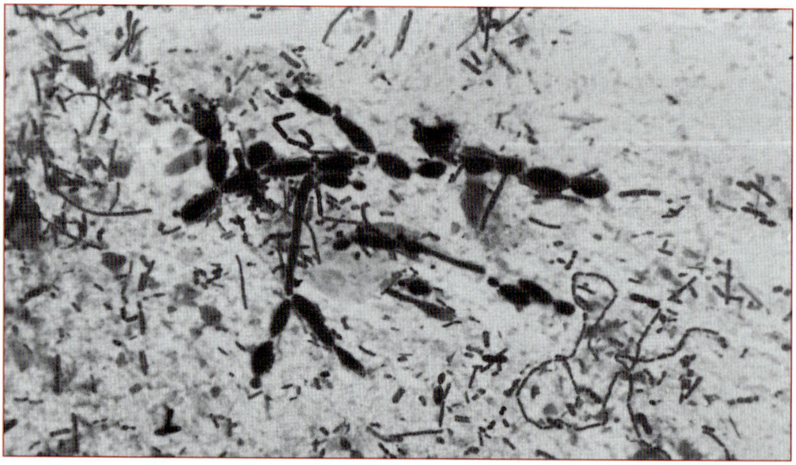

Abb. 12.3 Hefezellen und Hyphen im mikroskopischen Präparat.

Chronisch atrophische Candidose
Sie tritt in Form einer palatinalen Entzündung auf, die durch Zahnprothesen entsteht. Das klinische Bild zeigt ein Erythem und Ödem. Weiße Plaques sind nicht sichtbar. Die Inflammation scheint durch die große Zahl von *Candida*-Zellen in dem Spalt zwischen dem Zahnersatz und den Gaumenepithelien bedingt zu sein. Die Epithelzellen zeigen keine Invasion. Es ist eine typische inflammatorische Reaktion. Verursacher sind verschiedene *Candida*-Spezies die zusammen vorkommen. 15-30% sind *C. glabrata*, die damit deutlich häufiger als in der Mundflora ist. Es besteht keine Beziehung zwischen proteolytischer Aktivität der *C. albicans*-Stämme und der Stomatitis.

Chronisch-hyperplastische Candidose (Candida-Leukoplakie)
Hyperplasie der Epithelien, opake Plaques an einer oder beiden Wangeninnenseiten.

Bei homosexuellen Männern ist sie auch häufiger an der Zungenoberfläche zu finden. Sie kommen bei Rauchern und Prothesenträgern gehäuft vor.

Die Angaben zum Nachweis von *Candida* variieren von 6-90%. Die neutrophile Invasion ist bei einem positiven *Candida*-Nachweis am häufigsten. Die *Candida*-Invasion beschränkt sich auf die oberste Epithelschicht. Eisen- und Folsäuremangel ist typisch.

Akute atrophische Candidose
(auch „antibiotische Soor-Zunge“ oder „schwarze Haar-Zunge“ genannt)

Die Beziehung von *Candida* zu diesem Krankheitsbild ist noch in Diskussion. Mit dem erfolgten Nachweis von in das Gewebe penetrierenden Hyphen ist eine Beteiligung von *Candida* sehr wahrscheinlich.

Faulecke, anguläre Cheilitis, Perlèche
In den Mundwinkeln sind Fissuren und erythematöse Veränderungen sichtbar. Die Erscheinung ist oft verbunden mit anderen Formen der oralen Candidose. *Candida* ist nicht alleiniger Erreger, auch *Staphylococcus* gehört dazu.

12.1.2.2 Therapie
Die verschiedenen Formen der oralen Candidose können in der Regel mit einer topischen Therapie behandelt werden. Nur bei sehr ausgeprägter Klinik und besonderer Risikosituation ist auch hier der Einsatz systemischer Antimykotika nötig.

Zur lokalen Therapie kann Nystatin als Lutschtablette (200.000 E/g, 4mal täglich) oder als Suspension (100.000 E/g, 4mal täglich) angewandt werden. Auch der Einsatz von Amphotericin B ist in beiden Applikationsformen in einer Dosierung von 2.000 mg/d möglich. Ebenfalls sind Miconazol und Fluconazol zur topischen Therapie oraler Candidosen zugelassen.

12.1.3 Viral bedingte Affektionen der Mundschleimhaut

Catherine Weber und Jürg Meyer

12.1.3.1 Einleitung

In intraoralen Geweben, Läsionen und malignen Tumoren sind verschiedene Virusarten nachweisbar. Oft ist aber unklar, ob das Virus ursächlich zur Entwicklung einer Läsion beiträgt oder nur als „blinder Passagier" vorkommt.

Sowohl die klinische Ausprägung als auch die Therapie viral bedingter oraler Läsionen sind davon abhängig, ob der Wirt immunkompetent oder -inkompetent ist. Einige Viren, darunter auch HIV, können nicht mit einer spezifischen oralen Läsion in Verbindung gebracht werden, sind aber indirekt verantwortlich für die Entwicklung oraler Läsionen aufgrund bestehender Immundefizienz. Andere Viren, so zum Beispiel die Erreger der Hand-Fuß-Mund-Krankheit, sind direkt verantwortlich für die entstehende orale Läsion. Eine Übersicht gibt Tabelle 12.1. Die Virusfamilien werden in Kap. 1.3 und 5 detailliert besprochen.

12.1.3.2 Herpesviren

Zu den humanpathogenen Herpesviren zählen Herpes-simplex-Virus Typ 1 und 2, Varicella-Zoster-Virus, Zytomegalievirus, Epstein-Barr-Virus, humanes Herpesvirus Typ 6 und Typ 8, möglicherweise auch Typ 7. Mindestens sechs davon werden mit oralen Läsionen in Verbindung gebracht. Daneben werden Herpesviren auch im Zusammenhang mit Parodontalerkrankungen bzw. mit der sog. „Burst"-Theorie (siehe Kap. 10.5.2) diskutiert. Ihre ätiologische Bedeutung ist jedoch nicht nachgewiesen.

Herpes-simplex-Virus (HSV)

Die Infektion erfolgt durch direkten Kontakt der Schleimhaut mit infiziertem Sekret, wobei bei der Erstinfektion das HSV in die sensiblen Nerven eindringt. Mit dem retrograden Axonplasmafluss erfolgt der Transport der Viruspartikel in das zugehörige Ganglion. Das Virus verbleibt latent in den peripheren Neuronen, wobei HSV-1 häufig in Trigeminusganglien und HSV-2 in lumbosacralen Ganglien nachgewiesen werden.

Typ 1 befällt in der Regel die Haut an Kopf und Oberkörper sowie Lippen und Mundschleimhaut, Typ 2 üblicherweise die Genitalschleimhäute. Die Erstinfektion mit Typ 1 läuft in früher Kindheit (1.–5. Lebensjahr) meist symptomlos und unbemerkt ab. Nur in 1% der Fälle entwickelt sich ein akutes virämisches Krankheitsbild mit schwerem Verlauf. Als Primärinfektion kennt man im oralen Bereich die **Gingivostomatitis herpetica** (Abb. 12.4).

Unter Fieberanstieg bilden sich dort im Bereich der vorderen Mundhöhle schubweise während mehreren Tagen in regelloser Anordnung zahlreiche rundliche, scharf begrenzte, leicht erhabene Erosionen, die aus einzelnen Bläschen entstehen. Gleichzeitig besteht immer eine heftige, schmerzhafte Stomatitis mit erhöhtem Speichelfluß, Gingivitis, Halitose*, Schwellung und Schmerzhaftigkeit regionärer Lymphknoten. Eine Ausbreitung auf den perioralen Bereich ist möglich. Selten treten als schwer-

Tab. 12.1 Virale Infektionen, die orale Läsionen verursachen.

Virus	Krankheit	Übertragung	Lokalisation intraoral	Orale Manifestation
Herpes-simplex-Virus Typ 1 (selten 2)	Gingivostomatitis herpetica	Speichel, direkter Kontakt mit aktiver Läsion	Angewachsene Gingiva, harter Gaumen, Zunge, Lippen	Vesikel, Ulzerationen mit gelbem Exsudat, gingivale Vergrößerung
	Herpes labialis	Speichel, direkter Kontakt mit aktiver Läsion	Lippen	Vesikel, Ulzerationen, Verkrustungen
	Rezidivierender intraoraler Herpes	Speichel, direkter Kontakt mit aktiver Läsion	Angewachsene Gingiva, harter Gaumen	Vesikel, Ulzerationen
	Erythema multiforme	HSV Reaktivation	Bukkale und labiale Mukosa, Zunge, Lippen	Erythematöse Makula, Vesikel, Ulzerationen
Varizella-Zoster-Virus (VZV)	Varizellen	Speichel, direkter Kontakt mit aktiver Läsion	Harter und weicher Gaumen, bukkale Mukosa, Zunge, Lippen	Vesikel, Ulzerationen
	Herpes zoster	Speichel, direkter Kontakt mit aktiver Läsion	Gaumen, bukkale Mukosa, Zunge, Lippen, Gingiva	Unilaterale Vesikel, Ulzerationen, Schmerzen entlang des Trigeminusastes
Epstein-Barr-Virus	Infektiöse Mononucleose	Speichel Gingiva	Harter und weicher Gaumen,	Lymphadenopathie, palatinale Petechien, Gingivanekrose und –ulzeration
	Orale Haarleukoplakie	Etablierte EBV-Infektion	Laterale Zungenränder	Vertikale, weißliche hyperkeratotische Areale
Zytomegalievirus		kongenital, Brusternährung	Zähne	Schmelzhypoplasie, Verfärbung
Humanes Herpes-Virus 8		vermutlich Sexuell	Weicher und harter Gaumen	Kaposi-Sarkom
ECHO-, Enteroviren	Hand-Fuß-Mund-Krankheit	Speichel	Bukkale und labiale Mukosa, Zunge	Vesikel, Ulzerationen
	Herpangina	Speichel	Weicher Gaumen	Vesikel, Ulzerationen
Humanes Papillomavirus	Condyloma acuminata	Direkter Kontakt mit Läsion	Zunge, Gingiva, Lippen, Gaumen	Weiche, breitbasige Papeln
	Fokale epitheliale Hyperplasie	Direkter Kontakt mit Läsion, Selbstinokulation	Alveolarmukosa, Lippen	Weiche, flache Papeln
	Verruca vulgaris	Direkter Kontakt mit Läsion, Selbstinokulation	Lippen, Zunge, labiale Mukosa, Gingiva	Feste, breitbasige, erhabene Papeln, blumenkohlartige Oberfläche
Molluscipox-Viren	Molluscum contagiosum	Direkter Kontakt mit Läsion	Lippen	Wächserne, domförmige Papeln
Masern		Speichel, Speicheltröpfchen	Bukkale und labiale Mukosa von Erythem (Koplik-Flecken)	Bläulich-weisse Maculae, umgeben
Mumps		Speichel, Speicheltröpfchen	Speicheldrüsen	Schwellung der Speicheldrüsen, Mundtrockenheit
Rubella		Speichel, Speicheltröpfchen	Weicher und harter Gaumen	Petechien, kleine, dunkelrote Papeln
Hepatitis C Virus				Lichen planus (?)

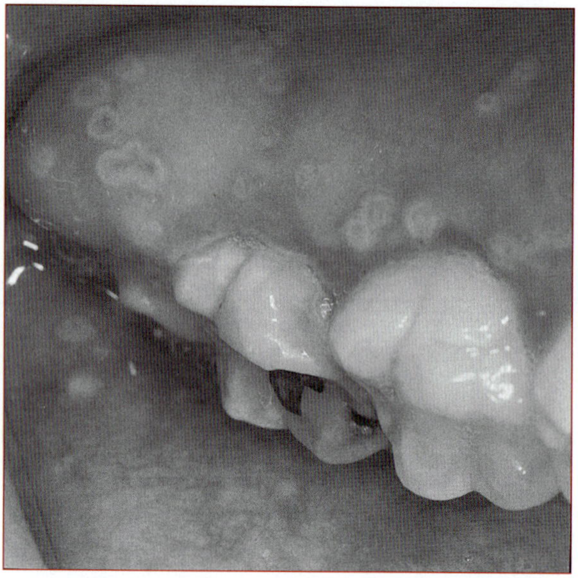

Abb. 12.4 Gingivostomatitis herpetica beim Erwachsenen mit polyzyklischen, konfluierenden, von einem entzündlichen Randsaum umgebenen Erosionen im Bereich der Oberkiefermolaren.

wiegende Komplikationen Meningoenzephalitiden oder eine disseminierte Herpessepsis auf.

Differenzialdiagnostisch ist an chronisch-rezidivierende Aphthen sowie an die ebenfalls viral bedingte Herpangina Zahorsky zu denken.

Therapeutisch stehen Acycloguanosin als topisches Therapeutikum und anästhesierende Mundspüllösungen als palliative Maßnahmen zur Verfügung, die dem Patienten die Nahrungs- und Flüssigkeitsaufnahme weiterhin ermöglichen sollen.

Sekundär tritt oral **Herpes simplex labialis** auf. Im späteren Leben werden dann durch Reaktivierung der endogenen Viren durch die verschiedensten Ursachen sekundäre HSV-Manifestationen ausgelöst, die sich serologisch von den Primärinfektionen trennen lassen.

Nach Juckreiz und Spannungsgefühl treten gruppierte Bläschen auf leicht gerötetem Grund auf. Der zunächst klare Inhalt trübt sich später eitrig und trocknet dann zu gelben Krusten ein. Nach Abfallen der Krusten bleiben kleine erythematöse Flecken zurück, die innerhalb von 2 Wochen spurlos abheilen.

Die Lokalisation ist überall möglich, bevorzugt werden Übergänge von Haut zu Schleimhaut. Bei der Mundschleimhaut wird die Bläschendecke rasch zerstört, und es resultieren umschriebene, von einem entzündlichen Randsaum umgebene Erosionen. Durch Konfluenz der Einzeleffloreszenzen bilden sich polyzyklisch begrenzte Herde, die relativ schnell abheilen. Der Verlauf der Erkrankung ist meist rezidivierend. Ausgelöst werden die Schübe durch verschiedene Ursachen wie Zerrung des Lippensaumgebietes bei zahnärztlicher Behandlung, Sonnenbestrahlung oder Fieberzustände.

Fieber und Druckdolenz der Lymphknoten können eine HSV-Infektion begleiten. Auffallend ist, daß die HSV-Infektion nicht selten von einem Erythema exsudativum multiforme gefolgt ist.

Differenzialdiagnostisch müssen Angulus infectiosus, Impetigo contagiosa und bei zosteriformer Anordnung eine Herpes zoster–Infektion ausgeschlossen werden.

Therapeutisch stehen Virostatika (Nucleosidanaloga) zur Verfügung, wobei systemisch die Wirkstoffe Acyclovir, Valaciclovir und Famciclovir und topisch die Wirkstoffe Acyclovir, Joddesoxyuridin, Amantadin und Tromantadin verwendet werden.

Das **Aphthoid Pospischill-Feyrter** ist eine schwer verlaufende Gingivostomatitis herpetica mit gleichzeitigen Veränderungen an Mundschleimhaut, Genitale und Haut, die häufig als Zweitkrankheit nach Masern, Keuchhusten und anderen Kinderkrankheiten auftritt. In der Mundhöhle treten rasch vesikulöse oder bullöse Eruptionen mit dicker Blasendecke auf, die sich zentrifugal ausbreiten. Die Konfluenz mehrerer Eruptionen führt zu polyzyklisch begrenzten Herden auf entzündlich gerötetem Grund. Zusätzlich erscheinen weißliche, erhabene Effloreszenzen an der Mukosa. Begleitende Symptome (Fieber, Unruhe, Brechreiz, Krampfneigung) können das Bild einer schweren Allgemeinerkrankung verstärken.

Varizella-Zoster-Virus (VZV)
VZV-Infektionen treten zu 90% im Kindesalter unter dem 10. Lebensjahr auf. Im nichtimmunen Organismus ruft die Infektion in der Regel bei Kindern Varizellen (Windpocken) hervor, also eine hochkontagiöse Kinderkrankheit. Die Viren persisitieren in Spinalganglien. Bei Reaktivierung kommt es zum Krankheitsbild des Herpes zoster mit dermatomgebundener Ausbreitung. Diese zweite Infektion hinterläßt meist eine lebenslange Immunität. Die vesikulösen Effloreszenzen (Virusbläschen) beider Krankheiten entstehen durch intraepidermale Bläschenbildung als Folge einer Zellschädigung im Stratum spinosum.

Die Primärinfektion durch **Varizellen** erfolgt via Konjunktiven oder Mukosa des oberen Respirationstraktes. Die Virusreplikation findet in den regionären Lymphknoten nach 2 bis 4 Tagen statt. Am 4. bis 6. Tag erfolgt die primäre Virämie.

Die sekundäre Virusreplikation findet zwischen dem 14. und 16. Tag in Leber, Milz und anderen Organen statt und befällt Endothelzellen der Kapillaren und der Epidermis.

Die Inkubationszeit beträgt zirka 14 Tage. Als Prodrome treten Fieber und Kopfschmerzen auf. Im Gesicht und am Stamm entsteht ein Exanthem aus kleinen, roten, makulösen, disseminiert und einzelstehenden Effloreszenzen, gefolgt von Papeln, Bläschen, Pusteln und Krusten. Typisch ist das Vorliegen der Effloreszenzen in allen Entwicklungsstadien. Die Zahl der Effloreszenzen schwankt zwischen 20 und Hunderten (Sternenhimmel). Neben Kapillitium, Handflächen und Fußsohlen, sind Mund, Nasen- und Genitalschleimhaut befallen. Die Läsionen heilen narbenlos nach 1 bis 3 Wochen ab.

Therapeutisch stehen wiederum nur topisch anästhesierende Mundspüllösungen zur Verfügung.

Beim **Herpes zoster (Gürtelrose)** handelt es sich um eine Reaktivierung endogener Viren oder um eine akut verlaufende Zweitinfektion mit dem VZV, die meist bei älteren Menschen vorkommt. Die Prävalenz der Gürtelrose nimmt insbesonders nach dem 50. Lebensjahr zu.

Das VZV aszendiert über die sensiblen Hautnerven zu den regionären Spinalganglien. Typisch sind erythematöse, entzündliche Herde mit Papeln, die sich zu Bläschen (12–24 Stunden), Pusteln (3–4 Tage) und Krusten (7–10 Tage) weiterentwickeln. Der Sitz der Veränderungen ist immer auf das Ausbreitungsgebiet eines sensiblen Nervs beschränkt. Bevorzugt sind der Stamm (thorakale, zervikale Segmente) und bei Beteiligung des Ganglion trigeminale der Trigeminusbereich. Eine Beteiligung des 2. und 3. Trigeminusastes führt zu Läsionen der Mundschleimhaut.

Der Verlauf der Erkrankung erstreckt sich über 2–4 Wochen. Bei komplikationslosem Verlauf heilen die Läsionen unter Pigmentverschiebung oder – bei der nekrotisierenden Form – unter Narbenbildung ab. Die Schmerzen können Monate, aber auch Jahre bestehen und bei Befall des 2. und 3. Trigeminusastes Zahnschmerzen vortäuschen, die nicht konkret lokalisiert werden können.

Das **Ramsay-Hunt-Syndrom** ist ein Befall der Ganglien der Nn. facialis und statoacusticus mit Fazialisparese, Schwindel, Hörverlust und Zosterläsionen im äußeren Gehörgang, Trommelfell und in den vorderen zwei Drittel der Zunge.

Therapeutisch wird Acyclovir, Valaciclovir oder Famciclovir verwendet, wobei der Therapiebeginn möglichst sofort nach Auftreten der Symptome stattfinden sollte.

Epstein-Barr-Virus (EBV)

Das EBV präsentiert sich in der Mundhöhle verschiedenartig. Es wurde assoziiert mit der infektiösen Mononucleose, der oralen Haarleukoplakie, dem Burkitt-Lymphom und anderen Erkrankungen.

EBV wird über Schleimhäute aufgenommen und vermehrt sich in epithelialen Zellen des Oropharynx oder der Zervix und gelangt dann in B-Lymphozyten, wo es sich weiter vermehrt. Dies führt zum klinischen Bild der **Mononucleosis infectiosa**, eine von Fieber und einer generalisierten, aber vorwiegend zervikalen Lymphknotenschwellung charakterisierten Krankheit. Daneben treten Tonsillitis, Pharyngitis und zuweilen eine leichte Leberbeteiligung auf. Auch dieses Virus bleibt, wahrscheinlich lebenslang, in (immortalisierten) B-Zellen latent.

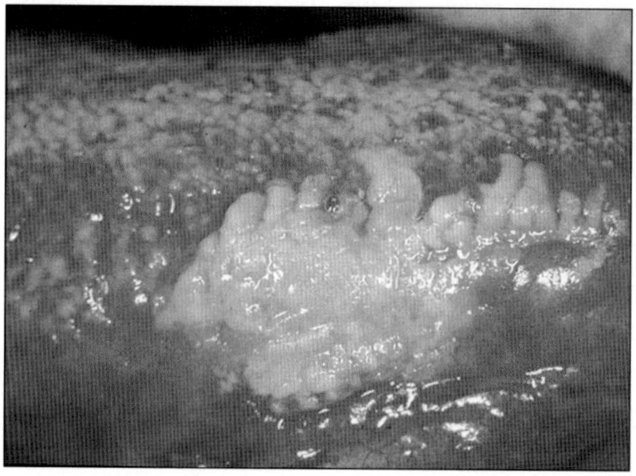

Abb. 12.5 Orale Haarleukoplakie am lateralen Zungenrand.

EBV wird mit Speichel und Rachensekreten ausgeschieden und durch engen Kontakt („kissing disease“) übertragen. Die – wie bei allen Herpesviren – hohe Durchseuchung beginnt in der Kindheit und setzt sich in der Adoleszenz fort.

Die oralen Läsionen bei der infektiösen Mononucleose sind petechienähnliche Flecken im Bereich des harten und weichen Gaumens (ca. 25% der Patienten). Auch gingivale Gewebe können involviert sein. Die Läsion ähnelt in diesem Fall einer nekrotisierenden Parodontitis, die kein Ansprechen auf konventionelle Therapie zeigt.

Obwohl die infektiöse Mononucleose eine Herpeserkrankung ist, haben antivirale Medikamente bis anhin keine Effekte gezeigt. Zur Zeit ist weder eine Immun- noch eine Chemoprophylaxe bekannt. Bei den unter Virusvermehrung verlaufenden lymphoproliferativen Erkrankungen ist eine Therapie mit Acyclovir und Ganciclovir möglich.

Die **orale Haarleukoplakie** (Abb. 12.5) ist eine asymptomatische, benigne Läsion, die meistens an den lateralen Zungenränder auftritt, aber auch andere Schleimhautbereiche betreffen kann. Die Läsionen werden als weißliche, vertikal ausgerichtete, nicht abwischbare, hyperkeratotische Erhebungen beschrieben. Sie wurde ursprünglich nur bei HIV-infizierten oder immunkompromittierten Patienten gesehen, mittlerweile aber auch bei immunkompetenten Patienten beschrieben. Da sie eine ähnliche klinische Erscheinung wie andere hyperkeratotische Läsionen hat, ist zur gesicherten Diagnose häufig eine Biopsie notwendig. Der Nachweis von EBV in der Läsion ist notwendig, um die Diagnose zu sichern.

Zur Therapie werden hohe Dosen von Acyclovir währen 10-14 Tagen angewandt. Es sind aber auch spontane Regressionen der Läsion beschrieben worden.

Zytomegalievirus (CMV)

Beim CMV verläuft die Erstinfektion in den allermeisten Fällen inapparent, sogar wenn die Infektion früh, peri- oder postnatal erfolgt. Das Virus bleibt anschließend in mononucleären Zellen latent. Eine Reaktivierung kann asymptomatisch verlaufen, es können aber auch mononucleoseartige Krankheitsbilder oder leichtere Hepatitiden sowie weitere, fieberhafte Erkrankungen auftreten. Anders sieht die Situation bei immunsupprimierten- und AIDS-Patienten aus, bei denen generalisierte, u. U. tödlich verlaufende Infekte auftreten können.

CMV wird durch Kontakt oder allenfalls als Schmierinfektion meist schon in der Kindheit oder der Adoleszenz übertragen.

Wegen seiner weiten Verbreitung (über 90% der erwachsenen Bevölkerung ist infiziert), der häufigen Reaktivierung mit zum Teil monatelanger Virusausscheidung im Speichel und im Urin sowie dem vielfältigen Krankheitsbild ist es nicht immer leicht, das CMV als ätiologische Ursache einer beobachteten Krankheit verantwortlich zu machen.

Kongenitale oder neonatale Exposition kann die Zahnentwicklung beeinflussen. Bei immuninkompetenten Patienten wurde CMV mit oralen Ulzerationen assoziiert, dies konnte aber bei immunkompetenten Patienten nicht bestätigt werden. CMV wurden in parodontalen Taschen nachgewiesen. Ihre ätiologische Bedeutung ist jedoch unklar.

Humanes Herpesvirus 6 (HHV 6)
HHV 6 wurde im Gewebe von verschiedenen Neoplasmen gefunden. Die Seroprävalenz von HHV 6 beträgt 80–100%. HHV 6 existiert in 2 Varianten: HHV 6A und HHV 6B. HHV 6B ist der Erreger des „Dreitagefiebers“ (Exanthema subitum), einer harmlosen, plötzlich einsetzenden Kleinkinderkrankheit mit hohem Fieber und typischem Exanthem. HHV 6 bleibt in der Speicheldrüse latent, die Übertragung von der Mutter auf das Kind geschieht am ehesten mit Speichel. Trotzdem konnte noch nicht gezeigt werden, dass HHV 6 orale Läsionen verursacht.

Humanes Herpesvirus 7 (HHV 7)
HHV 7 wird ebenfalls in Speichel nachgewiesen. Man schätzt, dass über 85% der Bevölkerung exponiert waren. Bis anhin wurde noch keine humanpathologische Bedingung dem Virus zugeschrieben.

Humanes Herpesvirus 8 (HHV 8)
HHV 8 gilt als entscheidender Kofaktor bei der Entwicklung von Kaposi-Sarkom und anderen malignen Erkrankungen. Obwohl bei bis zu 25% der Erwachsenenbevölkerung die Exposition serologisch nachgewiesen ist, ist noch unklar, ob das Virus bei immunkompetenten Patienten eine Krankheit verursacht.

12.1.3.3 Papovaviren

Von den mehr als 100 Subtypen des **humanen Papillomavirus** (HPV) wurden mindestens 17 Genotypen aus der oralen Mukosa isoliert, inklusive der beiden Typen, die nur in der Mundhöhle vorkommen (Typ 13 und 32). Wie an anderen befallen Körperstellen präsentieren sich die von HPV ausgelösten Läsionen intraoral als hyperplastisch und papillomatös. Klinisch sind sie außer bei Immunsupprimierten üblicherweise asymptomatisch.

Orale, squamöse Zellpapillome sind exophytische, gestielte Papeln mit einer blasigen oder blumenkohlartigen Oberfläche. Diese vereinzelte oder in Gruppen angeordneten Läsion kann an jedem beliebigen intraoralen Ort oder auf den Lippen gefunden werden.

Condyloma acuminata sind kleine, weisse bis rosa Knötchen, die nach und nach zu blasigen, blumenkohlartigen Wucherungen zusammenfließen. Sie sind meist an am weichen und harten Gaumen und an der Zunge lokalisiert. Eine spontane Rückbildung der Kondylome wird nicht beobachtet.

Verrucae vulgares (Abb. 12.6) zeigen sich in der Mundhöhle und auf den Lippen als feste, exophytische, weißliche Läsionen mit hyperkeratotischer, stark zerklüfteter Oberfläche.

Die **fokale, epitheliale Hyperplasie** (Heck'sche Krankheit) präsentiert sich mit einzelnen oder multiplen großen, weißlichen, hyperplastisch knotigen Arealen, die normalerweise die keratinisierten Regionen der Mundhöhle wie die Alveolarmukosa und die Lippen befällt. Diese Läsionen können glatt oder mit einer blasig blumenkohlartigen Oberfläche erscheinen.

Therapeutisch stehen verschieden Methoden zur Verfügung, die mit unterschiedlichem Erfolg eingesetzt werden: Operative Entfernung, Laserentfernung, Kryotherapie, topische Applikation von keratolytischen Substanzen und Applikation von antiviralen Substanzen in die Läsion.

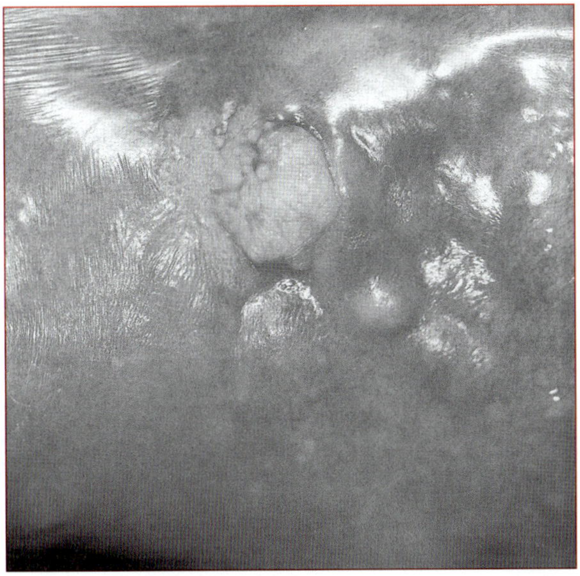

Abb. 12.6 Verruca vulgaris im Bereich der Lippe

12.1.3.4 Enteroviren

Zumindest zwei der mehr als 30 identifizierten Enteroviren wurden mit oralen Läsionen assoziiert. Coxsackie-Viren A und B werden am häufigsten mit der Hand-Fuß-Mund-Krankheit in Verbindung gebracht. Wahrscheinlich spielen auch andere Viren (Enterovirus 68-71, ECHO-Viren) eine ätiologische Rolle.

Das erste intraorale Symptom der **Hand-Fuß-Mundkrankheit** sind Bläschen an Gaumen, Zunge und buccaler Mukosa, die schnell platzen und in Ulzerationen enden. Sie tritt sporadisch oder in kleinen Epidemien auf. Unter leichtem Fieber, gelegentlich auch Diarrhöen, Unwohlsein, Kopfschmerzen bilden sich an den Fingern und Zehen teilweise periungual umschriebene Erytheme, die sich im weiteren Verlauf vesikulös und pustulös wandeln. Da die oralen Symptome die einzige klinische Manifestation der Hand-Fuß-Mundkrankheit sein können, kann die Viruskultur oder (weniger bedeutsam) der Nachweis zirkulierender Antikörper notwendig werden.

Der Krankheitsverlauf ist gutartig: Nach ein bis zwei Wochen sind die Veränderungen abgeklungen.

Eine andere, durch einen Enterovirus hervorgerufene Erkrankung ist die **Herpangina**. Assoziiert werden Coxsackie-Viren. Die Herpangina ist meist harmlos, kann sogar subklinisch verlaufen und befällt vorwiegend Säuglinge und Kinder im Sommer und Herbst. Die Krankheit setzt nach einer Inkubationszeit von 2–6 Tagen mit akuten Allgemeinsymptomen ein: hohes Fieber, Erbrechen, gelegentliche Krämpfe, Müdigkeit, dazu Meningismen, Konjunktivitis, Diarrhoe. Auf der Haut kann sich ein makulopapulöses Exanthem ausbilden. Wegweisend ist der orale Befund im hinteren Drittel der Mundhöhle und im Pharynx: Auf gerötetem Grund (vordere Gaumenböden, weicher Gaumen, Uvula, Tonsillen, Pharynx) entwickeln sich beiderseits kleine, gruppiert oder nebeneinander stehende, glasig durchscheinende Bläschen und papulovesikulöse Veränderungen. Zerstörung der Bläschendecke führt zu weißlichen, fibrinös belegten, schmerzhaften Erosionen. Begleitet werden die Läsionen von Pharyngitiden und Tonsillitiden.

Sowohl serologische als auch epidemiologische Charakterisitika werden zur Diagnose eingesetzt, um die Herpangina von anderen vesiculoulzerativen Bläschen abzugrenzen.

Das durch ECHO-Viren verursachte **Erythema infectiosum** ist eine teilweise epidemieartig auftretende, gutartige exanthematische Infektionskrankheit, die vor allem Kinder befällt. Nach einer Inkubationszeit von 1–2 Wochen tritt im Gesicht ein schmetterlingsförmiges Erythem auf, das von dort auf den Stamm und die Extremitätenstreckseiten überspringt. Infolge wechselhafter Lokalisation und zentraler Abblassung entstehen Landkartenfiguren, girlanden- und ringförmige Zeichnungen.

An der Mundschleimhaut kommt es zu fleckigen Enanthemen und gelegentlich zu hämorrhagischen Erscheinungen. Leichtes Fieber und regionale Lymphknotenschwellung kommen vor.

12.1.3.5 Togaviren

Röteln (Rubella): die durch direkten Kontakt übertragenen Röteln sind für Kinder und Jugendliche eine harmlose exanthemische Krankheit, die fast in der Hälfte Fälle inapparent verläuft. Im ersten Trimenon der Schwangerschaft kann das Virus aber eine schwere Missbildung (Embryopathie) verursachen.

Auf dem weichen und harten Gaumen können sich kleine, einzelne, dunkelrote Papeln entwickeln. Diese Läsionen, die auch als Forchheimer Zeichen bekannt sind, sind bei ca. 20% der Infizierten zu erkennen. Die asymptomatischen Läsionen verschwinden innerhalb von 24 Stunden nach Ausbildung der kutanen Symptome.

12.1.3.6 Paramyxoviren

Masern (Morbilli): im Verlauf des katarrhalischen Vorstadiums (ab 11. Tag der Inkubation) kommt es zunächst zu einem Enanthem im Bereich des weichen Gaumens und der Uvula in Form linsengroßer, rötlichbrauner, makulöser Effloreszenzen. Ein bis zwei Tage später treten die Koplikschen Flecken auf, die relativ charakteristisch sind. Es handelt sich um kleine Epithelnekrosen, die bevorzugt um die Öffnung des Parotisausführungsganges angeordnet sind und als weißliche, kalkspritzerartige Flecke mit schmalem, erythematösem Rand imponieren. Im Exanthemstadium (Beginn 13.–14. Tag nach Inkubation = 5.–8. Krankheitstag) kommt es dann zu einem makulopapulösen, anfangs hellroten, dann dunkelroten Exanthem, das retroaurikulär beginnt und dann rasch auf Gesicht, Rumpf und Extremitäten übergreift.

12.1.3.7 Hepatitis C Virus (HCV)

Obwohl das Virus im Speichel vorkommt, wird es nicht direkt mit einer spezifischen oralen Läsion in Verbindung gebracht. Trotzdem wird eine Assoziation zwischen HCV und Lichen planus vermutet. Die Prävalenz von Lichen planus bei Individuen mit Hepatitis C Virus reicht je nach geographischer Lage von 4-65%.

12.1.3.8 Onkogene Viren

Diverse Viren werden mit der Induktion von malignen Prozessen in der Mundhöhle in Verbindung gebracht. Die Rolle der Viren in der Verursachung von oralen Neoplasmen ist noch unklar, aber einige Assoziationen wurden beschrieben.

HSV wurde assoziiert mit der Entwicklung von oralen Karzinomen. EBV wurde mit diversen lymphoproliferativen Erkrankungen, oralen Karzinomen, immunoblastischen Lymphomen, Leiomyomen, lymphoepithelialen Karzinomen, nasopharyngealen Karzinomen, dem Non-Hodgkin-Lymphom und als erster Virus mit einem spezifischen Tumor, dem Burkitt-Lymphom, in Verbindung gebracht. HHV 6 wurde bei Morbus Hodgkin, dem Burkitt-Lymphom, Epstein-Barr-Virus negativen B-Zell-Lymphomen, Non-Hodgkin-Lymphomen und Kaposi-Sarkomen nachgewiesen. HHV 8 wurde im Kaposi-Sarkom nachgewiesen. Humane Papillomaviren-Infektionen wurden mit der Entwicklung von verrukösen Karzinomen und nasopharyngealen Karzinomen in Verbindung gebracht.

Bis anhin ist allerdings noch unklar, ob die Behandlung der viralen Infektion Effekte auf die Entwicklung der erwähnten Neoplasmen hat.

12.1.3.9 Pockenviren

Erreger dieser Dermatosen sind quaderförmige DNS-Viren.

Variola vera humana: diese hochkontagiöse, zyklisch ablaufende Infektionskrankheit wurde durch das Variolavirus verursacht und führte oft zu einer hohen Letalität. Das Virus gilt seit 1980 dank einer WHO-Impfkampagne als eradiziert.

Das **Molluscum-contagiosum-Virus** manifestiert sich bei in Form von Streichholzkopf- bis erbsengroßen Tumoren, die meist multipel und gruppiert auftreten. Sie sind hautfarben, manchmal auch rötlich mit wachsartig glänzender, in der Mitte gedellter Oberfläche. Aus dem zentralen Nabel läßt sich ein grauweißlicher, bröckeliger Brei (Einschlußkörperchen) ausdrücken. Die Mundschleimhaut wird nur sehr selten befallen.

12.2 Immunologisch bedingte Mundschleimhautaffektionen

Catherine Weber und Jürg Meyer

12.2.1 Mundschleimhautaffektionen bei HIV-infizierten Patienten

Orale Manifestationen der HIV-Infektion sind häufig und schließen sowohl orale Läsionen als auch neuartige Bilder von bereits bekannten opportunistischen Infektionen ein. Die verbesserte Kontrolle des Verlaufs der HIV-Infektionen dank den hoch aktiven antiretroviralen Kombinationstherapien hat zahlreiche dieser klinischen Bilder zu einer Seltenheit

Tab. 12.2 Orale Läsionen bei HIV-Patienten.

Gruppe 1 (Läsionen, die stark mit HIV assoziiert sind)		
Candidose	Erythematös	
	Pseudomembranös	
Haarleukoplakie		
Kaposi-Sarkom		
Non-Hodgkin-Lymphom		
Parodontalerkrankungen	Lineares gingivales Erythem	
	Nekrotisierende (ulzerative) Gingivitis	
	Nekrotisierende (ulzerative) Parodontitis	
Herpes zoster		
Gruppe 2 (Läsionen, die weniger häufig mit HIV assoziiert sind)		
Bakterielle Infektionen	*Mycobacterium avium-intracellulare*	
	Mycobacterium tuberculosis	
Bazilläre Angiomatose		
Melanotische Hyperpigmentation		
Nekrotisierende (ulzerative) Stomatitis		
Speicheldrüsenerkrankungen	Trockener Mund aufgrund erniedrigter Speichelfließrate	
	Uni- oder bilaterale Schwellung der Speicheldrüsen	
Thrombozytopenische Purpura		
Unspezifizierte Ulzerationen		
Virale Infektionen	Herpes-simplex-Virus	
	Humanes Papillomavirus	Condyloma acuminata
		Fokale epitheliale Hyperplasie
		Verruca vulgaris
	Varizella-Zoster-Virus	Varizella
Gruppe 3 (Läsionen, die bei HIV gesehen werden)		
Bakterielle Infektionen	*Actinomyces israelii*	
	Escherichia coli	
	Klebsiella pneumonia	
Medikamentennebenwirkungen		
Mykosen (nicht Candida)	*Cryptococcus neoformans*	
	Geotrichum candidum	
	Histoplasma capsulatum	
	Mucoraceae	
	Aspergillus	
Neurologische Störungen	Gesichtslähmungen	
	Trigeminusneuralgie	
Rezidivierende aphtöse Stomatitis		
Virale Infektionen	Zytomegalievirus	
	Molluscum contagiosum	
Exfoliative Cheilitis		
Orale Leishmaniosis		

werden lassen. Zunehmend jedoch werden sie wieder beobachtet, da eine nicht zu unterschätzende Anzahl von HIV-infizierten Patientinnen und Patienten ein ungenügendes Ansprechen bzw. eine Resistenzentwicklung auf diese Therapie aufweisen, die mit einer Immunsuppression einhergeht. Die Kenntnis der häufigsten Manifestationen ist wichtig, da Früherkennung, Diagnose und Behandlung dieser Läsionen die Morbidität vermindern können. Einige dieser Läsionen haben auch diagnostischen und prädiktiven Wert.

Orale Läsionen bei HIV Patienten wurden zeitweise sogar als Indikatoren und frühe klinische Zeichen für die HIV-Infektion, für Krankheitsprogression und als Kriterium zur Einteilung in klinische Studien benutzt. Dabei wurden die oralen Symptome in drei Gruppen eingeteilt, Gruppe 1 mit Läsionen, die stark mit HIV assoziiert sind, Gruppe 2 mit Läsionen, die weniger häufig mit HIV assoziiert sind und Gruppe 3 mit Läsionen, die bei HIV gesehen werden (Tab. 12.2).
Die klinischen Zeichen der oralen Infektionen bei HIV Patienten sind prinzipiell gleich wie bei nicht HIV-Patienten. Doch bei diesen Patienten mit schwerer Immunsuppression (CD4 Zellzahl unter 100 Zellen/mm^3) sind sie weitverbreitet, schwer und prolongiert.

Die oralen Manifestationen können in fünf Hauptgruppen unterteilt werden:
a) Infektionen (viral, bakteriell, mykotisch)
b) Neoplasien
c) Medikamentennebenwirkungen
d) Neurologische Manifestationen
e) Läsionen unbekannter Ursache

a) Infektionen (viral, bakteriell, mykotisch)
Zu den **viralen** Infektionen, die bei HIV auftreten, gehören HSV- , VZV-, CMV-Infektionen und die Haarleukoplakie. Dabei hat der primäre und rezidivierende intra- und periorale Herpes simplex eine Prävalenz von 5-10%. Der Herpes zoster ist eines der frühesten klinischen Zeichen einer HIV Infektion. Die orale CMV Infektion ist assoziiert mit schwerer Immunsuppression. Die Haarleukoplakie tritt bei Patienten im Spätstadium der HIV Infektion auf. Sie ist ein verlässlicher Indikator für die HIV Infektion und besitzt prädiktiven Wert für die Entwicklung von AIDS. Sie erscheint normalerweise, wenn die CD4+ Leukozyten unter 150 Zellen pro mm^3 gefallen sind. Die nicht abstreifbaren, weißlichen Läsionen an den lateralen Zungenrändem kommen bei ca. 20% der asymptomatischen HIV-infizierten Personen vor und werden mit zunehmender Immunsuppression häufiger. Gelegentlich kommt die Haarleukoplakie auch bei Immunsupprimierten nach Organtransplantation und bei HIV-negativen immunkompetenten Patienten vor. Die Therapie viraler Infektionen erfolgt systemisch mit Acyclovir, bevorzugt werden heute Valaciclovir oder Famciclovir. Eine sekundäre Rezidiv-Prophylaxe ist selten nötig. Infektionen mit resistenten Stämmen sind beim immunsupprimierten Patienten gut bekannt und erfordern in der Regel eine Therapie mit Foscarnet (siehe Tab. 1.10).

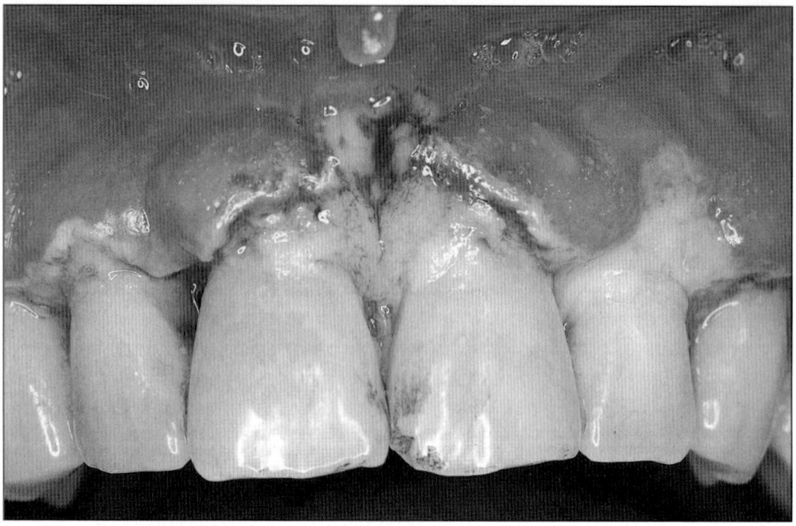

Abb. 12.7 Nekrotisierende, ulzerative Parodontitis bei einem AIDS-Patienten.

Bakterielle Infektionen sind relativ rar. Zu den häufigsten Manifestationen gehören spezielle Parodontalerkrankungen wie das lineare Gingivaerythem, die nekrotisierende, ulzerative Gingivitis und die nekrotisierende, ulzerative Parodontitis (Abb. 12.7). Sowohl die Präsenz als auch die Progression dieser parodontalen Erkrankungen hängt von der immunologischen Kompetenz des Patienten und der lokalen Entzündungsreaktion ab.

Zu den häufigeren bakteriellen Infektionen gehören daneben Noma, orale Syphilis, orale Tuberkulose und chronische Osteomyelitis. Die bazilläre Angiomatose ist eine relativ neu beschrieben bakterielle Infekion, die durch *Bartonella* spp. *(B. henselae, B. quintana)* ausgelöst wird. Sie ist durch vaskuläre Proliferation gekennzeichnet.

Sektion III

Unter den Mykosen ist die **orale Candidose** das häufigste Symptom bei Patienten mit HIV, meistens verursacht durch *Candida albicans*, seltener durch andere *Candida* sp. Unter den systemischen Mykosen, die orale Symptome verursachen, kommen bei HIV-Patienten die Histoplasmose und die Cryptococcose am meisten vor. Sporadische orale Symptome können bei anderen systemischen Mykosen wie Aspergillose, Coccidioidomykose, Paracoccidioidomykose, Zygomykose und Geotrichose auftreten.

b) Neoplasien

Unter den Neoplasmen treten am häufigsten Kaposi-Sarkome und Non-Hodgkin-Lymphome auf. Beim Kaposi-Sarkom (Abb. 12.8) sind die klinischen Läsionen rötlich, bläulich oder violett, flach oder erhaben und am häufigsten am harten Gaumen lokalisiert. Die Behandlung besteht heute in einer hoch wirksamen, systemischen, antiretroviralen Therapie. Falls dies wenig wirksam ist, muss eine systemische Zytostatikatherapie oder (im Fall von lokalisierten Läsionen) eine lokale chirurgische Therapie durchgeführt werden.

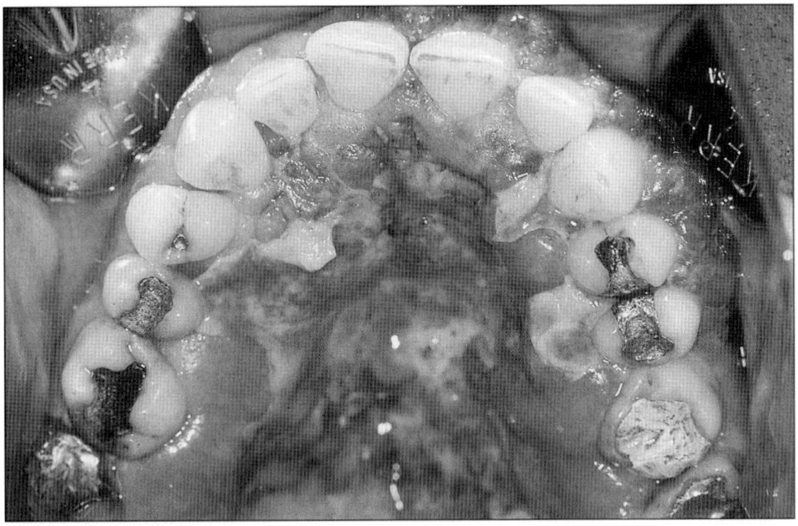

Abb. 12.8 Ausgedehntes Kaposi-Sarkom im Oberkiefer mit disseminierten, CMV-bedingten Läsionen bei einem AIDS-Patienten.

c) Medikamentennebenwirkungen
Als Folge der Kombinationstherapien mit häufiger Medikamenteneinnahme können diverse Arzneimittelnebenwirkungen auftreten, die sich oral vor allem in Form von Ulzerationen äussern. Eingeschlossen in diese Gruppe ist die Stomatitis medicamentosa, das Erythema multiforme, das Stevens-Johnson-Syndrom, orale Pigmentationen und lichenoide Reaktionen.

d) Neurologische Manifestationen
Neurologische Symptome beruhen auf einer Infektion des Zentralnervensystems mit HIV, die zu Demenz und Neuropathien führt. Lähmungen des N. facialis und Trigeminusneuralgien sind die häufigsten oralen Symptome.

e) Läsionen unbekannter Ursache
Zu den Läsionen ungeklärter Herkunft gehören vor allem die rezidivierenden aphtösen Ulcera (minor, major, herpetiform). Die Läsionen können nur intraoral, öfter jedoch assoziiert mit Haut- oder anderen disseminierten Läsionen auftreten.

12.2.2 Mundschleimhautaffektionen bei Immunsuppression

Immunsuppression ist eine Begleiterscheinung von verschiedenen Erkrankungen und Therapieformen. Betroffen sind beispielsweise Organtransplantatempfänger, Patienten mit immunsuppressiver Therapie aufgrund von Autoimmunerkrankungen, mit malignen Erkrankungen des hämatopoetischen Systems, mit unbehandeltem Diabetes mellitus und Krebspatienten während einer Chemotherapie.

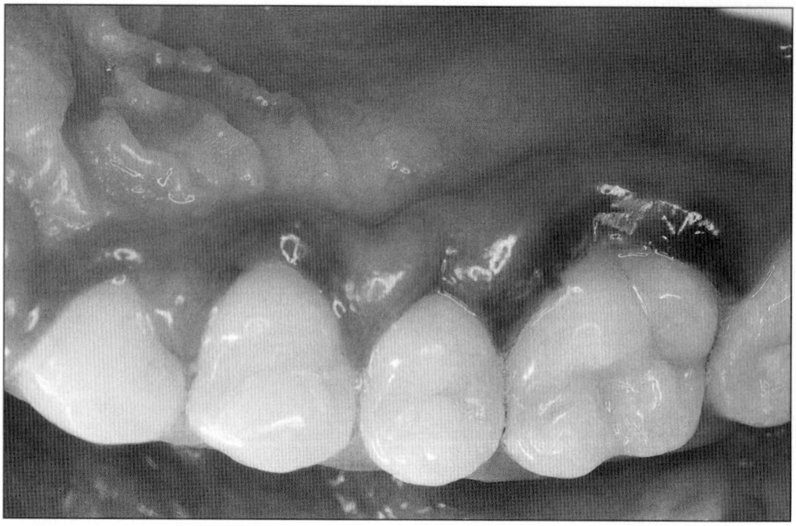

Abb. 12.9 Gingivahyperplasie durch leukämische Zellinfiltrate bei akuter myeloischer Leukämie vor systemischer Therapie.

In den letzten Jahren hat die Anzahl der Patienten, die mit Immunsuppression konfrontiert sind, unter anderem aufgrund der Erweiterung des Transplantationsspektrums in der Medizin zugenommen.

Immunsuppression kann zu diversen oralen und dentalen Manifestationen führen. Dazu gehören mukosale Läsionen und Nebenwirkungen von immunsuppressiven Medikamenten und Therapieformen. Der Krankheitsverlauf ist beim immunkompromittierten Patienten progressiv und gekennzeichnet durch Rezidive und Therapieresistenz.

Da die Immunsuppression sich oft über längere Zeiträume erstreckt, ist die kurz- und langfristige orale und dentale Prophylaxe zur Vermeidung von Folgeschäden sehr wichtig.

Orale Läsionen werden bei bis zu 60% der Patienten mit Immunsuppression gefunden, also häufiger als bei gesunden Probanden.

Eine immunsupprimierte Patientengruppe, die bis zu 60% von oralen Symptomen betroffen ist, sind Patienten mit **Erkrankungen des hämatopoetischen Systems**, wobei die akute und chronische myeloische und lymphatische Leukämie zu den häufigen Krankheiten zählen.

Oft sind bereits vor der medizinischen Diagnosestellung gingivale und mukosale Läsionen vorhanden. Bei akuten myeloischen und seltener bei den chronische Leukämien treten Gingivavergrößerungen auf. Die Vergrößerung entsteht durch eine akute Infiltration von leukämische Zellen in die Gingiva (Abb. 12.9). Gingivale Gewebe scheinen für die leukämische Zellinfiltration anfällig zu sein. Eine mögliche Erklärung ist die Expression von endothelialen Adhäsionsmolekülen, die die Leukozyteninfiltration erhöhen.

Neutropenische Ulzerationen entwickeln sich bei Patienten mit schweren Neutropenien. Diese spezielle Form von oralen, mukosalen Ulzerationen sind charakterisiert durch diskrete, scharf abgegrenzte Ulzera, die bis tief in die Submukosa reichen (Abb. 12.10).

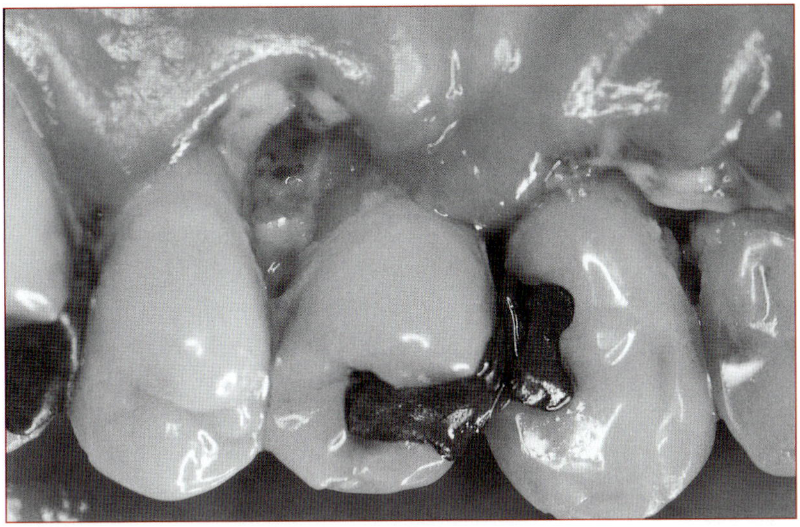

Abb. 12.10 Ulzerationen bei schwerer Neutropenie: interdental scharf abgegrenzte Ulzera ohne Immunantwort im umgebenden Gewebe.

Bedingt durch die gestörte Immunantwort fehlen die klinischen Entzündungszeichen. Bei den ersten Zeichen einer Erholung der Neutrophilenzahl heilen diese Läsionen spontan ab. Die Neutropenie kann sich auch durch Reaktivierung einer bestehenden Parodontalerkrankung äussern, die durch die oben erwähnten fehlenden Entzündungszeichen oft schwer diagnostizierbar ist. In diversen Fallpräsentationen sind progressive parodontale Destruktionen bei chronischen Neutropenien beschrieben worden. Bei Thrombopenien treten Spontanblutungen auf. Bei ausgeprägten Anämien imponiert eine ausgeprägte Blässe der Gingiva.

Infolge der medizinischen Therapie mit Verbesserung der hämatologischen Parameter verschwinden diese durch die Erkrankung verursachten und durch ungenügende Mundhygiene und iatrogene mechanische Reize akzentuierten Läsionen häufig. Die frühzeitige Etablierung einer sehr guten Mundhygiene trägt wesentlich dazu bei.

Als Komplikation von Knochenmark- und Stammzelltransplantationen treten komplexe Immunphänomene auf, die als **Graft versus host disease (GVHD)** bezeichnet werden. Sie werden durch die immunologische Reaktion eines immunkompetenten Transplantates gegen das Gewebe eines nicht identischen Empfängers, der nicht in der Lage ist, das Transplantat abzustoßen, verursacht. 50% – 90% der Patienten mit allogener Knochenmark- oder Stammzelltransplantation erleiden diese akut oder chronische verlaufende Komplikation, bei der neben der oralen Mukosa und den Speicheldrüsen viele andere Körpergewebe betroffen sein können. 30 – 50% entwickeln entweder nach einer akuten GVHD oder de novo eine chronische GVHD.

Orale Manifestationen der GVHD sind bei über 70% der Patienten vorhanden. Ihr Aspekt wird häufig in der Initialphase von opportunistischen Infektionen überdeckt. Die akute GVHD erkennt man an einem punktförmigen oder generalisierten Erythem, weißlicher Streifung, die ei-

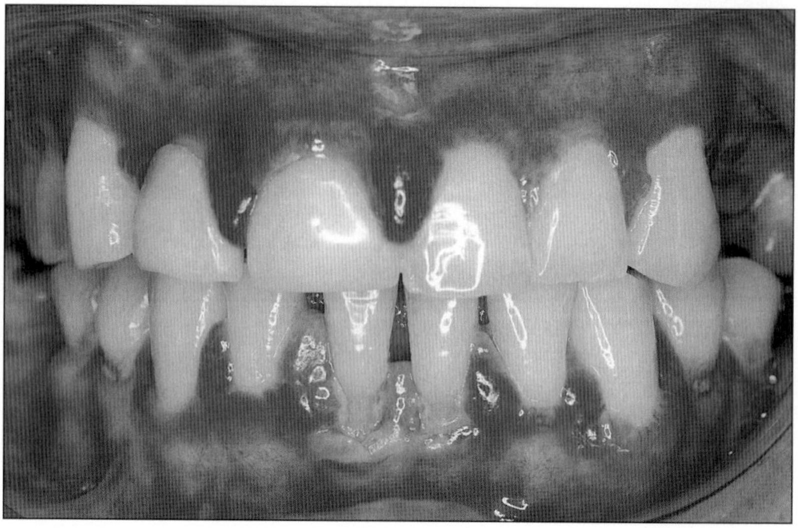

Abb. 12.11 Graft versus host disease (GVHD): generalisiertes, schweres Erythem der Gingiva mit ausgedehnten erosiven und ulzerativen Läsionen nach Knochenmarktransplantation.

nem Lichen planus ähnelt, schmerzenden erosiven und ulzerativen Läsionen und einer ausgeprägten Xerostomie (Abb. 12.11). Lippen, Zunge und Wangenmukosa werden am häufigsten betroffen, etwas seltener harter Gaumen und Gingiva.

Die Symptome der chronischen GVHD ähneln der akuten Form. Zusätzlich leiden die Patienten an einer exzessiven Sensibilität der bukkalen Mukosa. Verbunden ist die chronische GVHD mit einer verzögerten Immunrekonstitution. Beide verstärken sich gegenseitig, die zusätzliche Immunsuppression bei chronischer GVHD verzögert die Erholung der normalen Immunantwort zusätzlich.

Die Prophylaxe der GVHD wird medikamentös (Calcineurininhibitoren (Cyclosporin, Takrolimus), Methotrexat, Antithymozytenglobulin, Anti-CD52-Antikörper) oder durch T-Zelldepletion durchgeführt. Die Behandlung besteht in Steroiden, Verstärkung der Immunsuppression und supportiven Maßnahmen.

Eine weitere orale Manifestation einer medikamentös induzierten Immunsuppression ist das Auftreten von **Gingivahyperplasien bei Cyclosporinmedikation**. Cyclosporin A wird nach Organtransplantationen und bei Autoimmunerkrankungen oft jahrelang eingesetzt. Die Prävalenz für das Auftreten einer Gingivahyperplasie beträgt 30–80%.

Durch proliferative Stimuli von Cyclosporin A auf die Fibroblasten des marginalen Parodonts und deren Kollagensynthese entsteht eine Hyperplasie. Die Proliferation der marginalen Gingiva entspricht einer fibrösen Hyperplasie mit entzündlicher Infiltration.

Die Gingivahyperplasie entsteht bereits 1-3 Monaten nach Beginn der Medikation. Ihre initiale Manifestation sind vergrößerte Interdentalpapillen im fazialen Frontzahnbereich.

Es ist unklar, welche Prädispositionsfaktoren eine Entstehung begünstigen. Es besteht kein Zusammenhang zwischen der Plasmakonzentration von Cyclosporin A und der Manifestationsrate. Umstritten ist einerseits die Hypothese, dass eine individuelle Schwelle zur Auslösung proliferativer Veränderungen besteht und andererseits der Einfluss von lokalen Reizfaktoren (Plaque-Biofilme, Konkremente) auf die Induktion der Gingivahyperplasie. Postuliert wird jedoch zumindest eine Beeinflussung der Ausprägung der Gingivahyperplasie durch lokale Faktoren.

12.2.3 Mundschleimhautaffektionen bei Autoimmunerkrankungen

Verschiedene immunologisch vermittelte Hauterkrankungen und kutane Manifestationen immunologisch vermittelter, systemischer Erkrankungen sind Folge von Autoimmunprozessen. Klinisch manifestieren sie sich durch entstellende Hautveränderungen, Schmerz und Pruritus und können aufgrund des Verlustes der physikalischen Abwehrfunktion der Epidermis oder als Folge sekundärer Infektionen bis zum Tod führen.

Im Rahmen dieses Kapitels werden nur die immunologisch vermittelten Hauterkrankungen kurz besprochen, die sich auch im oralen Bereich manifestieren.

Der **Pemphigus vulgaris** ist eine blasenbildende Hauterkrankung, welche vor allem bei Patienten in höherem Lebensalter auftritt. Häufig ist der HLA-DR 4- und -DRw6- Haplotyp (siehe MHC*) nachweisbar. Es kommt durch Akantholyse zu einer intraepidermalen Blasenbildung. Die typischen Hautveränderungen bestehen aus schlaffen Blasen auf unauffälliger oder erythematöser Schleimhaut. Die Blasen platzen leicht und hinterlassen dann erodierte, häufig krustenbildende Veränderungen, die sich peripher ausdehnen. Durch seitlich-schiebenden Druck auf die Schleimhaut kann eine Teilung der Epidermis ausgelöst werden (Nikolsky-Phänomen).

In über der Hälfte der Patienten treten die ersten Hautveränderungen im Mund auf, über 90% der Patienten leiden zu irgendeinem Zeitpunkt der Erkankung an einer Beteiligung der Mundschleimhaut. Wie auf der Haut entstehen auch in der Mundhöhle stecknadelkopf- bis taubeneigroße Blasen (Abb. 12.12). Sie lassen sich ebenfalls durch leichten Druck seitlich verschieben. Die Blasendecke wird sehr schnell zerstört. Man findet dann nebeneinander und in chronischem Wechsel flächenhafte Erosionen mit unregelmäßigen flottierenden Blasenresten oder bereits beginnender Epithelisierung. Im Bereich der Erosionen treten weißlich-gelbliche, speckige Beläge auf, vereinzelt finden sich hämorrhagische Veränderungen. Oft beginnen die Symptome an der Zungenspitze, die dann ödematös geschwollen oder von dicken grauen Belägen bedeckt ist. Die Schleimhautalterationen gehen mit großer Schmerzhaftigkeit, Speichelfluß und ödematöser Schwellung einher. Im Bereich der Lippen finden sich Läsionen, die teilweise von braunschwarzen hämorrhagischen Krusten bedeckt sind.
Das **bullöse Pemphigoid** ist eine im fortgeschrittenen Lebensalter auftretende blasenbildende Erkrankung der Subepidermis. Typische Hautveränderungen sind pralle Blasen auf unauffällig erscheinender, erythematöser Haut. Bei 10–40% der Patienten findet man orale Schleimhautläsionen. An Wangen- und Lippenschleimhaut finden sich kleine umschrie-

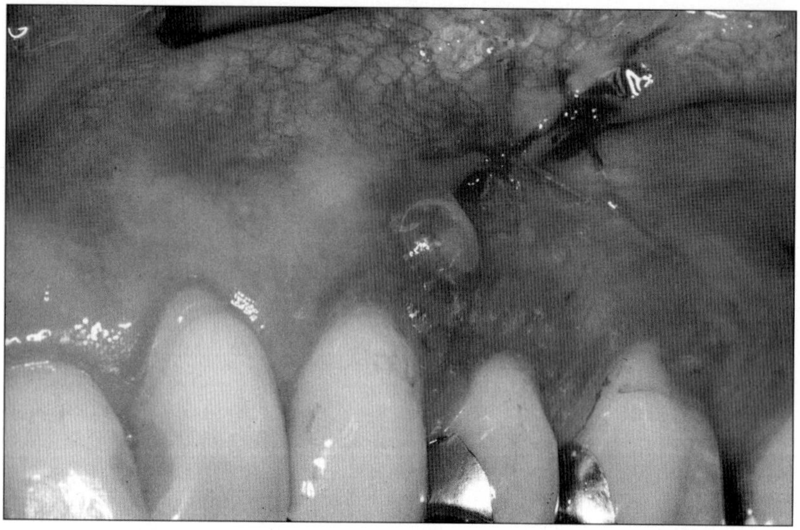

Abb. 12.12 Pemphigus vulgaris im Bereich der Gingiva: Nach der Zerstörung der Blasendecke beginnt die Epithelisierung.

bene Erosionen, die zum Teil fibrinös belegt sind. Nicht selten sind die Blasen erhalten. Treten keine traumatisierenden Veränderungen der Läsionen auf, heilen diese narbenlos ab. Es gibt keine Assoziation der Erkrankung mit einem HLA-Phänotyp. Trotz einzelner Berichte über Assoziationen mit malignen Erkrankungen konnte bisher keine gesteigerte Inzidenz maligner Erkankungen nachgewiesen werden.

Die **Epidermolysis bullosa acquisita** ist eine subepidermale, polymorblasenbildende Erkrankung, die auch zu oralen Schleimhautveränderungen führen kann. Es finden sich disseminierte, entzündliche, vernarbende, bullöse Läsionen, die einem schweren bullösen Pemphigoid ähneln. Überzufällig häufig findet sich bei Patienten mit Epidermolysis bullosa acquisita der HLA-DR2-Haplotyp. Sie ist normalerweise chronisch. Assoziationen mit dem multiplen Myelom, der Amyloidose, chronisch entzündlichen Darmerkrankungen und Diabetes mellitus sind beschrieben.

Das **vernarbende Schleimhautpemphigoid** ist eine seltene, erworbene, subepitheliale, blasenbildende Erkrankung, welche sich durch erosive Veränderungen der Haut und Schleimhäute auszeichnet, die zumindest teilweise narbig abheilen. Immunpathologisch finden sich um die Läsionen Ablagerungen von Immunreaktionen in der epithelialen Basalmembran. Häufig kommt es zu einer Beteiligung der oralen Schleimhaut (insbesondere der Gingiva) und der Konjunktiven.

Auf der Mundschleimhaut treten fast symptomlos etwa linsengroße Blasen auf, die sich bald zu Erosionen oder Ulzerationen umwandeln. Die Schmerzhaftigkeit fehlt oder ist nur gering. Die Läsionen heilen entweder in wenigen Wochen ab oder vergrößern sich durch zentrifugale Ausbreitung oder Konfluenz. In einem Viertel der Fälle kommt es zu Vernarbungen innerhalb der Mundhöhle. Die Folge sind funktionelle Störungen, wie narbig bedingte Kieferklemme, Phonationsstörungen oder Behinderungen bei der Nahrungsaufnahme.

Die **Dermatomyositis** gehört wahrscheinlich zu den Autoimmunerkrankungen. 30% der Patienten weisen Symptome anderer rheumatischer Erkrankungen und Kollagenosen auf. Hierzu gehören die rheumatoide Arthritis, der Lupus erythematodes, das Sharp-Syndrom und die Sklerodermie. Bei ca. 10% der Patienten ist die Erkrankung mit einem Malignom vergesellschaftet. Die Ursache der Dermatomyositis ist unbekannt, es werden aber Wechselwirkungen zwischen genetischen Faktoren, einer viralen Infektion und Autoimmunmechanismen diskutiert. Es besteht eine familiäre Häufung und eine überdurchschnittliche Zahl von Patienten, die die HLA-Allele DR3 und DRw52 aufweisen.

Schleimhautveränderungen findet man bei etwa 20% der Patienten in Form von dunklen, auf Teleangiektasien beruhenden Erythemen. Daneben können Schwellungen von Zunge, Lippen und Gingiva auftreten, die später in Atrophie übergehen. Lupus-erythematodes-ähnliche Veränderungen, Bläschen, Ulzerationen und weißliche Atrophien führen zu einem polymorphen Bild.

Die **systemische Sklerose (Sklerodermie)** ist eine Multisystem-Erkrankung unbekannter Ursache, die durch eine Fibrose der Haut, der Blutgefäße und der inneren Organe einschließlich des Gastrointestinaltraktes, der Lungen, des Herzens und der Nieren gekennzeichnet ist.

Der Mund ist verkleinert (Mikrostomie) und von tabaksbeutelartigen Falten umgeben. Das Lippenrot ist blaß und verwaschen, ein Pigmentstreifen findet sich häufig über der Veränderungen der Mundschleimhaut. Mundschleimhautveränderungen manifestieren sich zunächst als ödematöse Verdickungen, später als fleckig-diffuse Dyschromien mit Teleangiektasien. Ein Frühsymptom ist das derbe sehnig-weiße, verkürzte Zungenbändchen, das die Zungenmotilität einschränkt. Die Zunge selbst wird kleiner und derb mit glatter, papillenloser, trockener Oberfläche. Gaumenbögen und Schleimhautfalten atrophieren zu sehnigen Strängen, Uvula und Tonsillen schrumpfen. Eine Verhärtung der gesamten Wangenschleimhaut kann die auftretenden Störungen bei der Nahrungsmittelaufnahme und beim Sprechen noch verschlimmern. Eine Xerostomie durch nachlassende Sekretion der Speicheldrüsen kommt hinzu.

Retraktion der Gingiva und Schrumpfung des parodontalen Bindegewebes führen röntgenologisch zu einer gleichmäßigen Erweiterung des Parodontalspaltes, klinisch zu verstärkter Zahnbeweglichkeit, später zum schmerzlosen, mit nur geringer Blutung einhergehenden Zahnverlust.

Der **systemische Lupus erythematodes** ist eine Krankheit unklarer Ätiologie, bei der Gewebe und Zellen durch Autoantikörper und Immunkomplexe geschädigt werden.

Relativ häufig (bis zu 50% der Patienten) finden sich Mundschleimhautveränderungen. Befallen werden vor allem der Lippensaum, die Wangenschleimhaut, Zunge und Gaumen, weniger häufig Uvula, Gingiva und Tonsillen: Auf dunkelrotem Grund zeigt sich eine balkenartige weißliche Zeichnung mit rundlichen oder schlitzförmig konfigurierten, flachen, gelblich belegten Erosionen und narbige Einziehungen. Im Saumgebiet der Herde entwickeln sich punktförmige und radiär ausstrahlende, streifenförmige Epithelblutungen, die von Teleangiektasien begleitet sind.

Literatur

Bagg J: Human herpesvirus-6: the latest human herpes virus. J Oral Pathol Med 20: 465-468, 1991

Ben-Aryeh H, Blumfield E, Szarged R, Laufer D, Berdicevsky I: Oral *Candida* carriage and blood group antigen secretor status. Mycoses 38: 355-358, 1995

Budtz-Jörgensen E, Lombardi T: Antifungal therapy in the oral cavity. Periodontology 2000 10: 89-106, 1996

Carozzo M: Oral health in patients with hepatitis C virus infection: an underestimated problem? Oral Dis 7: 267-270, 2001

Classen M, Birkenfeld G, Ivashkin V: Krankheiten des Mundes, des Rachens und der Speicheldrüsen. In: Classen M, Diehl V, Kochsiek K (Hrsg): Innere Medizin. 4.Aufl, Urban & Schwarzenberg, München, Wien, Baltimore 1998, Seite 532-536

Contreras A, Slots J: Herpesviruses in human periodontal disease. J Periodontal Res 35: 3-16, 2000

Cruchley A T, Williams D M, Niedobitek G, Young L S: Epstein-Barr virus: biology and disease. Oral Dis Suppl 1: 156-163, 1997

EC-Clearinghouse on Oral Problems Related to HIV Infection and WHO Collaborating Centre on Oral Manifestations of the Immunodeficiency Virus: Classification and diagnostic criteria for oral lesions in HIV infection. J Oral Pathol Med 22: 289-291, 1993

Fauci S, Braunwald E, Isselbacher K J, Wilson J D, Martin J B, Kasper D L, Hauser S L, Longo D L: Harrison‘s Principles of Internal Medicine. 14th ed, McGraw-Hill Companies Inc, New York 1998

Flaitz C M, Nichols C M, Hicks M J: Herpesviridae-associated persistent mucocutaneous ulcers in acquired immunodeficiency syndrome. A clinicopathologic study. Oral Surg Oral Med Oral Pathol Oral Radiol Endod 81: 433-441, 1996

Glick M, Siegel M A: Viral and fungal infections of the oral cavity in immunocompetent patients. Infect Dis Clin North Am 13: 817-831, 1999

Greenspan J S: Sentinels and signposts: the epidemiology and significance of the oral manifestations of HIV disease. Oral Dis 1997 3 Suppl 1: 13-17

Grose C: Congenital infections caused by varicella zoster virus and herpes simplex virus. Semin Pediatr Neurol 1: 43-49, 1994

Hakan Sen B, Safavi E, Spangberg L S W: Colonization of *Candida albicans* on cleaned human dental hard tissues. Arch Oral Biol 42: 513-520, 1997

Hyrailles V, Peyron N, Blanc P, Mark Y, Meunier L, Meynadier J, Larrey D, Michel H: Lichen planus and hepatitis C virus. Apropos of 5 new cases. Gastroenterol Clin Biol. 19: 833-836, 1995

Itin P H, Lautenschlager S: Viral lesions of the mouth in HIV-infected patients. Dermatology 194: 1-7, 1997

Itin P H, Lautenschlager S, Fluckiger R, Rufli T: Oral manifestations in HIV-infected patients: diagnosis and management. J Am Acad Dermatol 29: 749-760, 1993

Kayser F H, Bienz K A, Eckert J, Zinkernagel R M: Medizinische Mikrobiologie. 10. Auflage, Georg Thieme Verlag Stuttgart 2001

Jacobson J M, Greenspan J S, Spritzler J, Ketter N, Fahey J L, Jackson J B, Fox L, Chernoff M, Wu A W, MacPhail L A, Vasquez G J, Wohl D A: Thalidomide for the treatment of oral aphthous ulcers in patients with human immunodeficiency virus infection. National Institute of Allergy and Infectious Diseases AIDS Clinical Trials Group. N Engl J Med 336: 1487-1493, 1997

Laskaris G: Oral manifestations of HIV disease. Clin Dermatol 18: 447-455, 2000

Lamster I B, Grbic J T, Bucklan R S, Mitchell-Lewis D, Reynolds H S, Zambon JJ: Epidemiology and diagnosis of HIV-associated periodontal diseases. Oral Dis 3 Suppl 1: 141-148, 1997

Lennette E T, Blackbourn D J, Levy J A: Antibodies to human herpesvirus type 8 in the general population and in Kaposi's sarcoma patients. Lancet 348: 858-861, 1996

Marre R, Mertens T, Trautmann M, Vanek E: Klinische Infektiologie. Urban & Fischer, München, Jena 2000

Meyer U, Kleinheinz J, Handschel J, Kruse-Losler B, Weingart D, Joos U: Oral findings in three different groups of immunocompromised patients. J Oral Pathol Med 29: 153-158, 2000

Millsap K W, Van der Mei H C, Bos R, Busscher H J: Adhesive interactions between medically important yeasts and bacteria. FEMS Microbiol Rev 21: 321-336, 1998

Moore P S, Gao S J, Dominguez G, Cesarman E, Lungu O, Knowles D M, Garber R, Pellett P E, McGeoch D J, Chang Y: Primary characterization of a herpesvirus agent associated with Kaposi's sarcomae. J Virol 70(1): 549-558, 1996. Erratum in: J Virol 70: 9083, 1996

Mulliken R A, Casner M J: Oral manifestations of systemic disease. Emerg Med Clin North Am 18: 565-575, 2000

Nagao Y, Sata M, Tanikawa K, Itoh K, Kameyama T: Lichen planus and hepatitis C virus in the northern Kyushu region of Japan. Eur J Clin Invest 25: 910-914, 1995

O'Sullivan J M, Jenkinson H F, Cannon R D: Adhesion of Candida albicans to oral streptococci is promoted by selective adsorption of salivary proteins to the streptococcal cell surface. Microbiology 146: 41-48, 2000

Pindborg J J: Classification of oral lesions associated with HIV infection. Oral Surg Oral Med Oral Pathol 67: 292-295, 1989

Ravina A, Ficarra G, Chiodo M, Mazzetti M, Romagnani S: Relationship of circulating CD4+ T-lymphocytes and p24 antigenemia to the risk of developing AIDS in HIV-infected subjects with oral hairy leukoplakia. J Oral Pathol Med 25: 108-111, 1996

Rohrmus B, Thoma-Greber E M, Bogner JR, Rocken M: Outlook in oral and cutaneous Kaposi's sarcoma. Lancet 356: 2160, 2000

Schuman P, Ohmit S E, Sobel J D, Mayer K H, Greene V, Rompalo A, Klein R S. HIV Epidemiology Research Study (HERS) Group: Oral lesions among women living with or at risk for HIV infection. Am J Med 104: 559-564, 1998

Scully C: New aspects of oral viral diseases. Curr Top Pathol 90: 29-96, 1996

Siegel M A: Strategies for management of commonly encountered oral mucosal disorders. J Calif Dent Assoc 27: 210-212, 215, 218-219 passim, 1999

Seymour R A, Thomason J M, Ellis J S: The pathogenesis of drug-induced gingival overgrowth. J Clin Periodontol 23: 165-175, 1996

Seymour R A, Jacobs D J: Cyclosporin and the gingival tissues. J Clin Periodontol 19: 1-11, 1992

Veltman G: Dermatologie für Zahnmediziner. 2. Auflage, Georg Thieme Verlag Stuttgart 1984

Waltimo T M T, Dassanayake R S, Ørstavik D, Haapasalo M P P, Samaranayake L P: Phenotypes and randomly amplified polymorphic DNA profiles of *Candida albicans* isolates from root canal infections in a Finnish population. Oral Microbiol Immunol 16: 106-112, 2001

12.1 – 12.2

Kapitel 13
Spezifische Infektionen

Manfred Knoke

Zusammenfassung

Bestimmte Erreger rufen spezifische Infektionen im Kopfbereich hervor. Zu den klassischen derartigen Erkrankungen zählen die Aktinomykose (durch *Actinomyces* species), die Diphtherie (durch *Corynebacterium diphtheriae*), der Scharlach (durch β-hämolysierende Streptokokken), die Fusospirochätose (durch Fusobakterien und Spirochäten), die Tuberkulose (durch *Mycobacterium tuberculosis*-Komplex) und die Syphilis (durch *Treponema pallidum*). Auch an Toxiinfektionen durch *Clostridium* wie Botulismus, Tetanus und Gasbrand ist zu denken, die Frühsymptome im Kopfbereich hervorrufen. Infektionen in der Mundhöhle und zahnärztliche Eingriffe sind eine Ursache von Bakteriämien, die eine bakterielle Endokarditis oder Sepsis im Gefolge haben können. Bei bestimmten kardialen Krankheiten mit einem erhöhten Endokarditisrisiko wird deshalb vor einer Reihe von zahnärztlichen Maßnahmen eine Antibiotika-Prophylaxe empfohlen.

13.1 Aktinomykose

Ätiologie: In der Regel handelt es sich um eine endogene Mischinfektion (Ausnahme: Bissverletzung).

Hauptsächliche Erreger: *Actinomyces israelii* (bis zu 90 %), seltener *A. naeslundii, A. viscosus, A. odontolyticus.*

Merke:
Actinomyces sind keine Pilze, sondern anaerobe Bakterien.

Vor allem bei der zervikofazialen Form der Aktinomykose liegt fast obligatorisch eine Mischinfektion mit einer Reihe von fakultativ oder strikt anaeroben und aeroben Bakterien vor. Dazu gehören *Peptostreptococcus, Streptococcus, Bacteroides* spp., *Fusobacterium, Leptotrichia, Propionibacterium* spp. und andere sowie *Staphylococcus aureus, S. epidermidis*, α- und β-hämolysierender *Streptococcus, Escherichia coli.*

Klinik: Bei der Aktinomykose handelt es sich um eine chronische granulomatöse Entzündung mit Einschmelzung des befallenen Gewebes und Tendenz zur Fistelbildung. Meistens tritt eine Aktinomykose der Zervikofazialregion, seltener eine Thorakal- oder Abdominalaktinomykose auf. Die auslösenden Aktinomyzeten sind Bestandteil der normalen Mundflora und gelangen z. B. bei Zahnextraktion, nach Kieferbruch, beim Eindringen von Fremdkörpern in den Organismus. Differenzialdiagnostisch ist an die Tuberkulose, einen pyogenen Abszess oder einen malignen Tumor zu denken.

Die zervikofaziale Form kann akut als dentogener Abszess oder Mundbodenphlegmone beginnen und dann meistens einen chronischen Verlauf nehmen. Ein Frühhinweis ist der nach Inzision eines akuten

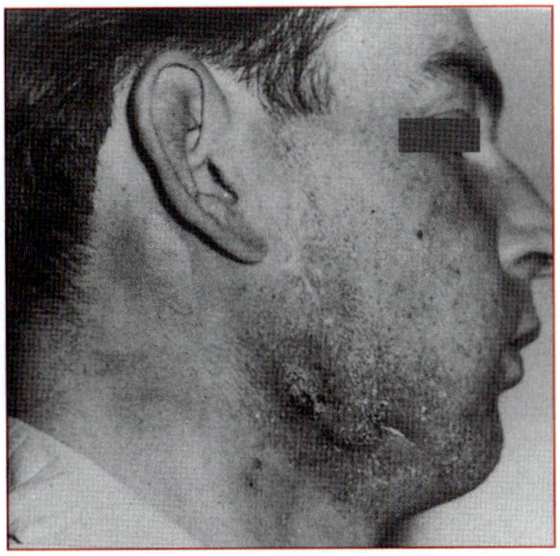

Abb. 13.1 Zervikofaziale Aktinomykose. Mehrfache Inzisionen bei rezidivierender Fistelbildung (aus: H. BERNHARDT und M. KNOKE, Humanpathogene Anaerobier. VEB Gustav Fischer Verlag Jena 1988. Mit freundlicher Genehmigung des Urban & Fischer Verlags München, Jena).

Abszesses auftretende, meist subkutan liegende Zweitabszess mit weiter fortbestehender Eiterung trotz breiter Eröffnung. Die Infiltration ist oft „bretthart", schmilzt später ein, fluktuiert und bricht schließlich nach außen durch (Abb. 13.1).

Die Fistel neigt zum Rezidiv. Eine subperiostale Kieferschwellung ist häufig. Neben den Kieferknochen kann auch die weitere Nachbarschaft einbezogen werden, wie Wange, Zunge, Pharynx, Tonsillen, Speicheldrüsen, Schädelknochen, Meningen und Gehirn.

Die thorakale Aktinomykose wird meistens durch verschlucktes Sputum, selten durch eine Verletzung verursacht. Hier kommt es zu einer fieberhaften bronchopneumonischen Infiltration mit Durchbruch in den Pleuraraum. Brustwand einschließlich der Rippen und Wirbel und auch das Herz können betroffen sein.

Die abdominale Aktinomykose betrifft meistens die Ileozökalregion und imitiert eine Appendizitis.

Eine generalisierte Aktinomykose ist selten und kann praktisch alle Organe erfassen.

Diagnostik: Die mikrobiologische Kultur der Erreger ist aus Eiter, Sputum, Operations- und Biopsiematerial möglich.

Merke:
Diagnostische Punktionen und Inzisionen sollen von der Hautoberfläche her und nicht intraoral erfolgen.

Pathognomonisch ist der bei etwa 50% der Fälle mögliche Nachweis von sogenannten „Drusen" („Schwefelgranula") im Eiter, die als bis 1mm große Körnchen auftreten (Abb. 13.2). Dieser Befund ist durch den mikroskopischen Nachweis und die Anzüchtung zu sichern.

Therapie: Die chemotherapeutische Behandlung muss langdauernd sein und auch die anaerob-aerobe Begleitflora einschließen. Deshalb ist Penicillin G nicht immer das Mittel der Wahl und es empfehlen sich in hoher Dosierung Aminopenicilline. Ferner ist meistens eine möglichst radikale chirurgische Sanierung möglich.

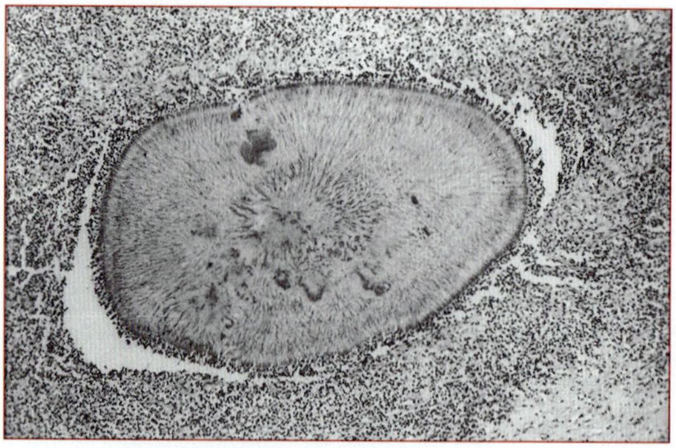

Abb. 13.2 Aktinomykose mit zentraler „Druse" in einem Abszess. Hämatoxylin-Eosin-Färbung, Vergrößerung 70fach (aus: H. BERNHARDT und M. KNOKE, Humanpathogene Anaerobier. VEB Gustav Fischer Verlag Jena 1988. Mit freundlicher Genehmigung des Urban & Fischer Verlags München, Jena).

13.2 Diphtherie

Ätiologie: Die akute Krankheit wird durch *Corynebacterium diphtheriae* verursacht. Infektionsquelle ist der Mensch als akut Kranker oder Keimträger. Die Übertragung erfolgt durch Tröpfcheninfektion, bei der Hautdiphtherie durch Schmierinfektion. Die Pathogenität beruht auf dem extrazellulären Diphtherie-Toxin, das irreversibel die Translation bei der Proteinbiosynthese blockiert. Das Gen für das Toxinbildungsvermögen ist in spezifischen Phagen lokalisiert, die *C. diphtheriae* infizieren.

Klinik: Inkubationszeit: 2 – 5 Tage. Im Anfangsstadium klagen die Kranken über allgemeine Schwäche, Kopf- und Halsschmerzen, Schluckbeschwerden. Die Temperaturen sind leicht bis mäßig erhöht.

Die lokale Infektion der Schleimhaut zeigt sich an den Tonsillen, Pharynx, Nase und Konjunktiven. Es bildet sich ein grauweißliches Exsudat und schließlich eine Pseudomembran aus Fibrin, abgestorbenen Granulozyten und Nekrosematerial. Der Belag greift typischerweise über die Tonsillen hinaus, haftet ziemlich fest und kann sich in den Kehlkopf hinein ausbreiten („Croup laryngis"). Das führt zu Atembehinderungen (Kehlkopfgeräusch, Stridor). Eine dramatische Entwicklung innerhalb weniger Stunden ist möglich und kann zum Ersticken führen. Weitere lokalisierte Manifestationen werden in der Nase, an den Bindehäuten, den Ohren und der Haut gesehen.

Die toxische Diphtherie weist neben den lokalen schweren Rachenveränderungen starke Schwellungen der Halslymphknoten und des periglandulären Gewebes auf. Als Folgen der Toxämie erscheinen Blässe, Erbrechen, flächenhafte Blutungen, Kreislaufstörungen, Lebervergrößerung und Proteinurie. Herzmuskel und motorische Kopfnerven können als Spätkomplikationen betroffen sein.

Diagnostik: Kultureller Nachweis des Erregers in Abstrichen von Infektionsherden (Benutzung von Transportmedium!). Der Nachweis des Toxins ist erforderlich, da Toxin-negative Stämme vorkommen.

Therapie: Schon bei Verdacht muss mit einer antitoxischen Serumtherapie begonnen werden. Eine Ergänzung erfolgt durch die intravenöse Gabe von Penicillin oder Erythromycin, später oral. Durch eine aktive

Immunisierung mit dem Diphtherie-Toxoid schon in der Kindheit treten in den letzten Jahren uncharakteristische Krankheitsbilder auf. Infektionen auf Reisen in Risikogebiete sind möglich, so dass auf eine regelmäßige Auffrischung geachtet werden sollte.

Merke:
Namentliche Meldepflicht für Krankheitsverdacht, Erkrankung sowie Tod laut des Gesetzes zur Verhütung und Bekämpfung von Infektionskrankheiten beim Menschen (Infektionsschutzgesetz IfSG), das in Deutschland am 1. Januar 2001 in Kraft getreten ist (§ 6 IfSG). Die Meldung muss durch den feststellenden Arzt erfolgen.

13.3 Scharlach

Ätiologie: Die Erkrankung wird durch β-hämolysierende Streptokokken der Serogruppe A *(Streptococcus pyogenes)* verursacht, die einen lysogenen Bakteriophagen* mit einem Toxingen tragen und somit erythrogene Toxine (A oder C) bilden. Scharlach bevorzugt das Kindesalter. Die Streptokokken-Tonsillitis und -Pharyngitis wird hauptsächlich durch Tröpfcheninfektion übertragen, selten durch kontaminierte Lebensmittel und Wasser. Streptokokken-Pyodermien entstehen durch Kontakt- bzw. Schmierinfektionen.

Klinik: Die Inkubationszeit beträgt 2 – 4 Tage. Die Krankheit beginnt mit akut einsetzendem Fieber, Schüttelfrost und allgemeinen Zeichen des Krankseins, wie Erbrechen, Kopf- und Gliederschmerzen. Die lokale eitrige Infektion von Tonsillen und Rachen zeigt sich mit Halsschmerzen, ausgeprägtem lokalem Erythem und Schwellung der Pharynxschleimhaut mit eitrigem Exsudat (eitrige Tonsillopharyngitis). Am weichen Gaumen findet sich ein fleckiges Enanthem. Die Zunge ist zunächst dick grauweiß belegt. Nach dem zweiten Tag entsteht durch die geschwollenen roten Papillen das typische Bild der Himbeerzunge. Die Erkrankung kann begleitet sein von einer Sinusitis, Otitis media oder Pneumonie. Als lokale Komplikation kann sich ein Peritonsillarabszess ausbilden. Ein bis zwei Tage nach den initialen Symptomen entsteht zuweilen ein kleinstfleckiges Exanthem, das in den weichen Hautregionen (Hals, Schlüsselbeingruben oder Leistenbeugen) beginnt und sich dann über den ganzen Körper ausbreiten kann. Das Exanthem lässt im Gesicht das Dreieck um Kinn, Oberlippe und Nase frei. Die Lymphknoten im Kieferwinkel, aber auch axillär und inguinal sind druckschmerzhaft und geschwollen. Angina, Drüsenschwellungen, Exanthem und Fieber bilden sich nach Ablauf einer Woche zurück. Mit Abblassen des Exanthems setzt eine kleieförmige Schuppung im Gesicht, Hals und an der Brust ein, die dann besonders die Handflächen und Fußsohlen betrifft. Während der Erkrankung können Leber und Milz vergrößert und druckschmerzhaft sein. Als Komplikationen werden eine schwere toxische Form mit Kreislaufversagen, Myokarditiden, ein septisches Bild und eine toxische Nierenschädigung gesehen. Als nichteitrige Spätfolgen können ein akutes rheumatisches Fieber und eine akute Glomerulonephritis auftreten.

Diagnostik: Der mikroskopische Nachweis grampositiver Streptokokken im Untersuchungsmaterial ist nur wenig spezifisch. Die Methode der Wahl ist der kulturelle Nachweis von *S. pyogenes* (Bestimmung der Serogruppe). Als Material dienen Tonsillen- oder Wundabstriche, Punktate oder Blutkulturen in Transportmedien.

Therapie: Die Behandlung der Wahl ist die 10-tägige Gabe von Penicillin (oral oder parenteral), da in Mitteleuropa bisher keine Resistenzen gegen dieses Antibiotikum bekannt geworden sind. Bei Penicillinallergie ist die Gabe verschiedener Oral-Cephalosporine oder Makrolide wie Azithromycin indiziert (Resistenz auch gegen Tetracycline möglich).

Bei schweren Infektionen wird eine initiale Therapie mit Clindamycin vor der Penicillin-Therapie empfohlen. Patienten mit rheumatischem Fieber sollen eine Rezidiv-Prophylaxe mit Penicillin erhalten, die mindestens über 5 Jahre gegeben werden muss.

Merke:
Eine Meldepflicht besteht nach Inkrafttreten des Infektionsschutzgesetzes (IfSG) nur noch für die Leiter von Gemeinschaftseinrichtungen.

Sektion III

13.4 Fusospirochätose

Ätiologie: Die Fusopirochätosen werden den endogenen Infektionen zugerechnet. Typisch ist der Synergismus von Fusobakterien und ungewöhnlich großen Spirochäten, wie *Treponema vincentii.* Daneben werden *Capnocytophaga, Campylobacter* und *Streptococcus* isoliert.

Klinik: Die Erkrankung geht mit einer schweren nekrotisierenden geschwürsbildenden Entzündung der Mundschleimhaut und des Zahnfleisches einher. Weißlich-graue Epithelnekrosen bilden ausgedehnte Pseudomembranen. Tonsillen und Rachen werden in fortgeschrittenen Stadien mit einbezogen (Angina Plaut-Vincenti). Aashafter Mundgeruch („Mundfäule").

Diagnose: Sie basiert auf dem klinischen Bild und dem Nachweis von massenhaft *Fusobacterium* und Spirochäten im gefärbten Ausstrich.

Therapie: Neben der Lokal- und Schmerzbehandlung wird eine gezielte Chemotherapie mit anaerobierwirksamen Medikamenten, einschließlich Penicillin und Metronidazol, durchgeführt.

13.5 Tuberkulose im Mund-, Rachen- und Halsbereich

Ätiologie: Für *Mycobacterium tuberculosis* und *M. africanum* sind Menschen das einzige epidemiologisch relevante Reservoir. Eine Übertragung von *M.bovis* ist in Europa infolge der Aufbereitung der Milch kaum noch möglich. Hier sind typische Eintrittspforten die Mundschleimhaut, die Tonsillen oder die Ileozökalregion des Darmes.

Die Tuberkulose ist heute vor allem eine Erkrankung der Entwicklungsländer, wo mehr als 90% auftreten und etwa zwei bis drei Millionen Menschen daran jährlich versterben. Ein erhöhtes Erkrankungsrisiko besteht bei uns in sozialen Randgruppen, für HIV-Infizierte, Immunsupprimierte, Kontaktpersonen von an offener Tuberkulose Erkrankten und auf Grund der Migration aus einer Reihe von Regionen.

Die Infektion kann die verschiedenen Organe betreffen und zeigt dann eine sehr unterschiedliche Symptomatik. Der Erreger wird in der Regel durch Tröpfcheninfektion übertragen und führt bei empfänglichen Personen zu einem Primärherd, aus dem die Erreger lymphogen gestreut werden. So entwickelt sich je nach Disposition des Infizierten unter Umständen erst nach Jahren eine klinisch manifeste progrediente Tuberkulose mit entsprechender Klinik.

Die meisten Primärherde sind in der Lunge zu finden, doch sind sie früher auch in der Mundschleimhaut, am Zahnfleisch und im Rachen (lymphatischer Rachenring) bekannt gewesen. Selten bildeten kariöse Zähne die Eintrittspforte (Übersicht bei HAEFLIGER 1956).

Klinik: Allgemeine Leitsymptome der Lungentuberkulose sind Husten, blutiges Sputum, Temperaturanstieg, Inappetenz, Nachtschweiß und Gewichtsverlust. Eine oropharyngeale Manifestation der Tuberkulose ist selten. Diese Form geht mit Infiltraten, die schwierig zu erkennen sind, und Geschwürsbildung einher. Bei der Tonsillentuberkulose werden Halsschmerzen angegeben. Die Kehlkopftuberkulose weist Hustenreiz, Heiserkeit, Dysphonie und Schmerzen auf. Zu den extrapulmonalen Formen rechnet ferner die Lymphknotentuberkulose mit Schwellung der Lymphknoten vor allem im Halsbereich.

Diagnose: Der Erregernachweis erfolgt mikroskopisch als säurefeste Stäbchen sowie nach länger dauernder Kultur auf Festmedien (6-12 Wochen). Der Einsatz eines Flüssigmediums verkürzt die Zeitdauer auf ein bis zwei Wochen, molekularbiologische Technik auf 48 Stunden. Letztere wird aber in der klinischen Routine nur für ausgewählte Fragestellungen angewandt. Histologisch können in Biopsiematerial Granulome mit verkäsenden Nekrosen nachgewiesen werden. Eine Intrakutantestung mit Tuberkulin nach der Mendel-Mantoux-Methode schließt bei negativem Ergebnis eine Tuberkulose nicht aus.

Therapie: Sie erfordert immer eine Kombinationsbehandlung mit mehreren Antituberkulotika, wobei jetzt auf Grund der Resistenzentwicklung vor allem bei ausländischen Mitbürgern eine Vierfach-Kombination der Wirkstoffe Isoniazid, Rifampicin, Pyrazinamid und Ethambutol oder

Streptomycin für zwei Monate und anschließend weitere vier Monate Isoniazid und Rifampicin empfohlen werden. Daraus resultiert eine Therapiedauer von mindestens sechs Monaten.

Merke:
Namentliche Meldepflicht für Erkrankung und Tod an einer behandlungsbedürftigen Tuberkulose durch den feststellenden Arzt (§ 6 IfSG). Jährlich kommt es in Deutschland nach wie vor zu etwa 500 Todesfällen ohne Berücksichtigung der posttuberkulösen Spätfolgen.

13.6 Nichttuberkulöse Mykobakteriosen

Ätiologie: Durch eine Vielzahl von nichttuberkulösen Mykobakterien können überwiegend Lungenkrankheiten hervorgerufen werden. Es handelt sich in der Regel um Risikopatienten, beispielsweise um Patienten mit HIV, Diabetes mellitus, vorbestehenden chronischen Lungenkrankheiten, Kollagenosen, nach langdauernder immunsuppressiver Therapie und im höheren Alter. Die wichtigsten humanpathogenen Erreger sind der *M. avium-intracellulare*-Komplex, *M. marinum, M. kansasii, M. scrofulaceum* und der *M. fortuitum*-Komplex. Diese sind vorwiegend auf bestimmte geografische Regionen beschränkt. Ihre Virulenz ist niedrig. Die Infektion erfolgt durch Umweltkontakt (Trinkwasser, Schwimmbad u. a.), nicht aber von Mensch zu Mensch.

Klinik: An den kutanen Eintrittspforten entstehen Papeln und entzündliche Knötchen. Auch Abszess- und Ulkusbildung sind möglich. Chronische Lungeninfektionen treten bei Patienten mit gestörter Immunabwehr auf. Lymphadenitiden mit Lymphknotenschwellungen auch im Halsbereich kommen bevorzugt bei Kindern vor. Disseminierte Verläufe sind selten.

Diagnose: Die Diagnose wird auf Grund der Anamnese und Klinik sowie mittels Kultur und Histologie wie bei der Tuberkulose gestellt.

Therapie: Spezifische Kombinationsbehandlung, auch chirurgische Maßnahmen. Für die Behandlungsbedürftigkeit muss eine Kolonisation von einer Erkrankung abgegrenzt werden.

13.7 Syphilis (Lues)

Ätiologie: Erreger der Syphilis (synonym Lues) ist *Treponema pallidum* ssp. *pallidum*, die durch direkten Kontakt, meist während des Geschlechtsverkehrs, übertragen wird.

Klinik: Die chronische Infektionskrankheit durchläuft verschiedene Stadien und kann schwere Veränderungen an den Gefäßen, am Nervensystem und an zahlreichen viszeralen Organen ausbilden. Am Infektionsort entsteht der Primäraffekt (Primärstadium Lues I). Charakteristisch für den Primäraffekt ist die Entstehung eines schmerzlosen Ulcus aus einer zunächst unauffälligen Induration. Im Mund- und Analbereich bleibt der Primäraffekt öfter unbemerkt. Schließlich bildet sich eine indolente regionäre Lymphknotenschwellung (Primärkomplex) und etwa 7 – 8 Wochen nach der Infektion kommt es infolge Ausbreitung der Treponemen auf dem Blut- und Lymphweg zu generalisierten Lymphknotenschwellungen. Danach beginnt ein exanthematisches Stadium (Lues II). Gleichzeitig ist das Allgemeinbefinden stärker beeinträchtigt. Schließlich entwickeln sich an den Übergangsstellen von Haut und Schleimhaut kleine Papeln, die besonders reich an *Treponema* sind. Sie können im Mundwinkel eine Perlèche vortäuschen. Weitere charakteristische Schleimhautbefunde sind scharf begrenzte bis linsengroße flache Knötchen von zunächst rotem Farbton, die allmählich eine milchige Trübung zeigen. Diese Effloreszenzen stehen auf den Gaumenbögen und über den Tonsillen am dichtesten. Durch Konfluenz können die angeschwollenen Tonsillen schließlich von einem zusammenhängenden milchig-trüben Belag bedeckt sein (Angina specifica). Die Hautveränderungen der Frühsyphilis sind insgesamt sehr vielgestaltig. Bei der Spätsyphilis (Lues III) können sie noch nach Jahren entstehen. Auch in diesem Stadium ist eine Beteiligung des harten und weichen Gaumens, der Zunge und der Rachenhinterwand möglich. So entwickeln sich rasch erweichende Knoten (Gummen), die aufbrechen und ein Sekret entleeren. Es tritt rapider Zerfall ein, so dass erhebliche Defekte je nach der Lokalisation entstehen. In dieser Generalisationsphase der Syphilis kommen alle Organe, vor allem das kardiovaskuläre System, der Respirationstrakt, der Digestionstrakt, das Urogenitalsystem, der Bewegungsapparat mit den Infektionserregern in Berührung. Liquorveränderungen weisen auf eine Beteiligung des Nervensystems hin. Das quartäre Stadium (Lues IV) beschränkt sich in der Regel auf das ZNS in Form der Tabes dorsalis und der progressiven Paralyse.

Diagnostik: Im Stadium I und II können die Erreger in den Läsionen
mikroskopisch im Dunkelfeld oder fluoreszenzmikroskopisch mit Hilfe **13.1 – 13.10**
von FITC-konjugierten monoklonalen Antikörpern nachgewiesen werden. Ferner gibt es verschiedene serologische Verfahren zum Nachweis von spezifischen und unspezifischen Antikörpern sowie weitere spezifische Testverfahren. Bei der Spätsyphilis kann die histologische Untersuchung von Wert sein.

Therapie: Im Mittelpunkt der Syphilis-Therapie steht nach wie vor das Penicillin G in festgelegten Behandlungsschemata. Expositions-prophylaktische Maßnahmen dienen der Prävention.

Merke:
Nichtnamentliche Meldepflicht des direkten oder indirekten Nachweises von *T. pallidum* (§ 7 IfSG).

13.8 Bissverletzungen

Bei Bissverletzungen kommt es zu einer Übertragung der anaeroben Mischflora aus der Mundhöhle von Tier und Mensch. Dazu zählen *Prevotella* spp. (besonders *P. melaninogenica*), grampositive Kokken, *Fusobacterium nucleatum, Eikenella corrodens, Staphylococcus aureus,* β-hämolysierende A-Streptokokken.

Hinsichtlich der Infektions- und Komplikationsgefahr werden Menschenbisse als gefährlicher eingeschätzt. Unterschiede zwischen den Tierspezies bestehen nicht. **Tetanus- und Tollwutprophylaxe sind erforderlich.**

13.9 Toxiinfektionen durch *Clostridium*

Zu den klassischen, durch *Clostridium* hervorgerufenen Erkrankungen gehören der Botulismus, Tetanus und Gasbrand. Alle drei Krankheiten können Frühsymptome aufweisen, an die ein Zahnarzt denken muss, zumal durch *Clostridium* bedingte Erkrankungen häufig eine schlechte Prognose aufweisen.

13.9.1 Botulismus

Ätiologie: Die Erkrankung, eine neuroparalytische Intoxikation, wird durch die Toxine des *Clostridium botulinum* hervorgerufen. Diese Intoxikation tritt dann auf, wenn eines der von *C. botulinum* produzierten drei menschenpathogenen Toxine (A, B und E) im verzehrten Nahrungsmittel vorgelegen hat (seltene Ausnahme: Wundinfektion und Säuglingsbotulismus).

Hauptsächliche Intoxikationsquellen sind hausgemachte Nahrungsmittel, wie Fleisch- und Wurstwaren, aber auch Gemüse-, Obst- und Fischkonserven.

Klinik: Inkubationszeit: Von der Giftaufnahme bis zu den ersten Krankheitssymptomen vergehen durchschnittlich 12 – 36 Stunden. Die Schwere des Krankheitsbildes hängt von der aufgenommenen Toxinmenge ab.

Initial finden sich gastroenteritische Symptome, Mundtrockenheit, fehlende Tränensekretion und ophthalmologische Zeichen. Später kommen Obstipation, Darmlähmung, Miktionsbeschwerden hinzu. Das Sensorium bleibt intakt. Eine allgemeine Muskelschwäche kann über Paresen der Extremitäten-, Rumpfmuskulatur und des Zwerchfells schließlich zum Tode führen.

Diagnostik: Nachweis der Toxine im Patientenserum, Mageninhalt, Stuhl und in Nahrungsmittelresten. Der kulturelle Nachweis des *C. botulinum* ist möglich.

Therapie: Sofortige Verabfolgung von polyvalentem Botulismus-Antitoxin. Antibiotika sind bei der Intoxikation unwirksam. Intensivmedizinische Behandlung (Gefahr des Atemstillstandes!). Magenspülung, hohe Einläufe, frühzeitiger Einsatz von Detoxikationsverfahren.

Merke:
Namentliche Meldepflicht für Krankheitsverdacht, Erkrankung sowie Tod durch den feststellenden Arzt (§ 6 IfSG).

13.9.2 Tetanus

Ätiologie: Die weit verbreiteten Sporen von *Clostridium tetani* dringen selbst durch kleine Verletzungen ein und finden vor allem in buchtenreichen Wunden mit starker Gewebszerstörung gute Bedingungen. Das durch den Erreger produzierte Toxin Tetanospasmin wird vom Infektionsort über die Motoneuronen zum ZNS transportiert, wo der eigentliche Angriffspunkt liegt. Dort wird die Freisetzung von Neurotransmittern blockiert.

Klinik: Die Inkubationszeit beträgt 4 – 14 Tage, aber auch Monate und eventuell Jahre sind möglich (Spättetanus). Je kürzer die Inkubationszeit, desto größer ist die Letalität. Frühzeichen sind Spannungsgefühl und Muskelzuckungen in unmittelbarer Umgebung der Verletzungsstelle, Kiefersperre (Trismus), Augenlidkrampf, Schluckbeschwerden, Kopfschmerzen, Schweißabsonderung und Tachykardie. Es entwickelt sich eine Spannung der Gesichtsmuskulatur und eine Querfaltung der Stirnhaut („Risus sardonicus"). Schließlich befällt die toxische Muskelstarre die übrige Muskulatur, und es treten tonische Krämpfe auf (Opisthotonus), die auch auf die Atemmuskulatur einschließlich des Zwerchfells sowie den Larynx und die Stimmbänder übergreifen.

Diagnostik: Die Diagnose ergibt sich aus der Anamnese (Verletzungen) und dem klinischen Bild.

Merke:
Besondere Beachtung beim Tetanus verdient die Kieferklemme!

Der kulturelle Erreger- und ein Toxinnachweis aus Wundmaterial und Blut sind möglich, misslingen aber oft.

Therapie: Wichtig sind die sofortige Neutralisierung des noch nicht gebundenen Toxins durch Serumtherapie sowie die gleichzeitige aktive Immunisierung einschließlich Auffrischungsimpfungen. Entfernung der Erreger durch ausgedehnte Wundausschneidung und Antibiotika (Penicillin G, auch Metronidazol). Symptomatische Intensivtherapie der zu erwartenden Komplikationen.

In der zahnärztlichen Praxis ist in Zusammenarbeit mit dem Hausarzt über eine Tetanusprophylaxe durch aktive Immunisierung zu entscheiden, wenn totalluxierte Zähne replantiert wurden, die im Freien auf dem Boden gelegen haben.

13.9.3 Gasbrand

Ätiologie: Die Krankheit kann durch eine Reihe von Clostridien hervorgerufen werden: *C. perfringens* (Typ A), *C. novyi, C. septicum, C. histolyticum, C. sordellii, C. fallax.* Die Wundinfektion erfolgt durch die im Mensch und Tier sowie im Erdboden vorkommenden Erreger. *C. perfringens* produziert fünf Letaltoxine (A-E), von denen eine gewebsschädigende Lecithinase das wichtigste ist.

Klinik: Die Inkubationszeit ist meist nur kurz (nur wenige Stunden, gewöhnlich ein bis zwei Tage). Erheblich spätere Manifestationen sind beschrieben worden. Lokal finden sich im Bereich der infizierten, stark schmerzhaften Wunde eine weißlich-marmorierte, später braunrote bis bläuliche Hautverfärbung, Ödem- und Gasbildung. Verläufe ohne Gasbildung sind möglich. Gas lässt sich durch die Krepitation des Gewebes und auf der Röntgenaufnahme durch Luftansammlung nachweisen. Als Ausdruck der Allgemeininfektion sind Tachykardie bei normaler Temperatur, Ikterus, Kreislaufschock und Nierenversagen nachweisbar. Die Letalität ist vor allem bei Angiopathien hoch. Zu den seltenen Manifestationen gehört die Panophthalmitis.

Diagnostik: Nachweis der Erreger, von Gasblasen und Myonekrosen im mikroskopischen Sofortpräparat sowie durch Erregerkultur (Transportsystem für Anaerobier). Der alleinige Nachweis von *Clostridium* im Wundbereich ohne Übergreifen auf das benachbarte Gewebe und klinische Allgemeinsymptome berechtigt nicht zur Diagnose Gasbrand.

Therapie: Schon bei Verdacht auf Grund des klinischen Bildes muss eine ausgedehnte Exzision der infizierten Gewebsschichten erfolgen. Antibiotikatherapie (hochdosiert Penicillin G), lokale Wundbehandlung. Hyperbare Oxygenation.

13.10 Systemische Infektionen ausgehend von der Mundhöhle

Infektionen in der Mundhöhle und zahnärztliche Eingriffe sind eine Bakteriämieursache. Bei prädisponierten Patienten sind als Folge lokale hämatogene Komplikationen, wie Endokarditis und Osteomyelitis sowie Sepsis mit Generalisierung beschrieben worden.

13.10.1 Bakteriämie

In einer Reihe von Untersuchungen ist die Entstehung von Bakteriämien nach zahnärztlichen Eingriffen, wie Zahnextraktion, Parodontalchirurgie, Wurzelbehandlung, Zahnsteinentfernung, ja selbst nach Zähneputzen, gut dokumentiert (RAHN 1989, XIAOJING et al. 2000). So wurden transitorische Bakteriämien in allen Fällen von Zahnextraktion, bei 70% nach Zahnsteinabtragung, in 55% bei Weisheitszahnextraktion und bei 20% der Eingriffe an der Pulpa beobachtet. Dabei wurden Anaerobier häufiger als fakultativ anaerobe Bakterien isoliert. Eine wichtige Quelle war der Wurzelkanal. DEBELIAN et al. (1998) fanden bei 26 Patienten mit einer Wurzelbehandlung während des Eingriffs und innerhalb von 10 Minuten danach die gleichen Anaerobier im Wurzelkanal und im peripheren Blut: *Propionibacterium acnes, Peptostreptococcus prevotii, Fusobacterium nucleatum* und *Prevotella intermedia*. In einer zweiten, anders selektionierten Gruppe wurden *P. intermedia, Actinomyces israelii, Streptococcus intermedius* und *S. sanguinis* aus dem Blut isoliert. Eine manifeste Infektion der inneren Organe ist damit in der Regel nicht verbunden, da die Keime innerhalb von Minuten eliminiert werden. 15 Minuten nach dem Eingriff waren sie nicht mehr nachweisbar (siehe auch Kap. 11.3).

Vor allem in Risikosituationen gibt es jedoch verschiedene Möglichkeiten einer Einflussnahme dieser oralen Mikroorganismen auf den Gesamtorganismus. So können sie unter fördernden Umgebungsbedingungen an definierten Orten haften und sich vermehren. Einige Bakterien bilden diffusionsfähige Proteine oder Exotoxine einschließlich zytolytischer Enzyme, die pharmakologische Wirkungen zeigen. Auch Endotoxine als Bestandteil der bakteriellen Zellmembran (Lipopolysaccharide*) werden nach dem Zelltod gramnegativer Arten freigesetzt und entfalten eine pathologische Wirksamkeit. Bakterielle Toxine weisen nicht nur zytotoxische Effekte auf, sondern lösen auch **Zytokinbildung** aus (siehe Kap. 1.2.6.2). Schließlich können lösliche Antigene als Immunkomplexe akute und chronische entzündliche Reaktionen an verschiedenen Orten verursachen und unterhalten (Immunkomplexkrankheiten*).

13.10.2 Kardiovaskuläre Krankheiten

Schon seit längerem bekannt sind Zusammenhänge zwischen zahnärztlichen Eingriffen und einer mikrobiell verursachten Endokarditis, die zu Empfehlungen einer Endokarditis-Prophylaxe geführt haben. In jüngerer Zeit wird auf die Möglichkeit eines direkten Einflusses von oralen Infektionen (Parodontitis marginalis) auf die Entstehung von Arteriosklerose, Myokardinfarkt und Schlaganfall hingewiesen (KOCHER et al. 1999, XIAOJING et al. 2000). Diese Zusammenhänge werden im Kap. 14.2 dargestellt.

13.10.2.1 Bakterielle Endokarditis

Oropharyngeale Erreger: „vergrünende Streptokokken (Viridans-Streptokokken, α-hämolytische Streptokokken)“, beispielsweise *S. mutans, S. sanguinis, S. mitis, S. anginosus*-Gruppe, *S. salivarius, Abiotrophia defectiva, Granulicatella* (früher *Abiotrophia*) *adiacens, G. elegans* mit einer Nachweishäufigkeit von ca. 60%, *Staphylococcus aureus* (ca. 20%), *S. epidermidis*, Enterobakterien *(Salmonella, E. coli, Proteus, Serratia)*, HACEK-Gruppe, wie *Haemophilus* ssp., *Actinobacillus (Haemophilus) actinomycetemcomitans, Eikenella corrodens, Kingella kingae, Cardiobacterium hominis.*

Seltener: Corynebakterien, Laktobazillen, *Erysipelothrix, Listeria monozytogenes, Coxiella burnetii, Chlamydia, Legionella,* Mykobakterien, *Pseudomonas,* Anaerobier, *Candida* sp.

Pathogenese und Häufigkeit: Im Gefolge einer Bakteriämie kann es bei in der Regel vorgeschädigtem Endokard beispielsweise nach traumatischer oder rheumatischer Schädigung zu einer bakteriellen Endokarditis kommen. Derartige Veränderungen betreffen besonders die Herzklappen, gehen mit Plättchen-Fibrin-Auflagerungen einher und können durch Bakterientoxine hervorgerufen bzw. begünstigt werden. Auch die Blutströmungsverhältnisse und eine Hyperkoagulabilität spielen eine Rolle. Die Infektion dieser thrombotischen Vegetationen setzt eine ausreichende Zahl der Erreger, ihr gutes Haftungsvermögen und verschiedene Virulenzfaktoren einschließlich Resistenz gegen Serumbakterizidie voraus. Dazu kommen von Seiten des Wirts beispielsweise eine unzureichende Komplementaktivierung, ein immunsuppressiver Allgemeinstatus, geänderte Blutgerinnungsparameter und andere Risikosituationen. Detaillierte pathogenetische Gesichtspunkte der dentogenen bakteriellen Endokarditis sind in Modellen und Tierexperimenten dargestellt worden (HORSTKOTTE 1995, DRANGSHOLT 1998). Die Erkrankungsinzidenz an Endokarditis hat in den letzten Jahren deutlich zugenommen. Das ist nicht nur auf eine Verbesserung der diagnostischen Möglichkeiten durch neue bildgebende Verfahren zurückzuführen, sondern auch auf eine generelle Zunahme des Durchschnittsalters und das dadurch bedingte Zunehmen von degenerativen Herzklappenfehlern, die Häufigkeit von kardiochirurgischen Eingriffen einschließlich der Implantation synthetischen Materials und andere Ursachen. Die Häufigkeit von bakteriellen Endokarditiden wird unterschiedlich angegeben und bezieht sich nicht nur auf oropharyngeale Ursachen. Für Deutschland rechnet man jährlich mit ca. 5–7 Erkrankungsfällen pro 100.000 Einwohner und für Viridans-Endokarditiden noch heute mit einer Letalität von 5–10% (ADAM et al. 1998) bzw. 15–70% (HORSTKOTTE 1995, NIEBEL und HORSTKOTTE 1998).

Klinik: Die wichtigsten Symptome der infektiösen Endokarditis sind Fieber, neu auftretende oder veränderte Herzgeräusche, Herzinsuffizienz, systemische Embolien, Nierenbeteiligung, Splenomegalie und Anämie, kutane und neurologische Symptome. Die Viridans-Infektion kann einen subakuten schleichenden Verlauf zeigen (Endocarditis lenta). Infektionen mit *S. aureus* und gramnegativen Bakterien haben oft einen akuten, manchmal dramatischen Verlauf bei ernster Prognose.

Diagnostik: Neben anamnestischen, klinischen und labordiagnostischen Hinweiszeichen liefert der Erregernachweis durch Blutkulturen den diagnosesichernden und somit therapieentscheidenden Befund. Dazu gehören wiederholte (>10) Blutentnahmen größerer Mengen (mindestens 10 ml) für aerobe und anaerobe Kulturen in geeigneten Transportmedien vor (!) Beginn einer antibiotischen Therapie. Keine Abnahme aus liegenden Verweilkanülen oder Venenkathetern! Die apparative Diagnostik wie EKG und Echokardiographie liefert wichtige Zusatzbefunde. Differenzialdiagnostisch ist an viral und mykotisch verursachte Endokarditiden zu denken.

Therapie: Neben allgemeinen Maßnahmen wie Bettruhe, Fiebersenkung, Herzinsuffizienztherapie, engmaschigen klinischen Verlaufskontrollen steht nach dem Erregernachweis (Ausnahme: vitale Gefährdung) die hochdosierte bakterizide antibiotische Therapie im Mittelpunkt. Dabei sollten venöse Verweilkanülen und zentrale Katheter weitgehend vermieden oder häufig gewechselt werden. Das gilt auch für Blasenverweilkatheter. Die Antibiotika werden nach Resistogramm gewählt und dosiert. Die Therapiedauer soll 2–4 (–6) Wochen und mindestens zwei Wochen über die Entfieberung hinaus betragen. Bei einer Streptokokkeninfektion werden Penicillin G (4x10 Mio. IE/d i.v.) plus Gentamicin (3 mg/kg KG, maximal 240 mg/d, cave Niereninsuffizienz) oder Ceftriaxon oder Vancomycin gewählt. Bei Penicillinallergie erfolgt der Einsatz von Cephalosporinen, Lincomycin oder Imipenem. Bei nicht beherrschbaren Verläufen sind operative Maßnahmen zu diskutieren.

13.10.2.2 Prophylaxe bakterieller Endokarditiden

Auf Grund der im Vorkapitel dargestellten Pathogenese, der Inzidenz und des unter Umständen kritischen Verlaufs wird seit mehr als 50 Jahren der Nutzen einer Endokarditisprophylaxe diskutiert, ohne dass bisher kontrollierte klinische Studien zur Prüfung der Effektivität prophylaktisch eingesetzter Antibiotika vorliegen (HORSTKOTTE und PIPER 1997, DELAHAYE und DE GEVIGNEY 2001). Inzwischen sind aber von mehreren wissenschaftlichen Fachgesellschaften Empfehlungen teils in revidierter Form veröffentlicht worden, die sich auch auf zahnärztliche Maßnahmen beziehen. Der letzte Stand wird hier wiedergegeben. Er beruft sich auf die Deutsche Gesellschaft für Kardiologie – Herz- und Kreislaufforschung in Kooperation mit der Paul-Ehrlich-Gesellschaft für Chemotherapie e.V. und der Schweizerischen Arbeitsgemeinschaft „Endokarditits-Prophylaxe“ aus dem Jahre 1998 (ADAM et al. 1998). Die American Heart Association (AHA) hat ihre letzten, gering abweichenden Empfehlungen 1997 veröffentlicht (DAJANI et al. 1997).

Für den gefährdeten Personenkreis werden verschiedene kardiale Erkrankungen mit einem besonders hohen oder erhöhten Endokarditisrisiko in der Tab. 13.1 aufgeführt. Die Fachgesellschaften empfehlen für diese Patientengruppe die Ausgabe von „Herzpässen“.

Tab. 13.1 Herzfehler und postoperative Befunde, die zu einer bakteriellen Endokarditis prädisponieren

Besonders hohes Endokarditis-Risiko
• Herzklappenersatz mittels mechanischer oder biologischer Prothese
• Zustand nach mikrobiell verursachter Endokarditis
• Zyanotische Herzfehler
Erhöhtes Endokarditis-Risiko
• Angeborene Herzfehler (außer Vorhofseptumdefekt vom Sekundärtyp, ASD II)
• Erworbene Herzklappenfehler
• Operierte Herzfehler mit Restbefund (ohne Restbefund nur für ein Jahr)
• Hypertrophe obstruktive Kardiomyopathie

Eine Reihe von Herzfehlern und postoperativen Befunden weist dagegen kein erhöhtes Endokarditisrisiko auf. Dazu gehören der Mitralklappenprolaps ohne Insuffizienzgeräusch, Zustände nach koronarer Bypass-Operation, Schrittmacher- oder Defibrillator-Implantation, implantierten ventrikulo-peritonealen oder ventrikulo-atrialen Shunts, nach Ductus-Botalli-Verschluss, ferner operierte Herzfehler ohne Restbefund nach dem ersten postoperativen Jahr, operierte Aortenisthmusstenose und der Vorhofseptumdefekt vom Sekundumtyp (ASD II).

Merke:
Unter den diagnostischen und therapeutischen Eingriffen, die auf Grund der nachgewiesenen Bakteriämiefrequenz bei prädisponierten Patienten eine Antibiotika-Prophylaxe erfordern, werden zahnärztliche Maßnahmen mit Blutungsgefahr aufgeführt, insbesondere Extraktion, Zahnsteinentfernung, Parodontalkürettage, Parodontalchirurgie, Wurzelbehandlungen und zahnchirurgische Eingriffe. Die AHA gibt noch zusätzlich und ausdrücklich an: die Zahnimplantation und Reimplantation von gezogenen Zähnen, subgingivale Platzierung von antibiotischen Bändern und Strips, initiale Platzierung von kieferorthopädischen Bändern (jedoch nicht von Klammern), intraligamentöse Lokalanästhetika-Injektion und prophylaktische Säuberung von Zähnen oder Implantaten, bei der eine Blutung zu erwarten ist.

Die Antibiotika-Prophylaxe selbst wird orientierend in einem praktikablen Schema (Tab. 13.2) dargestellt, von dem der Arzt bei Berücksichtigung individueller Umstände in begründeten Einzelfällen abweichen kann. Ferner ist die besondere Dosierung bei Kindern zu beachten (Tab. 13.3). Die Empfehlungen der AHA weichen in der Dosierung etwas ab. Es werden als parenterale Möglichkeit auch Ampicillin sowie die alternative orale Verabfolgung von Cephalosporinen, Azithromycin oder Clindamycin angegeben.

In den deutschsprachigen Empfehlungen wird keine Stellung bezogen zu prophylaktischen lokalen antiseptischen Maßnahmen. Sie werden aber empfohlen von der AHA. So können allen Risikopatienten vor dem zahnärztlichen Eingriff etwa 30 Sekunden lang 15 ml Chlorhexidin mittels

Sektion III

Tab. 13.2 Prophylaxe-Schema bei Endokarditis-Risiko für erwachsene Patienten mit Eingriffen im Bereich des Oropharynx

Risiko	Penicillinverträglichkeit	Penicillinunverträglichkeit
Besonders hoch	2 g (< 70 kg KG) bis 3 g (≥ 70 kg KG) Amoxicillin p.o. + 1 g Amoxicillin p.o. 6 h nach Eingriff. Bei erwarteter Bakteriämie durch Viridans-Strepto- bzw. Enterokokken als Alternative 800 mg Teicoplanin i.v. oder 600 mg Clindamycin p.o., zusätzlich 300 mg Clindamycin 6 h nach dem Eingriff	1 g Vancomycin als Infusion über 1 h 60 – 90 min. vor dem Eingriff beginnen! Bei hospitalisierten Patienten evtl. zusätzlich 1,5 mg/kg Gentamicin i.v.
Erhöht	2 g (< 70 kg KG) bis 3 g (≥ 70 kg KG) Amoxicillin p.o. 60 min. vor dem Eingriff	wie oben

Tab. 13.3 Dosierung der prophylaktisch gegebenen Antibiotika bei Kindern

Antibiotikum	Einzeldosis	Höchste Einzeldosis
Amoxicillin	50 mg/kg	3 g
Clindamycin	15 mg/kg	600 mg
Vancomycin	20 mg/kg	1 g
Teicoplanin	10 mg/kg	800 mg
Gentamicin	2 mg/kg	160 mg

sorgfältiger Mundspülung verabfolgt werden. Eine gezielte Zahnfleischspülung wird hingegen nicht empfohlen. Auch Povidon-Iod (PVP)-Lösung (Betadine) kann eingesetzt werden. PITTEN et al. (2000) weisen in einer Übersicht auf die Möglichkeiten der Antiseptik im Mundbereich ausdrücklich hin.

13.10.3 Bakterielle Pneumonie

Durch Aspiration der oropharyngealen Flora in die tieferen Atemwege kann sich bei gestörten Abwehrmechanismen des Wirts direkt eine Pneumonie entwickeln. Als Erreger handelt es sich vor allem um *A. (H.) actinomycetemcomitans, P. gingivalis* und *Fusobacterium* species, überwiegend *F. nucleatum* (SCANNAPIECO und MYLOTTE 1996). Eine wichtige Quelle bilden die Anaerobier aus den dentalen Plaques vor allem bei Patienten mit Parodontalerkrankungen. So wurden bei manifesten Pneumonien nachgewiesen *A. (H.) actinomycetemcomitans, A. israelii, Capnocytophaga* spp., *Eikenella corrodens, Prevotella intermedia* und *S. constellatus*. Eine ausführliche Literaturübersicht geben XIAOJING et al (2000).

13.10.4 Sepsis

Die schwerste Komplikation, die von einer Infektion im Mundbereich ausgehen kann, ist die Sepsis. Sie ist die lebensbedrohliche Verlaufsform einer Infektion, die von Bakterien, Viren, Pilzen oder Protozoen ausgelöst wird. Die Dissemination der Erreger zeigt sich an ihrem Erscheinen im Blut. Bei einer begrenzten lokalen Infektion gelangen dagegen mikrobielle Toxine (Exotoxine) oder Zellbestandteile (Endotoxine) in den Kreislauf. Der Organismus reagiert in diesen Fällen überschießend mit einer kaskadenartigen Aktivierung zahlreicher endogener Entzündungsmediatoren. Das entstehende „systemisch inflammatorische Syndrom" (systemic inflammatory response syndrome, **SIRS**) führt schließlich zu einem irreversiblen Kreislauf- und Multiorganversagen.

Der septische Schock ist gekennzeichnet durch Permeabiltätsstörungen, Änderungen des Gefäßtonus, Hypovolämie, Hypotonie und intravasale Gerinnungsstörungen.

Wichtige klinische Zeichen sind:

- Fieber (> 38,0°C) oder Untertemperatur (< 36°C)
- Puls > 90/min
- Atemfrequenz > 20/min oder Hypokapnie mit einem P_aCO_2<32 mm Hg
- Leukozytose (>12.000/µl) oder Leukopenie (<4000/µl) oder Linksverschiebung im weißen Blutbild
- Benommenheit, Verwirrtheit.

Merke:
Bei einem Patienten mit Sepsis müssen vor Beginn einer Antibiotikatherapie wiederholt (!) in kurzen Abständen aerobe und anaerobe Blutkulturen mittels Venenpunktion (5 bis 10 ml Blut pro Blutkulturflasche) abgenommen werden. Bis zum Transport ins Labor Lagerung bei 37°C. Auch ein Erregernachweis aus einem vermuteten Sepsisherd ist wichtig.

Die Sepsis erfordert eine intensivmedizinische apparative Überwachung und antimikrobielle, kreislaufstützende und organentlastende bzw. -ersetzende Behandlungsmaßnahmen. Empfehlungen zu ihrer antimikrobiellen Therapie hat kürzlich eine Arbeitsgruppe der Paul-Ehrlich-Gesellschaft für Chemotherapie gegeben (BODMANN und VOGEL 2001). Eine Übersichtsarbeit ist von WALMRATH et al. (2001) erschienen. Behandlungsstrategien zur Unterbrechung der Mediatorkaskade haben bisher noch keine entscheidende Verbesserung der Überlebensrate gebracht. Die Letalität der schweren Sepsis ist mit 40-70% unverändert hoch.

13.10.5 Mukositis bei Radiochemotherapie

Während der Radiochemotherapie wegen eines malignen Prozesses in der Mundhöhle und dem Pharynx, aber auch an anderen Orten, kann es zu einer erheblichen Schleimhautentzündung (Mukositis) kommen durch eine Schädigung der Epithelzellen mit nachfolgender mikrobieller Infektion. Die lokale Therapie mit Antiseptika wie Chlorhexidin oder PVP-Iod ist nicht immer erfolgreich (PITTEN et al. 2000), so dass eine Dosisreduktion oder gar ein Abbruch der Radiochemotherapie nötig werden können.

13.10.6 Systemische Candidose

Diese Komplikation eines oralen Pilzbefalls ist bei Risikopatienten jederzeit möglich und deshalb besonders zu beachten. Sie wird anderenorts dargestellt (siehe Kap. 6).

Literatur

Adam D, Gahl K, v. Gravenitz H, Horstkotte D, Kraus F, Lode H, Niebel J, Peters G, Ruckdeschel G, Schumacher G, Struck E, Werdan K: Revidierte Empfehlungen zur Prophylaxe bakterieller Endokarditiden. Z Kardiol 87: 566-568, 1998

Bernhardt H, Knoke M: Humanpathogene Anaerobier. Mikrobiologie und Klinik. VEB Gustav Fischer Verlag, Jena 1988

Bodmann K-F, Vogel F: Antimikrobielle Therapie der Sepsis. Chemother J 10: 43-54, 2001

Dajani A S, Taubert K A, Wilson W, Bolger A F, Bayer A, Ferrieri P, Gewitz M H, Shulman S T, Nouri S, Newburger J W, Hutto C, Pallasch T J, Gage T W, Levison M E, Peter G, Zuccaro G: Prevention of bacterial endocarditis. Recommendations by the American Heart Association. Circulation 96: 358-366, 1997

Debelian G J, Olsen I, Tronstad L: Anaerobic bacteriaemia and fungaemia in patients undergoing endodontic therapy: an overview. Ann Periodontol 3: 281-287, 1998

Delahaye F, De Genigney G: Should we give antibiotic prophylaxis against infective endocarditis in all cardiac patients, whatever the type of dental treatment? Heart 85: 9-10, 2001

Drangsholt M T: A new causal model of dental diseases associated with endocarditis. Ann Periodontol 3: 184-196, 1998

Haefliger E: Die Primo-Sekundärtuberkulose. In: Von Bergmann G, Frey W, Schwiegk (Hrsg): Handbuch der Inneren Medizin, 4. Aufl., Band 4 / 3 Erkrankungen der Atmungsorgane, Springer-Verlag, Berlin, Göttingen, Heidelberg 1956, Seite 194-196

Horstkotte D: Mikrobiell verursachte Endokarditis: Klinische und tierexperimentelle Untersuchungen. Steinkopf Verlag, Darmstadt 1995

Horstkotte D, Piper C: Prophylaxe und Rezidivprophylaxe bakterieller Endokarditiden bei zahnärztlich-chirurgischen Eingriffen. Dtsch Zahnärztl Z 52: 650-656, 1997

Kocher T, Griewing B, Lösche W: Parodontitis marginalis und kardiovaskuläre Erkrankungen. Dtsch Ärztebl 96: A 2678-A2681, 1999

Konietzko N, Loddenkemper R (Hrsg.): Tuberkulose. Georg Thieme Verlag, Stuttgart, New York 1999

Marre R, Mertens T, Trautmann M, Vanek E: Klinische Infektiologie. Urban & Fischer Verlag, München, Jena 2000

Niebel J, Horstkotte D: Endokarditisprophylaxe 1998 – was ist gesichert? Dtsch Med Wochenschr 123: 1156-1159, 1998

Pitten F-A, Splieth C, Kramer A: Prophylactic and therapeutic application of antimicrobial agents in the oral cavity. Pharmazie 55: 635-639, 2000

Rahn R: Bakteriämien bei zahnärztlich-chirurgischen Eingriffen. Carl Hanser Verlag, München, Wien 1989

Scannapieco F A, Mylotte J M: Relationships between periodontal disease and bacterial pneumonia. J Periodontol 67: 1114-1122, 1996

Walmrath D, Grimminger F, Seeger W: Schwere Sepsis – neue Therapieverfahren. Internist 42: 1619-1630, 2001

Xiaojing L I, Kolltveit K M, Tronstad L, Olsen I: Systemic diseases caused by oral infection. Clin Microbiol Rev 13: 547-558, 2000

Kapitel 14
Orale Mikroorganismen und allgemeine Gesundheit

Catherine Weber und René Sanderink

Zusammenfassung

Systemische Erkrankungen können sich in oralen Geweben manifestieren. Umgekehrt sind Auswirkungen chronischer oraler Infektionen auf die allgemeine Gesundheit bis heute vornehmlich im Zusammenhang mit Herdinfektionen diskutiert worden.

Neueren epidemiologischen Daten zufolge sind marginale und apikale Parodontitiden als Risikofaktor für diverse systemische Erkrankungen anzusehen. Dazu gehören neben kardiovaskulären und bronchopneumonalen Erkrankungen der Diabetes mellitus, die infektiöse Endokarditis sowie bei Schwangeren untergewichtige Frühgeburten.

Es wurden drei Theorien postuliert, wie orale Infektionen sekundär zu nichtoralen Erkrankungen führen können.

Vorhandene Daten stammen aus vielerlei Studien, bei denen Tausende von Probanden während vieler Jahre untersucht wurden. Zwar wurden keine Beweise für kausale Zusammenhänge gefunden, aber es wächst die Anzahl experimenteller und longitudinaler epidemiologischer Studien, die auf kausale Zusammenhänge hinweisen. Es muss davon ausgegangen werden, dass gute orale Gesundheit zur Aufrechterhaltung einer guten allgemeinen Gesundheit relevant ist.

14.1 Einleitung

Systemische Erkrankungen können sich bekanntlich in oralen Geweben manifestieren. Umgekehrt sind Auswirkungen chronischer oraler Infektionen auf die allgemeine Gesundheit bis heute vornehmlich im Zusammenhang mit der Herdinfektionstheorie postuliert worden. Diese Theorie veranlasste Zahnärzte in den letzten Jahrzehnten oftmals ohne nachgewiesene Kausalität zu Extraktionen erhaltungsfähiger und erhaltungswürdiger Zähne. Fortschritte in der Identifikation, Klassifikation und bei der Erforschung mikrobieller Virulenzfaktoren sowie der Umstand, dass gewisse Mikroorganismen nur in der Mundhöhle vorkommen, führten zu einer realistischeren Beurteilung der Herdinfektionstheorie.

Neuere epidemiologische Daten legen die Vermutung nahe, dass die marginalen und apikalen Parodontitiden Risikofaktoren für diverse systemische Erkrankungen sind. Umgekehrt ist nicht auszuschließen, dass die marginale Parodontitis nur eine orale Komponente von gewissen systemischen Erkrankungen ist oder gemeinsam mit ihnen auftritt. Zu den in Verbindung mit Parodontitiden gebrachten systemischen Erkrankungen gehören neben kardiovaskulären und bronchopneumonalen Erkrankungen der Diabetes mellitus, die infektiöse Endokarditis, die rheumatoide Arthritis sowie bei Schwangeren untergewichtige Frühgeburten.

Parodontale Infektionen sind ätiologisch mit subgingivalen Biofilmen assoziiert. Diese beherbergen eine komplexe Mikroflora. Nahezu alle zahnärztlichen Eingriffe in der Mundhöhle führen aufgrund der Nähe dieser großen Menge von Mikroorganismen zum sterilen Blutstrom zu Bakteriämien. Innerhalb weniger Minuten können die Mikroorganismen via Blutstrom alle Organe im Körper erreichen.

Merke:
Drei Theorien wurden postuliert, wie orale Infektionen sekundär zu Erkrankungen *alio loco* im Körper führen können:

1. Metastatische Infektion: Mikroorganismen kolonisieren nach transienter Bakteriämie durch einen zahnärztlichen Eingriff an einem Ort *alio loco* im Körper und entfalten hier ihre Virulenzfaktoren, darunter Endotoxine (LPS*).
2. Metastatische Schädigung: Von Mikroorganismen sezernierte bakterielle Exotoxine lösen nach hämatogener Verteilung *alio loco* im Körper Zytokinbildung und in der Folge pathologische Manifestationen aus (siehe auch Kap. 13.10.4).
3. Metastatische Entzündung: Die Ablagerung von Immunkomplexen* aus löslichen bakteriellen Antigenen* und Antikörpern (oder auch Toxine, an die neutralisierende Antikörper gebunden sind) lösen akute und chronische Entzündungsreaktionen aus (siehe Immunkomplexkrankheiten*).

Sektion III

Es sind die marginalen und periapikalen Parodontitiden, welche am häufigsten mit nichtoralen Erkrankungen in Verbindung gebracht werden und die Wirtsempfänglichkeit für systemische Erkrankungen beeinflussen. Folgende Zusammenhänge werden vermutet:

1. Gemeinsame prädisponierende Faktoren (Alter, Rassenangehörigkeit und männliches Geschlecht) und gemeinsame Risikofaktoren (Rauchen, psychischer Stress) für kardiovaskuläre Erkrankungen, welche auch die Entstehung und die Progression einer Parodontitis begünstigen.
2. Subgingivale Biofilme: Mit den enormen Mengen an Mikroorganismen, die in subgingivalen Biofilmen enthalten sind, steht ein reichhaltiges Reservoir an gramnegativen Bakterien bzw. Endotoxinen (LPS*) zur Verfügung, die das vaskuläre System beeinträchtigen können.
3. Zytokinreservoir: bei Parodontitis werden lokal hohe Konzentrationen der proinflammatorischen Zytokine TNF-α, IL-1β und γ-Interferon sowie des proinflammatorischen Mediators Prostaglandin-E_2 gemessen. Damit steht ein Reservoir an Entzündungsmediatoren zur Verfügung, die systemische Effekte auf Blutgerinnung und Lipidstoffwechsel haben.

14.2 Parodontitiden und kardio- und cerebrovaskuläre Erkrankungen

Kardiovaskuläre Erkrankungen wie Arteriosklerose und Myokardinfarkt sowie cerebrovaskuläre Erkrankungen wie Hirninfarkt und Schlaganfall ereignen sich in Folge eines komplexen Zusammentreffens von genetisch bedingten bzw. unbeeinflussbaren Risikofaktoren (Alter, Lipidmetabolismus, Adipositas, Hypertonie, Diabetes u. a.) und umweltbedingten bzw. beeinflussbaren Risikofaktoren (sozioökonomischer Status, Stress, Diät, Rauchen u. a.). Die Ähnlichkeiten zwischen bakteriell hervorgerufenen krankhaften Veränderungen der Blutgefäße und der natürlichen Arteriosklerose ließ vermuten, dass neben den genannten Risikofaktoren auch Infektionen zu kardiovaskulären Erkrankungen beitragen. Arteriosklerose und thromboembolische Ereignisse können zu koronaren Herzerkrankungen sowie Herz- und Hirninfarkten führen. Parodontitis als Infektionskrankheit wird folglich als möglicher Risikofaktor betrachtet. Folgende Mechanismen wurden experimentell bestätigt, Abb. 14.1:

14.1 – 14.7

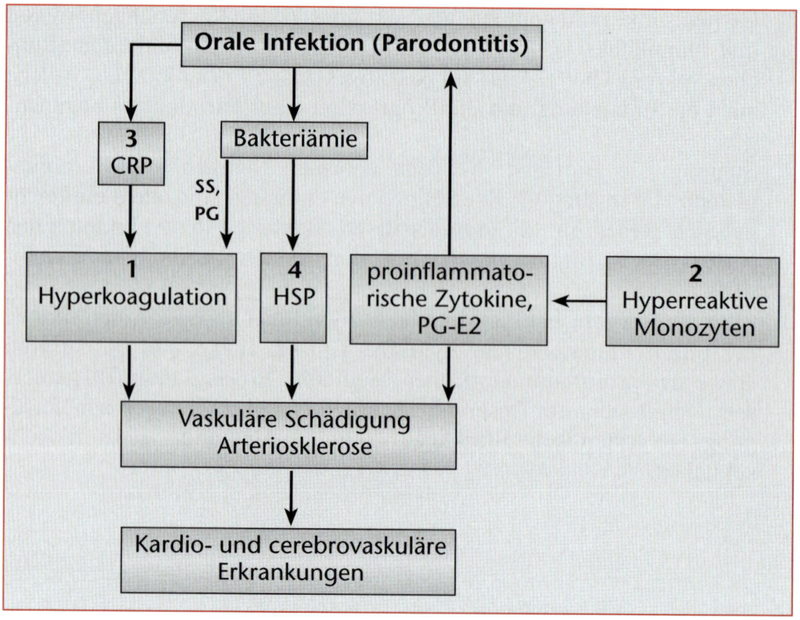

Abb. 14.1 Hinweise auf mikrobiell bedingte Entzündungen als ätiologischer Faktor der Arteriosklerose und koronarer Herzerkrankungen.

1. Infektionen mit oralen Biofilmbakterien – darunter sowohl kommensale Keime wie *Streptococcus sanguinis* (SS) als auch pathogene, beispielsweise mit Parodontitis assoziierte gramnegative Keime wie *Porphyromonas gingivalis* (PG) – verstärken die Plättchen-Aggregation, welche zu Thrombusbildung führt (siehe Abb. 4.4). Weitere Hinweise auf die Beteiligung subgingivaler Bakterien bei kardio- und cerebrovaskulären Erkrankungen gibt die Identifizierung von *A. (H.) actinomycetemcomitans, P. gingivalis, T. forsythensis* (vormals *B. forsythus*) und *P. intermedia* in arteriosklerotischen Plaques sowie der direkte Effekt ihrer Lipopolysaccharide* (LPS) auf die Gefäßendothelien: LPS ist ein starker Stimulator endothelialer Adhäsine (vergleiche Abb. 10.2).
2. Die Intensität der entzündlichen Abwehrreaktion auf bakterielle Infekte bzw. auf die Anwesenheit bakterieller LPS ist interindividuell unterschiedlich. Ursachen sind u. a. individuelle Unterschiede im T-Zell-Repertoire und bei der sekretorischen Kapazität der Zellen der Mϕ-Linie (bzw. die Leistungsfähigkeit der Mϕ in Bezug auf die Produktion von Zytokinen und Entzündungsmediatoren). Die Mϕ und ihre Zytokine sind an der Pathogenese der marginalen Parodontitiden beteiligt (siehe Abb. 10.2 und 10.6). Weisen die Patienten einen hyperinflammatorischen Monozyten-Phänotyp auf, so setzen ihre Mϕ – in Vergleich zu normalen Monozyten – nach LPS-vermittelter Stimulation hohe Mengen an Prostaglandin-E2, IL-1β, TNF-α sowie die Chemokine IL-8 und MCP-1 frei. Hingegen ist die Bildung von IL-12 unterdrückt (siehe Kap. 10.5.3.2). IL-8 und MCP-1 sind für ihre bedeutsame Rolle bei der Pathogenese der Arteriosklerose bekannt. Patienten mit aggressiven Parodontitiden und mit insulinabhängigem Diabetes mellitus weisen beide derartige hyperinflammatorische Monozyten auf. Genetisch könnte ein Polymorphismus in der Promotorregion der Zytokingene für die Entstehung des hyperreaktiven Mϕ-Phänotyps verantwortlich sein (Promotorregion, siehe Anhang 4).
3. Das Akute-Phase-Protein* CRP (C-reaktives Protein) fördert die Thrombozytenaggregation. Bereits leicht erhöhte CRP-Plasmaspiegel werden als Indikator für beginnende kardiovaskuläre Erkrankungen und für das zukünftige Risiko für Herzinfarkt und Schlaganfall betrachtet. Bei Parodontitispatienten ist die Konzentration des CRP im Plasma erhöht. Nach erfolgreicher Parodontalbehandlung kehrt dieser Wert in den Normbereich zurück.
4. Ein bakterielles Hitzeschockprotein* (Hsp65) fördert die Entstehung arterioklerotischer Läsionen. Chronische orale Infekte bzw. die in der Folge auftretenden Bakterämien führen zu erhöhten Blutwerten von Hsp65 und somit zu einem erhöhten kardiovaskulären Risiko.

Trotz dieser in der Literatur bemerkenswert konsistenten Hinweise sind **noch keine endgültigen kausalen Beweise** dafür vorhanden, dass Parodontitiden oder andere orale Infektionen eine mögliche Ursache von kardiovaskulären Erkrankungen sind.

14.3 Orale Infektionen und infektiöse Endokarditis

Die infektiöse Endokarditis ist eine bakterielle Infektion des Endokards, wobei meistens die Herzklappen betroffen sind. Es besteht ein kausaler Zusammenhang mit Bakteriämien in der Folge von oralen Infektionen oder von zahnärztlichen Behandlungen. Mehr als 50% aller infektiösen Endokarditiden treten allerdings nicht aufgrund einer vorbestehenden Infektionskrankheit oder in Folge eines invasiven Eingriffes auf (siehe auch Kap. 13.10.2).

14.4 Parodontitis und Diabetes mellitus

Der Typ I-Diabetes, früher als „juveniler" oder „insulinabhängiger" Diabetes" bezeichnet, ist durch eine Hypoproduktion von Insulin gekennzeichnet, die durch eine Autoimmunzerstörung der Insulin produzierenden β-Zellen des Pankreas entsteht.

Der häufigere Typ-II-Diabetes, auch als «Altersdiabetes» oder «nicht insulinabhängiger Diabetes» bekannt, wird verursacht durch eine Insulinresistenz in verschiedenen Zielgeweben.

Bei beiden Diabetes-Typen ist ätiologisch eine Interaktion zwischen genetischen und umweltbedingten Faktoren wahrscheinlich. Beim Typ-I-Diabetiker sind als vermutete ätiologische Faktoren Viruserkrankungen, Ernährung, immunologische Faktoren und Pankreaskrankheiten, beim Typ-II-Diabetiker Lebensstil, Alter, Schwangerschaft, Pankreaserkrankungen, Insulinsekretion und -resistenz zu nennen. Beide Diabetes-Typen weisen Hyperglykämie und Hyperlipidämie auf. Beide Symptome sind bedeutsam für die Entwicklung von vaskulären Spätkomplikationen wie der diabetischen Angio- und Neuropathie. Durch eine gute Einstellung des Diabetes bzw. eine strikte Kontrolle der Glucosewerte können diese jedoch deutlich reduziert und verzögert werden.

Marginale Parodontitiden kommen bei Typ-I- und Typ II-Diabetikern, verglichen mit Nichtdiabetikern, häufiger und in schwererer Form vor: Diabetes mellitus erhöht das Risiko für Parodontitis in einem Ausmaß, das nicht mit Alter, Geschlecht oder Plaquebefall erklärt werden kann.

Merke:
Marginale Parodontitis und Diabetes mellitus scheinen sich gegenseitig zu beeinflussen. Einerseits ist Parodontitis für die Ausprägung eines Diabetes mellitus prädisponierend und erschwert die metabolische Kontrolle. So treten Diabetes-Komplikationen bei Patienten mit schwerer Parodontitis häufiger auf als bei parodontal gesunden Patienten. Umgekehrt sind Parodontitisrezidive bei schlecht eingestellten Diabetikern ausgeprägter als bei gut eingestellten.

Unabhängig vom Schweregrad der Parodontitis oder vom Maß der Diabetes-Stoffwechselkontrolle zeigt die herkömmliche Parodontalbehandlung (subgingivale Reinigung) lediglich eine Verbesserung des parodontalen Status, aber keinerlei Auswirkung auf die Einstellung des Diabetes. Kombiniert man jedoch die Taschenkürettage mit systemischer Antibiotikagabe, verbessert sich – gemessen an einer Reduktion des Insulinbedarfs oder der glycolysierten Hämoglobin (HbA1c)-Werte im Blutplasma – auch der diabetische Stoffwechselstatus.

Merke:
Heute wird empfohlen, die Behandlung marginaler Parodontitiden routinemäßig in die Standardbehandlung von Diabetespatienten einzubeziehen.

14.5 Parodontitiden und Frühgeburten

Sektion III

Frühgeburten sind heute eine Hauptursache der Morbidität bei Neugeborenen. Lokale Infektionen wie die bakterielle Vaginitis scheinen bei der Auslösung von Frühgeburten eine wichtige Rolle zu spielen. Histologisch weist das Chorioamnion jedoch häufig auch ohne vaginale Entzündung entzündliche Veränderungen auf. Zumindest ein Teil der Mikroorganismen, die für Infektionen der oberen Fortpflanzungswege verantwortlich sind, stammt folglich nicht aus der Vagina. Eine Besiedelung der oberen Fortpflanzungswege durch orale Bakterien kann durch Bakteriämie, beispielsweise verursacht durch Zähneputzen oder durch eine professionelle Zahnreinigung, erfolgen. Nicht nur die Bakterien selbst, sondern bakterielle Produkte (darunter LPS*) verbreiten sich auf diese Weise *alio loco* im Körper.

Kontrollierte Fallstudien weisen auf eine Assoziation zwischen parodontalen Infektionen und einer höheren Rate an Frühgeburten hin. Schwangere mit gesundem Zahnfleisch haben ein geringeres Risiko, untergewichtige Kinder zu gebären. Frauen, die eine Frühgeburt erlitten oder untergewichtige Kinder geboren haben, wiesen dagegen signifikant schlechtere parodontale Verhältnisse auf.

Das von gramnegativen subgingivalen Bakterien freigesetzte LPS* (Endotoxin) veranlasst die an der Entzündungsreaktion teilnehmenden

Zellen, insbesondere Mϕ, ihrerseits verschiedene bioaktive Moleküle zu sezernieren. Dazu gehören neben Zytokinen (darunter IL-1β, TNF-α, IL-6, IL-8) und Proteasen* (Matrix-Metalloproteinasen) auch Entzündungsmediatoren wie Prostaglandin (siehe Abb. 10.6). Zahlreiche Berichte bestätigen die Fähigkeit von Endotoxinen, auch die Produktion von PG-E2 im Amnion- und Deziduagewebe zu stimulieren. Durch Infektionen ausgelöste vorzeitige Wehentätigkeit ist nicht nur LPS- und prostaglandin-, sondern auch zytokinvermittelt: Die Zellen des Deziduagewebes selbst sind befähigt, Zytokine zu produzieren (darunter die proinflammatorischen IL-1 und TNF-α). Hinzu kommt die Tatsache, dass Deziduagewebe zahlreiche Makrophagen (leistungsfähige „Zytokinfabriken") enthält. Diese sezernieren u. a. IL-6, welches wiederum die Freisetzung von Prostaglandin stimuliert. Im Fruchtwasser von Frauen mit gramnegativen intraamniotischen Infekten und vorzeitiger Wehentätigkeit wurden sowohl Endotoxine als auch IL-6 in höheren Konzentrationen als bei anderen Schwangeren gefunden.

Unsicher ist noch, ob durch Parodontitistherapie das Risiko einer Frühgeburt vermindert werden kann.

Merke:
Bei Frauen, die eine Schwangerschaft planen, sollte der Sanierungsgrad des Parodonts überprüft werden. Auch die Gynäkologen sollten ihre Patientinnen auf das bestehende Risiko aufmerksam machen.

14.6 Orale Erkrankungen und Infektionen der Atemwege

Orale Erkrankungen werden mit Atemwegserkrankungen wie Pneumonie und chronisch obstruktive Lungenerkrankung („chronic obstructive pulmonary disease", COPD) in Verbindung gebracht.

Pneumonien sind Infektionen des Lungenparenchyms, die durch Bakterien, Mykoplasmen, Pilze, Parasiten und Viren verursacht werden können. Lebensbedrohlich sind sie vor allem bei älteren und immunkompromittierten Patienten.

Die tieferen Atemwege sind normalerweise steril. Der Oropharynx gilt als wahrscheinlichste Quelle von Atemwegspathogenen. Infektionen der unteren Atemwege beginnen durch Mikroorganismen von Aerosoltröpfchen oder Mundsekreten, die das Lungenepithel besiedeln. Daher gilt:

Merke:
Zahnärztliche Behandlungen, insbesondere die Behandlung mit Hilfe von Ultraschallgeräten und Luftturbinen, sollten mit einer vorherigen Spülung mit 0,2% Chlorhexidinlösung begonnen werden.

Orale Bakterien, darunter Streptokokken, *A. (H.) actinomycetemcomitans* und Anaerobier wie *P. gingivalis* und *Fusobacterium* spp., *Actinomyces israelii, Capnocytophaga* spp. und *Prevotella intermedia* können durch Aspiration von Speichel in die unteren Atemwege eingeatmet werden und eine Pneumonie hervorrufen. Es ist aber auch eine hämatogene Ausbreitung von anderen Infektionsherden im Körper möglich.

Patienten auf Intensivstationen und in Pflegeheimen haben durch die erschwerte Mundhygiene eine erhöhte Prävalenz respiratorischer Pathogene auf Zähnen und Mundschleimhaut. Durch verbesserte Mundhygiene kann die Besiedelung des Oropharynx mit respiratorischen Pathogenen verringert und die Pneumonierate bei Pflegeheimbewohnern reduziert werden.

Die COPD zeichnet sich durch Behinderung der Atmung mit exzessiver Sputumproduktion durch chronische Bronchitis und/oder Emphysem aus. Exazerbationen werden teilweise durch bakterielle Infektionen hervorgerufen. Es wird vermutet, dass parodontale Erkrankungen den Verlauf der COPD beeinflussen.

14.7 Bewertung

Die vermuteten Zusammenhänge beruhen auf vorhandenen Daten aus epidemiologischen und retrospektiven Studien, bei denen Tausende von Probanden während vieler Jahre untersucht wurden. Das einheitliche Erheben so großer Mengen medizinischer und zahnmedizinischer Daten ist in mehrfacher Hinsicht (beispielsweise bezüglich Standardisierung) problematisch. Es wurden nur mögliche Zusammenhänge identifiziert, aber keine Beweise gefunden. Dennoch wächst die Anzahl experimenteller und longitudinaler epidemiologischer Studien, die auf kausale Zusammenhänge hinweisen.

Merke:
Aufgrund der vorhandenen Informationen muss heute davon ausgegangen werden, dass gute orale Gesundheit zur Aufrechterhaltung einer guten Allgemeingesundheit relevant ist. Dies sollte im allgemeinmedizinischen und zahnmedizinischen Praxisalltag unbedingt berücksichtigt werden.

Literatur

Li X, Kolltveit K M, Tronstad L, Olsen I: Systemic diseases caused by oral infection. Clin Microbiol Rev 13: 547-558, 2000

Loesche W J, Lopatin D E: Interactions between periodontal disease, medical diseases and immunity in the older individual. Periodontol 2000 16: 80-105, 1998

Scannapieco F A: Position paper: periodontal disease as a potential risk factor for systemic diseases. J Periodontol 69: 841-850, 1998

Slots J: Casual or causal relationship between periodontal infection and non-oral disease. J Dent Res 77: 1764-1765, 1998

Williams R C, Offenbacher S (Eds): Periodontal medicine. Periodontol 2000 23 : 1-156, 2000

Sektion IV: Angewandte Mikrobiologie und Immunologie

Kapitel 15
Testmethoden zum Nachweis oraler Infektionen

Catherine Weber, Jürg Meyer und René Sanderink

Zusammenfassung
Bei konkreten klinischen Fragestellungen kann die mikrobiologische Diagnostik in der Zahnmedizin insbesondere bei Parodontalerkrankungen, Abszessen, zum Nachweis von *Candida albicans* bei Mundschleimhauterkrankungen, bei Kariesrisikopatienten und – ausnahmsweise – in der Endodontie eingesetzt werden.

Bei Parodontalerkrankungen wird die mikrobiologische Diagnostik fast ausschließlich bei aggressiven Verlaufsformen benutzt. Schwierigkeiten bei der mikrobiologischen Diagnostik der Parodontalerkrankungen ergeben sich daraus, dass der grösste Teil der parodontopathogenen Bakterienarten sowohl bei gesunden wie bei kranken Individuen nachgewiesen werden. Bakterien der parodontalen Tasche können mit Hilfe von mikroskopischen, serologischen und kulturellen Methoden oder mit molekulargenetischen Techniken untersucht werden. Der kulturelle Nachweis ist routinemäßig für *A. (H.) actinomycetemcomitans, P. gingivalis, C. rectus, F. nucleatum, P. intermedia* und *E. corrodens* möglich. *T. forsythensis* (vormals *B. forsythus*) ist in der Kultur außerordentlich anspruchsvoll und *T. denticola* ist nur schwer kultivierbar. Nachteile der technisch anspruchsvollen konventionellen kulturellen Diagnostik sind Zeit- und Materialaufwand.

Seit einigen Jahren werden parodontopathogene Bakterien durch Hybridisierung mit Gensonden nachgewiesen. Die Methode des Nucleinsäurenachweis mittels Amplifikationstechnik (PCR) ist die sensitivste Nachweismethode für parodontale Markerkeime, die außerdem bezüglich der Versandbedingungen des Abstrichmaterials unkompliziert ist. Allerdings werden nur die Bakterien diagnostiziert, die gesucht wurden. Serologische Methoden zum Antigen-Nachweis (Immunfluoreszenz, EIA) werden ebenfalls gelegentlich eingesetzt. Zusätzlich zu den oben erwähnten Nachweisverfahren von parodontopathogenen Markerbakterien stehen heute genetische Methoden für Markergene des Wirts in der Parodontitis-Diagnostik zur Verfügung. Unabhängig von der multifaktoriellen Ätiologie der Parodontitis wird versucht, die Leistungsfähigkeit der körpereigenen Abwehrreaktionen durch Bestimmung einzelnen Parametern, beispielsweise des IL-1-Genotyps, zu prognostizieren.

Mikrobiologische Kariesaktivitätstests in Form einfacher Untersuchungskits erlauben die Bestimmung von kariogene Mikroorganismen in der Mundflüssigkeit.

15.1 Einleitung

Die mikrobiologische Diagnostik spielt in der Zahnmedizin im Vergleich zur Medizin eine eher untergeordnete Rolle. Sie wird bei Parodontalerkrankungen, Mundschleimhauterkrankungen (zum Nachweis von *Candida albicans*), Abszessen, bei Kariesrisikopatienten und – ausnahmsweise – auch in der Endodontie eingesetzt.

Gute diagnostische bzw. mikrobiologische Testverfahren sollten folgende Merkmale aufweisen:

1. Hohe Sensibilität: die Wahrscheinlichkeit, dass bei einem sicher Infizierten der Test positiv ausfällt.
2. Hohe Spezifität: die Wahrscheinlichkeit, dass bei einem sicher Nichtinfizierten der Test negativ ausfällt
3. Gute Reproduzierbarkeit, auch bei Anwendung der Tests durch verschiedene Untersucher.
4. Einfache und wirtschaftliche Durchführbarkeit.

Es gibt sowohl in der Parodontaldiagnostik als in der Kariesdiagnostik keine Tests, die alle diese Anforderungen ausreichend erfüllen. Angesichts **multifaktorieller Ätiologien** bei marginalen Parodontitiden und Karies ist es prinzipiell unmöglich durch Bestimmung eines einzigen krankheitsrelevanten Parameters eine Aussage über die zukünftige phlogogene Aktivität bzw. über das Ausmaß der zukünftigen entzündungsbedingten Parodontolyse oder über die künftige Kariesaktivität zu machen. Die Einstufung „hohes Parodontitisrisiko" (siehe Kap. 10.6.1) oder „hohes Kariesrisiko" (siehe Kap. 9) bleibt daher eine umfeld- und patientenspezifische differenzialdiagnostische Leistung, bei der **verschiedene Einzelbefunde zu kombinieren** sind.

15.2 Indikationen für die mikrobiologische Parodontitisdiagnostik

Bei den Parodontalerkrankungen sind es fast **ausschließlich die aggressiven Formen**, die eine mikrobiologische Diagnostik und/oder eine Kontrolle des Therapieerfolges erfordern. Die mikrobiologische Diagnostik dient als diagnostisches Hilfsmittel vor Therapie (korrekte Diagnosestellung, adäquate Behandlungsplanung) und als diagnostisches Hilfsmittel nach erfolgter Therapie (Nachweis der Elimination von Parodontopathogenen, Kontrolle nach lokaler oder systemischer Antibiotikatherapie, Früherkennung periimplantärer Komplikationen). Derartige Verlaufskontrollen können auch als Motivationsmittel für die Patienten, insbesondere zum Zwecke der Mundhygienemotivation, herangezogen werden: die Patienten können die Keimzahlreduktion als Konsequenz der Behandlung und ihrer erhöhten Mundhygieneanstrengungen mitverfolgen.

Therapiebegleitend sollte die mikrobiologische Diagnostik bei Antibiotikagabe eingesetzt werden. Auch bei Verdacht auf untypische Flora, beispielsweise nach Veränderung des Immunstatus, ist die Labordiagnostik sinnvoll. Bei Patienten mit chronischen Parodontitiden, die die große Mehrzahl der Parodontitispatienten ausmachen, ist die herkömmliche Parodontalbehandlung (siehe Kap. 10.6.2) ausreichend und eine mikrobiologische Untersuchung der Plaque unnötig.

15.3 Die Bedeutung der mikrobiologische Diagnostik als Verlaufskontrolle bei Parodontitiden

Supra- wie subgingivale Plaque ist immer ein Konsortium vieler verschiedener Bakterien. Der grösste Teil der vorkommenden Bakterienarten kann sowohl bei gesunden wie bei kranken Individuen nachgewiesen werden. Die Zusammensetzung der Flora kann inter- und intraindividuell massiv variieren. Mit marginalen Parodontitiden assoziierte Bakterien werden in der Regel in hohen Keimzahlen in aktiven Taschen, dagegen spärlich oder nicht in inaktiven Taschen nachgewiesen.

Actinobacillus (Haemophilus) actinomycetemcomitans und *Porphyromonas gingivalis* haben ein hohes pathogenes Potenzial (siehe Kap. 10.4.1). In geringerem Mass trifft dies auch für *Prevotella intermedia, Treponema denticola, Tannerella forsythensis* (vormals *Bacteroides forsythus*), *Fusobacterium nucleatum* und einige andere Bakterienarten zu. In der parodontalen Tasche können auch unübliche Keime wie Enterobakterien, Pseudomonaden, Staphylokokken und Hefen pathogene Bedeutung erlangen.

Merke:
Da Parodontitiden opportunistische Infektionen sind, ist therapeutisch die vollkommene Elimination der meisten Bakterien nicht notwendig. Bereits eine Reduktion dieser Bakterien führt zu einer klinischen Verbesserung des Krankheitsbildes. Bestimmte Bakterienarten hingegen sollten vollständig beseitigt werden. Während beispielsweise bei *P. intermedia* und *F. nucleatum* eine Reduktion der Bakterienmenge im Vordergrund steht, ist im Gegensatz dazu die „vollständige“ Elimination (d. h. die Reduktion unterhalb der Nachweisgrenze) das Therapieziel für die Schlüsselpathogene *A. (H.) actinomycetemcomitans* und *P. gingivalis*.

15.4 Methoden

15.4.1 Lichtmikroskopie

Mikroskopische Originalpräparate können Hinweise auf die Zellmorphologie der in der Plaque vorkommenden Bakterien geben. Mit dem Dunkelfeld- oder Phasenkontrastmikroskop können subgingivale Bakterien nach Morphotypen wie Kokken, Stäbchen/Filamente und nach Beweglichkeit erkannt werden. Der Anteil von Spirochäten (z. B. *Treponema denticola*), die nur sehr schwer oder gar nicht kultivierbar sind, kann so bestimmt werden.

Da die mikrobiologische Diagnostik heute einzelne Markerkeime unterscheiden muss, um Therapiekonzepte abzuleiten, reicht die Unterscheidung von Morphotypen nicht aus. Aus diesem Grund ist die Lichtmikroskopie in parodontalen Fragestellungen viel zu wenig spezifisch.

15.4.2 Konventionelle Kultivierungsverfahren

Die klassische kulturelle Methode des Bakteriennachweises hat einen etablierten Platz in der mikrobiologischen Parodontaldiagnostik, wird aber heute durch die molekularbiologischen Methoden (siehe Kap. 15.4.3) auf eine Anwendung in speziellen Fällen zurückgedrängt. Der kulturelle Nachweis ist routinemäßig für *A. (H.) actinomycetemcomitans, P. gingivalis, C. rectus* (vormals *W. recta*), *F. nucleatum, P. intermedia* und *E. corrodens* möglich. *T. forsythensis* (vormals *B. forsythus*) ist in der Kultur außerordentlich anspruchsvoll und *T. denticola* nur schwer kultivierbar. Für den Nachweis dieser Bakterien sind molekularbiologische Techniken besser geeignet.

Nachteile der technisch anspruchsvollen konventionellen kulturellen Diagnostik sind Zeit- und Materialaufwand. Zur anaeroben und fakultativ anaeroben Kultivierung von Plaqueproben sind lebende Mikroorganismen erforderlich. Zum Schutz der Sauerstoff-empfindlichen Anaerobier muss das gewonnene Material in ein Transportmedium gegeben und möglichst unverzüglich im Labor weiterverarbeitet werden.

Als Vorteil bietet die Kultur das Erfassen der züchtbaren Mikroorganismen im Sulkus und eine gute Übersicht über die in der Probe vorhandenen Bakterien. Mit Hilfe von Verdünnungsreihen sind auch quantitative Aussagen möglich. Unübliche Keime werden relativ rasch entdeckt und die gefundenen Bakterien stehen für weitere Abklärungen wie die Prüfung der Antibiotikaresistenz zur Verfügung.

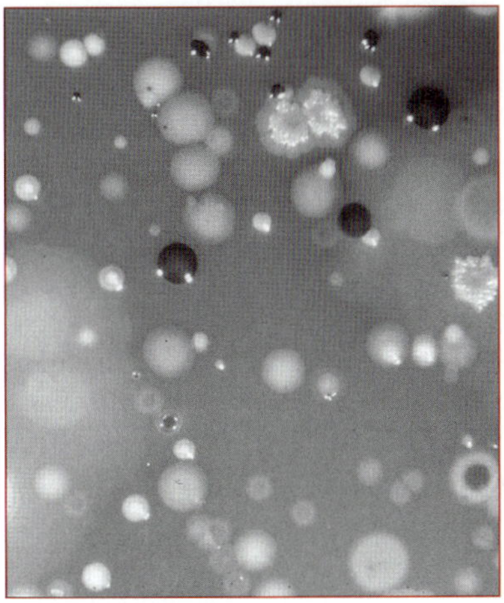

Abb. 15.1
A: diverse Bakterienkolonien auf Blutagar; anaerobe Mischflora mit schwarzpigmentierten Bakterienkolonien.

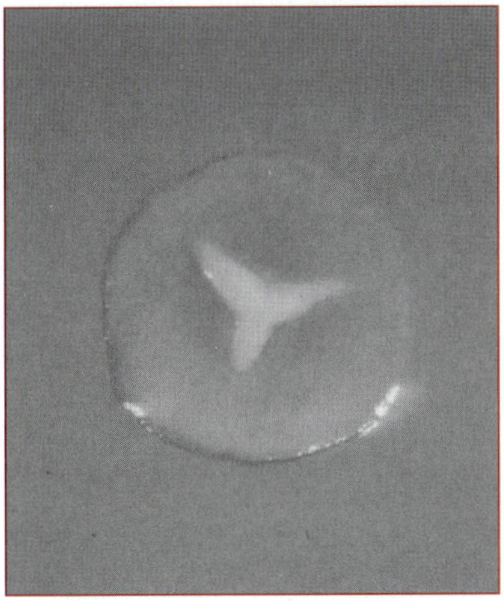

Abb. 15.1
B: Kolonie von *A. (H.) actinomycetemcomitans* mit typisch sternförmiger Innenstruktur.

15.1 – 15.10

Die Plaqueproben werden auf Nährmedien aufgebracht und bis zu 10 Tage bei 37°C inkubiert. Die Kultur muß unter strikt anaeroben Bedingungen erfolgen, da fast alle mit Parodontitis assoziierten Keime empfindliche Anaerobier und von den nutritiven Erfordernissen her als anspruchsvoll bis sehr anspruchsvoll einzustufen sind. Nach der Kultivierung wird die Gesamtkeimzahl bestimmt. Bakterienkolonien, die in ihrer Morphologie den parodontopathogenen Spezies entsprechen, werden auf Selektivmedien und mit Hilfe biochemischer Tests endgültig identifiziert (Abb. 15.1).

Zu den Nachteilen der Methode gehören die niedrige Sensitivität und die kritischen Versandbedingungen: die Mikroorganismen müssen absolut anaerob verschickt werden und die Transportdauer darf nicht länger als 24 Stunden dauern, um das Überleben der empfindlichen Anaerobier nicht zu gefährden. Ein weiterer Nachteil ist der große Arbeitsaufwand und Zeitbedarf, der durch weitere Differenzierungsverfahren bis zum endgültigen Ergebnis 3-4 Wochen betragen kann.

Die klassischen Kulturverfahren werden heute angewendet, wenn sich mit den molekularbiologischen Methoden bei eindeutigem klinischem Bild keine parodontopathogenen Erreger nachweisen lassen, wenn sich eine Resistenzbestimmung nach erfolglosem Therapieversuch als erforderlich erweist oder wenn ein breites Spektrum an Bakterienspezies erfaßt werden soll (beispielsweise bei immunsupprimierten Patienten).

15.4.3 Molekularbiologische Methoden

Gentechnische Methoden werden in Zukunft vermehrt zur Labordiagnose von Infektionen eingesetzt werden. Haupteinsatzgebiet ist der direkte Nachweis von Bakterien, die sich nicht kultivieren lassen, die nur schwer kultivierbar sind oder die sehr langsam wachsen.

Hybridisierung

Unter molekularer Hybridisierung (Abb. 15.2) versteht man die Zusammenlagerung (Paarung) zweier Nucleinsäure-Einzelstränge, die komplementäre Basensequenzen besitzen, zu Doppelsträngen. Mit dieser Methode können DNA-Einzelstrang-Sequenzen mit komplementären, markierten Einzelsträngen (Gensonden) nachgewiesen werden. Voraussetzung ist natürlich, daß die nachzuweisende Sequenz nur bei dem gesuchten Erreger vorkommt. Diese Methode findet heute in der mikrobiologische Parodontaldiagnostik häufig Verwendung bzw. wird in diagnostischen Tests kommerziell verwendet. Dabei werden mit spezifischen Gensonden bis zu acht parodontopathogene Bakterien nachgewiesen: *A. (H.) actinomycetemcomitans, P. gingivalis, P. intermedia, T. forsythensis C. rectus, T. denticola, F. nucleatum* und *E. corrodens.*

Polymerase-Kettenreaktion

Die Polymerase-Kettenreaktion (PCR, polymerase chain reaction) als Methode des Nucleinsäurenachweis mittels **Amplifikationstechnik** (selektiver Vervielfältigung einzelner DNA-Abschnitte) ist die sensitivste Nachweismethode für parodontale Markerkeime. Grundlage der PCR-

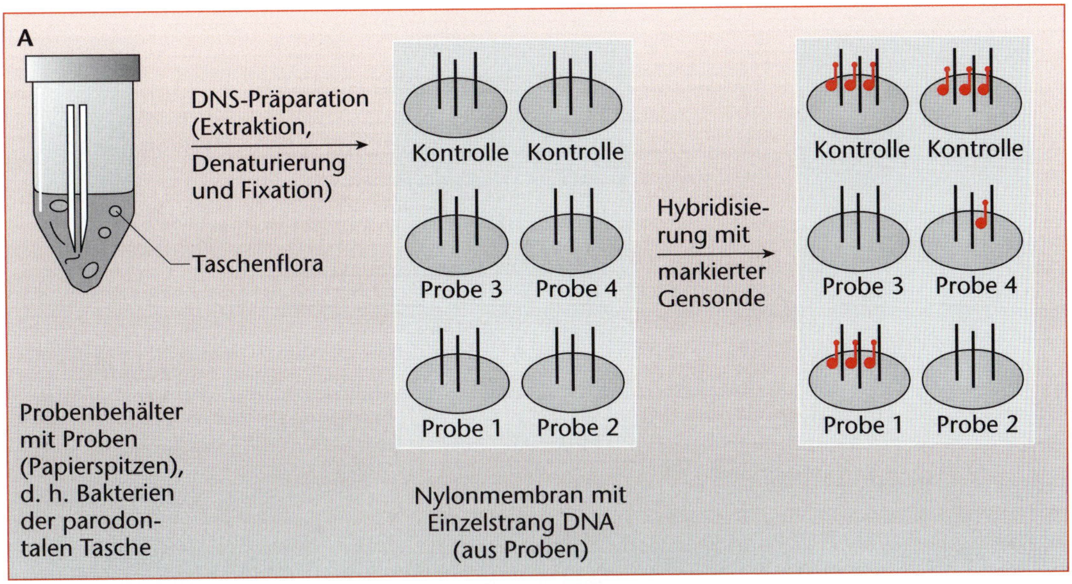

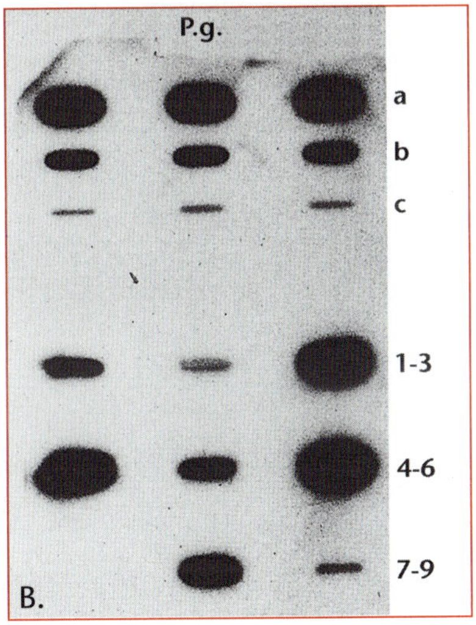

Abb. 15.2 Hybridisierung: Nachweis spezifischer DNA-Sequenzen von Bakterien aus subgingivalen Plaqueproben mit Hilfe von markierten Gensonden.
A: Schema.

B: Autoradiogramm mit dreifach positiver Kontrolle (oben). Die Schwärzungen (Signale) entsprechen in diesem Fall 10^6 (a), 10^5 (b) bzw. 10^4 (c) *P. gingivalis*-Zellen. Patientenproben 1-9 (unten): vergleicht man die Schwärzung mit den Kontrollen, ergibt dies die ungefähre Zellzahl von *P. gingivalis* in den Proben. Beispielsweise enthält Probe 3 etwa 10^6, Probe 2 etwa 10^4 und Probe 1 etwa 10^5 *P. gingivalis*-Zellen.

Methode ist die vielfache Wiederholung eines Teilschritts, bei der eine Kopie der beiden ursprünglichen DNA-Einzelstränge synthetisiert wird. Innerhalb weniger Stunden kann aus genetisches Material, welches nur in wenigen Kopien vorhanden ist, ein spezifisches DNA-Fragment millionenfach angereichert und somit einer molekularbiologischen Analyse zugänglich gemacht werden. Die PCR weist gegenüber herkömmlichen diagnostischen Verfahren drei wesentliche Vorteile auf: Schnelligkeit, hohe Empfindlichkeit und Spezifität.

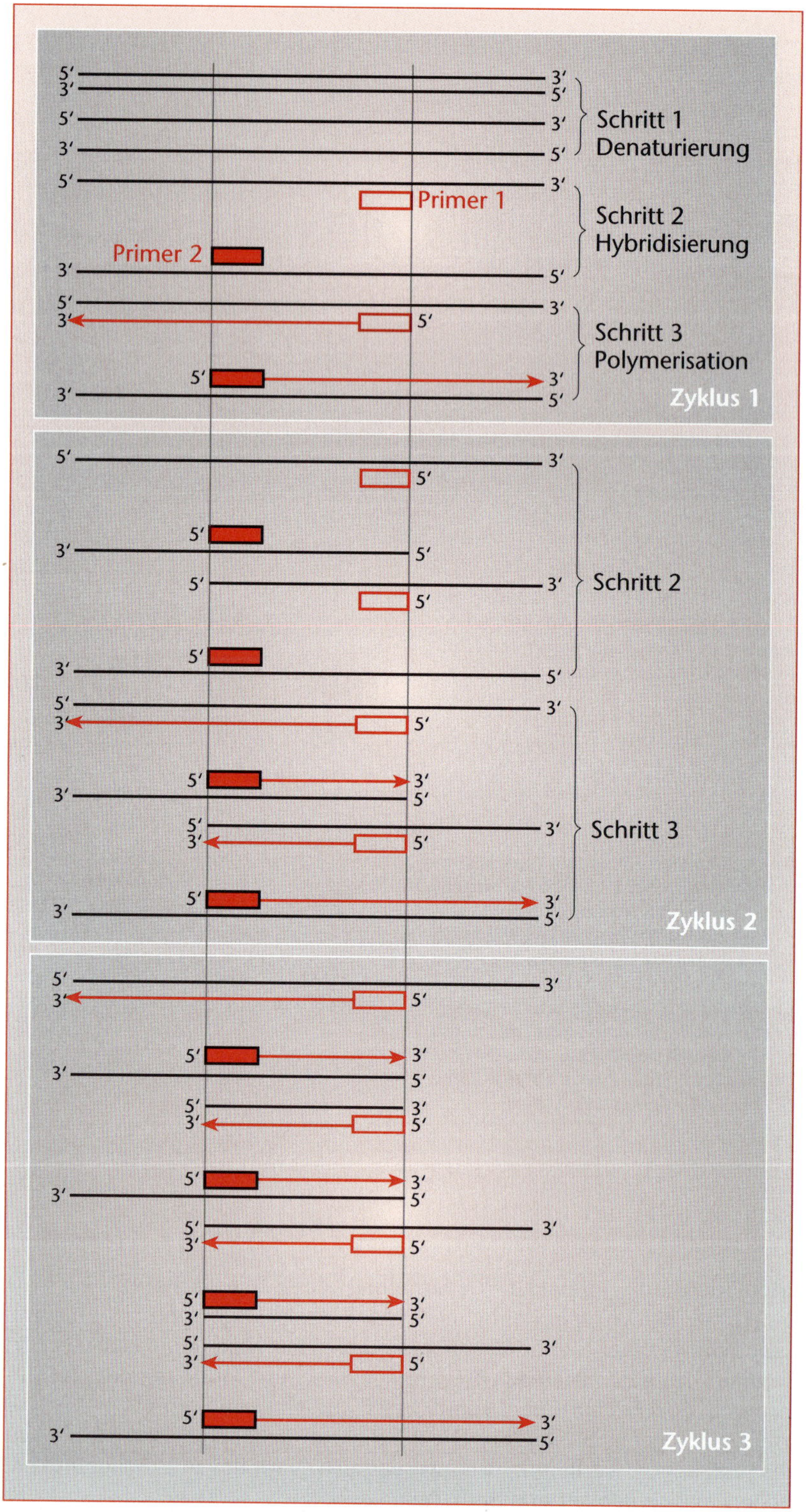
Schritt 1
Denaturierung
Primer 1
Schritt 2
Hybridisierung
Primer 2
Schritt 3
Polymerisation
Zyklus 1
Schritt 2
Schritt 3
Zyklus 2
Zyklus 3

Sektion IV

Prinzip und Anwendungsbeispiele der PCR:
Voraussetzungen für eine PCR sind die Kenntnis der genauen Sequenz des nachzuweisenden DNA-Fragmentes und die Wahl geeigneter, spezifischer Primer, die komplementär zu den Enden der zu amplifizierenden DNA sind. Primer sind kleine, etwa 20 bis 30 Basen lange, synthetische DNA Moleküle, welche bei allen durch DNA-Polymerasen (siehe Anhang 4) katalysierten enzymatischen DNA-Synthesen als Startermoleküle erforderlich sind .

Im ersten Teilschritt der Kettenreaktion (in Abb. 15.3 dargestellt), der Denaturierung, werden die beiden Stränge der DNA durch Erhitzen auf 94 Grad Celsius voneinander getrennt (DNA-Denaturierung: siehe Konformation*).

Im zweiten Schritt, der Hybridisierung (bei 40 bis 60 Grad Celsius), hybridisieren die Primer an die komplementäre Sequenz auf den getrennten Strängen.

Im dritten Schritt, der Polymerisation, werden Primer durch DNA-Polymerase (z. B. aus dem thermophilen Bakterium *Thermus aquaticus*, Taq-DNA-Polymerase), bei etwa 72 Grad Celsius elongiert. Aus ursprünglich einem Doppelstrang resultieren so am Ende des ersten Zyklus zwei neue DNA-Doppelstränge.

Dieser aus den erwähnten drei Teilschritten bestehende Zyklus wird mehrmals wiederholt. Die alten und die neu gebildeten DNA-Abschnitte liefern im darauffolgenden Zyklus jeweils die Matrize für die Synthese neuer Stränge, es läuft also eine Kettenreaktion ab.

Nach zwanzig Zyklen erhält man aus einer Kopie theoretisch etwa eine Million Kopien des durch die Primer definierten/begrenzten DNA-Abschnittes – ausreichend, um das Material beispielsweise mittels einer Gelelektrophorese/Hybridisierung nachzuweisen.

Die Polymerase-Kettenreaktion wird heute in sogenannten Thermo-Cyclern vollautomatisch ausgeführt. In weniger als zwei Stunden können so etwa eine Milliarde Kopien eines bestimmten DNS-Abschnittes hergestellt werden.

Die PCR wird heute in der biologischen und medizinischen Grundlagenforschung, in der medizinischen Diagnostik, im Nachweis genetisch bedingter Krankheiten, in der pränatalen Diagnostik, in der Organtransplantationsmedizin und in der Gerichtsmedizin angewendet.

Abb. 15.3 Polymerase-Kettenreaktion (PCR). Die verschiedenen Schritte der PCR über die ersten drei Zyklen: Im 1. Schritt werden die DNA-Stränge durch Hitze getrennt (denaturiert). Anschließend werden Primer zugefügt, die an die komplementären Sequenzen der getrennten Strängen hybridisieren (Schritt 2, Hybridisierung). Im 3. Schritt (Polymerisation) werden die Primer elongiert. Diese DNA-Produkte des ersten Zyklus werden durch den nächsten Zyklus (Denaturierungs-, Hybridisierungs- und Polymerisationsschritte) erneut verdoppelt. Viele Zyklen führen zur Amplifikation des DNA-Segments zwischen den Primern.

Merke:
In der mikrobiologischen Diagnostik parodontaler Erkrankungen werden folglich im Unterschied zu den Kultivierungsverfahren nicht lebende Bakterien, sondern deren genetisches Material nachgewiesen. Versandbedingungen und Versanddauer sind daher problemlos und es kann auf die Verwendung von Transportmedien verzichtet werden. Der Zeitaufwand für die Diagnostik beträgt nur 24 Stunden, was gegenüber den konventionellen kulturellen Methoden einen beträchtlichen Vorteil darstellt. Die Hybridisierung wird zurzeit in diagnostischen Tests kommerziell verwendet. Dabei werden mit spezifischen Gensonden bis zu acht mit Parodontitis assoziierten Bakterien nachgewiesen: *A. (H.) actinomycetemcomitans, P. gingivalis, P. intermedia, T. forsythensis, C. rectus, T. denticola* und *E. corrodens*

Das Spektrum der nachzuweisenden Bakterien muß allerdings vorher festgelegt werden und eine Resistenzbestimmung ist nicht möglich. Da auch Nucleinsäuren toter (beispielsweise nach einer Antibiotikatherapie), klinisch nicht mehr relevanter oder metabolisch inaktiver Bakterien nachgewiesen werden, ist die klinische Aussagekraft nicht immer eindeutig. Zum anderen sind teilweise in Plaqueproben inhibierende Substanzen (Blut) vorhanden, so daß trotz vorhandener parodontopathogener Bakterien die DNA nicht amplifiziert wird. Auch unspezifisch positive Resultate sind möglich.

Die sog. RT-PCR („reverse transcription-polymerase chain reaction“) ist eine kombinierte molekularbiologische Methode zum RNA-Nachweis, bei der im ersten Schritt eine reverse Transkription zu DNA und anschließend eine Amplifikation durch die Polymerase-Kettenreaktion durchgeführt wird. Zum Nachweis von beispielsweise HIV- oder HCV-RNA wird die in einer Probe vorhandene virale RNA durch das Enzym Reverse Transkriptase zuerst in DNA überschrieben und anschließend durch PCR-Zyklen amplifiziert.

15.4.4 Enzymtests

Enzymtests weisen drei mit Parodontitis assoziierte Leitkeime anhand einer Enzymaktivität nach. Darauf basierende Tests können dank der innerhalb von Minuten verfügbaren Ergebnisse direkt in der zahnärztlichen Praxis durchgeführt werden. Aufgrund identischer Enzymaktivitäten von *P. gingivalis, T. forsythensis* und *T. denticola* ist aber nur ein gruppenspezifischer Enzymnachweis möglich. Die Identifikation einzelner Markerkeime ist nicht möglich. Da über eine Intensität des Farbumschlages die Enzymaktivität nachgewiesen wird, ist die semiquantitative Keimzahlbestimmung sehr unsicher. Die klinische Relevanz der Ergebnisse ist beschränkt.

15.4.5 Antigen-Nachweis

Der Nachweis parodontalpathogener Bakterien in der subgingivalen Plaque kann mit Hilfe speziesspezifischer Antikörper durch zwei Methoden erfolgen: Einerseits kann die Plaque auf Objektträger ausgestrichen werden. Durch Immunofluoreszenz (siehe Kap. 17.1.7) können der Anteil einzelner Bakterienarten und ihre gegenseitige Lagebeziehung mit guter Sensitivität und Spezifität relativ schnell bestimmt werden. Die Methode ist aber spezialisierten Labors vorbehalten. Anderseits können bakterielle Antigene* in einem Plaque-Extrakt durch einen Enzym-Immuno-Assay (siehe Kap. 17.1.8) nachgewiesen werden. Dazu gab es einen kommerziellen Kit (Evalusite®), mit dem in der Praxis innerhalb von 15 Minuten die Anwesenheit von drei mit marginalen Parodontitiden assoziierten Bakterienarten semiquantitativ bestimmt werden konnte. Allerdings schien der Test eine deutlich geringere Sensitivität zu haben.

15.4.6 Serodiagnostik (Antikörper-Nachweis)

Bei serologischen Tests wird die Antikörperreaktivität des Serums auf spezifische Antigendeterminanten (Epitopen) von mit Parodontitis assoziierten Bakterien untersucht. Damit werden aber keine aktuell vorhandenen parodontalpathogenen Bakterien nachgewiesen werden, sondern die Immunantwort des Wirtes. Die geringe Aussagekraft und die zum Nachweis notwendige Blutentnahme verhinderten, dass sich die Serodiagnostik als Routinemethode durchsetzte.

15.5 Entnahme von subgingivalen Proben

Vor der Probeentnahme muss die supragingivalen Plaque um die gewählte Stelle mit einem Handinstrument und interdental mit Zahnseide entfernt werden. Die Region wird mit Watterollen trockengelegt und mit Luft oder einem Wattepellet nachgetrocknet (Abb. 15.4).

Die Entnahme der Proben erfolgt mit sterilen Papierspitzen. Die Papierspitze wird mit einer sterilen Pinzette ergriffen und mit dem spitz zulaufenden Ende möglichst tief in die zu untersuchende Tasche geschoben. Anschließend wird sie 10 Sekunden in der Tasche belassen. Dabei muss der Kontakt mit Zähnen, Mundschleimhaut oder Speichel vermieden werden. Nach Ablauf der Zeit wird die Papierspitze mit der sterilen Pinzette zurückgezogen und der bakterienhaltige untere Teil unterhalb der Pinzettenberührungsstelle abgeschnitten, so dass es in die Transportflüssigkeit des Probengefäßes (konventionelle Kultur) oder in das Probengefäß fällt (molekularbiologische Methode).

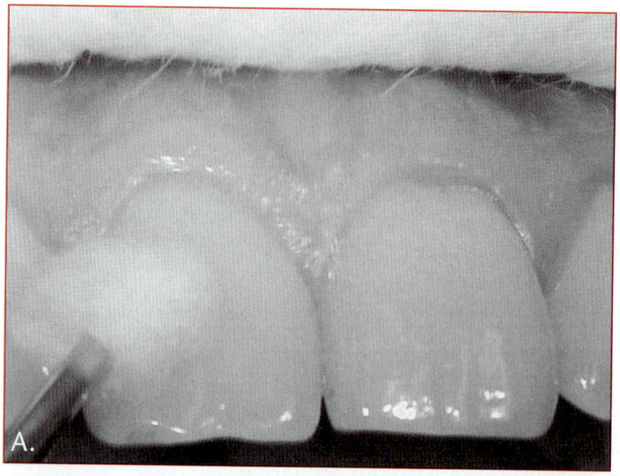

Abb. 15.4 Entnahme einer Probe aus dem Gingivasulkus.
A: Die Region wird mit Watterollen trockengelegt und mit Luft oder einem Wattepellet nachgetrocknet.

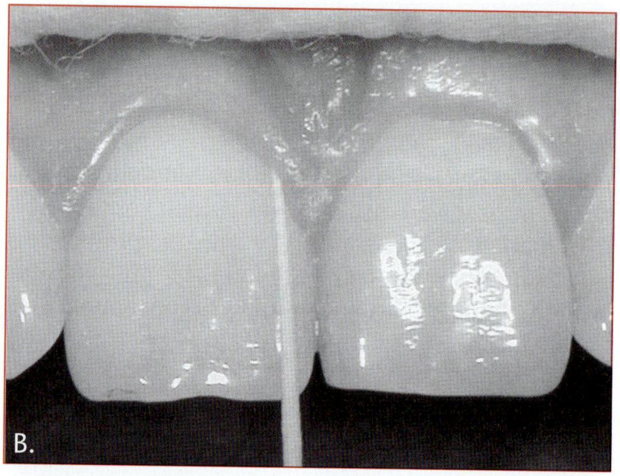

B: Die Papierspitze wird mit dem spitz zulaufenden Ende möglichst tief in die zu untersuchende Tasche geschoben.

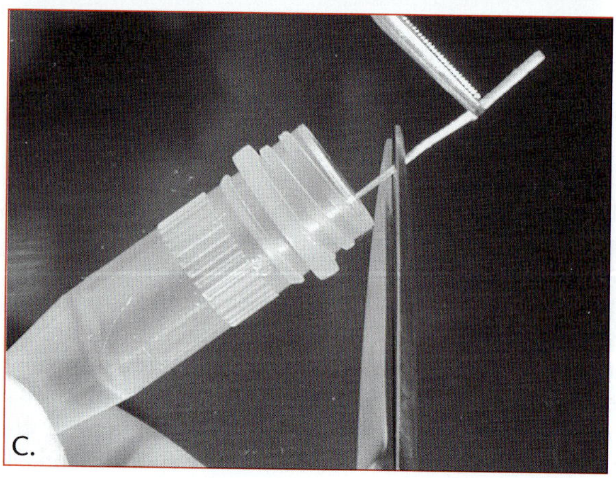

C: Der bakterienhaltige untere Teil der Papierspitze wird unterhalb der Pinzettenberührungsstelle abgeschnitten, so dass er in das Probengefäß fällt.

15.6 Auswahl der subgingivalen Entnahmestellen für die mikrobiologische Diagnostik

Bei konventioneller Kultur und molekulargenetischen Methoden hängt die Auswahl der Entnahmestelle von der klinischen Fragestellung ab. Interessiert bei einer generalisierten Parodontitis vor allem der Nachweis möglichst vieler der vorhandenen mit Parodontitis assoziierten Markerkeime, können Proben „gepoolt“ werden. Dazu wird von allen 4 Quadranten aus der jeweils tiefsten Tasche mit Hilfe je einer Papierspitze Sulkusflüssigkeit entnommen. Alle so gewonnenen Papierspitzen werden im gleichen Probengefäß gesammelt. Diese Variante erhöht die Empfindlichkeit des Nachweises der Markerkeime und ermöglicht eine Aussage über das durchschnittliche mikrobiologische Bild der parodontalen Taschen.

Interessiert der mikrobiologische Zustand einer ausgewählten Zahntasche, werden nacheinander 3 Papierspitzen in der Stelle mit der grössten Sondierungstiefe eingeführt und in das Probengefäß gegeben. Die Progression der Erkrankung ist oft auf gewisse Stellen beschränkt und dementsprechend kann sich die Mikroflora der verschiedenen Taschen deutlich unterscheiden. Bei konventioneller Kultivierung müssen die Proben nach der Entnahme sofort im Labor verarbeitet werden.

15.7 Mikrobiologische Abszessdiagnostik

Die mikrobiologische Abszessdiagnostik kann hilfreich sein, wenn nach lokaler zahnärztlicher Abszesstherapie nicht der erwünschte Behandlungserfolg eingetreten ist und eine Antibiotikatherapie in Erwägung gezogen wird. Auch die Antibiotikabehandlung odontogener Weichteilinfektionen setzt die Kenntnis des lokalen Keimspektrums und deren Resistenzlage voraus. Wurde vorgängig bereits antibiotisch therapiert, ist die mikrobiologische Diagnostik erschwert.

Bei einer odontogenen Weichteilinfektion setzt sich das Erregerspektrum aus einer aerob/anaeroben Mischflora zusammen. Oft stehen α-hämolytische Streptokokken, *Staphylococcus aureus, S. epidermidis*, *Actinomyces* spp. und gramnegative Anaerobier im Vordergrund. In letzter Zeit erlangen penicillinresistente Staphylokokken und anaerobe Keime bei der Entstehung von Abszessen zunehmend ätiologische Bedeutung. Gewisse Diagnostiklabors führen bei Nachweis von *S. aureus*, Enterobakterien und *Pseudomonas aeruginosa* automatisch Resistenzprüfungen mit den gebräuchlichsten Antibiotika durch.

Entnahme und Transport: Zur Vermeidung von Kontamination der Proben mit Mundflüssigkeit werden anstelle der früher verwendeten Abstriche heute im Allgemeinen Punktate der Abszessflüssigkeit analysiert.

Die betroffene Region wird nach Lokalanästhesie mit Watterollen trockengelegt und die Punktionsstelle mit einem Wattepellet und einem Des-

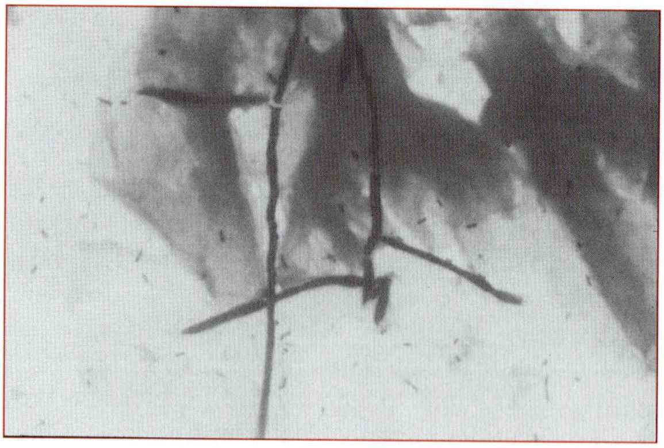

Abb. 15.5 Pilzzellen auf Epithelzellen im Grampräparat.

infektionsmittel gereinigt. Anschließend wird mit einer Einwegspritze der Abszess punktiert und soviel Abszessflüssigkeit (Eiter) wie möglich aspiriert. Der Eiter wird entsprechend den Angaben des Diagnostiklabors aufbewahrt und unverzüglich zurückgeschickt.

15.8 Nachweis von *Candida albicans*

Mindestens 90% der humanen Candidainfektionen werden durch *C. albicans* verursacht. Candidainfektionen entstehen häufig bei Personen mit eingeschränkter Immunabwehr. Prädisponierend wirken intensive Antibiotikatherapien, Schwangerschaft, Diabetes mellitus, Xerostomie und Progesterongabe. Bei Infektionen in der Mundhöhle sind weisse, auf Schleimhaut und Zunge festhaftende Beläge zu erkennen (siehe Kap. 12.1).

Um eine genaue Diagnostik zu ermöglichen, ist die Entnahme von möglichst viel Material wichtig. Der Nachweis gelingt am besten, wenn Pilzzellen auf infizierten Epithelzellen mikroskopisch dargestellt werden können (Abb. 15.5).

Bei der Entnahme sollte deshalb darauf geachtet werden, dass mit einem Wattetupfer nicht nur die weissen Beläge entnommen werden, sondern die darunter liegende, gerötete Schleimhaut ebenfalls direkt berührt wird. Dadurch können Epithelzellen entnommen werden.

Entnahme und Transport: Beim Nachweis von *Candida* werden Abstrichröhrchen verwendet, die vom dianostischen Labor zur Verfügung gestellt werden.

Der Abstrich wird meist mit einem sterilen Wattestäbchen durchgeführt, indem verdächtiges Material durch Abwischen der Schleimhaut aufgenommen wird. Dabei darf keine Kontamination mit Speichel oder Plaque stattfinden. Anschließend wird der Wattetupfer in ein Transportgel getaucht und alles luftdicht verschlossen. Es ist wichtig, dass das Probengefäß unverzüglich dem diagnostischen Labor zugestellt wird. Das Resultat der mikroskopischen Untersuchung ist nach einem Tag bekannt. Nach

2-3 Tagen liegt der Schlussbericht der Kultur vor. Eine quantitative Aussage über den *Candida*-Befall in der Mundhöhle erlaubt die Untersuchung von Mundspülwasser. Nach den Vorgaben des deutschen Qualitätsstandards (HAASE et al. 2001) gurgelt der Patient eine Minute lang mit 10 – 15 ml steriler physiologischer Kochsalzlösung. Die quantitative bzw. semiquantitative Bestimmung gibt Hinweise zur Pilzbesiedlung des Mund- und Rachenraumes.

15.9 Humane Markergene in der Parodontitisdiagnostik

Zusätzlich zu den oben erwähnten Nachweisverfahren von mit Parodontitis assoziierten Markerbakterien wird versucht, für die Parodontitisätiologie bedeutsame immunogenetische Faktoren bzw. Allele* zu ermitteln (vergleiche Tab. 10.2). Man bedenke: Sowohl bedeutende molekulare Elemente der Immunabwehr (beispielsweise sämtliche Antikörper und Rezeptormoleküle), als auch die entzündungssteuernden Zytokine und Mediatoren sind Proteine und damit Genprodukte. Heute steht in der Parodontaldiagnostik eine Testmethode zur Verfügung. Hierbei wird der mit Parodontitis assoziierte Interleukin-1β-Genotyp ermittelt. Aus Mundschleimhautzellen von Wangenabstrichen wird DNA isoliert. Anschließend erfolgt die Genotypisierung. In Anbetracht der multifaktoriellen Ätiologie der Parodontitis (siehe Kap. 10.1) bzw. der Vielzahl der Risikofaktoren hat die Ermittlung eines einzelnen Parameters jedoch nur einen sehr beschränkten diagnostischen und prognostischen Wert.

15.10 Mikrobielle Speicheltests in der Kariesdiagnostik

Laktobazillen (LB) und vor allem *Mutans*-Streptokokken (SM) spielen eine Schlüsselrolle bei der Kariesentstehung (siehe Kap. 9.2). Mikrobiologische Kariesaktivitätstests in Form einfacher Untersuchungskits, welche eine Bestimmung der Anzahl von SM und LB in der Mundflüssigkeit unter Praxisbedingungen erlauben, basieren auf der Beobachtung, dass die Bakterienzahlen im Speichel den durchschnittlichen Kolonisierungsgrad aller supragingivalen Zahnflächen widerspiegeln. Unterschiede in der Plaquebesiedlung der einzelnen Zahnflächen (welche durchaus vorhanden sind, siehe Kap. 8) können zwangsläufig nicht erfasst werden. Prinzipiell ist eine sichere Kariesprognose allein unter Verwendung mikrobiologischer Speicheltests aufgrund der multifaktoriellen Genese der Erkrankung ohnehin nicht möglich. So finden sich beispielsweise hohe SM-Werte auch in kariesfreien Populationen.

Die Tests sind mehr zu Kontroll- und Motivationszwecken als zur Prognosestellung geeignet. Speziell bei Hochrisikofällen wie beispielsweise Oligosialiepatienten helfen solche Tests, die Langzeitwirkung von individuellen Prophylaxemaßnahmen (wie die Behandlung mit chlorhexidinhaltige Lackpräparaten, siehe Kap. 9.5) zu beurteilen. Der LB-Test kann zudem zur Verifizierung von Patientenangaben bezüglich Ernährungsveränderungen dienen. Eine Herabsetzung der Konsummenge und -frequenz zuckerhaltiger Zwischenmahlzeiten äussert sich – unter der Voraussetzung dass tiefe kariöse Läsionen exkaviert und (zumindest provisorisch) mit einer Füllung versorgt wurden – in einer Senkung der LB-Zahl.

Literatur

Haase G, Borg – von Zeppelin M, Bernhardt H, Fegeler W, Harmsen D, et al.: Pilzinfektionen Teil I. Präanalytik (MiQ 14). Urban & Fischer, München, Jena 2001

Haase G, Borg – von Zeppelin M, Bernhardt H, Fegeler W, Harmsen D, et al.: Pilzinfektionen Teil II. Spezielle Pilzdiagnostik (MiQ 15). Urban & Fischer, München, Jena 2001

Kornman K S, Crane A, Wang H Y, Di Giovine F S, Newman M G, Pirk F W, Wilson T G Jr, Higginbottom F L, Duff G W: The interleukin-1 genotype as a severity factor in adult periodontal disease. J Clin Periodontol 24: 72-77, 1997

Lang N P, Karring T, Lindhe J: Proceedings of the 2nd European Workshop on Periodontology – Chemicals in Periodontics. Quintessenz Verlag, Berlin 1997

Greenstein G, Hart T C: Clinical utility of a genetic susceptibility test for severe chronic periodontitis: a critical evaluation. J Am Dent Assoc 133: 452-459, 2002

Moore W E C, Moore L V H: The bacteria of periodontal disease. Periodontology 2000 5: 66-77, 1994

Zambon J J: Periodontal Diseases: Microbial factors. Ann Periodontol 1: 875-925, 1996

Kapitel 16
Hygiene/Desinfektion und Sterilisation

Manfred Knoke

Zusammenfassung

Alle Hygienemaßnahmen dienen der Verhinderung einer möglichen Übertragung von Krankheitserregern. In der zahnärztlichen Praxis soll eine behandlungsbedingte Infektionsgefährdung des Patienten, aber auch der behandelnden Zahnärzte und des Personals vermieden werden. Dazu gibt es in den einzelnen Ländern entsprechende Vorschriften („Hygieneplan", Qualitätsleitlinien, Expertisen-Verzeichnisse), die die Hygienekonzepte einschließlich Personalhygiene umfassen. Besonders wichtig sind die Händehygiene und allgemeine Schutzmaßnahmen, die Haut- und Schleimhautantiseptik, die Desinfektion von Instrumenten, Geräten und Behandlungsbereichen und die Sterilisationsverfahren. Die zu verwendenden Desinfektionsmittel und Antiseptika unterliegen strengen Prüfverfahren und werden in regelmäßig aktualisierten Richtlinien empfohlen.

16.1 Einführung

Alle Hygienemaßnahmen in der zahnärztlichen Praxis dienen der Verhinderung einer möglichen Übertragung von Krankheitserregern. Diese sollen abgetötet oder inaktiviert und mögliche Übertragungswege unterbrochen werden. Dazu gehören Tröpfchen- und Schmierinfektionen durch Kontakt mit aerogenen Keimen sowie mit Blut, Speichel oder Nasen-Rachen-Sekreten. Ferner stellen kontaminierte Instrumente, Gegenstände oder Materialien eine Infektionsgefahr dar. Die Maßnahmen sind in zweierlei Richtung zu sehen. Sie dienen dazu, eine behandlungsbedingte Infektionsgefährdung des Patienten zu vermeiden, aber auch die behandelnden Zahnärzte und das direkt oder indirekt in die Behandlung einbezogene Personal vor einer Infektion zu schützen. Auch die Mitarbeiter eines zahntechnischen Fremdlabors sind mittelbar mit einbezogen. Alle an der Patientenversorgung beteiligten Mitarbeiter müssen sich auch bei nicht bekanntem Infektionsrisiko der potenziellen Infektionsgefährdung ihrer Tätigkeit bewusst sein. Bei bekannt erkrankten oder infizierten Patienten und bei Patienten, die Risikogruppen zuzuordnen sind, sind von vornherein verstärkte Vorsorgemaßnahmen zu treffen. Häufig sind Infektionen des Patienten nicht bekannt bzw. werden von ihm verschwiegen.

Die Verantwortung für die Durchführung der Hygienemaßnahmen trägt der Praxisinhaber bzw. der Leiter der Einrichtung. Entsprechend den von der Berufsgenossenschaft für Gesundheitsdienst und Wohlfahrtspflege (BGW) erlassenen Unfallverhütungsvorschriften (UVV „Gesundheitsdienst" §9) hat er je nach der Infektionsgefährdung Maßnahmen zur Desinfektion, Reinigung und Sterilisation sowie zur Ver- und Entsorgung schriftlich festzulegen und ihre Durchführung zu überwachen. Dementsprechend ist ein „Hygieneplan" schriftlich mit Angabe der verantwortlich betrauten Personen aufzustellen. Seine Durchführung hat der Praxisinhaber zu überwachen. Wiederholte Belehrungen der Beschäftigten mindestens einmal jährlich sind notwendig und jeweils zu dokumentieren. Die Aufstellung eines Hygieneplans wird auch durch die Richtlinie „Anforderungen der Hygiene in der Zahnmedizin" der Kommission für Krankenhaushygiene und Infektionsprävention am Robert-Koch-Institut (1998) sowie die Biostoffverordnung (BioStoffV) empfohlen. Der vorerst letzte Hygieneplan der Bundeszahnärztekammer entspricht dem Stand vom März 2000 und kann dort angefordert werden.

In der Schweiz ist die Praxishygiene in den Qualitätsleitlinien der Schweizerischen Zahnärzte-Gesellschaft SSO vom April 2000 enthalten. Es sind Beurteilungskriterien für Hygienekonzepte, Personalhygiene mit Impfempfehlungen, Händehygiene, Instrumentenaufbereitung, Oberflächendesinfektion, Desinfektion von Abformungen, Prothesen u. a. sowie für die Entsorgung von Abfällen angegeben. Ein schriftlich festgelegter Hygieneplan regelt Art, Umfang und Verantwortung für die einzelnen Hygienemaßnahmen.

Auch durch die Österreichische Gesellschaft für Hygiene, Mikrobiologie und Präventivmedizin (ÖGHMP) werden regelmäßig Expertisen-Verzeichnisse zur Prüfung der Desinfektionswirkung herausgegeben.

16.2 Allgemeine Hygienemaßnahmen

Die Hygienemaßnahmen beginnen mit einer sorgfältigen Patientenanamnese. Dadurch lassen sich vorbestehende Infektionskrankheiten häufig abklären und durch Distanzierung und ein besonders hygienebewusstes Verhalten des Personals kann das Infektionsrisiko minimiert werden. Relevante Informationen sollten auch an die im zahntechnischen und biochemischen Labor Tätigen erfolgen. Sorgfältiges Handhaben von Kanülen und Geräten hilft artifizielle Verletzungen der Mitarbeiter zu vermeiden. Auch entsprechende Schutzimpfungen beispielsweise gegen Hepatitis B sind zu empfehlen (in Deutschland kostenloses Immunisierungsangebot laut UVV „Gesundheitsdienst" §4).

16.2.1 Händehygiene und Schutzmaßnahmen

Die **Händehygiene** zählt zu den wichtigsten allgemeinen Hygienemaßnahmen und dient sowohl dem Schutz des Patienten als auch dem Selbstschutz. Hier sind alle direkt in die Behandlung einbezogenen Personen betroffen. Die Händehygiene umfasst Handreinigung, Handpflege und Infektionsschutz. Eine gepflegte Hand ohne Hautschäden stellt die beste Voraussetzung für einen effizienten Infektionsschutz dar. Die Handpflege reicht auch über die berufliche Tätigkeit hinaus in den privaten Bereich (Schutzhandschuhe bei Gartenarbeit). Die Unfallverhütungsvorschrift UVV „Gesundheitsdienst", § 6, verlangt am Arbeitsplatz geeignete Hautwasch- und -desinfektionsmittel aus Direktspendern sowie Handtücher zum einmaligen Gebrauch. Fließendes warmes und kaltes Wasser muss zur Verfügung stehen. Zur Reinigung verschmutzter Hände sind nichtalkalische, milde Reinigungslösungen einer Seifenreinigung vorzuziehen. Die Mittel sollten den natürlichen Säureschutzmantel der Haut nicht zerstören.

Händedesinfektion. Sie schließt sich an die Reinigung an. Es sind ausschließlich Mittel zu verwenden, deren Wirksamkeit durch anerkannte Prüfverfahren nachgewiesen ist. Prüfinstanzen sind die Deutsche Gesellschaft für Hygiene und Mikrobiologie (DGHM), das Robert-Koch-Institut Berlin, die Deutsche Vereinigung zur Bekämpfung der Viruskrankheiten (DVV) und die Österreichische Gesellschaft für Hygiene, Mikrobiologie und Präventivmedizin (ÖGHMP). So hat die Desinfektionsmittelkommission der DGHM ihre bisher letzte Liste am 4. Februar 2002 herausgegeben (Bezug über mhp-Verlag GmbH Wiesbaden). Sie enthält alle von ihr geprüften und als wirksam befundenen Desinfektionsverfahren für prophylaktische Desinfektionsmaßnahmen in Einrichtungen des Gesundheitswesens. Demgegenüber dürfen bei behördlich angeordneten Entseuchungen laut §18 IfSG nur die vom Robert-Koch-Institut auf Wirksamkeit geprüften Mittel und Verfahren verwendet werden. Die neue Liste mit Stand vom 31.05.2002 (14. Ausgabe) ist im 2003 erschienen (Liste 2003). Das 2. Expertisen-Verzeichnis der ÖGHMP (inkl. 1. Nachtrag) weist einen Stand vom Dezember 1997 auf. Seit 1997 existieren auch gesamteuropäische Prüfstandards (EN).

Tab. 16.1 Liste ausgewählter Desinfektionsmittel/Antiseptika: Hände-, Haut- und Schleimhautantiseptik.

Wirkstoff/Präparat	bakteriozid	bakteriostatisch	antiviral	fungizid	Dosierung	Einwirkzeit	Verwendung	Bemerkung
Ethanol	Konzentration 77%	Konzentration 10-20%	(+)	+	77%	5 min 30 s =>1->10 min.	CH HH HD	Nicht sporozid
Isopropanol n-Propanol	Konzentration 60-70% bzw. 50-60%	5-10%	(+)	+	60% 42%	3 min 30 s =>1->10 min.	CH HH HD	nicht in der Mundhöhle
Iodverbindungen/ Iodophore:PVP-Iod (Braunol® 2000)	+	+	+	(+)		1 min =>1->10 min.	HH SD HD	Hyperthyreose Eiweißfehler
Wasserstoffperoxid	+ (3%)	+	+	+ (ab 10%)	Mundspülung 3%		SD	in Kombination sporozid Blut inaktiviert
Chlorhexidin: Corsodyl®		+	(+)	++	Mundspülung 0,1-0,3%	kurzfristig	SD CH HH HD	allein nicht sporozid CH, HH, HD in Kombination, Eiweißfehler, Zytotoxizität
Polihexanid: Lavasept®	+	+		+	0,1 bzw. 0,2%		Wundantiseptikum HD, SD	keine Eiweißfehler, geringste Zytotoxizität
Phenolderivate	+ (*Mycobacterium* höhere Konz.)	+	(+)	+	2% 0,1-0,2% 0,02%		HH HD SD	nicht sporozid, untergeordnete Rolle
Hexetidin: Gurfix®	+	+	(+)		0,1%		SD	
Tosylchloramid-Natrium: Chloramin T, Trichlorol	+		(+)	-	Mundspülung 0,3%		SD	nicht sporozid, hoher Eiweißfehler, obsolet

Sektion IV

Tab. 16.1 Liste ausgewählter Desinfektionsmittel/Antiseptika: Hände-, Haut- und Schleimhautantiseptik. (Fortsetzung)

Wirkstoff/Präparat	bakteriozid	bakteriostatisch	antiviral	fungizid	Dosierung	Einwirkzeit	Verwendung	Bemerkung
Amphotenside	+ (*Mycobacterium* > 60')	+	(+)	+			HH	
Quaternäre Ammoniumverbindungen (Quats):	+	+	(+) mit Alkohol	+			HD	hoher Eiweißfehler, besser als Kombinationspartner
Cetylpyridinumchlorid: Dobendan®	+ (*Mycobacterium* Wirklücke)	+	(+)	+	Mundhöhle 0,05%		SD	
Octenidin Octenisept®	+	+	+HSV, HBV		Mundhöhle 0,1%	kurzfristig	HH,HD, SD	Zytotoxizität
Acridinfarbstoffe: Acriflavin	+ 0,2-0,5%	+	(+)	(+)	Mundspülung 0,1-0,5%		SD HD	zytotoxisch, unzureichend
Kaliumpermanganat	+	+	+		0,03%		SD	Nebenwirkungen, unzureichend
Thiocyanate, anorganisch		(+)	(+)	(+)			HD SD	Kombinationspartner

Verwendung:
CH chirurgische Händedesinfektion
HH hygienische Händedesinfektion
SD Schleimhautdesinfektion
HD Hautdesinfektion

Meistens werden Kombinationspräparate eingesetzt. Bei massiver Kontamination ist die Einwirkzeit bei der HH auf 3-5 min. zu verlängern.
Eiweißfehler: Wirkungsverschlechterung durch Blut, Eiter, Serum.

Händedesinfektionsmittel fallen unter das Arzneimittelgesetz und erfordern eine Zulassung. Dabei ist die Wirksamkeit gegenüber Mykobakterien und Viren besonders zu beachten. Eine Händedesinfektion ist vor und nach einer zahnärztlichen Behandlung obligat. Bei chirurgischen Behandlungsmaßnahmen ergeben sich weitere Gesichtspunkte.

Alkoholische Präparate sind besonders gut geeignet. Die Desinfektionslösungen werden in die Hand eingerieben (3 ml über 30 s, bei hoher Kontamination oder erhöhtem Infektionsrisiko => 5 min Einwirkzeit). Die genauen Anwendungsmengen und Einwirkzeiten sind den Gebrauchsanweisungen, den oben genannten Listen und der Tab. 16.1 zu entnehmen. Sie sind einrichtungsspezifisch im Hygieneplan zu fixieren.

Schutzhandschuhe.
Sie müssen wegen des stets bestehenden Infektionsrisikos bei jeder zahnärztlichen Behandlung routinemäßig getragen werden. Bevorzugt werden Latexhandschuhe, die steril und nichtsteril im Angebot sind. Beim Vorliegen einer Latexallergie können latexfreie Handschuhe genommen werden. Bei chirurgischen Eingriffen sowie bei Risikopatienten werden sterile, ungepuderte Einmalhandschuhe nach der chirurgischen bzw. hygienischen Händedesinfektion auf die trockene Haut gezogen. In anderen Fällen sind unsterile, ungepuderte Einmalhandschuhe möglich. Zwischen den Behandlungen verschiedener Patienten sind die Handschuhe zu wechseln. Nur bei geeigneter Handschuhqualität können sie nach zwischenzeitlicher Desinfektion weitergetragen werden, sofern keine sichtbaren Kontaminationen oder Perforationen aufgetreten sind.

Für die Wahl eines Handschuhs ist die Dichtigkeit gegenüber Mikroorganismen und Viren wichtig. Eine Prüfung der Handschuhchargen auf Rissbildung wird angeraten. Gute Griffigkeit, erhaltene Taktilität, Verträglichkeit gegenüber Lösungen und zahnärztlichen Werkstoffen, Akzeptanz in Geschmack und Geruch durch den Patienten und ein vertretbarer Preis beeinflussen weiterhin die Auswahl. Untersuchungen haben ergeben, dass fabrikneue Schutzhandschuhe zum Teil erhebliche Undichtigkeiten aufwiesen, wobei Latexhandschuhe am besten abschnitten. Die Europäische Norm EN 455 für medizinische Handschuhe zum einmaligen Gebrauch sollte erfüllt sein. An eine zunehmende Durchlässigkeit bei einer längeren Tragezeit ab etwa 30 min ist ebenfalls zu denken.

Weiterhin ergeben sich Unterschiede hinsichtlich der Hautverträglichkeit. Allergien gegen Latex, aber auch gegen die als Puder verwendete Maisstärke sind nicht so selten. In diesen Fällen sind hypoallergene puderfreie Handschuhe zu bevorzugen.

Da Mikroorganismen im feuchtwarmen Klima unter den Schutzhandschuhen günstige Vermehrungsbedingungen finden, ist vor und nach ihrer Benutzung eine hygienische Händedesinfektion verbunden mit Hautpflege durchzuführen.

Weitere Schutzmaßnahmen.
Generell ist hochgeschlossene Schutzkleidung mit einem Verschluss auf der Rückseite zu tragen. Die Arbeitsbekleidung des Zahnarztes und seiner Mitarbeiter ist in Abhängigkeit von seiner Tätigkeit mindestens einmal täglich zu wechseln. Bei ambulanten operativen Eingriffen muss die

Schutzkleidung gegebenenfalls steril sein. Wenn mit Verspritzen oder Versprühen erregerhaltigen Materials zu rechnen ist, sind mehrlagige Mund- und Nasenmasken sowie Brillen möglichst mit Seiten- bzw. Gesichtsschutz und Kopfbedeckung einzusetzen. Einlagige Papier- und Mullmasken zeigten eine große Keimdurchlässigkeit (HEEG und SETZ 1994).

16.2.2 Haut- und Schleimhautantiseptik

Hautantiseptik vor Injektionen und operativen Eingriffen. Das mikrobiologische Spektrum von Hautantiseptika muss vegetative Bakterien und Pilze erfassen. Eine Wirksamkeit gegen bakterielle Sporen ist nicht unbedingt erforderlich. Bei Anhaltspunkten für eine erhöhte Kontamination ist vor der Antiseptik die Reinigung der Haut durchzuführen. Ähnlich wie bei der Händedesinfektion besitzen auch für die Hautantiseptik die Alkohole eine dominierende Bedeutung. Ferner werden PVP-Iod sowie Wirkstoffe mit Tensidcharakter eingesetzt. Wie bei der Händedesinfektion sollten nur geeignete zertifizierte Präparate angewandt werden. Dosierung und Einwirkzeit richten sich nach den Angaben der Hersteller und den Empfehlungen (siehe auch Tab. 16.1). Sofort- und Langzeitwirkung sind an talgdrüsenarmer Haut deutlich kürzer als an drüsenreicher. In letzterem Fall können die empfohlenen Einwirkungszeiten 10 min betragen, wobei das Antiseptikum wiederholt aufzutragen ist.

Schleimhautantiseptik. Mit Hilfe von präparategetränkten Tupfern oder durch Besprühen bzw. Spülen der Mundhöhle lässt sich eine Reduktion der Keimzahl um 1,5-3 log-Stufen erreichen. Diese Maßnahmen sind zu empfehlen vor der Behandlung von Patienten mit erhöhtem Infektionsrisiko, bei intermaxillärer Immobilisation, bei akzidenteller Kontamination und vor umfangreichen intraoralen chirurgischen Eingriffen. Bei Eingriffen über 30 min Dauer sind die antiseptischen Maßnahmen zu wiederholen. So ist eine präoperative Antiseptik angezeigt bei allen Patienten, die ein erhöhtes Endokarditis-Risiko tragen (siehe Kap. 13.10.2.2). Auf einige Präparate wird in der Tab. 16.1 hingewiesen.

16.3 Aktive Hygienemaßnahmen

Zu diesen gehören Desinfektion, Sterilisation und der Einsatz von Einmal- oder Einwegartikeln. Die Anforderungen an die Hygiene bei der Aufbereitung von Medizinprodukten werden in den Empfehlungen der Kommission für Krankenhaushygiene und Infektionsprävention beim RKI angeführt (Anforderungen 2001). Bei wieder zu verwendenden Instrumenten ist die Reihenfolge Desinfizieren-Reinigen-Sterilisieren einzuhalten, soweit eine Sterilisation möglich ist.

Ziel der Desinfektion ist die gezielte Eliminierung (Reduktion) bestimmter unerwünschter Mikroorganismen, so dass sie keine Infektion mehr verursachen können. In den Schweizer Qualitätsrichtlinien wird als Ziel eine Keimreduktion (ohne Sporen) um mindestens 5 Log-Stufen angegeben. Durch eine Sterilisation sollen nicht nur vegetative Bakterienzellen, Viren und Pilze, sondern auch Bakteriensporen um mindestens 6 Log-Stufen inaktiviert werden. Inzwischen sind Euronormen auf dem Gebiet der Sterilisation ratifiziert worden (GUGGENHEIM et al. 1999). Letztliches Ziel der Sterilisation ist es, alle Formen von Leben, einschließlich DNA/RNA-Viren und Prionen, irreversibel zu zerstören.

Besondere Bestimmungen gelten für die Handhabung der Praxiswäsche sowie die Entsorgung von Müll und Abfällen.

16.3.1 Desinfektion von Instrumenten, Geräten und Behandlungsbereichen

Merke:
Desinfektionsverfahren werden angewandt, wenn eine Sterilisation aus Materialgründen nicht möglich ist und Einwegartikel nicht eingesetzt werden können. Nach Möglichkeit sollte immer der sichere Weg der Sterilisation gewählt werden.

Instrumente und Hilfsmittel für die allgemeine, restaurative und kieferorthopädische Behandlung sind zunächst zu reinigen und dann zu desinfizieren bzw. bei Verletzungsgefahr ist eine Desinfektion vor der Reinigung vorgeschrieben. Anschließend erfolgt falls erforderlich die Sterilisation. Ein thermisches bzw. chemothermisches maschinelles Reinigungs- und Desinfektionsverfahren in einem Desinfektionsgerät ist stets vorzuziehen. Die nasschemische Wannendesinfektion mit Einlegen in eine Lösung, die desinfiziert und reinigt, ist (auch im Ultraschallbad) möglich, weist aber zahlreiche Probleme auf.

Die angewandten chemischen Desinfektionsmittel unterliegen einem anerkannten Prüfverfahren. Einige Vorschläge werden in der Tab. 16.2 gemacht. Dosierung, Einwirkzeit und Standzeit der Lösung sind entsprechend den Herstellerangaben zu berücksichtigen und im Hygieneplan niederzuschreiben.

Entsprechende thermische Desinfektions- und Reinigungsverfahren gelten auch für **rotierende und oszillierende Instrumente**. Übertragungsinstrumente (Hand- und Winkelstücke, Turbinen) werden bei der Behandlung auch innen kontaminiert. Sie werden manuell oder maschinell (beispielweise mit dem Turbocid-Gerät vollautomatisch) außen und innen aufbereitet, desinfiziert und gleichzeitig geschmiert. Auch eine Dampfsterilisation ist teilweise möglich. Auf eine kontaminationsgeschützte Lagerung aller Instrumente mit einer maximalen Lagerfrist ist zu achten.

Bei der **Absauganlage** ist möglichst nach jeder Benutzung besonders nach dem Ansaugen von Blut ein reichliches kaltes Wasser-Luftgemisch durchzusaugen und dann das langsame Durchsaugen eines Gemisches aus Luft und Reinigungs- bzw. Desinfektionsmittel anzuschließen. Diese Maßnahme sollte mindestens am Ende jedes Behandlungstages erfolgen.

Eine Besonderheit stellt die **Desinfektion von abnehmbarem Zahnersatz und von Abformungen** dar. Sie sind durch vorsichtiges Abwischen unter fließendem Leitungswasser zu reinigen und dann mit einem unter Blut- und Speichelbelastung wirksamen Desinfektionsmittel zu desinfizieren. Am besten sind sauerstoffabspaltende Verbindungen oder Aldehyde geeignet. Die Wirksamkeit der Desinfektion an schwer zugänglichen Stellen kann durch Kombination mit Ultraschall verbessert werden. Allgemein anerkannte Prüfmethoden sind noch nicht eingeführt.

Patientennahe Oberflächen und Gegenstände, Einrichtungsgegenstände, Räume und Fußböden in Untersuchungs- und Behandlungsbereichen unterliegen am Ende des Behandlungstages einer Reinigung durch Wischen mit einem Flächendesinfektionsmittel. Durch keimhaltiges Aerosol kontaminierte Flächen sind nach jeder Behandlung zu desinfizieren. Im Rahmen der Hygieneüberwachung sind in festgelegten Abständen besonders zu kontrollieren das zuführende Leitungswasser, das Turbinenkühlwasser, die Desinfektions-Reinigungsgeräte und die Sterilisatoren. Hierbei muss eine genaue Dokumentation erfolgen. Bei behördlich angeordneten Entseuchungen laut §18 IfSG sind nur die vom Robert-Koch-Institut auf Wirksamkeit geprüften Mittel und Verfahren anzuwenden (Liste 2003).

Tab. 16.2 Liste ausgewählter Desinfektionsmittel: Instrumentendesinfektion.

Präparat	Wirkstoffe	Konzentration (%)	Einwirkzeit (min)	Bemerkung
Korsolex® basic	Glutaraldehyd,	4	15	hohe Materialverträglichkeit
	Aldehydabspalter	3	30	
		2	60	
Korsolex® AF	Alkylamine	3	15	bei hoher Blutbelastung
		2	30	
		1	60	
Lysoformin® 3000	Glutaraldehyd,	3	30	bei Formaldehydallergie
	Glyoxal, Quats	2,5	60	
Sekusept® forte S	Formaldehyd	4	15	bei hoher Blutbelastung
	Glutaraldehyd	2,5	30	
		1	60	
Sekusept® plus	Glucoprotamin	4	15	bei Aldehydunverträglichkeit
		2,5	30	
		1	60	
Superficid® ID	Formaldehyd,	3	15	bei hoher Blutbelastung
	Glutaraldehyd,	2	30	
	Quats	1	60	
Natriumhypochlorit		2,5-5	24 h	ausnahmsweise bei Prionen (CJK)

Die Einwirkzeit ist abhängig von der Eiweiß- und Blutbelastung.
Quellen: Desinfektionsmittelliste der EMAU Greifswald, Hygieneplan der BZÄK

16.3.2 Sterilisation

Alle Instrumente und Materialien, die die Integrität der Körperoberfläche durchtrennen oder Wunden berühren, müssen sterilisiert werden. Das am meisten bewährte Sterilisationsverfahren ist gespannter Dampf. Die Heißluftsterilisation wird inzwischen als obsolet eingeordnet. Beim Dampfsterilisator (Autoklav) richtet sich die Betriebszeit nach der Arbeitstemperatur von 134°C (mindestens 3 min) bzw. 121°C (mindestens 15 min) und dem Dampfdruck (reiner Sattdampf). Moderne Sterilisatoren sind automatisch gesteuert und haben fest eingestellte Sterilisationsprogramme, die vollständig dokumentiert und regelmäßig geprüft werden.

Merke:
Für die Sterilisation gelten folgende Leitlinien:

- Erforderliche Sterilisationstemperatur, Sterilisationsdampfdruck und Einwirkungszeit des Sattdampfes müssen genau eingehalten werden.
- Nach Erreichen der Sterilisationstemperatur ergibt sich die Sterilisierzeit aus Ausgleichszeit und Halte- (Abtötungs-)zeit. Damit entspricht die Sterilisierzeit nicht der Betriebszeit. Sterilisationstemperatur und -dampfdruck müssen jederzeit kontrollierbar sein.
- Das Sterilisationsgut ist im Gerät so zu lagern, dass Überfüllung und Kälteinseln sowie geschlossene Behälter vermieden werden.
- Mindestens zweimal jährlich ist die Funktionstüchtigkeit eines Sterilisators zu überprüfen, was meistens als Prüfung mit Bioindikatoren (= mit definierten Sporen beimpfte Keimträger) erfolgt. Vorzugsweise ist bei Dampfsterilisationsverfahren eine physikalische Überprüfung vorzunehmen.
- Das gesamte Instrumentarium ist möglichst zu sterilisieren.
- Vermeiden einer Neukontamination des sterilisierten Gutes durch Mitarbeiter, Transport oder Lagerung.
- Die Sterilisationsdaten sind auf den Verpackungen gut lesbar zu vermerken. Der Sterilisatorzyklus ist in einem Journal zu dokumentieren.
- Hinsichtlich der Betriebszeiten sind die entsprechenden Herstellerangaben unbedingt einzuhalten.
- Schriftliche Festlegungen zur Verfahrensweise im Hygieneplan der Einrichtung.

16.4 Maßnahmen bei Verdacht auf oder Nachweis von Hepatitis B, Hepatitis C, AIDS und Creutzfeldt-Jakob-Krankheit

Mit den genannten Viren kontaminierte Instrumente sind in der Regel zu sterilisieren. Zu beachten ist, dass das Hepatitis-B-Virus ein höheres Übertragungsrisiko bedeutet und gegenüber der Desinfektion bedeutend resistenter ist als HIV. Die chronische Hepatitis C gehört zu den häufigsten chronischen Lebererkrankungen und übertrifft inzwischen die Zahl der Patienten mit Hepatitis B deutlich. Beide Viren werden vor allem durch Kontakt mit Blut oder Blutprodukten übertragen. Eine Infektion über kleinere Hautverletzungen, aber auch durch Kanülen und Instrumente, ist mehrfach beschrieben worden. Durch die Hand des Operateurs sind Übertragungen auf den Patienten möglich. Die Übertragung von HIV lässt sich durch korrekte Desinfektionsmaßnahmen verhindern, da dieses Virus relativ empfindlich ist. Die Desinfektionsmittel müssen unter Berücksichtigung der vom Hersteller empfohlenen Konzentration und Einwirkungszeit eingesetzt werden. Auch hier gilt, dass die Wahl des Desinfektionsmittels durch die Zugehörigkeit eines Instrumentes zu einer bestimmten Risikokategorie erfolgt. Hitzelabile Instrumente sollen mit einem hochwirksamen Desinfektionsmittel desinfiziert und anschließend mit sterilem Wasser abgespült werden.

Entsprechend dem Hygieneplan der Bundeszahnärztekammer vom März 2000 sollen bei Patienten mit Verdacht auf Creutzfeldt-Jakob-Krankheit operative Eingriffe möglichst unter Verwendung von Einweginstrumenten und Einwegmaterialien durchgeführt werden. Chirurgische Instrumente, die bei diesen Patienten eingesetzt wurden, sollten generell nicht wieder verwendet oder wo unumgänglich mit wirksamen Maßnahmen behandelt werden. Alle nicht dampfsterilisierbaren Instrumente und Materialien sind zu vernichten. Als allein geeignete Verfahren zur Inaktivierung von Prionen werden zur Zeit empfohlen (Hygieneplan der BZÄK):

- Behandlung mit 2,5–5%iger Natriumhypochloritlösung, 24 h bei Raumtemperatur,
- Autoklavieren bei 134°C, 3 bar über eine Stunde.

16.1 – 16.4

Literatur

Anforderungen an die Hygiene bei der Aufbereitung von Medizinprodukten. Empfehlungen der Kommission für Krankenhaushygiene und Infektionsprävention beim Robert-Koch-Institut (RKI) und des Bundesinstitutes für Arzneimittel und Medizinprodukte (BfArM). Bundesgesundhbl 44: 1115-1126, 2001

Guggenheim B, Mombelli A, Wiehl P: Sterilisation in der zahnärztlichen Praxis: Definitionen, Verfahren, Euro-Normen und Empfehlungen. Schweiz Monatsschr Zahnmed 109: 1061-1072, 1999

Heeg P, Setz J: Praxishygiene. Probleme und Lösungen. Georg Thieme Verlag, Stuttgart, New York 1994

Kommission für Krankenhaushygiene und Infektionsprävention am Robert-Koch-Institut: Anforderungen an die Hygiene in der Zahnmedizin. Bundesgesundheitsblatt 8: 363-369, 1998

Kramer A, Gröschel D, Heeg P, Hingst V, Lippert H, Rotter M, Weuffen W (Hrsg.): Klinische Antiseptik. Springer Verlag, Berlin, Heidelberg, New York et al. 1993

Kramer A, Heeg P, Botzenhart (Hrsg.): Krankenhaus- und Praxishygiene. Urban & Fischer Verlag, München, Jena 2001

Kramer A, Wendt M, Werner H-P (Hrsg.): Möglichkeiten und Perspektiven der klinischen Antiseptik. mhp-Verlag GmbH, Wiesbaden 1995

Liste der vom Robert-Koch-Institut geprüften und anerkannten Desinfektionsmittel und -verfahren. Bundesgesundhbl 46: 72-95, 2003

Schweizerische Zahnärzte-Gesellschaft SSO (Hrsg.): Qualitätsleitlinien in der Zahnmedizin (Handbuch). Bern 2000

Sümnig W, Voigt M, Kramer A: Zahn-, Mund- und Kieferheilkunde. In: Kramer A, Heeg P, Botzenhart K (Hrsg): Krankenhaus- und Praxishygiene, Urban & Fischer, München, Jena 2001, Seite 612-625

Von Rheinbaben F, Wolff M H: Handbuch der viruswirksamen Desinfektionen. Springer Verlag, Berlin, Heidelberg, New York et al. 2002

Kapitel 17
Angewandte Immunologie

Catherine Weber und Jürg Meyer

Zusammenfassung
Mit serologischen Testmethoden werden Reaktionen zwischen Antikörpern und Antigenen sichtbar gemacht. Diagnostisch werden die serologischen Reaktionen einerseits zum Nachweis von Antigenen in Patientenmaterial und andererseits zum Nachweis von Antikörpern oder quantitativ von Antikörpertitern in Patientenseren eingesetzt.

Impfungen ermöglichen die Verhütung von Infektionskrankheiten. Man unterscheidet die aktive Immunisierung, bei der das Immunsystem durch Verabreichung von Antigen-Impfstoffen zur Ausbildung einer spezifischen Immunität angeregt wird von der passiven Immunisierung, bei der von einem anderen Wirt hergestellte Antikörper (Immunglobuline) verabreicht werden. Impfempfehlungen zielen auf einen optimalen Impfschutz der Bevölkerung, bestimmter Bevölkerungsgruppen oder einzelner Individuen ab. Sie werden aufgrund neuer Entwicklungen von Impfstoffen, aufgrund der epidemiologischen Situation und basierend auf den Empfehlungen der WHO regelmäßig überarbeitet.

Das Praxisteam ist durch Aerosol, Blut, Speichel, Atemwegsekrete und durch direkten Hautkontakt einer Vielfalt von Mikroorganismen ausgesetzt. Gegen einige können erfolgreich Schutzimpfungen eingesetzt werden. Impfungen sind ein einfaches und sicheres Mittel, um das Praxispersonal gegen die Übertragung gewisser Infektionskrankheiten zu schützen. Bei Mitgliedern des zahnärztlichen Teams, die als Angehörige einer Risikogruppe zu betrachten sind, stehen die Impfungen gegen Hepatitis B, Tetanus und Grippe im Vordergrund, doch sollte auch der Schutz gegen Masern, Mumps, Röteln und Diphtherie, der meistens durch frühere Impfungen erworben wurde, überprüft und gegebenfalls erneuert werden.

17.1 Testmethoden

17.1.1 Einleitung

Serologische Testmethoden wurden entwickelt, um mit Hilfe von spezifischen Antiseren Antigene* nachzuweisen oder mit Hilfe von bestimmten Antigenen Serumantikörper zu bestimmen. Die Testmethoden beruhen darauf, dass **Antigen-Antikörper-Reaktionen sichtbar gemacht** werden. Diagnostisch werden die serologischen Reaktionen einerseits zum Nachweis fraglicher Antigene in Patientenmaterial (z. B. Streptokokken der Serogruppe A im Rachenabstrich bei Scharlach) mit Hilfe spezifischer Antiseren und / oder andererseits zum Nachweis von Antikörpern in einem Patientenserum eingesetzt. Dabei ist es klinisch wichtig, zwischen einer akuten und einer früher abgelaufenen Infektion zu unterscheiden. Hinweise gibt das Vorhandensein von IgM-Antikörper (Primärantwort) und die Menge vorhandener Antikörper (Antikörpertiter), die im Verlauf einer Infektion ansteigt. Später werden sie von IgG abgelöst (Sekundärantwort), die über lange Zeit nachweisbar bleiben (siehe Kap. 2.6.2.1).

Antikörper und Antigene sind große Moleküle, die nur über einen kleinen Teil ihrer Oberfläche miteinander reagieren. Beim Antikörper werden diese Bereiche Paratop (Antigenbindungsstelle), beim Antigen Epitop (antigene Determinante) genannt (siehe Antigene*). Epitope können aus diversen Bausteinen bestehen. Antikörper weisen 2 oder mehr Paratope auf.

Univalente Antigene erhalten nur ein Epitop. Multivalente Antigene tragen zahlreiche Epitope. Antigen-Antikörper-Komplexe (Immunkomplexe*) bilden sich, wenn Antigene und homologe Antikörper aneinander binden. Diese Reaktion kann unter anderem nachgewiesen werden, wenn sich sichtbare Komplexe bilden (beispielsweise durch Markierung des Antigens oder des Antikörpers) oder sich die biologische Aktivität des Antigens verändert.

Durch die Entwicklung monoklonaler Antikörper (MAK*) wurde der Antigennachweis mit Hilfe markierter Antikörper zu einer relativ einfachen Untersuchung mit hoher Spezifität.

17.1.2 Präzipitation

In Abhängigkeit von der Größe des Antigens ergibt sich bei der Bildung von Antigen-Antikörper-Komplexen das Bild der Präzipitation oder der Agglutination*. Bei der Antikörper-Reaktion mit gelösten Antigenmolekülen sind die Epitope Bestandteile gelöster Moleküle. Zwischen Antikörper und Antigen bilden sich große Netzwerke, die ausfallen (Präzi-

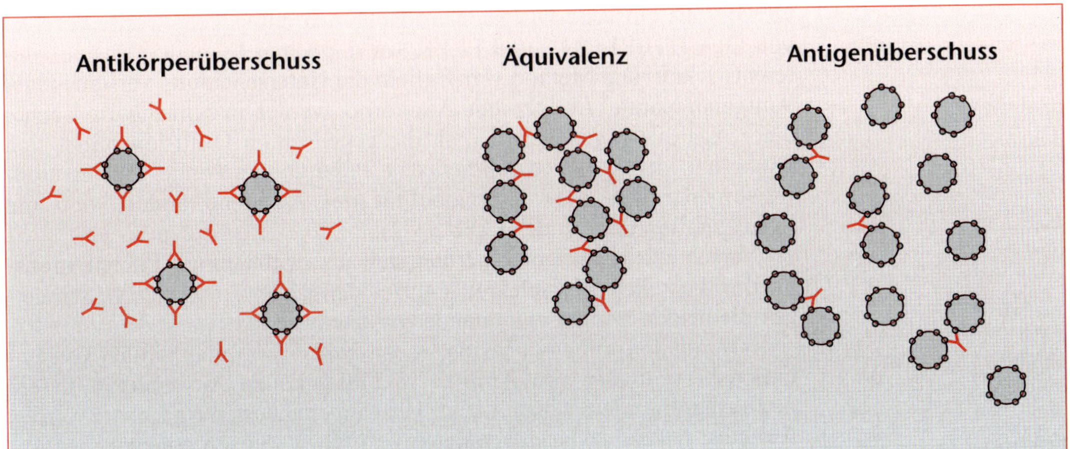

Abb. 17.1 Präzipitation: Große Antigen-Antikörper-Komplexe (Immunkomplexe*), die aus der Lösung ausfallen (präzipitieren), bilden sich nur bei Äquivalenzbedingungen. Bei Antikörperüberschuss (links) und Antigenüberschuss (rechts) entstehen nur kleine, lösliche Komplexe.

pitation). Die Größe der entstehenden Komplexe hängt von der Valenz (Zahl der Epitope/Paratope pro Partikel des Antigens oder Antikörpers) und dem Mengenverhältnis von Antigen und Antikörper ab.

Sind mehr Epitope als Paratope vorhanden, bleibt die Bildung eines Netzwerks aus. Eine Präzipitation findet nur in einem relativ engen Bereich statt, wo sich Antikörper und Antigen quantitativ einigermaßen entsprechen; man nennt diesen Bereich die „Äquivalenzzone" (Abb. 17.1).

17.1.3 Agglutination

Sichtbare Agglutination* widerspiegelt die Anwesenheit von Immunkomplexen* mit Beteiligung großer Partikel wie Bakterien, Blutkörperchen oder Zellen. Bei der **aktive Agglutination** wird ein korpuskuläres Antigen und ein löslicher Antikörper verwendet, bei der **passiven Agglutination** ein lösliches Antigen und ein korpuskulärer Antikörper. Bei der Hämagglutination* dienen Erythrozyten als korpuskuläre Antigenträger.

Von Bedeutung sind die Objektträger-Agglutination zur serologischen Bestimmung von Bakterien (*Salmonella*) oder die Agglutinationsreaktion nach Gruber-Widal zur Bestimmung des Antikörpertiters (*Brucella, Salmonella*).

17.1.4 Immunodiffusion

Eine praktische Anwendung der oben vorgestellten Präzipitation stellt die Immundiffusion dar. Die Reaktionspartner, Antigen* und Antikörper, diffundieren gegenseitig in einem halbfesten Medium **(Gelpräzipitation)**. Die gegenseitige Diffusion von Antigen und Antikörper von zwei gegenüberliegenden Seiten führt bei der Stelle des optimalen Äquivalenzverhältnisses zur Ausbildung einer sichtbaren Präzipitationsbande. Von OUDIN als einfache Diffusion im Röhrchen entwickelt, wurde der Test von OUCHTERLONY und ELEK zur doppelten Immunodiffusion weiterentwickelt. Die Methode ermöglicht die Unterscheidung verschiedener Antigenpräparate. Antigen und Antikörper werden in benachbarte Löcher einer Agarplatte gegeben. Durch die gegenseitige Diffusion bildet sich wiederum im Äquivalenzbereich eine Präzipitationsbande. Bei nur teilweiser Identität oder Nichtidentität der Antigene ändert sich die Konfiguration der Banden (Abb. 17.2).

Verschiedene Antigene werden sich als unabhängige Präzipitationsbanden darstellen, die sich kreuzen. Bei identischen Antigenen verschmelzen die beiden Banden miteinander zu einem Bogen.

Als radiale Immunodiffusion findet dieses Verfahren bei der Konzentrationsbestimmung von Antigen in Flüssigkeiten Anwendung. In ein Loch einer mit identischen Antikörpern angereicherten Agarplatte werden Antigene gegeben, die diffundieren und einen je nach zugegebener Antigenmenge unterschiedlichen Präzipitationsring um die Mulde bilden.

Als Immunelektrophorese kann die Präzipitation mit Antigen-Auftrennungsverfahren kombiniert werden.

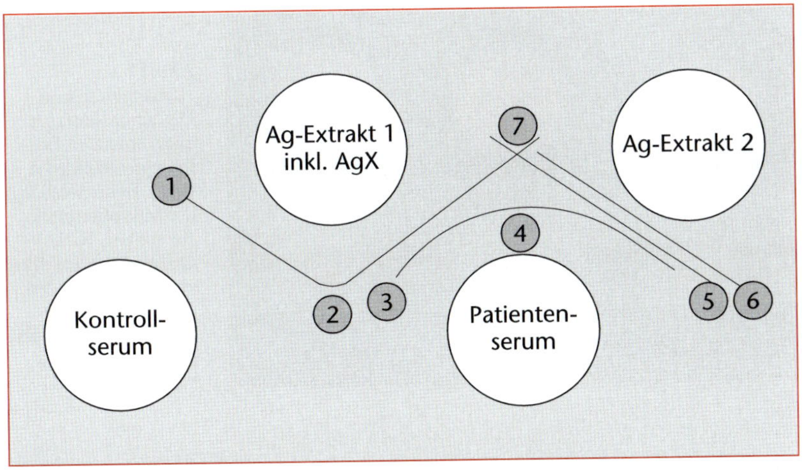

Abb. 17.2 Doppelte Immunodiffusion (ermöglicht die Zuordnung von Antigenen* zu einem Testantikörper): Das Kontroll-Serum enthält Antikörper gegen ein Antigen X in Extrakt 1 (Linie 1). Das Patientenserum enthält Antikörper, die mit dem gleichen Antigen (Extrakt 1) reagieren (Identität durch Kontinuität, Übergang 2), und mit einem weiteren Antigen aus Extrakt 1 (Linie 3). Dieses Antigen ist auch in Extrakt 2 enthalten (Identität, Übergang 4). Daneben enthält Extrakt 2 zwei Antigene (Linien 5 und 6) die in Extrakt 1 nicht enthalten sind (Nicht-Identität, Überkreuzung 7), und gegen die ebenfalls Antikörper im Patientenserum enthalten sind.

17.1.5 Immunelektrophorese

In einem Agargel mit elektrischem Feld wird eine Rille und ein gegenüberliegendes Loch angebracht. Ein proteinhaltiges Antigen wird in das Loch gegeben. Das elektrische Feld bewirkt, dass sich die Proteine entsprechend ihrer Ladung anordnen. In die Rille wird ein Antiserum appliziert, worauf sich durch Diffusion im Gel wiederum Präzipitationslinien bilden. Dadurch können die Proteine identifiziert oder die Spezifität von Antiseren überprüft werden.

17.1.6 Hämagglutination, passive Agglutination und Latexagglutination

Die Aggregation von Erythrozyten durch Antikörper in einer Suspension wird **Hämagglutination*** genannt. Methoden, die die Hämagglutination anwenden, sind häufig sensitiver als Präzipitationstests. Am häufigsten wird die passive Hämagglutination verwendet. Antigen* wird auf die Oberfläche von Erythrozyten gebunden. Die Erythrozyten werden mit Antiseren vermischt, die gegen das Antigen gerichtet sind. Der Grad des Ausfalls und die Verdünnung des Serums (Titer) zeigt die Menge von Antikörpern an (Abb. 17.3).

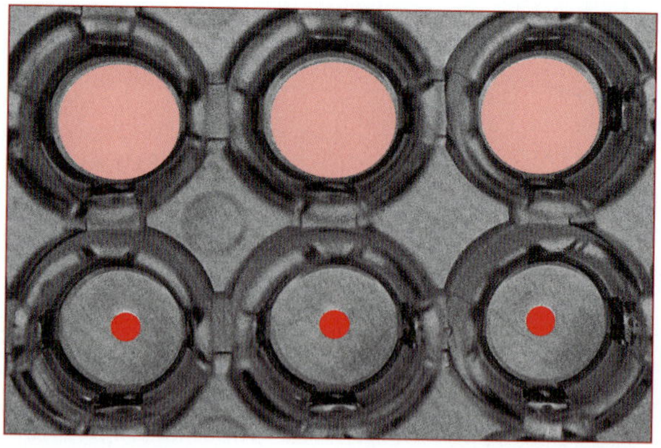

Abb. 17.3
Hämagglutination: Die durch Antikörper quervernetzten Erythrozyten kleiden die ganze Bodenwölbung der Mikrotiterplatte aus (oben). Nicht agglutinierte Erythrozyten sinken an den tiefsten Punkt der Vertiefung und bilden eine kleine rote Fläche (unten).

Als Beispiel kann der in der Luesdiagnostik beim Screening und der Grunddiagnostik eingesetzte *Treponema pallidum*-Hämagglutinationstest angeführt werden. Dabei sind die Erreger-Antigene an Schaferythrozyten als Träger gekoppelt.

Bei der **passiven Agglutination** sind die Epitope nicht natürliche Bestandteile der Partikel, sondern künstlich angelagert.

Die **Latexagglutination** beruht auf der Bindung von Antigen an Latex und der Agglutination oder Verklumpung bei Exposition mit seinem spezifischen Antigen oder Antikörper. Es gibt Latex-Agglutinationstests zum Nachweis von Antigenen in klinischen Proben von Streptokokken der Gruppen A, B, C, D, F und G, *Haemophilus influenzae* und *Streptococcus pneumoniae*. Die Sensitivität entspricht ungefähr traditionellen kulturellen Methoden, die qualitativen oder halbquantitiativen Resultate sind aber viel rascher verfügbar. Durchgeführt wird ein indirekter, passiver Test und ein Inhibitionstest.

17.1.7 Direkte und indirekte Immunfluoreszenz

Die Immunfluoreszenz verbindet die Sensitivität und Spezifität eines immunologischen Tests mit mikroskopischer Lokalisation. Sie erlaubt die Identifikation von spezifischen Bakterien in beispielsweise subgingivaler Plaque, oder von Viren auf/in Zellen und Geweben. Bei der **direkten Immunfluoreszenz** (Abb. 17.4A) werden Antikörper aus einem Immunserum direkt mit fluoreszierenden Farbstoffen (Fluorochrome) gebunden und zur Darstellung möglicher Antigene auf Präparate gegeben. Eine stattgefundene Antigen-Antikörper-Reaktion lässt sich im Fluoreszenzmikroskop nachweisen. Die direkte Immunfluoreszenz wird eher selten eingesetzt.

Die **indirekte Immunfluoreszenz** (Abb. 17.4B) ist ein Test in zwei Schritten. Der erste, spezifische Antikörper ist unmarkiert. Gebildete Antigen-Antikörper-Komplexe werden dann mit einem weiteren, markierten, sog. Anti-Immunglobulin-Antikörper nachgewiesen. (Für Gewebeschnitte werden oft enzymmarkierte Antikörper verwendet. Das Enzym katalysiert die Umwandlung einer farblosen Substanz in einen Farbstoff und das resultierende Farbpräzipitat kann direkt lichtmikroskopisch betrachtet werden).

Durch indirekte Immunfluoreszenz kann qualitativ und quantitativ untersucht werden, ob in einem Patientenserum Antikörper gegen mikrobielle Antigene oder gegen Gewebsantigene vorkommen. Das Verfahren wird also auch zum Nachweis von Autoimmunantikörpern eingesetzt.

Die Immunfluoreszenz ist eine nützliche Labormethode für die Diagnose von spezifischen bakteriellen Pathogenen (z. B. Chlamydien). Erkennt der spezifische Antikörper nur ein Epitop auf dem Erreger (bei monoklonalen Antikörpern, MAK*), besteht das Risiko, daß bei einer Mutation* in diesem Antigenbereich der Erreger nicht erfaßt wird. Aus diesem Grund wird oft ein Gemisch von verschiedenen MAK oder polyklonale Antiseren verwendet. Die Methode wird auch zum Antikörpernachweis bei diversen Viruserkrankungen eingesetzt (EBV, HHV-6 und -8).

17.1.8 ELISA-Technik

a) **Antikörper-Nachweis:** beim Enzyme-linked Immunosorbent-Assay (ELISA, oft verkürzt EIA – Enzyme-Immuno-Assay genannt) wird das Antigen kovalent an einen festen Träger (Vertiefungen in Mikrotiterplatten oder Plastikkügelchen) gebunden. Antikörper aus darübergeschichtetem Patientenserum binden sich an das Antigen. Die entstandenen Antigen-Antikörperkomplexe bleiben am festen Träger gebunden, überschüssige Antikörper (Immunglobuline, Serumbestandteile) werden abgewaschen. Anschließend werden sekundäre Antikörper (Antiimmunglobulin) darübergeschichtet, die mit einem Enzym markiert worden sind. Übrige, ungebundene sekundäre Anti-Ig-Antikörper werden abgewaschen. Durch Zugabe von Substrat kommt es zur Bildung eines farbigen Produktes, das quantitiativ mit einem

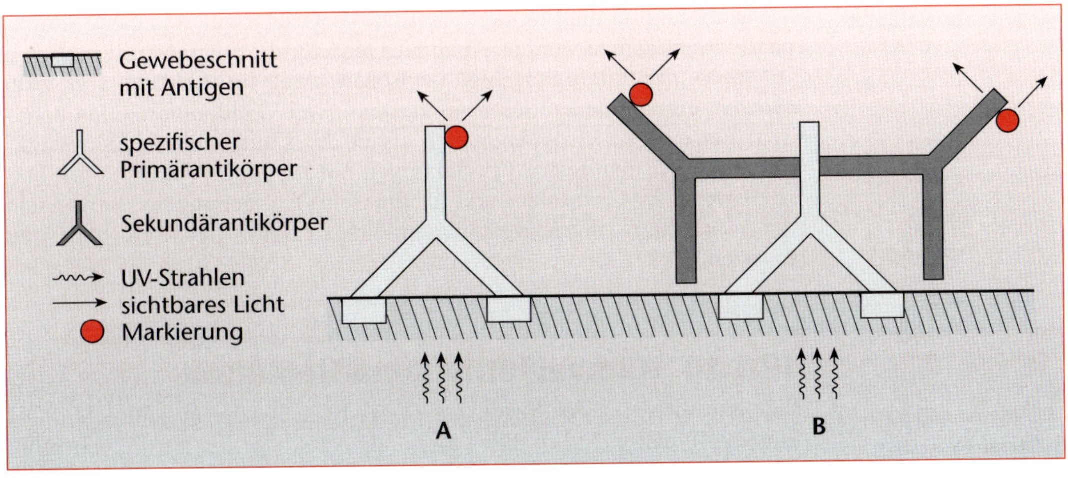

Abb. 17.4
A. Direkte Immunfluoreszenz: Der spezifische Primärantikörper ist mit einem Fluorochrom markiert.
B. Indirekte Immunfluoreszenz: Ein an den Primärantikörper bindender Sekundärantikörper wird nachgewiesen.

Photometer bestimmt werden kann. Die Produktmenge korreliert mit der Menge des nachzuweisenden Antikörpers (Titer).

b) **Antigen-Nachweis:** mit ELISA können auch Antigene nachgewiesen werden. Dazu werden spezifische Antikörper am Träger fixiert. Antigenproben werden überschichtet und dann nicht gebundene Antigene weggewaschen. Gebundene Antigene werden mit einem spezifischen enzymmarkierten Antikörper nachgewiesen. ELISA-Tests werden zum Sofortnachweis von Viren im Stuhl (Rotavirus, Adenovirus 40 und 4, Hepatitis A) oder zum Nachweis von HbsAG im Serum von Hepatitis-B-Trägern eingesetzt. Ein praxistauglicher Test existiert auch zum Nachweis von Gruppe A-Streptokokken in einem Rachenabstrich.

Die Markierungsmethoden der sekundären Antikörper können verschieden sein (z. B. Radioaktivität, solid phase radioimmunoassay), das Prinzip der Methode bleibt sich aber gleich.

17.1.9 Komplementbindungsreaktion

Diese Methode wird zum Antikörpernachweis bei diversen Viruserkrankungen eingesetzt (Influenza, Adenovirus, Masern, Mumps, HSV, VZV, CMV). Patientenserum wird mit einem Virusantigen und einer limitierten Dosis Komplement (frisches Serum) inkubiert. Sind (IgG/IgM) passende Anti-Virus-Antikörper vorhanden, wird Komplement im ersten Schritt aktiviert und steht im zweiten Schritt nicht mehr zur Verfügung. Als Indikatorsystem werden dann Schaferythrozyten und dagegen gerichtete Antikörper dazugegeben und inkubiert. Sind im Patientenserum keine zum Virusantigen passende Antikörper vorhanden, wird das Komplement erst durch die Erythrozyten-Antikörper-Komplexe aktiviert und führt zur Lyse der Erythrozyten.

Die Reaktion muß immer quantitativ angesetzt und an einem Serumpaar vorgenommen werden. Auch hier muß für die Diagnose einer akuten Infektion der Titerunterschied zwischen zwei im Abstand von zwei Wochen entnommenen Seren mindestens zwei Verdünnungsstufen betragen. Bei einigen Virus-Antigenen ergibt die Komplementbindungsreaktion auch bei manifesten Erkrankungen nur niedrige Titer. Dies gilt beispielsweise für Coxsackie- und für die Polio-Erkrankungen. Hier besteht die Möglichkeit, die Komplementbindungsreaktion durch einen EIA zu ersetzen.

17.1.10 Hämagglutinations-Hemmtest

Gewisse Viren können Erythrozyten gewisser Spezies agglutinieren. Die Hämagglutination* wird durch antivirale Antikörper im Serum gehemmt. Man misst die Hemmung der Hämagglutination.

Diese Methode wird zum Antikörpernachweis bei diversen Viruserkrankungen eingesetzt (Influenza, Adenoviren, Masern, Mumps, Röteln).

17.1.11 Western-blot

Beim Western-blot wird eine gelelektrophoretische Auftrennung eines bekannten Antigengemisches (beispielsweise Viruspartikel) durchgeführt und die Proteinbanden auf geeignetes Filtermaterial, beispielsweise Nitrozellulose überführt („blotten"). Darauf lässt man die Serum-Antikörper binden und macht anschließend die Bindung durch markierte Anti-Ig-Antikörper sichtbar. Mit dem Western-blot kann man diagnostizieren, gegen welche Proteine eines Erregers Antikörper bestehen. Das Immunoblotting („Westernblotting") zum Nachweis von Antikörpern gegen bestimmte Antigene* ist für die virologische Diagnostik sehr wichtig geworden. Allgemeine Anwendung hat dieses Verfahren als **Bestätigungstest für HIV-Infektionen** gefunden. Umgekehrt können mit Hilfe des Western-Blots und eines bekannten Antikörpers das Vorhandensein des Antigens in einem Proteingemisch nachgewiesen und dieses Antigen einem Protein bestimmter Größe zugeordnet werden (Abb. 17.5).

17.1.12 Verdrängungsreaktionen mit radioaktiv markiertem Antigen (Kompetitive Hemmung)

Eine Anzahl besonders empfindlicher und nützlicher *in-vitro*-Reaktionen beruhen auf dem Prinzip, daß eine sehr kleine Menge radioaktiv markierter Antigene, vermischt mit einer äquivalenten Menge des spezifischen Antikörpers, an diesen bindet und aus der Bindung durch Zugabe des gleichen nichtradioaktiven Antigens verdrängt werden kann.

17.1.13 Neutralisationstests

Viren sind mit Epitopen dicht besetzt. Je nach Lage dieser Epitope kann die Bindung mit dem zugehörigen Antikörper das Virus daran hindern, an den Zellrezeptor zu binden und damit eine Infektion zu beginnen. Dazu mischt man eine bekannte Virusmenge mit fallenden Mengen des antiviralen Antikörpers und läßt man nach Inkubation das Gemisch auf eine für das Virus empfängliche Zellkultur einwirken. Reicht die Menge an Antikörpern nicht zur Neutralisierung des Virus aus, wird der durch die Virusvermehrung induzierte zytopathische Effekt bei der mikroskopischen Beobachtung der Zellkultur sichtbar.

17.1.14 Durchflußzytometrie

Für die fluoreszenzimmunologische Zählung und Auftrennung von Leukozyten und anderen Zellen im Durchflußzytometer werden monoklonale Antikörper gegen Oberflächenantigene benutzt, die als Marker dienen.

Man unterscheidet bei den Durchflußzytometriegeräten FACS (Fluorescence-Activated-Cell-Sorter) und MACS (Magnetic-Activated-

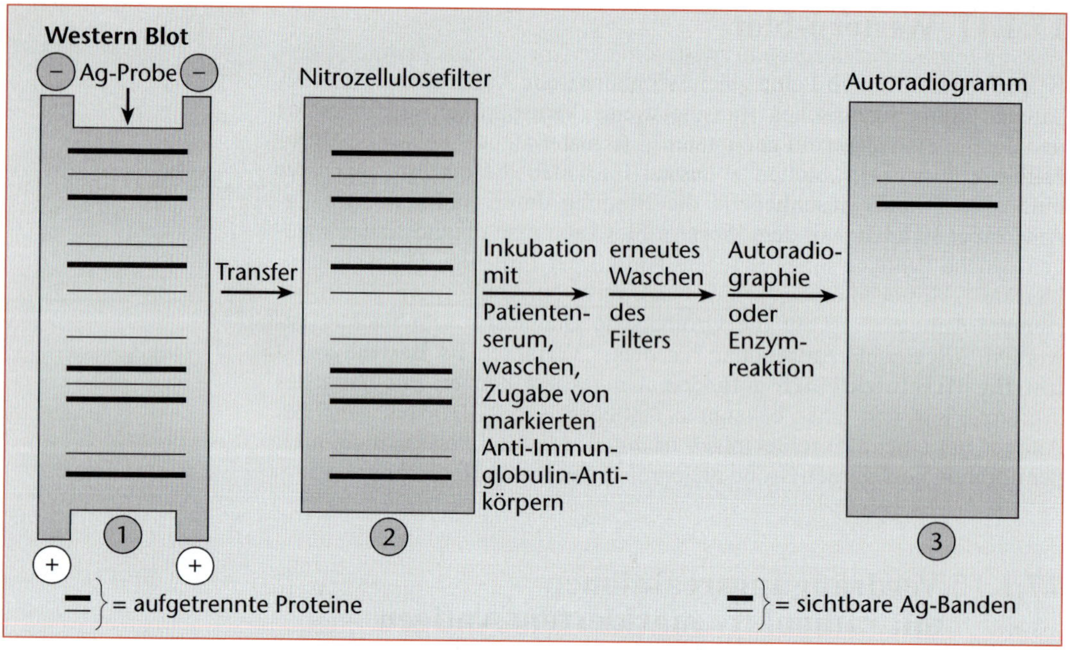

Abb. 17.5 Western-Blot zum Nachweis von Patienten-Antikörpern:

A. Schema: Durch Gelelektrophorese (1) werden aus einem Antigengemisch (beispielsweise HI-Virus) die einzelnen Proteine aufgetrennt und auf einen Nitrozellulosefilter (2) transferiert. Das zu untersuchende Patientenserum wird aufgebracht und inkubiert. Nach Auswaschen ungebundener Antikörper werden die Immunkomplexe* auf dem Filter mit Hilfe von markierten Anti-Immunglobulin-Antikörpern nachgewiesen (3).

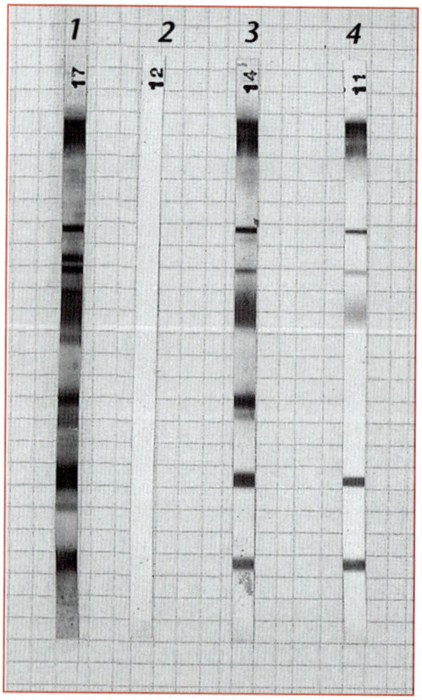

B. Beispiel: positive Kontrolle (1), negative Kontrolle (2), und positive Patientenseren (3, 4).

Sektion IV

Cell-Sorter). Beim FACS werden die Nachweisantikörper mit einem Fluoreszenzfarbstoff und beim MACS mit magnetisierten Partikeln markiert. Beim FACS werden die gefärbten Zellen mit einem Laserstrahl aussortiert, während beim MACS die magnetisierten Zellen im Magnetfeld von den nichtmarkierten Zellen abgetrennt werden. Diese Geräte sind zur Gewinnung definierter Zellpopulationen geeignet.

17.2 Impfungen

17.2.1 Einleitung

Impfungen ermöglichen die Verhütung von Infektionskrankheiten. Impfempfehlungen zielen auf einen optimalen Impfschutz der Bevölkerung, spezifischer Risikogruppen (z. B. Medizinalpersonal) oder einzelner Individuen ab. Der Nutzen soll die mit den Impfungen verbundenen Risiken in jedem Fall um ein Vielfaches übertreffen. In den Ländern Schweiz, Deutschland und Österreich erfolgen sämtliche Impfungen freiwillig, es besteht keine Impfpflicht.

Nationale Impfempfehlungen werden aufgrund neuer Entwicklungen von Impfstoffen, neuer Erkenntnisse über deren Wirksamkeit und Sicherheit, Veränderungen der epidemiologischen Lage sowie basierend auf den Empfehlungen der WHO regelmäßig überarbeitet. Aktuelle Impfempfehlungen werden von den Gesundheitsämtern oder Gesundheitsministerien veröffentlicht. Wird eine Impfung konsequent durchgeführt, kann sogar die Ausrottung eines Erregers gelingen. Dies gelang 1980 für den Pockenerreger. In näherer Zukunft ist es das Ziel der WHO, den Polioerreger auszurotten.

17.2.2 Aktive Immunisierung

Bei der aktiven Immunisierung wird das Immunsystem durch Verabreichung von Antigen-Impfstoffen zur Ausbildung einer spezifischen Immunität angeregt. Damit soll erreicht werden, dass ein Erreger entweder keine Infektion oder bei Infektion keine Krankheitszeichen auslösen kann.

Für die aktive Immunisierung stehen verschiedene Gruppen von Impfstoffen zur Verfügung (Tab. 17.1). Dabei gilt generell, dass abgetötete Erreger, gereinigte mikrobielle Antigene* und Toxoide als 3 Injektionen im Abstand von mindestens einem Monat verabreicht werden. Bei Lebendimpfstoffen reicht in der Regel eine einmalige Verabreichung.
Tab. 17.2 vermittelt einen Überblick über die am häufigsten angewandten Impfungen und die verwendeten Impfstoffe.

17.1 – 17.3

Tab. 17.1 Impfstoffgruppen für die aktive Immunisierung

Abgetötete Erreger	**Mehrere Impfungen notwendig. Impfschutz oft nicht optimal.**
Lebende, in ihrer Virulenz abgeschwächte (attenuierte) Erreger	optimaler Impfschutz, einmalige Applikation reicht in der Regel für mehrere Jahre
Gereinigte mikrobielle Antigene	
Proteine	häufig gentechnologisch hergestellte Proteine (z. B. Hepatitis-B-surface (HBs)-Antigen)
Polysaccharide	Kapselpolysaccharide von Pneumokokken, Meningokokken und *Haemophilus influenzae* Serotyp b.
Konjugatimpfstoffe	Kopplung von Polysaccharid-Epitopen von Bakterienkapseln an Proteine (z. B. an Tetanustoxoid, Diphtherietoxoid)
Toxoide	Entgiftete bakterielle Toxine, die aber noch als Antigene funktionieren
Experimentell	DNA-Vakzine (Gene für virale Antigene mit geeigneter Signalstruktur)

17.2.3 Passive Immunisierung

Bei der passiven Immunisierung werden in einem anderen Wirt hergestellte Antikörper verabreicht. Dadurch muss die Eigenproduktion von Antikörpern nicht abgewartet werden. Meist werden vom Menschen stammende Hyperimmunseren bzw. γ-Globulin-Präparate (von Rekonvaleszenten oder mehrfach geimpften Personen) eingesetzt. Eine passiv erworbene Immunität ist zeitlich auf Wochen bis höchstens Monate beschränkt. Zur Neutralisation von Tetanus- und Diphtherietoxin werden Hyperimmunglobuline auch therapeutisch eingesetzt.

17.3 Impfempfehlungen für das zahnärztliche Team

17.3.1 Einleitung

Impfungen sind ein einfaches und sicheres Mittel, um das Praxispersonal gegen die Übertragung gewisser Infektionskrankheiten in der Zahnarztpraxis zu schützen. Das Praxisteam ist durch Aerosol, Blut, Speichel, Atemwegssekrete und durch direkten Hautkontakt einer Vielfalt von Mikroorganismen ausgesetzt. Gegen einige können erfolgreich Schutzimpfungen eingesetzt werden.

Tab. 17.2 Am häufigsten angewandten Impfungen und verwendete Impfstoffe (alphabetische Gliederung)

Impfung	Impfstoff	Bemerkungen
Cholera	Abgetötete Erreger	Reisen in Endemiegebiete
Diphtherie	Toxoid	Auffrischimpfung alle 10 Jahre
FSME	Abgetötete Erreger der Frühsommer-Meningoenzephalitis	Für expositionell gefährdete Personen
Gelbfieber	Attenuierte Erreger	einmalige Impfung bei Reisen in Endemiegebiete
Haemophilus influenzae	Kapselpolysaccharide	Kleinkinder
Hepatitis A	Inaktivierte Erreger	bei Risikopersonen sowie bei Reisen in Länder mit hoher Durchseuchung
Hepatitis B	HBs-Oberflächenprotein der HB-Viren	Generelle Impfung von Adoleszenten im Alter von 11-15 Jahren (Schweiz) Titerbestimmung
Influenza	Inaktivierte Erreger	Risikogruppen jährlich
Meningokokken	Kapselpolysaccharide	Risikogruppen
Mumps/Masern/Röteln	Attenuierter Lebendimpfstoff	1. Impfung mit 12 Monaten; 2. Impfung mit 15-24 Monaten
Pneumokokken	Kapselpolysaccharide	Risikogruppen
Polio	Inaktivierte Erreger (Impfstoff nach SALK), attenuierte Erreger (Impfstoff nach SABIN)	bei Reisen oder wenn letzte Impfung mehr als 10 Jahre zurück
Tetanus	Toxoid	Letzte Impfung mehr als 10 Jahre zurück
Tollwut	Abgetötete Erreger	Risikogruppen Postexpositionell bei Kontakt (Biss) mit erkrankten Tieren
Tuberkulose	Attenuierter Lebendimpfstoff	Tuberkulinnegative Risikogruppen
Typhus abdominalis	Attenuierte Erreger oder Gereinigtes Virulenzantigen	bei Reisen in Endemiegebiete
Varizellen	Attenuierter Lebendimpfstoff	Risikogruppen Personal ohne Varizellen-Anamnese im Gesundheitsdienst und in kinderbetreuenden Institutionen

Die Praxisverantwortlichen müssen über den aktuellen Impfstatus ihrer Angestellten informiert sein, gegebenfalls nötige Auffrischimpfungen veranlassen und eine vollständige Impfdokumentation ihres Personals anlegen.

Als vorbeugende Maßnahmen stehen Impfungen gegen folgenden Krankheiten zu Verfügung: Hepatitis B, Tetanus, Diphtherie, Pertussis, Grippe, Masern, Mumps und Röteln.

Bei Mitgliedern des zahnärztlichen Teams, die als Angehörige einer Risikogruppe zu betrachten sind, stehen die Impfungen gegen Hepatitis B, Tetanus und Grippe im Vordergrund, doch soll/kann auch der Schutz gegen Masern, Mumps, Röteln und Diphtherie, der meistens durch frühere Impfungen erworben wurde, überprüft und gegebenfalls erneuert werden.

17.3.2 Hepatitis B

Gegen das Hepatitis-B-Virus, das hämatogen übertragen wird, stehen seit Anfang der 80-er Jahre Impfstoffe zur Verfügung. Der erste enthielt aus Serum von chronisch Infizierten gewonnenes virales HBs-Antigen. Seit 1987 stehen auch gentechnisch hergestellte Impfstoffe zur Verfügung.

Hepatitis-B-Infektionen stellen auch in Ländern mit niedriger Prävalenz weiterhin ein Problem der öffentlichen Gesundheit dar. Das Präventionspotenzial der Hepatitis-B-Infektion wurde durch die Strategie, nur Risikopopulationen (beispielsweise Personen im Gesundheitswesen, homosexuelle Männer, iv-Drogenabhängige) zu impfen, bei weitem zu wenig ausgeschöpft.

Die generelle Hepatitis-B-Infektion ist die einzige Präventionsmaßnahme, die die Hepatitis-B-Infektionen auf ein sehr geringes Niveau zu reduzieren vermag. Die Hepatitis-B-Infektion wird in 3 Dosen (0,1 und 6 Monate) intramuskulär verabreicht und anschließend eine Antikörperbestimmung durchgeführt. Für eine Immunität ist ein Titer von mehr als 100 IE/l notwendig.

Sie ist sehr wirksam und führt bei 80% bis 95% der geimpften Personen zum erwünschten lebenslangen Schutz. Unerwünschte Nebenwirkungen wie die fragliche Auslösung eines Guillain-Barré-Syndroms sind sehr selten.

In der Schweiz werden seit kurzem die Adoleszenten im Alter zwischen 11 und 15 Jahren einer generellen Hepatitis-B-Impfung unterzogen. Bei den Erwachsenen bleibt die Indikation für die Impfung auf die Risikogruppen beschränkt.

17.3.3 Tetanus

Dank der nahezu vollständigen Durchimpfung der Bevölkerung mit dem intramuskulär injizierten Impfstoff (Toxoid) und der ausgezeichneten Schutzwirkung der Impfung (95% Effizienz), gibt es in West-Europa jährlich nur noch wenige Tetanus-Erkrankungen. Als Nebenwirkungen kann selten eine Hypersensitivität gegenüber dem Tetanustoxoid auftreten. Verwendet wird ein Kombinationsimpfstoff gegen Diphtherie und Tetanus.

Die Grundimmunisierung der seltenen, nicht geimpften Erwachsenen besteht aus 3 Dosen, wobei die ersten beiden Dosen im Abstand von 4-6 Wochen und die dritte Dosis 6-12 Monate danach verabreicht wird. Auffrischimpfungen werden generell in 10-Jahres-Intervallen empfohlen, bei tetanusgefährdeten Verletzungen sollte die Auffrischimpfung aber ab dem 5. Jahr nach der letzten Dosis erfolgen. Personen, die bei der Grundimmunisierung weniger als 3 Dosen des Tetanusimpfstoffes erhalten haben, sollte bei Verletzungen zusätzlich zu der üblichen aktiven Auffrischimpfung auch noch Tetanus-Immunglobulin verabreicht werden.

17.3.4 Diphtherie

In den letzten Jahren traten typische Diphtherie-Erkrankungen in West-Europa nur noch ausnahmsweise auf. Dennoch kann der Krankheitserreger immer noch eingeschleppt werden. Die Routineimpfung bei Kindern führte zu einer Verschiebung der früher meistens im Kinderalter vorkommenden Krankheit hin zu den Erwachsenen, wie die Epidemie in der ehemaligen Sowjetunion anfangs der 1990er Jahre gezeigt hat.

Die Übertragung erfolgt durch engen Kontakt von Diphtheriepatienten oder -trägern mit nichtimmunen Personen. Bei geringer Impfhäufigkeit könnte es also durchaus wieder zu den Epidemien kommen, die früher so gefürchtet waren.

Zum Schutz gegen die durch *Corynebacterium diphtheriae*-Toxin verursachte Krankheit wird ein Drei- (mit Pertussis und Tetanus) oder Vierfachimpfstoff (mit Pertussis, Tetanus und *Haemophilus influenzae* Typ b) verwendet. Die Grundimmunisierung erfolgt im ersten Lebensjahr. Auffrischimpfungen sind im Alter von 15–23 Monaten und mit 4–7 Jahren notwendig. Um eine anhaltende Immunität zu gewährleisten, sind Booster-Impfungen mit Diphtherietoxoid notwendig. Nach einer primären Immunisierung sollten danach alle 10 Jahre Auffrischimpfungen durchgeführt werden. Als Nebenwirkung treten selten lokale Irritationen auf.

17.3.5 Masern, Mumps und Röteln

Gegen die Erkrankungen Masern, Mumps und Röteln (MMR) wird ein Kombinationsimpfstoff von vermehrungsfähigen, nicht virulenten (attenuierten) Viren subkutan injziert. Die MMR-Impfung kann in jedem Alter verabreicht werden. Der Abstand zwischen der 1. und 2. Dosis sollte mindestens einen Monat betragen. Die hochinfektiöse, akute, exanthematöse Masernerkrankung ist in entwickelten Ländern zwar eine seltene Erkrankung geworden, gelegentlich treten aber vor allem wegen Impfverweigerungen immer wieder kleinere Epidemien auf. Um die Viruszirkulation zu unterbinden, müsste die Durchimpfung der Bevölkerung über 80% betragen. Gerade Beschäftigte im Gesundheitswesen haben ein erhöhtes Risiko, sich mit der viralen Erkrankung zu infizieren, wobei die Erstinfektion bei Erwachsenen deutlich schwerwiegender verläuft als bei Kindern. Als Nebenwirkung der Impfung kann sehr selten eine Enzephalopathie auftreten.

Die Impfung gegen Mumps, die auch beim empfänglichen Erwachsenen verwendet werden kann, kann selten als Nebenwirkung eine Parotitis oder eine Orchitis induzieren.

Rötelnviren werden in medizinischen Versorgungseinrichtungen, vor allem in der Pädiatrie, nicht selten auf Beschäftigte übertragen oder von ihnen weitergegeben. Beschäftigte, die Rubellaviren durch Tröpfcheninfektion auf Schwangere übertragen könnten, sollten gegen Röteln immun sein, um eine nosokomiale Übertragung zu vermeiden. Als Nebenwirkungen der Impfung können selten Arthralgien auftreten.

17.3.6 Grippe

Die Grippe (Influenza) ist auch heute noch eine ernst zu nehmende Erkrankung, deren Folgen und Komplikationen oft unterschätzt werden. Die Impfung mit inaktivierten Viren oder Viruskomponenten wird aufgrund der epidemiologischen Situation nur für spezielle Risikogruppen empfohlen. Sie ist vor allem für ältere Personen mit einem erhöhten Risiko von Komplikationen durch eine Influenza-Erkrankung und für Personen, die eine Grippe auf abwehrschwache Patienten übertragen können (Medizinalpersonal), indiziert. Sie wird intramuskulär verabreicht und erreicht eine Effizienz von ca. 40–60%. Als sehr seltene Nebenwirkung der Impfung kann ein Guillain-Barré-Syndrom (eine schwere neurologische Erkrankung) auftreten.

Influenzaviren, insbesondere Influenza-A-Viren, zeichnen sich durch eine ausgeprägte genetische Variabilität aus. Während einer Grippesaison entstehen laufend neue Antigen-Varianten. Die Influenzaimpfstoffe enthalten aus diesem Grund zwei Influenza-A-Stämme und einen Influenza-B-Stamm. Die Zusammensetzung wird von der WHO jährlich den vorherrschenden Viren angepasst. Aus diesem Grund muss die Impfung jedes Jahr vor Beginn der Grippesaison wiederholt werden. Der ideale Zeitpunkt für die Influenzaimpfung liegt in der Regel zwischen Mitte Oktober und Mitte November. Die Dauer des Impfschutzes ist nicht genau bekannt. Nach ca. 4 Monaten kann ein Abfall der Antikörperkonzentration beobachtet werden, so dass die Dauer des optimalen Schutzes etwa 4-6 Monate beträgt.

Als Nebenwirkungen können neben lokalen Reaktionen vor allem grippale Symptome auftreten.

Literatur

Bundesamt für Gesundheit. Ordner „Infektionskrankheiten: Diagnose und Bekämpfung“, Supplementum VIII. Impfplan für routinemäßige Schutzimpfungen. BAG, Bern 2001

Centers for Disease Control: General recommendations on immunization: Recommendations of the immunization Practices Advisory committee (ACIP). MMWR 43: 1-38, 1994

Fauci S, Braunwald E, Isselbacher K J, Wilson J D, Martin J B, Kasper D L, Hauser S L, Longo D L: Harrison's Principles of Internal Medicine. 14th ed, McGraw-Hill Companies Inc, New York 1998

Kayser F H, Bienz K A, Eckert J, Zinkernagel R M: Medizinische Mikrobiologie. 10. Auflage, Georg Thieme Verlag Stuttgart 2001

Kapitel 18 Gen- und Biotechnologie in der Zahnmedizin

Jürg Meyer und Catherine Weber

Zusammenfassung
Die Auswirkungen der Gen- und Biotechnologie auf die Zahnmedizin sind im Vergleich zur Medizin noch sehr gering. Es sind aber zahlreiche Entwicklungen im Gang, die in einigen Jahren zu einer Verbesserung von Prophylaxe und Therapie oraler Erkrankungen führen könnten. Wichtige Projekte betreffen einerseits die Impfung gegen Karies, anderseits den Gentransfer in Speicheldrüsen und Krebszellen, und drittens den Zahn- und Knochenersatz durch „Tissue engineering".

18.1 Einleitung

Im Kapitel 1.2.4.8 haben wir erfahren, dass Bakterien natürlicherweise gelegentlich fremde DNA-Moleküle aufnehmen. Die Übertragung kann durch **Konjugation, Transduktion** oder **Transformation** erfolgen. Die fremde DNA kann durch verschiedene **Rekombinations-Mechanismen** (Kap. 1.2.4.6), die durch verschiedene Rekombinationsenzyme geleitet werden, ins Wirtschromosom oder in ein Plasmid eingebaut werden. Viele Bakterien besitzen einfache Abwehrsysteme gegen Fremd-DNA, die über zelluläre **Restriktions-Endonukleasen** (Kap. 1.2.4.9) wirksam sind. Diese natürlichen Mechanismen werden durch die **Gentechnik** ausgenützt. Gentechnik beinhaltet die gezielte Verknüpfung oder Veränderung von DNA-Molekülen *in vitro* und deren Vermehrung und u. U. Expression in einer Wirtszelle (s. Abb. 1.25). Die Möglichkeiten zur strukturellen DNA-Analyse sind praktisch unbegrenzt, aber zur Herstellung funktioneller Eiweiße von Eukaryonten u. U. limitiert. Die funktionelle Untersuchung stellt oft große Probleme.

Risiken sind denkbar durch Schaffung pathogener Bakterien als Folge des Gentransfers in apathogene Wirte oder durch Freisetzung von neuartigen Genkombinationen, die in irgendwelchen Bakterienpopulationen (z. B. ökologisch) unerwünschte Folgen haben können. Deshalb werden in den meisten Ländern Projekte mit gentechnischen Arbeiten seit Jahren nach internationalen Kriterien registriert, beurteilt und – wenn nötig – einem Bewilligungsverfahren unterworfen.

Als **Biotechnologie** bezeichnet man die Veredelung von Stoffen und/oder die Gewinnung von wertvollen Produkten mit Hilfe von Mikroorganismen und/oder deren Bestandteile (z. B. Enzyme) in der Regel im industriellen Maßstab. Die Biotechnologie hat eine lange Tradition in der mikrobiellen Lebensmittelbereitung (z. B. Käse, Joghurt, Brot, Wein, Bier, Sauerkraut). Seit 1940 werden Antibiotika gewonnen. Verschiedene mikrobielle Enzyme katalysieren wichtige (z. B. stereospezifische) Reaktionsschritte bei organischen Synthesen (z. B. Vitamin C, Cortison); andere werden Waschmitteln zugesetzt. Durch konstruktive Optimierung mit Hilfe der Gentechnik können durch Bakterien therapeutische menschliche Eiweiße (z. B. Hormone, Wachstumsfaktoren, Immunmodulatoren) in großer Menge und Reinheit (frei auch von menschlichen Viren und Prionen) hergestellt werden. Ebenso einfach kann die Bäckerhefe *(Saccharomyces cerevisiae)* als Wirtsorganismus verwendet werden. So wird z. B. ein Impfstoff gegen Hepatitis B durch Hefen produziert. Etwas aufwändiger sind Zellkulturen als Wirte. Weitere Anwendungen liegen im Umweltbereich (z. B. mikrobieller Abbau von Problemabfällen, Bodenverbesserung, anaerobe Abwasserreinigung zur Biogasproduktion) und in der biologischen Schädlingsbekämpfung. Auch die Produktion von monoklonalen Antikörpern hat eine große Bedeutung.

Als **Gentherapie** bezeichnet man das Einbringen von Erbinformation in einen Menschen, um eine Krankheit zu heilen. Dies umfasst sowohl den Transfer von neuem genetischen Material als auch die Veränderung von vorhandener DNA. Der Gentransfer in somatische Zellen (somatische Gentherapie) ist seit 1990 unter strikten Rahmenbedingungen und behördlichen Kontrollen in über 300 klinischen Studien durchgeführt worden. Keine dieser Studien hat zu einem durchschlagenden Erfolg geführt, aber in zahlreichen wurde eine wesentliche klinische Besserung erreicht. Dagegen ist die Keimbahntherapie, also der Gentransfer in Zellen der Keimbahn, am Menschen in den meisten Ländern gesetzlich verboten.

Genveränderungen in der Keimbahn von Tieren (transgene Tiere) haben zu enormen Erkenntnisgewinnen, z. B. in der Immunologie, der Entwicklungsbiologie und der Humangenetik, geführt. Die Funktion eines Gens kann durch Inaktivierung (knockout) dieses Gens im Tierversuch untersucht werden.

18.2 Gentechnische Produkte und Verfahren in der Zahnmedizin

18.2.1 Gentechnisch hergestellte Vakzine gegen Karies

Im Kapitel 9.4 sind die Möglichkeiten und Grenzen der Anti-Karies-Impfung dargestellt worden. Mit dem Ziel, billigere Impfstoffe für die aktive oder passive Immunisierung gegen Karies herzustellen, sind gentechnisch veränderte Pflanzen (transgene Pflanzen) gezüchtet worden. Impfstoffe aus Pflanzen bieten mehrere Vorteile: Geeignete Pflanzen können an vielen Orten der Erde relativ billig zum Wachstum gebracht werden. Die Ausbeute an Impfstoff (Protein) kann in den gewünschten Pflanzenteilen (Früchte, Blätter, Wurzeln) durch Wahl geeigneter Signalstrukturen stark erhöht werden. Eine Extraktion ist leicht möglich, und es sind keine Verunreinigungen mit humanpathogenen Viren zu befürchten. Durch Wahl roh essbarer Pflanzentreile kann die Verabreichung der Vakzine sehr einfach werden.

Aktive orale Immunisierung mit Antigen aus Pflanzen mit dem Ziel einer protektiven sIgA-Antwort im Speichel:

Erste Versuche wurden nicht mit einem *S. mutans*-, sondern mit einem anderen bakteriellen Antigen (LT-Enterotoxin) durchgeführt: Dazu wurde zuerst durch natürliche Gentransfers das LT-Enterotoxingen von *E. coli* in *Agrobacterium tumefaciens* und von diesem Bakterium in Tabak- und Kartoffelzellen übertragen. Einzelne Zellen, die das LT-Enterotoxingen aufgenommen hatten, ließ man zu ganzen Pflanzen regenerieren. In diesen fand die LT-Synthese in Blättern und Knollen statt. Nach Verfütterung an Mäuse gelang der Nachweis von IgG- und sIgA-Antikörpern gegen das LT-Antigen. Auch Menschen konnten immunisiert werden. Von elf Freiwilligen entwickelten zehn eine spezifische IgG- und sechs eine IgA-Antwort.

Passive Immunisierung mit quasi-sIgA gegen *S. mutans* aus Pflanzen: Mit der Hybridomtechnik wurden monoklonale Antikörper (mAK Guy's 13) von der IgG-Klasse gegen das *S. mutans*-Antigen I/II gewonnen (siehe Antigen I/II-Polypeptidfamilie*). Aus Hybridomzellen wurden die Gene für diese IgG-Ketten isoliert und mit gentechnischen Methoden in Tabakzellen eingeschleust. Als nächstes wurde eine IgG H-Ketten-Domäne durch das IgA-spezifische Genteil ersetzt. Die ausgewachsene Pflanze bildete quasi-IgA (Guy's 13) Monomere. Sekretorische IgA sind Dimere, die mit einer J- und S-Polypeptidkette ausgestattet sind. Deshalb wurde das Gen für die J-Kette in eine zweite und das Gen für die S-Kette in eine dritte Tabakpflanze eingeschleust. Konventionelle Kreuzungen der drei Pflanzen führten zu Nachkommen mit allen drei Genen in allen Zellen: Diese Pflanzen produzieren dimere IgA-J-S, also sIgA in Blättern. Die Ausbeute lag bei 10–80 mg/kg Frischgewicht.

Dieser sIgA-Antikörper aus Tabakblättern hatte die gleiche Affinität an das *S. mutans*-Antigen I/II wie der ursprüngliche mAK IgG (Guy's 13). Nach topischer Applikation blieben die sIgA mind. 72 Std. auf den Zähnen nachweisbar, die IgG aber schon nach 24 Std. nicht mehr. Nach Chlorhexidin-Spülung und sechsmaliger Applikation verhinderten sIgA und IgG die Rekolonisierung mit *S. mutans* während vier Monaten bei vier Freiwilligen.

Genverbesserter *S. mutans* verdrängt virulenten Wildtyp:
Bei einem gut kolonisierenden *S. mutans* wurde gezielt das Lactatdehydrogenase-Gen inaktiviert, so dass der Keim keine Milchsäure, dafür mehr Aethanol und Acetoin produziert. Zusätzlich wurde diesem Stamm ein Bakteriocingen eingepflanzt, damit er sich gegen die bereits in der Mundhöhle vorhandenen *Mutans*-Streptokokken durchsetzen kann. In Ratten war dieser *S. mutans* auch bei extrem kariogener Diät weniger kariogen als der ursprüngliche, nicht genverbesserte Bakterienstamm. Die Anwendung beim Menschen ist wegen ökologischer Bedenken (Freisetzungsproblematik) bisher verzögert worden (vergleiche Kap. 4.2.4).

18.2.2 Die Gentech-Plombe?

Die Zahnentstehung wird durch Gene gesteuert, die Signalmoleküle und Rezeptoren für Zelldifferenzierung, Zellwachstum und Morphogenese codieren. Dazu gehören die 'Bone Morphogenic Proteins' (BMP), von denen sieben Gene bekannt (= sequenziert) sind und deren Produkte (Eiweiße) biotechnologisch hergestellt wurden. BMP induzierte im Tierversuch Sekundärdentin-Bildung durch Odontoblasten. Noch ist nicht gesichert, dass dadurch in (fernerer) Zukunft eine "natürliche" Kariestherapie in der Praxis möglich sein wird.

18.2.3 Gendiagnostik mit DNA-Chips

Mit Hilfe von Gensonden werden durch Hybridisierung bestimmte Sequenzen (z. B. Mutationen oder Polymorphismen) identifiziert. Durch Miniaturisierung auf sog. DNA-Chips können bis zu 250.000 verschiedene Gensonden pro cm^2 Testfläche hergestellt und eingesetzt werden. Experimentelle Anwendungen untersuchen Krebsrisiko (BRCA1) oder Therapeutikadosis (Cyt. P-450). Denkbare Anwendung in der Zahnmedizin: Risikogene (beispielsweise IL-1 oder FcγRIIa für Parodontitis, siehe Tab. 10.2).

18.3 Gentherapie in der Zahnmedizin

Für das Einbringen von therapeutischen Genen in Zellen werden virale und nichtvirale Methoden verwendet. Zur Zeit stellen Viren die wirksameren Genvektoren dar, aber nichtvirale Methoden werden laufend verbessert. Dennoch gibt es heute noch keine perfekte Gentransfer-Methode.

Das Konzept der Gentherapie zielte ursprünglich auf die Heilung von Ein-Gen-Defekten, deren Pathophysiologie gut bekannt war. Aber viele Krankheiten (auch Karies und Parodontitis) haben komplexe Ursachen, bei denen Wechselwirkungen zwischen Genen und der Umwelt eine wichtige Rolle spielen. In diesen Fällen dürften noch langsamere Fortschritte durch die Gentherapie zu erwarten sein. Einige Ansätze geben aber zur Hoffnung Anlass, dass auch die Zahnmedizin von solchen Fortschritten profitieren wird.

Gentransfer in Speicheldrüsen
Die Speicheldrüsen sind für einen direkten Gentransfer relativ leicht zugänglich und können große Proteinmengen produzieren. Der experimentelle Gentransfer in Labortieren diente folgenden Zielen:

- Steuerung der Sekretion antimikrobieller Eiweiße im Speichel zur Begrenzung oraler Infektionen. Tatsächlich konnte eine wesentliche Steigerung der Produktion des natürlichen Histatin 3-Proteins erreicht werden, das eine hohe Wirksamkeit auch gegen azolresistente *Candida*-Pilze aufwies (vergleiche Kap. 3.3.5).
- Reparatur von nach Bestrahlung geschädigten Speicheldrüsen zur Erhöhung der Flüssigkeitssekretion. Durch Einführung des Gens für ein Membranprotein (Aquaporin 1) das Wasserkanäle bildet, konnte die Speichelsekretion praktisch auf den Stand vor der Bestrahlung erhöht werden.
- Beeinflussung von systemischen Ein-Gen-Defekten durch Synthese des betreffenden Eiweißes in Speicheldrüsen und dessen Sekretion in die Blutbahnen. Entsprechende Versuche mit dem Gen für menschliches Wachstumshormon (hGH) waren an Ratten erfolgreich.

Gentherapie zur Behandlung des oralen Plattenepithelkarzinoms
Gegenwärtig stehen – meist zur Ergänzung der Chirurgie, der Chemo- und Radiotherapie – mehrere Strategien in klinischer Erprobung, wie durch Gentransfer Krebszellen abgetötet werden können: Einerseits soll das Zellwachstum durch Einfügen eines Tumorsuppressorgens zum Erliegen gebracht werden, andererseits wird versucht, ein defektes Tumorgen gezielt zu eliminieren. Ein dritter Weg zielt auf eine Herabsetzung der Expression von für das Tumorwachstum verantwortlichen Genen mit Hilfe von Anti-sense-RNA. Auch die Einführung von Viren, die durch ihre Replikation Tumorzellen abtöten, wird untersucht. Weiter wird das immunogene Potenzial von Tumorzellen erhöht oder die Immunabwehr des Patienten gegen den Tumor verstärkt. Es wird aber noch weitere Studien brauchen, bis wirksame und sichere Anwendungen der Gentherapie bei der Behandlung und Prävention des oralen Plattenepithelkarzinoms zur Verfügung stehen.

18.1 – 18.4

18.4 Tissue engineering

Verschiedene biotechnologische Methoden, die heute als “tissue engineering” bezeichnet werden, hatten ursprünglich zum Ziel, mit Hilfe von organspezifischen Zellen und einem geeigneten Trägergerüst ein Ersatzgewebe oder -organ *in vitro* zu gewinnen. Durch den Einsatz von Stammzellen aus postnatalen geweben werden die Möglichkeiten grundsätzlich stark erweitert. Die Umsetzung in sichere und wirksame klinische Anwendungen hängt aber vom Verständnis der Stammzellenbiologie ab und ist in den Bereichen Epitheloberflächen und Knochengewebe am weitesten fortgeschritten. Erste erfolgreiche Tierversuche zur Zahnbildung (mit Schmelz, Dentin und Pulpa) aus dissoziiertem Zahnbildungsgewebe liegen vor. Aber dieser biologischer Zahnersatz als lebende Alternative zu den gegenwärtigen Behandlungsmethoden ist noch nicht klinische Realität.

Literatur

Baum B J, Kok M, Tran S D, Yamano S: The impact of gene therapy on dentisry. A revisiting after six years. JADA 133: 35-43, 2002

Bianco P, Robey P G: Stem cells in tissue engineering. Nature 414: 118-121, 2001

Clarkson B H, Rafter M E: Emerging methods used in the prevention and repair of carious tissues. J Dent Educ 65: 1114-1120, 2001

Haq T A, Mason H S, Clements J D, Arntzen C J: Oral immunization with a recombinant bacterial antigen produced in transgenic plants. Science 268: 714-716, 1995

Helder M N, Karg H, Bervoets T J, Vukicevic S, Burger E H, D’Souza R N, Woltgens J H, Karsenty G, Bronkers A L: Bone morphogenic protein-7 (osteogenic protein-1, OP-1) and tooth development. J Dent Res 77: 545-554, 1998

Hillman J D, Brooks T A, Michalek M, Harmon C C, Snoep J L, van der Weijden C C: Construction and characterization of an effector strain of *Streptococcus mutans* for replacement therapy of dental caries. Infect Immun 68: 543-549, 2000

Hillman J D: Genetically modified *Streptococcus mutans* for the prevention of dental caries. Antonie van Leeuwenhoek 82: 361-366, 2002

Kaigler D, Mooney D: Tissue engineering’s impact on dentistry. J Dent Educ 65: 456-462, 2001

Ma J K Hiatt K, Hein M, Vine N D, Wang F, Stabila P, van Dolleweerd C, Mostov K, Lehner T: Generation and assembly of secretory antibodies in plants. Science 268: 716-719, 1995

Ma J K, Hikmat B Y, Wycoff K, Vine N D, Chargelegue D, Yu L, Hein M, Lehner T: Characterization of a recombinant plant monoclonal secretory antibody and preventive immunotherapy in humans. Nature Medicine 4: 601-606, 1998

Ma J K: The caries vaccine: a growing prospect. Dental-Update 26: 374-380, 1999

Smith D J: Dental caries vaccines: prospects and concerns. Crit Rev Oral Biol Med 13: 335-349, 2002

Tacket C O, Mason H S, Losonsky G, Clements J D, Levine M M, Arntzen C J: Immunogenicity in humans of a recombinant bacterial antigen delivered in a transgenic potato. Nature Medicine 4: 607-609, 1998

Xi S, Grandis J R: Gene therapy for the treatment of oral squamous cell carcinoma. J Dent Res 82: 11-16, 2003

Young C S, Terada S, Vacanti J P, Honda M, Bartlett J D, Yelick P C: Tissue engineering of complex tooth structures on biodegradable polymer scaffolds. J Dent Res 81: 695-700, 2002

Zammatteo N, Hamels S, DeLongueville F, Alexandre I, Gala J L, Brasseur F, Remacle J: New chips for molecular biology and diagnostics. Biotechnol Annu Rev 8: 85-101, 2002

Stichwortverzeichnis (enthält nur Begriffe aus dem Buchtext)

A

B

C

E

G

H

J

K

L

M

N

O

P

Q

R

S

T

U

V

W

X

Y

Z

Die beigefügte CD-ROM ist auf jedem Betriebssytem abspielbar.

Sie enthält:

- Anhänge in der Datei ANHANG.PDF
- Bilder in der Datei BILDER.PDF
- ein Glossar in der Datei GLOSSAR.PDF
- Hintergrundinformationen in der Datei INFO.PDF
- Internetadressen in der Datei INTERNET.PDF

Zum Betrachten der PDF-Dateien benötigen Sie den Acrobat Reader (nicht auf der CD enthalten). Sie können den Acrobat Reader im Internet bei www.adobe.com herunterladen.

Die Datei INTERNET.PDF enthält Hyperlinks. Um diese Hyperlinks zu aktivieren, müssen Sie mit dem Internet verbunden sein.